DIE PHYSIK DER HOCHPOLYMEREN

HERAUSGEGEBEN
VON

H. A. STUART

O. PROFESSOR FÜR CHEMISCHE PHYSIK AN DER UNIVERSITÄT MAINZ

DRITTER BAND

ORDNUNGSZUSTÄNDE UND UMWANDLUNGSERSCHEINUNGEN IN FESTEN HOCHPOLYMEREN STOFFEN

SPRINGER-VERLAG

BERLIN · GÖTTINGEN · HEIDELBERG

1955

ORDNUNGSZUSTÄNDE UND UMWANDLUNGSERSCHEINUNGEN IN FESTEN HOCHPOLYMEREN STOFFEN

BEARBEITET
VON

W. BRENSCHEDE, E. JENCKEL, W. KAST, O. KRATKY
A. MÜNSTER, G. POROD, E. SCHAUENSTEIN, A. G. SMEKAL
A. J. STAVERMAN, H. A. STUART, E. TREIBER, F. WÜRSTLIN

MIT 370 TEXTABBILDUNGEN

SPRINGER-VERLAG

BERLIN · GÖTTINGEN · HEIDELBERG

1955

ISBN 978-3-642-92655-6   ISBN 978-3-642-92654-9 (eBook)
DOI 10.1007/978-3-642-92654-9

Vorwort des Herausgebers zum dritten Band.

Der dritte Band der „Physik der Hochpolymeren" ist den Ordnungszuständen und Umwandlungserscheinungen in festen hochpolymeren Körpern gewidmet. Ohne näheren Einblick in die molekularen Ordnungszustände kann man die physikalischen und technologischen Eigenschaften hochpolymerer Körper nicht verstehen. Will man Werkstoffe mit bestimmten Eigenschaften systematisch entwickeln, so ist die Kenntnis der näheren Zusammenhänge zwischen dem makroskopischen Verhalten und den Elementen der molekularen Struktur ebenfalls unerläßlich. So ist dieser Band, der ein in sich abgeschlossenes Ganzes darstellt, gleichzeitig die Grundlage für den vierten Band, in welchem die wichtigsten technologischen Eigenschaften hochpolymerer Körper behandelt und nach Möglichkeit auch molekular gedeutet werden sollen.

Der vorliegende Band ist in zwei Teile gegliedert. Der erste Teil behandelt die molekularen Ordnungszustände, die bei Hochpolymeren besonders weit variiert werden können. Bei einer kritischen Darstellung der Erscheinungen und Ergebnisse ist es nötig, auch auf die Untersuchungsmethoden, vor allem die Röntgenmethoden, ihre Grundlagen und Grenzen einzugehen. Um zu erkennen, welche Strukturen oder Umwandlungserscheinungen wirklich für Systeme aus Fadenmolekülen charakteristisch sind, bzw. welche von ihnen schon bei niedermolekularen Stoffen auftreten, wurden auch die bei kurzen Kettenmolekülen vorkommenden Ordnungszustände und Umwandlungserscheinungen in Beispielen behandelt. Ferner wurde ein besonderes Kapitel über die allgemeinen Struktureigenschaften vollkristalliner und amorpher fester Hochpolymerer eingeschaltet. Ebenso wurde den morphologischen Strukturen bei natürlichen Fasern im Hinblick auf ihre technologische Bedeutung, auch für die Entwicklung von synthetischen Fasern, ein besonderes Kapitel gewidmet.

Der zweite Teil behandelt die verschiedenen Umwandlungserscheinungen, insbesondere die Kristallisationserscheinungen bei hochpolymeren Körpern einschließlich der Sphärolithbildung sowie die Zusammenhänge zwischen Kristallisation und Konstitution. Schließlich werden in den beiden letzten Kapiteln die Einfriererscheinungen, vor allem auch die Zusammenhänge mit der chemischen Konstitution besprochen.

Es ist mir ein besonderes Anliegen, den Herren Mitarbeitern, insbesondere den Herren JENCKEL, KRATKY und STAVERMAN vielmals dafür zu danken, daß sie den vielen Wünschen des Herausgebers immer wieder Folge geleistet und oft eine beträchtliche Mehrarbeit auf sich genommen haben, um ein möglichst einheitliches Werk zustande zu bringen.

Auch bei diesem Bande hat Herr Dr. O. FUCHS die gesamte Korrektur mitgelesen, wofür ihm auch im Namen der Mitarbeiter herzlich gedankt sei.

Dem Springer-Verlag sei für die vorzügliche Ausstattung auch dieses Bandes bestens gedankt.

Mainz, Mai 1955

H. A. STUART.

Mitarbeiter des dritten Bandes.

Dr. habil. W. Brenschede, Abteilungsvorstand in Farbenfabriken Bayer A.-G. Werk Dormagen, Dormagen/Niederrhein.

Professor Dr. E. Jenckel, Direktor des Instituts für theoretische Hüttenkunde und physikalische Chemie der Rhein.-Westf. Technischen Hochschule, Aachen.

Professor Dr. W. Kast, Honorarprofessor an der Universität Köln, früher Direktor des Instituts für experim. Physik der Universität Halle.

Professor Dr. O. Kratky, Vorstand des Instituts für theoretische und physikalische Chemie der Universität Graz.

Professor Dr. A. Münster, Leiter des Metall-Laboratoriums der Metallgesellschaft A.-G., Frankfurt a. M.

Dozent Dr. G. Porod, Institut für theoretische und physikalische Chemie der Universität Graz.

Dozent Dr. E. Schauenstein, Institut für theoretische und physikalische Chemie der Universität Graz.

Professor Dr. A. G. Smekal, Vorstand des Physikalischen Instituts der Universität Graz.

Dr. A. J. Staverman, Centraal-Laboratorium-T. N. O., Delft, Holland.

Professor Dr. H. A. Stuart, o. Professor für chemische Physik an der Universität Mainz

Privatdozent Dr. E. Treiber, Diplomchemiker im Centrallaboratorium der Celluloseindustrie Schwedens, Stockholm.

Dr. F. Würstlin, Meß- und Prüfabteilung der Bad. Anilin- & Soda-Fabrik A. G., Ludwigshafen a. Rh.

Inhaltsverzeichnis.

Erster Teil.

Ordnungszustände.

Erstes Kapitel:

Vorstufen der kristallinen Ordnung.
Von W. KAST und H. A. STUART.
Mit 17 Abbildungen.

Zweites Kapitel:

**Grundlagen der Theorie der Röntgenstreuung
von Kristallgittern und Flüssigkeiten.**
Von W. KAST.
Mit 41 Abbildungen.

Drittes Kapitel:

Allgemeine Struktureigenschaften vollkristalliner und amorpher fester Hochpolymerer.

Von A. G. SMEKAL.

Mit 31 Abbildungen.

Viertes Kapitel.
Gitterstruktur der hochpolymeren Stoffe.
Von O. Kratky, G. Porod und E. Schauenstein.
Mit 45 Abbildungen.

Fünftes Kapitel:
Übermolekulare Ordnungszustände in Systemen mit kristallisierenden Fadenmolekülen.
Von W. Kast, O. Kratky, G. Porod und H. A. Stuart.
Mit 83 Abbildungen.

Sechstes Kapitel:

Morphologische Strukturen bei natürlichen Fasern.

Von E. Treiber.

Mit 26 Abbildungen.

Zweiter Teil.

Kristallisations- und Umwandlungserscheinungen.

Siebentes Kapitel:

Allgemeine Betrachtungen.

Von A. Münster und A. J. Staverman.

Mit 11 Abbildungen.

Achtes Kapitel:

Charakteristische Erscheinungen beim Kristallisieren und Schmelzen von Hochpolymeren und ihre Deutung.

Von W. Brenschede, E. Jenckel, A. Münster und H. A. Stuart.

Mit 84 Abbildungen.

Neuntes Kapitel:

Kristallisation und Molekülstruktur.

Von H. A. STUART.

Mit 9 Abbildungen.

Erster Teil.

Ordnungszustände.

Erstes Kapitel.

Vorstufen der kristallinen Ordnung.

Von

W. KAST und H. A. STUART.

Mit 17 Abbildungen.

Vorbemerkung.

Für das Verständnis vieler Erscheinungen bei hochpolymeren Körpern ist es wichtig, sich darüber klar zu sein, daß wir es nicht nur mit kristallartigen und amorphen Gebieten zu tun haben, sondern daß dazwischen die verschiedensten Nahordnungs- und mesomorphen Zustände liegen können. Dabei sind die Übergänge von einer Ordnungsstufe zur nächsten bei Hochpolymeren oft so fließend, vgl. § 3 und 4, daß eine klare Abgrenzung nicht immer möglich ist. Viele der hier auftretenden Ordnungszustände finden wir schon in niedermolekularen Systemen. Da sie bei diesen viel besser bekannt und auch ihre Entstehungsbedingungen viel besser erforscht sind, ist es zweckmäßig, beim Studium von Ordnungszuständen mit einigen charakteristischen Erscheinungen bei niedermolekularen Stoffen zu beginnen. Wir schicken daher zwei Paragraphen über die „Ordnung in niedermolekularen Flüssigkeiten" und über die „Ordnung in mesomorphen Schmelzen und Seifenlösungen" voraus.

§ 1. Ordnung in niedermolekularen Flüssigkeiten[1].

Von H. A. STUART.

Packt man Kugeln dicht zusammen, so findet man eine bestimmte Ordnung insofern, als die Häufigkeit der Abstände benachbarter Atome (von Mittelpunkt zu Mittelpunkt gemessen) mehrere Maxima zeigt.

---

[1] Zur Ordnung und Struktur in Flüssigkeiten vgl. H. A. STUART: Kolloid-Z. **96**, 149 (1941) sowie die folgenden zusammenfassenden Darstellungen: E. FISCHER: Aufbau der Flüssigkeiten, Physik regelmäß. Ber. **8**, 1 (1940); K. HERRMANN: Physik regelmäß. Ber. **4**, 63 (1936). Ferner H. VOLKMANN: in „Naturforschung und Medizin in Deutschland" (Fiat Review of German Science) **30**, 151 (1947) sowie H. A. STUART: „in Naturforschung und Medizin in Deutschland" **10**, 1 (1947); K. L. WOLF: Zur Morphologie der Flüssigkeiten, Die Chemie **57**, 44 (1944) — A. EUCKEN: Lehrbuch der Chemischen Physik, 2. Aufl. Bd. II, 2, S. 805ff. Leipzig 1944.

Diese geordnete Verteilung der Schwerpunkte, die auch bei Flüssigkeiten zu diffusen Röntgeninterferenzen führt, wird in § 6 näher behandelt werden. An dieser Stelle interessiert uns nur die Ordnung hinsichtlich der Orientierung.

Infolge der dichten Packung und der zwischenmolekularen Kräfte ist bereits in gewöhnlichen niedermolekularen Flüssigkeiten sowie in einem sehr hoch verdichteten Gase — auch oberhalb des kritischen Punktes — eine gewisse molekulare Ordnung vorhanden. Diese besteht darin, daß die Nachbarn um ein beliebig herausgegriffenes Molekül herum nicht wie in einem verdünnten Gase völlig ungeordnet verteilt sind, sondern bezüglich der Abstände und der Orientierung eine ausgeprägte Ordnung aufweisen. Für eine gewöhnliche Flüssigkeit ist es charakteristisch, daß diese Ordnung schon nach wenigen Molekülabständen abgeklungen ist, wir sprechen daher von einer *Nahordnung*. In der kristallin-flüssigen Phase erstreckt sich diese Ordnung, wie aus der Trübung des Mediums folgt, auf Gebiete von der Größenordnung der Lichtwellenlänge. Hier liegt also eine begrenzte Fernordnung vor, vgl. § 2, die sich erst im Kristall auf im Idealfall unbegrenzte Gebiete erstreckt.

Die Nahordnung hängt wesentlich von der Dichte ab. Das zeigen sehr eindringlich die Modellversuche von KAST und STUART[1] über die molekulare Struktur in Flüssigkeiten, bei denen im Anschluß an frühere Versuche von STUART und REHAAG[2] kleine Messingkörper verschiedener Form, mit und ohne eingebaute Magnetchen, auf einer Schüttelmaschine in kräftige ungeordnete Bewegung versetzt und ihre Bewegung und momentane Ordnung gefilmt wurden.

Die Abb. I, 1a zeigt, wie bei einer Packungsdichte von 0,4, was etwa Kohlensäure der Dichte 0,46 entsprechen würde, noch völlige Unordnung bezüglich der Orientierung herrscht. Bei der Dichte 0,7 (s. Abb. I, 1b) ist aber die Rotation der Teilchen sehr stark eingeschränkt und die regellose Verteilung bereits infolge der unsymmetrischen Form auch beim Fehlen von Anziehungskräften unmöglich geworden. Es ist eine Nahordnung vorhanden, wobei benachbarte Teilchen bevorzugt parallel angeordnet sind, Kettenbildung. Nach einem Abstand von wenigen Teilchenlängen ist diese bevorzugte Ausrichtung der Teilchen in bezug auf das ursprünglich ins Auge gefaßte Teilchen verschwunden. Die Nahordnung an einer bestimmten Stelle ist nicht nur örtlich begrenzt, sondern auch sehr kurzlebig, insofern als die an bestimmten Stellen vorhandenen Ketten sich infolge der Wärmebewegung sehr schnell auflösen und an anderen Stellen wieder neu bilden. Bei kleinen Molekülen kann ihre Lebensdauer auf 10^{-8} bis 10^{-10} Sekunden geschätzt werden.

Die örtliche Änderung der Vorzugsrichtung in bezug auf irgendein Teilchen erfolgt nun meist nicht allmählich, sondern sprunghaft. Wie Abb. I, 1b lehrt, wird nämlich bei Stäbchenmolekülen (das gilt auch für die Segmente von Kettenmolekülen) die Parallelisierung zweier nicht unmittelbar benachbarter Moleküle durch eine dazwischenliegende Kette von parallelen Nachbarn besorgt. Wir können daher genähert so vor-

---

[1] KAST, W. u. H. A. STUART: Physik. Z. **40**, 714 (1939).
[2] REHAAG, H. u. H. A. STUART: Physik. Z. **38**, 1027 (1937).

gehen, daß wir alle Moleküle in bezug auf ein willkürlich gewähltes Ausgangsmolekül in parallele und nichtparallele Moleküle einteilen. Geringe Abweichungen von der Parallellage sind dabei unwesentlich. Wir wollen also alle Moleküle, die um nicht mehr als $10°$ C gegen die Bezugsrichtung verdreht sind, als parallel und alle anderen als in bezug auf das Ausgangsmolekül „ungeordnet" ansehen. Die *Reichweite der Parallelisierung* können wir durch denjenigen Abstand r_x charakterisieren, in welchem die Wahrscheinlichkeit, ein Molekül in der Parallellage in bezug auf das Ausgangsmolekül anzutreffen im Mittel auf den x-ten Teil (z.B. $^1/_{10}$) abgeklungen ist[1]. Der Umstand, daß ein Molekül mehr als zwei parallele Nachbarn haben kann, führt zur Bildung von verzweigten und versetzten

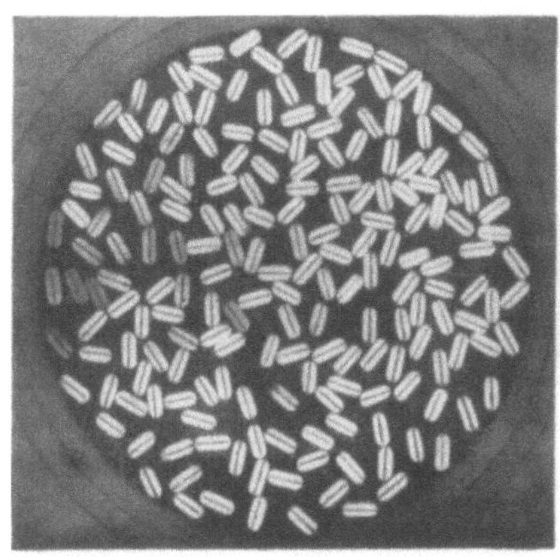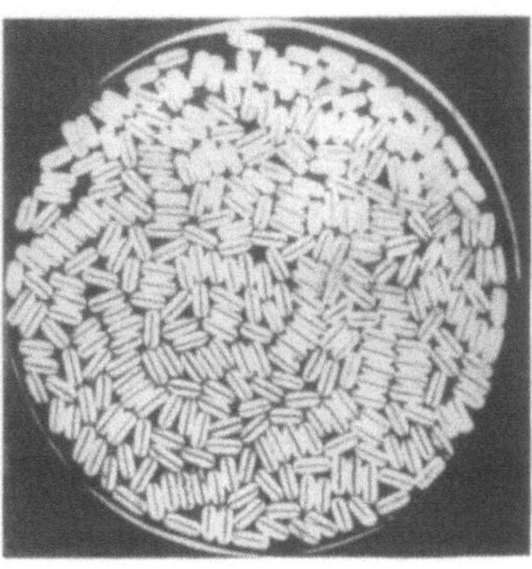

Abb. I, 1a und b. Die Nahordnung in einer Flüssigkeit als Folge der Packungsdichte und unsymmetrischen Molekülform. (Nach Modellversuchen von REHAAG und STUART.)

Parallelketten. Schon die Abb. I, 1b läßt für den ebenen Fall solche Verzweigungen erkennen. Bei räumlicher Anordnung und bei Kettenmolekülen sind sie viel häufiger, vgl. dazu auch § 45 und Abb. 54.

Sind noch allgemeine Anziehungskräfte von der Art des Dispersionseffektes vorhanden, so wird die Parallelisierung verstärkt, die Reichweite größer. Soweit ausgeprägte Dipol- oder Quadrupolkräfte vorhanden sind, erhalten wir für diese charakteristische Formen der Nahordnung, vgl. die Abb. I, 2a und b.

Wir kommen so zur Auffassung, daß je nach der Form der Moleküle, der Art der zwischenmolekularen Kräfte und der geometrischen Anordnung der Atomgruppen mit ausgeprägten und gerichteten Kräften oder der Partner für Wasserstoffbrücken ganz charakteristische temperatur- und dichteabhängige Vorzugsanordnungen auftreten. Diese können häufig, aber keineswegs in der Regel, als die verwackelte Ordnung der kristallinen Phase aufgefaßt werden. Beachtet man ferner, daß die örtliche

---

[1] Vgl. auch F. C. FRANK: Physik. Z. **39**, 530 (1938).

1*

Nahordnung sich zeitlich sehr schnell ändert, so erkennt man, daß die Bezeichnung „quasikristallin" für die Ordnung in Flüssigkeiten sehr irreführend ist und allgemein durch den Begriff „Nahordnung" ersetzt werden sollte, der also sowohl die begrenzte Reichweite, wie die kurze Lebensdauer als charakteristische Merkmale der Ordnung in Flüssigkeiten enthält. Das ist auch im Einklang mit der Tatsache, daß in Flüssigkeiten wie in Gläsern keine Röntgenkleinwinkelinterferenzen beobachtet werden, wie sie beim Vorhandensein von kleinsten kristallinen Bezirken mit einigermaßen einheitlicher Größe auftreten müßten.

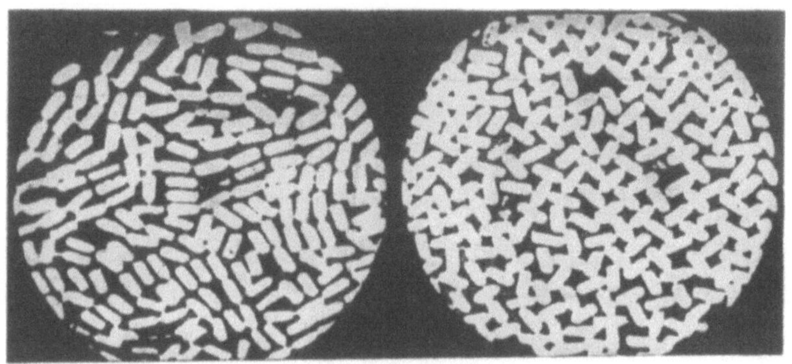

Abb. I, 2a und b. Nahordnung in Flüssigkeiten mit Dipol- bzw. Quadrupolmolekülen. (Aus einem Modellfilm von KAST und STUART.)

Komprimiert man ein System auf sehr hohe Dichte, so wird die Nahordnung von der Temperatur ziemlich unabhängig. Ein oberhalb der kritischen Temperatur durch sehr hohe Drucke auf Flüssigkeitsdichte gebrachtes Gas kann, wie Modellversuche von STUART[1] zeigen, dieselbe Nahordnung wie die Flüssigkeit derselben Dichte besitzen.

Wir betrachten nun einige Beispiele von Ordnungszuständen. Die FOURIER-Analyse von Röntgenuntersuchungen an kurzen Paraffinketten ergibt[2], daß diese bevorzugt parallel liegen, mittlerer Abstand etwa 5 Å. Vieles spricht dafür, daß der Unterschied zwischen der Ordnung im flüssigen und im festen Zustande bei Paraffinen besonders gering ist. Elektronenbeugungsmessungen[3] und eine Diskussion der Dichten in der Nähe des Schmelzpunktes[4] machen es wahrscheinlich, daß bei kurzen Paraffinmolekülen im festen Zustande eine hexagonale Zylinderpackung und in der Flüssigkeit eine quadratische Packung vorliegt. Die Annahme einer quadratischen Packung im flüssigen Zustande steht allerdings im

---

[1] STUART, H. A.: Z. Physik **124**, 348 (1948).

[2] PIERCE, W. C.: J. chem. Physics **3**, 252 (1935). — Beobachtungen von S. KATZOFF: J. chem. Physics **2**, 841 (1934).

[3] LUFCY, C. W., F. S. PALUBINSKAS u. L. R. MAXWELL: J. chem. Physics **19**, 217 (1951).

[4] VAND, V.: „On Densities of Paraffins", Acta Cryst. **6** (1953) (im Druck); zit. nach V. DANIEL: Advances in Physics **2**, 450 (1953).

Widerspruch zu älteren Untersuchungen von PIERCE[1], der auf eine hexagonale Anordnung geschlossen hatte.

Beim Benzol[2] findet man sechs Nachbarn in der Ringebene, die einen mittleren Abstand von 6,7 Å vom Zentrum haben, während die parallelen Ebenen der Moleküle um 3,7 Å auseinanderliegen.

Die Koppelung durch Dipolkräfte kann zu sehr ausgeprägten Ordnungszuständen führen[3]. Bei geringer Dipolkonzentration bewirkt die Wärmebewegung eine statistische gegenseitige Orientierung, vgl. Abb. I, 3[4]. Bei höherer Konzentration und bei reinen polaren Flüssigkeiten oder bei solchen mit Quadrupolmomenten kann die statistische Ordnung immer mehr ausgeprägte viereckige bzw. kettenförmige Strukturen aufweisen, vgl. die Abb. I, 2a und b nach Modellversuchen.

Bei niederen Alkoholen zeigt das Röntgenstreubild einen bevorzugten O—O-Abstand von 2,7 Å[5], dem das in der Abb. I, 4 wiedergegebene zu einer Kettenassoziation führende Wasserstoffbrückensystem entspricht[6]. Weitere Aufnahmen[7] an höheren Alkoholen ergeben, daß die Paraffinketten von den OH-Gruppen wegstrebend sich gegenseitig parallelisieren[8]. Oberhalb Zimmertemperatur wird der O—O-Abstand immer undeutlicher. Daraus folgt, daß die Wasserstoffbrücken sich immer häufiger lösen, die Kettenbildung zurückgeht und die einzelnen Moleküle gegeneinander immer beweglicher werden[9].

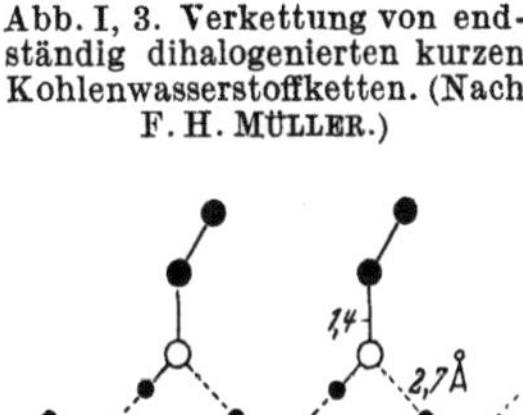

Abb. I, 3. Verkettung von endständig dihalogenierten kurzen Kohlenwasserstoffketten. (Nach F. H. MÜLLER.)

Abb. I, 4. Kettenbildung im Äthylalkohol. (Nach ZACHARIASEN.)

---

[1] PIERCE, W. C.: J. chem. Physics **3**, 252 (1935).

[2] PIERCE, W. C.: J. chem. Physics **5**, 717 (1937).

[3] Vgl. dazu auch F. H. MÜLLER u. CHR. SCHMELZER: Ergebn. exakt. Naturwiss. **25**, 359 (1951).

[4] MÜLLER, F. H.: Kolloid-Z. **108**, 70 (1944).

[5] Dieser Abstand ist für einen innermolekularen Abstand zweier O-Atome zu groß, aber wiederum zu klein für den Abstand zweier Atome, die verschiedenen Molekülen angehören. Er ist daher der Wasserstoffbrücke O—H…O zuzuordnen, vgl. auch Band I § 7.

[6] ZACHARIASEN, W. H.: J. chem. Physics **3**, 158 (1935). — G. G. HARVEY: J. chem. Physics **6**, 111 (1938).

[7] STEWART, G. W.: Physic. Rev. **32**, 558 (1928). — B. E. WARREN: Physic. Rev. **44**, 969 (1933).

[8] Dieser Ordnungszustand, bei dem sich gewissermaßen die Dipolkräfte der polaren Gruppen unter sich und die Dispersionskräfte zwischen den Paraffinresten absättigen, stellt eine Art von Entmischung der hydrophilen und hydrophoben Anteile in molekularen Dimensionen dar. Erst wenn die Träger der beiden Anteile verschiedenen Molekülen angehören, kommt es, wie z.B. im System Wasser und Heptan, zu einer makroskopischen Entmischung. Entsprechende molekulare Entmischungen treten in gemischten Lösungsmitteln oder in solchen mit bifunktionellen Gruppen auf, vgl. Bd. II § 41a.

[9] Diese Assoziation ist neuerdings von H. JAGODZINSKY: Z. Naturf. **2a**, 465 (1947), unter Berücksichtigung der Drehbarkeiten um die C—C- und C—O-Valenz näher diskutiert worden.

Sehr interessant sind auch die Röntgenuntersuchungen von KAST und PRIETSCHK[1] an wasserhaltigem Äthylalkohol bei tiefen Temperaturen, die ein durch Wasserstoffbrücken gebildetes räumliches Netzwerk erkennen lassen, s. Abb. I, 5, dessen Netzstellen sich natürlich fortwährend auflösen und an anderen Stellen neu bilden. Diese statistische Vorstufe einer Gelstruktur gibt sich auch in einer anormal großen Viskosität und Unterkühlbarkeit zu erkennen. Erst wasserfreier Äthylalkohol kristallisiert normal.

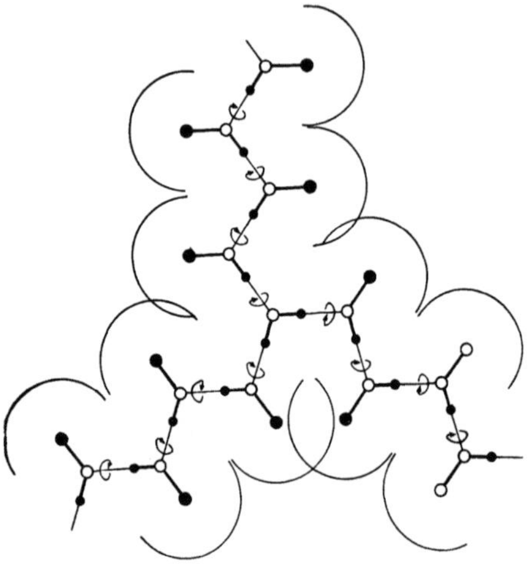

Die Frage nach der Struktur des Wassers kann hier nur gestreift werden. Während früher BERNAL und FOWLER[2] aus Röntgenuntersuchungen auf verschiedene Modifikationen des Wassers mit einer verwackelten, gitterartigen Tetraederstruktur geschlossen hatten[3], kommt EUCKEN[4] unter Berücksichtigung des thermischen und thermodynamischen Verhaltens von Wasser zur Auffassung, daß Wasser eine Mischung von verschiedenen Assoziaten, vor allem von Zweier-, Vierer- und Achterkomplexen darstellt, wobei die „eisartigen" Achteraggregate für die anomale Druck- und Temperaturabhängigkeit der Dichte verantwortlich sind. Diese Komplexe darf man sich aber nicht als zeitlich beständige, nebeneinander existierende Aggregate vorstellen. Die Tatsache, daß man die dielektrische Dispersion des Wassers mit einer einzigen scharfen Relaxationszeit τ beschreiben kann, zeigt nämlich, wie MÜLLER und SCHMELZER[5] betonen, daß man diese Relaxationszeit nicht mit der Rotation der verschiedenen Aggregate verknüpfen kann, die ja verschiedene Relaxationszeiten haben müßten. Man muß also τ mit einem allen Aggregaten gemeinsamen Prozeß, nämlich mit dem Platzwechsel eines Wassermoleküls von einem Komplex zum andern in Verbindung bringen. Es kommt also offenbar nicht zu einer Orientierung der ganzen Aggregate im elektrischen Felde, was zu einer Verschmierung der Relaxationszeit führen würde. Der Molekülaustausch zwischen den verschiedenen Komplexen, d.h. ihre gegenseitige Umwandlung, erfolgt so schnell, daß ein Komplex, lange ehe er eine Rota-

Abb. I, 5. Vernetzung von Alkoholmolekülen durch Wassermoleküle. (Nach KAST und PRIETSCHK.)

---

[1] KAST, W. u. A. PRIETSCHK: Z. Elektrochem. angew. physik. Chem. **47,** 112 (1941). — A. PRIETSCHK: Z. Physik **117,** 482 (1941).

[2] BERNAL, J. D. u. R. H. FOWLER: J. chem. Physics **1,** 515 (1933).

[3] Eine Diskussion der verschiedenen Deutungen des Röntgendiagramms findet sich bei A. F. WELLS: Structural Inorganic Chemistry 2. Ed. Oxford 1950.

[4] EUCKEN, A.: Z. Elektrochem. angew. physik. Chem. **52,** 255 (1948); Nachr. Wiss. Göttingen, Math. Phys. Kl. **1946,** 38.

[5] MÜLLER, F. H. u. CHR. SCHMELZER: Ergebn. exakt. Naturwiss. **25,** 359 (1951)

tion auszuführen vermag, bereits wieder umgewandelt worden ist. Man erkennt an diesem Beispiel, daß eine starke Assoziation nicht an eine hohe Lebensdauer der Komplexe gebunden ist[1].

§ 2. Ordnung in mesomorphen Schmelzen und Seifenlösungen.

Von W. KAST.

a) Definitionen.

Die Bezeichnung „mesomorphe Phase" wurde von M. u. G. FRIEDEL[2] für die sog. „kristallinen Flüssigkeiten" eingeführt. Diese Stoffe sind dadurch gekennzeichnet, daß sich zwischen dem festen kristallinen und dem normalen flüssigen bzw. geschmolzenen Zustand mit scharfen Umwandlungspunkten beiderseits ein anisotrop-flüssiger Zustand einschiebt, der in dicken Schichten trübe erscheint, unter äußeren Kräften, wie Grenzflächenkräften, magnetischen und elektrischen Feldern oder auch durch Strömungsorientierung aber die Eigenschaften einachsiger Kristalle annehmen kann. Er enthält also im Vergleich zu den Lichtwellenlängen große einachsige Molekülgruppen, und diese stehen insofern „meso", d. h. zwischen den Strukturen der Kristalle und der Flüssigkeiten, als die Moleküle in ihnen zwar bestimmte, aber keineswegs alle Freiheitsgrade der Bewegung haben.

M. u. G. FRIEDEL unterscheiden „nematische" und „smektische" Systeme mit fadenförmigen bzw. seifenartigen Strukturen. Zu den ersteren gehören LEHMANNS „flüssige Kristalle" oder die „pl-Phasen" VORLÄNDERS[3], so genannt, weil die p-Azo- und Azoxy*phenol*äther ihre wichtigsten und am leichtesten zugänglichen Vertreter sind; die smektischen entsprechen LEHMANNS „fließenden Kristallen" oder VORLÄNDERS bz-Phasen (nach den p-Azoxy*benzoesäureestern* als den bekanntesten Vertretern). Vielfach treten bei derselben Verbindung auch beide Phasen hintereinander auf, und zwar stets in der Reihenfolge:

$$\text{kristallin (fest)} \rightleftharpoons \text{smektisch} \rightleftharpoons \text{nematisch} \rightleftharpoons \text{amorph (flüssig).}$$

VORLÄNDER, der sich vom chemischen Standpunkt aus bevorzugt mit diesen Zuständen beschäftigt hat, erkannte, daß eine möglichst gestreckte und unverzweigte Molekülform die Voraussetzung für ihr Auftreten bildet. Nach diesem Prinzip konnte er über 1000 Verbindungen darstellen, die kristallinflüssige Schmelzen zeigen. Das allgemeine Bauprinzip entspricht in allen Fällen der Form

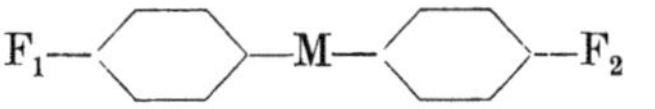

$$\mathrm{F_1}-\bigcirc-\mathrm{M}-\bigcirc-\mathrm{F_2}$$

oder

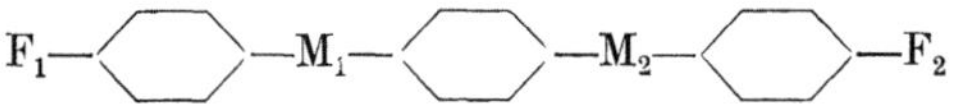

$$\mathrm{F_1}-\bigcirc-\mathrm{M_1}-\bigcirc-\mathrm{M_2}-\bigcirc-\mathrm{F_2} \quad \text{usw.}$$

---

[1] Wie bei Rotationsisomeren ist die *Verteilung* über die einzelnen Konfigurationen durch die Energiedifferenzen zwischen diesen Zuständen bestimmt, die *Umwandlungsgeschwindigkeit* aber durch die dazwischenliegenden Potentialschwellen.

[2] FRIEDEL, G.: Ann. de physique (9) **18**, 274 (1922).

[3] VORLÄNDER, D.: Chem. Krystallographie der Flüssigkeiten, Akad. Verlagsgesellschaft, Leipzig 1924.

Die Flügelgruppen sind meist Alkyl- oder Alkoxygruppen; als Mittelgruppen treten die Azo-, Azomethin- oder Azoxygruppen, aber auch geradzahlige Alkyl- oder Alkoxygruppen oder die Doppelcarboxylgruppe mit Wasserstoffbindungen auf[1]. An die Stelle der Benzolringe können, wie WEYGAND[2], der die Arbeiten VORLÄNDERS fortsetzte, nachwies, auch Diengruppen treten. Bis dahin waren an aliphatischen Verbindungen mit kristallinflüssigen Schmelzen nur die fettsauren Salze bekannt, die auch in wäßriger Lösung kristallinflüssig-smektische Eigenschaften zeigen. Eine Sondergruppe stellen schließlich die blättchenförmigen Cholesterinverbindungen dar, an deren einer, dem Cholesterylbenzoat im Jahre 1888 der trübe flüssige Zustand von REINITZER zum ersten Male beobachtet und von LEHMANN als kristallinflüssig erkannt wurde.

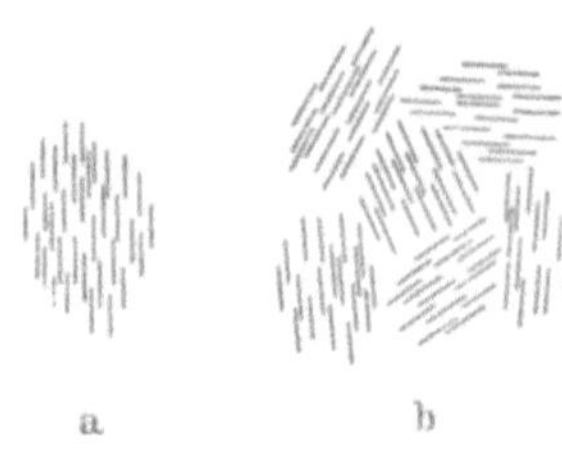

Abb. I, 6. Nematische Struktur (schematisch: nach FRIEDEL): a) einzelner Schwarm, b) Aufbau der Schmelze.

b) Der nematische Zustand.

Die nematische Struktur ist durch bloße Parallellagerung der Moleküle zu Schwärmen mit Durchmessern von einigen μ charakterisiert. In Abb. I, 6 ist ein solcher Schwarm und der Aufbau der nematischen Schmelze aus ihnen

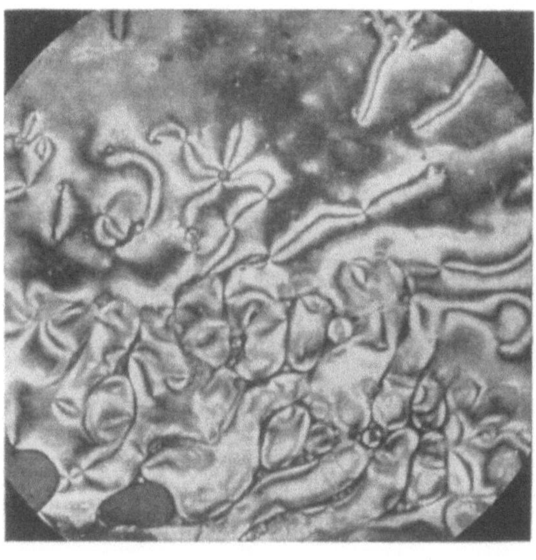

Abb. I, 7. Polarisationsmikroskopische Aufnahmen: a) p-Azoxyphenetol; nematisch, dickere Schicht.

---

[1] Dabei gab VORLÄNDER auf Grund der Beobachtung, daß Verbindungen mit der Mittelgruppe $-CH_2-O-$ ebenso wie mit $-CH_2-CH_2-$ kristallinflüssig werden, die erste Voraussage der Winkelung der Valenzen des zweiwertigen Sauerstoffs. Ebenso schrieb er wegen des kristallinflüssigen Auftretens der Alkyl- und Alkoxybenzoesäuren erstmalig ein Säuredoppelmolekül auf.

[2] WEYGAND, C., R. GABLER u. J. ZIMMERMANN: Z. physik. Chem. **50,** 124 (1941).

schematisch dargestellt. Die Schmelzen können auch noch weitergehend strukturiert sein, indem Verunreinigungen zu strahlenförmigen Ausgangs-

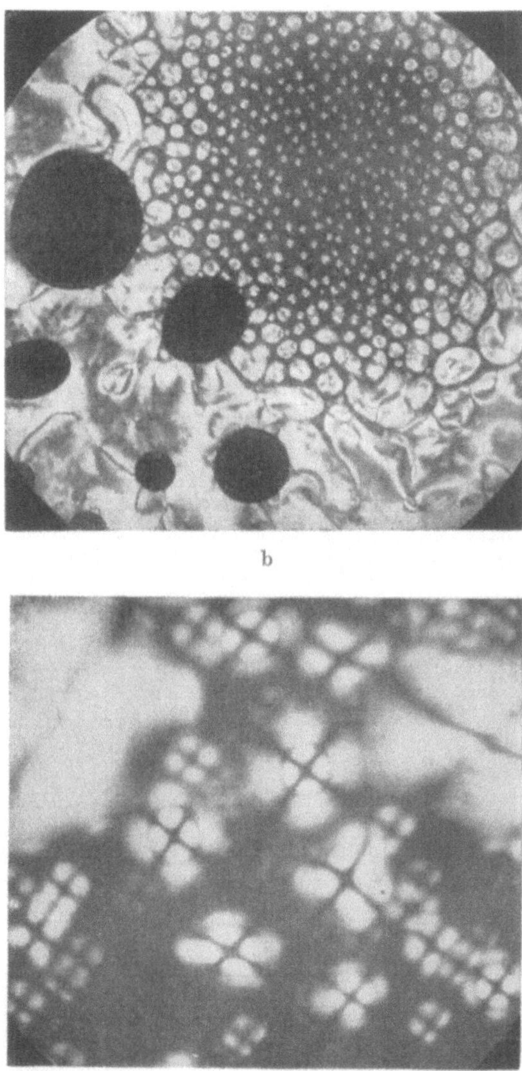

b

c

Abb. I, 7 b und c. Polarisationsmikroskopische Aufnahmen. b) p-Azoxyanisol, nematisch, Übergang zu am. fl.;   c) p-Äthoxybenzalaminozimtester-Gemisch, nematisch. (Nach VORLÄNDER.)

punkten solcher Schwärme werden, oder indem diese sich umhüllend zu linearen Gebilden anordnen, deren Kern unter dem Polarisationsmikroskop als schwarze Fäden (daher „nematisch“) erscheinen (Abb. I, 7 a). Isolierte Tropfen, wie sie beim Aufschmelzen in der im übrigen schon klaren (dunklen) Schmelze oder in einem Öl als Suspensionsmittel erscheinen, zeigen eine Sphärolithstruktur, die sich durch das Auftreten von Achsenkreuzen verrät (Abb. I, 7b und c). Die Tropfen drehen sich im Magnetfeld in eine bestimmte Stellung; sie sind also nicht radial, sondern jedenfalls tangential aufgebaut, so daß sie einen Pol und einen Gegenpol besitzen.

Die Moleküle der nematischen Gruppen sind frei bezüglich aller drei Translationen, bei den Rotationen jedoch nur bezüglich der um ihre Längsachsen. Rotationen um die darauf senkrechten Achsen sind nicht möglich. Die Schwärme sind infolgedessen diamagnetisch, dielektrisch, optisch und rheologisch anisotrop. Vor allem sind sie doppelbrechend, und ihre charakteristische Trübung folgt quantitativ den Gesetzen der Lichtzerstreuung eines Mediums, in dem willkürliche Gradienten des Brechungsexponenten bestehen[1]. Die Trübung verschwindet bei spontaner Aufrichtung der Schwärme in dünnen Schichten auf der Unterlage oder durch die erzwungene Einstellung in einem magnetischen Felde. Bei Durchstrahlung parallel zum Magnetfeld mit konvergentem Licht erscheint dann das Achsenbild eines senkrecht zur Achse geschnittenen einachsigen Kristalles[2].

Ihrer diamagnetischen Anisotropie[3] entsprechend stellen die Schwärme ihre Achsen in die Richtung des magnetischen Feldes. Die mit der Resultierenden senkrecht zur Molekülachse stehenden Dipolmomente der Azoxyphenoläther ergeben dann, wenn das elektrische Meßfeld senkrecht zu den Molekülachsen steht, eine größere Dielektrizitätskonstante, als wenn es parallel dazu verläuft, weil infolge der allein freien Rotation der Moleküle um ihre Achsen nur im ersteren Falle eine Orientierungspolarisation auftreten kann[4]. Die quantitative Verfolgung des Orientierungsvorganges mit wachsender magnetischer Feldstärke durch solche DK-Messungen[4, 5] führte dann auf Schwarmgrößen von 10^5 bis 10^6 Molekülen, was den oben geschätzten Querdimensionen von einigen μ gut entspricht. Dadurch wird die in Feldern von etwa 1000 Gauß auftretende Sättigung verständlich, ebenso wie die von KAST[6] gefundene Erscheinung, daß das Röntgendiagramm einer kristallinflüssigen Schmelze in einem Magnetfeld, das senkrecht zur Richtung des Primärstrahles verläuft, ein Faserdiagramm nach der Feldrichtung darstellt (Abb. I, 8). Damit ist ein sehr charakteristischer Unterschied gegenüber dem Diagramm der normalen Schmelze gegeben, das im Felde keine Änderung erfährt. Denn ohne Feld zeigen *beide* Diagramme nur einen gleichmäßigen[7] diffusen Halo, dessen Schwerpunkt dem häufigsten seitlichen Abstand der Stäbchenmoleküle (4 Å)

---

[1] RIWLIN, R.: Diss. Utrecht 1924.

[2] WIJK, A. VAN: Ann. Physik (5) **3**, 879 (1929).

[3] FOEX, G. u. L. ROYER: Compt. rend. **180**, 1912 (1925).

[4] KAST, W.: Ann. Physik (4) **73**, 154 (1924).

[5] FREEDRICKSZ, V. u. A. REPIEWA: Z. Physik **42**, 532 (1927).

[6] KAST, W.: Ann. Physik (4) **83**, 418 (1927) und Z. Physik **71**, 39 (1931).

[7] Wenn sich in dem linken Röntgendiagramm der Abb. 1, 8 eine Queraufspaltung andeutet, so liegt das daran, daß die Schmelze hier durch ebene Flächen begrenzt war, die senkrecht zur Pfeilrichtung verliefen, und daß die Molekülschwärme die Tendenz haben, sich zu solchen Flächen parallel zu stellen.

entspricht, und auch die Durchmesser beider Ringe stimmen praktisch überein. Das ist die Folge der überraschend kleinen Dichteabnahme beim Übergang vom nematisch-flüssigen zum amorph-flüssigen Zustand, die nur

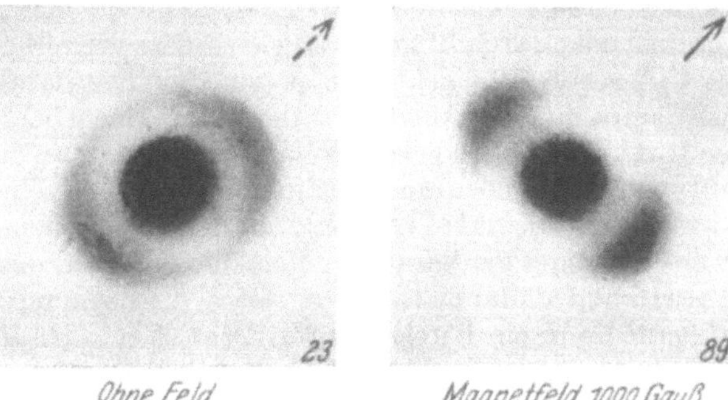

Abb. I, 8. Röntgendiagramm einer nematischen Schmelze: a) ohne, b) mit Magnetfeld in der Pfeilrichtung. (Nach KAST.)

zu verstehen ist, wenn auch im amorph-flüssigen Zustand eine Parallelisierung benachbarter Moleküle gegeben ist; doch ist diese, dem Charakter der Flüssigkeitsnahordnung entsprechend, hier nur auf wenige Molekülabstände beschränkt. Das folgt auch aus der optischen Klarheit dieser Schmelze – der Übergangspunkt wird deshalb als Klärpunkt bzw. Trübungspunkt bezeichnet – und aus ihrer durchaus normalen magnetischen Doppelbrechung. Bei stärkerer Annäherung an den Trübungspunkt steigt diese nach den Messungen von ZADOC-KAHN[1] aber immer stärker und am Umwandlungspunkt selbst unendlich steil an, ein entsprechendes Wachstum der parallelisierten Bereiche anzeigend (Abb. I, 9).

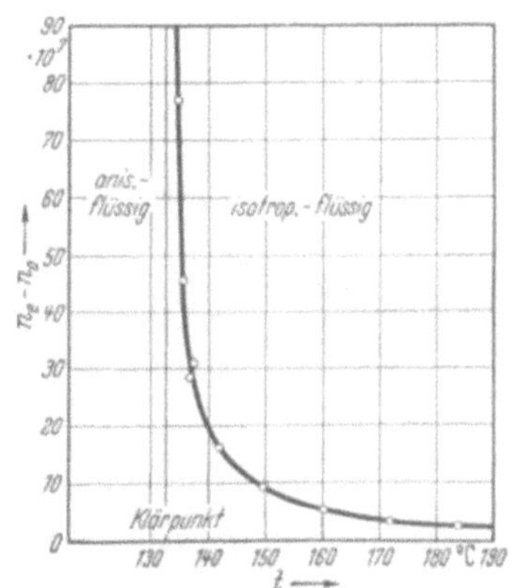

Abb. I, 9. Magnetische Doppelbrechung von p-Azoxyanisol am Übergangspunkt amorph- zu nematisch-flüssig. (Nach ZADOC-KAHN.)

Auch nach den Betrachtungen von FRANK[2] wird die bei abnehmender Temperatur erfolgende scharfe Umwandlung der isotropen Schmelze in eine anisotrope nur verständlich, wenn in der klaren Schmelze bereits die Tendenz zur Parallelstellung benachbarter Moleküle vorhanden ist, der Molekülbau also ein solcher ist, daß die wechselseitige potentielle Energie benachbarter Moleküle im Falle ihrer Parallelstellung ein ausgesprochenes Minimum besitzt. Von der Überlegung ausgehend, daß zwei nichtbenachbarte Moleküle nur dadurch in paralleler Lage gehalten werden können, daß eine Kette von unmittelbar benachbarten parallelen

[1] ZADOC-KAHN, J.: Compt. rend. **187,** 1138 (1927).
[2] FRANK, F. C.: Physik. Z. **39,** 530 (1938).

Molekülen dazwischenliegt, überträgt FRANK die Gesetze einer Kettenreaktion auf diesen Fall. Dabei zeigt sich, daß, unabhängig von dem Werte der Wahrscheinlichkeit F für die Fortsetzung der Kette, die Ausdehnung des Parallelismus unendlich wird, wenn das Verhältnis der Wahrscheinlichkeiten V für ihre Verzweigung und E für ihre Beendigung (durch Abbruch oder durch Ringschluß) gleich Eins wird. Wenn also das Verhältnis V/E gegen Eins geht, wie es mit abnehmender Temperatur denkbar ist, dann nimmt der Abstand, in dem — von einem beliebig herausgegriffenen Molekül ausgehend — die Wahrscheinlichkeit, ein dazu paralleles Molekül anzutreffen, noch einen bestimmten Wert hat, sehr schnell zu. Zugleich wird durch die dabei erhöhte Zahl der mehrfachen Bindungen innerhalb des Systemes der parallelen Moleküle der Grad des Parallelismus verbessert und dadurch wiederum seine Ausdehnung vergrößert. Dadurch könnte dann ein Bereich von Zwischenzuständen instabil und nicht realisierbar werden, die Ausdehnung des Parallelismus also sprunghaft wachsen, so daß auch die Existenz einer endlichen Umwandlungswärme verständlich wird. Im Falle des p-Azoxyanisol wurde tatsächlich eine kleine Umwandlungswärme am Klärpunkt[1] nachgewiesen. Sie ergab sich zu $4,2 \pm 0,2$ cal/Mol und Grad.

c) Der smektische Zustand.

Die Röntgendiagramme der smektischen Schmelzen zeigen außer dem diffusen Halo einige scharfe enge Ringe, deren Winkel den Moleküllängen entspricht. Hier existieren also Ebenen (smektische Ebenen) mit der Periode der Moleküllänge. Die freie Translation der Moleküle in ihrer Längsrichtung ist also aufgehoben; sie liegen statt dessen mit ihren Köpfen in einer Ebene nebeneinander, wobei nach Aussage des Halo die Unregelmäßigkeit der Querabstände und die freie Rotation der Moleküle um ihre Achsen noch erhalten sind. So ergibt sich das in Abb. I, 10 wiedergegebene Ordnungsschema der Moleküle der smektischen Schmelzen. An die Stelle der axialen Verschieblichkeit der nematischen Schmelzen tritt hier eine bevorzugte Gleitung der smektischen Ebenen übereinander quer zur Richtung der Molekülachsen. Man beobachtet so auch nicht runde, sondern flache, stufenartig aufgebaute Tropfen[2],

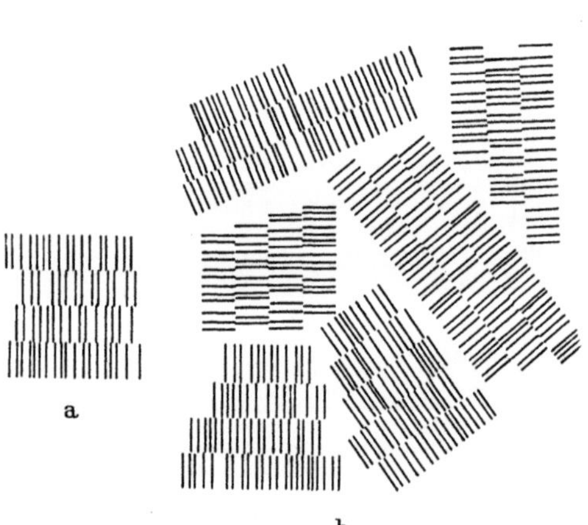

Abb. I, 10. Smektische Struktur (schematisch nach FRIEDEL): a) einzelner Schwarm, b) Aufbau der Schmelze.

---

[1] KREUTZER, K. u. W. KAST: Naturw. **25**, 233 (1937). — K. KREUTZER: Ann. Physik (5), **33**, 192 (1938).

[2] GRANDJEAN, M. F.: Compt. rend. **172**, 71 (1921).

die bei der Durchstrahlung senkrecht zu den Molekülachsen auf dem Äquator den diffusen Halo der schwankenden Querabstände und auf dem Meridian die verschiedenen Ordnungen der scharfen Periode der Moleküllänge zeigen[1]. Auch die in Abb. I, 11 wiedergegebene polarisationsmikroskopische Aufnahme der smektischen Schmelze des p-Azoxybenzoesäureäthylesters läßt deutlich das Auftreten geradlinig-stäbchenartiger Strukturen an Stelle der runden tropfenartigen Strukturen der nematischen Schmelzen (s. Abb. I, 7b) erkennen. Einen solchen Aufbau zeigen aber nicht nur die Schmelzen, sondern auch die wäßrigen Lösungen der Seifen. Die Seifenmizellen stellen einfach smektische Molekülgruppen dar, wobei die smektischen Ebenen der hydrophilen Salzgruppen durch Wasserschichten getrennt sind. Ihr Aufbau und vor allem das Verhalten von Seifenmischungen ist von HESS und KIESSIG[2] ausführlich untersucht worden (Abb. I, 12). Dabei ergab sich insbesondere, daß die Mischseifen einbasischer Säuren die gleiche Struktur haben, indem die Kohlenwasserstoffreste zur Einpassung in die Mischgitter oder die Mischzellen umgeknickt sind.

Während bei den Stäbchenmolekülen, die nematische Schmelzen

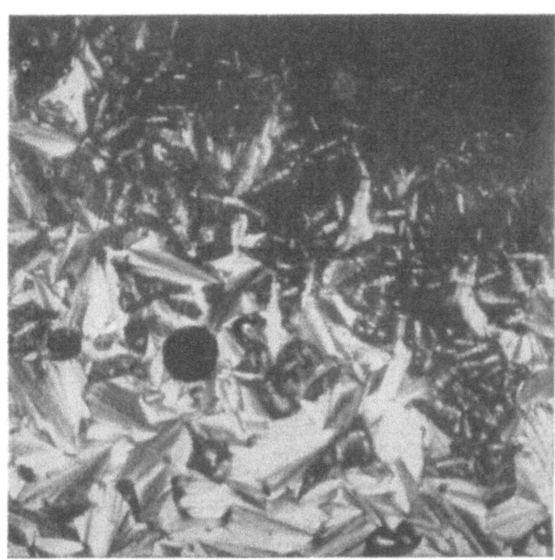

Abb. I, 11. Polarisationsmikroskopische Aufnahme der smektischen Schmelze des p-Azoxybenzoesäureäthylesters; Übergang zu amorph-flüssig. (Nach VORLÄNDER.)

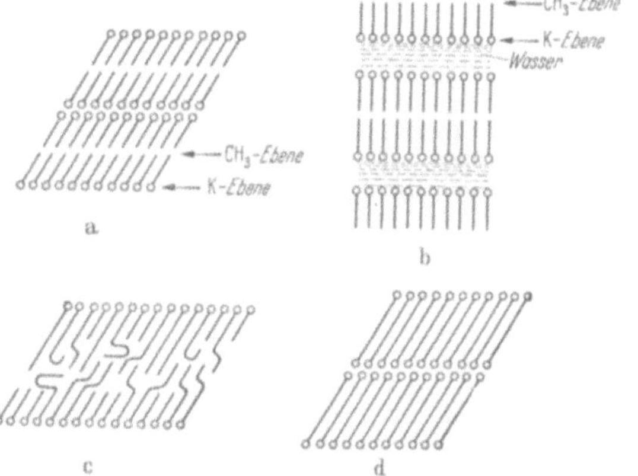

Abb. I, 12. Aufbauschema für Seifenkristalle und Seifenmizelle in wäßriger Lösung (nach HESS und KIESSIG): a) Kristallit aus einheitlicher Seife, b) gelöste Mizelle einheitlicher Seife, c) Mischkristall von Seifen verschiedener Kettenlängen (Längenverhältnis und Mischungsverhältnis 1:2), d) Kristallit aus zweibasischer Seife.

---

[1] FRIEDEL, E.: Compt. rend. **180**, 269 (1925). — G. u. E. FRIEDEL: Z. Kristallogr., Mineral. Petrogr., Abt. A **79**, 1, 53, 327 (1931).

[2] HESS, K. u. H. KIESSIG: Chem. Ber. **81**, 327 (1948).

zeigen, die wechselseitige potentielle Energie zweier Nachbarn also nur
vom Winkel zwischen ihren Achsen abhängt, was offenbar zur Voraussetzung hat, daß die Attraktionskräfte ziemlich gleichmäßig über die
ganze Moleküllänge verteilt sind, tritt bei den Molekülen, die smektische
Ordnungen ergeben, noch eine Abhängigkeit von ihrer Parallelverschiebung hinzu. In Übereinstimmung damit besitzen diese Moleküle in Form
der verseiften oder veresterten Carboxylgruppen ausgesprochene Attraktionszentren. Mit den DUNKELschen Molkohäsionen (s. Bd. I, S. 66,
Tab. 26) sieht die Gegenüberstellung der pl-Verbindung p-Azoxyanisol
und der bz-Verbindung p-Azoxybenzoesäureäthylester etwa folgendermaßen aus:

$$CH_3 \diagdown O - \bigcirc - N = N - \bigcirc - O \diagup CH_3$$
$$\underset{1780 \quad 1630 \quad 2000}{} \qquad \underset{O}{\overset{\|}{}} \qquad \underset{2000 \quad 1630 \quad 1780}{}$$

$$C_2H_5O \diagdown \overset{}{C} - \bigcirc - N = N - \bigcirc - \overset{}{C} \diagup OC_2H_5$$
$$\underset{6230}{O} \qquad \underset{2000}{} \qquad \underset{O}{\overset{\|}{}} \qquad \underset{2000}{} \qquad \underset{6230}{O}$$

Bei niedrigeren Temperaturen können aber auch kleinere Attraktionszentren zur Geltung kommen, und so gehen viele nematische Schmelzen bei abnehmender Temperatur mit einem scharfen Übergang in
smektische Schmelzen über.

Bei weiterer Abkühlung und Dichtezunahme nehmen dann auch die seitlichen Abstandsschwankungen ab, bis schließlich eine dichte hexagonale Zylinderpackung der Stäbchenmoleküle resultiert. Entsprechend wird der diffuse Halo immer schmäler und zieht sich endlich zu einem „scharfen weiten Ring" zusammen (Abb. I, 13), den HERRMANN[1] als erster nachwies und im obigen Sinne interpretierte. Doch bleiben auch in dieser hexagonal-smektischen Ordnung der Flüssigkeitscharakter, die Beweglichkeit der smektischen Gruppen gegeneinander

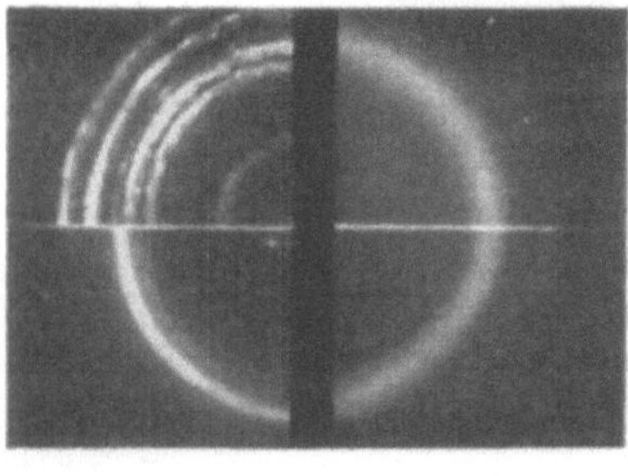

Abb. I, 13. Röntgendiagramm von p-Äthoxy-benzalaminozimtsäureäthylester. Die verschiedenen Sektoren entsprechen den beigeschriebenen Temperaturen. Schmelzpunkt 78° C, Klärpunkt 158° C, smektisch mit weitem scharfem Ring bis 110° C, nematisch ab 153,5° C. (Nach HERRMANN[1].)

und die Verschieblichkeit der smektischen Ebenen übereinander noch
erhalten. Man kann also immer nur in Schichten von der Dicke einer
Moleküllänge von hexagonaler Ordnung sprechen. Deshalb fehlen gegen
die Molekülachsen geneigte Netzebenen und die entsprechenden Interferenzringe oder bei orientierten Präparaten (Stufentropfen) die ent-

---

[1] HERRMANN, K.: Z. Kristallogr., Mineral. Petrogr., Abt. A **92**, 49 (1935).

sprechenden Schichtlinienreflexe. Die seitliche hexagonale Ordnung aber erstreckt sich über Entfernungen von der Größenordnung der Lichtwellenlängen. Die Reflexe, deren Netzebenen in Abb. I, 14 schematisch

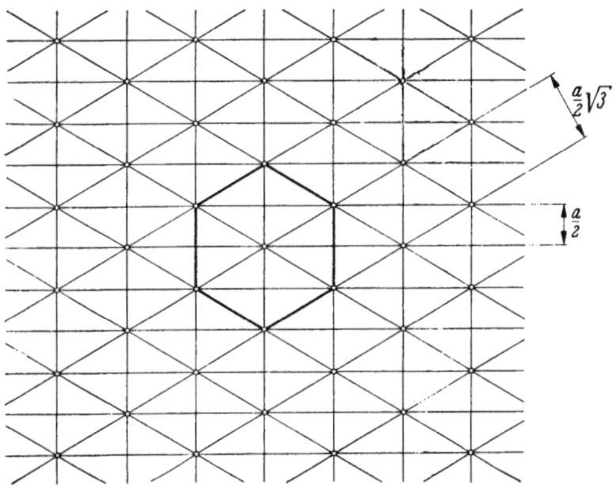

Abb. I, 14. Schema der seitlichen hexagonalen Ordnung.

dargestellt sind, treten meist beide auf, doch ist der der dichteren Netzebenenschar entsprechende und daher weiter außen gelegene ihrer weniger dichten Besetzung zufolge verhältnismäßig schwach. Ihre große Schärfe aber geht aus dem Diagramm der Abb. I, 13 hervor, in dem der weite scharfe Ring der Wellenlänge K_β deutlich von dem Hauptring der Wellenlänge K_α getrennt erscheint.

§ 3. Ordnung in Lösungen und Schmelzen von Fadenmolekülen.

Von H. A. STUART.

Im § 1 sahen wir, daß Stäbchenmoleküle oder kurze Paraffinketten sich mit zunehmender Dichte bereits aus sterischen Gründen immer mehr parallelisieren.

In entsprechender Weise legen sich beim Eindampfen einer Lösung von Fadenmolekülen diese mit steigender Konzentration in kleinen Bereichen aneinander, wobei kleine Bündel von genähert parallelisierten kurzen Kettenstücken (natürlich ohne scharfe Begrenzung der „geordneten Bereiche") entstehen und die ganzen Ketten sich im übrigen vielfach durchdringen und verfilzen. Diesen stetigen Übergang von der verdünnten molekulardispersen Lösung der Fadenmoleküle zum reinen Stoff kann man sehr schön in Modellversuchen von STUART[1] verfolgen, bei denen Ketten aus Glasperlen in einer Umgebung von losen Einzelperlen geschüttelt wurden, vgl. Abb. I, 15. Neigen die Fadenmoleküle zur Kristallisation, so entwickelt sich aus der Nahordnung ein System von kristallinen und weniger geordneten Bereichen, vgl. die Abb. V, 3 auf S. 193.

---

[1] STUART, H. A.: Naturwiss. **31**, 123 (1943).

Die in Abb. I, 16 wiedergegebene Nahordnung ist die notwendige Folge der Raumerfüllung der Ketten und ihrer Biegsamkeit und wird, wie die Modellversuche lehren, sehr schnell von der Kettenlänge unabhängig, wobei sich die Ketten bevorzugt auf Längen von 5—10 Gliedern parallelisieren. Wir bezeichnen sie als *Schlangenordnung*, s. Abb. I, 16. Sie ist also in einer Schmelze von „glatten" Fadenmolekülen wie Polyäthylen- oder polymeren Schwefelketten von vornherein zu erwarten.

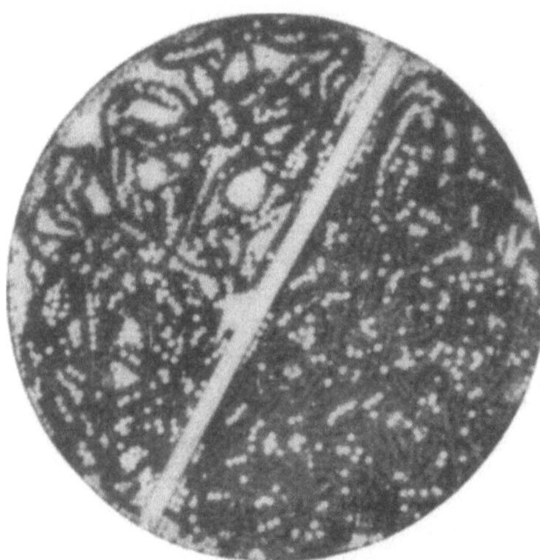

Abb. I, 15. Zur Entstehung der Parallelisierung von Fadenmolekülen beim Eindampfen einer Lösung; weiße lose Perlen, schwarze zu Ketten zusammengebundene Perlen. Aus einem Modellfilm von STUART[1].)

Durch sperrige Seitenketten oder Substituenten, zumal wenn diese auch bei regelmäßiger Folge in der Kette hinsichtlich ihrer Richtung unregelmäßig wie Blätter um einen Stengel angeordnet sind (d, l-Substitution bei Polyvinylderivaten), wird die Parallelisierung erheblich verschlechtert. Es entsteht dann eine besonders unregelmäßige, als *Wattebausch*- oder *Filzstruktur* bezeichnete Anordnung, wie beim Polystyrol, wo man noch am ehesten von einem amorphen, d. h. völlig ungeordneten System sprechen kann. Umgekehrt wird bei Ketten mit „glatter" Oberfläche wie Polymethylen oder Teflon $(CF_2)_x$ infolge der Anziehungskräfte des Dispersionseffektes die Parallelisierung erheblich begünstigt, so daß die Ordnung der krystallinen Bereiche in der Schmelze weitgehend vorgebildet ist, man auch sehr kleine Schmelzentropien und daher hohe Schmelzpunkte erhält, vgl. §§ 51 u. 52.

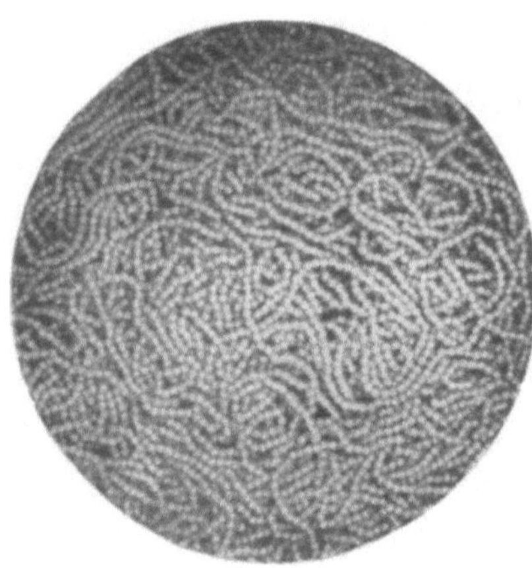

Abb. I, 16. Schlangenordnung in einer Schmelze von Kettenmolekülen. (Aus einem Modellfilm von STUART.)

Enthalten die Fadenmoleküle polare Gruppen oder Partner für Wasserstoffbrücken, so kann die Nahordnung (Parallelisierung oder eine andere zusätzliche Ordnung) noch viel ausgeprägter werden.

Denkt man an die Möglichkeiten weitreichender Assoziation bei niedermolekularen Flüssigkeiten, die zu räumlichen temporären Netzwerken

[1] STUART, H. A.: Naturwiss. **31**, 123 (1943).

oder kettenförmigen Anordnungen der Moleküle führen können, so ist es verständlich, daß in einer Lösung sowie in einer Schmelze von Makromolekülen die kompliziertesten Anordnungen, auch solche mit ziemlichen Ausdehnungen auftreten können. Solche Ordnungszustände und Vernetzungen beeinflussen wahrscheinlich beim Abkühlen auch die Kristallisation und damit auch die Materialeigenschaften des festen Körpers, vgl. dazu Kap. VIII, § 41 und 46 und Bd. IV dieses Werkes, Kap. X.

Bei hochkonzentrierten Lösungen sind auch Bereiche zu erwarten, in denen größere Stücke von Molekülketten in den Längs- und Querrichtungen so gut geordnet sind, daß man von *mesomorphen Strukturen* sprechen kann. Die entsprechenden Röntgendiagramme sind allerdings bisher nur bei festen Hochpolymeren, wo der amorphe Untergrund weniger stört, beobachtet worden, vgl. den folgenden Paragraphen.

Derartige Strukturen, die für die technischen Eigenschaften z. B. von Spinnlösungen entscheidend sein können, sind von STÖCKLY[1] im Zusammenhang mit der Frage nach dem Lösungszustande der Cellulose (Viscose) diskutiert worden.

Auch hier sei darauf hingewiesen, daß der Abbau von Nahordnungszuständen und Assoziaten und ihr Wiederaufbau an anderen Stellen häufig so rasch erfolgt, daß ihr direkter Nachweis, sei es dielektrisch oder rheologisch, sehr schwer wird, vgl. das Beispiel der Struktur des Wassers in § 1.

Leider gibt es über die Art der gegenseitigen Orientierung und Assoziation in Schmelzen oder Lösungen bis heute fast keine Angaben. Die vorliegenden thermodynamischen Untersuchungen an Lösungen lassen wohl Ordnungszustände erkennen, vgl. z. B. Bd. II, § 30 d[2], reichen aber zu einer genaueren molekularen Deutung nicht aus. Vielleicht vermag die Röntgenkleinwinkelstreuung einmal nähere Angaben zu liefern[3], vgl. Bd. II, § 79 b.

Manche anormale rheologische und Alterungserscheinungen von Lösungen und Schmelzen sind auf die Anwesenheit von gequollenen Gelpartikelchen zurückzuführen. So können äußerst geringe, analytisch kaum nachweisbare Verunreinigungen Vernetzungsreaktionen[4], vor allem bei erhöhter Temperatur, hervorrufen, wobei Fadenmoleküle zu größeren Komplexen gebunden werden, die sich mit Lösungsmittelmolekülen vollsaugen bzw. in einer Schmelze andere Fadenmoleküle immobilisieren können[5]. Auch Kettenverschlingungen können, vor allem in Schmelzen mit sehr langen Fadenmolekülen, dauernd einen merklichen Teil der Moleküle zu kurzlebigen Komplexen binden, vgl. auch Bd. IV, Kap. X.

---

[1] STÖCKLY, J. J.: Kolloid-Z. **105,** 190 (1943) schlägt dafür eine besondere Bezeichnung „Kettenmolekül-Mischkörper" vor, was uns aber nicht nötig erscheint.

[2] Vgl. ferner die Arbeiten von A. MÜNSTER: Kolloid-Z. **110,** 200 (1948).

[3] Siehe O. KRATKY u. G. POROD: Rec. Trav. Chim. Pays Bas **68,** 1106 (1949).

[4] Dabei entstehen natürlich auch innere Vernetzungen innerhalb der Moleküle, also Ringbildungen.

[5] Ein Beispiel ist die Vernetzung von Polymethacrylsäuremethylester durch Spuren von bifunktionellen Alkoholen.

§ 4. Mesomorphe Strukturen bei Hochpolymeren.

Von W. KAST.

Wenn man bei hochpolymeren Stoffen von mesomorphen Strukturen spricht, so will man damit Ordnungszustände des festen Zustandes charakterisieren, die keine dreidimensional-kristalline, sondern eben nur eine eindimensional- (nematisch-) oder zweidimensional- (smektisch-) mesomorphe Struktur haben. Wie die kristalline kann aber auch die mesomorphe Ordnung hier nur Teile der Kettenmoleküle und damit auch nur einen Bruchteil der Gesamtsubstanz umfassen, vgl. dazu auch Kap.V, § 19.

Unter *nematischer Struktur* versteht man hier also eine solche, bei der benachbarte Kettenmoleküle auf einen kürzeren oder längeren Bruchteil ihrer Länge parallel liegen, in ihrer Längsrichtung aber willkürlich verschoben und auch seitlich mit schwankenden Abständen angeordnet sind. Im Gegensatz zu den nematischen Schmelzen haben diese nematischen Gebiete herausragende Kettenenden oder sind gar durch durchgehende Hauptvalenzketten miteinander verbunden. Auch ist nicht gesagt, daß die nematischen Gebiete der Hochpolymeren durch sprunghafte Vergrößerung der Nahordnungsgebiete der gewöhnlichen Schmelze entstehen, wie die niedermolekularen, oder daß sie die Dimensionen der Lichtwellenlängen erreichen und damit eine Trübung des Materials hervorrufen. Wohl aber kann man annehmen, daß diese Gebiete durch konzentrisches Wachstum um eine Singularität (Verunreinigung) sich zu mikroskopischen Sphärokristallen auswachsen.

Eine *smektische Struktur* wird dann erhalten, wenn außer der Parallelisierungstendenz benachbarter Kettenteile auch ihr periodischer Aufbau zur Geltung kommt, so daß die Grundeinheiten der Ketten mit Anfang und Ende ausgerichtet nebeneinanderliegen. Doch ist hier zum Unterschied gegen die Verhältnisse bei niedermolekularen Verbindungen die Verschieblichkeit der aufeinanderfolgenden smektischen Ebenen gegeneinander durch die Verbindung der Grundeinheiten zu Kettenmolekülen aufgehoben. Geradeso wie bei den niedermolekularen Stoffen ist aber auch hier der Übergang der unregelmäßigen seitlichen Abstände der Grundeinheiten zu einer hexagonalen dichten Zylinderpackung denkbar.

Dem Röntgendiagramm nach wäre die nematische Struktur ebenso wie im niedermolekularen Falle von der gewöhnlichen Flüssigkeitsstruktur nicht zu unterscheiden; die smektische Struktur aber müßte, wie dort, einen engen, scharfen Ring und einen Halo bzw. weiten, scharfen Ring ergeben mit dem Unterschied nur, daß die Periode des engen Ringes hier nicht der Moleküllänge, sondern der Länge der Grundeinheit des Kettenmoleküls entspricht. Tatsächlich treten solche Röntgendiagramme bei Hochpolymeren auf, nach PRIETZSCHK[1] beispielweise bei Fäden und Drähten aus Perlon L (6-Nylon) (Abb. I, 17).

---

[1] PRIETZSCHK, A.: Unveröff. Berichte der Farbenfabriken Bayer, Dormagen (1950).

Die einzelnen Fälle entsprechen verschiedenen Herstellungsbedingungen des festen Zustandes aus der Schmelze.

Diagramm a), das einen sehr starken diffusen Halo und einen schärferen, aber vergleichsweise sehr schwachen engen Ring zeigt, könnte also einem teils flüssigkeitsamorphen bzw. nematischen und teils smektischen Zustand entsprechen.

Im Diagramm b) ist der innere Ring intensiver im Verhältnis zum äußeren Halo und dieser selbst von einem weiten scharfen Ring überlagert, wie es bei einem teilweise normalsmektischen und teils auch schon hexagonal-smektischen Präparat zu erwarten wäre.

Auf dem Diagramm c) ist die Intensität des weiten Halo gegenüber der des weiten scharfen Ringes weiter zurückgetreten. Das Präparat wäre demnach als überwiegend hexagonal-smektisch anzusprechen[1].

Das Diagramm d) schließlich entspricht dem kristallinen Perlon L mit einer dreidimensionalen Ordnung, wie es bei sehr langsamer Abkühlung aus der Schmelze erhalten wird.

Der Kettenabstand in dem hexagonal-smektischen mesomorphen Zustand mißt 4,9 Å. Damit bleibt für die Wasserstoffbrücke in der Bindung $C=O \cdots H-N$ gerade der normale Abstand von 2,7 Å übrig.

$\underset{1,2}{C=O} \cdots \underset{1,0 \text{ Å}}{H-N}$

Es ist also anzunehmen, daß diese Brücken hier eingeschnappt sind, ihre Richtungen aber müssen zufällig verteilt sein. Denn sonst wäre das alleinige Auftreten der Reflexe der seitlichen hexagonalen

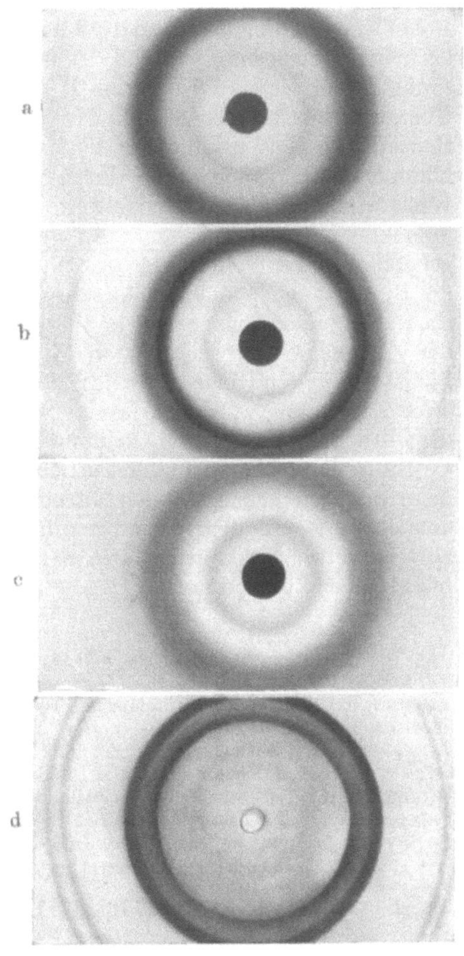

Abb. I,17. Röntgendiagramme von unverstrecktem Perlon L (6-Nylon): a) teils smektischer, teils nematischer oder flüssigkeits-amorpher Zustand, b) überwiegend smektischer Zustand, c) überwiegend smektisch-hexagonaler Zustand, d) kristalliner Zustand. (Nach PRIETZSCHK.)

---

[1] Von einer hexagonalen Gitterstruktur kann man erst reden, wenn die Moleküle auch bezüglich der Drehung um ihre Längsrichtung so geordnet sind, daß zur Kettenrichtung geneigte Netzebenen und damit weitere Ringe bzw. beim orientierten Präparat Schichtlinienreflexe auftreten, vgl. auch § 2.

Packung nicht zu verstehen. Die Ketten sind hier demnach regellos kreuz und quer miteinander verknüpft, in der Längsrichtung also zwar geordnet, um diese aber willkürlich verdreht oder in sich verdrillt. Erst im kristallinen Zustand liegen sämtliche Wasserstoffbrücken parallel zur a-Achse, die unverändert einen Molekülabstand von 4,9 Å anzeigt. Es sind also Rostebenen entstanden, und die b-Achse, die ihre Aufeinanderfolge mißt, ist kleiner geworden, während der Winkel zwischen beiden Achsen nun etwas größer ist als 60°. Perlon L kristallisiert daher monoklin. Dieser Übergang von der mesomorphen rotationsisotropen zur kristallinen rotationsanisotropen Verknüpfung der Ketten kann durch Tempern, unvollkommener aber auch schon durch Verstrecken erreicht werden. Dabei verschwindet der sog. scharfe weite Ring, indem an beiden Seiten die monoklinen Ringe auftreten. An ihrer mit der Verstreckung parallelgehenden Zusammenziehung zu Sicheln kann man aber die Zuordnung der Ringe des hexagonal-smektischen Diagramms noch kontrollieren: Die Sichel des engen Ringes liegt auf dem Meridian; er entspricht also den zu den Molekülachsen senkrechten (diatropen) smektischen Ebenen. Die Sichel des weiten Ringes aber liegt auf dem Äquator und bestätigt damit seine Zuordnung zu den achsenparallelen oder paratropen Netzebenen der seitlichen hexagonalen Ordnung.

Interessant wäre in diesem Zusammenhang die Klärung der Frage, ob beim Erwärmen einer stabilen Gitterform über den z. B. beim 6,6-Nylon von BRILL[1] gefundenen Umwandlungspunkt eine hexagonale stabile Gitterstruktur, erkenntlich an den Schichtlinien, oder ein smektisch-hexagonaler Zustand entsteht.

Zusammenfassende Darstellungen zu Kapitel I.

EUCKEN, A.: Lehrbuch der Chemischen Physik, 2. Aufl., Bd. II, 2, S. 805 ff.
FISCHER, E.: „Aufbau der Flüssigkeiten" in Physik regelmäß. Ber. **8,** 1 (1940).
FRENKEL, J.: „Kinetic Theorie of Liquids", Oxford University Press, 1946.
GREEN, H. S.: „Molecular Theory of Fluids", Amsterdam 1952.
HILLER, J. E.: „Grundriß der Kristallchemie", Berlin 1952.
PRINS, J. A.: „The Amorphous State of some Elements, in Selected Topics in X-Ray Crystallography", edited by J. Bouman, Amsterdam 1951, S. 191—210.
WOLF, K. L.: „Zur Morphologie der Flüssigkeiten", Die Chemie **57,** 44 (1944).

---

[1] BRILL, R.: J. prakt. Chem. **161,** 49 (1942).

Zweites Kapitel

Grundlagen der Theorie der Röntgenstreuung von Kristallgittern und Flüssigkeiten.

Von

W. KAST.

Mit 41 Abbildungen.

Die meisten hochpolymeren Festkörper geben einigermaßen scharfe Röntgeninterferenzen. Sie enthalten demnach Gebiete mit raumgitterartig geordneten Molekülen oder mindestens Molekülteilen. Andrerseits aber findet sich neben diesen Kristallinterferenzen stets auch ein deutlicher kontinuierlicher Streuuntergrund, wie er von Flüssigkeiten oder glasartigen festen Stoffen her bekannt ist. Als Grundlage für die Strukturaufklärung der hochpolymeren Festkörper ist daher nicht nur die Röntgenstreuung an Kristallgittern, sondern auch die an Flüssigkeiten zu betrachten.

Weiter findet sich bei den natürlichen hochpolymeren Faserstoffen, aber auch bei gereckten künstlichen hochpolymeren Fasern, Drähten und Folien eine Modifikation der gewöhnlichen Röntgendiagramme, sog. Faserdiagramme, die durch die Parallelordnung ihrer kristallinen Bereiche entstehen. Neben der Struktur der kristallinen Gebiete wäre daher auch ihre Ordnung, d. h. die kristalline Textur der hochpolymeren festen Stoffe, mit in die Betrachtung einzubeziehen. Doch werden diese Fragen in Kap. V, vor allem in § 27 von KRATKY besonders behandelt werden.

Der Röntgenstreuung der kristallinen und glasartigen Festkörper liegen naturgemäß die Gesetze der Streuung an Elektronen zugrunde. In den meisten Fällen aber betrachtet man die Atome als Streuzentren. Man behandelt dabei ihre Elektronenhüllen als kugelsymmetrisch und gleich denen der freien Atome und ersetzt sie durch punktförmige Strahlungsquellen am Orte der Atomkerne.

Daraus ergibt sich folgende Gliederung:

A. Röntgenstreuung von Gasen und Flüssigkeiten.

B. Röntgenstreuung von Kristallgittern.

C. Röntgenstreuung von gestörten Kristallgittern sowie von polykristallinen und teilkristallinen Systemen.

A. Die Röntgenstreuung von Gasen und Flüssigkeiten.

§ 5. Die Röntgenstreuung der Elektronen und Atome.

Die von THOMSON berechnete sog. klassische Streuung eines durch den elektrischen Vektor der auffallenden elektromagnetischen Strahlung zum Mitschwingen erregten freien Elektrons ist schon in Bd. I, S. 109 dieses Werkes behandelt. Ihre Abhängigkeit vom Streuwinkel wird durch den sog. Polarisationsfaktor bestimmt. Es gilt:

$$J_e = \frac{e^4}{m_e^2 \cdot c^4 \cdot R^2} \cdot \frac{1 + \cos^2 \vartheta}{2} \cdot J_0 \, . \qquad \text{(II, 1)}$$

Diese Streustrahlungsintensität des freien Elektrons unter der Wirkung einer Primärstrahlung der Intensität J_0 wird allgemein als Einheit für die Streuung von Atomen und Molekülen sowie von Flüssigkeiten und Kristallen benutzt.

Bei der Streuung des n-ten Atomelektrons ist nun ihre Wechselwirkung mit der der übrigen $(Z-1)$ Elektronen des Atoms mit der Ordnungszahl Z zu berücksichtigen. Diese Streuung wird nun gleich $J_e \cdot f_n^2$ gesetzt, wobei f_n^2 als Elektronenformfaktor des n-ten Atomelektrons bezeichnet und aus den Phasenbeziehungen zu

$$f_n^2 = \left[u_n(r) \cdot \frac{\sin s r}{s r} \cdot d r \right]^2 \qquad \text{(II, 2)}$$

berechnet wird. Darin bedeutet $u_n(r)$ die Wahrscheinlichkeit dafür, daß das n-te Elektron zwischen den Kugelschalen mit den Radien r und $r + dr$ um den Atomkern liegt. Diese wird nach der Quantenmechanik durch die SCHRÖDINGER-Funktion für den n-ten Quantenzustand bestimmt:

$$u_n(r) = 4 \pi \cdot r^2 \, | \, \psi_n |^2 . \qquad \text{(II, 3)}$$

Die Streuung des Atoms ist dann

$$J_s = J_e \cdot \left(\sum_1^Z f_n \right)^2 = J_e \cdot | \, F \, |^2 . \qquad \text{(II, 4)}$$

$| \, F \, |^2$ wird als Atomformfaktor bezeichnet und gibt an, um wieviel die Streuintensität des Atoms in der Richtung ϑ größer oder kleiner ist als die eines freien Elektrons. Die Richtungsabhängigkeit des Atomformfaktors kommt in der Größe $s = 4 \pi \dfrac{\sin \vartheta/2}{\lambda}$ zum Ausdruck. s wird praktisch Null für kleine Streuwinkel (Geradeausstreuung) oder für eine Wellenlänge λ, die groß ist gegenüber den Abständen der Elektronen. In diesem Falle wird dann: $F^2 = Z^2$.

Formal unterscheidet sich die Gl. (II, 4) von der im Bd. I, S. 110, Gl. (III, 4) gegebenen Beziehung für die Atomstreuung nur durch die Schreibweise des Atomformfaktors $| \, F \, |^2$ in großen Buchstaben. Notwendig wurde das aber durch die Einführung der Elektronenformfaktoren f_n^2, die zur Berechnung der Röntgenstreuung leichter Atome unumgänglich ist.

Das zeigt sich insbesondere bei der Berücksichtigung der inkohärenten (COMPTONschen) Streustrahlung.

Für die gesamte kohärente plus inkohärente Streustrahlung eines Atoms liefert die quantenmechanische Berechnung von WENTZEL[1]

$$J_{\text{koh}} + J_{\text{inkoh}} = J_e \cdot \left[\left(\sum_1^Z f_n \right)^2 + Q \cdot \left(Z - \sum_1^Z f_n^2 \right) \right], \qquad (\text{II, 5})$$

so daß unter Berücksichtigung der Gl. (II, 4) für die inkohärente Streustrahlung übrigbleibt:

$$J_{\text{inkoh}} = J_e \cdot Q \cdot \left(Z - \sum_1^Z f_n^2 \right). \qquad (\text{II, 6})$$

Q ist ein relativistisches Korrektionsglied, das sich nach BREIT[2] und DIRAC[3] zu $\left(1 + \dfrac{h}{m \cdot c \cdot \lambda} (1 - \cos \vartheta) \right)^{-3}$ berechnet. Es fällt aber praktisch kaum ins Gewicht, da es beim Streuwinkel 0 gleich 1 ist und bei den Streuwinkeln 30° und 60° für Kupferstrahlung ($\lambda = 1,54$ Å) noch 0,994 bzw. 0,976, bei Molybdänstrahlung ($\lambda = 0,707$ Å) 0,986 bzw. 0,952 beträgt.

Für die Berechnung von $\sum f_n^2$ hat sich aber nur die Näherungsmethode von HARTREE[4] bewährt, während die auf dem Verfahren von THOMAS[5] und FERMI[6] beruhende, in Bd. I, S. 113, Gl. (III, 8) benutzte Näherungsgleichung gerade bei leichteren Atomen versagt[7].

In den folgenden Tabellen sind die Atomformamplitude $F = \sum f_n$ für die kohärente und der Atomformfaktor ($Z - \sum f_n^2$) für die inkohärente Streustrahlung, ausgehend von den Berechnungen von JAMES und

---

[1] WENTZEL, G.: Z. Physik **43**, 781 (1927).
[2] BREIT, G.: Physic. Rev. **27**, 362 (1926).
[3] DIRAC, P. A. M.: Proc. Roy. Soc. London **111**, 405 (1927).
[4] HARTREE, D. R.: Proc. Cambridge philos. Soc. **24**, 89 u. 111 (1928).
[5] THOMAS, L. H.: Proc. Cambridge philos. Soc. **23**, 542 (1927).
[6] FERMI, E.: Z. Physik **36**, 902 (1926) u. **48**, 73 (1928).
[7] Nach M. VON LAUE: Röntgenstrahlinterferenzen, Akad. Verlagsges. Leipzig 1948, lassen sich die beiden Verfahren zur Berechnung der Atomformfaktoren folgendermaßen kennzeichnen:
Das Verfahren von THOMAS und FERMI geht von der Vorstellung aus, daß die Elektronen im Atomverband ein völlig entartetes Gas bilden, dessen Zustand sich für alle in Betracht kommenden Temperaturen von dem beim absoluten Nullpunkt bestehenden nicht unterscheidet. Doch befindet sich dieses Gas nicht im kräftefreien Raum, sondern steht unter der Wirkung eines elektrostatischen Potentials, welches z.T. von den Elektronen selbst herrührt. Mit Einführung der Länge $a = 4,7 \cdot 10^{-9} \cdot Z^{1/3}$ wird das Ergebnis unabhängig von der Ordnungszahl. Das Verfahren von HARTREE ist weit schwieriger durchzuführen, aber dem von THOMAS-FERMI zweifellos überlegen. Es gibt im Gegensatz zu jenem die individuellen Züge der Atome wieder und ist nicht auf höhere Atomnummern beschränkt. Es läßt sich auch auf Ionen anwenden. Der Grundgedanke ist der, daß das Feld der Elektronen gemäß der SCHRÖDINGER-Gleichung gerade *die* Dichte hervorbringen muß, welche zur Aufrechterhaltung des Feldes nach der Potentialgleichung notwendig ist (Methode des „self-consistent field"). Es gehört aber ein mühevolles Probieren dazu, bis die berechneten Dichten, für alle Elektronen mit Ausnahme des n-ten summiert, gerade die Dichte ergeben, welche dem auf das n-te Elektron wirkend angesetzten Potential nach der Potentialgleichung entspricht.

BRINDLEY[1], für die wichtigsten Atome der Hochpolymeren zusammengestellt. Denn bei der interferierenden kohärenten Streuung berechnet sich die Streuintensität gemäß Gl. (II, 5) aus dem Quadrat der Summe der Streuamplituden der einzelnen Elektronen, während man bei der nichtinterferenzfähigen inkohärenten Streuung direkt die Streufaktoren addieren darf.

Tabelle II, 1.

Atomformamplituden für kohärente Röntgenstreuung $F = \sum_1^Z f_n$.

Element		$\dfrac{\sin^2 \vartheta/2}{\lambda}$										
		0,0	0,1	0,2	0,3	0,4	0,5	0,6	0,7	0,8	0,9	1,0	1,1
1	H	1,0	0,81	0,48	0,25	0,13	0,07	0,04	0,03	0,02	0,01	0,00	0,00
6	C	6,0	4,6	3,0	2,2	1,9	1,7	1,6	1,4	1,3	1,2	1,0	0,9
7	N	7,0	5,8	4,2	3,0	2,3	1,9	1,65	1,55	1,5	1,4	1,3	1,15
8	O	8,0	7,1	5,3	3,9	2,9	2,2	1,8	1,6	1,5	1,4	1,35	1,25
9	F	9,0	7,8	6,2	4,45	3,35	2,65	2,15	1,9	1,7	1,6	1,5	1,35
14	Si	14,0	11,4	9,4	8,2	7,15	6,1	5,1	4,2	3,4	2,95	2,6	2,3
16	S[2]	16,0	13,6	10,7	8,95	7,85	6,85	6,0	5,25	4,5	3,9	3,35	2,9
17	Cl	17,0	14,6	11,3	9,25	8,05	7,25	6,5	5,75	5,05	4,4	3,85	3,35

Tabelle II, 2.

Atomformfaktoren für inkohärente Röntgenstreuung $\left(Z - \sum_1^Z f_n^2\right)$.

Element		$\dfrac{\sin^2 \vartheta/2}{\lambda}$										
		0,0	0,1	0,2	0,3	0,4	0,5	0,6	0,7	0,8	0,9	1,0	1,1
1	H	0,0	0,34	0,77	0,94	0,98	1,0	1,0	1,0	1,0	1,0	1,0	1,0
6	C	0,0	2,0	3,3	4,2	4,5	4,7	5,0	5,2	5,3	5,4	5,5	5,6
7	N	0,0	1,8	3,7	5,1	5,3	5,6	5,8	6,0	6,1	6,1	6,2	6,4
8	O	0,0	1,6	4,1	5,6	6,0	6,4	6,5	6,7	6,8	6,9	7,1	7,2
9	F	0,0	1,7	4,3	6,0	6,7	7,2	7,4	7,5	7,6	7,8	7,9	8,0
14	Si	0,0	3,6	5,7	7,5	9,0	10,1	11,0	11,6	12,0	12,2	12,4	12,6
17	Cl	0,0	3,9	7,3	9,2	10,5	11,6	12,6	13,4	14,0	14,5	14,8	15,0

Im allgemeinen geht man in der Praxis so vor, daß man die inkohärente Streuung von der Gesamtstreuung in Abzug bringt und dann nur die kohärente Streuung diskutiert. Auch hier soll deshalb im folgenden die inkohärente Streuung außer Betracht gelassen und unter $J(s)$ $= J\left(\dfrac{4\pi}{\lambda} \cdot \sin \vartheta/2\right)$ nur die Winkelabhängigkeit der kohärenten Streustrahlung verstanden werden. Zugleich soll diese Größe jetzt die relative Streustrahlung, bezogen auf das Streuvermögen eines freien Elektrons als Einheit darstellen: $J(s) = J_s/J_e$.

Die Streuung eines freien Atoms wird dann einfach durch seinen Atomformfaktor $F^2 = (\sum f_n)^2$ beschrieben. Im Gaszustand sind die Atome ebenfalls als frei anzusehen; sie sind im Durchschnitt so weit voneinander entfernt, daß ihre Streubeträge sich ungestört addieren. Ein Gasraum mit

---

[1] JAMES, R. W. u. G. W. BRINDLEY: Philos. Mag. (7) **12**, 104 (1931).

[2] Werte für die inkohärente Streuung von S sind in der Literatur nicht aufgeführt.

N Atomen eines einatomigen Gases hat also das Streuvermögen $N \cdot F^2$. Im Vergleich zu der Streuung von Molekülen mit insgesamt m teils gleichen, teils verschiedenen Atomen ist die Streuung eines aus freien Atomen im gleichen Verhältnis zusammengesetzten Gasgemisches von Interesse. Sie hat den Betrag $\sum F_m^2$.

In einem Molekül befinden sich die Atome in Entfernungen $r_{m,n}$, die mit den Wellenlängen der Röntgenstrahlen vergleichbar sind. Seine relative Streuung im Gaszustand berechnet sich nach DEBYE[1] zu

$$J(s) = \sum F_m^2 + \sum_m^{m \neq n} \sum_n F_m \cdot F_n \cdot \frac{\sin(r_{m,n} \cdot s)}{r_{m,n} \cdot s} . \qquad \text{(II, 7)}$$

Sie entspricht also der Streuung der freien Atome, überlagert von einem Wechselwirkungsglied, das die Interferenzwirkungen der verschiedenen innermolekularen Atomabstände $r_{m,n}$ enthält. Das führt zu einer Fluktuation um die Kurve $\sum F_m^2$ und bei sehr kleinen Streuwinkeln ($s \to 0$) zu einem Anstieg auf ein durch die Anzahl der innermolekularen Kombinationen bestimmten Vielfachen von $\sum Z_m^2$. Die molekularen Gase zeigen also bei kleinen Winkeln eine sehr starke und schnell abfallende Streustrahlung. Die Bestimmung der innermolekularen Abstände aus der Streukurve eines molekularen Gases ist im Bd. I, S. 112ff. besprochen worden.

Für den Übergang zu der Streuung von molekularen Flüssigkeiten ist nun eine Umformung praktisch. Da nämlich die linke Seite der Gl. (II, 7) experimentell bestimmbar und das erste Glied der rechten Seite berechenbar ist, kann man eine Streugröße einführen, die nur dem Wechselwirkungsglied entspricht:

$$i(s) = \frac{J(s) - \sum F_m^2}{f_e^2} = \frac{1}{f_e^2} \cdot \sum_m^{m \neq n} \sum_n F_m \cdot F_n \cdot \frac{\sin(r_{m,n} \cdot s)}{r_{m,n} \cdot s} . \qquad \text{(II, 8)}$$

Der Nenner hat die Bedeutung $f_e = \sum F_m / \sum Z_m$, und dieser Quotient aus der Summe der Atomformamplituden und der Summe der Elektronenzahlen über das Molekül wird als mittlere Streuamplitude eines Elektrons des Moleküls bezeichnet. Diese ist eine Funktion von s und hat für Geradeausstreuung ($\vartheta = 0$) den Wert 1. Die Division mit dieser Größe aber hat den Sinn, die Streuintensität statt in Streueinheiten eines freien Elektrons in denen eines mittleren Molekülelektrons auszudrücken.

§ 6. Die Röntgenstreuung flüssigkeitsamorpher Körper.

Die Moleküle einer Flüssigkeit sind nicht mehr frei. Der im Vergleich mit dem gasförmigen Zustand großen Dichte des flüssigen und des glasartigen Zustandes wegen befinden sie sich vielmehr im Kraftfeld (Dispersionskräfte, Dipolkräfte) ihrer Nachbarn. Daraus folgt, daß die nächsten Nachbarn jedes beliebig herausgegriffenen Moleküls nicht in unabhängiger Lage sind; doch sorgt die Wärmebewegung dafür, daß nur eine Nahordnung zustande kommt, die in der Entfernung weniger Moleküllängen schon abgeklungen ist.

---

[1] DEBYE, P.: Ann. Physik (4) **46**, 809 (1915); Physik. Z. **28**, 137 (1927) u. **31**, 419 (1930).

Für die Röntgenstreuung hat das zur Folge, daß zu der Wechselwirkung der Atome desselben Moleküls jetzt noch die Wechselwirkung von Atomen benachbarter Moleküle hinzutritt. Es existieren jetzt auch für die Wahrscheinlichkeit, ein Atom eines *anderen* Moleküls in einem Volumelement dv in der Entfernung r anzutreffen, in der Umgebung jedes beliebig herausgegriffenen Atoms mit wachsendem r stark schwankende Werte. Diese von ZERNICKE[1] und PRINS[2] zur Charakterisierung der Flüssigkeitsstruktur eingeführte Größe ist jedoch molekulartheoretisch nicht berechenbar. Es ist aber möglich, sie aus der experimentellen Röntgenstreukurve einer Flüssigkeit zu ermitteln.

Wenn man jedem Atom des Moleküls eine effektive Elektronenzahl $K_m = F_m/f_e$ zuschreibt und berücksichtigt, daß die Intensität der Streustrahlung dem Quadrat dieser Elektronenzahl proportional ist, kann man an Stelle der Atomverteilung mit einer Elektronenverteilung rechnen, die in (Elektronen)^2-Einheiten zu messen ist. Der Betrag $g(r)$ dieser „Elektronendichte" nähert sich, dem Charakter einer Nahordnung entsprechend, mit wachsendem r dem durch die makroskopische Dichte ϱ, dem Molekulargewicht M und der LOSCHMIDTschen Zahl L sowie durch das Quadrat der Summe der effektiven Elektronenzahlen aller m Atome des Moleküls gegebenen durchschnittlichen Wert der Elektronendichte

$$\varrho_0 = \frac{\varrho \cdot N}{M} \cdot 10^{-24} \cdot \left(\sum K_m \right)^2 \qquad \text{(Elektronen)}^2 \text{ pro Å}^3 .$$

Die effektiven Elektronenzahlen K_m der verschiedenen Atomarten des Moleküls besitzen infolge der unterschiedlichen Abhängigkeit der Atomformamplitude F_m des Atomes m und der oben schon eingeführten mittleren Elektronenformamplitude f_e des Moleküls von s selbst eine gewisse Abhängigkeit vom Streuwinkel. Doch genügt es, wenn man die Mittelwerte über den interessierenden Streubereich nimmt, der sich im allgemeinen von $s = 0$ bis $s = 10$ erstreckt (s. u.). Zu beachten ist aber, daß die effektive Elektronenzahl derselben Atomart in verschiedenen Molekülen verschieden ausfällt.

Um Konvergenzschwierigkeiten zu vermeiden und speziell die Nahordnung zu erfassen, rechnet man im allgemeinen mit

$$g_0(r) = g(r) - \varrho_0 . \tag{II, 9}$$

Diese Differenz der lokalen, von r abhängigen Elektronendichte und der durchschnittlichen Elektronendichte wird für genügend große Werte von r, bei denen keine Abweichungen von der mittleren Dichte mehr auftreten, gleich Null.

Für die Röntgenstreuung von Flüssigkeiten tritt jetzt an die Stelle der für das freie Molekül geltenden Gl. (II, 7) die Beziehung

$$J(s) = \sum F_m^2 \cdot \left(1 + 4\pi \cdot \int_0^\infty r^2 \cdot g_0(r) \cdot \frac{\sin(s \cdot r)}{s \cdot r} \cdot dr \right) . \tag{II, 10}$$

---

[1] ZERNICKE, F. u. J. A. PRINS: Z. Physik **41**, 184 (1927).
[2] PRINS, J. A.: Naturwiss. **19**, 435 (1931).

Die Streuung einer molekularen Flüssigkeit unterscheidet sich infolge der inner- und intermolekularen Interferenzen also um den Klammerausdruck, den wir an anderer Stelle mit $(1 - H)$ bezeichnen werden, von der Streuung eines Gasgemisches, das die verschiedenen Moleküle in demselben Verhältnis enthält wie die Moleküle, und die vielfach als „klassische Streuung" eingeführt wird.

Diese Flüssigkeitsstreuung unterscheidet sich von der Gasstreuung bei kleinen Streuwinkeln in sehr charakteristischer Weise. Denn während die Streuung eines molekularen Gases dort besonders intensiv ist, ist die Streuung einer molekularen Flüssigkeit dort sehr gering. Für eine völlig inkompressible Flüssigkeit würde sie sogar Null sein, für eine reale Flüssigkeit steht die „Flüssigkeitsintensität" zur „Gasintensität" bei sehr kleinem Streuwinkel im Verhältnis der Kompressibilitäten (z. B. 0,07 bei Äther oder 0,006 bei Quecksilber).

Charakteristisch ist auch, daß in Gl. (II, 10) statt der Doppelsumme der Gl. (II, 7) ein Integral steht. Hier wird das Streuvermögen der Atome also nicht mehr in einem Punkt konzentriert, sondern wie seine Elektronen in der Richtung r verschmiert gedacht. Durch die Einführung der Streugröße $i\,(s)$ (s. Gl. II,8) an Stelle von $J\,(s)$ geht Gl. (II, 10) nun über in:

$$s \cdot i\,(s) = 4\,\pi \cdot r \cdot \int\limits_0^\infty g_0\,(r) \cdot \sin\,(s \cdot r) \cdot d\,r, \qquad (\mathrm{II},11)$$

und daraus folgt durch Umkehr nach dem FOURIERschen Integralsatz:

$$4\,\pi \cdot r^2 \cdot g_0\,(r) = \frac{2\,r}{\pi} \cdot \int\limits_0^\infty s \cdot i\,(s) \cdot \sin\,(r \cdot s) \cdot d\,s. \qquad (\mathrm{II},12)$$

Wie oben gezeigt wurde, stellt $g_0\,(r)$ die Differenz der lokalen $g\,(r)$ und der durchschnittlichen Elektronendichte in (Elektronen)$^2/\mathrm{Å}^3$ dar. Bezeichnet man die erstere mit ϱ_m, so stellen $4\,\pi \cdot r^2 \cdot \varrho_m \cdot d\,r$ die gesuchte effektive und $4\,\pi \cdot r^2 \cdot \varrho_0 \cdot d\,r$ die bekannte durchschnittliche Elektronendichte in (Elektronen)$^2/\mathrm{Å}^3$ zwischen den Kugelschalen mit den Radien r und $r + d\,r$ um ein beliebig als Zentrum gewähltes Atom dar.

$$4\,\pi \cdot r^2 \cdot \varrho_m = 4\,\pi \cdot r^2 \cdot \varrho_0 + \frac{2\,r}{\pi} \cdot \int\limits_0^\infty s \cdot i\,(s) \cdot \sin\,(r \cdot s) \cdot d\,s \qquad (\mathrm{II},13)$$

ist dann die gesuchte effektive radiale Elektronenverteilungskurve der Flüssigkeitsnahordnung, die bei kleinen Werten von r um die durchschnittliche, monoton ansteigende radiale Elektronendichte $4\,\pi \cdot r^2 \cdot \varrho_0$ fluktuiert, um bei Abständen weniger Moleküldurchmesser in diese überzugehen.

Es ist aber nicht notwendig, die Integration von 0 bis ∞ durchzuführen, weil $i\,(s)$ von dem Werte s an, bei dem die Streukurve $J\,(s)$ in die klassische Kurve $\sum F_m^2$ für unabhängig streuende Atome übergeht, gleich Null bleibt. Das ist im allgemeinen bei $s > 10$ der Fall. Abb. II, 1 zeigt das an der Streukurve $J\,(s)$ für glasigen Äthylalkohol bei $-150°\,\mathrm{C}$ nach

PRIETZSCHK[1,2]. Mit abnehmendem s von 8 bis 1 sieht man dann die in wachsendem Maße ausgeprägten, von den inner- und intermolekularen Interferenzen herrührenden Fluktuationen der experimentellen Streukurve um die gestrichelt eingezeichnete klassische Kurve, und bei $s < 1$ schließlich tritt der typische Abfall der Flüssigkeitsintensität bei kleinen Streuwinkeln in Erscheinung.

In Abb. II, 2 ist gleichfalls für dieses „Alkoholglas" die zu integrierende und zu analysierende Streukurve $s \cdot i(s)$ aufgetragen, die die Fluktuationen noch wesentlich besser und gleichmäßiger in Erscheinung treten läßt. Die klassische Streukurve fällt in dieser Darstellung mit der Abszissenachse zusammen. Ihre Integration erfolgt zweckmäßig mit einem harmonischen Analysator, etwa nach

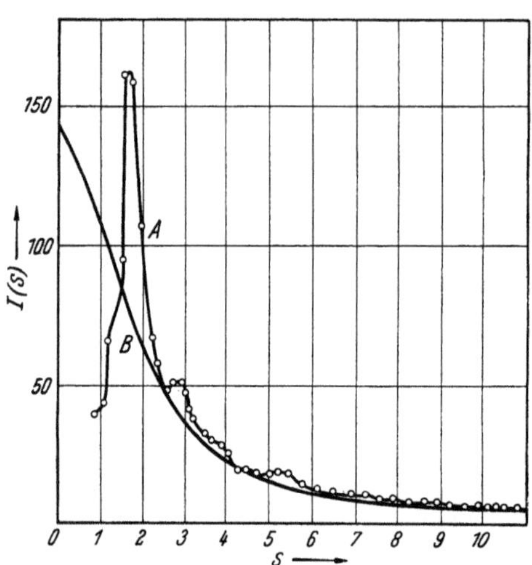

Abb. II, 1. Röntgenstreuung von glasigem Äthylalkohol. (Nach PRIETZSCHK.) A Experimentelle Röntgenstreukurve bei —150°C; B Klassische Streukurve.

MADER-OTT, wobei durch Umfahren mit verschiedenen Übersetzungen die Analyse jedesmal für einen anderen Atomabstand r durchgeführt wird.

Trägt man die Ergebnisse dieser für viele verschiedene Werte von r durchgeführten Integrationen, um $4\pi \cdot r^2 \cdot \varrho_0$ vermehrt, gegen r auf, so erhält man die effektive radiale Elektronendichteverteilungskurve $4\pi \cdot r^2 \cdot \varrho_m$ der Flüssigkeit bzw. des glasigamorphen Stoffes, wie sie in Abb. II, 3 für glasigen Äthylalkohol wiedergegeben ist. Die Orte der Maxima zeigen an, welche Abstände, von einem beliebigen Zentralatom aus gerechnet, bevorzugt mit Elektronen besetzt sind, während die Flächen unter ihnen die (Elektronen)²-Einheiten angeben, die in den betreffenden Abständen konzentriert sind.

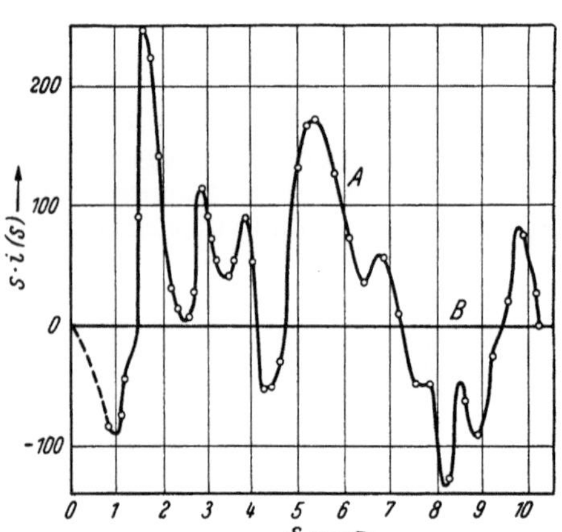

Abb. II, 2. Röntgenstreuung von glasigem Äthylalkohol. (Nach PRIETZSCHK.) Die Funktion $s \cdot i(s)$: A aus der experimentellen Streukurve bei —150°C; B aus der klassischen Streukurve.

---

[1] PRIETZSCHK, A.: Z. Physik **117**, 482 (1941). Von der experimentellen Streukurve ist die inkohärente Streuung (s. Gl. II, 6) bereits in Abzug gebracht worden.

[2] KAST, W. u. A. PRIETZSCHK: Z. Elektrochem. angew. physik. Chem. **47**, 112 (1941).

Diese radiale Dichteverteilungskurve läßt sich in einwandfreier und voraussetzungsloser Weise aus der Röntgenstreukurve jedes flüssigen oder flüssigkeitsamorphen Stoffes herleiten. Mit der Angabe der bevorzugten Abstände und ihrer Elektronenzahlen aber ist ihre Auswertung im allgemeinen Falle auch schon erschöpft. Eine Zuordnung der Maxima zu bestimmten zwischenmolekularen Abständen gelingt nur, wenn die innermolekularen Abstände bekannt sind und wenn nicht viele ähnliche Abstände auftreten können. Das letztere aber wird bei den hochpolymeren Schmelzen und Gläsern leider die Regel sein.

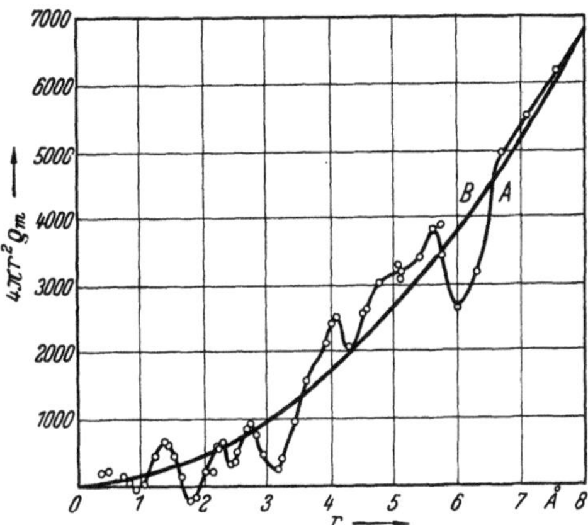

Abb. II, 3. Röntgenstreuung von glasigem Äthylalkohol. (Nach PRIETZSCHK.) A aus der experimentellen Streukurve ermittelte wahrscheinliche radiale Dichteverteilung bei $-150°C$; B mittlere radiale Dichteverteilung bei $-150°C$.

Bei Äthylalkohol beispielsweise ist die Zuordnung in folgender Weise möglich: Zunächst ist festzustellen, daß die bei Abständen unter 1 Å auftretenden Maxima nicht reell sein können. Sie rühren vielmehr von der Unsicherheit der großen Perioden her, die sich in dem verfügbaren Bereich bis etwa $s = 10$, außerhalb dessen kein Unterschied zwischen der experimentellen und der berechneten klassischen Streukurve mehr nachweisbar ist, nur schlecht ausprägen können. Ebenso unsicher ist auch der Verlauf der Dichteverteilungskurve bei großen Abständen r oder kleinen Perioden, weil Messungen nur bis $s = 0,8$ möglich sind und der Einlauf der $s \cdot i(s)$-Kurve bei $s = 0$ in die Ordinate Null daher mehr oder weniger willkürlich gezogen werden muß. Im Bereich von $r = 1$ bis 4 aber kann man die Zuordnung versuchen.

Das Maximum bei 1,35 Å muß den beiden gleichen Abständen C—C—O entsprechen. Seine Ausmessung ergibt 230 (Elektronen)²-Einheiten, während (in Äthylalkohol) für C—C 92 und für C—O 130, zusammen also 222 berechnet werden. Das nächste Maximum bei 2,25 Å kann zu dem großen C—O-Abstand gehören, für das bei 2,7 Å folgende aber läßt sich kein innermolekularer Abstand angeben. Nach ZACHARIASEN soll es aber den Abstand der durch eine Wasserstoffbrücke gebundenen O-Atome zweier verschiedener Alkoholmoleküle entsprechen. Bringt man von dem Doppelmaximum mit seinen insgesamt 500 (Elektronen)²-Einheiten für den großen C—O-Abstand 130 in Abzug, so bleiben 370 Einheiten übrig. Dem O—O-Abstand gehören 183 Einheiten zu (in Äthylalkohol), und so folgt, daß in dem unterkühlten Äthylalkohol bei $-150°C$ jedes O-Atom $370/183 = 2$ Nachbarn im Abstand von 2,7 Å hat. Im flüssigen Äthylalkohol fand HARVEY auf dieselbe Weise bei $-35°C$ nur 1,2 Nachbarn.

In diesem einfachen Falle läßt sich also der Grad der Assoziation durch Wasserstoffbrücken und seine Temperaturabhängigkeit aus der Röntgenstreukurve der Flüssigkeit bzw. des Glases quantitativ bestimmen.

B. Röntgenstreuung an Kristallgittern.

§ 7. Die Systematik der Kristalle.

a) Allgemeines.

Die Gesetze der Morphologie der Kristalle sind schon alt; denn sehr bald haben diese durch die Schönheit ihrer regelmäßigen Form die Aufmerksamkeit auf sich gezogen. Schon 1611 wurde KEPLER durch die sechseckigen Schneesterne zu der ersten uns bekannten kristallographischen Arbeit veranlaßt. 1669 formulierte dann STENO das Gesetz von der Konstanz der Winkel, und um 1780 zeigte HAÜY, daß die scheinbare Mannigfaltigkeit der Kristallformen durch ein zweites fundamentales Gesetz, das Rationalitätsgesetz, geordnet und eingeschränkt wird. Die wichtigste Erkenntnis aber, die aus dem Studium der äußeren Form der Kristalle folgte, war die der Kristallsymmetrie. Die Herausarbeitung der einzelnen Symmetrieelemente und der Möglichkeit ihrer Kombination zu Symmetrieklassen führte nämlich zu dem Beweis, daß es nicht mehr als die beobachteten 32 verschiedenen Kristallklassen geben kann. Die erste richtige und vollständige Ableitung dieser 32 Kristallklassen stammt von HESSEL aus dem Jahre 1830[1].

Auch die theoretische Erkenntnis, daß die regelmäßige äußere Form der Kristalle nur einen Ausdruck ihrer inneren Ordnung darstellt, ist alt, wesentlich älter jedenfalls als der experimentelle Nachweis der letzteren. Diese Vorstellung beginnt schon mit der Hypothese der „Primitivformen" oder der „molécules intégrantes" von HAÜY (1784); die entscheidende Wendung aber führte der Freiburger Mineraloge SEEBER (1824) herbei, indem er die Kristalle aus kugeligen Teilchen bestehend auffaßte, welche durch anziehende und abstoßende Kräfte derart im Gleichgewicht erhalten werden, daß sie im Raum in regelmäßiger zellenförmig-parallelopipedischer Anordnung verteilt sind. Nun folgte bald die Aufstellung der 14 möglichen Gittertypen durch BRAVAIS (1848) und schließlich 1890, 60 Jahre nach dem Abschluß der morphologischen Kristallsystematik durch WESSEL, die Vollendung der Systematik der Kristallgitter mit der Aufstellung der 230 Raumgruppen durch SCHÖNFLIESS (1890).

Das Jahr 1912 brachte dann die LAUEsche Entdeckung der Kristallinterferenzen, durch die zugleich die Wellennatur der Röntgenstrahlen wie die Existenz der Atome und ihre regelmäßige Anordnung in den Kristallen bewiesen wurden und die mit der vollständigen Bestätigung der Theorie der Kristallgitter wieder einmal zeigte, wie vollkommen die mathematische und die physikalische Systematik der Kristalle bis in die 230 Raumgruppen hinein übereinstimmen. Die vereinten Erkenntnisse der Morphologie und der Gittertheorie der Kristalle fanden schließlich 1919 ihren Niederschlag in dem bekannten Buche von NIGGLI über die „Geometrische Kristallographie des Kontinuums".

---

[1] Eine ausführliche Darstellung der Entwicklung der Gesetze der Kristallformen und der Kristallgitter findet sich in der „Modernen Allgemeinen Mineralogie (Kristallographie)" von W. NOWACKI, Sammlung Vieweg, Heft 123, Braunschweig 1951.

Kombiniert man mit dem morphologischen Rationalitätsgesetz des Kristallbaues und dem physikalischen Rationalitätsgesetz der Kristallinterferenzen noch das chemisch-stöchiometrische Gesetz von DALTON, so folgt zwingend, daß die Elementarzelle des Kristalls als sein Repräsentant bereits die verschiedenen Atomarten der chemischen Verbindung in dem ihrer Bruttoformel entsprechenden Verhältnis enthält, daß die Anzahl der Moleküle in der Elementarzelle also eine ganze Zahl sein muß. Damit wird zugleich die Größe und die Symmetrie der Moleküle als maßgebend für die Form und die Symmetrie der Kristalle erkannt.

b) Die Systematik der Kristallformen.

Wenn wir uns den Einzelheiten der Kristallsystematik zuwenden, so wollen wir bei der Einführung der Flächenindices, der Achsensysteme und der Symmetrieelemente bis zu den 32 Kristallklassen zunächst den morphologischen Methoden als den anschaulicheren folgen.

1. Die Indicierung der Kristallflächen.

Das *Rationalitätsgesetz* von HAÜY sagt aus, daß alle Flächen, die an irgendeinem Kristall einer gegebenen Substanz auftreten, auseinander mittels kleiner, ganzer Zahlen ableitbar sind, so daß, wenn eine Grundfläche gegeben ist, die Lage aller denkbaren und beobachteten Flächen durch sie bestimmt ist. Schneidet die Grundfläche die Abschnitte a_0, b_0, c_0 von einem in den Kristall gelegten Achsensystem ab, so gilt also für die Achsenabschnitte a, b, c irgendeiner anderen Fläche desselben Kristalls

$$a : b : c = m \cdot a_0 : n \cdot b_0 : p \cdot c_0,$$

wobei die Ableitungskoeffizienten m, n, p rationale und zumeist einfache Zahlen sind. Der ganze Kristall ist dann durch die Angabe des Achsenverhältnisses $a_0 : b_0 : c_0$ der Grundfläche und der Ableitungskoeffizienten m, n, p aller übrigen Flächen vollständig beschrieben. Vorteilhafter ist aber die Angabe der MILLERschen *Flächenindices* h, k, l, die die reziproken Werte der Ableitungskoeffizienten darstellen und durch Multiplikation mit einer geeigneten Zahl stets ganzzahlig gemacht werden können. Diese Indices sind dann für die Achsen, zu denen die Kristallfläche parallel verläuft, nicht unendlich, wie die Ableitungskoeffizienten, sondern Null. Negative Achsenabschnitte werden durch Überstreichen der MILLERschen Indices gekennzeichnet. So ergibt sich z. B. für einige Flächen eines Topaskristalles nach NIGGLI:

Fläche   I: $a_0 : b_0 : c_0 = 0{,}5291 : 1 : 0{,}4770$;

Fläche   II: $m = 1$, $n = 1$, $p = 2$; $m : n : p = 1 : 1 : 2$
$h : k : l\ \ = 2 : 2 : 1$

Fläche III: $m = 2$, $n = 1$, $p = {}^4/_3$; $m : n : p = 6 : 3 : 4$
$h : k : l\ \ = 2 : 4 : 3$

Fläche IV: $m = 1$, $n = 1$, $p = \infty$ $m : n : p = 1 : 1 : \infty$
$h : k : l\ \ = 1 : 1 : 0$

Man unterscheidet Endflächen oder Würfelflächen, die nur eine der drei Achsen schneiden (Abb. II, 4a), so daß ihre Indices allgemein durch $h00$ bzw. $0k0$ oder $00l$ gegeben sind, ferner Prismenflächen, die je zwei

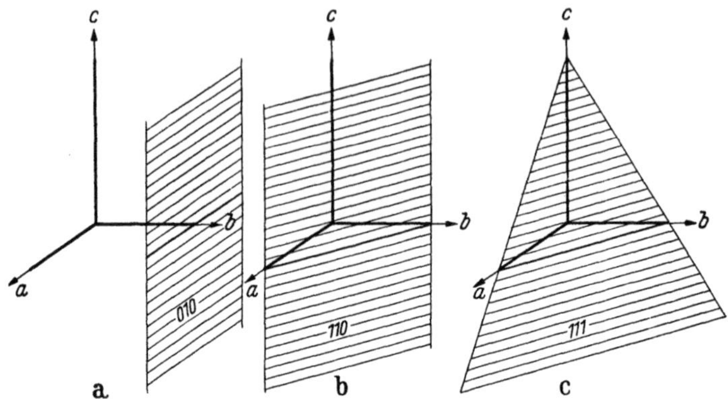

Abb. II, 4. a) Endfläche 001, b) Prismenfläche 110, c) Pyramidenfläche 123. (Aus GLOCKER[1].)

Achsen schneiden (Abb. II, 4b) und die Indices $hk0, h0l$ oder $0kl$ haben, und schließlich Pyramidenflächen, die alle drei Achsen schneiden (Abb. II, 4c), also die allgemeinen Indices hkl haben.

2. Die 7 Kristallsysteme.

Zur Beschreibung sämtlicher Kristalle erweisen sich folgende sieben Achsensysteme als ausreichend:

1. das trikline System mit drei verschieden langen Achsen und drei von 90° verschiedenen Winkeln zwischen ihnen

$$(a \neq b \neq c,\ \alpha \neq \beta \neq \gamma \neq 90°);$$

2. das monokline System, das ebenfalls drei verschiedene Achsen hat, von denen aber eine, die Orthoachse b, auf den beiden anderen senkrecht steht

$$(a \neq b \neq c,\ \alpha = \gamma = 90°,\ \beta \neq 90°);$$

3. das rhombische System[2] mit drei verschiedenen, aber wechselseitig aufeinander senkrechten Achsen

$$(a \neq b \neq c,\ \alpha = \beta = \gamma = 90°);$$

4. das hexagonale System[2] mit zwei gleichen Achsen, die einen Winkel von 120° einschließen, und einer dritten, auf den beiden anderen senkrechten Achse

$$(a = b \neq c,\ \alpha = \beta = 90°,\ \gamma = 120°);$$

---

[1] GLOCKER, R.: „Materialprüfung mit Röntgenstrahlen", Springer-Verlag 1949.

[2] Für das rhombische und das hexagonale System finden sich auch die Bezeichnungen „orthorhombisch" und „orthohexagonal".

5. das trigonale (rhomboedrische) System mit drei gleichen Achsen und drei gleichen Winkeln von 60° zwischen ihnen

$$(a = b = c, \; \alpha = \beta = \gamma = 60°);$$

6. das tetragonale System mit drei aufeinander senkrechten Achsen, von denen zwei einander gleich sind

$$(a = b \neq c, \; \alpha = \beta = \gamma = 90°);$$

7. das kubische System mit drei gleichen, aufeinander senkrechten Achsen

$$(a = b = c, \; \alpha = \beta = \gamma = 90°).$$

Die trigonalen Kristalle lassen sich auch im hexagonalen System darstellen; dieses System kann also auch als eine Unterabteilung des hexagonalen Systems aufgefaßt werden.

Die Kristallite der hochpolymeren Stoffe sind, wie die der organischen Verbindungen, vielfach triklin, meist aber monoklin, wobei die monoklinen Winkel häufig in der Nähe von 90° oder 60° liegen. Es ist deshalb praktisch, das hexagonale System hier nach Art des monoklinen zu indicieren. Abb. II, 5 zeigt die Basisfläche eines hexagonalen Kristalls einmal mit den üblichen hexagonalen Achsen $(a = b, \gamma = 120°)$, das andere Mal mit einer Achsenwahl, die es als Spezialfall des monoklinen Systems erscheinen

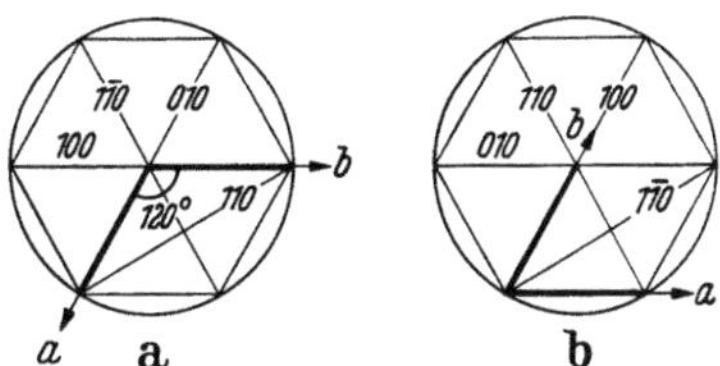

Abb. II, 5. Basisfläche eines hexagonalen Kristalles: a) in üblicher hexagonaler, b) in monokliner Darstellung.

läßt $(a = b, \gamma = 60°)$. Daraus entsteht aber eine Diskrepanz, die sich durch die ganze Literatur der Cellulosefasern auf der einen und der Polyamidfasern auf der anderen Seite hindurchzieht, indem bei den ersteren in monokliner Schreibweise die b-Achse als Ortho- oder Faserachse gewählt wird, während diese bei den Polyamiden als c-Achse bezeichnet wird. Wir stellen in der Tab. II, 3 die beiden Indicierungen einander gegenüber, wobei in üblicher Weise die zur Achse parallelen Flächen als paratrope, die senkrechten als diatrope bezeichnet sind.

Tabelle II, 3.
Gegenüberstellung der üblichen Indicierung der Cellulosen und der Polyamide.

	Cellulosen	Polyamide
Faserachse	b-Achse	c-Achse
paratrope Flächen	$h0l$	$hk0$
diatrope Flächen	$0k0$	$00l$

3. Die Symmetrieelemente.

Die Symmetrieelemente verknüpfen mehrere Flächen eines Kristalles miteinander. Die Symmetrieoperationen sind:

1. Spiegelung an einem Zentrum, Symmetriezentrum.
2. Drehung um eine Achse, Symmetrieachse.
3. Spiegelung an einer Ebene, Symmetrieebene.

Zur Darstellung der Kristallflächen wählen wir die stereographische Projektion. Bei dieser Projektion gibt man die Lage einer Fläche durch den Schnittpunkt A ihrer Normalen -- von 0 aus gezogen -- mit einer Einheitskugel um 0 als Mittelpunkt an und projiziert diesen Schnittpunkt

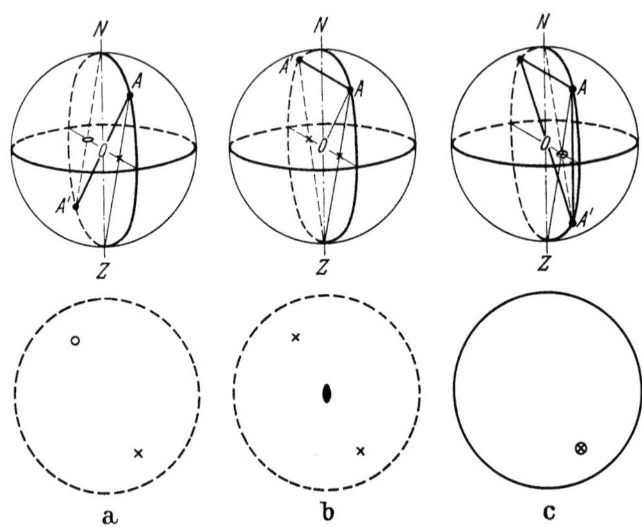

Abb. II, 6. Stereographische Projektionen: a) der Fläche A und der mit ihr durch den Kugelmittelpunkt als Symmetriezentrum verbundenen Fläche A', b) der Fläche A und der mit ihr durch die Polachse als zweizählige Drehachse verbundenen Fläche A', c) der Fläche A und der mit ihr durch die Äquatorebene als Symmetrieebene oder durch die Polachse als zweizählige Inversionsachse verbundenen Fläche A'.

auf die Äquatorebene der Kugel, indem man A mit einem Pol der Kugel verbindet. Der Schnittpunkt der Verbindungsgeraden mit der Äquatorebene ist dann die Abbildung der Kristallfläche, und zwar verbindet man 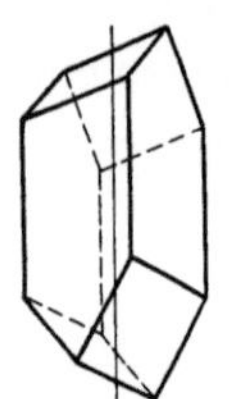 A mit dem Südpol Z, wenn es auf der nördlichen Hemisphäre liegt, sonst mit dem Nordpol N. Im ersteren Fall gibt man die Projektion der Fläche mit einem Kreuz ($\times$), im letzteren Fall mit einem Kreis ($\bigcirc$) an. Solche Projektionen sind in der Abb. II, 6 dargestellt, und zwar a) für die Fläche A und für die mit dieser durch den Kugelmittelpunkt als Symmetriezentrum verbundenen Fläche A'. Unter der Kugel ist die Äquatorebene mit den stereographischen Projektionen ($\times$) für die Fläche A und ($\bigcirc$) für die Fläche A' noch einmal dargestellt. Die Abb. II, 6 b gibt dieselbe Darstellung für die Fläche A und die mit ihr durch die Polachse als zweizählige Drehachse verbundene Fläche A', während Abb. II, 6 c die Verbindung durch die Äquatorebene als Symmetrieebene darstellt.

Abb. II, 7. Kristallform mit vierzähliger Inversionsachse $\bar{4}$. (Aus Bijvoet[1].)

Zu diesen Symmetrieoperationen kommt aber noch eine weitere hinzu, die der in Abb. II, 7 wiedergegebenen Flächenkombination entspricht. Die diese erzeugende Symmetrieoperation kann offenbar nicht durch eine

---

[1] Bijvoet, J. M., N. H. Kolkmeijer u. C. H. MacGillavry: Röntgenanalyse von Kristallen, Julius Springer, Berlin 1940.

Kombination der drei oben genannten Operationen ersetzt werden (Abb. II, 8). Sie besteht vielmehr aus einer vierzähligen Drehung um einen Winkel von 360°/4 um die vertikale Achse und einer gleichzeitigen Inversion. Diese vierzählige Achse zusammengesetzter Symmetrie (oder

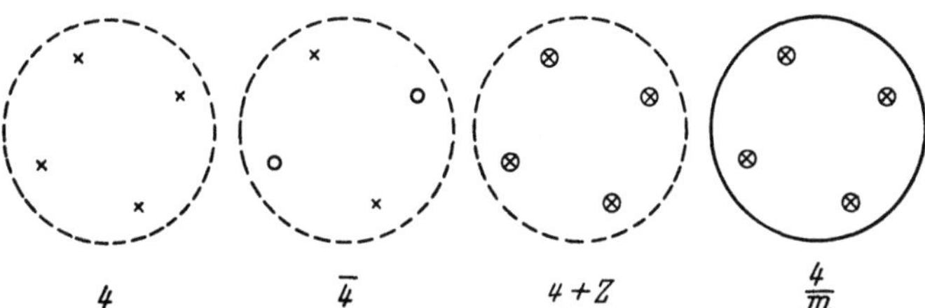

Abb. II, 8. Stereographische Projektion für den Fall: a) einer vierzähligen Drehachse, b) einer vierzähligen Inversionsachse, c) den Kombinationen von *a* mit einem Symmetriezentrum, d) der Kombination von *a* mit einer Symmetrieebene.

Inversionsachse) muß also bei der Aufzählung der Symmetrieoperationen mit berücksichtigt werden. Man erhält aber nach BIJVOET[1] eine besonders klare Darstellung der durch die möglichen Kombinationen der Symmetrieelemente entstehenden Kristallklassen, wenn man auch ein-, zwei- (Abb. II, 6), drei-, vier- und sechszählige Inversionsachsen einführt. Man kommt dann mit folgenden drei Symmetrieoperationen aus:

1. Drehachse, dargestellt durch die Zahl ihrer Zähligkeit,

2. Inversionsachse, dargestellt durch die quer überstrichene Zahl ihrer Zähligkeit,

3. die Symmetrieebene, dargestellt durch das Symbol *m*.

4. Die 32 Kristallklassen.

Zur Charakterisierung der Kristallklassen führt man die Achsen und Spiegelebenen nacheinander auf, wobei man aus der Reihenfolge derselben die Richtungen der Achsen und der Spiegelebenennormalen abliest. Das erste Symbol bzw. die an erster Stelle durch einen Querstrich getrennten, übereinandergeschriebenen Symbole beziehen sich auf die Orthoachse *b* des monoklinen, die Achse *a* des rhombischen bzw. die Hauptachse *c* des hexagonalen Systems.

In Abb. II, 9 sind in Anlehnung an eine von BIJVOET gegebene Darstellung sämtlicher 32 Kristallklassen die stereographischen Projektionen für die 20 Kristallklassen der bei den hochpolymeren Stoffen bevorzugt auftretenden triklinen, monoklinen, rhombischen, trigonalen und hexagonalen Kristallsysteme wiedergegeben.

Das trikline System hat die niedrigste Symmetrie. Seine erste Klasse (C_1) ist formal durch eine einzählige Drehachse (1) dargestellt, die die Fläche in sich selbst überführt. Die zweite trikline Kristallklasse (C_i) enthält eine einzählige Inversionsachse (1̄), die der Fläche (in derselben Weise wie ein Symmetriezentrum) eine zweite zuordnet.

---

[1] BIJVOET, J. M., N. H. KOLKMEIJER u. C. H. MACGILLAVRY: Röntgenanalyse von Kristallen, Julius Springer, Berlin 1940.

Das monokline System besitzt in seinen niedrigsten Klassen (C_2 und C_s) eine zweizählige Drehachse (2) bzw. eine zweizählige Inversionsachse ($\bar{2}$), wobei die letztere die gleiche Zuordnung gibt wie eine Symmetrieebene (m) senkrecht zur Orthoachse. Die dritte Klasse (C_{2h}) enthält eine Kombination aus einer zweizähligen Symmetrieachse und einer zu ihr senkrechten Symmetrieebene $\left(\dfrac{2}{m}\right)$; dadurch werden vier Flächen einander zugeordnet.

Zu diesen Symmetrieoperationen bezüglich der Orthoachse kommen bei dem rhombischen Kristallsystem noch Symmetrieoperationen bezüglich der beiden anderen Achsen, die jetzt aufeinander senkrecht stehen, hinzu, und zwar bei der Klasse C_{2v} zwei Spiegelebenen senkrecht zu den beiden Nebenachsen (2 m m) und bei der Klasse D_2 zwei ebenfalls zweizählige Drehachsen in der Richtung der Nebenachsen (2 2 2). Die Bezugsfläche wird dadurch vervierfacht, in der höchsten Kristallklasse des rhombischen Systems D_{2h} aber durch das Auftreten von je einer zweizähligen Drehachse mit dazu senkrechter Symmetrieebene in allen drei Achsenrichtungen sogar verachtfacht $\left(\dfrac{2}{m}\ \dfrac{2}{m}\ \dfrac{2}{m}\right)$.

Im hexagonalen System gibt es drei- und sechszählige Achsen. Beide Gruppen sind in Zeile 3 und 4 der Abb. II, 9 getrennt dargestellt. Die drei niedrigsten trigonalen Klassen C_3, C_{3i} und C_{3h} entsprechen ganz den drei monoklinen Klassen, nur daß die Zähligkeit der Symmetrieachsen hier dreifach ist. So ergeben sich jetzt die Zuordnungszahlen 3 und 6. Dazu kommen aber auch noch Klassen mit zweizähligen Drehachsen oder Spiegelebenen bezüglich einer oder beider Nebenachsen, nämlich C_{3v} (3 m) und D_3 (32) mit sechsfacher sowie D_{3d} $\left(\bar{3}\ \dfrac{2}{m}\right)$ und D_{3h} $\left(\dfrac{3}{m}\ 2\ m\right)$ mit zwölffacher Vervielfachung einer allgemeinen Kristallfläche. Unter den eigentlich hexagonalen Klassen finden sich wieder zwei mit einer jetzt sechszähligen Hauptachse (C_6) bzw. einer darauf senkrechten Spiegelebene zuzüglich (C_{6h}). Die Klasse mit einer sechszähligen Inversionsachse ist schon oben vorweggenommen (C_{3h}); denn $\dfrac{3}{m}$ und $\bar{6}$ bedeutet dieselbe Symmetrie. Dazu kommen auch hier noch höhere Klassen mit zweizähligen Drehachsen oder Spiegelebenen bzw. beiden bezüglich beider Nebenachsen, nämlich D_6 (622) mit ebenso wie C_{6h} zwölffacher und D_{6h} $\left(\dfrac{6}{m}\ \dfrac{2}{m}\ \dfrac{2}{m}\right)$ mit vierundzwanzigfacher Zuordnung. Die in die trigonale Reihe aufgenommene Klasse D_{3h} $\left(\dfrac{3}{m}\ 2\ m\right)$ kann auch ($\bar{6}2\ m$) geschrieben und als eigentlich hexagonale Klasse gezählt werden. Sie wäre dann als Kombination einer sechszähligen Inversionsachse und einer dazu parallelen, also zu einer Nebenachse senkrechten Spiegelebene aufzufassen, wobei gleichzeitig bezüglich der anderen Nebenachse eine zweizählige Drehachse entsteht.

Es ist ein allgemeines Gesetz, daß die Kombination zweier Symmetrieelemente ein drittes hervorrufen kann. So erzeugen von den drei Grundelementen: Zentrum, zweizählige Drehachse und dazu senkrechte Spiegelebene immer je zwei das dritte Element.

In den hochpolymeren Stoffen treten im allgemeinen nur die Kristallklassen auf, deren Symmetrieelemente sich auf die Richtung der Hauptachsen beschränken; denn im allgemeinen hat man es hier außer dem triklinen und monoklinen System nur mit angenähert rhombischen und trigonalen bzw. hexagonalen Systemen zu tun, mit monoklinen Winkeln also, die den Beträgen von 90° oder 60° einigermaßen nahekommen. Diese betragen beispielsweise bei nativer Cellulose 84°, bei Hydratcellulose 62° und bei den Polyamiden 64°. Hier kommen also eigentlich nur die beiden triklinen, die drei monoklinen und die ersten drei trigonalen sowie die beiden ersten hexagonalen Kristallklassen in Betracht.

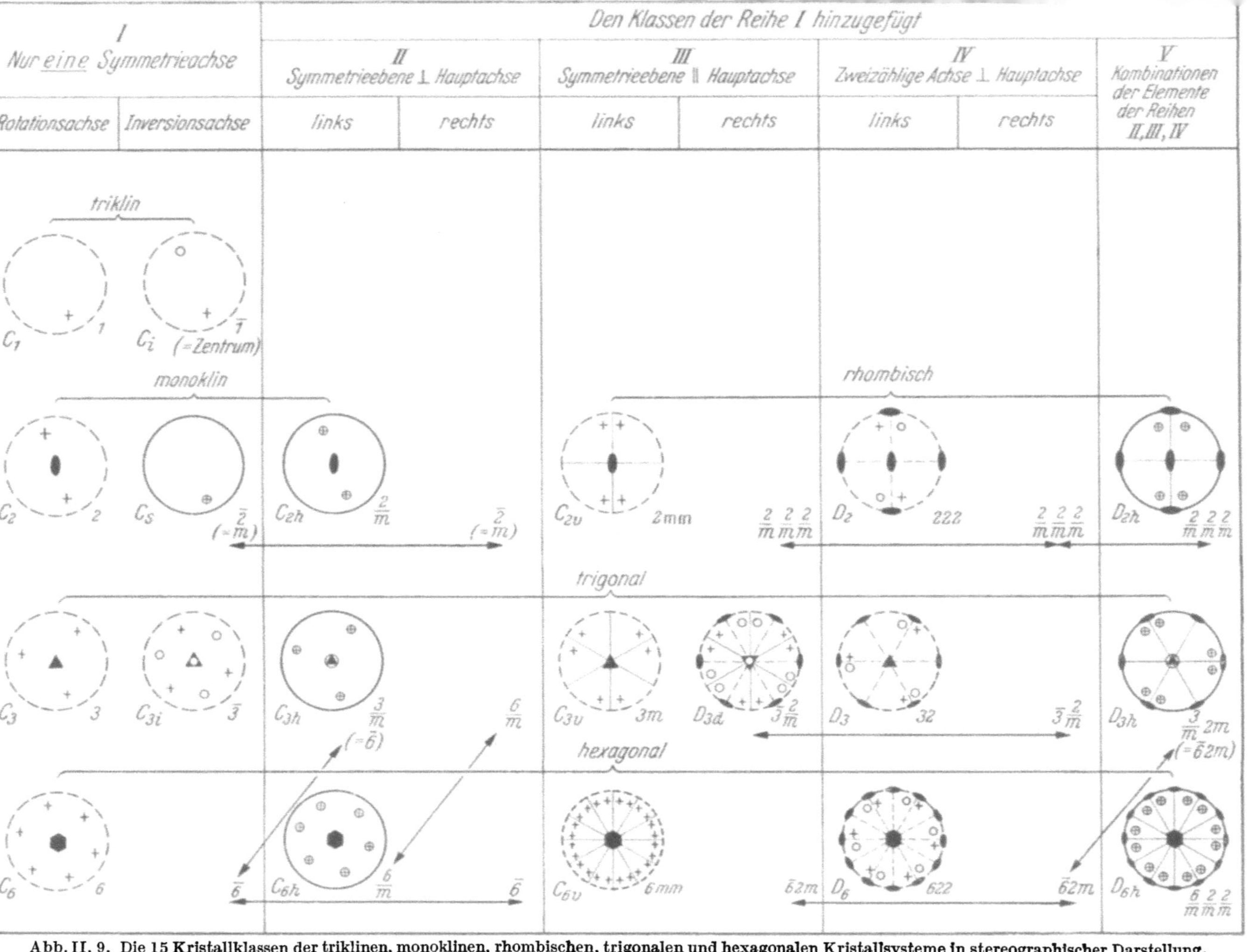

Abb. II, 9. Die 15 Kristallklassen der triklinen, monoklinen, rhombischen, trigonalen und hexagonalen Kristallsysteme in stereographischer Darstellung.

c) Die Systematik der Kristallgitter.

Der Schritt von der äußeren zur inneren Regelmäßigkeit führt in Verbindung mit der Atomvorstellung zu dem Bilde eines diskontinuierlichen Aufbaues der Kristalle aus Atomen, Ionen oder Molekülen als Bausteinen, deren Lage und Symmetrie die äußeren Kennzeichen, wie Kristallsystem und Kristallklasse, bestimmen, eine Vorstellung, die durch die LAUEsche Entdeckung als richtig nachgewiesen wurde.

1. Netzebenen.

Der kristalline Zustand ist physikalisch also durch ein Raumgitter gekennzeichnet, das durch die Verschiebung seiner kleinsten Zelle, der Elementarzelle, nach allen drei Achsenrichtungen in seiner ganzen Ausdehnung erhalten wird. Durch das räumliche Netz der Gitterpunkte können dann Netzebenen gelegt werden, die in derselben Weise wie die äußeren Kristallflächen durch MILLERsche Indices bezeichnet werden. Abb. II, 10, in der die ab-Ebene eines Raumgitters dargestellt ist, zeigt unten links die Grundfläche der Elementarzelle mit den Elementarkanten a und b an. Voll ausgezogen sind die Spuren der Netzebenen 010 (horizontal) und 100, gestrichelt 110 und 120 (entsprechend den Achsenabschnitten $8:4:\infty$). Die Netzebenenabstände sind offenbar um so größer, je niedriger die Indices sind, und bei niedrigen Indices ist wiederum die Dichte der Besetzung der Ebenen mit Atomen größer. Die Flächen

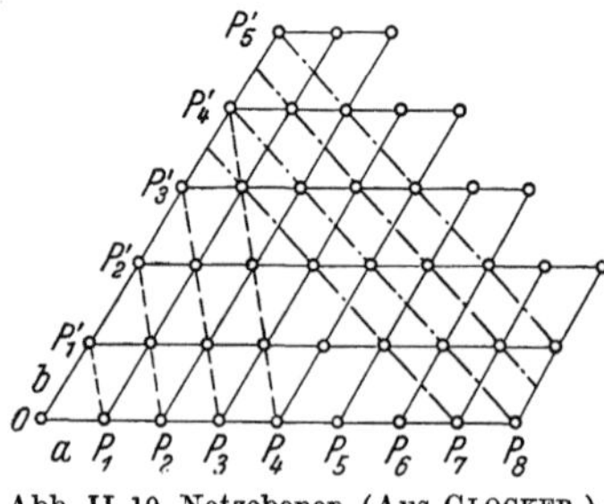

Abb. II, 10. Netzebenen. (Aus GLOCKER.)

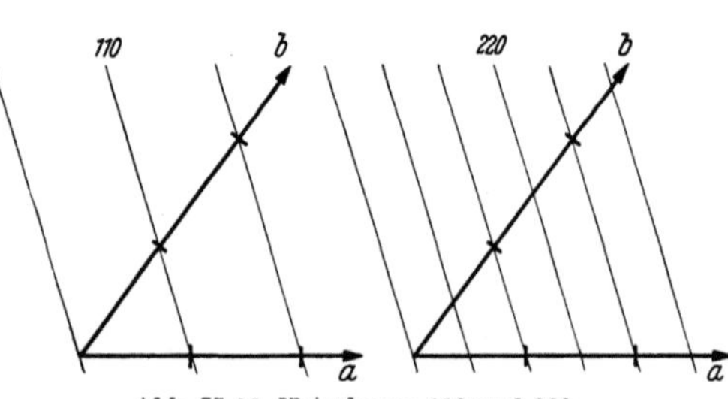

Abb. II, 11. Netzebenen 110 und 220.

mit kleinen Indices sind es daher auch, die bevorzugt als äußere Begrenzungsflächen auftreten; doch hängt das im einzelnen von den Wachstumsbedingungen der Kristalle ab. Die Zahl der Netzebenenscharen ist größer und differenzierter als die Zahl der Kristallflächen, denn nur wenige von ihnen treten als äußere Begrenzungen auf. Auch sind die Netzebenen 220 und 110 z. B. im Raumgitter nicht mehr, wie am Kristall, identisch; die ersteren folgen vielmehr mit dem halben Abstand aufeinander wie die letzten, ihr Auftreten zeigt also eine kleinere Periodizität (Oberschwingung) der Dichte an (Abb. II, 11).

2. Die Elementarzelle.

Die Kanten der Elementarzelle a, b und c sind durch die Identitätsabstände in Richtung der kristallographischen Achsen oder die Translationsperioden gegeben. Sie stehen zueinander in demselben Verhältnis wie die morphologischen Kristallachsen und schließen dieselben Winkel miteinander ein, sie lassen sich mit Hilfe der Röntgeninterferenzen aber auch ihrer absoluten Größe nach bestimmen. Die Lage der Röntgenreflexe ergibt nämlich unmittelbar die Netzebenenabstände, und aus diesen lassen sich bei hochsymmetrischen Kristallsystemen sehr leicht, bei niedrigsymmetrischen aber häufig erst unter Schwierigkeiten (und auch

dann nicht immer eindeutig) die Kanten und Winkel der Elementarzelle ableiten. Den 7 verschiedenen Achsensystemen der Kristalle entsprechend gibt es nach dem Kantenverhältnis und den Kantenwinkeln auch 7 verschiedene Elementarzellen, nämlich trikline, monokline usw. Aus dem Volumen der Elementarzelle, der Dichte der Kristalle und dem Atomgewicht bzw. Molekulargewicht kann die darin enthaltene Anzahl der Bausteine berechnet werden (s. § 8 dieses Kap.).

3. Die 14 BRAVAIS-*Gitter*.

Im einfachsten Falle findet sich ein Kristallbaustein in jeder der 8 Ecken der Elementarzelle. Jeder von ihnen gehört gleichzeitig 8 an jeder Ecke zusammenstoßenden Zellen an, so daß in diesem Falle auf eine Zelle ein Baustein kommt. Außer diesen „primitiven" Zellen gibt es aber auch solche, in denen sich die Bausteine auf einer oder auf allen 6 Flächenmitten oder in

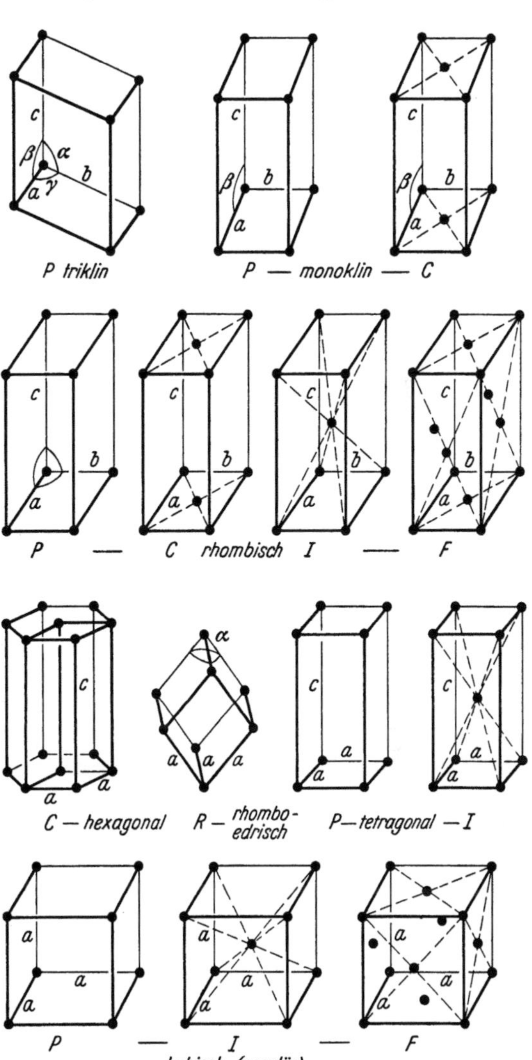

Abb. II, 12. Die 14 BRAVAIS-Typen. (Aus BIJVOET.)

der Raummitte wiederholen, und zwar sind nach BRAVAIS 14 solcher Gittertypen möglich. Abb. II, 12 gibt eine Übersicht über die BRAVAIS-Typen. Wie die erste Reihe der Abbildung zeigt, gibt es im triklinen

System nur eine primitive Zelle (P), im monoklinen dagegen einen primitiven (P) und einen in der ab-Ebene flächenzentrierten Typ (C). Das rhombische System, das in der zweiten Reihe dargestellt ist, kennt 4 verschiedene Typen, den primitiven (P), den basisflächenzentrierten (C), den innen in der Raummitte zentrierten (J) und den allseitig flächenzentrierten Typ (F). Die dritte Reihe enthält die hexagonale Zelle, die ihrer Natur nach basisflächenzentriert ist (C), und den speziellen rhomboedrischen (trigonalen) Typ (R), dazu die beiden Typen des tetragonalen Systems, den primitiven (P) und den innen zentrierten (J). In der letzten Reihe schließlich sind die drei möglichen Typen (P, J, F) der kubischen Elementarzelle dargestellt.

Alle diese Typen entstehen durch gesetzmäßige Ineinanderstellung primitiver Gitter, wobei die Verschiebungen entsprechender Punkte durch die Elementarkanten ausgedrückt werden können. Infolgedessen treten bei der Streuung von Röntgenstrahlen an diesen Teilgittern charakteristische Phasenbeziehungen auf, die zur systematischen Auslöschung von Reflexen führen. Auf diese Weise können die einzelnen BRAVAIS-Typen identifiziert werden. (Näheres s. § 9, b.)

Aus der Anzahl der Bausteine der Elementarzelle dagegen kann der BRAVAIS-Typ nicht mit Sicherheit abgeleitet werden, da außer diesen Gittern auch solche auftreten können, die einen zweiten Baustein in „kristallographisch unbestimmter Lage" enthalten.

4. Die 230 Raumgruppen.

Schon durch die 14 Gittertypen, die an die Stelle der 7 morphologischen Kristallsysteme treten, wird die Zahl der Symmetriegruppen des Raumgitters gegenüber den morphologischen Symmetrieklassen vergrößert. Dazu kommt noch das Auftreten neuer, makroskopisch nicht unterscheidbarer Symmetrieelemente. So erhöht sich die Zahl der Symmetriegruppen oder Raumgruppen den 32 Kristallklassen gegenüber auf 230.

Diese neuen Symmetrieoperationen entstehen aus der Drehung und der Spiegelung durch gleichzeitige Translationen parallel zur Drehachse oder zur Spiegelebene, die nur Bruchteile der Identitätsperioden betragen und deshalb morphologisch nicht nachweisbar sind. Durch diese Translationen geht die Drehung in eine Schraubung und die Spiegelung in eine Gleitspiegelung über. Während die Drehachsen durch eine Zahl bezeichnet werden, die ihre Zähligkeit angibt, erhält die Schraubenachse dazu noch einen Index, der so gewählt ist, daß der Bruch Index/Zähligkeit die Translation ergibt. So bedeutet z. B. 2_1 eine zweizählige Schraubenachse mit der Translation 1/2 in der Achsenrichtung (Abb. II, 13a). Die Gleitspiegelebenen werden ebenso wie die Spiegelebenen (m) durch Buchstaben (a, b, c, n und d) bezeichnet, die die Richtung der Translation kennzeichnen (Tab. II, 4). Abb. II, 13b stellt den Fall einer Gleitspiegelebene dar, bei der die Spiegelung mit einer Translation 1/2 in der Richtung der c-Achse verbunden ist.

Schraubenachsen treten vielfach gerade in den Kristalliten der Hochpolymeren auf, dann nämlich, wenn die Grundelemente der Kettenmole-

Tabelle II, 4.
Bezeichnung der Gleitspiegelebenen.

Symbol	Größe der Translation	Richtung der Translation
a	$\frac{1}{2}$	a-Achse
b	$\frac{1}{2}$	b-Achse
c	$\frac{1}{2}$	c-Achse
n	$\frac{1}{2}$	Flächendiagonale
d	$\frac{1}{4}$	Flächendiagonale

küle gegeneinander schraubenförmig verdreht sind; und es ist für diese neuen Symmetrieoperationen charakteristisch, daß durch sie nicht eine endliche, sondern eine beliebig große Zahl von Bauelementen miteinander verknüpft wird.

In der Tab. II, 5 sind die Kristallklassen und die aus ihnen hervorgehenden Raumgruppen der verschiedenen Kristallsysteme zusammengestellt, wobei wir uns für die hochpolymeren Stoffe auf die Klassen beschränken konnten, die Symmetrieelemente nur bezüglich einer bevorzugten Achse enthalten.

Bei den einachsigen Raumgruppen, z. B. den monoklinen, ist also leicht zu übersehen, wie sich ihre Zahl gegenüber der der Kristallklassen vervielfacht, indem neben primitiven (P) auch basisflächenzentrierte (C) Gitter auftreten und die Spiegelebenen (m) durch Gleitspiegelebenen (c) bzw. die Drehachsen (2) durch Schraubenachsen (2_1) ersetzt werden.

Bei den Kristallklassen, die Symmetrieelemente bezüglich aller drei Achsen enthalten, ist die Zahl der zu derselben Kristallklasse gehörenden Raumgruppen

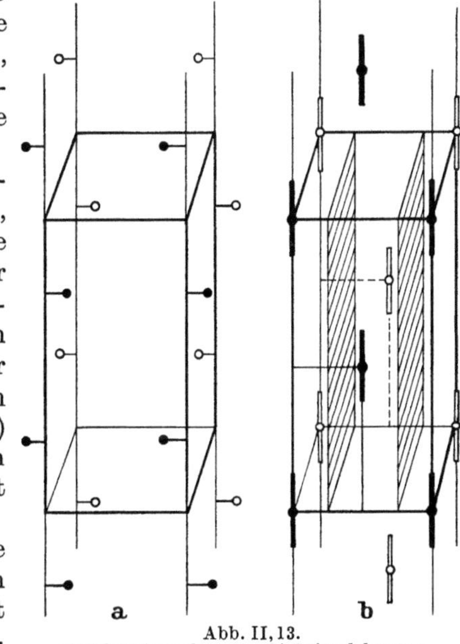

Abb. II, 13.
a) Schraubenachsen 2_1, b) Spiegelebenen c.

vielmals größer. Sie entsprechen z. B. der einfachsten rhombischen Kristallklasse C_{2v} mit den Symmetrieelementen (2 m m) die Raumgruppen C_{2v}^1 bis C_{2v}^{22}. In dieser Klasse nämlich kommen alle 5 Typen P, C, A, F und J vor. Dazu können an Stelle jeder Drehachse (2) Schraubenachsen (2_1) und an Stelle jeder Spiegelebene (m) verschiedene Gleitspiegelebenen (a, c, n, d bzw. a, b, n, d) treten.

Wenn nun der BRAVAIS-Typ bekannt ist, ist die Zahl der möglichen Raumgruppen schon wesentlich eingeschränkt. Dazu läßt sich das Vorliegen von Schraubenachsen und von Gleitspiegelebenen aus speziellen

Tabelle II, 5.

Einachsige Raumgruppen.

Kristall-system	Kristallklassen		Raumgruppe		
	Symbol	Symmetrieelemente	Symbol	Typ und	Symmetrieelemente
triklin	C_1	1	C_1^1	P	1
	C_i	$\bar{1}$	C_i^1	P	$\bar{1}$
monoklin	C_{1h}	$m\,(=\bar{2})$	C_{1h}^1	P	m
			C_{1h}^2	P	c
			C_{1h}^3	C	m
			C_{1h}^4	C	c
	C_2	2	C_2^1	P	2
			C_2^2	P	2_1
			C_2^3	C	2
	C_{2h}	$\dfrac{2}{m}$	C_{2h}^1	P	$\dfrac{2}{m}$
			C_{2h}^2	P	$\dfrac{2_1}{m}$
			C_{2h}^3	C	$\dfrac{2}{m}$
			C_{2h}^4	P	$\dfrac{2}{c}$
			C_{2h}^5	P	$\dfrac{2_1}{c}$
			C_{2h}^6	C	$\dfrac{2}{c}$
trigonal	C_3	3	C_3^1	C	3
			C_3^2	C	3_1
			C_3^3	C	3_2
			C_3^4	R	3
	C_{3i}	$\bar{3}$	C_{3i}^1	C	$\bar{3}$
			C_{3i}^2	R	$\bar{3}$
	C_{3h}	$\dfrac{3}{m}\,(=\bar{6})$	C_{3h}^1	C	$\dfrac{3}{m}$
hexagonal	C_6	6	C_6^1	C	6
			C_6^2	C	6_1
			C_6^3	C	6_5
			C_6^4	C	6_2
			C_6^5	C	6_4
			C_6^6	C	6_3
	C_{6h}	$\dfrac{6}{m}$	C_{6h}^1	C	$\dfrac{6}{m}$
			C_{6h}^2	C	$\dfrac{6_3}{m}$

Auslöschungen im Röntgendiagramm erkennen. So weiß man beispielsweise, daß die Elementarzelle der Cellulose monoklin und primitiv ist und Schraubenachsen enthält, wonach nur die drei primitiven monoklinen Raumgruppen mit Schraubenachsen ($C_2^2 P\,2_1$), $C_{2h}^2 \left(P\dfrac{2_1}{m}\right)$ und $C_{2h}^5 \left(P\dfrac{2_1}{c}\right)$ in Frage kommen können. Die Eigenschaft der Cellulose, optische Aktivität zu zeigen, schließt aber Spiegelebenen aus, so daß nur die Raumgruppe C_2^2 übrigbleibt.

Mit der Feststellung der Raumgruppe ist die Kennzeichnung des Raumgitters beendet. Die Röntgenanalyse der Kristalle aber will noch weiter gehen. Ihr Ziel ist die Aufstellung vollständiger Kristallmodelle, in denen jedem einzelnen Atom sein Platz angewiesen wird. Darauf wird weiter unten noch einzugehen sein.

§ 8. Die Lage der Interferenzen.

a) Der Gitterfaktor.

Für die Röntgenstreuung an Kristallgittern gilt die allgemeine Formel:

$$J_s = J_e \cdot |S|^2 \cdot |G|^2. \qquad (\text{II},14)$$

S tritt an die Stelle der Atomformamplituden der Gl. (II, 8) und (II, 10). Es ist die *Strukturamplitude*, die sich aus den Atomformamplituden der Atome des Kristallgitters und den Phasenverschiebungen ihrer Streuwellen berechnet. Das Quadrat $|S|^2$ ihres absoluten Betrages heißt *Strukturfaktor*.

G ist die *Gitteramplitude*, $|G|^2$ der *Gitterfaktor*. Diese geben die Amplitude bzw. die Intensität an, die durch die Interferenz der Streuwellen der Gitterpunkte zustande kommt. Das sind von der Theorie der Lichtbeugung an Strichgittern her bekannte Funktionen, die hier nur auf den dreidimensionalen Fall des Raumgitters erweitert werden müssen. Für den Fall eines parallelepipedischen Kristallblocks gilt:

$$|G|^2 = \frac{\sin^2(M_1 \cdot \pi \cdot \varDelta_1)}{\sin^2(\pi \cdot \varDelta_1)} \cdot \frac{\sin^2(M_2 \cdot \pi \cdot \varDelta_2)}{\sin^2(\pi \cdot \varDelta_2)} \cdot \frac{\sin^2(M_3 \cdot \pi \cdot \varDelta_3)}{\sin^2(\pi \cdot \varDelta_3)} . \qquad (\text{II},15)$$

Dabei stellen die $\varDelta_\alpha$ die Gangunterschiede an den 3 Atomreihen des Raumgitters dar, gemessen in Vielfachen der einfallenden Röntgenwellenlänge λ (s. Abb. II, 14a), während die M_α die Abmessungen des Kristallblocks in Vielfachen der Perioden a, b, c ausdrücken, also die Zahl der Wiederholungen dieser Perioden angeben.

Die M_α sind definitionsgemäß ganze Zahlen. Infolgedessen hat der einzelne Sinusquotient der Gl. (II, 15) Hauptmaxima der Höhe M_α^2 für jeden ganzzahligen Wert $\varDelta_\alpha = h_\alpha$. Da die M_α weiter sehr große Zahlen darstellen – Kristalldimensionen der Größenordnung μ entsprechen bereits 10^4 Atomabstände der Größenordnung 10^{-8} cm –, rücken die ersten Minima, die bei $h_\alpha \pm \dfrac{1}{M_\alpha}$ liegen, sehr nahe an die Hauptmaxima heran. Es treten daher sehr scharfe Interferenzmaxima auf. Zugleich gibt ihre

Breite wegen der Proportionalität mit $1/M_\alpha$ (s. Abb. II, 14b) die Möglichkeit der Messung von Kristallitgrößen in Größenbereichen, die dem Lichtmikroskop nicht mehr zugänglich sind. Darauf wird später (§ 10) noch ausführlicher zurückzukommen sein.

Die Winkelabhängigkeit der beiden anderen Faktoren der Gl. (II, 14) J_e und $|S|^2$ ist demgegenüber so gering, daß diese Größen in den Bereichen, in denen $|G|^2 \neq 0$ ist, als konstant betrachtet werden können. Damit aber wird die Lage der Kristallinterferenzen allein durch den Gitterfaktor bestimmt; sie entsprechen Streurichtungen, in denen Gangunterschiede von ganzen Vielfachen der benutzten Wellenlänge(n) auftreten. Die Diskussion der Strukturfaktoren, die die Intensitäten der Interferenzmaxima bestimmen, kann daher nachträglich und unabhängig erfolgen. Die Verhältnisse sind hier also wesentlich einfacher als bei Gasen und Flüssigkeiten, bei denen wegen der langsamen Winkelabhängigkeit der $\dfrac{\sin (s \cdot r)}{s \cdot r}$-Glieder die Atomabstände nicht einfach der Lage der Maxima, sondern erst der FOURIER-Analyse der ganzen Streukurve entnommen werden können. Will man allerdings mehr als die Lage der punktförmig gedachten Streuzentren wissen, so muß man auch bei der Kristallstrukturbestimmung zur FOURIER-Analyse greifen. Auch darauf wird später noch näher einzugehen sein.

Abb. II, 14. Beugung an einer Punktreihe: a) Phasenunterschied, b) Beugungshauptmaximum. (Aus BIJVOET.)

$$\Delta_1 = \frac{a \cdot (\cos \alpha - \cos \alpha_0)}{\lambda}.$$

b) Die Interferenzbedingungen nach Laue und nach Bragg.

Die Interferenzbedingung $\Delta_\alpha = h_\alpha$ führt unter Einsetzung der Werte für die Gangunterschiede, an deren Berechnung die eindimensionale Abb. II, 14 erinnern sollte, unmittelbar zu den LAUEschen Formeln

$$\left. \begin{aligned} \Delta_1 &= a \cdot (\cos \alpha - \cos \alpha_0)/\lambda = h_1, \\ \Delta_2 &= b \cdot (\cos \beta - \cos \beta_0)/\lambda = h_2, \\ \Delta_3 &= c \cdot (\cos \gamma - \cos \gamma_0)/\lambda = h_3 \end{aligned} \right\} \qquad \text{(II, 15a)}$$

mit der Zusatzbedingung: $\cos^2 \alpha_0 + \cos^2 \beta_0 + \cos^2 \gamma_0 = 1$. Diese vier Gleichungen sind für eine beliebige Einfallsrichtung α_0, β_0, γ_0 und eine beliebige Wellenlänge im allgemeinen nicht erfüllt. Hat die einfallende Strahlung aber ein kontinuierliches Spektrum, so sucht das Raumgitter sozusagen die Wellenlängen aus, mit denen die Gleichungen befriedigt werden können. Das ist die LAUEsche Methode, die mit feststehender Einfallsrichtung und variabler Wellenlänge (Bremskontinuum) arbeitet. Umgekehrt benutzt das BRAGGsche Verfahren eine monochromatische Strahlung und sucht durch Drehen des Kristalles die der gegebenen Wellenlänge passenden Einfallsrichtungen aus.

Die selektive Wirkung eines Raumgitters läßt sich geometrisch anschaulich darstellen, wenn man den Übergang von der Beugung eines linearen Gitters (Punktreihe) über die eines Flächengitters (Kreuzgitter) zu der eines Raumgitters vollzieht (Abb. II, 15). Das ist für die hochpolymeren Festkörper auch insofern interessant, als dort häufig nur ein- oder zweidimensionale Ordnungen auftreten. Bei senkrechtem Lichteinfall auf eine Punktreihe ergeben sich Beugungskegel (Abb. II, 15a, c),

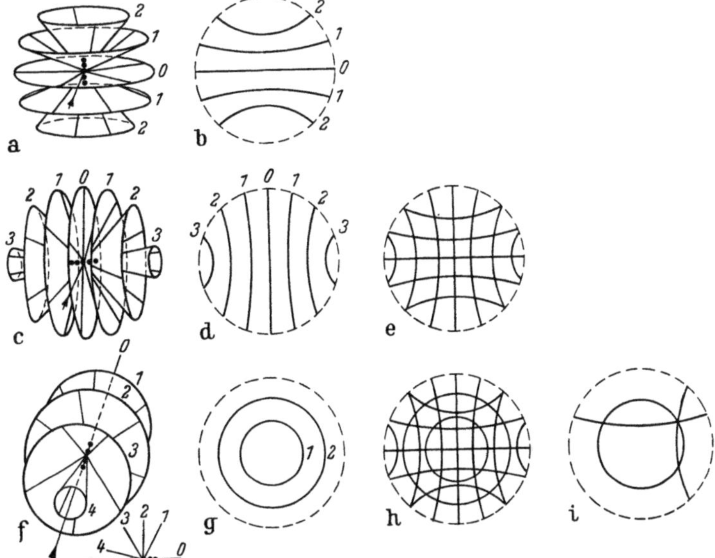

Abb. II, 15. Entstehung der Beugungsbilder einer Punktreihe, eines Kreuzgitters und eines Raumgitters. (Aus BIJVOET.)

die die senkrecht zur Einfallsrichtung stehende photographische Platte je nach vertikaler oder horizontaler Lage der Reihe in einer Hyperbelschar mit vertikaler oder horizontaler Mittellinie schneiden (Abb. II, 15b u. d). Eine lineare Ordnung ist also durch kontinuierlich geschwärzte Schichtlinien gekennzeichnet. Die Zusammensetzung der Bilder der beiden Punktreihen ergibt dann die Wirkung eines Kreuzgitters (Abb. II, 15e). Den Schnittpunkten beider Hyperbelscharen entsprechend besteht das Beugungsbild des Kreuzgitters aus einer regelmäßigen Anordnung von Lichtpunkten. Eine Änderung der Wellenlänge ändert die Beugungsbilder nicht prinzipiell, sondern nur in ihren Abmessungen. Denn sie wirkt allein auf die Öffnungswinkel der Beugungskegel und verschiebt damit die Reflexe. Zur Herstellung eines Raumgitters braucht man nun noch eine dritte, in der Richtung des einfallenden Lichtes gelegene Punktreihe (Abb. II, 15f). Ihre Beugungskegel schneiden die photographische Platte in konzentrischen Kreisen (Abb. II, 15g) und diese bestimmen zusammen mit den beiden Hyperbelscharen des Kreuzgitters (Abb. II, 15e) die Raumgitterbeugung (Abb. II, 15h). Dabei existiert im allgemeinen aber kein gemeinsamer Schnittpunkt der drei Beugungskegelspuren, also keine Richtung, in der sich die Wirkungen der drei Dimensionen verstärken. Ein solcher läßt sich nach Abb. II, 15i nur durch passende Durchmesser der Kegelspuren, also durch eine passend gewählte Wellenlänge erreichen.

Um nun auf die Beugungsgleichungen zurückzukommen, so geht die Bedeutung der LAUE-Indices h_1, h_2, h_3 aus der Abb. II, 14a unmittelbar hervor: Die Indices geben danach an, um wie viele Wellenlängen der Lichtweg zunimmt, wenn man den abbeugenden Punkt um eine Periodenlänge (Zellkante) verschiebt. Unter Einführung der MILLERschen Indices sind das bei Verschiebung um a längs der x-Achse $h_1 \cdot \lambda = n \cdot h \cdot \lambda$. Ebenso folgt für die beiden anderen Achsen: $h_2 \cdot \lambda = n \cdot k \cdot \lambda$ und $h_3 \cdot \lambda = n \cdot l \cdot \lambda$. So kann man beim Übergang von der LAUEschen zur BRAGGschen Betrachtungsweise das Indices-Triplett unverändert beibehalten.

Beim BRAGGschen Verfahren handelt es sich um den Übergang von einer Netzebene zur anderen. Wie Abb. II, 16 zeigt, tritt dabei ein Gangunterschied der Größe $2d \cdot \sin \vartheta/2$ auf, wenn d den Netzebenenabstand bedeutet. Daraus folgt die BRAGGsche Interferenzbedingung:

$$2d \cdot \sin \vartheta/2 = n \cdot \lambda, \qquad (II, 16)$$

wobei n eine ganze Zahl (Ordnungszahl der Interferenz) ist.

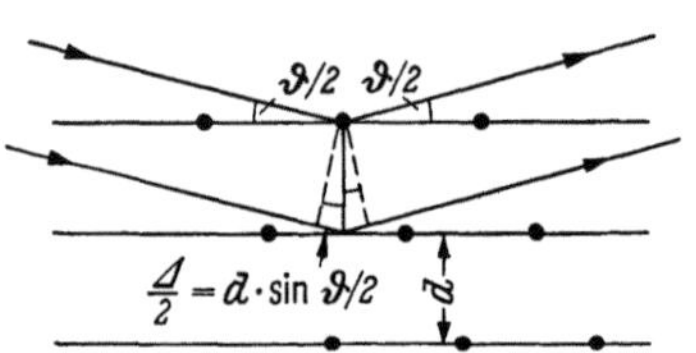

Abb. II, 16. Berechnung des Gangunterschiedes für an aufeinanderfolgenden Netzebenen reflektierte Röntgenstrahlen. (Aus BIJVOET.)

Ein Interferenzmaximum (oder, wie man oberflächlicher sagt, ein Reflex) kommt also nur für *den* Einfallswinkel (Glanzwinkel) $\vartheta/2$ zustande, der die Gl. (II, 16) erfüllt. Die Ablenkung oder der Streuwinkel beträgt dann $\vartheta°$. Umgekehrt gehört zu jedem beobachteten „Reflex" ein Netzebenenabstand vom Betrage $d = \dfrac{\lambda}{2 \cdot \sin \vartheta/2}$. Ohne besondere Maßnahmen liegt die Größe der meßbaren Ablenkungswinkel zwischen etwa 7 und 80°, die Größe der bestimmbaren Netzebenenabstände also zwischen 8 und 0,8 λ. Das sind bei

Molybdänstrahlung ($\lambda = 0{,}71$ Å), Netzebenenabstände   6 bis 0,6 Å,

Kupferstrahlung   ($\lambda = 1{,}54$ Å), Netzebenenabstände 12 bis 1,2 Å,

Chromstrahlung   ($\lambda = 2{,}29$ Å), Netzebenenabstände 18 bis 1,8 Å.

Mit sehr feinen Blenden und großen Filmabständen kann man die Kleinwinkelstreuung noch herunter bis zu Ablenkungswinkel von 0,25° oder gar 0,1° messen. Dem entsprechen die Netzebenenabstände von 180 bzw. 450 Å bei Molybdän- und 360 bzw. 900 Å bei Kupferstrahlung.

c) Die Gitterparameter.

Das Röntgendiagramm soll eine Übersicht über sämtliche auftretenden Netzebenenabstände geben. Dazu müssen die Kristallite in alle möglichen Richtungen zum Röntgenstrahl gebracht werden. Die Braggsche Drehkristallmethode kommt bei hochpolymeren Stoffen kaum in Frage, weil von diesen im allgemeinen keine Einkristalle zu erhalten sind. Die Stoffe sind meist polykristallin, die Kristallite sind aber genügend klein, ihre Anzahl also genügend groß, daß in dem durchstrahlten Volumen eine hinreichend gleichmäßige Verteilung der Kristallitachsen über alle Raumrichtungen vorliegt. Man erhält dann Aufnahmen, wie sie der Pulvermethode von Debye-Scherrer entsprechen, wenn man das Präparat mit einem zylindrischen Film umgibt. Man verwendet hier aber nach dem Vorgang von Astbury vielfach auch senkrecht zum Röntgenstrahl gestellte ebene Filme oder Platten. Die Interferenzen sind in diesem Falle konzentrische Kreise, dafür ist der Ablenkungswinkel aber auf etwa 40° begrenzt. Doch stört das insofern nicht, als bei vielen organischen Stoffen,

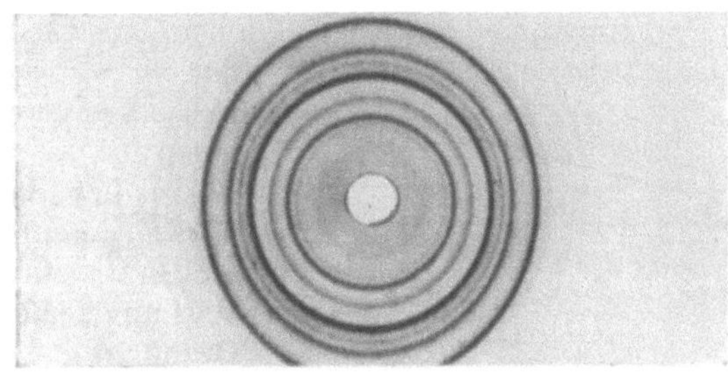

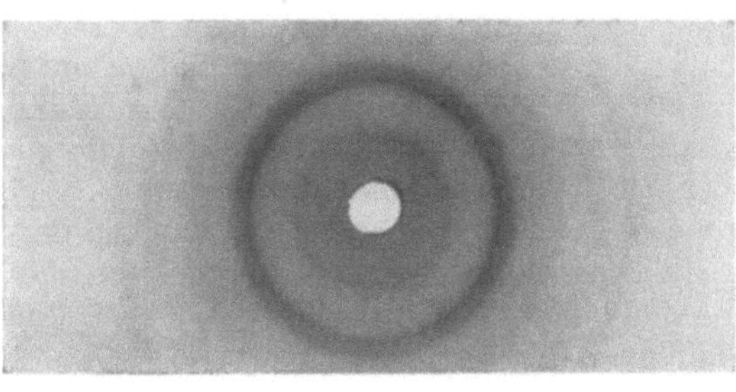

Abb. II, 17. Pulverdiagramme auf ebenem Film: a) p-Azoxyanisol, b) ausgefällte Hydratcellulose.

insbesondere solchen mit zylindrischen Molekülen, und bei den meisten hochpolymeren Stoffen außerhalb $\vartheta = 40°$ kaum mehr Interferenzen auftreten. Dazu trägt außer der Molekülform die schlechte Ausbildung der nur durch Nebenvalenzen zusammengehaltenen Molekülgitter sicher entscheidend bei (s. § 10b). Abb. II, 17 veranschaulicht diese Verhältnisse an den Pulverdiagrammen von p-Azoxyanisol (a) und von einer ausgefällten

Hydratcellulose (b), die unter genau gleichen Bedingungen aufgenommen wurden. Man beachte auch die starke Untergrundschwärzung auf der Celluloseaufnahme, die von den nichtkristallinen Gebieten herrührt.

Die Ausmessung aller Interferenzen liefert einen Überblick über die vorkommenden Glanzwinkel bzw. Netzebenenabstände. Diese sind mit den Gitterparametern über eine quadratische Form verbunden, in die auch die drei MILLERschen Indices h, k, l jeder Netzebenenschar eingehen. Es ist daher zunächst notwendig, die Reflexe zu indicieren. Um das voraussetzungslos durchführen zu können, sind für jeden Reflex drei Bestimmungsstücke notwendig. Das erste davon, der Glanzwinkel, wird schon von jedem Pulverdiagramm geliefert, und mit ihm allein kann man bei hochsymmetrischen Gittern, wie den kubischen mit drei rechten Winkeln und drei gleichen Achsen, mit Hilfe graphischer Methoden (HULLsche Kurven) aber auch bei tetragonalen und hexagonalen Gittern, die bekannte Winkel und zwei verschiedene Achsen haben, bereits zum Ziele kommen.

Bei niedriger symmetrischen Gittern benötigt man zur Indicierung aber vermeßbare Einzelkristalle oder Präparate mit geordneten Kristalliten, um Drehaufnahmen machen zu können. Dreht man den Kristall um eine kristallographische Achse, so treten Schichtlinien auf, wie sie Abb. II, 15 b zeigte, nur sind diese jetzt nicht mehr kontinuierlich geschwärzt, sondern durch die Wirkung der beiden anderen Ordnungsdimensionen in diskrete Reflexe aufgelöst. Auf dem Äquator liegen die Re-

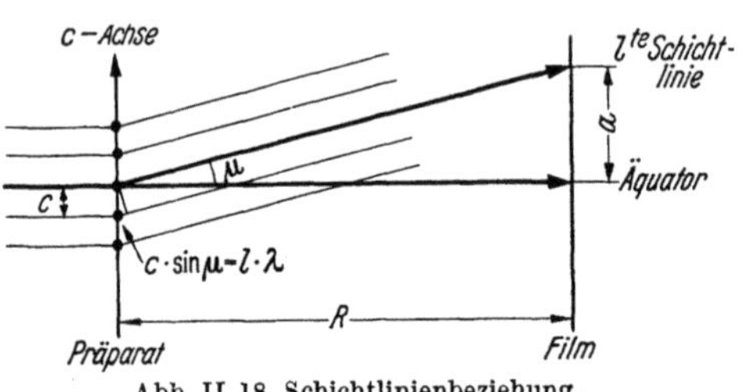

Abb. II, 18. Schichtlinienbeziehung.

flexe der zur Drehachse parallel liegenden Netzebenenscharen, der Scharen also, die bezüglich der Drehachse den Index Null haben. Die Reflexe der gegen die Drehachse geneigten Netzebenenscharen ordnen sich auf den Schichtlinien an, wobei der auf die Drehachse bezügliche Index der Scharen mit der Schichtliniennummer übereinstimmt. So läßt die Schichtlinie, auf der ein Reflex liegt, seinen Index bezüglich der als Drehachse gewählten Kristallachse sofort ablesen. Weiter gestattet der Schichtlinienabstand nach Abb. II, 18 die Länge dieser Achse zu ermitteln. Es gilt nämlich, wenn die z-Achse Drehachse ist,

$$c = \frac{l \cdot \lambda}{\sin \mu} \qquad \text{mit} \qquad \operatorname{tg} \mu = \frac{A}{R}, \qquad \text{(II, 17)}$$

wobei A den Schichtlinienabstand und R den Filmabstand bzw. den Radius des das Präparat umschließenden zylindrischen Films bedeuten. In diesem Falle sind die Schichtlinien parallele Geraden zum Äquator.

Das dritte Bestimmungsstück erhält man bei Benutzung einer Goniometerkamera. Bei diesen wird gleichzeitig mit der Drehung des Präparates der Film verschoben, so daß die Reihenfolge der Reflexion etwa der Äquatorreflexe und die Winkel zwischen ihren Reflexionsstellungen abgelesen werden können, die mit den Winkeln zwischen den zugehörigen Netzebenenscharen übereinstimmen. Glanzwinkel, Schichtliniennummer und Azimutwinkel sind dann die drei Bestimmungsstücke eines Reflexes.

Bei den hochpolymeren Festkörpern hat man es in der Regel mit niedrigsymmetrischen Kristallen zu tun, so daß solche Methoden angebracht wären. Leider aber stehen die dazu erforderlichen Einkristalle niemals zur Verfügung; doch kann man sich hier axial oder auch „höher orientierte" Präparate herstellen.

Axial orientierte Präparate erhält man, indem man Fasern oder Filme reckt. Dann orientieren sich sämtliche Kristallite mit ihren Achsen (Molekülachsen) parallel zur Dehnungsrichtung und geben bei senkrechter Durchstrahlung so die Voraussetzung für das Auftreten eines Schichtliniendiagramms (Faserdiagramm). Man braucht das Präparat dabei nicht einmal um die Faser- oder Dehnungsrichtung zu drehen, weil die Kristallite bei axialer Orientierung nur mit ihren Achsen geordnet, um diese aber beliebig verdreht liegen. Alles, was oben bezüglich der Achse eines Drehkristalls gesagt wurde, gilt hier also für die Faserachse, die achsenparallelen (paratropen) Flächen reflektieren auf den Äquator, die zur Achse senkrechten (diatropen) auf den Meridian. Ihre Reflexe können allerdings nur schwach auftreten, weil diese Flächen bei senkrechter Durchstrahlung parallel zur Einfallsrichtung des Röntgenlichtes liegen. Und der Schichtlinienabstand liefert in diesem Falle die Gitter- bzw. Molekülperiode in der Faserrichtung (Faserperiode). In Abb. II, 19 ist die Faseraufnahme einer Perlon-L-Borste (nach Behandlung mit Phenollösung) wiedergegeben.

Wenn man ein solches Präparat mit axialer Orientierung flach walzt oder schlägt, so erhält man eine „höhere Orientierung", die dadurch gekennzeichnet ist, daß die Kristallite nun nicht mehr beliebig um ihre Achsen verdreht liegen, sondern auch mit einer ausgezeichneten Fläche parallel gestellt sind. Die Kristallite eines Hochpolymeren sind im allgemeinen nämlich nicht stäbchen-, sondern blättchen-

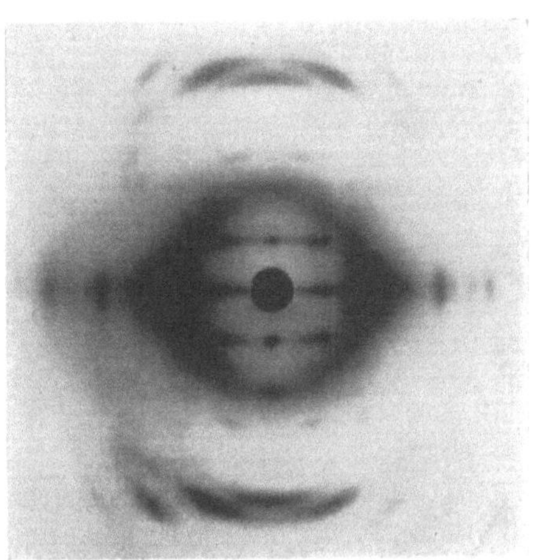

Abb. II, 19. Faserdiagramm von Perlon L. (Nach PRIETZSCHK.)

förmig und stellen die Blättchenfläche senkrecht zur Richtung der Druckkraft. Während ein rein axial orientiertes Präparat bei Durchstrahlung in der Achsenrichtung also ein regelrechtes DEBYE-Diagramm mit vollen DEBYE-Ringen ergibt, treten beim höher orientierten Präparat kurze sichelförmige Reflexe der einzelnen paratropen Flächen auf, aus deren gegenseitiger Versetzung die Winkel zwischen diesen Flächen und so im monoklinen Falle (Orthoachse c) beispielsweise der von 90° verschiedene Winkel γ bestimmt werden können.

Mit diesen Hilfen gelingt es dann bei monoklinen Kristallen verhältnismäßig leicht, die Flächenindices und die Gitterparameter gegenseitig so anzupassen, daß die Glanzwinkel oder Netzebenenabstände des Diagrammes durch die quadratische Form sämtlich gut wiedergegeben werden. Häufig ist der monokline Winkel auch so wenig von 90° (native Cellulose) oder von 60° (regenerierte Cellulose und Polyamide) verschieden, daß die einfacheren quadratischen Formen für das rhombische bzw. hexagonale System für die erste Orientierung benutzt werden können. Das monokline Kristallsystem ist das bei den organischen und insbesondere den hochpolymeren Stoffen am häufigsten vertretene Kristallsystem. Seine quadratische Form lautet:

$$\sin^2 \vartheta/2 = \frac{\lambda^2}{4\,d^2} = \frac{\lambda^2}{4} \cdot \left[\frac{h^2}{a^2 \cdot \sin^2 \gamma} + \frac{k^2}{b^2 \cdot \sin^2 \gamma} + \frac{l^2}{c^2} - \frac{2 \cdot h \cdot k \cdot \cos \gamma}{a \cdot b \cdot \sin^2 \gamma} \right] . \qquad (II, 18)$$

Schwieriger liegen die Verhältnisse im triklinen Kristallsystem, wie es z.B. beim 6,6-Nylon vorliegt; denn in seinen Faserdiagrammen treten im allgemeinen keine Meridianreflexe auf. Andrerseits stimmen die Reflexe auf dem Äquator für Nylon und Perlon so weitgehend überein, daß dadurch eine Hilfe für die Indicierung der Reflexe geboten wird. Allgemein aber muß man die Einschränkung machen, daß der Prüfung mit der quadratischen Form angesichts der kleinen Anzahl der Reflexe auf den Diagrammen der hochpolymeren Stoffe keine unbedingte Beweiskraft zukommen kann, so daß die Werte der Indices und der Gitterparameter im strengen Sinne der anorganischen Kristallographie nicht als eindeutig bestimmt angesehen werden können.

d) Elementarvolumen und Röntgendichte.

Mit der Ermittlung der Achsen und Winkel ist die Bestimmung der Elementarzelle durchgeführt (ausführliche Darstellung der Methoden und Ergebnisse s. Kap. IV). Für die Berechnung ihres Volumens V gilt im triklinen System:

$$V = a \cdot b \cdot c \cdot \sqrt{1 - \cos^2 \alpha - \cos^2 \beta - \cos^2 \gamma + 2 \cdot \cos \alpha \cdot \cos \beta \cdot \cos \gamma}. \qquad (II, 19)$$

Die Formeln für die Systeme mit zwei (monoklin) oder drei (rhombisch) rechten Winkeln sind daraus leicht ableitbar. Da die Elementarzelle nun in jeder Beziehung für den ganzen Kristall repräsentativ sein muß, muß in ihr auch bereits die chemische Bruttoformel gelten; sie muß daher stets eine ganze Anzahl von Molekülen bzw. im hochpolymeren Falle von Monomeren enthalten. Berechnet man also das Molekülvolumen

$$v = \frac{M}{\varrho \cdot L} \qquad (II, 20)$$

aus dem Molekulargewicht M, der LOSCHMIDTschen Zahl L und der makroskopischen Dichte ϱ des Materials, so muß

$$\frac{V}{v} = V \cdot \frac{\varrho \cdot L}{M} = m \qquad \text{(II, 21)}$$

eine ganze Zahl sein.

Die Anwendung dieser Berechnung auf die Gitter der Hochpolymeren hat der Konzeption von Kettenmolekülen lange Zeit entgegengestanden. Erst als HENGSTENBERG im Schichtliniendiagramm längerer, kristallisierter Paraffine neben der Moleküllänge auch die Unterperiode der $\diagdown_{C}\diagup^{C}\diagdown_{C}\diagup$-Gruppe nachwies und als er zeigen konnte, daß in Polyoxymethylenen von uneinheitlicher Kettenlänge nur die Unterperiode der $-O-CH_2-O$-Gruppe und nicht mehr die Periode der Moleküllänge auftritt, erkannte man, daß in solchen Fällen nur noch die monomeren Bausteine die Längsperiode (Faserperiode) der Elementarzelle bestimmen. Der Vergleich mit den neugewonnenen Ergebnissen der Polymerisationsgradbestimmungen ergab dann, daß die Hauptvalenzketten sich über viele Elementarzellen erstrecken müssen; MEYER und MARK bezeichneten solche Gitter daher als „Hauptvalenzkettengitter". Weil man aber heute weiß, daß die Hauptvalenzketten sich sogar über mehrere kristalline Gebiete und ihre nichtkristallinen Zwischenbereiche erstrecken können, hat SMEKAL die Bezeichnung „Monomerengitter" vorgeschlagen. Da die Grundeinheiten der hochpolymeren Moleküle in vielen Fällen nicht die Monomeren darstellen, ist es dann noch besser, von einem „Gitter der Grundeinheiten" zu sprechen.

Die Bestimmung des Elementarvolumens ermöglicht auch bereits einen Einblick in den Aufbau der Hochpolymeren aus kristallinen und nichtkristallinen Gebieten. Mit der Einsetzung des Molekulargewichtes der monomeren Kettenbausteine in die Gl. (II, 21) werden nämlich wohl vernünftige Zahlenwerte für m (meistens zwischen 1 und 4) erhalten. Doch finden sich die Werte nicht genau ganzzahlig, sondern stets etwas, aber außerhalb der Fehlergrenzen der Bestimmung des Elementarvolumens, *unter* einer ganzen Zahl. Es liegt also hier eine systematische Abweichung der Dichte der kristallinen Gebiete von der makroskopischen Dichte vor, und zwar ergibt sich die unter Einsetzung der nächsten ganzen Zahl berechnete

Röntgendichte $\varrho_k >$ makroskopische Dichte ϱ.

Daraus folgt aber, daß die makroskopische Dichte als ein Mischwert aufzufassen ist und daß die hochpolymeren Festkörper also neben den kristallinen Gebieten mit der hohen Dichte auch weniger geordnete oder nichtkristalline Gebiete enthalten müssen, deren Dichte unter dem makroskopischen Wert liegt. Kennt man die Dichte ϱ_a des nichtkristallinen Materials oder kann man sie wenigstens abschätzen, so ist auch die Abschätzung des kristallinen Bruchteils α möglich. Für die entsprechenden spezifischen Volumina v_k, v und v_a gilt dann nämlich:

$$v = \alpha \cdot v_k + (\alpha - 1) \cdot v_a. \qquad \text{(II, 22)}$$

Hierauf wird bei der Besprechung der Methoden und Ergebnisse der Kristallinitätsbestimmungen von Hochpolymeren (§ 25 b) noch näher eingegangen werden.

§ 9. Die Intensitäten der Reflexe.

a) Der Lorentz-Faktor.

Die Intensitäten der Reflexe werden in erster Linie durch den Strukturfaktor $|S|^2$ bestimmt [s. Gl. (II, 14)]. Doch kann dabei neben dem Polarisationsfaktor auch der Gitterfaktor $|G|^2$ mit eine Rolle spielen, dann nämlich, wenn die Interferenzbedingungen nicht streng erfüllt sind. Was das bedeutet, erkennt man besonders leicht in der Darstellung des *„reziproken Gitters"*, die aber auch für viele andere Fragestellungen der Kristallstrukturbestimmungen vorteilhaft ist.

Im reziproken Gitter wird jede Netzebene durch einen Punkt dargestellt bzw. durch den Nullpunktsvektor zu diesem Punkt, dessen Länge dem Netzebenenabstand umgekehrt proportional ist und dessen Richtung die Lage der Netzebenennormalen anzeigt. Die Koordinaten des reziproken Gitters sind beispielsweise für den monoklinen Fall:

$$a^* = \frac{1}{a \cdot \sin \gamma}, \qquad b^* = \frac{1}{b \cdot \sin \gamma}, \qquad c^* = \frac{1}{c}. \qquad (II, 23)$$

Ihre Richtungen sind dieselben wie im normalen Gitter, a^* und b^* schließen also den Winkel γ ein, während c^* auf beiden senkrecht steht. In Abb. II, 20 ist ein solches reziprokes Gitter mit seinem Ursprung in O dargestellt und zugleich mit OM die Richtung eines beliebig einfallenden Röntgenstrahlbündels angegeben. Macht man die Länge OM gleich $1/\lambda$ und schlägt mit diesem Radius einen Kreis um M, so erhält man die Spur der *Ausbreitungskugel* in der gezeichneten Ebene des reziproken Gitters. Diese hat ihren Namen daher, daß für jeden Punkt des reziproken Gitters, den sie schneidet, bzw. für die zugehörigen Netzebenen die BRAGGsche Bedingung erfüllt ist, so daß abgebeugte Strahlenbündel auftreten. Im allgemeinen kommt aber, wie gezeichnet, kein solcher Schnitt zustande. Man muß erst für einen passenden Einfallswinkel sorgen, indem man den Kristall oder in der Abbildung das reziproke Gitter um seinen Ursprung dreht. Jetzt rückt beispielsweise der Gitterpunkt A auf die Ausbreitungskugel (A') und nun tritt in der Richtung MA' ein abgebeugtes Strahlenbündel auf. Es ist also Winkel $OMA' = \vartheta$, ferner definitionsgemäß $OA' \equiv 1/d$, dem reziproken Wert des zugehörigen Netzebenenabstandes, und $OM = 1/\lambda$. Mit $\sin\vartheta/2 = OA'/2 \cdot OM = \lambda/2d$ ist also das BRAGGsche Gesetz erfüllt.

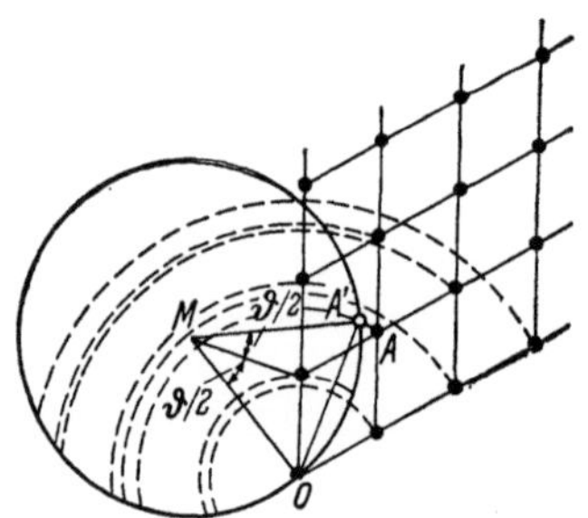

Abb. II, 20. Reziprokes Gitter und Ausbreitungskugel. (Aus BIJVOET.)

Wenn die Interferenzbedingungen mit mathematischer Strenge gelten, dann stellen die Punkte des reziproken Gitters Punkte im mathematischen Sinne dar. Der Natur eines physikalischen Vorganges entsprechend ist aber mit bestimmten Schwankungsbreiten der in die Interferenzbedingungen eingehenden Größen zu rechnen und entsprechend auch jeder Punkt des reziproken Gitters mit einem Schwankungsbereich umgeben zu denken. Ein abgebeugter Strahl tritt jetzt nicht mehr nur dann auf, wenn die Ausbreitungskugel durch den Gitterpunkt selbst hindurchgeht, sondern schon dann und so lange, wie sie seinen Schwankungsbereich durchsetzt, der deshalb „Intensitätsbereich" genannt wird. Daher muß die Intensität des Beugungsmaximums in allen Fällen, in denen diese Intensitätsbereiche so groß sind, daß der Gitterfaktor in ihnen merklich variiert – und das ist die Regel –, durch Integration über den Gitterfaktor in der Umgebung des Gitterpunktes ermittelt werden. Mit den so berechneten Intensitätsfaktoren (LORENTZ-Faktoren) wird dann:

$$J_s = J_e \cdot |S|^2 \cdot L. \tag{II, 24}$$

Die LORENTZ-Faktoren haben, den speziellen Bedingungen für die Schwankungen von Wellenlänge, Einfallsrichtung oder Kristallstellung bzw. -drehung entsprechend, für jede Versuchsanordnung einen anderen Wert (Tab. II, 6).

Tabelle II, 6.

LORENTZ-Faktoren für verschiedene Röntgenmethoden.

Methode	LORENTZ-Faktor	Bemerkungen
LAUE	$\dfrac{N \cdot \lambda^3}{2 \cdot V \cdot \sin^2 \vartheta/2}$	N Elementarzellen vom Volumen V.
DEBYE-SCHERRER	$\dfrac{K \cdot N \cdot \lambda^3}{16\,\pi \cdot V \cdot \sin^2 \vartheta/2 \cdot \cos \vartheta/2}$	K Kriställchen mit durchschnittlich N Elementarzellen.
BRAGG	$\dfrac{N \cdot \lambda^3}{V \cdot \sin \vartheta}$	FürÄquatorreflexe.FürSchichtlinien tritt an Stelle von $\sin\vartheta$ $\sin\tau \cdot \cos\mu$ mit μ Winkelabstand der Schichtlinie vom Äquator und τ Winkelabstand des Reflexes längs der Schichtlinie.
ASTBURY	$\dfrac{K \cdot N \cdot \lambda^3}{2\,\pi \cdot V \cdot \sin^2 \vartheta}$	K kristallineBereiche mit durchschn. N Elementarzellen[1].

Der LORENTZ-Faktor für Faseraufnahmen nach ASTBURY bezieht sich auf die Gesamtintensität, die nach FLASCHNER[1] durch das Produkt aus dem Berge unter der azimutalen Schwärzungskurve und der Integralbreite der radialen bestimmt werden kann. Umfaßt das durchstrahlte Volumen der Fasern Q cm³, so beträgt sein kristalliner Anteil $\alpha \cdot Q \dfrac{\varrho}{\varrho_x} = K \cdot N \cdot V$. Mithin ist $K \cdot N = \alpha \cdot \dfrac{\varrho}{\varrho_x} \cdot \dfrac{Q}{V}$, so daß sich die Reflexintensitäten auf zwei Diagrammen desselben Hochpolymeren wie die kristallinen Anteile α beider Proben verhalten müssen.

Um die komplizierte Bestimmung der Gesamtintensität eines sichelförmigen Faserreflexes zu umgehen, läßt man vielfach das Präparat oder den Film um die Achse des einfallenden Röntgenstrahles rotieren. Doch bedarf die verschmierte Intensität nach KRATKY[2] und Mitarb. einer Korrektur, die von der Richtungsverteilung der Kristallite in den Fasern abhängt. Es wäre also nötig, diese vorher zu bestimmen; die entsprechenden Methoden werden unten (§ 27) besprochen. Vorteil-

<hr>

[1] FLASCHNER, L.: Ann. Physik (6) **2**, 370 (1948).

[2] KRATKY, O., F. SCHLOSSBERGER u. A. SEKORA: Z. Elektrochem. angew. physik. Chem. **48**, 409 (1942).

hafter ist es aber, nach dem Vorgange von HERMANS und WEIDINGER[1] das Präparat so herzustellen, daß die Fasern möglichst ungeordnet liegen. Eine restliche Vorzugsrichtung kann dann unbedenklich durch Rotation des Präparates oder des Filmes ausgeglichen und die Gesamtintensität des Reflexes durch *eine* radiale Photometrierung einwandfrei bestimmt werden (s. unten § 25, a, 2).

b) Der Strukturfaktor.

Wie oben gezeigt wurde, repräsentieren alle Punkte des reziproken Gitters, unabhängig von der Wellenlänge, ein mögliches Interferenzmaximum. Dabei ist jedoch vorausgesetzt, daß weder der THOMSONsche Streufaktor J_e noch der Strukturfaktor $|S|^2$ Null sind. J_e wird bei unpolarisierter Einstrahlung für keine Streurichtung Null, die Strukturamplitude S dagegen kann unter Umständen Null werden. Sie berücksichtigt das Zusammenwirken aller n Atome der Elementarzelle nach Atomformfaktoren (F_n) und Phasen (φ_n) und berechnet sich für die Reflexion h, k, l zu

$$S = \sum_n F_n \cdot e^{2\pi i} \cdot \varphi_n = \sum_n F_n \cdot e^{\pi i} \cdot 2\left(\delta_1^{(n)} \cdot h + \delta_2^{(n)} \cdot k + \delta_3^{(n)} \cdot l\right). \qquad (II, 25)$$

Die $\delta_\alpha^{(n)}$ messen die Koordinaten der n Atome in den Richtungen der drei Kristallachsen in Bruchteilen der Elementarkantenlängen. Dabei kommt es nur auf die Verteilung der Atome über oder unter der betreffenden Netzebene an, ihre Verschiebung parallel dazu spielt keine Rolle.

Wichtig sind zunächst die „*allgemeinen Auslöschungen*". Sie zeigen den BRAVAIS-*Typ* des Gitters an (s. § 7, c, 3.). Einfache (primitive) Gitter (BRAVAIS-Typ P), bei denen nur in jedem Zelleneckpunkt ein Motiv (Atom, Molekül oder monomerer Baustein eines Makromoleküls) sitzt, zeigen keine solchen Auslöschungen, wohl aber die zentrierten Gitter. Diese kann man sich durch Ineinanderstellen zweier oder mehrerer gleicher Gitter entstanden denken und ihre Phasenbeziehungen aus den Koordinaten der nächsten Eckpunkte der eingebauten Gitter bezüglich des Eckpunktes des Grundgitters be-

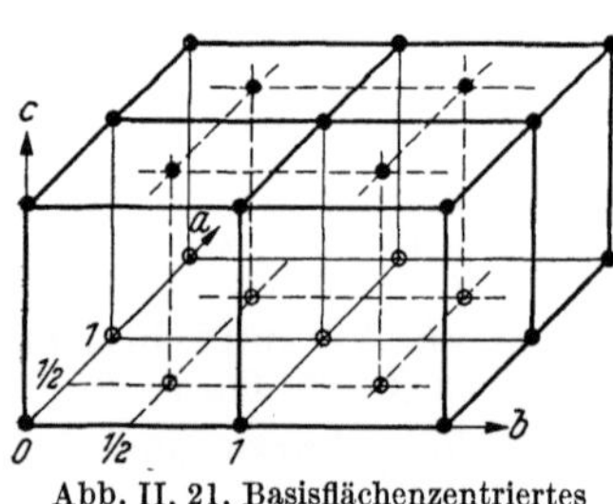
Abb. II, 21. Basisflächenzentriertes rhombisches Kristallgitter.

rechnen. Hat letzterer die Koordinaten $0, 0, 0$, so hat das zweite Teilgitter beim basisflächenzentrierten BRAVAIS-Typ (C), wie er beim monoklinen und beim rhombischen System vorkommt, die Lage $\frac{1}{2}, \frac{1}{2}, 0$ (Abb. II, 21), beim innenzentrierten (rhombischen) Typ (I) $\frac{1}{2}, \frac{1}{2}, \frac{1}{2}$. Beim (allseitig) flächenzentrierten (rhombischen) BRAVAIS-Typ (F) sind drei zusätzliche Gitter mit den Koordinaten $\frac{1}{2}, \frac{1}{2}, 0$ bzw. $\frac{1}{2}, 0, \frac{1}{2}$ und $0, \frac{1}{2}, \frac{1}{2}$ eingebaut. Mit den Regeln $e^{\pi i \cdot 2m} = +1$ und $e^{\pi i \cdot (2m+1)} = -1$ sind die Strukturamplituden leicht zu übersehen (Tab. II, 7).

---

[1] HERMANS, P. H. u. A. WEIDINGER: J. appl. Physics **19**, 491 (1948); Bull. Soc. Belges **57**, 123 (1948) u. Kolloid-Z. **115**, 103 (1949).

Tabelle II, 7.
BRAVAIS-*Typ und Auslöschungsgesetze.*

BRAVAIS-Typ	Strukturamplitude	Auslöschungen
primitiv		keine
basiszentriert	$F \cdot (1 + e^{\pi i \cdot (h+k)})$	$(h+k)$ ungerade
innenzentriert	$F \cdot (1 + e^{\pi i \cdot (h+k+l)})$	$(h+k+l)$ ungerade
flächenzentriert	$F \cdot (1 + e^{\pi i \cdot (h+k)} + e^{\pi i \cdot (k+l)} + e^{\pi i \cdot (l+h)})$	h, k, l gemischt, d.h. ein gerader und zwei ungerade Indices oder umgekehrt.

Außerdem gibt es sog. „*spezielle Auslöschungen*", die das Vorliegen von Schraub- und Gleitkomponenten (Schraubenachsen und Gleitspiegelebenen s. § 7, c, 4.) anzeigen und damit die *Raumgruppe* festlegen. Das Auftreten solcher Symmetrieelemente ist gerade für die hochpolymeren Stoffe charakteristisch; denn während durch eine gewöhnliche Spiegelebene (Symmetrieebene) nur zwei Motive, durch eine Drehachse zwei bis höchstens sechs miteinander verbunden werden, werden durch die Operationen der Gleitspiegelung und der Schraubung unendliche Reihen von Motiven verknüpft. Zugleich wird dadurch nach MARK auch das häufige Auftreten der monoklinen Gitter bei den organischen Stoffen verständlich; denn an sich sollte man bei der im allgemeinen niedrigen Symmetrie der organischen Moleküle eher das trikline Kristallsystem erwarten. Das wäre jedoch nur möglich, wenn die Richtungen der stärksten Attraktionskräfte genau entgegengesetzt gerichtet wären. Im allgemeinen schließen diese aber einen Winkel ein, so daß das zweite Molekül von der Parallelstellung abweicht. Dann kann aber das dritte Molekül genau dieselbe Lage zum zweiten einnehmen, wie dieses zum ersten, so daß eine symmetrische Absättigung zustande kommt. Indem jetzt das erste, dritte usw. Molekül parallel liegt, entsteht die Symmetrie der diagonalen Schraubenachse oder der Gleitspiegelebene. Bei den Hochpolymeren ist diese Schraubensymmetrie aber nicht zwischen den Molekülen, sondern in den Molekülketten selbst verwirklicht. So kristallisieren denn auch Cellulose und 6-Nylon (Perlon) monoklin, 6,6-Nylon dagegen, dessen Ketten keine Schraubensymmetrie besitzen, triklin (Abb. II, 22).

Die durch diese Gleitkomponenten verursachten Auslöschungen betreffen nur die Reflexe der Flächen, die zu den Schraubenachsen senkrecht stehen bzw. der auf den Spiegelebenen senkrechten Zone angehören, und lassen so zugleich deren Lage in der Elementarzelle erkennen.

Eine Schraubenachse parallel zur c-Achse mit der Schraubenkomponente n ($= 2, 3, 4$ oder 6) zerstört alle Reflexe $00l$, ausgenommen $l = n$, $2n$ usw. Ist sie zweizählig, so fehlen im monoklinen System also alle ungeraden Meridianreflexe, wie es z. B. bei beiden Cellulosemodifikationen und bei Perlon der Fall ist. Eine Gleitspiegelebene senkrecht zur c-Achse mit den Gleitkomponenten $a/2$ oder $b/2$ löscht alle Reflexe $hk0$ mit ungeradem h bzw. k aus. Beträgt die Gleitkomponente $(a + b)/2$, so fehlen die Reflexe $hk0$ mit ungeradem $(h + k)$. Das letztere ist bei Cellulose angenähert der Fall. Die Einschränkung ist notwendig, weil solche Aussagen bei den Hochpolymeren häufig nicht sehr sicher sind. Das rührt von der Reflexarmut ihrer Diagramme her, die auf Gitterstörungen zurückgeht (s. u.). Wäre die Auslöschung der Reflexe $hk0$ für $(h + k)$ ungerade bei Cellulose streng, so würde das eine Gleitspiegelebene senkrecht zu den Molekülachsen erfordern. Das stünde jedoch in Widerspruch zu der

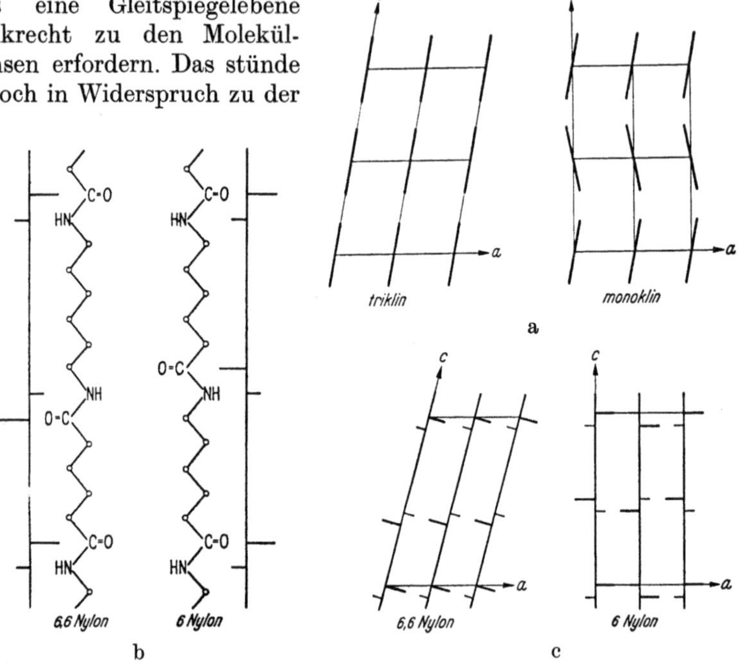

Abb. II, 22. bc-Ebene: a) triklines Gitter und monoklines Gitter mit Schraubenachsen. b) Kettenmodell von 6,6-Nylon und 6-Nylon (Perlon). c) triklines 6,6-Nylon-Gitter und monoklines 6-Nylon-Gitter mit Schraubenachsen.

behaupteten optischen Aktivität der Cellulose. Andererseits sind aber auch die experimentellen Daten dafür nicht sehr überzeugend. Die Frage muß also noch offenbleiben. Im allgemeinen jedoch stellen solche morphologische oder auch stereochemische Anhaltspunkte eine wichtige und erwünschte Ergänzung der röntgenographischen Daten dar, ohne die insbesondere die Frage nach der Anordnung der Moleküle im Gitter und der Atome im Molekül nicht beantwortet werden könnte.

Die Bestimmung der Raumgruppe ist mit der Auffindung der (allgemeinen und speziellen) Auslöschungsgesetze beendet. Die Feststellung des BRAVAIS-Typs und der Anwesenheit oder Abwesenheit von Symmetrieelementen mit Gleitkomponenten genügt im allgemeinen, um die Raumgruppe eindeutig zu identifizieren. [Bei Cellulose wurde das Kristallsystem monoklin und die Elementarzelle primitiv (P) gefunden mit zweizähligen (digonalen) Schraubenachsen (2_1), jedoch, wenn man die optische Aktivität für bewiesen hält, ohne Symmetrieebene; danach kommt, wie in § 7,c,4. bereits gezeigt wurde, nur die Raumgruppe C_2^2 ($P\,2_1$) in Frage.]

c) Das vollständige Kristallmodell (trial-and-error-Methode).

Für den letzten Schritt, die Festlegung der Lagen der Moleküle und ihrer einzelnen Atome, ist die Kenntnis der relativen Intensitäten der nichtausgelöschten Reflexe erforderlich. Doch ist es nicht möglich, die Lageparameter oder -koordinaten daraus abzuleiten; man kann vielmehr nur den umgekehrten Weg gehen, bestimmte Lagen anzunehmen und sie so lange zu variieren, bis die mit ihnen berechneten Strukturfaktoren der Klassifizierung der Reflexe als „sehr stark", „stark", „mittel" und „schwach" in befriedigender Weise entsprechen. Für die Intensitätsberechnung benutzt man zweckmäßig statt der exponentiellen die vektorielle Darstellung der Streuwellen mit den Amplituden F_n und den Phasenwinkeln φ_n. Nach Abb. II, 23 gilt dann:

$$\left.\begin{array}{l} |S|^2 = S_x^2 + S_y^2 = \left(\sum_n F_n \cdot \cos\varphi_n\right)^2 + \left(\sum_n F_n \cdot \sin\varphi_n\right)^2 \\[2mm] \text{mit } \varphi_n = \pi \cdot 2 \cdot (\varrho_n \cdot h + \sigma_n \cdot k + \tau_n \cdot l) = \pi \cdot 2 \cdot \left(\delta_1^{(n)} \cdot h + \delta_2^{(n)} \cdot k + \delta_3^{(n)} \cdot l\right). \end{array}\right\} \text{(II, 26)}$$

Für Strukturen mit einem Symmetriezentrum vereinfacht sich der Ausdruck zu

$$|S|^2 = \left(2 \sum_n F_n \cdot \cos\varphi_n\right)^2 . \tag{II, 27}$$

Die erste Aufgabe ist die Festlegung der Moleküle in der Zelle; sie kommt meist auf die Bestimmung der unbekannten Parameter für die Ineinanderstellung zweier einfacher Gitter aus denselben Molekülen bzw. Monomeren der Makromoleküle heraus. Die Beiträge beider Ketten zum Strukturfaktor sind gleich (S'), ihre Phasen sind 0 und $\varphi = \pi \cdot 2 \cdot (\varrho \cdot h + \sigma \cdot k + \tau \cdot l)$, wenn das zweite Gitter im Koordinatensystem des ersten die Parameter ϱ, σ, τ hat. Der durch die Zusammenwirkung beider Gitter entstehende Strukturfaktor berechnet sich dann zu

$$|S|^2 = [2 \cdot S' \cdot (1 + \cos\varphi)]^2. \tag{II, 28}$$

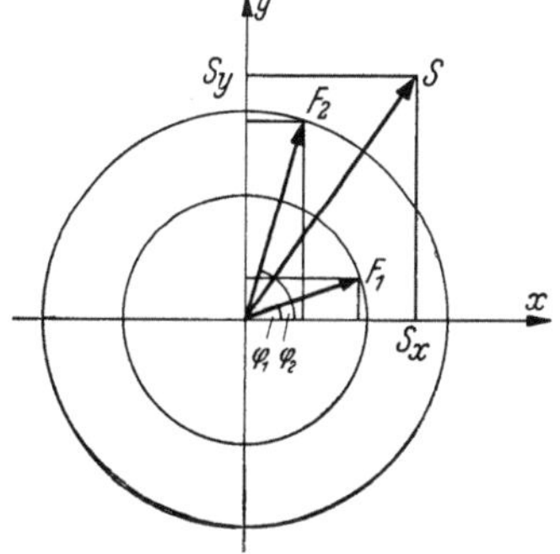

Abb. II, 23. Konstruktion zur Zusammensetzung gleichgerichteter Schwingungen ungleicher Amplitude und Phase.

Durchführbar ist die Bestimmung aber nur für *einen* unbekannten Parameter. Doch sind die beiden anderen in der Regel schon festgelegt. Bei der Cellulose z. B. durchsetzt die zweite Kettenschar die Basisebene in der Mitte, so daß $\varrho = \sigma = \frac{1}{2}$ ist. Unbekannt ist nur der Parameter τ für die Verschiebung in der c-Richtung. Damit wird $\varphi = \pi \cdot (h + k + 2\tau \cdot l)$. Man berechnet dann die Strukturfaktoren verschiedener Reflexe hkl für eine Reihe von Werten des unbekannten Parameters (τ), trägt sie gegen τ auf und sucht den Wert τ heraus, bei dem die Intensitäten in den richtigen Verhältnissen zueinander stehen (Abb. II, 24).

Wenn die Lagen der Moleküle festliegen, dann sind die Stellungen der Atome nach der allgemeinen Kenntnis der Valenzabstände und -winkel meist bis auf wenige Resonanzbindungen und freie Drehbarkeiten gesichert, so daß nicht mehr allzu viele Variationsmöglichkeiten bleiben. Man macht bei diesen bestimmte Annahmen, stellt die Tabelle der Atomparameter $\delta_\alpha^{(n)}$ für alle Atome der Elementarzelle (bei Cellulose also 24 Kohlenstoff- und 20 Sauerstoffatome) auf, berechnet die Intensitäten nach der Gl. (II, 26) und verbessert an den Lagen der nicht sicher angebbaren Atome so lange, bis eine befriedigende Übereinstimmung erreicht ist.

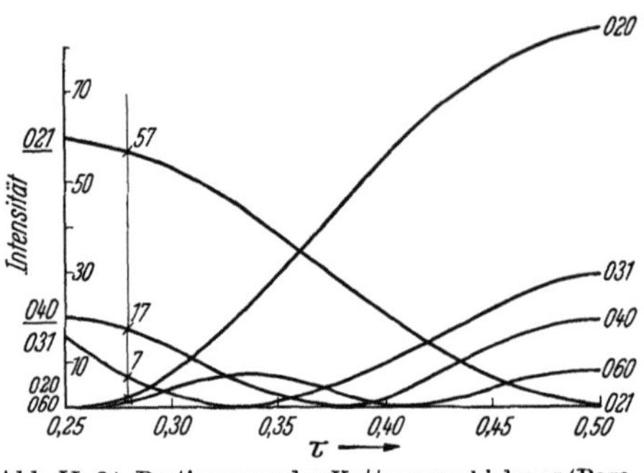

Abb. II, 24. Bestimmung der Kettenverschiebung (Parameter $\tau = 0{,}28$) bei Cellulose.

Man muß dabei auch berücksichtigen, daß für jede Reflexion die zu ihrem Ablenkungswinkel gehörigen Werte der Atomformfaktoren einzusetzen sind. Doch darf die Bedeutung der erreichten Übereinstimmung nicht überschätzt werden; denn das ,,trialand-error"-Verfahren ist ein Ausschließungsverfahren. Eine Nichtübereinstimmung spricht mit Sicherheit gegen das zugrunde gelegte Molekül- bzw. Kristallmodell, eine Übereinstimmung aber durchaus nicht sicher dafür.

Für Cellulose lautet die Gl. (II, 26) explizite:

$$\begin{aligned}
|S_{hkl}|^2 = &\left[F_C \cdot \sum_1^{24} \cos 2\pi \left(\delta_1^{(Cn)} \cdot h + \delta_2^{(Cn)} \cdot k + \delta_3^{(Cn)} \cdot l \right) \right.\\
&\left. + F_O \cdot \sum_1^{20} \cdot \cos 2\pi \left(\delta_1^{(On)} \cdot h + \delta_2^{(On)} \cdot k + \delta_3^{(On)} \cdot l \right) \right]^2 \\
&+ \left[F_C \cdot \sum_1^{24} \sin 2\pi \left(\delta_1^{(Cn)} \cdot h + \delta_2^{(Cn)} \cdot k + \delta_3^{(Cn)} \cdot l \right) \right.\\
&\left. + F_O \cdot \sum_1^{20} \sin 2\pi \left(\delta_1^{(On)} \cdot h + \delta_2^{(On)} \cdot k + \delta_3^{(On)} \cdot l \right) \right]^2
\end{aligned} \qquad (II, 29)$$

d) Kristallstrukturbestimmungen durch Fourier-Analyse.

Bei der oben besprochenen Form der Kristallstrukturanalyse werden die Strukturamplituden S als Funktionen der Atomlagen über bzw. unter der betrachteten Netzebene aufgefaßt. In Wirklichkeit stellen jedoch nicht die Atome, sondern die Elektronen die Streuzentren dar, so daß das Streuvermögen räumlich viel weniger scharf lokalisiert ist als in dem Modell der beugenden Atompunkte. Die Frage nach der Verteilung der Elektronendichte ϱ_z in den Schichten zwischen zwei Netzebenen kommt also nur auf eine andere Interpretation der Strukturamplituden hinaus; doch treten der Stetigkeit der Elektronenverteilung wegen nun Integrale über die Elektronendichte an die Stelle der bisherigen Summen über die diskreten Atome der Elementarzelle.

Statt

$$S_n = \sum_z F_z \cdot \cos \frac{2\pi}{d} \cdot n z \qquad (\text{II}, 30)$$

mit der Atomformamplitude F_z der Atome und mit ihrer Ordinate z ober- bzw. unterhalb der Netzebene
heißt es jetzt

$$S_n = \int_{-d/2}^{+d/2} \varrho_z \cdot \cos\left(\frac{2\pi}{d} \cdot n z\right) \cdot dz \qquad (\text{II}, 31)$$

mit der effektiven Elektronendichte ϱ_z in der Schicht dz zwischen zwei Netzebenen für die Reflektion n-ter Ordnung an der Netzebenenschar mit dem Abstand d.

Das Auftreten eines Reflexes n-ter Ordnung verrät also die Existenz einer Dichteperiode d/n mit einer Amplitude, die durch die Strukturamplitude gegeben ist:

$$A_n = \frac{2}{d} \cdot S_n = \frac{2}{d} \int \varrho_z \cdot \cos\left(\frac{2\pi}{d} \cdot n z\right) \cdot dz. \qquad (\text{II}, 32)$$

Aus diesen Komponenten setzt sich dann die Elektronendichte zusammen. Für eine Netzebenenschar, deren Abstand d in der z-Richtung liegt, gilt

$$\varrho_z = \sum_n A_n \cdot \cos 2\pi \left(\frac{n z}{d} + \varphi_n\right) = \frac{2}{d} \sum_n S_n \cdot \cos 2\pi \left(\frac{n z}{d} + \varphi_n\right). \qquad (\text{II}, 33)$$

Die Beträge der Strukturamplituden werden dabei den gemessenen Intensitäten J_n im Vergleich zur Primärintensität entnommen:

$$|S|^2 = \frac{J_n}{J_e \cdot L} \begin{cases} J_e = \text{Elektronenstreuung} = \left(\dfrac{e^2}{m c^2}\right)^2 \cdot N^2 \cdot \dfrac{1 + \cos^2 2\,\Theta}{2}, \\[2ex] L = \text{\scshape Lorentz-Faktor} = \dfrac{\lambda^3}{\sin 2\,\Theta}. \end{cases} \qquad (\text{II}, 34)$$

Über die Phasen φ_n der Strukturamplituden aber geben die Röntgendiagramme keine Auskunft. Die Zusammensetzung der Elektronendichte ist daher im allgemeinen nicht eindeutig. Es ist deshalb erforderlich, daß das Gitter mindestens ein Symmetriezentrum oder eine Symmetrieebene parallel zur Reflexionsebene hat, so daß die Dichten bei entgegengesetzten Werten der Ordinaten gleich groß sind. Dann bleibt aber immer noch ihr Vorzeichen offen:

$$\varrho_z = \frac{z}{d} \pm \frac{2 S_1}{d} \cdot \cos 2\pi \frac{z}{d} \pm \frac{2 S_2}{d} \cdot \cos 2\pi \frac{2 z}{d} \pm \cdots \pm \frac{2 S_n}{d} \cdot \cos 2\pi \frac{n z}{d}. \qquad (\text{II}, 35)$$

Zur Vorzeichenbestimmung muß man dann eine hilfsweise Ausschlußbestimmung zur Festlegung der Atomlagen insoweit durchführen, daß man die Vorzeichen der einzelnen Komponenten übersehen, d.h. zwischen ihren Phasen 0 und π unterscheiden kann. Dadurch aber wird die Existenz von Konzentrationen der Elektronen in bestimmten Punkten doch als Voraussetzung in die FOURIER-Analyse hineingesteckt.

Für die zweidimensionale FOURIER-Analyse, die die Dichteverteilung in einem Schnitt durch die Elementarzelle zeichnen läßt, gilt, wenn die Schnittebene senkrecht zur z-Achse steht:

$$\varrho_{xy} = \frac{2}{V/c} \sum_h \sum_k \pm S_{hk0} \cdot \cos 2\pi \left(h\,\frac{x}{a} + k\,\frac{y}{b} \right). \qquad \text{(II, 36)}$$

Ist der Schnitt günstig gewählt, so daß keine störenden Überdeckungen vorkommen, dann kann man in den Häufungsstellen der Elektronendichte die Lagen der Atome ebenso feststellen wie die Lage eines Berges an dem konzentrischen und engen Verlauf der Höhenlinien einer Karte. Abb. II, 25 zeigt solche Elektronenverteilungen für zwei Schnitte durch einen Paraffin-kristall parallel und senkrecht zu den Kohlenstoffketten nach BUNN[1].

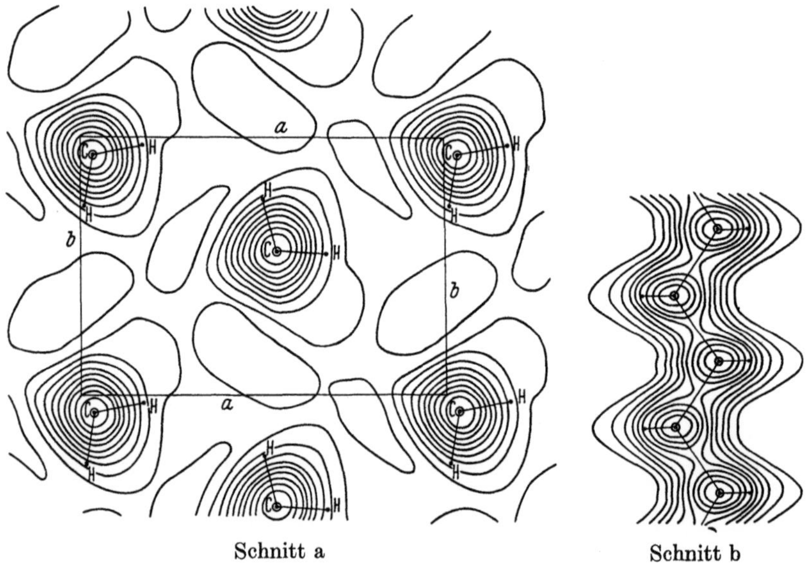

Abb. II, 25. Elektronendichte in kristallinem Paraffin (nach BUNN). Schnitt a: senkrecht zu den Ketten in der Höhe $c/4$, Schnitt b: parallel zu den Ketten durch ein Molekül.

Die PATTERSON-Analyse umgeht nun die Schwierigkeit der Vorzeichen-bestimmung, indem sie die „S-Reihe" der FOURIER-Analyse durch eine „S^2-Reihe" ersetzt, die jetzt völlig eindeutig und voraussetzungslos aus den experimentellen Daten über die Intensitäten der Reflexe bestimmt werden kann. Hier gilt:

$$\varphi_{uv} = \frac{2}{V/c} \sum_h \sum_k |S|^2_{hk0} \cdot \cos 2\pi \left(h\,\frac{x}{a} + k\,\frac{y}{b} \right). \qquad \text{(II, 37)}$$

Doch führt diese Analyse nicht zur Elektronendichteverteilung selbst, sondern nur zu Aussagen über die Häufigkeit bestimmter vektorieller

---

[1] BUNN, C. W.: Trans. Faraday Soc. **35**, 482 (1939).

Abstände in der Schnittebene; denn die Funktion φ_{uv} stellt das Integral über das Produkt der Dichte in jedem Punkt x, y mit derjenigen des um den konstanten Betrag u, v entfernten Punktes über die Schnittebene der Zelle dar:

$$\varphi_{uv} = \int\limits_0^a \int\limits_0^b \varrho_{x,y} \cdot \varrho_{x+u,\,y+v} \cdot dx \cdot dy . \qquad (II, 38)$$

Abb. II, 26 zeigt die Ergebnisse der Patterson-Analyse für Hexachlorbenzol. In dem uv-Diagramm (a) sind die nach Größe und Richtung bestimmten Vektoren von 0 aus zu den Häufungspunkten 1, 2 usw. gezogen. Das Atomlagenbild (b) für die Basisprojektion des Hexachlorbenzols ist dann so konstruiert, daß diese Abstände nach Größe, Richtung und Häufigkeit zwischen den Chloratomen auftreten, und zwar 1—6 innerhalb desselben Moleküls und 7—11 zwischen verschiedenen Molekülen.

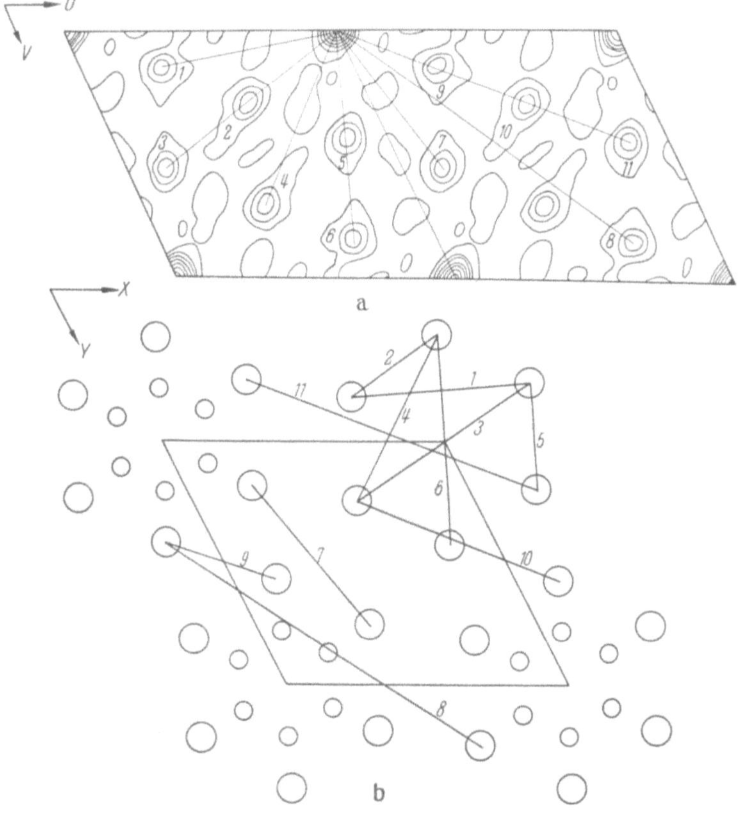

Abb. II, 26. a) Ergebnis einer zweidimensionalen PATTERSON-Analyse des Hexachlorbenzols. b) Atomlagen für die Basisprojektion (nach PATTERSON). (Aus BIJVOET.)

Die Berechnung der Funktionen ϱ_{xy} und φ_{uv} bei der FOURIER- bzw. PATTERSON-Analyse setzt aber voraus, daß wirklich *alle* von Null verschiedenen Strukturamplituden bzw. Strukturfaktoren in die Reihen aufgenommen werden. Bei der Ausschlußmethode war es nicht nötig, sämtliche Reflexe endlicher Intensität zu berücksichtigen; dort genügt vielmehr eine hinreichende Anzahl von Reflexen, deren beobachtete und berechnete Intensitäten leidlich übereinstimmen, als Gewähr für die Brauchbarkeit der abgeleiteten Atomanordnung. Bei der FOURIER- bzw. PATTERSON-Analyse aber würde das Weglassen eines Reflexes bedeuten, daß die ihm entsprechende Dichteamplitude gleich Null gesetzt wird. Man muß also darauf achten, auch die schwachen Reflexe zu erfassen, und die Wellenlänge so kurz wählen, daß nicht schon durch die Beugungsbedingung Gl. (II, 16) Reflexe höherer Ordnung unterdrückt werden. Je schärfer diskontinuierlich die Dichteverteilung ist, um so schwächer ist der Abfall der Röntgenintensitäten mit der Ordnungszahl. Das Fehlen der höheren Ordnungen in den Diagrammen der organischen Kristalle kann also u. a. als ein Hinweis darauf gewertet werden, daß ihre Dichteverteilung weniger diskontinuierlich ist als die der anorganischen Kristalle. Die erforderliche große Zahl der Intensitätsdaten und ihre absolute Messung im Vergleich zur Primärintensität erfordern nicht nur vorzügliche Apparate, sondern auch viel Zeit und Mühe. Zur Bestimmung einer eindimensionalen Dichteverteilung benötigt man die Kenntnis der Reflexionsintensitäten bis zur 20. Ordnung, wenn ein Auflösungsvermögen von $^1/_{20}$ des Netzebenenabstandes erreicht werden soll. Für eine zweidimensionale Projektion ist die Vermessung von ungefähr 100 Reflexionen erforderlich. Das verbietet sich bei den hochpolymeren Stoffen von selbst.

Neuerdings hat HOSEMANN[1] den Existenzbeweis für eine eindeutige Methode der Bestimmung der Elektronendichteverteilung erbracht, die sich der Faltungsoperation bedient. Sie soll auch die Einbeziehung von Gittern mit flüssigkeitsstatistischen Störungen (s. u.) gestatten und könnte daher gerade für die Analyse der Kristallstrukturen von Hochpolymeren eine besondere Bedeutung erlangen. Denn die FOURIER-Analyse gilt, auch wenn das Phasenproblem umgangen wird, nur für streng periodische Gitter.

C. Röntgenstreuung von polykristallinen, gestörten und teilkristallinen Systemen.

Bei hochpolymeren Stoffen haben wir es, wenn wir von manchen korpuskularen Proteinen absehen, nie mit Einkristallen, sondern mit einem Haufwerk von submikroskopischen kristallinen Bereichen zu tun, die durch ungeordnete Zwischengebiete getrennt sind. Näheres in Kap. V. Wir können also von einem *polykristallinen* System sprechen. Die für ein solches System charakteristischen Merkmale der Röntgenstreuung, wie die *Verbreiterung* der Interferenzen, die *Langperiodeninterferenzen* und die *Röntgenkleinwinkelstreuung* wollen wir in den folgenden Paragraphen näher betrachten.

---

[1] HOSEMANN, R.: Acta crystallograph. **5,** 749 (1952).

Der von der gegenseitigen Orientierung der kristallinen Bereiche abhängige *azimutale Intensitätsverlauf* (Sichelbreiten) wird dagegen im § 27 „Orientierung und Röntgendiagramm" besprochen.

§ 10. Die Breiten der Interferenzen.

a) Teilchengrößen- und Verzerrungsverbreiterung.

Die Kleinheit der einzelnen kristallinen Bereiche und die bei makromolekularen Stoffen (wiederum manche Proteine ausgenommen) besonders ausgeprägten Gitterstörungen sind der Grund, daß in diesen *Polykristallen* die Interferenzen ziemlich verbreitert werden.

Diese beiden Möglichkeiten muß man also scharf auseinanderhalten und bei der radialen Breite der Reflexe zwischen *Teilchengrößen- und Verzerrungsverbreiterung* unterscheiden. Die erstere wird durch die Breite der Maxima des Gitterfaktors $|G|^2$ bestimmt, die der Zahl der interferierenden Zellen in einem Kristall und damit der Größe der kohärent streuenden Bereiche umgekehrt proportional ist. Das äußert sich im reziproken Gitter in einer Vergrößerung der Intensitätsbereiche, so daß ein kleiner Kristall nicht nur dann reflektiert, wenn er gerade so steht, daß die Ausbreitungskugel genau durch zwei Gitterpunkte hindurchgeht, sondern schon in dem kleinen Winkelbereich, der der Größe der Intensitätsbereiche entspricht.

Eine solche Wirkung können aber auch gewisse Gitterstörungen haben. Eine Reihe häufiger oder unvermeidbarer Störungen äußern sich zwar nur in Veränderungen der Reflexintensitäten. Dazu gehört der Temperatureinfluß, der nur eine mit wachsender Temperatur zunehmende diffuse Streustrahlung hervorruft, auf der als Untergrund die Reflexe in unveränderter Lage und Schärfe erscheinen. Ihre Strukturfaktoren und ihre Intensität nehmen dabei um so mehr ab, je kleiner der „DEBYE-Faktor"

$$D = e^{-8\pi^2} \cdot \overline{U_n^2} \cdot \frac{\sin^2 \vartheta/2}{\lambda^2} = e^{-8\pi^2} \cdot \delta r_{ij}^2 \cdot \frac{\sin^2 \vartheta/2}{\lambda^2}, \qquad (\text{II}, 39)$$

je größer also die mittlere Verrückung $\sqrt{\delta r_{ij}^2}$ der Atome ist. Für Zahlenwerte wird auf Bd. I, S. 121, Tab. 35 verwiesen.

Ebenfalls unbeeinflußt bleiben Lagen und Schärfen der Interferenzen beim statistischen Ersatz einiger Atome des Gitters durch fremde Atome oder durch Leerstellen. Die Zellen sind danach zwar geometrisch gleich wie vorher, ihrem materiellen Inhalt nach aber nur statistisch gleichwertig, und das macht sich bekanntlich in den sehr störungsempfindlichen Festigkeitseigenschaften stark bemerkbar. Die Beugungswirkung des Gitters aber gehört zu den störungsempfindlichen Eigenschaften. Hier vermindert sich nur die Intensität der Reflexe nach Maßgabe der durch die Änderung des Atomformfaktors an einigen Gitterplätzen hervorgerufenen Schwankung der Strukturfaktoren.

Auch die Rotation eines Moleküles oder einer Atomgruppe im Verbande des Raumgitters ändert nur die Intensitäten der Reflexe, und zwar trägt jedes Atom (n) in der Weise zu dem Mittelwert des Strukturfaktors bei, als ruhte es im Mittelpunkt des von ihm beschriebenen Kreises mit dem Radius $a^{(n)}$ und als wäre seine Atomformamplitude um die BESSEL-Funktion nullter Ordnung des Argumentes $\dfrac{4\,\pi}{\lambda} \cdot a^{(n)} \cdot \sin \vartheta/2$ verringert.

So ist auch zu rechnen, wenn die Moleküle der Paraffine, Alkohole oder Amide sich im Gitter um ihre Achsen drehen, so daß sie trotz der zweizähligen Symmetrie ihrer Zickzackform kristallographisch gesehen auf vierzähligen Drehachsen liegen.

Schließlich bedingt auch das wichtigste Kennzeichen der Realkristalle, ihre Mosaikstruktur, keine Verlagerungen oder Verbreiterungen der Reflexe. Zwar führt ihre Aufteilung in kleinere oder größere gegeneinander verschobene oder verschwenkte Kristallblöcke dazu, daß der Kristall beim Durchlaufen der Reflexionswinkel ·eines parallelen, monochromatischen Strahlenbündels nicht scharf, sondern in einem beträchtlichen Winkelbereich reflektiert; im reziproken Gitter ändert sich aber nichts.

Die Reflexionsintensität kommt bei einem größeren Kristall überhaupt nur durch die Mosaikstruktur zustande. Denn bei einem Idealkristall würde der einfallende Strahl auf seinem ganzen Weg durch den Kristall alle Netzebenen unter dem richtigen Winkel treffen und die reflektierten Strahlen ebenso wieder andere Netzebenen, so daß eine starke Extinktion auftreten müßte. An die Stelle der hier behandelten geometrischen Theorie der Raumgitterinterferenzen müßte dann die dynamische Theorie treten, die diese Schwächung berücksichtigt. Praktisch aber sind diese Effekte und die durch sie unter Umständen bedingten geringen Verlagerungen der Interferenzen in den meisten Fällen und insbesondere bei den Hochpolymeren ohne Bedeutung.

Daneben aber gibt es eine Reihe von Gitterstörungen, die eine mit speziellen Methoden nachweisbare Linienverschiebung verursachen. Das sind die durch homogene elastische Spannungen hervorgerufenen in größeren Bezirken gleichmäßigen Verrückungen der Atome aus ihrer Normallage. Ihre Messung, die bei den metallischen Werkstoffen heute eine große Rolle spielt, kann bei den Hochpolymeren mit ihren im Vergleich dazu stets unscharfen Reflexen nicht in Frage kommen, wohl aber die der Linienverbreiterungen, die dann auftreten, wenn diese Spannungen sich im Gitter rasch örtlich verändern, so daß verschiedene Teile des von dem Röntgenstrahl erfaßten Volumens verschiedene Gitterkonstanten haben, oder wenn inhomogene Gitterverzerrungen in Bereichen auftreten, die nicht mehr groß gegen die Wellenlänge sind. Diese Eigenspannungen zweiter und dritter Art oder verborgen-elastischen Spannungen, wie sie bei raschem Abkühlen oder ähnlichem auftreten können, ändern also die Gitterkonstanten örtlich und prägen sich deshalb ebenso wie zu kleine kohärente Bereiche als Vergrößerungen der Intensitätsbereiche im reziproken Gitter aus.

Prinzipiell ist es nun durchaus möglich, zwischen Teilchengrößenverbreiterung und Gitterverzerrungsverbreiterung zu unterscheiden; denn ein kleines kubisches Teilchen mit der Kantenlänge $\mathit{\Lambda}$ ruft nach v. LAUE eine Teilchengrößenverbreiterung

$$b_\mathit{\Lambda} = \frac{R \cdot \lambda}{\mathit{\Lambda} \cdot \cos \vartheta/2} \qquad\qquad \text{(II, 40)}$$

hervor, während eine Gitterkonstantenschwankung vom Betrage $\dfrac{\delta\alpha}{\alpha}$ die Verzerrungsverbreiterung

$$b_\delta = 4\,R \cdot \operatorname{tg}\vartheta/2 \cdot \frac{\delta\alpha}{\alpha} \qquad (\text{II},\,41)$$

ergibt, wobei R den Abstand zwischen Präparat und Film mißt. Wenn also eine Reihe von Interferenzen mit verschiedenen Ablenkungswinkeln zur Verfügung steht, dann braucht man nur zu prüfen, ob das Produkt $b \cdot \cos\vartheta/2$ oder $\dfrac{b}{\operatorname{tg}\vartheta/2}$ einen konstanten Wert ergibt. Doch wenn beides nicht der Fall ist, wenn also beide Verbreiterungseffekte gleichzeitig wirken, dann muß man und kann man auch beide Anteile unter Benutzung der bei zwei möglichst weit auseinander liegenden Winkeln ϑ_1 und ϑ_2 gemessenen Breiten b_1 und b_2 voneinander trennen. Nach KOCHENDÖRFER[1] gilt nämlich, solange $b_\delta < 2\,b_1$ ist, was bei genügend kleinen Winkeln immer der Fall sein wird, wenn überhaupt ein Teilchengrößenverbreiterungseffekt mitbeteiligt ist:

$$\Lambda = \frac{B \cdot \lambda \cdot (b_2 \cdot \cos\vartheta_2/2 \cdot \sin\vartheta_2/2 - b_1 \cdot \cos\vartheta_1/2 \cdot \sin\vartheta_1/2)}{b_2 \cdot \cos\vartheta_2/2 \cdot b_1 \cdot \cos\vartheta_1/2 \cdot (\sin\vartheta_2/2 - \sin\vartheta_1/2)} \qquad (\text{II.}\,42)$$

und

$$\frac{\delta\alpha}{\alpha} = \frac{\lambda \cdot (b_2 \cdot \cos\vartheta_2/2 - b_1 \cdot \cos\vartheta_1/2)}{\Lambda \cdot (b_2 \cdot \cos\vartheta_2/2 \cdot \sin\vartheta_2/2 - b_1 \cdot \cos\vartheta_1/2 \cdot \sin\vartheta_1/2)}, \qquad (\text{II},\,43)$$

während im Falle $b_\delta \geqq 2\,b_1$ einfach $b = b_\delta$ wird. Gleichfalls bei KOCHENDÖRFER sind auch die Korrekturen angegeben, die an der gemessenen Breite B angebracht werden müssen, um sie unter Berücksichtigung der Breite des Photometerspaltes, der Zusammensetzung der K_α-Linie aus zwei Komponenten, der Form und Größe (Absorption) des Präparates, der Weite der Blenden der Kamera und der natürlichen Breite der Röntgenspektrallinien in die wahre Breite b umzurechnen. Leider aber ist die Durchführung solcher Teilchengrößenmessungen bei den Hochpolymeren durch eine grundlegende Eigenart in Frage gestellt, dadurch nämlich, daß diese stets nur wenige Reflexe geben und daß insbesondere solche mit großen Ablenkungswinkeln fehlen. Wenn überhaupt, so muß man hier Teilchengrößenmessungen an einem einzelnen Reflex vornehmen und Verzerrungsverbreiterungen von vornherein vernachlässigen, was schon nach dem Aussehen der Diagramme durchaus nicht gerechtfertigt scheint. Immerhin gibt es auch Fälle, wo das möglich ist, wie im Falle nativer Cellulosefasern (Ramie), bei denen HENGSTENBERG und MARK[2] zwischen den beiden benutzten Äquatorreflexen eine nur geringe monochromatische diffuse Streuung fanden und deshalb so zu rechnen wagten, als ob eine reine Teilchengrößenverbreiterung vorläge. Wenn ihre Angaben von etwa 55 Å für den mittleren Durchmesser der zylindrisch gedachten kristallinen Bereiche der nativen Cellulose unterdessen durch andere Methoden, wie Kleinwinkelstreuung, elektronenmikroskopische Aufnahmen und Sorptionsvermögen gut bestätigt wurden, so muß man wohl daraus schließen,

[1] KOCHENDÖRFER, A.: Z. Kristallogr. **105**, 393 u. 438 (1944).
[2] HENGSTENBERG, J. u. H. MARK: Z. Kristallogr. **69**, 271 (1929).

daß die Gitterstörungen hier wesentlich kleiner sind als bei halb- oder vollsynthetischen Hochpolymeren, und die Voraussetzung der LAUEschen Ableitung, daß Kristallite wesentlich einheitlicher Größe vorliegen, könnte bei nativen Produkten ebenfalls besser erfüllt sein als bei künstlichen.

Formanisotrope Teilchen ergeben verschiedene Breiten für verschiedene Reflexe, je nachdem wieviel Netzebenen in den einzelnen Richtungen aufeinanderfolgen.

Abb. II, 27 zeigt diese Verhältnisse in der Darstellung des reziproken Gitters für den Fall, daß in der c-Richtung weniger Netzebenen aufeinanderfolgen als in der Richtung der a-Achse. Infolgedessen stellen sich die Intensitätsbereiche als Ellipsen dar, die mit ihrer großen Achse parallel zur c-Achse liegen. Für die Einfallsrichtungen $M_1 O$ und $M_2 O$ befindet sich der Kristall mit den Flächen 001 bzw. 200 in Reflexionsstellung, und das bleibt auch dann noch der Fall, wenn der gebeugte Strahl statt des Zentrums der Ellipse ihren Scheitel trifft (Einfallsrichtungen $M_1' O$ und $M_2' O$). Für 001 verlängert sich dadurch die Basis des Dreiecks, für 200 dagegen findet nur eine Drehung statt. Allein im ersten Falle tritt also eine Änderung des Ablenkungswinkels und damit eine Linienverbreiterung auf.

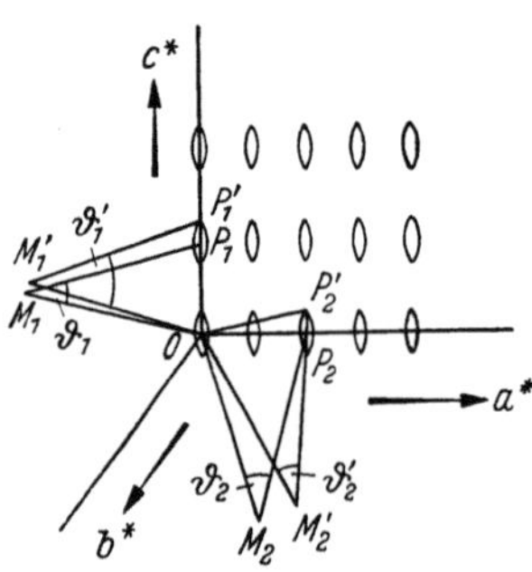

Abb. II, 27. Reziprokes Gitter und Reflexionsstellungen eines blättchenförmigen Kriställchens. (Aus BIJVOET.)

Besonders leicht lassen sich die Längs- und Querabmessungen der Kristallite in den Faserstoffen unterscheiden; infolge ihrer Orientierung können nämlich die letzteren den Äquatorreflexen (wie bei HENGSTENBERG und MARK), die ersteren den Meridianreflexen entnommen werden. Sind die Abmessungen in Richtung der Molekülachsen wesentlich größer als senkrecht dazu, so müssen die Meridianreflexe also merklich schärfer ausfallen als die Äquatorreflexe. Das ist beispielsweise bei Cellulose der Fall; hier zeigen die Meridianreflexe überhaupt keine Verbreiterung, so daß für die Länge der kristallinen Bereiche nur eine untere Grenze (größer als 600 Å) angegeben werden kann.

Es gibt aber auch die umgekehrten Fälle, daß (in der Richtung der Kristallitachsen) so kleine Abmessungen vorliegen, daß die LAUEsche Methode wiederum nicht angewendet werden kann. Denn die Voraussetzung dafür ist naturgemäß die, daß die Strukturfaktoren der Netzebenen, deren Reflexe ausgewertet werden sollen, im Bereich der Maxima der Gitterfaktoren praktisch konstant sind, so daß Form (und Lage) der Reflexe ausschließlich durch den Gitterfaktor bestimmt werden („ungestörte" Reflexe nach HOSEMANN[1]; daran ändern auch die bisher besprochenen Gitterstörungen erster Art nichts). Sind aber durch Aufeinanderfolge von nur sehr wenigen Netzebenen die Gitterfaktoren so verbreitert, daß die Breiten ihrer Maxima von derselben Größenordnung sind wie die der Strukturfaktoren („gestörte" Reflexe nach HOSEMANN), dann stehen die Reflexbreiten in keinem eindeutigen Zusammenhange mehr mit den Kristallitabmessungen. Erst recht unmöglich ist die An-

---

[1] HOSEMANN, R.: Z. Elektrochem. angew. physik. Chem. **54,** 23 (1950).

wendung der LAUEschen Methode in den Fällen, in denen nur so wenige Netzebenen aufeinandergeschichtet sind, daß die Breite des Gitterfaktors groß ist gegenüber der des Strukturfaktors („stark gestörte" oder „diffuse" Reflexe nach HOSEMANN), weil jetzt ähnlich wie bei den Flüssigkeitsinterferenzen die Linienform nichts mehr mit der Teilchenform zu tun hat, sondern nur noch mit ihrer Abstandsstatistik. Und im Grenzfalle eines nicht mehr fluktuierenden, sondern praktisch konstanten Gitterfaktors schließlich ist infolge der Kleinheit der Teilchen der „röntgenamorphe" Zustand erreicht.

Doch kann man auch bei Reflexen, die durch die Kleinheit der Kristallabmessungen stark gestört sind, noch eine Teilchengrößenbestimmung durchführen, wenn man beachtet, daß in diesem Falle durch die Wechselwirkung von Gitterfaktor und Teilchenfaktor eine Verschiebung der Reflexe eintreten muß. WALLNER[1] hat diesen Effekt für Perlon L berechnet; die seiner Arbeit entnommene Abb. II, 28 läßt erkennen, wie der Meridianreflex 002 sich mit der Zunahme der Zahl der Elementarzellen in Achsenrichtung von 1–5 nach kleineren Winkeln verschiebt und erst allmählich der Lage des Maximums des Gitterfaktors ($\sin \vartheta/2$ = 0,090) näherrückt. Aus der tatsächlichen Lage des Reflexes bei normalem (0,095) und getempertem Perlon (0,092) geht dann hervor, daß die Länge der kristallinen Bereiche im ersten Falle nur etwa 2, im zweiten etwa 4 Faserperioden

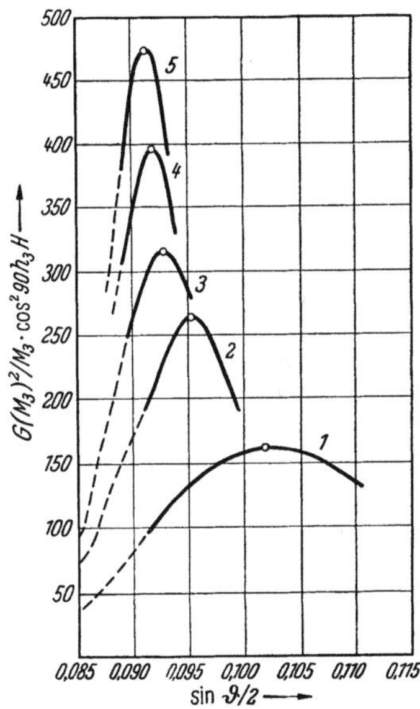

Abb. II, 28. Lage des Reflexes 002 von 6-Nylon (Perlon L) bei 1 bis 5 interferierenden Zellen. (Nach WALLNER.)

(zu etwa 17 Å) umfaßt. Man erkennt diesen Teilchengrößeneffekt daran, daß jede Ordnung des Meridianreflexes einen anderen Wert der Faserperiode zu ergeben scheint, und getemperte Fasern wieder andere Werte als unbehandelte. Die Rechnung, der die aus einer hohen Schichtlinie ermittelte Faserperiode zugrunde zu legen ist, kann aber nur dann durchgeführt werden, wenn ein genügend detailliertes Kristallmodell zur Berechnung des Strukturfaktors der betreffenden Reflexe zur Verfügung steht.

b) Parakristalle.

Gewöhnlich beobachtet man bei Hochpolymeren eine auffallende Abnahme der Schärfe der Reflexe mit höherer Ordnung. HOSEMANN [2,3,4] hat diese Erscheinung mit den anderen Eigenarten der Röntgendiagramme,

[1] WALLNER, L. G.: Monatshefte f. Chem. d. österr. Akad. d. Wiss. 79, 271 (1947).
[2] HOSEMANN, R.: Z. Elektrochem. angew. physik. Chem. 53, 331 (1949).
[3] HOSEMANN, R.: „Zur Struktur und Materie der Festkörper", Springer-Verlag 1951, S. 127–222.
[4] HOSEMANN, R.: Kolloid-Z. 125, 149 (1952).

5*

ihrer Reflexarmut und ihrem diffusen Streuuntergrund in Zusammenhang gebracht, nachdem er erkannt hatte, daß die eindimensionale Theorie eines linearen Gitters aus Gitterstrichen, deren Dicken einer beliebigen, aber festen Häufigkeitsverteilung und deren Zwischenräume einer weiteren unabhängigen beliebigen Größenverteilung unterliegen, wie sie von J. J. HERMANS gegeben wurde, diese Eigenarten der Röntgendiagramme der Hochpolymeren wiederzugeben vermag. Er entwickelte daraufhin eine dreidimensionale Beugungstheorie für Gitter mit Störungen II. Art, die sich von Gittern mit Störungen I. Art dadurch unterscheiden, daß nicht nur die Elektronendichte in dem durch eine Zellenecke gelegten Koordinatensystem statistisch schwankt, sondern unabhängig davon auch die Kanten der Zellen statistische Schwankungen ausführen. Die Auswirkung dieser „flüssigkeitsstatistischen" Störungen ist so groß, daß HOSEMANN die ihnen unterworfenen Kristalle im Gegensatz zu den idealperiodischen Kristallen, für die die LAUEsche Beugungstheorie gilt, „*Parakristalle*" nennt.

Die Eigenarten der Röntgendiagramme der Hochpolymeren sind in Abb. II, 29 (für Cellulose sicher übertrieben) schematisch dargestellt worden.

F ist die Formstreuung des Präparates, Z der Zentralfleck, Repräsentant der Kleinwinkelstreuung, die in der anschließenden Flüssigkeits-interferenz eine gewisse Ordnung der kristallinen Bereiche anzeigt; dann setzt die Untergrundschwärzung U ein, in der sich die mit zunehmendem Streuwinkel immer diffuser werdenden Reflexe vereinigen, die sich in der Reihenfolge A, B und C immer weniger deutlich abheben, und schließlich der reflexlose Bereich E der Streustrahlung der Parakristalle.

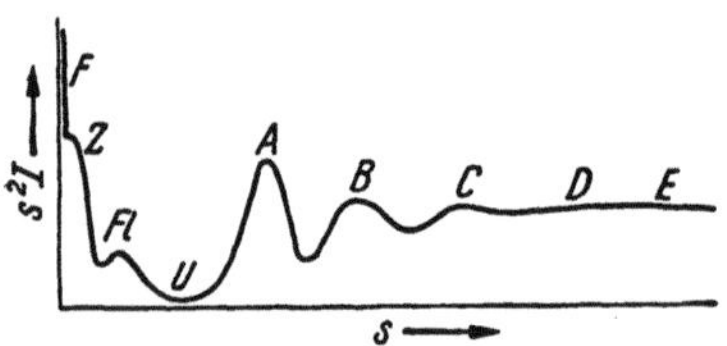

Abb. II, 29. Schema des Röntgendiagrammes eines hochpolymeren Faserstoffes. (Nach HOSEMANN.)

Es gibt zwar auch andere Versuche, die Reflexarmut und den diffusen Untergrund zu erklären. EWALD[1] zeigte, daß es eine bestimmte Elektronendichteverteilung in der Elementarzelle gibt, die einen möglichen Grund für die Beschränkung auf die innersten Reflexe geben kann. Sie liegt möglicherweise auch in den ihrer Elektronenverteilung nach weitgehend zylindrischen Molekülen des p-Azoxyanisol (s. Abb. II, 17a) vor, das als niedermolekularer Stoff dieselbe auffallende Beschränkung der Reflexe auf kleine Winkel zeigt. Und was den hohen Auslauf des Untergrundes angeht, so haben HERMANS und WEIDINGER[2] gezeigt, daß er bei allen, auch niedermolekularen, Verbindungen auftritt, die OH-Gruppen enthalten, und daher durch den schwankenden Abstand von etwa 2,7 Å der H-Austauschbindung verursacht sein könnte.

Es muß aber zugegeben werden, daß die von HOSEMANN entwickelte Theorie der Röntgenstreuung an statistisch ungeordneten Gittern eine einheitliche Deutung aller Erscheinungen der Röntgenstreuung der Hoch-

[1] EWALD, P. P.: Proc. phys. Soc., Lond. **52**, 167 (1940).
[2] HERMANS, P. H. u. A. WEIDINGER: J. Polym. Sci. **5**, 269 (1950).

polymeren leistet, so daß es nicht nötig ist, zu solchen Erklärungen für einzelne Phänomene zu greifen. So erklärt sich die Reflexarmut zwang los aus den statistischen Schwankungen der Zellkanten, und man kann angeben, wie viele Ordnungen bei einer bestimmten Schwankung auftreten bzw. wie groß die Schwankungen bei bestimmten auftretenden Ordnungen sind. Bei nicht zu großen Streuwinkeln jedenfalls läßt die Theorie normale, „ungestörte", Kristallreflexe zu. Hier ist jeder Knoten des Gitterfaktors noch schmal gegenüber dem Strukturfaktor, so daß man ihrer Form nach der LAUEschen Beziehung die Größe der parakristallinen Gitterbereiche entnehmen kann.

Mit zunehmendem Streuwinkel oder höheren Flächenindices treten dann „gestörte" Reflexe auf, sobald die Breiten von Gitterfaktor und Strukturfaktor von derselben Größenordnung sind. Solche Reflexe, deren Form durch beides, Kristallitgrößen und Gitterstörungen bestimmt wird, kommen auch bei Gitterstörungen I. Art noch vor. Doch mit weiter wachsendem Streuwinkel kommt man im Diagramm der Hochpolymeren dann zu den „stark gestörten" Reflexen, die zwar noch diskontinuierlich, aber schon diffus sind. Nunmehr ist der Strukturfaktor schmal gegenüber dem Gitterfaktor, so daß ihre Form nichts mehr mit der Teilchengröße, sondern nur noch mit der Abstandsstatistik zu tun hat. Es sind also „Flüssigkeitsinterferenzen", auf die die Theorie von DEBYE angewendet werden kann.

Weiter außen hört dann die Existenz von diskontinuierlichen Reflexen ganz auf. Ja, bei einem Betrage von 30% der statistischen Schwankungen der Zellkanten treten außer dem Zentralfleck überhaupt keine diskontinuierlichen Reflexe mehr auf. Die Reflexe sind verwachsen, ineinandergelaufen. Über diese „verwachsenen" Reflexe kommt man schließlich in das „reflexlose" Gebiet, in dem der Gitterfaktor konstant = 1 ist. Hier sind also nicht mehr die mindesten Interferenzwirkungen des die Gitterbausteine ordnenden Gitters zu erkennen. Der Parakristall wirkt hier röntgenamorph und die Streuamplitude stellt nichts anderes dar als die interferenzfreie Superposition der von den einzelnen Bausteinen erzeugten Amplituden.

Abb. II, 30 zeigt diese Verhältnisse in der Darstellung des reziproken Gitters der Parakristalle. Man erkennt hier keine geraden und unter bestimmten Winkeln sich

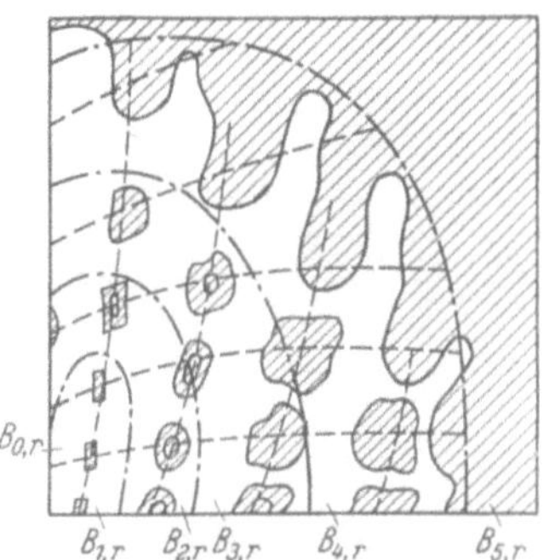

Abb. II, 30. Schematische Darstellung der Streuintensität eines idealen Parakristalles längs einer Ebene des reziproken Gitters. (Nach HOSEMANN.)

schneidenden Gittergeraden wie bei den idealperiodischen Gittern, sondern nur gekrümmte und divergierende Linien, und die wachsende Störung der Reflexe kommt in ihren vom Zentralfleck nach außen hin wachsenden Intensitätsbereichen zum Ausdruck. Es sind sechs strichpunktiert umrandete Bereiche eingezeichnet, die den Zentralfleck B_0 schalenförmig umschließen. Dieser Reflex 000 ist stets ungestört; er läßt deshalb stets die Form und Größe der Parakristalle erkennen und gibt dazu Auskunft über die statistischen Schwankungen (wie unten bei der Besprechung der Kleinwinkelstreuung näher ausgeführt werden wird). Die klassische Interferenztheorie hat aber auch in dem ihn umschließenden Bereich B_1 der ungestörten Reflexe noch Gültigkeit. Ihm schließt sich der Bereich B_2 der gestörten Reflexe an, aber erst in B_3 (stark gestörte, diffuse Reflexe) und B_4 (verwachsene Reflexe) ist die DEBYEsche Flüssigkeitstheorie anwendbar, während der reflexlose Bereich B_5 den Bereich der Gasinterferenzen darstellt, indem sich die Streubilder der einzelnen Bausteine ohne Wechselwirkung überlagern.

Wir sehen der ungewohnten Form der mathematischen Operationen wegen, die die Darstellung der Röntgenstreuung der Parakristalle verlangt, hier von der Wiedergabe quantitativer Beziehungen ab. Sie finden sich bei HOSEMANN[1] eingehend dargestellt. HOSEMANN[2] hat auch eine molekularphysikalische Auswertung der Theorie der Parakristalle gegeben. Hier wird gezeigt, wie man aus der quantitativen Untersuchung der „zusammengewachsenen" Reflexe in elementarer Rechnung die statistischen Schwankungen der Gitterparameter der Gitter der kristallinen Bereiche der Faserstoffe berechnen kann. Zwischen den einzelnen Faserstoffen zeigen sich charakteristische Unterschiede dieser Schwankungsgrößen, aber auch gewisse gemeinsame Merkmale. Die Ergebnisse sind in Tab. II, 8 zusammengestellt. Dabei bedeuten b und c die Achsenlängen

Tabelle II, 8.

Statistische Gitterwerte der Gitter der kristallinen Bereiche hochmolekularer Faserstoffe.
(*Nach* HOSEMANN.)

	β-Keratin	Kollagen	α-Keratin	Polyurethan
c Å	95	655	198	~ 70
b Å	34	10	83	~ 10
$\varDelta_c$ Å	0,95	4	1,2	> 11
$\varDelta_b$ Å	1,7	1,7	3,3	> 4
g_c %	1	0,6	0,6	> 16
g_b %	5	15	4	> 20
$\beta_{ca}°$	1,4	0,3	0,9	> 10
$\beta_{cb}°$	2	7	20	> 28

(c in Faserrichtung), $\varDelta$ ihre absoluten und g ihre relativen Schwankungen und β schließlich die mittleren Schwankungswinkel der im ersten Index genannten Achse in der Richtung der zweiten in Bogengraden. Neben den quasikristallinen Gittern der kristallinen Bereiche werden solche mit partiell kristallinen, partiell gelartigen oder röntgenamorphen Zügen beobachtet. Dadurch wird illustriert, daß die hochmolekularen Substanzen neuartige Gittersysteme aufweisen, wie sie etwa durch die Gittertheorie des „idealen Parakristalls" beschrieben werden können.

---

[1] HOSEMANN, R.: „Zur Struktur und Materie der Festkörper", Springer-Verlag 1951, S. 127—222.

[2] HOSEMANN, R.: Kolloid-Z. **125**, 149 (1952).

Was aber den diffusen Streuuntergrund der Röntgendiagramme der Hochpolymeren angeht, so ist diesbezüglich der Theorie der Parakristalle gegenüber eine Einschränkung zu machen. Die Theorie fordert wohl einen im Bereich der stark gestörten Reflexe beginnenden und im reflexlosen Gebiet seinen Höhepunkt erreichenden diffusen Untergrund. Man beobachtet aber einen Untergrund, der im Gebiet der wenig oder gar nicht gestörten Interferenzen, in Abb. II, 29 also etwa zwischen A und B, ein höheres Maximum hat und von dort aus sich langsam auf den Untergrund konstanter Höhe E absenkt. Dem von der Theorie der Parakristalle geforderten Untergrund ist offenbar also ein anderer überlagert, der sein Maximum im Bereich der Kristallreflexe hat und im Gebiet der stark gestörten Reflexe wieder auf Null abfällt. Das wäre aber der Verlauf einer breiten Flüssigkeitsinterferenz mit ihrem Maximum im Gebiete der VAN DER WAALSschen Bindungsabstände von etwa 4 Å. Und diese muß von Gebieten herrühren, die auch im Sinne der Parakristalle als nichtkristallin anzusprechen sind. Auch unter diesem Gesichtspunkte bleibt also die Teilung der hochpolymeren Materie in (para-)kristalline und nicht(einmal)-(para)kristalline Gebiete bestehen. Der Bestimmung beider Anteile ist ein eigener Abschnitt gewidmet. Sie wird durch die Theorie der Parakristalle kaum berührt, es sei denn, daß im Bereiche des Maximums des nichtkristallinen Untergrundes schon ein geringer Anteil des parakristallinen Untergrundes auftritt. In diesem Falle würde der durch die Höhe des Untergrundmaximums gemessene nichtkristalline Anteil etwas zu hoch ausfallen.

Auch die erste Auswertung der Reflexe des Röntgendiagramms muß mangels etwas Besseren nach wie vor nach der Art des bei idealperiodischen Gittern Üblichen vorgenommen werden, und die auf diesem gewöhnlichen Wege bestimmten Größen und Symmetrien der Elementarzellen und auch die mit den Reflexintensitäten verträglichen Atomanordnungen in den Molekülen haben sich stets noch gut bewährt. Man darf sie in ihrer Aussagestärke nicht überschätzen, aber man kann sie auch nicht entbehren, wenigstens vorläufig noch nicht. Andrerseits aber ist es notwendig, die Angaben über die Abmessungen der Kristallgitter durch die Angaben der statistischen Schwankungen zu ergänzen; denn zweifellos wird die Gitterbeschreibung der Hochpolymeren erst dadurch vollständig.

§ 11. Meridianreflexe und Schichtlinienstreifen.

a) Meridianreflexe.

Den Meridianreflexen kommt in den Diagrammen der hochpolymeren Faserstoffe eine besondere Bedeutung zu, weil sie die Längen der Grundeinheiten ihrer Moleküle unmittelbar erkennen lassen. Nur insofern gilt dabei eine Einschränkung, als bei Stoffen, wie z. B. Nylon, deren kristalline Bereiche dem niedrigstsymmetrischen triklinen Kristallsystem angehören, keine Meridianreflexe auftreten. Jedoch gibt es gerade beim Nylon eine zweite monokline β-Modifikation, die sich eben durch das Auftreten von Meridianreflexen verrät.

Häufiger ist es aber, daß die geraden Ordnungen der Meridianreflexe fehlen; denn das geschieht, wie oben besprochen, immer dann, wenn die kristallographische Grundeinheit der Moleküle Schraubensymmetrie besitzt, wie es z. B. bei der Cellulose und beim Perlon L der Fall ist (Abb. II, 31). Allgemein aber zeigt das Auftreten höherer Ordnungen (m) die Existenz einer Unterperiode c/m der Elektronendichte längs der c-Achse an, so beim Perlon L $c/7$ und $c/14$. Doch setzt das natürlich eine sehr strenge Nebeneinanderordnung der Ketten voraus. Ist diese nur wenig gestört, so bleibt die Periode $c/2$ im Gitter noch bestehen, die Perioden $c/7$ und $c/14$ aber verschwinden, und der nun allein auftretende 002-Reflex vereint dann die ganze Streuenergie auf sich. Daher rührt der auffallende Intensitätswechsel, den dieser Reflex bei einer Nachbehandlung (Tempern oder Vergüten) des verstreckten Materials erfährt und

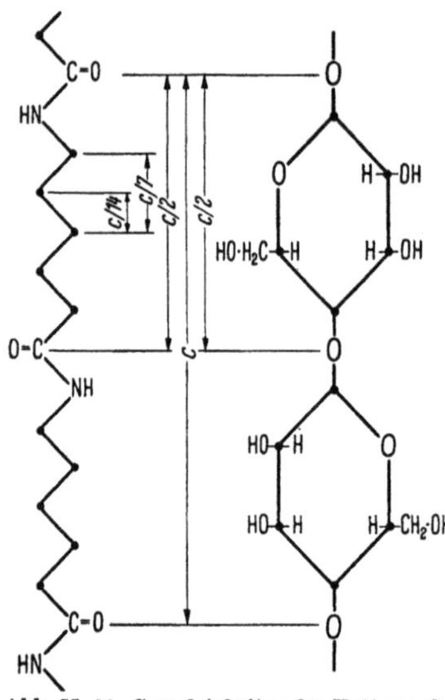

Abb. II, 31. Grundeinheiten der Kettenmoleküle von 6-Nylon (Perlon L) und Cellulose.

der zunächst überraschend wirkt, weil die Intensität beim Vergüten abnimmt (Abb. II, 32).

b) Schichtlinienstreifen.

Solche Verschiebungen äußern sich auch in Schichtlinienstreifen, wie man die Gebiete kontinuierlicher Schwärzungen längs der Schichtlinien nennt. Denn aus den einführenden Betrachtungen zum Beugungsvorgang, insbesondere der Abb. II, 15, ging schon hervor, daß bei einer Kreuzgitterordnung, bei der die Moleküle in regelmäßigen seitlichen Abständen parallel zueinander liegen, in der Längsrichtung aber noch willkürlich verschoben sind, völlig kontinuierlich geschwärzte Schichtlinien auftreten müssen. Auch auf dem Äquator kann man solche Verschmierungen beobachten; doch handelt es sich hier um die Wirkung des kontinuierlichen Bremsspektrums der Röntgenröhre. Die Äquatorstreifen verschwinden bei der Verwendung von streng monochromatischer Strahlung, die Schichtlinienstreifen aber bleiben bestehen und zeigen unregelmäßige longitudinale Verschiebungen an.

Beobachtet wurde diese Erscheinung zum ersten Male von BERNAL und CROWFOOT[1] im Diagramm des p-Azoxyanisol (pp′-Azoxyphenoldimethyläther) und wurde, entsprechend dessen Eigenschaft, eine mesomorphe Schmelze zu besitzen (Näheres darüber s. Kap. I, § 2), als Anzeichen dafür gedeutet, daß die Moleküle einen gewissen Freiheitsgrad für eine Längsverschiebung haben. Dadurch entstehen Elementarzellen ver-

---

[1] BERNAL, J. D. u. D. CROWFOOT: Trans. Faraday Soc. **29**, 1032 (1933).

änderlicher Form, die zur Ausziehung der Schichtlinienreflexe zu Strichen Anlaß geben. Voraussetzung für das Auftreten dieser Erscheinung sind aber offenbar die Existenz von Molekülen oder Molekülgruppen, die keine stärkeren lokalen Attraktionszentren haben. Solche Gruppen aber liegen bei den Polyamiden beispielsweise in Form der Rostebenen vor, innerhalb derer die Wasserstoffbrücken abgesättigt sind, so daß zwischen ihnen nur die schwächeren Dispersionskräfte wirksam bleiben. Man kann also die Schichtlinienstreifen als ein Anzeichen für eine unregelmäßige Verschiebung der Rostebenen parallel zueinander auffassen, die die Elementarzelle des Gitters stört.

In dieser Beziehung findet die z. B. beim 6,6-Nylon auftretende Polymorphie eine besondere Bedeutung. Denn hier zeigt die Analyse von BUNN und GARNER[1], daß der Winkel $\alpha = 77°$ erhalten bleibt, so daß die Molekülketten in den Rostebenen beider Modifikationen regelmäßig um $c/14$ verschoben liegen und die Wasserstoffbrücken zwischen den Carbonyl- und den Aminogruppen benachbarter Moleküle wirksam werden können. In der α-Modifikation beträgt der Winkel β 48,5°, die Rostebenen sind also regelmäßig und gleichsinnig jeweils um 3,55 Å gegeneinander verschoben (Abb. II, 33 [α]). In der monoklinen β-Form aber ist der Winkel β 90°; doch kann die Verschiebung benachbarter Rostebenen der Intensität der 002-Reflexe wegen nicht Null sein, sondern muß nach oben und nach unten alternierend angenommen werden (Abb. II, 33 [β]). Offenbar können aber auch

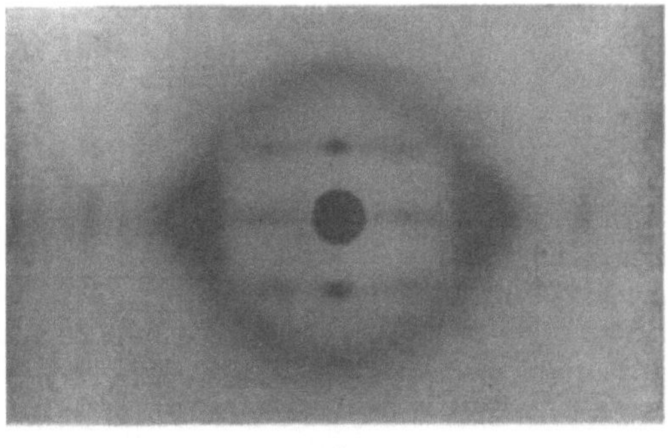

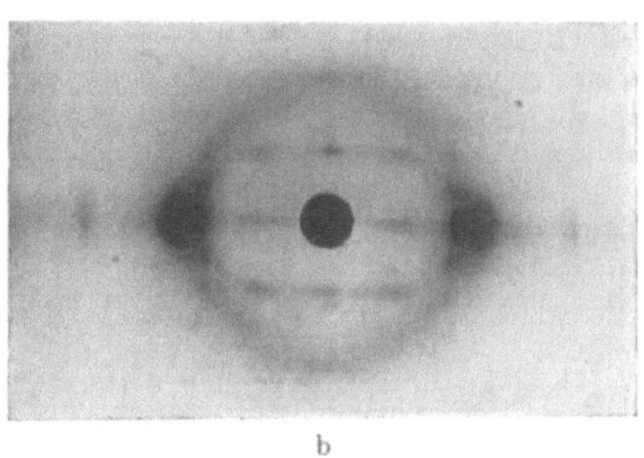

Abb. II, 32. Faserdiagramme einer Perlonborste: a) verstreckt, b) verstreckt und vergütet. (Nach PRIETZSCHK.)

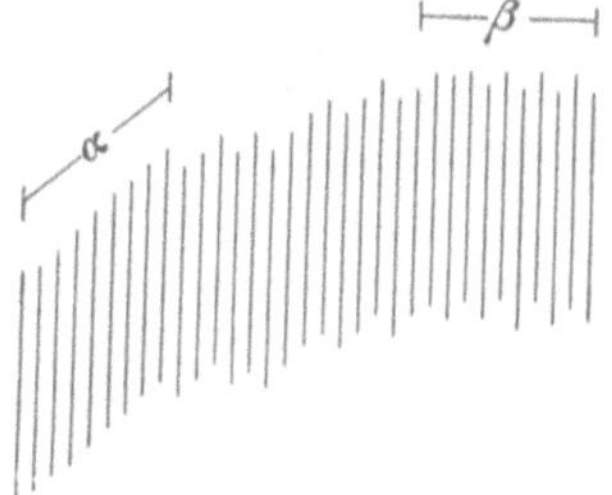

Abb. II, 33. Staffelung der Rostebenen im 6,6-Nylon. (Nach BUNN und GARNER.)

---

[1] BUNN, C. W. u. E. V. GARNER: Proc. Roy. Soc. [London], Ser. A **189**, 39 (1947).

beide Gruppierungen regellos aufeinanderfolgen; denn die 2. Schichtlinie ist zwischen dem Meridianreflex ($002\,\beta$) und dem Reflex $002\,\alpha$ kontinuierlich geschwärzt und zeigt so die Existenz einer Reihe von verschiedenen zusammengesetzten Gruppierungen der Rostebenen an.

c) Langperiodeninterferenzen.

Wie gesagt, entsprechen die Meridianreflexe der hochmolekularen Faserstoffe nicht der Länge der Kettenmoleküle selbst, sondern nur den Längsabmessungen ihrer Grundeinheiten. Daß die Periode der ganzen Moleküllänge bei den Kunstfasern (auf vollsynthetischer wie auf Cellulosebasis) nicht auftritt, kann nicht wundernehmen, weil diese Stoffe nicht polymereinheitlich sind, sondern eine mehr oder weniger große Breite der Verteilung ihrer Moleküllängen zeigen. Bei den nativen Cellulosefasern aber, die als polymereinheitlich angenommen werden dürfen, ist die Moleküllänge von der Größenordnung 1000 Å und damit zu groß, um nachweisbar zu sein. Nur bei den Kollagenen treten Meridianreflexe in großer Schärfe und in vielen Ordnungen auf, die der Moleküllänge entsprechen können. Doch fällt hier auf, daß die Äquator- und Schichtlinienreflexe nicht mit entsprechender Schärfe und Ordnungszahl erscheinen. Es muß sich bei den Kollagenen also um lange, aber schmale kristalline Teilchen handeln. Wir kommen darauf noch zurück.

In neuerer Zeit aber haben HESS und KIESSIG[1,2] bei den synthetischen Polyamiden und Polyestern Langperiodenreflexe beobachtet, mit Perioden jedoch, die mit der Größenordnung 100 Å wesentlich kleiner als die Moleküllängen, aber etwa 5–10mal so groß wie die Längen ihrer Grundeinheiten sind. HESS und KIESSIG ordnen diese Interferenzen dem Abstand der Schwerpunkte zweier in der Faserrichtung hintereinander liegender kristalliner Gebiete zu, was selbst, wenn man die geringe Schärfe dieser Reflexe und das Fehlen höherer Ordnungen in Betracht zieht, eine unerwartete Gleichmäßigkeit der Größe und Lagerung dieser Bereiche andeutet. Solange solche Interferenzen nur auf dem Meridian auftreten, gilt diese Gleichmäßigkeit aber nur für die axiale Ordnung.

Doch nicht nur die Größe dieser Perioden und ihre Änderung durch die Vorbehandlung, für die auf KRATKY, s. § 23, b, verwiesen wird, sind von Interesse, sondern besonders auch die auffallende Erscheinung, daß diese Interferenzen in einer Länge quer über den Meridian verlaufen, die wesentlich größer ist, als es den Blendenabmessungen entspricht, und die ebenfalls durch die Vorbehandlung verändert werden kann, bei den Kollagenen z. B. durch Anfeuchten. HESS und KIESSIG diskutieren diese Erscheinung als Schichtlinienverbreiterung, und tatsächlich folgen die Striche keineswegs dem DEBYE-Kreis, wie es sein müßte wenn es sich um Orientierungseffekte handelte, sondern eben der Schichtlinie. Dazu stellte SCHIEBOLD[3] vor längerer Zeit schon einige theoretische Betrachtungen an. Geht man von dem Grenzfall aus, daß das Interferenzbild aus gleichmäßig geschwärzten Schichtlinien besteht (s. oben Abb. II, 5 b), so bedeutet

---

[1] HESS, K. u. H. KIESSIG: Z. physik. Chem. (A) **193**, 196 (1944).

[2] HESS, K. u. H. KIESSIG: Kolloid-Z. **130**, 10 (1953).

[3] SCHIEBOLD, E.: Kolloid-Z. **69**, 281 (1934).

das, daß eine gesetzmäßige Lagerung nur bezüglich der Richtung der Kettenmoleküle vorliegt. Das ist der Fall, wenn benachbarte Kettenmoleküle so weit und so unregelmäßig gegeneinander verschoben sind, daß kein Raumgitter, sondern nur noch ein Lineargitter vorliegt. Ist die Verbreiterung der Interferenzen längs der Schichtlinie aber nur begrenzt, so liegt ein Zwischenzustand vor. Beim Übergang des Raumgitters in das Lineargitter sind nun zwei Fälle zu unterscheiden. Der eine Fall ist dadurch gegeben, daß sich *alle* Molekülketten ungleichmäßig gegeneinander zunächst nur um kleine Beträge verschieben. Überschreitet diese Verschiebung eine gewisse Grenze, dann geht die begrenzte Verbreiterung der Interferenzen in die gleichmäßig geschwärzten Schichtlinien über. Der zweite Fall ist der, daß sich nicht *alle* Molekülketten um *kleine* Beträge, sondern mehr oder weniger große *Bündel* von Molekülketten um *größere* Beträge gegeneinander verschieben. Im ersten Falle würde die Verbreiterung der Interferenzen ein Maß für die gegenseitige Verschiebung der Moleküle sein, im zweiten dagegen ein Maß für die Bündeldicke.

Diese zweite Auffassung hat besonders interessante Konsequenzen für höher orientierte Präparate. Wie HESS und KIESSIG zeigen konnten,

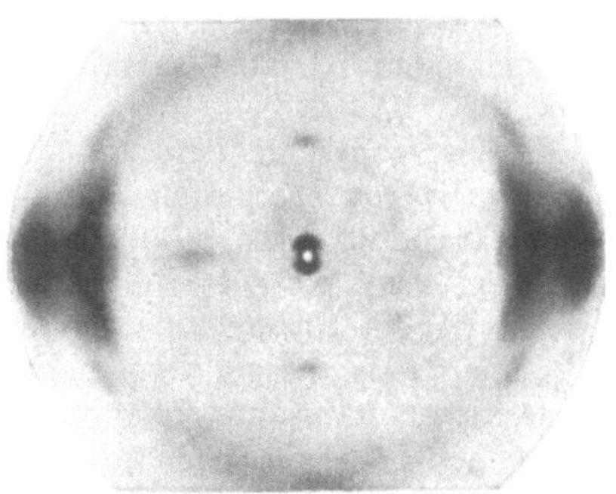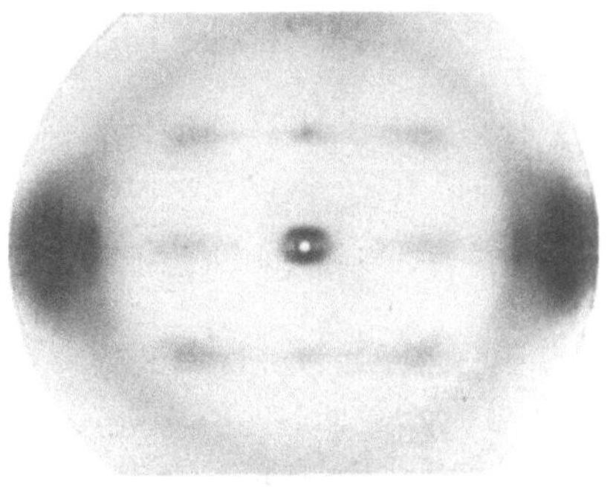

Abb. II, 34. Walzpräparat v. Perlon L. Durchstrahlung senkrecht zur Walzrichtung. (Nach HESS und KIESSIG.)

Abb. II, 35. Walzpräparat v. Perlon L. Durchstrahlung parallel zur Walzrichtung. (Nach HESS und KIESSIG.)

geben diese eine größere Schichtlinienverbreiterung, wenn man sie parallel zur Walzebene durchstrahlt, als wenn dies senkrecht dazu erfolgt (Abb. II, 34/35).

Eine höhere Orientierung kann nämlich durch Walzen nur dann herbeigeführt werden, wenn die kristallinen Bereiche nicht stäbchenförmig, sondern blättchenförmig ausgebildet sind. Sie stellen dann ihre Blättchenflächen in die Walzebene ein, bieten also bei paralleler Durchstrahlung ihre Schmalseiten, bei senkrechter Durchstrahlung aber ihre Breitseiten dar.

BOLDUAN und BEAR[1,2] haben diese Betrachtungen auch auf die Meridianinterferenzen der Kollagene übertragen, indem sie deren Längsperioden nicht mehr als Moleküllängen, sondern als Perioden der Schwan-

---

[1] BOLDUAN, O. E. A. u R. S. BEAR: J. Polymer. Sci. **5,** 159 (1950).
[2] BOLDUAN, O. E. A. u. R. S. BEAR: J. Polymer. Sci. **6,** 271 (1951).

kungen der Elektronendichte längs der Fibrillen interpretieren und die Schichtlinienverbreiterung mit der Dicke der zylindrisch gedachten Fibrillen in Zusammenhang bringen. Anlaß dazu waren die Beobachtungen von Veränderungen der Lage und Schärfe der Interferenzen mit der Quellung. Näheres darüber s. Kratky, § 23 a.

Die Frage ist nur, wie diese übereinstimmende Deutung der Langperiodenreflexe und ihrer Schichtlinienverbreiterung mit dem auffallenden Unterschied vereinbar ist, daß beim Kollagen eine große Reihe scharfer Langperiodenreflexe höherer Ordnungen auftreten, bei Polyamiden aber allein ein relativ scharfer Reflex erster Ordnung. Hier dürfte ein ähnlicher Fall vorliegen, wie er bei den Weitwinkelmeridianreflexen von Perlon L im § 6 a diskutiert wurde. Im Kollagen ist eine exakte Nebeneinanderlagerung der Polypeptidketten als Wachstumseffekt verständlich. Dieser aber muß zum Auftreten von Oberschwingungen der Hauptperiode der Elektronendichte und damit zum Auftreten entsprechender höherer Ordnungen der Langperiodenreflexe führen. Ebenso aber ist eine geringe Verschiebung benachbarter Ketten in den synthetischen Produkten naheliegend, die die Oberschwingungen ausbügelt und die höheren Ordnungen dadurch zum Verschwinden bringt.

Eine solche geringe Verschiebung benachbarter Ketten, die die Hauptperiode durchaus bestehen läßt, trägt aber ebenfalls zur Schichtlinienverbreiterung bei (Schiebolds erster Fall). Schon aus diesem Grunde ist ein quantitativer Zusammenhang zwischen dem Betrage der Schichtlinienverbreiterung der Langperiodenreflexe und der seitlichen Ausdehnung der geordneten Bündel nicht angebbar. Man kann nur sagen, daß ein langer Strich schmalen und ein kurzer breiten Teilchen entspricht und auch das nur, wenn Schiebolds zweiter Fall der Verschiebung ganzer Molekülbündel überhaupt vorliegt. Es kann also nicht einmal in jedem Falle erwartet werden, daß die Breite der kontinuierlichen Kleinwinkelstreuung, die sicher um so größer sein muß, je kleiner die Querdimensionen der kristallinen Bereiche sind (Näheres darüber s. § 7), und die Schichtlinienverbreiterung der Langperiodeninterferenz miteinander parallel gehen. Die Abb. II, 36 a und b geben dafür ein Beispiel: bei Perlon L und bei Rilsan (Polyamid aus 11-Aminoundecansäure) ist das Verhältnis beider Breiten durchaus verschieden.

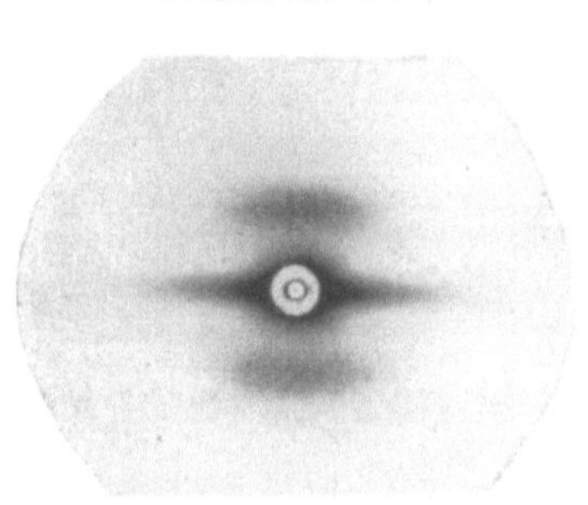

Abb. II, 36. Langperiodeninterferenz: a) von Perlon L (74 Å) (Walzpräparat parallel zur Walzebene durchstrahlt) mit schwacher kontinuierlicher Kleinwinkelstreuung, b) von Rilsan (84 Å) mit starker kontinuierlicher Kleinwinkelstreuung. (Nach Hess und Kiessig.)

d) Vierpunktdiagramme.

Einen Spezialfall der Langperiodeninterferenzen bilden die sog. *Vierpunktdiagramme* der synthetischen Fasern, die erstmalig von ARNETT, MEIBOHM und SMITH[1,2] und später auch von HESS und KIESSIG beobachtet wurden, s. Abb. V, 13, Kap. V. Sie werden meist erst nach einer stärkeren Relaxation der gestreckten Fasern in heißem Wasser, mitunter aber auch ohne diese gefunden. Die vier Punkte, nach denen die Diagramme benannt sind, entstehen dadurch, daß auf den den Meridian kreuzenden Strichen der Langperiodeninterferenzen in der Mitte, d. h. auf dem Meridian selbst, Minima auftreten. Das deutet also einmal darauf hin, daß die Langperiodeninterferenzen nicht auf dem Meridian liegen, daß sie also Flächen entsprechen, die gegen die Faserachse geneigt sind. Zum anderen aber zeigt die Trennung der Reflexe rechts und links deren Schärfe und damit eine größere seitliche Ausdehnung oder einen größeren zusammenhängend beugenden Querschnitt der kristallinen Bereiche an. Besonders das erstere ist interessant, weil daraus eine regelmäßige Nebeneinanderordnung der kristallinen Bereiche folgen würde, d. h. eine mindestens zweidimensionale Ordnung derselben unter geeigneten Bedingungen. Die Bereiche wären danach zwar parallel zur Faserachse gestellt, aber schräg gestaffelt mit einem Winkel, der etwa gleich dem vom Meridian und der Verbindungslinie Mittelpunkt–Reflex gebildeten Winkel ist. Dieser Winkel variiert in starkem Maße mit der Behandlung beim gleichen Ausgangsmaterial. Tab. II, 9 zeigt diese Verhältnisse für den Fall einer Polyäthylenfaser.

Tabelle II, 9.

Auswertung des Vierpunktdiagramms einer Polyäthylenfaser.
(*Nach* ARNETT, MEIBOHM *u.* SMITH.)

Behandlung		Langperiode	Neigungswinkel
Verstreckt auf	7,6×	155 Å	45°
Relaxiert auf	5,6×	180 Å	42°
	4,4×	200 Å	35°
	3,3×	200 Å	14°

Einen Hinweis auf den Grad der vorliegenden Ordnung liefert das Verhalten der Langperiodenreflexe beim Neigen des Präparates gegen den Röntgenstrahl. Bei linearen Gittern rücken die Reflexe der projektiven Verkürzung der Periode entsprechend auseinander (Kollagen), bei einem Raumgitter dagegen tritt keine Verschiebung der Reflexe auf. Sie werden bei der Änderung des Einfallswinkels nur schwächer und verschwinden schließlich. So benehmen sich auch die Reflexe der Vierpunktdiagramme der synthetischen hochpolymeren Faserstoffe.

---

[1] ARNETT, L. M., E. P. H. MEIBOHM u. A. F. SMITH: J. Polymer Sci. 5, 737 (1950).
[2] MEIBOHM, E. P. H. u. A. F. SMITH: J. Polymer Sci. 7, 449 (1952).

§ 12. Kleinwinkelstreuung.

Diese bei kleinen Abbeugungswinkeln auftretende diffuse Interferenz ist ein typischer Effekt von Systemen mit Teilchen, die groß gegen die Wellenlänge und in ein Medium mit anderem Streuvermögen eingebettet sind. Sie ist deshalb bei den Hochpolymeren für die kristallinen und nichtkristallinen Gebiete in den Festkörpern wie für die Moleküle und Molekülschwärme in den Lösungen in gleichem Maße interessant. Der letzte Fall ist in Bd. II, Kap. X bereits behandelt. Bei so großen Teilchen haben die an zwei gegenüberliegenden Punkten der Oberfläche bei kleinen Winkeln gestreuten Strahlen Gangunterschiede, die nur mehr Bruchteile der Wellenlänge betragen, so daß eine Verstärkung eintritt. So ergeben sich Streukurven von einem glockenförmigen Typus. Ihre Breite ist um so geringer, je größer die Abmessungen der Teilchen sind. Ihre Amplitude a_0 im Nullpunkt mißt die Zahl der im Teilchen vorhandenen Streuzentren (Elektronen) und ist somit bei gleicher prozentualer Zusammensetzung dem Volumen oder der Masse bzw. dem Molekulargewicht M des einzelnen Teilchens proportional, die Nullpunktintensität i_0 also dem Quadrate dieser Größen:

$$i_0 = a_0^2 \cong M^2. \tag{II, 44}$$

Vgl. die Ausführungen über die Lichtzerstreuung von größeren Teilchen in Bd. I, § 54.

a) Partikelstreuung verdünnter Systeme.

1. Allgemeines.

Ein verdünntes System ist ein solches, in dem die Kolloidteilchen unregelmäßige und im Verhältnis zu ihren Dimensionen stets große Abstände haben. In diesem Falle addieren sich die an den N Einzelteilchen abgebeugten Intensitäten unabhängig voneinander, so daß die Streukurve des ganzen Systems mit der eines Einzelteilchens, das im Verlaufe der Exposition alle möglichen Lagen zum Röntgenstrahl einnimmt, identisch ist (Partikelstreuung). Für die auf den Streuwinkeln Null extrapolierte Intensität J_0 gilt dann

$$J_0 = N \cdot i_0 \cong N \cdot M^2 = G \cdot M. \tag{II, 45}$$

Sie ist also bei gleicher streuender Substanzmenge $G = N \cdot M$ dem Teilchengewicht proportional. Je größer nun die Einzelteilchen sind, um so kleiner sind die Streuwinkel für den gleichen Gangunterschied. Es wird also eine Streukurve des gleichen Types erhalten wie bei kleineren Teilchen, nur fällt sie mit zunehmendem Streuwinkel steiler ab[1].

Die moleculardisperse Lösung eines hochmolekularen Stoffes zeigt nur eine schwache Kleinwinkelstreuung. Sie ist aber schon merklich stärker als die einer Lösung gleicher Gewichtskonzentration der entsprechenden Monomeren, und ihre Intensität steigt mit wachsender Konzentration

---

[1] KRATKY, O.: Österr. Chemiker-Ztg. **54**, 193 (1953) (Zusammenfass. Bericht).

linear an (Abb. II, 37). Bei einer Lösung, in der die Makromoleküle sich zu Schwärmen zusammengeschlossen haben, ist die Kleinwinkelstreuung kräftig und empfindlich auf geringe entassoziierende Wirkungen. Abb. II, 38 zeigt das für den Fall eines kleinen Alkoholzusatzes zu der benzolischen Lösung von Äthylcellulose.

Nach GUINIER[2], auf den die oben angegebene Deutung der Partikelstreuung zurückgeht, kann man die von korpuskularen Teilchen gestreute Intensität in Abhängigkeit von Streuwinkeln in guter Näherung durch eine GAUSSsche Glockenkurve darstellen (s. Bd. II, S. 515 ff.). Dabei geht der sog. Streumassenradius R ein, der ähnlich wie der Trägheitsradius durch die Wurzel aus dem mittleren Abstandsquadrat der Streuelektronen vom Schwerpunkt definiert ist und somit ein Maß für die räumliche Ausdehnung des Teilchens darstellt. Bei so extrem kleinen Ablenkungswinkeln, wie sie hier in Betracht kommen, sind die Phasendifferenzen innerhalb von Bereichen, die bereits viele Atome enthalten, noch vernachlässigbar klein, so daß es auf die diskrete Verteilung der Elektronen in diesen Bereichen gar nicht ankommt. Es genügt daher, mit der räumlich gemittelten Elektronendichte zu rechnen, so daß man sich das streuende Teilchen kontinuierlich mit Streumasse erfüllt denken kann.

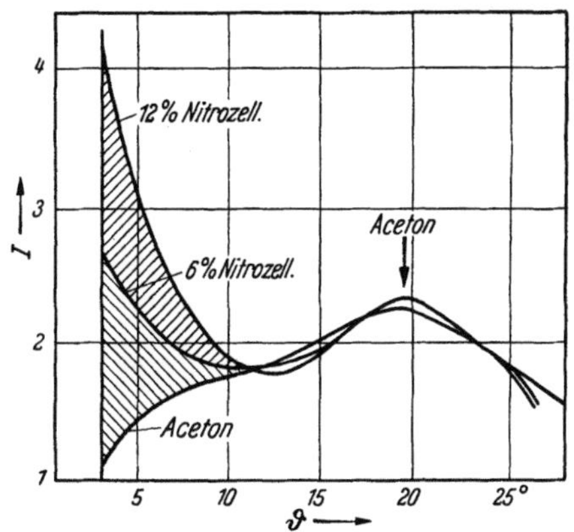

Abb. II, 37. Kleinwinkelstreuung von a) Aceton, b) 6%iger und c) 12%iger Lösung von Nitrocellulose in Aceton. (Nach KRATKY, SEKORA und TREER[1].)

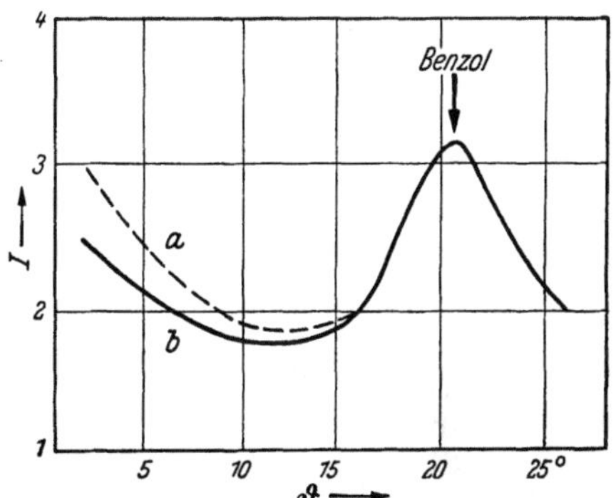

Abb. II, 38. Kleinwinkelstreuung von Äthylcellulose in Benzol a) ohne Zusatz, b) mit Zusatz von 1% Alkohol. (Nach KRATKY, SEKORA und TREER.)

Die logarithmische Darstellung der Streuintensität gegen das Quadrat des Streuwinkels lautet dann

$$\ln J = \ln J_0 - K \cdot R^2 \cdot \vartheta^2; \qquad (II, 46)$$

sie liefert also eine Gerade (Abb. II, 39), der folgende Kenngrößen für die streuenden Partikel entnommen werden können:

---

[1] KRATKY, O., A. SEKORA u. R. TREER: Z. Elektrochem. angew. physik. Chem. **48,** 587 (1942).

[2] GUINIER, A.: C. R. **204,** 1115 (1937); Thèses, Ser. A. Nr. 1854, Univers. Paris (1939); Ann. Physique **12,** 161 (1939); J. Chim. physique **40,** 133 (1943).

Aus der Neigung $\operatorname{tg}\omega = -K \cdot R^2$ der Geraden ergibt sich der *Streumassenradius*. Unter Annahme einer Kugelgestalt kann dieser aber auch aus dem Teilchenvolumen berechnet werden, das sich aus dem Koordinatenabschnitt $\ln J_0$ der Geraden ergibt; mit dem Kugelradius r wird $R' = \sqrt{\dfrac{3}{5}}\,r$. Liegt aber eine Abweichung von der Kugelgestalt vor, so kann diese durch den *Formfaktor* $f = R/R'$ beschrieben werden. Damit geht die Aussage der Kleinwinkelstreuung über die der Ultrazentrifuge hinaus, deren durch das Verhältnis der tatsächlichen Sedimentationsreibung zu der für Kugelgestalt berechneten definierter Unsymmetriefaktor durch Solvatationseffekt vorgetäuscht sein kann, während hier der Formeinfluß rein erfaßt wird.

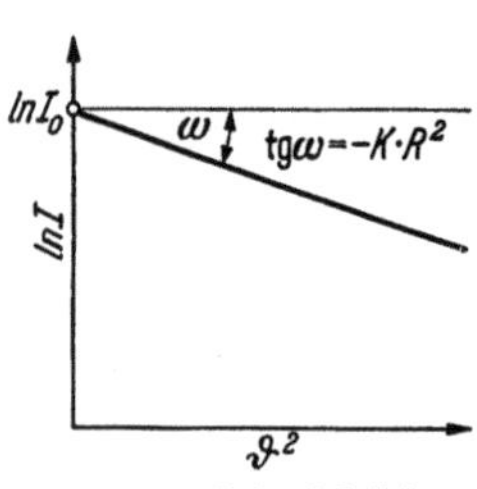

Abb. II, 39. Kleinwinkelstreuung einer Kugel nach der Beziehung und in der Auftragung von GUINIER.

Die verfeinerten Streutheorien von KRATKY[1], ROESS und SHULL[2] und POROD[3] haben aber ergeben, daß die GUINIERsche Näherung nur für kugelförmige Teilchen genau ist. Bei Abweichungen von der Kugelgestalt erfolgt der Abfall der Streukurve im äußeren Teil langsamer, und diese Abweichung verläuft bei gleichem Formfaktor in quantitativer Hinsicht verschieden, je nachdem es sich um Ellipsoide mit verschiedenem Achsenverhältnis, um Zylinder, Parallelopipede usw. handelt. Damit kann als dritte Größe der Streukurve auch der *Formtypus* entnommen werden.

Einen Formtypus besonderer Art stellen die *verknäuelten Fadenmoleküle* dar. Ihre Kleinwinkelstreuung ist in Bd. II, S. 526—534, bereits ausführlich behandelt worden. Danach liefert die Breite des inneren Teiles der Streukurve, der in der Auftragung gegen den Streuwinkel vom Typus einer GAUSSschen Kurve ist, die durch den mittleren Endpunktsabstand der Moleküle definierte *Knäuelgröße*, während die Abszisse, bei der der Übergang des (für statistisch verknäuelte Moleküle charakteristischen) äußeren Verlaufes der Streukurve mit $1/\vartheta^2$ in den ganz außen anschließenden (für ein Gas aus Nadeln typischen) $1/\vartheta$-Verlauf stattfindet, mit der Länge des *statistischen Fadenelementes* (nach KUHN) oder der *Persistenzlänge* (nach KRATKY) zusammenhängt und damit eine exakte Kennzahl für den Verknäuelungsgrad der Moleküle gibt.

2. Verdünnte Lamellenpakete (hochgequollene Cellulose).

Einen neuen wichtigen Formtypus stellen die *Lamellenpakete* dar, die als Modelle für die kristallinen Bereiche der Cellulose genommen werden können; denn für diese kann die Vorstellung von Teilchen, die lang sind gegen ihre Breite und breit gegen ihre Dicke als gesichert gelten. Andererseits konnten KRATKY, JANESCHITZ-KRIEGL und POROD[4] auch poröse

---

[1] KRATKY, O.: Monh. Chemie **76**, 325 (1947); J. Polymer Sci. **3**, 195 (1948).

[2] ROESS, L. R. u. C. G. SHULL: J. appl. Phys. 18, 295 u. 308 (1947).

[3] POROD, G.: Acta phys. Austr. **2**, 255 (1948); Z. Naturforsch. **6**, 401 (1949).

[4] JANESCHITZ-KRIEGL, H., O. KRATKY u. G. POROD: Z. Elektrochem. Ber. Bunsenges. **56**, 146 (1952).

HERMANSsche Modellfäden mit einem Luftquellungsgrad von fast 6 herstellen, deren Kleinwinkelstreuung als Partikelstreuung betrachtet werden kann. Diesen Verhältnissen hat PoRod[1] seine Theorie der Kleinwinkelstreuung verdünnter Lamellenpakete speziell angepaßt und gelangt durch den Vergleich der Winkelabhängigkeit oder der Absolutintensität der berechneten und der experimentellen Streukurve zur Ableitung der durchschnittlichen Dicke der Lamellenpakete und deren mittlerer Schwankung.

Wie PoRod zeigen konnte, weicht die Streukurve im äußeren Teil (etwa außerhalb des Wendepunktes) recht wesentlich von der GAUSSschen Glockenkurve ab, sobald eine oder zwei Dimensionen des Teilchens besonders ausgeprägt sind (Stäbchen- oder Blättchengestalt). Ist nun die Stäbchenlänge bzw. die Blättchenausdehnung sehr groß, dann rückt der GAUSSsche Teil der Streukurve zu unmeßbar kleinen Winkeln, so daß gerade der von der GAUSSschen Kurve abweichende Verlauf der für das Experiment typische und für die Auswertung wichtige Kurventeil wird. Man kann dann im Extremfalle der dünnen Lamellen die Streukurve in recht guter Näherung in drei Faktoren zerlegen, die den einzelnen Dimensionen getrennt entsprechen und als Längen-, Breiten- und Dickenfaktor bezeichnet werden können.

Betrachtet man ein parallelopipedisches Teilchen mit der Dicke D, der Breite B und der Länge L in bestimmter Lage, so gilt für die resultierende Amplitude A eines unter dem Winkel 2ϑ abgebeugten Strahles, dessen Richtungscosini mit den drei Teilchenachsen α, β, γ betragen:

$$\left.\begin{aligned} A &= \int_{-L/2}^{+L/2} dz \int_{-B/2}^{+B/2} dy \int_{-D/2}^{+D/2} dx \cdot e^{is(\alpha \cdot x + \beta \cdot y + \gamma \cdot z)} \\[2mm] &= \frac{\sin\left(\dfrac{s \cdot \alpha \cdot D}{2}\right)}{\dfrac{s \cdot \alpha}{2}} \cdot \frac{\sin\left(\dfrac{s \cdot \beta \cdot B}{2}\right)}{\dfrac{s \cdot \beta}{2}} \cdot \frac{\sin\left(\dfrac{s \cdot \gamma \cdot L}{2}\right)}{\dfrac{s \cdot \gamma}{2}} = F_D \cdot F_B \cdot F_L \\[3mm] &\text{mit } s = \frac{4\pi}{\lambda} \cdot \sin\vartheta \approx \frac{4\pi \cdot \vartheta}{\lambda}. \end{aligned}\right\} \quad \text{(II, 47)}$$

Dabei ist die Normierung derart, daß die Amplitude bei der Abbeugung mit dem Winkel Null gleich dem Teilchenvolumen $D \cdot B \cdot L$ wird, so daß die Streukraft der Volumeneinheit gleich 1 gesetzt ist. Wenn man nun die Intensitäten (Quadrat der Amplituden) über alle Raumlagen mittelt, erhält man aber einen unübersichtlichen Ausdruck, der nicht mehr als das Produkt von Faktoren dargestellt werden kann, die jeweils nur die Dicke, Breite oder Länge für sich allein enthalten. Eine solche Zerlegung wird jedoch möglich, wenn mindestens eine Dimension unendlich groß wird. Läßt man z.B. die Länge L über alle Maßen wachsen, so geht die resultierende Amplitude für alle Raumlagen mit Ausnahme des Falles $\gamma = 0$ gegen Null. In Worten bedeutet dies, daß eine Abbeugung an dem Teilchen nur eintritt, wenn dieses praktisch in der Spiegelebene liegt. In diesem Falle ist also der von der Länge herrührende Faktor dieser Amplitude eine im Vergleich zu den anderen Faktoren unendlich schnell veränderliche Größe und kann daher auch unabhängig

---

[1] PoRod, G.: Acta phys. Austr. **3**, 66 (1949). — O. KRATKY u. G. PoRod: J. Colloid Sci. **4**, 35 (1949).

von ihnen integriert werden. In erster Näherung ergibt sich dann der Längenfaktor zu:

$$\overline{F_L^2} = \frac{1}{\pi} \cdot \int_{-\infty}^{+\infty} \left(\frac{\sin\left(\frac{s \cdot \gamma \cdot L}{2}\right)}{\frac{s \cdot \gamma}{2}} \right)^2 \cdot d\gamma = \frac{2}{s}. \tag{II, 48}$$

Natürlich ist diese Rechnung nicht streng. In Wahrheit ist der Längenfaktor eine Glockenkurve, die aber mit zunehmendem Streuwinkel sehr rasch in den oben erhaltenen asymptotischen Verlauf übergeht. Von einem Winkel ab, der nach dem BRAGGschen Gesetz der doppelten Länge zugeordnet ist, ist die Übereinstimmung der Näherung mit dem exakten Verlauf so gut wie vollkommen. Dagegen lassen sich in diesem Falle der Dicken- und Breitenfaktor nicht trennen; sie ergeben vielmehr zusammen einen Querschnittsfaktor. Läßt man aber auch die Breite gegen unendlich gehen, dann kann in analoger Weise auch der Breitenfaktor herausgehoben werden. Er ergibt sich zu π/s und unterscheidet sich vom Längenfaktor also nur durch die Konstante π an der Stelle von 2. Dieser — für die Diskussion der Streukurve unwesentliche — Unterschied beruht darauf, daß durch das Festhalten der Länge der Variationsbereich der Lagen der Breite etwas geändert wird. Wenn sowohl Länge als auch Breite unendlich groß sind, können also beide Faktoren zu einem Flächenfaktor $L = 2\,\pi/s^2$ zusammengefaßt werden, der die Rolle eines LORENTZ-Faktors spielt, und der immer dann auftritt, wenn die Fläche in jeder Richtung unendlich groß ist, so daß diese also insbesondere kein Rechteck zu sein braucht. Es wäre dann nur noch für den Dickenfaktor die Mittelung über alle Lagen durchzuführen; doch erweist sich diese als überflüssig, weil durch das Festhalten der Flächenebene in der fiktiven Spiegelebene auch die Richtung der Dicke festgelegt ist ($\varkappa = 1$). So wird für die Streukurve eines unendlich ausgedehnten Blättchens der Ausdruck

$$J = \frac{2\,\pi}{s^2} \left(\frac{\sin\frac{s \cdot D}{2}}{\frac{s}{2}} \right)^2 \tag{II, 49}$$

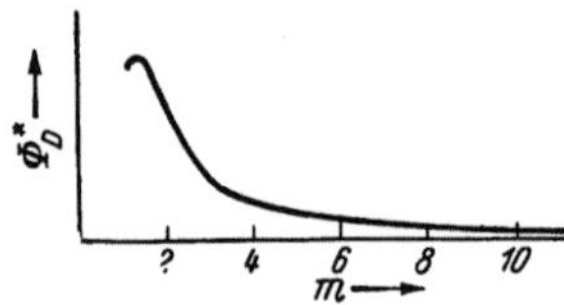

Abb. II, 40. Entschmierte und von dem LORENTZ-Faktor für Höhe und Breite befreite experimentelle Streukurve Φ_D^{*} (m = Abszisse des Photometerpapiers. (Nach JANESCHITZ-KRIEGL, KRATKY und POROD.)

erhalten. Natürlich gilt diese Formel bei endlich großen Blättchen nur als Näherung für genügend große Winkel; doch reicht das für die praktische Diskussion im allgemeinen aus.

Für die Bestimmung der Dicke aus dem Vergleich der experimentellen und der theoretischen Streukurve muß die erstere zunächst vom Flächenfaktor $L = 2\,\pi/s^2$ befreit werden, was einfach durch Multiplikation der Kurve mit ϑ^2 geschieht. Außerdem muß die experimentelle Kurve noch „entschmiert" werden, um dem verschmierenden Einfluß des langen Spaltes Rechnung zu tragen. Eine so auf den Dickenfaktor reduzierte experimentelle Streukurve Φ_D^{*} ist in Abb. II, 40 wiedergegeben. Die Dickenbestimmung kommt dann darauf heraus, *die* Dicke D zu finden, für die der experimentelle und der theoretische Dickenfaktor sich in ihrem ganzen Verlaufe decken. Das gelingt in der Praxis aber nicht, und das kann auch nicht verwundern, weil der theoretische Ansatz für den Dickenfaktor nur für eine exakt einheitliche Dicke gilt. Die Diskrepanz kann aber behoben werden, wenn man an Stelle der einheitlichen Dicke eine statistische Verteilung der Dicken um einen Mittelwert D_0 einführt. Der naheliegende Ansatz einer GAUSSschen Verteilung mit der relativen mittleren Schwankung δ führt dann zu folgendem Ausdruck für den Dickenfaktor:

$$\left.\begin{aligned}\overline{F_D^2} &= \frac{1}{\sqrt{2\,\pi}\cdot\delta}\int\limits_{-\infty}^{+\infty} e^{-\frac{x^2}{2\,\delta^2}}\cdot\left[\frac{\sin\dfrac{s\cdot D_0\,(1+x)}{2}}{\dfrac{s\cdot D_0}{2}}\right]^2\cdot d\,x \\[2ex] &= \frac{1}{1+\delta^2}\cdot\frac{2}{s^2\cdot D_0^2}\cdot\left\{1-e^{-\frac{s^2\cdot D_0^2\cdot\delta^2}{2}}\cdot\cos(s\,D_0)\right\}.\end{aligned}\right\}\qquad (\mathrm{II},\,50)$$

Wenn nun zum Zwecke der Anpassung sowohl die mittlere Dicke D_0 als auch die mittlere Schwankung δ variiert werden, kommt man, wie JANESCHITZ-KRIEGL, KRATKY und POROD zeigen konnten, zum Ziele. Abb. II, 41 zeigt den Vergleich der experimentellen Streukurve Φ_D^* (gestrichelt) von hoch luftgequollenen HERMANSschen Cellulosemodellfäden mit den theoretischen Formfaktoren $\overline{F_D^2}$, deren mittlere Lamellendicken D_0 mit den mittleren Schwankungen δ aus der Abbildung zu entnehmen sind. Die Angleichung der Ordinaten erfolgte im Punkte $m = 1{,}7$ (s. Abb. II, 40). Daraus ist zu sehen, daß die beste Angleichung mit $D_0 = 50\text{ Å}$, $\delta = 0{,}5$ und mit $D_0 = 45\text{ Å}$, $\delta = 0{,}6$ erreicht wird. Annähernd so gut sind auch noch $D_0 = 50\text{ Å}$, $\delta = 0{,}6$ und $D_0 = 60\text{ Å}$, $\delta = 0{,}4$. Die mittlere Dicke stimmt mit dem von HENGSTENBERG und MARK[1] nach der LAUEschen Methode erhaltenen Wert gut überein. Ihre Schwankung ist verhältnismäßig gering.

Das zweite, auf derselben Theorie der Kleinwinkelstreuung von „verdünnten Lamellenpaketen" beruhende Verfahren stützt sich auf die gemessene und die berechnete Absolutintensität der Kleinwinkelstreuung. Die Berechnung ist von KRATKY, POROD und KAHOVEC[2] durchgeführt worden. Ihre Auswertung auf die mittlere Dicke der Lamellen und ihre relative Schwankung findet sich bei JANESCHITZ-KRIEGL, KRATKY und POROD. Die Methode der Bestimmung der Absolutintensität erweist sich dabei als ein geeignetes Verfahren, um die erhaltenen Ergebnisse einer recht strengen Prüfung zu unterziehen und sogar zu einer Auswahl unter den nach der Kurvenangleichung noch möglichen verschiedenen Lösungen zu kommen. Die auf den Primärstrahl bezogene Intensität der Kleinwinkelstreuung im Abstand f von der Primärstrahlmitte berechnet sich zu

$$\frac{i_p}{J_0} = \Sigma'\cdot D_0\,(1+\delta^2)\cdot P\cdot\mathrm{d}\cdot 8\int\limits_0^{\infty}\frac{\overline{F_D^4}\cdot\sqrt{f^2+t^2}}{s^2\cdot\sqrt{f^2+t^2}}\cdot d\,t.\qquad (\mathrm{II},\,52)$$

[1] HENGSTENBERG, J. u. H. MARK: Z. Kristallogr. **69,** 271 (1929).
[2] KRATKY, O., G. POROD u. L. KAHOVEC: Z. Elektrochem. angew. physik. Chem. **55,** 53 (1951).

Dabei ist d die Dicke des Präparates, P die integrale Breite des Primärstrahles auf dem Film und $\sum' = 7{,}9 \cdot 10^{-26} \dfrac{v^2}{r^2 \cdot q}$ die Streukraft der Volumeneinheit mit der Zahl v der Elektronen je Volumeneinheit der Cellulosemicelle, dem Quellungsgrad q und dem Abstand r Präparat–Film.

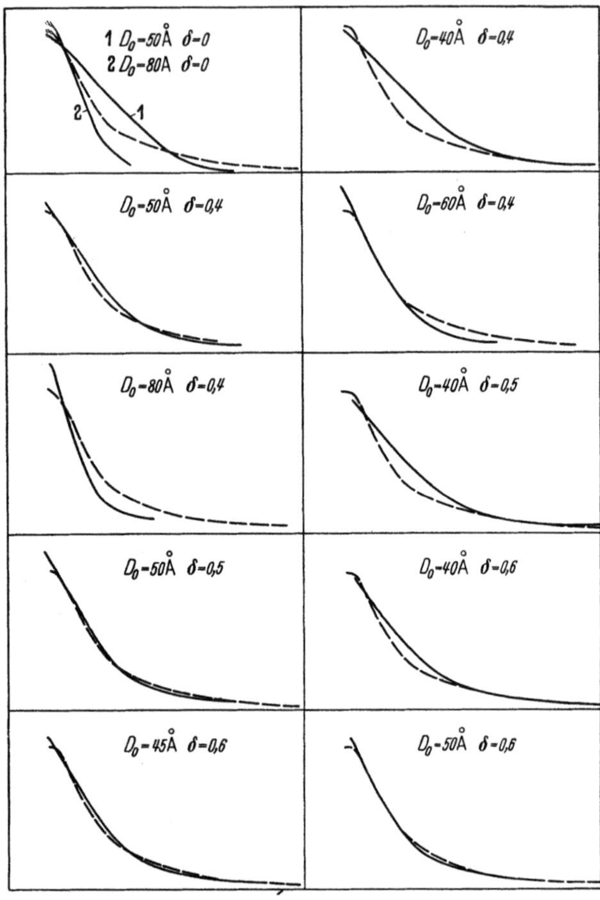

Abb. II, 41. Vergleich der experimentellen Streukurve Φ_D^* (gestrichelt) mit den für ein System „verdünnter Lamellenpakete" mit der durchschnittlichen Dicke D_0 und der relativen Schwankung δ berechneten Kurven. (Nach JANESCHITZ-KRIEGL, KRATKY und POROD.)

Die Gleichung enthält außer der mittleren Dicke D_0 und der relativen Schwankung δ auch den Formfaktor $\overline{F_D^2}$ der Gl. (II, 50). Man muß also mit einer angenäherten oder aus anderen Resultaten folgenden Dicke D_0^a in den Formfaktor eingehen. Waren die eingesetzten Werte richtig, so liefert die Absolutintensitätsbestimmung die Bestätigung, indem sie dasselbe D ergibt. Die Ergebnisse sind in Tab. II, 10 zusammengestellt. Man sieht, daß alle $D_0^a = 50$ Å am besten stimmen und unter diesen wiederum das D_0^a mit der Schwankung 0,5. Es folgt also, daß die Analyse der

Tabelle II, 10.
Ergebnisse der Absolutintensitätsbestimmung.

δ	D_0^a (Å)	D_0 (Å)
0,4	50	56
0,4	60	69
0,5	50	55
0,6	45	55
0,6	50	56

Gestalt der Streukurve und die Bestimmung der Absolutintensität übereinstimmend für die Lamellendicken eines HERMANNschen Fadens einen Mittelwert von 50 Å und eine mittlere Schwankung von 50% ergeben.

3. Rotationsellipsoide.

HOSEMANN[1] hat die Partikelstreuung eines verdünnten Systems von verlängerten Rotationsellipsoiden berechnet, deren Achsen sämtlich parallel liegen und deren Dicken einer MAXWELLschen Statistik unterliegen sollen. Die Verteilungen für die Teilchendurchmesser a und ihre Längen l lauten dann

$$H(a) = a^m \cdot e^{-(a/a_0)^2} \qquad \text{bzw.} \qquad H(l) = l^m \cdot e^{-(l/l_0)^2}. \qquad \text{(II, 52)}$$

Die Aufgabe, m und a_0 bzw. l_0 zu bestimmen, wird dann so gelöst, daß die Intensität $J(x)$ der Kleinwinkelstreuung mit x^2 multipliziert wird, wobei x eine willkürliche Koordinate auf dem Film darstellt, die vom Durchstoßpunkt des Primärstrahles an zählt. So werden Formen erhalten, die durch ein schiefwinkliges Dreieck angenähert und durch das Verhältnis der Projektionen A_1 und A_2 seiner Schenkel auf die x-Achse, das sog. Ästeverhältnis A_2/A_1 charakterisiert werden können. Aus diesem Ästeverhältnis kann dann mittels einer bei HOSEMANN[2] gegebenen Darstellung der Parameter m der Verteilungsfunktion ermittelt werden. Daraus und aus der Koordinate x_{max} für die Spitze des Dreiecks können weiter die durchschnittlichen Werte a_0 und l_0 und die gewichtsmäßig am häufigsten vorkommenden Werte a_{max} und l_{max} berechnet werden. Dafür gilt

$$
\left.
\begin{aligned}
a_0 &= \frac{\sqrt{5}}{2} \cdot \frac{\lambda}{\pi} \cdot \sqrt{\frac{2}{m+3}} \cdot \frac{1}{x_{max}} \quad \text{bzw.} \quad l_0 = \frac{\sqrt{5}}{2} \cdot \frac{\lambda}{\pi} \cdot \sqrt{\frac{2}{m+1}} \cdot \frac{1}{x_{max}} \\
a_{max} &= \frac{\sqrt{5}}{2} \cdot \frac{\lambda}{\pi} \cdot \sqrt{\frac{m+2}{m+3}} \cdot \frac{1}{x_{max}} \quad \text{bzw.} \quad l_{max} = \frac{\sqrt{5}}{2} \cdot \frac{\lambda}{\pi} \cdot \frac{1}{x_{max}}.
\end{aligned}
\right\} \quad \text{(II, 53)}
$$

Unter Bezugnahme auf den von ihm für solche Systeme abgeleiteten Satz, daß immer dann, wenn die relative mittlere Größenschwankung, die sich aus dem Ästeverhältnis zu $\frac{A_2/A_1 - 1}{2}$ berechnet, die Packungsdichte des kolloiden Systems erreicht oder übertrifft, eine bloße Partikelstreuung zu erwarten ist, wendet HOSEMANN[2] dieses Verfahren auch auf

---

[1] HOSEMANN, R.: Kolloid-Z. **117**, 13 (1950).
[2] HOSEMANN, R.: Z. Elektrochem. angew. physik. Chem. **46**, 535 (1940).

die Kleinwinkelstreuung faseriger Cellulosen an. Die Richtigkeit dieser Annahme aber wird von KRATKY bestritten, worauf bei der Besprechung der Kleinwinkelstreuung dichtgepackter Systeme noch zurückzukommen sein wird. Es muß dazu die Frage aufgeworfen werden, ob ein so spezielles streuäquivalentes System wie das von HOSEMANN im Falle der Cellulosefaser als der Natur entsprechend angenommen werden kann. Dieselbe Frage ist den vorliegenden Dichten entsprechend auch für die streuäquivalenten Systeme von BISCOE und WARREN[1] zu ihren polydispersen Kolloiden zu stellen.

b) Interferierende Streuung dichtgepackter Systeme.

1. Allgemeines

Bei den dichtgepackten kolloiden Systemen, wie Pulvern und festen Gelen, oder den teilkristallinen Systemen der Faserstoffe sind die Abstände zwischen den Volumenelementen benachbarter Teilchen von derselben Größenordnung wie die Teilchendimensionen. In diesem Falle müssen dann, wie KRATKY und Mitarb.[2] zeigten, interpartikuläre Interferenzen auftreten, so daß der Beugungseffekt in erster Linie von der Anordnung der Teilchen und erst in zweiter Linie von ihrer Form abhängig wird. Das wird durch die von HEYN[3] und von JANESCHITZ-KRIEGL, KRATKY und POROD[2] an Cellulosen verschiedener Quellungsgrade festgestellten Änderungen der Gestalt der Streukurven mit der Quellung unmittelbar unter Beweis gestellt. Ihr Verlauf ist zwar im allgemeinen noch monoton fallend; in letzter Zeit aber haben HERMANS und Mitarb.[4] in vielen Fällen an technischen Cellulosefasern Streukurven mit Wendepunkten und bei den Spezialfasern Super-Cordura, Fortisan und Fiber G im nassen Zustande sogar ausgesprochene Maxima gefunden. Einige ihrer Kurven sind in Kap. V, § 3 wiedergegeben.

Diese Verstärkung durch die Quellung ist charakteristisch für die interferierende Kleinwinkelstreuung; denn die beugenden Elemente sind hier die Zwischenräume und daher muß die Intensität der Beugung anwachsen, wenn diese Abstände beispielsweise durch die Quellung aufgeweitet werden. Bei der Partikelstreuung dagegen ist die Differenz der Elektronendichten der Partikel und des Mediums, in das sie eingebettet sind, für die Intensität der Beugungserscheinung maßgebend. Die Quellung mit Wasser bedeutet in diesem Falle also eine unerwünschte Erniedrigung dieser Differenz, weshalb KRATKY und Mitarb. bei der Messung der Partikelstreuung der hochgequollenen Cellulose der Luftquellung vor der Wasserquellung den Vorzug gaben.

---

[1] BISCOE, J. u. B. E. WARREN: J. appl. Phys. **13**, 364 (1942).

[2] JANESCHITZ-KRIEGL, H., O. KRATKY u. G. POROD: Z. Elektrochem. Ber. Bunsenges. physik. Chem. **56**, 146 (1952).

[3] HEYN, A. N. J.: Text. Res. J. **19**, 163 (1949); J. Amer. chem. Soc. **72**, 5768 (1950); Nature **172**, 1000 (1953); Text. Res. J. **23**, 782 (1953).

[4] HEIKENS, D., P. H. HERMANS u. A. WEIDINGER: Nature **170**, 369 (1952). — D. HEIKENS, P. H. HERMANS, P. F. VAN VELDEN u. A. WEIDINGER: J. Polymer Sci. **11**, 433 (1953).

2. Dichtgepackte Lamellenpakete (niedriggequollene Cellulose).

Infolge des sehr geringen Hohlraumvolumens muß in den niedrig-gequollenen Cellulosen eine sehr dichte Packung der lamellenförmigen kristallinen Gebiete vorliegen. Diese bedingt im Sinne der von KRATKY entwickelten Vorstellungen eine „Ordnung in kleinen Bereichen", was besagen will, daß die Lamellen etwa parallel nebeneinander liegen müssen, so daß die Spalten zwischen ihnen annähernd ein lineares Gitter bilden. Es ist leicht einzusehen, daß bei einigermaßen gleichförmiger Lamellendicke ein solches Gitter eine Art BRAGGschen Reflex liefern muß, wobei die Periode etwa gleich der Lamellendicke ist. Wenn aber die Lamellendicken sehr stark statistisch schwanken, dann wird man nur noch eine diffuse, von den Spalten herrührende Streuung erwarten können. Wenn nun enge Spalten gewissermaßen statistisch in das System eingestreut sind, dann kann man bezüglich der Spalten eine reine Partikelstreuung erwarten, bei der die Lamellendimensionen in erster Näherung überhaupt nicht zum Ausdruck kommen werden. Wenn umgekehrt HOSEMANN die Auffassung vertritt, daß im Falle stark schwankender Lamellendicken die Streuung wie bei einem verdünnten System hinsichtlich der Lamellen ausgewertet werden darf, so bedeutet das genau den umgekehrten Standpunkt. Doch ist die Richtigkeit der ersteren Auffassung im Rahmen einer eingehenden mathematischen Behandlung des Streuproblems von Lamellensystemen durch POROD[1] als Spezialfall sichergestellt worden.

Die ausführliche Theorie der Kleinwinkelstreuung dichtgepackter Lamellenpakete als Modell der Regeneratfasern aus Cellulose und ihr Vergleich mit der Erfahrung findet sich in Kap. V, § 3.

3. Gele und Pulver.

Bei vielen Gelen und Pulvern ist die Ausgangssituation für die Auswertung der Kleinwinkelstreuung aber vielmals ungünstiger, weil dort vielfach der Gestalttypus der Teilchen, ihre Orientierung und u. U. sogar ihre Teilchengröße unbekannt sind. Doch gelang es KRATKY[2] mit POROD und Mitarb.[3] in diesem Falle, ohne Modellvorstellungen zu benutzen, praktisch voraussetzungslos zur Ermittlung wenigstens einiger Kenngrößen zu gelangen. Der Weg dazu sei hier ohne Beweis angedeutet, weil er, wenn Untersuchungen hochpolymerer Gele und Pulver auch noch nicht vorliegen, so doch einmal Bedeutung dafür erlangen könnte.

Die erste dieser Kenngrößen ist die *innere spezifische Oberfläche*, die durch das Verhältnis der Oberfläche O in der Volumeneinheit zu dem Volumenanteil V_1 der dispersen Phase gegeben ist. Sie läßt sich aus dem Absolutwert der Streuung in dem $1/\vartheta^4$-Bereich ermitteln, in den jede Kleinwinkelkurve bei größeren Winkeln ausmündet. Man kann sich das durch die Überlegung plausibel machen, daß der Einbau neuer Oberflächen zugleich neue kleine Abstände erzeugen und dadurch die Intensität der Streuung bei den entsprechenden großen Winkeln erhöhen muß.

---

[1] POROD, G.: Kolloid-Z. **124**, 83 (1951).
[2] KRATKY, O.: Österr. Chemiker-Ztg. **54**, 193 (1953).
[3] KAHOVEC, L., G. POROD u. H. RUCK: Kolloid-Z. **133**, 16 (1953).

Weiter kann der sog. *Inhomogenitätsbereich* angegeben werden, der folgendermaßen definiert ist: Denkt man sich durch das System in allen Richtungen und durch alle Punkte gerade Linien gelegt, so werden diese kürzere oder längere Strecken innerhalb der dispersen Phase und innerhalb der Hohlräume zurücklegen. Ergibt dann die getrennte Mittelung über beide die mittleren Längen l_1 und l_0 bei der dispersen Phase und dem Hohlraum, so berechnet sich der Inhomogenitätsbereich zu

$$\frac{1}{l} = \frac{1}{l_1} + \frac{1}{l_0} \, .$$

Andererseits kann man verständlich machen, daß dieser Inhomogenitätsbereich der Gesamtfläche oder der integralen Intensität der Streukurve proportional sein wird, weil er in irgendeinem Sinne doch der Teilchengröße entspricht. Denn wenn die auf den Winkel Null extrapolierte Streuintensität im Falle eines verdünnten Systems dem Volumen der Einzelpartikel proportional ist, so muß die Proportionalität der gesamten Streuenergie mit dem Inhomogenitätsbereich plausibel erscheinen.

Der Übergang des $1/\vartheta^4$-Bereichs in die GAUSSsche Glockenform des inneren Bereiches der Streukurve muß dann um so früher eintreten, je kleiner der Inhomogenitätsbereich ist; denn um so kleiner muß ja die Gesamtfläche der Streukurve sein. Bei stark laminarer oder fibrillärer Ausbildung des Geles aber muß sich zwischen beide Teile noch ein Zwischenbereich einschieben, in dem die Streukurve nach $1/\vartheta^2$ bzw. $1/\vartheta$ verläuft. Denn die Streukurve eines Gases aus unendlich dünnen Lamellen ist, wie oben gezeigt, durch einen $1/\vartheta^2$-Verlauf, die eines Gases aus Nadeln aber durch einen $1/\vartheta$-Verlauf gekennzeichnet.

Im Falle, daß die verwendete Kleinwinkelkamera, wie meist, spaltförmige Blenden hat, tritt aber eine Modifikation der Streukurve in dem Sinne auf, daß sich bei einem Verlaufe gemäß $1/\vartheta^n$ der Exponent n um eine Einheit vermindert. Danach sind bei der Auftragung von $\log J$ gegen $\log \vartheta$ folgende Neigungstangenten zu erwarten:

$\operatorname{tg} \alpha = -3$ im Auslauf jeder Streukurve sowie auch im mittleren Bereich bei einem Gel ohne Besonderheiten;

$\operatorname{tg} \alpha = -1$ im mittleren Teil bei laminarer Entwicklung;

$\operatorname{tg} \alpha = 0$ im mittleren Teil bei fibrillärer Entwicklung;

$\operatorname{tg} \alpha < -3$ im Falle typischer Überstrukturen, wo Superpositionseffekte von einander übergeordneten Systemen auftreten.

Drittes Kapitel.

Allgemeine Struktureigenschaften vollkristalliner und amorpher fester Hochpolymerer.

Von

A. G. SMEKAL.

Mit 31 Abbildungen.

Einleitung.

Die Verknüpfung monomerer Baugruppen zu hochpolymeren Gebilden kann lineare, flächenhafte oder räumliche Strukturen ergeben. Die Formbeständigkeit zwei- und dreidimensionaler Gerüste bewirkt, daß derartige Hochmolekulare bestenfalls hochviscos erstarrungsfähige Schmelzen darstellen oder ausschließlich als Festkörper existenzfähig sind. Die Mannigfaltigkeit der Strukturtypen von Hochpolymeren kann daher allein im festen Zustande vergleichend überblickt werden.

Feste Polymerstrukturen sind in größerer Zahl unter den bekannten Kristallgittern aufzuzeigen oder bestehen in eigenen, amorph-festen Zuständen. Im ersteren Falle entspricht der Polymerisationsprozeß dem Kristallwachstum, wobei die Stoffanlagerung durch Wiederholung nicht nur der gleichen chemischen Verknüpfungsart, sondern auch desselben räumlich-zwischenmolekularen Wechselwirkungstyps gesteuert wird, so daß die Bildung in Gestalt und Größe übereinstimmender Makroeinheiten resultiert. Die Entstehung amorph-fester Polymerzustände dagegen ist durch exotherme Bevorzugung der Verknüpfungs- über die Anordnungstendenz zu kennzeichnen und ergibt vorwiegend ungleiche sowie ungleich gelagerte Großmoleküle.

Ein Vorkommen gittergeordneter Raumteile in amorph-festen Zuständen wird dadurch nicht nur nicht ausgeschlossen, sondern kann unter Umständen sogar von vornherein begünstigt erscheinen. Bei flächenhaften oder räumlichen unregelmäßigen Netzwerken sind solche innerhalb einzelner Makroeinheiten vorkommende Bereiche offenbar als zwei- oder dreidimensionale Kristallkeime anzusprechen, deren Gegenwart für die Beständigkeit amorpher Zustände belanglos ist, solange diese Keime nicht wachstumsfähig sind. In linearpolymer-amorphen Strukturen dagegen können Gitterbereiche nur durch strecken- oder gebietsweise Parallelordnung von Makroeinheiten gebildet werden. Auftreten und Entstehungsbedingungen derartiger stofflicher Besonderheiten sind nicht

Gegenstand des vorliegenden Berichtes, sondern werden in anderem Zusammenhange dargestellt (vgl. Kap. V und VIII). Die Erwähnung dieser oft als „Kristallisation der Hochpolymeren" bezeichneten Erscheinung geschieht hier nur, um hervorzuheben, daß sie auf eine durch besondere Beschaffenheit der Fadenmoleküle ausgezeichnete Untergruppe von amorphfesten Hochpolymeren beschränkt ist und mit dem „vollkristallinen" Bau hochpolymerer Gitterstrukturen nicht verwechselt werden darf.

§ 13. Faden- und Netzwerkstrukturen in Kristallgittern.

a) Allgemeines über vollkristalline Hochpolymere.

Die Stabilität der Kristallgitter beruht, wie jene der höhersymmetrischen Moleküle, auf quantenmechanischen Resonanzvorgängen zwischen mehrfachen, einander gleichwertigen Bindungsverteilungen unter den Kristallbausteinen. Dies bedeutet überdies, daß der Gitterzustand einer Substanz einem Minimalzustand ihrer freien Energie entspricht. Nach dem gegenwärtigen Stande des Wissens gilt diese singuläre Stellung der Gitterstrukturen für beliebige räumliche Abmessungen und erscheint weder aus theoretischen noch aus experimentellen Gründen auf Raumteile bestimmter Größenordnungen eingeschränkt. Die für die strukturempfindlichen Kristalleigenschaften so folgenreichen Inhomogenitätsstellen realer Kristallindividuen scheinen an den Einbau von Fremdstoffen und andere Unregelmäßigkeiten geknüpft zu sein, die mit der endlichen Geschwindigkeit der Kristallbildung zusammenhängen[1]. Das Programm, die bekannten Idealgitterstrukturen auf die Betätigung der chemischen Bindekräfte zwischen den Gitterbausteinen zurückzuführen, ist allerdings über die einfachsten Schritte noch nicht hinausgelangt. Es wird auch verständlich zu machen haben, warum nur ein Teil der gittergeometrisch möglichen Strukturen physikalisch-chemische Verwirklichungen besitzt.

Indem sich jedes Kristallgitter geometrisch durch dreidimensionale Vervielfachung des Grundgebietes seiner Gitterzelle aufbauen läßt, besteht von vornherein eine gewisse Verwandtschaft zwischen Kristallgittern und festen Hochpolymeren. Jedoch stellt das Grundgebiet im allgemeinen keine monomere Bausteingruppe der kristallisierten Substanzen dar. Das „Riesenmolekül" eines Kristallgitters[2] kann vielmehr durch Bindekräfte zusammengehalten sein, die hochpolymere Strukturen ausschließen. So ist jedes nur durch zwischenmolekulare Wechselwirkungen gekennzeichnete Atom- oder Molekülgitter offenbar als Assoziat hoher Zähligkeit anzusprechen und bildet ebensowenig ein „vollkristallisiertes" Hochpolymeres wie andere, auf ungerichteten Bindekräften beruhenden Gitterstrukturen, auch wenn dort Hauptvalenzbindungen vorhanden sind. Das gilt vor allem für Ionengitter vom Typus der Alkalihalogenide, in denen bestimmte monomere Bausteingruppen nicht aufweisbar sind.

---

[1] SMEKAL, A.: Über die Abmessungen idealer Kristallgitter, Acta Phys. Austr. **7**, 324 (1953).

[2] GRIMM, H. G.: Anorganische Riesenmoleküle, Naturwiss. **27**, 1 (1939).

Ähnlich steht es um die Gitter der kubischen oder hexagonalen Normal-
metalle, die gleichfalls mittels ungerichteter Wechselwirkungskräfte
beschrieben werden können, wodurch das Einzelatom als monomere
Baugruppe gewählt werden müßte.

An diesem Beispiel wird deutlich, daß die Unterscheidung von hochpolymeren und nicht-hochpolymeren Kristallstrukturen einer konven-
tionellen Verschärfung bedarf. Jede Wechselwirkung zwischen Mole-
kularbausteinen enthält grundsätzlich gerichtete neben ungerichteten
Bindungsanteilen[1], so daß die naheliegende *Verknüpfung von hochmolekularem Bau und gerichteten Gitterkräften* nur durchführbar ist, wenn ein
entschiedenes Überwiegen der Richtwirkungen besteht. Durch diese Fest-
setzung, die u. a. alle nur auf dichtester Raumerfüllung beruhenden Gitter
ausschließt, erscheint die Fragestellung im wesentlichen auf eine Anwendung strukturgeometrischer Kennzeichen zurückgeführt[2].

Die folgende Zusammenstellung von Faden- und Netzwerkstruk-
turen soll, ohne Vollständigkeit anzustreben, eine Beispielsammlung von
Kristallgitterarten darstellen, in denen Stoffe auftreten, die im angegebenen Sinne als vollkristallisierte Hochpolymere betrachtet werden können.
Eine Weiterverwertung bezüglich der dadurch hervorgehobenen Stoff-
gruppen und Bindekräfte ist nicht Aufgabe des vorliegenden Beitrages.
Doch sei betont, daß Elemente, anorganische und organische Verbindungen strukturell durchaus gleichwertige Vertreter aufweisen. Von besonderem Interesse sind ferner die nahen Beziehungen zwischen diesen
Stoffen und jenen, die in amorph-festen Zuständen auftreten (§ 14). Um
dieser Zusammenhänge willen sind neben den Fadenstrukturen im engeren
Sinne auch anorganische Ringstrukturen mitberücksichtigt, wobei der
Ringschluß zunächst offener Ketten als Hinweis auf besondere Reaktivität der Endglieder betrachtet werden möge[3].

b) Hochpolymere Elemente in vollkristallinen Zuständen.

1. Faden- und Ringstrukturen.

Aus Einzelatomen bestehende abgesättigte Faden- oder Ringstrukturen müssen von bifunktioneller Beschaffenheit sein, also der VI. Gruppe
des Periodischen Systems angehöre. Die Erfahrung bestätigt, daß die
Kristallgitter von *Schwefel, Selen* und *Tellur* ketten- oder ringförmige
Bauelemente aufweisen. Wegen des zwischen je zwei Nachbarbindungen
bestehenden Valenz-
winkels sind die Ket-
ten (Abb. III, 1) und
ebenso die daraus her-

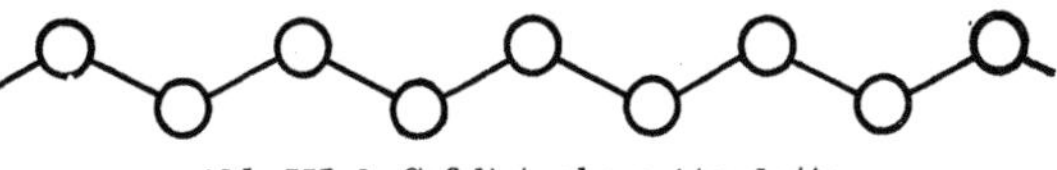

Abb. III, 1. Gefaltete ebene Atomkette.

[1] Vgl. etwa C. A. Coulson, Valence, Oxford 1952.

[2] Eine systematische Kennzeichnung und Aufzählung von Gittertypen mit
gerichteten Bindekräften ist neuerdings von A. F. Welss, Acta Cryst. **7**, 535, 545,
842, 849 (1954) begonnen worden. (Anm. b. d. Korr.)

[3] Die nachfolgend benutzten Angaben über Kristallgitter sind zumeist den ver-
schiedenen Bänden des *Strukturberichts* entnommen. Vgl. ferner namentlich
E. Brandenberger: Grundlagen der Werkstoffchemie, Zürich 1947, sowie J. E.
Hiller: Grundriß der Kristallchemie, Berlin 1952.

vorgehenden Ringgebilde (Abb. III, 2) „gefaltet". Aber auch unbegrenzte Ketten sind im festen Zustande nicht gestreckt, sondern um gerade Achsen schraubenförmig gewunden (Abb. III, 3).

Der *Schwefel* besitzt nicht nur in seiner rhombischen Form, sondern offenbar auch in beiden monoklinen Kristallgittern isolierte Achterringe, desgleichen das *Selen* in beiden monoklinen Formen[1]. Hexagonales *Selen* dagegen enthält die soeben erwähnten Schraubenketten, die dreizählig und parallel zur Hauptachse des Gitters angeordnet sind (Abb. III, 3). Dieser Struktur entspricht auch die hexagonale Kristallform des *Tellur*, ferner jene von Selen-Tellur-Mischkristallen. Das Vorkommen ebener ge-

falteter Atomketten im festen Zustande ist zweifelhaft, dürfte jedoch in den hochviscosen Schmelzen von S, Se und Te, vielleicht
auch im flüssigen Sauerstoff, vorliegen.

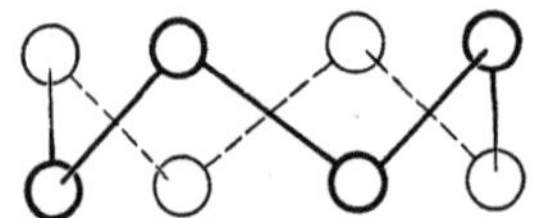

Abb. III, 2. Gefalteter Achterring.
(*Schwefel* oder *Selen*.)

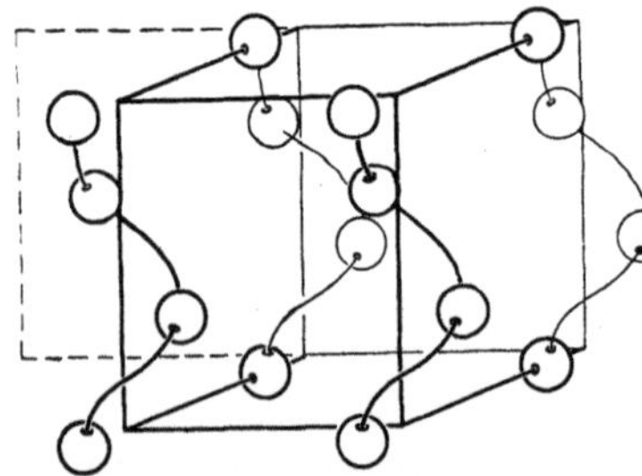

Abb. III, 3. Schraubenförmige Atomketten
des *Selen*gitters. (Nach J. E. HILLER.)

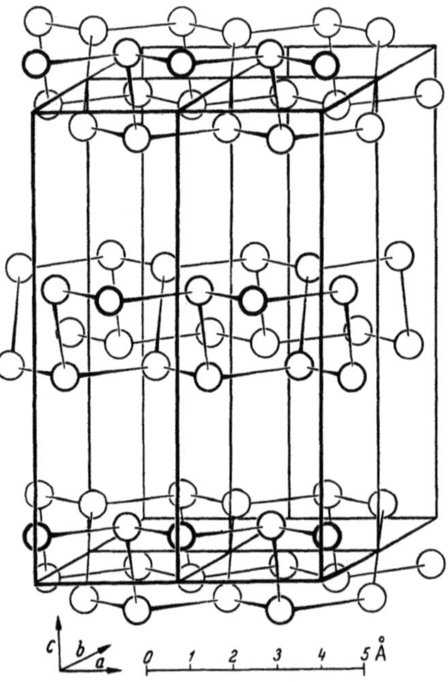

Abb. III, 4. Rhombisches Schichtengitter des
Phosphors. (Nach Strukturbericht III.)

2. Schichtstrukturen.

Aus Einzelatomen aufgebaute Schichtstrukturen verlangen zumindest trifunktionelle Bausteine und finden sich daher bei Elementen der V. und IV. Gruppe des Periodischen Systems. Von den ersteren bildet *Phosphor* ein monoklines und ein rhombisches Schichtengitter (Abb. III, 4), *Arsen*, *Antimon* und *Wismut* zeigen übereinstimmende rhomboedrische Schichtengitter. Die Einzelschichten dieser Strukturen stellen Netze dar, die aus gefalteten Sechserringen bestehen (Abb. III, 5), in denen jedes Atom drei nächste, geometrisch gleichwertig gelegene Nachbarn besitzt. Der Phosphor vermag neben der roten, monoklinen und der schwarzen, rhom-

---

[1] Vgl. dazu und zum folgenden H. KREBS: Die Allotropie der Halbmetalle, Angew. Chem. **65**, 293 (1953).

bischen auch eine weiße, kubisch kristallisierende Form zu bilden, die anscheinend unvernetzte, rotierende P_4-Tetraeder mit abnormen Valenzwinkeln enthält.

Die extremste und zugleich einfachste Art eines Schichtengitters liegt beim *Graphit-Kohlenstoff* vor. Es besteht aus äquidistanten ebenen Sechsecknetzen (Abb. III, 6), deren Aufeinanderfolge entweder in hexagonaler oder rhomboedrischer Symmetrie gefunden wird. Wiederum ist jedes Atom von drei gleichberechtigten nächsten Nachbarn umgeben, die aber hier in der gleichen Ebene liegen[1]. Die einfachste binäre Verbindung vorwegnehmend sei bemerkt, daß das *Bornitrid*, BN, den gleichen Gitterbau wie der hexagonale Graphit aufweist,

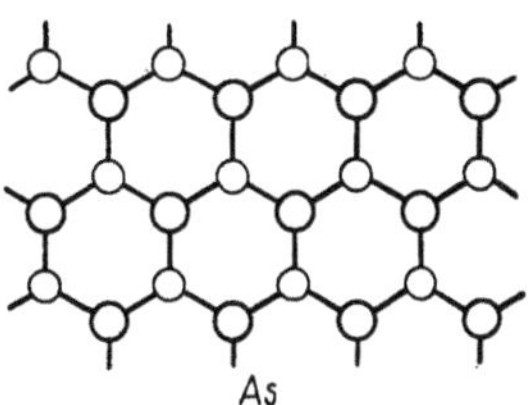

Abb. III, 5. Doppelschicht d. *Arsen*gitters aus gefalteten Sechserringen. (Aufsicht auf die Schichtebene, die schwächer gezeichneten Ringe entsprechen der tieferen Atomschicht.)

wobei jedes Paar eines drei- und fünfwertigen Atoms in regelmäßig wechselnder Anordnung zwei Kohlenstoffatome ersetzt.

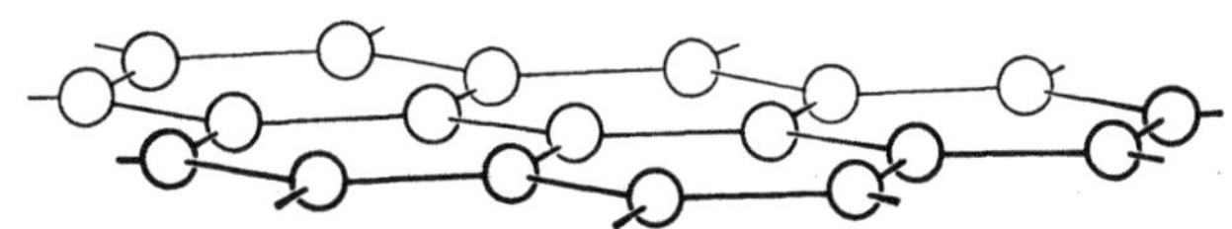

Abb. III, 6. Ebenes Sechsecknetz des *Graphit*gitters. (Nach E. BRANDENBERGER.)

3. Raumnetzstrukturen.

Die eingangs als hochpolymere Raumnetze zugelassenen Atomgitter mit gerichteten Bindekräften bestehen aus tetrafunktionellen Atomarten der IV. Gruppe des Periodischen Systems. Das Diamantgitter (Abb. III, 7) bildet ein kubisches Tetraedernetz, in dem sämtliche Atome gleichberechtigte Lagen aufweisen und vier nächste Nachbarn besitzen. In dieser räumlichen Bindungsform treten neben dem *Diamant-Kohlenstoff* noch *Silicium*, *Germanium* und das graue *Zinn* (α-Sn) auf. Das weiße *Zinn* (β-Sn) bildet ein aus dem Diamantgitter durch Stauchung ableitbares, tetragonal verzerrtes Raumnetzwerk (Abb. III, 8). Wiederum eine binäre Verbindung vorwegnehmend, sei ferner erwähnt, daß das *Siliciumcarbid* SiC im Diamantgitter zu kristallisieren vermag, wobei

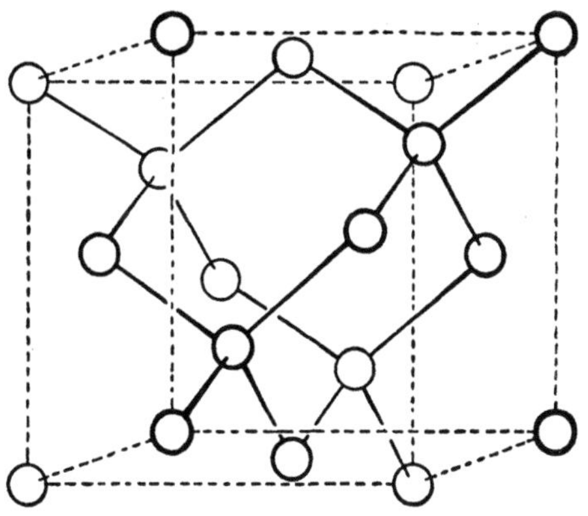

Abb. III, 7. Gitterzelle des *Diamant*gitters. (Nach Strukturbericht I.)

---

[1] Vgl. dazu etwa C. A. COULSON: zitiert S. 91, dort S. 265 oder J. E. HILLER: zitiert S. 91, dort S. 129.

jedes Kohlenstoffatom von vier Siliciumatomen gleichberechtigt umgeben ist und umgekehrt. Neben dieser kubischen Form des SiC bestehen zur Zeit noch vier hexagonale und neun rhomboedrische Modifikationen, die, sämtlich dem gleichen Bauprinzip folgend, als Schichtengitter mit verschiedenen periodischen Schichtfolgen nachgewiesen sind[1].

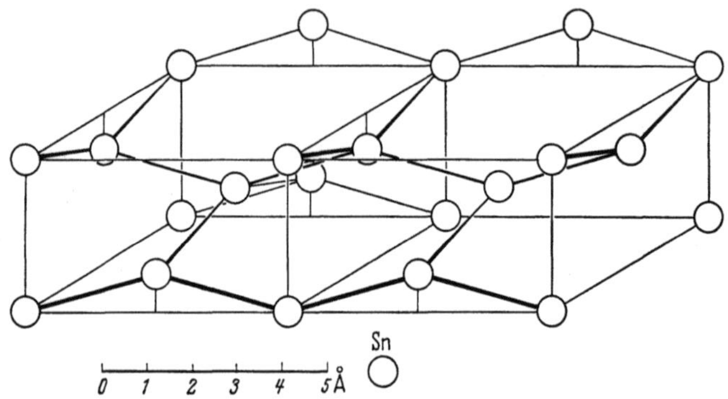

Abb. III, 8. Gitterbau des weißen *Zinns*. (Nach Strukturbericht´I.)

c) Hochpolymere Verbindungen in vollkristallinen Zuständen.

Aus zwei gleichfunktionellen Atomsorten A_1 und A_2 bestehende binäre
Verbindungen der Formel A_1A_2 bieten im Vergleich zu den hochpolymeren Kristallzuständen einheitlicher Atomarten keine grundsätzlich
neuen Strukturmöglichkeiten, es sei denn die der Nachbarlagen von ein-
oder zweidimensionalen Teilstrukturen. Hierher gehörige Beispiele, wie
Mischkristalle von Se und Te, oder Verbindungen wie BN und SiC, sind
deshalb im vorstehenden bereits an geeigneter Stelle vermerkt worden.
Im folgenden sollen daher nur mehr Verbindungen zwischen ungleichwertigen Atomarten besprochen werden[2]. Eine erschöpfende Systematik
erscheint selbst für Verbindungen mit nur zwei oder drei ungleichfunktionellen Atomarten noch nicht ausführbar, so daß nur verhältnismäßig einfache und besonders charakteristische Beispiele ausgewählt werden mögen.

1. Faden- und Ring-Strukturen.

Linear gebaute Gitterpolymere bestehen aus regelmäßigen Aufeinanderfolgen von bifunktionellen Atomen und Atomgruppen. Im einfachsten Falle wird die Kette von einer einzigen Atomart der monomeren
Baugruppe gebildet, wie bei den aus Kohlenstoffketten bestehenden
organischen Hochpolymeren, etwa dem *Polyäthylen*

$$\begin{array}{cccccc}
H\,H & & H\,H & & H\,H \\
\diagup C\diagdown & & \diagup C\diagdown & & \diagup C\diagdown \\
& C & & C & & \\
& H\,H & & H\,H
\end{array}$$

---

[1] RAMSDELL, L. S. u. J. A. KOHN: Acta Cryst. **5**, 215 (1952).
[2] Ansätze zur Systematik solcher Verbindungen im Buch von E. BRANDEN-
BERGER sowie jüngst bei A. F. WELLS, zitiert S. 91.

wobei die Winkelung der Kette (Abb. III, 1) erhalten bleibt. Anstatt lauter Einfachbindungen kann die Kette in regelmäßigen Abständen auch Doppelbindungen enthalten. Anorganische Beispiele dafür sind das *Phosphornitrilchlorid* und *-fluorid*, die für Moleküle hoher Zähligkeit alternierend gebaute Ketten darstellen,

$$=\text{P}-\overset{\overset{\text{Cl}}{|}}{\text{N}}=\text{P}-\overset{\overset{\text{Cl}}{|}}{\text{N}}=\text{P}-,$$

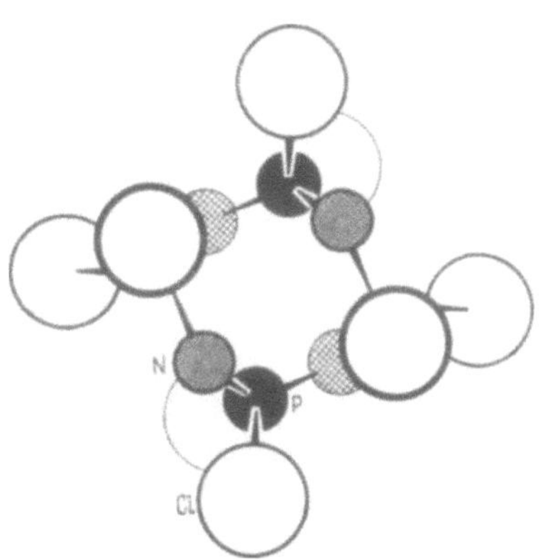

Abb. III, 9. Gefalteter Achterring des tetrameren *Phosphornitrilchlorids*. (Nach Strukturbericht VII.)

während das tetragonale Gitter der tetrameren Verbindung $P_4N_4Cl_8$ noch aus gefalteten Achterringen (Abb. III, 9) besteht.

Wenn die monomere Baugruppe außer einer höherwertigen Atomsorte zweiwertige Bausteine enthält, können diese in der Kette als „Brücken"atome mit der höherwertigen Atomart abwechseln. Beim *Selendioxyd* SeO_2 findet man demgemäß gewinkelte flache Ketten von der Gestalt

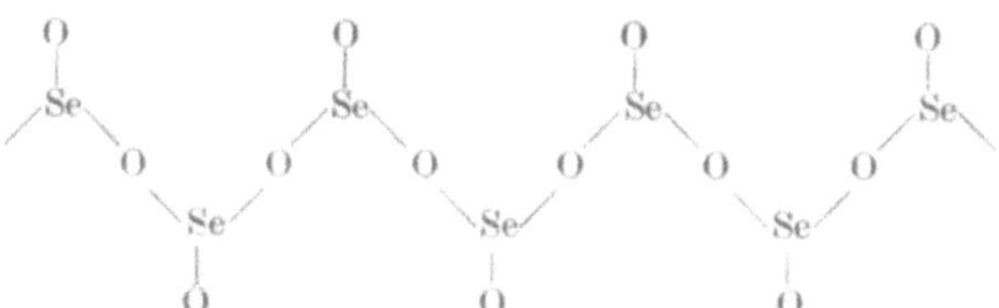

in denen jedes Selenatom an zwei Sauerstoffbrücken teilnimmt und überdies je ein drittes Sauerstoffatom bindet. Diese Ketten durchziehen das Kristallgitter parallel zur tetragonalen Achsenrichtung (Abb. III, 10).

Wenn die Kettenbildung beim SeO_2 als Verknüpfung von „Koordinations-Dreiecken" SeO_3 durch Gemeinsamkeit zweier Ecken betrachtet wird, kann sie beim *Schwefeltrioxyd* SO_3 durch analoge Verknüpfung

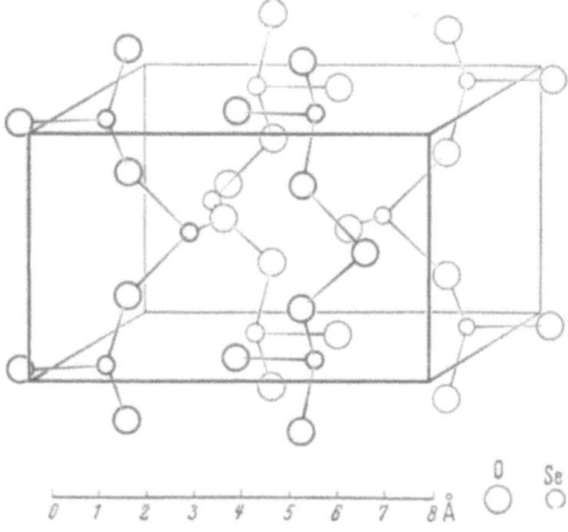

Abb. III, 10. Gitterzelle des tetragonalen *Selendioxyds*. (Nach Strukturbericht V.)

von „Koordinations-Tetraedern" SO_4 beschrieben werden (Abb. III, 11), wobei jetzt jedes Schwefelatom an zwei Sauerstoffbrücken beteiligt ist und *zwei* weitere Sauerstoffatome festhalten muß. Im Gitter des festen β—SO_3 ist die —S—O—S-Kette überdies von spiralförmiger Gestalt[1].

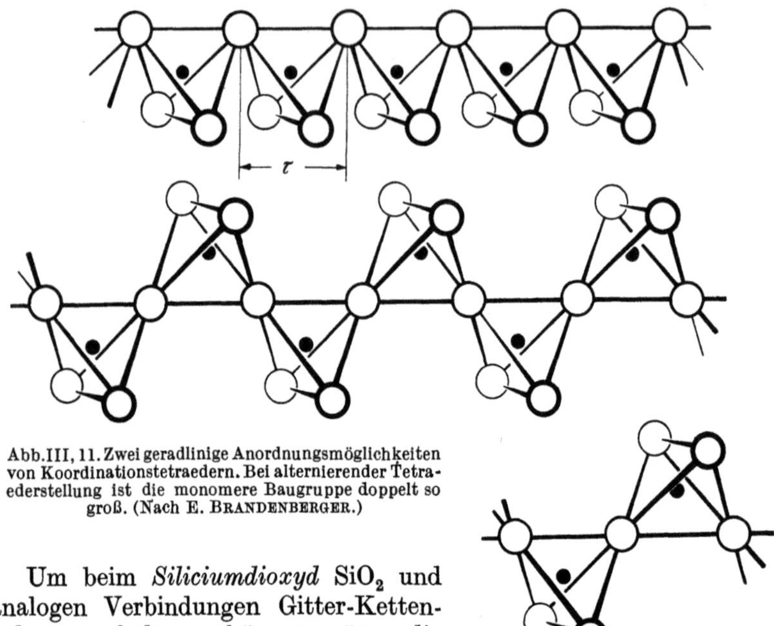

Abb. III, 11. Zwei geradlinige Anordnungsmöglichkeiten von Koordinationstetraedern. Bei alternierender Tetraederstellung ist die monomere Baugruppe doppelt so groß. (Nach E. BRANDENBERGER.)

Um beim *Siliciumdioxyd* SiO_2 und analogen Verbindungen Gitter-Kettenpolymere erhalten zu können, müssen die „Koordinations-Tetraeder" SiO_4 so aneinandergefügt werden, daß sie paarweise eine Tetraederkante, also zwei Sauerstoffatome, gemeinsam haben (Abb. III, 12). Wird diese Kettenform auf eine Ebene projiziert,

$$\text{>Si}\diagdown^{O}_{O}\diagdown\text{Si}\diagdown^{O}_{O}\diagdown\text{Si}\diagdown^{O}_{O}\diagdown\text{Si<} \ ,$$

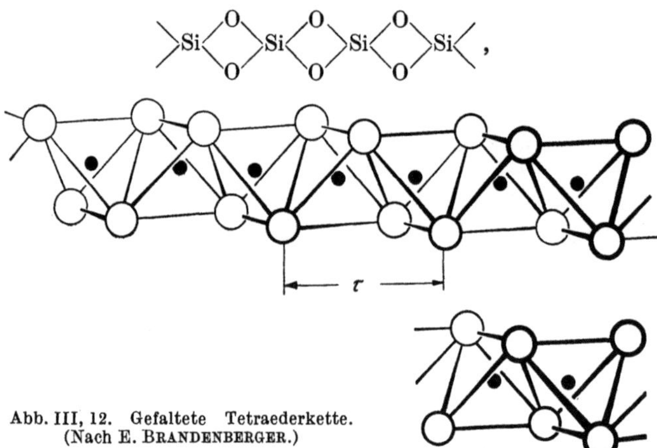

Abb. III, 12.   Gefaltete   Tetraederkette.
(Nach E. BRANDENBERGER.)

---

[1] WESTRIK, R. und C. H. MacGILLAVRY: Acta Cryst. 7, 764 (1954). Die von den gleichen Autoren 1941 untersuchte γ-Form besteht aus gewinkelten Dreierringen.

so erkennt man, daß hier sämtliche Sauerstoffatome gewinkelte Brücken bilden und daß daher eine Art von Doppelkette vorliegt. Diese SiO_2-Modifikation ist erst kürzlich aufgefunden worden[1]. Ihr rhombisches Git-

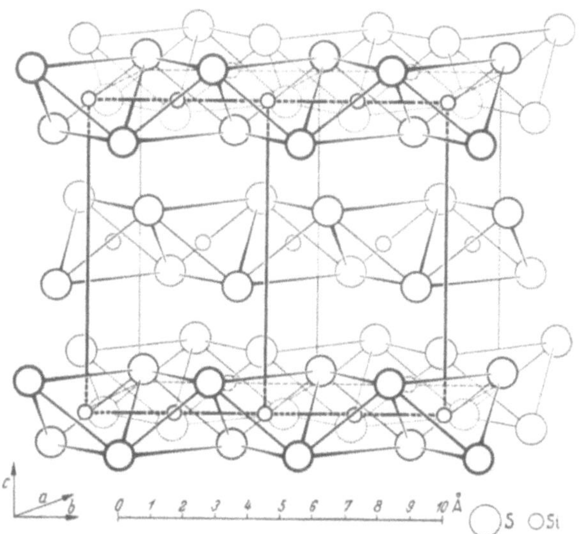

Abb. III, 13. Doppelzelle des rhombischen Gitters von *Siliciumdisulfid*. (Nach Strukturbericht III.)

ter entspricht der schon länger bekannten Struktur des *Siliciumdisulfids* SiS_2 und wird von den beschriebenen Doppelketten parallel zu seiner b-Achse durchzogen (Abb. III, 13). Zum gleichen Gittertyp gehören das homologe *Siliciumdiselenid* $SiSe_2$[2] sowie das valenzchemisch bemerkenswerte *Dimethylberyllium* $Be(CH_3)_2$[3].

Um zwischen Silicium und Sauerstoff Einfachketten erhalten zu können, müssen weitere Arten von absättigenden Bausteinen verfügbar sein, z. B. Methylgruppen. Derartige zu den Silikonen gehörende Kristallverbindungen, die *Siloxane*, enthalten Kettenglieder der Form

$$
\begin{array}{ccccc}
& CH_3 & & CH_3 & & CH_3 \\
& | & & | & & | \\
-O- & Si & -O- & Si & -O- & Si & -O- \\
& | & & | & & | \\
& CH_3 & & CH_3 & & CH_3
\end{array}
$$

und bilden sowohl gestreckte wie auch ringförmige Kettenmoleküle.

Eine weitere, bemerkenswerte Kettenform zeigt der *Valentinit*, die rhombische Kristall-

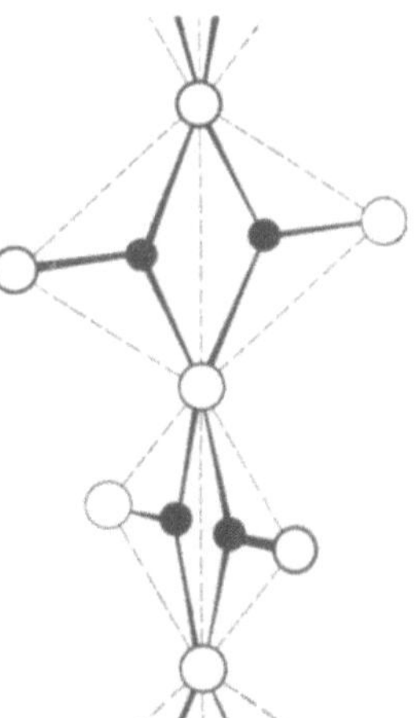

Abb. III, 14. Doppelketten des
Antimontrioxyds.
(Nach E. Brandenberger.)

---

[1] Weiss, Al. u. Ar. Weiss: Naturwiss. **41**, 12 (1954).
[2] Weiss, Al. u. Ar. Weiss: Z. Naturforsch. **7b**, 483 (1952).
[3] Snow, A. I. u. R. E. Rundle: Acta Cryst. **4**, 348 (1951).

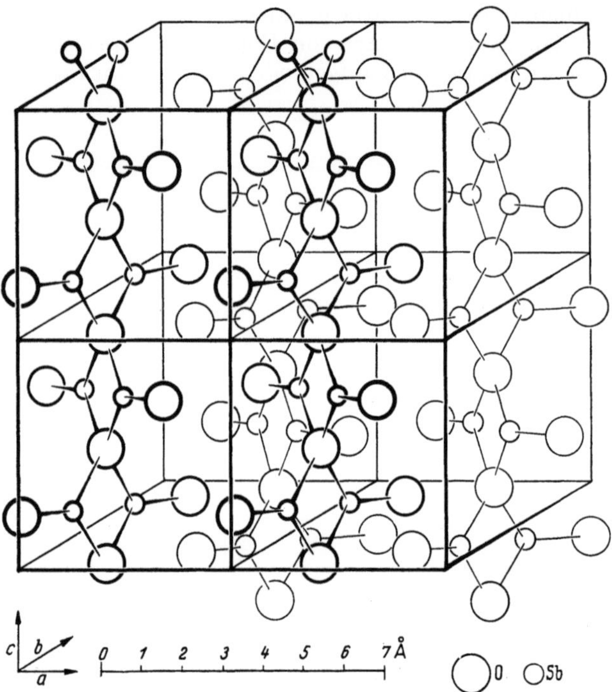

Abb. III, 15. Gitterstruktur des rhombischen *Antimontrioxyds*. (Nach Strukturbericht IV.)

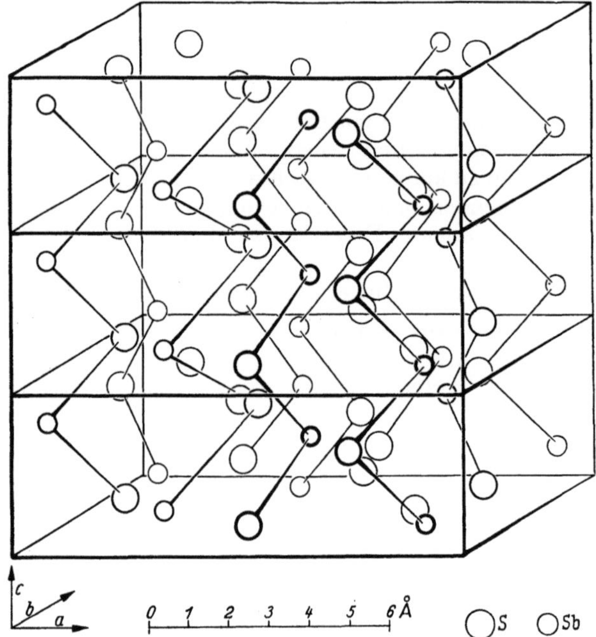

Abb. III, 16. Gitterstruktur des rhombischen *Antimontrisulfids*. (Nach Strukturbericht III.)

form des *Antimontrioxyds* Sb_2O_3. Hier kann wieder von einer Zusammenfügung von Koordinations-Dreiecken SbO_3 gesprochen werden, die aber im Gegensatz zum Beispiel des SeO_2 außer der Gemeinsamkeit von Endpunkten noch eine paarweise Gemeinschaft von Dreiecksseiten verlangt, wobei sich als Kettenelement *zwei* Doppelgruppen Sb_2O_3 ergeben (Abb. III, 14). In ebener Schreibweise entspricht dies der Doppelkette

$$\begin{array}{ccccccc} & O & & O & & O & \\ & | & & | & & | & \\ \diagdown O \diagup & Sb & \diagdown O \diagup & Sb & \diagdown O \diagup & Sb & \diagdown O \diagup \\ & \diagdown Sb \diagup & & \diagdown Sb \diagup & & \diagdown Sb & \\ & | & & | & & | & \\ & O & & O & & O & \end{array}.$$

Diese Ketten erstrecken sich parallel zur *c*-Achse des Kristallgitters (Abb. III. 15)[1].

Obwohl der *Antimonit*, die rhombische Form des *Antimontrisulfides* Sb_2S_3 dem Antimontrioxyd nahe verwandt erscheint, ist für ihn ein stark abweichender Gitterbau erhalten worden. Zwar ist wiederum jedes Sb-Atom durch eine Dreierkoordination seiner nächsten Nachbarn gekennzeichnet, jedoch liegen die Dreiecksebenen außerhalb der Koordinationszentren, was auf dem größeren Raumbedarf des Schwefels gegenüber dem des Sauerstoffs beruhen mag. Das Gitter ist wie beim Sb_2O_3 parallel zur *c*-Achse von unbegrenzten Ketten durchzogen; diese bestehen hier aber aus gewinkelten —Sb—S—Sb-Folgen, welche paarweise zu bandförmigen Gebilden $(Sb_4S_6)_n$ zusammentreten (Abb. III, 16).

2. Schichtstrukturen.

Die einfachsten aus ungleichfunktionellen Bausteinen zusammengesetzten Schichtengitter entsprechen einer ebenen Zusammenfügung von Koordinationsdreiecken AB_3 mit paarweise gemeinsamem Eckbaustein zu Sechsecknetzen (Abb. III, 17), wobei die *A*-Atome die gleiche Anordnung wie die Kohlenstoffatome des Graphitgitters besitzen sollen (Abb. III, 18) und die *B*-Atome dazwischen als Brückenatome angenommen sind. Die Erwartung, solche Netze im Gitter des *Bortrioxyds* B_2O_3 und bei Stoffen ähnlicher Zusammensetzung vorzufinden, läßt jedoch die den Brückenatomen zugehörigen Valenzwinkel unberücksichtigt und konnte in dieser

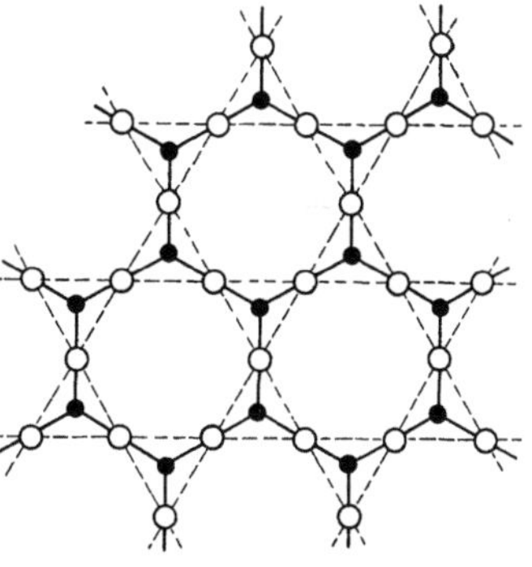

Abb. III, 17. Ebenes Sechsecknetz aus Koordinationsdreiecken AB_3. (Nach E. BRANDENBERGER.)

---

[1] WELLS, A. F.: Acta Cryst. **7,** 842 (1954) meint (auf S. 848), daß die Struktur auf Doppelketten der Form

$$\begin{array}{ccccc} —O—Sb—O—Sb—O— \\ | \qquad\quad | \\ O \qquad\quad O \\ | \qquad\quad | \\ —O—Sb—O—Sb—O— \end{array}$$

zurückführbar ist (Anm. b. d. Korr.).

7*

speziellen Form bisher nicht bestätigt werden. Das hexagonale Gitter der vorläufigen Strukturbestimmung des Bortrioxyd[1] wird als verwickeltes

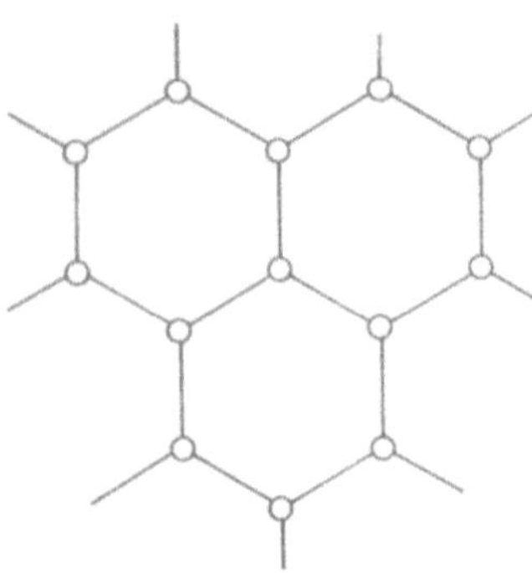

Abb. III, 18. Ebenes Sechsecknetz der Gitterschichten des *Graphit-Kohlenstoffes*. (Nach E. BRANDENBERGER.)

tetraedisches Raumnetzwerk beschrieben, das keine irgendwie verzerrten Dreiecksnetze erkennen läßt, obgleich BO_3-Konfigurationen darin vorkommen. Um so bemerkenswerter ist es, daß die monokline Modifikation von *Arsentrioxyd* As_2O_3, der *Claudetit*, im wesentlichen aus mäanderartig verfalteten Schichten der erwarteten Beschaffenheit zusammengesetzt ist, wobei die Valenzwinkel am Sauerstoff 123° betragen[2]. Beim *Auripigment*, der monoklinen Form des Arsentrisulfids As_2S_3, besteht das Schichtengitter aus gewellten Dreiecksnetzen, in denen

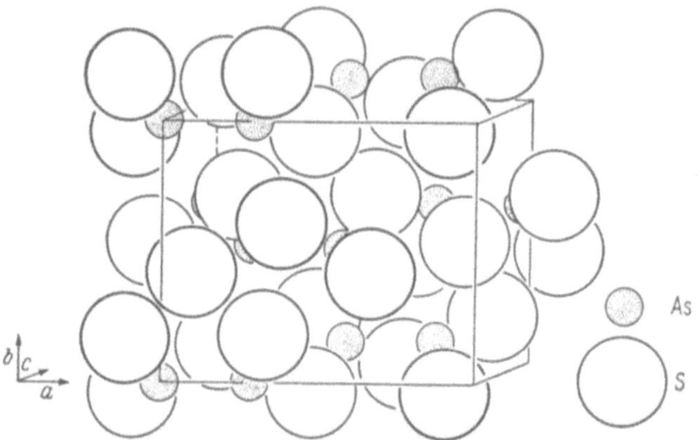

Abb. III, 19. Gitterzelle des monoklinen *Arsentrisulfids*. (Nach Structure Reports XII.)

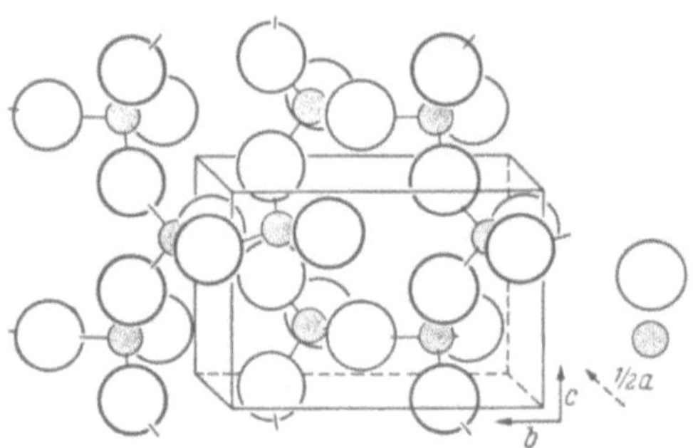

Abb. III, 20. Gitterbau des rhombischen *Phosphorpentoxyds*. (Nach Structure Reports XII.)

die Schwefel-Brücken-atome Valenzwinkel von 90° und 102° aufweisen (Abb. III, 19)[3].

Weitere einfache Schichtstrukturen erhält man durch geeignete Zusammenfügung von Koordinationstetraedern AB_4 und Oktaedern AB_6. Ersteres ist beim rhombischen *Phosphorpentoxyd* P_2O_5 und *Vanadiumpentoxyd* V_2O_5 verwirklicht, deren gewellte Schichten aus trifunktionell

[1] BERGER, S. S.: Acta Cryst. **5**, 389 (1952).

[2] BECKER, K.A., K.PLIETH u. I.N.STRANSKI: Z. anorg. allg.Chem. **266**, 293 (1951).

[3] BUERGER, M. J.: Amer. Min. **27**, 301 (1942). — N. MORIMOTO: X-Rays, Osaka 1949, **5**, 115; vgl. Structure Reports for 1949, **12**, 175—176 (1952).

verknüpften PO_4- bzw. VO_4-Tetraedern bestehen, wobei je drei Ecken paarweise gemeinsam sind, das vierte Sauerstoffatom jedoch keine Brückenfunktion besitzt

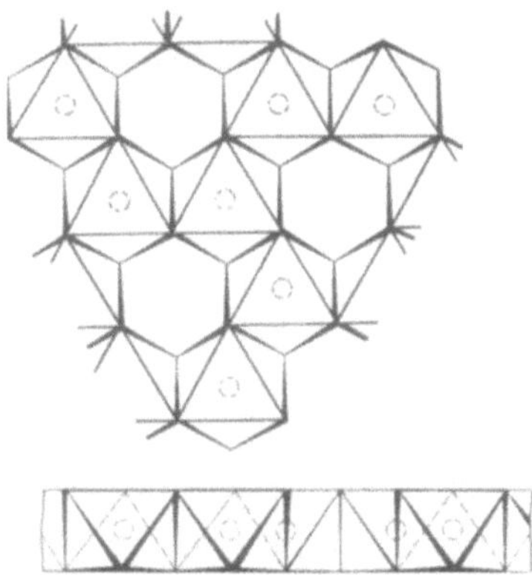

Abb. III, 21. Schematischer Zusammenbau einer Schichtebene aus Koordinationsoktaedern des *Aluminiumhydroxyds*. (Aufsicht und Seitenansicht, strichlierte Kreise bezeichnen die Lage der *Aluminiumatome*). (Nach E. BRANDENBERGER.)

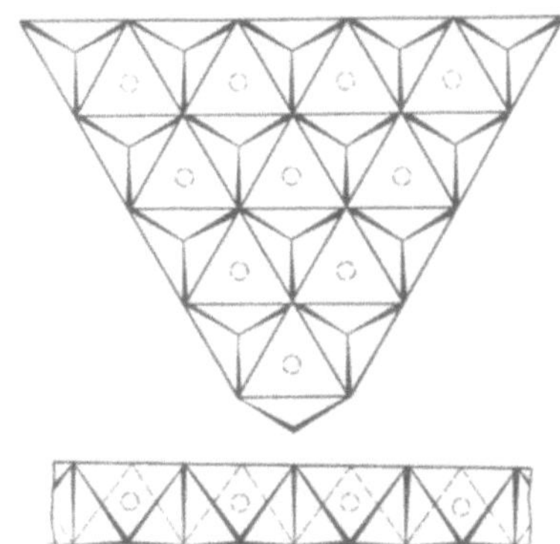

Abb. III, 22. Schematischer Zusammenbau einer Schichtebene aus Koordinationsoktaedern des *Magnesiumhydroxyds* (Aufsicht und Seitenansicht, die Lage der Magnesiumatome ist durch Kreise angedeutet). (Nach E. BRANDENBERGER.)

(Abb. III, 20)[1]. Eine Verbindung oktaedrischer Baugruppen AB_6, die je zu zweien oder zu dritt an allen Ecken aneinanderstoßen, liefern die in Abb. III, 21 und Abb. III, 22 schematisch wiedergegebenen Schichtenbauten von *Aluminiumhydroxyd* $Al(OH)_3$ bzw. von *Magnesiumhydroxyd* $Mg(OH)_2$ und *Calciumhydroxyd* $Ca(OH)_2$. Die Aufeinanderfolge solcher Schichten im hexagonalen Kristall zeigt Abb. III, 23. Im Gegensatz zur Schichtenfolge bei Graphit- oder Siliciumcarbid sind die Schichten hier längs der hexagonalen Achse in kongruenter Lage aneinandergereiht.

3. Raumnetzstrukturen.

Der Aufbau räumlicher Netzwerke von binären Verbindungen mit ungleichwertigen Bausteinen erfolgt am einfachsten durch Aneinanderlegen von Koordinationstetraedern AB_4, die, hier als tetrafunktionelle Bau-

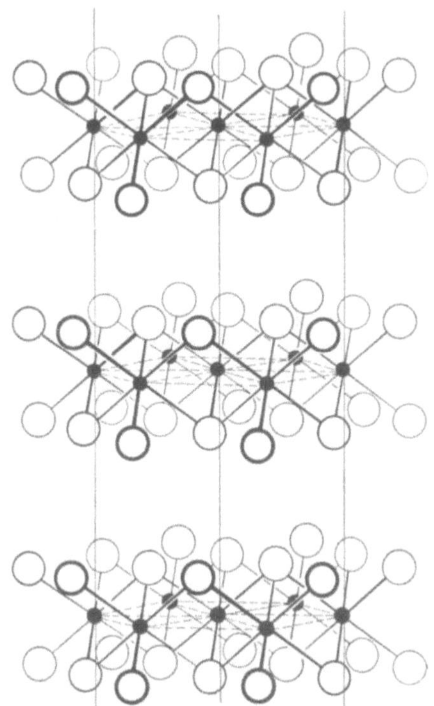

Abb. III, 23. Schichtengitter des hexagonalen *Magnesiumhydroxyds* (die OH-Gruppen sind durch leere, die Ca-Atome durch volle Kreise wiedergegeben). (Nach E. BRANDENBERGER.)

---

[1] Für Phosphorpentoxyd vgl. C. H. MAC GILLAVRY, H. C. DE DEKKER u. L. M. NYLAND: Nature **164**, 448 (1949); vgl. Structure Reports for 1949, **12**, 182—183 (1952).

gruppen benutzt, alle Ecken mit Nachbartetraedern einzeln gemeinsam haben müssen. Dieses Bauprinzip ist bei den acht Netzwerkmodifikationen des *Siliciumdioxyds* SiO_2 verwirklicht, womit zugleich die Vielzahl der auf dieser Grundlage vorhandenen Anordnungsmöglichkeiten hervorgehoben wird. Von diesen Modifikationen sind vier stabil: *alpha-Quarz*, trigonal, bis 575°C, *beta-Quarz*, hexagonal, bis 867°C, *Tridymit*, hexagonal, bis 1470°C, und *Cristobalit*, kubisch, bis 1710°C, der Schmelztemperatur. Die durch Unterkühlung der beiden letzteren entstehenden metastabilen Formen sind ein tetragonaler *Tiefcristobalit* unterhalb 270–200°C, sowie drei *Tieftridymite* mit den Umwandlungstemperaturen 230°, 163° und 118°C[1]. Die Valenzwinkel der Sauerstoffbrücken nehmen mit steigender Temperatur zu: Tiefquarz 143°, Hochquarz 156°, Tiefcristobalit 150°, Hochtridymit und Hochcristobalit 180°. Das Gitter des bei stärkster Wärmebewegung stabilen Hochcristobalit (Abb. III, 24) ergibt sich aus dem Diamantgitter (Abb. III, 7), indem man den Siliciumatomen die Lagen der Kohlenstoffatome zuteilt und den Sauerstoffatomen, entsprechend der hier gestreckten Brückenform, die Mitten der Verbindungslinien. Die Anordnungsunterschiede der SiO_4-Tetraeder in den stabilen SiO_2-Modifikationen werden durch die Abb. III, 25 und Abb. III, 26 illustriert[2].

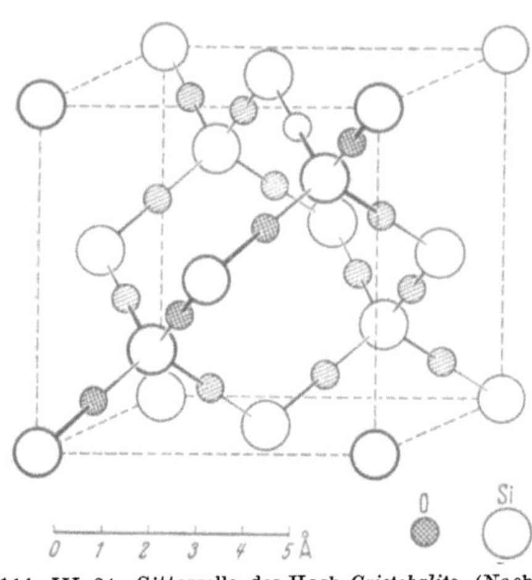

Abb. III, 24. Gitterzelle des Hoch-*Cristobalits*. (Nach Strukturbericht I.)

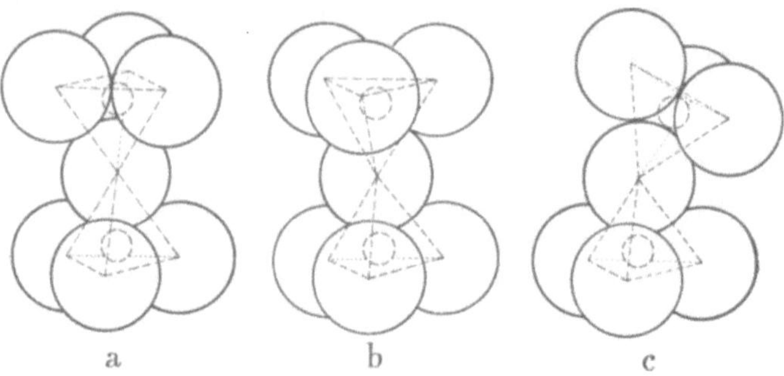

Abb. III, 25. Anordnungsverschiedenheiten zweier benachbarter SiO_4-Tetraeder mit gemeinsamer O-Brücke zwischen den Si-Atomen (strichlierte Kreise). a) Hoch-Cristobalit, b) Hoch-Tridymit c) Hochquarz. (Nach J. E. HILLER.)

---

[1] Nach O. W. FLÖRKE, Naturwiss. **41**, 371 (1954) dürfte es sich bei den Tieftridymiten um Kristalle mit verschiedenen Fehlordnungsgraden handeln (Anm. b. d. Korr.).

[2] Nach O. W. FLÖRKE (Anm. 1) scheint die Tridymitbildung durch Einbau kleiner Alkalimengen ermöglicht zu werden (Anm. b. d. Korr.).

Die gleiche Formenmannigfaltigkeit an Raumnetzwerken wie das SiO_2 besitzt $AlPO_4$, wobei jedes zweite Si-Atom abwechselnd durch Aluminium und Phosphor ersetzt ist und geringe Unterschiede der Al—O- und P—O-Abstände auftreten. Dem Hochcristobalit entsprechen BPO_4 und $BAsO_4$, wie der Tiefquarz kristallisieren $AlAsO_4$ sowie das *Germaniumoxyd* GeO_2, das aber noch weitere Modifikationen aufweisen dürfte. Ein besonderes rhombisches Tetraedernetzwerk besitzt das *Germa-*

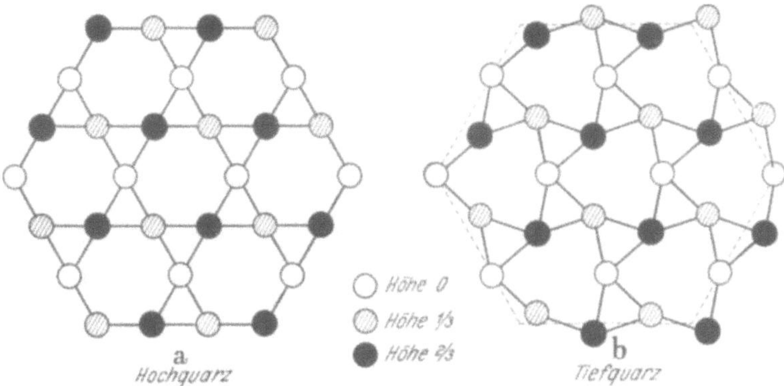

Abb. III, 26. Schematische Lage der Siliciumatome im Hoch- u. Tief-Quarzgitter. (Nach J.E.HILLER.)

niumdisulfid GeS_2. Valenzchemisch interessant ist ferner, daß *Berylliumfluorid* BeF_2 ein Cristobalitgitter besitzt und anscheinend auch im Gitter des Tiefquarzes bestehen kann.

WeitereAbwandlungen von SiO_2-Raumnetzen entstehen durch teilweisen oder stöchiometrisch bestimmten Ersatz von Siliciumatomen durch je ein Aluminium- und Alkaliatom, wobei letzteres zwischen den Sauerstofftetraedern eingelagert wird. Einfachste Beispiele dafür sind der kubische *α-Carnegieit* $NaAlSiO_4$ vomTypus des Hoch-Cristobalits und der hexagonale *Eukryptit* $LiAlSiO_4$ vom Typus des Hochquarzes.

Alle anderen Raumnetzstrukturen weisen kompakteren Bau auf und erfordern die Teilnahme weiterer Atomarten. Wir beschränken uns auf das Beispiel der *Spinell*-Strukturen, die im einfachsten Falle durch Verknüpfung von $A'O_4$-Tetraedern mit $A''O_6$-Oktaedern zustande kommen (Abb. III, 27).

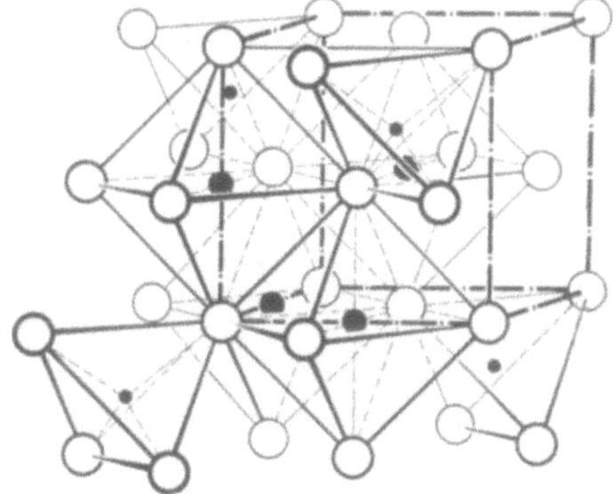

Abb. III, 27. Ausschnitt aus einer Spinell-Struktur. Verknüpfung von Koordinations-Tetraedern und -Oktaedern. Leere Kreise Sauerstoffatome, volle kleine Kreise Zentralatome der Tetraedergruppen, große volle Kreise Zentralatome der Oktaedergruppen. (Nach E. BRANDENBERGER.)

d) Vollkristallisierte Verbindungen mit hochpolymeren Komplexen.

Sämtliche bisher angeführten ein-, zwei- und dreidimensional verknüpften Polymerstrukturen stellen Beispiele von abgesättigten Gebilden dar, so daß die zugehörigen Kristallgitter nur aus diesen und keinen weiteren Teilstrukturen zusammengesetzt sind. Wird diese Einschränkung aufgegeben, dann gelangt man zu Kristallgittern mit unabgesättigten Polymerkomplexen,deren Überschußladungen durch entgegengesetzt geladene

Einzelionen oder andere geladene Gitterbestandteile ausgeglichen werden müssen. Die im vorstehenden immer wieder aufgetretenen Baugruppen, wie Dreieckskoordinationen AB_3, Tetraeder AB_4 usw. mit drei- oder höherwertigem Zentralatom A und zweiwertigen Brückenatomen B tragen, als Ionengruppen aufgefaßt, negative Ionenladungen, z. B. $AB_3{}^{3-}$, $AB_4{}^{4-}$. Ihr Zusammenbau muß daher im allgemeinen zur Bildung von Polymeranionen führen, wobei ein Verschwinden der Überschußladungen und die Bildung binärer abgesättigter Polymerverbindungen nur in Grenz-

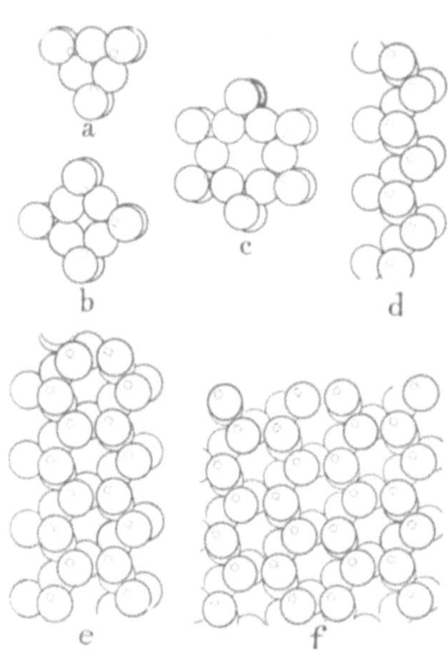

fällen möglich ist. Wie zuerst an den *Silicatstrukturen* erkannt wurde und für *Phosphate, Arsenate, Fluorberyllate, Borate, Antimonite, Thioantimonite* usw. in ähnlicher Weise zutrifft, gewinnt man eine vollständige Übersicht über die in dem betreffenden System vorhandenen polymeren Verknüpfungsmöglichkeiten durch systematische Änderung des Verhältnisses der Atomzahlen von A und B[1], wobei der Reihe nach Ring- und Fadenstrukturen, Bänder, flächenförmige und räumliche Netze erhalten werden. Dazu können hier nur wenige Beispiele angeführt werden.

Ein anschauliches Bild von den ohne Rücksicht auf die Ladungsverhältnisse gegebenen Verknüpfungsverhältnissen durch gemeinsame Tetraederecken von SiO_4-Tetraedern gibt Abb. III, 28.

Abb. III, 28. Ein- und zweidimensionale Verknüpfungsmöglichkeiten von SiO_4-Tetraedern ohne Berücksichtigung der Ladungsverhältnisse. a) Dreierring, b) Viererring, c) Sechserring, d) Kette, e) Band, f) Netz. (Nach J. E. HILLER.)

Als Beispiel von anscheinend recht einfacher Art sei der Dreierring $(Si_3O_9)^{6-}$ herausgegriffen, der im monoklinen *Wollastonit* $Ca_3(Si_3O_9) = 3\ CaSiO_3$ durch drei Calciumatome abgesättigt wäre. Ähnliche Dreierringe wurden auch im *Trinatriummetaphosphat* $Na_3(P_3O_9)$ und *Trinatriumfluorberyllat* $Na_3(Be_3F_9)$ angenommen[2]. Da jedem Glied der gestreckten Tetraederkette (Abb. III, 28) gleiche spezifische Zusammensetzung und Überschußladung wie dem Dreierring zukommen, sollten derartige Verbindungen auch lineare Polymerstrukturen enthalten können[3]. So enthält der in höheren Tempera-

---

[1] Vgl. dazu auch die Systematik von Isopolykomplexen bei L. EBERT: Mh. Chem. **81**, 61 (1950), sowie L. EBERT u. R. FIALA: Mh. Chem. **81**, 414 (1950), Abb. 4.

[2] Siehe z. B. E. THILO: Naturwiss. **38**, 222 (1951); Angew. Chem. **63**, 201, 508 (1951).

[3] Nach einer jüngst erschienenen Mitteilung von K. DORNBERGER-SCHIFF, F. LIEBAU u. E. THILO: Naturwiss. **41**, 551 (1954), besitzen die für trimer gehaltenen Formen von $CaSiO_3$ und $NaPO_3$ ebenso wie das $NaAsO_3$ keine Ringstrukturen, sondern stark geknickte Kettenanionen (Anm. b. d. Korr.).

turen stabile pseudohexagonale beta-*Wollastonit* („Pseudowollastonit")
das unendlich ausgedehnte Kettenanion

$$-O-\overset{\overset{\displaystyle O^-}{|}}{\underset{\underset{\displaystyle O^-}{|}}{Si}}-O-\overset{\overset{\displaystyle O^-}{|}}{\underset{\underset{\displaystyle O^-}{|}}{Si}}-O-\overset{\overset{\displaystyle O^-}{|}}{\underset{\underset{\displaystyle O^-}{|}}{Si}}-O-\,,$$

ebenso das *Trimetaphosphat* ein Anion von der Gestalt

$$-O-\overset{\overset{\displaystyle O}{\|}}{\underset{\underset{\displaystyle O^-}{|}}{P}}-O-\overset{\overset{\displaystyle O^-}{|}}{\underset{\underset{\displaystyle O}{\|}}{P}}-O-\overset{\overset{\displaystyle O}{\|}}{\underset{\underset{\displaystyle O^-}{|}}{P}}-O-\,.$$

Die gleiche Form findet sich auch im *Trimetaarsenat* sowie in *Mischpolymerisaten von Metaphosphat und Metaarsenat*[1]. SiO_4-Ketten dieser
Art, in denen je Tetraeder zwei Sauerstoffbrücken und zwei endständige
Sauerstoffionen vorhanden sind, bilden die polymere Grundstruktur
zahlreicher *Fasersilicate*.

Die ebenen Tetraedernetze (Abb. III, 28) haben einen geringeren
spezifischen Ladungsüberschuß als Ring- oder Kettenstrukturen und
können auf die gegenseitige Verknüpfung gerader Ketten zurückgeführt
werden, wobei an Stelle zweier, in Nachbarketten einseitig gebundener
Sauerstoffionen eine Sauerstoffatombrücke tritt und auch das Atomver-
hältnis zugunsten der Siliciumatome verschoben wird. Netze aus SiO_4-
Tetraedern mit je drei Sauerstoffatomen in Brückenfunktion bilden die
polymeren Grundstrukturen aller *Schichtsilicate*, darunter der *Glimmer-*
und *Tonmineralien*.

In den räumlichen Tetraedernetzwerken der Silicate erhalten sämtliche Sauerstoffatome Brückenfunktion, wodurch die bereits vorhin besprochenen, zur Gänze abgesättigten SiO_2-Modifikationen entstehen.
Eine Möglichkeit zur Komplexbildung erfordert hier im einfachsten Falle
den teilweisen Ersatz von Siliciumatomen durch die niedrigerwertigen
Aluminiumatome, worauf vor allem die Polymerstrukturen der *Feldspat-
mineralien* zurückzuführen sind.

§ 14. Faden- und Netzwerkstrukturen in amorph-festen Zuständen.

a) Allgemeines über amorph-feste Hochpolymere.

Vom Bestehen amorph-fester Zustände eines Stoffes soll hier gesprochen werden, wenn seine Bausteine raumfeste, unregelmäßig angeordnete mittlere Gleichgewichtslagen besitzen. Die Forderung einer
relativen Stabilität solcher Anordnungen verlangt, daß es keinerlei stetige

---

[1] THILO, E.: Angew. Chem. **63**, 201, 508 (1951).

Abänderungen davon geben darf, die jene Anordnungen ohne Beseitigung oder Hinzunahme von Nachbarbindungen in ein Kristallgitter überführen[1]. Zur Sicherung eines thermischen Existenzbereiches ist notwendig, daß dies mindestens auch für alle jene Nachbaranordnungen gilt, die aus den betrachteten Zuständen durch Veränderung einzelner Bindungen hervorgehen, wie das von thermischen Schwankungen bewirkt werden kann[1]. Modellvorschläge[2] zeigen, daß die vorstehenden Bedingungen durch zahlreiche Realisierungsmöglichkeiten erfüllbar sind, so daß grundsätzlich stets eine Vielzahl amorph-fester Stoffzustände minimalen Energiegehalts bestehen kann, falls eine Substanz überhaupt solcher Zustände fähig ist[1]. Im eingangs erläuterten Sinne können derartige Zustände auch gitter-geordnete Teilgebiete enthalten und damit von partiell-kristalliner Beschaffenheit sein.

Die Herstellung amorph-fester Zustände kann von den verschiedensten Aggregatzuständen eines Stoffes aus erfolgen[1], ihr Vorliegen auf Grund einer Reihe von physikalisch-chemischen Eigenschaften gefolgert werden, die allen derartigen Bildungen gemeinsam sind[3]. Zur näheren Kennzeichnung der im Einzelfalle vorliegenden Molekularstrukturen ist jedoch die quantitative Analyse röntgenographischer Ergebnisse unerläßlich[4]. Hierbei darf nicht ohne weiteres vorausgesetzt werden, daß die zu ermittelnden Strukturen voll-amorph und quasi-homogen sind, da auch diese Aussagen in jedem Einzelfalle besondere Nachweise erfordern. Solchen Schwierigkeiten entsprechend besitzt die röntgenographische Ermittlung der unregelmäßigen Strukturen amorph-fester Stoffzustände bislang weder die Vollständigkeit noch die eindeutige Sicherheit der Bestimmung von Gitterstrukturen kristallin-fester Zustandsformen. Hinzu kommt die einer röntgenographischen Beurteilung zumeist völlig entzogene Tragweite von Fremdatomen für Bildung und Beständigkeit amorpher Strukturen. Die Frage kann einer besonderen Beantwortung durch zusätzliche Untersuchungen auch dann bedürfen, wenn die Befähigung zur Bildung amorpher Zustände für eine zu prüfende Substanz bereits anderweitig sichergestellt erscheint.

Das Bestehen unregelmäßig verteilter mittlerer Gleichgewichtslagen der zu amorphen Stoffzuständen verknüpften Baugruppen ist weder mit streng gerichteten, noch mit völlig ungerichteten Wechselwirkungskräften vereinbar, sondern erfordert anpassungsfähige Mischbindungen mit geeignet dosiertem homöopolar-gerichtetem Bindungsanteil[5]. Demnach

---

[1] SMEKAL, A.: Baugesetze und Mannigfaltigkeit der amorphen Werkstoffe. DECHEMA-Monographien **21**, 431—451 (1952), insbesondere Nr. 6. Siehe auch A. SMEKAL: Über die Existenzbedingungen in Glaszuständen. In „Struktur und Materie der Festkörper", herausgegeben von H. O'DANIEL, 1952, S. 235—271.

[2] Siehe W. H. ZACHARIASEN: Journ. Amer. chem. Soc. **54**, 3841 (1932).

[3] Vgl. namentlich A. SMEKAL: a.a.O. (DECHEMA-Monographien 1952), Nr. 11.

[4] Siehe J. A. PRINS: Z. Naturforsch. **6a**, 276, (1951), sowie F. ZERNIKE u. J. A. PRINS: Z. Physik **41**, 184 (1927). — Ferner J. A. PRINS: The Amorphous State of some Elements, in Selected Topics in X-Ray Crystallography, edited by J. Bouman, Amsterdam 1951, S. 191—210.

[5] SMEKAL, A.: Nova Acta Leopoldina (N.F.) **11**, 511 (1942); Verh. dtsch. physik. Ges. (3) **23**, 39 (1942); Glastechn. Ber. **22**, 278 (1949). — Ferner die unter [1] zitierten neueren Darstellungen.

handelt es sich bei ihnen zur Gänze um polymere Stoffzustände[1]. Ähnliche Bindungsverhältnisse gibt es nur noch bei den auf Verknüpfungen durch Wasserstoffbrücken bestehenden, zumeist organischen Gläsern, die als amorph-feste Assoziate[2] hier keine Berücksichtigung erfahren.

Das Fortfallen der die Stabilität der Kristallgitter beherrschenden Resonanzbedingungen trägt bei zur Vergrößerung der Raumbeanspruchung und der Energiegehalte amorpher gegenüber kristallinen Zuständen und damit zur Metastabilität der ersteren. Eine strukturell wichtige Folge ist ferner, daß die Anzahl der nächsten Nachbarn jeder Bausteinart eines amorph-unregelmäßigen Stoffzustandes nicht größer werden kann als die Zahl ihrer voneinander unabhängig betätigbaren Valenzbindungen, während durch Gitterresonanz auch höhere Koordinationszahlen ermöglicht werden können[3].

Die im folgenden gegebenen Beispiele für amorph-feste Polymerzustände umfassen wiederum Elemente sowie anorganische und organische Verbindungen, ohne daß dabei irgendwelche Bevorzugungen erkennbar würden. Ihre technisch wichtigsten Repräsentanten sind die anorganischen Oxydgläser sowie zahlreiche organische Natur- und Kunststoffe.

b) Hochpolymere Elemente in amorph-festen Zuständen[4].

1. Faden- und Ringstrukturen.

Wie in kristalliner Beschaffenheit, sind aus bifunktionellen Einzelatomen bestehende, abgesättigte Faden- und Ringgebilde amorpher Formen nur bei Elementen der VI. Gruppe des Periodischen Systems möglich und gefunden worden, nämlich für *Schwefel*, *Selen* und *Tellur*. Die erwartete Mannigfaltigkeit amorpher Zustände ist hier makroskopisch evident sowie unter Umständen selbst im Röntgenbilde unverkennbar. Unterkühlter Fadenschwefel kann von verschiedenen Polymerisationszuständen ausgehend fixiert, glasig-amorphes Selen aus erstarrten Schmelzen, durch Dampfkondensation oder chemische Reduktionsvorgänge erhalten werden. Zur Untersuchung des Einflusses von Fremdatomen sind vor allem Viscositätsmessungen an unterkühlten Schmelzen sowie Löslichkeitsunterschiede benutzt worden[5].

---

[1] SMEKAL, A.: DECHEMA-Monographien **21**, 431 (1952), Nr. 10.— Ferner A. SMEKAL: On the Structure of Glass, Journ. Soc. Glass Techn. **35**, 411 (1951).

[2] SMEKAL, A.: DECHEMA-Monographien **21**, 431 (1952), Nr. 10.

[3] SMEKAL, A.: Naturwiss. **39**, 505 (1952).

[4] Vgl. dazu und zum folgenden vor allem J. A. PRINS: The Amorphous State of some Elementes, in Selected Topics in X-Ray Crystallography, edited by J. Bouman, Amsterdam 1951, S. 191—210. — H. KREBS: Angew. Chem. **65**, 293 (1953). — H. SPECKER: Angew. Chem. **65**, 299 (1953). — H. KREBS u. R. THEES: Naturwiss. **41**, 474 (1954).

[5] Siehe namentlich für Schwefel: J. A. PRINS: a.a.O.— J. A. PRINS u. J. SCHENK: Plastica **6**, 216 (1953); Nature **172**, 957 (1953). — H. KREBS: Z. anorg. allg. Chem. **272**, 288 (1953). — Für Selen: H. KREBS: Z. Metallkunde **40**, 29 (1949); Z. Physik **126**, 769 (1949).— H. KREBS u. W. MORSCH: Z. anorg. allg. Chem. **263**, 305 (1950). — H. KREBS: Z. anorg. allg. Chem. **265**, 156 (1951). — H. RICHTER, W. KULCKE u. H. SPECHT: Z. Naturforsch. **7a**, 511 (1952).

Die Ungeordnetheit der Atome in den amorphen Zuständen beruht vor allem auf Ungleichheit der Kettenlängen und Vergrößerung der Abstände benachbarter Ketten voneinander, wodurch ein Nebeneinander entgegengesetzter Drehungssinne der gewendelten Atomfolgen sowie verknäuelte und wirre Lagerungen ermöglicht sind. Freie Kettenenden werden voraussichtlich durch geeignete fremde Endgruppen stabilisiert, etwa durch Halogen- oder Alkaliatome, wobei im letzteren Falle eine Bildung von Metall- und Polyselenidionen anzunehmen ist. Die Wirksamkeit von Endgruppen erlaubte die Abschätzung von Polymerisationsgraden, so für Schwefel von 2000—5000, für Selen bis zu 500. Der Einbau trifunktioneller Einzelatome führt offensichtlich zu Kettenverzweigungen. Bei Abwesenheit geeigneter Fremdstoffe ist eine Absättigung freier Kettenenden durch Ringschluß wahrscheinlich, wobei die gewendelte Aufeinanderfolge der Atome erhalten bleibt. Neben hochpolymeren Ringgebilden ist auf Grund der Löslichkeitseigenschaften auch stets die Anwesenheit normaler, aus acht Atomen bestehender gefalteter Ringmoleküle anzunehmen.

2. Schichtstrukturen.

Die Bildung fehlgeordneter Schichtstrukturen scheint für die Mehrzahl, wenn nicht für sämtliche tri- und tetrafunktionell betätigten Atomarten möglich zu sein, jedoch ist bisher unentschieden, ob die Mitwirkung von Fremdstoffen dafür eine wesentliche Voraussetzung darstellt. Genauere Untersuchungen liegen vorerst nur für Elemente der V. Gruppe des Periodischen Systems vor: *Phosphor*[1], *Arsen*[2] und *Antimon*[3].

Die rote amorphe Phosphormodifikation besitzt drei nächste Nachbarn je Atom und entsteht als Übergangsform bei der langsamen thermischen Umwandlung des weißen kubischen in den roten monoklinen Phosphor. Ihre Bildung wird mit dem Aufbrechen der durch anomal verkleinerte Valenzwinkel gekennzeichnete P_4-Tetraeder des weißen Phosphors in Verbindung gebracht, wodurch ein unregelmäßiges Netzwerk entsteht, das neben normalen Bindungsabständen und Valenzwinkeln auch Mehrfachbindungen sowie unabgesättigte Valenzen enthalten wird, die den Angriff geeigneter Fremdstoffe begünstigen. Der rote amorphe Phosphor kann daher durch Einbau von Halogenatomen gewissermaßen stabilisiert werden (SCHENCKscher Phosphor). Da die eintretenden Fremdstoffmengen (Br, J, O, H_2O) 10 bis 30 Atomprozente erreichen können, sind solche amorphe Stoffzustände eigentlich als Mischpolymerisate anzusprechen.

Bei den weniger reaktionsfähigen Elementen Arsen und Antimon sind grundsätzlich ähnliche Verhaltungsweisen bekannt. Die amorphen Zustände entstehen durch Kondensation des Metalldampfes an gekühlten

[1] KREBS, H.: Z. anorg. allg. Chem. **266,** 175 (1951); Angew. Chem. **65,** 296 (1953).
[2] RICHTER, H. u. G. BREITLING: Z. Naturforsch. **6a,** 721 (1951). — H. KREBS: Angew. Chem. **65,** 297 (1953).—H. KREBS u. R. THEES: Naturwiss. **41,** 474 (1954).
[3] RICHTER, H. u. G. BREITLING: Naturwiss. **40,** 361 (1953). — H. RICHTER, H. BERCKHEIMER u. G. BREITLING: Z. Naturforsch. **9a,** 236 (1954). — H. KREBS: Angew. Chem. **65,** 297 (1953). — H. KREBS u. R. THEES: Naturwiss. **41,** 474 (1954).

Unterlagen oder chemische Fällung, wodurch die stabilisierende Anwesenheit von Fremdstoffen begünstigt wird und in Gegenwart größerer Fremdstoffmengen wiederum Mischpolymerisate gebildet werden. Die Unregelmäßigkeit der Atomanordnungen ist im wesentlichen auf Abstandsvergrößerung sowie unregelmäßige Verknüpfung der in den zugehörigen rhomboedrischen Kristallgittern vorhandenen Atom-Doppelschichten zurückzuführen.

Das sogenannte explosible Antimon enthält überdies in feinster Verteilung Kristallgittergebiete, die seine Labilität ausreichend begründen könnten. Da es nur durch Elektrolyse wäßriger Lösungen von Antimontrihalogeniden erhalten werden kann, ist es überdies als Mischpolymerisat des Antimons mit Cl, Br oder J angesprochen worden, zumal auch Phosphor mit Br oder J explosible Mischpolymerisate zu liefern vermag.

Amorphe Stoffzustände von vierwertigen Elementen werden für *Kohlenstoff*, *Silicium* und *Germanium* angegeben. Durch Dampfkondensation hergestelltes amorphes Germanium zeigte beträchtlichen Gasgehalt, so daß die röntgenographische Feststellung dem Kristallgitter entsprechender Anzahlen der erst- und zweitnächsten Nachbaratome je Atom[1] nicht für sämtliche Atome Geltung besitzt und daher keine ausreichende Strukturbeschreibung zuläßt. Damit wird wie bei den fünfwertigen Elementen wiederum die Frage unterstrichen, ob die vierwertigen Elemente überhaupt echt-amorphe Zustände besitzen, was ja für den Kohlenstoff immer wieder von neuem bezweifelt wurde. Vielleicht sind die Polymereinheiten überdies so klein, daß die unbezweifelte Röntgenamorphie der Präparate auch mit der vom Röntgenbilde nicht auflösbaren Verknüpfung und Verzahnung solcher Einheiten zusammenhängt[2].

c) Hochpolymere Verbindungen in amorph-festen Zuständen.

1. Faden- und Ringstrukturen.

Soweit bisher nachprüfbar, sind alle in linearpolymer-kristallinen Zuständen erhaltenen Verbindungen auch in linearpolymer-amorphen Zuständen existenzfähig, wenn sie aus *Einfachketten* bestehen (Abb. III, 29), wie die in § 13 c gebrachten anorganischen Stoffbeispiele Phosphornitrilchlorid und -fluorid $(PNCl_2)_n$ und $(PNF_2)_n$, Selendioxyd $(SeO_2)_n$ und Schwefeltrioxyd $(SO_3)_n$, sowie das Polyäthylen $(CH_2)_n$, und sämtliche analog gebauten organischen Hochpolymeren.

Nach den Erfahrungen mit linear-polymeren Elementen darf vermutet werden, daß die Alternative: Kettenform oder Ringform von den Entstehungsbedingungen und von der Virulenz der Endglieder abhängt. So

---

[1] Fürst, O., R. Glocker u. H. Richter: Z. Naturforsch. **4a,** 540 (1949). — H. Richter u. O. Fürst: Z. Naturforsch. **6a,** 38 (1951).

[2] Die in der Literatur verstreuten Angaben über amorphe Zustände von verschiedenen Normalmetallen gründen sich nicht auf eingehendere röntgenographische Untersuchungen und werden daher hier nicht als verbindlich angesehen. In jedem Falle wäre es von Interesse, den Ursachen nachgewiesener Röntgenamorphien nachzugehen und dabei den kritischen Hinweisen von J. A. Prins (a.a.O.) Rechnung zu tragen.

wird für die Hauptbestandteile der Phosphornitrilhalogenide neuerdings die hochmolekulare Ringform als bevorzugt angesehen[1], während zahlreiche organische Hochpolymere fraglos in offener Kettenform erhalten

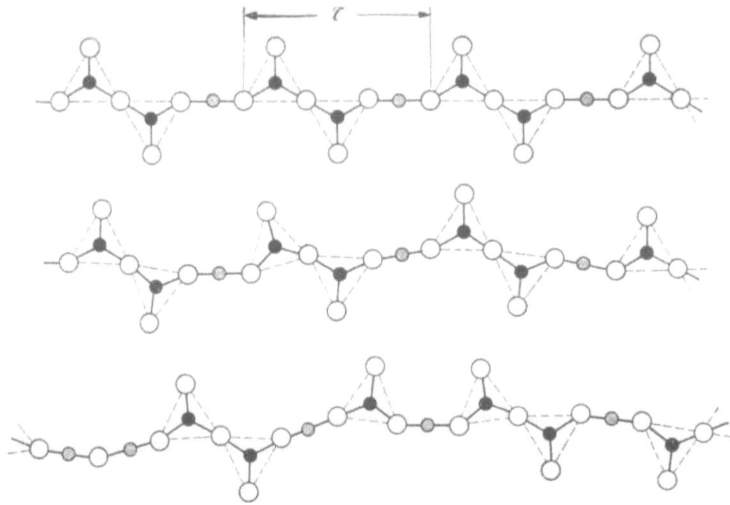

Abb. III, 29. Einfachketten der Modellverbindung C AB$_3$, gestreckt, unregelmäßig gebogen sowie unregelmäßig verknüpft. (Nach E. BRANDENBERGER.)

werden. Wenn solche Fadenmoleküle zu festen partiell kristallinen Hochpolymeren gehören, besitzen sie daselbst *drei* Arten von Kettenabschnitten, die etwa zum mechanischen Dämpfungsverhalten derartiger Stoffzustände selbständig beitragen können: a) innerhalb von Gitterbereichen festgehaltene Fadenabschnitte; b) zwischen zwei Gittermicellen befindliche „gespannte" Fadenabschnitte; c) „freie", aus Gitterbereichen einseitig herausragende Fadenteile[2]. Letztere werden offenbar nicht zugunsten der Micellen abgebaut[3].

2. Netzstrukturen.

Zweidimensional-unregelmäßige und zugleich *ebene* Netzwerke, die im Sinne von § 14, a *nicht* auf Flächengitter zurückführbar sind, können ohne weiteres angegeben[4] und als Modelle amorpher Strukturen betrachtet werden (Abb. III, 30). Eine reale Bedeutung kommt ihnen jedoch nicht zu, da Schichtungs-Anisotropien amorph-fester Stoffzustände bisher nicht gefunden wurden. Selbst bei kristalliner Bauweise sind ebene Einfachschichten nur für binäre Verbindungen mit ausgesprochenen Atomgittern bekanntgeworden, denen wie bei BN oder SiC keine amorphen Formen zugehören. Die Instabilität amorph-ebener Schichtstruk-

---

[1] SCHMITZ-DUMONT, O.: Z. anorg. allg. Chem. **243**, 113 (1939). — H. KREBS: Angew. Chem. **65**, 295 (1953).

[2] WOLF, K.: Vortrag auf der Relaxations-Tagung 1953, Kolloid-Z., 1954.

[3] Vgl. A. SMEKAL: Kolloid-Z. **20**, 23 (1951).

[4] Vgl. W. H. ZACHARIASEN, Journ. Amer. chem. Soc. **54**, 3841 (1932).

turen von binären Verbindungen mit ungleichfunktionellen Bausteinen ist gleich jener von kristallin-ebenen Schichtnetzen wohl auf die mit den Brückenatomen der Oxyde, Sulfide, Selenide usw. verbundenen Valenz-

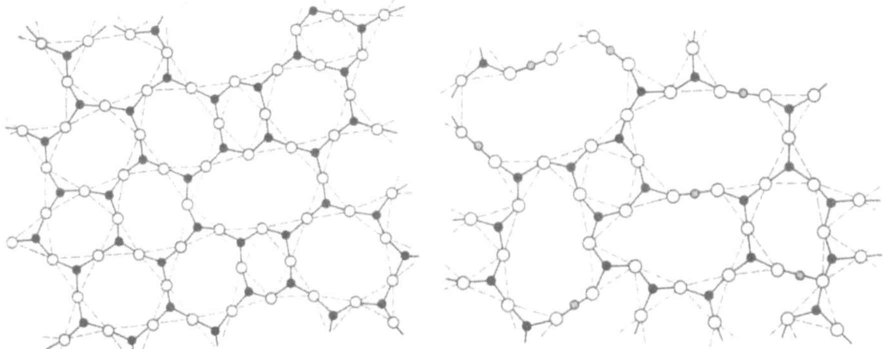

Abb. III, 30. Beispiele unregelmäßig verknüpfter ebener Netzwerke. (Nach E. BRANDENBERGER.)

winkel zurückzuführen (§ 13, c). Demnach sollte eine trifunktionelle Verknüpfung von Baugruppen AB_3 oder AB_4 gleich dem tetrafunktionellen Zusammenbau von AB_4-Koordinationen in amorphen Zuständen stets zu *räumlich*-unregelmäßigen Netzwerken führen. Dies wird durch die Erfahrung ebenso allgemein bestätigt wie die Brückenfunktion der B-Atome. Eine Beteiligung von AB_6-Gruppen, die diese Brückenfunktion in Frage stellen müßte, wird in amorphen Stoffzuständen nicht beobachtet, vielmehr zeigt sich, daß solche Stoffe überhaupt keine amorph-festen Zustände besitzen oder daß die A-Atome in derartigen Zuständen ihre Bindungsart wechseln und als Koordinationszentren von Dreier- oder Vierergruppen auftreten[1].

Die röntgenographische Bestimmung der Nachbarschaftsverhältnisse ist zunächst für die als „Gläser" bekannten amorph-hochpolymeren Zustände von Oxyden und Oxydsystemen ausgeführt worden[2], vor allem für die einfachen Oxyde B_2O_3, SiO_2, GeO_2, P_2O_5, sowie für das „Modellglas" BeF_2. Gläser mit Raumnetzwerken sind überdies herstellbar von As_2O_3[3], As_2S_3 und As_2Se_3, Sb_2O_3 und Sb_2S_3, P_2O_3, GeS_2, As_2O_5, V_2O_5 und Bi_2O_3[4]. Weitere Angaben über Glaszustände liegen vor von Al_2O_3, TiO_2, ZrO_2, $ZnCl_2$, $PbCl_2$, PbJ_2, AsJ_3, SbJ_3, endlich von einigen Karbonaten, Nitraten und Sulfaten[5]. Einzelheiten dieser amorphen Stoffzustände können in vielen Fällen aus Analogiegründen vermutet werden, bedürfen jedoch für jede

<hr>

[1] SMEKAL, A.: Naturwiss. **39**, 505 (1952).

[2] Zusammenfassend: B. E. WARREN: Chem. Rev. **26**, 237 (1940); Journ. Amer. ceram. Soc. **24**, 256 (1941); Journ. appl. Physics **13**, 602 (1942). Daselbst Literaturangaben über die Einzelveröffentlichungen von B. E. WARREN und seinen Mitarbeitern.

[3] Näheres über die Atomverteilung im Arsenikglas bei H. BÖTTICHER, K. PLIETH, E. REUBER-KÜRBS u. I. N. STRANSKI: Z. anorg. allg. Chem. **266**, 302 (1951).

[4] Vgl. z.B. J. E. STANWORTH: Physical Properties of Glass, Oxford 1950, und J. E. STANWORTH: Glastechn. Ber. **23**, 297 (1950).

[5] SMEKAL, A.: On the Structure of Glass, Journ. Soc. Glass Techn. **35**, 411 (1951), s. auch Glastechn. Ber. **22**, 278 (1949). — Zu den Carbonaten, Nitraten und Sulfaten vgl. man ferner J. M. STEVELS: Philips' techn. Rdsch. **13**, 350 (1952).

Substanz weiterer Untersuchungen. Eingehendere röntgenographische Daten sind, ohne bisher ein abschließendes Bild vermittelt zu haben, für B_2O_3 und SiO_2 angekündigt[1].

Die Atomverteilung im glasigen B_2O_3 scheint danach der verwickelten Kristallstruktur dieses Stoffes nahezustehen (s. § 13, c). Die für Quarzglas erhaltenen zusätzlichen Aussagen dürften nicht ohne Bezugnahme auf Entstehung und physikalische Eigenschaften amorpher SiO_2-Zustände verstanden werden können[2]. Vor allem bestätigt sich, daß die Vorgeschichte der erstarrten Schmelzen auch röntgenographisch unterscheidbare Quarzglasqualitäten ergibt. Die Meinung, daß die in der Schmelze vorliegenden Tetraederverknüpfungen (Abb. III, 31) im Einfriergebiet

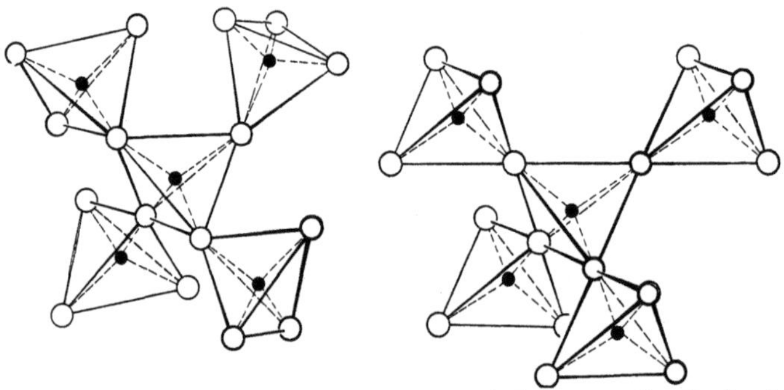

Abb. III, 31. Unregelmäßige und regelmäßige räumliche Verknüpfung von Koordinationstetraedern mit gemeinsamen Eckbausteinen als Brückenatomen. (Nach E. BRANDENBERGER.)

jenen des Hochcristobalits (Abb. III, 24) entsprechen sollten, wird dadurch in Frage gestellt, daß aus solchen Schmelzen gelegentlich die gleichzeitige Kristallisation von Cristobalit, Tridymit und Quarz, oder die Bildung unstabiler SiO_2-Formen (§ 13, c), beobachtet ist[3]. Man wird daher anzunehmen haben, daß die Polymerisationsvorgänge in den unterkühlten Schmelzen alle diesen SiO_2-Formen zugehörigen Tetraeder-Verknüpfungen (Abb. III, 25) nebeneinander verwirklichen kann. Für eine mit abnehmender Wärmebewegung fortschreitende Begünstigung der Tieftemperaturverknüpfungen des Hoch- und Tiefquarzgitters (Abb. III, 26) spricht, daß der Verlauf der spezifischen Wärme des Quarzglases einem stetigen Übergang von der spezifischen Wärme des Hochquarzes zu jener des Tiefquarzes nahesteht[4].

Die vorstehend gekennzeichneten allgemeinen Struktureigenschaften der einfachen anorganischen Oxydgläser können als Vorbilder für die

[1] RICHTER, H., G. BREITLING u. F. HERRE: Naturwiss. 40, 482, 621 (1953). Z. Naturforsch. 9 a, 390 (1954).

[2] SMEKAL, A.: noch unveröffentlicht.

[3] FENNER, C. N.: Amer. Journ. Sci. 36, 331 (1913), zitiert nach F. C. KRACEK: Phase Transformations in One-Component Silicate Systems, Chapt. 9, p. 257—277, in Phase Transformations in Solids, Symposium 1948, edited by Smoluchowski, Mayer and Weyl, New York 1951.

[4] MOSER, H.: Physik. Z. 37, 737 (1936). — Zu den Anomalien der thermischen Ausdehnung vgl. die dem Obigen gegenüber etwas anders formulierte Auffassung von A. DIETZEL: Naturwiss. 31, 22 (1943).

Strukturen räumlich-verknüpfter organischer Hochpolymerer angesehen werden, deren Konstitution, wie etwa bei den Phenolharzen[1], vorwiegend aus ihrem chemischen Reaktionsverhalten erschlossen wurde.

d) Amorph-feste Zustände von Verbindungen mit hochpolymeren Komplexen.

Wie die gesättigten Polymerverbindungen zeigen auch die Verbindungen mit hochmolekularen Ionenkomplexen nur dann amorph-feste Stoffzustände bzw. „Gläser", wenn Kettenstrukturen oder räumliche Verknüpfungen über Atombrücken vorliegen, so daß es wie in § 13, d, genügt, nur auf wenige Einzelbeispiele Bezug zu nehmen. Glas von der Zusammensetzung des *Wollastonits*, $CaSiO_3$, kann im wesentlichen nur SiO_4-Tetraederketten enthalten, da es beim Erhitzen stets die durch solche Ketten ausgezeichnete Kristallform des hexagonalen *Pseudowollastonits* ergibt. Der unterhalb 1125°C stabile, monokline Wollastonit entsteht erst nach wochenlangem Verweilen des Glases auf Temperaturen zwischen 800 und 1100°C und kann selbst dann noch mit Pseudowollastonit verunreinigt sein[2]. Einen ähnlichen Bau wie das glasig-amorphe $CaSiO_3$ besitzt offenbar auch das dazu homologe $NaPO_3$[3].

Als Beispiel für Polymeranionen mit räumlich-unregelmäßigem Netzwerkbau sei die glasig-amorphe Form des *Carnegieits*, $NaAlSiO_4$, erwähnt, deren Stabilität offenbar auf ähnlichen dreidimensional-unregelmäßigen Tetraederverknüpfungen wie im Quarzglas beruht, nachdem die Gitterstruktur des Carnegieits der des Hochcristobalits entspricht. Diese naheliegende Deutung liefert jedoch keinerlei Beweis für die Existenzmöglichkeit des Carnegieit-Glases. Wie eine Übertragung der zweidimensionalen Modellstrukturen (Abb. III, 30) auf Raumnetze ergibt, kann nicht erwartet werden, daß die dem Kristallgitter eigentümliche regelmäßige Nachbarschaft von SiO_4- und AlO_4-Tetraedern im unregelmäßigen Netzwerk anders als in *statistischer* Weise gewahrt bleibt. Daher ist es möglich, daß die Glasbildung an sich oder ihre Entstehung aus unterkühlter Schmelze durch derartige Umstände fraglich wird, wie beim $AlPO_4$, dessen dünnflüssige Schmelze offenbar keine Mischpolymerisate aus $(AlO_4)^{3-}$ und $(PO_4)^{5-}$-Gruppen enthält und daher keine der SiO_2-Schmelze analoge Glasbildung zuläßt[4], trotz weitgehender Entsprechung der Kristallformen des $AlPO_4$ und SiO_2.

Die Unregelmäßigkeit der Raumnetzstrukturen abgesättigter sowie unabgesättigter Polymerverbindungen kann demnach örtlich zu statistischen Schwankungen der chemischen Zusammensetzung Veranlassung geben. Dieser Umstand begünstigt eine weitgehende Mischbarkeit von Stoffen in amorph-festen Polymerzuständen auch dann, wenn die zugehörigen Kristallverbindungen keine oder nur begrenzte Mischbarkeit besitzen oder wenn nicht alle beteiligten Verbindungen amorph-fester Zustände fähig sind. Daher stellen viele Mischpolymerisate anderweitig nicht existenzfähige Substanzen dar.

Als leicht übersehbare Modellbeispiele dafür mögen wiederum Oxydgläser betrachtet werden. Beim Zusammenschmelzen des glasbildenden SiO_2 mit dem nicht-

---

[1] Vgl. etwa K. HULTZSCH: Chemie der Phenolharze, Berlin 1950.

[2] KRACEK, F. C.: a.a.O., S. 270. — Durch geeignete Reaktionsbedingungen im festen Zustande kann Pseudowollastonit gleichwohl bereits unter 1000°C gebildet werden; vgl. E. THILO: Angew. Chem. **63**, 201 (1951).

[3] THILO, E.: Forsch. u. Fortschr. **26**, 284 (1950); Angew. Chem. **63**, 508 (1951). Vgl. dazu jetzt auch K. DORNBERGER-SCHIFF, F. LIEBAU u. E. THILO: Naturwiss. **41**, 551 (1954) (Anm. b. d. Korr.).

[4] DIETZEL, A. u. H.-J. POEGEL: Naturwiss. **40**, 604 (1953).

glasbildenden Na_2O entstehen einheitliche Gläser, in denen innerhalb leicht voraus-zusehender Konzentrationsbereiche einzelne Sauerstoffbrücken des reinen SiO_2-Netzwerkes durch Anwesenheit von Na_2O aufgespalten und durch je zwei einseitig gebundene O^--Ionen ersetzt sind, die ihrerseits durch je ein Na^+ abgesättigt werden. Alkalisilicatgläser sind demnach amorph-feste, im allgemeinen nichtstöchiometrisch zusammengesetzte Verbindungen von raumnetzpolymeren SiO_2-Komplexen mit Alkaliatomen. Ersetzt man Na_2O durch andere Oxyde, dann ist wenigstens grund-sätzlich feststellbar, ob der Oxydzusatz eines Elementes A gleichfalls Netzwerk-brücken aufspaltet oder ob die A-Atome als Koordinationszentren von AO_3- bzw. AO_4-Gruppen in das Glasgerüst eintreten. Im letzteren Falle ist das Element A netz-werkbildend, im ersteren netzwerkändernd wirksam. Den Netzwerkbildern gehören ohne Ausnahme die Elemente der selbständig glasbildenden Oxyde an: B, Al, Si, Ge, Ti, Zr, P, V, As, Sb, ferner unter geeigneten Umständen auch Be, Cd, Pb, Th[1]. Netz-werkändernde Bestandteile liefern vor allem die Oxyde der Alkali- und Erdalkali-metalle. Die Stabilität des Raumnetzwerkes erfordert, daß der SiO_2-Gehalt eine mindestens trifunktionelle Verknüpfung der SiO_4-Tetraeder garantiert. Dies ent-spricht der Bruttoformel $MO \cdot 2\,SiO_2$, deren SiO_2-Menge vom Kieselsäuregehalt der Handelsgläser tatsächlich übertroffen wird. Bei Anwesenheit weiterer Netzwerk-bildner entscheidet die verfügbare Sauerstoffmenge darüber, ob nur Dreier- oder nur Viererkoordinationen hinzukommen, oder ob die dreiwertigen Glasbildner B und Al gleichzeitig in Dreier- und Viererkoordinationen wirksam sind[2]. Da alle derartigen Struktureigenschaften das physikalisch-chemische Verhalten der zugehörigen Stoff-zustände wesentlich mitbestimmen, ist die Klarstellung solcher Beziehungen bei diesen anorganischen Hochpolymeren vielfach weiter fortgeschritten als im analogen organischen Stoffbereich[3].

e) Vergleich zwischen vollkristallinen und amorph-festen Polymerstrukturen.

Ein vergleichender Rückblick auf die gegebenen Strukturbeispiele zeigt, daß die vollkristallinen Polymerzustände in struktureller und stoff-licher Hinsicht eine weitaus größere Mannigfaltigkeit darstellen als amorphe Polymerzustände. Schichtebenen und Richtvalenzgitter, Dop-pelketten, kompakte Schichten und kompakte Raumnetze sind Bildun-gen, die wegen ihres anisotrop-gerichteten Charakters oder ihrer ver-steiften Bauweise in quasiisotrop-amorphen Zuständen nicht auftreten, von den wenigen schichtartig kristallisierten Halbmetallen abgesehen, in denen die fehlende Unordnung erst durch Einbau größerer Fremdstoff-mengen geschaffen oder makroskopisch vorgetäuscht wird. Streng ge-richtete Gitterkräfte und durch geometrisch weitreichende Resonanz-wirkungen versteifte Bauelemente sind demnach Bedingungen, die in echt-amorphen Strukturen nicht auftreten.

Alle übrigen, im kristallinen wie im amorphen Bereich verwirklichten

---

[1] Siehe A. DIETZEL: Glastechn. Ber. **22**, 41, 81, 212 (1948/49). — A. SMEKAL: Glastechn. Ber. **22**, 278 (1949); Journ. Soc. Glass Techn. **35**, 411 (1951); DECHEMA-Monographien **21**, 431 (1952). — J. E. STANWORTH: Glastechn. Ber. **23**, 279 (1950).

[2] Zur sogenannten Borsäure-Anomalie vgl. neuerdings K. GRJOTHEIM u. J. KROGH-MOE: Naturwiss. **41**, 526 (1954) (Anm. b. d. Korr.).

[3] Für Silicate und Silicatgläser vgl. außer der bereits zitierten Literatur ins-besondere W. EITEL: Physikalische Chemie der Silikate, 2. Aufl. Leipzig 1941. — G. W. MOREY: The Properties of Glass, New York 1938, 2. Aufl. 1954. — J. E. STANWORTH: Physical Properties of Glass, Oxford 1950. — J. M. STEVELS: Progress in the Theory of the Physical Properties of Glass, Amsterdam 1948.

näher bekannten Bautypen sind auf folgende Arten von Bauelementen zurückführbar[1]:

a) zweifach verknüpfbare Einzelbausteine oder lineare Bausteingruppen B bzw. AB_2;

b) zweifach oder dreifach verknüpfbare dreieckförmige Bausteingruppen AB_3;

c) zwei-, drei- oder vierfach verknüpfbare tetraedrische Bausteingruppen AB_4.

Daraus entstehen offene oder ringförmige Kettenstrukturen oder Netzwerke, wobei benachbarte Bauelemente paarweise einzelne Bausteine oder Bausteingruppen B als Brückenbausteine gemeinsam haben. Im Kristallgitter sind derartige Gebilde von regelmäßiger Gestalt und Anordnung, wobei an den Brückengruppen B bestimmte Valenzwinkel eingestellt sind. Amorphe Zustände enthalten ihre Baugruppen in unregelmäßigen, nichtgitterartigen Zusammenfügungen mit örtlich schwankender Raumerfüllung, Verzerrung der Baugruppen und Änderungen der Valenzwinkel. Die damit verträglichen chemischen Bindekräfte sind insofern „gemischter" Art, als sie neben homöopolar-gerichteten Bindungsanteilen auch merklich ungerichtete Bindungskomponenten besitzen.

Die Brückenbausteine oder Gruppen haben den Charakter von Achtelektronensystemen. Daher sind sie im einfachsten Falle Atome der VI. Gruppe des Periodischen Systems: O, S, Se, Te, oder bindungsmäßig äquivalente „organische" Gruppen: NH, CH_2, CHR, CHR′ (mit irgendwelchen Alkylgruppen R, R′) usw., oder Kombinationen davon wie $CH_2 \cdot O \cdot CH_2$ bzw. $CH_2 \cdot NH \cdot CH_2$ oder $NH \cdot CO$. In Kettenpolymeren werden auch abwechselnd Einfach- und Doppelbindungen angetroffen, so daß z. B. auch N und CH sowie etwa $CH_2 \cdot N \cdot CH$ als Brückenbausteine vorkommen. Endlich gibt es zwischen Zentralbausteinen mit geeigneten Elektronenzahlen auch Halogenbrücken: F, Cl, wahrscheinlich auch Br und J, die dann ebenfalls zwei Valenzrichtungen betätigen.

Die oben mit A bezeichneten Zentralatome der Koordinationsgruppen entstammen der II. bis VI. Gruppe des Periodischen Systems, wobei die Elemente der beiden kleinen Perioden eine gewisse Bevorzugung erfahren, die mit dem vorhin gekennzeichneten Mischbindungscharakter der Wechselwirkungskräfte zusammenhängt. Allein wesentlich erscheint, daß alle diese Atomarten nach den quantenmechanischen Bindungsgesetzen bis zu vier verschieden gerichtete homöopolare Bindungsanteile verwirklichen können, die je nach der Menge der vorhandenen Brückenbausteine in Anspruch genommen werden. —

Betrachtet man nun die Einzelstoffe, von denen Polymerzustände mit den beschriebenen Netzwerken oder Kettenstrukturen nachgewiesen sind, dann zeigt sich, daß ihre vollkristallinen und amorphen Strukturtypen im allgemeinen *nicht* miteinander übereinstimmen, obgleich solche Übereinstimmungen nicht ausgeschlossen sind (z. B. bei Se, SO_3, SeO_2, P_2O_5)

---

[1] Vgl. A. Smekal: Dechema-Monographien **21**, 431 (1952).

und für die partiell kristallisierten Zustände von organischen Linearpolymeren sogar wesentliche Bedeutung haben. Wenn eine Mehrzahl von Kristallformen existiert, kann es unter ihnen neben polymeren auch nichtpolymere Strukturen geben (z. B. As_2O_3[1]) oder kompakte, nurkristalline Polymertypen mit besonderen Koordinationseigenschaften (z. B. Al_2O_3, TiO_2, $CaCO_3$). Demnach ist es im allgemeinen nicht möglich, aus Kristallstrukturen auf die Existenz oder Nichtexistenz polymeramorpher Formen eines Stoffes zurückzuschließen[2].

Infolge der wesentlichen Mitwirkung gerichteter Bindungsanteile sind nicht nur die amorphen, sondern auch die kristallinen Polymerzustände ungewöhnlich raumbeanspruchende Strukturen, so daß zwischen ihren Bauelementen Fremdmoleküle Aufnahme finden können. Daher begünstigen kristalline Polymerzustände die Entstehung von Einschluß-, Einlagerungs- und Zwischenschichtverbindungen (z. B. beim Graphit) sowie die Anwesenheit und Diffusionsbewegung „vagabundierender Gitterbestandteile" (etwa bei Hydraten und Ammoniakaten), insbesondere den Wassergehalt der Zeolithsilicate. Kristallgitter mit Polymeranionen sind ferner durch bewegliche Kationen ausgezeichnet, die weitgehend substituierbar sein können, auch durch Ionen anderer Wertigkeit, soweit nur dem elektrischen Gleichgewicht Rechnung getragen erscheint (z. B. bei Glimmern). Grundsätzlich gleichartige Eigenschaften finden sich auch bei amorph-festen Stoffzuständen mit Polymeranionen, namentlich den anorganischen Silicatgläsern. Da die dreidimensionale Vernetzung organischer Hochpolymerer weitmaschiger ist als jene der anorganischen Polymerstrukturen, sind dem Zutritt von Quellungsmitteln hier besonders begünstigende Umstände gewährleistet.

Die Brückenbindungen zerstörende Wirksamkeit von „Weichmachern" in organischen Hochpolymeren entspricht der netzwerkändernden Funktion nichtglasbildender Oxyde in den Oxydgemischen der anorganischen Gläser, die brückenvermehrende Wirksamkeit von „Vernetzern" dem zusätzlichen Einbau netzwerkbildender Glasbestandteile. Die strukturelle Bedeutung solcher Vorgänge kann jedoch am einfachsten bei anorganischen Linearpolymeren überblickt werden, etwa an Hand der Hydrolyse des Phosphornitrilchlorids,

$$
\begin{array}{ccccccc}
 & Cl & & Cl & & Cl & \\
 & | & & | & & | & \\
=N- & P & =N- & P & =N- & P & = \; . \\
 & | & & | & & | & \\
 & Cl & & Cl & & Cl & \\
\end{array}
$$

---

[1] Die Tieftemperaturform des As_2O_3 stellt ein Molekülgitter mit Doppelmolekülen dar, so daß die polymerkristalline Hochtemperaturmodifikation als thermische Anregungsform anzusprechen ist. Wegen Übereinstimmung der Verknüpfungsarten kann Instabilität im Tieftemperaturbereich daher auch für den korrespondierenden amorphen Polymerzustand erwartet werden, was beim Arsenikglas tatsächlich zutrifft. Beim Eisenakermanit $2CaO \cdot FeO \cdot 2SiO_2$ liegt eine ähnliche, nicht ausreichend verstandene Instabilität des Glaszustandes vor.

[2] So ist aus der Doppelkettenstruktur des rhombischen SiS_2 gefolgert worden, daß es kein Glas dieser Zusammensetzung geben könne. Diese Kettenform ist jedoch neuerdings auch für SiO_2 erhalten worden, das als Quarzglas eine unbezweifelbare amorphe Polymerform besitzt.

Dabei werden durch Hinzutreten von Wasser je H_2O-Molekül zwei HCl-Moleküle abgespalten, wobei die zu verschiedenen Ketten gehörenden Cl-Atome durch eine zwischen zwei Phosphoratomen entstehende Sauerstoffbrücke ersetzt werden:

$$\begin{array}{c} Cl \\ | \\ =N-P=N- \\ | \\ O \\ | \\ =N-P=N- \\ | \\ Cl \end{array}$$

Wie bei der Vulkanisierung des Kautschuks durch S- oder Se-Brücken können auf solche Art Brückenbausteine in die Substanz eingeführt werden, die im Ausgangszustand noch nicht vorhanden waren. Doch sind dies immer wieder die gleichen Atomarten oder Gruppen, deren Brückenfunktion bereits vorhin aus bekannten Polymerstrukturen gefolgert worden war.

Als makroskopische Gebilde betrachtet sind die amorphen Polymerstrukturen gegenüber den vollkristallinen durch die Befähigung zur Bildung isotroper Festkörper ausgezeichnet, die bei fortgesetzter Abkühlung im allgemeinen keine Strukturveränderungen zeigen[1]. Die Verwirklichung anisotroper Zustände ist bei Netzpolymeren nur in beschränktem Umfange möglich, etwa durch Herstellung bzw. Erstarrung in geeigneten Temperaturgefällen. Linearpolymere dagegen können durch mehr oder minder weitgehende Parallelorientierung ihrer Ketten- oder Ringgebilde, auch ohne Aufhebung des amorph-festen Zustandes, als makroskopisch-anisotrope Festkörper erhalten werden (z. B. Se[2]). Diese Gegenüberstellung besitzt keine unmittelbare Beziehung zur Spinnfähigkeit der erweichbaren amorphen Hochpolymeren. Quarzglasfäden, als einem Netzpolymeren zugehörig, zeigen keine röntgenographisch nachweisbare Strukturanisotropie[3]. Durch Fadenziehen bewirkte Orientierungseffekte dürften daher den Hochpolymeren mit Kettenbau vorbehalten sein.

Eine weitere Sonderstellung amorpher Linearpolymerer betrifft ihr elastisches Verhalten in jenem Temperaturgebiet, in dem kein sprödes Stoffverhalten mehr besteht, aber noch ausreichende Formfestigkeit vorhanden ist, so daß man daselbst von einem Flüssigkeitszustande mit „fixierter Struktur" gesprochen hat. Dieser Bereich ist dadurch gekennzeichnet, daß die Wärmebewegung zur Überwindung der wirksamsten

---

[1] Vgl. dagegen die oben gekennzeichnete Tieftemperaturinstabilität des Arsenik- und Eisenakermanitglases.

[2] WEBER, J.: Z. Naturforsch. 8a, 565 (1953).

[3] Solche Versuche sind dankenswerter Weise durch Herrn Kollegen A. FAESSLER (früher Halle, jetzt Freiburg/Br.) ausgeführt worden; vgl. A. SMEKAL: Nova Acta Leopoldina (N.F.) 12, 1943; Fiat Review of German Science 1939—1946, Bd. 8, S. 94, 1947. Sie wurden veranlaßt durch die von O. REINKOBER [Physik. Z. 33, 32 (1932); 38, 112 (1937); 40, 385 (1939)] gefundene Abhängigkeit der elastischen Eigenschaften seiner Quarzglasfäden vom Fadendurchmesser. Diese Erscheinung dürfte indes nach noch unveröffentlichten neueren Betrachtungen auf grundsätzlich vermeidbare Oberflächenveränderungen der Fäden zurückzuführen sein.

Haftstellen zwischen benachbarten Makromolekülen noch nicht ausreicht („fixierte" Struktur), wohl aber die freier gelagerten Kettenglieder der Moleküle verschiebbar macht („Mikro-BROWNsche-Bewegung") und das System von der inneren Starrheit normaler Festkörper befreit. Diese Voraussetzungen für die an amorphen organischen Linearpolymeren gefundene Hoch- bzw. Kautschukelastizität sind innerhalb bestimmter Temperaturgebiete ebenso für amorphe anorganische Linearpolymere zutreffend, so daß kautschukelastisches Verhalten auch für amorphen Schwefel sowie amorphes Selen und Phosphornitrilchlorid nachgewiesen ist[1].

---

[1] Literaturangaben z. B. bei H. SPECKER: Angew. Chem. **65,** 299 (1953).

Viertes Kapitel.

Gitterstruktur der hochpolymeren Stoffe.

Von

O. KRATKY, G. POROD und E. SCHAUENSTEIN.

Mit 45 Abbildungen.

§ 15. Zur Methodik der Röntgenanalyse bei polykristallinen Präparaten.

Von O. KRATKY und G. POROD.

(Diskutiert am Beispiel der Cellulose.)

In der Röntgenstrukturanalyse der makromolekularen Stoffe haben
wir die beiden Fälle zu unterscheiden, daß *makroskopische Einkristalle*
erhalten werden können, wie vor allem bei vielen löslichen Proteinen, oder
aber, daß die Substanz grundsätzlich nur in *polykristalliner* Form existiert, wie bei den Faserstoffen. In ersterem Fall sind wohl im Prinzip die
gleichen Methoden der Röntgenanalyse anzuwenden wie bei allen anderen
Einkristallen; doch gehört die Strukturanalyse eines Proteinkristalls zu
den schwierigsten Aufgaben ihrer Art, und es wäre sehr wohl angebracht,
in Ergänzung des in § 17 Gesagten, die Wege aufzuzeigen, die bei den
Lösungsversuchen bisher gegangen wurden. Nun ist die Durchführung
solcher Untersuchungen bisher nur Sache einiger weniger Laboratorien
gewesen, und es kann nicht das Ziel des vorliegenden Beitrages sein, die
notwendigen Spezialkenntnisse zu vermitteln. Außerdem befindet sich
dieses Arbeitsgebiet in einem Stadium der Entwicklung, wo es trotz viel-
versprechender Erfolge bisher noch nicht gelungen ist, die Struktur eines
Eiweißkristalls wirklich bis zu Ende zu analysieren. Es dürfte daher richtig sein, wenn wir uns hier auf die Wiedergabe einiger prinzipieller Ergebnisse – und zwar im § 17 – ohne ausführliche Darlegung des dahin
führenden Weges beschränken.

Anders ist die Situation bei den polykristallinen Faserstoffen. Hier be-
teiligen sich einerseits zahlreiche Laboratorien an der Erforschung, und
es sind in vielen Fällen Lösungen erzielt worden, die als mehr oder weniger
endgültig bezeichnet werden können. Darüber hinaus dürfen aber vielfach
auch schon Teilergebnisse als wertvoll bezeichnet werden, denn sie ermöglichen bei der im Vergleich mit den Proteinkristallen viel einfacheren
Problemlage interessante Schlüsse auf die Struktur und sind oftmals auch

von technischem Interesse. Es erscheint daher angebracht, in großen Linien die charakteristischen methodischen Schwierigkeiten bei der Durchführung der Strukturanalyse von faserförmigen Hochpolymeren zu besprechen, und zwar in Ergänzung zu dem im Kap. II, vor allem im § 9, Gesagten. Dabei wollen wir uns zunächst auf die Diskussion der im normalen Faserdiagramm zum Ausdruck kommenden Mikroperioden beschränken, während die aus den Kleinwinkelreflexen erkennbaren Makroperioden in Kap. V im Zusammenhang mit der „Kristallit"-Härte besprochen werden sollen.

Die Aussagemöglichkeiten der Röntgenanalyse eines Polykristalls sind um so günstiger, je geringer die Lagenmannigfaltigkeit der Kristallite ist. Ein Präparat mit völliger Unordnung gestattet im allgemeinen nicht ohne weitere Voraussetzungen die Durchführung einer Gitterbestimmung. Liegt Faserstruktur vor, so kann, ganz wie bei einer Drehkristallaufnahme, aus dem Schichtlinienabstand die Identitätsperiode in der Faserrichtung sicher ermittelt werden. Schon die Bestimmung der seitlichen Dimensionen der Elementarzelle macht aber in diesem Falle für gewöhnlich Schwierigkeiten. Bestrahlen wir ein solches Präparat senkrecht zur Faserachse, so reflektieren alle *paratropen*, d. h. parallel zur Faserachse verlaufenden Netzebenen gleichzeitig. Man kann dann aus den auftretenden Ablenkungswinkeln die einzelnen Netzebenenabstände entnehmen, erfährt aber unmittelbar nichts über die Winkel, welche die paratropen Ebenen untereinander im Kristallit einschließen. Ein Indizierungsversuch wird außerdem durch die geringe Zahl der Reflexe, ihre Unschärfe und die niedrige Symmetrie des Gitters sehr erschwert.

Viel günstiger ist die Situation bei einem Präparat mit höherer Orientierung (§ 20, a). Diese entspricht bei idealer Ausbildung und bei rhombischer Symmetrie einer einzigen Kristallitlage. Durchstrahlen wir jetzt *in* Richtung der Faserachse, so wird der Röntgenstrahl streifend auf die paratropen Ebenen einfallen. Bedenken wir aber, daß bei den wirklichen Faserstoffen eine gewisse Richtungsverwacklung der Kristallite vorliegt („reale" höhere Orientierung) und die Glanzwinkel bei den hochpolymeren Stoffen mit ihren verhältnismäßig großen Elementarzellen

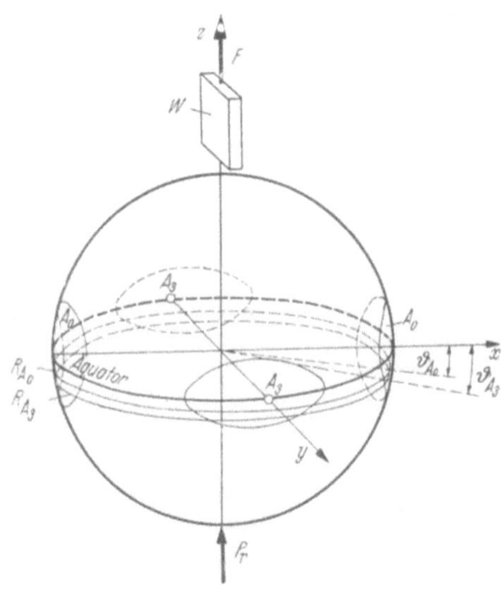

Abb. IV, 1. Verteilung zweier paratroper Ebenen, A_0 und A_3 auf der Lagenkugel bei höher orientierten Präparaten von regenerierter Cellulose. Die z-Achse ist die Dehnungsrichtung und Faserachse (F) die yz-Ebene die Walzebene (W). A_0 fällt also mit der Walzebene zusammen. A_3 steht senkrecht auf dieser. R_{A_0} und R_{A_3} bedeuten: Reflexionskreis von A_0 bzw. A_3; ϑ_{A_0} und ϑ_{A_3} sind die entsprechenden BRAGGschen Winkel.

ziemlich klein sind, so verstehen wir, daß bei einem Teil der Kristallite die paratropen Ebenen zur Reflexion gelangen. Abb. IV, 1 stellt die Verhältnisse an Hand der *Lagenkugel* (vgl. § 27) dar. Man entnimmt, daß das Röntgendiagramm schon unmittelbar die Winkel zwischen den reflektierenden Netzebenen fast exakt abzulesen gestattet. Abb. IV, 2 demonstriert dies am Beispiel des Röntgendiagramms der aus Cellulose bestehenden Zellwand der Grünalge Valonia ventricosa.

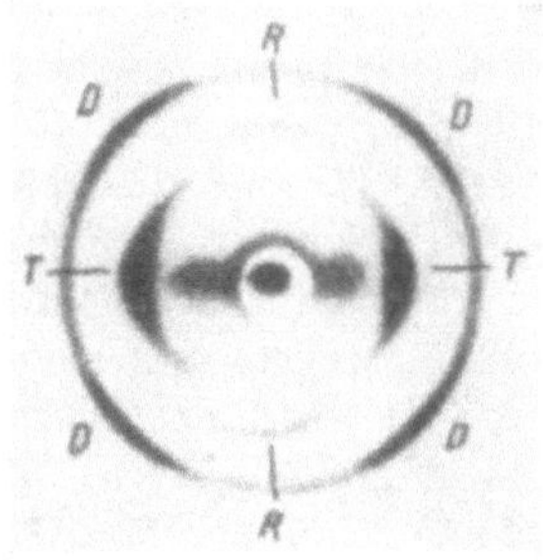

Abb. IV, 2. Diagramm eines höher orientierten Präparates aus der Zellwand der Grünalge Valonia ventricosa. (Nach SPONSLER.)
$T \equiv A_1$; $R \equiv A_2$ und $D \equiv A_4$.

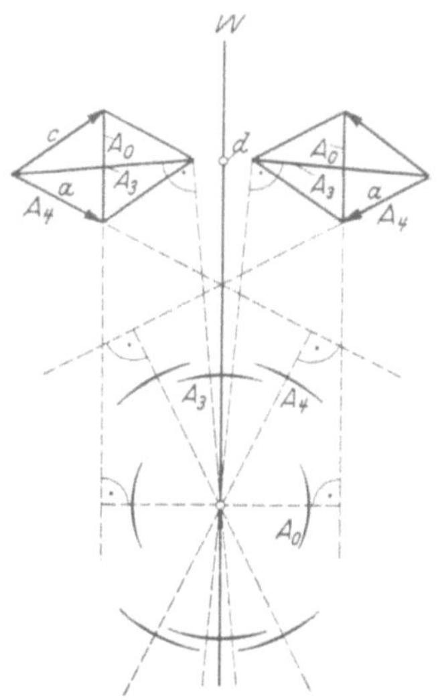

Abb. IV, 3. Im oberen Teil der Abbildung sind zwei symmetrisch zur Walzebene W orientierte Kristallitlagen eines höher orientierten Präparates von regenerierter Cellulose gezeichnet. Die paratropen Ebenen A_0, A_3 und A_4 stehen normal auf der Papierebene. Sie erzeugen bei Durchleuchtung in der Dehnungsrichtung d, eine gewisse Verwacklung ihrer Orientierung vorausgesetzt, die im unteren Teil der Abbildung eingezeichneten Sicheln.

Ist man gezwungen, die höhere Orientierung erst durch Deformation künstlich erzeugen zu müssen, so gelingt die Ausrichtung insbesondere nach der Nebenachse meist nur wesentlich schlechter. In solchen Fällen ist stets auch der Umstand zu berücksichtigen, daß die Orientierung in ihrer statistischen Symmetrie drei aufeinander normalen Spiegelebenen entspricht, weil der bei der Deformation angelegte Spannungstensor (Dehnung + Walzung, wobei die Dehnungsrichtung in die Walzebene hineinfällt) durch ein dreiachsiges Ellipsoid zu beschreiben ist. Bei monokliner Symmetrie der Kristallite werden daher stets mindestens zwei Kristallitlagen vorhanden sein müssen. Abb. IV, 3 veranschaulicht den Fall, daß sich die auf die Spiegelebene der Kristallite normale b-Achse in die Dehnungsrichtung d gedreht hat und die Ebene $A_0 = (101)$ mit der Walzebene W zusammenfällt. Die Durchleuchtung in der Dehnungsrichtung führt jetzt dazu (immer natürlich eine gewisse Verwacklung der Kristallitachsen vorausgesetzt), daß die mit A_4 bezeichnete Netzebene (001) ein Vierpunktdiagramm liefert. Bei mäßiger Güte der Ausrichtung der Nebenachsen werden die von A_4 herrührenden vier Sicheln paarweise zu einer noch längeren Sichel zusammenfließen. Ein solcher Fall liegt bei der regenierten Cellulose tatsächlich vor, was wir der Abb. IV, 4 entnehmen können[1].

Nun sei besprochen, wie die Auswertung erfolgt, wenn derartige Diagramme vorliegen. Dazu gehen wir von einem Schnitt durch das *reziproke Gitter* senkrecht zur Faserachse aus, durch dessen Punkte sämtliche paratropen Ebenen repräsentiert sind. Abb. IV, 5 stellt diesen Schnitt für die regenerierte Cellulose dar. Er hat bekanntlich die Bedeutung, daß die Richtung der Verbindungslinie des Ursprungs mit einem der Gitterpunkte die Normale zu einer Netzebenenschar darstellt, während die Länge dieses Vektors reziprok dem Netzebenenabstand D/n ($n =$ Ordnung der Reflexion) ist (vgl. auch § 9, S. 52). Die Winkel, welche die Vektoren im reziproken Gitter miteinander einschließen, sind danach gleich den Winkeln der entsprechenden Netzebenen untereinander.

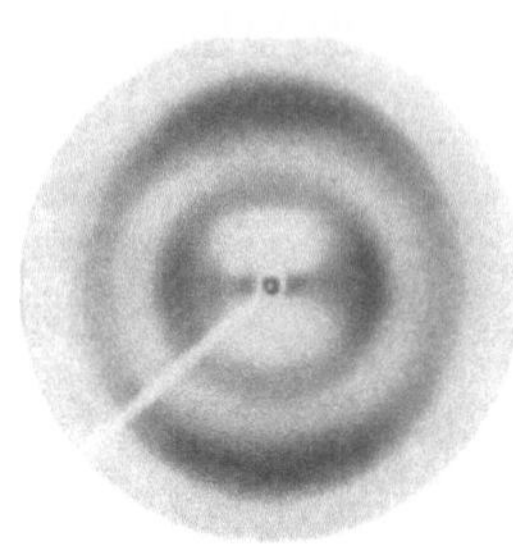

Abb. IV, 4. Röntgendiagramm von höher orientierter regenerierter Cellulose. Durchleuchtung in Richtung der Faserachse. Walzebene verläuft vertikal.

Das reziproke Gitter ist durch zwei Grundvektoren und ihren Winkel eindeutig bestimmt oder durch die Länge dreier Vektoren, wenn man weiß, daß sie ein geschlossenes Dreieck bilden, wie z. B. die Vektoren A_0, A_3 und A_4 in Abb. IV, 5. Aus Diagrammen höher orientierter Präparate von der Art der Abb. IV, 4 kann man nun, wie besprochen, nicht nur die Längen der reziproken Vektoren bestimmen[2] (die sich schon aus dem Diagramm eines beliebigen, auch ungeordneten Präparates ergeben hätten), sondern auch annähernd die Winkel, die sie miteinander einschließen. Die Auswertung besteht dann darin, „zu erraten", in welcher

Abb. IV, 5. Schnitt durch das reziproke Gitter der regenerierten Cellulose normal zum Basislot. Die Endpunkte der Horizontalkomponenten der $\frac{1}{D}$-Werte sind mit der Bezeichnung der betreffenden Netzebene versehen. Das aus A_0, A_3 und A_4 gebildete Dreieck ist eingezeichnet. (Nach BURGENI und KRATKY.)

---

[1] BURGENI, A. u. O. KRATKY: Z. physik. Chem. (B) **4,** 190 (1929).

[2] Gemäß $n \lambda = 2 D \sin \vartheta$ ist $\dfrac{n}{D} = \dfrac{2 \sin \vartheta}{\lambda}$, d.h. die Längen der reziproken Vektoren sind, da ϑ stets klein ist, in erster Näherung proportional den mit tg 2ϑ gehenden Radien der Sicheln; das Röntgendiagramm bildet also, schon ohne weitere Umzeichnung, in erster Näherung die relativen Größen der reziproken Vektoren in den Radien der Interferenzsicheln richtig ab.

geometrischen Beziehung im reziproken Gitter die aus den Reflexen entnommenen Vektoren zueinander stehen.

Danach läuft jeder Indizierungsversuch darauf hinaus, aus den unmittelbar aus dem Experiment entnommenen reziproken Vektoren, $\dfrac{2\sin\vartheta}{\lambda}$ bzw. Bruchteilen oder Vielfachen von diesen, Dreiecke in solcher Weise zusammenzusetzen, daß erstens die Winkel zwischen den Vektoren im Einklang mit den Diagrammen des höher orientierten Präparates stehen und sich zweitens ein reziprokes Gitter ergibt, in welches die reziproken Vektoren sämtlicher anderer Ebenen des Diagramms ihrer Länge nach passen. Für die Schichtlinienreflexe muß die sog. Horizontalkomponente[1],

die bei Kenntnis der Faserperiode ohne weiteres berechenbar ist, in das reziproke Gitter passen.

Bei regenerierter Cellulose, wo dieser Weg gedanklich erstmalig entwickelt wurde (BURGENI und KRATKY[2]), hat sich die in Abb. IV, 5 dargestellte Lösung als die einzige mit dem Experiment verträgliche erwiesen. Es liegt also der einfache Fall vor, daß aus den reziproken Vektoren, die den Reflexen A_0, A_3 und A_4 entsprechen, ein Dreieck gebildet wird. Um aber in dem sich ergebenden Gitter alle Reflexe unterzubringen, ist der Vektor von A_4 zu unterteilen, d. h. der Reflex A_4 ist als zweite Ordnung einer in erster Ordnung nicht reflektierenden Netzebene aufzufassen. Zur Prüfung dieser Vorstellung betrachten wir Abb. IV, 6, wo in der Ausgangslage der A_0-Vektor unter einem kleinen Winkel mit der Normalen zur Walzebene angenommen wurde. Durch Spiegelung entsteht das zweite eingezeichnete Vektorentripel. Denken wir uns jetzt die Endpunkte der Pfeile dieser beiden Vektorentripel um die Dehnungsrichtung zirkular um etwa 25° verwackelt und in die Lagenkugel übertragen[3], so erkennen

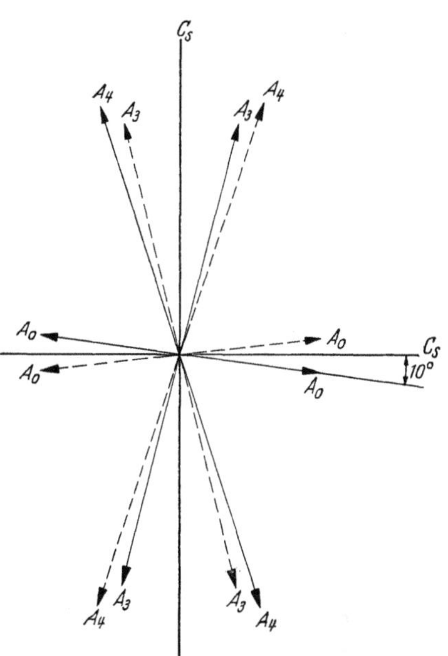

Abb. IV, 6. Das reziproke Gitter von zwei zur Spiegelebene C_s symmetrisch orientierten Kristallitlagen der regenerierten Cellulose. Die voll ausgezogenen Pfeile bilden zusammen eine Gitterlage, die gestrichelten Pfeile die spiegelbildlich gelegenen. (Nach BURGENI und KRATKY.)

---

[1] Man versteht darunter die Projektion eines reziproken Vektors auf die normal zur Faserachse verlaufende Ebene des reziproken Gitters.

[2] BURGENI, A. u. O. KRATKY: Z. physik. Chem. (B) **4**, 190 (1929).

[3] Die reziproken Vektoren entsprechen ihrer Lage nach den Netzebenennormalen, wie wir sie bei der Einzeichnung der Repräsentationspunkte auf der Lagenkugel verwenden. Die Verteilung der Endpunkte eines Bündels von reziproken Vektoren entspricht daher direkt der Verteilung der Repräsentationspunkte auf der Lagenkugel.

wir, daß bei Durchleuchtung in der Dehnungsrichtung tatsächlich ein Röntgenbild zu erwarten ist, wie es die Abb. IV, 4 darstellt.

Aus den Grundvektoren des reziproken Gitters A_0 und A_4 und ihrem Winkel von $64°30'$ ergab sich in bekannter Weise der monokline Elementarkörper:

$$a = 8,89 \text{ Å}$$

$$b = 10,35 \text{ Å (Faserperiode)} \quad \beta = 64°30'$$

$$c = 8,04 \text{ Å}$$

Abb. IV, 5 und Tabelle IV, 1 zeigen ferner, daß mit seiner Hilfe eine einwandfreie Indizierung sämtlicher Reflexe möglich ist[1, 2].

Die Verteilung der Repräsentationspunkte auf der Lagenkugel kann in exakter Weise auch mit Hilfe von WEISSENBERG-Aufnahmen bestimmt werden, wie das z. B. bei den höher orientierten Präparaten von nativer Cellulose durch MARK und SUSICH[3] geschehen ist.

In der besprochenen Weise wurden die bekannten Gitter der natürlichen hochpolymeren Faserstoffe ermittelt, wobei die Schwierigkeiten nach dem eingangs Gesagten dort verhältnismäßig groß waren, wo die Orientierung durch Deformation erzwungen werden mußte.

Es gibt noch einen zweiten Weg, der in bestimmten Fällen die Indizierung der Reflexe erleichtert. Wie BUNN[4] zeigte, kann die Vorzugsorientierung in sehr langsam gezogenen Präparaten vollsynthetischer Faserstoffe, die nachträglich in der Hitze schrumpfen gelassen wurden, in dieser Richtung ausgenützt werden, und zwar lassen sich Angaben über die relative Lage der Kristallflächen aus dem Betrag ableiten, um welchen die entsprechenden Reflexe aus den Schichtlinien herauswandern.

Hat man einmal die Elementarzelle bestimmt, so unterscheidet sich der weitere Weg der Röntgenanalyse nicht mehr prinzipiell vom Vorgehen bei komplizierten niedermolekularen Substanzen. Aus dem Volumen der Elementarzelle und der makroskopisch bestimmten Dichte findet man ihr Gewicht. Die Division durch das Gewicht des Grundbausteines (im

---

[1] SAUTER, E. [Z. Kristallogr. **84**, 453 (1933)] hat zur Veranschaulichung des Umstandes, daß man nachzusehen hat, ob die reziproken Vektoren (bzw. deren Horizontalkomponente bei Schichtlinienreflexen) in ein vorgeschlagenes reziprokes Gitter passen, um den Nullpunkt Kreise geschlagen, deren Radien die unterzubringenden Vektoren sind. Man sieht dann, auf welchen Gitterpunkt der Vektor „paßt". Es ist Geschmacksache, ob man diesen selbstverständlichen Weg der überschlagsmäßigen Prüfung eines ins Auge gefaßten Gitters als „graphische Methode" bezeichnet, wie das SAUTER und nachher auch andere Autoren getan haben. Bedenklich ist nur, daß diese Bezeichnung zur irrigen Meinung verleiten könnte, daß man mit dieser Methode ein reziprokes Gitter ableiten kann, während tatsächlich der wesentliche Vorgang in der Bildung von Dreiecken mit drei reziproken Netzebenenabständen bzw. ihren Vielfachen oder Bruchteilen besteht, wobei eine Kombination gefunden werden muß, die solche Winkel der betreffenden Netzebenen repräsentieren, daß sich mit ihrer Hilfe Bogenverteilung und Bogenlängen im Diagramm eines höher orientierten Präparates richtig interpretieren lassen.

[2] Die obigen 1929 von A. BURGENI und O. KRATKY angegebenen Werte haben durch neuere Präzisionsmessungen einiger Autoren eine kleine Korrektur erfahren (vgl. S. 129).

[3] MARK, H. u. G. v. SUSICH: Z. physik. Chem. (B) **4**, 431 (1929).

[4] BUNN, C. W.: Chemical Crystallography, Clarendow Press. Oxford 1945.

Tabelle IV, 1.

Tabelle der Horizontalkomponente von Hydratcellulose (nach A. BURGENI und O. KRATKY, 1929).

Bezeich- nung der Ebenen	Neue Indi- zierung*	Horiz. Komp. von $\frac{1}{D}$ beobachtet	Horiz. Komp. von $\frac{1}{D}$ berechnet nach dem neuen Transl.-Gitter
A_0	200	0,1330—0,139	0,1376
A_3	020	0,2262	0,2268
A_4	220	0,2485	0,249
A_5	330	0,3781	0,3753
A_6	600	0,4080	0,4128
A_7	040	0,4520	0,4536
I_1	201	0,1288—0,1334	0,1376
I_2	021	0,2303	0,2268
I_3	401	0,2820	0,2752
I_4	421	0,3295	0,3355
I_5	331	0,3780	0,3735
I_6	601	0,4145	0,4128
II_1	112	0,1260	0,1245
II_2	022	0,2273	0,2268
II_3	402	0,2757	0,2752
II_4	132	0,3385	0,3362
II_5	332	0,3773	0,3735
III_1	203	0,1373	0,1376
III_2	223	0,2502	0,249
III_3	403	0,2811	0,2752
III_4	133	0,3432	0,3362
III_5	333	0,3720	0,3735
IV_1	114	0,1238	0,1245
IV_2	024	0,2303	0,2268

* Bezieht sich auf Elementarkörper, S. 124.

Falle der Cellulose z. B. des Glucoserestes) ergibt die Zahl n der monomeren Reste in der Elementarzelle. Bei regenerierter Cellulose wurde so unter der Annahme der Dichte des kristallinen Anteils[1] von 1,60 eine Zahl von $n = 4$ Glucoseresten gefunden. Auf Grund von Symmetriebetrachtungen, chemischen Kenntnissen und sterischen Überlegungen ist dann ein plausibler Strukturvorschlag auszuarbeiten. Nun kann man die Intensitäten vorausberechnen und durch ihren Vergleich mit dem Experiment die Richtigkeit des Vorschlages prüfen.

Im Falle der Cellulose ging die Diskussion von dem Versuch aus, die Länge der Translationsperiode in der Faserrichtung (*b*-Achse) von 10,3 Å zu deuten. SPONSLER und DORE[2] konnten zeigen, daß dieser Wert gerade der Länge von zwei Glucoseresten (in ihrer Cycloform) in Richtung der Längsachse des Cellulosemoleküls entspricht, wobei

---

[1] Die makroskopische Dichte der Gesamtfaser unterscheidet sich nur sehr wenig von diesem Wert. So findet P. H. HERMANS (Physics and Chemistry of Cellulose Fibres, Elsevier Publ. Comp. 1949, S. 197 ff.) auf Grund sehr sorgfältiger Messungen $d = 1,52$. Natürlich stellt dieser Wert nur eine untere Grenze für die Dichte des kristallinen Anteils dar, weil schlechter geordnete („amorphe") Anteile und Hohlräume die makroskopische Dichte verkleinern. Der obige Wert von 1,60 für die Röntgendichte, der angenommen werden muß, um ein ganzzahliges n zu bekommen, ist also durchaus vernünftig.

[2] SPONSLER, O. L. u. W. H. DORE: Colloid Symp. Monogr. **4**, 174 (1926).

sie allerdings im Sinne der damaligen Vorstellungen der Polysaccharidchemie annahmen, daß die Glucosereste abwechselnd in 1–1- und 4–4-Bindungen miteinander verknüpft sind. MEYER und MARK[1] haben dann unter Benutzung der HAWORTHschen[2] Erkenntnisse über die Bindung in der Cellobiose eine durchgehende 1–4-Bindung den weiteren Betrachtungen zugrunde gelegt, wobei zwei aufeinanderfolgende Reste um die Faserachse um 180° gegeneinander verdreht sind. ANDRESS[3] hat das Modell unter Verwendung der Atomradien und Valenzwinkel noch etwas präzisiert. Sein Modell hält der Prüfung insofern befriedigend stand, als es zu einer halbquantitativen Übereinstimmung der berechneten und gemessenen Interferenzintensitäten führt. Die weiteren Diskussionen haben an diesem Modell nicht mehr sehr viel geändert. Dies gilt auch von dem Vorschlag von MEYER und MISCH[4], der in Abb. IV, 7 für die sehr ähnliche native Cellulose dargestellt ist. Wir sehen, daß sich durch die Kanten und die Mitten der Elementarkörper Ketten aus Glucoseresten hindurch erstrecken, die auf

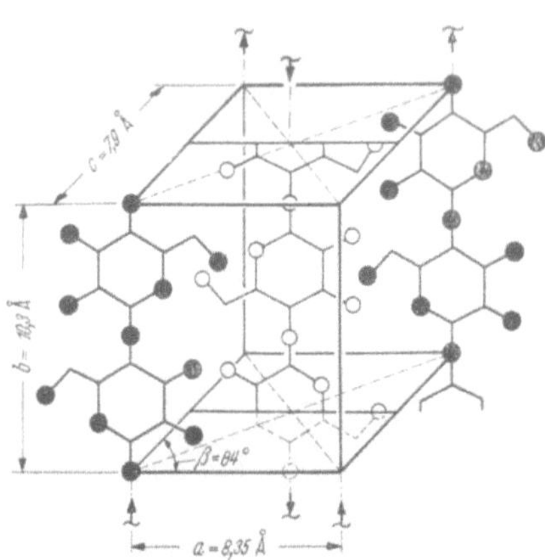

Abb. IV, 7. Schema der Gitterstruktur von nativer Cellulose nach K. H. MEYER und MISCH.

zweizähligen Schraubenachsen sitzen. Die aufeinanderfolgenden Glucosereste sind also um 180° gegeneinander verdreht. Als neues Faktum gegenüber dem alten MEYER-MARKschen bzw. ANDRESSschen Modell enthält dieser Vorschlag vor allem ein Abwechseln der Ketten in ihrer Richtung. Wenn die in den Längskanten der Elementarzelle liegende Cellulosekette z. B. nach oben verläuft, dann hat die durch das Zentrum verlaufende Kette die Richtung nach unten. Die Übereinstimmung der berechneten und gemessenen Interferenzintensitäten ist bei diesem Modell noch etwas besser als beim ANDRESSschen. Bekanntlich bewirken schon kleine Veränderungen der Atomkoordinaten große Veränderungen in den Intensitäten, so daß die annähernde Übereinstimmung doch als Beweis für die weitgehende Richtigkeit des Modells gewertet werden kann.

Einen schematischen Querschnitt dieser Struktur senkrecht zur Faserachse gibt Abb. IV, 8. Die regenerierte Cellulose unterscheidet sich, wie wir am besten an Hand eines solchen Schemas sehen, dadurch von der nativen Cellulose, daß die Flächen der Glucosereste nicht mehr parallel zur a-Achse verlaufen, sondern gegen diese verdreht sind.

---

[1] MEYER, K. H. u. H. MARK: Ber. dtsch. chem. Ges. **61**, 593 (1928); Z. physik. Chem. (B) **2**, 115 (1929).

[2] HAWORTH, W. N.: Helv. chim. Acta **11**, 534 (1928).

[3] ANDRESS, K. R.: Z. physik. Chem. (B) **2**, 380 (1929).

[4] MEYER, K. H.: Ber. dtsch. chem. Ges. **70**, 266 (1937). — K. H. MEYER u. L. MISCH: Helv. chim. Acta **20**, 232 (1937).

Eine Schwierigkeit dieses Vorschlags ist die Tatsache, daß wegen der exakten Unterteilung der Faserachse durch zwei Glucosereste nur die geraden Ordnungen des Basisreflexes auftreten dürften. Tatsächlich tritt aber auch die dritte Ordnung mit merklicher Intensität in Erscheinung. Wie kürzlich im Arbeitskreis der Verfasser gezeigt werden konnte[1], genügen aber bereits kleine Modifikationen am Modell, z. B. die freie Rotation der $CH_2 \cdot OH$-Gruppe um die Verbindungslinien von C_5 und C_6, um ein merkliches Auftreten der ungeraden Ordnungen hervorzurufen. Auch sonstige kleinere Unregelmäßigkeiten, wie unregelmäßige Verdrillung und andere Gitterstörungen, können vermutlich leicht Störeffekte einer entsprechenden Größenordnung hervorrufen. Es scheint danach, daß man diesen Unstimmigkeiten keine allzu große Bedeutung beizulegen braucht.

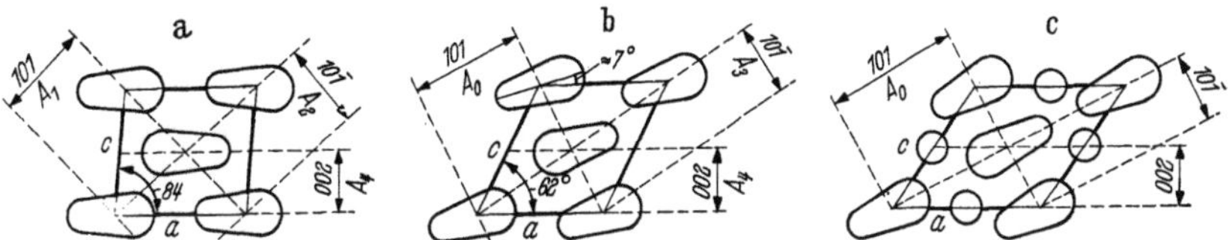

Abb. IV, 8. Schematisch dargestellter Schnitt normal zur b-Achse (Faserachse) durch den Elementarkörper von Cellulose I (a), Cellulose II (b) und Wassercellulose (c). (Nach K. H. MEYER.)

Die in den folgenden Abschnitten zusammengestellten Ergebnisse der Gitterbestimmung erheben in keiner Richtung Anspruch auf Vollständigkeit. Besondere Schwierigkeiten bieten sich beim Versuch einer kurzen Darstellung bei den im Brennpunkt einer intensiven Diskussion und raschen Entwicklung stehenden Vorstellungen über die Faserproteine, weil hier die sterischen Überlegungen, ultrarotspektrographischen und röntgenographischen Ergebnisse noch nicht zu einer einigermaßen allgemein anerkannten Synthese vereinigt werden konnten.

§ 16. Gitterbestimmungen an Polysacchariden, Chitin und Kautschuk[2].

Von O. KRATKY und G. POROD.

a) Die polymorphen Modifikationen der reinen Cellulose und ihre Hydrate.

Die ersten Faserdiagramme von Cellulose haben NISHIKAWA und ONO[3] erhalten; ihre Arbeit ist aber nicht beachtet worden, und erst die eingehenden Untersuchungen von HERZOG und JANCKE[4] haben dieses wichtige Forschungsgebiet der Fachwelt erschlossen. Schon diesen Autoren war bekannt, daß Cellulose in zwei röntgenographisch unterscheidbaren Modifikationen vorkommt, die nach dem Vorschlag von HERMANS[5] als *Cellulose I* und *Cellulose II* bezeichnet werden mögen. Das Gitter der Cellulose I liegt in der unveränderten nativen Form vor, das Gitter der

---

[1] SMOLA, E.: Dissertation Universität Graz 1954.

[2] Über weitere Einzelheiten vgl. auch K. H. MEYER: Makromolekulare Chemie, 2. Aufl. Leipzig 1950.

[3] NISHIKAWA, S. u. S. ONO: Phys. Math. Soc. of Japan, Tokyo, 20. Sept. 1913.

[4] HERZOG, R. O. u. W. JANCKE: Z. Physik **3**, 196 (1920); Ber. dtsch. chem. Ges. **53**, 2162 (1920).

[5] HERMANS, P. H.: Physics and Chemistry of Cellulose Fibres, Elsevier Publishing Comp. Inc., New York 1949.

Cellulose II im mercerisierten Zustand, ferner in den bei gewöhnlicher Temperatur regenerierten Cellulosen (also auch in Kunstseide, Zellwolle usw.). Früher wurde diese Form vielfach als Hydratcellulose bezeichnet; ein unzutreffender Name, weil sie, entsprechend gut getrocknet, tatsächlich kein Wasser enthält.

HESS und GUNDERMANN[1] haben einen weiteren Gittertypus gefunden, der bei Zersetzung von Ammoniakcellulose auftritt, und ihn als *Cellulose III* bezeichnet.

MEYER und BADENHUIZEN[2] sowie KUBO und KANAMARU[3] fanden schließlich, daß bei bestimmten Behandlungen bei höheren Temperaturen aus Cellulose II ein Gitter entsteht, das zunächst für Cellulose I gehalten wurde.

HUTINO und SAKURADA[4], KUBO[5] sowie HESS und KIESSIG[6] stellten aber später einwandfrei fest, daß es sich hier um eine vierte Modifikation handelt, die wir mit HERMANS als *Cellulose IV* bezeichnen wollen. Vielfach wurde der Name Cellulose T oder Hochtemperaturcellulose (H.T.C.) verwendet.

Die wichtigste röntgenographische Feststellung ist die, daß alle vier Modifikationen die gleiche Faserperiode von 10,3 Å aufweisen. Die Deutung als Länge zweier Glucosereste in einer sich durch den ganzen Kristallit erstreckenden Kette von Glucoseresten ist bereits im vorigen Abschnitt besprochen worden; ebenso die Bestimmung des Elementarkörpers von Cellulose II.

Die Lösung der gleichen Aufgabe bei Cellulose I wurde durch die Untersuchung von MARK und SUSICH[7] auf eine gesicherte Basis gestellt, denen es gelang, durch Dehnen von biosynthetischer Cellulose und Tunicin Präparate mit höheren Orientierungen herzustellen. Beim Tunicin trat allerdings eine Doppelorientierung auf, indem sich eine höhere Orientierung mit einer Ringfaserstruktur überlagerte. Die genannten Autoren konnten einen vorher schon von ANDRESS angenommenen monoklinen Elementarkörper bestätigen, dem die folgenden Dimensionen zukommen:

$$a = \ \ 8{,}35 \ \text{Å}$$
$$b = 10{,}30 \ \text{Å (Faserachsen)} \ \beta = 84°$$
$$c = \ \ 7{,}90 \ \text{Å}$$

Eine weitere Sicherung konnte durch SPONSLER[8] sowie PRESTON und ASTBURY[9] erfolgen, die in der Zellwand der Grünalge Valonia ventricosa eine sehr ideale höhere Orientierung auffanden. Bei Durchleuchtung in Richtung der Faserachsen erhält man ein Diagramm (Abb. IV, 2), das direkt abzulesen gestattet, daß A_1 und A_2 aufeinander nahezu senkrecht

---

[1] HESS, K. u. J. GUNDERMANN: Ber. dtsch. chem. Ges. **70**, 1788 (1937).
[2] MEYER, K. H. u. N. P. BADENHUIZEN: Nature **140**, 281 (1937).
[3] KUBO, T. u. K. KANAMARU: Z. physik. Chem. (A) **182**, 341 (1938).
[4] HUTINO, K. u. J. SAKURADA: Naturwiss. **28**, 577 (1940).
[5] KUBO, T.: Z. physik. Chem. (A) **187**, 297 (1940).
[6] HESS, K. u. H. KIESSIG: Z. physik. Chem. (B) **49**, 235 (1941).
[7] MARK, H. u. G. v. SUSICH: Z. physik. Chem. (B) **4**, 431 (1929).
[8] SPONSLER, O. L.: Protoplasma **12**, 241 (1931).
[9] PRESTON, R.D. u. W.T.ASTBURY: Proc. Roy. Soc. [London] (B) **122**, 76 (1937).

stehen und A_4 etwa eine Mittellage einnimmt. Auf dieser Basis war auch eine befriedigende Indizierung aller Reflexe möglich. Über die Aufstellung der eigentlichen Gitterstruktur wurde bereits das Wichtigste gesagt. Es sei nochmals auf Abb. IV, 7 und Abb. IV, 8 verwiesen.

Die Aufnahme von Wasser in das Cellulosegitter. Diese Frage ist in den letzten Jahren sorgfältig studiert worden. Während wir annehmen dürfen, daß Cellulose I kein Hydrat bildet, vermag Cellusose II sicher beträchtliche Mengen Wasser im Gitter zu binden, wodurch eine Aufweitung stattfindet, die sich besonders in einer Vergrößerung des Netzebenenabstandes von A_0 äußert.

Zunächst haben SAKURADA und HUTINO[1] festgestellt, daß bei Zersetzung bestimmter Cellulosederivate bei tiefen Temperaturen ein Gitter entsteht, dessen A_0-Abstand den Wert von 8,98 Å hat (gegenüber 7,056 Å bei Cellulose II). Abb. IV, 8c macht anschaulich, wie man sich den Einbau des Wassers vorzustellen hat.

Dann fanden HERMANS und WEIDINGER[2], daß auch beim Wiederanquellen vollständig getrockneter Cellulose eine Vergrößerung des A_0-Netzebenenabstandes um 0,4 Å eintritt. Das gleiche Hydrat wurde bei Messungen von LEGRAND[3] und KIESSIG[4] wieder gefunden, während KRATKY und TREIBER[5] außer dieser noch zwei weitere Hydratstufen feststellten. Gewisse Unstimmigkeiten unter den Beobachtungen der genannten Autoren haben in einer umfassenden Studie KAST und SCHWARZ[6] auf Grund einer neuerlichen experimentellen Überprüfung aufgeklärt. Wir entnehmen dieser Arbeit die Tab. IV, 2 über die Netzebenenabstände von A_0 [= (101)]. Die Bezeichnungen in der Tabelle schließen sich an einen Vorschlag von HERMANS[2] an. Die Wassercellulose wird danach als Cellulosehydrat II, sämtliche niedrigeren Hydra-

Tabelle IV, 2.
Netzebenenabstände 101 von Cellulose II bei verschiedenen Wassergehalten.

Autor	A	B	C	D	E
HERMANS	7,092	7,243	7,473	—	—
LEGRAND	—	7,272	7,408	—	—
KIESSIG	—	7,250	7,362	—	—
KAST	7,020	7,227	7,365	7,560	—
KRATKY	—	7,280	7,400	7,567	7,842
Mittel:	7,056	7,254	7,402	7,564	7,842

Tabelle IV, 3.
Zunahme der Zahl der Wassermoleküle je Elementarzelle zwischen den einzelnen Hydratationsstufen der Cellulose II (nach W. KAST und R. SCHWARZ).

Bestimmungs-methode	A völlig wasser- frei	B Hydrat I a	C Hydrat I	D Hydrat I b	E Hydrat I c	Wasser- cellulose II
Aus dem Ausdehnungskoeffizienten der Wassercellulose	—	+0,61	+0,44	+0,38	+0,84	+3,00
Aus dem Volumen eines Wassermoleküls	—	+0,65	+0,46	+0,40	+0,87	+3,16

[1] SAKURADA, J. u. K. HUTINO: Kolloid-Z. **77**, 346 (1936).
[2] HERMANS, P. H. u. A. WEIDINGER: J. Coll. Sci. **1**, 185 (1946).
[3] LEGRAND, CH.: C. R. **227**, 529 (1948).
[4] KIESSIG, H.: Z. Elektrochem. angew. physik. Chem. **54**, 320 (1950).
[5] KRATKY, O. u. T. Treiber: Z. Elektrochem. angew. physik. Chem. **55**, 716 (1951).
[6] KAST, W. u. R. SCHWARZ: Z. Elektrochem. angew. physik. Chem. **56**, 228 (1952).

tationsstufen als Cellulosehydrat I bezeichnet. Eine sorgfältige Diskussion führte KAST und SCHWARZ zu den in Tab. IV, 3 zusammengestellten Wassergehalten. Wollen wir in diesen Zahlen einen Ausdruck für das Vorliegen von stöchiometrischen Verbindungen sehen, so müssen wir größere Elementarkörper annehmen, wofür aber vorläufig kein experimenteller Anhalt gegeben ist. Nach KAST und SCHWARZ würde eine vierfach größere Zelle innerhalb der Ungenauigkeit der ganzen Betrachtung auf folgende ganzzahlige Molekülzahlen von H_2O pro Elementarzelle führen:

3, 5, 7, 11 (für Hydrat I);

27 (für Hydrat II).

b) Derivate der Cellulose.

Von einem Cellulosederivat können wir nur sprechen, wenn die Kettenstruktur erhalten bleibt. Änderungen des Gitters werden dann durch dreierlei Vorgänge denkbar, die nur ganz kurz gestreift werden sollen:

1. Die Reagenzien schieben sich unter Bildung von Additionsverbindungen oder chemischen Substitutionen zwischen die Ketten; diese rücken daher ohne wesentliche Änderung der Struktur des Einzelmoleküls auseinander. Dann ist zu erwarten, daß eine unveränderte Faserperiode von 10,3 Å auftritt, die seitlichen Dimensionen des Elementarkörpers aber größer werden. Dieser Fall ist bei einer Reihe von Verbindungen gefunden worden, unter anderem bei den folgenden:

Salpetersäureverbindung (KNECHTsche Verbindung),
Ammoniakcellulose I, Natroncellulose I und III,
Acetylcellulose I und II, Methylcellulose.

2. Es erfolgt zusätzlich insofern eine Gestaltsänderung der Cellulose, als die Glucosereste durch Rotation um die Faserachsen gegeneinander verdreht werden. Es wird dann nicht mehr jeder zweite Glucoserest eine translatorisch identische Lage haben können. Eine dreizählige Schraubenachse an Stelle der zweizähligen führt z. B. zu einer Faserperiode von 15,4 Å = 3 × 5,15 Å. Hierher gehören Ammoniakcellulose II, Natroncellulose II u. a. Es gibt auch eine Gruppe von Verbindungen mit der Faserperiode 25,6 Å = 5 × 5,15 Å, wie vor allem die Nitrocellulose I, Aceton-Nitrocellulose I und II, Cyclohexanon-Nitrocellulose u. a. m. Die normale freie Drehbarkeit an den Brückensauerstoffatomen läßt eine solche Drei- oder Fünfzähligkeit nicht zu; offenbar liegt eine Valenzdeformation vor, doch steht eine endgültige Aufklärung dieses Punktes noch aus.

3. Dann ist noch ein dritter Typus denkbar. Durch das Reagenz ist die Gestalt der Hauptvalenzkette als Ganzes, wahrscheinlich unter Betätigung der freien Drehbarkeit in den Brückensauerstoffatomen, verändert. Offenbar gehört die Campher-Nitrocellulose mit einer Faserperiode von 38,3 Å, die nicht ein Vielfaches von 5,15 Å darstellt, hierher. Jedenfalls tritt aber dieser vielleicht gelegentlich realisierbare Fall stark in den Hintergrund gegenüber dem so häufig gefundenen Regelfall, daß die parallel gelagerten Celluloseketten erhalten bleiben und nur ein seitlicher Einbau der hinzukommenden Gruppen erfolgt.

c) Chitin.

Diese organische Gerüstsubstanz der Käfer, Schmetterlinge, Würmer, Mollusken und Pilze hat in ihrer Molekülstruktur und im Gitterbau große Ähnlichkeit mit der Cellulose. Wir brauchen uns nur den Grundbaustein Glucose durch Acetylglucosamin ersetzt zu denken. In Anlehnung an Erfahrungen bei der Cellulose konnten MEYER und PANKOW[1] das sehr gut ausgebildete Röntgenfaserdiagramm unter Annahme einer rhombischen Elementarzelle mit

$a = 9{,}40$ Å

$b = 10{,}46$ Å (Faserachse)

$c = 14{,}25$ Å

befriedigend indicieren. Die eingehende weitere Diskussion führte unter Mitbenutzung chemischer Daten und sterischer Überlegungen zu dem Schema in Abb. IV, 9.

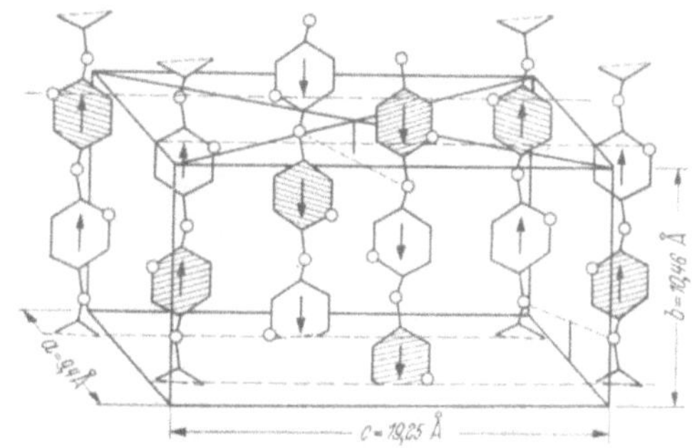

Abb. IV, 9. Schema des Elementarkörpers von Chitin nach K. H. MEYER und G.W. PANKOW.

d) Stärke.

KATZ[2] hat die Stärke sehr eingehend röntgenographisch untersucht. Er konnte Pulverdiagramme erhalten, durch die die kristalline Natur zwar bewiesen ist, die aber für eine Indicierung oder gar die Bestimmung einer Gitterstruktur nicht ausreichen.

Es sei nur erwähnt, daß es drei Typen von Spektren gibt, die J. R. KATZ als A-Spektrum (Getreidestroh), B-Spektrum (z.B. Kartoffelstärke) und C-Spektrum (z.B. Sagostärke) bezeichnet hat. Soweit Vorstellungen über den Bau des Stärkemoleküls entwickelt wurden, geschah dies auf Grundlage der chemischen Untersuchungen (Abbau), sterischen Betrachtungen und der Doppelbrechung. Wir können zusammenfassen, daß sich die Stärke aus zwei Bestandteilen zusammensetzt, der Amylose und dem Amylopektin. Das Molekül der ersteren stellt Ketten aus Glucoseresten in $\alpha - 1{,}4 -$ glucosidischer Bindung vor, während im Amylopektin verschiedene Verknüpfungsarten und vor allem Verzweigungen sichergestellt sind. Aus der Doppelbrechung folgt[3], daß die Glucoseebenen einen ziemlich großen Winkel mit der Längsrichtung der im Stärkekorn radial angeordneten histologischen Strukturelemente einschließen. Dieses Ergebnis führte zu einer Annahme der Molekülgestalt, wie sie in Abb. IV, 10 dargestellt ist.

e) Kautschuk, Guttapercha und Balata.

Aus der chemischen Analyse wissen wir, daß Kautschuk und der als Gutta bezeichnete Kohlenwasserstoffanteil von Guttapercha und Balata

---

[1] MEYER, K. H. u. G.W. PANKOW: Helv. chim. Acta 18, 589 (1935).

[2] KATZ, J. R. u. J. C. DERKSEN: Z. physik. Chem. (A) 150, 100 (1930). — J. R. KATZ, u. TH. B. v. ITALIE: Z. physik. Chem. (A) 155, 199 (1931); Z. physik. Chem. (A) 160, 27 (1933).

[3] FREY-WYSSLING, A.: Tabulae biol. [Den Haag] (B) 19, 30 (1948).

Ketten darstellen, die wir uns durch Polymerisation des Grundbausteins Isopren entstanden denken können.

1. Kautschuk.

Während ungedehnter Kautschuk ein amorphes Diagramm liefert, erhält man, wie Katz[1] mitgeteilt hatte, von gedehntem Kautschuk ein ziemlich punktreiches Faserdiagramm. Die Fadenmoleküle, die im ungedehnten Präparat als verknäuelte Ketten vorliegen, werden offenbar durch die Dehnung des Präparates gestreckt und schnappen in einen Kristallverband ein. Wesentlich für die Strukturbestimmung war die Feststellung von Mark und Susich[2], daß durch Dehnen von sehr dünnen Latexfilmen um etwa 1000% höher orientierte Präparate erhalten werden können. Später sind eingehende Studien an solchen Präparaten, insbesondere von der Meyerschen Schule[3], durchgeführt worden. Misch und van der Wyk[4] finden eine rhombische Elementarzelle mit

$$a = 8{,}97 \text{ Å}$$
$$b = 8{,}20 \text{ Å (Faserperiode)}$$
$$c = 25{,}20 \text{ Å}.$$

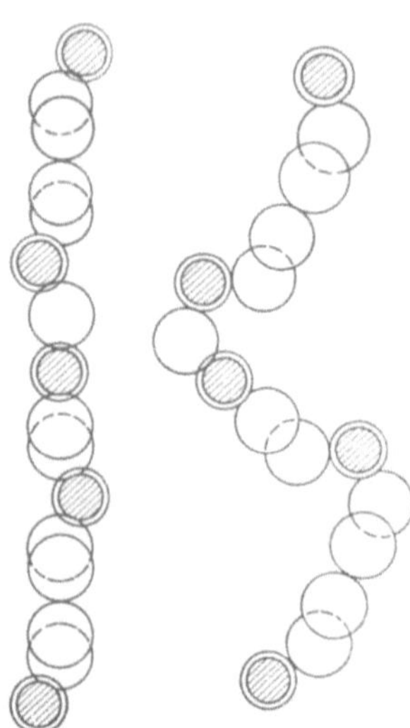

Abb. IV, 10. Ausschnitt aus den Hauptvalenzketten der Cellulose (links) und der Stärke (rechts). Die Ebenen der Glucoseringe stehen etwa normal auf der Papierebene. Weiße Kreise: C-Atome, schraffierte Kreise: O-Atome. (Nach K. H. Meyer.)

Nimmt man 16 Isoprenreste in der Zelle an, so folgt eine Dichte von 0,97 in guter Übereinstimmung mit der experimentell bestimmten maximalen Dichte des gereckten Kautschuks von 0,965. Da das angegebene weiträumige Gitter eine mehr als zehnmal größere Zahl von Reflexen erwarten läßt als tatsächlich auftreten— die Zahl der Auslöschungen ist also größer als ohne sehr gekünstelte Annahmen über die Struktur vernünftigerweise erwartet werden kann—, machen die genannten Autoren auch den Versuch, das Diagramm als Überlagerung der Reflexe einer monoklinen und einer triklinen Gitterart mit wesentlich kleineren Zellen zu interpretieren. Schließlich stellte Bunn[5] eine monokline (pseudorhombische) Zelle mit folgenden Dimensionen auf:

$$a = 12{,}46 \text{ Å}$$
$$b = 8{,}10 \text{ Å} \quad \text{(Faserperiode)} \quad \beta = 92°$$
$$c = 8{,}89 \text{ Å}.$$

Die theoretische Dichte dieser Zelle von 1,01 ist im Vergleich mit der experimentellen (0,965) etwas hoch. Nun liegt allerdings die Dichte des ungedehnten amorphen Kautschuks in der Gegend von 0,91, so daß man immerhin eine Deutung der Dichte des gedehnten Kautschuks durch die Annahme geben könnte, daß in diesem etwa gleiche Mengen von amorpher und kristalliner Phase vorhanden sind.

[1] Katz, J. R.: Chemiker-Ztg. 49, 353 (1925); Naturwiss. 13, 410 (1925).
[2] Mark, H. u. G. v. Susich: Kolloid-Z. 46, 11 (1928).
[3] Lotmar, W. u. K. H. Meyer: Mh. Chem. 69, 115 (1936).
[4] Misch, L. u. A. J. A. van der Wyk: J. chem. Physics 8, 127 (1940).
[5] Bunn, C. W.: Proc. Roy. Soc. [London] (A) 180, 40 (1942).

Wir werden die Frage des Elementarkörpers trotz der erwähnten sehr eingehenden Studien noch nicht als endgültig geklärt ansehen. Die einzige gesicherte Größe ist die Länge der Faserachse von 8,20 Å, die nun für die eigentliche Strukturdiskussion zur Verfügung steht.

Es liegt nahe, zunächst zu untersuchen, ob eine vollkommen gestreckte Isoprenkette mit dieser Periode im Einklang steht. Wie Abb. IV, 11 zeigt, weist diese aber eine zu große Periode von 9,15 Å auf und enthält außerdem eine sterische Schwierigkeit, weil das C-Atom 4 der am C-Atom 2 sitzenden Methylgruppe zu nahe kommt. Einen Ausweg aus beiden Schwierigkeiten schlägt van der Wyk[1] vor, indem er eine Rotation um etwa 50° um die Valenz 3—4 und eine entgegengesetzte gleich große um die Bindung 1—2 annimmt. Die Identitätsperiode sinkt dadurch auf den experimentellen Wert von 8,20 Å und die sterische Schwierigkeit wird durch die Vergrößerung des Abstandes 4—2′ auf 2,90 Å, beseitigt. Je nachdem, ob man diese Rotation in aufeinanderfolgenden Identitätsperioden im gleichen Sinne oder einander entgegengesetzt annimmt, kommt man zu zwei verschiedenen Kettenformen, die in Abb. IV, 12

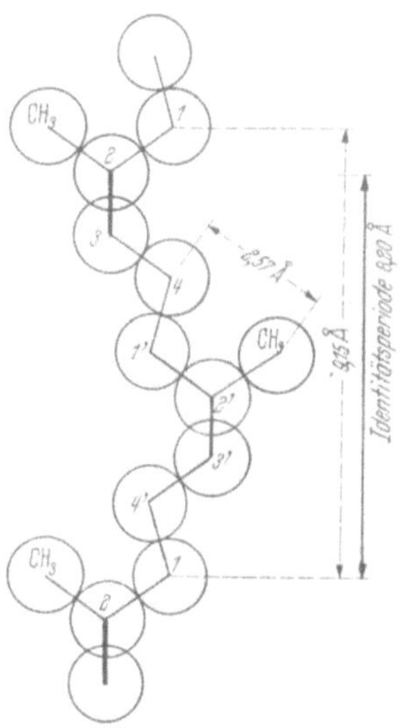

Abb. IV, 11. Kautschukkette, flach ausgestreckt; die Identitätsperiode ist größer als beobachtet. (Nach K. H. Meyer.)

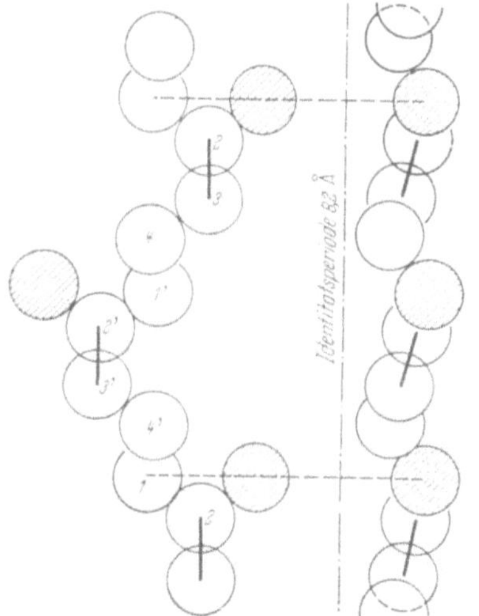

Abb. IV, 12. Projektion der Kautschukkette; Rotation $\alpha \approx 50°$ gleichsinnig um alle 1,2-Bindungen und entgegengesetzt gleichsinnig um alle 3,4-Bindungen. (Nach van der Wyk.)

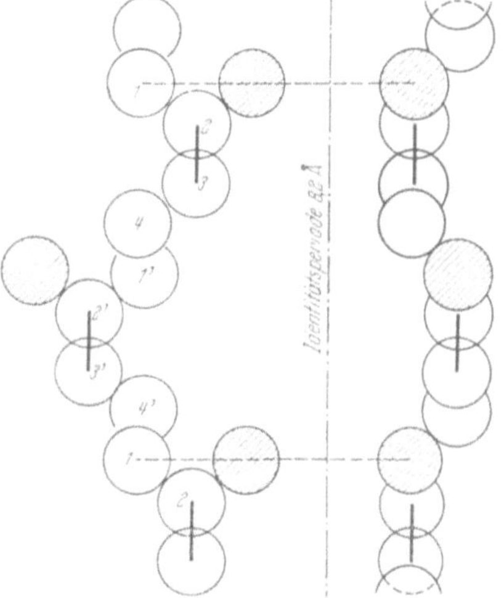

Abb. IV, 13. Projektion der Kautschukkette; Rotation $\alpha \approx 50°$ alternierend um die 1,2-Bindungen und entgegengesetzt alternierend um die 3,4-Bindungen. (Nach van der Wyk.)

---

[1] Wyk, A. J. A. van der, beschrieben in K. H. Meyer, Makromolekulare Chemie, Akad. Verl. Ges. Leipzig 1950, S. 254.

und IV, 13 dargestellt sind. Eine endgültige Sicherung dieses Modells könnte aber erst durch eine befriedigende Interpretation der Röntgen*intensitäten* erfolgen.

2. Güttapercha und Balata.

Beide Materialien enthalten als wesentlichen Bestandteil den gleichen als Gutta bezeichneten Kohlenwasserstoff. Er existiert in zwei röntgenographisch unterscheidbaren Modifikationen, der α- und der β-Form. Bei Deformation des bei 50°C plastisch werdenden Kohlenwasserstoffes ist die Herstellung einer Faserstruktur geglückt, nicht aber von höher orientierten Präparaten, was die Aussagemöglichkeiten der Röntgenanalyse stark einengt.

α-Gutta kann durch Umkristallisieren aus Petroläther erhalten werden oder durch langsames Abkühlen der Schmelze, β-Gutta durch rasches Abkühlen der Schmelze. Entgegen älteren Auffassungen dürfte es nach neueren Untersuchungen von FULLER[1] berechtigt sein, die α-Form als die thermodynamisch stabile, die β-Form als die instabile anzusehen[2].

Das Faserdiagramm der α-Form läßt eine Faserperiode von 8,70 Å entnehmen, für die β-Form stellt FULLER einen rhombischen Elementarkörper mit folgenden Dimensionen auf:

$$a = 11,90 \text{ Å}$$
$$b = 4,80 \text{ Å}$$
$$c = 7,85 \text{ Å}.$$

Die Zelle enthält 4 Isoprenreste.

Bei der Strukturdiskussion ist vor allem die Faserperiode verwertet worden. Ein Vorschlag von VAN DER WYK[3] für die α-Form ist in Abb. IV, 14 wiedergegeben. Entlang der Faserperiode sind also zwei Isoprenreste untergebracht. Die flache Anordnung der Kette steht mit dem Auftreten sehr intensiver Äquatorreflexe in Übereinstimmung, und die Massenverteilung entlang der Kette läßt die Auslöschungen der ungeraden diatropen Reflexe verstehen.

Abb. IV, 14. Kettenmodell von α-Gutta. Die Faserperiode der flachgestreckten Kette ist gleich der beobachteten. (Nach VAN DER WYK.)

Abb. IV, 15. Kettenmodell der β-Gutta. Die Faserperiode der flachgestreckten Form ist größer als die beobachtete.

[1] FULLER, C. S.: Ind. Engng. Chem. **28**, 907 (1936).
[2] Vgl. K. H. MEYER: Makromolekulare Chemie, Akad. Verl. Ges. Leipzig 1950, S. 157.
[3] Mitgeteilt in: K. H. MEYER: Makromolekulare Chemie, Akad. Verl. Ges. Leipzig 1950, S. 259.

Für die Bildung der Kette in der β-Gutta hat man nach dem gleichen Autor von der gestreckten Kette in Abb. IV, 15 auszugehen, in der entlang der Faserperiode nur ein Isoprenrest untergebracht ist, und die etwas zu große Identitätsperiode von 5,05 Å in ähnlicher Weise wie beim Kautschuk durch Drehung von etwa 50° um die Bindung 1—2 und eine entgegengesetzte Drehung um die Bindung 3—4 auf den experimentellen Wert von 4,80 Å zu verkleinern.

Vorschläge für die Anordnung der Ketten im Kristallgitter sind von Bunn[1] und Jeffrey[2] gegeben worden.

§ 17. Gitterbestimmungen an Proteinen und synthetischen Polypeptiden[3].

Von O. Kratky und G. Porod.

a) Überblick.

1. Die Polypeptidkette.

Es kann nicht Aufgabe des vorliegenden Beitrages sein, die Besprechung der Gitterstruktur der Proteine in den Rahmen einer biologischen Systematik dieser Stoffklasse zu stellen. Die gebotene Kürze zwingt vielmehr, den einfacheren Weg zu gehen und, vornehmlich vom Standpunkt der Röntgenanalyse, die wichtigsten Strukturtypen zu besprechen.

Es gilt heute als erwiesen, daß die natürlichen Proteine aus Polypeptidketten aufgebaut sind, d. h., wir haben uns in der Natur vorkommende l-Aminosäuren im Sinne von E. Fischer durch Peptidbindungen zu langen Ketten verknüpft zu denken. Der Grundbaustein der Kette ist also die Gruppe

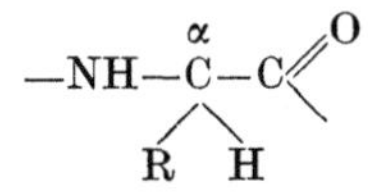

$$-\mathrm{NH}-\overset{\alpha}{\underset{\mathrm{R\ \ H}}{\mathrm{C}}}-\mathrm{C}\overset{\displaystyle O}{\diagdown}$$

wobei der am α-Kohlenstoffatom sitzende Substituent, die „Seitenkette" (die im Falle des Prolin- und Oxyprolinrestes auch auf das benachbarte Stickstoffatom übergreift), die Mannigfaltigkeit der verschiedenen Aminosäurebausteine widerspiegelt. Das chemische Strukturproblem, das uns sofort entgegentritt, ist die Aufeinanderfolge, die *Sequenz*, der Aminosäurereste in diesen Ketten. Es fällt außerhalb des Rahmens unseres Beitrages, auf diese Frage einzugehen, doch sei erwähnt, daß in einem Falle,

---

[1] Bunn, C. W.: Trans. Faraday Soc. **38**, 384 (1942).

[2] Jeffrey, G. A.: Trans. Faraday Soc. **40**, 517 (1944).

[3] Moderne zusammenfassende Darstellungen: 1. W. Low in „The Proteins", herausgegeben von H. Neurath u. K. Bailey, Academic Press Inc., N. Y. 1953 (sehr ausführlich); 2. H. Zahn: Angew. Chem. **64**, 295 (1952); 3. vgl. ferner: A discussion on the structure of proteins" in Proc. Roy. Soc. [London] (B) **141**, 1—103 (1953), wo führende Forscher das Wort ergriffen haben. Im folgenden wird öfters auf Einzelergebnisse dieser Diskussion verwiesen werden; 4. D. C. Hodgkin u. M. F. Perutz: Ann. Reports of the Chem. Soc. **48**, 361 (1952).

und zwar beim Insulin[1], diese Aufgabe durch Abbau und Analyse der entstehenden niederen Peptide vollständig gelöst werden konnte. In anderen Fällen liegen Teillösungen vor. Auch mittels der Röntgenmethode konnten in Einzelfällen Beiträge zum Problem geleistet werden, und zwar in der Weise, daß durch Einführung schwerer Atome bestimmte Aminosäuren röntgenographisch markiert wurden[2], doch ist auf diesem Wege noch kein entscheidender Durchbruch erfolgt.

2. Der Zusammenhang zwischen korpuskularen Proteinen und Faserproteinen.

Die nächste Frage ist die nach der Zusammenlagerung der Ketten zu einer höheren Einheit. Die Antwort beinhaltet bereits die übliche Einteilung der Proteine in korpuskulare (oder globulare) und faserförmige. Bei den korpuskularen Proteinen sind die Ketten in einer im einzelnen noch nicht genau bekannten Weise zu Teilchen, eben den korpuskularen Molekülen, zusammengefaltet, deren Gestalt meist nicht allzuweit von der Kugelform abweicht[3]. Die Hauptmasse der Substanz ist in diesen Teilchen in Form von parallel gelagerten Polypeptidketten vorhanden. Aus den klassischen Arbeiten von The Svedberg zu Anfang der zwanziger Jahre wissen wir, daß die Moleküle bei einer bestimmten Substanz von einheitlicher Größe und Form sind. Sie sind fähig, als Bausteine von Kristallen zu fungieren, die häufig in makroskopischer Ausbildung erhalten werden können.

In den faserförmigen Proteinen haben wir uns dagegen die Ketten, wie wir seit den Untersuchungen von Meyer und Mark Ende der zwanziger Jahre wissen, direkt zu einem Kristallgitter zusammengefügt zu denken, und zwar zu einem Makromolekülgitter im Sinne von Staudinger; d.h., die Ketten erstrecken sich durch viele Elementarkörper hindurch, und nur ein kleiner Abschnitt einer Kette gehört zu einem Elementarkörper.

Die Untersuchungen englischer und amerikanischer Forscher in den dreißiger Jahren haben nun gelehrt, daß bei fast allen Faserproteinen Riesenperioden im Röntgenbild in Erscheinung treten. In § 23, a wird deren Zustandekommen ausführlich diskutiert werden. Wir entnehmen, daß es sich vielfach um histologische Einheiten der gewachsenen Fasern handelt, die man z. B. häufig auch im Elektronenmikroskop beobachten kann. Inwieweit diese Makroperioden mit einer Teilchengröße – Micellgröße – zu identifizieren sind, ist häufig mehr eine Sache der Nomenklatur als der Physik (§ 23). Im Sinne der sogenannten Korpuskulartheorie der Proteinfasern haben wir anzunehmen, daß diese Makrostruktur mit der Faserentstehung zusammenhängt: Korpuskulare Eiweißmoleküle lagern sich kettenförmig bzw. backsteinartig in gesetzmäßiger Weise so anein-

---

[1] Sanger, F. u. H. Tuppy: Biochem. J. **49**, 463, 481 (1951). — F. Sanger u. E. O. P. Thompson: Biochemic. J. **52**, (1952).

[2] Durch Jodierung der Tyrosinreste in der Seide [H. Friedr. Freksa, O. Kratky u. A. Sekora: Naturwiss. **32**, 78 (1944)] konnte wahrscheinlich gemacht werden, daß etwa jeder 20. Baustein Tyrosin ist. Ähnliche Effekte sind durch Nitrierung von Seide und Keratin erzielt worden. H. Zahn, O. Kratky u. A. Sekora: Z. Naturforsch. **6b**, 9 (1951).

[3] Vgl. dazu auch Bd. II dieses Werkes, vor allem Kap. XVI, § 113.

ander, daß die im ursprünglichen Molekül bereits in regelmäßiger Anordnung realisierten Polypeptidketten das Faserprotein bilden.

Nach dem Dargelegten ist die Berechtigung des von BERNAL ausgesprochenen Satzes verständlich: „Corpuscles are fibres and fibres are corpuscles.“

Die zunächst als rätselhaft empfundene Erscheinung, daß sich die Makrostruktur ändern kann, während die Mikrostruktur erhalten bleibt (§ 23), wird verständlich, wenn wir die Dimensionen der Makrostruktur nicht als die „wahre“ Translationsperiode ansehen, sondern als Ausdruck einer histologisch bedingten Dimension einer durchaus nicht exakt kristallgitterartig gebauten Einheit auffassen. Machen wir etwa einen Blick auf Abb. IV, 29, wo die mögliche Faltung einer Kollagenkette nach einem Vorschlag von RANDALL, FRASER und NORTH wiedergegeben ist, so erkennen wir, daß ein Aufgehen oder teilweises Aufgehen der großen Schleife die Länge einer Makroperiode, d.h. des Abstandes zweier aufeinanderfolgender Schleifen, ändern kann, ohne daß sich die Mikrostruktur, also z.B. der Abstand der Reste R, zu verändern braucht.

Wenn auch bisher der Aufbau der meisten Faserproteine aus korpuskularen Einheiten nicht direkt beobachtet werden konnte, so gibt es doch Fälle, wo sich korpuskulare Teilchen einerseits zu Fäden zusammenfügen, welche gebündelt das Verhalten eines Faserproteins zeigen, und die gleichen korpuskularen Teilchen andererseits unter anderen Bedingungen normal kristallisieren. Tropomyosin ist nach den Ergebnissen der ASTBURYschen Schule das erste und klarste Beispiel dieser Art.

Neuerdings konnte am Seidenfibroin gezeigt werden, daß aus einer korpuskularen Lösung zunächst ein Gel mit Teilchen von der Gestalt sehr langgestreckter Zylinder entsteht, aus dem durch Trocknung eine Zwischenform, die Seide I, mit scharfen Weitwinkelinterferenzen und schwachen, aber doch deutlich vermeßbaren Kleinwinkelinterferenzen erhalten werden kann. Nach Quellung kann sie durch gleichzeitiges Dehnen und Walzen mit Leichtigkeit in den bekannten Faserstoff, die Seide II übergeführt werden. Diese Modifikation läßt sich aber aus dem Gel auch durch rasches Trocknen direkt erhalten[1].

Liegt hier ein wesentlicher Unterschied gegenüber der mit Denaturierung kombinierten Streckung eines beliebigen korpuskularen Eiweißstoffes vor, wo nach ASTBURY ebenfalls ein Fasereiweißstoff erhalten wird? Die individuellen Bausteine des kristallisierten Eiweißstoffes, die korpuskularen Moleküle, werden durch die mit der Denaturierung wesentlich verbundene Öffnung der intramolekularen Wasserstoffbrücken erst durch intermolekulare Brücken zu einer zusammenhängenden Masse verschmolzen, in welcher der äußere Zug die Ausstreckung sämtlicher Eiweißketten in annähernde Parallellagerung bewirkt.

Die Faserproteine sind dagegen schon kompakte Zusammenlagerungen von korpuskularen Teilchen, und zumindest ein Teil der mit der Denaturierung verbundenen Veränderungen (Verknüpfung der Korpuskeln) ist schon vorweggenommen.

---

[1] KRATKY, O., G. POROD, E. SCHAUENSTEIN u. A. SEKORA: Mh. Chem. **85,** 461 (1954); O. KRATKY, G. POROD u. A. SEKORA, Mh. Chem. **85,** 1176 (1954).

Außerdem erfolgt bei der Umwandlung eines korpuskularen Eiweißstoffes in einen faserförmigen normalerweise ein Übergang von einer *gefalteten α-Form* in eine *gestreckte β-Form*. Dieser Vorgang ist, wie wir später sehen werden, mit einer Lösung von intramolekularen Wasserstoffbrücken verbunden und schafft so die Voraussetzung für die Bildung neuer intermolekularer Brücken zwischen den gestreckten Molekülen, wodurch eben die neue Struktur in einer meist nicht sehr guten kristallgittermäßigen Ausbildung entsteht. Die beiden erwähnten Beispiele, Tropomyosin und Seidenfibroin, unterscheiden sich wesentlich von diesem Mechanismus und kommen offenbar dem, jedenfalls nach der Korpuskulartheorie der Faserproteine, angenommenen Mechanismus der Faserbildung beim Wachstum viel näher. Beim Tropomyosin können ein und dieselben Teilchen von α-Form sich je nach den Bedingungen zu Fäden (Faserproteinen) oder Kristallen (korpuskularen Proteinen) zusammenfügen. Beim Seidenfibroin beobachten wir nach den erwähnten Untersuchungen die kompakte Zusammenlagerung der globularen Teilchen zu noch größeren Partikeln, die mit Leichtigkeit in die β-Struktur übergehen.

3. Einteilung der Proteine nach dem Typus des Röntgenbildes.

Es ist vor allem ein Verdienst ASTBURYS, gezeigt zu haben, daß ein Großteil der natürlichen Faserproteine ohne viel Zwang in zwei Gruppen zusammengefaßt werden kann, und zwar:

1. Die nach ASTBURY als „*K-M-E-F-Gruppe*" benannte, welche, wie der Name andeutet, Keratin, Myosin (bestehend aus Aktin und Tropomyosin), Epidermin und Fibrinogen (bzw. Fibrin) umfaßt, der aber auch Federkeratin, Seidenfibroin und neuerdings das Flagellin der Bakterien zuzuzählen sind.

2. Die *Kollagengruppe*, welche das Material der Sehnen, Bindegewebe und Knorpel sowie deren Abbauprodukte, die Gelatine, umfaßt.

Die K-M-E-F-Gruppe existiert, wieder nach ASTBURY, in drei Zuständen, der α-, β- und superkontrahierten Form. Die α-Form ist die meist natürlich vorkommende und entspricht einer gefalteten Kette. Nach bestimmten Behandlungen, vor allem Dämpfen, kann man eine Streckung der Fasern um etwa 100% durchführen, wobei auch die einzelnen Polypeptidketten von der gefalteten in eine ziemlich gestreckte, die β-Form, übergehen. (Seidenfibroin ist von Natur aus in der β-Form, und Federkeratin ebenfalls, nur liegt hier hinsichtlich des Kettenbaues eine um etwa 7% kontrahierte Abart vor, die aber durch Nachstreckung auf die normale β-Länge gebracht werden kann.)

Bei gewissen Behandlungen erfolgt eine sehr starke Schrumpfung unter Übergang in die superkontrahierte Form. Namentlich von ELÖD und ZAHN[1] sind Gründe dafür beigebracht worden, daß es sich hier gar nicht um eine definierte neue Struktur handelt, sondern nur eine Desorientierung der Kristallite des α- oder β-Keratins erfolgt. In den meisten Fällen tritt trotz der Schrumpfung α→β-Umwandlung ein. Wir wollen bei den folgenden Betrachtungen diese Form nicht weiter besprechen,

---

[1] ELÖD, E. u. H. ZAHN: Melliand Textilber. **28**, 2 (1947).

um so mehr als das sehr linienarme Röntgenbild keinesfalls zu weitreichenden Schlüssen berechtigt.

In der zweiten, der Kollagengruppe, sind die Polypeptidketten normalerweise schon in einer gestreckten Form, die in ihrer Längenerstreckung offenbar zwischen der α- und β-Form liegt, aber in keine der beiden Formen übergeführt werden kann. Eine wesentliche Weiterstreckung der Kette ist bei Vertretern der Kollagengruppe nicht möglich, wohl aber eine sehr weitgehende, offenbar unregelmäßige Kontraktion. („Schnurren" der Sehnen im heißen Wasser.)

Wenn wir nach den Beziehungen der korpuskularen Proteine zu der hier angedeuteten Einteilung fragen, so läßt sich heute sagen, daß auch bei dieser Gruppe Polypeptidketten mit Faltung vorliegen, die wahrscheinlich am ehesten der α-Faltung entspricht. Sicher ist, daß man beim Denaturierungsvorgang durch gleichzeitiges Verstrecken Fasern erhalten kann (z. B. aus dem Eiweiß des Hühnereies), welche die β-Struktur aufweisen.

In letzter Zeit ist sehr viel Interesse an die Untersuchung der synthetisch hergestellten Polypeptide gewendet worden. Auch hier gibt es einen gefalteten und einen gestreckten Zustand. Der letztere hat sicher weitgehende Ähnlichkeit mit der β-Form. Ob der erstere der α-Form der natürlichen Faserproteine entspricht, diese Frage steht derzeit im Brennpunkt vieler Diskussionen. Als sicher darf wohl gelten, daß er ihr sehr ähnlich ist.

4. Seidenfibroin und β-Keratin.

Im Faserdiagramm des Seidenfadens hat BRILL[1] die Faserperiode zu 7 Å bestimmt. Wie aus dem intensiven Auftreten der zweiten Ordnung des am Meridian der Aufnahme auftretenden Basisreflexes zu schließen ist, haben wir uns diese Periode in strukturell sehr ähnliche Hälften von 3,5 Å unterteilt zu denken.

Wesentlich schwieriger war es, einen zuverlässigen Aufschluß über die seitliche Dimension des Elementarkörpers zu erhalten. Erst als es KRATKY und KURIYAMA[2] gelungen war, durch Deformation der aus der spinnreifen Seidenraupe herauspräparierten Spinndrüse Objekte mit höherer Orientierung zu erhalten, konnte eine Elementarkörperbestimmung im gleichen Sinne versucht werden, wie wir sie schon bei der regenerierten Cellulose beschrieben haben. Das Verfahren erwies sich als mehrdeutig, doch gelang es BRILL[3] durch Hinzunahme sterischer Betrachtungen einen plausiblen Vorschlag zu machen. Danach hat der Elementarkörper die Dimensionen

$$a = 9{,}65 \text{ Å}$$
$$b = 7{,}0 \text{ Å} \quad \text{(Faserachse)} \quad \beta = 62{,}4°$$
$$c = 10{,}4 \text{ Å}.$$

Die a-Achse ist, wie aus dem intensiven Auftreten der zweiten Ordnung der entsprechenden Netzebene hervorgeht, strukturell in zwei fast identische Hälften unterteilt. Sie legt sich bei der Walzung in die Walzebene, bildet also offenbar zusammen mit der Faserachse die am stärksten entwickelte Fläche der blättchenförmigen Micellen.

Bevor wir daran gehen, die Herstellung eines Zusammenhanges mit dem inneren Aufbau der Elementarzellen zu versuchen, soll zunächst die Elementarkörper-

<hr>

[1] BRILL, R.: Liebigs Ann. Chem. **434,** 204 (1923).
[2] KRATKY, O.: Z. physik. Chem. (B) **5,** 297 (1929). — O. KRATKY u. S. KURIYAMA: Z. physik. Chem. (B) **11,** 363 (1931).
[3] BRILL, R.: Z. physik. Chem. (B) **53,** 61 (1943).

bestimmung in der β-Form des Keratins besprochen werden, wie es in den Haaren der Säugetiere vorkommt. Die Faserperiode ist etwas kürzer, nämlich 6,66 Å, und wieder liegt eine Unterteilung in zwei sehr ähnliche Hälften von 3,33 Å vor. Die Herstellung einer höheren Orientierung gelang hier Astbury[1]. Die Netzebenenabstände der beiden intensivsten Äquatorreflexe betragen 9,3 Å und 9,8 Å. Ihr Winkel liegt, wie die höher orientierten Diagramme zeigen, sicher nicht weit von 90° entfernt.

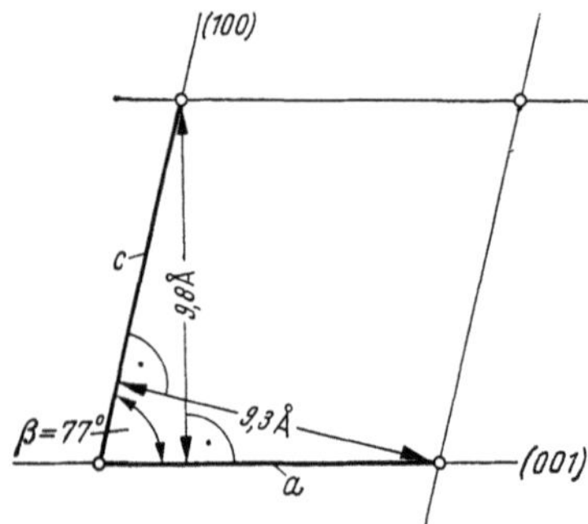

Abb. IV, 16. Zusammenhang zwischen den Netzebenenabständen (001) und (100) und den Achsenlängen a und c bei β-Keratin.

Bezeichnen wir den Winkel mit β, so sind, wie das Abb. IV, 16 anschaulich macht, die Achsenlängen durch die Beziehung gegeben:

$$a = \frac{9,3}{\sin\beta}\,\text{Å}, \qquad c = \frac{9,8}{\sin\beta}\,\text{Å}.$$

Liegt der Winkel β nahe an 90°, so unterscheidet sich $\sin\beta$ wenig von 1, so daß die Achsenlängen nur wenig größer als die angegebenen Netzebenenabstände sind. Die Netzebene mit 9,3 Å tritt in zweiter Ordnung sehr intensiv auf, es liegt also wieder eine Unterteilung der a-Achse in zwei Hälften vor, und wieder legt sich die ab-Ebene bei Orientierungsversuchen in die Walzebene, ist also offenbar im Wachstum besonders ausgezeichnet.

Die Ähnlichkeiten zwischen Seidenfibroin und β-Keratin sind demnach sehr bemerkenswert, wie dies die folgende Zusammenstellung noch einmal zeigt:

Seidenfibroin: $a = 9,65\,\text{Å}, \qquad b = 7,0\,\text{Å}, \qquad c = 10,4\,\text{Å}$

β-Keration: $a = \dfrac{9,3}{\sin\beta}\,\text{Å}, \qquad b = 6,66\,\text{Å}, \qquad c = \dfrac{9,8}{\sin\beta}\,\text{Å},$

wobei β nicht weit von 90° abweicht. Bei beiden Substanzen ist die a-Achse halbiert (intensives Auftreten der zweiten Ordnung) und ist die ab-Ebene besonders stark entwickelt.

Bis zu diesem Punkt handelt es sich um rein röntgenographische Ergebnisse der Elementarkörperbestimmung. Wir wollen nun sehen, ob sich diese Ergebnisse mit unseren Vorstellungen vom materiellen Aufbau in Einklang bringen lassen bzw. welche Schlüsse wir hinsichtlich der Anordnung der Aminosäuren aus den gefundenen Elementarkörperdimensionen ziehen können.

Schon zu Beginn der röntgenographischen Eiweißstrukturforschung hat Brill[2] auf Grund von Symmetriebetrachtungen neben anderen Möglichkeiten die Annahme zur Diskussion gestellt, daß im Seidenfibroin entlang der Faserachse Polypeptidketten verlaufen. Meyer und Mark[3] haben dann gezeigt, daß gerade diese Vorstellung eine zwanglose Erklärung zahlreicher Eigenschaften des Seidenfibroins (z. B. des mechanischen Verhaltens) liefert und insbesondere die Länge der in der Faserrichtung liegenden b-Achse quantitativ verstehen läßt. Berechnet man

[1] Astbury, W. T. u. W. A. Sisson: Proc. Roy. Soc. [London] (A) **150**, 533 (1935).
[2] Brill, R.: Liebigs Ann. Chem. **434**, 204 (1923).
[3] Meyer, K. H. u. H. Mark: Ber. dtsch. chem. Ges. **61**, 1932 (1928).

nämlich für den Fall der vollkommenen Streckung die Länge eines Peptidrestes[1], so kommt man auf einen Wert von

$$\frac{7{,}23}{2} = 3{,}61\,\text{Å}, \qquad \text{(vgl. Abb. IV, 17)}$$

der also nur wenig größer ist als die *halbe* Länge des Elementarkörpers von Seidenfibroin. Die oben erwähnte Tatsache, daß die Unterteilung der Elementarkörperlänge in zwei Hälften von je 3,5 Å sehr ausgeprägt ist, findet also eine befriedigende Erklärung in der Vorstellung einer in der Längsrichtung des Elementarkörpers verlaufenden Polypeptidkette. Daß man bei den weniger regelmäßig gebauten Gliedern dieser Gruppe, z. B. bei dem durch die Streckung des α-Keratins erhaltenen β-Keratin, eine Länge des Aminosäurerestes von nur 3,33 Å findet, erklärte Astbury mit einer gewissen Verwindung der Kette.

Wie sich in neuerer Zeit ergeben hat, ist auf Grundlage der gleichen Vorstellung aber auch die Länge der a-Achse beim Seidenfibroin (9,65 Å) und β-Keratin $\left(\dfrac{9{,}3}{\sin\beta}\,\text{Å}\right)$ quantitativ zu verstehen. Wir können heute als sicher annehmen, daß der Zusammenhalt benachbarter Ketten in der durch das Skelett der Kette, d. h. die Schwerpunkte der Kettenatome

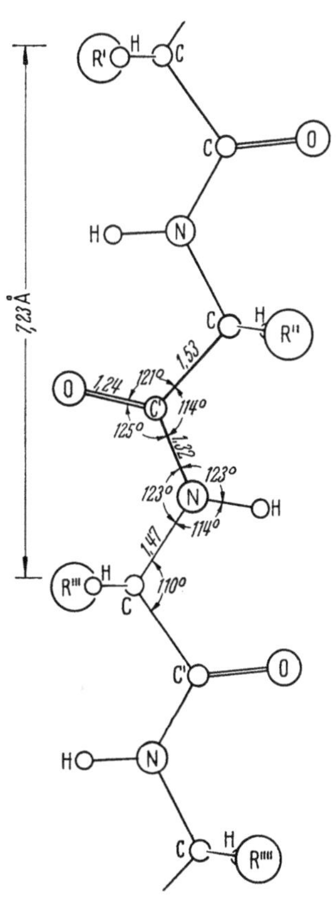

Abb. IV, 17. Vollständig gestreckte Polypeptidkette nach Corey und Pauling unter Benützung der derzeit best gesicherten Atomradien und Valenzwinkel.

gebildeten Ebene durch „Wasserstoffbindungen" zwischen CO- und NH-Gruppen benachbarter Ketten erfolgt. Nachdem Astbury[2] und später Huggins[3] die Hypothese der Existenz solcher Bindungen in den Eiweißstoffen vertreten hatten, konnte Brill[4] an Modellsubstanzen, den eiweißähnlichen Kondensationsprodukten aus Diamiden und Dicarbonsäuren, die Existenz solcher Bindungen aus den zwischen CO- und NH-Gruppen benachbarter Ketten auftretenden Abständen nachweisen. Abb. IV, 18 gibt das Schema. Bald darauf haben Nowotny und Zahn[5] darauf hingewiesen,

[1] Corey, R. B. u. L. Pauling: Proc. Roy. Soc. [London] (B) **141**, 10 (1953).
[2] Astbury, W. T.: Kolloid-Z. **69**, 340 (1934); Trans. Faraday Soc. **36**, 871 (1940).
[3] Huggins, M. L.: J. chem. Physics **8**, 598 (1940).
[4] Brill, R.: Naturwiss. **29**, 220 (1941).
[5] Nowotny, H. u. H. Zahn: Z. physik. Chem. (B) **51**, 265 (1942).

daß auch beim β-Keratin die Ketten in Abständen angeordnet sind, die nur bei Annahme von Wasserstoffbindungen verstanden werden können

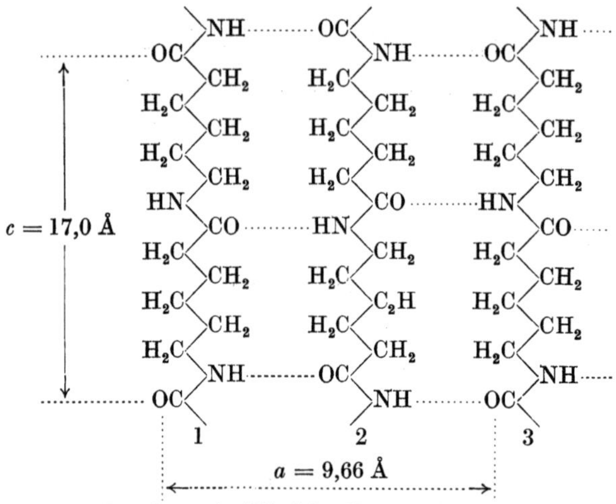

Abb. IV, 18. Aufbauschema eiweißähnlicher Kondensationsprodukte nach Brill.

(Abb. IV, 19). Abschließend hat wieder Brill[1] unter Verwendung der neuesten Daten über Atomradien die Abstände bei der Wasserstoffbindung und – unter Anbringung kleinerer Korrekturen an den Werten von Nowotny und Zahn – die Entfernung der Polypeptidachsen voneinander neu berechnet und kommt auf einen Wert von 4,77 Å. Dieser entspricht recht genau der halben Länge der a-Achse von Seidenfibroin ($= 4,82$ Å) und, worauf Kratky[2] hingewiesen hat, auch der halben Länge der a-Achse von β-Keratin, wenn wir den experimentell aus dem Diagramm eines höher orientierten Präparates nicht genau bestimmbaren Winkel $\beta = 77°$ setzen, denn

$$\frac{9,3}{2 \sin 77°} \text{ Å} = 4,77 \text{ Å} .$$

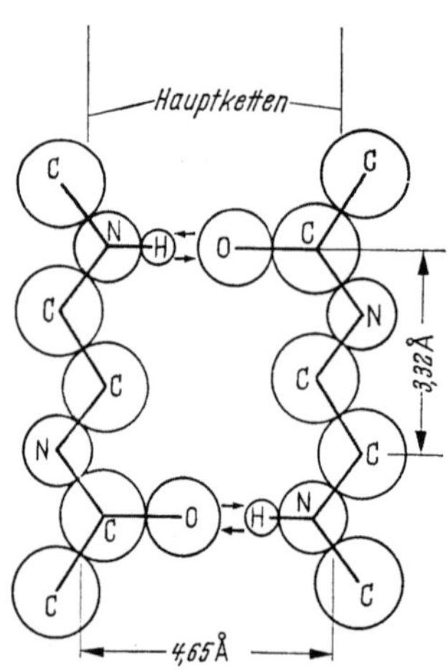

Abb. IV, 19. Kettenabstand in β-Keratin und Seidenfibroin bei Annahme von Wasserstoffbindungen nach Nowotny und Zahn.

Die Größe der a-Achse der β-Form der Eiweißfasern hat mithin ebenfalls eine quantitative Deutung erfahren, und wir können die Vorstellung des seitlichen Verbandes der Polypeptidketten durch Wasserstoffbindungen als sehr gut fundiert ansehen. Astbury hat die halbe Länge der a-Achse als ,,Rückgratdicke‘‘ bezeichnet.

Hinsichtlich der Berechnung der dritten, der c-Achse, die Astbury ,,Seitenkettenlänge‘‘ nennt, liegen noch keine quantitativen Ansätze vor.

[1] Brill, R.: Z. physik. Chem. (B) **53**, 61 (1943).
[2] Kratky, O.: Mh. Chem. **77**, 224 (1946).

Es ist wahrscheinlich, daß in dieser Richtung die Seitenketten verlaufen, die bei verschiedenen Substanzen der Gruppe nicht ganz gleiche Durchschnittslänge haben. Damit steht auch der röntgenographische Befund ASTBURYS in guter Übereinstimmung, daß der Abstand von Substanz zu Substanz etwas variiert.

Die erfolgreiche Aufklärung der Seidenstruktur hat von der Interpretation der Faserperiode durch MEYER und MARK ihren Ausgang genommen. Es ist interessant, daß gerade an dieser Stelle in der neuesten Entwicklung wieder eine gewisse Kritik einsetzte. Tatsächlich hätte man, wie erwähnt, bei völliger Streckung der Kette eine etwas längere Faserperiode von 7,23 Å erwarten sollen und hat diese an gerecktem synthetischem Polyglycin auch tatsächlich gefunden. Offenbar ist dieses Polypeptid durch seinen Mangel an Seitenketten einer völligen Streckung fähig, während die Seitenketten des Seidenfibroins und erst recht des β-Keratins eine gewisse sterische Behinderung bei der Aneinanderlagerung in der Rückgratebene bedingen. Dies kann durch Verdrehung der Bindungen am α-Kohlenstoffatom vermieden werden, wodurch eine Verkürzung der Kette zustande kommt. Das neueste Modell dieser Art von PAULING und COREY, welches im Abschnitt b, 2 eingehender begründet werden soll, die gegenläufige „pleated sheet" (gefaltetes Blatt), sieht an aufeinanderfolgenden α-Kohlenstoffatomen entgegengesetzte Verdrehungen vor. Betrachtet man eine gestreckte Polypeptidkette in Richtung der Rückgratebene, so stellt sie sich einfach als Gerade dar, die pleated sheet dagegen als Zickzacklinie. Der Zusammenhalt dieser gefalteten Ketten in einem seitlichen Abstand von 4,7 Å durch die Wasserstoffbrücken dieser pleated sheet und die Koordinierung dieser Ebenen in einem durch die Seitenketten bedingten Abstand ist unverändert von den älteren Modellen zu übernehmen (Abb. IV, 20).

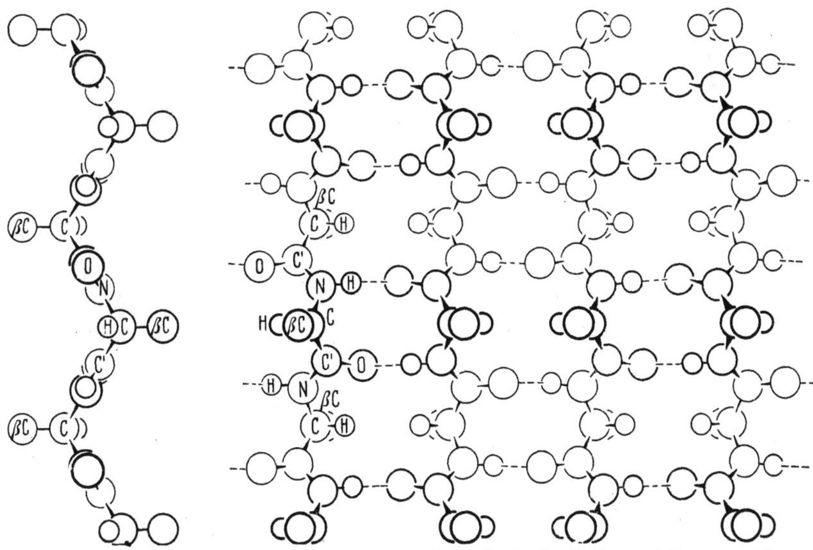

Abb. IV, 20. Die pleated-sheet-Struktur mit antiparallel verlaufenden Ketten nach PAULING u. COREY.

Dieser neueste Vorschlag zwingt also nicht zu einer Abänderung früherer Erkenntnisse. Er gibt nur eine detaillierte Rechenschaft über das Manko der Längenerstreckung gegenüber der vollständig gestreckten Kette, die früher mit dem etwas vagen Ausdruck einer Verwindung der Kette abgetan wurde.

b) Die α-Form der K-M-E-F-Gruppe.

1. Die älteren Strukturvorschläge.

Als erster hat ASTBURY versucht, ein Modell für die Konfiguration der α-Kette zu entwerfen, das die drei markantesten Eigenschaften erklären sollte, nämlich

a) die starke meridionale Interferenz bei 5,14 Å,

b) die Verkürzung der α-Kette gegenüber der β-Kette um den Faktor etwa 2 und

c) den Äquatorreflex bei 9,8 Å, der sowohl bei der α- als auch bei der β-Form auftritt und bei letzterer dem Abstand der Rostebenen zugeschrieben wurde. (Allerdings konnte Mc ARTHUR[1] diesen Reflex bei der α-Form in zwei Reflexe bei 9,2 und 10,5 Å auflösen.)

Um diesen Punkten zu genügen, muß das Modell auf einer Länge von 5,14 Å je drei Aminosäurereste enthalten. Bei der Dehnung um 100% wird diese Periode auf die Länge von 10,3 Å gestreckt, was recht genau dem Dreifachen der Länge eines Aminosäurerestes von 3,33 Å in der β-Form entspricht. Da ASTBURY den Äquatorreflex von 9,8 Å bei beiden Formen als den Abstand von Rostebenen deutet, der durch die Länge der Seitenketten bedingt ist, kann die Verkürzung nur durch eine Faltung innerhalb der Rostebenen bewirkt werden. Auf dieser Grundlage ist ASTBURY zu verschiedenen Vorschlägen gekommen, deren letzten Abb. IV, 21 darstellt[2]. Diese Abbildung ist einer Mitteilung von BRAGG, KENDREW und PERUTZ[3] entnommen, in der sämtliche Formen, die eine Periode von 5,14 Å ergeben, durch systematische Variation der Faltung bei Zugrundelegung der üblichen Atomabstände und Valenzwinkel abgeleitet werden. Die von diesen Autoren als $2_{13} \cdot {}^1/_3$-Kette bezeichnete Form ist offenbar der exakte Ausdruck für den ASTBURYschen Vorschlag. Wenn auch das Modell mit den wichtigsten Röntgendaten in Einklang steht, ist es doch nicht unwidersprochen geblieben, und schon frühzeitig z.B. durch NOWOTNY und ZAHN[4] einer Kritik unterzogen worden.

Besondere Schwierigkeiten haben aber neuere UR-Messungen mit polarisiertem Licht gebracht, nach welchen eine Orientierung der CO- und NH-Richtungen etwa parallel mit der Faserachse anzunehmen ist. AMBROSE, ELLIOT und TEMPLE[5] haben ein diesen Befunden Rechnung

---

[1] MacArthur, I.: Nature **152**, 38 (1943).

[2] Astbury, W. T. u. F. O. Bell: Nature **147**, 696 (1941).

[3] Bragg, L., J. C. Kendrew u. M. F. Perutz: Proc. Roy. Soc. [London] (A) **203**, 321 (1950).

[4] Nowotny, H. u. H. Zahn: Z. physik. Chem. (B) **51**, 265 (1942).

[5] Ambrose, E. J., u. W. E. Hanby: Nature **163**, 483 (1949). — E. J. Ambrose, A. Elliot u. R. B. Temple: Nature **163**, 859 (1949). — C. H. Bamford, W. E. Hanby u. F. Happey: Nature **164**, 138 (1949).

tragendes Faltungsmodell in den Vordergrund gestellt, das mit dem von ZAHN[1] (α_{II}-Kette) auf Grund von rein sterischen Betrachtungen aufgestellten praktisch identisch ist. Auch HUGGINS[2] und SCHIEBOLD[3] haben recht ähnliche Modelle zur Diskussion gestellt.

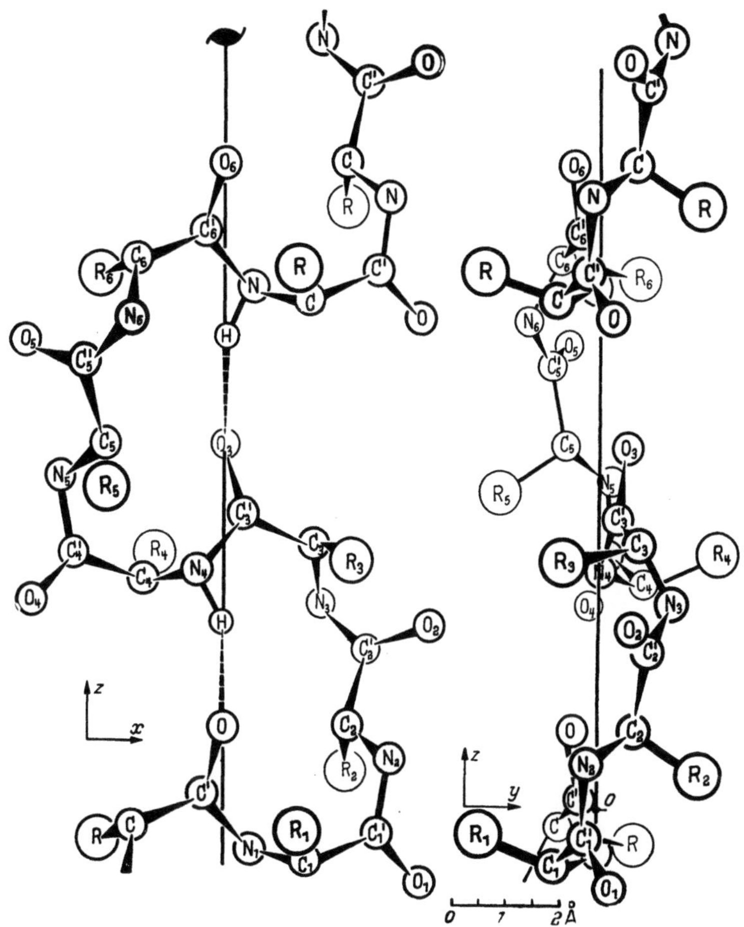

Abb. IV, 21. Modell von ASTBURY für α-Keratin. (Nach BRAGG, KENDREW und PERUTZ.)

Übrigens ergab sich auch dieser Strukturvorschlag bei den systematischen Untersuchungen von BRAGG, KENDREW und PERUTZ und wird dort als 2_7 b-Kette bezeichnet (Abb. IV, 22). Er unterscheidet sich von dem ASTBURYschen Strukturvorschlag wesentlich vor allem dadurch, daß er auf die Länge von 5,14 Å nur zwei Aminosäuren enthält. Dementsprechend beträgt die maximale Dehnbarkeit der Kette auch nur mehr etwa

---

¹ ZAHN, H.: Z. Naturforsch. **2b**, 104 (1947).

² HUGGINS, M. L.: Annu. Rev. Biochem. **11**, 27 (1942); Chem. Reviews **32**, 195 (1943).

³ SCHIEBOLD, E.: Kolloid-Z. **96**, 296 (1941).

30 %. Das ist im Widerspruch zur Auffassung von ASTBURY, aber im Einklang mit den Befunden von NOWOTNY und ZAHN[1], die aus Elastizitätsmessungen an Keratinfasern folgerten, daß die Dehnung größtenteils auf einer Entknäuelung der amorphen Bereiche beruht und die Peptidketten selbst nur um etwa 30 % verlängert werden.

Die ASTBURYsche Schule hielt aber an der Auffassung fest, daß die gesamte makroskopische Längenänderung in enger Beziehung zur Längenstreckung der Kette steht, und neuerdings hat RUDALL[2] in diesem Sinne in einer sehr sorgfältigen Untersuchung gezeigt, daß die Schrumpfung, die als das zuverlässigste Maß für die Längenänderungen der Peptidkette selbst betrachtet wird, zwischen 50 und 55% liegt, also sich etwa im Bereich des vom ASTBURYschen Modell geforderten Intervalls bewegt und sicher dem Modell von AMBROSE, ELLIOT und TEMPLE widerspricht.

Aber auch diese Darlegungen haben wieder eine Kritik erfahren, indem BAMFORD[3] und Mitarb. auf Grund von UR-Messungen feststellen, daß vor und nach der Dehnung sowohl α- als auch β-Anteile vorhanden sind (offenbar teilweise in den amorphen Bereichen, die sich der Erkennung durch die Röntgenanalyse entziehen) und man daher aus der makroskopischen Längenänderung nicht auf die Verlängerung der die $\alpha \rightarrow \beta$-Transformation vollführenden kristallinen Bereiche schließen dürfe.

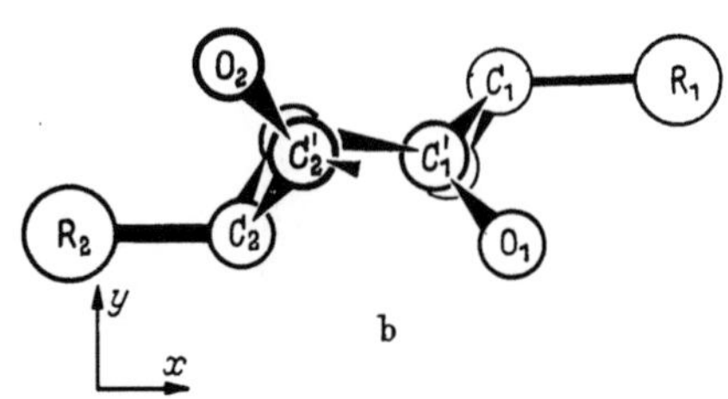

Abb. IV, 22. Modell der α-Kette von ZAHN, AMBROSE und HANBY; a: Blick normal zur Kettenachse; b: Blick in Richtung der Kettenachse. (Nach BRAGG, KENDREW und PERUTZ.)

Alle diese Befunde zusammenfassend muß wohl festgestellt werden, daß es derzeit nicht möglich ist, die makroskopische Längenänderung bei der Umwandlung als zuverlässiges Maß für die Längenstreckung der Aminosäurereste zu betrachten.

Vom röntgenographischen Standpunkt aus wurden gegen das Modell von AMBROSE, ELLIOT und TEMPLE Einwände erhoben. So hat besonders BRILL[4] darauf

[1] ZAHN, H.: Diss. Karlsruhe 1940.— H. NOWOTNY u. H. ZAHN: Z. physik. Chem. (B) **51**, 265 (1942).

[2] RUDALL, K. M.: Proc. Roy. Soc. [London] (B) **141**, 39 (1953).

[3] BAMFORD, C. H., L. BROWN, A. ELLIOT, W. E. HANBY u. I. F. TROTTER: Proc. Roy. Soc. [London] (B) **141**, 59 (1953).

[4] BRILL, R.: Diskussionsbemerkung Heidelberg 16. 4. 1947.

hingewiesen, daß infolge der Unterteilung der Halbperiode von 5,14 Å durch zwei
Aminosäuren der Reflex bei 5,14 Å nur schwach, dafür aber die zweite Ordnung bei
2,57 Å stark auftreten sollte.

2. Die Konstruktion der Helix-Modelle nach PAULING und COREY.

Eine neue Belebung haben die Bemühungen um die Aufklärung der
α-Struktur erfahren, seit PAULING, COREY und BRANSON[1] auf Grund von
sterischen und energetischen Betrachtungen das Modell einer *schraubenförmigen Peptidkette*, einer „*Helix*", zur Diskussion gestellt haben.
Schraubenförmige Modelle sind wohl schon früher konstruiert worden,
und zwar von TAYLOR[2] und HUGGINS[3], ohne besondere Beachtung gefunden zu haben. Das Neuartige, man könnte sagen Sensationelle am PAU-
LING-COREYschen Vorschlag ist aber der Bruch mit der bisher immer
gestellten Forderung, daß auf die dem Netzebenenabstand des Basisreflexes entsprechende Strecke von 5,14 Å in Richtung der Faserachse
eine *ganze Zahl* von Aminosäureresten entfallen müsse. Dies ist auch der
Grund, warum dieser neue Faltungstyp bei der systematischen Untersuchung von BRAGG, KENDREW und PERUTZ entgangen war.

Der Konstruktion des Modells von PAULING und COREY liegen aber
noch vier weitere Postulate zugrunde, die sich auf sehr eingehende sterische und energetische Betrachtungen sowie ausgedehnte Erfahrungen an
zahlreichen niedermolekularen Modellsubstanzen stützen:

a) Alle Aminosäurereste sollen sich in äquivalenten Positionen befinden.

b) Alle Amidgruppen 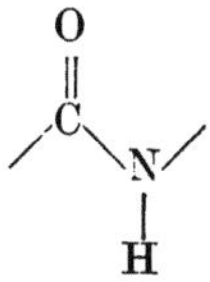 sollen eben oder nahezu eben sein.

c) Alle CO- und NH-Gruppen sollen an Wasserstoffbindungen beteiligt sein, wodurch ein Maximum an Stabilität erreicht wird.

d) Der Abstand NH..O einer Wasserstoffbindung soll etwa 2,72 Å betragen und die Richtung von N nach O darf keinen größeren Winkel als
30° mit der Richtung der NH-Bindung einschließen.

Zur Erläuterung von Postulat b sei darauf hingewiesen, daß in der Amid-
gruppe auf Grund sowohl der theoretischen Erwägungen als
auch zahlreicher experimenteller Erfahrungen eine Mesomerie vorliegt,
weil die Peptidbindung C–N teilweise Doppelbindungscharakter besitzt.

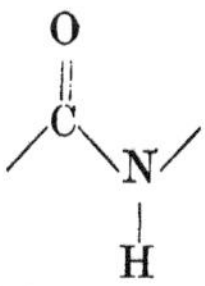

---

[1] PAULING, L., R. B. COREY u. H. R. BRANSON: Proc. Amer. Acad. Arts Sci. **37**,
205 (1951).

[2] TAYLOR, H. S.: Proc. Amer. Phil. Soc. **85**, 1 (1941).

[3] HUGGINS, M. L.: Annu. Rev. Biochem. **11**, 27 (1942); Chem. Reviews **32**, 195
(1943).

Das „Gewicht der Mesomerie" (Eistert) ist in Richtung der polaren Grenzstruktur II verschoben:

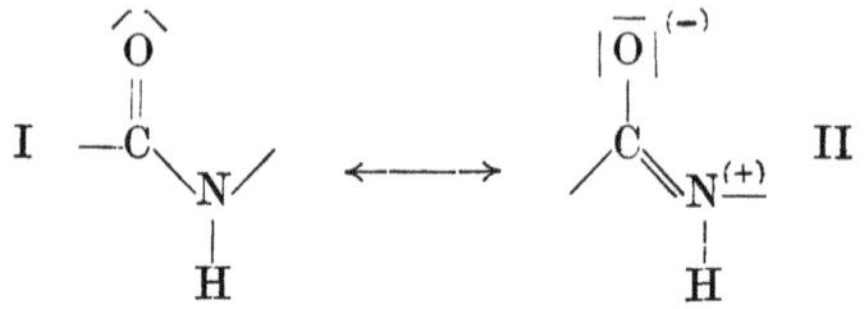

$$\text{I} \quad \overset{\displaystyle\overset{\frown}{O}}{\underset{\underset{H}{|}}{\underset{N}{\overset{\|}{-C}}}} \quad \longleftrightarrow \quad \overset{\displaystyle |\overline{O}|^{(-)}}{\underset{\underset{H}{|}}{\underset{N^{(+)}}{C}}} \quad \text{II}$$

Man versteht nun, daß, nach geläufigen Prinzipien, die Mesomerie eine ebene Ausbildung der Peptidgruppe energetisch bevorzugt.

Wir wollen nun versuchen, die Kettenbildung unter Berücksichtigung der aufgezählten Pauling-Coreyschen Postulate durchzuführen. Wir gehen davon aus, daß nach Postulat b in der Polypeptidkette

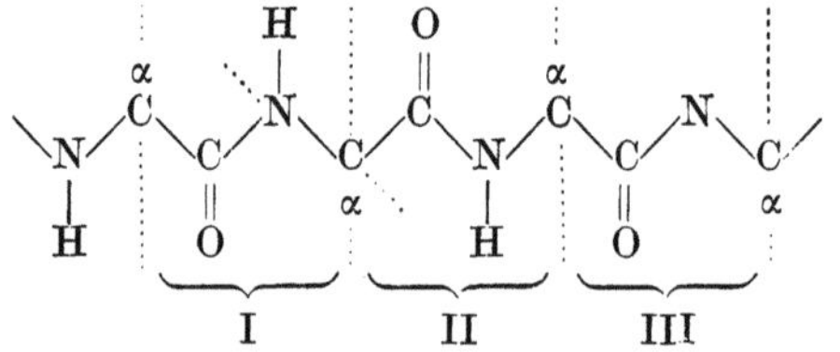

$$\underbrace{}_{\text{I}} \quad \underbrace{}_{\text{II}} \quad \underbrace{}_{\text{III}}$$

eine Beweglichkeit nur an den α-Kohlenstoffatomen durch die freie Drehbarkeit um die von diesen ausgehenden Valenzen möglich ist, während alles Dazwischenliegende in einer Ebene bleiben muß. Halten wir ferner einen der Reste, z. B. den mit I bezeichneten, in der Papierebene fest, so kann beim Fortschreiten in der Kette nach rechts der Rest II durch Rotation um die durch die punktierte Linie bezeichnete NC-Bindung aus der Papierebene herausgedreht werden. Der gleiche Vorgang kann mit dem Rest III relativ zum Rest II durchgeführt werden, nach Postulat a muß aber der Betrag der Verdrehung von III gegen II gleich der Verdrehung von II gegen I sein. Dieser Vorgang hat nun die ganze Kette entlang zu erfolgen, und die gesamte Kettenbildung wäre demnach durch den Drehungswinkel bei der beschriebenen Einzelrotation zu charakterisieren. Immerhin erkennen wir, daß es zwei Typen von Kettenbildungen gibt. Die Rotation von Rest III gegen Rest II kann nämlich entweder im gleichen Sinne erfolgen wie die Rotation von II gegen I oder aber es kann durch die Rotation von III gegen II die von II gegen I durch Verdrehung in entgegengesetzter Richtung wieder aufgehoben werden. Dieser zweite Fall führt notwendig zu einer gewellten Kette bzw. einer Zickzackkette, wobei natürlich ein ganzer Kettenabschnitt von einem α-Kohlenstoffatom zum nächsten, ein „Element" der Kette, immer eine geradlinige Strecke repräsentiert. Das bereits besprochene Modell für die β-Form, die „pleated sheet", ist ein Beispiel dafür. Nun wäre allerdings mit dem Postulat b für aufeinanderfolgende Elemente eine kontinuierliche Mannigfaltigkeit von Verdrehungswinkeln verträglich. Daß nach Meinung von Pauling und Corey aber doch nur ganz bestimmte Faltungen denkbar sind, liegt an sterischen Bedingungen, die zusätzlich durch die Natur der Seitenketten zustande kommen. Wir haben bereits erwähnt, daß die völlig gestreckte Kette, also der Rotationswinkel Null, eigentlich nur beim seitenkettenlosen Polyglycin möglich ist und dort tatsächlich gefunden wurde. Schon beim Seidenfibroin ist aber eine zusätzliche Forderung zu erheben, nämlich die, daß die Seitenketten nahezu senkrecht aus der Zickzackebene heraussstehen, wie das im Modell in Abb. IV, 20 realisiert ist. Diese gleiche Bedingung kann auch bei wesentlich stärkerer Faltung erfüllt werden, wie am Modell, welches RANDALL, FRASER und NORTH[1] für Kollagen vorgeschlagen haben (Abb. IV, 28).

Gehen wir jetzt zum anderen Typus über, wo die aufeinanderfolgenden Elemente gegeneinander im gleichen Sinne verdreht sind. Man versteht dann ohne weiteres, daß dabei eine schraubenförmige Anordnung der ebenflächigen Elemente zustande kommen muß. Aus der kontinuierlichen Mannigfaltigkeit dieser „Helix"-Strukturen werden durch die Bedingung c und d einige wenige herausgehoben, und zwar vor allem die sogenannte α- und die γ-Helix nach COREY und PAULING sowie die von EDSALL[2] mitgeteilte π-Helix nach LOW.

DONOHUE[3] hat in einer neueren Untersuchung zusätzlich zu den drei genannten Helices noch drei weitere als mit den Strukturprinzipien von PAULING und COREY verträglich erkannt.

Wenn das charakteristische Merkmal jeder Helix eigentlich der Rotationswinkel ist, um welchen ein ebenes Element gegen das benachbarte verdreht wird, so erscheint es für die Beschreibung der Strukturen doch zweckmäßiger, die zustande kommende schraubenförmige Anordnung durch zwei andere Merkmale zu charakterisieren. Erstens durch die Ganghöhe der Schraube („pitch" in der englischen Literatur) und zweitens durch die Zahl der Elemente, welche auf diese Ganghöhe entfallen. Die Verhältnisse bei der α-Helix entnehmen wir aus den Abb. IV, 23a, b, c. Die Ansicht in Richtung der Schraubenachse läßt erkennen, daß alle Elemente in Ebenen liegen, die parallel zur Schraubenachse verlaufen, und daß die aufeinanderfolgenden Ebenen um einen Winkel von 100° gegeneinander verdreht sind. Dadurch wird erst nach 18 Elementen wieder eine identische Lage erreicht, denn es ist jetzt insgesamt eine Drehung um $100 \times 18 = 1800 = 360 \times 5°$ erfolgt, d.h. 18 Aminosäurereste haben fünf volle Windungen vollführt, und auf eine Windung entfallen daher $\frac{18}{5} = 3,6$ Amino-

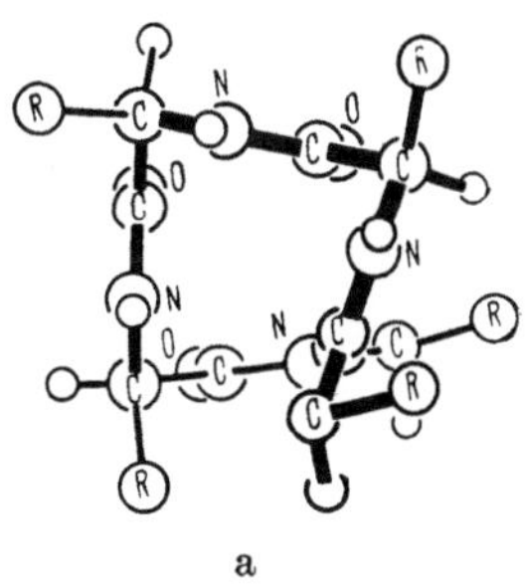

a

Abb. IV, 23. α-Helix von PAU-LING und COREY; a: Ansicht in Richtung der Schraubenachse.

säurereste. Die Ganghöhe der Schraube, also die Längenausdehnung je 3,6 Reste wurde von PAULING und COREY[4] sorgfältig diskutiert. Sie fanden, daß sie zwischen den Grenzen 5,22 und 5,62 Å liegen müsse, wobei

[1] RANDALL, J. T., R. D. B. FRASER u. A. C. T. NORTH: Proc. Roy. Soc. [London] (B) **141,** 62 (1 953).

[2] EDSALL, J. T.: Proc. Roy. Soc. [London] (B) **141,** 97 (1953).

[3] DONOHUE, J.: Proc. Nat. Acad. Sci. **39,** 470 (1953).

[4] PAULING, L. u. R. B. COREY: Proc. Amer. Acad. Arts Sci. **37,** 729 (1951).

die Variation auf das Intervall in den Valenzwinkeln, Atomabständen und Längen der Wasserstoffbindungen zurückzuführen ist. Für die Längenerstreckung der Aminosäurereste ergibt sich also ein Mittelwert von ungefähr $\frac{5{,}4}{3{,}6} = 1{,}5$ Å. Die wahre Faserperiode, d. h. die echte Translations- oder Identitätsperiode dieser Helix umfaßt 18 Aminosäurereste und ist daher etwa $18 \times 1{,}5 \approx 27$ Å lang.

Abb. IV, 23c zeigt die Seitenansicht der α-Helix und Abb. IV, 23b eine schematische Darstellung des in eine Ebene aufgerollten umschriebe-

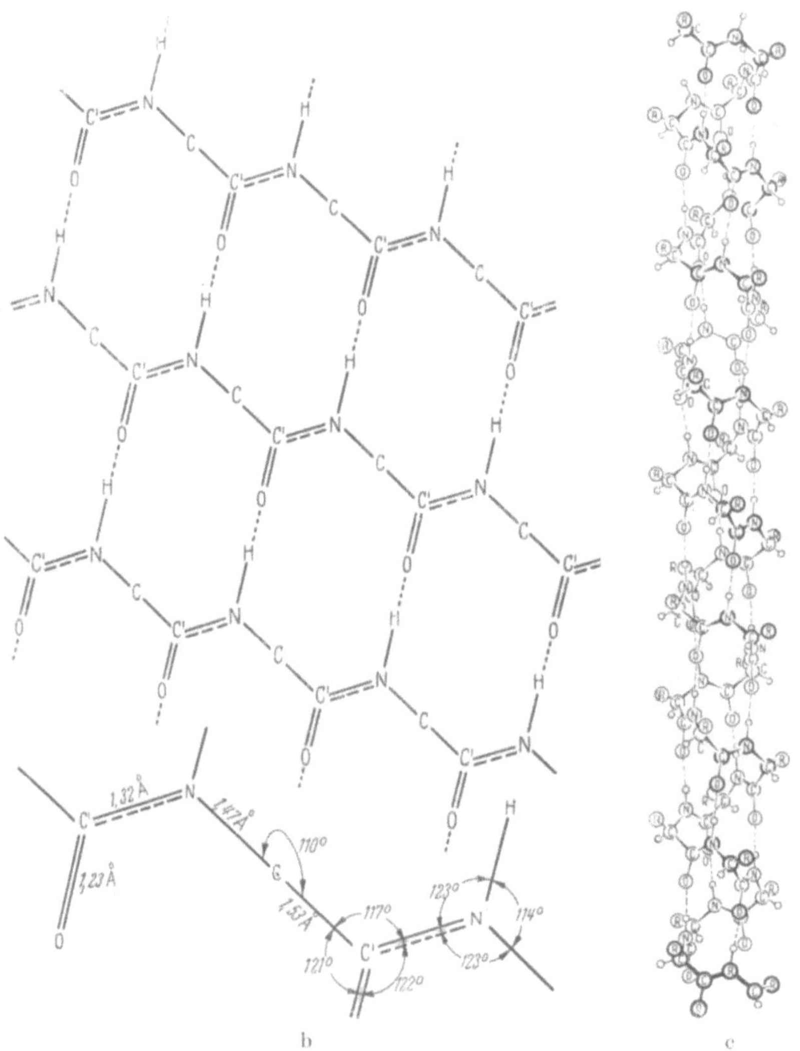

Abb. IV, 23. α-Helix von PAULING und COREY; b: schematische Darstellung, die Ketten sind in eine Ebene aufgerollt; c: Blick normal zur Achse.

nen Zylinders. Wir halten fest, daß die Wasserstoffbrücken, welche eo ipso in den Ebenen der einzelnen Elemente liegen müssen, außerdem in Richtung der Schraubenachse verlaufen, so daß immer die Brücken von einer Aminosäure zur drittnächsten geschlagen werden. Die Neigung der mittleren Fortschreitungsrichtung eines Elementes mit der Normalebene zur Schraubenachse beträgt 26°, die Schraube ist also sehr flach.

Der untere Teil der Abb. IV, 23 b läßt die relative Verdrehung zweier Elemente nochmals erkennen. Man muß beachten, daß der in der Projektion gestreckt erscheinende Valenzwinkel am α-Kohlenstoffatom, wie aus der Beschriftung zu ersehen ist, 110° beträgt, d. h. dem normalen Valenzwinkel des tetraedrischen Kohlenstoffatoms entspricht. Wenn das eine Element in der Papierebene liegt, ist also das nächste fast normal aus dieser herausgedreht.

Im oberen Teil der Abbildung sind nun alle Elemente in die Papierebene hineingelegt. Wir müssen uns vorstellen, daß immer der linke obere Rand einer Kette beim rechten unteren Ende der darüberliegenden Kette fortgesetzt wird. (Man bedenke, daß bei einem der Länge nach aufgeschnittenen Zylindermantel der linke und der rechte Rand beide der Schnittlinie entsprechen, d. h. im wirklichen Zylinder zusammenfallen.) Die Abbildung macht anschaulich, daß die Unganzzahligkeit der Grundeinheiten je Windung notwendig ist, wenn die Wasserstoffbrücken in Richtung der Schraubenachse verlaufen sollen; denn bei einer ganzen Zahl von Grundeinheiten je Windung würde über jeder Einheit in Richtung der Schraubenachse in identischer Lage eine solche der nächsten Windung sitzen, also über einer CO-Gruppe wieder eine CO-Gruppe und so weiter. Nun soll aber über einer CO-Gruppe eine NH-Gruppe sitzen und umgekehrt, und diese Bedingung ist, wie die Abbildung anschaulich macht, bei 3,6 Grundeinheiten je Windung befriedigend erfüllt.

Beim zweiten erwähnten Typus, der γ-Helix, entfallen 5,1 Grundeinheiten auf eine Windung. Abb. IV, 24 zeigt die Ansicht in Richtung der Schraubenachse. Die Längenerstreckung einer Aminosäuregrundeinheit beträgt 0,95 Å, die Schraube ist also noch flacher als die α-Helix. Nach PAULING und COREY ist die Realisierung dieses Typs schon deshalb unwahrscheinlich, weil das Lumen in der Mitte der Schraube eine genügend weitgehende Absättigung der LONDONschen Dispersionskräfte verhindert, so daß diese Struktur als nicht genügend stabil

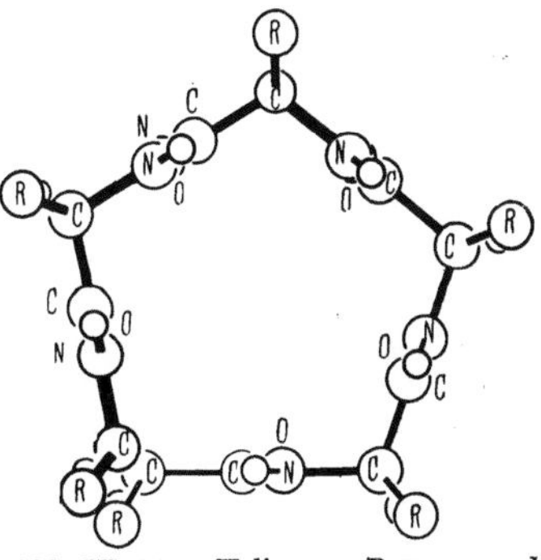

Abb. IV, 24. γ-Helix von PAULING und COREY, Blick in Richtung der Faserachse.

anzusehen ist. Nach einer von den genannten Autoren vorgenommenen Abschätzung beträgt der Energieunterschied gegenüber der α-Helix 4000 cal je Grundeinheit. Außerdem konnte im einzelnen plausibel gemacht werden, daß die Röntgendaten gegen das Auftreten dieser Struktur sprechen.

Der dritte Typus, die von EDSALL[1] erwähnte π-Kette, soll eine besonders zwanglose Wiedergabe der Röntgendaten bei bestimmten globularen Eiweißstoffen ermöglichen. Die Zahl der Grundeinheiten je Windung

---

[1] EDSALL, J. T.: Proc. Roy. Soc. [London] (B) **141,** 97 (1953).

ist 4,4, die Längenerstreckung einer solchen in Richtung der Schraube ist 1,14 Å. Dieser Typus nimmt also eine Mittelstellung zwischen der α- und γ-Helix ein. Eine ausführliche Darlegung steht noch aus, so daß wir uns mit dem kurzen Hinweis begnügen müssen.

3. Die Meridianreflexe der α-Helix.

Im Brennpunkt der Diskussionen um den röntgenographischen α-Typ der Polypeptide steht nach den obigen Ausführungen die α-Helix. Wir wollen nun in großen Zügen besprechen, welches röntgenographische Verhalten wir von einer derartigen schraubenförmigen Anordnung im allgemeinen und von der α-Helix im besonderen zu erwarten haben. Wir heben vor allem zwei Fragen heraus:

1. Das Auftreten von Meridianreflexen (Basisreflexen) und
2. das Auftreten von Schichtlinien.

Aus den allgemeinen Prinzipien der Strukturanalyse (s. Kap. II) ergibt sich, daß ein Meridianreflex die Periodizität zum Ausdruck bringt, welche erhalten wird, wenn wir uns die gesamte Materie auf die Faserachse (Schraubenachse) projiziert denken. Die seitlichen Abstände streuender Atome von dieser Achse sind dagegen für den Meridianreflex belanglos. Wir erkennen nun, daß die Projektion der α-Helix und jeder derartigen Schraube jedenfalls eine Periode aufweist, die der Längenerstreckung eines Aminosäurerestes in der Schraubenrichtung entspricht, das ist in unserem Falle eine Periode von 1,5 Å. Natürlich kann die wahre Periode viel größer sein, weil die Aminosäuren eine regelmäßige Sequenz zeigen können. Die entsprechenden Netzebenenabstände sind dann natürlich Vielfache von 1,5 Å und der Reflex von 1,5 Å als höhere Ordnung der wahren Grundperiode aufzufassen. Danach sind Meridianreflexe zu erwarten, welche dem Netzebenenabstand von 1,5 Å und Vielfachen davon entsprechen und die auch tatsächlich bei *Poly-γ-benzyl-L-glutamat, Pferdehaar, Wolle, Muskel* und kristallinem *Hämoglobin* gefunden wurden (PERUTZ[1]).

Es stellte sich dabei heraus, daß MAC ARTHUR[1] den Reflex schon 1943 beobachtet hatte, doch war seinem Auftreten keine besondere Bedeutung beigemessen worden. EDSALL[2] weist darauf hin, daß hier, wohl erstmalig in der Geschichte der Proteinerforschung, ein rein theoretisch vorausgesagter Effekt wirklich auftritt. (Daran ändert auch die Tatsache der vorangegangenen, aber unbeachtet gebliebenen Beobachtung MAC ARTHURS nichts.)

Auch Vielfache dieser Pseudoperioden wurden verschiedentlich beobachtet[3], z. B. das Zwei-, Drei- und Vierfache bei Stachelschweinstacheln und dem Schließmuskel von Muscheln.

Dieser Abstand ist aus keinem der anderen bisher diskutierten Modelle für die α-Form ableitbar und sein Auftreten mithin eine starke Stütze für das tatsächliche Vorliegen der α-Helix.

Für ein Verständnis der Problemlage ist es wesentlich, zu erkennen, daß kein Meridianreflex zu erwarten ist, der der Ganghöhe der Schraube

---

[1] PERUTZ, M. F.: Nature **167**, 1053 (1951); I. MAC ARTHUR: Nature **152**, 38 (1943).
[2] EDSALL, J. T.: Proc. Roy. Soc. [London] (B) **141**, 97 (1953).
[3] PAULING, L. u. R. B. COREY: Proc. Nat. Acad. Sci. USA **37**, 261 (1951); Nature **168**, 550 (1951).

von 5,4 Å entspricht, denn die Projektion der Aminosäurereste auf die Schraubenachse besitzt keine der Ganghöhe entsprechende Periodizität. Nun tritt allerdings am Meridian der natürlichen α-Proteine ein Reflex mit dem Netzebenenabstand von 5,1 Å auf, jener Reflex nämlich, der von Astbury als die Längenerstreckung von drei Aminosäureresten gedeutet wurde (vgl. S. 144). Dieser 5,1-Å-Reflex, der, wohlgemerkt, nur bei den natürlichen, nicht aber bei den künstlichen α-Polypeptiden beobachtet wird, ist es, der als schwerwiegendster Einwand gegen die Realisierung der α-Helix bei den natürlichen Faserproteinen erhoben werden muß; denn es dürfen am Meridian nur Reflexe entstehen, deren Netzebenenabstände ein Vielfaches der Längenerstreckung von 1,5 Å sind. Eine sehr eingehende Diskussion[1] um diesen Reflex fand ihr vorläufiges Ende damit, daß Pauling und Corey[2] sowie Crick[3] ein modifiziertes Modell vorgeschlagen haben, welches diese Schwierigkeit beseitigen soll. Man hat danach anzunehmen, daß durch die Wirkung einer weiträumigen Aminosäuresequenz die Achse der α-Helix selbst wieder einer Schraubung unterworfen ist. Projiziert man nun die Materieverteilung dieser Doppelhelix auf die Faserachse, so bewirkt die zweite Schraubung, daß die Ganghöhe der ersten Helix in der Projektion erstens verkürzt erscheint und zweitens die Dichteverteilung nunmehr eine Periodizität, und zwar mit dieser verkürzten Ganghöhe, aufweist. Damit ist die Möglichkeit des Auftretens eines echten Meridianreflexes gegeben, der bei passender Wahl des zweiten Schraubungswinkels dem bei 5,1 Å auftretenden Meridianreflex entsprechen könnte.

Die zweite Schraubung stellten sich Pauling und Correy in der Art vor, daß sechs α-Helices sich um eine siebente zentrale Helix herumwinden. Es muß weiteren Untersuchungen vorbehalten bleiben, ob dieser Vorschlag einer eingehenden Untersuchung standhält.

4. Die Schichtlinienreflexe der α-Helix.

Nun wollen wir besprechen, wie die Schichtlinienreflexe für eine Helix aussehen, wobei wir von der Komplikation der Doppelhelix zunächst absehen. Das Auftreten einer Schichtlinie ist immer dann zu erwarten, wenn entlang der betrachteten Achse eine Translationsperiode auftritt. Bei unserer α-Helix ist diese Translationsperiode – von den individuellen Unterschieden der einzelnen Aminosäurereste zunächst abgesehen – durch die Aufeinanderfolge von 18 Aminosäureresten gegeben, denn der 19. hat wieder eine identische Lage wie der erste. Dies führt auf einen Schichtlinienabstand von etwa 27 Å, wie er neuerdings von Yakel[4] bei synthetischem Poly-γ-methyl-L-glutamat beobachtet wurde. Natürlich können auch Schichtlinien höherer Ordnung auftreten, die Bruchteilen dieser Translation entsprechen. Eine große Intensität ist dann zu erwar-

[1] Bamford, C. H. u. W. E. Hanby: Nature **168**, 340 (1951). — W. T. Astbury: Proc. Roy. Soc. [London] (B) **141**, 1 (1953). — I. MacArthur: Proc. Roy. Soc. [London] (B) **141**, 33 (1953).

[2] Pauling, L. u. R. B. Corey: Nature **171**, 59 (1953); Proc. Roy. Soc. (B) **141**, 21 (1953).

[3] Crick, F. H. C.: Nature **170**, 882 (1952); Acta Cryst. **6**, 685, 689 (1953).

[4] Yakel, H. L., L. Pauling u. R. B. Corey: Nature **169**, 920 (1952).

ten, wenn dieser Bruchteil die Periode in Teile zerlegt, die annähernd translatorisch gleichwertig sind, d.h. genähert als Unterperioden aufgefaßt werden können. Dieser Fall liegt bei der α-Helix natürlich für die fünfte Ordnung vor, weil sie der Ganghöhe von etwa 5,4 Å entspricht. Bei den synthetischen Polypeptiden, wo die Aminosäurereste exakt identisch sind und daher keine zusätzliche Verwischung von Periodizitäten auftritt, errechnet man tatsächlich diese Pseudotranslation, wenn man sich durch die Mittelpunkte der intensivsten Reflexe außerhalb des Äquators Schichtlinien gelegt denkt (Abb. IV, 25).

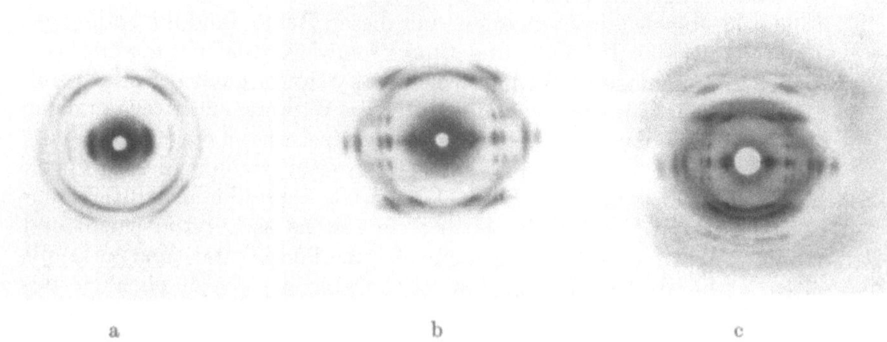

a   b   c

Abb. IV, 25. Röntgendiagramm von Film aus Poly-γ-methyl-L-glutamat mit höherer Orientierung; a: Faserachse vertikal, Strahl normal zum Film; b: Faserachse vertikal, Strahl parallel zum Film; c: Faserachse um 11° geneigt, Strahl parallel zum Film.

Um die Intensitätsverteilung der einzelnen Reflexe auf den Schichtlinien beurteilen zu können, ist eine genauere Betrachtung erforderlich. COCHRAN und CRICK[1] haben gezeigt, daß mit Hilfe des sogenannten „FOURIER-Transforms" eine übersichtliche Diskussion der relativen Intensitäten möglich ist. Um das Wesentliche dieses Vorganges zu verstehen, denkt man sich am besten die schraubenförmigen Polypeptidketten eines Kristalliten unter Beibehaltung ihrer räumlichen Orientierung auf unregelmäßige Abstände so weit voneinander entfernt, daß der Gitterverband vollkommen zerstört ist. Ein in diesem Zustand bei Durchleuchtung normal zur Schraubenachse erhaltenes Röntgenbild, das in einem gewissen Sinne der „Formfaktor" der einzelnen Ketten ist, entspricht unter der Einschränkung sehr kleiner Ablenkungswinkel (z.B. praktisch erhältlich durch Abbeugung von sehr kurzen Wellenlängen) einem ebenen Schnitt durch den sogenannten FOURIER-Transform, wie er in Abb. IV, 26 dargestellt ist. Denken wir uns die Einzelschrauben nun durch Parallelverschiebung wieder zum ursprünglichen Kristallgitter zusammengefügt, so ist die Streuung dieses Kristalls als Produkt des besprochenen Formfaktors und des Gitterfaktors aufzufassen. Den Gitterfaktor erhält man einfach, indem man die Polypeptidketten durch je einen Punkt ersetzt. Der aus den schraubenförmigen Grundbausteinen zusammengesetzte Kristall wird also nur dort Interferenzeffekte erwarten lassen, wo die Reflexe des reinen Punktgitters in den Reflexbereich des Formfaktors hineinfallen. Da schon das Punktgitter viele Reflexe liefert und außerdem das Gitter nicht besonders exakt realisiert ist („parakristalliner" Zustand), wird tatsächlich auch das Punktgitter zahlreiche und größere Reflexbereiche ergeben. Man kann daher ohne weiteres behaupten, daß jene Zonen im Formfaktor, die reflexfrei sind, auf jeden Fall auch im Bild des Gesamtgitters reflex-

---

[1] COCHRAN, W. u. F. H. C. CRICK: Nature **169,** 23 (1952). — W. COCHRAN, F.H.C. CRICK u. V. VAND: Acta Cryst. **5,** 581 (1952).

frei bleiben müssen, während jene Bereiche des Formfaktors, die zahlreiche Reflexe enthalten, auch im Röntgenbild des Gesamtgitters eine größere Reflexdichte aufweisen werden. Tatsächlich zeigen die Röntgenbilder der α-Fasern um den zentralen Fleck im allgemeinen eine reflexfreie Zone, welche von einer zahlreiche Reflexe enthaltenden Zone umschlossen wird. Beim Vergleich von Abb. IV, 25 b mit Abb. IV, 26 ist dieser Zusammenhang besonders in die Augen springend.

Auf diese Weise konnten COCHRAN und CRICK[1] beim Poly-γ-methyl-L-glutamat die relativen Intensitäten von 28 Reflexen befriedigend durch die α-Helix erklären.

Wir greifen insbesondere ein Teilergebnis heraus, das auch leicht anschaulich verstanden werden kann. Nahe dem Meridian tritt auf der der Ganghöhe von 5,4 Å zugeordneten Schichtlinie bei den synthetischen Polypeptiden (vgl. Abb. IV, 25) ein Reflex mit dem BRAGGschen Netzebenenabstand von etwa 5,1 Å auf, der auch nach dem FOURIER-Transform zu erwarten war. Er ist in Abb. IV, 26 mit a bezeichnet. Unter allen Ebenen, die geneigt zur Schraubenachse verlaufen, ist die Materie in jener besonders konzentriert, welche die Schmiegungsebene an die Schraube darstellt. Sie hat naturgemäß die gleiche Neigung gegen die Basisebene wie die Schraube selbst, also etwa 26°. Ihr Netzebenenabstand ist um den cos 26° gegenüber der Ganghöhe verkürzt. Das stimmt innerhalb der Toleranzen mit der Ganghöhe und dem Netzebenenabstand zusammen.

Wie ausgeführt, tritt bei den natürlichen Polypeptiden ein Reflex von etwa gleichem Netzebenenabstand 5,1 Å am Meridian auf, dessen Zustandekommen in anderer Weise, nämlich durch eine der ersten Helix überlagerte Schraubung erklärt wurde. Es ist zweifellos wenig befriedigend, wenn eine so allgemeine und typische Erscheinung wie das Auftreten dieser dominierenden Reflexe durch eine etwas spezielle Konstruktion gedeutet werden muß. Weitere Untersuchungen werden diesen Punkt zu klären haben.

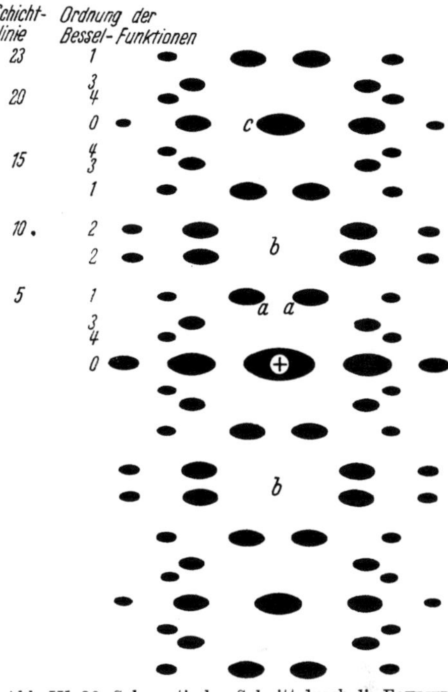

Abb. IV, 26. Schematischer Schnitt durch die FOURIER-Transformation einer α-Helix nach COCHRAN, CRICK und VAND; $a \sim 5,1$ Å — Reflex, $c \sim 1,5$ Å Perutzreflex.

5. Weitere Gründe für und wider die Helixstruktur.

Eine weitere Schwierigkeit besteht in der Lage der Seitenketten. Diese stehen bei der α-Helix nach allen Seiten von der Schraubenachse weg, wie ein Blick auf Abb. IV, 24 erkennen läßt, im Gegensatz etwa zum ASTBURYschen Modell, wo sie aus der Faltungsebene etwa senkrecht herausstehen. Die α-Helix verlangt danach, daß sich beim Dehnen zur β-Form die Seitenketten der Helix teilweise bis zu 90° drehen müssen[2], was

---

[1] COCHRAN, W. u. F. H. C. CRICK: Nature 169, 234 (1952).
[2] ASTBURY, W. T.: Proc. Roy. Soc. [London] (B) 141, 1 (1953).

eine klare Vorstellung des Dehnungsvorganges erschwert. Falls, wie im α-Keratin, noch eine seitliche Verknüpfung durch S-S-Brücken hinzukommt, wird es erst recht unklar, wie der Übergang zur β-Form erfolgen sollte.

Weiter ergibt sich die Dichte aus den Abmessungen der Helix und unter Annahme möglichster Verzahnung der Seitenketten nach ASTBURY[1] zu nur etwa 1,14, während sie in Wirklichkeit etwa 1,3, und zwar übereinstimmend für die α- und die β-Form beträgt. Diese Schwierigkeit wird allerdings durch die neueste Modifikation einer Doppelhelix mit sieben ineinander verschlungenen einfachen Helices gemindert oder beseitigt, weil hier, wie man leicht versteht, eine besonders enge Packung und damit eine Erhöhung der Dichte zustande kommt. Andererseits wird zweifellos die oben besprochene Schwierigkeit der Seitenkettenverteilung bei dieser komplizierten Doppelhelix noch vergrößert.

Eine unabhängige Bestätigung für die α-Helix wurde indessen von ARNDT und RILEY[2] beigebracht. Diese Autoren berechneten aus den Pulverdiagrammen einiger korpuskularer und fibrillärer Proteine durch die bekannte FOURIER-Transformation die Abstandsstatistik und verglichen sie mit der aus der α-Helix entnommenen. Die Übereinstimmung ist nach ihren Angaben bei den α-Proteinen der K-M-E-F-Gruppe sowie bei den korpuskularen Proteinen recht gut und stellt eine Stütze für die PAULINGsche Auffassung dar. Zwischen den drei Proteintypen der α- und β-Form und dem Kollagen stellten sie charakteristische Unterschiede fest, während in jeder der drei Gruppen die Variationen nur geringfügig waren.

Die angenommene α-Helix konnte auch durch UR-Messungen gestützt werden. In Übereinstimmung mit den Erfordernissen des Modells tritt sowohl für die NH- als auch für eine CO-Valenzschwingung Paralleldichroismus auf, d. h. bevorzugte Absorption für die Schwingungsrichtung parallel zur Faserachse.

BAMFORD und Mitarbeiter[3] weisen hier auf einen höchst bedeutsamen Effekt hin, dessen Beachtung offenbar von größter Wichtigkeit bei jeder quantitativen Diskussion der anisotropen Absorption ist, nämlich auf die Verschiedenheit des dichroitischen Quotienten der CO-Bande (2,6 : 1) und der NH-Bande (14 : 1). Im Sinne der gewohnten Vorstellung, der stärksten Absorption bei Schwingung in Richtung der Valenz, könnte man aus dieser Verschiedenheit darauf schließen, daß die CO-Bindung einen größeren Winkel mit der Schraubenachse einschließt als die NH-Bindung. BAMFORD und Mitarbeiter kommen aber auf Grund von Untersuchungen an Acetanilid zur Auffassung, daß das Übergangsmoment der CO-Streckschwingung mit der C...O-Achse einen Winkel von maximal 22° einschließt, so daß trotz paralleler Lage der Bindungsrichtungen ein verschiedener dichroitischer Effekt zustande kommen kann (vgl. auch

[1] Siehe Fußnote 2, S. 155.

[2] RILEY, D. P. u. U. W. ARNDT: Nature **169**, 138 (1952); Proc. Phys. Soc. (A) **65**, 74 (1952); Proc. Roy. Soc. [London] (B) **141**, 93 (1953).

[3] BAMFORD, C. H., L. BROWN, A. ELLIOT, W. E. HANBY u. I. F. TROTTER: Nature **169**, 357 (1952).

§ 29). Diese Feststellung hat eine theoretische Begründung durch PRICE und FRASER[1] erfahren, die für die Verlagerung des Moments aus der O...C- in die O...N-Richtung mechanische und elektrische Effekte verantwortlich machen, die mit der Mesomerie der Peptidbindung zusammenhängen (vgl. S. 148 und 186). Durch eine Abschätzung erhalten diese Autoren für den Winkel zwischen der C...O-Bindung und der Richtung des Übergangsmomentes einen Wert von 10—15°. Damit ist die Verschiedenheit des Dichroismus der CO- und NH-Gruppe experimentell und theoretisch trotz Parallellagerung der beiden Gruppen verständlich gemacht und es erscheint somit auch der UR-Dichroismus in Übereinstimmung mit den Gegebenheiten der α-Helix.

c) Die Kollagengruppe.

Alle Proteine dieser Gruppe geben ein charakteristisches Weitwinkeldiagramm, dessen auffälligstes Merkmal ein starker meridionaler Reflex bei 2,86 Å sowie ein Äquatorreflex[2] bei etwa 10,7 Å ist, der sich aber durch Quellung bis zu 17 Å vergrößern läßt[3]. Von HUXLEY und PERUTZ[4] wurden auch die höheren Ordnungen des Meridianreflexes bis zur fünften Ordnung festgestellt. Die Kollagenfibrillen müssen demnach eine Periodizität oder Quasiperiodizität von 2,86 Å besitzen. Modelle, bei welchen die Länge eines Aminosäurerestes in einem nicht ganzzahligen Verhältnis zu dieser Periode stehen, sind daher auszuschließen.

Eine zweite wesentliche Eigenschaft ist die praktische Undehnbarkeit des Kollagen bei makroskopischer Beobachtung. Das elektronenmikroskopische Studium läßt dagegen eine erhebliche Dehnbarkeit der Kollagenfibrille erkennen. Bei Hitzebehandlung ist ein Schrumpfen bis auf ein Viertel der Länge möglich.

Chemisch betrachtet zeichnet sich das Kollagen durch einen hohen Gehalt an Prolin und Oxyprolin aus, und zwar wird meist angenommen, daß jeder dritte Aminosäurerest Prolin oder Oxyprolin ist. Ein eindeutiger Beweis hierfür ist allerdings noch nicht erbracht worden.

Die ersten Deutungen der Kollagenstruktur gingen von der Auffassung aus, daß die Periode von 2,86 Å der mittleren Erstreckung eines Aminosäurerestes in Richtung der Faserachse entspricht. Nach ASTBURY[2,5] ergibt sich diese Länge zwanglos aus der Vorstellung, daß jeder dritte Aminosäurerest einen Prolin- oder Hydroxyprolinrest darstellt, der natürlich die cis-Form fixiert. Dadurch kommt eine Kette zustande, die cis- und trans-Konfiguration enthält (Abb. IV, 27 b) und tatsächlich eine Durchschnittslänge des Einzelrestes von 2,86 Å aufweist.

---

[1] PRICE, W. C. u. R. D. FRASER: Proc. Roy. Soc. [London] (B) **141,** 66 (1953).

[2] ASTBURY, W. T.: J. int. Soc. Leather Trades Chemists **24,** 69 (1940); Nature **145,** 421 (1940).

[3] BEAR, R. S.: Advances in Protein Chem. **7,** 69 (1952).

[4] HUXLEY, H. E. u. M. F. PERUTZ: zit. bei D. C. HODGKIN u. M. F. PERUTZ: Ann. Rep. Chem. Soc. **48,** 361 (1952).

[5] ASTBURY, W. T.: Trans. Faraday Soc. **29,** 193 (1933); Chem. Weekbl. **33,** 778 (1936); W. T. ASTBURY u. W. R. ATKIN: Nature **132,** 348 (1933).

Andere Faltungsmodelle sind von HUGGINS[1], ZAHN[2] und AMBROSE[3] und ELLIOT vorgeschlagen worden, deren letztes vor allem den UR-Messungen angepaßt ist, die eine bevorzugte Orientierung der N–H- und C–O-Bindungen normal zur Faserachse verlangen.

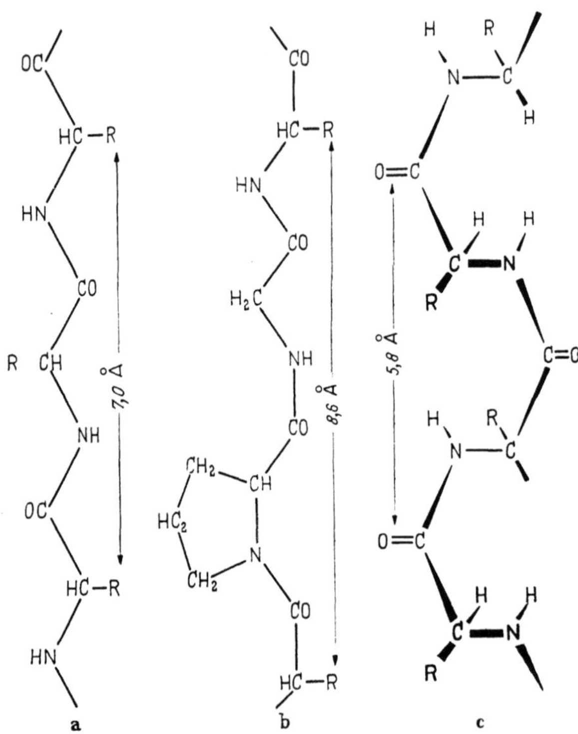

Abb. IV, 27. Faltungen der Polypeptidkette im Kollagen; a: gestreckte Kette (zum Vergleich), b: Faltung nach ASTBURY, c: Faltung nach HUGGINS.

Gegen alle diese Modelle ist der Einwand erhoben worden, daß sie den Strukturprinzipien von PAULING und COREY[4] widersprechen, wonach nur ebene Amidgruppen stabil sind.

Ebenso anfechtbar ist auch der neueste Vorschlag von BEAR[5], der die γ-Helix von PAULING und COREY annimmt. Diese Helix enthält 21 Aminosäuren in vier Windungen mit einer Translationsperiode von 20 Å (0,95 Å je Aminosäure). BEAR bevorzugte dieses Modell, nachdem er im Weitwinkeldiagramm eine Schichtlinie von 20 Å erschlossen hatte, von der die zweite, fünfte und siebente (= 2,86 Å) Ordnung stark auftreten. Diese Periode war schon längst von HERZOG und JANCKE[6] gefunden worden. PAULING und COREY[4] konnten jedoch zeigen, daß die FOURIER-

[1] HUGGINS, M. L.: Ann. Rev. Biochem. 11, 27 (1942); Chem. Rev. 32, 195 (1943).
[2] ZAHN, H.: Kolloid-Z. 111, 96 (1948).
[3] AMBROSE, E. J. u. A. ELLIOT: Proc. Roy. Soc. [London] (A) 205, 47 (1951); 206, 206 (1951).
[4] PAULING, L. u. R. B. COREY: Proc. Roy. Soc. [London] (B) 141, 21 (1953).
[5] BEAR, R. S.: Advances in Protein Chem. 7, 69 (1952).
[6] HERZOG, R. O. u. W. JANCKE: Ber. dtsch. chem. Ges. 53, 2162 (1920).

Transformierte der γ-Helix, wie sie Cochran, Crick und Vand[1] berechnet hatten, den Meridianreflex bei 2,86 Å nur in verschwindend geringer Intensität liefert, und daher kaum in Frage kommt.

Die letzteren Autoren haben kürzlich einen eigenen Strukturvorschlag[2] vorgebracht. Danach besteht die Einheit der Kollagenfibrille aus drei miteinander verschlungenen und durch Wasserstoffbindungen zusammengehaltenen Polypeptidketten. Diese Stränge (vielleicht mit der Mikrofibrille identisch) haben einen Durchmesser von etwa 11 Å und bauen in hexagonaler Packung die Fibrille auf. Die einzelnen Peptidketten enthalten, ähnlich dem Vorschlag von Astbury, abwechselnd je zwei Amidgruppen in cis- und eine in trans-Konfiguration, wobei auch jeder dritte Rest wahrscheinlich Prolin und Oxyprolin ist. Dieses Modell steht mit dem Röntgenweitwinkeldiagramm in großen Zügen im Einklang und erklärt auch die laterale Quellbarkeit sowie die Undehnbarkeit der Kollagenfibrille. Immerhin hat eine genauere Untersuchung durch Pauling und Corey[3] selbst noch verschiedene Diskrepanzen aufgezeigt, so daß die Autoren ihr Modell noch nicht als endgültig betrachten.

Randall, Fraser und North[4] haben ein weiteres Modell zur Diskussion gestellt, das sich vor allem auf den UR-Dichroismus stützt. Es enthält in Übereinstimmung mit den Grundpostulaten von Pauling und Corey ebene Amidgruppen in trans-Konfiguration und so verdreht, daß die Projektion eines Aminosäurerestes auf die Kettenachse 2,86 Å wird (Abb. IV, 28). Wie der Vergleich der Abb. IV, 28 mit Abb. IV, 20 zeigt,

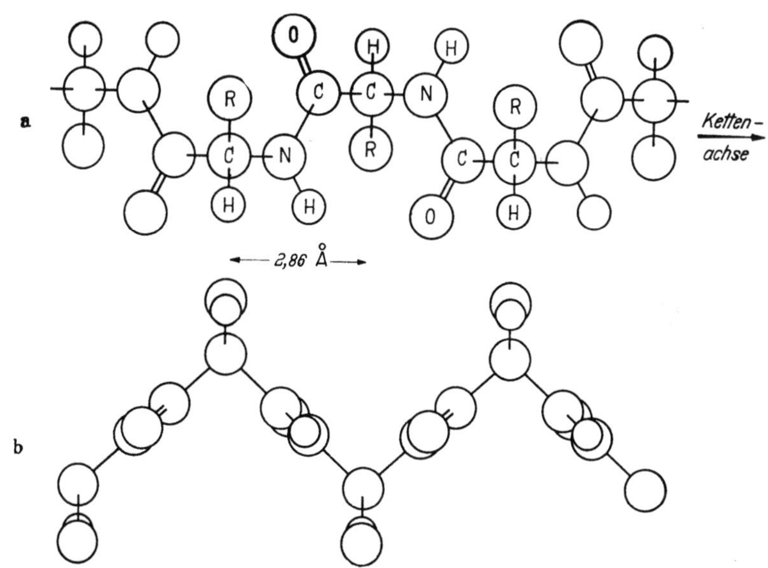

Abb. IV, 28. Kollagenmodell von Randall, Fraser und North. Schematische Darstellung, die Bindungslängen und Valenzwinkel sind nicht maßstabgetreu.

ist die Konstruktion des Modells von Randall, Fraser und North in ganz analoger Weise wie beim „pleated sheet" von Pauling-Corey be-

[1] Cochran, W., F. H. C. Crick u. V. Vand: Acta Cryst. 5, 581 (1952).
[2] Pauling, L. u. R. B. Corey: Proc. nat. Acad. Sci. USA 37, 272 (1951).
[3] Pauling, L. u. R. B. Corey: Proc. Roy. Soc. [London] (B) 141, 21 (1953).
[4] Randall, J. T., R. D. B. Fraser u. A. C. T. North: Proc. Roy. Soc. [London] (B) 141, 62 (1953).

sprochen, derart durchgeführt, daß die ebenen Amidgruppen abwechselnd um den gleichen Winkel einmal nach der einen und dann nach der entgegengesetzten Seite gedreht werden. Das Modell gibt den richtigen Wert von 1,75 für den UR-Dichroismus der NH-Frequenz, während aus dem Modell von PAULING und COREY ein Wert von 1,01 folgt. Nach Auffassung der Begründer dieses Modelles sollen die Veränderungen der Äquatorreflexe bei der Quellung mit der neuen Vorstellung zwangloser gedeutet werden können als mit der PAULING-COREYschen.

Ein bestechender Zug des neuen Modells ist auch die Möglichkeit, es in einfacher Weise, ohne Störung der Wasserstoffbrücken zwischen benachbarten Ketten, in Falten legen zu können, wodurch vielleicht die im Kleinwinkeldiagramm und elektronenmikroskopischen Bild auftretenden Riesenperioden gedeutet werden können (Abb. IV, 29). Die vollständige Sicherung eines Strukturvorschlages ist beim Kollagen besonders schwierig, weil nur recht unscharfe Weitwinkeldiagramme erhalten werden.

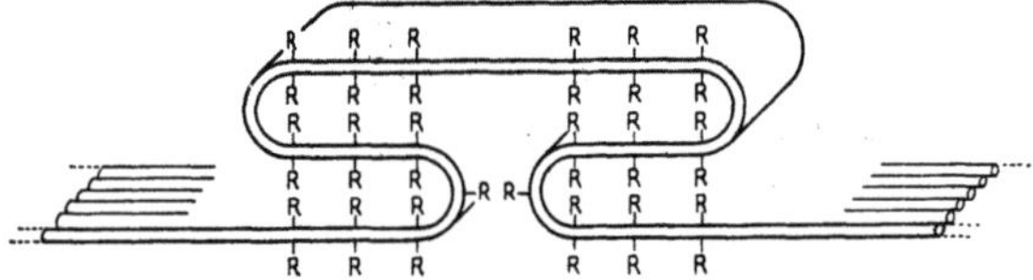

Abb. IV, 29. Mögliche Faltung der Polypeptidkette in Kollagen zur Erklärung der Riesenperioden nach RANDALL, FRASER und NORTH.

d) Protein-Einkristalle.

1. Hinweise auf die Methode.

Viele korpuskulare Proteine können in wohlausgebildeten Kristallen erhalten werden, die sehr scharfe und reflexreiche Röntgendiagramme liefern. Es sind hier im Prinzip die gleichen Methoden der Kristallstrukturanalyse anwendbar wie bei den niedermolekularen Stoffen. Nach Bestimmung der Elementarzelle und Raumgruppe wird man versuchen, die Struktur, d. h. die materielle Raumerfüllung der Elementarzelle zu ermitteln, wozu die relativen Intensitäten der Reflexe heranzuziehen sind. Jedem Reflex ist eine Elektronendichtewelle zugeordnet, deren Amplitude gleich dem Strukturfaktor (gegeben durch die Quadratwurzel aus der vom LORENTZ-Faktor befreiten Intensität), deren Wellenlänge gleich dem dem Reflex zugeordneten Netzebenenabstand ist und deren Richtung mit der Normalen auf die betreffende Netzebene zusammenfällt. Die gesamte Elektronendichteverteilung kann dann durch Zusammensetzen aller Dichtewellen, durch eine „FOURIER-Synthese" gewonnen werden (vgl. § 9, d). In der Praxis stehen diesem Verfahren bei so komplizierten Substanzen wie den kristallisierten Proteinen allerdings beträchtliche Schwierigkeiten entgegen, deren zwei besonders hervorzuheben sind:

1. Die beschränkte Anzahl der Reflexe im Röntgendiagramm verhindert eine beliebige Auflösung der Feinstruktur. Es ist unmittelbar einzusehen, daß das kleinste Detail, das man noch erkennen kann, von der Größenordnung der kürzesten Dichtewelle und damit des kleinsten noch feststellbaren Netzebenenabstandes sein wird. Diese Grenze der Auflösung

liegt heute in den günstigsten Fällen, d. h. für die besten Kristalle, etwa bei 1,2 Å.

2. Noch ernster ist die zweite Schwierigkeit. Zur FOURIER-Synthese benötigt man die Amplituden der Dichtewellen. Diese sind aber durch das Experiment nur ihrem Betrag, aber nicht ihrer Phase nach gegeben, weil die Intensität eines Reflexes dem *Quadrat* der Amplitude proportional ist. Die Phase bleibt daher grundsätzlich unbestimmt. Falls es sich um einen Kristall mit Symmetriezentrum handelt — und nur in diesem Fall hat eine FOURIER-Synthese praktisch Aussicht auf Erfolg — reduziert sich diese Unbestimmtheit auf zwei Möglichkeiten, nämlich das Vorzeichen der Amplitude, positiv oder negativ. Aber auch dann bleibt noch eine ungeheure Zahl von Kombinationsmöglichkeiten der Vorzeichen übrig.

Um diese Vorzeichen zu bestimmen — das Hauptproblem der Strukturanalyse — benötigt man zusätzliche physikalische oder chemische Daten. Verschiedene Methoden sind zu diesem Zweck ausgearbeitet worden, von denen in diesem Zusammenhang nur die zwei für das Gebiet der kristallisierten Proteine wichtigsten erwähnt werden sollen[1]:

1. Die Austauschmethode,

2. Die Gittervariationsmethode.

Die erste Methode besteht darin, daß durch Salzzusatz die Elektronendichte des zwischen den Molekülen im Kristall befindlichen Quellwassers verändert wird. Sie kann kontinuierlich von ihrem Anfangswert bei $0,33\,El/A^3$ bis zur Elektronendichte des Proteinmoleküls bei etwa $0,43\,El/A^3$ gesteigert werden, ohne daß sich die Kristallstruktur dabei verändert. Symbat damit geht eine Schwächung der Reflexe niederer Ordnung, während die Reflexe höherer Ordnung davon ziemlich unberührt bleiben. Die Reflexe niederer Ordnung entsprechen den Dichtewellen von großer Wellenlänge, die im wesentlichen die äußere Gestalt des Moleküls bestimmen; die Reflexe höherer Ordnung entsprechen den kurzen Dichtewellen, die die Feinstruktur innerhalb des Moleküls widerspiegeln. Aus der Veränderung der Intensitäten der verschiedenen Reflexe in Abhängigkeit von der Elektronendichte der Quellösung können daher Rückschlüsse auf die Gestalt der Moleküle gezogen werden.

Von noch größerer Bedeutung ist die zweite Methode. Manche Proteinkristalle kann man in verschiedenen Quellungsgraden herstellen, bei denen die relative Lage der Proteinmoleküle im wesentlichen die gleiche bleibt und die Elementarzelle durch Einführung von Quellwasser nur aufgeweitet wird. Symbat dazu geht natürlich eine Verschiebung der Reflexe, die zu Netzebenen gehören, deren Abstand durch die Quellung verändert wird. Wenn dabei die Orientierung der Moleküle die gleiche bleibt, bietet diese Methode eine Möglichkeit, den Strukturfaktor des Moleküls an verschiedenen Stellen kennenzulernen; denn bei einem einzelnen Dia-

---

[1] BOYES-WATSON, J., E. DAVIDSON u. M. F. PERUTZ: Proc. Roy. Soc. [London] (A) **191**, 83 (1947). — M. F. PERUTZ: Proc. Roy. Soc. [London] (A) **195**, 474 (1949). — W. L. BRAGG u. M. F. PERUTZ: Acta Cryst. **5**, 277, 323 (1952); Proc. Roy. Soc. [London] (A) **213**, 425 (1952). — W. L. BRAGG, E. R. HOWELLS u. M. F. PERUTZ: Acta Cryst. **5**, 136 (1952).

gramm tritt der Strukturfaktor nur an jenen Stellen in Erscheinung, an denen der Gitterfaktor einen Reflex zuläßt, d. h. nicht null ist. Trägt man die Intensitäten der zu einer bestimmten Netzebene gehörigen Reflexe gegen den Streuwinkel auf, dann lassen sich durch Interpolation die Nullstellen („Knoten") bestimmen, an denen die Strukturamplitude durch Null geht und daher ihr Vorzeichen ändert. Wenn es so gelingt, alle Knoten festzulegen, dann werden damit auch alle Vorzeichen bis auf eines bestimmt.

2. Hinweise auf einige Ergebnisse[1].

Bei einer großen Anzahl von Proteinkristallen konnte der Elementarkörper einwandfrei bestimmt werden. Sein Gewicht stimmt mit dem nach anderen Methoden gemessenen Molekülgewicht, oder einem kleinen Vielfachen davon, im wesentlichen überein. Versuche einer weiteren Strukturanalyse sind über das PATTERSON-Diagramm meist nicht hinausgekommen. Die wenigen Fälle, welche eine Umdeutung dieses Diagramms bzw. eine direkte FOURIER-Synthese ermöglichen, haben immerhin Resultate von grundsätzlicher Bedeutung ergeben, die kurz erwähnt seien.

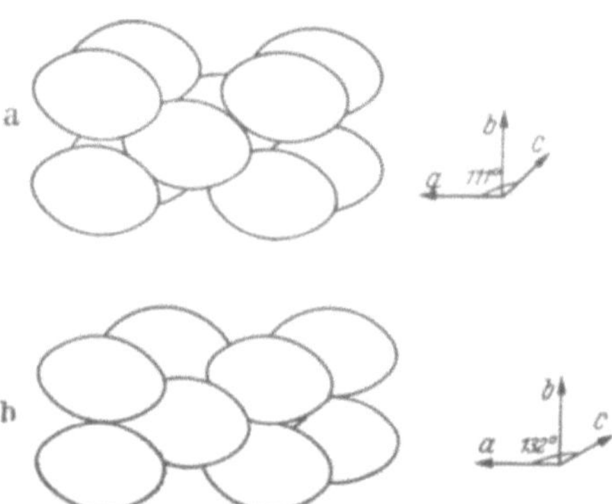

Abb. IV, 30. Anordnung der Moleküle in Pferde-Methämoglobin nach BRAGG und PERUTZ; a: normale nasse Kristalle; b: trockener Zustand.

Am weitesten ist die Forschung durch die hervorragenden Arbeiten der BRAGGschen Schule bisher beim *Hämoglobin* vorgedrungen. Das Molekül kommt in seiner Gestalt einem Rotationsellipsoid nahe mit dem kleinen Durchmesser 55 Å und dem großen Durchmesser 65 Å. Die Anordnung der Moleküle[2] zeigt Abb. IV, 30. Die FOURIER-Synthese läßt klar erkennen, daß das Molekül aus Schich-

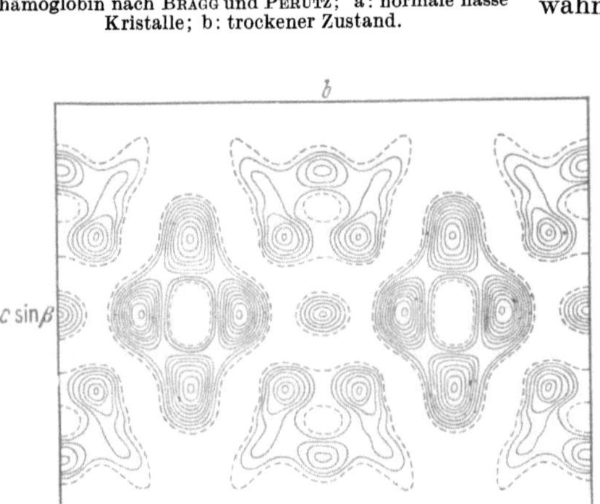

Abb. IV, 31. FOURIER-Projektion der ganzen Elementarzelle von Pferde-Methämoglobin auf die *bc*-Ebene. (Nach BRAGG, HOWELLS und PERUTZ.)

---

[1] Vgl. die moderne ausführliche Darstellung von W. Low, in „The Proteins", herausgeg. von H. NEURATH u. K. BAILEY, Akad. Press Inc., N. Y. 1953, Vol. I, Teil A.

[2] BRAGG, W. L., E. R. HOWELLS u. M. F. PERUTZ: Proc. Roy. Soc. [London] (A) **222**, 53 (1954).

ten aufgebaut ist (Abb. IV, 31 und IV, 32), die wieder aus Strängen von etwa 10 Å Durchmesser bestehen[1]. Es ist dies ein Wert, der als Seitenkettenabstand deutbar ist, so daß wir in diesen Strängen ohne weiteres die Polypeptidketten erblicken werden. Aus den Absolutintensitäten der Reflexe konnte man allerdings nur entnehmen, daß etwa ein Drittel der Substanz in Form derartiger parallel geordneter Ketten vorhanden ist. Wir werden daher annehmen, daß das Molekül nicht einfach ein Bündel aus parallelen Ketten darstellt, sondern, daß eine kompliziertere Faltung vorliegt, wobei allerdings ein erheblicher Teil der Masse in derart parallel geordneten Ketten anzutreffen ist.

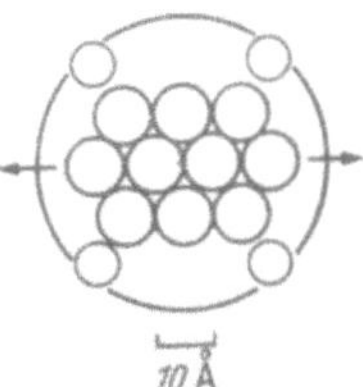

Abb. IV, 32. Schematisierte Darstellung des Querschnittes durch das Molekül von Pferde-Methämoglobin normal zur Längsachse auf Grund des FOURIER-Diagramms von Abb. IV, 31. (Nach BRAGG, HoWELLS und PERUTZ.)

Besonders interessant ist der Befund, daß die Ketten auch in ihrer Längsrichtung eine Periodizität zeigen, die etwa 5 Å entspricht, also ziemlich genau mit der Periode des α-Proteins übereinstimmt. Dies zeigt z. B. Abb. IV, 33, die allerdings nicht das Ergebnis einer FOURIER-Synthese, sondern einer PATTERSON-Analyse darstellt[2]. Nun erzeugt aber eine Periodizität innerhalb der Zelle auch eine Periodizität im PATTERSON-Diagramm, so daß wir aus dieser auf jene zurückschließen können. Es erscheint daher der Schluß berechtigt, wenn auch nicht absolut gesichert, daß die Hämoglobinkristalle zusammengefaltete Polypeptidketten darstellen, deren Mikrostruktur dem α-Typ entspricht. Ähnliche Ergebnisse sind an Gramicidin B, Insulin[3] und Ribonuclease[4] erhalten worden.

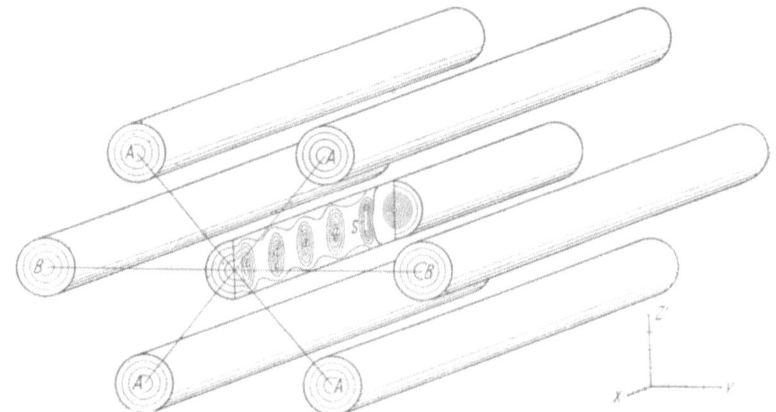

Abb. IV, 33. Idealisiertes Bild der Kettenstruktur des PATTERSON-Diagramms von Pferde-Methämoglobin. Die Abstände der Stäbe von 10,5 Å entsprechen den Seitenkettenabständen, die Periodizität innerhalb der Stäbe von 5,1 Å der Periode der Mikrofaltung. (Nach M. F. PERUTZ.)

---

[1] BRAGG, W. L., E. R. HOWELLS u. M. F. PERUTZ: Acta Cryst. **5**, 136 (1952).

[2] PERUTZ, M. F.: Proc. Roy. Soc. [London] (A) **195**, 474 (1949).

[3] COWAN, P. M. u. D. CROWFOOT HODGKIN: Proc. Roy. Soc. [London] (B) **141**, 89 (1953).

[4] CARLISLE, C. H., H. SCOULOUDI u. M. SPIER: Proc. Roy. Soc. [London] (B) **141**, 85 (1953).

Es läßt sich heute noch nicht sagen, ob dieses Aufbauprinzip bei allen oder vielen Proteinkristallen vorliegt. Immerhin spricht die Tatsache, daß bei Denaturierung und Streckung eine Faser vom β-Typ erhalten wird, doch für eine sehr häufige Realisierung des α-Typs in den Einkristallen.

§ 18. Gitterbestimmungen an synthetischen Hochpolymeren.

Von O. KRATKY und G. POROD.

Im Gegensatz zu den natürlichen Faserstoffen haben wir es hier mit einer Klasse von Hochpolymeren von verhältnismäßig einfachem und gut bekanntem chemischem Bau zu tun[1]. Dementsprechend liegen hier auch bessere und sicherere Angaben über die Kristallstruktur vor. Da sich im allgemeinen durch Dehnen der Faser leicht eine Faserorientierung erreichen läßt, ist jedenfalls die Identitätsperiode in Richtung der Faserachse (und damit in Richtung des Fadenmoleküls) grundsätzlich bestimmbar. Für eine sichere Festlegung der Elementarzelle ist allerdings eine höhere Orientierung des Präparats erforderlich. Diese kann vielfach durch Walzen erreicht werden.

a) Polyvinylderivate.

Das chemisch einfachste Hochpolymere ist wohl das *Polyäthylen*; es besteht einfach aus sehr langen Paraffinmolekülen, wenn wir von eventuellen Störstellen oder Verzweigungen absehen (Abb. IV, 34). Wie eine eingehende Untersuchung von BUNN[2] gezeigt hat, führen die Röntgeninterferenzen zu einem sehr ähnlichen Gitter wie bei den normalen Paraffinen. Vor allem liegen genau gestreckte Zickzackketten vor. Die Elementarzelle ist rhombisch:

$$a = 7{,}40 \text{ Å}; \quad b = 4{,}93 \text{ Å}; \quad c \text{ (Faserachse)} = 2{,}534 \text{ Å}.$$

Beim Walzen legen sich die (110)-Ebenen in die Walzebene. Aus dem Model ergeben sich nach BUNN fast konstante C$\cdots$H-Abstände von 2,50 Å zwischen benachbarten Molekülen, wenn man normale Tetraederwinkel am Kohlenstoff und C$\cdots$H-Abstände von 1,08 Å voraussetzt.

Durch Erhöhung der Temperatur treten lateral viel größere Änderungen auf als longitudinal. Es ändert sich aber nur die Gitterkonstante a wesentlich und erreicht bei 100°C den Wert von 7,65 Å im Gegensatz zu 7,40 Å im normalen Gitter. Dieses Verhalten läßt sich nach BUNN durch eine Verdrehung der Ebenen der Zickzackketten erklären, die wohl mit einem Anwachsen der Drehschwingungen in der Kohlenstoffkette verbunden ist. Offenbar haben wir hier eine Vorstufe der bei kurzen Paraffinen auftretenden Gitterumwandlung orthorhombisch-hexagonal vor uns, bei der $a = b\sqrt{3}$ wird (vgl. § 40).

---

[1] Eine allgemeine Diskussion des Zusammenhanges zwischen Molekülstruktur und Kristallisation findet sich bei: C.W. BUNN: J. appl. Physics **25,** 820 (1954).

[2] BUNN, C. W.: Trans. Faraday Soc. **35,** 482 (1939).

Polyvinylchlorid, $(CH_2CHCl)_n$, gibt nur wenige und unscharfe Reflexe, woraus man schließen kann, daß es nur einen geringen kristallinen Anteil enthält, der aus kleinen oder schlecht ausgebildeten Kriställchen besteht. Es ist daher nur die Faserperiode von 5,0 Å bekannt[1], die mit einer gestreckten Zickzackkette verträglich ist. Weitere Einzelheiten fehlen.

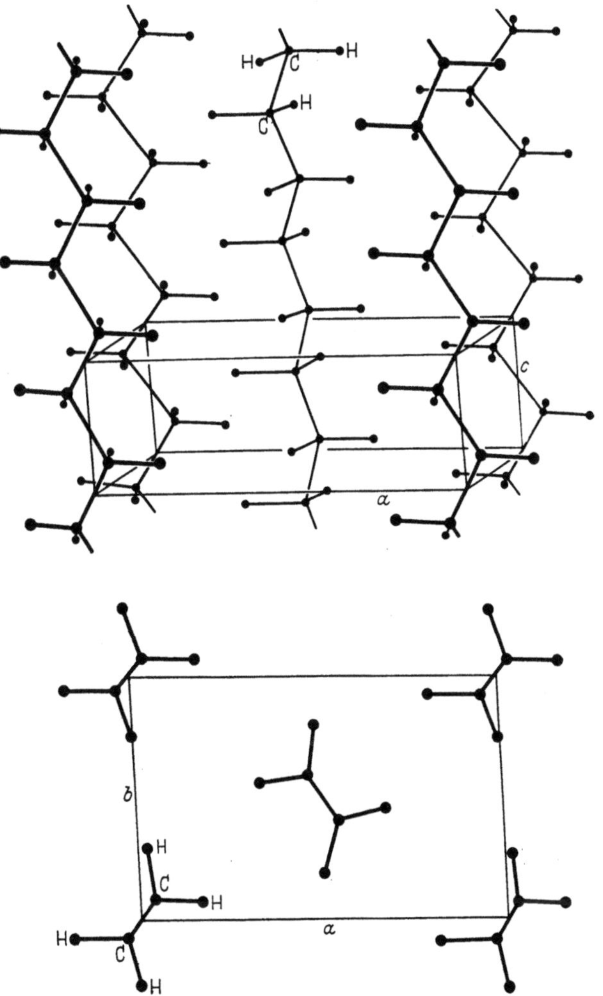

Abb. IV, 34. Kristallstruktur von Polyäthylen. Oben: Allgemeine Ansicht. Unten: Projektion auf die Basisebene (*a*, *b*). (Nach BUNN.)

Die schlechte Kristallisierbarkeit von Polyvinylchlorid steht im Einklang mit der chemischen Struktur. Da bei der Polymerisation Kopf–Schwanz- mit Kopf–Kopf- und Schwanz–Schwanz-Anlagerungen wechseln können, ist die Molekülstruktur an sich unbestimmt. Aber auch wenn

---

[1] FULLER, C. S.: Chem. Reviews **26**, 143 (1940).

wir regelmäßige Kopf—Schwanz-Anlagerungen annehmen, können die Chloratome immer noch in unregelmäßiger Folge d- und l-Positionen einnehmen, wodurch die Kristallisationsfähigkeit weitgehend herabgesetzt wird (vgl. § 50).

Diese letztere Möglichkeit scheidet beim *Polyvinylidenchlorid*, $(CH_2Cl_2)_n$ aus, bei dem auch eine weit bessere Ausbildung der kristallinen Bereiche auftritt. Nach FULLER[1] beträgt die Faserperiode 4,7 Å, ist also etwas kürzer, als einer gestreckten Paraffinkette entsprechen würde. FULLER[1] nimmt zur Erklärung an, daß die CCl_2-Gruppen etwas aus der Zickzackebene herausgedreht sind, und zwar aufeinanderfolgende Gruppen jeweils in entgegengesetzter Richtung. Dadurch wird eine leichte Verbiegung der Kette und damit eine Verkürzung der Identitätsperiode bewirkt.

Einen anderen Vorschlag macht REINHARDT[2]. Er nimmt eine ebene Kette mit cis-Konfiguration an und kommt so zu einer monoklinen Elementarzelle mit 4 Grundeinheiten.

$$a = 13{,}7\,\text{Å}; \quad b \text{ (Faserachse)} = 4{,}67\,\text{Å}; \quad c = 6{,}30\,\text{Å}; \quad \beta = 55°.$$

Allerdings erfordert dieses Modell abnormal große Valenzwinkel, um zur richtigen Faserperiode zu gelangen. Dagegen stimmt die berechnete Dichte von 1,94 mit der von WILEY[3] gemessenen von 1,875 befriedigend überein. Da Faserstoffe stets nur zum Teil kristallin sind, liegen die kristallographisch berechneten Werte für die Dichte stets etwas über den tatsächlich gemessenen (vgl. § 24/25).

Bei *Polyvinylalkohol* (*Kuralon, Vinylon*) kann eine gestreckte Zickzackkette als gesichert gelten. Nachdem zuerst HALLE und HOFMANN[4] eine etwas zu lange Faserperiode von 2,57 Å gefunden hatten, konnte FULLER[1] den Wert genauer zu 2,52 Å bestimmen, was praktisch genau der Identitätsperiode einer gestreckten Paraffinkette entspricht. Nach MARVEL und DENOON[5] sollen die Grundeinheiten in einer Kopf—Schwanz-Folge angeordnet sein.

Eine eingehende Strukturuntersuchung liegt von BUNN[6] vor. Er findet in guter Übereinstimmung mit MOONEY[7] eine monokline Elementarzelle:

$$a = 7{,}81\,\text{Å}; \quad b \text{ (Faserachse)} = 2{,}52\,\text{Å}; \quad c = 5{,}51\,\text{Å}; \quad \beta = 91{,}7°.$$

Fraglich ist nur die Stellung der Hydroxylgruppen. Während MOONEY die Auffassung vertritt, daß sich innerhalb eines Fadenmoleküls alle OH-Gruppen auf der gleichen Seite befinden, konnte BUNN durch Berechnung der Intensitäten der Reflexe sehr wahrscheinlich machen, daß d- und l-Positionen der OH-Gruppen statistisch abwechseln. Dabei sollen sich, soweit stereochemisch möglich, Wasserstoffbrücken ausbilden (vgl.

---

[1] FULLER, C. S.: Chem. Reviews **26**, 143 (1940).
[2] REINHARDT, R. C.: Ind. Engng. Chem. **35**, 422 (1943).
[3] WILEY, R. H.: Ind. Engng. Chem. **38**, 959 (1946).
[4] HALLE, F. u. W. HOFMANN: Naturwiss. **23**, 770 (1935).
[5] MARVELL, C. S. u. C. B. DENOON JR.: J. Amer. chem. Soc. **60**, 1045 (1938).
[6] BUNN, C. W.: Nature **161**, 929 (1948).
[7] MOONEY, R. C. L.: J. Amer. chem. Soc. **63**, 2828 (1941).

Abb. IV, 35). Für diese Auffassung scheinen auch UR-Messungen[1] zu sprechen.

Polyacrylnitril (Orlon, Pan) besitzt eine hexagonale Elementarzelle[2]:

$$a = 6,17 \text{ Å}; \quad b = 6,17 \text{ Å}; \quad c = 5,1 \text{ Å}; \qquad \gamma = 120°$$

mit 2 Grundeinheiten.

Von den zahlreichen anderen Hochpolymeren mit Paraffingerüst sind nur spärliche Daten über ihre Kristallstruktur bekannt. Es sind dies vielfach solche Polyvinylderivate, die ähnlich wie Kautschuk und Guttapercha leicht gefaltete oder schraubenförmige Molekülketten enthalten, wodurch eine vollständige Interpretation der Röntgendiagramme natürlich viel schwerer wird als im Falle gestreckter Zickzackketten.

Ein Beispiel wäre das *Polyisobutylen (Oppanol u. Vistanex)*, bei dem BRILL und HALLE[3] eine Faserperiode von 18,5 Å gefunden und durch Annahme einer schraubenförmigen Kette interpretiert haben. In einer späteren Arbeit geben FULLER und Mitarbeiter[4] eine rhombische Elementarzelle mit folgenden Daten an:

$$a = 11,96 \text{ Å};$$
$$b = 6,94 \text{ Å};$$
$$c = 18,63 \text{ Å}.$$

Da $a = \sqrt{3}\,b$ ist, würden die obigen Werte auch in eine größere hexagonale Zelle passen, doch kann die Struktur nicht hexagonal sein, weil

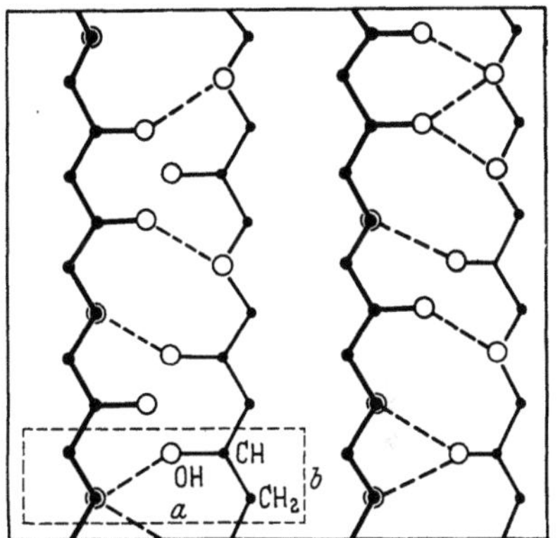
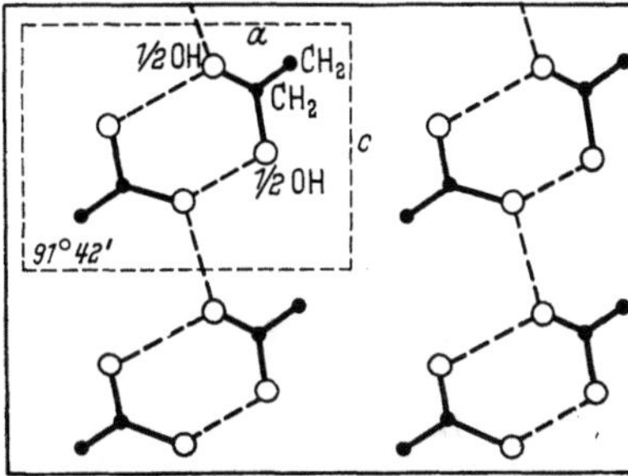

Abb. IV, 35. Kristallstruktur von Polyvinylalkohol. Oben: Projektion auf (*ab*)-Ebene. Unten: Projektion auf (*ac*)-Ebene. (Nach BUNN.)

auf eine Kettenperiode nur 8 monomere Reste entfallen und nur zwei Ketten in der rhombischen Zelle liegen.

Eine eingehende Untersuchung von LENNÉ[5] hat folgende Struktur sehr wahrscheinlich gemacht: die Molekülketten besitzen die „Kopf—Schwanz"-Konfiguration, so daß jedes zweite C-Atom zwei Methylgruppen trägt. Diese Ketten sind derart schraubenförmig verdrillt, daß auf

[1] ELLIOT, A., E. J. AMBROSE u. R. B. TEMPLE: Nature **163**, 567 (1949). — L. GLATT, D. S. WEBER, C. SEAMAN u. J. W. ELLIS: J. chem. Physics **18**, 413 (1950).

[2] PRIEBSCHK, A.: Ber. Farbenfabriken Bayer 1950. — H. REIN: Z. Angew. Chemie **61**, 261 (1949).

[3] BRILL, R. u. F. HALLE: Naturwiss. **26**, 12 (1938).

[4] FULLER, C. S., C. I. FROSCH u. G. N. R. PAPE: J. Amer. chem. Soc. **62**, 1905 (1940).

[5] LENNÉ, H.-U.: Kolloid-Z. **137**, 65 (1954).

eine Faserperiode 16 monomere Reste in drei Schraubengängen entfallen. Die Normalprojektion dieser Schrauben auf die Basisebene bildet ein hexagonales Netz mit einer Translation von 6,94 Å. Benachbarte Ketten sind derart gegeneinander verschoben, daß sich eine optimale Verzahnung der Methylgruppen ergibt.

Eine schwachgewellte Kette vom Guttapercha-Typ scheint im Polychloropren und Polybromopren vorzuliegen. Die Faserperiode beträgt hier nach CAROTHERS[1] und Mitarbeitern sowie nach FULLER[2] in beiden Fällen 4,8 Å.

b) Polyäther.

Polyoxymethylen ($[CH_2O]_x$) war Gegenstand eingehender Untersuchungen durch STAUDINGER[3] und Mitarbeiter. Während die entsprechenden niedermolekularen Verbindungen mit 9 bis 19 (CH_2O)-Grundeinheiten echte Kristalle bilden, in denen die Moleküllänge je monomerem Rest um 1,93 Å zunimmt, kristallisiert das Hochpolymere in einem typischen Makromolekülgitter. HENGSTENBERG[4] konnte an gedehnten Fäden ein gut orientiertes Faserdiagramm erhalten. Im Gegensatz dazu beobachtete OTT[5] auch beim Hochpolymeren große Perioden von 45,1 und 113,4 Å, die er der Moleküllänge zuschrieb. Danach würde also auch hier ein richtiges Kristallgitter mit Molekülen einheitlicher Größe vorliegen. Die Befunde von OTT konnten allerdings von anderen Forschern nicht bestätigt werden. SAUTER[6] bestimmte die Faserperiode zu 17,25 Å und versuchte auch eine Aufklärung der Konfiguration. Nach seinen Untersuchungen ist eine fast ebene gefaltete Kette wahrscheinlich.

Zu ähnlichen Ergebnissen gelangte SAUTER[7] auch beim *Polyäthylenoxyd* ($[CH_2CH_2O]_x$). Die Faserperiode beträgt hier 19,5 Å und umfaßt neun Grundeinheiten. Wahrscheinlich besitzen die Makromoleküle Mäanderform. Die Elementarzelle ist nach SAUTER monoklin und enthält 36 monomere Reste:

$$a = 9,5 \text{ Å}; \quad b = 19,5 \text{ Å}; \quad c = 12,0 \text{ Å}; \quad \beta = 101°.$$

Nach BARNES und ROSS[8] besteht zwischen Präparaten, die nach verschiedenen Methoden (aus Äthylenoxyd und aus Äthylenglykol) hergestellt wurden, kein Unterschied im Röntgendiagramm.

c) Polyester.

Die *aliphatischen Polyester* haben infolge ihres niedrigen Schmelzpunktes keine technische Bedeutung erlangt. Doch liegen gerade von

---

[1] CAROTHERS, W. H., J. E. KIRBY u. A. M. COLLINS: J. Amer. chem. Soc. **55**, 789 (1933). — W. H. CAROTHERS, I. WILLIAMS, A. M. COLLINS u. J. E. KIRBY: J. Amer. chem. Soc. **53**, 4203 (1931).

[2] FULLER, C. S.: Chem. Reviews **26**, 143 (1940).

[3] STAUDINGER, H., H. JOHNER, R. SIGNER, G. MIE u. J. HENGSTENBERG: Z. physik. Chem. (A) **126**, 425 (1927).

[4] HENGSTENBERG, J.: Ann. Physik **84**, 245 (1927).

[5] OTT, E.: Science **71**, 465 (1930).

[6] SAUTER, E.: Z. physik. Chem. (B), **18**, 417 (1932); (B) **21**, 186 (1933).

[7] SAUTER, E.: Z. physik. Chem. (B) **21**, 161 (1933).

[8] BARNES, W. H. u. S. ROSS: J. Amer. chem. Soc. **58**, 1129 (1936).

dieser Gruppe der synthetischen Hochpolymeren umfangreiche Untersuchungen von FULLER[1] und Mitarbeitern vor, die interessante Zusammenhänge zwischen chemischem Aufbau und Kristallstruktur erbracht haben.

Die *Polyester* des *Äthylenglykols* mit zweibasischen Säuren, beginnend mit der Adipinsäure, bilden nahezu gestreckte ebene Zickzackketten. Die röntgenographisch gemessenen Längen der Grundeinheiten in Abhängigkeit von der Zahl der Kettenatome sind in Abb. IV, 36 aufgetragen.

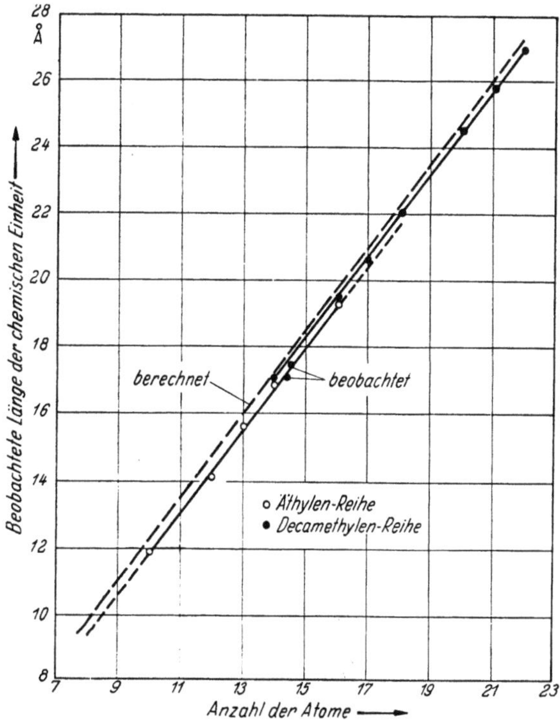

Abb. IV, 36. Länge des monomeren Restes als Funktion der Zahl der Kettenatome bei den Polyestern der Äthylen- und der Decamethylenreihe. (Nach FULLER.)

Die Zunahme je CH_2-Gruppe beträgt 1,26 Å, was genau dem für eine Paraffinkette berechneten Wert entspricht. Die geringfügige Abweichung der beobachteten gegenüber der berechneten Länge könnte, falls sie reell ist, auf einer Unsicherheit im Valenzwinkel am Sauerstoffatom oder im C–O-Abstand beruhen.

Die seitliche Anordnung der Molekülketten ist ganz ähnlich wie in den niedermolekularen aliphatischen Kettenverbindungen, für deren Anordnungsmöglichkeiten SCHOON[2] eine erschöpfende Theorie geliefert hat. Die

[1] FULLER, C. S.: Chem. Reviews 26, 143 (1940). — C. S. FULLER u. C. L. ERICKSON: J. Amer. chem. Soc. 59, 344 (1937). — C. S. FULLER u. C. J. FROSCH: J. physic. Chem. 43, 323 (1939); J. Amer. chem. Soc. 61, 2575 (1939). — C. S. FULLER u. W. O. BAKER: J. chem. Educat. 20, 3 (1943).

[2] SCHOON, T.: Z. physik. Chem. (B) 39, 385 (1938).

Polyester mit ungerader Anzahl der Kettenatome kristallisieren in einem rhombischen Gitter mit zwei Ketten je Faserperiode; die Polyester mit gerader Atomzahl hingegen in einem monoklinen Gitter, in dem benachbarte Ketten parallel zur Achse um je zwei Atome verschoben sind und dementsprechend einen Winkel $\beta = 65°$ verursachen. Abb. IV, 37 a, b zeigt zwei Beispiele für diese zwei Anordnungstypen.

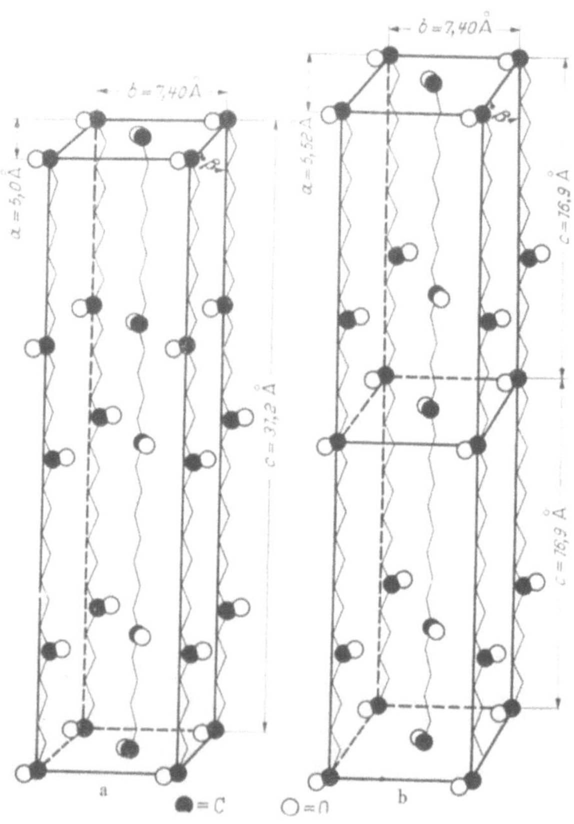

Abb. IV, 37. Schematische Darstellung des Kristallgitters von a: Polyäthylenacelainat ($\beta = 90°$) ungerade; b: Polyäthylensebacat ($\beta = 65°$) gerade. (Nach FULLER.)

In der 1,10-*Decamethylenglykolreihe*, beginnend mit der *Oxalsäure*, liegen die Verhältnisse ähnlich. Nur sind hier die polaren Carbonylgruppen weiter voneinander entfernt, wodurch eine gewisse Unbestimmtheit in der seitlichen Anordnung entsteht. So kommen hier gegenseitige Verschiebungen der Ketten um verschiedene Atomzahlen vor. Auch treten manchmal beide Typen von Abb. IV, 37 nebeneinander im Röntgendiagramm auf.

Die röntgenographischen Befunde von FULLER und Mitarbeitern werden weiter gestützt durch die Ergebnisse, die STORKS[1] mit Hilfe der Elek-

---

[1] STORKS, K. H.: J. Amer. chem. Soc. **60**, 1753 (1938).

tronenbeugung an dünnen Filmen der *Polyester* aus *Äthylenglykol* und *Bernsteinsäure, Adipinsäure, Sebacinsäure* erhalten hat.

Übrigens zeigen nicht alle Polyester der Äthylen- und Decamethylenreihe das oben beschriebene normale Verhalten. Polyäthylensuccinat z. B. bildet nach FULLER vermutlich schraubenförmige Ketten. Polydecamethylenoxalat hingegen enthält wohl gestreckte Ketten, unterscheidet sich aber von den anderen Gliedern der Reihe durch eine abweichende seitliche Packung der Moleküle. Doch ist bei diesen und anderen Ausnahmsfällen die Gitterstruktur noch nicht in allen Einzelheiten aufgeklärt.

Einen neuen Typ stellen die *Polyester* der *1,3-Propandiolreihe* dar. Bei ihnen ist die Faserperiode gegenüber dem einer gestreckten Kette entsprechenden Wert stark verkürzt, kann aber durch Dehnung der Faser vergrößert werden. Wahrscheinlich sind die Makromoleküle an den Esterbindungen gewinkelt. Zum Beispiel beträgt die Faserperiode von Polytrimethylensebacat 31,3 Å. Unter der Annahme, daß auf eine Periode zwei Grundeinheiten entfallen, bedeutet das eine Verkürzung um etwa 3 Å. Um diese durch eine Winkelung der Kette an den Esterbindungen zu erklären, müßte man annehmen, daß die zwischen den Esterbindungen liegenden Kettenstücke einen Winkel von ungefähr 30° mit der Faserachse einschließen. Nach FULLER und BAKER ist eine solche Vorstellung auch mit dem sonstigen röntgenographischen Verhalten verträglich, doch steht eine endgültige Entscheidung noch aus.

Die Polyester von allen aliphatischen ω-Oxycarbonsäuren bilden hingegen gestreckte oder fast gestreckte Ketten. Auch hier sind wie früher bezüglich der seitlichen Packung zwei Typen zu unterscheiden. Bei gerader Zahl der Kettenatome in der Grundeinheit sind die Ketten so gegeneinander in der Achsenrichtung verschoben, daß die durch die Carbonylgruppen hindurchgelegten Ebenen gegen die Kettenachse geneigt sind. Es entsteht daher eine monokline Elementarzelle, in der die Faserperiode gleich der Länge eines monomeren Restes ist. Ein Beispiel für diesen Typus wäre die Poly-ω-oxy-undecansäure (die Zahl ihrer Kettenatome ist hier gerade, und zwar gleich 12, weil das Sauerstoffatom der Esterbindung mitzuzählen ist). Nach FULLER beträgt die Faserperiode hier 15,0 Å gegenüber einem theoretischen Wert von 14,9 Å.

Enthält die Grundeinheit eine ungerade Anzahl von Kettenatomen, dann liegen normalerweise die polaren Gruppen in einer zur Kettenrichtung senkrechten Ebene, und die Elementarzelle wird rhombisch. Allerdings sind dafür die Richtungen der Carbonylgruppen in aufeinanderfolgenden Schichten vertauscht, so daß die Faserperiode zwei monomere Reste umfassen muß. Sie beträgt z. B. für Poly-ω-oxy-decansäure 27,3 Å (theoretisch 27,1 Å). Abb. IV, 38a, b stellt beide Typen schematisch dar.

HESS und KIESSIG[1] geben etwas abweichende Werte für die Faserperioden der zwei genannten Polyester an, nämlich 14,5 Å für die Poly-ω-oxy-undecansäure und 13,2 Å (Halbperiode) für die Poly-ω-oxy-decansäure.

---

[1] HESS, K. u. H. KIESSIG: Z. physik. Chem. (A) **193,** 196 (1944).

Von der technisch wichtigen Gruppe der aromatischen Polyester ist das *Terylene* (*Dacron*, Polyester aus Äthylenglykol und Terephthalsäure $[O(CH_2)_2O \cdot CO \cdot C_6H_4 \cdot CO]_x$ gut untersucht. Bereits 1942 hatten HARDY und WOOD[1] an unorientiertem und orientiertem Terylene verschiedene

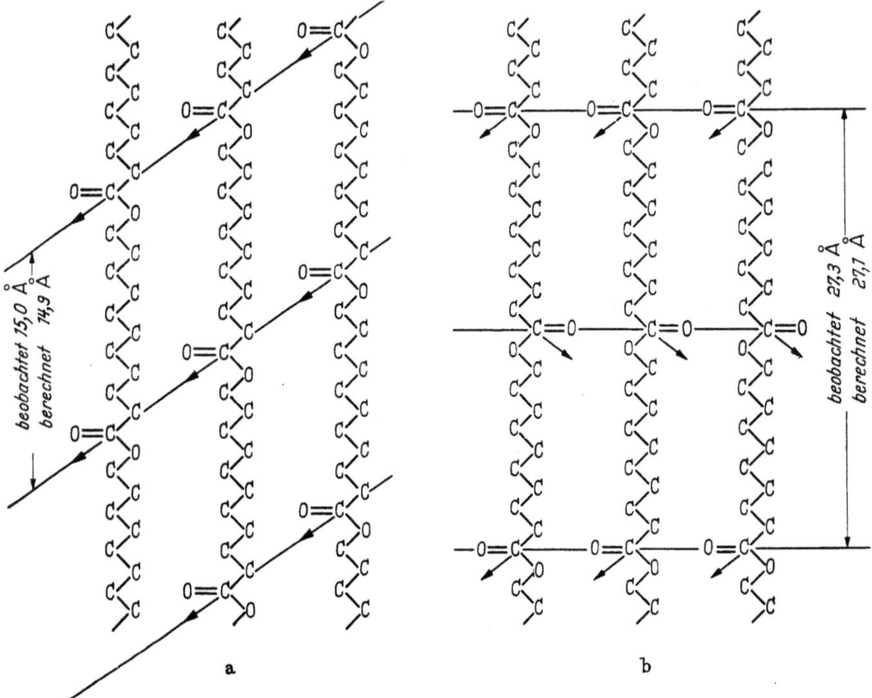

Abb. IV, 38. Schematische Darstellung der seitlichen Anordnung der Kettenmoleküle in a: Poly-ω-oxy-undecanoat... gerade; b: Poly-ω-oxy-decanoat... ungerade. Die kleinen Pfeile bedeuten die Dipolvektoren. (Nach FULLER.)

Netzebenenabstände gemessen, ohne allerdings zu einer eigentlichen Strukturbestimmung zu gelangen. ASTBURY und BROWN[2] berechneten aus einem gutorientierten Faserdiagramm eine trikline Elementarzelle:

$$a = 5{,}5_4 \text{ Å}; \quad b = 4{,}1_4 \text{ Å}; \quad c = 10{,}8_6 \text{ Å};$$
$$\alpha = 107°5'; \quad \beta = 112°24'; \quad \gamma = 92°23';$$

die Faserperiode von 10,86 Å entspricht fast genau dem theoretischen Wert von 10,9 Å, der sich aus den üblichen Bindungslängen und Valenzwinkeln für die ebene, gestreckte Grundeinheit ergibt.

Die neueste Untersuchung durch BUNN[3] und Mitarbeiter führte ebenfalls zu einer triklinen Elementarzelle, aber mit etwas abweichenden Gitterparametern:

$$a = 4{,}56 \text{ Å}; \quad b = 5{,}94 \text{ Å}; \quad c = 10{,}75 \text{ Å};$$
$$\alpha = 98{,}5°; \quad \beta = 118°; \quad \gamma = 112°.$$

[1] Referiert in: D. V. N. HARDY u. W. A. WOOD: Nature **159**, 673 (1947).
[2] ASTBURY, W. T. u. C. J. BROWN: Nature **158**, 871 (1946).
[3] DAUBENY, R. P. DE, C. W. BUNN u. C. J. BROWN: noch unveröffentlicht, aus: „Fibres from Synthetic Polymers", by ROWLAND HILL. Elsevier 1953, S. 295, 296.

BUNN gelang es auch, die Atomlagen durch eine trial-and-error-Methode zu bestimmen und schließlich durch eine dreidimensionale FOURIER-Synthese zu bestätigen. Das Ergebnis ist in Abb. IV, 39 und IV, 40 wiedergegeben.

Neuere Messungen[1] des UR-Dichroismus an Terylenefilmen mit höherer Orientierung stehen ebenfalls in Einklang mit der Annahme von ebenen Molekülketten.

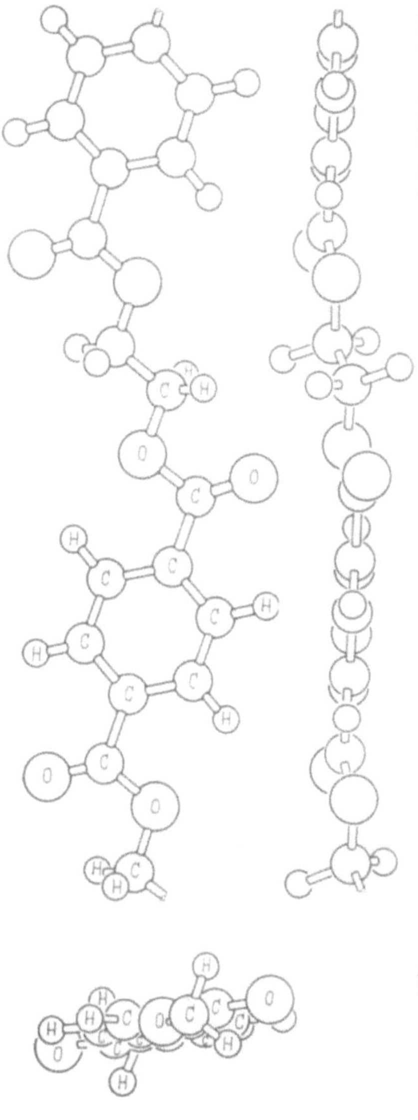

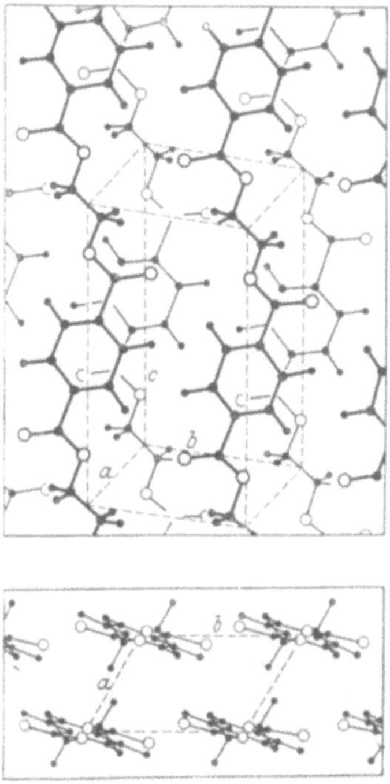

Abb. IV, 40. Kristallstruktur von Terylene. Projektion auf (010)-Ebene. Große Punkte: C-Atome; Kleine Punkte: H-Atome; Ringe: O-Atome. (Nach BUNN.)

Abb. IV, 39. Konfiguration eines Terylenemoleküls. (Nach BUNN.)

d) Polyamide.

Diese Klasse von synthetischen Hochpolymeren ist infolge ihrer technischen Wichtigkeit wohl am eingehendsten studiert worden. Die Ergebnisse stehen im wesentlichen im Einklang mit den Strukturvorstellungen, die auf wellenmechanischer Grundlage von POWELL, CLARK

---

[1] MILLER, R. G. I. u. H. A. WILLIS: Trans. Faraday Soc. **49,** 433 (1953).

und EYRING[1] entwickelt wurden. Danach sollen ebene gestreckte Zick-zackketten durch Wasserstoffbrücken in Rostebenen zusammengehalten werden, die ihrerseits wieder in seitlicher Richtung zum Kristallverband zusammentreten. Das Vorliegen von Rostebenen mit besonders starker Bindung wurde vor allem von BRILL[2] durch das Studium der höheren Orientierung an Polyamiden sehr wahrscheinlich gemacht.

Am *Nylon* (6,6) und (6,10) (Polyamide aus Hexamethylendiamin und Adipin- bzw. Sebacinsäure) konnten BUNN und GARNER[3] eine vollstän-dige Strukturaufklärung durchführen und diese Vorstellung voll be-stätigen. Allerdings ist bei den zwei genannten Stoffen zwischen einer triklinen α- und einer zweiten monoklinen β-Form mit einem rechten Winkel zu unterscheiden, die normalerweise gleichzeitig auftreten, wobei aber die α-Form immer vorherrscht und auch stabiler zu sein scheint. In getemperten und phenolbehandelten Fasern liegt sie allein vor.

BUNN und GARNER[3] geben für die Elementarzelle der α-Form (Abb. IV, 41) folgende Werte:

$$(6,6): a = 4,9 \text{ Å}; \ b = 5,4 \text{ Å}; \ c = 17,2 \text{ Å}; \ \alpha = 48,5°; \ \beta = 77°; \gamma = 63,5°$$

$$(6,10): a = 4,95 \text{ Å}; \ b = 5,4 \text{ Å}; \ c = 22,4 \text{ Å}; \alpha = 49°; \ \beta = 76,5°; \ \gamma = 63,5°$$

Diese beiden Elementarzellen unterscheiden sich nur in der Faser-periode (c) wesentlich, während die übrigen Gitterkonstanten fast gleich sind. Dementsprechend sind auch die Äquatorreflexe der beiden Nylon-typen sehr ähnlich. Innerhalb der Rostebenen (a, c) sind die gestreckten Molekülketten durch H-Brücken O...HN verbunden. Der Abstand O...N ergibt sich nach dem Modell zu 2,8 Å, in guter Übereinstimmung mit den sonst bei derartigen H-Brücken gemessenen Werten. Durch die Ausbil-dung der Wasserstoffbindungen sind benachbarte Molekülketten gegen-einander versetzt, wodurch sich ein Winkel $\beta = 77°$ ergibt. Ebenso sind die Rostebenen gegeneinander versetzt ($\alpha = 49°$) (s. Abb. II, 32). Von der β-Form liegen keine so genauen Angaben vor, doch dürfte sie die gleichen Rostebenen wie die α-Form enthalten und sich von dieser nur dadurch unterscheiden, daß die Rostebenen abwechselnd hinauf und herab ver-setzt sind (s. Abb. II, 32, monokline Form). Vgl. dazu § 11a, b.

Beim *Dihydroxy-Polyamid* (6,6) [–NH(CH$_2$)$_6$ · NH · CO · CHOH · (CH$_2$)$_2$ · CHOH · CO] finden BEAUVALET, CHAMPETIER und TERTIAN[4] eine Faserperiode von 15,85 Å, also etwas kleiner als beim Nylon (6,6). Diese Autoren schlagen eine rhombische Elementarzelle mit einem monomeren Rest vor: $a = 4,87 \text{ Å}; \ b = 4,35 \text{ Å}; \ c = 15,85 \text{ Å}$.

Nähere Einzelheiten über die Struktur sind nicht bekannt.

Auch bei anderen Polyamiden vom Nylontyp (9,9), (10,6), (10,10) wurde von BAKER und FULLER[5] eine etwas kleinere Faserperiode ge-funden, als einer gestreckten Kette entspricht. Bei Mischkondensaten

---

[1] POWELL, R. F., C. R. CLARK u. H. EYRING: J. chem. Physics **9**, 440 (1941).

[2] BRILL, R.: Z. physik. Chem. (B) **53**, 61 (1943).

[3] BUNN, C. W. u. E. V. GARNER: Proc Roy. Soc. [London] (A) **189**, 39 (1947).

[4] BEAUVALET, G., G. CHAMPETIER u. R. TERTIAN: C. R. **228**, 2028 (1949); Bull. Soc. chim. France 1949, M 636.

[5] BAKER, W. O. u. C. S. FULLER: J. Amer. chem. Soc. **64**, 2399 (1942).

tritt nur *eine* Faserperiode auf, die sich mit dem Mischungsverhältnis in nichtlinearer und bisher ungeklärter Weise ändert. Jedenfalls liegen demnach Mischkristalle und nicht die getrennten hochpolymeren Bestandteile vor.

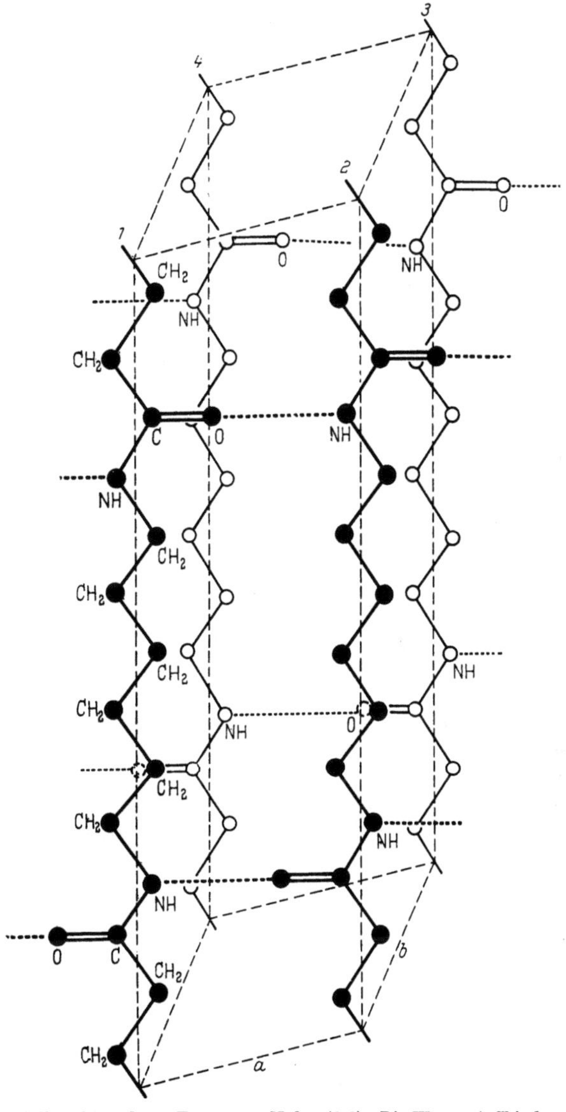

Abb. IV, 41. Kristallstruktur der α-Form von Nylon (6,6). Die Wasserstoffbindungen sind durch punktierte Linien angedeutet. (Nach BUNN.)

Die Polyamide aus ω-Aminocarbonsäuren unterscheiden sich von den bisher besprochenen dadurch, daß die Moleküle enantiomorphen Charakter tragen. In der Elementarzelle sind daher abwechselnd Molekülketten mit entgegengesetzter Orientierung anzunehmen[1]. Der wichtigste und am besten untersuchte Vertreter dieser Klasse ist das Polyamid aus ε-Aminocapronsäure (Nylon (6) oder Perlon L)[2]. BRILL[3] gibt eine monokline Elementarzelle (Abb. IV, 42) mit vier Grundeinheiten an:

$$a = 9,66 \text{ Å}; \quad b = 8,32 \text{ Å}; \quad c = 17,2 \text{ Å}; \quad \gamma = 65°.$$

Die Äquatorinterferenzen von Perlon L sind sehr ähnlich denen von

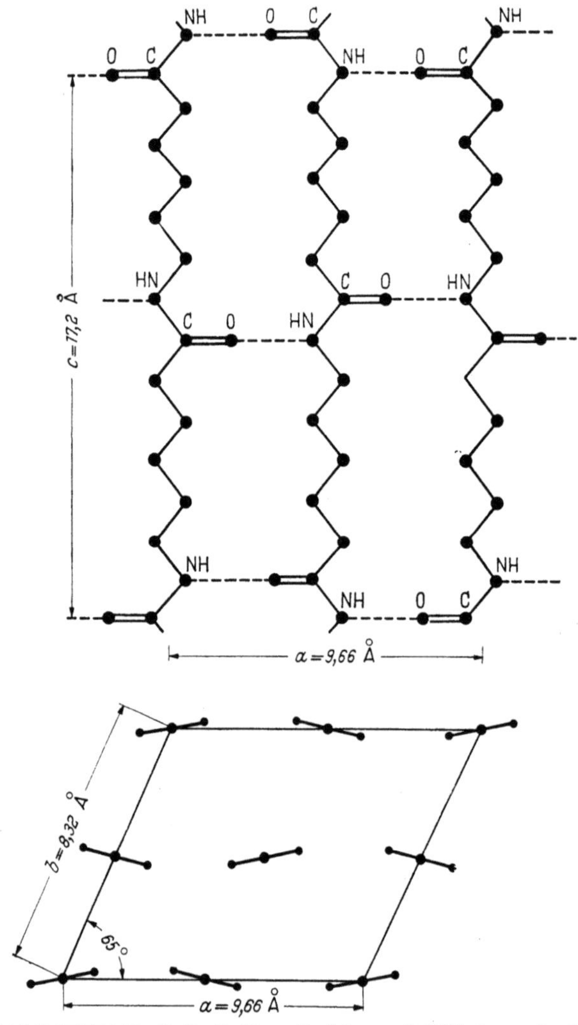

Abb. IV, 42. Kristallstruktur von Perlon L. Oben: Rostebene mit H-Bindungen (.....). Unten: Projektion in c-Richtung. (Nach BUNN uud GARNER.)

---

[1] Dieses ideale Gitter ist aber aus kinetischen Gründen kaum realisierbar, vgl. § 51 b und Abb. IX, 1.
[2] BUNN, C. W. u. D. R. HOLMES: J. Polymer Sci., im Druck.
[3] BRILL, R.: Z. physik. Chem. (B) 53, 61 (1943).

Nylon (6,6) und (6,10), so daß auch im ersteren durch Wasserstoffbrücken zusammengehaltene Rostebenen anzunehmen sind.

Bei einer genauen Untersuchung des Röntgendiagramms von Perlon L stieß WALLNER[1] auf die merkwürdige Tatsache, daß sich aus den Meridian-reflexen verschiedener Ordnung abweichende Werte für die Faserperiode (c) ergeben, die außerdem noch von der Behandlung des Präparates abhängen. Die nachfolgende Tabelle enthält die aus den Reflexen n-ter Ordnung berechneten c-Werte für:

    I. normale fabrikmäßig hergestellte Fäden,

    II. getemperte und langsam abgekühlte Fäden.

n	I	II
(002)	16,13	16,8
(004)	16,8	17,0
(006)		17,1
(0010)		17,2
(0012)		16,25

Aus den bekannten Atomabständen und Valenzwinkeln berechnet WALLNER eine ideale Identitätsperiode von 17,08 Å.

WALLNER hat diese Diskrepanz als Teilchengrößeneffekt gedeutet. (Näheres siehe § 21, b.) Er kann auf diese Weise gleichzeitig die Kristallitlänge bestimmen und findet sie etwa gleich dem Dreifachen der Periode,

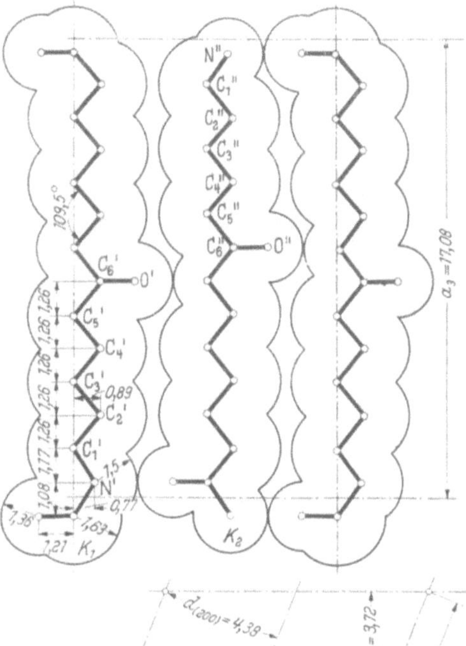

Abb. IV, 43. Elementarzelle von Perlon L, bei 200° C unter Spannung getempert und sehr langsam abgekühlt. (Nach WALLNER.)

in bester Übereinstimmung mit den Befunden von HESS und KIESSIG aus den meridionalen Kleinwinkelreflexen (s. § 23, c).

Für Präparate, die unter sehr langsamem Abkühlen hergestellt wurden und daher besonders gut kristallisiert sind, ergibt sich nach WALLNER eine monokline Zelle (Abb. IV, 43) mit vier monomeren Resten:

$$a = 9{,}45 \text{ Å}; \quad b = 8{,}02 \text{ Å}; \quad c = 17{,}08 \text{ Å}; \quad \gamma = 68°.$$

---

[1] WALLNER, L. G.: Mh. Chem. **79**, 86, 279 (1948).

Bei schnellerer Abkühlung entstehen stark gestörte monokline Gitter, im Extremfalle sogar mesomorph eingefrorene Zustände mit hexagonaler Packung der Molekülketten (Näheres siehe § 44), die aber beim Verstrecken bzw. Tempern in die reguläre monokline Struktur übergeführt werden.

Neuerdings findet GÜNTHER[1] außerdem eine trikline Zelle mit abweichenden Gitterkonstanten:

$$a = 9{,}84 \text{ Å}; \quad b = 8{,}08 \text{ Å}; \quad c = 17{,}0 \text{ Å}; \quad \alpha = 90°; \quad \beta = 77{,}4°; \quad \gamma = 66{,}4°.$$

In dieser Arbeit wird auch der Einfluß des Gehaltes an Lactam untersucht, das in Perlon, das ja meist aus Caprolactam hergestellt wird, immer vorhanden ist. GÜNTHER findet, daß eine Verunreinigung mit Lactam eine Verbreiterung der Reflexe bewirkt und daß bei einem Gehalt über 5% eine neue Interferenz entsprechend 4,2 Å auftritt[2]. Von anderen Polyamiden vom Perlon-L-Typ liegen keine Strukturbestimmungen vor. Am Polyamid 11-Nylon [Rilsan, Kondensat aus ω-Aminoundecansäure $NH_2(CH_2)_{10}COOH$] wird von AELION[3] eine wesentlich kleinere Faserperiode berichtet, als einer gestreckten Kette entsprechen würde.

e) Polyurethane.

Diese Hochpolymeren sind in kristallographischer Hinsicht den Polyamiden sehr ähnlich. Bei Perlon U, dem Polymerisat aus Butylenglykol und Hexamethylendiisocyanat, fand ZAHN[4] eine Faserperiode von 19,1 Å, was mit der Annahme einer gestreckten Kette in guter Übereinstimmung steht. Die Strukturanalyse durch BORCHERT (ref. bei ZAHN[4]) führte zu einer monoklinen Elementarzelle mit zwei monomeren Resten:

$$a = 4{,}95 \text{ Å}; \quad b \text{ (Faserachse)} = 19{,}2 \text{ Å}; \quad c = 8{,}69 \text{ Å};$$

$$\alpha = 90°; \quad \beta = 60{,}2°; \quad \gamma = 104°.$$

Wahrscheinlich sind auch im Perlon U ebenso wie in den meisten Polyamiden die gestreckten Molekülketten durch Wasserstoffbindungen in Rostebenen besonders fest gebunden. Dafür spricht die Leichtigkeit, mit der eine höhere Orientierung durch Walzen hergestellt werden kann. Ebenso ist der Winkel $\gamma = 104°$ oder $= 180° - 104° = 76°$ sehr nahe dem Winkel von 77°, der bei Polyamiden in der Rostebene gefunden wurde.

---

[1] KORDES, E., F. GÜNTHER, L. BÜCHS u. W. GÖTTNER: Kolloid-Z. **119**, 23 (1950).

[2] Von anderer Seite konnte trotz besonderer Aufmerksamkeit das trikline Gitter nicht bestätigt werden. Auch das Auftreten der 4,2-Perode kann nicht sicher auf eine Lactam-Verunreinigung zurückgeführt werden; W. KIAST: mündliche Mitteilung.

[3] AELION, R.: Ann. Chimie **3**, 5 (1948).

[4] ZAHN, H.: Melliand Textilber. **32**, 534 (1951); H. ZAHN u. U. WINTER: Kolloid-Z. **128**, 142 (1952).

f) Sonstige synthetische Hochpolymere.

Hier liegt bis jetzt nur spärliches Material vor. Erwähnt seien die Arbeiten von BUNN[1] und RIGBY über Teflon, sowie von KATZ[2] und FULLER[3] über organische Polysulfide.

In einer neueren Untersuchung konnten BUNN und HOWELLS[4] bei Teflon [Polytetrafluoräthylen $(-CF_2-)_n$] eine pseudohexagonale Elementarzelle aufstellen.

$$a = b = 5{,}54 \text{ Å}, \quad c = 16{,}8 \text{ Å (Faserperiode)} \; \gamma = 119{,}5°.$$

Der große Wert von 16,8 Å der Faserperiode zeigt an, daß es sich nicht einfach wie bei Polyäthylen um gestreckte Zickzackketten handeln kann. Vielmehr konnten BUNN und HOWELLS sehr wahrscheinlich machen, daß infolge der Abstoßung der Fluoratome (z. B. an den Kohlenstoffatomen C_1 und C_3) eine Verdrillung des Kettenmoleküls eintritt, die zu einer Schraubenlinie (Helix) führt. Auf eine Ganghöhe von 16,8 Å entfallen 13 monomere Reste $(-CF_2-)$. Eine starke Stütze für diese Auffassung ist es, daß ein starker meridionaler Reflex entsprechend einem BRAGGschen Netzebenenabstand von 1,294 Å = 16,8/13 auftritt. Die C-Atome liegen auf einer Schraubenlinie vom Radius 0,42 Å und die F-Atome auf einer solchen vom Radius 1,64 Å.

Bei 25° C ändert sich das Faserdiagramm in charakteristischer Weise. Der größere Teil der Schichtlinienreflexe wird sehr diffus, während die Äquatorreflexe und der Meridianreflex von 1,294 Å scharf und an der gleichen Stelle bleiben. Diese Erscheinung ist am zwanglosesten so zu interpretieren, daß die Schraubenkonfiguration der Kettenmoleküle und ihre seitliche Packung erhalten bleibt, während eine Rotation der Moleküle oder eine Verschiebung in Richtung der Kettenachse, und zwar um Vielfache der Länge einer Äthylengruppe, nämlich 2,6 Å erfolgt. Daß nur solche Translationen vorkommen, erhellt daraus, daß die Reflexe auf den Schichtlinien der 6. und 7. Ordnung scharf bleiben.

Bei 35° C liegt ein weiterer Umwandlungspunkt. Hier werden auch die letztgenannten Schichtlinienreflexe diffus, ein Zeichen, daß nunmehr statistische Verschiebungen der Kettenmoleküle um beliebige Beträge auftreten.

§ 19. Zum Problem des Zusammenhanges der Molekülgestalt im Gitter mit dem Ultraviolettdichroismus.

Von O. KRATKY und E. SCHAUENSTEIN.

Vorbemerkung des Herausgebers.

Bekanntlich kann man aus der Absorption von polarisiertem UR- und UV-Licht auf die Richtung bestimmter Schwingungen bzw. die Orientierung von Chromophoren schließen. Es besteht also grundsätzlich

---

[1] BUNN, C. W. u. H. A. RIGBY: Nature **164**, 583 (1949).
[2] KATZ, J. R.: Trans. Faraday Soc. **32**, 77 (1936).
[3] FULLER, C. S.: Chem. Reviews **26**, 143 (1940).
[4] BUNN, W. C. u. E. R. HOWELLS: Nature **174**, 549 (1954).

die Möglichkeit, in geeigneten Fällen die Anordnung einer Atomgruppe im Gitter zu bestimmen bzw., falls diese bekannt ist, Schlüsse auf die Anordnung der kristallinen Bereiche zu ziehen. Der Dichroismus ist leider nie vollständig. Auch fällt die Änderung der permanenten bzw. induzierten Momente durchaus nicht immer in die mechanischen Vorzugsrichtungen des Atomgerüstes, etwa in bestimmte Valenzrichtungen.

Aus diesem Grunde können der UV- und der UR-Dichroismus bei der Bestimmung der Orientierung von Molekülketten in bezug auf eine äußere Richtung nur sehr rohe Zahlenwerte liefern. Dabei sind die Verhältnisse bei der UV-Absorption noch schwerer zu übersehen, was man schon daraus erkennt, daß Bindungsmomente im allgemeinen gegen Änderungen der molekularen Ordnung (also gegen Wechsel des Aggregatzustandes viel) unempfindlicher als induzierte Momente (Hauptpolarisierbarkeiten) sind[1].

Dagegen können beide Methoden bei der Konfigurationsbestimmung von Makromolekülen im Gitter, wo oftmals schon eine qualitative Angabe genügt, um zwischen mehreren Möglichkeiten zu entscheiden, ein wichtiges Hilfsmittel werden.

Wir behandeln daher die Zusammenhänge zwischen der Molekülgestalt im Gitter und dem UV-Dichroismus in diesem Paragraphen, den Ultrarotdichroismus als Methode der Orientierungsbestimmung dagegen erst später in § 30.

Während die gewöhnlichen Absorptionsspektren im Ultraviolett nur die Anwesenheit von Chromophoren verraten, ist es bei Anwendung von polarisiertem UV-Licht auch möglich, Angaben über die räumliche Lage der Chromophore im untersuchten Präparat zu machen. Natürlich hat diese Untersuchungsmethode nur einen Sinn, wenn die Chromophore räumlich festliegen, wie etwa in festen Präparaten mit Faserstruktur. Nach den grundlegenden Erkenntnissen von W. Kuhn, Dührkop und Martin[2], G. Scheibe[3] sowie Nakamoto[4] zeigt nämlich ein einzelner Chromophor verschieden starke Absorption je nach der Lage der Schwingungsrichtung relativ zum Elektronengerüst des Chromophors. So absorbiert z. B. das Benzolmolekül einen in der Ebene des Moleküls schwingenden Lichtstrahl sehr viel stärker als einen normal dazu schwingenden. Für Linearchromophore, wie etwa die C=C- oder die C=O-Gruppe, konnte die Bindungslängsachse als die Richtung der bevorzugten Absorption ermittelt werden[5]. Dieses Ergebnis steht mit den Vorstellungen von H. Kuhn[6] in Einklang, wonach die Elektronen der Doppelbindungen

---

[1] In diesem Zusammenhange sei darauf hingewiesen, daß man einzelnen Bindungen zwar noch ein charakteristisches Bindungsmoment, aber wegen der starken Wechselwirkung keine charakteristischen Hauptpolarisierbarkeiten zuordnen kann; vgl. dazu Band I, § 61, insbesondere S. 446 ff.

[2] Kuhn, W., H. Dührkop u. H. Martin: Z. physik. Chem. (B) **45**, 121 (1939).

[3] Scheibe, G., St. Hartwig u. D. Muller: Z. Elektrochem. angew. physik. Chem. **49**, 372 (1943).

[4] Nakamoto, K.: C **1955**, 6843.

[5] Fixl, J. O. u. E. Schauenstein: Mh. Chem. **81**, 598, 787 (1949).

[6] Kuhn, H.: J. chem. Physics **16**, 840 (1948).

als freies, eindimensionales Elektronengas längs der Kohlenstoffkette aufzufassen sind.

Bei hochmolekularen Stoffen wurde dieses Verfahren erstmalig von Scheibe, Butenandt, Friedrich-Freksa und Hartwig[1] angewendet. Die genannten Forscher konnten an einer strömenden Lösung von Tabakmosaikvirus, in der die Virusteilchen ziemlich parallel ausgerichtet waren, eine Richtungsabhängigkeit der Tryptophan- und Nucleinsäureabsorption feststellen, aus der sie zu Schlußfolgerungen über die Lage der Indolreste des Tryptophans im stäbchenförmigen Virusteilchen kamen. Hinsichtlich der quantitativen Ausdeutung haben sich Meinungsverschiedenheiten ergeben, die aber, wie immer sie entschieden werden mögen, nichts am Grundsätzlichen ändern.

Mit der gleichen Problemstellung sind die Autoren dieses Berichtes an die Untersuchung von Faserproteinen geschritten[2]. Dabei zeigte sich, daß man zwanglos zwischen zwei Effekten unterscheiden kann; der Anisotropie im Maximum der aromatischen Aminosäure (Tyrosin, Tryptophan, 3600 v'), die manchmal sehr deutlich auftrat, manchmal aber ausfiel (Fibrin[3]) und der Anisotropie der von dem einen von uns so benannten Peptenolatabsorption[4]. Unter dieser soll eine im Gebiet von 2400 bis 3200 und bei 4000 v' auftretende, p_H-abhängige Absorption verstanden werden, die bei allen untersuchten Faserproteinen bei p_H-Werten über 9 auftrat und als Absorption speziell der H-gebundenen Peptidgruppe gedeutet wurde [5,6]. Es liegt hier also die Vorstellung einer Umlagerung des Peptidgerüstes nach dem Schema

$$\begin{array}{ccc} \diagdown & & \diagdown \\ C{=}O\cdots & & C{-}O^{(-)} \\ | & & \| \\ \cdots H{-}N & \rightleftharpoons & N \qquad +H^+ \\ \diagdown & & \diagup \end{array}$$

zugrunde.

Für diese Deutung der zusätzlichen Proteinabsorption waren zunächst ausgedehnte Modelluntersuchungen an niedermolekularen Substanzen notwendig. Es ergab sich dabei, daß die gleiche, p_H-abhängige und rotverschobene NH—CO-Absorption im niedermolekularen Modell nur bei cyclischem Einbau der Peptidgruppe auftritt, wie etwa bei den 1,2,4-Triazinen[7], Hydantoinen[8], im Glycyl-

---

[1] Butenandt, A., G. Scheibe, H. Friedrich-Freksa u. St. Hartwig: Hoppe-Seyler's Z. physiol. Chem. **274**, 276 (1942).

[2] Schauenstein, E., J. O. Fixl u. O. Kratky: Mh. Chem. **80**, 143 (1949); J. O. Fixl, O. Kratky u. E. Schauenstein: Mh. Chem. **80**, 349 (1949).

[3] Das Fehlen der Anisotropie im Bereich der aromatischen Maxima bei den Faserproteinen stellen auch M. P. Perutz, M. Jope u. R. Barer fest (Faraday Soc. Discussion 950 Nr. 9).

[4] Herr Prof. Eistert hat dankenswerterweise darauf hingewiesen, daß die ursprüngliche Bezeichnung Peptenol der Existenz des Peptidanions nicht Rechnung trägt und daher die Bezeichnung Peptenolat angeregt (private Mitteilung).

[5] Schauenstein, E. u. D. Stanke: Makrom. Chem. **5**, 262 (1951).

[6] Schauenstein, E.: Mh. Chem. **80**, 820 (1949).

[7] Schauenstein, E. u. G. Perko: Z. Elektrochem. Ber. Bunsenges. physik. Chem. **57**, 927 (1953).

[8] Schauenstein, E. u. G. Perko: Z. Elektrochem. Ber. Bunsenges. physik. Chem. **58**, 883 (1954).

tyrosinanhydrid[1] oder bestimmten bicyclischen Lactamen[2]. Wenn man die erwähnte p_H-Abhängigkeit dieser „anomalen" Peptidabsorption mit einer Dissoziation der Gruppe in Zusammenhang bringt, so ergibt sich daraus als unmittelbare Konsequenz, die im Alkalischen erhaltene Bande dem Anion $-C{=}N-$ zuzu-

$$\overset{|}{O}^{(-)}$$

schreiben und die Tatsache, daß diese Anion-Absorption bereits im Gebiet der Imidoäther[1] liegt (etwa $4000\ mm^{-1}$), legt die Schlußfolgerung nahe, daß dieses Ion zum überwiegenden Teil in der Enolat-Form vorliegt. Im Eiweißmolekül gibt es aller Wahrscheinlichkeit nach keine derartigen cyclischen Systeme, und wenn es trotzdem den Effekt zeigt, so muß eine andere energetische Voraussetzung hierfür gegeben sein, und alles bisher erbrachte experimentelle Material ließ die peptidische H-Brücke am plausibelsten erscheinen. Offenbar handelt es sich beim Eiweiß um einen typisch hochmolekularen Effekt, der verschwindet, sobald das Protein enzymatisch oder chemisch abgebaut wird[3-7].

Die vorhin genannte zusätzliche Peptidabsorption bildete auch den Gegenstand interessanter theoretischer Ansätze. Haben diese auch, wie es derzeit scheint, noch nicht zu einem endgültigen Ergebnis geführt, so bleibt doch festzuhalten, daß damit jedenfalls eine erste und schlüssige theoretische Erklärung der experimentellen Befunde geboten wurde. So hat HOLLAND[8] versucht, eine durch die H-Brücke vermittelte Koppelung der innerhalb einer NH—CO-Gruppe frei beweglichen π-Elektronen zu diskutieren. Hieraus ergibt sich einerseits eine Verfestigung der Struktur, andererseits eine Verminderung der durchschnittlichen kinetischen Energie der π-Elektronen, d.h. eine geringere Anregungsenergie, was einer Verminderung des Energiesprunges $\varDelta E$ zwischen höchstem gefüllten und niederstem leeren Niveau gleichkommt. Spektral muß daraus die bathochrome Verschiebung der NH—CO-Bande vom klassischen Gebiet (etwa $5000\ \nu'$) in den Bereich von 3900 bis 3100 ν' gefolgert werden, was den experimentellen Ergebnissen in der Tat entspricht. Die Übereinstimmung erscheint befriedigend, wenn man bedenkt, daß die Rechnung HOLLANDS nicht mehr als eine erste Abschätzung sein will. In der Deutung HOLLANDS wird, wie besonders hervorgehoben sei, jenes Merkmal zum ersten Male theoretisch präzisiert, das in den vorangegangenen experimentellen Untersuchungen stets betont wurde: daß es sich nämlich im Protein um einen *Resonanzeffekt* handeln müsse, der gewisse Dimensionen des Gesamtsystems (-moleküls) voraussetzt, also ein „hochmolekularer" Effekt vorliegt.

EVANS und GERGELY[9] gaben eine quantenmechanische Diskussion der Elektronenverteilungsfunktion nach der M.O.-Methode zweier durch H-Brücken miteinander verbundenen Peptidgruppen. Die Autoren kommen

---

[1] SCHAUENSTEIN, E.: Melliand Textilber. **33**, 591 (1952).

[2] GROB, C. u. P. ANKLI: Helv. chim. Acta **33**, 276 (1950).

[3] SCHAUENSTEIN, E. u. D. STANKE: Makrom. Chem. **5**, 262 (1951).

[4] KRATKY, O. u. E. SCHAUENSTEIN: Z. Naturforschg. **5b**, 281 (1950).

[5] SCHAUENSTEIN, E. u. D. STANKE: Makrom. Chem. **8**, 7 (1951).

[6] SCHAUENSTEIN, E.: Melliand Textilber. **33**, 591 (1952).

[7] SCHAUENSTEIN, E., E. TREIBER, W. BERNDT, W. FELBINGER u. H. ZIMA: Mh. Chem. (1954) im Druck.

[8] Herr Dr. W. C. HOLLAND hat uns freundlicherweise ein für die Publikation vorbereitetes Manuskript zur Verfügung gestellt.

[9] EVANS, M. u. J. GERGELY: Biochim. et Biophys. Acta **3**, 188 (1949).

– wie übrigens auch Holland – in Übereinstimmung mit den experimentellen Befunden von Pauling und Corey[1] bzw. Donohue zu dem Schluß, daß beide Peptidgruppen eben und komplanar gelagert sind, wodurch die Annahme einer Konjugation der 2p-Elektronen von Stickstoffatom der einen und Sauerstoff- bzw. Kohlenstoffatom der zweiten Gruppe über die H-Brücke gerechtfertigt erscheint. Auch nach dieser Auffassung müßte eine bathochrome Verschiebung und Verbreiterung der NH—CO-Absorption auftreten, wie sie ja auch festgestellt werden konnte.

Bezüglich der ebenfalls festgestellten p_H-Abhängigkeit dieser Peptidabsorption finden sich in den Arbeiten von Holland bzw. Evans und Gergely noch keine Hinweise oder Voraussagen.

Ein Zusammenhang zwischen den Ansichten der genannten Autoren ist sicherlich nicht ohne weiteres klarzustellen, doch scheint es sich jedenfalls um verschiedene Näherungsversuche für die Darstellung ein und desselben Tatbestandes zu handeln.

Es lag nun nahe, aus dem Dichroismus dieser C=N-Absorption auf die Lage der C=N-Bindung im Peptidgerüst schließen zu wollen, woraus Aussagen über die Gestalt der Peptidketten möglich sind.

Zur Veranschaulichung der Peptenolatabsorption und ihrer Richtungsabhängigkeit seien hier die Spektren von Sehnenkolllagen und Rinder-Fibrinfilmen in Abb.IV,44 und 45 wiedergegeben. In Abb.IV,44 kommt zunächst die Überlagerung der Absorption der H-gebundenen Peptidgruppen, die dadurch einer Keto-

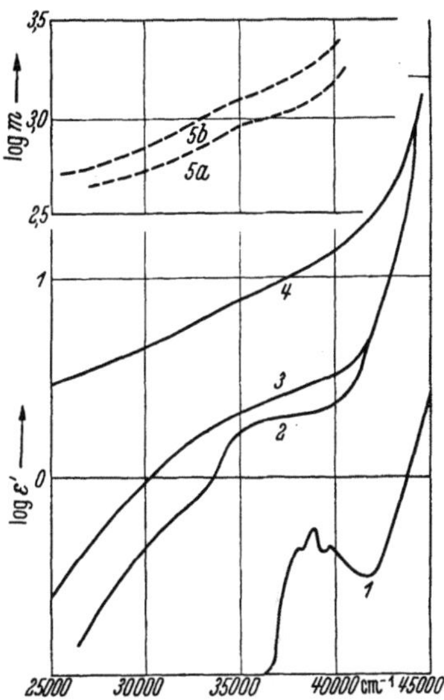

Abb. IV, 44. Spektren von Sehnenkollagen.
1. Aminosäure-Eigenabsorption.
2. Kollagenschnitt p_H 1.
3. Kollagenschnitt p_H 3.
4. Kollagenschnitt p_H 13.
5a. Kollagenschnitt p_H 13, Vektor ⊥, Faserachse.
5b. Kollagenschnitt p_H 13, Vektor ∥, Faserachse.

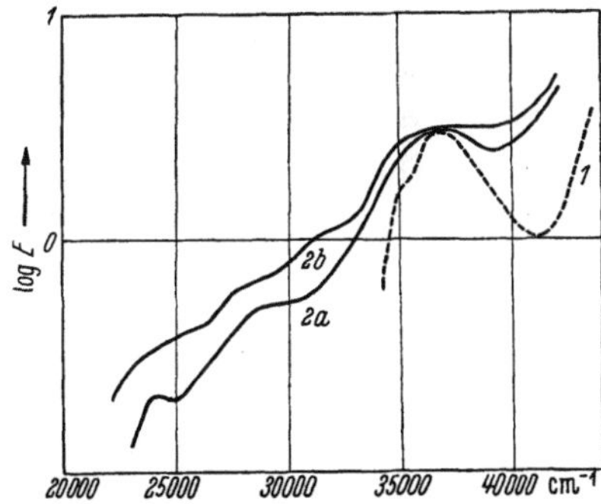

Abb. IV, 45. Spektren von 150 % gedehnten Fibrinfilmen, Tyndall-korrigiert, und von einer entsprechenden Tyrosin-Tryptophan-Mischung.
1. Tyrosin-Tryptophan-Absorption.
2a. Vektor ⊥ } zur Dehnungsachse.
2b. Vektor ∥ }

[1] Pauling, L. u. R. B. Corey: J. Amer. Chem. Soc. 72, 5349 (1950); Proc. U. S. Nat. Acad. Sci. 37, 235, 241, 251, 256, 261, 272, 282, 282 (1951); Nature 168, 550 (1951); Proc. Roy. Soc. B 141, 10, 21 (1953).– L. Pauling, R. B. Corey u. H. R. Branson: Proc. U.S. Nat. Acad. Sci. 37, 205 (1951).

Enolatverschiebung fähig werden, mit der Aminosäureabsorption zum Ausdruck. Infolge der Abwesenheit der besonders intensiv absorbierenden aromatischen Aminosäuren Tyrosin und Tryptophan liegt beim Kollagen die Aminosäureabsorption weit unter der Peptenolatabsorption. Die Kurven 1, 2, 3 und 4 demonstrieren die p_H-Abhängigkeit der Absorption der H-gebundenen Peptidgruppen: Kurve 2 entspricht demnach

offenbar der Form $\begin{array}{c}\diagdown\ \diagup\\ \mathrm{C}\!-\!\mathrm{N}\\ \|\quad |\\ \mathrm{O}\ \ \mathrm{H}\end{array}$ mit überwiegendem Keto-Charakter, Kurve 3

der Form $\begin{array}{c}\diagdown\ \diagup\\ \mathrm{C}\!=\!\mathrm{N}\\ |\\ \mathrm{O}^{(-)}\end{array}$

Abb. IV, 45 bringt Fibrin als Vertreter der tyrosin- und tryptophanhältigen Proteine. Erwartungsgemäß tritt hier das Aromatenmaximum bei 3600 ν' deutlich hervor. Dieses Maximum wird praktisch isotrop absorbiert, die Peptenolatbanden dagegen deutlich anisotrop, und zwar bevorzugt parallel zur Dehnungsrichtung. Daraus folgt:

a) Im orientierten Peptidgerüst des Fibrin sind die Ebenen der aromatischen Ringe entweder völlig unorientiert oder sie schließen mit der Dehnungsrichtung einen Winkel von etwa 45° ein.

b) Die Anisotropie der Teilchen bedingt eo ipso noch keine Anisotropie der UV-Absorption.

c) Das Gesamtspektrum stellt eine Überlagerung zweier getrennter Einzelabsorptionen, der Aminosäure- und der Peptid-Peptenolat-Absorption, dar.

Nach den eingangs geschilderten Erfahrungen müßte nun der C=N-Chromophor in seiner Längsrichtung sehr viel stärker absorbieren als senkrecht dazu, so daß nach sterischen und röntgenographischen Untersuchungen von verschiedenen Seiten zur Diskussion gestellte Modelle der Faserproteine auf Grund derartiger Messungen der anisotropen Absorption neuerlich diskutiert werden können. Es ist allerdings eine Komplikation zu beachten. Im allgemeinen zeigen die Faserproteine keine ideale Kristallitorientierung, sondern es tritt stets eine erhebliche Streuung der Micellrichtungen auf, die natürlich vermindernd auf den Dichroismus wirkt. Wie von dem einen von uns gezeigt wurde[1], ist es aber nicht schwer, bei Kenntnis dieser Richtungsverteilung – die sich in üblicher Weise auf röntgenographischem Wege erbringen läßt – diesen Effekt zu eliminieren, d.h., den gemessenen Dichroismus entsprechend zu korrigieren. Eine solche Untersuchung haben die Autoren z.B. an Fibrinfilmen, einem α-Keratin[2], durchgeführt und sind zur Auffassung gekommen, daß der ASTBURYsche Kettentyp[3] am besten dem gemessenen

---

[1] KRATKY, O.: Z. Elektrochem. angew. physik. Chem. **55**, 622 (1951).
[2] KRATKY, O. u. E. SCHAUENSTEIN: Z. Elektrochem. angew. physik. Chem. **55**, 626 (1951).
[3] ASTBURY, W. T.: Chem. and Ind. **60**, 491 (1941); J. chem. Soc. [London] 1942, 337; Brit. J. Radiol. **22**, Nr. 259.

Dichroismus entspricht. Der dichroitische Quotient, das ist das Verhältnis der Extinktionsmodulen bei Schwingung ∥ und ⊥ zur Faser, hat — als Mittelwert der Messungen bei 2400, 2700 und 3200 ν' — den Wert 1,57 und liegt innerhalb des Variationsbereiches des theoretischen Wertes für das ASTBURYsche Modell.

Im Rahmen einer PATTERSON-Analyse an Myoglobinkristallen hatten nun BRAGG, KENDREW und PERUTZ[1] vorher schon alle geometrisch in Betracht kommenden Faltungsformen der die Moleküle dieser Substanz aufbauenden Polypeptidketten diskutiert und waren zur Auffassung gekommen, daß nur zwei voneinander nicht sehr verschiedene Faltungsarten wahrscheinlich seien, deren eine der ASTBURYsche Typ ist. Eine Reihe von Gründen, vor allem die gleiche Identitätsperiode von 5,14 Å in Richtung der Molekülachse, spricht nach Meinung dieser Autoren dafür, daß in der α-Form der Faserproteine die gleiche Faltungsart der Polypeptidkette vorliegt wie im nativen Kristall, so daß zunächst beste Übereinstimmung mit unserer Interpretation des Dichroismus bestand.

In der Folgezeit hat sich aber die Auffassung über die α-Struktur der Faserproteine durch das Eingreifen von L. PAULING und COREY[2] entscheidend gewandelt, die in ihrer „3,7-Helix" einen völlig anderen Strukturtyp, nämlich eine ziemlich flache Schraube, als den wahrscheinlichsten bezeichnen (vgl. § 17). Diese Molekülgestalt ließ das Auftreten einer schwachen Interferenz bei 1,5 Å erwarten — die bis dahin nicht beachtet worden war — und die PERUTZ[3] tatsächlich nachweisen konnte. Überzeugt von der Stichhaltigkeit der PAULINGschen Argumente haben die genannten englischen Autoren die Diskussion ihrer PATTERSON-Diagramme revidiert und gefunden, daß sie tatsächlich auch mit dem PAULING-COREYschen Vorschlag in Einklang zu bringen ist[4]. Auch seitens RILEYS[5] ist das Helix-Modell inzwischen röntgenographisch gestützt worden.

Nun würde aber die PAULING-COREYsche Helix, bei der die C=N-Richtung einen großen Winkel mit der Faserachse einschließt, einen verkehrten Dichroismus, nämlich die größere Absorption in Richtung senkrecht zur Faserachse verlangen. Es klafft hier also ein kaum überbrückbarer Widerspruch zwischen den sterischen Überlegungen von PAULING-COREY, die durch röntgenographische Ergebnisse sowie übrigens auch manche Messungen des UR-Dichroismus gestützt werden, und dem UV-Dichroismus, *wenn man diesen in der herkömmlichen Weise interpretiert.* Entschließt man sich, die PAULING-COREYsche Helix an-

---

[1] BRAGG, W., J. C. KENDREW u. P. F. PERUTZ: Proc. Roy. Soc. (A) **203**, 321 (1950).

[2] PAULING, L. u. R. B. COREY: J. Amer. chem. Soc. **72**, 5349 (1950); Proc. U.S. Nat. Acad. Sci. **37**, 235, 241, 251, 256, 261, 272, 282 (1951); Nature **168**, 550 (951); Proc. Roy. Soc. B **141**, 10, 21 (1953). — L. PAULING, R. B. COREY u. H. R. BRANSON: Proc. U.S. Nat. Acad. Sci. **37**, 205 (1951).

[3] PERUTZ, M. F.: Nature **167**, 1053 (1951).

[4] BRAGG, W. L. u. M. F. PERUTZ: Proc. Roy. Soc. (A) **213**, 425 (1952). — W. L. BRAGG, E. R. HOWELLS u. M. F. PERUTZ: Acta Cryst. **5**, 136 (1952).

[5] RILEY, D. P. u. U. W. ARNDT: Nature **169**, 138 (1952).

zuerkennen, dann müßte man also von der üblichen Interpretation des Dichroismus abgehen und aus den Messungen eine bevorzugte Absorption in einer Richtung annehmen, die mit der Chromophorenachse einen großen Winkel einschließt. Für eine solche Konsequenz sehen wir zwei grundsätzliche Erklärungsmöglichkeiten.

a) Es ist bis heute noch nicht bewiesen, daß die C=N-Gruppe in Richtung der C=N-Achse die stärkste UV-Absorption zeigt. Es sei hier auf Ergebnisse von FRASER[1] verwiesen, der sehr wahrscheinlich machen konnte, daß die Richtung der bevorzugten UR-Absorption in der Peptidgruppe bei 1600 cm^{-1} mit der C—O-Bindung einen Winkel von etwa 20° einschließt. Nun müssen wir aber im Peptenolat-Ion zweifellos mit der Mesomerie

$$\begin{matrix} \diagdown\!\!C\!-\!N\diagup & & \diagdown\!\!C\!=\!N\diagup \\ \| \;\; ^{-} & \longleftrightarrow & | \\ O \;\; (-) & & O^{(-)} \end{matrix}$$

rechnen, deren „Gewicht" (EISTERT) eben stark auf die Seite der Enolatstruktur verschoben liegt. Wenn demnach das Anion auch bereits im Gebiet der C=N-Gruppe absorbiert, so dürfte dennoch die Mesomerie bewirken, daß die Richtung der Vorzugsabsorption nicht vollständig mit der C=N-Bindungslängsachse koinzidiert, sondern hiervon gegen die N=O-Achse abweicht — ganz im Sinne der FRASERschen-Ergebnisse im UR. Eine solche Abweichung könnte dann in zwangloser Weise zu einer Koordinierung des PAULING-COREYschen Modells mit dem gemessenen UV-Dichroismus führen.

b) Wir haben bereits betont, daß die Bildung des Peptenolatchromophors beim Eiweiß ein typisch hochmolekularer Effekt ist, d.h. ein Vorgang, bei welchem die Resonanz zwischen den zahlreichen Wasserstoffbrücken eine wesentliche Rolle spielt. Es wäre denkbar, daß der UV-Dichroismus mit dieser Resonanz im Zusammenhang steht, wofür es aber bisher an theoretischen Grundlagen fehlt. Ohne also bestimmte Voraussagen machen zu können, müssen wir bei der gegebenen Situation immerhin die Möglichkeit offenlassen, daß sich das Gesamtsystem hinsichtlich der bevorzugten Absorptionsrichtung anders verhält als der einzelne Chromophor, so daß möglicherweise der gesamte durch H-Brücken vernetzte Rost von Peptidketten in diesem Frequenzbereich als *ein* Chromophor aufzufassen ist, dessen bevorzugte Absorptionsrichtung nicht mehr mit der C=N-Bindung übereinstimmt. Die makromolekulare Natur könnte Resonanzeffekte verursachen, die durch reine Analogieschlüsse auf Grund der bei niedermolekularen Stoffen gewohnten Effekte nicht ohne weiteres verstanden werden können. Es erscheint somit auf dieser Basis noch nicht möglich, Voraussagen über die Richtung einer bevorzugten Absorption der H-gebundenen Peptidgruppe im Proteinmolekül zu machen. Es ist aber zu hoffen, daß die Weiterführung derartiger Ideen eine Klärung auch dieses Punktes bringen wird. Damit fiele dem UV-

---

[1] PRICE, W. C. u. R. D. FRASER: Proc. Roy. Soc. B **141**, 66 (1952). — R. D. FRASER: Nature **170**, 490 (1952).

Dichroismus auch für dieses Problem die Aufgabe zu, Aufschlüsse über die räumliche Orientierung der NH—CO-Chromophore und damit über die Molekülgestalt zu geben.

Der eingehenderen theoretischen Behandlung der bisher erhobenen experimentellen Befunde käme somit eine zweifache Bedeutung zu:

1. würde das Problem der anisotropen UV-Absorption bestimmter Chromophore in komplexeren Systemen auf eine verbreiterte Basis gestellt,

2. könnte ein entscheidender Beitrag zum speziellen Problem der Gestaltsbestimmung von Peptidketten im Gitter geliefert werden.

Fünftes Kapitel

Übermolekulare Ordnungszustände in Systemen mit kristallisierenden Fadenmolekülen.

Von

W. KAST, O. KRATKY, G. POROD u. H. A. STUART.

Mit 83 Abbildungen.

Einleitende Betrachtungen.

Von **H. A. STUART.**

Kristallisiert eine Schmelze mit Fadenmolekülen beim Abkühlen, so kann aus dem ursprünglichen Haufwerk von Fadenmolekülen auch bei gut ausgebildeter Nahordnung niemals wie bei einem Metall oder einer niedermolekularen Flüssigkeit ein völlig durchkristallisiertes System, d. h. ein Konglomerat von sich unmittelbar berührenden Kristallen ohne amorphe Zwischensubstanz entstehen. Das machen wir uns am besten an Hand der Abb. V, 1 klar. Die in A, B, C und D entstandenen Kristallkeime, die bei *genügend rascher Abkühlung* zum Teil schon entlang ein und derselben Kette entstehen, wachsen aufeinander zu. Dabei kommt es infolge der unregelmäßigen Verknäuelung und des Umstandes, daß dasselbe Molekül bereits in mehreren Gitterbereichen fest eingebaut ist, zu Störungen und zu einem Abstoppen des Kristallisationsvorganges[1]. Durch vorsichtiges Tempern oder ein Quellmittel (s. § 44) kann man zwar erreichen, daß die Molekülketten innerhalb der geordneten Bereiche gelockert und verschoben werden, oder daß eine Umkristallisation stattfindet, vgl. § 41, so daß die Kristallisa-

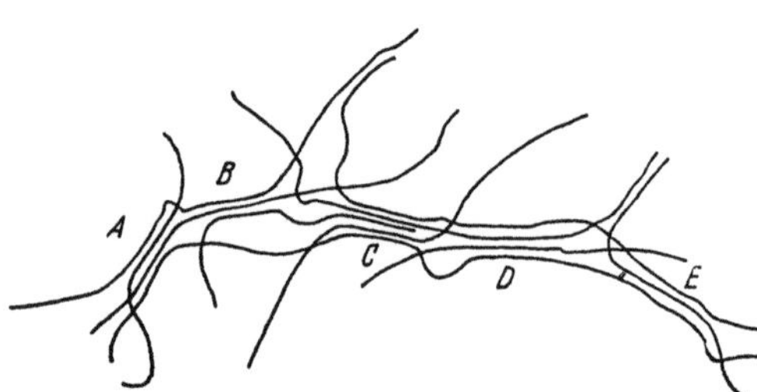

Abb. V, 1. Entstehung einer kristallin-amorphen Mischphase von Fadenmolekülen beim Erstarren; der Übersichtlichkeit halber sind nur einzelne Ketten gezeichnet, in Wirklichkeit liegen die Ketten dicht zusammen.

---

[1] Auch wenn, wie bei sehr langsamem Abkühlen, nur sehr wenige Keime entstehen, kann die Kristallisation nie vollständig werden.

tion etwas weiter geht. Doch erreicht man wegen der allgemeinen Verknäuelung dabei nie eine völlige Kristallisation.

Wir haben also das eigentümliche Phänomen vor uns, daß ein Fadenmolekül durch mehrere kristalline und nichtkristalline Bereiche hindurchgeht, d. h. nicht mehr als Ganzes einer bestimmten Phase angehört. Über die thermodynamischen Konsequenzen dieser Tatsache vgl. die Ausführungen in den §§ 47—49. Diese Art von Kristallisation ist zuerst von GERNGROSS, HERRMANN und ABITZ[1] bei Betrachtungen über die Struktur eines Gelatinegels klar erkannt worden und wird bis heute allgemein sowohl für natürlich gewachsene wie für aus Schmelzen und Lösungen entstandene Systeme als richtig angesehen. Nach den in der jüngsten Zeit erschienenen Arbeiten über die Fibrillen- und Sphärolithstrukturen ist dieses Bild aber nicht ausreichend. Am ehesten wird es noch bei schneller Abkühlung einer Schmelze auf so tiefe Temperaturen zutreffen, s. weiter unten.

In Anlehnung an die bei nativer Cellulose gefundene entsprechende Folge von kristallinen und nichtkristallinen Bereichen (vgl. Kap. VI) spricht man auch oft von einem System von „*Fransenmicellen*", um anzudeuten, daß die Moleküle fransenartig ungeordnet aus den Kristallbereichen herausragen (vg. Abb. V, 2). Man sollte aber die Bezeichnung „*Micelle*" für die kristallinen Bereiche möglichst nur bei natürlichen Fasern verwenden, wo noch am ehesten definierte Grenzen zwischen den geordneten und ungeordneten Bereichen auftreten. Bei einem System, das aus ursprünglich völlig verknäuelten Molekülen entstanden ist, ist dieser Übergang jedoch durchaus fließend (vgl. die näheren Ausführungen in § 20).

Auch die vielfach gebrauchte Unterteilung in kristalline und amorphe Bereiche ist unexakt und irreführend, und zwar aus verschiedenen Gründen. Einmal können, wie in § 4 ausgeführt, Zwischenstufen einer Ordnung auftreten, wie z. B. parallel geordnete, aber azimutal ungeordnete Kettenstücke (man denke an ein Bündel von Bleistiften, deren Beschriftung verschieden liegt). Auch können parallel liegende Kettenstücke in Abweichung von der Ordnung im Gitter längs gegeneinander verschoben und in dieser Lage durch „*falsch*" *eingeschnappte Wasserstoffbrücken* blockiert sein (Polyamide und Cellulosen). Bei solchen oft als „*mesomorph*" bezeichneten Ordnungsstufen handelt es sich meist um thermodynamisch instabile Zustände, wie sie besonders durch schnelles Abkühlen (Abschrecken) entstehen. Durch Tempern und Quellen (vgl. § 44) kann man dem geordneteren, stabileren Zustande näherkommen. Bei verstreckten Körpern erhalten wir eine ausgesprochene Parallelisierung der Ketten in den nichtkristallinen Bereichen. Man tut also gut, die Bezeichnung „amorph" und „ungeordnet" möglichst zu vermeiden und ganz allgemein von nichtkristallinen Bereichen zu sprechen. Schließlich ist zu beachten, daß die Ordnung innerhalb der kristallinen Bezirke im allgemeinen viel mangelhafter als bei niedermolekularen Kristallen ist, und daß in einem „kristallinen" Bereich alle Ordnungsstufen von einem ideal geordneten

---

[1] GERNGROSS, O., K. HERRMANN u. W. ABITZ: Z. physik. Chem. (B) **10,** 371 (1930); Biochem. Z. **228,** 409 (1930).

Gitter bis zu den flüssigkeitsähnlichen „*parakristallinen*" Strukturen (vgl. §§ 10 und 20) vorkommen können.

Diese Verhältnisse haben zur Frage geführt, wie weit es physikalisch möglich ist, in der mehr oder weniger kontinuierlichen Skala von Ordnungszuständen die kristallinen Bereiche hervorzuheben und messend zu erfassen[1]. Dieses Problem wird in den §§ 20 und 25 eingehend diskutiert und dahin beantwortet werden, daß es durchaus berechtigt und zum Verständnis vieler Erscheinungen sogar notwendig ist, die gitterartigen Bereiche besonders herauszustellen.

Dem submikroskopischen kristallin-nichtkristallinen Gefüge sind bei natürlichen Fasern und synthetischen Stoffen *übermolekulare Ordnungszustände* überlagert. Diese *Textur* umfaßt jedoch viel mehr Elemente als bei Metallen, so daß von STUART[2] auch die Bezeichnung „*übermolekulare Ordnung*", kurz *Überordnung*, vorgeschlagen wurde (vgl. auch das weiter unten aufgeführte Schema).

Diese übermolekulare Ordnung oder *morphologische* und *teilweise mikroskopische Struktur* ist für die mechanischen Eigenschaften sowohl von Fasern wie anderen Werkstoffen von ausschlaggebender Bedeutung. Es leuchtet ein, daß bei den natürlich gewachsenen Stoffen und bei den aus Schmelzen oder Lösungen entstandenen Körpern die Verhältnisse und Ausgangszustände für die Entstehung übergeordneter Strukturen verschieden sind und daher auch nicht die gleichen höheren Ordnungsstufen entstehen können. Die Natur vermag, sei es durch den biologischen Wachstumsvorgang, sei es, indem die Ketten vielleicht schon beim Polymerisieren geordnet werden, sei es, daß die Ordnung besonders langsam oder an Oberflächen verläuft, außerordentlich differenzierte und komplizierte Struktureinheiten, sogenannte *Biostrukturen*, aufzubauen. Sie löst damit die Aufgabe, Fasern mit vernünftigen Eigenschaften, wie hoher Zerreißfestigkeit, Quer- und Biegefestigkeit, Elastizität günstiger Wasseraufnahme usw. aufzubauen, in geradezu idealer Weise. Diese Strukturen sind so interessant und für die Entwicklung von voll- und halbsynthetischen Fasern so bedeutungsvoll, daß wir ihnen ein besonderes Kapitel VI widmen. Natürlich darf man die bei natürlichen Fasern gewonnenen Erkenntnisse nicht ohne weiteres auf jene übertragen, da die Strukturmöglichkeiten beim Wachstum aus einer Schmelze oder Lösung wegen der ursprünglichen statistischen Verknäuelung trotz der Nahordnung und wegen der störenden Wärmebewegung beschränkt sind und sich auch nur begrenzt durch äußere Einwirkung (Verstreckung, Tempern) beeinflussen lassen.

Die bei synthetischen Stoffen aus einer Lösung oder einer Schmelze entstehenden morphologischen Strukturen sind zum Teil ganz andere und zeigen, wie sich immer deutlicher herausstellt, sehr verschiedene Formen. Wir kennen Spiralstrukturen, Fibrillen und Sphärolithe verschiedenen Aufbaues. Über die Entstehungsbedingungen, thermische Vorgeschichte, Zustand der Schmelze, Erstarrungstemperatur und den Kristallisations-

---

[1] Vgl. dazu die Vorträge und Diskussionen auf der Tagung in Marburg 1950 über den „Festen Zustand der hochpolymeren Körper": Kolloid-Z. **120,** 1ff. (1951).

[2] STUART, H. A.: Kolloid-Z. **120,** 14 (1951): Diskussionsbemerkung.

mechanismus wissen wir noch wenig. Es ist auch nicht leicht, zu erklären, wie aus der Nahordnung der Schmelze eine gerichtete Kristallisation über eine Länge, die wie bei den Fibrillen ein Vielfaches der Länge des Einzelmoleküls beträgt, möglich ist, vgl. dazu die Ausführungen in § 45.

Da die Untersuchung dieser Strukturen noch ganz im Anfang steht, kann auch das folgende Schema der Ordnung von Fadenmolekülen in einem aus einer Schmelze oder Lösung entstandenen hochpolymeren Festkörper noch nicht endgültig sein. Jedenfalls können wir zwei Stufen unterscheiden, nämlich eine *Kettenordnung* oder die Ordnung benachbarter Kettenstücke, sowie eine sich über größere Bereiche erstreckende *übermolekulare Ordnung*. Die Kettenordnung umfaßt die Ordnung innerhalb der kristallinen und nichtkristallinen Bereiche, d.h. alle Stufen von der Gitterordnung bis herab zur Nahordnung. Die übermolekulare Ordnung (Textur) umfaßt mindestens die vier in dem Schema aufgeführten Strukturparameter.

Schema der Ordnung von Fadenmolekülen in einem synthetischen hochpolymeren Festkörper nach STUART[1].

Kettenordnung	Überordnung oder molekulare Textur
Ordnung benachbarter Kettenstücke in den kristallinen und nichtkristallinen Bereichen.	1. Die Abmessungen der kristallinen Bereiche, besser die Statistik ihrer Größe und Form, sowie Regelmäßigkeiten bei der Aufeinanderfolge von kristallinen und nichtkristallinen Gebieten.
	2. Das Verhältnis des kristallinen zum nichtkristallinen Anteil.
	3. Die Orientierung der Ketten, sei es in den kristallinen, sei es in den nichtkristallinen Gebieten verschiedener Ordnung in bezug auf eine äußere Richtung, etwa die der Streckung.
	4. Die den kristallin-nichtkristallinen Bereichen übergeordnete, vor allem von der thermischen Vorgeschichte und der Erstarrungstemperatur, also von der Kinetik der Kristallisation abhängige morphologische Struktur, Korn-, Sphärolith- und Fibrillenstruktur.

Wir werden nun in den folgenden Abschnitten nacheinander die verschiedenen Methoden zur Bestimmung der Größe und Form der kristallinen Bereiche (A), des kristallinen und nichtkristallinen Anteils (B) und der Orientierung durch Dehnung und Wachstum (C) besprechen. Die dem kristallin-nichtkristallinen Gefüge überlagerte morphologische Struktur wird, soweit es sich um natürliche Fasern handelt, im Kap. VI und, soweit sie bei synthetischen Materialien in Form von Sphärolith- und anderen Strukturen auftritt, im Kap. VIII vor allem im § 45 besprochen.

---

[1] STUART, H. A.: Kunststoffe **42**, 246 (1952); Kolloid-Z. **120**, 14 (1951).

A. Form und Größe der kristallinen Bereiche.

Von

O. KRATKY und **G. POROD.**

§ 20. Die Existenz einheitlich geordneter Bereiche („Micellen", „Kristallite").

a) Die natürlichen Faserstoffe.

Es hat historische Gründe, daß sich die Diskussionen über den Micellbegriff und quantitative Angaben über Größe und Form kristalliner Bereiche von hochpolymeren Stoffen vor allem auf die Cellulose beziehen. Unsere Darlegungen werden so von einer gewissen Einseitigkeit nicht freizuhalten sein; doch sind die experimentellen Methoden und Auswertungsverfahren, auf die wir ein größeres Gewicht legen möchten als auf spezielle Zahlenangaben, in gleicher Weise auch auf alle anderen hochpolymeren Stoffe anwendbar. Bisher haben wohl nur drei Verfahren eine größere praktische Bedeutung erlangt: Linienbreitenmessung der Röntgen-Weitwinkelinterferenzen, das Studium der Röntgen-Kleinwinkelstreuung und die elektronenmikroskopische Untersuchung. Bevor wir aber diese Verfahren besprechen, wird es notwendig sein, die in der Formulierung der Kapitelüberschrift in Erscheinung tretende Problematik zu diskutieren. Gibt es in hochpolymeren Stoffen überhaupt „kristalline" Bereiche, deren Größe und Form wir bestimmen könnten? Wenn wir das Röntgendiagramm etwa eines Faserknäuels betrachten, wie es HERZOG und JANCKE vor etwa drei Jahrzehnten erhalten haben,

dann werden wir es zunächst als Pulverdiagramm bezeichnen und das beugende Objekt aus Analogiegründen naiv als ein Haufwerk von Kriställchen auffassen. Diese denkbar einfachste Deutung hat dann auch vor 25 Jahren zum bekannten „*Backsteinmodell*" der *Cellulose* geführt. Im weiteren Verlaufe wurde erkannt, daß der starke diffuse Untergrund, der neben den eigentlichen Interferenzen im Diagramm vorhanden ist, auf die Anwesenheit von nichtkristallinen, amorphen Anteilen hindeutet. Wenn die kristallinen Bereiche − auch als *Micellen* bezeichnet − gleichgesetzt wurden mit Gebieten, in welchen die fadenförmigen Makromoleküle parallel geordnet sind, so wurden den amorphen Anteilen die *Fransenbereiche* zugeordnet, in welchen die Moleküle eine stärkere oder schwächere Verknäuelung zeigen. GERNGROSS und HERMANN[1] haben erstmals die gefranste Micelle im Falle der Gelatine zur Diskussion gestellt (Abb. V, 2). FREY-WYSSLING[2] kam dann an Hand des Vergleichs von Kri-

Abb. V, 2. Modell einer Fransenmicelle.

---

[1] HERMANN, K., O. GERNGROSS u. W. Abitz: Z. physik. Chem. (B) **10**, 371 (1930). − O. GERNGROSS, K. HERMANN u. R. LINDEMANN: Kolloid-Z. **60**, 276 (1932).

[2] FREY-WYSSLING, A.: Protoplasma **25**, 261 (1936); **26**, 45 (1936); **27**, 372, 563 (1937).

stallitlänge und Moleküllänge bei *nativer Cellulose* zur Vorstellung, daß sich ein Makromolekül durch mehrere kristalline und amorphe Bereiche hindurch erstrecken könne, wodurch der kristalline Bereich weiter an Individualität verlor. Dann entwickelte der eine von uns[1] die Auffassung, daß bei der Ausfällung von Makromolekülen aus Lösungen, also etwa bei *Regeneration der Cellulose*, zufolge der Konkurrenz von *Kristallisationstendenz* und *Verknäuelungstendenz* ebenfalls ein micellares System mit durchgehenden Fadenmolekülen entsteht. Diese Vorstellung bringt Abb. V, 3 zum Ausdruck. In einer Untersuchung des einen von uns gemeinsam mit MARK[2], aus der Abb. V, 4a entnommen ist, wird aber ausgeführt, daß dem kristallinen Bereich trotz seiner durch gemeinsame Hauptvalenzketten bedingten Verwachsung mit seiner Umgebung doch eine gewisse Individualität zukommt, d. h. daß er eine bestimmte, nämlich blättchenförmige Gestalt besitzt und in sich fester zusammenhält als mit der Umgebung, entsprechend seiner im Vergleich mit der amorphen Umgebung höheren Dichte.

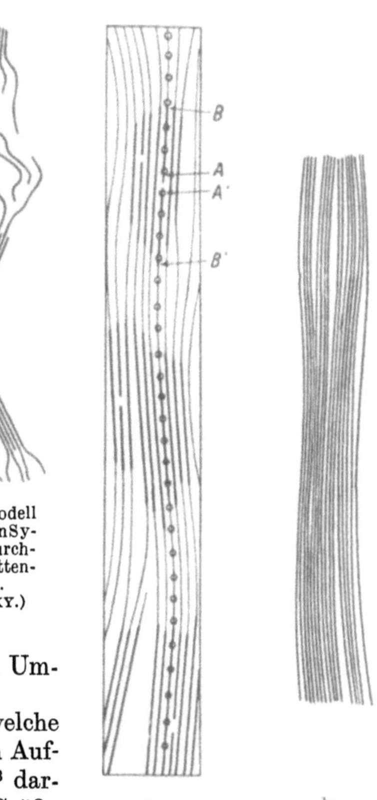

Abb. V, 3. Modell eines micellaren Systems mit durchlaufenden Kettenmolekülen. (Nach KRATKY.)

Abb. V, 4. Anordnung der Celluloseketten im micellaren System der nativen Cellulose: a) nach O. KRATKY und H. MARK; b) nach K. H. MEYER und VAN DER WYK.

Betrachten wir dagegen Abb. V, 4b, welche das micellare System nach der neueren Auffassung von MEYER und VAN DER WYK[3] darstellt, so verliert unsere Frage nach der Größe der Kristallite oder überhaupt irgendwelcher hervorgehobener Bereiche ziemlich ihren Sinn, denn der Übergang zwischen den Zuständen verschieden guter Ordnung ist absolut fließend, und es wäre wohl reine Willkür, irgendwelche Kerne größerer Dichte herauszuheben. Natürlich kann man auch auf ein solches System rein formal die von den verschiedenen Verfahren

---

[1] KRATKY, O.: Angew. Chem. **53,** 153 (1940). — B. BAULE, O. KRATKY u. R. TREER: Z. physik. Chem. (B) **50,** 255 (1941). — O. KRATKY: Kolloid-Z. **96,** 301 (1941). — F. BREUER, O. KRATKY u. G. SAITO: Kolloid-Z. **80,** 139 (1937).

[2] KRATKY, O. u. H. MARK: Z. physik. Chem. (B) **36,** 129 (1937).

[3] MEYER, K. H. u. A. J. A. VAN DER WYK: Z. Elektrochem. angew. physik. Chem. **47,** 353 (1941).

gegebenen Beziehungen für die Teilchengrößenbestimmung anwenden, aber die Ergebnisse könnten kaum mehr sein als Kennzahlen ohne klar ersichtliche physikalische Bedeutung. Es ist kaum zu erwarten, daß dann etwa eine aus der Kleinwinkelstreuung errechnete Teilchengröße mit der Größe der Bruchstücke übereinstimmt, die man nach Anwendung irgendwelcher Zerkleinerungsverfahren mit dem Elektronenmikroskop mißt.

Eine definierte übermolekulare Einheit könnte nach dieser Auffassung bei der *nativen Cellulose* allenfalls in den Mikrofibrillen vorliegen, worunter man die kleinsten, von ihrer Umgebung deutlich abgegrenzten gewachsenen Struktureinheiten versteht, die nach Messung mit dem Elektronenmikroskop eine Dicke von etwa 300 Å besitzen. Niemand glaubt aber heute, daß diese Mikrofibrillen den Regenerationsvorgang der Cellulose überdauern, so daß man – immer im Sinne dieser Auffassung – die Frage nach einer übermolekularen Einheit, etwa bei einer wiedergefällten Cellulose oder vollsynthetischen Faser vernünftigerweise gar nicht stellen dürfte und daß eine Untereinheit der Mikrofibrillen in nativer Cellulose bei Zugrundelegung des MEYER-VAN-DER-WYKschen Schemas ebenfalls nicht diskutabel erscheint.

In diesem Zusammenhang wären auch die interessanten Untersuchungen von STAUDINGER[1] über den zeitlichen Ablauf der Acetylierungs- und Mercerisierungsreaktion zu nennen, deren Ergebnisse ohne Annahme von Gebieten verschiedener Reaktivität gedeutet werden können. Nun ist ohne weiteres denkbar, daß eine chemische Reaktion, von den amorphen Bereichen ausgehend, auch in das Micellinnere fortschreitet und auf dieser Basis keine klare Abgrenzung der beiden Bereiche in Erscheinung tritt. Auch aus der Untersuchung anderer Reaktionsabläufe, und zwar der Perjodatoxydation der Cellulose[2], der Umsetzung mit Thalliumäthylat zum Thalliumsalz[3], der oxydativen Hydrolyse[4,5], der Jodabsorption[6], und ebenso aus dem Austausch der Hydroxylwasserstoffatome gegen Deuterium[7], ergibt sich überzeugend, daß man in Abhängigkeit von der angewandten Methode ein ganzes Spektrum von zugänglichen Bereichen findet, so daß diese Methoden wohl jeweils das Verhalten der Cellulose in bezug auf das betreffende Reagens charakterisieren, aber zu einer exakten Bestimmung der primär physikalisch definierten „kristallinen" oder besser geordneten Bereiche ungeeignet scheinen (vgl. § 25).

Im Gegensatz zu diesen chemischen Vorgängen hat kürzlich KAST[8] versucht, einen physikalischen Vorgang, nämlich die Sorption (Messungen

---

[1] STAUDINGER, H., K. H. IN DEN BIRKEN u. M. STAUDINGER: Makrom. Chemie **9**, 148 (1953). — H. STAUDINGER u. W. DÖHLE: Makrom. Chemie **9**, 188 (1953); **9**, 190 (1953).

[2] GOLDFINGER, G., H. MARK u. S. SIGGIA: Ind. Engng. Chem. **35**, 1083 (1943).

[3] ASSAF, HAAS u. PURVES: J. Amer. chem. Soc. **66**, 59 (1944).

[4] NICKERSON, R. F.: Ind. Engng. Chem. **34**, 85, 1480 (1942). — R. F. NICKERSON u. J. A. HABRLE: Ind. Engng. Chem. **39**, 1507 (1947).

[5] CONRAD, C. C. u. A. G. SCROGGIE: Ind. Engng. Chem. **37**, 592 (1945).

[6] SCHWERTASSEK, K.: Faserforschung u. Textiltechnik **3**, 251 (1952).

[7] FRILETTE, V. J., J. HANLE u. H. MARK: J. Amer. chem. Soc. **70**, 1107 (1948).

[8] KAST, W.: Z. Elektrochem. Ber. Bunsenges. physik. Chem. **57**, 525 (1953).

von HERMANS[1]) im Hinblick auf die Kristallitgröße auszuwerten (Näheres in § 25).

In neuerer Zeit ist eine Reihe bemerkenswerter Arbeiten von HOSEMANN[2] erschienen, welche die Frage der Abweichung von der idealen Kristallstruktur bei hochpolymeren Stoffen zum Gegenstand haben. Seine Untersuchungen gipfeln in der Theorie, daß wir es bei diesen Stoffen überhaupt nicht mit kristallinen Substanzen im üblichen Sinne, sondern mit *parakristallinen* Stoffen zu tun haben. Darunter sollen Strukturen verstanden werden, die wir uns aus den kristallinen Stoffen durch eine „flüssigkeitsstatistische" Störung entstanden denken können. Während bei kristallinen Zuständen die Verschiebung eines Bausteins aus einer ihm nach der idealen Gitterstruktur zukommenden Lage nur um Beträge von der Größenordnung der Schwingungsamplitude relativ zur Lage im idealen Kristallgitter erfolgt, wird bei der flüssigkeitsstatistischen Störung jeder Gitterpunkt relativ zu seinen Nachbarn aus seiner idealen Lage gerückt. Bei Fortschreiten etwa entlang einer Gittergeraden superponieren sich daher die Störungen. HOSEMANN spricht von einer „Faltung"[3] der Störungen, und wir kommen zu einer Ordnung, wie sie in der Nahordnung einer Flüssigkeit realisiert sein könnte[4]: Qualitativ kann die rasche Verbreiterung der Reflexe beim Übergang zu höheren Ordnungen im Sinne der HOSEMANNschen Auffassung interpretiert werden, doch ist es keine Frage, daß auch die Teilchenkleinheit im Verein mit Gitterstörungen anderer Art den gleichen Effekt bewirken kann. Für die gegenständliche Darlegung kommt es uns auf diese Entscheidung aber gar nicht an, und es möge daher festgehalten werden, daß wir trotz der Bezeichnung „kristalliner" Bereich die Möglichkeit einer parakristallinen Struktur im Sinne von HOSEMANN oder sonst einer über das Maß der Unordnung in gewöhnlichen Kristallen hinausgehenden Störung in diesen Bereichen offenlassen möchten. Wichtig ist für uns aber vor allem, ob in vernünftiger Weise eine Zweiteilung in besser geordnete Bereiche höherer Dichte und schlechter geordnete Bereiche geringerer Dichte angenommen werden könne, wie dies das Schema in Abb. V, 3 und V, 4a zum Ausdruck bringt — wobei die Bestimmung der Größe und Form dieser besser geordneten Anteile, der Micellen (mit kristalliner, parakristalliner oder sonst einer kristallähnlichen Ordnung), das Problem ist — oder aber ob gemäß Abb. V, 4b eine solche Zweiteilung abzulehnen sei. Anläßlich der Marburger Tagung der Kolloid-Gesellschaft 1950 wurden die Meinungen maßgeblicher Forscher zu dieser Frage in den Diskussionen zu den Vorträgen von KRATKY[5] und HERMANS[6] zum Ausdruck gebracht. Eine aus-

---

[1] HERMANS, P. H.: Contributions to the Physics of Cellulose fibres; Elesevier Publ. Co., Amsterdam (1946); J. Textile Inst. Proc. **38**, 63 (1947).

[2] HOSEMANN, R.: Z. Elektrochem. angew. physik. Chem. **53**, 331 (1949); **54**, 23 (1950); Z. Physik **128**, 1 (1950).

[3] Der Begriff der Faltung als mathematische Operation wurde von G. DOETSCH (Theorie und Anwendung der LAPLACE-Transformation, Berlin: Springer 1937) entwickelt und vor allem von P. P. EWALD in die Röntgenstrukturanalyse eingeführt.

[4] KRATKY, O.: Physik. Z. **34**, 482 (1933); Mh. Chem. **76**, 311 (1947).

[5] KRATKY, O.: Kolloid-Z. **120**, 24 (1951).

[6] HERMANS, P. H.: Kolloid-Z. **120**, 3 (1951).

führliche Behandlung findet sich auch in zusammenfassenden Darstellungen des einen von uns[1].

Bevor wir zur Beantwortung der Frage übergehen, muß betont werden, daß eben im Hinblick auf die sicher vorhandene Gitterstörung des „kristallinen" Anteiles die Grenze zwischen „kristallin" und „amorph" bzw. Gebieten höherer und geringerer Dichte nicht ganz scharf sein kann. Die praktische Frage, ob eine solche Unterteilung aber doch zweckmäßig ist oder zugunsten einer alle Unterscheidungen verwischenden Auffassung aufzugeben sei, bleibt trotzdem bestehen. Wir wollen sie zunächst für die natürlichen Faserstoffe behandeln, wobei die Cellulose stark im Vordergrund der Diskussion stehen wird. Vorwegnehmend sei bemerkt, daß eine Reihe von gewichtigen Gründen für die Berechtigung der Zweiteilung spricht (vgl. auch die §§ 25 und 26).

1. Das Phänomen der höheren Orientierung.

Man versteht darunter die Erscheinung, daß viele Faserstoffe bei geeigneter mechanischer Behandlung (Walzen bei gleichzeitiger Streckung) eine Ausrichtung der kristallinen Bereiche nach zwei kristallographischen Achsen erkennen lassen (vgl. auch § 15). Die Ordnung ist dann ähnlich wie bei einem Bündel runder Bleistifte, an welchen die Aufschriften alle nach der selben Seite gekehrt sind. Ein solches Verhalten ist wohl nur verständlich, wenn langgestreckte Aggregate vorhanden sind, die in sich fester zusammenhalten als mit der Umgebung und in der Ebene normal zur Längsrichtung der Moleküle eine deutliche Anisotropie erkennen lassen. Einfacher ausgedrückt: es genügt nicht die Annahme stäbchenförmiger Teilchen mit im Mittel isotropem Querschnitt, denn dieser ließe die gleichzeitige Orientierung nach der Nebenachse nicht verstehen. Die Teilchen müssen vielmehr die Gestalt von langgestreckten Blättchen (Bändchen) haben. Man muß dabei keineswegs an völlig isolierte Teilchen denken. Wenn die „Zwischenbereiche" nur eine gewisse Beweglichkeit besitzen, so wird immer noch die individuelle Gestalt der Teilchen für die Art der Orientierung maßgeblich sein können. Da Gittergleitungen bei natürlichen Faserstoffen wie *Cellulose* allgemein abgelehnt werden[2], ist hier eine Erklärung für diese doppelte Orientierung nur durch die Annahme möglich, daß in der Faser schon vor der Deformation Teilchen mit bändchenförmiger Gestalt vorliegen, auf welche die deformierende Kraft wirken kann. Lehnt man aber jeden aus der Umgebung hervorgehobenen übermolekularen Verband ab, so bleibt das Einzelmolekül als größte Einheit übrig, die in sich stärker zusammenhält als mit der Umgebung. Im Falle der regenerierten Cellulose stellt dieses Molekül aber ein Band aus praktisch ebenen Glucoseresten dar, dessen große Fläche parallel zur paratropen Ebene A_3 verläuft, so daß sich diese Netzebene in die Walzebene hineinlegen müßte. Dies widerspricht allen Erfahrungen, denn tat-

---

[1] KRATKY, O.: Der übermolekulare Aufbau der Cellulose in chemischen Textilfasern, Filmen und Folien; herausgeg. von R. PUMMERER, F. Enke Verlag, Stuttgart 1951. — Ferner: O. KRATKY: Holz als Roh- und Werkstoff **11**, 263 (1953); O. KRATKY: Svensk Papperstidning **9**, 44 (1954).

[2] Über die mit Gittergleitungen und Umkristallisation verbundene Kaltverstreckung vgl. § 32.

sächlich dreht sich die Äquatorinterferenz A_0 in die Walzebene, während A_3 nahezu senkrecht zu dieser zu liegen kommt[1]. Dies entnimmt man unmittelbar aus dem bei Durchleuchtung in der Dehnungsrichtung erhaltenen Röntgendiagramm (Abb. V, 5). Wir müssen also schließen, daß im übermolekularen Verband A_0 stärker ausgeprägt ist, während A_3 die Rolle der „Seitenebene" spielt (Abb. V, 6). Diesen ganzen Fragenkomplex sowie weitere Schwierigkeiten, die bei der Annahme der Drehung der Einzelketten entstehen, hat der eine von uns gemeinsam mit MARK[2] ausführlich besprochen. Freilich dürfen wir deshalb noch nicht schließen, daß der übermolekulare Verband mit A_0 als Blättchenebene und A_3 als Seitenebene in sich eine einigermaßen exakte gittermäßige Ordnung hat. Wenn er aber aus der Umgebung durch größere Kohäsionskräfte hervorgehoben ist, so muß man ihm jedenfalls eine dichtere Pakkung und damit zwangsläufig eine bessere kristallographische Ordnung zuerkennen, als sie die Umgebung aufweist. An diesen Gedanken wollen wir später wieder anknüpfen.

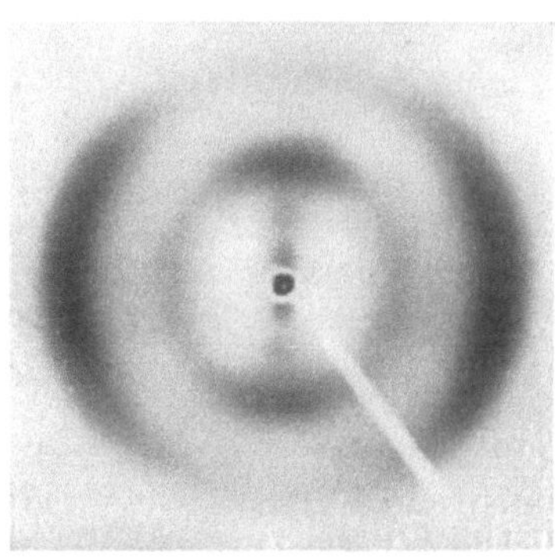

Abb. V, 5. Röntgendiagramm von höher orientierter regenerierter Cellulose, durchleuchtet in Richtung der Faserachse, Walzebene liegt horizontal. Die innerste Interferenz ist A_0, die äußerste A_4. (Nach O. KRATKY, A. SEKORA u. R. TREER, 1942.)

Es sollen weitere Fälle kurz erwähnt werden, bei welchen die Herstellung einer höheren Orientierung durch Deformation gelang. In besonders guter Ausprägung tritt sie bei scharfer Dehnung einer dünnen Kautschukfolie in Erscheinung, wie MARK und v. SUSICH[3] gefunden hatten. An diesem Beispiel wurde auch die Frage studiert, ob die bändchenförmigen Bereiche histologischen Ursprung haben oder ob es eine Kristallisationseigenschaft, also ein rein physikalisches Merkmal der Fadenmoleküle des Kautschuks ist, bändchenförmige Kristallite zu bilden. Zur Entscheidung dieser Frage wurden aus einer sehr verdünnten Lösung von unvulkanisiertem Kautschuk, von der man nach allgemeinen Erfahrungen annehmen darf, daß hier ein monomolekularer Lösungszustand vorliegt, Filme gegossen. Sie zeigen bei der Deformation ebenfalls das Phäno-

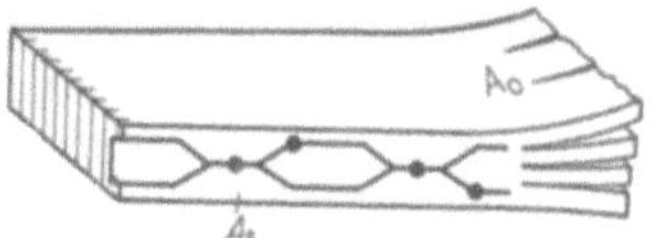

Abb. V, 6. Modell einer bändchenförmigen Micelle nach KRATKY. Die Lage der Celluloseketten ist symbolisch angedeutet.

men der höheren Orientierung[4]. Es ist also eine Eigenschaft der Kautschukmoleküle, bei der durch die Dehnung ausgelösten Kristallisation bändchenförmige Teilchen zu bilden.

---

[1] BURGENI, A. u. O. KRATKY: Z. physik. Chem. (B) **4**, 401 (1929).
[2] KRATKY, O. u. H. MARK: Z. physik. Chem. (B) **36**, 129 (1937).
[3] MARK, H. u. G. VON SUSICH: Kolloid-Z. **46**, 11 (1928).
[4] KRATKY, O. u. F. SCHOSSBERGER: Z. Elektrochem. angew. physik. Chem. **43**, 666 (1937).

Höhere Orientierung durch Deformation ist von MARK und SUSICH[1] auch bei biosynthetischer Cellulose sowie beim Tunicin, also bei zwei Erscheinungsformen der nativen Cellulose, erzielt worden. Einen gleichartigen Effekt haben ASTBURY und SISSON[2] am Keratin erhalten. In beiden Fällen sind die bändchenförmigen Teilchen durch das Wachstum, also histologisch, entstanden.

Auch beim nativen Seidenfibroin, wie es aus der Spinndrüse spinnreifer Raupen entnommen werden kann, gelingt durch Dehnen und Walzen mit Leichtigkeit die Herstellung einer höheren Orientierung[3].

Hier bilden sich die bändchenförmigen kristallinen Bereiche erst bei der Dehnung selbst. Die aus der Orientierung gefolgerte flache Gestalt der Teilchen steht in bester Übereinstimmung mit der Linienbreite der Interferenzen, denn die mit der Folienebene zusammenfallenden Interferenzen sind breit, die auf ihr senkrecht oder annähernd senkrecht stehenden ziemlich scharf.

Der Vollständigkeit halber muß bemerkt werden, daß es auch Fälle gibt, wo trotz ausreichender Deformierbarkeit die Herstellung einer höheren Orientierung noch nicht gelungen ist. Hierher gehören vor allem sämtliche Cellulosederivate. Insbesondere bei Filmen von Celluloseestern wurde wiederholt versucht, durch Deformation im gequollenen Zustand eine höhere Orientierung zu erzielen. Was erreicht werden konnte, war aber immer nur eine Faserstruktur. Die Gründe können verschiedener Natur sein. Entweder besitzen die kristallinen Bereiche infolge der Substitution eine wenig vom Stäbchen abweichende Gestalt, oder aber ist hier wirklich die individuelle Natur der Micellen nicht so ausgeprägt wie etwa in der regenerierten Cellulose selbst. Das würde bedeuten, daß hier vielleicht das Schema von MEYER-VAN DER WYK zutrifft, wenn auch das Fehlen der höheren Orientierung noch nicht als positiver Beweis dafür gewertet werden kann. Eine weitere Ursache für dieses Verhalten könnte in der Art der Verhängung von an sich bändchenförmigen Teilchen gesehen werden (vgl. § 31). Da sich die in den beiden folgenden Abschnitten zugunsten der individuellen Natur der Micellen angeführten experimentellen Befunde auf regenerierte Cellulose und nicht auf Cellulosederivate beziehen, muß für diese die Frage nach der Existenz übermolekularer individueller Verbände offenbleiben.

NOWOTNY und ZAHN[4] betonen, daß das Auftreten einer höheren Orientierung bei *gewachsenen nativen* Fasern ebenfalls für eine bändchenförmige Gestalt der Kristallite spricht, woraus wir auch in diesen Fällen auf individuelle Teilchen im Sinne der vorangehenden Darlegungen schließen dürfen. Eine solche gewachsene Orientierung nach zwei Achsen haben die beiden genannten Forscher bei Keratin und Hautkollagen nach-

---

[1] MARK, H. u. G. VON SUSICH: Z. physik. Chem. (B) **4**, 431 (1929).

[2] ASTBURY, W. T. u. W. A. SISSON: Proc. Roy. Soc. [London] (A) **150**, 533 (1935).

[3] KRATKY, O.: Z. physik. Chem. (B) **5**, 297 (1929); O. KRATKY u. S. KURIYAMA: Z. physik. Chem. (B) **11**, 363 (1931).

[4] NOWOTNY, H. u. H. ZAHN: Z. physik. Chem. (B) **51**, 265 (1942); Z. physik. Chem. (A) **192**, 333 (1943).

gewiesen. In idealster Ausprägung tritt sie jedoch bei manchen Cellulose-membranen, wie der Zellwand der Grünalge Valonia ventricosa, auf (Astbury, Marwick und Bernal)[1]. Die elektronenmikroskopische Untersuchung derartiger gewachsener Objekte hat erkennen lassen, daß hier die langgestreckten fibrillären Strukturelemente im Vordergrund stehen. Ihre Beziehung zu den Micellen — Kristalliten — ist noch Gegenstand lebhafter Diskussion. Jedenfalls sind die Micellen Untereinheiten dieser Fibrillen.

Wenn im vorliegenden Kapitel durch das Phänomen der höheren Orientierung vor allem die individuelle Natur der kristallinen Bereiche oder Micellen dokumentiert werden sollte, so ist es gleichzeitig als Beitrag zur Frage der Micell*gestalt* zu werten, die demnach bei zahlreichen natürlichen Faserstoffen offenbar einem langgestreckten Bändchen entspricht.

2. Die Konstanz des „kristallinen" Anteils bei regenerierten Cellulosen aller Quellungszustände.

Viele mechanische Analogien zwischen dem Verhalten von Cellulose bei gewöhnlicher Temperatur und Kautschuk bei tieferer Temperatur haben zur Auffassung eines ähnlichen molekularen Aufbaues dieser beiden Stoffe geführt. Der bekannte, von Katz mitgeteilte Effekt, daß der ungedehnte amorphe Kautschuk durch Dehnen zur Kristallisation gebracht werden kann, legte die Vermutung nahe, daß bei der Deformation etwa eines gequollenen Cellulosefadens auch ein „Kautschukeffekt" auftrete. Wenn auch bekannt war, daß schon ungedehnte, hochgequollene Cellulose Andeutungen von Kristallinterferenzen gibt, so wurde immerhin eine starke Zunahme der Menge des kristallinen Anteils beim Dehnen vermutet.

Vergleichende quantitative Messungen zeigten aber[2], daß sich weder bei der Trocknung eines hochgequollenen Fadens noch bei der Dehnung — die eine teilweise Entquellung zur Folge hat — die Menge des kristallinen Anteils, d. h. die Intensität der Interferenzen wesentlich ändert, wenn man nur die störende Wirkung des Quellungswassers, welches die Streuung schwächt und dessen Interferenzbild sich dem der Cellulose überlagert, entsprechend in Rechnung stellt. Eine Vorstellung, nach der sich die Ordnung des micellaren Systems an allen Stellen kontinuierlich ändern soll, läßt diese Konstanz schwer verstehen.

Dagegen erklärt die Annahme von in sich einheitlich geordneten Bereichen den Effekt zwanglos. Diese Bereiche sind in Wasser unquellbar (abgesehen von der Bildung der ebenfalls einheitliche Kristallite liefernden Cellulosehydrate I und II), sind also auch im hochgequollenen Zustand vorhanden, während sich alle durch Quellung, Entquellung und Dehnung bewirkten Veränderungen auf die schlecht geordneten „amorphen" oder „Fransenbereiche" erstrecken (vgl. dazu auch § 32). An ande-

---

[1] Astbury, W. T., T. C. Marwick u. J. D. Bernal: Proc. Roy. Soc. [London] **109**, 443 (1932). — R. D. Preston u. W. T. Astbury: Proc. Roy. Soc. [London] **122**, 76 (1937); Nature **173**, 203 (1954).

[2] Kratky, O. u. A. Sekora: Kolloid-Z. **108**, 169 (1944).

ren natürlichen Faserstoffen liegen entsprechende vergleichende Messungen der Interferenzintensität des kristallinen Anteils bisher nicht vor.

3. Die Übereinstimmung der nach verschiedenen Verfahren bestimmten Absolutmenge des „kristallinen“ Anteiles bei Cellulose.

P. H. HERMANS hat in bewußt schematisierender Weise die Intensität der scharfen Celluloseinterferenzen dem kristallinen Anteil zugeordnet, den diffusen Untergrund aber dem „amorphen“ Anteil. Indem er von der Annahme ausgeht, daß der nativen und der regenerierten Cellulose das gleiche integrale Streuvermögen zukommt, gelangt er durch einen Vergleich der Interferenzintensitäten und der diffusen Intensitäten zu Absolutwerten der beiden Anteile[1]. Bei der nativen Cellulose ergibt sich der kristalline Anteil zu etwa 70%, bei regenerierter Cellulose zu etwa 40%, wenn wir von besonders vorbehandelten Präparaten absehen, wo sich dieser Wert auf etwa 50% steigern kann[2]. Fast vollständig übereinstimmende Werte kann man nach P. H. HERMANS[3] auch aus der Wärmetönung errechnen, die beim Anfeuchten von durch Mahlen amorph gemachter Cellulose auftritt („Kristallisationswärme“), und auf ein gleiches Verhältnis der kristallinen Anteile bei nativer und regenerierter Form kommt man durch einen Vergleich der Adsorptionsisothermen. Diese Übereinstimmung der Absolutwerte für den „kristallinen“ Anteil bei verschiedenen Verfahren spricht sehr stark für die Existenz individueller Teilchen.

4. Die Röntgenkleinwinkelstreuung bei regenerierter Cellulose in Abhängigkeit vom Imbibitionsmittel.

Ersetzt man nach dem Vorgehen von HERMANS und PLATZEK[4] in regenerierter Cellulose das Quellungswasser durch verschiedene organische Flüssigkeiten (Imbibitionsmittel), so ändert sich die Intensität der Röntgenkleinwinkelstreuung in charakteristischer Weise[5]. Sie ist um so höher, je größer die Differenz der Elektronendichte zwischen Cellulose und Imbibitionsmittel ist. Bei gleicher Geometrie der Anordnung von Cellulose und Zwischenmedium ist eine dem Quadrat der Elektronendichtedifferenz proportionale Intensität zu erwarten. Auch diese Beziehung trifft ziemlich genau zu, wie kürzlich gezeigt werden konnte[6]. Es ist dem-

---

[1] HERMANS, P. H.: Kolloid-Z. 115, 103 (1949); 120, 3 (1951); Makrom. Chemie 6, 25 (1951). — P. H. HERMANS u. A. WEIDINGER: J. Polymer Sci. 4, 135 (1949); J. appl. Physics 19, 491 (1948).

[2] HERMANS, P. H. u. A. WEIDINGER: J. Polymer Sci. 4, 317 (1949); 5, 565 (1950); 6, 533 (1951).

[3] HERMANS, P. H.: J. chem. Physique 44, 135 (1947).

[4] HERMANS, P. H. u. P. PLATZEK: Z. physik. Chem. (A) 185, 260 (1939).

[5] KRATKY, O., A. SEKORA u. R. TREER: Z. Elektrochem. angew. physik. Chem. 48, 587 (1942). — O. KRATKY u. A. WURSTER: Z. Elektrochem. angew. physik. Chem. 50, 249 (1944).

[6] JANESCHITZ-KRIEGL, H. u. O. KRATKY: Z. Elektrochem. Ber. Bunsenges. physik. Chem. 57, 42 (1953).

nach anzunehmen, daß es räumlich immer die gleichen Gebiete − nämlich die amorphen Bereiche − sind, in welche das Imbibitionsmittel eindringt, ganz im Sinne individueller und unter solchen Bedingungen unquellbarer Kristallite. Das Schema in Abb. V, 4 b würde jedoch ein derartiges Verhalten nicht erklären, denn bei der kontinuierlichen Variation des Ordnungszustandes hätte man zu erwarten, daß das Imbibitionsmittel je nach der größeren oder kleineren Affinität räumlich verschiedene Anteile des Cellulosegels durchdringt, was die Abhängigkeit der Röntgenkleinwinkelstreuung in unübersichtlicher Weise modifizieren müßte. Derartige Versuche sind allerdings bisher nur bei regenerierter Cellulose durchgeführt worden.

b) Die Existenz einheitlich geordneter Bereiche bei synthetischen Faserstoffen.

Das Phänomen der höheren Orientierung als Ausdruck der Existenz hervorgehobener Teilchen tritt auch hier leicht ein, wie erstmalig R. Brill[1] an Polyamidfasern gezeigt hat. Nach allgemeiner Auffassung erfolgt die Ausbildung gittergeordneter Bereiche in solcher Weise, daß hier auch Gittergleitungen möglich sind. Wir können diesbezüglich auf § 32 verweisen.

Der weitgehenden Konstanz des kristallinen Anteils bei Cellulose steht hier vielfach das Phänomen des Auskristallisierens bei der Dehnung gegenüber, also ein Vorgang, der oft als Kautschukeffekt bezeichnet wird (über die Erklärung vgl. § 32, c). In einigen Fällen ließ sich in sehr überzeugender Weise zeigen, daß zwei verschiedene Röntgenbilder, das des amorphen und das des kristallinen Anteils, nebeneinander vorhanden sind[2] und daß bei Dehnung der eine Bestandteil kontinuierlich in den anderen übergeht. Die Röntgenbilder können danach als eine Überlagerung von kristallinem und amorphem Anteil diskutiert werden. Durch dieses Verhalten kommt besonders klar zum Ausdruck, daß ein hervorgehobener Ordnungszustand, der des kristallinen Anteils, vorliegt. Bezüglich näherer Details können wir auf § 25 verweisen.

Wenn wir schließlich an die scharfen Kleinwinkel-Meridianinterferenzen bei vielen synthetischen Faserstoffen denken, die gewöhnlich als Ausdruck einer einheitlichen Teilchenlänge gedeutet werden, so verstärkt sich der Eindruck einer sehr geregelten Struktur. Dennoch finden wir vielfach Stimmen, die sich für das Vorliegen kontinuierlicher Übergänge zwischen allen Ordnungszuständen aussprechen. In diesem Zusammenhang ist auch auf die Vorstellungen von Morgan und Keller (vgl. § 23) hinzuweisen, die spiralige Anordnungen der Fadenmoleküle annehmen. Man wird der gegenwärtigen Situation wohl am besten durch die Bemerkung gerecht, daß das Problem bei den synthetischen Faserstoffen einerseits noch nicht genügend eingehend behandelt wurde und andererseits, daß bei der ungeheuren Weite und Mannigfaltigkeit des Gebietes eine generell gültige Antwort wahrscheinlich gar nicht möglich ist.

---

[1] Brill, R.: Naturwiss. **29**, 229 (1941); Z. physik. Chem. (B) **53**, 61 (1943).
[2] Vgl. S. Krimm u. A. V. Tobolsky: J. Polymer Sci. **7**, 57 (1951).

§ 21. Die Größe „kristalliner" Bereiche aus den Weitwinkel-Röntgeninterferenzen.

a) Die Linienbreitenmethode.

Nach grundlegenden Erkenntnissen, die auf v. Laue[1] und Scherrer[2] zurückgehen, nimmt die Linienbreite der gewöhnlichen Röntgeninterferenzen mit abnehmender Kristallitgröße zu. Von etwa 500 Å abwärts müßte mit den üblichen Mitteln bereits eine merkliche Verbreiterung festzustellen sein. Andererseits können aber auch Gitterstörungen zu einer Verbreiterung der Interferenzen führen, so daß mit Überlagerungen zu rechnen ist. Nun besteht zwar grundsätzlich die Möglichkeit, aus der Abhängigkeit der Verbreiterung von der Ordnung der Reflexion an ein und derselben Netzebene die beiden Einflüsse zu trennen[3], aber bei den hochmolekularen Stoffen steht nie eine genügende Anzahl von Reflexen an ein und derselben Netzebene zur Verfügung, so daß dieser Weg praktisch ausfällt. Noch komplizierter wird die Sachlage im Hinblick auf die Untersuchungen von Hosemann[4], der zu einer Interpretation der Verbreiterung allein schon aus der Annahme einer flüssigkeitsstatistischen Störung der Gitterstruktur kommt, ohne zusätzlich die Kleinheit individueller Teilchen in Rechnung stellen zu müssen. In Anbetracht der schwierigen Problematik, die in der exakten mathematischen Behandlung[5] einer parakristallinen Gitterstruktur liegt und der Unmöglichkeit, auf „klassischem" Wege eine Trennung in Effekte der Teilchenkleinheit und der gewohnten Gitterstörungen vorzunehmen, werden wir wohl alle mittels der Linienbreitenmethode an hochmolekularen Faserstoffen erhaltenen Ergebnisse als provisorisch betrachten müssen. Immerhin sollen die wichtigsten der vorliegenden Messungen kurz erwähnt werden.

Als erste haben Hengstenberg und Mark[6] Messungen an nativer Cellulose und Viscoseseide durchgeführt. Im ersten Fall finden sie eine Micelldicke von 60 Å und eine Länge von mindestens 600 Å, im zweiten Fall sind die entsprechenden Werte 40 Å und 300 Å. Der Wert von 600 Å ist dabei als untere Grenze aufzufassen. Die beiden Autoren können näm-

---

[1] v. Laue, M. u. F. Tank: Ann. Physik **41**, 1003 (1913). — M. v. Laue: Z. Kristallogr., Mineral., Petrogr. **64**, 115 (1926). — Vgl. ferner A. L. Patterson: Z. Kristallogr., Mineral., Petrogr. **66**, 637 (1938).

[2] Scherrer, P., in: Zsigmondy, Kolloidchemie, 4. Aufl. S. 394 u. 404 (1920).

[3] Brill, R.: Z. Kristallogr., Mineral., Petrogr. **68**, 387 (1928); (A) **75**, 227 (1930); (A) **95**, 455 (1936). — R. Brill u. H. Pelzer: Z. Kristallogr., Mineral., Petrogr. **72**, 398 (1929); (A) **74**, 147 (1930). — A. Kochendörfer: Z. Kristallogr., Mineral., Petrogr. (A) **97**, 469 (1938); (A) **105**, 393, 438 (1944). — G. Weitbrecht u. R. Fricke: Z. anorg. allg. Chem. **253**, 9 (1945). — O. Ebersbacher: Z. Elektrochem. angew. physik. Chem. **53**, 398 (1949).

[4] Hosemann, R.: Kolloid-Z. **117**, 13 (1950); Z. Physik **128**, 1 (1950).

[5] Porod, G.: Kolloid-Z. **125**, 51 (1952) sowie G. Porod: in Vorbereitung. In diesen Untersuchungen werden grundsätzliche Bedenken gegen die Zulässigkeit der bei dieser Behandlung der flüssigkeitsstatistischen Störung zugrunde gelegten formalen Ansätze erhoben.

[6] Hengstenberg, J. u. H. Mark: Z. Kristallogr., Mineral., Petrogr. **69**, 271 (1928). — H. Mark u. K. H. Meyer: Z. Physik. Chem. (B) **2**, 115 (1929).

lich keine Verbreiterung des entsprechenden Reflexes (es handelt sich um den Basisreflex oder „diatropen" Reflex) feststellen. Das bedeutet, daß die Verbreiterung *unterhalb* eines bestimmten, durch die Meßbedingungen gegebenen Wertes liegen muß und dementsprechend die Länge *oberhalb* des zugeordneten Wertes, das sind eben 600 Å. Diese Angabe ist oft mißverstanden worden.

Zu anderen Zahlen kommt CARPENTER[1] bei Sulfitcellulose. Er findet eine Länge der Micellen von mindestens 600 Å und eine Dicke von nur 13–17 Å. Ob diese Unterschiede reell sind oder auf Verschiedenheiten in der Methodik beruhen, läßt sich nicht beurteilen. Fest steht jedenfalls, daß die HENGSTENBERG-MARKschen Messungen in einer sehr vernünftigen Größenordnung liegen und etwa die gleichen Werte auch mit allen anderen Methoden gefunden werden. Die Übereinstimmung könnte wohl ein Zufall sein, aber es liegt doch nicht allzu fern, zu vermuten, daß die Abweichungen von einer ungestörten Kristallgitterstruktur in den gut geordneten Anteilen höherer Dichte nicht so groß sind, wie etwa nach dem HOSEMANNschen Konzept anzunehmen wäre. Wenn man sich also doch entschließen möchte, derartige Messungen als jedenfalls brauchbare Näherung zu betrachten, so muß immerhin hervorgehoben werden, daß das experimentelle Material auf diesem Gebiet viel zuwenig umfangreich ist, um den Ergebnissen entsprechendes Gewicht zu verleihen.

Im Zuge einer eingehenden Untersuchung der Kristallinität von Polyäthylen unter verschiedenen Bedingungen haben KRIMM und TOBOLSKY[2] auch Kristallitgrößenbestimmungen aus der Linienbreite des (110)-Reflexes vorgenommen. Bei schwach gedehnten Präparaten ergab sich für die Abmessungen quer zur Richtung der Molekülketten etwa 140 Å, unabhängig von der Temperatur. Bei einer Streckung von 100% sinkt die Kristallitgröße auf etwa 100 Å und bei 500% Dehnung weiter auf etwa 60 Å. Gleichzeitig erhöht sich auch der Netzebenenabstand etwas, von 4,15 Å auf 4,21 Å im Falle des 500% gedehnten Präparates, was nach Ansicht der Autoren auf eine stärkere Verzerrung des Kristallgitters im Verlaufe von Gittergleitungen schließen läßt.

b) Bestimmung der Kristallitgröße aus Abweichungen vom BRAGGschen Gesetz.

Wenn die Kristallitgröße in einer Richtung nur ein kleines Vielfaches der kristallographischen Periode beträgt, dann liefert der Gitterfaktor, also das BRAGGsche Gesetz, nur eine erste Näherung für die Lage der betreffenden Reflexe, während die exakte Lage erst durch eine zusätzliche Verwertung des Strukturfaktors berechenbar ist. Die Abweichungen von der BRAGGschen Lage können beträchtlich werden, wenn der Strukturfaktor eine rasch mit dem Winkel veränderliche Funktion darstellt. In diesem Sinne konnte WALLNER[3] die bei Perlon L auftretenden Abweichungen der Meridianreflexe vom BRAGGschen Gesetz deuten und zu einer

[1] CARPENTER, CH.: Cellulosechemie **16**, 64 (1934).
[2] KRIMM, S. u. A. V. TOBOLSKY: J. Polymer Sci. **7**, 57 (1951).
[3] WALLNER, L. G.: Mh. Chemie **79**, 86, 279 (1948).

quantitativen Bestimmung der Kristallitlänge verwerten (vgl. § 18, S. 177).

Leider ist diese Methode nur in Spezialfällen anwendbar, weil man den Strukturfaktor meist nicht ausreichend genau kennt. Wo aber diese Voraussetzung gegeben ist, kann das Verfahren eine wertvolle Ergänzung zu den Standardmethoden darstellen.

§ 22. Die Größe der kristallinen Bereiche aus der diffusen Röntgenkleinwinkelstreuung dichtgepackter Systeme.

Die Röntgenkleinwinkelstreuung hat sich aus zwei unabhängigen Ansätzen entwickelt. Einerseits aus der GUINIERschen Theorie der Partikelstreuung[1], d. i. des Beugungseffektes eines Einzelteilchens, der als sein „Formfaktor" aufgefaßt werden kann, und andererseits dem Studium von kompakten Objekten, wie vornehmlich der Cellulose, wo die Interferenzerscheinungen *zwischen* den Teilchen den Streueffekt wesentlich bestimmen[2].

Da die Kleinwinkelstreuung verdünnter hochpolymerer Systeme im Zusammenhang mit den allgemeinen theoretischen Grundlagen der Streutheorie in Kap.II, § 12 behandelt wurde (vgl. auch Band II, Kap. 10), können wir uns im folgenden auf die dichtgepackten Systeme beschränken, wo die interpartikulären Interferenzen eine wesentliche Rolle spielen.

a) Die Wirkung der interpartikulären Interferenzen.

Eine dichte Packung von lamellenförmigen Cellulosemicellen bedingt im Sinne der Vorstellungen des einen von uns eine „Ordnung in kleinen Bereichen"[3], d. h. die Micellen müssen etwa parallel nebeneinander liegen, so daß die Spalten dazwischen annähernd ein lineares Gitter bilden. Es ist leicht einzusehen, daß bei einigermaßen gleichförmiger Micelldicke ein solches Gitter eine Art Reflex nach dem BRAGGschen Gesetz liefern muß, wobei die Periode etwa gleich der Micelldicke ist.

Wenn aber die Micelldicken sehr stark statistisch schwanken, dann wird man nur mehr eine diffuse, von den Spalten herrührende Streuung erwarten können. Dies ergibt sich unmittelbar aus dem Reziprozitätsgesetz der Optik, wonach man ebensogut die Micellen wie die Zwischenräume als streuende Bereiche betrachten kann. Wenn nun enge Spalten gewissermaßen statistisch in das System eingestreut sind, dann wird dieses „Gas" von Spalten eine reine Partikelstreuung der Spalten ergeben, ohne daß in erster Näherung die Micelldimensionen überhaupt zum Ausdruck

---

[1] GUINIER, A.: C. R. hebd. Séances Acad. Sci. **204**, 1115 (1937); Thèses, Sér. A Nr. 1854, Univ. Paris 1939; Ann. Physique **12**, 161 (1939); J. chim. physique **40**, 133 (1943).

[2] KRATKY, O.: Naturwiss. **26**, 94 (1938); **30**, 542 (1942); Z. Elektrochem. angew. physik. Chem. **46**, 550 (1940).

[3] KRATKY, O.: Kolloid-Z. **68**, 347 (1934).

kommen[1]. Demgegenüber wurde von anderer Seite (R. HOSEMANN[2]) die Auffassung vertreten, daß im Falle stark schwankender Micelldicken die Streuung wie bei einem verdünnten System hinsichtlich der Micellen ausgewertet werden dürfte, was mit dem obigen Gedankengang offenbar nicht vereinbar ist. Die Richtigkeit der ersten Auffassung hat sich auch als Spezialfall im Rahmen einer eingehenden mathematischen Behandlung des Streuproblems von Lamellensystemen[3] ergeben.

Wenn aber die Verteilung der Micelldicken nicht allzu stark um einen Mittelwert schwankt – und die Breite und Länge der Teilchen groß ist im Vergleich mit der Dicke – dann können wir das Idealmodell des „Lamellenpaketes" den Betrachtungen zugrunde legen, wie es der eine von uns zum Ausgangspunkt der Diskussion über das Kleinwinkelverhalten der Cellulose genommen hatte[4]. Argumente anderer Art, wie die höhere Orientierung, die Anisotropie der Kleinwinkelstreuung bei Durchleuchtung höher orientierter Präparate in der Faserrichtung, das Prinzip der Ordnung in kleinen Bereichen, welche zur Rechtfertigung dieses Modells herangezogen wurden, sind an anderer Stelle dieses Berichtes ausführlich dargelegt. Wenn das Streuverhalten eines solchen Körpers seinerzeit nur in großen Zügen behandelt wurde, so ist neuerdings durch den anderen von uns die Streutheorie des Lamellenpaketes auf eine exakte und breitere Basis gestellt worden[3].

Danach haben wir bei einem Paket von Lamellen, die mit sehr kleinen Zwischenräumen parallel angeordnet sind und deren Breite und Länge groß ist im Vergleich mit der Dicke, folgende zwei Punkte zu berücksichtigen:

1. *Der Gitterfaktor.* Die Abstände der Mittelpunkte aufeinanderfolgender Zwischenräume charakterisieren die Regelmäßigkeit des Systems. Die entsprechende Streufunktion ist der Gitterfaktor. Nimmt man eine GAUSSsche Verteilung der Micelldicken mit der relativen Schwankung δ um den Mittelwert D_0 an, dann folgt für den Gitterfaktor die Beziehung

$$G = \frac{1 - k^2}{1 - 2\,k\cos s\,D_0 + k^2} \; ; \quad k \equiv e^{-s^2 D_0^2\,\delta^2/2} \; ; \quad s = \frac{4\,\pi}{\lambda}\sin\vartheta \, . \qquad \text{(V, 1)}$$

Der so berechnete Gitterfaktor ist für verschiedene Schwankungen in Abb. V, 7a dargestellt. Man erkennt ein diffuses Maximum bei einem Winkel, der etwa der mittleren Dicke nach dem BRAGGschen Gesetz entspricht.

2. *Der Flächenfaktor,* der die Rolle des LORENTZ-Faktors spielt und wieder unter der Voraussetzung, daß die Dimensionen der Lamellenfläche als sehr groß im Vergleich mit der Dicke betrachtet werden dürfen, und

---

[1] KRATKY, O.: Diskussion zum Vortrag von R. HOSEMANN, Z. Elektrochem. angew. physik. Chem. **46,** 535 (1940); O. KRATKY, in: Zur Struktur und Materie der Festkörper, Springer-Verlag 1952, S. 214 ff.

[2] HOSEMANN, R.: Z. Physik **113,** 751; **114,** 133 (1939); Z. Elektrochem. angew. physik. Chem. **46,** 535 (1940); Kolloid-Z. **117,** 13 (1950); **119,** 129 (1950).

[3] POROD, G.: Kolloid-Z. **124,** 83 (1951).

[4] KRATKY, O.: Naturwiss. **26,** 94 (1938); **30,** 542 (1942); Z. Elektrochem. angew. physik. Chem. **46,** 550 (1940).

daß eine genügende Lagenmannigfaltigkeit vorliegt, durch $2\,\pi/s^2$ annähernd richtig beschrieben wird.

Die Streutheorie wird dagegen wesentlich komplizierter, wenn die Dicken der Zwischenräume nicht mehr sehr klein im Vergleich mit der mittleren Lamellendicke sind. Für den Fall statistisch unabhängiger Schwankungen von Micellen und Zwischenräumen ist eine allgemeine von

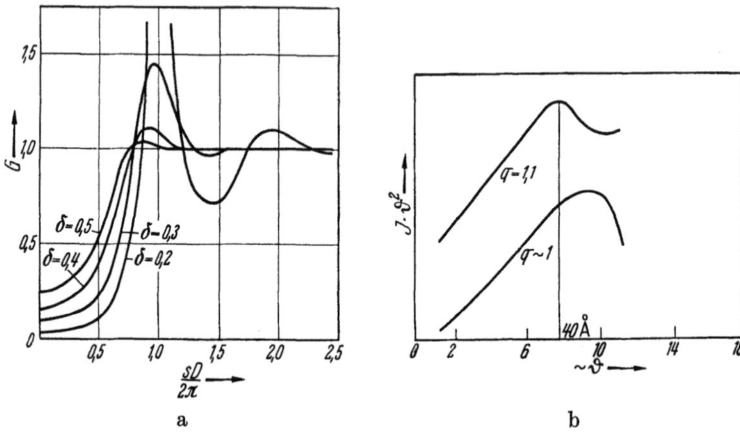

Abb. V, 7a und b. a: Theoretische Streukurven des Gitterfaktors. (Nach G. POROD.) b: Mit ϑ^2 durchmultiplizierte Streukurven von lufttrockenen Hermansfäden. (Nach H. JANESCHITZ-KRIEGL, O. KRATKY und G. POROD, 1952.)

J. J. HERMANS [1] für lineare Gitter angegebene Streuformel an Stelle des Gitterfaktors unmittelbar verwendbar. Die so erhaltenen Streukurven hängen allerdings in schwer überschaubarer Weise von den speziellen Annahmen über die Größenstatistik der Micellen einerseits und der Zwischenräume andererseits ab. Eine allgemeine Diskussion des Streuverhaltens ist daher ohne spezielle Annahmen nicht leicht möglich. Man kann aber doch feststellen, daß, ausgehend vom Grenzfall des vollkommen dichtgepackten Micellensystems, mit steigender Aufquellung, d. h. Vergrößerung der Zwischenräume, die Streukurve mit einem Formfaktor dieser Zwischenräume zu multiplizieren ist. Dabei spielt es in erster Näherung nur eine untergeordnete Rolle, ob die Dicken der Zwischenräume gleichmäßig sind oder eine statistische Schwankung um einen Mittelwert besitzen. Für eine überschlagsmäßige Betrachtung wird es daher bei mäßig gequollenen Systemen genügen, den zwei bisher besprochenen Faktoren noch als dritten Faktor den schon vom verdünnten System her bekannten Dickenfaktor[2]

$$F_d^2 = \left(\frac{\sin s\,d/2}{s\,d/2}\right)^2 \tag{V, 2}$$

hinzuzufügen. Dabei bedeutet jetzt d die mittlere Dicke der Zwischenräume, und im Gitterfaktor ist an Stelle der Micellendicke die Summe von

---

[1] HERMANS, J. J.: Recueil trav. chim. Pays-Bas **63**, 5 (1944).
[2] POROD, G.: Acta physica Austriaca **3**, 66 (1949).

Micellendicke und Zwischenraumdicke zu setzen. Bei stärkerer Aufquellung gilt die so berechnete Streuformel nur dann streng, wenn tatsächlich eine große Gleichmäßigkeit der Zwischenräume garantiert ist und ferner angenommen werden darf, daß sich an der Parallelstellung der Micellen im Verlaufe der Quellung nichts ändert. Das Hinzufügen des Dickenfaktors zum Gitterfaktor wirkt sich im wesentlichen in einer Verschiebung des Maximums zu kleineren Winkeln aus.

Dieser Effekt wächst mit der Breite, welche das Maximum des Gitterfaktors an sich schon hat, also mit der Größe der Schwankung in den Micelldicken und mit der relativen Breite der Zwischenräume.

Wenn man bei einer oberflächlichen Betrachtung meinen könnte, daß eine gewisse Regelmäßigkeit im Aufbau des Lamellenpaketes zu einem wenn auch verbreiterten Reflex führen müßte, der in der Gegend des der mittleren Lamellendicke entsprechenden BRAGGschen Winkels liegt, so haben wir nun gesehen, daß nicht die Streukurve selbst, sondern erst die vom LORENTZ-Faktor $2\,\pi/s^2$ befreite Streukurve, nämlich der Gitterfaktor, ein solches Maximum aufzuweisen braucht, das beim dichtgepackten Lamellenpaket mit sehr dünnen Zwischenräumen genähert nach dem BRAGGschen Gesetz in die Lamellendicke umgerechnet werden kann. Tatsächlich tritt bei den meisten Cellulosepräparaten ein solches Maximum auf. In dieser Weise wurden von dem einen von uns die ersten Kleinwinkelversuche an Cellulose richtig ausgewertet[1], allerdings auf Grund einer Überlegung, die nach den heutigen Erkenntnissen eine gewisse Umdeutung zu erfahren hat. Lage und Breite des Maximums erlaubt dann im Sinne der skizzierten Theorie eine Bestimmung der Micelldicke und mittleren Dickenschwankung. An trockenen, sehr schwach luftgequollenen HERMANS-Fäden wurde so eine mittlere Dicke von 46 Å und eine mittlere Schwankung von etwa $\delta = 0{,}4$ gefunden[2] (Abb. V, 7), in guter Übereinstimmung mit den am verdünnten System (vgl. die Abb. II, 39 oder II, 40) festgestellten Werten.

Es ist beachtenswert, daß die Streukurve eines solchen Lamellenpaketes, das geometrisch als ein durchaus nicht übermäßig „gestörtes" Gitter aufgefaßt werden kann, kein Anzeichen eines Maximums zeigt. Hierin lag auch eines der Hauptargumente gegen die Deutung der Kleinwinkelstreuung ungequollener Cellulose als eines intermicellaren Interferenzeffektes, denn die Theorie der linearen Gitter mit flüssigkeitsstatistischer Störung, wie sie von ZERNICKE und PRINS[3] begonnen und vor allem von J. J. HERMANS[4] zu einem gewissen Abschluß gebracht wurde, ergibt auch bei wesentlich größeren Gitterstörungen, als sie nach dem Experiment für Cellulose anzunehmen sind, immer noch ein zwar verschmiertes, aber deutlich erkennbares Interferenzmaximum. Wenn ein solches Maximum bei der Cellulose im allgemeinen nicht auftritt, so liegt das, wie ausgeführt wurde, am Hinzutreten des LORENTZ-Faktors, der in der endgültigen

<hr>

[1] KRATKY, O.: Naturwiss. **26,** 94 (1938); **30,** 542 (1942).
[2] JANESCHITZ-KRIEGL, H., O. KRATKY u. G. POROD: Z. Elektrochem. Ber. Bunsenges. physik. Chem. **56,** 146 (1952).
[3] ZERNICKE, F. u. J. A. PRINS: Z. Physik **41,** 184 (1927).
[4] HERMANS, J. J.: Rec. Trav. Chim. Pays-Bas **63,** 5 (1944).

Streukurve das Maximum zum Verschwinden bringt, sofern es nicht genügend scharf ist. In *besonderen* Fällen findet man allerdings bei regenerierter Cellulose in der Streukurve selbst ein Maximum, wie weiter unten besprochen werden soll. Die vorliegenden Überlegungen werden dadurch in keiner Weise berührt.

Wenn wir die in § 12 dargelegten Ergebnisse über die Kleinwinkelstreuung verdünnter micellarer Systeme mit den im vorstehenden referierten, an dichten Präparaten erhaltenen Zahlenwerten vergleichen, so dürfen wir feststellen, daß eine praktisch vollständige Übereinstimmung besteht. Bei verdünnten Systemen wurde erhalten: 50 Å Dicke und eine Schwankung von $\delta = 0{,}5$. Bei dichten Systemen: 46 Å Dicke und eine Schwankung von $\delta = 0{,}4$. Diese Ergebnisse kontrollieren sich mithin gegenseitig, und es kommt ihnen so ein beachtlicher Grad von Sicherheit zu. Für die Vertreter jener Richtung, welche geneigt sind, die Interferenzeffekte zu ignorieren, wird die Auswertung des verdünnten Systems im Sinne der reinen Partikelstreuung unmittelbar überzeugend sein. Dieses, dem Widerstreit der Meinungen entzogene Ergebnis vermag aber nun als Stütze für die auf Basis der Berücksichtigung der intermicellaren Interferenzen durchgeführte Auswertung des dichten Systems zu dienen, bei der praktisch das gleiche Ergebnis erhalten wird; damit darf die Berechtigung für ein solches Vorgehens wohl als bewiesen gelten.

Es ist ferner klar, daß die Streukurve des trockenen Fadens, im Sinne der Partikelstreuung ausgewertet, eine völlig andere Micellenstatistik ergeben müßte, als die am verdünnten System auf Grundlage einer ganz anderen experimentellen Streukurve gewonnene, obwohl es sich um die gleiche Substanz handelt. Man muß sich nur vor Augen halten, *wie* verschieden in der Tat die Streukurven des dichten und des gequollenen Systems sind. Nach Eliminierung des LORENTZ-Faktors erhält man im ersten Falle Kurven mit einem ausgeprägten Maximum (Abb. V, 7 a, b), im zweiten Falle eine vom Nullpunkt aus monoton fallende Kurve (Abb. II, 40). Man könnte nun, um dieser Konsequenz zu entgehen, allenfalls behaupten, daß bei der Quellung ein völliger Umbau des laminaren Systems stattfindet. Aber man wird es kaum als glaubhaften Zufall gelten lassen wollen, daß dieser Umbau gerade in einer Weise erfolgt, die in beiden Systemen bei Auswertung mittels der, unserer Meinung nach, jeweils zuständigen Theorie auf übereinstimmende Dickenstatistiken führt.

In diesem Zusammenhang ist nun sehr bedeutsam, daß es P. H. HERMANS und Mitarbeitern[1] in letzter Zeit gelungen ist, an speziellen Viscosekunstseiden Kleinwinkelstreukurven zu erhalten, die auch ohne Multiplikation mit ϑ^2 bereits ein deutlich erkennbares Maximum aufweisen (Abb. V, 8). Gleiche Beobachtungen hat auch HEYN[2] mitgeteilt. Auch an manchen trockenen Fasern zeigt sich die Andeutung eines Maximums in Form eines Buckels in der Streukurve bei einem BRAGGschen Winkel entsprechend etwa 50 Å, richtige Maxima entwickeln sich aber erst beim

---

[1] HEIKENS, D., P. H. HERMANS u. A. WEIDINGER: Nature **170**, 369 (1952). — D. HEIKENS, P. H. HERMANS, P. F. VAN VELDEN u. A. WEIDINGER: J. Polymer Sci. **11**, 433 (1953).

[2] HEYN, A. N. J.: Nature **172**, 1000 (1953).

leichten Anquellen in der Gegend von 80 Å. Qualitativ kann man aus diesen Effekten auf eine gut ausgeprägte seitliche Periodizität, d. h. auf recht gleichförmige Micellendicken schließen. Dabei sollte der BRAGG-sche Abstand im lufttrockenen Zustand praktisch der Micelldicke, im

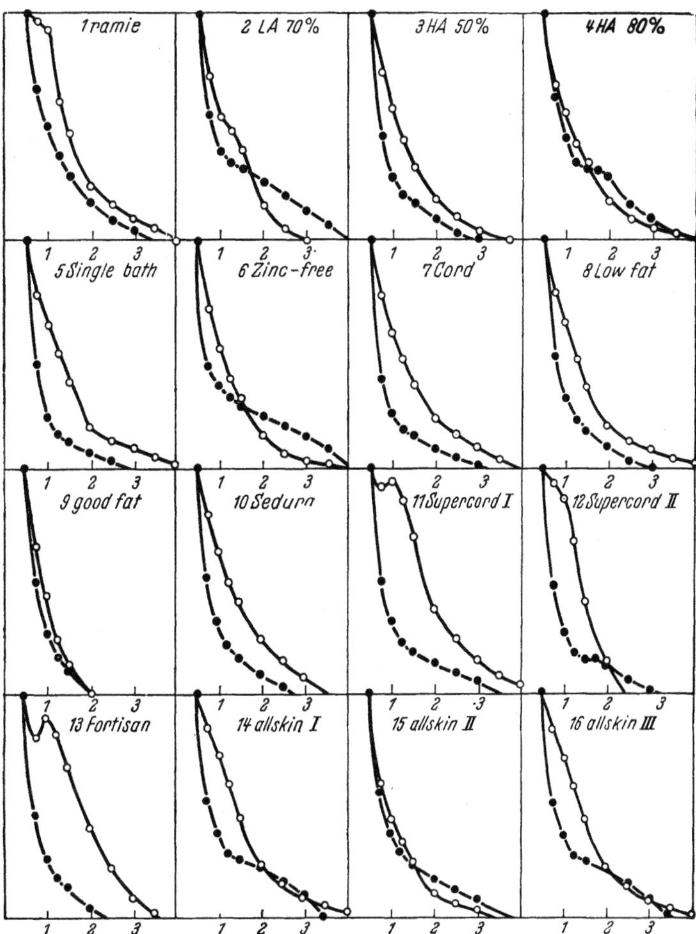

Abb. V, 8. Streukurven von trockenen und wassergequollenen Fäden von Ramie und verschiedenen Kunstseiden. (Nach D. HEIKENS, P. H. HERMANS, P. F. VAN VELDEN und A. WEIDINGER, 1953.)

gequollenen Zustand aber der Summe von Micelldicke und mittlerer Zwischenraumdicke entsprechen. Die Autoren versuchen eine Auswertung nach der oben skizzierten Theorie des dichtgepackten Lamellenpaketes, indem sie die Streukurven mit ϑ^2 multiplizieren. Dabei erniedrigen sich die Werte auf etwa 60 Å für den gequollenen und 40 Å für den trockenen Zustand. Allerdings ist hierzu zu bemerken, daß es sich 1. um hochorientierte Präparate handelt, die 2. mit einem spaltförmigen Primärstrahl belichtet wurden. Gerade für diesen Fall aber ergibt die Theorie, daß sich die Wirkung des LORENTZ-Faktors der Micellänge und die Spaltverschmierung gegenseitig aufheben, so daß also die experimentell gefundenen Streukurven nur noch den LORENTZ-Faktor der Micellbreite enthalten. Daraus folgt zunächst, daß zur Auswertung eine Multiplikation nur mit ϑ vorzunehmen ist. Dabei werden Lamellen vorausgesetzt, bei welchen nicht nur die Länge, sondern auch die Breite sehr groß ist im Vergleich mit der Dicke. Während diese Voraussetzung für die Länge zutreffen dürfte, ist es durchaus denkbar, daß die Breite im Vergleich mit der Dicke nicht mehr „∞" groß ist. Daraus würde wieder folgen, daß der LORENTZ-Faktor der Breite nicht mehr durch $1/\vartheta$, sondern durch einen von ϑ schwächer abhängigen Verlauf gegeben ist. In diesem Falle würde also die experimentelle Streukurve vom Gitterfaktor für die Micelldicke nicht mehr viel verschieden sein. Da mithin hinsichtlich der quantitativen Seite der Elimination des LORENTZ-Faktors für die Breite Unsicherheiten bestehen, vermutlich aber sein Einfluß nicht sehr groß ist, dürfte es am vernünftigsten sein, die aus den experimentell gefundenen Maxima berechneten BRAGGschen Werte als erste Orientierung für die mittlere Dicke zu betrachten oder, genauer ausgedrückt, als deren obere Grenze.

Auf eine weitere Unsicherheit muß noch hingewiesen werden. Die Theorie des Lamellenpaketes setzt voraus, daß die Dickenverteilung der Micellen im ganzen Präparat einer einheitlichen Statistik folgt. Nun steht aber noch keineswegs fest, ob diese überraschend einheitliche Kristallisation das ganze Präparat erfaßt oder nur Teile davon. Dieser Vorbehalt zwingt dazu, mit der Möglichkeit zu rechnen, daß das Diagramm eine Überlagerung einer diffusen Streuung einerseits und eines ausgeprägten Maximums andererseits darstellt. Will man dieser Möglichkeit Rechnung tragen, so ist ein diffuser Untergrund von einem zweiten, das Maximum enthaltenden, Streuanteil abzutrennen und beide Anteile sind für sich auszuwerten. Ohne eine solche Operation, die mit mancher Willkür behaftet wäre, wirklich durchzuführen, läßt sich auf jeden Fall sagen, daß jede derartige Interpretation das Maximum weniger empfindlich für eine Multiplikation mit einer Funktion von ϑ macht (die im Grenzfalle höchstens eine Abhängigkeit gemäß ϑ^{-1} zeigt), so daß die Lage des Maximums erst recht unmittelbar, d. h. im Sinne des BRAGGschen Gesetzes, als brauchbares Maß für die mittlere Micelldicke (bzw. Dicke von Micelle und Zwischenraum) angesehen werden kann.

Es sei betont, daß die Ergebnisse der HERMANNschen Schule eine überzeugende Bestätigung der von uns entwickelten Vorstellung des Lamellenpaketes bringen. Während HOSEMANN[1] auf Grund seiner Auswertung

---

[1] HOSEMANN, R. [Kolloid-Z. **120**, 19 (1951)] bringt seine Auffassung z. B. durch die Erklärung zum Ausdruck: …„Derartige statistische Auswertungen wurden von mir bereits vor zehn Jahren an verschiedenen Cellulosederivaten durchgeführt [R. HOSEMANN: Z. Physik **113**, 151 (1939); **114**, 133 (1939); Z. Elektrochem. angew. physik. Chem. **46**, 535 (1940)]. Dasselbe Auswerteverfahren der Kleinwinkelstreuung wurde … auf amorphe Kohle angewandt. Dabei wurde neben dieser statistischen Schwankung z. T. mit beachtlicher Präzision auch der gesamte Verlauf der Häufigkeitskurven gewonnen. Gerade bei Cellulose sind diese besonders verschmiert und weisen auf eine Polydispersität hin, wie sie in diesem Maße noch bei keinem anderen Stoffe gefunden wurde."

unter Vernachlässigung der interpartikulären Interferenz für die Teilchendimensionen eine überaus breite Statistik erhielt, führt unsere Auswertung, wie oben ausgeführt wurde, auf eine verhältnismäßig einheitliche Micelldicke bei einer Schwankung von $\delta = 0{,}4$. Fassen wir die von HERMANS und Mitarbeitern gemessenen Streukurven an den Spezialfasern, in dem im vorigen Absatz dargelegten Sinne, in erster Näherung als Gitterfaktoren auf, so kommt man auf eine Größenordnung der Dickenstreuung von $\delta = 0{,}2$. Da es offenkundig alle Übergänge zwischen den Fasern mit deutlichen Maxima und monoton abfallenden Streukurven gibt, ist klar, daß auch die Schwankung des Gitterfaktors im Bereiche von etwa 0,2 bis 0,4 variieren muß.

Zwischen den gewöhnlichen regenerierten Cellulosen und den von HERMANS und Mitarbeitern kürzlich untersuchten Spezialfasern besteht also *kein qualitativer*, sondern nur ein *quantitativer* Unterschied. Wenn in der Kurve des Gitterfaktors das Maximum genügend scharf ist ($\delta = 0{,}2$), dann wird es eben auch beim Übergang zur gesamten Streukurve wenig geändert (insbesondere gilt dies bei orientierten Präparaten und Spaltaufnahmen), während es bei etwas unschärferer Ausprägung ($\delta = 0{,}5$ bis 0,6) durch Hinzufügung des LORENTZ-Faktors verschwindet. Die mittlere Dicke stimmt jedoch bei sämtlichen Fasern innerhalb eines recht engen Variationsbereiches überein.

Ein weiterer Beweis für das Vorherrschen der intermicellaren Interferenzeffekte bei dichtgepackter Cellulose kann in den Kleinwinkeluntersuchungen von HEYN[1] erblickt werden. HEYN fand bei ganz schwach gequollenen Fäden eine Verschiebung des Kleinwinkeldiagramms zu kleineren Winkeln, und zwar symbat dem Quellungsgrad. Ein solcher Effekt läßt sich zwanglos wohl nur als eine Aufweitung der Micellenpakete deuten.

Während also die Auswertung der Kleinwinkelmessungen an hoch luftgequollener und ungequollener regenerierter Cellulose zu recht gut übereinstimmenden Resultaten hinsichtlich der Micelldicke geführt hat, besteht noch eine gewisse Unsicherheit in bezug auf die Interpretation dieser Werte selbst. Kleinwinkeleffekte sind nämlich unabhängig von der atomaren Feinstruktur der streuenden Objekte. Es könnte sich daher bei den so gefundenen Micellen an und für sich ebensogut um amorphe wie um kristalline Bereiche handeln. Voraussetzung ist nur, daß diese „Micellen" untereinander durch Zwischenräume getrennt sind, deren Elektronendichte sich von jener der Micellen unterscheidet.

In diesem Zusammenhang sei auf neuere Messungen an hoch-wassergequollenen regenerierten Cellulosefäden (also einem verdünnten System) hingewiesen[2], die eine Micelldicke von nur etwa 31 Å ergeben. Es ist denkbar, daß dieser kleinere Wert dem eigentlichen „kristallinen" Kern entspricht, während bei den „luftgequollenen" Fäden, die durch Trocknung aus einer lyophoben Flüssigkeit entstanden sind, die umgebenden amorphen Anteile mit dem kristallinen Kern zusammen eine entsprechend dickere Partikel bilden.

---

[1] HEYN, A. N. J.: J. Amer. chem. Soc. **70**, 31 (1948); Text. Res. J. **19**, 163 (1949).
[2] KRATKY, O. u. G. POROD: Ricerca Scientifica, im Druck.

Als weitere Ergänzung zu den Kleinwinkeluntersuchungen muß noch gesagt werden, daß sich eine eventuell vorhandene *Überstruktur*, d. h. Vereinigung von mehreren Micellen zu deutlich unterscheidbaren Paketen oder Fibrillen, im Kleinwinkeldiagramm als zusätzlicher Effekt bei kleinsten Winkeln (Kleinstwinkelstreuung) auswirken würde. Bei regenerierter Cellulose liegt nach den Experimenten kein Grund vor, eine solche Überstruktur anzunehmen, wohl aber bei nativer Cellulose (vgl. § 33).

Die Untersuchungen der Kleinwinkelstreuung von trockener Ramiefaser ergab erst bei wesentlich kleineren Winkeln als bei regenerierter Cellulose[1] eine für die Vermessung ausreichend intensive Streuung, und zwar steigt sie steil gegen den Durchstoßpunkt an. Wenn man die Auswertung wie bei regenerierter Cellulose durchführt, so gelangt man zu einer etwa vierfachen Micelldicke, also ungefähr 200 Å. Dies würde etwa der Dicke von Mikrofibrillen entsprechen, wie sie durch die Arbeiten von FREY-WYSSLING und WYCKOFF elektronenmikroskopisch sichergestellt wurden. Das Fehlen einer bei größeren Winkeln vorhandenen Kleinwinkelstreuung, wie sie Micellen einer aus der Linienbreitenmessung von HENGSTENBERG und MARK errechneten Dimension von etwa 60 Å Dicke geben müßten, wäre dann so zu erklären, daß zwischen den Micellen nur sehr geringe Zwischenräume bestehen. Dagegen müßten die Micellenpakete — in diesem Falle wohl besser als Stränge oder Fibrillen zu bezeichnen — voneinander deutlich abgesetzt sein.

Eine bemerkenswerte Aufhellung erfährt das Verhalten der nativen Cellulose, wenn man sie nach dem von HEIKENS, HERMANS und WEIDINGER angegebenen Weg im wassergequollenen Zustand untersucht. Es erscheint dann auch bei größeren Winkeln eine intensive Kleinwinkelstreuung mit einem schwach angedeuteten Maximum. Dieses ist sowohl von HEIKENS, HERMANS, VAN VELDEN und WEIDINGER[2], als auch von FOURNET[3] vermessen worden. Eine Streukurve, die von uns mit langer Spaltblende an einem hochorientierten Bündel von Ramiefasern erhalten wurde, ist in Abb. V, 9 dargestellt. Die Kurve läßt ebenfalls eine Inflexion bei etwa 100 Å erkennen. Bei der Auswertung ist, ebenso wie bei den Spezialkunstfasern mit einem Maximum, zu bedenken, daß sich der LORENTZ-Faktor der Länge und die Spaltverschmierung gerade aufheben. Da wir aber hier keine Beweise für eine so ausgeprägte lamellenförmige Gestalt der Micellen besitzen wie im Falle der

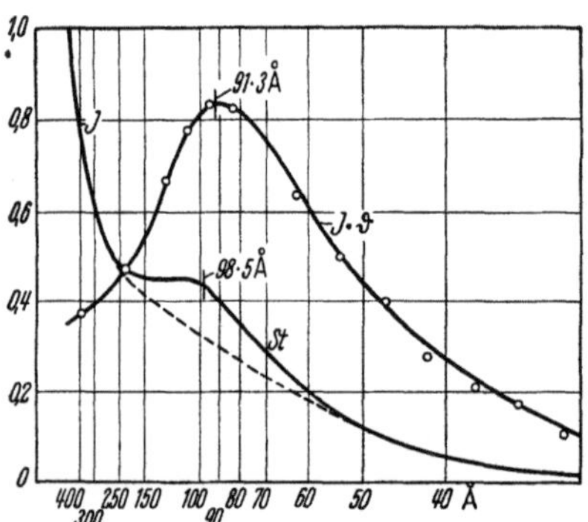

Abb. V, 9. Kleinwinkelstreuung von Ramie, Streukurve unverändert und nach Multiplikation mit θ.

regenerierten Cellulose, werden wir offenlassen müssen, ob die Gestalt näher dem Stäbchen oder näher der sehr ausgedehnten Lamelle liegt. Wir wollen uns daher mit einer Abschätzung unter Zugrundelegung dieser beiden Extremfälle begnügen. Das Vorgehen beim Lamellenpaket ist bereits besprochen worden. In ganz analoger Weise ergibt sich für die Streufunktion des Stäbchenbündels im Falle des ungequollenen Präparates ebenfalls ein Produkt von Gitterfaktor und LORENTZ-Faktor. Beim gequollenen Präparat kommt noch der Einfluß der Zwischenschicht hinzu. Da es sich aber jetzt um Stäbchen und nicht um Blättchen handelt, fällt die Elimination des LORENTZ-Faktors für die Breite und damit die Multiplikation mit θ weg. In Abb. V, 9 sind die Streukurve und die durch Multiplikation mit θ erhaltene Kurve eingezeichnet. Sie entsprechen, wenn wir für diese erste Näherung vom Einfluß der

[1] KRATKY, O. u. G. POROD: J. Colloid Sci. **4,** 35 (1949).
[2] HEIKENS, D., P. H. HERMANS, P. F. VAN VELDEN u. A. WEIDINGER: J. Polymer Sci. **11,** 433 (1953).
[3] FOURNET, G. u. P. ANTZENBERGER: Compt. rendus **236,** 394 (1953).

Zwischenschichten absehen, den Gitterfaktoren für die beiden Grenzfälle. Für den Lamellenfall entnehmen wir aus der Lage des Maximums den *Abstand der Lamellenmitten* von etwa 91 Å, bei einer relativen Schwankung von etwa $\delta = 0,2$. Da die Quellung sehr gering ist, entspricht dieser Wert in guter Näherung bereits der mittleren Micelldicke selbst. Die unveränderte Streukurve, die dem Gitterfaktor für das Stäbchensystem entsprechen sollte, ist schwer in diesem Sinne zu interpretieren, denn der Gitterfaktor dürfte nicht den Wiederanstieg gegen den Winkel Null zeigen. Wir müssen daher schließen, daß entweder der Lamellenfall gegeben ist — wo diese Schwierigkeit wegfällt — oder aber die Streukurve, wie dies bei den Kunstseiden diskutiert wurde, aus zwei Anteilen besteht. Wir werden daher nicht weit fehlgehen, wenn wir auch hier in erster Näherung aus der Lage des Maximums nach dem BRAGGschen Gesetz einen *Abstand der Stäbchenmitten* ausrechnen, der sich also zu etwa 99 Å ergibt. Es würde wohl eine Überspitzung der Auswertung bedeuten, wollte man auf die Variationsmöglichkeiten eingehen, die durch verschiedene Anordnungstypen der Stäbchen, wie z. B. die quadratische oder hexagonale, gegeben sind. Für die kleinste Micelldimension erhält man mithin aus den beiden Gestaltstypen weitgehend übereinstimmende Werte.

Eine mehr überschlagsmäßige Auswertung der Kleinwinkeldiagramme verschiedener nativer Fasern wurde von HEYN[1] durchgeführt. Er findet, daß der Winkelbereich merklicher Streuung und damit, nach seiner Interpretation, die mittlere Micelldicke verschiedener nativer Cellulosefasern erheblich variiert. So findet er für Hanf 44 Å, Flachs 51 Å, Jute 55 Å, Ramie 68 Å, Viscose 73 Å, mercerisierte Baumwolle 95 Å und Baumwolle 146 Å. Es muß allerdings betont werden, daß diese zweifellos interessanten Feststellungen nicht quantitativ zu werten sind, denn es wurde kein theoretisch begründetes Auswertungsverfahren angewendet, sondern einfach der Winkel der geometrischen Mitte des Streuungsbereiches in die BRAGGsche Gleichung eingesetzt, ohne den Intensitätsverlauf im einzelnen zu betrachten.

b) Spezielle Röntgenkleinwinkel-Ergebnisse an verschiedenen natürlichen Fasern.

Neben den Untersuchungen an Cellulose liegen nur sehr wenig quantitative Kleinwinkelarbeiten über die Größe der kristallinen Bereiche vor. Interessant ist in diesem Zusammenhang vor allem eine Arbeit von MAC ARTHUR und PATNAIK[2] über Alginatfäden, die im wesentlichen aus Polyuronsäuren bestehen. Ca··-gequollene durchscheinende Fäden lieferten eine sehr intensive diffuse Kleinwinkelstreuung, die in der GUINIERschen Auftragung eine deutlich geknickte Gerade ergab. Zur Deutung dieses Befundes stellen die Autoren zwei Möglichkeiten zur Diskussion, zwischen denen eine Entscheidung nicht möglich ist. Entweder interpretiert man das Kleinwinkeldiagramm durch das Vorhandensein von kugeligen Gebilden mit einem mittleren Durchmesser von 120 bis 140 Å und einer MAXWELL-artigen Größenverteilung oder durch zylindrische Teilchen vom Durchmesser 135 bzw. 177 Å. Diese Interpretation wurde auf Basis der Partikelstreuung ohne Berücksichtigung allfälliger interpartikulärer Interferenzerscheinungen durchgeführt und ohne eigentliche Kenntnis des Strukturtyps. Es darf nicht wundernehmen, daß die Aussagen daher recht vage sind.

Interessant ist, daß die mit Natronlauge gequollenen klar durchsichtigen Fäden überhaupt keine meßbare Kleinwinkelstreuung ergeben. Dies beruht nicht auf zu kleinen Elektronendichtendifferenzen, da auch Rubidiumhydroxyd zu genau demselben negativen Resultat führt. Vielmehr scheint hier der Schluß berechtigt, daß nur durch zweiwertige Ionen der Zusammenhalt der kristallinen Teilchen ermöglicht wird, während bei Verdrängung des Ca·· durch Alkaliionen offenbar wieder eine Auflösung der diskreten Partikel erfolgt.

---

[1] HEYN, A. N. J.: J. Amer. chem. Soc. **70**, 31 (1948); Text. Res. J. **19**, 163 (1949).

[2] MAC ARTHUR, J. u. B. PATNAIK: Proc. Leeds philos. Soc., sci. Sect. **5**, 254 (1949).

Quantitative Kleinwinkelmessungen an weiteren Faserstoffen liegen noch nicht vor. Qualitativ konnte aber auch beim Seidenfibroin[1] auf dem gleichen Wege wie bei der regenerierten Cellulose die bändchenförmige Micellgestalt erwiesen werden. Durchleuchtet man nämlich höher orientierte Präparate in der Dehnungsrichtung, so erhält man eine Anisotropie der Kleinwinkelstreuung, die beweist, daß sich seitlich anisotrope Teilchen mit ihrer größeren Dimension in die Walzebene gelegt haben.

In neueren Arbeiten haben wir auch die aus „renaturierten" Seidenlösungen[2] erhaltenen langsam eingetrockneten Gele untersucht. Die Kleinwinkelstreuung zeigt stets ein Maximum[3] in der Gegend von 75 Å. An einzelnen Präparaten konnten auch weitere Maxima, und zwar bei etwa 150 und 25 Å erhalten werden[4]. Daß in diesen Effekten eine seitliche Regelmäßigkeit in der Anordnung langgestreckter Teilchen zum Ausdruck kommt, wird durch die Untersuchung des noch wässerigen (etwa 20%igen) Gels wahrscheinlich, in welchem nach den Methoden der Kleinwinkelanalyse verdünnter Lösungen langgestreckte stäbchenförmige Teilchen von den seitlichen Dimensionen 48 × 96 Å nachgewiesen werden konnten[3, 5]. Ob die Dimensionen der Teilchen des nativen Fadens (bzw. Films), des renaturierten wässerigen Gels und des renaturierten getrockneten Gels unmittelbar zusammenhängen oder ob Änderungen des Aggregationsgrades bei den Übergängen zwischen diesen Zuständen auftreten, läßt sich vorläufig noch nicht entscheiden.

§ 23. Die Interpretation der scharfen Kleinwinkelinterferenzen am Meridian.

a) Natürliche Faserstoffe.

Die scharfen Interferenzen im Kleinwinkelgebiet, die bei zahlreichen natürlich vorkommenden Faserproteinen entdeckt wurden[6, 7, 8], sind zunächst als Ausdruck von Riesenperioden kristallographischer Natur gedeutet worden. Man hat versucht, sie als Vielfache der aus den Weitwinkelinterferenzen erschlossenen Dimensionen der Elementarkörper zu interpretieren. In diesem Sinne wären also die echten Riesenperioden in

[1] Noch nicht publizierte Beobachtung von O. Kratky u. A. Sekora.

[2] Coleman, D. u. F. O. Howitt: Proc. Roy. Soc. [London] (A) **190**, 145 (1946). Diese Autoren haben durch Einwirkung von Kupferäthylendiamin auf Seidenfäden und anschließende Dialyse wässerige Lösungen von Seide hergestellt, die sie als „renaturiert" bezeichnen.

[3] Kratky, O., G. Porod, E. Schauenstein u. A. Sekora: Mh. Chem. **85**, 461 (1954).

[4] Kratky, O. u. A. Sekora: Mh. Chem. **85**, 660 (1954).

[5] Kratky, O., G. Porod u. A. Sekora: Mh. Chem. **85**, 1176 (1954).

[6] Wyckoff, R. W. G., R. B. Corey u. J. Biscoe: Science **82**, 175 (1935). — R. B. Corey u. R. W. G. Wyckoff: J. biol. Chemistry **114**, 407 (1936). — R. W. G. Wyckoff u. R. B. Corey: Proc. Soc. exp. Biol. Med. **34**, 285 (1936). — J. Mac-Arthur: Nature **152**, 38 (1943).

[7] Bear, R. S.: J. Amer. chem. Soc. **64**, 727 (1942); **65**, 1784 (1943); **66**, 1297, 2043 (1944); **67**, 1625 (1945).

[8] Kratky, O. u. A. Sekora: J. makrom. Chem. **1**, 113 (1943).

kleinere Pseudoperioden unterteilt. Diese Auffassung ist zweifelhaft geworden, seitdem BEAR und BOLDUAN[1] am Kollagen gefunden hatten, daß die Riesenperioden durch Quellungsbehandlungen kontinuierlich variiert werden können, während das Weitwinkeldiagramm unverändert bleibt.

Die röntgenographisch gefundenen Riesenperioden konnten später auch mit dem Elektronenmikroskop entdeckt werden[2, 3, 4]. Sie entsprechen dort der Längsperiode eines regelmäßigen Systems von Querstreifen der Fibrillen (Abb. V, 10). Bei dieser Sachlage setzte sich immer mehr die Meinung durch, daß die Riesenperioden histologische Regelmäßigkeiten innerhalb einer sehr viel längeren Fibrille darstellen und weder einem kristallographischen Obergitter zugeordnet werden können, noch als Ausdruck einer Teilchengröße aufzufassen sind. Die genauere Erforschung der Natur dieser Reflexe durch BOLDUAN und BEAR[5] hat dann gezeigt, daß sie keine BRAGGSchen Reflexe darstellen, also nicht auf Netzebenenabstände in einem dreidimensionalen kristallgitterartig gebauten Körper zurückzuführen sind, sondern den Charakter von kurzen Schichtlinien besitzen (Abb. V, 11). Diese Autoren[6] entwerfen für die Fibrille das Idealmodell eines sehr langen Zylinders mit periodisch wechselnden Gebieten größerer und kleinerer Elektronendichte, das ein System von Schichtlinien liefert. Deren Längenerstreckung geht antibat der Dicke des betrachteten Zylinders und die Intensität der einzelnen Ordnungen hängt von der angenommenen Verteilung der Partien

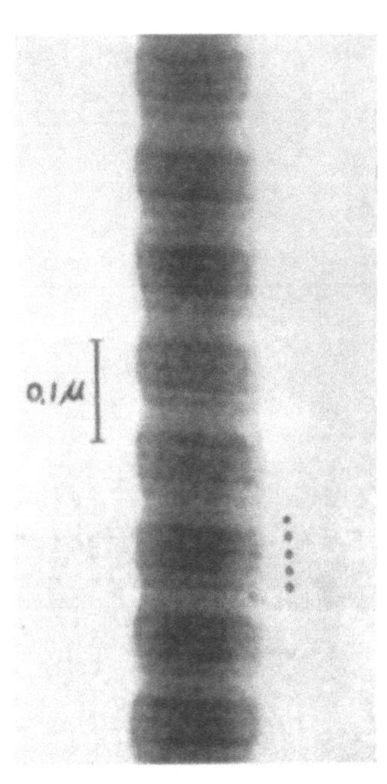

Abb. V, 10. Elektronenmikroskopische Aufnahme einer Kollagenfibrille. (Nach HALL, C. E.: Amer. Annual Photogr. **61**, 37, 1947.)

---

[1] BOLDUAN, O. E. A., T. P. SALO u. R. S. BEAR: J. Amer. Leather Chemists Assoc. **46**, 124 (1951).

[2] HALL, C. E., M. A. JAKUS u. F. O. SCHMITT: J. Amer. chem. Soc. **64**, 1234 (1942); Biologic. Bull. **90**, 39 (1946). — F. O. SCHMITT, C. E. HALL u. M. A. JAKUS: J. appl. Phys. **16**, 263 (1945). — F. O. SCHMITT u. J. GROSS: J. Amer. Leather Chemists Assoc. **43**, 685 (1948).

[3] WOLPERS, C.: Klin. Wschr. **22**, 624 (1943); Virchows Arch. pathol. Anat. Physical **312**, 292 (1944); Dtsch. med. Wschr. **70**, 435 (1944); Makromol. Chem. **2**, 37 (1948); Biochem. Z. **318**, 373 (1948).

[4] GRASSMANN, W., U. HOFMANN u. TH. NEMETSCHEK: Naturwiss. **39**, 215 (1952). — W. GRASSMANN: Physikal. Verh. **3**, 122 (1952). — U. HOFMANN, TH. NEMETSCHEK u. W. GRASSMANN: Z. Naturforsch. **7b**, 509 (1952). — TH. NEMETSCHEK, W. GRASSMANN u. U. HOFMANN: Naturwiss. **41**, 371 (1954).

[5] BOLDUAN, O. E. A. u. R. S. BEAR: J. Polymer Sci. **5**, 159 (1950).

[6] BOLDUAN, O. E. A. u. R. S. BEAR: J. appl. Physics **22**, 191 (1951); J. Polymer Sci. **6**, 271 (1951).

verschiedener Dichte entlang des Zylinders ab. Einen solchen Zylinder kann man sich, entsprechend der Zusammensetzung der Fibrillen aus Polypeptidketten, ebenfalls aus dünneren Fäden zusammengesetzt denken. Diese haben in dem BEAR-BOLDUANschen Modell selbst wieder einen periodischen oder genähert periodischen Aufbau (Aufeinanderfolge der Aminosäuren). Außerdem sollen diese Ketten an verschiedenen Stellen eine größere oder geringere Regelmäßigkeit in der relativen seitlichen Anordnung aufweisen (Grade der Parallelität zur Längsrichtung der Fibrille), wodurch ebenfalls Dichteschwankungen längs der Fibrille erzeugt werden können. Durch Berechnung verschiedener Modelle auf dieser Grundlage konnten BEAR und BOLDUAN das tatsächlich am Kollagen erhaltene Reflexsystem zwanglos interpretieren. Es sei erwähnt, daß eine allgemeine Diskussion der Intensitätsverteilung auf Schichtlinien schon vor längerem von SCHIEBOLD[1] gegeben worden ist (§ 6, c).

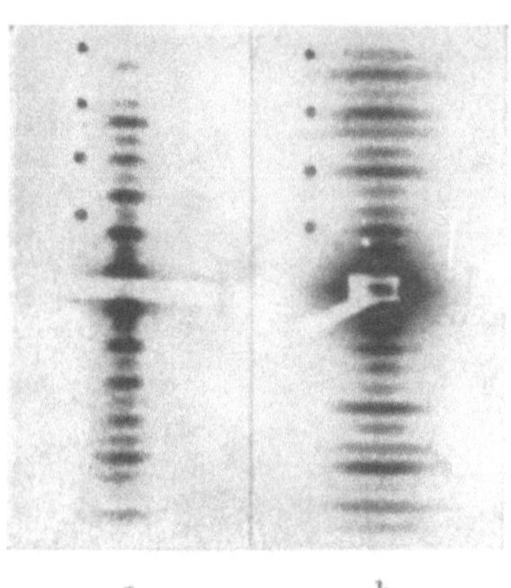

Abb. V, 11. Meridiankleinwinkelinterferenzen von trockener Känguruhschwanzsehne, aufgenommen mit Lochblende. Der Schichtliniencharakter ist deutlich erkennbar. a) feucht; b) trocken. (Nach R. S. BEAR.)

b) Scharfe Meridianinterferenzen bei synthetischen Faserstoffen.

Vor etwa einem Jahrzehnt wurden nun auch an vollsynthetischen Faserstoffen, wie Polyamiden, Polyurethanen und Polyestern, überraschenderweise scharfe Kleinwinkelinterferenzen am Meridian entdeckt. Wir verweisen hier auf die bekannten Arbeiten von HESS, KIESSIG, MAIBOHM, SMITH, ZAHN u. a., die an Hand eines großen experimentellen Materials die Existenz dieser Interferenzen außer allen Zweifel stellen konnten (vgl. auch die Ausführungen in § 11). Die chemische Zusammensetzung der hochpolymeren Substanzen, einfache Polymere oder Kopolymere, bot keinerlei Anhalt für ein Verständnis dieser großen Perioden. Da man auch nicht in der Lage war, die Verantwortung für die Regelmäßigkeit einem vom lebenden Organismus gesteuerten Wachstum zu übertragen, blieb eigentlich kaum eine andere Deutung als die Annahme eines Kristallisationsvorganges, der zu einer ziemlich einheitlichen Teilchenlänge führt, wobei die Problematik, ob die Ordnung in diesen Teilchen „kristallin" oder „parakristallin" ist, durchaus auch hier bestehen kann. Da aber die Kettenlänge, wie sich aus dem Polymerisationsgrad ergibt, viel größer als die auftretende Röntgenperiode ist, wurde auch hier die Vorstellung von den durch mehrere kristalline Bereiche hindurchgehenden Fadenmolekülen übernommen. Zur Klärung dieser Frage eigens

---

[1] SCHIEBOLD, E.: Kolloid-Z. **69**, 281 (1934).

unternommene Versuche von Hess und Kiessig[1] haben ergeben, daß die Langperioden vom Polymerisationsgrad überhaupt unabhängig sind. Wir verweisen auf das Schema in Abb. V, 12, das aus einer Mitteilung von Hess und Kiessig über diesen Gegenstand entnommen ist[1, 2].

Die Kleinwinkelreflexe am Meridian zeigen auch hier keinen Zusammenhang mit dem Weitwinkeldiagramm, und zwar nicht nur in bezug auf die Ablenkungswinkel, sondern auch in bezug auf die Faserorientierung. So gibt es Fälle, wo der Basisreflex noch eine breite Sichel bildet, während der Langperiodenreflex fast punktförmig ausgebildet am Meridian auftritt. Was die Ablenkungswinkel betrifft, so können z. B. thermische, mecha

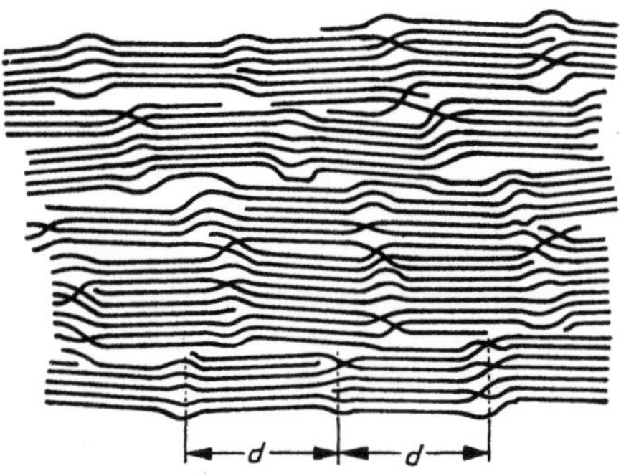

Abb. V, 12. Schema des micellaren Baues von vollsynthetischen Fasern. (Nach K. Hess u. H. Kiessig.)

nische und Quellungsbehandlungen zu einer Änderung der Lage der Kleinwinkelreflexe führen, ohne daß das Weitwinkeldiagramm überhaupt eine Veränderung zeigt. Im Sinne der gegebenen Deutung würden also die Abstände der Mitten von den in der Faserrichtung aufeinanderfolgenden kristallinen Teilchen einer Variation fähig sein. An und für sich könnte die Dehnbarkeit der amorphen Zwischenbereiche auch bei Konstanz der Kristallitlänge eine Deutungsmöglichkeit für diesen Effekt geben; in quantitativer Hinsicht allerdings lassen sich die Befunde schwer auf diese Weise verstehen. So ergab z. B. bei einem Versuch von Zahn[3] eine mechanische Dehnung von nur 10% eine Aufweitung der Periode von 23%.

Ein anderer Gesichtspunkt, der gegen die Auffassung einer bloßen Abstandsänderung der Kristallite bei Konstanz ihrer Länge spricht, ergibt sich aus den Untersuchungen von Wallner[4]. Darin werden die Abweichungen diskutiert, die bei Weitwinkelinterferenzen auftreten müssen, wenn die Kristallite sehr klein werden und gleichzeitig der Strukturfaktor durch einen komplizierten Feinbau innerhalb der Gitterzelle mit dem Ablenkungswinkel sehr schnell veränderlich ist. Wallner kommt so zu einer befriedigenden Erklärung der bei den Weitwinkelreflexen an Polyamiden tatsächlich gefundenen Abweichung vom Braggschen Gesetz, und eine quantitative Diskussion dieser Abweichung führt auf Kristallitlängen in der von Hess und Kiessig aus den Kleinwinkelinterferenzen erschlossenen Größenordnung. Die nun aufretende Veränderung der Lage der Weitwinkelinterferenz bei verschieden behandelten Proben ein und desselben Polyamides läßt den Schluß zu, daß dabei eine Veränderung der Kristallitlänge eintritt, wie sie etwa der Veränderung

[1] Hess, K. u. H. Kiessig: Z. physik. Chem. (A) **193,** 196 (1944).
[2] Hess, K.: J. Colloid Sci. Suppl. **1,** 135 (1954).
[3] Zahn, H.: Melliand Textilber. **32,** 534 (1951).
[4] Wallner, L. G.: Mh. Chem. **79,** 279 (1948).

der Periode nach HESS und KIESSIG entspricht. Nach diesen Befunden von WALLNER würde sich demnach symbat mit der Periode auch die Kristallitlänge ändern. Man könnte sich vielleicht vorstellen, daß bei einer Abstandsvergrößerung der Mitten zweier kristalliner Bereiche, zufolge der damit verknüpften Streckung des amorphen Zwischenbereiches, ein Weiterschreiten der Kristallisation in die amorphen Bereiche hinein begünstigt wird; d.h. die kristallinen Bereiche würden bei einem solchen Dehnungsvorgang auf Kosten der amorphen Bereiche wachsen, im Sinne der eben diskutierten Befunde. Eine andere Deutung geben HESS und KIESSIG, wenn sie den Standpunkt vertreten, daß bei jeder Veränderung der Längsperiode ein völliger Abbau und Neubau der übermolekularen Struktur stattfindet (vgl. dazu auch die Ausführungen in § 44, c). Da die Veränderungen aber tatsächlich praktisch kontinuierlich geführt werden können, bedürfte diese Auffassung doch noch einer sehr ernsthaften Überprüfung.

Eine sehr eingehende Diskussion dieser Frage hat ZAHN[1] gegeben und in diesem Zusammenhang auch auf die Möglichkeit der Sphärolithstruktur hingewiesen.

Wenn zugegeben werden muß, daß man recht zwangsläufig zur Auffassung eines Zusammenhangs der Kleinwinkelinterferenzen mit der Kristallitgröße kommt, so birgt diese Deutung andererseits doch eine große Schwierigkeit in sich, denn es läßt sich schwer ein Mechanismus angeben, der auf eine so einheitliche Länge der gut geordneten Bereiche führen könnte.

Außerdem besteht eine Härte in der Deutung von seiten der Interferenztheorie. Zunächst hat eine genauere Untersuchung von höher orientiertem Perlon L erkennen lassen (vgl. § 11, c), daß die Interferenz auch die seitliche Dimension der bändchenförmigen Kristallite zum Ausdruck bringt: bei Durchleuchtung normal zur Faserrichtung und parallel zur Bändchenebene sind die Reflexe länger, bei Durchleuchtung normal zur Bändchenebene sind sie kürzer (s. Abb. II, 33 u. II, 34). Soweit kann man den Effekt als Ausdruck einer einheitlichen Länge (d.h. richtiger einer einheitlichen Länge der Summe von kristallinem und anschließendem amorphem Anteil) in Verbindung mit einer ausgeprägten seitlichen Anisotropie verstehen (Näheres in § 11, c). Der Zusammenhang zwischen Schichtlinienlänge und Kristallitbreite ist auch hier antibat, ganz analog, wie in der Theorie von BOLDUAN und BEAR ausgeführt wurde. Soweit hat das Modell also eine große Ähnlichkeit mit dem von BOLDUAN und BEAR für das Kollagen entwickelten.

Der auffälligste Unterschied besteht aber darin, daß die höheren Ordnungen im Kleinwinkeldiagramm der synthetischen Hochpolymeren meist fehlen, im Gegensatz zum Reflexreichtum des Kleinwinkeldiagramms von Kollagen und anderen nativen Faserproteinen. Man wird also zwangsläufig zur Auffassung einer viel stärkeren statistischen Schwankung der Periodizität geführt. Ob die beachtliche Schärfe der auftretenden ersten Ordnung des Kleinwinkelreflexes mit einer so großen Schwankung vereinbar ist, be-

---

[1] ZAHN, H. u. U. WINTER: Kolloid-Z. **128**, 142 (1952).

dürfte einer quantitativen Untersuchung. Der Augenschein spricht eher gegen diese Möglichkeit.

Vor allem aus Gründen des mangelnden Verständnisses für den Mechanismus der regelmäßigen Kristallisation wird man die Deutung als Provisorium betrachten müssen. Wenn wir betont haben, daß die Riesenperioden etwa beim Kollagen nichts mit Teilchengrößen zu tun haben, im Gegensatz zu der bei synthetischen Faserstoffen gegebenen Deutung der scharfen Kleinwinkelinterferenzen, so ist doch zu sagen, daß auch zwischen diesen beiden Auffassungen eine Brücke besteht.

Wenn die Regelmäßigkeit innerhalb einer Kollagenfibrille einerseits und innerhalb des Schemas von HESS und KIESSIG andererseits auch graduell einen großen Unterschied zeigt, so ist doch nicht zu verkennen, daß die Strukturen dem Typus nach recht ähnlich sind. Man muß sich nur vor Augen halten, daß die Interpretation von HESS und KIESSIG einem Schema entspricht, in welchem geordnete Bereiche fester Länge mit ungeordneten Bereichen einer *ebenfalls* festen Länge abwechseln. Die in dem System enthaltene Unordnung ist also eine sehr begrenzte. Es wäre so, als würden Kriställchen bestimmter Länge durch Tröpfchen bestimmter Größe aneinandergehängt werden. Man braucht die Unordnung in den Zwischenbereichen nur stufenweise zu verkleinern, wobei die verschiedenen Grade von parakristalliner Ordnung Möglichkeiten für die Realisierung von Zwischenstufen bieten, um zu einem System zu kommen, das in seiner strukturellen Exaktheit den gewachsenen Fasern nicht nachsteht.

Nach all dem ist es mehr eine Frage der Konvention, wann wir von einheitlichen Teilchengrößen in einem kristallin-amorphen System und wann von histologischen Einheiten einer sehr regelmäßig gebauten Fibrille sprechen wollen. Es ist klar, daß sich eine scharfe Grenze zwischen beiden Typen eigentlich nicht angeben läßt.

Spannen wir den Rahmen unserer Betrachtungen noch ein wenig weiter, so kommen wir sogar zu dem Ergebnis, daß vom kristallinamorphen System der regenerierten Cellulose über die vollsynthetischen Stoffe eine kontinuierliche Reihe von Zuständen zur hochorganisierten Struktur etwa des Kollagens führt. Sind bei der regenerierten Cellulose die relativen Dickenschwankungen etwa 0,5, so verringern sie sich bei gewissen von P. H. HERMANS[1] und Mitarbeitern untersuchten Spezialfasern auf etwa 0,2, was bereits zum Auftreten von Maxima, allerdings am Äquator, Anlaß gibt. Neuerdings konnten wir bei einer Spezialkunstseide, der G-Faser von Du Pont, nach Jodierung auch am *Meridian* deutliche, wenn auch verbreiterte Maxima bei etwa 125 Å und 250 Å auffinden[2]. Es ist kaum denkbar, daß durch die Jodbehandlung Regelmäßigkeiten erzeugt werden; vielmehr ist anzunehmen, daß eine bestehende Periodizität röntgenographisch markiert wird und zwar sehr wahrscheinlich durch Einlagerung in die zwischen den kristallinen Bereichen liegenden amorphen Bereiche. (Über entsprechende elektronenmikroskopische Beobachtungen wird in § 24 berichtet). — Der nächste Schritt der Regelmäßigkeit sind dann die vollsynthetischen Fasern mit den so gut erkenn-

---

[1] HEIKENS, D., P. H. HERMANS u. A. WEIDINGER: Nature **170**, 369 (1952).
[2] KRATKY, O. u. A. SEKORA: Z. Naturfschg. **9 b**, 505 (1954).

baren scharfen Meridianreflexen, entsprechend einer sehr einheitlichen Teilchenlänge; auf diese folgt das kunstvolle System der natürlichen Faserproteine mit hochentwickelten Periodizitäten.

Wenn wir mithin das Trennende weniger betonen und das Gemeinsame stärker herausstellen, so können wir sagen, daß allseitig in sich richtig abgeschlossene, individuelle Teilchen nach den herrschenden Auffassungen nirgends vorhanden sind, jedoch durch bessere Ordnung hervorgehobene individuelle Teilchen bei allen diskutierten Objekten auftreten. Immerhin sehen wir einen graduellen Übergang von den schlechter geordneten und vernetzten Systemen bei regenerierter Cellulose, wo wir die Micellen als die größten Struktureinheiten des ganzen Systems auffassen müssen, zu den Systemen mit höchster histologischer Ordnung, wo die Rolle der individuellen Teilchen von den Micellen bereits auf regelmäßig gebaute Fibrillen übergegangen ist. Hand in Hand damit geht der Übergang von einer noch erheblichen Schwankung der Teilchengröße zu strenger Identität.

Wir haben betont, daß die Deutung der scharfen Meridianinterferenzen im Kleinwinkelgebiet bei synthetischen Faserstoffen als Ausdruck einer einheitlichen Kristallitgröße auf die Schwierigkeit stößt, daß man keinen Mechanismus für eine so einheitliche Kristallisation angeben kann. Nun sei erwähnt, daß es noch eine andere Möglichkeit gibt, bei einer Substanz mit kleineren chemischen Perioden das Auftreten einer größeren kristallographischen Periode zu verstehen. Wenn die chemischen Grundbausteine, also die Reste des Monomeren in Form einer Spirale oder „Helix" im Sinne von PAULING[1] angeordnet sind, dann wird normalerweise auf eine volle Spirale nicht eine ganze Zahl von Grundbausteinen kommen (vgl. § 17, c). Nehmen wir z. B. an, auf eine volle Windung würden 3,5 Grundbausteine entfallen; dann müssen wir zwei volle Windungen, also 7 Grundbausteine, durchlaufen, bis wir wieder zu einem translatorisch identischen Punkt in unserer Spirale kommen. Die Translationsperiode, die in der Schichtlinieninterferenz ihren Ausdruck findet, ist das kleinste gemeinsame Vielfache der Schraubenperiode und der Längenerstreckung des Grundbausteines in Richtung der Schraubenachse. Damit ist grundsätzlich auch eine Deutungsmöglichkeit für sehr große Translationsperioden gegeben. Tatsächlich haben exakte Berechnungen von COCHRAN, CRICK und VAND[2] gezeigt, daß bei spiraligen Strukturelementen ein entsprechendes Verhalten zu erwarten ist. Es läßt sich aber nicht leugnen, daß bei diesem Modell das Auftreten eines Reflexes von so *hoher* Intensität, wie ihn die vollsynthetischen Faserstoffe zeigen, schwer verständlich bleibt. Die kontinuierliche Veränderlichkeit der Kleinwinkelreflexe und ihre Unabhängigkeit vom Weitwinkeldiagramm ist ebenfalls bei diesem Modell unerklärbar.

Aus dem Verhalten bei der Deformation haben neuerdings MORGAN und KELLER[3] tatsächlich auf das Vorliegen spiraliger Strukturelemente

---

[1] PAULING, L. u. R. B. COREY: Proc. Acad. Arts Sci. USA. **37,** 241, 261, 282 (1951).   [2] COCHRAN, W., F. A. C. CRICK u. V. VAND: Acta Cryst. **5,** 581 (1952).
[3] MORGAN, L. B., A. KELLER u. Mitarb.: Phil. Trans. Roy. Soc. [London] (A) **247,** 1 (1954).

geschlossen, und sie erblicken in diesen auch eine Erklärung für das Zustandekommen der Meridianreflexe bei kleinen Winkeln. Allerdings bringen sie die Kleinwinkel-Meridianreflexe unmittelbar in Zusammenhang mit der Ganghöhe der Schraube. Die Deutung ist also mit der im vorigen Absatz gegebenen nicht identisch. Zweifellos bilden die Vorstellungen von MORGAN und KELLER eine interessante Grundlage für weitere Diskussionen, sie sind aber nicht so weit gesichert, daß sie als endgültige Erklärung des überraschenden Phänomens gelten können.

c) Spezielle Ergebnisse bei synthetischen Faserstoffen.

Seit der Entdeckung der Langperioden durch HESS und KIESSIG sind an einer großen Zahl von synthetischen Hochpolymeren derartige Kleinwinkelreflexe am Meridian aufgefunden worden, so daß man wohl zum Schluß berechtigt ist, daß es sich hier um eine allgemeine Gesetzmäßigkeit in der Struktur dieser Stoffe handelt. Wir stellen einige Ergebnisse kurz zusammen:

1. Polyamide.

In dieser Gruppe von Hochpolymeren wurden erstmalig von HESS und KIESSIG[1] meridionale Kleinwinkelreflexe beobachtet. Die Langperioden entsprechen bei gedehnten Fäden von Nylon der Type (6,6) 74 Å, und den gleichen Wert gibt Perlon L. Durch Tempern von Nylon (6,6) bei Temperaturen über 200°C ändert sich die Langperiode und erreicht einen Endwert von 115 Å, der auch nach dem Abkühlen in der erstarrten Schmelze bestehenbleibt. Ein ähnliches Verhalten zeigt Perlon L. Interessant ist, daß beim Erhitzen in Wasser bereits bei einer Temperatur von 100°C eine Erhöhung der Langperiode von Nylon (6,6) auf etwa 86 Å eintritt. Die Intensität der Reflexe ist im erhitzten Zustand stets größer als nach dem Abkühlen, ein Effekt, für den eine plausible Deutung noch aussteht. Weitere Hochpolymere vom Nylontyp, nämlich (6,8), (6,10) und (6,18) gaben erst in der erstarrten Schmelze Kleinwinkelreflexe am Meridian, entsprechend 93 Å, 89 Å und 139 Å[2].

Die Ergebnisse von HESS und KIESSIG wurden seitdem an anderen Beispielen von FANKUCHEN und MARK[3], ARNETT, MEIBOHM und SMITH[4], ZAHN[5] und Mitarbeitern bestätigt und erweitert.

Ein neuartiges Phänomen haben ARNETT, MEIBOHM und SMITH an einem Mischkondensat von Nylon (6,6) und Nylon (6,10) in Form eines

---

[1] HESS, K. u. H. KIESSIG: Naturwiss. **31**, 17 (1943); Z. physik. Chem. (A) **193**, 196 (1944); Kolloid-Z. **130**, 10 (1953).

[2] Eine interessante Bestätigung für das Vorliegen sehr kleiner Kristallite wurde von M. v. ARDENNE, E. SCHIEBOLD und GÜNTHER [Z. Physik **119**, 363 (1942)] durch Elektronenbeugung am Perlon L erbracht. Diese Autoren konnten aus der Linienbreite der Interferenzringe eine Teilchengröße von etwa 100 Å abschätzen, was mit den Befunden von HESS und KIESSIG in befriedigender Übereinstimmung steht.

[3] FANKUCHEN, J. u. H. MARK: J. appl. Physics **15**, 364 (1944).

[4] ARNETT, L. M., E. P. H. MEIBOHM u. A. F. SMITH: J. Polymer. Sci. **5**, 737 (1950). — E. P. H. MEIBOHM u. A. F. SMITH: J. Polymer. Sci. **7**, 449 (1951).

[5] ZAHN, H. u. K. KOHLER: Kolloid-Z. **118**, 115 (1950). — H. ZAHN: Melliand Textilber. **32**, 534 (1951). — H. ZAHN u. U. WINTER: Kolloid-Z. **128**, 142 (1952).

deutlichen Vierpunktdiagramms erhalten, d.h. es bilden sich dort vier Reflexe aus, die unter einem gewissen Winkel vom Meridian abstehen. Auch hier wurde durch Hitzebehandlung und Verstreckung eine Änderung sowohl der Langperiode als auch des Winkels erreicht.

2. Polyurethane.

An Perlon U, dem Polymerisat von Hexamethylendiisocyanat und Butylenglykol, wurden besonders eingehende Untersuchungen von ZAHN[1] und Mitarbeitern vorgenommen. Die Langperiode beträgt bei der normalen Faser 70–80 Å. Dieser Wert steigt durch Erhitzen auf 170°C irreversibel auf 120 Å an. Durch Dehnung im erhitzten Zustand ist noch eine weitere – allerdings reversible – Aufweitung möglich, und zwar bewirkt eine Dehnung der Faser um 10% bereits eine Aufweitung der Periode um etwa 23%. Dies ist ein Zeichen, daß die Vergrößerung der Periode nicht nur durch ein Auseinanderrücken der kristallinen Bereiche erklärt werden kann. Ebenfalls eine reversible Vergrößerung der Langperiode wird durch Quellung mit 5%iger Phenollösung schon bei Zimmertemperatur bewirkt, wobei gleichzeitig an einer auftretenden Verkürzung der Schichtlinie eine irreversible Verbesserung der seitlichen Ordnung zu erkennen ist.

3. Polyester.

HESS und KIESSIG[2] konnten auch hier Langperioden bei Poly-ω-oxydecansäure und Poly-ω-oxyundecansäure auffinden, und zwar in der verstreckten Faser im Betrage von 161 bzw. 139 Å. Erhitzen führt wieder zu einer kontinuierlichen Vergrößerung bis zu 199 bzw. 185 Å, gemessen an der wiedererstarrten Schmelze. Interessanterweise wurden an unverstrecktem Material *zwei* Kleinwinkelreflexe gefunden, und zwar bei der Poly-ω-oxydecansäure ein starker Reflex entsprechend 180 Å und ein schwacher entsprechend 79 Å. Genau dasselbe Verhalten zeigt die Poly-ω-oxyundecansäure. Die Werte betragen hier 160 Å für den starken und 66 Å für den schwachen Reflex. Eine Deutung für das Auftreten von zwei Reflexen liegt noch nicht vor, jedenfalls läßt sich der schwache Reflex nur schwer als höhere Ordnung des starken interpretieren.

Auch bei Polyestern kann es zur Ausbildung eines Vierpunktdiagramms kommen, und zwar wurde ein solches am Terylene von ARNETT, MEIBOHM und SMITH sowie auch von HESS und KIESSIG beobachtet (Abb. V, 13 a).

4. Polyvinylderivate.

ARNETT, MEIBOHM und SMITH[3] fanden bei Polyäthylen und Polyvinylalkohol deutliche Vierpunktdiagramme. Während die Langperiode des Polyäthylens durch Tempern bei freier Kontraktion von 150 Å auf 200 Å erhöht werden kann, zeigt Polyvinylalkohol insofern eine Besonder-

---

[1] Siehe Anm. 5, Seite 221.
[2] HESS, K. u. H. KIESSIG: Z. physik. Chem. (A) **193,** 196 (1944).
[3] ARNETT, L. M., E. P. H. MEIBOHM u. A. F. SMITH: J. Polymer Sci. **5,** 737 (1950). — E. P. H. MEIBOHM u. A. F. SMITH: J. Polymer Sci. **7,** 449 (1951).

heit, als hier durch analoge Behandlung nur die Intensität, nicht aber die Lage der Reflexe geändert wird. Auffällig ist auch, daß die Kleinwinkelmaxima des Polyvinylalkohols eher auf einem DEBYE-SCHERRER-Ring zu liegen scheinen als auf Schichtlinien, wie das sonst der Normalfall ist.

Weitere Untersuchungen von HESS und KIESSIG[1] an formalingehärteten Polyvinylfasern führten ebenfalls zur Auffindung von Langperioden und im Falle des Kuralons zu einem Vierpunktdiagramm (Abb.V, 13 b).

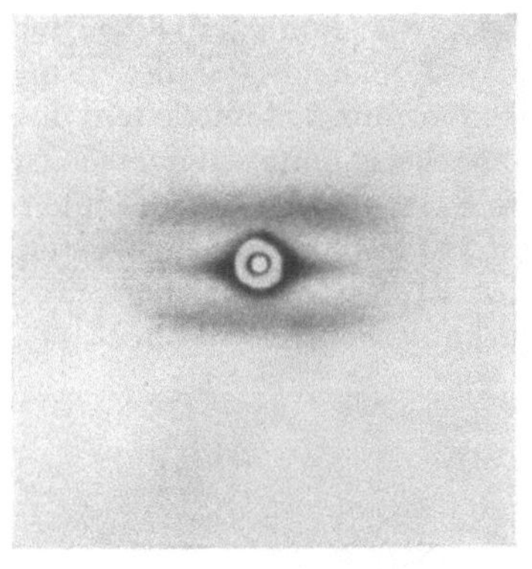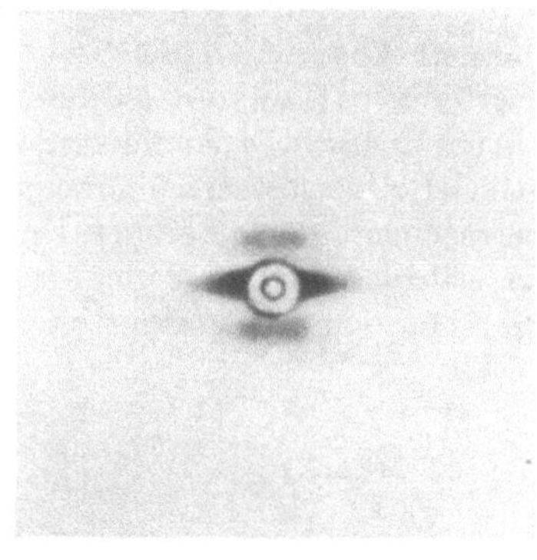

a   b

Abb.V, 13. Vierpunktdiagramm nach K. HESS und H. KIESSIG von a) Terylene, b) Kuralon (Polyvinylalkohol gehärtet).

Von allen bekannteren synthetischen Hochpolymeren dürfte Polyacrylnitril (Orlon) das einzige sein, an dem bisher noch keine meridionalen Kleinwinkelreflexe festgestellt wurden.

§ 24. Elektronenmikroskopische Untersuchungen[2].

Während die Röntgenkleinwinkelmethode in ihrer Anwendung auf Cellulose mit der Schwierigkeit der theoretischen Interpretation der erhaltenen experimentellen Ergebnisse behaftet ist, gibt das Elektronenmikroskop Aussagen, die den Vorzug unmittelbarer Anschaulichkeit besitzen und daher dem Streit theoretischer Meinungen weitgehend entzogen scheinen. Diesem Vorteil steht allerdings der schwerwiegende, nicht immer genügend klar erkannte Nachteil gegenüber, daß die Anwendung des Elektronenmikroskops eine vorhergehende hinreichend feine Zerteilung des Materials verlangt, wobei die schwierige Aufgabe vorliegt, die natürliche Textur nicht zu zerstören. Bisher sind zu diesem Zweck hauptsächlich drei Methoden in Anwendung gekommen: mechanische Zerteilung, Behandlung mit Ultraschall und partieller hydrolytischer Abbau. Bei den

---

[1] HESS, K. u. H. KIESSIG: Kolloid-Z. **130**, 10 (1953).

[2] Im vorliegenden Paragraphen wird vor allem die Cellulose behandelt, während die hochorganisierten biologischen Strukturen (wie insbesondere die eingehend erforschte Kollagensehne) nicht hierher gehören. Vgl. auch die weiteren Ausführungen in Kap. VI.

mechanischen Präpariermethoden ist die Gefahr einer Zerstörung der natürlichen Feinstruktur sicher am größten. Die Untersuchungen unter Verwendung der Schwingmühle sowie durch Zerquetschen von vorher gequollenen Fasern[1] führten dementsprechend zu schwer interpretierbaren Bildern, auf denen Bruchstücke aller Art zu sehen waren, die offenbar nicht nur durch eine vorgebildete natürliche Struktur, sondern auch durch die spezielle Zerkleinerungsmethode mitbestimmt waren.

Es bedeutete daher einen großen Fortschritt, als von Frey-Wyssling, Mühlethaler und Wyckoff[2, 3], gezeigt werden konnte, daß bei Behandlung mit Ultraschall eine sehr feine und schonende Aufspaltung der Fasern eintritt, die mittels der Metallbedampfungsmethode sehr deutlich sichtbar gemacht werden kann. Auf diese Weise konnte an verschiedenen nativen Cellulosefasern überzeugend die Existenz von Mikrofibrillen einer überraschend gleichmäßigen Dicke von 250 bis 300 Å nachgewiesen werden, während die Länge nicht feststellbar ist, d.h. die Fibrillen erstrecken sich über das ganze elektronenmikroskopische Bild (Abb. V, 14). Die

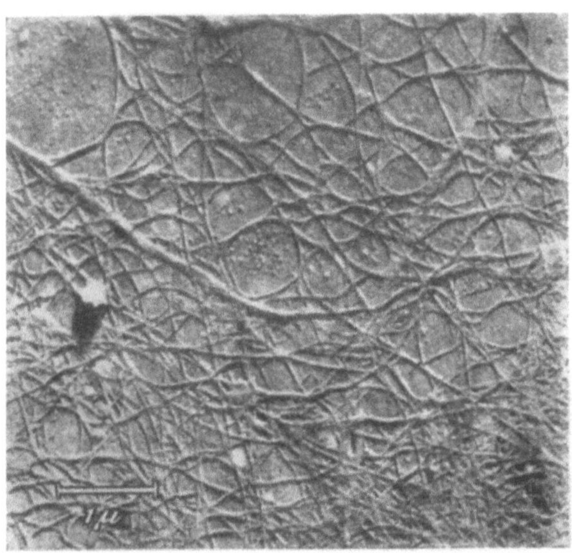

Abb. V, 14. Elektronenmikroskopische Aufnahme von wachsender Primärwand aus der Maiskoleoptile. (Nach A. Frey-Wyssling, K. Mühlethaler und R. W. G. Wyckoff, 1948.)

[1] Aus der großen Zahl hierher gehöriger Untersuchungen seien herausgegriffen: M. v. Ardenne u. D. Beischer: Z. physik. Chem. (B) **45**, 465 (1940). — K. Hess, H. Kiessig u. J. Gundermann: Z. physik. Chem. (B) **49**, 64 (1941). — G. R. Sears u. E. A. Kregel: Paper Trade J. **114**, 43 (1942). — O. Eisenhut u. E. Kuhn: Die Chemie **55**, 198 (1942). — R. B. Barnes u. J. J. Burton: Ind. Engng. Chem. **35**, 120 (1943). — E. Husemann: J. makrom. Chem. **1**, 16, 158 (1943). — P. H. Hermans: Text. Res. J. **16**, 545 (1946). — K. Wuhrmann, A. Heuberger u. K. Mühlethaler: Experentia **2**, 105 (1946). — W. Wergin: Kolloid-Z. **98**, 131 (1942).

[2] Frey-Wyssling, A., K. Mühlethaler u. R. W. G. Wyckoff: Experentia **4**, 475 (1948).

[3] Frey-Wyssling, A. u. K. Mühlethaler: Fortschr. Chem. organ. Naturstoffe **8**, 1 (1951).

gleichen Mikrofibrillen wurden auch in Celluloseschleimen und Bakterien-cellulose[1] gefunden. Nachdem auch PRESTON, NICOLEI, REED und MIL-LARD[2], ebenfalls durch Ultrabeschallung, in der Zellwand der Alge Valonia ventricosa Mikrofibrillen etwa derselben Dicke gefunden haben, scheint es sich hier tatsächlich um charakteristische Struktureinheiten der nativen Cellulose zu handeln.

Einen sehr wichtigen Befund bringen Arbeiten der SVEDBERG-Schule[3]. RÅNBY und RIBI[4] gelang es, durch schonenden partiellen Abbau von nativer Cellulose mit Schwefelsäure ein „Micellpulver" zu erhalten, das in Wasser kolloidal löslich ist und unter dem Elektronenmikroskop die Existenz recht einheitlicher Teilchen von 50 Å Dicke und 500 Å Länge erkennen läßt (Abb. V, 15). Diese Teilchen wurden von den genannten Autoren mit den röntgenographisch geforderten Micellen identifiziert, denn es ist plausibel anzunehmen, daß beim hydrolytischen Abbau zu-erst die amorphen oder „Fransenbereiche" angegriffen werden und daher die dichteren kristallinen Bereiche (Micellen) übrigbleiben. Eine weitere

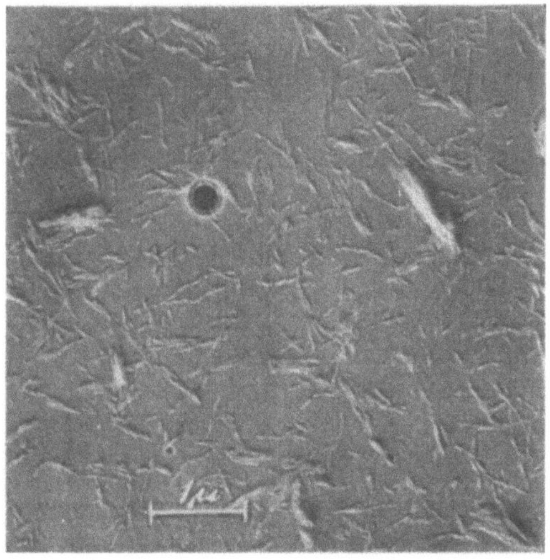

Abb. V, 15. Hydrolysierte Holzcellulose (12 Stunden mit 2,5 n Schwefelsäure), beschattet mit Gold-manganin. (Nach B. G. RÅNBY und ED. RIBI, 1950.)

Stütze für diese Interpretation erbrachten RÅNBY und RIBI, indem sie zeigen konnten, daß das DEBYE-SCHERRER-Diagramm ihres Micellpulvers schärfere Reflexe und einen schwächeren diffusen Untergrund als die Ausgangssubstanz liefert. Dies steht in bestem Einklang mit der Auf-

---

[1] FREY-WYSSLING, A. u. K. MÜHLETHALER: Fortschr. Chem. organ. Natur-stoffe 8, 1 (1951).

[2] PRESTON, R. D., E. NICOLEI, R. REED u. A. MILLARD: Nature 162, 665 (1948).

[3] SVEDBERG, THE: Svensk Papperstidn. 7, 1 (1949).

[4] RÅNBY, B. G.: Acta chem. Scand. 3, 649 (1949). — B. G. RÅNBY u. ED. RIBI: Experentia 6, 12 (1950).

fassung von P. H. HERMANS[1], der die Reflexe dem kristallinen und den Untergrund dem amorphen Anteil zuordnet (vgl. auch § 25, c).

Aus den bisher erwähnten Ergebnissen folgt recht zwanglos die Vorstellung eines Aufbaues der nativen Cellulose aus isolierten Mikrofibrillen von etwa 250 bis 300 Å Dicke, die ihrerseits wieder aus etwa 50 Å dicken Micellen mit verbindenden amorphen, d. h. weniger gut gittermäßig geordneten Bereichen bestehen. Diese Feinstruktur innerhalb der Mikrofibrillen hat nun durch die neuesten Arbeiten der SVEDBERGschen Schule eine weitere Aufklärung erfahren. RÅNBY[2] konnte durch Anwendung von Ultraschall auf Cellulosefasern verschiedener Herkunft eine sehr feine Aufspaltung in Micellstränge erreichen, deren Dicke etwas mit dem Material variiert (Abb. V, 16). So wurden bei Baumwolle und Holz

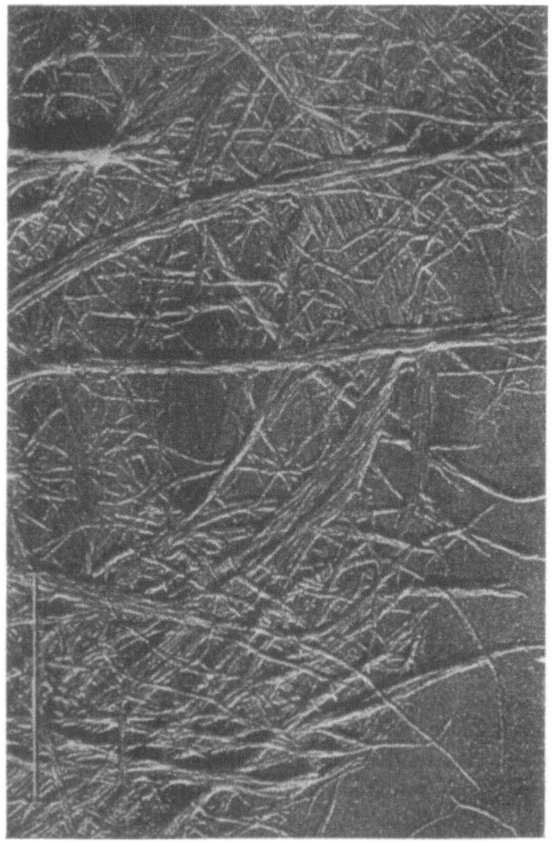

Abb. V, 16. Micellstränge in Holzcellulose, ultrabeschallt 90 min. (Nach B. G. RÅNBY, 1951.)

---

[1] HERMANS, P. H.: Kolloid-Z. **120,** 3 (1951).
[2] RÅNBY, B. G.: Tappi **35,** 53 (1952); B. G. RÅNBY: Faraday Society Discussion **11,** 158 (1951).

etwa 70 Å, bei Bakteriencellulose[1] etwa 100 Å und bei tierischer Cellulose[2] (Tunicin) die bisher größte Dicke von etwa 120 Å gefunden. Diese Stränge scheinen nicht oder jedenfalls nur sehr wenig durch Hauptvalenzketten untereinander verknüpft zu sein, werden also nur durch starke Kohäsionskräfte zur Mikrofibrille zusammengehalten.

Die Bezeichnung „Micellstränge" für diese feinsten Fibrillen rechtfertigt sich dadurch, daß sie beim Abbau mit Schwefelsäure wieder ein Micellpulver liefern. Die so erhaltenen Micellen besitzen dieselbe Dicke wie die Stränge, die Länge hängt aber vom Verfahren ab. Bei Baumwolle[3] beträgt sie 500 Å; durch Mercerisieren wird sie etwa auf 350 bis 400 Å erniedrigt. Somit scheint für die übermolekulare Struktur der nativen Cellulose jedenfalls hinsichtlich der seitlichen Anordnung ein recht klares Bild zu bestehen, das, wie im vorigen Kapitel angedeutet wurde, auch mit den röntgenographischen Ergebnissen in Einklang gebracht werden kann.

Ein ähnliches Micellpulver hat MOREHEAD[4] durch Ultrabeschallung von Ramie nach milder Hydrolyse gewonnen. Er fand längliche Partikel von etwa quadratischem Querschnitt (35 × 40 Å).

Sehr bemerkenswerte neuere Ergebnisse sind schließlich von MUKHERJEE, SIKORSKI und WOODS[5] erhalten worden. Diese Autoren verwenden das Verfahren von RÅNBY und RIBI, aber mit hoher Säurenkonzentration, angewendet bei Zimmertemperatur (20°C). An Baumwolle und Ramie konnten je nach dem Abbaugrad Teilchen von 500 bis 2500 Å Länge und einem recht gleichmäßigen Querschnitt von 30 × 150 Å erhalten werden (Abb. V, 17). Diese Versuche wurden auch auf andere natürliche Cellulosefasern ausgedehnt und ergaben stets ähnliche Befunde, also *lamellenförmige* Teilchen. Die Zerlegung wird durch einen Ligningehalt der Faser gehindert, doch gelang es auch an den stark ligninhaltigen Jutefasern, allerdings in geringerer Ausbeute, solche lamellenförmigen Teilchen zu erhalten. Bemerkenswert ist die außerordentlich geringe Dickenstreuung von nur etwa 10%. Es sei hier an die Kleinwinkelmessungen erinnert, welche ja ebenfalls verhältnismäßig geringe Dickenstreuungen (von 0,5 bis herunter zu 0,2 relative Schwankung) ergeben hatten.

Weniger geklärt ist dagegen die longitudinale Struktur der Fasern. Sowohl die Mikrofibrillen als auch die Micellstränge erscheinen im Elektronenmikroskop ohne natürliche Längsbegrenzung. Wenn aus den Micellsträngen bei den Abbauversuchen von RÅNBY und RIBI Micellen recht einheitlicher Länge entstehen, so kann man das zwanglos nur so verstehen, daß entlang einem solchen Strang besser und schlechter geordnete Bereiche periodisch abwechseln. Ob dabei die amorphen Zwischenbereiche innerhalb einer ganzen Mikrofibrille durchweg in bestimmten Querschnitten liegen oder ob ihre Aufeinanderfolge in den einzelnen Micellsträngen statistisch unabhängig ist, kann derzeit nicht entschieden werden.

---

[1] RÅNBY, B. G.: Arkiv Kem., Mineral. Geol 4, 249 (1952).

[2] RÅNBY, G. B.: Arkiv Kem., Mineral. Geol. 4, 241 (1952).

[3] RÅNBY, B. G.: Tappi 35, 53 (1952); B. G. RÅNBY: Faraday Society Discussion 11, 158 (1951).

[4] MOREHEAD, F. F.: Text. Res. J. 20, 549 (1950).

[5] MUKHERJEE, S. M., S. SIKORSKI u. H. J. WOODS: Nature 167, 821 (1951); J. Textile Inst. 43, 196 (1952).

15*

Verschiedene Forscher[1] haben an den Mikrofibrillen eine Längsperiodizität von etwa 2500 Å beobachtet, was recht gut der von SCHULZ und HUSEMANN[2] geforderten Verteilung von chemischen Störstellen je 500 Glucosereste entsprechen würde. Neuere Untersuchungen konnten jedoch keine Bestätigung hierfür erbringen. Vielmehr neigt man heute

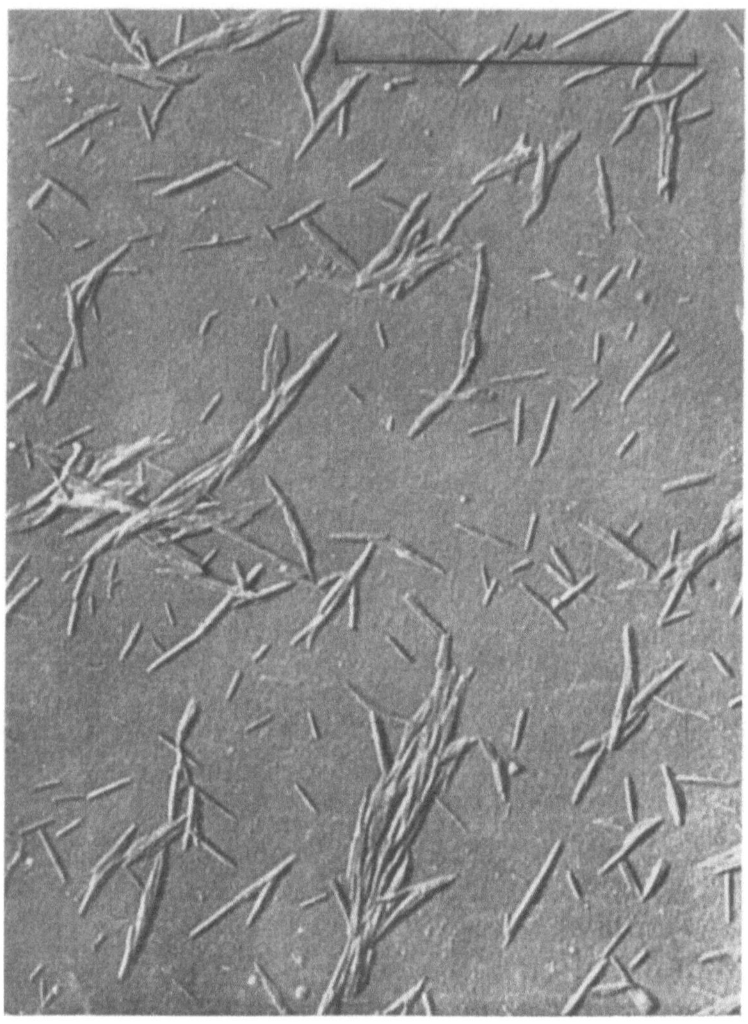

Abb. V, 17. Elektronenmikroskopische Aufnahme von Baumwolle nach Abbau mit Schwefelsäure, chrombeschattet 1:4. (Nach S. M. MUKHERJEE, J. SIKORSKI und H. J. WOODS.)

[1] HUSEMANN, E. u. A. CARNAP: Naturwiss. 32, 79 (1944). — W. WERGIN: Naturwiss. 26, 613 (1938); Kolloid-Z. 98, 131 (1942); 100, 436 (1942).

[2] HUSEMANN, E. u. G. V. SCHULZ: Z. phys. Chem. (B) 52, 1, 23 (1942); Z. Naturforsch. 1, 268 (1946). — E. HUSEMANN: Makrom. Chem. 1, 140 (1947). — E. HUSEMANN u. M. GERKE: Makrom. Chem. 2, 298 (1948); 4, 194 (1949).

zur Ansicht, daß die von WERGIN beobachtete Segmentierung durch die Bedampfung mit Gold vorgetäuscht war. Wenn auch so die Dermatosomenhypothese heute als überholt gelten muß, so stellt dies doch keine Wiederlegung der Ansichten von SCHULZ und HUSEMANN dar. Eine gewisse Längsperiodizität scheint nämlich insofern vorhanden zu sein, als die Mikrofibrillen bei geeigneter chemischer Behandlung zu einem Zerfall nach bestimmten Querschnitten neigen. FREY-WYSSLING[1] entwickelte hierfür die Vorstellung, daß die chemischen Störstellen der Celluloseketten innerhalb einer Mikrofibrille periodisch in Querebenen angeordnet sind.

Während die elektronenmikroskopischen Untersuchungen an nativer Cellulose mithin eine weitgehende Klärung der Feinstruktur gebracht haben, und zwar mit dem bemerkenswerten Ergebnis, daß diese anscheinend in der ganzen belebten Natur in den wesentlichen Zügen dieselbe ist, konnte bei regenerierter Cellulose mit diesem Hilfsmittel lange Zeit kein so gut gesichertes Ergebnis gewonnen werden. Die meisten Autoren fanden nur eine Aufspaltung in verschiedene Bruchstücke ohne charakteristische Hervorhebung einer strukturellen Einheit[2], obgleich auch hier eine Tendenz zu bevorzugt fibrillärer Aufspaltung unverkennbar ist. Dem gegenüber stehen die neueren Befunde der SVEDBERGschen Schule, die auch bei regenerierter Cellulose charakteristische strukturelle Einheiten festgestellt hat. Beim Abbau von Cellulosenitrat hatten HAMBRAEUS und RÅNBY[3] neben anderen Bruchstücken auch definierte Teilchen der Größe 100×200 Å gefunden. Neuere Untersuchungen von RIBI[4] ließen nun auch an Viscoseseide und Kupferoxydammoniakseide definierte Micellstränge ziemlich einheitlicher Dicke von etwa 70 Å, also in gleicher Dimension wie bei nativer Cellulose erkennen (Abb. V, 18). Hydrolytischer Abbau lieferte wieder ein Micellpulver, wobei aber in diesem Falle die Micellänge bemerkenswerterweise nur zu etwa 200 Å gefunden wurde. Durch die äußerst interessanten Ergebnisse der SVEDBERGschen Schule wäre damit auch für die regenerierte Cellulose eine mehr als größenordnungsmäßige Übereinstimmung zwischen elektronenmikroskopischen und röntgenographischen Befunden hergestellt, wobei eine gewisse Diskrepanz zunächst noch insofern besteht, als im Elektronenmikroskop Stäbchen mit isotropem Querschnitt gefunden wurden, während die Röntgenkleinwinkeluntersuchung eindeutig laminare Gestalt ergab. Die Röntgenkleinwinkeluntersuchung lieferte außerdem keinen Hinweis auf eine Micellänge von nur 200 Å, und es ist auch kaum anzunehmen, daß diese Größe als natürliche Struktureigenschaft angesehen werden kann.

---

[1] FREY-WYSSLING, A. u. K. MÜHLETHALER: Fortschr. Chem. organ. Naturstoffe **8**, 1 (1951).

[2] HUSEMANN, E.: J. Makrom. Chem. **1**, 158 (1943). — P. H. HERMANS: Text. Res. J. **16**, 545 (1946). — O. EISENHUT: Kolloid-Z. **98**, 141 (1942). — E. FRANZ, F. H. MÜLLER u. L. WALLNER: Zellwolle, Kunstseide, Seide **47**, 407 (1942). — CH. W. HOCH: Text. Res. J. **18**, 366 (1948). — W. E. ROSEVEARE, R. C. WALLER u. J. N. WILSON: Text. Res. J. **18**, 114 (1948). — A. FREY-WYSSLING: Makrom. Chem. **7**, 163 (1951).

[3] HAMBRAEUS, G. u. B. G. RÅNBY: Nature **155**, 200 (1945).

[4] RIBI, ED.: Arkiv Kem., Mineral. Geol. **2**, 551 (1950).

Eine wesentliche Klärung scheinen hier die Arbeiten von Woods[1] und Mitarbeitern zu bringen, die nicht nur bei den natürlichen Produkten, sondern auch beim Fortisan, also regenerierter Cellulose, deutlich laminare Teilchen nachgewiesen haben (Abb. V, 19). Es ist das erstemal,

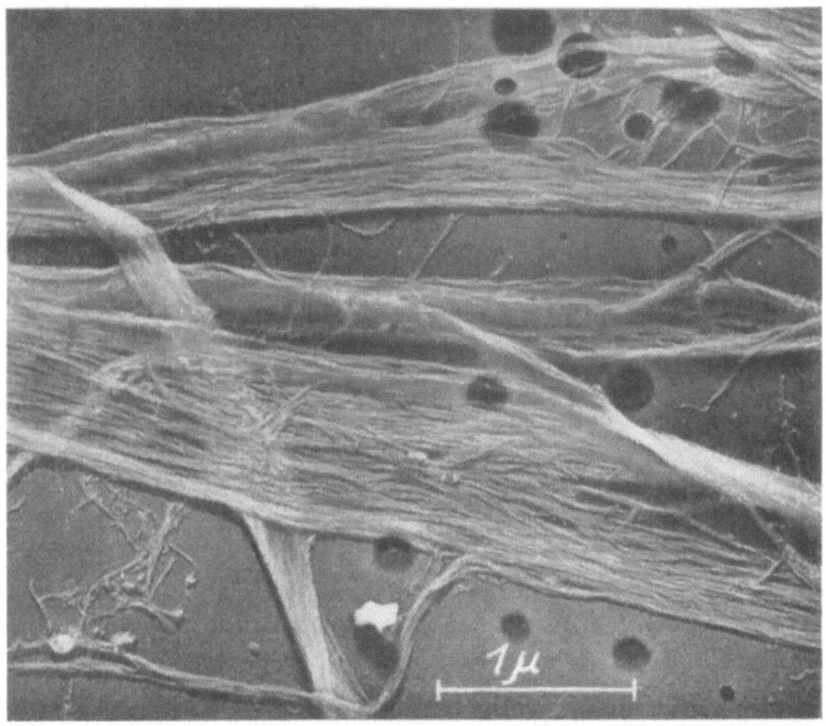

Abb. V, 18. Micellstränge in ultrabeschallter Viscoseseide. (Nach ED. RIBI, 1950.)

daß die lamellenförmige Gestalt von Micellen – anisotroper Querschnitt – auch in den elektronenmikroskopischen Befunden zum Vorschein kommt, nachdem die Röntgenkleinwinkelmethode schon seit langem eindeutig die Existenz solcher Teilchen ergeben hatte. Die Dicke beträgt nach Woods und Mitarbeitern 35 Å. Bemerkenswert ist auch die besonders geringe Streuung der Dickenwerte von nur 8%. Offenbar ist das auch der Grund, der zum Auftreten eines Maximums in der Kleinwinkelstreuung gerade beim Fortisan führt, wie dies Heikens, P. H. Hermans und Weidinger in ihren in § 22 referierten Untersuchungen gefunden hatten. Leider liegen noch keine quantitativen Auswertungen der genannten Arbeiten vor, doch führt eine Abschätzung unter Berücksichtigung der Quellung durchaus in die richtige Gegend.

Sehr bemerkenswert ist die weitgehende Übereinstimmung in den absoluten Dimensionen der Micellen von nativen Fasern einerseits und

---

[1] Mukherjee, S. M., S. Sikorski u. H. J. Woods: J. Text.Inst. **43**, 196 (1952).

von Fortisan andererseits. Daraus ziehen WOODS und Mitarbeiter den naheliegenden Schluß, daß in der Spinnlösung keine monomolekulare Zerteilung vorliegt, sondern die nativen Micellen als solche die Auflösung und den Spinnvorgang überdauert haben.

Ein überraschendes und sehr wichtiges Ergebnis konnten kürzlich HESS und MAHL[1] erhalten, die an jodierten hochverstreckten Zellwollen Periodizitäten von 650 bis 670 Å und 100 bis 150 Å gefunden haben.

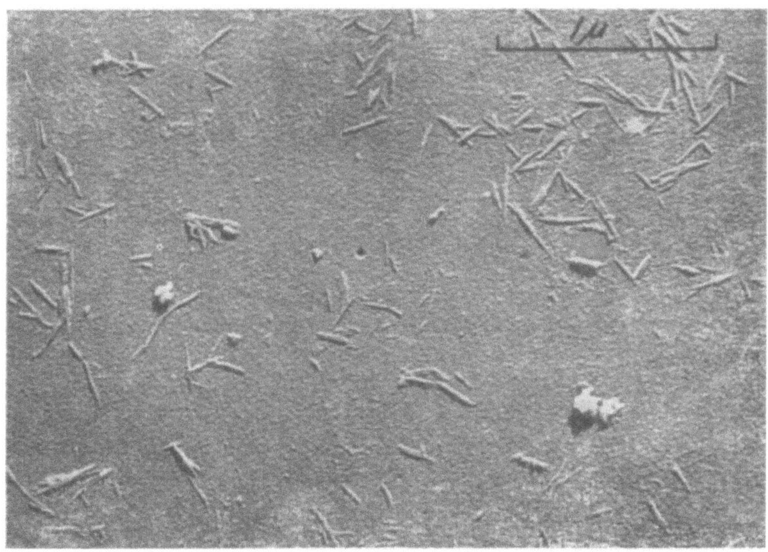

Abb.V, 19. Elektronenmikroskopische Aufnahme von Fortisan nach Abbau mit kochender Schwefel-säure, chrombeschattet 1 : 4. (Nach S. M. MUKHERJEE, J. SIKORSKI und H. J. WOODS.)

Zweifellos wird durch die Jodeinlagerung eine an sich vorhandene Periodizität markiert, in ähnlicher Weise, wie das auch bei der Röntgen-Kleinwinkeluntersuchung beobachtet wird (S. 219, Fußnote 2).

An keinem anderen natürlichen micellaren Systemen sind so eingehende elektronenmikroskopische Untersuchungen angestellt worden wie an den diversen Celluloseformen. Immerhin sind die von ZAHN[2] sowie HEGETSCHWEILER[3] an Naturseide von Bombyx-mori erhaltenen Bilder sehr überzeugend. Es treten danach 40 bis 80 Å dicke Mikrofibrillen und 250 bis 500 Å dicke Fibrillen auf, deren viele zu Bändern vereinigt sind. Die Dicke der kleinsten Einheiten entspricht also größenordnungsmäßig den mit den Röntgen-Kleinwinkelmethoden festgestellten Dimensionen. Eine Längsperiode von etwa 240 Å ist vielleicht andeutungsweise vorhanden.

Von verschiedenen Versuchen, die übermolekulare Struktur auch der synthetischen Fasern mittels des Elektronenmikroskops zu erforschen,

---

[1] HESS, K. u. H. MAHL: Naturwiss. **41**, 86 (1954).

[2] ZAHN, H.: Kolloid-Z. **112**, 91 (1949); H. ZAHN u. H. ZUBER: Textil-Rundschau **9** (1954).

[3] HEGETSCHWEILER, R.: Makromol. Chem. **4**, 156 (1949).

muß wieder der von HESS und MAHL[1] unternommene besonders hervorgehoben werden. Diesen Forschern gelang an jodierten Polyviolfäden der Nachweis einer Längsperiode von 153 Å, in guter Übereinstimmung mit der Längsperiode, die röntgenographisch an unbehandelten Fasern gemessen wurde. Durch die Jodbehandlung wird diese Periode, vermutlich durch Einlagerung in die zwischen den kristallinen Bereichen liegenden amorphen Bereiche, also erst elektronenmikroskopisch darstellbar. Daneben ist eine große Periode von 700 Å im Elektronenmikroskop erkennbar, die röntgenographisch noch nicht erfaßt werden konnte.

B. Kristalliner und nichtkristalliner Anteil.

Von W. KAST.

Problemstellung.

Die Eigentümlichkeit der hochpolymeren Festkörper, nur teilweise zu kristallisieren, neben kristallinen also auch nichtkristalline Gebiete zu enthalten, verstehen wir heute auf Grund der Vorstellung ihres makromolekularen Baues und kennen auch die Bedeutung dieser heterogenen Textur für ihre physikalisch-technischen Eigenschaften. Es ist deshalb ebenso von strukturtheoretischem wie von praktischem Interesse, die Größe des kristallinen Anteiles, die sogenannte Kristallinität (crystallinity α) bzw. den nichtkristallinen Anteil $(1-\alpha)$ zu messen.

Dabei besteht aber insofern eine grundsätzliche Schwierigkeit, als dem kristallinen Anteil nicht einfach ein ebenso definierter und strukturmäßig abgesetzter Zustand, wie etwa der „amorphe" Zustand einer unterkühlten Flüssigkeit oder eines Glases gegenübersteht. Wir dürfen den anderen Teil vielmehr nicht als „amorph" bezeichnen, sondern müssen zu einem so undefinierten Ausdruck wie „nichtkristallin" greifen, weil er außer dem glasig-amorphen auch alle möglichen Zwischenzustände zwischen diesem und dem kristallinen Zustand umfaßt. Anfangs zwar hat man unter Übernahme der NÄGELIschen Vorstellung an kristalline „Micellen" gedacht, die backsteinartig begrenzt und durch die nichtkristalline Materie wie durch einen Mörtel zusammengehalten sein sollten. Die makromolekulare Vorstellung aber hat zusammen mit der Feststellung, daß die Längserstreckung der kristallinen Bereiche stets kleiner ist als die (gestreckte) Länge der Kettenmoleküle, zu der Auffassung geführt, daß auch von demselben Molekül immer nur Teile in kristallinen Bereichen, andere in nichtkristallinen Bereichen liegen, der Übergang zwischen beiden also völlig fließend ist. So entstand das modifizierte Bild der „Fransenmicelle", die selbst nur teilweise kristallin ist, indem ihr kristalliner Kern an seinen Enden sich fransenartig auflöst und über diese mehr oder weniger geordneten Gebiete, in denen die Ketten teilweise endigen, teilweise sich über-

---

[1] HESS, K. u. H. MAHL: Naturwiss. **41**, 86 (1954). — K. HESS: Vortrag auf dem XVIII. Int. Kongreß f. reine u. angew. Chemie, Stockholm 1953.

kreuzen oder miteinander verschlauft sind, mit anderen kristallinen Gebieten in Verbindung stehen. Und wenn man umgekehrt von den nichtkristallinen Gebieten ausgeht, so erhält man das Bild eines makromolekularen Netzes, in dem die kristallinen Gebiete die Knotenpunkte darstellen. In solchen Systemen eine Grenze zwischen kristallinen und nichtkristallinen Gebieten zu ziehen, stellt natürlich eine grobe Schematisierung dar, und es ist daher auch von vornherein nicht zu erwarten, daß verschiedene Methoden, die zur Bestimmung beider Anteile benutzt werden, übereinstimmende Resultate liefern, weil sie die Grenzziehung zwischen „kristallin" und „nichtkristallin" an verschiedenen Stellen der Ordnungsskala vornehmen werden. Andererseits aber werden die verschiedenen Zahlen für die kristallinen und nichtkristallinen Anteile, die mit verschiedenen Methoden an derselben Probe erhalten werden, zusätzliche Einblicke in die Übergangsgebiete und Zwischenstrukturen geben können.

§ 25. Bestimmungsmethoden.

Den ersten Hinweis auf die unvollständige Kristallisation der hochpolymeren Festkörper gaben die Röntgendiagramme der Cellulosefasern mit ihrer den kristallinen Reflexen überlagerten starken diffusen Untergrundschwärzung, die auch gleich richtig als Folge von nichtkristallinen Bestandteilen der Fasern gedeutet wurde. Erste Intensitätsschätzungen ließen die Menge des nichtkristallinen Anteils größenordnungsmäßig der des kristallinen vergleichbar erscheinen. Dann folgte die Feststellung, daß Kautschuk beim Strecken teilweise kristallisiert, und an diesen beiden Fällen, Kautschuk und Cellulose (deren Kristallinität sich beim Strekken übrigens nicht ändert), wurden dann die heutigen quantitativen *Röntgenmethoden* zur Bestimmung der kristallinen bzw. nichtkristallinen Anteile in hochpolymeren Festkörpern entwickelt.

Eine andere Methode zur Bestimmung der kristallinen und nichtkristallinen Anteile in hochmolekularen Stoffen fußt auf der röntgenographischen Kristallstrukturbestimmung. Man erhält nämlich nur dann eine ganze Zahl für die in der Elementarzelle enthaltenen Bausteine der Kettenmoleküle, wenn man eine etwas höhere Dichte einsetzt, als sie die makroskopischen Messungen ergeben. Daraus geht aber notwendig hervor, daß diese Körper auch Gebiete enthalten müssen, deren Dichte unter dem makroskopischen Wert liegt. Auf dieser Grundlage sind die *volumetrischen Methoden* zur Bestimmung der kristallinen Anteile in hochpolymeren Festkörpern entwickelt worden. Außerdem sind *calorimetrische Methoden* zu nennen, die die kristallinen Anteile aus den Differenzen der Wärmeinhalte des teilweise geordneten und des völlig ungeordneten Zustandes ermitteln lassen.

Bei den Cellulosefasern schließlich bietet sich außer den obengenannten noch ein anderer Weg über die Bestimmung ihrer Angreifbarkeit (accessibility), dem die Vorstellung zugrunde liegt, daß die Kettenmoleküle bzw. ihre reaktionsfähigen OH-Gruppen für einen chemischen oder physikalischen Vorgang verschieden leicht zugänglich sein müssen, je nachdem sie im Innern der kristallinen Gebiete oder auf deren Oberfläche bzw. in den nichtkristallinen Gebieten liegen. Daraus folgt aber zugleich, daß die Umrechnung der „accessibility" in die „crystallinity" nur möglich ist, wenn man die mittlere Größe der kristallinen Gebiete und damit ihre Oberfläche abschätzen kann, während umgekehrt das Vorliegen unabhängiger Messungen beider Größen eine Abschätzung der mittleren Teilchengröße gestatten muß.

a) Die röntgenometrischen Methoden.

Im Jahre 1925 machte KATZ[1] auf röntgenographischem Wege seine berühmt gewordene Entdeckung, daß Kautschuk beim Strecken kristallisiert, und zwar beginnt die Kristallisation bei Rohkautschuk bei einer Dehnung von 80%, bei vulkanisiertem Kautschuk, der Behinderung durch die S-Brücken wegen, erst bei 250%. Diese Feststellung hatte eine Reihe röntgenographischer Arbeiten zur Folge, die für die Konstitutionsbestimmung des Kautschukmoleküls wichtig waren.

1. Vergleich der diffusen Schwärzungen verschiedener Aufnahmen.

Die ersten quantitativen und systematischen Untersuchungen zur Frage der Kristallisation des Kautschuks beim Strecken hat FIELD[2] angestellt. Er nahm dabei die *Intensität des von dem amorphen Kautschuk herrührenden diffusen Ringes*, gemessen durch die Höhe seines Maximums, als Maß für den in einem teilweise kristallisierten Kautschuk enthaltenen nichtkristallinen Anteil.

Das erste Problem, das bei allen röntgenographischen Methoden wiederkehrt, ist also die *Abtrennung* der von dem nichtkristallinen Material herrührenden diffusen Streuung von den Interferenzen oder Reflexen des kristallinen Materials. Das geht natürlich am leichtesten, wenn das Material bei jeder Temperatur auch im völlig nichtkristallinen Zustand erhalten werden kann, so daß wenigstens die Form der diffusen oder Untergrundstreuung bekannt ist. In anderen Fällen oder gar wenn die völlig nichtkristalline Textur überhaupt nicht erhältlich ist, ist die Abtrennung dagegen häufig einigermaßen problematisch. Wir werden auf diese Schwierigkeiten bei der Besprechung der Ergebnisse von Fall zu Fall noch einzugehen haben.

Das zweite Problem, das speziell die Methode von FIELD stellt, liegt in dem *Intensitätsvergleich der Streuintensitäten auf verschiedenen Aufnahmen.* Es ist dazu nötig, die durchstrahlte Substanzmenge und die einfallende Strahlungsintensität in allen Fällen konstant zu halten oder in jedem Falle zu messen. Der erste Punkt macht weniger Mühe; denn es gelingt mit einiger Sorgfalt, aus der gleichen Gewichtsmenge Präparate mit gleichen Abmessungen herzustellen, so daß die Streuung und die Absorption in allen Fällen dieselbe ist. Für faserige Stoffe ist eine dazu ge-

---

[1] KATZ, J. R.: Naturwiss. **13**, 410 (1925).
[2] FIELD, J. E.: J. appl. Physics **12**, 23 (1941).

eignete Methode der Herstellung der Präparate von Hermans und Weidinger[1,2,3] ausführlich beschrieben worden.

Sehr viel mehr Schwierigkeiten macht dagegen der zweite Punkt, weil selbst bei völliger Konstanthaltung der Betriebsbedingungen der Röntgenröhre die Stellung der Kamera zu der Röhre niemals sicher genug reproduzierbar ist[4]. Infolgedessen kommt man nicht um die Messung der einfallenden Intensität herum.

Hat man ein völlig nichtkristallines Präparat von der Dicke d, so gilt für die Intensität des diffusen Halo

$$J_a = c \cdot J_0 \cdot t \cdot d \cdot e^{-\mu d}. \qquad (\text{V}, 3)$$

Sie stellt also bei Konstanthaltung der einfallenden Intensität J_0 und der Belichtungszeit t ein Maß für die Dicke der durchstrahlten Schicht dar. Hat man aber ein Präparat vorliegen, das nur einen Anteil $(1 - \alpha)$ nichtkristallinen Materials enthält, so führt die Messung auf die effektive Dicke d_a des nichtkristallinen Materials $d_a = (1 - \alpha) \cdot d$.

Unter der Voraussetzung, daß dem nichtkristallinen Anteil in dem teilweise kristallinen Material dasselbe Streuvermögen zukommt wie dem völlig nichtkristallinen Material, ist die Streuintensität des nichtkristallinen Anteils nämlich

$$J_a' = c \cdot J_0 \cdot t \cdot d_a \cdot e^{-\mu d}. \qquad (\text{V}, 4)$$

Mißt man nun auch die durchfallende Intensität hinter dem Präparat, so gilt dafür wegen des im Vergleich dazu zu vernachlässigenden Streuanteiles:

$$J_0' = c' \cdot J_0 \cdot t \cdot e^{-\mu d}. \qquad (\text{V}, 4\,\text{a})$$

Die Messung von J_a' und J_0' liefert so unmittelbar die effektive Dicke des nichtkristallinen Materials:

$$\frac{J_a'}{J_0'} = \text{const} \cdot d_a \quad \text{und} \quad (1 - \alpha) = \frac{d_a}{d} \quad \text{oder} \quad \alpha = \frac{d - d_a}{d}. \qquad (\text{V}, 5)$$

Zur Bestimmung der Konstanten ist dann nur noch die Ausmessung einer völlig nichtkristallinen Materialprobe notwendig; denn in diesem Falle ist $d = d_a$.

Wenn Field dabei keinen linearen Zusammenhang zwischen der Ringintensität und der Dicke des amorphen Kautschukpräparates findet, so liegt das zweifellos daran, daß er die Intensität J_0', um auf mit J_a' vergleichbare Schwärzungen zu kommen, zusätzlich durch Blei geschwächt

---

[1] Hermans, P. H. u. A. Weidinger: J. appl. Physics **19,** 491 (1948).

[2] Hermans, P. H. u. A. Weidinger: Kolloid-Z. **115,** 103 (1949).

[3] Hermans, P. H. u. A. Weidinger: Bull. Soc. Chim. Belgique **57,** 123 (1948).

[4] Den quantitativen Vergleich wenigstens zweier Aufnahmen ermöglicht eine von Kratky, Schlossberger und Sekora angegebene Wechselkamera, bei der die Präparate und die zugehörigen Filme in kurzem Wechsel vor eine in ihrer Stellung zur Röntgenröhre festgehaltene Eintrittsblende gebracht werden, wodurch die gleiche Strahlengeometrie für beide Aufnahmen erreicht und Betriebsschwankungen der Röntgenröhre herausgemittelt werden. [O. Kratky, F. Schlossberger u. A. Sekora: Z. Elektrochem. angew. physik. Chem. **48,** 409 (1942)].

hat. Denn das muß zur Folge haben, daß die J_0-Marke nur durch die harten Anteile der Strahlung der Röntgenröhre hervorgerufen wird und dadurch kein Maß für die Kupferstrahlung sein kann, die den diffusen Ring erzeugt.

Auf Grund dieser Überlegungen hat GOPPEL[1] eine sehr elegante Methode entwickelt, durch die erreicht wird, daß die J_0-Marke nur von der Kupfer-K-Strahlung der Antikathode hervorgerufen wird. Er baut dazu in der verwendeten ASTBURY-Kamera unmittelbar vor dem ebenen Filmhalter eine Miniaturkamera ein, die ein Vergleichspräparat z.B. in Form einer Polystyrolfolie enthält (Abb. V, 20). Auf diese Weise ruft die Kupferstrahlung, die das Kautschukpräparat durchsetzt hat, im Zentrum desselben Films, der das Kautschukdiagramm trägt, eine Vergleichsinterferenz der Polystyrolfolie hervor. Diese hat die Intensität

$$J_v' = c'' \cdot J_0' \cdot t \cdot d_v \cdot e^{-\mu' \, d_v} = c''' \cdot J_0 \cdot e^{-\mu \, d} \cdot t \cdot d_v \cdot e^{-\mu' \, d_v} \,. \qquad (V, 6)$$

Daraus folgt

$$\frac{J_a'}{J_v'} = \frac{c'''' \cdot d_a}{d_v \cdot e^{-\mu' \cdot d_v}} = \mathrm{const}' \cdot d_a \,. \qquad (V, 7)$$

Solange also das Vergleichspräparat nach Dicke d_v und Absorptionskoeffizient μ' unverändert ist, ist das Verhältnis J_a'/J_v' der gesuchten effektiven Schichtdicke d_a des nichtkristallinen Materials direkt proportional.

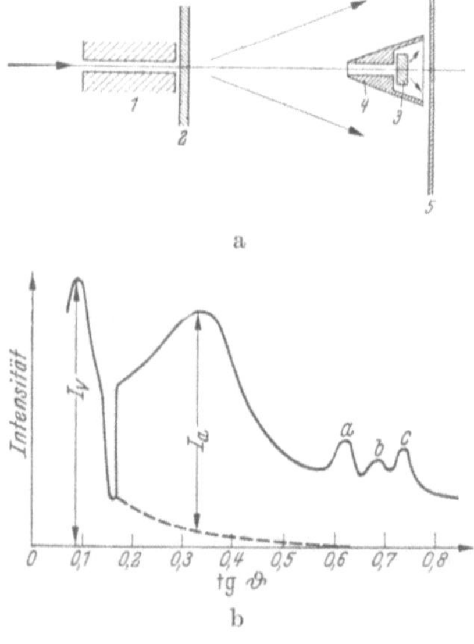

Abb. V, 20, die im oberen Teil eine schematische Darstellung der GOPPELschen Anordnung gibt, zeigt unten die Photometerkurve einer damit gewonnenen Aufnahme von gedehntem Kautschuk. Die Kristallinterferenzen des Kautschuks kommen hier nicht zur Darstellung, weil sie so scharf sind, daß die Photometrierung an ihnen vorbeigeführt werden kann. Die Maxima a, b und c rühren von den Interferenzringen des beim Vulkanisieren zugesetzten Zinkoxyds her. Die gestrichelte Kurve stellt die Luftstreuung dar, die in der Hauptkamera wegen des langen Luftweges der Röntgenstrahlung berücksichtigt werden muß, in der Miniaturhilfskamera dagegen vernachlässigt werden kann. Ihre Intensität ist der durchgelassenen Intensität J_0' und damit auch J_v' proportional und daher auf Grund einer Leeraufnahme berechenbar.

Abb.V, 20. a) Schematische Darstellung der GOPPELschen Kamera. 1 Eintrittsblende, 2 Kautschukpräparat, 3 Hilfspräparat, 4 Hilfskamera, 5 Röntgenfilm; b) Photometerkurve einer Kautschukaufnahme von GOPPEL. J_a Maximumintensität des diffusen Ringes, J_v Intensität der Hilfsinterferenz.

Wenn die Kristallinterferenzen aber eine größere azimutale Breite haben, so können sie die getrennte Erfassung des diffusen Ringes, und insbesondere seines

---

[1] GOPPEL, J. M.: Proefschrift Delft 1946; Appl. Sci. Res. (A) 1, 18 (1947).

Maximums, unmöglich machen. In diesem Falle, wie ihn Abb. V, 21 am Beispiel
des spontan kristallisierten Kautschuks zeigt, muß man dann zu Streuwinkeln übergehen, die kleiner sind als die, unter denen die größten Netzebenenabstände des
kristallisierten Materials reflektieren, aber doch groß genug, daß noch keine sogenannte Kleinwinkelstreu-
ung auftritt (Grenzen A und
B in Abb. V, 21).

Wenn dann die Ver-
gleichskurve des völlig nichtkristallinen Materials zur Verfügung steht, so liefert das in
der skizzierten Weise auf Luftstreuung korrigierte Verhältnis p/q der Streukurven unmittelbar den Betrag des
nichtkristallinen Anteils der
teilkristallinen Probe. Doch
besteht im Bereiche dieser
kleinen Streuwinkel die Gefahr, daß die Intensität des
diffusen Ringes durch die
Streuanteile der der Kupferstrahlung beigemischten harten Strahlung erheblich und
in mit der Röhrenspannung
schwankendem Maße ge-
fälscht ist. ARLMAN[1] hat die

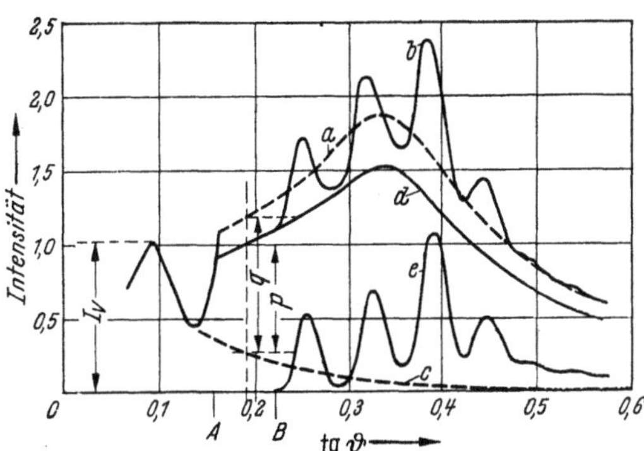

Abb. V, 21. Photometerkurven einer Aufnahme von spontan
kristallisiertem Crêpe-Kautschuk. (Nach GOPPEL.) a) Streukurve des amorphen Crêpe, b) Streukurve des spontan kristallisierten Crêpe, beide bezogen auf gleiche Vergleichsintensi-
tät J_v. c) Luftstreuung, d) Streuung der amorphen Phase
(abgetrennt), e) Streuung der kristallinen Phase (abgetrennt).

Notwendigkeit der Verwendung einer durch Reflexion an einem geeigneten Kristall
vollständig monochromatisierten Kupferstrahlung direkt bewiesen, indem er fest-
stellte, daß die unter Verwendung der nur gefilterten Strahlung einer Kupferanode
aus dem Anstieg des diffusen Halo bei kleinem Winkel abgeleiteten Kristallinitäten
um einen Faktor 1,5 bis 2 zu niedrig ausfallen können. Er gibt zugleich auch eine
Korrektur für die inkohärente Streustrahlung an.

2. Vergleich von Reflex und Untergrund auf derselben Aufnahme.

An Stelle des FIELD-GOPPELschen Verfahrens, das die Herstellung
mehrerer quantitativ vergleichbarer Aufnahmen voraussetzt, kann man
unter Einführung *je einer Maßzahl für die interferierende Streuung des
kristallinen und die diffuse Streuung des nichtkristallinen Anteils* die Bestimmung beider Anteile auch auf einer Aufnahme durchführen. Dieses
Verfahren ist bei GOPPEL schon benutzt, insbesondere aber von HER-
MANS und WEIDINGER[2] ausgearbeitet worden. Es findet sich, offenbar unabhängig von diesen, ähnlich auch bei MATTHEWS, PEISER und RICHARDS[3].

Wenn auf einer Röntgenaufnahme eines teilkristallinen Materials die
von dem kristallinen Anteil herrührende diskontinuierliche Streuung
durch die Größe J_{cr} und die von dem nichtkristallinen Anteil hervorgerufene kontinuierliche Streuung J_a in geeigneter Weise gemessen
werden, so gilt für das Verhältnis der kristallinen (M_{cr}) und der nichtkristallinen Menge (M_a):

$$\frac{M_{cr}}{M_a} = \frac{\alpha}{1 - \alpha} = \frac{A}{B} \cdot \frac{J_{cr}}{J_a}. \tag{V, 8}$$

[1] ARLMAN, J. J.: Appl. Sci. Res. (A) **1**, 347 (1947). — [2] Siehe Seite 235, Anm. 1—3.
[3] MATTHEWS, J. L., H. S. PEISER u. R. B. RICHARDS: Acta Crystallogr. **2**, 85
(1949).

Die Auswertung der Aufnahmen setzt nun die Bestimmung der Konstanten A/B dieser Gleichung voraus. Dazu gibt es verschiedene Wege; am einfachsten ist es, wenn eine Probe mit bekannter Kristallinität zur Verfügung steht. Es genügt nach HERMANS und WEIDINGER aber auch, wenn man zwei Proben benutzen kann, deren Kristallinitäten zwar unbekannt, aber sehr verschieden sind. Wenn man dann die durchstrahlten Mengen und die einfallenden Intensitäten konstant hält bzw. nach der GOPPEL-Methode aufeinander bezieht, so erhält man zwei Gleichungen

$$\frac{J_{cr_1}}{J_{cr_2}} = \frac{\alpha_1}{\alpha_2} \quad \text{und} \quad \frac{J_{a_1}}{J_{a_2}} = \frac{1 - \alpha_1}{1 - \alpha_2} \tag{V, 9}$$

zur Bestimmung der beiden unbekannten Kristallinitäten α_1 und α_2.

Es gibt aber auch einen graphischen Weg dazu. Für die Gesamtstreuung gilt nämlich

$$A \cdot J_{cr} + B \cdot J_a = \text{const} \cdot M_0 \cdot J_0 = C \,. \tag{V, 10}$$

Werden nun mindestens in zwei Eichaufnahmen die durchstrahlte Substanzmenge M_0 und die Primärintensität der Röntgenstrahlen J_0 konstant gehalten und die an den beiden Proben erhaltenen Wertepaare J_{cr} und J_a in einem rechtwinkligen Koordinatensystem aufgetragen, so erhält man eine Gerade, deren Neigung $\text{tg}\,\varphi = A/B$ die gesuchte Konstante liefert. So verfahren RICHARDS und Mitarbeiter.

Hält man aber die Aufnahmebedingungen bezüglich Präparat und Primärintensität in allen Fällen konstant, dann müssen sämtliche an derselben Substanz gewonnenen Wertepaare J_{cr} und J_a auf derselben Geraden liegen. Wenn nun die Werte von HERMANS und WEIDINGER, wie KAST[1] zeigen konnte, diese Bedingungen tatsächlich erfüllen, so ist damit gleichzeitig bewiesen, daß ihre Maßzahlen J_{cr} und J_a, für die sie die Gesamtfläche unter den bis zu einem Streuwinkel von 40° auftretenden Kristallinterferenzen einerseits und andererseits die maximale Höhe des davon abgetrennten diffusen Untergrundes wählen, geeignet sind, die Menge des kristallinen und des nichtkristallinen Anteils zu messen[2]. Auf die besonderen Probleme, die in den Diagrammen der Cellulose bezüglich der Abtrennung des Untergrundes auftreten, wird bei der Besprechung der Ergebnisse noch zurückzukommen sein.

Wie KAST weiter nachweisen konnte, trägt diese Gerade eine lineare Teilung in Einheiten des kristallinen Anteils, beginnend mit dem Werte Null beim Schnittpunkt mit der J_a-Achse ($J_{cr} = 0$, $J_a = C/B$) und endigend mit dem Werte Eins beim Schnittpunkt mit der J_{cr}-Achse ($J_a = 0$, $J_{cr} = C/A$). In der Abb. V, 22 ist diese röntgenographische Kristallinitätsskala für Cellulose dargestellt.

---

[1] Siehe dazu P. H. HERMANS u. A. WEIDINGER: J. Polymer Sci. 4, 135 (1949).

[2] HERMANS und WEIDINGER gelingt es, mit einer radialen Photometrierung auszukommen, indem sie nach dem Vorgange von KRATKY, SCHLOSSBERGER und SEKORA[3] durch Rotation des Filmes (dort des Präparates) um den Röntgenstrahl als Achse für ringsherum völlig gleichmäßig geschwärzte Interferenzringe sorgen, unter sorgfältiger Beachtung aber auch der Vorbedingung für die Zulässigkeit eines solchen Vorgehens. Denn die Schwärzung hat nur dann den richtigen Durchschnittswert, wenn das Faserpräparat keine Orientierung zeigt, was durch die oben schon[4] erwähnte Herstellung der Präparate gewährleistet wird. Besitzt das Präparat aber eine merkliche Orientierung, so muß man die Schwärzung des durch Verschmieren entstandenen Ringes um den Faktor F korrigieren:

$$F = \frac{J(\beta) \cdot \cos \beta \cdot d\beta}{J(\beta) \cdot d\beta} \,.$$

In diesem Falle ist es also notwendig, die Richtungsverteilung $J(\beta)$ der Kristallitachsen um die Achse des Präparates zu kennen bzw. durch eine Kontrollaufnahme zu bestimmen.

[3] Siehe Anm. 4, S. 235.　　　[4] Siehe Anm. 1—3, S. 235.

Schließlich kann man noch den Weg gehen, die Konstanten A und B der Gleichung (V, 8) zu berechnen. KAST und FLASCHNER[1] haben im Falle der Cellulose versucht, so zu einer Absolutbestimmung des kristallinen Anteils zu gelangen.

Nimmt man als Maß für J_{cr} die Gesamtschwärzung eines Reflexes, so muß wegen deren Sichelform im Faserdiagramm die Integration der beiden Sicheln in radialer Richtung (Ablenkungswinkel ϑ) und in azimutaler Richtung (Azimutwinkel α) durchgeführt werden. Bei einem Reflex mit einem genügend kleinen BRAGGschen Winkel $\vartheta/2$ kann der Azimutwinkel α auf dem Film gleich dem Breitenwinkel φ auf der Lagenkugel gesetzt werden. So erhält man

$$J_{cr} = 2 \cdot \int_{\pi} \int_{\Delta\,\vartheta} S_r\,(\alpha, \vartheta) \cdot \cos \alpha \cdot d\,\alpha \cdot d\,\vartheta. \tag{V, 11}$$

Dieses Integral ist aber relativ leicht auswertbar, weil man es im Falle eines Äquatorreflexes durch das Produkt aus dem Berge B_a unter der azimutalen Schwärzungskurve für den Reflexschwerpunkt und seiner radialen Integralbreite ersetzen kann. Die Integralbreite berechnet sich andererseits aus der Fläche B_r unter der radialen Schwärzungskurve des Reflexes für den Äquator und ihrer Höhe S_R über dem Untergrund. Dazu kommt ein Maßstabfaktor ϱ, der durch die Maßstäbe auf dem Film und auf der Photometerkurve bestimmt wird. So wird dann

$$J_{cr} = 2 \cdot B_a \cdot \frac{B_r}{\varrho \cdot S_R}. \tag{V, 12}$$

In die Proportionalitätskonstante A gehen zunächst die Aufnahmebedingungen ein in Form der einfallenden Röntgenintensität J_0, der Röntgenwellenlänge λ und der Dauer t ihrer Einwirkung (Belichtungszeit), ferner der Streufaktor

$$L_u = \frac{2\,\pi}{r^2} \cdot \frac{e^2}{m\,c^2} \cdot \frac{1 + \cos^2 \vartheta}{2}$$

und der LORENTZ-Faktor

$$L = \frac{\lambda^3}{2\,\pi^2 \cdot V \cdot \sin^2 \vartheta}$$

mit dem Volumen V der Elementarzelle des Cellulosegitters und schließlich der Strukturfaktor der betrachteten Netzebene $|S|^2$, der sich in der bekannten Weise aus den Lagen der 44 C- bzw. O-Atome der vier Glucoseringe einer Elementarzelle und ihren Atomformfaktoren berechnet.

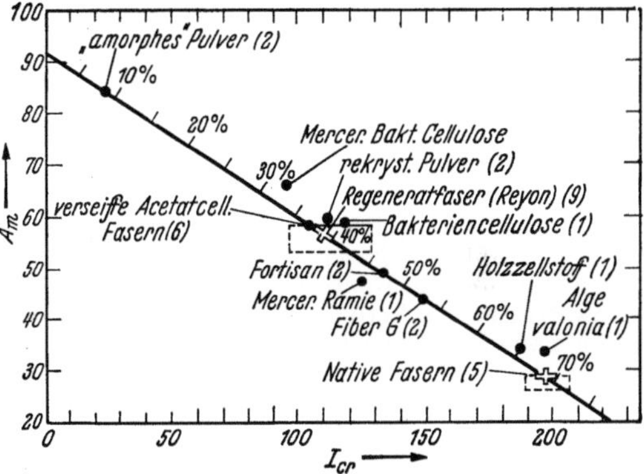

Abb. V, 22. Röntgenographische Kristallinitätsskala für Cellulosefasern. (Nach HERMANS und KAST.)

Die Bestimmung der Konstanten setzt also die Existenz und die Richtigkeit eines vollständigen Kristallmodells der Cellulosemodifikationen I der nativen und II (Hydratcellulose) der Regeneratfasern voraus. Man kann dann schreiben:

$$W_{cr} = \frac{1}{J_0 \cdot t} \cdot \frac{1}{L_u \cdot L \cdot |S|^2} \cdot 2 \cdot B_a \cdot \frac{B_r}{\varrho \cdot S_R}. \tag{V, 13}$$

Die kontinuierliche Untergrundschwärzung S_u kann ihres flachen Verlaufes wegen über die geringe radiale Breite des Reflexes als unveränderlich betrachtet

---

[1] KAST, W. u. R. FLASCHNER: Kolloid-Z. **111**, 6 (1948).

werden, so daß nur eine Integration über das Azimut nötig ist. Zerlegt man das Integral aus Symmetriegründen in zwei Hälften, so gilt:

$$J_a = 2 \int_0^\pi S_u (\alpha) \cdot d\alpha = 2 \cdot U_a ,$$

wobei U_a den Berg unter der Abtrennungskurve des Untergrundes im azimutalen Diagramm bedeutet.

Zur Berechnung der Proportionalitätskonstanten B betrachtet man die Streuung an den nichtkristallinen Bereichen der Cellulosefasern zweckmäßig wie die Streuung an einer Flüssigkeit oder einem Glase. Dadurch gehen hier außer den Aufnahmebedingungen und dem Streufaktor L_u ein:

$\sum F_m^2$ die Summe der Atomfaktoren der 44 C- bzw. O-Atome von vier Glucoseringen, die auch hier als Streueinheit genommen werden, und

$(1 - H)$ ein Faktor aus der Theorie der Flüssigkeitsstreuung, der angibt, um wieviel die Flüssigkeitsstreuung infolge der inner- und zwischenmolekularen Wechselwirkung der streuenden Atome von der sogenannten klassischen Streuung der freien Atome abweicht.

Seine Bestimmung setzt den quantitativen Vergleich der Streukurve einer völlig nichtkristallinen Cellulose mit der klassischen Streukurve voraus, der aber noch nicht möglich war. Doch kann man abschätzen, daß er bei einem Streuwinkel von etwa 20°, der einem Atomabstand von etwa 4 Å entspricht, wie er in der nichtkristallinen Cellulose sicher sehr häufig vorkommt, größer als Eins, bei dem hochmolekularen Charakter der Cellulose andererseits aber kaum größer als 1,5 sein wird. Schreibt man nun für den nichtkristallinen Anteil:

$$W_a = \frac{1}{J_0 \cdot t} \cdot \frac{1}{L_u \cdot \sum F_m^2} \cdot \frac{1}{1 - H} \cdot 2\, U_a , \qquad (V, 14)$$

so liefert der Quotient von W_{cr} und W_a das kristalline Verhältnis

$$V_k = \frac{W_{cr}}{W_a} = \frac{\sum F_m^2 (1 - H)}{L \cdot |\,\mathrm{S}\,|^2 \cdot \varrho} \cdot \frac{B_a}{U_a} \cdot \frac{B_r}{S_R} . \qquad (V, 15)$$

Benutzt man aber nach dem Vorgange von HERMANS und WEIDINGER ein möglichst isotropes Faserpräparat und sorgt durch Rotation des Präparates oder des Filmes um den Röntgenstrahl als Achse für eine über alle Azimute konstante Schwärzung — ein Verfahren, dessen Grenzen oben schon angegeben wurden, — so kann man die Flächen B_a und U_a unter den azimutalen Schwärzungskurven durch die jetzt konstanten Schwärzungen des Ringes S_R und seines Untergrundes S_u (multipliziert mit 2π) ersetzen. Die obige Gleichung vereinfacht sich dann zu:

$$V_k = \frac{W_{cr}}{W_a} = \frac{\alpha}{1 - \alpha} = \frac{\sum F_m^2 \cdot (1 - H)}{L \cdot |\,\mathrm{S}\,|^2 \cdot \varrho} \cdot \frac{B_r}{S_u} . \qquad (V, 15\,\mathrm{a})$$

Damit ist zugleich der theoretische Beweis dafür geführt, daß man das kristalline Verhältnis unter solchen Verhältnissen durch den Quotienten aus der radialen Fläche unter einem Reflex und der Höhe des Untergrundes an derselben Stelle messen kann, wie HERMANS und WEIDINGER es eingeführt haben.

b) Die volumetrischen Methoden.

Die volumetrische Methode zur Bestimmung der kristallinen Anteile teilt die Substanz in zwei Teile ein, von denen der eine das spezifische Volumen des rein kristallinen Zustandes (v_{cr}), der andere das des völlig ungeordneten (flüssigkeitsamorphen) Zustandes (v_a) besitzen soll, und sucht *das* Verhältnis, in dem diese beiden Teile gerade das beobachtete makroskopische spezifische Volumen v ergeben.

Die Anwendung der Methode setzt also die Kenntnis beider Größen v_{cr} und v_a bei derselben Temperatur voraus, bei der das spezifische Volumen v der teilkristallinen Probe gemessen wird. Für den kristallinen Anteil folgt dann aus

$$v = \alpha \cdot v_{cr} + (1 - \alpha) \cdot v_a \tag{V, 16}$$

$$\alpha = \frac{v_a - v}{v_a - v_{cr}} = \frac{v_a}{v_a - v_{cr}} - \frac{v}{v_a - v_{cr}} = P - Q \cdot v . \tag{V, 17}$$

Danach besteht also eine lineare Beziehung zwischen dem spezifischen Volumen und dem kristallinen Anteil eines teilkristallinen Stoffes.

Die Berechnung der *Dichte der kristallinen Bereiche*, der sogenannten Röntgendichte, setzt die Kenntnis des Röntgendiagramms der Substanz und seine Analyse insoweit voraus, daß die Achsen und Winkel der Elementarzelle und die Anzahl n der in ihr enthaltenen Kettenglieder (Grundeinheiten) angegeben werden können.

Über den Versuch einer Auswertung der Volumenkurve nach PRICE[1], falls die Röntgendichte nicht bekannt ist, vgl. § 39f.

Ist das Kristallgitter, wie bei den Hochpolymeren zumeist, monoklin mit den schiefwinkligen Achsen a und b und dem Winkel γ zwischen ihnen sowie der auf diesen beiden senkrechten Orthoachse c, so berechnet sich das Volumen der Elementarzelle zu

$$V = a \cdot b \cdot c \cdot \sin \gamma \ \text{Å}^3 = a \cdot b \cdot c \cdot \sin \gamma \cdot 10^{-24} \text{cm}^3 .$$

Aus dem Molekulargewicht M eines Kettengliedes, der LOSCHMIDTschen Zahl L und dem spezifischen Volumen der kristallinen Bereiche v_{cr} bestimmt sich andererseits die Volumenbeanspruchung der n Grundeinheiten zu

$$V = \frac{n \cdot M \cdot v_{cr}}{L} . \tag{V, 18}$$

Die Zahl n der Grundeinheiten in der Elementarzelle kann unter Einsetzung des makroskopischen spezifischen Volumens v in dieselbe Gleichung abgeschätzt werden. Sie fällt bei den teilkristallinen Substanzen aber nicht ganzzahlig aus, weil hier $v > v_{cr}$ ist. Die richtige Zahl der Grundeinheiten in der Elementarzelle wird also durch die nächste höhere ganze Zahl gegeben. Damit berechnet sich dann

$$v_{cr} = V \cdot \frac{L}{n \cdot M} \ \text{cm}^3/\text{g} . \tag{V, 18 a}$$

Unter Umständen ist es natürlich auch notwendig, den Ausdehnungskoeffizienten des Elementarvolumens zu messen, um den Wert des spezifischen Volumens der kristallinen Bereiche bei verschiedenen Temperaturen angeben zu können. JENCKEL[2] hat vorgeschlagen, den thermischen Ausdehnungskoeffizienten zur Bestimmung des kristallinen Anteils heranzuziehen, etwa nach der Beziehung:

$$\alpha = \frac{\beta_a - \beta}{\beta_a - \beta_{cr}} . \tag{V, 19}$$

---

[1] PRICE, F. P.: J. chem. Physics **19**, 973 (1951).
[2] JENCKEL, E.: unveröffentlicht.

16 Stuart, Physik d. Hochpolymeren, Bd. III.

Doch muß man hierbei wohl vorsichtig sein, weil die bisher vorliegenden Beobach·tungen[1,2] keinen eindeutigen Zusammenhang zwischen dem Ausdehnungskoeffizien·ten und dem kristallinen Anteil erkennen lassen.

Es muß aber noch die grundsätzliche Bemerkung gemacht werden, daß die Bestimmung der kristallinen Anteile über einen größeren Tem·peraturbereich durch volumetrische Messungen sofort in Frage gestellt ist, sobald die Möglichkeit besteht, daß mit der Änderung der Temperatur auch Gitterumwandlungen verbunden sein können.

Die Bestimmung der *Dichte der völlig ungeordneten Phase* ist einfach, wenn diese, wie beim Kautschuk, bei jeder Temperatur erhalten werden kann. Bei den synthetischen Hochpolymeren, z. B. Polyäthylen, dagegen, bei denen der völlig ungeordnete Zustand nur in der Schmelze existiert, sind Rückextrapolationen auf niedrigere Temperaturen nötig. Die dabei auftretenden Probleme werden ebenso wie die bei Cellulose vorliegenden besonderen Schwierigkeiten bei der Diskussion der Ergebnisse im ein·zelnen besprochen werden.

c) Die calorimetrischen Methoden.

Da der Wärmeinhalt einer Substanzmenge durch ihren Ordnungs·zustand mitbestimmt wird, ist es möglich, den kristallinen Anteil einer teilkristallinen Substanz zu ermitteln, indem man die Differenz zwischen der gegebenenfalls zurückextrapolierten *Enthalpie* des völlig ungeord·neten bzw. geschmolzenen Zustandes und der des teilkristallinen festen Zustandes bildet. Ist also $H_{s,t}$ die Enthalpie des teilkristallinen Zustandes bei der Temperatur t und $H_{l,t}$ die des völlig ungeordneten Zustandes bei derselben Temperatur, und ist außerdem die Schmelzwärme H_m des völlig kristallinen Zustandes bekannt, so gilt für den kristallinen Anteil bei der Temperatur t:

$$\alpha_t = \frac{H_{l,t} - H_{s,t}}{H_m} .\qquad (V, 20)$$

In der Notwendigkeit der Kenntnis der Schmelzwärme aber liegt be·reits die eine Schwierigkeit der Methode, weil die hochpolymeren Sub·stanzen ja niemals vollständig kristallisieren.

Abschätzungen der Schmelzwärmen aus der Schmelzpunktsernied·rigung bei Copolymeren oder in Lösungen nach der FLORYschen Theo·rie sind ebenfalls sehr unsicher (vgl. Kap. IX, S. 585 ff.). Man ist also ge·zwungen, von den noch regelrecht kristallisierenden, niedrigmolekularen homologen Verbindungen aus zu extrapolieren. Möglichkeiten dafür sind von RAINE, RICHARDS und RYDER[3] sowie von DOLE, HETTINGER, LARSON, WETHINGTON[4] für Polyäthylen und von WILHOIT und DOLE[5] für 6,6-

[1] BLACK, C. E. u. M. DOLE: J. Polymer Sci. **3,** 359 (1948).

[2] STUART, H. A. u. J. MARTENS: unveröffentlichte Messungen an 6-Nylon (Perlon).

[3] RAINE, H. C., R. B. RICHARDS u. H. RYDER: Trans. Faraday Soc. **41,** 56 (1945).

[4] DOLE, M., W. R. HETTINGER, N. R. LARSON u. J. A. WETHINGTON: J. chem. Physics **20,** 781 (1952).

[5] WILHOIT, R. C. u. M. DOLE: J. physic. Chem. **57,** 14 (1953).

und 6,10-Nylon angegeben. Sehr ernsthaft ist in den meisten Fällen aber auch das Bedenken gegen die thermodynamische Eindeutigkeit der calorimetrischen Messungen infolge von Strukturänderungen beim Erwärmen.

Eine andere Möglichkeit zur calorimetrischen Bestimmung der kristallinen Anteile liegt in der Messung von *Lösungswärmen*. Diese setzen sich aus Schmelzwärme und Mischungswärme zusammen, doch kann die letztere bei Verwendung geeigneter Lösungsmittel unter Umständen vernachlässigt werden. In den anderen Fällen kommt man mit einer Differenzmethode zum Ziele, wie sie von CALVET und HERMANS[1] angegeben ist. Löst man nämlich zwei Celluloseproben etwa, von denen die eine den bekannten kristallinen Anteil α_1, die andere den unbekannten kristallinen Anteil α_2 hat, in einem Calorimeter auf und erhält man dabei die Molwärmen Q_1 und Q_2, so gilt

$$- \alpha_1 \cdot W_{cr} + W_a = Q_1 \quad \text{und} \quad - \alpha_2 \cdot W_{cr} + W_a = Q_2 , \qquad \text{(V, 21)}$$

wobei W_{cr} die molare Kristallisationswärme und W_a die Lösungswärme der nichtkristallinen Substanz bedeuten. Die Differenz der Kristallinitäten beider Proben berechnet sich dann zu

$$\alpha_1 - \alpha_2 = \frac{Q_2 - Q_1}{W_{cr}} . \qquad \text{(V, 22)}$$

Für die Angabe der Kristallisationswärme bestehen die gleichen Schwierigkeiten wie oben für die Schmelzwärmen. Man kann sie aber umgekehrt bestimmen, indem man die mit anderen Methoden ermittelten Kristallinitäten zweier Proben zugrunde legt. Doch stellt die calorimetrische Methode dann natürlich keine unabhängige Methode zur Bestimmung des kristallinen Anteils mehr dar.

Für Hochpolymere, die aus einfachen Molekülen aufgebaut sind, kann nach PARKS und MOSLEY[2] auch die Bestimmung der *Verbrennungswärmen* zur Ermittlung des kristallinen Anteiles herangezogen werden. Dieser ergibt sich aus der Erniedrigung der Verbrennungswärme (Q) des teilkristallinen Materials gegenüber der des amorphen (Q_a). Ist ferner Q_{cr} die Verbrennungswärme des vollkommen kristallinen Materials, so gilt

$$\alpha = \frac{Q_a - Q}{Q_{cr}} . \qquad \text{(V, 23)}$$

Für normale Paraffine läßt sich die molare Verbrennungswärme bei 25°C durch die Beziehung

$$Q = A + B \cdot n \qquad \text{(V, 24)}$$

darstellen, wobei die Konstante A von den vorliegenden Endgruppen und B vom Aggregatzustand abhängt. Speziell gilt für

Alkylene, gasförmig $Q = 19{,}592 + 157{,}443 \cdot n$

flüssig $Q = 19{,}592 + 156{,}263 \cdot n$,

[1] CALVET, E. u. P. H. HERMANS, J. Polymer Sci. **6**, 33 (1951).
[2] PARKS, G. S. u. J. R. MOSLEY: J. chem. Physics **17**, 691 (1949).

bezogen auf die CH_2-Einheit. n ist die C-Zahl bzw. der Polymerisationsgrad. Da die Differenz der beiden Verbrennungswärmen, d. h. die gesuchte Kristallisationswärme, nur einige Prozent der gemessenen Verbrennungswärmen ausmacht, erfordert diese Methode ganz besonders genaue Messungen.

Alle calorimetrischen Methoden setzen voraus, daß der Energieinhalt der nichtkristallinen Gebiete gleich dem der Flüssigkeit, bezogen auf gleiche Temperatur, ist. Das trifft wegen der Verspannung der Molekülketten in den nichtkristallinen Bereichen aber nicht streng zu (vgl. die Betrachtungen über die Ursachen des endlichen Schmelzbereiches in § 47, c).

d) Atom- und molekularphysikalische Methoden.

Eine atomphysikalische Methode zur Untersuchung der Kristallisation und des kristallinen Anteiles, die recht aussichtsreich erscheint, stellt die Bestimmung der *magnetischen Kernresonanz* dar. Unter Kernresonanz versteht man die Übereinstimmung einer elektromagnetischen Schwingungsfrequenz mit der Periode der Präzisionsbewegung, die ein Atomkern auf Grund seines magnetischen Momentes in einem magnetischen Felde ausführt. Diese Frequenz hängt von dem Verhältnis des magnetischen Kernmomentes zu seinem Drehimpuls und von der Stärke des äußeren Richtmagnetfeldes ab. Sie beträgt bei einem Wasserstoffkern in einem Magnetfeld von 1000 Gauß $4{,}26 \cdot 10^6$ Hz. Man geht dabei im allgemeinen so vor, daß man eine feste elektromagnetische Frequenz nimmt und die Resonanz- oder Absorptionsstelle durch Veränderung des Magnetfeldes aufsucht (vgl. dazu auch die Ausführungen in § 54, c). Man erhält dabei eine breite Resonanzkurve, wenn die die Resonanz verursachenden Atome, im allgemeinen die Wasserstoffatome, festliegen, wie man es im kristallisierten Zustand erwarten darf, und eine schmale Resonanzkurve, wenn das Wasserstoffatom sich bewegt, also z. B. rotiert, wie in den Schmelzen. In einem teilkristallinen System findet sich dann eine verzerrte Kurve mit einer Schulter, die man sich aus der breiten Kurve des kristallinen Anteils und der schmalen Kurve des amorphen Anteils zusammengesetzt denken kann. Solche Fälle wurden von WILSON und PARKER[1] bei Polyäthylen und Polytetrafluoräthylen beobachtet.

Diese Zerlegung gilt in dem Falle, daß auch solche Gruppen wie die OH-Gruppen im amorphen oder glasig-eingefrorenen Zustand noch rotieren. Ist das nicht der Fall, so gibt die bei tiefen Temperaturen unterhalb der Einfriertemperatur gemessene breite Kurve für die Summe aus glasigem und kristallinem Anteil die schmale für den geschmolzenen Anteil. Es liegt hier also eine der wenigen Methoden vor, die den kristallinen und den geschmolzenen Anteil nebeneinander zu ermitteln gestattet.

Als molekularphysikalische Methode ist neuerdings die Aufnahme des *Ultrarot-Absorptionsspektrums* zur Erfassung des Kristallisationsvorganges und des kristallinen Anteiles eingeführt worden. Nach der Feststellung von RICHARDS[2] geben die Kristalle von normalen Paraffinen mit den

---

[1] WILSON, G. W. u. G. E. PARKER: J. Polymer Sci. **10**, 503 (1953).
[2] RICHARDS, R. B.: J. appl. Chem. **1**, 370 (1951).

C-Zahlen von 6 bis 54 ein Absorptionsdublett bei 725 cm^{-1}, während in der Schmelze nur die eine, und zwar die niedrigere der beiden Komponenten auftritt. Offenbar wird die Schwingung des einzelnen Moleküls verändert, wenn es rotieren kann. Auch teilkristallines Polyäthylen zeigt ein solches Dublett, und zwar mit einem Intensitätsverhältnis, das durch die Anwesenheit von nichtkristallinen Anteilen verändert wird. Weiter haben Morhel und Hall[1] an verschiedenen Neoprenproben das Auftreten zusätzlicher Absorptionslinien im kristallinen Material festgestellt. Cobbs und Burton[2] haben starke Änderungen im Spektrum des kristallisierten Materials bei 1340 und 972 cm^{-1} festgestellt und aus dem Intensitätsverhältnis zu der unveränderten Absorptionslinie bei 795 cm^{-1} eine „optische Dichte" abgeleitet, die zu der makroskopischen Dichte und damit zu der Kristallinität des teilkristallinen Materials in einer linearen Beziehung steht.

Nichols[3] gibt eine Zusammenstellung der kristallisationsempfindlichen Banden für verschiedene Polymere im Ultrarot mit einigen, die auch für den amorphen Gehalt empfindlich sind. Einige Banden reagieren auch auf die Orientierung.

Tabelle V, 1.
Kristallisationsempfindliche Infrarotbanden.

Polymer	amorph	kristallin	Autor
Polyäthylen	7,7	13,65	Richards[4, 4a]
Terylen	…	7,4; 10,1; 11,8	Hall[1], Cobbs[2]
Kautschuk	etwa 11,9	8,87; 11,9	Sutherland[5]
Neopren	…	10,5	Maynard u. Hall[6]
Nylon 66	1,48	1,53; 10,7	Hall[1], Ellis[7]
Polyvinylalkohol	1,42	1,52; 1,6	Zhurkov[8]
Polyglykolsäure-ester	11,8; 13,9	10,3; 12,4	Marston[9]

Wenn beide, amorphe und kristalline Banden auftreten, ist das Verhältnis kristallin : amorph gleich einer Konstanten, multipliziert mit dem beobachteten Verhältnis der Absorption der kristallinen und amorphen Banden. Die Konstante ist gleich dem Verhältnis der Absorptionen für 100% kristalline und 100% amorphe Proben und kann durch die Methode der sukzessiven Näherung aus den Daten für hochkristalline und hochamorphe Proben berechnet werden. Die Absorptionen beziehen sich natürlich auf gleich dicke Proben. Wenn nur eine einzelne empfindliche

---

[1] Morhel, W. E. u. M. B. Hall: J. Amer. chem. Soc. **71**, 4082 (1949).

[2] Cobbs jr., W. H. u. R. L. Burton: J. Polymer Sci. **10**, 275 (1953).

[3] Nichols, J. B.: J. Appl. Phys. **25**, 840 (1954).

[4] Siehe S. 244, Anm. 2.

[4a] Vgl. auch A. Keller u. I. Sandeman: J. Polymer Sci. **13**, 511 (1954).

[5] Sutherland, G. B. B. M. u. A. V. Jons: Discussion Faraday Society **9**, 274 und 281 (1950).

[6] Maynard, J. T. u. W. E. Morhel: J. Polymer Sci. **13**, 235 (1954).

[7] Glatt, L. u. I. W. Ellis: J. Chem. Phys. **15**, 880 (1947); **16**, 551 (1948).

[8] Zhurkov, S. N. u. B. Ya. Lovon: Akad. Nauk. SSSR. Doklady **67**, 89 (1949).

[9] Siehe J. B. Nichols[3], nach Angaben von A. L. Marston, Textile Fibres Department E. I. du Pont de Nemours.

Bande verfügbar ist, müssen die Kristallinitätswerte durch Eichung mit einer anderen Methode, z. B. der volumetrischen, bestimmt werden. Wenn die Orientierung die Intensität einer Bande beeinflußt, kann man den Effekt häufig trennen, indem man eine Bande sucht, die nur dichroitisch ist[1].

e) Die elastometrische Methode für kautschukelastische Stoffe

Aus Messungen der elastischen Spannung von gedehntem Kautschuk in Abhängigkeit von der Temperatur leitete WILDSCHUT[2] eine spezielle Methode zur Bestimmung der Kristallinität von kautschukelastischen Stoffen ab. Wie die Abb. V, 23 für den Fall eines um 500% gedehnten Kautschukvulkanisats erkennen läßt, verläuft die elastische Spannung oberhalb und unterhalb der Temperatur, bei der die Kristallisation einsetzt, linear mit der Temperatur, jedoch im nichtkristallinen und im teilweise kristallinen Zustand mit verschiedenen Gradienten. Dabei ist verständlicherweise der letztere Gradient der größere, weil in dem teilkristallinen

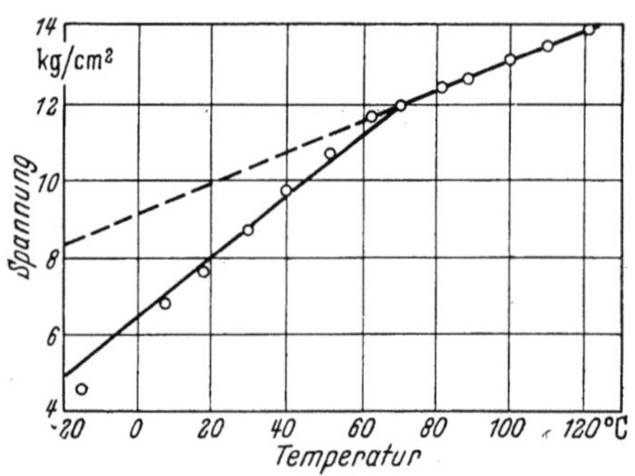

Abb. V, 23. Abnahme der elastischen Spannung mit abnehmender Temperatur in einem um 500% gedehnten Kautschuk (Vulkanisat F) nach WILDSCHUT.

Gebiete zu der die Molekülbewegung herabsetzenden Wirkung der sinkenden Temperatur noch die gleichartige Wirkung der zunehmenden Kristallisation hinzukommt, und zwar scheint auch dieser Einfluß auf die elastische Spannung linear mit der Temperatur zu verlaufen. Danach aber ist es wahrscheinlich, daß jeder der beiden Vorgänge, die Senkung der elastischen Spannung durch die zunehmende Kristallisation und die Zunahme der Kristallisation durch die sinkende Temperatur, für sich linear verläuft. WILDSCHUT setzt deshalb die Differenz zwischen der durch lineare Interpolation erhältlichen elastischen Spannung $\sigma_{0,t}$ ohne Kristallisation und der tatsächlich auftretenden elastischen Spannung $\sigma_{k,t}$ bei der Temperatur t dem Betrage der Kristallisation proportional und berechnet den kristallinen Anteil daraus zu

$$\alpha_t = \frac{\sigma_{0,t} - \sigma_{k,t}}{\sigma_{0,t}} . \tag{V, 25}$$

Vgl. dazu auch die kritischen Ausführungen in § 43, b 4.

Einen anderen Weg geht BOONSTRA[3]. Er benutzt die Messungen des Temperaturkoeffizienten df/dt der elastischen Spannung f bei verschie-

---

[1] Siehe S. 245, Anm. 5.
[2] WILDSCHUT, A. J.: J. appl. Physics **17,** 51 (1946).
[3] BOONSTRA, B. B. S. T.: Ind. Engng. Chem. **43,** 362 (1951).

denen Längen L zur Berechnung des ersten Terms auf der rechten Seite der Beziehung

$$f = (dE/dL)_t + t \cdot (df/dt)_L. \qquad (V, 26)$$

Dieser bleibt praktisch Null, solange keine Kristallisation stattfindet. Bei hohen Dehnungen aber ist das nur dann der Fall, wenn die Temperatur hoch genug ist. Bei niedrigen Temperaturen ergeben sich zwischen den Dehnungen 200 und 600% zunehmende negative Werte. Die Integration dieser Kurven bis zu einer bestimmten Dehnung liefert dann den Betrag ΔH_{str}, um den sich die innere Energie bei dieser Streckung infolge der Kristallisation ändert. Dabei ist vorausgesetzt, daß die Meßwerte bei den verschiedenen Temperaturen als Gleichgewichtswerte angesehen werden und andere Energieeffekte, wie Streckung der Atomabstände und der Valenzwinkel, vernachlässigt werden können. Das Verhältnis der Streckungswärme zur gesamten Kristallisationswärme H_m liefert dann den bei der Streckung entstandenen kristallinen Anteil:

$$\alpha = \frac{\Delta H_{str}}{H_m}. \qquad (V, 27)$$

f) Die Reaktionsmethoden der Cellulosefasern.

1. Chemische Methoden.

Seit den quantitativen Arbeiten von NICKERSON[1, 2] über den Verlauf der Hydrolysereaktion bei Cellulosefasern ist es üblich geworden, die Cellulosestrukturen durch ihre Akzessibilität oder Angreifbarkeit bzw. Zugänglichkeit (accessibility) zu charakterisieren. Diese Größe ist definiert als der Bruchteil der Gesamtcellulose, der für die Reaktion mit einem gegebenen Reaktor unter speziellen Bedingungen, wie Konzentration, Zeit und Temperatur zur Verfügung steht, und stellt unter einem gegebenen Satz von Bedingungen einen exakten empirischen Wert dar. Ein Zusammenhang mit der Cellulosestruktur, der prinzipiell zu erwarten ist, in dem die Akzessibilität naturgemäß um so höher sein wird, je geringer die seitliche Ordnung der Celluloseketten ausgeprägt, je lockerer also ihre Packung ist, scheint aber nur bei umkehrbaren Reaktionen zu bestehen. Zwar läßt der Verlauf aller untersuchten Cellulosereaktionen tatsächlich ein anfängliches Gebiet mit einem schnellen und ein schließliches Gebiet mit einem langsamen Reaktionsverlauf erkennen und es damit naheliegend erscheinen, die erstere den Molekülketten in den nichtkristallinen Gebieten und die zweite den Ketten in den kristallinen Bereichen zuzuordnen, doch ergeben alle nicht umkehrbaren, also chemischen Reaktionen so außerordentlich kleine Angreifbarkeiten, daß man ihnen keinen direkten Zusammenhang mit den kristallinen bzw. nichtkristallinen Anteilen zuerkennen kann.

---

[1] NICKERSON, R. F.: Ind. Engng. Chem. **34**, 1480 (1942).
[2] NICKERSON, R. F. u. J. A. HABRLE: Ind. Engng. Chem. **37**, 1115 (1945); **38**, 299 (1946).

Trotzdem hat das NICKERSONsche Hydrolyseverfahren großes Interesse gefunden und wird vielfach noch für Routineanalysen benutzt. Hierzu wird eine bestimmte Fasermenge mit bekanntem Feuchtigkeitsgehalt in 2,4 n-Salzsäure mit einem 0,6-molaren Zusatz von Ferrichlorid sechs bis sieben Stunden lang gekocht und die entwickelte Kohlensäuremenge verfolgt. Dabei werden die glucosidischen Bindungen in den zugänglichen Celluloseketten hydrolytisch gespalten und die einzelnen Glucosereste durch das Ferrichlorid oxydiert. Aus der entwickelten Kohlensäuremenge läßt sich dann im Vergleich mit der Hydrolyse von Glucose die hydrolysierte Cellulosemenge berechnen. Die Auftragung der Prozente hydrolysierten Materials gegen die Reaktionszeit liefert schließlich die Reaktionszeitkurven, die nach anfänglichem steilem Anstieg allmählich umbiegen und schließlich in einen gleichmäßigen, schwachen Anstieg übergehen (Abb. V, 24). Zur Bestimmung der Akzessibilität wird nun der Verlauf der Hydrolysekurven im Bereich der Reaktionszeit von zwei bis sechs Stunden rückwärts bis zum Schnittpunkt mit der Ordinatenachse verlängert. Der Ordinatenabschnitt stellt dann die prozentuale Akzessibilität dar. CONRAD und SCROGGIE[1] haben in dieser Weise die Akzessibilitäten einer Reihe technischer Fasern bestimmt.

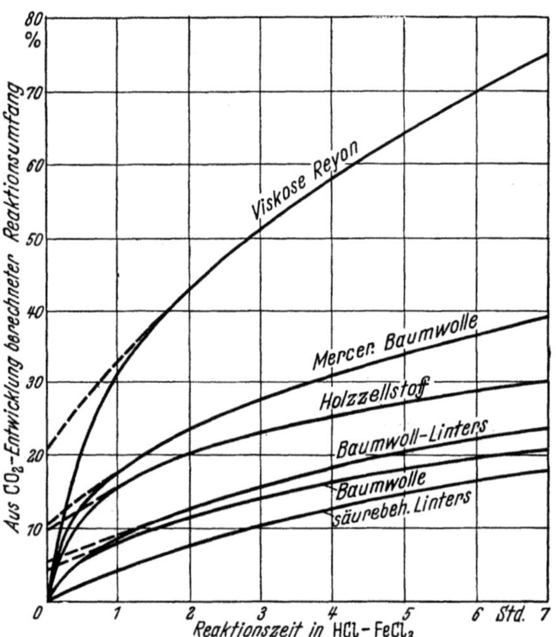

Abb. V, 24. Zeitkurve der Hydrolyseoxydations-Reaktion verschiedener Cellulosen. (Nach NICKERSON).

Wie gesagt, führt die NICKERSON-Methode aber auf so kleine Werte für die Akzessibilitäten, daß man sie mit den röntgenometrischen, volumetrischen und calorimetrischen Bestimmungen der nichtkristallinen Anteile nicht in Verbindung bringen kann. Auch die späteren Varianten dieser Methode, die ihre Handhabung und insbesondere die extrapolative Trennung der schnellen Anfangsreaktion von der langsameren Weiterreaktion erleichtern, ändern diese Verhältnisse nicht. Sie gehen auf LOWELL und

---

[1] CONRAD, C. C. u. A. G. SCROGGIE: Ind. Engng. Chem. **37**, 592 (1945).

GOLDSCHMID[1] sowie auf NELSON und Mitarbeiter[2,3] zurück. Nicht anders ist es mit der reinen Oxydationsmethode der Cellulose mit Überjodsäure, die von GOLDFINGER, MARK und SIGGIA[4] eingeführt und von TIMELL[5] ausgebaut wurde.

Außer den Hydrolyse-Oxydationsmethoden sind auch eine Reihe von Reaktionen zur Bestimmung der Akzessibilität benutzt worden, bei denen die Wasserstoffe an den OH-Gruppen der Cellulose mit Reagenzien umgesetzt werden, die nicht in die kristallinen Gebiete eindringen können. Zu erwähnen sind die Umsetzung mit Diazomethan von REEVES und THOMPSON[6], mit Thalliumäthylat nach ASSAF, HAAS und PURVES[7] und vor allem mit Natrium in Gegenwart von flüssigem Ammoniak, die von TIMELL[5] eingeführt wurde. Die im letzten Falle erhaltenen Reaktionszeitkurven zeigen prinzipiell wieder den gleichen Verlauf wie die von NICKERSON, sie führen aber als einzige auf Angreifbarkeiten, die tatsächlich in die Größenordnung der röntgenographisch bestimmten nichtkristallinen Anteile fallen.

2. Physikalische Methoden.

Die chemischen Methoden bringen sämtlich irreversible chemische, häufig aber auch physikalische Veränderungen der Cellulose während der Messung der Akzessibilität mit sich, so die Hydrolyse eine Vergrößerung des kristallinen Anteils durch Rekristallisation. Diese ist auf volumetrischem Wege von BRENNER, FRILETTE und MARK[8] und röntgenometrisch von HERMANS und WEIDINGER[9] direkt nachgewiesen worden, nachdem schon INGERSOLL[10] früher auf die Zunahme der Reflexschärfen durch Hydrolyse hingewiesen hatte. Die physikalischen Prozesse des Wasserstoff-Deuterium-Austausches und der Wasserdampfabsorption der Cellulose dagegen sind reversibel und frei von solchen Komplikationen.

Die Methode des *Wasserstoff-Deuterium-Austausches* ist von FRILETTE, HANLE und MARK[11] eingeführt worden. Vorher hatte BONHÖFFER bereits gefunden, daß die Hydroxylgruppen der Cellulose mit schwerem Wasser reagieren, während CHAMPETIER und VIALLARD[12] nachweisen konnten, daß praktisch alle Hydroxylgruppen ihr H gegen D austauschen. Wenn also nur ein Austausch von etwa einem Drittel gefunden wird, so ist daraus nicht zu schließen, daß nur die primären Hydroxylgruppen austauschen können, sondern daß durch die Bedingungen der Cellulosestruktur nur ein Drittel der Gesamtzahl aller Hydroxylgruppen von dem schweren Wasser erreicht wird.

[1] LOWELL, E. L. u. O. GOLDSCHMID: Ind. Engng. Chem. **38**, 811 (1946).
[2] PHILIPP, H. J., M. L. NELSON u. H. ZIIFLE: Text. Res. J. **17**, 585 (1947).
[3] NELSON, M. L. u. C. C. CONRAD: Text. Res. J. **18**, 149 (1948).
[4] GOLDFINGER, G., H. MARK u. S. SIGGIA: Ind. Engng. Chem. **35**, 1083 (1943).
[5] TIMELL, T.: Thesis, Stockholm 1950.
[6] REEVES, R. E. u. H. H. THOMPSON: Contr. Boyce Thompson Inst. **11**, 55 (1939).
[7] ASSAF, A. G., R. H. HAAS u. C. B. PURVES: J. Amer. chem. Soc. **66**, 59 (1949).
[8] BRENNER, F. C., V. J. FRILETTE u. H. MARK: J. Amer. chem. Soc. **70**, 877 (1948).
[9] HERMANS, P. H. u. H. WEIDINGER: J. Polymer Sci. **4**, 317 (1949).
[10] INGERSOLL, H. G.: J. appl. Physics **17**, 924 (1946).
[11] FRILETTE, V. J., J. HANLE u. H. MARK: J. Amer. chem. Soc. **70**, 1107 (1948).
[12] CHAMPETIER, G. u. R. VIALLARD: C. R. **205**, 1387 (1937); Bull. soc. chim. (5) **5**, 1042 (1938).

Bei den zur Untersuchung kommenden Fasern wurde heiße Trocknung vermieden, weil diese die Akzessibilität ändern könnte; statt dessen wurden die Proben sehr lange und sorgfältig konditioniert, so daß sich die Gleichgewichte von 6 und 13% für native und Regeneratfasern sicher einstellen konnten. Ein Teil der Probe ging dann zur Reaktion, der andere zur Feuchtigkeitsbestimmung durch Gewichtsverlust beim Trocknen in Luft von 110° C, wobei nach HERMANS eine Restfeuchtigkeit von 0,5% zurückbleibt.

Der Umfang F der Reaktion

$$2/3\,[\text{Cell.}-(\text{OH})_3] + \text{D}_2\text{O} \longrightarrow [2/3\,\text{Cell.}-(\text{OD})_3] + \text{H}_2\text{O}\,,$$

der durch die Zahl der Cellulosehydroxyle, die D für H eingetauscht haben, dividiert durch die Zahl derer, die austauschen würden, wenn sie alle im Gleichgewicht mit dem schweren Wasser stünden, definiert ist, wird dann aus der Dichteänderung des schweren Wassers bestimmt. Ist s_0 seine anfängliche Dichte, s_t die Dichte nach der Reaktionszeit t, so gilt:

$$F = A \cdot \frac{s_0 - s_t}{s_t - 1} - B\,.$$

A ist die Reaktionskonstante, in die das Originalgewicht des schweren Wassers, der anfängliche Molenbruch des D_2O, das Gewicht der eingesetzten Cellulose und ihr Feuchtigkeitsgehalt eingehen, während B ein Korrektionsglied darstellt, das nur vom Wassergehalt der eingesetzten Cellulose abhängt. Bei dieser Rechnung ist vorausgesetzt, daß der Wassergehalt der Cellulose das schwere Wasser sehr schnell löst, und daß die drei Hydroxylgruppen eines Glucoseringes nicht unterscheidbar sind, was den Betrag des Austausches betrifft. Die Messung der spezifischen Gewichte erfolgte mit der Tropfenfallmethode[1], bei der die Fallzeit eines kalibrierten Tropfens in einer Flüssigkeit mit nur wenig niedrigerer Dichte, z. B. o-Fluortoluol (bis 7% Deuterium) oder Phenanthren (für 23–25% Deuterium) in α-Methylnaphthalin, gemessen wird. Die Dichte berechnet sich dann zu

$$s = a + \frac{b}{\tau}\,,$$

wobei τ die Fallzeit und a und b Konstanten der verwendeten Flüssigkeit sind.

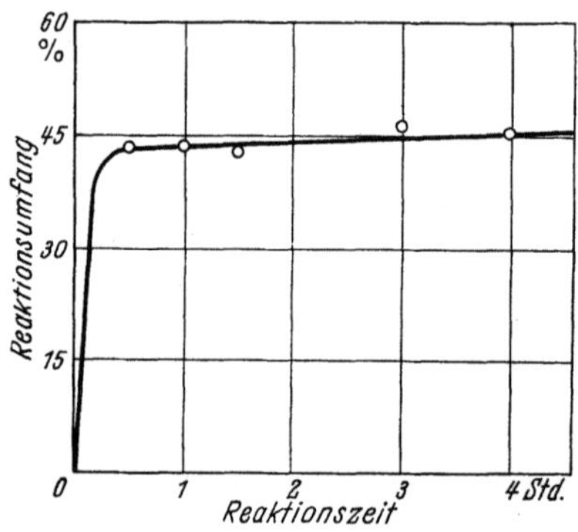

Abb. V, 25. Reaktionszeitkurve für den Deuteriumaustausch von Cellulose. (Nach FRILETTE, HANLE und MARK.)

In Abb. V, 25 ist eine typische Reaktionszeitkurve wiedergegeben, die durch die Auftragung der Ausbeute F gegen die Zeit t entstanden ist. Sie steigt zunächst steil und linear an und biegt nach etwa einer halben Stunde in eine nur schwach ansteigende Gerade um; sie hat also denselben Charakter wie die chemischen Reaktionskurven. Der durch Rückextrapolation dieser Geraden erhaltene Ordinatenabschnitt zeigt sich aber einigermaßen empfindlich gegen Veränderungen der Ionenkonzentration und der Temperatur, während die nach einer Woche gemessene Ordinate keinen Zusammenhang mit dem anfänglichen Weitersteigen nach dem Umbiegen mehr erkennen läßt und daher Störungen enthalten muß. Die Ordinate nach vier Stunden erwies sich dagegen als gut reproduzierbar und von Ionenkonzentration und Versuchstemperatur weitgehend unabhängig, so daß diese versuchsweise als Maß

---

[1] FRILETTE, V. J. u. J. HANLE: Anal. Chem. 19, 984 (1947).

für die Akzessibilität genommen wurde. Diese Akzessibilitäten erreichen Werte, die in der Größenordnung der röntgenographisch bestimmten nichtkristallinen Anteile liegen und sie systematisch um einen kleinen Betrag übertreffen.

In diesem Zusammenhang weisen MARK und Mitarbeiter erstmalig darauf hin, daß Akzessibilität nicht gleich Nichtkristallinität $(1 - \alpha)$ gesetzt werden darf, weil außer den OH-Gruppen der nichtkristallinen Gebiete auch die in den Oberflächen der kristallinen Gebiete gelegenen OH-Gruppen, deren Zahl wegen der Kleinheit der kristallinen Bereiche keineswegs vernachlässigt werden kann, als dem schweren Wasser zugänglich betrachtet werden müssen. Ist dieser Bruchteil durch σ, der kristalline Anteil durch α gegeben, so gilt

$$F = (1 - \alpha) + \sigma \cdot \alpha \qquad \text{oder} \qquad \alpha = \frac{1 - F}{1 - \sigma}. \qquad \text{(V, 28)}$$

Unter der Voraussetzung, daß man die kristallinen Bereiche angenähert als Teilchen mit einer definierten Oberfläche betrachten darf, stellt der Faktor σ das Verhältnis der Oberfläche zu dem Rauminhalt dieser Teilchen dar.

Betrachtet man diese nun als unendlich lange Zylinder und fragt nur nach ihrem Durchmesser a, dann genügt die Kenntnis der Grundfläche der Elementarzelle des Gitters und der Zahl der sie durchsetzenden Celluloseketten, um das Verhältnis von Oberfläche und Volumen zu berechnen. Die Basisfläche der Elementarzelle mißt für beide Cellulosemodifikationen übereinstimmend 66 Å²; das ergibt, wenn man sie in grober Näherung als Quadrat betrachtet, eine Kantenlänge von 8 Å. Da nun diese Fläche in den vier Ecken und in der Mitte von zwei Kettenscharen durchsetzt wird, berechnet sich die in einem Zylinder vom Durchmesser a in achsenparalleler Lage enthaltene Gesamtzahl Ketten zu $\dfrac{a^2 \cdot \pi}{132}$, während in der Oberfläche $\dfrac{a \cdot \pi}{8}$ Ketten liegen. Der Oberflächenanteil der Ketten beträgt danach $16{,}5/a$, der Oberflächenanteil der OH-Gruppen aber nur die Hälfte, weil die OH-Gruppen der an der Oberfläche liegenden Ketten zur Hälfte nach außen, zur anderen Hälfte nach innen stehen. Damit wird

$$\sigma = \frac{8{,}25}{a}. \qquad \text{(V, 29)}$$

Die zweite, für die Bestimmung der Akzessibilität benutzte physikalische Reaktion, die noch einfacher zu handhaben ist und dieselben Ergebnisse liefert wie der Deuterium-Austausch, ist der Vorgang der *Wasseraufnahme der Cellulosefasern*. Schon URQUHART und WILLIAMS[1] erkannten, daß der Sorptionsvorgang geeignet ist, die Struktur einer Cellulosefaser zu charakterisieren, indem die Wassermenge, die irgendeine Faser aufnimmt, innerhalb des großen Bereiches der relativen Feuchtigkeiten von 10 bis 70% in einem festen und charakteristischen Verhältnis zu der Wassermenge steht, die eine Baumwollfaser unter denselben Bedingungen aufnimmt. Oberhalb 70% wird die Messung schwierig, weil die Sorptionsisotherme hier so steil verläuft, daß unvermeidbar Dampfdruckschwankungen große Differenzen in der Sorption hervorrufen; unterhalb 10% aber steigt das Sorptionsverhältnis aller Fasern, die Cellulose II enthalten, infolge der Hydratbildung im Gitter an. Innerhalb

---

[1] URQUHART, A. R. u. A. M. WILLIAMS: J. Text. Inst. **15**, T 138 (1924); **16**, T 135 (1925).

der angegebenen Grenzen ist das Sorptionsverhältnis jedoch sicher geeignet, ein relatives Maß für die strukturbedingte Akzessibilität der Cellulosehydroxyle abzugeben.

Unter den drei Arten der Wasseraufnahme in den Fasern, der selektiven Adsorption durch Wasserstoffbindung an die freien Hydroxyle in den nichtkristallinen Gebieten, der Adsorption im Gitter der kristallinen Gebiete der Cellulose II, kenntlich durch die Aufweitung der Dimensionen der Elementarzelle, und der Kapillarkondensation und Mehrfachschichtenbildung in Räumen, die die Aufnahme zusätzlicher Wassermoleküle gestatten, stellen die durch die beiden ersteren Vorgänge adsorbierten Wassermoleküle gebundenes Wasser dar, während das Quellwasser der dritten Art unter geeigneten Bedingungen gefrieren kann.

MAGNE, PORTAS und WAKEHAM[1] haben daher den Versuch gemacht, die Akzessibilität in der Weise zu bestimmen, daß sie das „freezing water" durch calorimetrische Messungen nach der Schmelzwärmemethode abtrennten. Doch setzt die Berechnung der Akzessibilitäten quantitative Annahmen über den Sorptionsvorgang voraus, die nicht genügend fundiert sind. Die Annahme der Aufnahme von drei Wassermolekülen durch jede Glucosegruppe der nichtkristallinen Gebiete jedenfalls führt zu wesentlich zu kleinen Werten für die Angreifbarkeit. Bedenklich muß auch die Feststellung stimmen, daß die Mengen nicht gefrierbaren Wassers in den verschiedenen untersuchten Fasern nicht die normalen Sorptionsverhältnisse bestätigen.

Andererseits versuchten HAILWOOD und HORROBIN[2] die Sorptionsisothermen unter der Annahme der Bildung eines Monohydrates theoretisch abzuleiten. Es gelingt ihnen dabei, die theoretische Form $h/r = A + B \cdot h - C \cdot h^2$ der Isothermen (mit der relativen Feuchtigkeit h und der auf 100 g aufgenommenen Wassermenge r) dem experimentellen Verlauf durch geeignete Wahl der Konstanten anzupassen und damit das Molekulargewicht M der Celluloseeinheit zu bestimmen, die fähig ist, mit einem Molekül Wasser ein Monohydrat zu bilden, sowie auf Grund der Annahme, daß die Glucoseeinheit mit dem Molekulargewicht 162 diese Einheit darstellt, die Akzessibilität aus dem Verhältnis $162/M$ zu berechnen. MHATRE und PRESTON[3], die diese Methode auf eine Reihe von Cellulosefasern anwenden, finden auf diese Weise auch Angreifbarkeiten, deren relative Werte die Sorptionsverhältnisse gut bestätigen. Auf die absoluten Werte, die zwar den nichtkristallinen Anteilen gleichen, sie wegen der Mitbeteiligung der Oberflächen aber übertreffen sollten, darf man aber der speziellen und, worauf schon VERMAAS[4] hinweist, sicher nicht zutreffenden Voraussetzungen wegen kein allzu großes Gewicht legen. Wenn man sich angesichts des im einzelnen nicht genügend definierten Vorganges der Wasseraufnahme also doch mit der Angabe der relativen Akzessibilitäten begnügen muß, dann lohnen diese Umwege nicht. Man kommt dann genauso weit, wenn man sich auf die direkte Messung der unter gleichen Bedingungen aufgenommenen Wassermenge beschränkt und daraus das Sorptionsverhältnis berechnet.

Diese Sorptionsverhältnisse sind für Adsorption wie für Desorption von HERMANS[5, 6, 7] und Mitarbeitern bei einer großen Reihe von Cellulose-

---

[1] MAGNE, F. C., H. J. PORTAS u. H. WAKEHAM: J. Amer. chem. Soc. **69,** 1896 (1947).

[2] HAILWOOD, A. J. u. S. HORROBIN: Trans. Faraday Soc. **42,** (B) 84 (1946).

[3] MHATRE, S. H. u. J. M. PRESTON: Vortrag auf dem Internationalen Kongreß für reine und angewandte Chemie, Section 10, London 1947.

[4] VERMAAS, A.: Trans. Faraday Soc. **42,** (B) 97 (1946).

[5] HERMANS, P. H.: Contribution to the Physics of Cellulose Fibers, Elsevier Publ. Co., Amsterdam 1946.

[6] HERMANS, P. H.: Contribution à la Physique des Fibres Cellulosique, Dunod, Paris 1952.

[7] HERMANS, P. H.: Physics and Chemistry of Cellulose Fibres, Elsevier Publ. Co., Amsterdam 1948.

fasern bestimmt worden, und diese Autoren haben auch von vornherein schon auf die auffallende Parallelität im Gang der Sorptionsverhältnisse und der röntgenometrisch oder volumetrisch bestimmten nichtkristallinen Anteile hingewiesen. Andere Messungen finden sich bei HOWSMON[1], der auch das Problem der Berechnung der Akzessibilitäten und Kristallinitäten daraus ausführlich behandelt. Um von den relativen Akzessibilitäten zu ihren Absolutwerten zu gelangen, übernimmt er für Baumwolle, die definitionsgemäß das Sorptionsverhältnis 1,00 hat, den von MARK und Mitarbeitern aus dem Deuterium-Austausch bestimmten Wert der Akzessibilität von 0,44.

Für die Berechnung der Kristallinität aus der Akzessibilität stellt HOWSMON mehrere Teilchengrößen zur Diskussion und versucht, aus dem Grade der Übereinstimmung der damit berechneten und der auf anderen Wegen bestimmten Nichtkristallinitäten zugunsten bestimmter Teilchengrößen zu entscheiden. Man kann aber, nachdem jetzt insbesondere von HERMANS und Mitarbeitern Sorptionswerte bzw. Akzessibilitäten A und röntgenographische Kristallinitäten α in vielen Fällen an denselben Faserpräparaten gemessen worden sind, unter Umkehrung der MARKschen Gleichung die Sorptionsanteile σ der Teilchenoberflächen aus A und α rückwärts berechnen:

$$\sigma = \frac{A - (1 - \alpha)}{\alpha} \, . \qquad (V, 30)$$

Diese Berechnung von σ ist von KAST[2] durchgeführt und unter der oben eingeführten Annahme langer zylindrischer Teilchen zur Bestimmung der Dicken der kristallinen Bereiche benutzt worden.

§ 26. Ergebnisse.

Systematische Ergebnisse über den Betrag des kristallinen Anteils und seine Abhängigkeit von der Streckung und der Temperatur liegen nur an drei Stoffen vor, am Kautschuk nämlich und seinen Vulkanisaten, am Polyäthylen und an Cellulosefasern. Die Gruppe der kautschukelastischen Stoffe ist zugleich dadurch charakterisiert, daß der völlig ungeordnete Zustand bei jeder Temperatur rein erhalten werden kann. Bei der Gruppe der übrigen vollsynthetischen Hochpolymeren dagegen ist die völlige Unordnung im allgemeinen nur in der Schmelze zu erreichen. Die bekannteste Ausnahme ist Terylen, das durch Abschrecken in den völlig ungeordneten Zustand übergeführt und auch gehalten werden kann, solange es nicht verstreckt wird. Bei Cellulose aber konnte der völlig ungeordnete Zustand bis heute noch nicht mit Sicherheit nachgewiesen werden.

a) Kautschuk.

Wir beginnen mit dem Kautschuk. Die Entdeckung von KATZ, daß dieser beim Strecken kristallisiert, zog eine Reihe von Untersuchungen

---

[1] HOWSMON, J. A.: Text. Res. J. **19**, 152 (1949).
[2] KAST, W.: Z. Elektrochem. Ber. Bunsenges. physik. Chem. **57**, 525 (1953).

nach sich, die der Beeinflussung der physikalischen Größen durch die Kristallisation galten. Dazu gehört der Nachweis von VAN ROSSEM und LOTICHIUS[1], daß die Dichte des kristallisierten Kautschuks größer ist als die des amorphen. Quantitative Dichtemessungen von SMITH und SAYLOR[2] an gerecktem Kautschuk lieferten dann im Zusammenhang mit der ersten Gitterbestimmung von LOTMAR und MEYER[3] die erste Schätzung des beim Recken entstandenen kristallinen Anteils; sie ergab 45%.

VAN ROSSEM und LOTICHIUS[1] untersuchten auch die Erscheinung der spontanen Kristallisation des Naturkautschuks. Diese erstreckt sich über einen Temperaturbereich von -40 bis $+13°$C; sie wird bei $+13°$C aber erst nach einem Jahr wahrnehmbar, bei $0°$C nach 10 Tagen und bei $-20°$C bereits nach einigen Stunden. Aber auch ein solcher spontan kristallisierter Kautschuk zeigt bei $-72°$C noch einen Einfrierpunkt, kenntlich an den sprunghaften Änderungen der Temperaturgradienten des spezifischen Volumens und der spezifischen Wärme. Diese Änderungen sind aber merkbar kleiner als bei amorphem Kautschuk, woraus PARKS[4] zu einer Schätzung des kristallinen Anteils des spontan kristallisierten Kautschuks auf 20 bis 30% gelangte. Die oben schon genannten Dichtemessungen von SMITH und SAYLOR ergaben für diesen Fall ebenfalls 30%.

1. Röntgenographische Ergebnisse.

Die ersten quantitativen röntgenographischen Untersuchungen von FIELD[5] über die Zunahme der Kristallisation des Kautschuks in der Dehnung lieferten aus den oben schon besprochenen Gründen zu hohe Kristallinitätswerte, die mit Beträgen bis zu 80% weit über den oben angestellten Abschätzungen liegen. In Tabelle V, 2 sind daher die von GOPPEL[6] nach der verbesserten FIELDschen Methode an einem in wachsendem Maße gedehnten, vulkanisierten Kautschuk erhaltenen Meßwerte dargestellt worden. Man sieht, daß die aus dem auf Luftstreuung korrigierten Intensitätsverhältnis J'_a/J'_v gemäß Gl. (V, 7) berechnete effektive Dicke d_a des ungeordneten Kautschuks bei Dehnungen oberhalb 250% schneller abnimmt als die Dicke d des Präparates selbst. Die vorletzte Spalte gibt die aus diesen beiden Dicken nach Gl. (V, 5) berechneten kristallinen Anteile (Bruchteile) wieder, während die Werte in der letzten Spalte noch von ARLMAN[7] auf die inkohärente Röntgenstreuung korrigiert worden sind. Diese Zahlen liegen nun durchaus im Rahmen der oben angeführten Schätzungen.

Von den Bestimmungen der Kristallinität von lange gelagerten und dadurch spontan kristallisierten Kautschukproben können nur diejenigen als quantitativ einwandfrei gelten, die auf die Auswertung von Diagrammen zurückgehen, die mit streng monochromatischer Strahlung aufgenommen worden sind. Abb. V, 26 zeigt die Ergebnisse solcher mono-

[1] VAN ROSSEM, A. u. J. LOTICHIUS: Kautschuk 5, 2 (1929).
[2] SMITH, W. H. u. C. P. SAYLOR: J. Res. nat. Bur. Standards 21, 257 (1938).
[3] LOTMAR, W. u. K. H. MEYER: S.-Ber. Akad. Wiss. Wien, Abt. IIb, 115, 721 (1936). — [4] PARKS, G. S., J. chem. Physics 4, 459 (1936). — [5] Siehe S. 234, Anm. 2.
[6] Siehe S. 236, Anm. 1. — [7] Siehe S. 237, Anm. 1.

Tabelle V, 2.

Intensitätsmessungen am diffusen Ring von gedehntem Kautschuk (Vulkanisat A)[1]
(nach GOPPEL).

Dehnung $\%$	$\dfrac{J'_a}{J'_v}$	d_a	d	α	α korr. (nach ARLMAN)
0	0,91	0,80	0,810	—	—
100	0,65 0,63	0,56	0,562	—	—
200	0,54 0,54	0,47	0,457	—	—
250	0,51 0,48	0,43	0,433	—	—
300	0,43 0,46	0,39	0,399	0,02	0,024
350	0,37 0,38	0,33	0,379	0,13	0,16
400	0,35 0,35	0,31	0,358	0,14	0,17
450	0,33 0,30	0,28	0,346	0,19	0,23
500	0,28 0,29	0,25	0,332	0,24	0,29
550	0,24 0,29	0,23	0,320	0,28	0,34

chromatischen Aufnahmen von Proben von „smoked sheet", die bis zu
32 Jahren bei 12°C gelagert waren. Die Kurve verrät eine gesetzmäßige
Zunahme des kristallinen Anteils mit der Dauer der Lagerung. Sie steigt
bis zu 10 Jahren ziemlich steil, dann aber
immer langsamer an. Das Gleichgewicht
dürfte aber auch nach 32 Jahren noch
nicht völlig erreicht sein. Crêpe-Kautschuk
dagegen zeigt keinen solchen eindeutigen
Zusammenhang zwischen Kristallinität
und Lagerzeit. Hier finden sich vielmehr an
demselben Material stark streuende Zahlen, nach 29 Jahren z. B. 30 bis 48%, mitunter also auch erheblich größere Zahlen
als bei „smoked sheet".

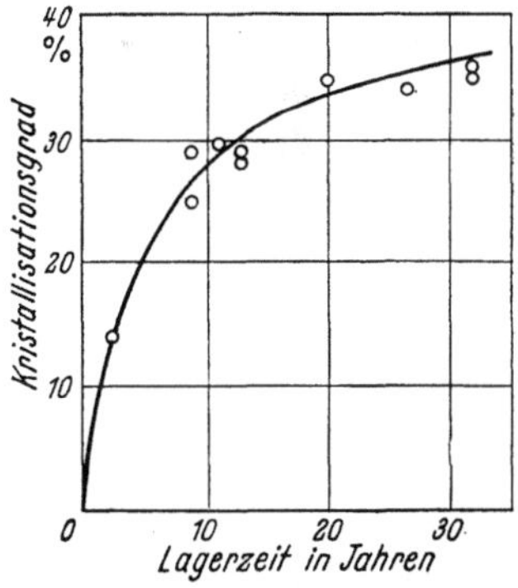

2. Volumetrische Ergebnisse.

Die zuverlässigsten volumetrischen
Messungen basieren auf einem Werte von

$$v_{cr} = 1,00 \text{ cm}^3/\text{g},$$

Abb. V, 26. Kristallinität von Proben
von „smoked sheet" in Abhängigkeit
von der Dauer ihrer Lagerung. (Nach
GOPPEL und ARLMAN[2].)

---

[1] Zusammensetzung Vulkanisat A: smoked sheet mit 1,75% Schwefel, 5% Zinkoxyd, 0,5% Diphenylguanidin, 0,8% Merkaptobenzodiazol, 1% Stearinsäure,
1% Aldol-α-naphthylamin. Vulkanisation 30 Min. bei 147°C.

[2] GOPPEL, J. M. u. J. J. ARLMAN: Appl. Sci. Res. (A) **1**, 462 (1947); ferner:
Rubber Chem. Technol. **23**, 310 (1950).

wie er sich nach der neuesten Röntgenstrukturanalyse des Kautschuks von BUNN[1] für Zimmertemperatur ergibt.

Das spezifische Volumen des ungeordneten Kautschuks andererseits wird von WOOD und BEKKEDAHL[2] zu

$$v_a = 1{,}094 \ \mathrm{cm}^3/\mathrm{g}$$

angegeben. Es kann aber jederzeit auch leicht bestimmt werden, weil Kautschuk im ungedehnten Zustand amorph ist, und auch nach spontaner Kristallisation durch lange Lagerung durch Erhitzen jedesmal wieder in den amorphen Zustand übergeführt werden kann. Diese Neubestimmung empfiehlt sich schon deshalb, weil dieser Dichtewert je nach Herkunft und Behandlung des vorliegenden Kautschuks etwas verschiedene Werte annehmen kann.

Auf diese Weise hat ARLMAN mittels eigener Dichtemessungen die kristallinen Anteile in verschieden gealterten Naturkautschukproben bestimmt. Er hat außerdem an denselben Proben die Kristallinitäten auch auf röntgenographischem Wege gemessen, und zwar sowohl mit polychromatischer Strahlung wie GOPPEL, als auch mit monochromatischer Strahlung. Die Gegenüberstellung, die in Tabelle V, 3 wiedergegeben ist,

Tabelle V, 3.

Kristalline Anteile im gealterten Rohkautschuk (nach ARLMAN).

Sorte	Alter Jahre	Kristalliner Anteil α		
		röntgenometrisch		volumetrisch
		polychrom.	monochrom.	
smoked sheet	32	0,18	$0{,}366 \pm 0{,}015$	$0{,}376 \pm 0{,}005$
	32	0,19	$0{,}352 \pm 0{,}003$	$0{,}351 \pm 0{,}012$
	13	0,13	$0{,}288 \pm 0{,}010$	$0{,}284 \pm 0{,}007$
	11	0,18	$0{,}297 \pm 0{,}002$	$0{,}300 \pm 0{,}007$
crêpe	31	0,30	$0{,}408 \pm 0{,}010$	$0{,}412 \pm 0{,}014$
	12	0,20	$0{,}338 \pm 0{,}008$	$0{,}310 \pm 0{,}005$

zeigt, daß die monochromatischen Werte einmal, wie oben schon gesagt, um das 1,5- bis 2fache über den polychromatischen Werten liegen, und daß sie zudem mit den volumetrisch gemessenen Werten vollkommen übereinstimmen, wenn diesen die Röntgendichte nach BUNN zugrunde gelegt wird. Diese volle Übereinstimmung zwischen den röntgenographisch und den volumetrisch bestimmten Werten des kristallinen Anteiles stellt, wie ARLMAN betont, einen Beweis dafür dar, daß Gebiete mit Zwischenstrukturen im spontan kristallisierten Kautschuk nicht existieren.

Dieselbe Übereinstimmung zwischen den röntgenometrisch und den volumetrisch bestimmten Kristallinitäten findet sich auch bei einem durch Dehnung kristallisierten Kautschuk. Hier liegen Dichtemessungen von HOLT und MACPHERSON[3] an einem vulkanisierten Kautschuk (Vul-

---

[1] BUNN, C. W.: Proc. Roy. Soc. [London] (A) **180**, 40 (1942).

[2] WOOD, L. A. u. N. BEKKEDAHL: J. appl. Physics **17**, 362 (1946).

[3] HOLT, W. L. u. A. T. MACPHERSON: J. Res. nat. Bur. Standards **17**, 657 (1936).

kanisat G)[1] bei Dehnungen bis 800% vor, aus denen GOPPEL und ARL-
MAN mit dem BUNNschen Wert für die Röntgendichte und dem Wert von
WOOD und BEKKEDAHL für die amorphe Dichte die zugehörigen kristallinen Anteile berechnet haben. GOPPEL und ARLMAN haben außerdem an
einem in gleicher Weise vulkanisierten Kautschuk bei verschiedenen
Dehnungen röntgenometrische Kristallinitätsbestimmungen mit monochromatischer Strahlung durchgeführt. Die Ergebnisse beider Bestimmungen sind in Abb. V, 27 dargestellt.

Die ausgezogene Kurve gilt für die volumetrisch bestimmten Werte, während
die röntgenographischen Werte der kristallinen Anteile als Meßpunkte eingetragen sind. Auch hier ist die Übereinstimmung ausgezeichnet. Die erreichten
Kristallinitäten sind aber bei den gleichen Dehnungen nur etwa halb so groß
wie in dem früher in Tabelle V, 2 dargestellten Falle des Vulkanisats A. Beide
Vulkanisate haben auch sehr verschiedene physikalische Konstanten; insbesondere hat G eine wesentlich höhere
Bruchdehnung (Tabelle V, 4, Spalte 4).
Dementsprechend verläuft der Anstieg
des kristallinen Anteiles mit der Dehnung hier langsamer und erreicht bei
500% Dehnung erst 12% gegenüber

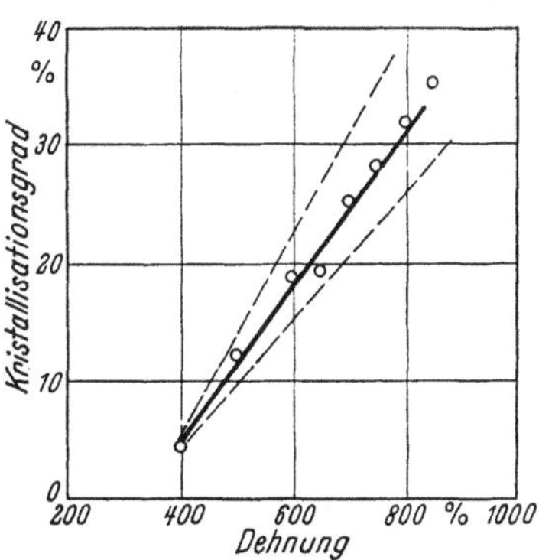

Abb. V, 27. Kristallinität von Kautschuk
(Vulkanisat G) in Abhängigkeit von der
Dehnung. Meßpunkte: Röntgenom. Messungen, ausgezogene Gerade: Dichtemessungen, gestrichelte Geraden: Abweichung
von 2% in der amorphen Dichte.
(Nach GOPPEL und ARLMAN.)

29% bei A. Betrachtet man aber nicht gleiche absolute, sondern gleiche
relative Dehnungen, bezogen auf die Bruchdehnung, so findet man praktisch übereinstimmende Kristallinitäten (Tabelle V, 4, Spalte 6 und 7).

Tabelle V, 4.
Physikalische Konstanten und Kristallinitäten zweier verschiedener Vulkanisate[1,2].

Vulkanisat	Dehnung u. Kristallisation *s*	Bruchspannung kg/mm²	Bruchdehnung	Kristalliner Anteil		
				bei 500 % Dehnung	bei 50 %	bei 75 %
					der Bruchdehnung	
A	Tabelle V, 2	28,8	717	0,29	0,10	0,34
G	Abb. V, 27	19,6	968	0,12	0,10	0,26

3. Elastometrische Ergebnisse.

Auch die in Abhängigkeit von der Dehnung von ARLMAN und GOPPEL[3]
röntgenometrisch und von WILDSCHUT[4] an derselben Probe mittels
elastischer Messungen bestimmten Kristallinitäten stimmen sehr gut

---

[1] Zusammensetzung Vulkanisat G: smoked sheet mit 2% Schwefel, 1% Zinkoxyd, 1% Merkaptobenzothiazol, 1% Stearinsäure, Vulkanisation 30 Min. bei
140°C. — [2] Zusammensetzung Vulkanisat A siehe S. 255, Fußnote 1.

[3] ARLMAN, J. J. u. J. M. GOPPEL: Appl. Sci. Res. (A) **2**, 1 (1949). — Siehe auch
Rubber chem. Technol. **33**, 319 (1950). — [4] Siehe S. 246, Fußnote 2.

überein. Das geht aus der Abb. V, 28 hervor, in der die röntgenographisch bestimmten Kristallinitäten des Vulkanisates A, die schon in der Tabelle V, 1 angegeben wurden, durch eine ausgezogene Kurve wiedergegeben und dazu die Meßpunkte von WILDSCHUT an demselben Vulkanisat eingetragen sind. Danach bestätigt es sich wieder, daß die höchsten durch Dehnung erreichbaren Kristallinitäten des Kautschuks bei Zimmertemperatur in der Gegend von 30 bis 40% liegen. Die Diskussion der Messungen von WILDSCHUT im Rahmen der Theorie von FLORY[1] wird in dem § 43 über Kristallisation und Dehnung vorgenommen werden.

BOONSTRA[2] leitet aus seinen Messungen der Temperaturabhängigkeit der elastischen Spannung zweier Kautschuk-Vulkanisate[3] S und T nach Gl. (V, 26) die in der ersten Zeile der Tabelle V, 5 wiedergegebenen Änderungen ΔH_{str} der inneren Energie der Streckung und Kristallisation ab. Er führte weiter an einem 35 Jahre alten Kautschuk (aus der Kühlzelle des Kautschuk-Institutes in Delft, Holland), dessen Kristallinität durch röntgenometrische und volumetrische Messungen zu 0,38 bestimmt wurde, die Messung der Wärmetönung bei der Entkristallisation durch Quellung aus. Mit einem Werte

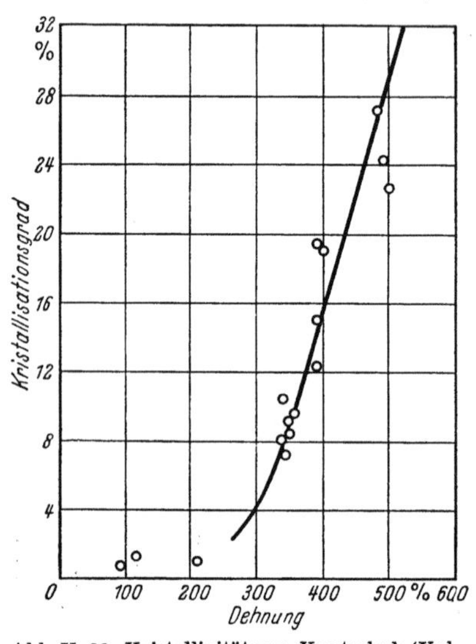

Abb. V, 28. Kristallinität von Kautschuk (Vulkanisat A) in Abhängigkeit von der Dehnung. Ausgezogene Kurve: Röntgenographische Werte. Meßpunkt: Werte von WILDSCHUT. (Nach ARLMAN und GOPPEL.)

von 25 Joule/g für diesen Vorgang berechnet sich die totale Kristallisationswärme des Kautschuks zu 66 Joule (16 cal/g) bei 20° C (gegenüber einer Schmelzwärme des Isoprens von 70,9 Joule/g oder 16,9 cal/g bei 126° C).

Tabelle V, 5.
Streckwärmen und kristalline Anteile von Kautschuk-Vulkanisaten (nach BOONSTRA).

Vulkanisate Dehnung ΔL%	S			T		
	300	400	500	300	400	500
Streckwärmen ΔH_{str} Joule/cm³	1,6	7,5	14,0	1,6	5,8	10,8
kristall. Anteile $\Delta H_{str}/H_m$	0,028	0,13	0,24	0,028	0,10	0,19
röntgenometrisch	0,04	0,15	0,30	0,05	0,105	0,205

[1] FLORY, P. J.: J. chem. Physics **15**, 397 (1947).
[2] Siehe S. 246, Fußnote 3.
[3] Zusammensetzungen: *Vulkanisat S* besteht aus smoked sheets mit folgenden Zusätzen: Zinkoxyd 5%, Captax 0,8%, Diphenylguanidin 0,5%, Aldol-α-naphtylamin 1%, Stearinsäure 1% und Schwefel 1,5%; Vulkanisation 20 Min. bei 142° C unter Druck, spez Gewicht 0,97. *Vulkanisat T* enthält first latex crepe als Grundsubstanz, dazu Zinkoxyd 5%, Tuads 3% und Stearinsäure 1%; Vulkanisation 30 Min. bei 142° C unter Druck, spez. Gewicht 0,96.

Ihrem spezifischen Gewicht und ihrem wahren Kautschukgehalt entsprechend setzt BOONSTRA die totalen Kristallisationswärmen der Vulkanisate mit $H_m = 58$ Joule/cm³ ein und erhält damit gemäß der Gl. (V, 27) die in der zweiten Zeile der Tabelle V, 5 eingetragenen Kristallinitäten. Sie stimmen annehmbar mit den in der dritten Zeile wiedergegebenen röntgenometrisch bestimmten Kristallinitäten überein.

b) Polyäthylen.

1. Röntgenometrische Ergebnisse.

Soweit sich die Messungen der Temperaturabhängigkeit des kristallinen Anteils des Vergleiches der Intensität des diffusen Halos bedienen, besteht zwar insofern keine Schwierigkeit, als das Streuvermögen der Atome von der Temperatur unabhängig ist; doch muß man, wenn man wegen der Störungen seines Gipfels durch die Kristallreflexe den Anstieg des diffusen Halo bei kleinem Winkel mißt, wie GOPPEL es beim spontan kristallisierten Kautschuk getan hat, berücksichtigen, daß der Halo mit abnehmender Temperatur sich der zunehmenden Dichte entsprechend um ein geringes nach größeren Streuwinkeln verschiebt. Dieser Fehler ist in der Praxis jedoch bei dem flachen Verlauf, den der Halo bei kleinen Winkeln zeigt, nicht sehr groß, so daß die von HERMANS und WEIDINGER[1, 2] auf diesem Wege erstmalig bei verschiedenen Temperaturen gemessenen Kristallinitäten von Polyäthylen nur wenig zu hoch ausgefallen sein dürften. Ihre Ergebnisse sind in der Tabelle V, 6 zusammengestellt.

Tabelle V, 6.

Kristallinität von Polyäthylen in Abhängigkeit von der Temperatur (nach HERMANS und WEIDINGER).

Temperatur ° C	Nichtkristalliner Anteil $(1 - \alpha)$	Kristalliner Anteil α
18	0,46	0,54
90	0,765	0,235
115	0,92	0,08
135 (Schmelze)	1,00	0

KRIMM und TOBOLSKY[3, 4, 5] aber konnten mit einer Zählrohrapparatur so hoher Auflösung, daß die Intensitätskurve des diffusen Halo ganz von den Kristallinterferenzen abgetrennt werden konnte (Abb. V, 29), wobei sie in schwierigeren Fällen die gesetzmäßige Verschiebung seines Gipfels mit der Temperatur zu Hilfe nahmen, eine sehr interessante Feststellung machen. Die Bestimmungen der Kristallinitäten ergaben nämlich verschiedene Werte, je nachdem ob die Intensität des Halo bei einem bestimmten kleinen Winkel oder die Gipfelintensität oder schließlich die

---

[1] HERMANS, P. H. u. A. WEIDINGER: J. Polymer Sci. **4**, 709 (1949).
[2] HERMANS, P. H.: Kolloid-Z. **120**, 3 (1951).
[3] KRIMM, S. u. A. V. TOBOLSKY: Text. Res. J. **21**, 805 (1951).
[4] KRIMM, S. u. A. V. TOBOLSKY: J. Polymer Sci. **7**, 57 (1951).
[5] KRIMM, S.: J. physic. Chem. **57**, 14 (1953).

ganze Fläche unter der Intensitätskurve gemessen wurde (Abb. V, 30).
Bei der Messung bei einem festen kleinen Winkel ist der Anstieg der
Kristallinität mit sinkender Temperatur am steilsten, wie es den obigen
Überlegungen über den Einfluß der Vernachlässigung der Dichtezunahme

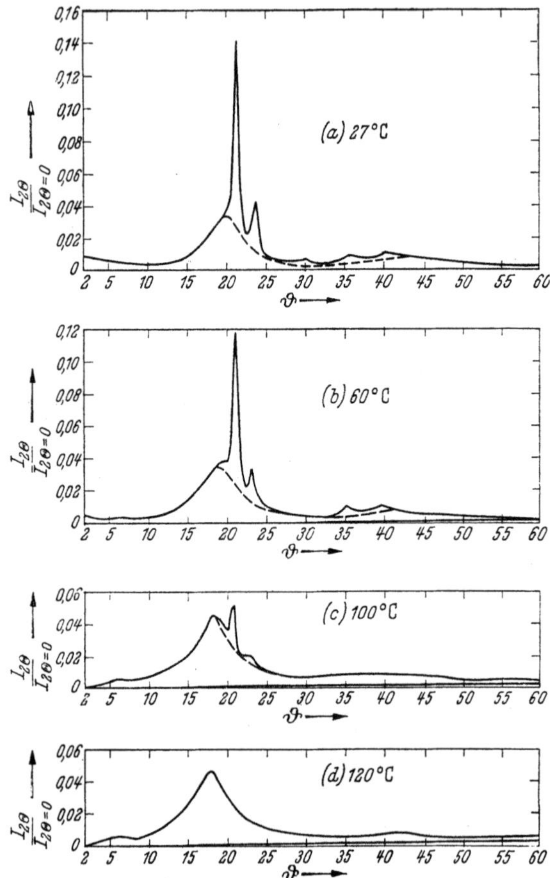

Abb. V, 29. Streukurven des teilkristallinen Polyäthylen bei 27, 60, 100 und 120°C.
(Nach KRIMM und TOBOLSKY.)

entspricht. Diskrepanzen bezüglich des Temperaturganges der Gipfelhöhe
und der Fläche der Intensitätskurve des Halos aber weisen darauf hin, daß
dieser sich mit abnehmender Temperatur nicht ähnlich verändert, daß es
sich also nicht um eine wirklich flüssigkeitsamorphe Phase handeln kann,
die ihn erzeugt, sondern vielmehr um eine in gewissem und bei verschiedenen Temperaturen verschiedenem Maße geordnete Struktur. Dadurch
ist für den Fall des Polyäthylens der Hinweis auf die Existenz von Ordnungszuständen, die zwischen dem flüssigkeitsamorphen und dem kristallinen Zustand liegen, gegeben. Ähnliche Beobachtungen erwähnen KRIMM
und TOBOLSKY auch im Falle des Oktakosans, in dessen Halo bei ver-

schiedenen Temperaturen (65 und 150° C) wohl verschiedene Gipfelhöhen, aber gleiche Flächen gefunden werden.

KRIMM und Mitarbeiter haben auch gestreckte Proben untersucht, wobei sie sich allerdings auf Streckungen bis 20% beschränken mußten, bei denen noch keine Orientierung der nichtkristallinen Gebiete auftritt, der Halo also ringsherum gleichmäßig geschwärzt bleibt. Die kristallinen Anteile finden sich dabei nicht erhöht, und es zeigt sich, daß der Betrag des orientierten kristallinen Materials eine Funktion allein der Temperatur ist.

Weiter sind vergleichende röntgenographische Kristallinitätsbestimmungen an einer großen Zahl verschiedener Polyäthylene mit dem Ziel der Untersuchung der Korrelation zwischen der Kristallinität einerseits und dem Molekulargewicht bzw. der Dichte andererseits zu nennen, die von MATTHEWS, PEISER und RICHARDS[1] nach der Methode des Intensitätsvergleiches zwischen Kristallreflexen und diffusem Halo ausgeführt wurden. Sie nahmen dabei die Summen der Flächen unter den beiden Hauptreflexen

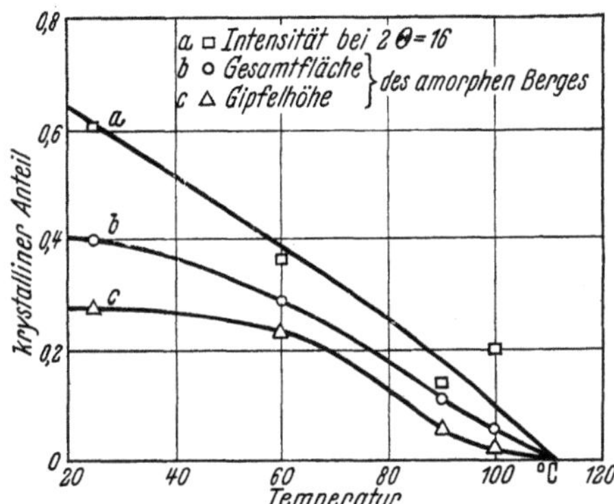

Abb. V, 30. Kristallinitäten von Polyäthylen in Abhängigkeit von der Temperatur (nach KRIMM und TOBOLSKY) berechnet aus den Verhältnissen a) der Intensitäten beim Streuwinkel 2 θ = 16°, b) der Flächen unter den Intensitätskurven der diffusen Halos, c) der Maximalintensitäten.

des Polyäthylens als Maß für die interferierende Streuung J_{cr} und die Fläche unter dem Berge des diffusen Halo als Maß für die diffuse Streuung J_a (vgl. Abb. V, 31) und bestimmten nach der S. 238 angegebenen Methode die Konstante A/B der Gl. (V, 8) zu 1,0 ± 0,1.

Abb. V, 31, die die Streukurve eines ihrer Diagramme und seine Zerlegung zeigt, läßt das Problem der Untergrundabtrennung deutlich werden, denn hier bleibt, wie die obere Kurve der Abbildung zeigt, ein Untergrund unberücksichtigt, der seiner Form nach nicht als Luftstreuung angesprochen werden kann. Er könnte vielleicht der diffusen

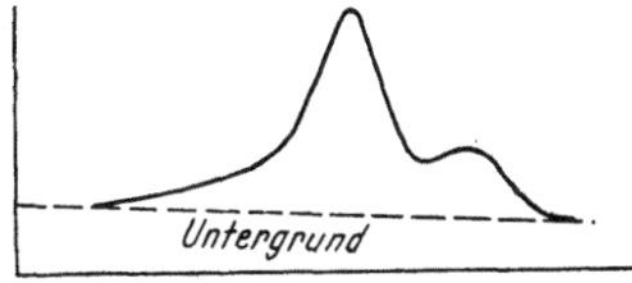

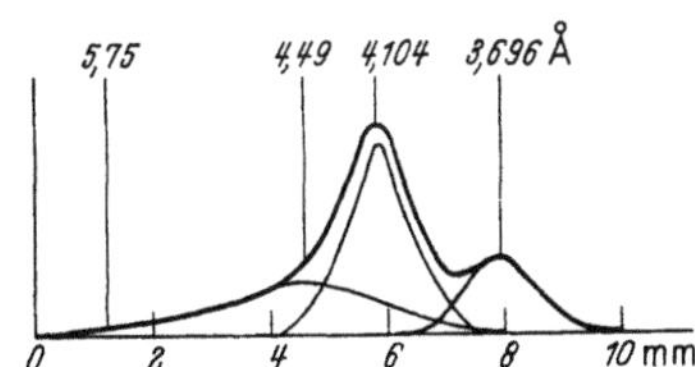

Abb. V, 31. Röntgenstreukurve eines zu 80% kristallinen Polyäthylens und ihre Zerlegung. (Nach MATTHEWS, PEISER und RICHARDS.)

Streuung der kristallinen Bereiche infolge von Gitterstörungen II. Art zugeschrieben werden und wäre in diesem Falle für die Kristallinitätsbestimmung mit Recht außer Betracht zu lassen, wie es hier auch geschieht. Bei den Polyamiden hat er aber einen solchen Betrag neben dem

---

[1] Siehe S. 237, Fußnote 3.

diffusen Halo (vgl. S. 272) und bei Cellulose (vgl. S. 274) tritt sogar nur
ein solcher breiter Untergrund auf, so daß es doch unsicher ist, ob er nur
den Gitterstörungen zugeschrieben werden kann. Jedenfalls kann man
kaum beipflichten, daß die klare Trennung des Halos, der Reflexe und
des allgemeinen Untergrundes zugleich auch eine ebenso klare Trennung
von kristallinen und nichtkristallinen Gebieten beinhaltet.

Die Ergebnisse von MATTHEWS, PEISER und RICHARDS sind in den
beiden Diagrammen der Abb. V, 32 wiedergegeben. Kurve a gibt die
Abhängigkeit vom Molekulargewicht wieder; danach steigt der kristalline
Anteil mit zunehmendem Molekulargewicht zunächst steil an und erreicht
bei einem Molekulargewicht von 2000 ein Maximum (0,85), um dann langsam wieder abzufallen und sich bei Molekulargewichten von 10000 bis
12000 einem konstanten Endwert (0,77) anzunähern. Eine Korrelation
zwischen Kristallinität und Dichte besteht nur bei Molekulargewichten
von mehr als 5000. Bei der Dichte 0,9 zeigt die Kurve b in Abb. V, 32
einen kristallinen Anteil von 0,6 an und mündet dann über 0,9 bei der
Dichte 0,95 bei vollkommener Kristallisation in die Röntgendichte 1,0
ein. Es finden sich aber bei demselben nichtkristallinen Anteil außerhalb
der Fehlergrenzen streuende Dichtewerte, wobei die kleineren Dichten
stets den kleineren Molekulargewichten entsprechen und umgekehrt, was
auf den Einfluß von Verzweigungen hinweist.

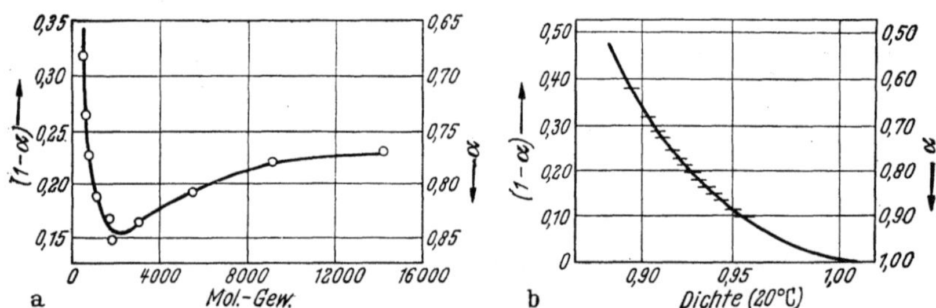

Abb. V, 32. Zusammenhang zwischen dem nichtkristallinen Anteil $(1-\alpha)$ verschiedener Polyäthylene
und dem Molekulargewicht (a) bzw. der Dichte (b). (Nach MATTHEWS, PEISER u. RICHARDS.)

Röntgenographische Messungen an einer Reihe abgeschreckter und
angelassener Polyäthylenproben über einen großen Dichtebereich haben
BRYANT und Mitarbeiter[1] durchgeführt. Sie benutzen ein Röntgenspektro-
meter ähnlich wie KRIMM und TOBOLSKY, verwenden aber nicht mono-
chromatisierte, sondern nur gefilterte Strahlung und führen die Abtrennung des Untergrundes nach Maßgabe der Streukurve des flüssigen Okta-
dekans durch. Dabei finden sie für den Dichtebereich von 0,87 bis 0,97
Kristallinitäten von 0,35 bis 0,85. BRYANT und Mitarbeiter benutzen
diese Reihe zur Extrapolation auf die amorphe Dichte und erhalten so
Werte von 0,805 bis 0,825 (s. Abb. V, 36). Da aber nicht die Dichten, sondern die spezifischen Volumina einen linearen Verlauf mit der Kristallinität zeigen müssen, erscheint der obere Wert als der wahrscheinlichere.

---

[1] BRYANT, W. M. D., C. T. TORDELLA u. R. H. H. PIERCE JR.: 118. Meeting
Amer. Chem. Soc., Chicago 1950.

Auch NICHOLS[1] hält 0,83 für die obere Grenze der amorphen Dichte des Polyäthylens bei Zimmertemperatur und weist dabei auf die Daten von HERMANS und WEIDINGER[2] hin, die weiter unten in Abb. V, 43 dargestellt sind und aus denen hervorgeht, daß im flüssigen Paraffin mehr Ordnung vorliegt als im amorphen Polyäthylen.

2. Volumetrische Messungen.

Für die volumetrische Bestimmung der Kristallinität des Polyäthylens wie aller Hochpolymeren, deren völlig ungeordnete Phase nur als Schmelze zu erhalten ist, ergibt sich das Problem der Extrapolation des spezifischen Volumens der ungeordneten Gebiete von der Schmelze auf die Temperatur des festen Körpers. Man könnte dazu zunächst daran denken, mit dem in dem zugänglichen Temperaturbereich der Schmelze konstanten Ausdehnungskoeffizienten zurückzurechnen. So sind z. B. auch HUNTER und OAKES[3] vorgegangen, um aus ihren Dichtemessungen den kristallinen Anteil des Polyäthylens in Abhängigkeit von der Temperatur zu bestimmen. Sie halten die so erhaltenen Zahlen aber selbst möglicherweise für zu klein, weil kaum damit zu rechnen sei, daß die ungeordneten Gebiete im festen Zustand sich beim Abkühlen ebenso wie die freie Schmelze zusammenziehen können. ÜBERREITER und ORTHMANN[4] finden dann, daß die Volumenkurve des teilkristallinen Polyäthylens in der Umgebung der Zimmertemperatur der der vollkristallinen hochmolekularen Paraffine parallel läuft, daß also der restliche nichtkristalline Anteil im festen Zustand denselben Ausdehnungskoeffizienten besitzt wie der kristalline, wie es der Einspannung der nichtkristallinen Gebiete zwischen die kristallinen entspricht. Sie schlagen daher vor, zur Ermittlung der spezifischen Volumina der nichtkristallinen Gebiete des festen Zustandes durch das spezifische Volumen am Schmelzpunkt eine Parallele zu der Volumengeraden des kristallin-festen Zustandes zu ziehen. Demgegenüber betont aber PRICE[5], daß die Gleichsetzung der Ausdehnungskoeffizienten im kristallinen und im teilkristallinen Zustand erst unterhalb der Einfriertemperatur T_e zulässig sei. Ohne Berücksichtigung des Einfriervorganges müssen die Volumenkurven des flüssigen, des teilkristallinen und des kristallinen Zustandes einen gemeinsamen Schnittpunkt bei einer Temperatur T_x haben; am Einfrierpunkt aber erfahren die beiden ersten Volumenkurven eine Abknickung nach oben, so daß sie nun zu der des kristallinen Zustandes parallel laufen. In Abb. V, 33 sind diese Verhältnisse maßstabgerecht für Polyäthylen unter Berücksichtigung der Zahlen von HUNTER und OAKES dargestellt. Man sieht, daß die Volumenkurve des teilkristallinen Zustandes in den Schnittpunkt der Volumenkurven des flüssigen und des kristallinen Zustandes zwanglos hineinläuft.

[1] NICHOLS, J. B.: Journ. applied Phys. **25**, 840 (1954).
[2] HERMANS, P. H. u. A. WEIDINGER: J. Polymer Sci. **5**, 269 (1950).
[3] HUNTER, E. u. W. G. OAKES: Trans. Faraday Soc. **41**, 49 (1945).
[4] ÜBERREITER, K. u. H. J. ORTHMANN: Kolloid-Z. **128**, 125 (1952).
[5] PRICE, F. P.: J. chem. Physics **19**, 973 (1951).

Der Volumenkurve des kristallinen Polyäthylens wird die Röntgenanalyse der hochmolekularen Paraffine von Bunn[1] zugrunde gelegt. Ihre Diagramme zeigen oberhalb einer C-Zahl von 130 keine Unterschiede mehr und führen auf eine orthorhombische Zelle mit dem Elementarvolumen 92,45 Å^3, das vier CH_2-Gruppen enthält. Die bei den Polyäthylenen den Paraffinen gegenüber auftretenden Verzweigungen brauchen nicht berücksichtigt zu werden, weil angenommen werden kann, daß sie außerhalb der Kristallite bleiben, so daß das spezifische Volumen des kristallinen Polyäthylens gleich dem der kristallinen Paraffine mit

$$v_{cr} = 0,9932$$

angesetzt werden darf. Für seinen Ausdehnungskoeffizienten wurde der Wert $4 \cdot 10^{-4}$ angenommen, den Überreiter und Orthmann aus eigenen Messungen unter Benutzung des Wertes $3,8 \cdot 10^{-4}$, den Hunter und Oakes für unendlich lange Paraffine angegeben haben, für Polyäthylene mit einem Polymerisationsgrad von mehr als 200 in der folgenden Weise interpolieren:

$$\beta \cdot 10^{-4} = 3,8 + \frac{90}{P} \, .$$

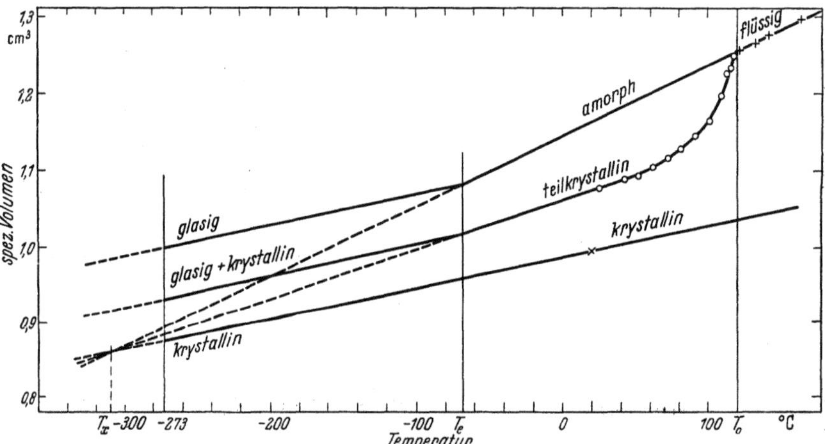

Abb. V, 33. Spezifische Volumina von Polyäthylen in Abhängigkeit von der Temperatur. Meßpunkte nach Hunter und Oakes, Extrapolationen nach Price.

Bei den drei parallelen Geraden der Volumenkurven des glasigen, des (glasigen + kristallinen) und des kristallinen Zustandes läßt die Lage der mittleren im Verhältnis zu der der beiden anderen die maximale Kristallinität, die das untersuchte Polyäthylen überhaupt erreichen kann, direkt ablesen:

$$\alpha_{max} = \frac{v_{glas} - v_{(glas+krist)}}{v_{glas} - v_{krist}} \, .$$

Sie liegt nach Aussage der Abb. V, 33 bei dem von Hunter und Oakes gemessenen Polyäthylen bei 0,55 und ist nach dem Verlauf der Temperaturkurve der Kristallinität (Abb. V, 34, Kurve b) bei fallender Temperatur schon bei 50°C erreicht. In Übereinstimmung mit dem Röntgenbefund von Matthews, Peiser und Richards finden sich aber

---

[1] Bunn, C. W.: Trans. Faraday Soc. **35**, 487 (1939).

auch bei den volumetrischen Messungen sehr unterschiedliche Kristallinitäten bei verschiedenen Polyäthylenen. Die Kurven *a* und *c* der Abb. V, 34 geben solche Fälle nach den Messungen von PRICE und von KRIMM und TOBOLSKY wieder. Die kristallinen Anteile betragen bei 0° C bei KRIMM und TOBOLSKY 0,41, bei HUNTER und OAKES 0,55 und bei PRICE 0,85. Ähnlich hohe Kristallinitäten wie der letztere, nämlich 0,78 bei 0° C haben TRILLAT und Mitarbeiter[1] auch auf röntgenometrischem Wege gefunden.

ÜBERREITER und ORTHMANN haben auch die Abhängigkeit der Kristallinität des Polyäthylens vom Polymerisationsgrad bei 20° C auf volumetrischem Wege gemessen. Mit dem empirischen Zusammenhang

$$100\,\alpha = 60 - \frac{3000}{P} \qquad \text{für } P > 100$$

finden sie einen ähnlichen Verlauf mit dem Polymerisationsgrad wie MATTHEWS, PEISER und RICHARDS; nur gibt ihre Formel den dort oberhalb $P = 3000$ gefundenen Wiederabfall des kristallinen Anteils nicht wieder.

Interessant ist weiter der Vergleich der Kristallinitäten von Polyäthylenen mit denen der unverzweigten Paraffine derselben C-Zahl, die nach den Dichtemessungen von ÜBERREITER und ORTHMANN[2] und unter Zugrundelegung der Röntgen-

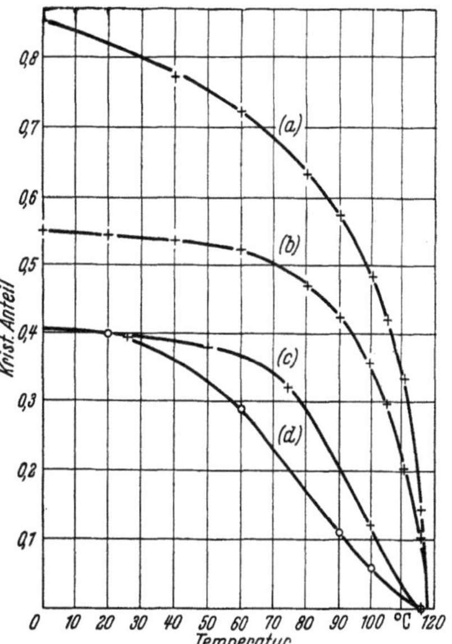

Abb. V, 34. Kristalliner Anteil von Polyäthylenen in Abhängigkeit von der Temperatur nach volumetrischen Messungen (*a*) von PRICE, (*b*) von HUNTER und OAKES, (*c*) von KRIMM und TOBOLSKY, (*d*) nach röntgenometrischen Messungen von KRIMM und TOBOLSKY.

dichten von BUNN nach einem anfänglichen kleinen Abfall von der C-Zahl 60 an mit 0,88 konstant bleiben. Für das abweichende Verhalten der Polyäthylene, das in Tabelle V, 7 zum Ausdruck kommt, werden

Tabelle V, 7.
Kristalliner Anteil in normalen Paraffinen (nach ÜBERREITER und ORTHMANN).

C-Zahl	Schmelzpunkt ° C	Kristalliner Anteil	
		n-Paraffine	Polyäthylene
28	60	1,00	—
35	83	0,93	—
45	85	0,90	—
65	94	0,87	0,25
110	119	0,89	0,32
1430	132	0,88	0,58

[1] TRILLAT, J. J., S. BARBEZAT u. A. DELALANDRE: J. Recherches, Centre Nat. Recherch. Sci. **13,** 691 (1950).
[2] Siehe S. 263, Fußnote 4.

daher die Verzweigungen verantwortlich gemacht, die – vor allem bei kleinen C-Zahlen – an einem großen Prozentsatz der Kettenglieder auftreten.

Es erscheint aber überraschend, daß schon bei relativ kurzen Ketten mit 45 C-Atomen in den n-Paraffinen ein nichtkristalliner Anteil von 10% auftreten soll. Man wird daher in Anbetracht der außerordentlichen Schwierigkeiten, unverzweigte Paraffine zu synthetisieren, und der Möglichkeit, daß die Produkte noch instabile Gitterbereiche enthalten können (vgl. Kap. VII, § 40) trotz der Sorgfalt, die ÜBERREITER und ORTHMANN aufgewendet haben, doch eine Bestätigung noch abwarten müssen.

3. Calorimetrische Messungen.

Wie schon oben ausgeführt wurde, geben die Enthalpiedifferenzen zwischen dem flüssigen ($H_{l,t}$) und dem festen Zustand ($H_{s,t}$) ein unmittelbares Maß für den Ordnungszustand des letzteren. Kennt man dazu noch die Schmelzwärme (H_m) bei derselben Temperatur, so kann man nach Gl. V, 20 den kristallinen Anteil berechnen.

Solche Messungen wurden an Polyäthylenen von RAINE, RICHARDS und RYDER[1] ausgeführt und später von DOLE, HETTINGER, LARSON und WETHINGTON[2] erneut aufgenommen und auf gestrecktes und getempertes Material ausgedehnt.

Ein bestehender Unterschied bezüglich des Nullpunktes der Enthalpiedifferenzen fest-flüssig dürfte von der außerordentlichen Steilheit des Anstieges der spezifischen Wärmen bei Annäherung an den Schmelzpunkt und ihrem plötzlichen Abbruch auf der anderen Seite herrühren. Doch werden die Messungen von RICHARDS und Mitarbeitern noch durch Bestimmungen der Lösungswärmen gestützt. Diese wurden mit Xylol als Lösungsmittel ausgeführt, weil die Mischungswärme des Polyäthylens in einem reinen Kohlenwasserstoff vernachlässigt werden kann. Die Enthalpiedifferenzen von DOLE und Mitarbeitern sind durchweg um etwa zehn Einheiten kleiner, ihre Bezugstemperatur ist mit 110°C also wohl zu klein gewählt, so daß der völlig ungeordnete Zustand noch nicht erreicht ist und die hierauf bezogenen Kristallinitäten zu klein ausfallen.

Die für die Berechnung der kristallinen Anteile aus den Enthalpiedifferenzen benötigte Schmelzwärme kann nur schätzungsweise durch Vergleich mit vollkommen kristallisierten Kohlenwasserstoffen gewonnen werden.

RICHARDS und Mitarbeiter benutzen dafür den Endwert von 56,6 cal je g und Kettenglied, dem die Schmelzwärme kristalliner n-Paraffine nach ihren Messungen mit wachsender C-Zahl zustrebt. DOLE und Mitarbeiter aber nehmen einen Wert von 66,3 cal an, den sie aus der Zunahme der Schmelzwärmen einiger gestreckter Paraffine mit der C-Zahl und übereinstimmend auch aus der Verlängerung von Seitenketten am Cyclohexan als Zuwachs je Kettenglied ermittelt haben. Durch die Benutzung dieser Differenzwerte vermeiden sie die Erniedrigung der Schmelzwärme durch Endgruppen und Verzweigungen, die in die Schmelzwärme des Polyäthylens nicht mit eingehen, weil sie außerhalb der kristallinen Bereiche bleiben. Sie berücksichtigen ferner auch die Temperaturabhängigkeit der Schmelzwärme, wie sie sich aus Messungen von PARKS und MOSLEY[3] ergibt, und setzen:
$$H_m = 62 + 0,09 \cdot t - 0,0005 \cdot t^2.$$

---

[1] Siehe S. 242, Fußnote 3. — [2] Siehe S. 242, Fußnote 4.
[3] PARKS, G. S. u. J. R. MOSLEY: J. chem. Physics. **17,** 691 (1949).

In Abb. V, 35 sind die auf den angegebenen Wegen in Abhängigkeit von der Temperatur bestimmten Kristallinitäten der Polyäthylene dargestellt. Die absoluten Werte von RAINE und Mitarbeitern (a) und von DOLE und Mitarbeitern (b) unterscheiden sich um einen Betrag, der nicht mehr auf die Benutzung verschiedener Schmelzwärmen und -temperaturen zurückgeführt werden kann, sondern nur auf die Verwendung ähnlich verschiedener Polyäthylene wie bei PRICE einerseits und bei HUNTER und OAKES andererseits (vgl. Abb. V, 34).

Die gegenseitige Lage aber der Kurven für das verstreckte (b_2) und das getemperte Polyäthylen (b_1) ist gesichert; denn es handelt sich um das gleiche Ausgangsmaterial und um die gleiche Meß- und Auswertungsmethode. Unterhalb 80°C ist die Kristallinität im gestreckten Zustand also geringer als im getemperten Zustand. Wenn im Gegensatz dazu die Dichten im gestreckten Zustande um 5 °/$_{00}$ größer gefunden werden als im getemperten, so kann diese Zunahme offenbar nicht als eine Erhöhung der Kristallinität beim Verstrecken gedeutet werden. Das stimmt auch mit der Auffassung von KRIMM und TOBOLSKY überein, wonach die nichtkristallinen Gebiete beim Strecken zwar orientiert und verdichtet werden, ohne daß es aber

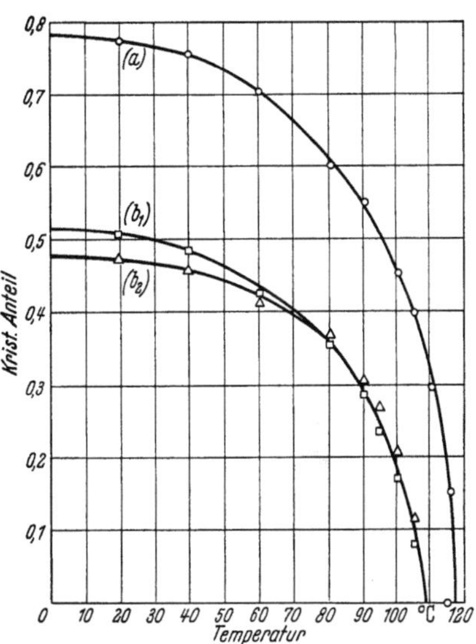

Abb. V, 35. Kristallinitäten verschiedener Polyäthylenproben aus thermischen Messungen in Abhängigkeit von der Temperatur. (a) Messungen von RAINE, RICHARDS u. RYDER; (b) von DOLE, HETTINGER, LARSON u. WETHINGTON. (b_1) getempert, (b_2) verstreckt.

zu einer Kristallisation kommt. Auch Polystyrol, das völlig nichtkristallin ist und bleibt, zeigt beim Verstrecken eine Dichtezunahme von 1–2°/$_{00}$.

Auch mit Hilfe der Verbrennungswärmen wurden Bestimmungen der Kristallinität von Polyäthylen durchgeführt. Im Vergleich zu der oben schon gegebenen Beziehung für die Verbrennungswärmen der flüssigen Alkylene

$$Q = 19{,}592 + 156{,}263 \cdot n = A + B \cdot n$$

fanden PARKS und MOSLEY[1] für eine Polyäthylenprobe –$(CH_2$–$CH_2)_n$– mit $n = 700$ die Konstante B zu 155,863 und damit um 400 cal für die CH_2-Einheit kleiner. Auf die Gewichtseinheit bezogen bedeutet das eine Verminderung der Verbrennungswärme um 28,5 cal/g, die der partiellen Kristallisation zugeschrieben werden muß. Mit der Zahl von 58,7 cal/g für den Zuwachs der Verbrennungswärme der Gewichtseinheit je CH_2-Gruppe im völlig kristallinen Zustand, die von PARKS und ROVE[2] am

---

[1] Siehe S. 266, Fußnote 2.
[2] PARKS, G. S. u. R. D. ROVE: J. chem. Physics 14, 507 (1946).

reinen kristallinen Dotriakontan ($C_{32}H_{66}$) bestimmt wurde, ergibt sich dann der kristalline Anteil in der Polyäthylenprobe zu

$$28{,}5/58{,}7 = 0{,}49 .$$

Dieses Material lag in Form von Platten vor. Ein anderes Polyäthylen, das als Rohr von 5 mm Durchmesser vorlag, ergab einen kristallinen Anteil von 0,52, wobei die Erhöhung gegenüber dem ersten möglicherweise reell sein und auf den Vorgang des Ziehens bei der Rohrherstellung zurückgeführt werden könnte. Was die absoluten Werte betrifft, so machen die Verfasser darauf aufmerksam, daß diese etwas zu klein ausgefallen sein könnten, weil die Verbrennungswärme des festen nichtkristallinen Materials gleich dem der Schmelze gesetzt wurde. Sie geben daher $0{,}60 \pm 0{,}10$ als wahrscheinlichen Wert der Kristallinität an.

Zum Vergleich der röntgenometrischen, volumetrischen und calorimetrischen Ergebnisse eignet sich besonders die Darstellung von BRYANT und Mitarbeitern[1], die für eine große Reihe von Polyäthylenproben den Zusammenhang zwischen der Dichte und der Kristallinität wiedergibt (Abb. V, 36). Wie NICHOLS[2] dazu ausführt, passen die Kristallinitätswerte der Autoren HERMANS und WEIDINGER (röntgenometrisch), HUNTER und OAKES (volumetrisch) sowie DOLE, HETTINGER, LARSON und WETHINGTON (calorimetrisch) gut hinein. Schlechter liegen die röntgenometrischen Werte von KRIMM und TOBOLSKY ($\sim -0{,}1$) und

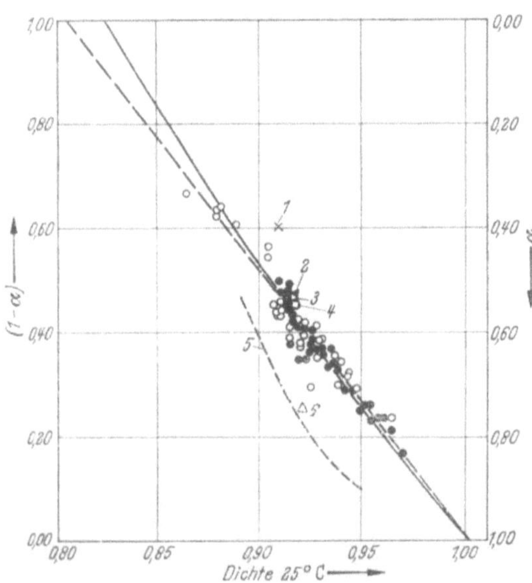

Abb. V, 36. Zusammenhang zwischen Dichte und Kristallinität bei Polyäthylen. (Nach BRYANT, TORDELLA und PIERCE JR.) BRYANT (abgeschreckte Proben). BRYANT (angelassene Proben).
(1) KRIMM und TOBOLSKY. (2) DOLE, HETTINGER, LARSON und WETHINGTON. (3) HERMANS und WEIDINGER. (4) HUNTER und OAKES. (5) MATTHEWS, PEISER und RICHARDS. (6) RAINE, RICHARDS und RYDER.

von MATTHEWS, PEISER und RICHARDS ($\sim +0{,}15$) und die calorimetrischen Werte von RAINE, RICHARDS und RYDER (ebenfalls $\sim +0{,}15$). Die Abweichung der Werte von MATTHEWS, PEISER und RICHARDS dürfte von ihrer Wahl kleiner Streuwinkel herrühren, was zu einer höheren Untergrundkorrektion führt. RAINE, RICHARDS und RYDER benutzen, wie oben schon ausgeführt wurde, eine zu kleine Schmelzwärme. KRIMM und

---

[1] Siehe S. 262, Fußnote 1. — [2] Siehe S. 263, Fußnote 1.

Tobolsky schließlich sind Bryant, Tordella und Pierce gegenüber dadurch im Nachteil, daß sie geschmolzenes Polyäthylen bei 120°C als amorphen Standard benutzen. Bryant und Mitarbeiter dagegen vermeiden die damit verbundene beträchtliche Extrapolation, indem sie die Streukurve des flüssigen Kohlenwasserstoffs Oktadekan zugrunde legen. Außerdem schließt Krimm Messungen bei kleineren Winkeln ein (2—30°), während Bryant von 10—30° mißt. Differenzen bestehen auch bezüglich der Ansetzung der „amorphen" Dichte. Krimm nimmt einen Wert von 0,86; Matthews und Peiser rechnen mit 0,78, während Bryant mit dem aus seiner Kurve (Abb. V, 36) extrapolierten Wert von 0,83 am besten liegen dürfte. (Siehe dazu die obigen Ausführungen auf S. 262.)

Von Krimm und Tobolsky aber sind röntgenometrische und volumetrische Messungen an demselben Material gegeben worden, und dabei zeigt sich eine große Abweichung zwischen den Werten und dem Temperaturverlauf der Kristallinität [vgl. Abb. V, 34, Kurven (c) volumetrisch und (d) röntgenometrisch]. Damit ist ein neuer Hinweis darauf gegeben, daß es im Polyäthylen — im Gegensatz zum Kautschuk, bei dem die röntgenometrischen und die volumetrischen Bestimmungen völlig übereinstimmen — nicht nur vollkommen kristalline Bereiche neben vollkommen nichtkristallinen gibt, daß vielmehr auch (mesomorphe) Zwischenstufen der Ordnung auftreten, die eine größere Dichte und einen kleineren Energieinhalt besitzen als die Schmelze, aber doch keine Röntgeninterferenzen liefern.

c) Halogenderivate des Polyäthylens.

Von den Halogenderivaten des Polyäthylens sind das Polychlortrifluoräthylen und das Polytetrafluoräthylen auf ihre Kristallinität hin untersucht worden, das erste vermittels der volumetrischen Methode, das zweite nach der Methode der magnetischen Kernresonanz.

Wenn Price[1] beim Polychlortrifluoräthylen die Volumenkurven des teilkristallinen und des flüssigen Zustandes gegen die Temperatur auftrug, so lag der Schnittpunkt T_x (vgl. Abb. V, 33) so dicht an der Einfriertemperatur, daß Messungen im eingefrorenen Zustande nicht möglich waren. In diesem Falle können nur zwei Grenzen für den kristallinen Anteil gegeben werden. Die obere Grenze wird erhalten, wenn die Kristallkurve die teilkristalline Kurve im Punkte T_x tangiert, die untere, wenn der Ausdehnungskoeffizient zu Null angenommen wird. In Abb. V, 37 ist der für beide Grenzfälle berechnete Verlauf der Kristallinität des Polychlortrifluoräthylens in Abhängigkeit von der Temperatur aufgetragen worden. Die Kurven erreichen unterhalb 100°C einen Maximalbetrag von 70 bzw. 90%. Ihr

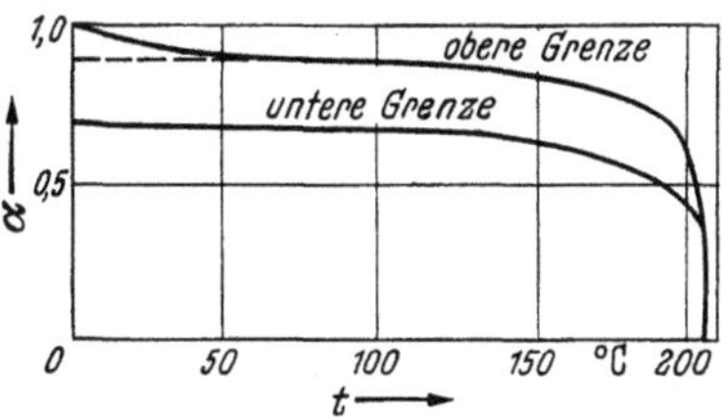

Abb. V, 37. Temperaturverlauf der Kristallinität bei Polychlortrifluoräthylen. (Nach Price.)

---

[1] Price, F. P.: J. chem. Physics 19, 973 (1951).

steiler Abfall am Schmelzpunkt läßt erkennen, daß zwei Drittel der Kristalle im Bereich von 5°C unter dem Schmelzpunkt aufschmelzen.

Bei der Messung der magnetischen Kernresonanz des Polyäthylens und des Polytetrafluoräthylens erhielten WILSON und PARKER[1] bei —183°C, also unterhalb der Einfriertemperatur eine breite Resonanzkurve gemäß Abb. V, 38a. Bei +3,5°C dagegen fanden sie die in Abb. V, 38b wiedergegebene zusammengesetzte Kurve, die sich in einen scharfen, den nichtkristallinen Gebieten entsprechenden, und in einen breiten, den kristallinen Gebieten zukommenden Anteil zerlegen läßt. Sie berechnen in dieser Weise die kristallinen Anteile 0,64 ± 0,05 für Polyäthylen und 0,52 ± 0,05 für Polytetrafluoräthylen bei 3,5°C.

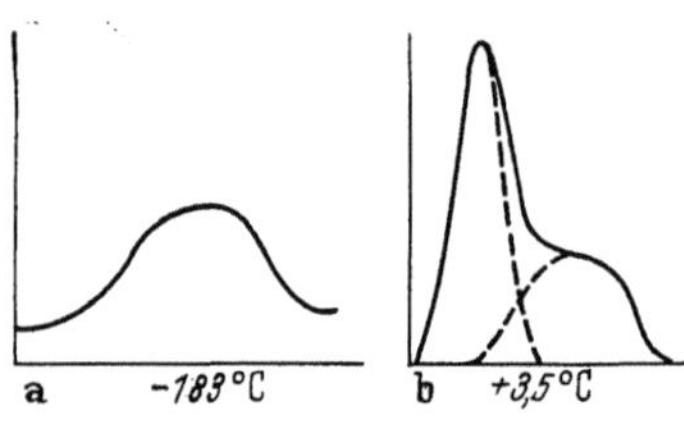

Abb. V, 38. Magnetische Resonanzkurven von Polytetrafluoräthylen. a) bei —183°C, b) bei +3,5°C. (Nach WILSON u. PARKER.)

d) Polyester.

Bestimmungen der Kristallinität von Polyestern liegen nur am Polyäthylenterephthalat (Terylen) vor. Dichtebestimmungen sind zwar auch an verschiedenen Naphthalaten durchgeführt; doch fehlen hier die Röntgendichten zur Umrechnung der volumetrischen Werte auf Kristallinitäten. Es sei aber auch hier wieder betont, daß die Bestimmung der Kristallinität auf volumetrischem Wege über einen größeren Temperaturbereich stets voraussetzt, daß dabei keine Gitterumwandlungen auftreten. Bezüglich der Dichte des nichtkristallinen Materials liegen die Verhältnisse bei diesen Polyestern sehr bequem, weil sie durch Abschrecken aus der Schmelze in den reinen, nichtkristallinen Zustand übergeführt werden können. BUNN und Mitarbeiter[2] kommen so zu einer Abschätzung von 50% für den maximalen kristallinen Anteil von Terylen. KOLB und IZARD[3] verfolgen die Kristallisation von Terylen mit einer Dichtewaage, wobei sie von verschieden hohen Temperaturen ausgehen. Mit der kristallinen Dichte von 1,46 g/cm³ bei 22°C, die sie in Übereinstimmung mit ASTBURY und BROWN[4] gefunden haben, und den bei 22°C gemessenen Dichten, die sich bei der Kristallisation von verschiedenen Temperaturen aus nach 22 Stunden einstellen, berechnen sich kristalline Anteile von 0,52, wenn die Kristallisation bei 100° und 0,70, wenn sie bei 142°C erfolgte. Beim Ausgehen von Temperaturen unter 100°C zeigt das Terylen keine Kristallisation.

Ähnliche Versuche haben COBBS und BURTON[5] angestellt, indem sie sich der Ultrarot-Absorptionsmethode bedienten. Sie benutzen dabei, wie oben schon ausgeführt wurde, den Intensitätsvergleich der Absorp-

---

[1] Siehe S. 244, Fußnote 1.

[2] DAUBENY, R. u. P., C. W. BUNN u. C. J. BROWN: im Erscheinen.

[3] KOLB, H. J. u. E. F. IZARD: J. appl. Physics **20**, 571 (1949).

[4] ASTBURY, W. T. u. C. J. BROWN: Nature **158**, 871 (1946).

[5] Siehe S. 245, Fußnote 2.

tionsstelle bei $972\ \mathrm{cm}^{-1}$, die mit der Kristallisation stark zunimmt, mit der unveränderlichen Absorptionsstelle bei $795\ \mathrm{cm}^{-1}$. Abb. V, 39 zeigt die lineare Korrelation, die zwischen diesem Intensitätsverhältnis und der gewogenen Dichte besteht. Diese Methode eignet sich besonders zur Verfolgung des zeitlichen Verlaufes der Kristallisation, weil die modernen registrierenden Ultrarot-Absorptionsspektrographen auf Änderungen ansprechen, die in drei Sekunden stattfinden.

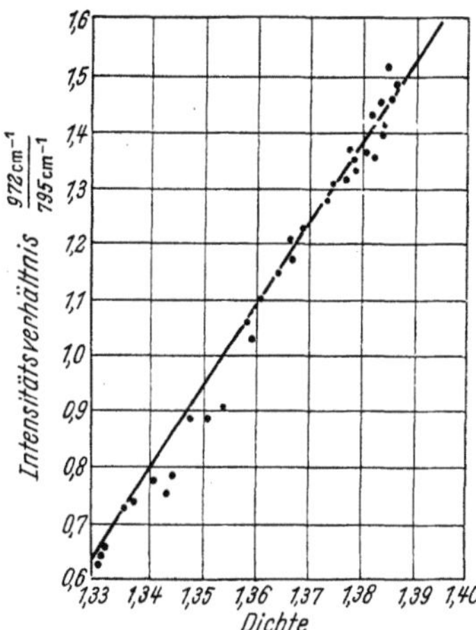

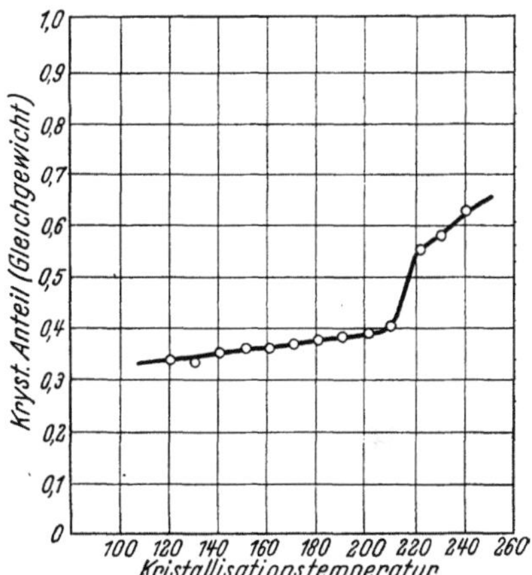

Abb. V, 39. Lineare Beziehung zwischen der Ultrarot-Absorption und der Dichte von Terylen. (Nach Cobbs und Burton.)

Abb. V, 40. Gleichgewichtswerte der Kristallisation von Terylen bei verschiedenen Kristallisationstemperaturen. (Nach Cobbs und Burton.)

Die Cobbs und Burton[1] maßen außerdem im direkten Verfahren die Dichten, die sich nach genügend langer Kristallisation bei Temperaturen zwischen 120 und 240°C als Gleichgewichtswerte des teilkristallinen Terylens bei 30°C einstellten. Mit diesen Werten, die zwischen 1,375 und 1,415 liegen, der Dichte des amorphen Materials von 1,331 $\mathrm{g/cm^3}$ und der Röntgendichte nach Astbury und Brown von 1,47 $\mathrm{g/cm^3}$ ebenfalls bei 30°C berechnen sich kristalline Anteile, die von 0,33 bis 0,63 reichen. Abb. V, 40 zeigt diese Werte in Abhängigkeit von der Kristallisationstemperatur.

e) Polyamide.

Die Kristallinität von 6,10-Nylon wurde von Hermans und Weidinger[2] nach derselben Röntgenmethode bestimmt, die sie für ihre Messungen an Cellulosen benutzen. Sie finden für abgeschrecktes Material 0,50 und für getempertes Material 0,60. Auf Grund der Feststellung von Fankuchen, Bergmann und Mark[3], daß die Kristallinität der Polyamide durch Behandlung mit einer wässerigen Phenollösung erhöht werden kann, untersuchten sie auch solche Proben von 6,10-Nylon. Nach der

---

[1] Siehe S. 270, Fußnote 5.
[2] Hermans, P. H. u. A. Weidinger: J. Polymer Sci. 4, 709 (1949).
[3] Fankuchen, I., M. E. Bergmann u. H. Mark: Text. Res. J. 18, 1 (1948).

Phenolbehandlung zeigte das abgeschreckte und das getemperte Material übereinstimmend eine Steigerung der Kristallinität auf 0,68.

Diese Werte können jedoch nur als Schätzungen gelten trotz der sorgfältigen Korrekturen, die für die Luftstreuung und die inkohärente Streuung angebracht wurde, weil die Abtrennung der von den kristallisierten und den nichtkristallisierten Gebieten herrührenden Röntgenstreuungen nach dem Verlaufe der wiedergegebenen Photometerkurven zweifelhaft erscheint. Die Autoren benutzen nämlich nur den allgemeinen diffusen Untergrund als Maß für den nichtkristallinen Anteil. Doch könnte man, ähnlich wie beim Polyäthylen (s. Abb. V, 31), noch ein Maximum der amorphen Streuung ungefähr an der Stelle der starken Kristallinterferenzen erwarten, wenn sich hier auch keine Anhaltspunkte für seine Abtrennung ergeben.

Die Kristallinität von 6,6- und 6,10-Nylon ist von WILHOIT und DOLE[1] nach derselben calorimetrischen Methode bestimmt worden, die DOLE, HETTINGER, LARSON und WETHINGTON[2] schon auf Polyäthylen angewendet haben (s. S. 267). Danach wird die Kristallinität als Quotient aus der Enthalpiedifferenz zwischen dem festen (H_s) und dem flüssigen Zustand (H_l) (bei derselben Temperatur) und der auf diese Temperatur umgerechneten Schmelzwärme (H_m) berechnet. Die Enthalpien ergeben sich durch Integration der spezifischen Wärmen. Dabei wird für die Extrapolation der spezifischen Wärme des flüssigen Zustandes des 6,6-Nylons auf niedrige Temperaturen ein Temperaturkoeffizient von 0,006 benutzt, wie ihn die niedermolekularen Di-n-Propyl- und Di-n-hexylester der Adipinsäure und auch der Di-n-hexylester der Sebacinsäure übereinstimmend zeigen. Die Interpolationsformel lautet also mit Temperaturen in Celsiusgraden

$$c_{p \text{ (flüssig)}} = 0,71 + 0,0006 \cdot (t - 275).$$

Die Schmelzwärme des gedachten vollkommen kristallinen 6,6-Nylon wird ebenfalls aus den Werten der monomeren Analogen umgerechnet, wobei der Einfluß der Endgruppen berücksichtigt wird. Danach gilt für diese Schmelzwärme

$$H_m = 43 + 0,07 \cdot (t - 179).$$

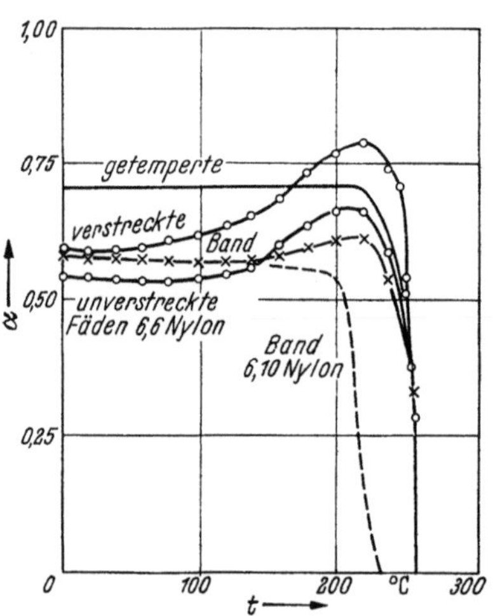

Abb. V, 41. Geschätzte Kristallinitäten für 6,6-Nylon (4 Formen) und 6,10-Nylon (Bandform) in Abhängigkeit von der Temperatur. (Nach WILHOIT und DOLE.)

Die Ergebnisse sind in der Abb. V, 41 dargestellt. Daraus geht hervor, daß die Kristallinität aller Nylonproben sich zwischen 0 und 160°C nur um wenige Prozent, also wohl innerhalb der Fehlergrenzen ändert. Dar-

---

[1] WILHOIT, R. C. u. M. DOLE: J. physic. Chem. **57**, 14 (1953).
[2] Siehe S. 242, Fußnote 4.

auf erfolgt ein Anstieg, der mit dem Befund von FULLER, BAKER und
PAPE[1] übereinstimmt, daß abgeschreckte Polyamide teilweise kristallisieren, wenn sie bei 200° C getempert werden. Das trifft für die ge-
sponnenen Fäden ohne und mit anschließender Streckung zu. Bei den
dickeren Bändern ist der Anstieg der Kristallinität bei 200° C weniger
ausgeprägt. Bei 6,6-Nylon ist er noch angedeutet, bei 6,10-Nylon fehlt
er ganz. Alle Nylonformen beginnen zu schmelzen, wenn die Temperatur
über 220° C erhöht wird. Bei dieser Temperatur erscheint also das Maximum der Kristallinität, das bei den verstreckten Fäden ungefähr 0,8 erreicht und den Wert des getemperten Materials überschreitet.

Beim Polyäthylen hatten die gestreckten Fäden eine etwas größere
Dichte, aber eine geringere Kristallinität als das getemperte Material.
Bei Nylon ist nach BLACK und DOLE[2] die Dichte der gestreckten Proben
vor dem Tempern geringer als die der nicht gestreckten Proben nach dem
Tempern. Hier steigen Dichte und Kristallinität also beide in der Reihen-
folge: nichtgestreckte – gestreckte Fasern – getempertes Nylon an.

Für 6,10-Nylon rechnen die Verfasser die Schmelzwärme um denselben Betrag höher, um den die Schmelzwärme des monomeren Di-n-
hexylesters der Sebacinsäure die des gleichen Esters der Adipinsäure
übertrifft, und erhalten so hierfür einen kristallinen Anteil von 0,54 bei
220° C. Unter Berücksichtigung der röntgenometrischen Messungen von
HERMANS und WEIDINGER[3], die bei Raumtemperatur Werte von 0,50
(abgeschreckt) und 0,60 (getempert) ergaben, würde danach auch für
6,10-Nylon gelten, daß sich die Kristallinität bis herauf zu 220° C kaum
ändert.

Abgesehen von den möglichen Fehlern der weiten Extrapolationen
hält DOLE die thermische Methode prinzipiell für geeignet, alle Grade
der Ordnung zu erfassen, ob nur wenige oder einige hundert Moleküle
zusammen kristallisieren. Die beste Definition der Kristallinität wäre aber
die Strukturentropie einer Probe verglichen mit der Entropie des vollkommenen Kristalls. Doch gibt es keinen Weg, die Strukturentropie zu
berechnen.

f) Cellulose.

1. Röntgenometrische Ergebnisse.

Die ersten Versuche, einem Faserdiagramm quantitative Aussagen
über die Höhe der kristallinen Anteile zu entnehmen, wurden von MARK[4]
sowie von KARAGIN und MICHAILOW[5] gemacht und erweckten den Eindruck, daß „ein Cellulosefaden während der Verstreckung einem ähnlichen Prozeß unterworfen ist wie eine Kautschukprobe, indem er eine
teilweise Umwandlung des nichtkristallinen Zustandes in den kristallinen
Zustand erfährt, die jedoch nicht reversibel und auch sehr viel weniger
ausgeprägt ist als bei Kautschuk". Doch erst die Aufnahmen von KRATKY

---

[1] FULLER, C. S., W. O. BAKER u. N. R. PAPE: J. Amer. chem. Soc. **62**, 3275 (1940).
[2] BLACK, C. F. u. M. DOLE: J. Polymer Sci. **3**, 358 (1948).
[3] Siehe S. 271, Fußnote 2.
[4] MARK, H.: J. physic. Chem. **44**, 764 (1940).
[5] KARAGIN, V. A. u. N. V. MICHAILOW: Acta Physicochim. URSS **11**, 343 (1939).

und SEKORA[1] entsprachen den Bedingungen, die eine quantitative Auswertung der Diagramme verlangt; sie aber brachten den sicheren Nachweis, daß ein „Kautschukeffekt", d. h. eine Zunahme der Kristallinität mit der Verstreckung, bei Cellulosefasern fehlt. Auch die Messungen über den Einfluß der Trocknung und der Kombination von Trocknung und Dehnung hatten ein völlig negatives Ergebnis. Sie weisen eher auf eine gewisse Zerstörung von kristallinen Mengen durch Trocknungs- und Dehnungsvorgänge hin; doch sind die Effekte zu klein, um in Anbetracht der verschiedenen Fehlerquellen als reell angesehen werden zu können.

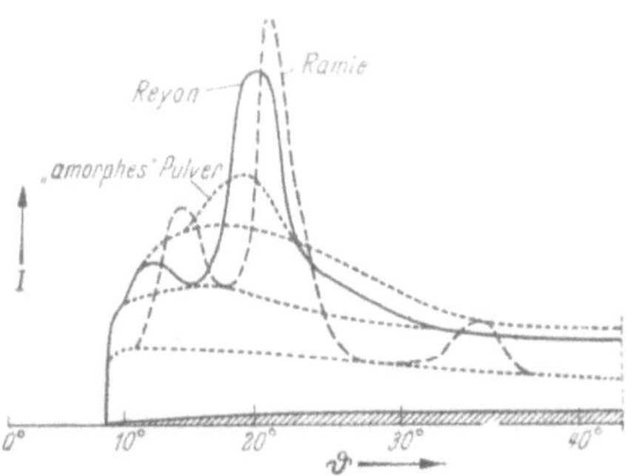

Abb. V, 42. Streukurven und Trennung der kontinuierlichen und der diskontinuierlichen Streuung für Ramie und Reyon sowie für ein durch Mahlen erhaltenes sog. amorphes Cellulosepulver. (Nach HERMANS und WEIDINGER.)

Eine zahlenmäßige Bestimmung der Größe des kristallinen Anteils von Cellulosefasern brachten aber erst die Arbeiten von HERMANS und WEIDINGER[2]. Abb. V, 42 illustriert ihre auf S. 237/38 beschriebene Methode, indem sie die Abtrennung der Kristallreflexe vom Untergrund für die Fälle einer nativen Faser (Ramie), einer Regeneratfaser (Reyon) und eines in der Kugelmühle erhaltenen „amorphen" Cellulosepulvers zeigt. Dabei wird deutlich, wie in dieser Reihenfolge der Anteil der diskontinuierlichen Streuung ab- und der der kontinuierlichen zunimmt. Zugleich aber fällt auf, wie wenig Anhaltspunkte man für die Führung der Trennungslinie hat und wie ungewöhnlich die Form des Untergrundes ausfällt, wenn man in der skizzierten Weise vorgeht. Das wird durch

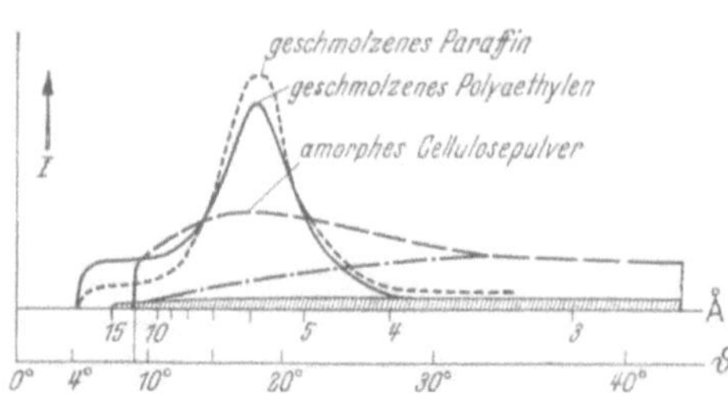

Abb. V, 43. Maßstabgerechte Darstellung der kontinuierlichen Streuungen von geschmolzenem Paraffin, geschmolzenem Polyäthylen und Cellulose. (Nach HERMANS und WEIDINGER.)

die maßstabsgerechte Gegenüberstellung der kontinuierlichen Streuungen von Cellulose und von geschmolzenem Paraffin und Polyäthylen in der Abb. V, 43 noch verdeutlicht[3]. Denn während die kontinuierlichen Streuungen der beiden letzteren ausgeprägte Maxima zeigen, die oberhalb eines Ablenkungswinkels von 30° praktisch abgeklungen sind, reicht die kontinuierliche Streuung der Cellulose mit einem nur sehr schwach ausgebildeten Maximum über den ganzen Winkelbereich dieser Aufnahmen und besitzt auch oberhalb 40° noch eine beträchtliche Intensität.

[1] KRATKY, O. u. A. SEKORA: Kolloid-Z. 108, 169 (1944).
[2] Siehe S. 235, Fußnote 1—3 und S. 238, Fußnote 1.
[3] Siehe S. 263, Fußnote 2.

HOSEMANN[1,2,3] sieht sich dadurch veranlaßt, den Gitterstrukturen in der Cellulose und in den Hochpolymeren überhaupt „flüssigkeitsstatistische" Störungen zuzuschreiben, die, wie schon aus den Betrachtungen von J. J. HERMANS[4] über eindimensionale Gitter mit Störungen, bei denen wie in einer Flüssigkeit die Abweichungen von der regelmäßigen Lagerung mit der Entfernung von einem beliebigen Baustein als Zentrum immer mehr zunehmen, hervorgeht, zum Fehlen der Reflexe höherer Ordnung und zum Auftreten einer kontinuierlichen Streuung an ihrer Stelle führen müssen. Tatsächlich bleibt, wenn man einen solchen Untergrund infolge von flüssigkeitsstatistischen Kristallstörungen annimmt und ihn in Abb. V, 43 einträgt (strichpunktierte Linie), der von den nichtkristallinen Gebieten herrührende Untergrund etwa in der Form eines diffusen Halos übrig. Der senkrecht schraffierte Untergrund stellt die inkohärente Streuung dar. Praktisch ist dieses Vorgehen jedoch noch nicht möglich, weil man zur Festlegung der Trennungslinie Kenntnisse über die Größe der statistischen Störungen und über die Größe und Größenverteilung der Kristallite haben müßte, die vorläufig noch fehlen. Doch wird man HOSEMANNs Theorie dieser sogenannten Parakristalle im Auge behalten müssen.

HERMANS und WEIDINGER[5] haben aber selbst eine andere Erklärung für den eigentümlichen Verlauf des Streuuntergrundes der Cellulosefasern gefunden. Sie konnten nämlich nachweisen, daß Celluloseverbindungen, die nicht völlig durchreagiert haben, so daß noch nicht alle OH-Gruppen verestert sind, in dem Auslauf bei hohen Ablenkungswinkeln dem „Untergrund" der Cellulose um so näher kommen, je mehr OH-Gruppen sie noch enthalten. Damit wird es aber wahrscheinlich, daß das Auftreten von Wasserstoffbrücken für den hohen Auslauf des Cellulosediagramms verantwortlich ist, und tatsächlich entspricht dem zugehörigen Sauerstoffabstand von 2 bis 3 Å bei Kupferstrahlung ein Streuwinkel von 40 bis 50°. Diese Deutung läßt aber zugleich erwarten, daß auch der kristalline Anteil zu dieser Streuung beiträgt, und daraus kann das Vorgehen von HERMANS und WEIDINGER, nicht die Fläche des Streuuntergrundes, sondern seine bei Streuwinkeln von 10 bis 15° liegende maximale Höhe A_m als Maß für die Streuung des nichtkristallinen Anteils zu nehmen, seine Berechtigung ableiten.

Wir wiesen bei der Besprechung der Methode schon darauf hin, daß die Brauchbarkeit der von HERMANS und WEIDINGER benutzten Fläche unter den bis zu einem Ablenkungswinkel von 40° auftretenden Kristallinterferenzen J_{cr} als Maß für den kristallinen und der maximalen Höhe A_m des Untergrundes als Maß für den nichtkristallinen Anteil dadurch auch bestätigt wird, daß alle diese Meßpaare J_{cr}, A_m, wie Abb. V, 22 es zeigte, auf der theoretisch geforderten Geraden $A \cdot J_{cr} + B \cdot A_m = C$

---

[1] HOSEMANN, R.: Z. Physik **128,** 465 (1950).

[2] HOSEMANN, R.: Kolloid-Z. **120,** 17 (1951) (Diskussionsbemerkung zum Marburger Vortrag von P. H. HERMANS.

[3] HOSEMANN, R. u. S. N. BAGCHI: Acta Crystallogr. **5,** 612 (1952).

[4] HERMANS, J. J.: Recueil Trav. chim. Pays-Bas **63,** 5 (1944).

[5] HERMANS, P. H. u. A. WEIDINGER: J. Polymer Sci. **5,** 269 (1950).

liegen. Zu ihrer Festlegung aber stehen zwei besonders gesicherte Punkte zur Verfügung; denn – und das ist ein besonders wichtiges, wenn auch unerwartetes und vom praktischen Standpunkt vielleicht sogar enttäuschendes Ergebnis dieser Arbeiten – alle nativen Fasern und ebenso fast alle Regeneratfasern zeigen untereinander so weitgehend übereinstimmende Werte von J_{cr} und A_m, daß HERMANS und WEIDINGER aus fünf nativen Cellulosen die Mittelwerte $J_{cr} = 198 \pm 5$ und $A_m = 28,0 \pm 0,5$ und aus neun Regeneratcellulosen die Mittelwerte $J_{cr} = 111,5 \pm 2,5$ und $A_m = 56,0 \pm 0,8$ mit Streuungen also von nur 2,2 bis 2,5 % bei J_{cr} bzw. 1,4 bis 1,8% bei A_m bilden und daraus auf oben angegebenem Wege die kristallinen Anteile

$$\alpha_\text{nativ} = 0,695 \pm 0,020 \quad \text{und}$$
$$\alpha_\text{regen.} = 0,39 \pm 0,03$$

berechnen können. Die Einzelwerte sind in Tabelle V, 8 zusammengestellt[1]. Durch diese beiden Punkte ist die Gerade der Abb. V, 22 und ihre Kristallinitätsskala festgelegt. Nur zwei Regeneratfasern sind unter dem umfassenden Material bis heute bekanntgeworden, die größere kristalline Anteile besitzen, das sind die

Fortisanfaser (Celanese Corp.) mit $\alpha = 0,48$ und die

Fiber „G" (du Pont)   mit $\alpha = 0,53$,

aber auch diese fallen genau auf die theoretische Gerade[2].

Tabelle V, 8.
Kristallinitäten der Cellulosefasern (nach HERMANS und WEIDINGER).

Native Fasern	α	Regeneratfasern	α
Ramie I	0,71	Tyre Cord Reyon II	0,40
Cotton B	0,71	Tyre Cord Reyon	0,39
Cotton A	0,70	Viscose Stapelfaser	0,39
Cotton C	0,70	Holl. Viscose Reyon, niedrig	0,39
Cotton-Linters	0,70	hochverstreckt	0,38
Borregaard Super VS Zellstoff	0,70	Franz. Viscose Reyon, niedrig	0,39
Hot alkali refined Zellstoff	0,70	hochverstreckt	0,38
Ramie II	0,69	Cellophan	0,40
Standard Cotton	0,69	Lilienfeld Reyon I	0,39
Mittelwert	$\overline{0,70}$	Lilienfeld Reyon II	0,37
		6 verschieden verseifte Acetatcellulosefasern, Mittelwert	0,38
		Japan. Toramomen Faser	0,38
		Mittelwert	$\overline{0,39}$

Von den nativen Fasern weichen nur gewöhnlicher technischer Holzzellstoff mit 0,65, wohl infolge von Verunreinigungen, und die Cellulose aus der Zellwand der Alge Valonia ventricosa mit 0,68 etwas stärker von dem Normalwert 0,70 ab.

---

[1] HERMANS, P. H.: Z. makrom. Chem. **6**, 25 (1951).

[2] Die Fortisanfaser, die in dem ersten Nomogramm [P. H. HERMANS u. A. WEIDINGER: J. Polymer Sci. **4**, 135 (1949)] als einzige Regeneratfaser merklich aus der linearen Gesetzmäßigkeit herausfiel, rückt nach neuen Messungen [P. H. HERMANS u. A. WEIDINGER: J. Polymer Sci. **5**, 565 (1950)] durch Erhöhung des J_{cr}-Wertes nach rechts genau auf die Gerade der Abb. V, 22 beim Punkte $p = 48\%$.

Andererseits fallen der Mittelwert aus sechs auf verschiedenen Wegen verseiften Celluloseacetatfasern mit 0,38 und auch die Kristallinität der Cellulose des Bacterium xylinum mit 0,40 praktisch mit dem Normalwert der Hydratcellulosen zusammen. Auch die Kristallinität von 0,08 für das durch Zermahlen trockener Cellulosefasern in einer Schwingmühle erhaltene sogenannte amorphe Cellulosepulver entspricht den Erwartungen[1] und liegt genau auf der Geraden; bei seiner Rekristallisation in heißem Wasser werden mit dem Gitter der Hydratcellulose auch die charakteristischen 40% Kristallinität wieder hergestellt.

Die überraschende Konstanz des Betrages der kristallinen Anteile der Regeneratfasern mit 40% (mit den einzigen Ausnahmen der Spezialfasern „Fortisan" [48%] und „Fiber G" [53%]) erweckt, wie KRATKY[2] ausführt, den Eindruck einer Materialkonstanten und erscheint auch durchaus plausibel, wenn man das Zustandekommen eines bestimmten kristallinen Anteils als einen statistischen Effekt auffaßt. Denn die den Molekülen innewohnenden Eigenschaften, ihre Beweglichkeit (Verknäuelungstendenz) und ihre Kristallisationstendenz, sind stets die gleichen, und so ist zu erwarten, daß im statistischen Mittel immer der gleiche Anteil kristallisieren wird. Und auch die Größenordnung ist plausibel; denn zwei Fadenmoleküle — als Symbol für einen übermolekularen Verband betrachtet — werden sich im statistischen Mittel mit ihrer halben Länge berühren, also zu 50% „kristallisieren". Die ältere, von HESS und LIESER vertretene Anschauung, daß immer mehr oder weniger die gleichen, aus der nativen Cellulose stammenden übermolekularen Verbände, die den Lösungsvorgang überdauert haben, vorhanden sind, scheint dagegen durch Ausfällversuche und Spinnversuche mit sehr verdünnten Viscosen widerlegt zu sein; denn diese lassen keinerlei Verminderung des kristallinen Anteils erkennen.

Nach derselben Methode wurden auch die Kristallinitäten von Jute (SEN und HERMANS[3]) und von einigen weiteren nativen Cellulosen von biologischem Interesse (PRESTON, HERMANS und WEIDINGER[4]) bestimmt. Die Kristallinitäten dieser Präparate finden sich, soweit diese von Lignin und Pektin freigemacht worden sind, zwischen 0,5 und 0,7.

Die vom technischen Standpunkt aus interessanten Untersuchungen von HERMANS und WEIDINGER über den Einfluß der Vorgänge der Hydrolyse[5], der Fällung[6] und der Mercerisation[7] von Cellulosen auf die Größe ihres kristallinen Anteiles sind zugleich vorzüglich geeignet, den Beweis für die lineare Beziehung zwischen den Maßzahlen J_{cr} und A_m zu verschärfen (Abb. V, 44).

Von den Geraden können die Kristallinitäten abgelesen werden, doch ist dabei zu beachten, daß bei der Hydrolyse und der Mercerisation ein Gewichtsverlust auftritt, auf den diese Kristallinitätswerte noch korrigiert werden müssen. Danach tritt bei der Hydrolyse von Regeneratfasern nach einer halben Stunde eine Rekristallisation ein, die den kristallinen Anteil von 39% auf 49% hebt, bei längerer Behandlung aber nicht weiter steigt. Bei nativer Ramie aber bleibt für

[1] HESS, K., H. KIESSIG u. H. GUNDERMANN: Z. physik. Chem. (B) **49**, 64 (1941).

[2] KRATKY, O.: siehe R. PUMMERER, Chemische Textilfasern, Filme und Folien. Enke-Verlag, Stuttgart 1951; Abschnitt 2: Der übermolekulare Aufbau der Cellulose.

[3] SEN, M. K. u. P. H. HERMANS: Recueil Trav. chim. Pays-Bas **68**, 1079 (1949).

[4] PRESTON, R. D., P. H. HERMANS u. A. WEIDINGER: J. exp. Bot. **1**, 344 (1950).

[5] HERMANS, P. H. u. A. WEIDINGER: J. Polymer Sci. **4**, 317 (1949).

[6] HERMANS, P. H. u. A. WEIDINGER: J. Polymer Sci. **5**, 565 (1950).

[7] HERMANS, P. H. u. A. WEIDINGER: J. Polymer Sci. **6**, 533 (1951).

die hydrolysierten Proben nach der Korrektur keine Zunahme der Kristallinität übrig. Dieses unterschiedliche Verhalten, daß die durch hydrolytische Spaltung der Ketten in Freiheit gesetzten Kettenenden nämlich bei der regenerierten Cellulose rekristallisieren, bei der nativen Cellulose aber nicht, läßt einen so verschiedenen Ablauf der Hydrolysereaktion in beiden Fällen erkennen, daß die auf S. 248 schon geäußerten Zweifel an ihrer Brauchbarkeit für die Kennzeichnung der Cellulosestruktur wachsen müssen.

Auch bei der *Mercerisation* ist das Verhalten beider Arten von Cellulosefasern vollkommen verschieden, indem die nativen eine Abnahme, die regenerierten aber eine Zunahme des kristallinen Anteils erfahren, wobei sich eigentümlicherweise beide Male derselbe Endwert von 49% einstellt. Doch kann es sich in diesem Fall nicht um eine Kettenspaltung handeln, weil die Versuche bei sorgfältigem Sauerstoffausschluß wie bei künstlicher Sauerstoffzufuhr quantitativ gleich verlaufen.

Die aus verdünnter Viscose *ausgefällten Cellulosen* zeigen beim Fehlen jeder Wärmebehandlung unabhängig vom Fällmittel Kristallinitäten von 45% gegenüber 39% bei den Regeneratfasern; eine Wärmebehandlung nach oder während dem Ausfällen erhöht diese Werte auf 47 bzw. 53%. Die bei den Mercerisier- und Ausfällversuchen erzeugten höheren Kristallinitäten erreichen interessanterweise gerade die Ausnahmewerte von Fortisan (48%) und Fiber G (53%).

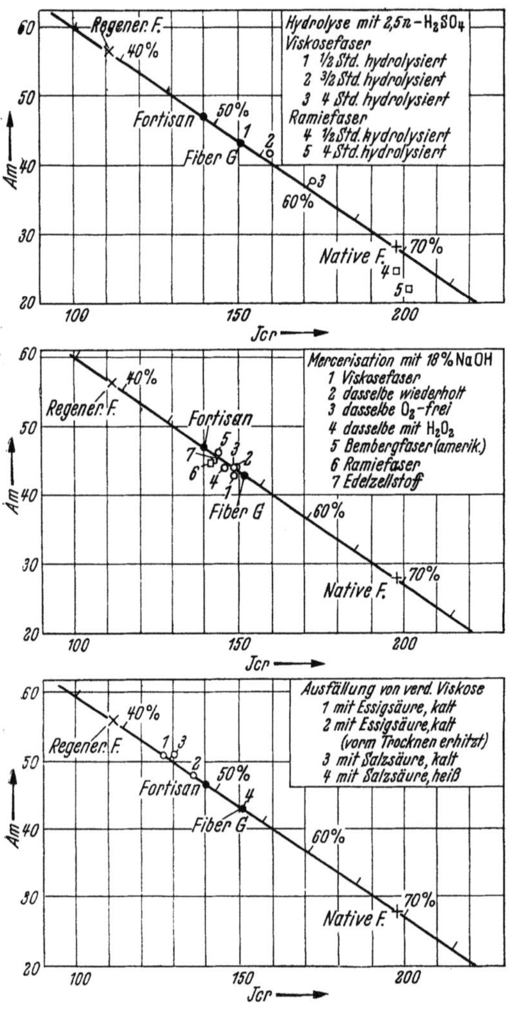

Abb. V, 44: Einfluß von Hydrolyse, Mercerisation und Fällbedingungen auf die Kristallinität. (Nach HERMANS und WEIDINGER.)

Schließlich sei noch ein Ergebnis der Versuche von KAST und FLASCHNER[1], die Kristallinität einer nativen und einer Regeneratfaser aus je einem Röntgendiagramm durch Berechnung der Konstanten A und B zu bestimmen, mitgeteilt. Die für Verhältnisse, wie sie bei den Diagrammen von HERMANS und WEIDINGER vorliegen, abgeleitete Schlußformel (V, 15 a) vereinfacht sich unter Zusammenfassung der Meßgrößen zum

---

[1] Siehe S. 239, Fußnote 1.

Meßresultat R und der Konstanten der kristallinen Phase zur Material-konstanten P, also mit

$$R = \frac{1}{\varrho} \cdot \frac{B_r}{S_u} \qquad \text{und} \qquad P = L \cdot \frac{|S|^2}{\sum F_m^2}$$

zu folgendem Ausdruck für das kristalline Verhältnis:

$$V_k = \frac{\alpha}{1-\alpha} = \frac{R}{P} \cdot (1-H).$$

Tabelle V, 9.

Bestimmung des kristallinen Verhältnisses von Cellulosefasern (nach KAST *und* FLASCHNER).

	Meßresultat R ($\varrho = 17{,}2$ cm)			Konstante P ($\sum F_m^2 = 1320$)		
	Reflex A_4 Fläche B_r	Untergrd. Höhe S_u	$R = \dfrac{B_r}{\varrho \cdot S_u}$	LORENTZ-Faktor L	Strukturf. $|S|^2$	$P = L \cdot \dfrac{|S|^2}{\sum F_m^2}$
Ramie	2,82 cm²	1,98 cm	$8{,}29 \cdot 10^{-2}$	$1{,}96 \cdot 10^{-3}$	32 300	$4{,}78 \cdot 10^{-2}$
Reyon	1,35 cm²	6,30 cm	$1{,}25 \cdot 10^{-2}$	$1{,}94 \cdot 10^{-3}$	16 200	$2{,}38 \cdot 10^{-2}$

In der Tabelle V, 9 ist die Bestimmung der Größen R und P für eine native Ramie und ein Viscose-Cord-Reyon an den Reflexen A_4 bzw. den dazugehörigen Kristallflächen 002 durchgeführt worden. Doch geht das, solange die Größe $(1-H)$ noch unbekannt ist, nur bis zum Wert $V_k/(1-H)$ $= R/P$. Aber auch dieses Ergebnis ist schon interessant, weil es auf die Werte $V_k/(1-H)$ von 1,74 bei Ramie und 0,524 bei Reyon führt, während HERMANS und WEIDINGER für V_k selbst bei Ramie $70/30 = 2{,}33$ und bei Reyon $40/60 = 0{,}67$ angeben. Beide Wertegruppen unterscheiden sich nämlich nur um einen konstanten Faktor (1,34 bei Ramie und 1,28 bei Reyon) und zeigen damit, daß die Größe $(1-H)$ bei nativer (I) und regenerierter Cellulose (II) den gleichen Wert

$$(1-H)_{\text{Cellulose bei Streuwinkel } 22°} = 1{,}3$$

hat. Weil der Faktor $(1-H)$ nun angibt, um wieviel die Röntgenstreuung der nichtkristallinen Gebiete der Cellulose an den Stellen A_4, die mit 22,6° bei nativer und 22,0° bei regenerierter Cellulose in beiden Fällen praktisch übereinstimmen, infolge der inner- und zwischenmolekularen Wechselwirkung der streuenden Atome die Summe ihrer klassischen Streuungen übertrifft, so kann man aus dieser Übereinstimmung schließen, daß die Struktur der nichtkristallinen Gebiete von nativer und regenerierter Cellulose tatsächlich streuäquivalent ist, wie es HERMANS und WEIDINGER bei dem Vergleich von nativen und Regeneratfasern still-schweigend vorausgesetzt haben.

2. Volumetrische Ergebnisse.

Von den spezifischen Volumina der kristallinen und der nichtkristallinen Cellulose, deren Kenntnis die Voraussetzung für die Kristallinitäts-bestimmung aus dem spezifischen Volumen einer Faser bildet, kann das der kristallinen Bereiche als reziproker Wert ihrer Röntgendichte sofort angegeben werden.

Bei nativen Fasern ist das überhaupt kein Problem; denn diese nehmen im Gitter kein Wasser auf, so daß die Frage nach dem Trocknungszustand unerheblich ist. Der zur Zeit noch beste Wert stammt von MEYER und MISCH[1], die für das Elementarvolumen 675,5 Å³ fanden. Die Röntgendichte ist danach 1,593 g/cm³, das spezifische Volumen bei Zimmertemperatur

$$v_{cr\ \text{Cellulose I}} = 0,628\ \text{cm}^3/\text{g}.$$

Für Regeneratfasern (Cellulose II) aber darf man nach KAST[2,3] nicht das Elementarvolumen der normal-konditionierten Fasern (Hydrat I) benutzen, das nach den gut übereinstimmenden Bestimmungen von LEGRAND[4], KIESSIG[5] und KRATKY und TREIBER[6] 681,3 Å³ beträgt und mit 0,633 ein größeres spezifisches Volumen ergeben würde als Cellulose I. Denn vor der Dichtemessung sind die Fasern stets bei 100°C sorgfältig getrocknet worden, und dabei nimmt, wie HERMANS und WEIDINGER[7] zuerst nachgewiesen haben, offenbar infolge von Wasserabgabe das Elementarvolumen ab. Zwar wird der letzte Rest Wasser aus dem Gitter der Cellulose II, wie KAST und SCHWARZ[2] gezeigt haben, erst durch Trocknung bei 115°C entfernt, doch tritt bei Trocknung bei 100°C ein reproduzierbarer Zwischenzustand (Hydrat I a) ein, mit dessen spezifischem Volumen hier gerechnet werden muß. LEGRAND, KIESSIG sowie KRATKY und TREIBER haben für die Elementarzelle der bei 100°C getrockneten Cellulose II ebenfalls mit guter Übereinstimmung das spezifische Volumen 669,4 Å³ gefunden, so daß das gesuchte spezifische Volumen der kristallinen Bereiche der bei 100°C getrockneten Cellulose II jetzt kleiner herauskommt als bei Cellulose I:

$$v_{cr\ \text{Cellulose II bei 100°C getrocknet}} = 0,622\ \text{cm}^3/\text{g}.$$

Indem HERMANS und Mitarbeiter[8,9,10,11,12] darauf hinwiesen, daß die gegenüber der Röntgendichte verkleinerte Dichte der Fasern nicht auf eine makroskopische, sondern auf eine molekulare Porosität zurückgeführt werden muß, und infolgedessen ihre Dichtemessungen in organischen Flüssigkeiten wie Tetrachlorkohlenstoff durchführten, die nicht in die Fasern eindringen, haben sie Zahlen erhalten, die auf die Packungsdichte der Celluloseketten und damit den Anteil der nichtkristallinen Substanz in der Faser ansprechen, dem als glasiger oder harziger Zustand eine

[1] MEYER, K. H. u. L. MISCH: Helv. chim. Acta 20, 232 (1937).

[2] KAST, W. u. R. SCHWARZ: Z. Elektrochem. Ber. Bunsenges. physik. Chem. 56, 228 (1952).

[3] KAST, W.: Z. Elektrochem. Ber. Bunsenges. physik. Chem. 57, 525 (1953).

[4] LEGRAND, CH.: C. R. 227, 529 (1948).

[5] KIESSIG, H.: Z. Elektrochem. angew. physik. Chem. 54, 320 (1950).

[6] KRATKY, O. u. E. TREIBER: Z. Elektrochem. angew. physik. Chem. 55, 716 (1951). — [7] HERMANS, P. H. u. A. WEIDINGER: J. Colloid Sci. 1, 185 (1946).

[8] HERMANS, P. H., J. J. HERMANS u. D. VERMAAS: Kolloid-Z. 109, 5 (1944).

[9] HERMANS P. H.: Contribution to the Physics of the Cellulose Fibers. Elsevier Publ. Co., Amsterdam 1946.

[10] HERMANS, P. H., J. J. HERMANS u. D. VERMAAS: J. Polymer Sci. 1, 149, 156, 162 (1946).

[11] HERMANS, P. H.: J. Chim. physique 44, 135 (1947).

[12] HERMANS, P. H.: J. Textile Inst. 38, 63 (1947).

kleinere Dichte als dem kristallinen Zustand zukommen muß. Dieser Dichteunterschied ist nach den Angaben von BILTZ und Mitarbeitern[1] über niedrigmolekulare organische Verbindungen bei der Cellulose auf mindestens 6% zu schätzen.

Die Ergebnisse der Dichtemessungen von HERMANS und Mitarbeitern sind in der Tabelle V, 10 zusammengestellt. Dabei fällt auf, daß die spezifischen Volumina sämtlicher Regeneratfasern sehr nahe übereinstimmen.

Tabelle V, 10.

Spezifische Volumina von trockenen Cellulosefasern (nach HERMANS und VERMAAS).

Faser	Spez. Vol.	Faser	Spez.Vol.
Native Fasern		*Regeneratfasern*	
Unbehandelte Ramie	0,6439	amerikan. Bemberg	0,6562
Standard Baumwolle	0,6464	Lanusa	0,6557
andere Baumwolle	0,6418	Viscose LA 30% verstreckt .	0,6566
Mittel	0,6440	50% verstreckt .	0,6562
		70% verstreckt .	0,6557
Regeneratfasern		HA 120% verstreckt .	0,6566
Viscose LA 0% verstreckt ..	0,6589	Lilienfeld hoch verstreckt .	0,6562
HA 10% verstreckt ..	0,6575	commercial	0,6557
50% verstreckt ..	0,6575	Mittel	0,6561
80% verstreckt ..	0,6579		
Lilienfeld niedrig verstreckt ..	0,6577	Regeneratfasern Gesamtmittel	0,6569
Mittel	0,6577		

Wenn man will, kann man aber doch zwei Gruppen unterscheiden, wobei den niedrig verstreckten Fasern ein etwas größeres, den hoch verstreckten Fasern ein etwas kleineres spezifisches Volumen zukommt, als dem angegebenen Mittelwert entspricht. Es ist nun wieder, wie schon beim Polyäthylen, die Frage, ob man diese geringe Dichtezunahme mit der Verstreckung als eine Zunahme des kristallinen Anteils deuten darf, die der genaueren Röntgenmethode entgeht. Denn es ist nicht nur zu erwarten, daß auch die nichtkristallinen Gebiete der Fasern bei der Verstreckung ebenfalls orientiert werden; dieser Vorgang stellt ja sogar die Voraussetzung für die Orientierung der kristallinen Bereiche dar und ist für Cellulose durch KAST und PRIETZSCHK[2], für Polyvinylalkohol durch MAC GILLAVRY[3] röntgenographisch und für das amorphe Polystyrol von WILLIAMS und RINN[4] röntgenographisch und mittels Doppelbrechung direkt nachgewiesen worden. Danach ist es aber naheliegend, die geringe Zunahme der Dichte bei der Verstreckung durch die Ausrichtung der nichtkristallinen Gebiete allein zu erklären und nicht eine Zunahme des kristallinen Anteiles dafür in Anspruch zu nehmen.

Schließlich ist noch die Frage des spezifischen Volumens der nichtkristallinen Bereiche der Cellulose zu lösen. Mangels der Existenz reiner nichtkristalliner Cellulose ist ihre extrapolative Bestimmung aber so unsicher, daß man lieber den umgekehrten Weg geht, sie unter Heran-

---

[1] BILTZ, W., W. FISCHER u. E. WÜNNEBERG: Z. physik. Chem. (A) **114**, 13 (1930).

[2] KAST, W. u. A. PRIETZSCHK: Kolloid-Z. **114**, 23 (1949).

[3] MACGILLAVRY, C. H.: Recueil Trav. chim. Pays-Bas **69**, 509 (1950).

[4] WILLIAMS, J. L., H. J. KARAM, K. J. CLEEREMAN u. H. W. RINN: J. Polymer Sci. **8**, 345 (1952).

ziehung der röntgenometrischen Kristallinitätszahlen zu bestimmen, wenn die volumetrische Methode sich damit auch des Charakters der Absolutmethode begibt. Nach Gl. (V, 17) ist der Zusammenhang zwischen der Kristallinität α und dem spezifischen Volumen v eines Stoffes streng definiert und linear, solange keine sekundären Strukturwandlungen im Spiele sind. Nachdem nach Aussage der Röntgendiagramme bei Cellulose aber keinerlei Gitterumwandlungen zu befürchten sind, darf man die lineare Beziehung hier zugrunde legen. Von dieser Geraden sind aber unter Zugrundelegung der röntgenometrischen Kristallinitätswerte bei beiden Cellulosemodifikationen je zwei Punkte bekannt, nämlich:

Cellulose I $\alpha = 1,00$, $v_{cr} = 0,628$; $\alpha = 0,695$; $v = 0,644$

Cellulose II $\alpha = 1,00$, $v_{cr} = 0,622$; $\alpha = 0,390$; $v = 0,657$.

Die Verlängerung dieser beiden Geraden bis zum Schnitt mit der Abszisse (Abb. V, 45) führt für beide Modifikationen zu einem übereinstimmenden Werte für das spezifische Volumen der vollkommen nichtkristallinen (amorphen) Cellulose:

$$v_{a\,\text{Cellulose}} = 0,680 \text{ cm}^3/\text{g}.$$

Dieser Wert liegt einmal mit rund 8% durchaus in der erwarteten Höhe über dem der kristallinen Cellulosemodifikationen, zum anderen aber hat PRESTON[1] vor einigen Jahren mitgeteilt, daß sein Schüler DAS GUPTA[2] durch Eintrocknenlassen eines spontan koagulierten Cellulosegels ein vollkommen nichtkristallines Cellulosepräparat erhalten hat, dessen

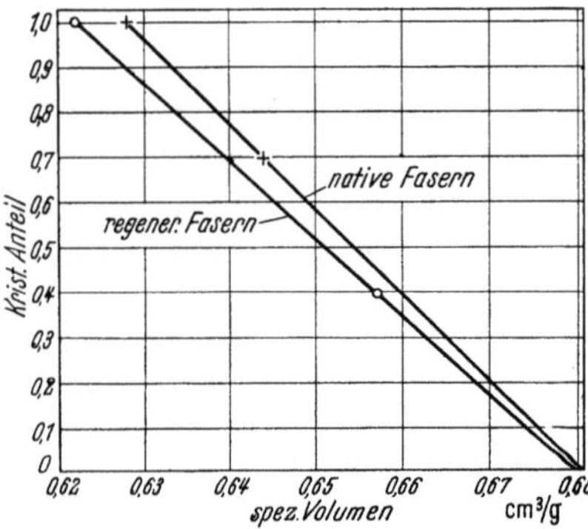

Abb. V, 45. Kombination der volumetrischen und röntgenometrischen Werte beider Cellulosen zur extrapolativen Bestimmung des spezifischen Volumens der nichtkristallinen Cellulose. (Nach KAST.)

spezifisches Volumen 0,680 cm³/g betrug. Leider sind die Angaben in der Dissertation von DAS GUPTA zu knapp, um das Verfahren nachzuarbeiten. Seine Bestätigung aber würde die vollständige Übereinstimmung der nach der röntgenometrischen und der volumetrischen Methode bestimmten Kristallinitäten beider Cellulosemodifikationen bedeuten und darauf hinweisen, daß auch bei der Cellulose, ähnlich wie beim Kautschuk, die kristallinen und die nichtkristallinen Bereiche ohne größere Übergangsgebiete einigermaßen abgesetzt einander gegenüberstehen.

3. Calorimetrische Ergebnisse.

An calorimetrischen Daten liegen für Cellulose vor: die Differenzen der molaren Lösungswärmen von Linters und Reyon in Kupferäthylendiamin, die von CALVET und HERMANS[3] zu 1,24 kcal/mol bestimmt wurden, und die Rekristallisationswärme von „amorphem Cellulosemahlgut‘‘

---

[1] Siehe S. 252, Fußnote 3. — [2] DAS GUPTA: Manchester Sc. Tech. Thesis 1938.
[3] CALVET, E. u. P. H. HERMANS: J. Polymer. Sci. 6, 33 (1951).

bei Benetzung, für die HERMANS und WEIDINGER[1] 1,62 kcal/mol fanden. Doch können diese Werte noch nicht zur Bestimmung der Kristallinitäten benutzt werden, weil die Kristallisationswärme der Cellulose nicht bekannt ist.

CALVET und HERMANS gehen daher den Weg, unter Heranziehung der röntgenometrischen Kristallinitäten mit diesen Zahlen erst einmal die Kristallisationswärme zu bestimmen. Um eine möglichst große Differenz der Kristallinitäten zur Verfügung zu haben, benutzen sie die Differenzmessung der Lösungswärmen von Linters und Reyon und berechnen unter Umkehr der Gl. (V, 22) die Kristallisationswärme zu:

$$W_{cr} = \frac{Q_2 - Q_1}{\alpha_1 - \alpha_2} = \frac{1,24}{0,69 - 0,39} = 4,1 \text{ kcal/mol.}$$

Doch steckt in diesem Vorgehen die Voraussetzung, daß die Kristallisationswärmen der beiden Cellulosemodifikationen I und II gleich sind. Geht man mit diesem Wert in die Rekristallisation der zermahlenen Cellulose ein, so findet sich der dabei auftretende Zuwachs an Kristallinität zu 1,62/4,1 oder 0,39. Das aber ist der volle Wert der Kristallinität der rekristallisierten Cellulose, so daß das Cellulosemahlgut die Kristallinität Null haben müßte. Doch stimmt das keineswegs mit dem Röntgendiagramm des Mahlgutes überein, das in Abb. V, 42 dargestellt ist und deutliche Reste von Kristallinterferenzen zeigt, und damit ist die Voraussetzung gleicher Kristallisationswärmen beider Cellulosemodifikationen widerlegt.

Will man nun beide Kristallisationswärmen getrennt bestimmen, so muß man von der röntgenometrischen Kristallinität α_0 des Mahlgutes und der Rekristallisationswärme W_{rcr} ausgehen. Dann gilt:

$$W_{cr_2} = \frac{W_{rcr}}{\alpha_2 - \alpha_0} = \frac{1,62}{0,39 - 0,08} = 5,23 \text{ kcal/mol}$$

und weiter unter Benutzung des Versuches von HERMANS und CALVET und der korrekten Gleichung

$$Q_2 - Q_1 = 1,24 \text{ kcal/mol} = \alpha_1 \cdot W_{cr_1} - \alpha_2 \cdot W_{cr_2}$$

$$W_{cr_1} = 4,72 \text{ kcal/mol.}$$

Diese Werte liegen in der Nähe der mit 5 bis 5,5 kcal/mol angegebenen Kristallisationswärme von β-Glucose[2] und lassen in erwarteter Weise,

---

[1] HERMANS, P. H. u. A. WEIDINGER: J. Amer. chem. Soc. 68, 2547 (1946).

[2] STEURER, E. u. F. KATHEDER: Kolloid-Z. 114, 78 (1949). Diese Autoren gehen umgekehrt von der Kristallisationswärme der β-Glucose aus und errechnen daraus und aus der Rekristallisationswärme des Cellulosepulvers den „Verformungsfaktor des Cellulosepulvers" zu

$$\frac{W_{rcr}}{W_{cr\,(\beta\text{-Glucose})}} = 0,29 \text{ bis } 0,36.$$

Doch kann dieser Faktor nichts über den Ordnungszustand des Cellulosepulvers aussagen, sondern nur über den Zuwachs der Kristallinität, der bei der Rekristallisation des Cellulosepulvers eintritt. Die Kristallinität des Cellulosepulvers ergibt sich erst aus der Differenz gegen die der rekristallisierten Cellulose (0,39 — [0,29 bis 0,36] = [0,10 bis 0,03]) in guter Übereinstimmung mit dem röntgenometrischen Wert 0,08.

weil nämlich kein Fall einer Rückverwandlung von Cellulose II in Cellulose I bekannt ist, die Cellulose II als etwas stabiler erscheinen.

Natürlich bedürfen diese Werte noch einer Bestätigung, insbesondere wegen der Unsicherheit des kleinen Kristallinitätswertes des Cellulosemahlgutes. WARD und REEVES[1] schlagen vor, dafür nach dem Verfahren von CALVET und HERMANS eine mercerisierte und dadurch in Cellulsoe II übergeführte native Faser im Vergleich zu einer Regeneratfaser zu untersuchen. Doch wird durch die Mercerisation zugleich auch die Kristallinität der nativen Faser erniedrigt (von 0,70 auf 0,52), so daß der Unterschied gegen die Regeneratfasern (0,39) für eine exakte Messung immer noch etwas klein erscheint. Nach der Klärung der Kristallisationswärmen aber erst könnte die calorimetrische Methode zur Bestimmung von Kristallinitäten von Cellulosefasern benutzt werden.

4. Ergebnisse der Messungen der Akzessibilität.

Die Messungen der Akzessibilität sind in Tabelle V, 11 zusammengestellt. Für die chemischen Umsetzungen besteht offenbar kein Zusammenhang mit der Cellulosestruktur; denn die Akzessibilitäten fallen für jede Reaktion verschieden aus und liegen mit einer einzigen Ausnahme, der Umsetzung von Cellulose in flüssigem Ammoniak mit metallischem Natrium nämlich, wesentlich niedriger als man erwarten sollte. Wenn nämlich die nichtkristallinen Gebiete völlig durchreagieren würden, so

Tabelle V, 11. *Akzessibilitäten von Cellulosefasern*
(Zusammenstellung nach TIMELL*).*

Material	Hydrolyse und/oder Oxydation					Umsetzung der Hydroxylgruppen			Physikalische Methoden		
	I	II	III	IV	V	I	II	III	I	II	III
Baum-wolle	5—7	—	12—18	1—2	—	—	—	—	44	32	41—46
Linters	6	5	12	6	6	—	7—10	39	—	—	—
Linters, merc.	11—12	15	22; 32	—	8—12	9—27	16—23	—	—	—	—
Zellstoffe	7—15	7—12	—	—	7—10	—	—	43	53	—	54
Reyons	15—27	—	19—38	7—19	18	—	—	58	79	65	68

Hydrolyse und/oder Oxydation

    I. Hydrolyse und Oxydation   NICKERSON u. HABRLE   S. 247, Fußn. 1, 2.
   II. Hydrolyse und Oxydation   CONRAD u. SCROGGIE   S. 248, Fußn. 1.
  III. Hydrolyse   PHILIPP, NELSON u. ZIIFLE   S. 249, Fußn. 2.
  IV. Oxydation mit Überjodsäure   GOLDFINGER, MARK u. SIGGIA   S. 249, Fußn. 4.
   V. Oxydation mit Überjodsäure   TIMELL   S. 249, Fußn. 5.

Umsetzung der Hydroxylgruppen

    I. Thalliumäthylat   ASSAF, HAAS u. PURVES   S. 249, Fußn. 7.
   II. Diazomethan   REEVES u. THOMPSON   S. 249, Fußn. 6.
  III. metallisches Na in flüss. NH_3 TIMELL   S. 249, Fußn. 5.

Physikalische Methoden

    I. Wasserdampfgleichgewicht   HOWSMON   S. 253, Fußn. 1.
   II. Sorptionsisothermen   HAILWOOD u. HORROBIN   S. 252, Fußn. 2.
  III. Deuteriumaustausch   FRILETTE, HANLE u. MARK   S. 249, Fußn. 11.

---

[1] WARD jr., K. u. R. E. REEVES: J. Polymer Sci. **6**, 778 (1951).

müßten nach den röntgenometrischen und volumetrischen Bestimmungen der nichtkristallinen Anteile Umsätze von 30% bei den nativen und 61% bei den Regeneratfasern auftreten.

Der Umfang der reversiblen physikalischen Umsetzungen, wie Wasserdampfadsorption und Deuteriumaustausch, erreicht dagegen diese Beträge. Er übertrifft den Prozentsatz an nichtkristalliner Materie sogar in jedem Falle, wie es sein muß, wenn außer den OH-Gruppen in den nichtkristallinen Gebieten auch die in der Oberfläche der kristallinen Gebiete liegenden Gruppen reagieren können.

Dabei gibt das Sorptionsverhältnis nur ein relatives Maß für die Akzessibilität, indem das Sorptionsvermögen von Baumwolle unter gleichen Bedingungen als Einheit genommen ist. Die Reihenfolge der untersuchten Fasern stellt sich aber bei der Sorption als genau die gleiche heraus wie beim Deuteriumaustausch, so daß gut übereinstimmende Zahlen erhalten werden, wenn man der mittels Sorption gemessenen relativen Akzessibilität 1,00 der Baumwolle den Absolutwert 0,44 zuordnet, wie er für den Deuteriumaustausch gemessen ist. In der Tabelle V, 12 sind die von Howsmon aus dem Sorptionsverhältnis bei der

Tabelle V, 12. *Sorptionsverhältnisse und Akzessibilitäten*
(*nach* Howsmon *im Vergleich zu den Werten von* Mark).

Faser	Sorptions-verhältnis	Akzessibilität	
		aus Sorptionsverh.	Deut.-Austausch
Baumwolle	1,00	44	44
Zellstoff..............	1,20	53	55
Zellstoff, mercerisiert ..	1,56	69	74
Fortisan	1,43	,63	—
Fiber G	1,64	72	67
Versuchs-Reyon	1,71	75	—
Textil-Reyon	1,79	79	68
hochfester Reyon	1,98	87	86

Temperatur 24°C und der relativen Feuchtigkeit 58% und die von Mark und Mitarbeitern aus dem Deuteriumaustausch bestimmten Akzessibilitäten einander gegenübergestellt. Beide Verfasser haben den Versuch gemacht, durch geeignete Annahmen über die Teilchengrößen und damit den Oberflächenanteil der kristallinen Bereiche eine Übereinstimmung zwischen der röntgenometrisch bestimmten Nichtkristallinität und den von ihnen bestimmten Akzessibilitäten herzustellen, was mit der Annahme der Durchmesser von 50 Å bei den nativen und 25 Å bei den regenerierten Cellulosen auch grob gelingt.

Später hat Hermans[1] ein umfangreiches Material von Fasern veröffentlicht, an denen in seinem Laboratorium beide, die röntgenometrische Kristallinität bzw. Nichtkristallinität und mittels Sorptionsmessungen auch die relative Akzessibilität gemessen waren, und dabei auf das Bestehen einer Korrelation zwischen beiden Größen hingewiesen. Abb. V, 46, die diese Beziehung zeigt, läßt auch erkennen, daß dem größeren nichtkristallinen Bruchteil im allgemeinen auch das größere Sorp-

---

[1] Siehe S. 252, Fußnote 6.

tionsverhältnis entspricht. Der Zusammenhang ist aber nicht linear, und es treten auch Fälle auf, z. B. bei den nichtkristallinen Bruchteilen 0,3 und 0,5, in denen eine Reihe von Fasern mit jeweils übereinstimmender Kristallinität sehr verschiedene Sorptionsfähigkeiten aufweisen. Das wird aber verständlich, wenn die Oberflächenreaktion der kristallinen Gebiete mit in Betracht gezogen wird; denn dann muß die Akzessibilität bei gleicher Kristallinität um so größer sein, je kleiner die einzelnen kristallinen Gebiete sind.

KAST[1] ist daher so vorgegangen, daß er unter Einbeziehung der Oberflächenreaktion aus der Akzessibilität A, die für Baumwolle wie bei MARK gleich 0,44 gesetzt wurde, und der Kristallinität α die Durchmesser der in roher Näherung zylindrisch gedachten kristallinen Gebiete berechnete. Nach Gl. (V, 30) bestimmt sich der Anteil der kristallinen Bereiche am Sorptionsvorgang zu

$$\sigma = \frac{A - (1 - \alpha)}{\alpha}.$$

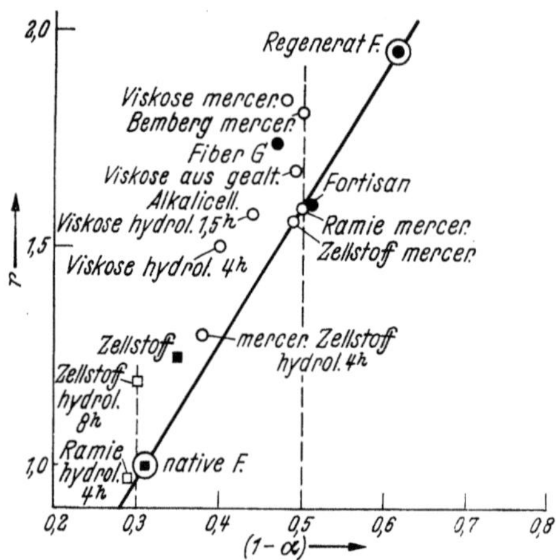

Abb. V, 46. Sorptionsverhältnis r und nichtkristalliner Anteil $(1 - \alpha)$ verschiedener Cellulosefasern. (Nach HERMANS.)

Für den Fall der nativen Cellulose I ist in Gl. (V, 29) bereits eine Beziehung für den Zusammenhang zwischen dem Durchmesser der zylindrisch gedachten kristallinen Bereiche und dem Sorptionsanteil σ der Teilchenoberfläche gegeben worden: $a_1 = 8{,}25/\sigma$. Bei Regeneratfasern (Cellulose II) aber ist σ kein reiner Oberflächenanteil mehr, weil hier auch dem Inneren der kristallinen Bereiche ein bestimmtes Sorptionsvermögen zukommt. Wie HERMANS und WEIDINGER[2] nachgewiesen haben, tritt im Gitter der Cellulose II eine Hydratbildung auf, für die sie die Zusammensetzung $C_6H_{10}O_5$, $^1/_2 H_2O$ oder $^1/_3 H_2O$ angeben. Nachdem KAST und SCHWARZ[3] den letzteren Wert bestätigt haben, hat man also mit einem H_2O auf drei $C_6H_{10}O_5$ oder auf neun OH-Gruppen zu rechnen. Wenn nun das Hydratwasser, wie anzunehmen ist, stets zwei OH-Gruppen verknüpft, so ergibt sich eine Angreifbarkeit im Inneren der kristallinen Bereiche der Cellulose II von 2/9 und daraus ihr Durchmesser zu $a_2 = 29/(4{,}5\,\sigma - 1)$.

Tabelle V, 13 zeigt das Ergebnis dieser Berechnungen für eine kleine Auswahl aus dem HERMANSschen Fasermaterial. Zur Beurteilung der Brauchbarkeit der in der letzten Spalte enthaltenen Werte für die Größen der kristallinen Bereiche kann der Vergleich mit anderen Größenbestimmungen dienen.

Für native Cellulose bestimmten HENGSTENBERG und MARK[4] die Durchmesser der kristallinen Bereiche aus der Breite der Röntgeninter-

---

[1] Siehe S. 253, Fußnote 2.
[2] HERMANS, P. H. u. A. Weidinger: J. Colloid Sci. 1, 185 (1946).
[3] Siehe S. 280, Fußnote 2.
[4] HENGSTENBERG, J. u. H. MARK: Z. Kristallogr., Mineral., Petrogr. (A) 69, 271 (1928).

Tabelle V, 13.

Kristallinität und Akzessibilität sowie Größe der kristallinen Bereiche von Cellulose-fasern (nach KAST).

Material	Sorpt.-Verhältn. r	Gesamtfaser Akzessi-bilität A	Kristall. Anteil α	Kristalline Bereiche	
				sorbier. Bruchteil σ	mittl. Durchm. a
Cellulose I					
Native Fasern	1,00	0,44	0,69	0,19	43 Å
Holzzellstoff	1,25	0,55	0,65	0,31	27 Å
Cellulose II					
Fortisan	1,60	0,71	0,49	0,40	36 Å
Fiber G	1,74	0,77	0,53	0,56	19 Å
gewöhnl. Regeneratfasern .	1,95	0,86	0,39	0,64	15 Å

ferenzen zu 56 Å. MOREHEAD[1] isolierte die kristallinen Bereiche nach milder Hydrolyse durch Ultraschalldispersion. Er erhielt dabei längliche Teilchen von rechteckigem Querschnitt, deren Abmessungen er unter dem Elektronenmikroskop zu 35×40 Å bestimmte. Die Deutung der überschüssigen Akzessibilität als Oberflächenreaktion führt mit 43 Å also auf vernünftige Werte. Daraus geht hervor, daß man bei den kristallinen Bereichen der nativen Fasern von Teilchen mit einer definierten Oberfläche sprechen kann, und das weist ebenso wie das aus der Übereinstimmung der röntgenographischen und volumetrischen Kristallinitäten hervorgehende Fehlen von Übergangsstrukturen darauf hin, daß die kristallinen Bereiche der nativen Cellulosefasern gegen die nichtkristallinen ziemlich scharf abgesetzt sind.

Weniger gut ist die Übereinstimmung bei den Regeneratfasern, für die KRATKY und Mitarbeiter[2] mittels Röntgenkleinwinkelstreuung (s. S. 83/84) wie bei den nativen auf Werte von 45 bis 50 Å kommen. Sie legen ihren Rechnungen in Übereinstimmung mit anderen Befunden eine Blättchenform zugrunde. Die Annahme zylindrischer Teilchen in den obigen Rechnungen stellt sicher eine sehr grobe Näherung dar, und es ist zu erwarten, daß die Berücksichtigung der Blättchenform und der Anreicherung der OH-Gruppen in den Blättchenflächen bei der Abschätzung der Dimensionen der kristallinen Bereiche aus ihrer Oberflächenreaktion zu größeren Dicken führen wird.

C. Die Orientierung durch Dehnung und Wachstum.

Vorbemerkung des Herausgebers.

In diesem Abschnitt werden die wichtigsten Methoden zur Bestimmung der Orientierung der Molekülketten bzw. der kristallinen Bereiche besprochen. Es sind das vor allem die Röntgenmethode, die aber nur die

---

[1] MOREHEAD, F. F.: Text. Res. J. **20,** 549 (1950).

[2] JANESCHITZ-KRIEGL, H., O. KRATKY u. G. POROD: Z. Elektrochem. Ber. Bunsenges. physik. Chem. **56,** 146 (1952).

Ausrichtung der kristallinen Bereiche erfaßt, und die Doppelbrechung, die über die Orientierung aller Molekülgruppen mittelt, also sowohl die kristallinen wie die weniger geordneten Gebiete erfaßt. Eine vorläufig noch sehr untergeordnete Rolle spielen die Ultrarot- und Ultraviolettabsorption sowie die Anisotropie des Diamagnetismus und die Quellungsanisotropie. In einem weiteren Paragraphen wird auf die Geometrie der Deformationsvorgänge in gequollenen micellaren Systemen eingegangen. Der letzte Paragraph beschäftigt sich mit einigen Eigentümlichkeiten der Kaltverstreckung und ihrer molekularen Deutung.

§ 27. Bestimmung der Kristallitorientierung auf röntgenographischem Wege.

Von O. KRATKY.

Röntgenographische Messungen der Kristallitorientierung an hochpolymeren Substanzen wurden im wesentlichen mit viererlei Zielsetzungen durchgeführt.

1. Das Studium des Mechanismus von Verformungsvorgängen, welches eine quantitative Vermessung der Orientierung in den verschiedenen Stadien der Deformation voraussetzt, ist zu einem wichtigen Hilfsmittel für die Erkenntnis des übermolekularen Aufbaues, d.h. von Gestalt und Zusammenhalt der übermolekularen Teilchen, Kristallite (Micellen) geworden (§ 20).

2. Die experimentelle Erfahrung hat schon lange zur Erkenntnis geführt, daß Zusammenhänge zwischen der Orientierung und den mechanischen, also textilen Eigenschaften der Faser bestehen, so daß der Orientierungsbestimmung ein großes technisches Interesse zukommt. Durch das gleichzeitige Studium des Deformationsmechanismus soll letzten Endes auch eine rationale Basis für ein Verständnis der technologischen Eigenschaften geschaffen werden.

3. Wie in § 15 ausgeführt wird, ist die Bestimmbarkeit der Kristallstruktur hochpolymerer Stoffe, also des Gitterbaues der Einzelkristallite, im allgemeinen an die Möglichkeit der Herstellung orientierter Präparate gebunden, wobei die Aussichten für die erfolgreiche Durchführbarkeit der Analyse um so besser sind, je höher die Orientierung ist. Die Erkenntnis der Kristallstruktur, also der Art, wie die Makromoleküle aneinandergelagert sind, kann wieder unsere Vorstellungen von der Verhängung der Kristallite und vom Deformationsmechanismus befruchten und trägt so zur Vertiefung der unter 1. und 2. besprochenen Untersuchungen bei.

4. Die Vermessung gewachsener Kristallitanordnungen ist einerseits von histologischem (biologischem) Interesse und führt auch für die Chemiefasern insofern zu wertvollen Erkenntnissen, als die natürlichen Fasern in vieler Hinsicht immer noch ein unerreichtes Vorbild für die Fabrikation sind.

Bevor wir auf die röntgenographische Analyse der Orientierung übergehen, sollen in den folgenden zwei Abschnitten die wichtigsten Orientierungstypen besprochen werden. Die ersten Grundlagen dieses Gebietes, auf die wir im folgenden aufbauen, haben M. POLANYI[1] und K. WEISSEN-BERG[2] gelegt.

a) Der Begriff der statistischen Symmetrie polykristalliner Objekte.

Wir müssen zunächst feststellen, daß bei der Orientierungsbestimmung der Kristallite mittels der Röntgenmethode die im durchstrahlten Teil des Präparates gelegenen Kristallite gleichzeitig erfaßt werden. Die Koordinaten der Mittelpunkte der einzelnen Kristallite treten daher im Röntgenbild nicht in Erscheinung und spielen im Verlaufe der Auswertung unmittelbar überhaupt keine Rolle. Was sich im Röntgenbild auswirkt, sind die Richtungen der in den Kristalliten festen kristallographischen Achsen relativ zu den Achsen eines im Polykristall verankerten Koordinatensystems. Kristallite, welche durch Parallelverschiebung, d. h. beliebige Translationen, miteinander völlig zur Deckung gebracht werden können (deren kristallographische Achsen also zueinander parallel sind), sind demnach als *eine Kristallitorientierung* oder *Kristallitlage* zu betrachten. Die Gesamtmasse aller Kristallite, die eine Kristallitlage repräsentieren, wird als deren Häufigkeit bezeichnet. Im allgemeinen kommt in einem Polykristall eine so große Zahl verschiedener Kristallitorientierungen vor, daß wir den Eindruck einer kontinuierlichen Folge gewinnen. Die in Wahrheit natürlich stets vorhandene Diskontinuität wird in der Praxis durch die Unschärfe der Untersuchungsmethode unterdrückt: die Interferenzsicheln und -kreise des Röntgenbildes, z. B. einer Cellulosefaser, sind durchaus kontinuierlich geschwärzt. Wir akzeptieren also die Fiktion einer kontinuierlichen Variation der Orientierungen, obwohl in Wahrheit diskrete Lagen statistisch verteilt sind, allerdings bei weitaus genügend großer Zahl der Einzelelemente. Wir können daher auch über Häufigkeiten von Orientierungen integrieren.

Eine sehr wichtige Eigenschaft eines solchen Komplexes von Orientierungen ist ihre Symmetrie im weitesten Sinne – d. h. die Gesamtheit ihrer Deckoperationen – die natürlich in Wahrheit eine statistische Symmetrie ist. Sie kommt beim Bildungsvorgang des Polykristalls entweder durch natürliches Wachstum oder aus einem zunächst ungeordneten Körper durch Deformation zustande, weshalb es berechtigt ist, von *Wachstums- bzw. Deformationsstrukturen* zu sprechen[3].

Der Herleitung der wichtigsten Fälle von Polykristallstrukturen legen wir ihre Entstehung durch einfache Deformationsprozesse (Deh-

---

[1] POLANYI, M.: Z. Physik **7,** 149 (1921).

[2] WEISSENBERG, K.: Ann. Physik **69,** 409 (1922); Z. Kristallogr., Mineral., Petrogr. **61,** 58 (1925).

[3] Namentlich bei den metallischen Körpern wird allgemein die Kristallitanordnung in einem Polykristall als dessen „Textur" bezeichnet; bei den hochpolymeren Stoffen hat sich diese Benennung noch nicht durchgesetzt, und man benützt den Begriff der „Struktur" sowohl für den Bau des Einzelkristalliten (=Kristallstruktur) als auch für den Anordnungstypus der Kristallite in einem Polykristall (z. B. Faserstruktur). Wir wollen uns hier dieser Gepflogenheit anschließen, da die Gefahr von Verwechslungen kaum gegeben ist.

nung, Pressung und Walzung) aus einem isotropen Ausgangsobjekt zugrunde, wodurch ausreichende Anschaulichkeit erzielt wird und sich zugleich die Auswahl der uns wirklich interessierenden Strukturen ergibt[1].

Zunächst leuchtet ein, daß zur Beschreibung eines Polykristalls Angaben von dreierlei Art erforderlich sind.

1. Die statistische Symmetrie des Gesamtobjektes.

Da wir von isotropen Objekten ausgehen, die *homogenen* Verformungen ausgesetzt werden, und die deformierenden Kräfte Spannungstensoren von der Symmetrie eines ein- oder zweiachsigen Ellipsoids darstellen, so erkennen wir, daß die Symmetrie eines Polykristalls nicht niedriger sein kann, als der Symmetrie dieser Tensoren entspricht[2]. Es ist möglich, daß ein äußerer Einfluß wirkungslos bleibt, er kann aber keine Unsymmetrie erzeugen, die er selbst nicht hat. Für die Gesamtsymmetrie des Polykristalls kommt demnach in Betracht:

a) Kugelsymmetrie,

b) unendlichzählige Rotationsachse mit Spiegelebenen parallel und normal zu dieser (Doppelkegelklasse),

c) rhombische Symmetrie, d.h. drei aufeinander senkrecht stehende Spiegelebenen, mit den zugehörigen zweizähligen Achsen.

Wir bezeichnen diese dem ganzen Polykristall zukommende Symmetrie als *Hauptsymmetrie* und die zugehörigen Symmetrieelemente als *Hauptsymmetrieelemente.*

2. Die Symmetrie im Verhalten des Einzelkristalliten.

Was damit gemeint ist, machen wir uns am besten an einem Beispiel klar. Die Gesamtsymmetrie entspreche der Doppelkegelklasse, und die Kristallite mögen langgestreckte Parallelepipede darstellen. Die Wirkung der Verformung sei derart, daß die Kristallite in den Richtungen senkrecht zu ihrer Längsachse keinen Unterschied im Verhalten zeigen, sich also wie dünne runde Stäbchen benehmen. Dann werden zu jeder Kristallitlage in gleicher Häufigkeit alle jene vorhanden sein, die sich aus ihr durch Rotation um die Längsachse des Kristalliten ergeben. Die Gesamtheit der aus einer einzigen Lage „entstehenden" Kristallite hat also wieder die Symmetrie der Doppelkegelklasse; und diese bezeichnen wir als die „Symmetrie im Verhalten des Einzelkristalliten".

---

[1] Einige röntgenographisch erforschte Wachstumsstrukturen, welche in der so gewonnenen Systematik nicht enthalten sind, lassen sich leicht als Superposition der hier behandelten einfachen Typen beschreiben. Auch können sich Strukturen verschiedener Teile des dem Röntgenstrahl ausgesetzten inhomogenen Präparates überlagern, wie z. B. bei Chemiefasern der Mantelteil und der Kern der Fasern. Das sind Komplikationen, deren Behandlung aber erst recht die Klarstellung des einfacheren Falles eines „homogenen" Polykristalls voraussetzt.

[2] Wir setzen hier und im folgenden stets voraus, daß die Kristallite keine niedrigere Symmetrie als die monokline (mit einer Spiegelebene) besitzen. Die Berücksichtigung etwa der durch Kristallasymmetrie bedingten Komplikationen hat bisher auf diesem Gebiet in keinem Fall eine praktische Rolle gespielt.

3. Die Mannigfaltigkeit der Ausgangsorientierungen.

Die Orientierung eines Kristalliten in seiner „Ausgangslage" ist durch die Orientierung von zweien seiner Achsen bestimmt, bis auf eine Zweideutigkeit bei monoklinen Kristalliten; trikline schließen wir von der Betrachtung aus. Er möge eine „allgemeine", d. h. beliebige Lage haben. Handelt es sich um einen Kristalliten mit einem der Doppelkegelklasse entsprechenden Verhalten und ist auch die Symmetrie des ganzen Polykristalls von gleicher Art, so genügt zur Beschreibung der gesamten Lagenmannigfaltigkeit die Angabe der Häufigkeiten, mit welcher die Kristallitrotationsachsen über die verschiedenen Winkel, die sie mit den Hauptsymmetrieelementen einschließen, verteilt sind.

Besitzt der Einzelkristallit keine Symmetrieelemente des Verhaltens – außer der ihm zufolge seiner Kristallstruktur zukommenden Symmetrie –, so sind die Orientierungsmannigfaltigkeiten für die beiden Achsen getrennt anzugeben. Wenn wir wieder Doppelkegelsymmetrie des ganzen Polykristalls voraussetzen, läßt sich die Richtungsmannigfaltigkeit einer der Achsen stets durch die Häufigkeit ihrer Winkel mit der Hauptrotationsachse festlegen. Zu jeder dieser Lagen gehört nun eine Häufigkeitsverteilung der Richtung der zweiten Achse.

Die einfachste Form einer Struktur, die die bestmögliche Ordnung innerhalb des betreffenden Typus darstellt, bezeichnen wir mit POLANYI als *ideale* Struktur. Bei ihr ist also eine einzige Ausgangslage vorhanden, die dem Häufigkeitsmaximum in der Richtungsverteilung bei der *realen* Struktur entspricht.

b) Die wichtigsten Typen der Kristallitorientierung und ihre Darstellung auf der Lagenkugel[1].

Die wichtigsten Spezialfälle der Kristallitorientierung sollen nun an Hand der von POLANYI eingeführten Darstellung auf der sogenannten *Lagenkugel* besprochen werden. Wir schlagen um einen Polykristall eine Kugel, fassen eine bestimmte kristallographische Netzebene ins Auge und fällen auf sie in allen Kristalliten vom Mittelpunkt der Kugel aus die Normale. Die beiden Durchstoßpunkte dieser Netzebenennormalen mit der Kugeloberfläche heißen die *Repräsentationspunkte*. Ihre Gesamtheit ist ein Ausdruck für die Lagenmannigfaltigkeit der betreffenden Netzebene in der Gesamtheit aller Kristallitlagen. Gemäß unserer Fiktion von der kontinuierlichen Variation der Kristallitorientierungen bilden die Repräsentationspunkte ebenfalls kontinuierliche Dichteverteilungen auf der Oberfläche der Lagenkugel.

Nun seien die wichtigsten Orientierungstypen besprochen.

---

[1] Bezüglich der in diesem Kapitel zu verwendenden Symbole besteht in der Literatur noch keine Einheitlichkeit. In der vorliegenden Zusammenfassung werden nach Möglichkeit die von P. H. HERMANS, J. J. HERMANS und W. KAST in ihren neueren Arbeiten gebrauchten Zeichen benützt. Ein gewisser Abgleich und manche kleineren Ergänzungen waren notwendig. Der Verfasser empfiehlt allen Fachkollegen, nunmehr dieses Bezeichnungssystem zu übernehmen. Er ist im Interesse der Vereinheitlichung auch teilweise von seiner eigenen bisherigen Bezeichnungsweise abgegangen.

1. Die vollständige Faserstruktur.

Die Hauptsymmetrie ist die der Doppelkegelklasse, und die Hauptrotationsachse heißt *Faserachse*. Von gleicher Symmetrie ist das Verhalten der Einzelkristallite; die Richtungsverteilung der Ausgangslagen, d. i. zugleich die Verteilung der den Kristalliten beigegebenen Rotationsachsen, die wir als Kristallithauptachsen bezeichnen, haben ihr Maximum beim Winkel Null mit der Hauptrotationsachse, und sie sind über die verschiedenen Winkel gemäß einer Funktion $I(\varrho)$ verteilt, welche die Häufigkeit einer mit der Hauptrotationsachse den Winkel ϱ einschließenden Kristallithauptachse bedeutet.

Wir bezeichnen nun als *diatrope* Netzebene jene, welche *normal* auf der Rotationsachse der Kristallite steht. Wenn wir die Durchstoßpunkte der Hauptrotationsachse mit der Lagenkugel als deren Pole wählen, so bedecken die Repräsentationspunkte der diatropen Ebenen die Umgebung der beiden Polkappen, wobei die Dichteverteilung $I(\varrho)$ ein unmittelbares Abbild der Richtungsverteilung der Kristallithauptachsen darstellt.

Als *paratrope* Ebenen bezeichnen wir alle Netzebenen, die *parallel* zur Kristallithauptachse verlaufen. Man erkennt, daß die zugehörigen Repräsentationspunkte um so näher an den Äquator der Lagenkugel zu liegen kommen, je kleiner die Winkel der Kristallithauptachsen mit der Faserachse sind, und qualitativ ist sofort klar, daß die Gesamtheit der paratropen Repräsentationspunkte eine Zone um den Äquator mit dem Maximum im Äquator selbst bildet. Den quantitativen Zusammenhang dieser Dichteverteilung der paratropen Repräsentationspunkte mit $I(\varrho)$ hat der Verfasser seinerzeit im Rahmen der Studien über den Deformationsvorgang gegeben[1], und es war dies zugleich der Beginn der rechnerischen Behandlung von Kristallitorientierungen. Der Zusammenhang lautet:

$$F(\alpha') = \frac{2}{\pi} \int\limits_{\alpha'}^{\pi/2} \frac{I(\varrho) \sin \varrho \cdot d\varrho}{\sqrt{\sin^2 \varrho - \sin^2 \alpha'}} . \tag{V, 28}$$

$F(\alpha')$ ist also die Häufigkeit einer paratropen Netzebenennormalen, welche mit der Äquatorebene den Winkel α' einschließt.

Die Ableitung sei an Hand von Abb. V, 47 nur kurz angedeutet. Jeder Lage der Kristallithauptachse, welche mit der Faserachse den Winkel ϱ einschließt, ist ein auf ihr normal stehender mit paratropen Repräsentationspunkten gleichmäßig belegter Hauptkreis zugeordnet. Entsprechend der Rotationssymmetrie der ganzen Anordnung rotiert die Kristallithauptachse und mit ihr der Hauptkreis um die Faserachse, und dieser bestreicht dabei eine Zone von der Winkelbreite 2 ϱ. Er erzeugt daher eine vom Äquatorabstand α' abhängige, längs jeden Breitekreises aber konstante Dichteverteilung $f(\alpha')$. Eine entsprechende Zone wird von jeder anderen Kristallitlage erzeugt. Unsere Aufgabe besteht daher darin,

1. die Dichteverteilung $f(\alpha')$ festzustellen und

2. über die Wirkung aller Kegel von Kristallitlagen, die anderen Winkeln mit der Faserachse entsprechen, zu integrieren. Eine einfache Überlegung ergibt zunächst für $f(\alpha')$ Proportionalität mit folgenden Größen:

$$1.\ I(\varrho) \qquad 2.\ \sin \varrho \qquad 3.\ \frac{1}{\cos \alpha'}$$

---

[1] KRATKY, O.: Kolloid-Z. **64**, 213 (1933).

4. dem Verhältnis zwischen dem Bogenelement dl des Hauptkreises und dem zugehörigen Intervall im Azimut $d\alpha'$

$$\frac{dl}{d\alpha'} = \frac{\cos\alpha'}{\sqrt{\sin^2\varrho - \sin^2\alpha'}} .$$

Die gesamte Intensität $F(\alpha')$ auf dem Breitekreis α' ist nun durch Summierung der Beiträge aller Kristallitkegel gegeben:

$$F(\alpha') = \int_{\alpha'}^{\pi/2} f(\alpha') \cdot d\varrho .$$

Der Sinn der unteren Grenze ist aus der Anschauung leicht zu verstehen. Die Vereinigung aller Ausdrücke führt unmittelbar zur Beziehung (V, 28).

Etwas komplizierter ist die Ableitung der Dichteverteilung $F(\gamma')$ für eine beliebige Netzebene (wo γ' den Äquatorabstand bedeutet), deren Normale mit der Kristallitachse einen

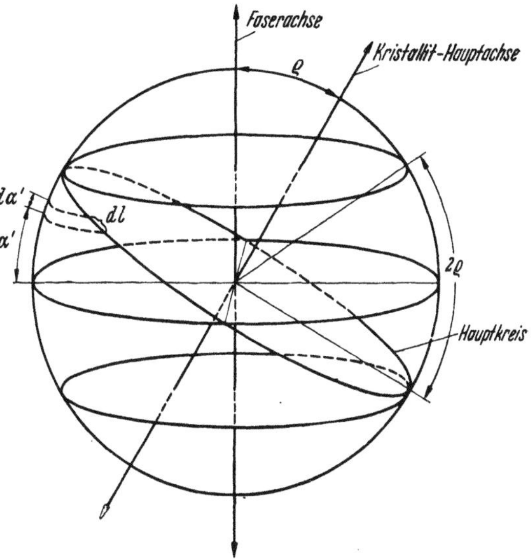

Abb. V, 47. Zur Ableitung der Verteilung der Repräsentationspunkte paratroper Ebenen auf der Lagenkugel.

Winkel ω einschließt. Sie ist durch die Beziehung gegeben[1]

$$\left. \begin{array}{l} F(\gamma') = \dfrac{1}{\pi} \displaystyle\int_0^{\pi} I(\varrho) \cdot d\varphi \\[2em] \cos\varrho = \cos\omega \cdot \sin\gamma' + \sin\omega \cdot \cos\gamma' \cdot \cos\varphi . \end{array} \right\} \qquad (V, 29)$$

Zum Verständnis dieses Ansatzes betrachtet man einen Repräsentationspunkt P der betreffenden Ebene auf der Lagenkugel mit dem Azimut γ'. Dann liegen die Repräsentationspunkte aller Kristallitachsen, die zum Punkt P beitragen können, auf einem Kreis mit dem Radius ω. Über diesen Kreis ist also mit Berücksichtigung der Verteilungsdichte $I(\varrho)$ der Stäbchenachsen zu integrieren, wobei der Winkel ϱ durch die Integrationsvariable φ auszudrücken ist.

---

[1] Ansätze für die Berechnung dieses allgemeinen Falles sind von Ch. MATANO [J. Soc. Chem. Ind. Japan. Suppl.-Band **39**, 478 (1936)] sowie J. J. HERMANS, P. H. HERMANS, D. VERMAAS und A. WEIDINGER [Recueil Trav. chim. Pays-Bas **65**, 427 (1946)] gegeben worden, die auf dem gleichen Gedankengang basieren, den O. KRATKY [Kolloid-Z. **64**, 213 (1933)] bei der Berechnung der Verteilung der paratropen Reflexe angewendet hatte. Während in diesem einfacheren Fall die analytische Behandlung bei Darstellung der Achsenverteilung in analytischer Form ohne weiteres durchführbar war, ist die Auswertung der Ansätze von MATANO sowie HERMANS auf analytische Weise nicht ohne weiteres möglich und auch nicht versucht worden. Obige Beziehung (V, 29) hat G. POROD abgeleitet [vgl. O. KRATKY, G. POROD und E. TREIBER: Kolloid-Z. **121**, 1 (1951)] und sie konnte auch von ihm praktisch ausgewertet werden.

In Abb. V, 48 sind die zusammengehörigen Dichteverteilungen auf dem Meridian der Lagenkugel für die diatrope, paratrope und eine unter dem Winkel von $\omega = 32,8°$ schief zur ersteren liegende Ebene dargestellt. Für die Verteilungsfunktionen $I(\varrho)$ wurden in diesem Beispiel spezielle Formen unterstellt, die sich aus dem „I. Grenzfall" für verschiedene Dehnungsgrade ergeben. (Vgl. § 31.)

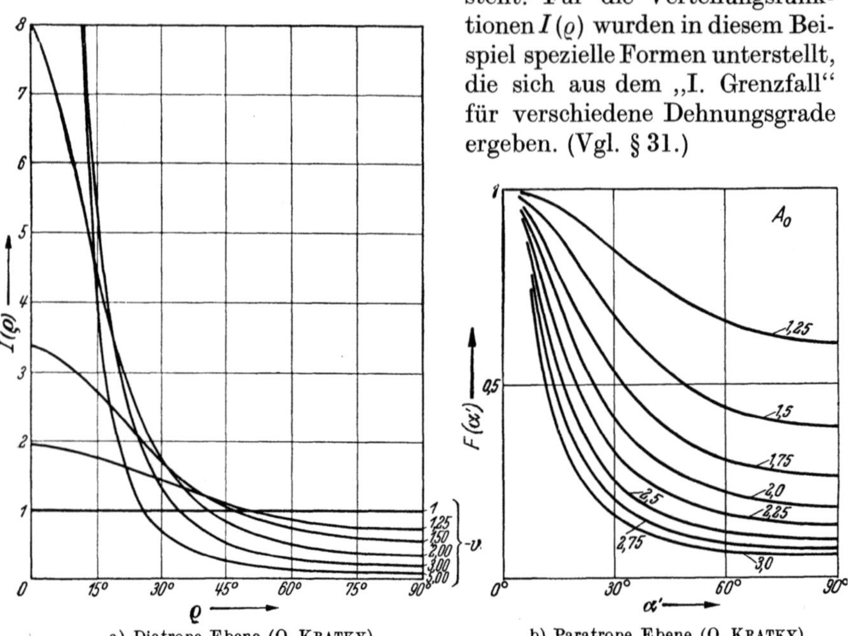

a) Diatrope Ebene (O. Kratky).   b) Paratrope Ebene (O. Kratky).

Abb. V, 48 a — c. Dichteverteilungen auf dem Meridian der Lagenkugel bei vollständiger Faserstruktur für die als Parameter angegebenen Dehnungsgrade v unter Zugrundelegung des „I. Grenzfalles".

Nach der oben gegebenen Definition besteht eine *ideale Faserstruktur* in einer exakten parallelen Anordnung der Kristallithauptachsen, wobei alle Lagen in gleicher Häufigkeit vorhanden sind, die durch Rotation um diese Achsen entstehen. Man hat die ideale Faserstruktur vielfach mit einem Bündel runder Bleistifte verglichen, deren Aufschriften nach verschiedenen Richtungen gekehrt sind. In der Lagenkugeldarstellung gibt die diatrope Ebene dann nur einen Punkt im Pol, während die paratropen Repräsentationspunkte den Äquator gleichmäßig belegen.

2. Die vollständige Spiralfaserstruktur.

Sie unterscheidet sich von der vollständigen Faserstruktur nur dadurch, daß das Maximum in der Häufigkeit der Ausgangslage nicht beim Winkel Null der Kristallithauptachse mit der Hauptrotationsachse liegt, sondern bei einem endlichen Winkel, dem *Spiralwinkel φ*. Die Repräsentationspunkte der diatropen Ebene belegen dann zwei symmetrisch zum Äquator und parallel zu diesem verlaufende Bänder auf der Lagenkugel. Das gleiche ist für die paratropen Ebenen zu sagen. Allerdings können bei entsprechender Häufigkeitsverteilung die parallel zum Äquator verlaufenden Bänder auch so zusammenfließen, daß sie wieder im Äquator ein Maximum ergeben.

Die Verteilung der diatropen Repräsentationspunkte ist wieder identisch mit der Verteilung der Kristallithauptachsen, und die Berechnung des Repräsentationsbereiches für die paratrope sowie schiefliegende Ebenen kann nach den bei der Faserstruktur angegebenen Beziehungen erfolgen, wobei selbstverständlich die Verteilungsfunktion $I(\varrho)$ nunmehr ihr Maximum beim Spiralwinkel φ haben muß. Bei der idealen Spiralfaserstruktur gehen die Bänder in einfache Kreise über, wobei der Polabstand des diatropen Kreises gleich φ und komplementär zum Polabstand des paratropen Kreises ist.

3. Die vollständige Ringfaserstruktur.

Sie ist der Spezialfall der vollständigen Spiralfaserstruktur mit dem Spiralwinkel 90° (so wie andererseits die vollständige Faserstruktur der Spezialfall mit dem Spiralwinkel Null ist). Die diatropen Repräsentationspunkte bilden jetzt ein Band mit dem Maximum im Äquator, während sich die paratropen Repräsentationspunkte auf jeden Fall über die ganze Lagenkugel erstrecken. Im speziellen Fall der *idealen* Ringfaserstruktur gilt für diese Verteilung die Beziehung

$$F(\alpha') = \frac{1}{\cos \alpha'}. \qquad (V, 30)$$

Die Funktion hat also ein unendlich hohes Maximum am Pol und fällt dann gegen den Äquator ab, wo sie durch ein Minimum geht.

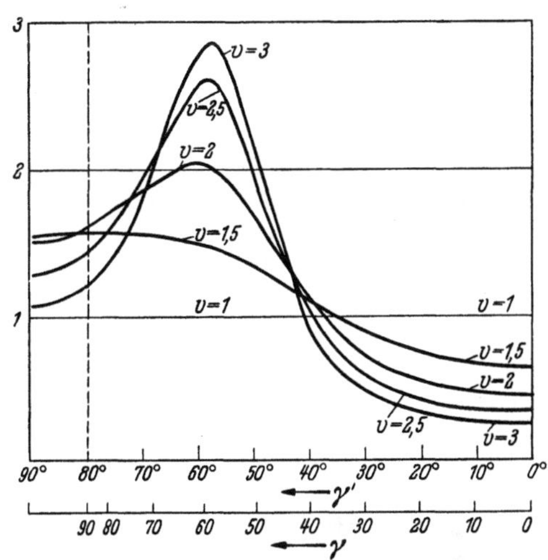

Abb. V, 48 c. Unter $\omega = 32\cdot 8°$ schief zur Kristallithauptachse liegende Ebene.
(O. KRATKY, G. POROD und E. TREIBER.)

Die ideale Ringfaserstruktur entspricht der Lagenmannigfaltigkeit, die ein in verschiedenster Weise auf den Tisch geworfener runder Bleistift haben kann.

4. Die partielle Faserstruktur.

Wir bezeichnen eine Faserstruktur als partiell, wenn zwar die Kristallithauptachsen Verteilungen wie bei der vollständigen Faserstruktur bilden, jedoch nicht alle durch Rotation um die Kristallithauptachsen erzeugbaren Lagen mit gleicher Häufigkeit realisiert sind. Es ist also nur ein Teil der bei der vollständigen Faserstruktur gegebenen Lagen vorhanden, was durch die Bezeichnung „partiell" zum Ausdruck kommt. Die Verteilung der paratropen Ebenen um jede einzelne Kristallithauptachse muß wegen der Doppelkegelsymmetrie des Gesamtobjektes stets symmetrisch zu der durch die Hauptrotationsachse und die betrachtete

Kristallithauptachse gelegten Ebene sein. Wir wollen unsere Betrachtung auf jene Netzebene beschränken, die in dieser Ebene ihr Häufigkeitsmaximum hat, und jene, deren häufigste Lage zu dieser Ebene senkrecht steht. Wie im § 15 ausgeführt wird, entspricht z. B. in der Deformationsstruktur von regenerierter Cellulose, wo bändchenförmige Kristallite vorliegen, die „Bändchenebene" der ersten Fläche, die „Seitenebene" der letzteren[1]. Die diatrope Ebene und die beiden hervorgehobenen paratropen bilden also im Kristallit die Achsenebenen eines rechtwinkeligen Koordinatensystems.

Hinsichtlich des Zusammenhanges dieser paratropen Repräsentationspunkte mit den diatropen, läßt sich, wie P. H. HERMANS, J. J. HERMANS, D. VERMAAS und A. WEIDINGER[2] gezeigt haben, nur <u>eine</u> allgemeingültige Angabe machen. Es besteht nämlich stets die Beziehung:

$$\overline{\sin^2\varrho} = \overline{\sin^2\alpha_0'} + \overline{\sin^2\alpha_3'}\,, \tag{V, 31}$$

wobei wieder ϱ den Abstand der diatropen Repräsentationspunkte vom Pol und α_0' und α_3' den Abstand der Repräsentationspunkte der beiden paratropen Ebenen vom Äquator darstellen[3].

Man könnte eine Struktur als „ideal partiell" bezeichnen, wenn bei beliebiger Lagenmannigfaltigkeit der Kristallithauptachsen selbst (mit dem Häufigkeitsmaximum beim Winkel Null mit der Hauptsymmetrieachse) von den durch Rotation um diese entstehenden Einzellagen nur eine einzige realisiert ist. Der interessanteste Fall dieser Art ist die genaue Einstellung der Blättchenebene A_0 in die durch die Hauptrotationsachse und Kristallithauptachse gegebene Ebene. Auf der Lagenkugel würde dann die Blättchenebene den Äquator gleichmäßig belegen, während die Seitenebene eine Verteilung $F(\alpha_3')$ gibt, welche mit der diatropen Verteilung $I(\varrho)$ einen einfachen gesetzmäßigen Zusammenhang zeigt:

$$F(\alpha_3') = I(\varrho)\cdot\operatorname{tg}\alpha_3' \quad \text{mit} \quad \alpha_3' + \varrho = \frac{\pi}{2}\,. \tag{V, 32}$$

5. Die höhere Orientierung oder Folienstruktur.

Hauptsymmetrieelemente sind drei aufeinander senkrecht stehende Spiegelebenen mit den zugehörigen zweizähligen Drehachsen. Für den Fall rhombischer Kristallite läßt sich diese Anordnung einfach in der Weise beschreiben, daß man eine Ausrichtung der Kristallite nicht nur nach einer Achse (wie bei der Faserstruktur), sondern nach zwei Achsen mit entsprechender Schwankung vornimmt. Um aber auch niedriger symmetrische Kristalle, insbesondere den praktisch wichtigen Fall der monoklinen Kristallite einzubeziehen, müssen wir uns vergegenwärtigen,

---

[1] BAULE, B., O. KRATKY u. R. TREER: Z. physik. Chem. (B) **50**, 255 (1941). — O. KRATKY: Kolloid-Z. **96**, 301 (1941).

[2] HERMANS, J. J., P. H. HERMANS, D. VERMAAS u. A. WEIDINGER: Recueil Trav. chim. Pays-Bas **65**, 427 (1946).

[3] Die Indices 0 und 3 sind im Hinblick auf den bisher praktisch wichtigsten Fall der regenerierten Cellulose gewählt, wo die Blättchenebene mit A_0, die Seitenebene mit A_3 bezeichnet wird.

daß nur zwei der Kristallitachsen, nämlich die *b*-Achse (jene, die normal auf dem von 90° verschiedenen Achsenwinkel steht) und eine der beiden anderen Achsen nach den Hauptachsenrichtungen ausgerichtet werden kann, während die dritte Achse unter allen Umständen schief zu den Hauptachsen liegen muß. Abb. IV, 3 läßt erkennen, daß dann aus Symmetriegründen eine zweite Kristallitlage vorhanden sein muß. Die Verhältnisse können auch noch komplizierter sein, doch ist der in Abb. IV, 3 wiedergegebene Fall der wichtigste.

c) Das Verfahren der Orientierungsbestimmung aus den Weitwinkelinterferenzen.

Bei Bestrahlung eines Polykristalls mit monochromatischem Röntgenlicht wird eine bestimmte Netzebene in jenen Kristalliten Reflexion ergeben, für welche das BRAGGsche Gesetz erfüllt ist. Wie POLANYI gezeigt hat, lassen sich die reflexionsfähigen Kristallitorientierungen mit Hilfe der „Lagenkugel" in übersichtlicher Weise bestimmen. Der Polykristall K werde durch den Primärstrahl beleuchtet (Abb. V, 49). Ist der Glanzwinkel einer herausgegriffenen Netzebene ϑ, so sieht man ohne weiteres ein, daß die Reflexionsbedingung nur für jene Repräsentationspunkte erfüllt ist, welche auf dem eingezeichneten Kleinkreis, dem sogenannten *Reflexionskreis*, sitzen, der von dem normal zum einfallenden Strahl liegenden Hauptkreis den Winkelabstand ϑ hat. Da nämlich die Tangentialebene an irgendeinen Punkt der Lagenkugel parallel zu jener Netzebene ist, die durch diesen Punkt repräsentiert wird, kann man den Strahl anstatt in der Netzebene selbst einfach an der Kugeloberfläche am Repräsentationspunkt der betreffenden Netzebene zur Reflexion gebracht denken. Nun ist der geometrische Ort aller Punkte der Kugeloberfläche, deren Tangentialebenen mit dem einfallenden Strahl den Winkel ϑ bilden, eben der gezeichnete Reflexionskreis.

Sind alle Stellen dieses Reflexionskreises mit Repräsentationspunkten belegt, so daß überall Reflexion erfolgt, so bildet die Gesamtheit der reflektierten Strahlen einen Kegel. Auf einem normal zum Primärstrahl aufgestellten Film tritt dann ein Interferenzkreis auf — er entspricht dem DEBYE-SCHERRER-Kreis eines Kristallpulvers — der, wie man ohne weiteres einsieht, ein *intensitäts- und winkeltreues Abbild der Verteilung der Repräsentationspunkte auf dem Reflexionskreis* ist.

Betrachten wir nun einen Polykristall mit Faserstruktur, dessen Faserachse normal zum Strahl aufgestellt ist. Die paratropen Repräsentationspunkte bilden hier ein Band symmetrisch zum Äquator, und demgemäß erscheinen im Interferenzbild zwei symmetrisch zur horizontalen Mittellinie liegende Sicheln. Sie sind bei den in Abb. V, 49 dargestellten Verhältnissen annähernd, wenn auch nicht exakt, ein Abbild der Verteilung der Repräsentationspunkte auf dem Hauptkreis. Wegen der Rotationssymmetrie der Lagenkugel um die Faserachse liefert ein Punkt des Reflexionskreises, z.B. der Punkt A, die Dichte für jenen Punkt des Hauptkreises A', der mit ihm durch einen Breitenkreis verbunden ist. Besonders übersichtlich wird dieser Zusammenhang, wenn wir die Lagenkugel in Richtung des Primärstrahls anblicken (Abb. V, 50). Der Reflexionskreis und der Hauptkreis von Abb. V, 49 erscheinen jetzt als konzentrische Kreise, und der Breitekreis, welcher A und A', also Repräsentationspunkte gleichen Äquatorabstandes, verbindet, ist eine

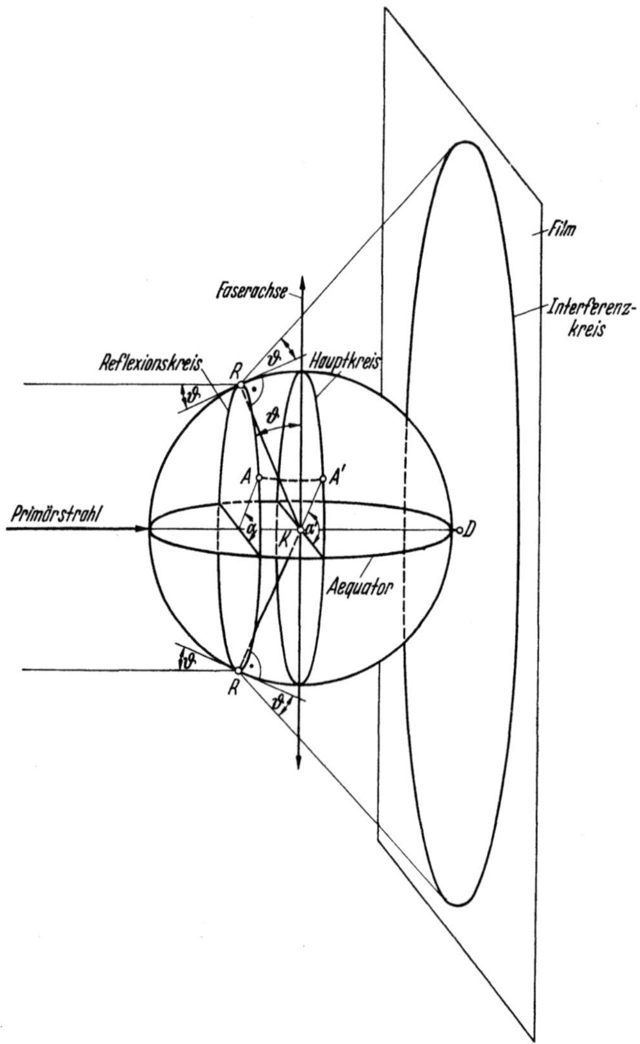

Abb. V, 49. Die Lagenkugel nach POLANYI.

horizontale Linie. Man erkennt jetzt noch klarer als in Abb. V, 49, daß ein von Repräsentationspunkten belegter Teil (stark ausgezogen), der im Reflexionskreis einem Winkel 2α entspricht, im Hauptkreis nur einen kleineren Winkelbereich $2\alpha'$ ausfüllt. Die Beziehung zwischen dem Winkel α im Reflexionskreis und dem entsprechenden Winkel α' im

Hauptkreis, der den echten Abstand vom Äquator angibt, ist schon von POLANYI angegeben worden:

$$\sin\alpha' = \sin\alpha \cdot \cos\vartheta\,. \qquad (V, 33)$$

Sie gilt natürlich für jede Ebene, wie sich aus der Ableitung ohne weiteres ergibt.

Für kleine Glanzwinkel ϑ wird also $\alpha' \approx \alpha$, und es kann daher die Intensitätsverteilung (= Schwärzungsverlauf) am Interferenzkreis in guter Näherung der Verteilung der Repräsentationspunkte auf dem Hauptkreis gleichgesetzt werden. Auszunehmen ist nur der Bereich von α und α' knapp unter 90°. Die Verhältnisse sind für einen mittleren Glanzwinkel aus Abb. V, 48 c zu ersehen, wo die beiden Winkelskalen (dort mit γ' und γ bezeichnet) als Abszissen dargestellt sind.

Hat man einmal erkannt, daß die Bestrahlung mit einem Röntgenstrahlbündel dem Überschieben eines mit diesem konzentrischen Reflexionskreises entspricht, dessen Abstand vom Hauptkreis durch den Glanzwinkel ϑ gegeben ist, so versteht man, daß sich durch Bestrahlen in verschiedenen Richtungen jede Verteilung von Repräsentationspunkten erfassen läßt. Will man z. B. die Verteilung der diatropen Reflexe und damit die Achsenrichtungen der Kristallite einer Faserstruktur kennenlernen, so braucht man das Präparat nur um den Glanzwinkel der diatropen Ebene aus der normalen Lage zu neigen und erreicht damit, wie Abb. V, 51 anschaulich macht, daß der Reflexionskreis jetzt durch den Pol der Lagenkugel geht und damit die gesamte Verteilung der diatropen Repräsentationspunkte erfaßt wird, während das bei normaler Bestrahlung (Abb. V, 49) nicht der Fall ist. Bei solchen schiefen Aufnahmen ist zur Umrechnung der Verteilung im Reflexionskreis auf diejenige im Hauptkreis die Beziehung zu verwenden:

$$\sin\varrho/2 = \sin\beta/2 \cdot \cos\vartheta\,, \qquad (V, 34)$$

wobei β den Winkelabstand vom Zenit des Interferenzkreises bedeutet. Für mäßig kleine Glanzwinkel kann wieder der Unterschied zwischen ϱ und β vernachlässigt werden.

Ganz analog wie paratrope und diatrope Netzebenen können in vollständigen oder partiellen Faserstrukturen natürlich alle anderen auch schiefliegenden Netzebenen durch die Schwärzungsverteilung auf den zugehörigen Interferenzkreisen erfaßt werden, wobei man − vom er-

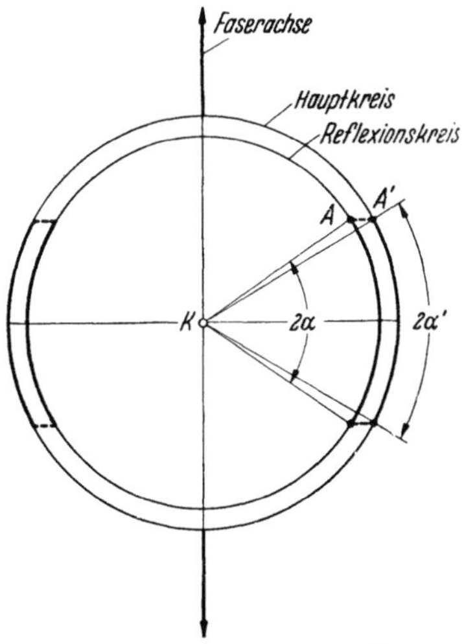

Abb. V, 50. Zusammenhang der Äquatorabstände α' und α am Hauptkreis bzw. Reflexionskreis.

wähnten Spezialfall der diatropen Ebene abgesehen – im allgemeinen mit der Aufstellung der Faserachse normal zur Strahlrichtung auskommt.

Wesentlich schwieriger ist eine quantitative Orientierungsbestimmung

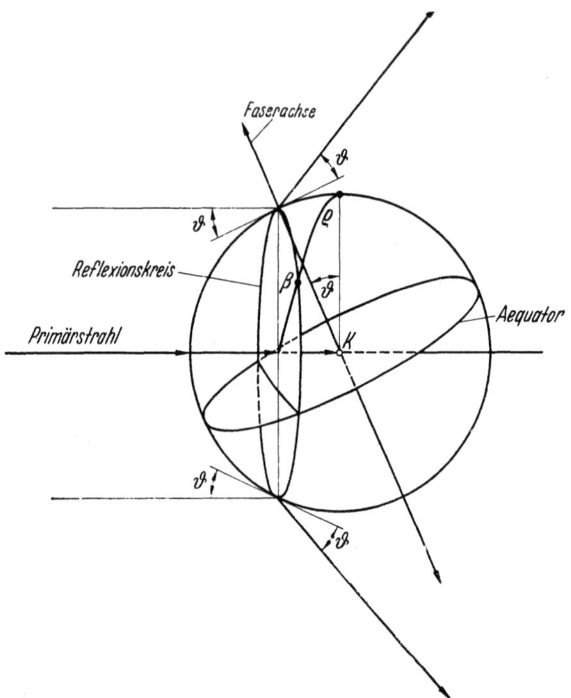

Abb. V, 51. Schiefe Faseraufnahme zur direkten Erfassung der diatropen Reflexe in der Lagenkugeldarstellung.

bei Polykristallen mit Folienstruktur. Hier genügt nicht die Vermessung der Dichte längs eines Reflexionskreises, denn – wie Abb. V, 52 anschaulich macht – hat hier das Repräsentationsgebiet selbst der Achsenebenen keine Rotationssymmetrie. Aber auch aus der Verteilung entlang der beiden Symmetralen, dem Äquator und einem darauf normalen Hauptkreis, ergibt sich noch nicht vollständig die Verteilung an den übrigen Stellen. Für viele Zwecke reicht allerdings schon die Information aus, die durch Bestrahlung in den drei Hauptachsenrichtungen erhältlich ist[1]. (Vgl. § 15.)

Einen nächsten Schritt in der Erfassung der Kristallitorientierung stellt die Verwendung des WEISSENBERG-Goniometers dar, welches gestattet, die Verteilung auf einem beliebigen Hauptkreis der Lagenkugel zu erfassen[2].

Die Registrierung schließlich der Repräsentationspunkte nicht nur

---

[1] BURGENI, A. u. O. KRATKY: Z. physik. Chem. (B) 4, 401 (1929). — O. KRATKY: Z. physik. Chem. (B) 5, 297 (1929). — O. KRATKY u. S. KURIYAMA: Z. physik. Chem. (B) 11, 363 (1931). — H. MARK u. G. v. SUSICH: Kolloid-Z. 44, 11 (1928).
[2] MARK, H. u. G. v. SUSICH: Z. physik. Chem. (B) 4, 43 (1929).

entlang einzelner Kreise, sondern in allen Punkten der Lagenkugel, ist mit dem vom Verfasser entwickelten Polykristall-Goniometer[1] möglich (Abb. V, 53).

Man läßt durch eine Auswahlblende nur den von einer bestimmten Netzebenenart erzeugten Interferenzkegel auf den Film austreten. Die Auswahlblende ist ein konzentrisch zum Röntgenstrahl liegender Zylinder mit einem um den ganzen Umfang laufenden Austrittsspalt, der in die entsprechende Lage geschoben wird. Der ebenfalls konzentrisch zum Strahl angeordnete die Auswahlblende umhüllende zylindrische Film verschiebt sich während der Aufnahme in Richtung des Strahls, wobei mit dieser Verschiebung eine Drehung des Präparates gekoppelt ist. Der räumlich festgehaltene Reflexionskreis bestreicht dabei die mit dem Präparat sich drehende Lagenkugel auf einer Zone von der Breite $180 - 2\,\vartheta$, und der Film registriert die Verteilung der Repräsentationspunkte in intensitätstreuer Abbildung. Das Verfahren hat sich auch praktisch bewährt[2].

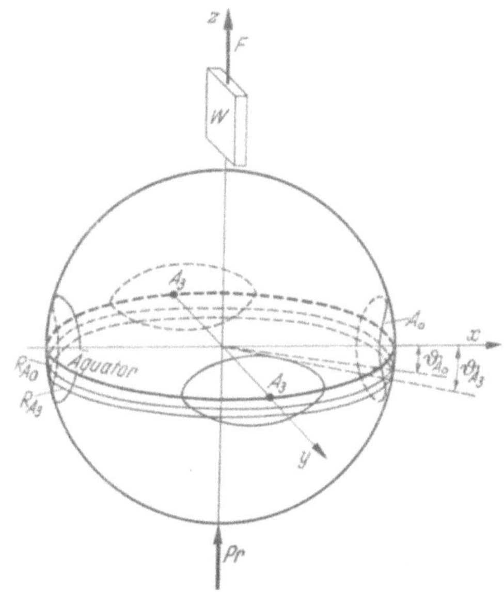

Abb. V, 52. Lagenkugeldarstellung der Folienstruktur von regenerierter Cellulose. Pr = Primärstrahl, F = Faserachse, W = Walzebene, ϑ_{A_0} und ϑ_{A_3} sind die Glanzwinkel der paratropen Ebene A_0 und A_3, R_{A_0} und R_{A_3} die zugehörigen Reflexionskreise. (A. Burgeni und O. Kratky.)

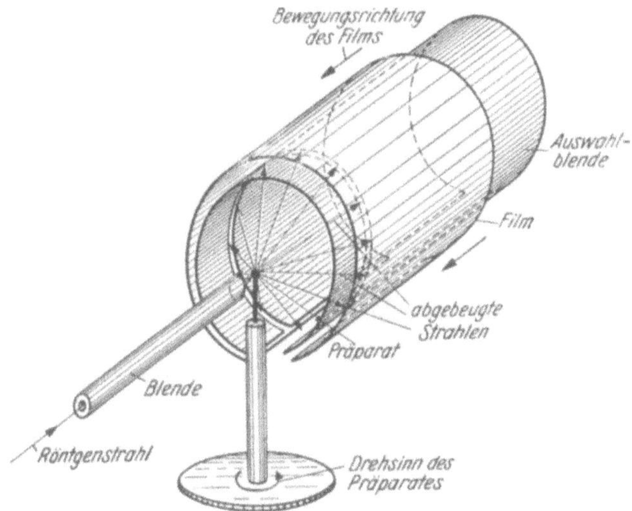

Abb. V, 53. Polykristallröntgengoniometer nach O. Kratky.

[1] Kratky, O.: Z. Kristallogr., Mineral., Petrogr. **72**, 529 (1930).
[2] Wooster, W. A.: J. Sci. Instr. **25**, 129 (1948).

d) Die Vermessung der Röntgendiagramme und Definition von Kennzahlen zur Beschreibung einer Kristallitorientierung.

Zur Ermittlung der Belegung der Reflexionskreise ist nach den Ausführungen der vorhergehenden Abschnitte die Röntgenintensität entlang den Interferenzkreisen zu vermessen. Es liegt nun im Wesen der hochpolymeren Stoffe, daß neben der Streuung gittermäßig gut geordneter Bereiche ein diffuser Streuuntergrund vorhanden ist, der von den „amorphen" Anteilen herrührt. Der z. B. von Sisson und Clark[1] beschrittene Weg der Vermessung entlang des Interferenzkreises bzw. der Interferenzsicheln ist daher nicht vollständig, weil er wohl die absolute Höhe der Schwärzung in der Interferenz erfaßt, nicht aber ihre Erhebung über den diffusen Untergrund mißt. Diese Komplikation berücksichtigt das vom Verfasser eingeführte Verfahren, bei

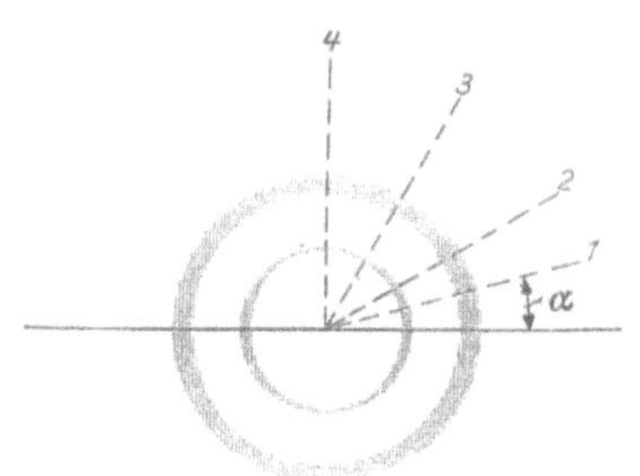

Abb. V, 54. Schema der radialen Photometrierung eines Faserdiagramms.

welchem, wie dies Abb. V, 54 erkennen läßt, die Photometrierung radial erfolgt[2]. Jede einzelne Photometerkurve gibt dann einen Querschnitt durch den kreisförmigen Schwärzungswall, in welchem die Abtrennung des Untergrundes möglich ist (Abb. V, 55), so daß man auf die Intensität

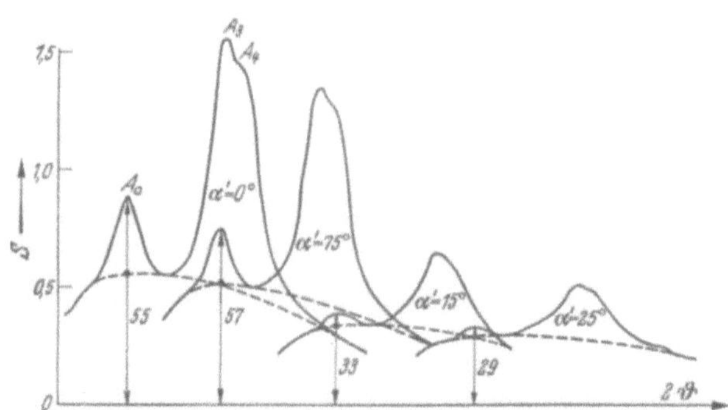

Abb. V, 55. Durch radiale Photometrierung hergestellte Photometerkurven (W. Kast[3]).
(Nach der hier verwendeten Nomenklatur ist α' durch α ersetzt zu denken.)

der Interferenz an der Stelle des Schnittes mit dem betreffenden Radius schließen kann. Aus einer entsprechenden Zahl derartiger Photometerkurven ist dann der Schwärzungsverlauf entlang des ganzen Interferenzkreises zusammenzusetzen und im Sinne der im vorigen Abschnitt dargelegten Zusammenhänge zur Ermittlung der Kristallitorientierung zu

[1] Sisson, W. A. u. G. L. Clark: Ind. Engng. Chem. anual. Edit. **5,** 296 (1933).
[2] Kratky, O.: Kolloid-Z. **70,** 14 (1935). — P. H. Hermans, O. Kratky u. P. Platzek: Kolloid-Z. **86,** 245 (1939).
[3] Kast, W.: Melliand Textilber. **32,** 361 (1951).

verwerten. Zahlreiche sorgfältige Messungen dieserArt sind insbesondere an der regenerierten Cellulose vom Verfasser, von P. H. HERMANS und Mitarbeitern, sowie von W. KAST durchgeführt worden, worüber noch zu berichten sein wird (§ 31).

Für viele praktische Zwecke ist die Angabe der vollständigen Richtungsverteilung nicht notwendig, so daß die Frage auftritt, welche Kennzahlen zweckmäßig zur Charakterisierung einer Polykristallstruktur verwendet werden. Wir wollen uns zunächst auf die vollständige und partielle Faserstruktur beschränken.

Zunächst liegt es nahe, die *Halbwertsbreite* α_h der paratropen Reflexe[1] zur Kennzeichnung der untersuchten Präparate zu verwenden. Man versteht darunter den vom Maximum (Äquator) an gemessenen Winkel, innerhalb dessen die Interferenzintensität auf die Hälfte ihres maximalen Wertes abgesunken ist. Diese Angabe stellt zweifellos ein naheliegendes und anschauliches Maß für die Breite einer symmetrisch von einem Maximum abfallenden Kurve dar, und seine Feststellung aus der Verteilungskurve erfordert keinerlei Rechnung.

Naturgemäß ist dieses Maß unbrauchbar, wenn Präparate mit sehr schlechter Orientierung untersucht werden, bei welchen die Intensität an keiner Stelle auf die Hälfte ihres Ausgangswertes sinkt, wie P. H. HERMANS gelegentlich hervorgehoben hat. Bei technischen Fasern, deren Herstellung mit einer Verstreckung des Materials verbunden ist, sind aber die Orientierungen im allgemeinen so gut, daß dieser Einwand wegfällt, so daß sich z. B. KAST[2] und teilweise P. H. HERMANS[3] auch in neueren Arbeiten wieder dieses Maßes bedienen. Jedenfalls scheint eine Überbetonung der Wichtigkeit dieser Frage nicht am Platze, denn wenn die Verwendung von α_h sinnlos wird, dann verbietet sie sich ohnehin von selbst.

In gleicher Weise kann man auch die Orientierung der diatropen Ebene durch ϱ_h kennzeichnen, die ja zugleich die Orientierung der Kristallitachsen mißt.

Bevor wir eine Reihe von anderen Nomenklaturvorschlägen besprechen, die speziell für verformte, regenerierte Cellulosen gemacht wurden, sind zum besseren Verständnis einige Bemerkungen voranzustellen. Nach den vom Verfasser entwickelten Vorstellungen haben die Kristallite der regenerierten Cellulose die Gestalt von langgestreckten Blättchen, also „Bändchen", deren Längsrichtung in die Faserrichtung orientiert wird (vgl. § 20). Nun konnte in der oben erwähnten gemeinsamen Untersuchung mit BAULE und TREER[1] gezeigt werden, daß bei der Streckung eines Fadens die Orientierung der Bändchenebene der Einstellung der Achsen in die Dehnungsrichtung voraneilt (= *Blättcheneffekt*). Die Einstellung der Achsen kann nun durch ϱ_h charakterisiert werden, die Einstellung der Blättchenebene, die dem innersten Äquatorreflex A_0 entspricht, durch α_h.

KAST[4] schlägt zunächst die „Integralbreite" als Orientierungsmaß vor, d. h. das Verhältnis der Fläche einer Schwärzungskurve zu ihrer Höhe. Ihren reziproken Wert nennt er die „Schärfe der Verteilung".

---

[1] BAULE, B., O. KRATKY u. R. TREER: Z. physik. Chem. (B) **50**, 280 (1941).

[2] KAST, W. und Mitarbeiter: Kolloid-Z. **111**, 1 (1948); **114**, 23 (1949); **120**, 40 (1951). — [3] HERMANS, P. H. u. W. KAST: Kolloid-Z. **120**, 21 (1951).

[4] KAST, W. u. A. PRIETZSCHK: Kolloid-Z. **114**, 23 (1949).

Sehr bemerkenswert ist der Vorschlag von J. J. HERMANS, P. H. HERMANS und Mitarbeitern[1], die Schwankung der Flächennormalen durch das mittlere Quadrat des Sinus ihres Winkels mit dem Äquator bzw. der Faserachse zu charakterisieren. Dieses Maß ist bedeutungsvoll in dreierlei Hinsicht.

1. Nach Gl. (V, 31) ist die Summe der Schwankungsgrößen für zwei aufeinander normal stehende paratrope Ebenen gleich der Schwankungsgröße der diatropen Ebene, so daß diese Größe auch ohne direkte Vermessung des diatropen Reflexes ermittelt werden kann. Das ist bei vielen Cellulosepräparaten sehr wichtig, weil wohl A_0 und A_3 immer eine zur Vermessung ausreichend große Intensität besitzen, der diatrope Reflex bei den meisten Präparaten aber recht schwach ist. Dies gilt auch für die von KAST viel verwendeten schiefen Aufnahmen.

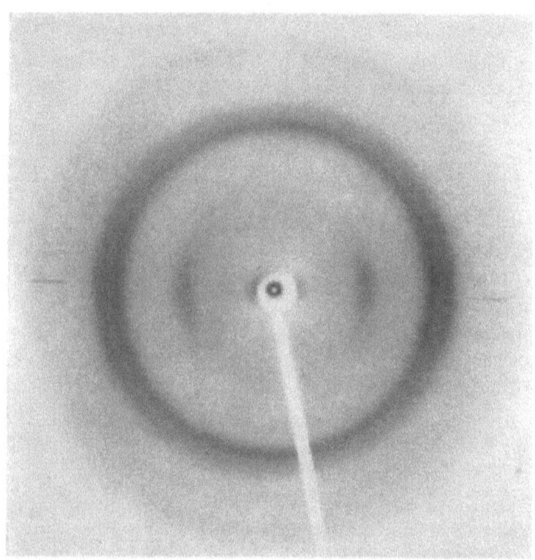

Abb. V, 56. Faserdiagramm eines gedehnten Films von regenerierter Cellulose, in welchem A_3 und II_1 zusammenfließen. (B. BAULE, O. KRATKY und R. TREER.)

2. Diese Schwankungsgrößen stehen im einfachen Zusammenhang mit der Doppelbrechung

$$f_x = 1 - \frac{3}{2}\,\overline{\sin^2\varrho}\;. \quad \text{(V, 35)}$$

Der Orientierungsfaktor ist das Verhältnis der Doppelbrechung zu der bei idealer Orientierung zu erwartenden. Dabei wird allerdings ein optisch einachsiges Verhalten der Kristallite vorausgesetzt.

3. Bei regenerierter Cellulose tritt die Komplikation auf, daß der Schichtlinienreflex II_1, dessen Maximum bei einem Polabstand von etwa 32,8° liegt, praktisch den gleichen Glanzwinkel wie A_3 hat. Die Bestimmung der Orientierung von A_3 ist daher bei mäßiger Ordnung schwierig, weil dann die beiden Reflexe zusammenfließen, wie z. B. Abb. V, 56 zeigt. Da das integrale Streuvermögen von II_1 nach Messungen von J. J. HERMANS, P. H. HERMANS und Mitarbeitern[1] immerhin $^1/_5$ des Wertes für A_3 ausmacht, bedingt die Nichtbeachtung von II_1 doch einen die experimentellen Ungenauigkeiten übersteigenden Fehler. Die gleichen Forscher haben nun gezeigt, wie man die Wirkung von II_1 aus der superponierten Interferenz abspalten kann. Bildet man für die zusammengesetzte Interferenz in analoger Weise die Schwankung wie für die Einzelinterferenzen und bezeichnen wir sie mit $\overline{\sin^2 t}$, so gilt nach J. J. HERMANS, P. H. HERMANS und Mitarbeitern:

$$\overline{\sin^2\alpha_3'} = 1{,}34\,\overline{\sin^4 t} + 0{,}142\,\overline{\sin^2\alpha_0'} - 0{,}162\,, \quad \text{(V, 36)}$$

[1] HERMANS, J. J., P. H. HERMANS, D. VERMAAS u. A. WEIDINGER: Recueil Trav. chim. Pays-Bas **65**, 427 (1946).

so daß man unter Hinzunahme des superpositionsfreien A_0 nunmehr die Schwankung der Achsenrichtungen $\overline{\sin^2 \varrho}$ nach Gl. (V, 31) berechnen kann, womit eine einwandfreie Orientierungsbestimmung möglich ist.

Für den Gebrauch dieser Schwankungsgrößen zur Charakterisierung der Fasern an sich bzw. zum Vergleich mit der nach theoretischen Ansätzen vorausberechneten Orientierung haben diese Schwankungsgrößen allerdings den Nachteil, daß wegen der Mittelung über das Quadrat des Sinus die einen großen Winkel mit der Bezugsrichtung einschließenden Teilchen bei der Mittelbildung stark ins Gewicht fallen. Dadurch kann ein etwas verzerrtes Bild entstehen.

Kast[1] schlug vor, die Größe $\dfrac{1}{\varrho_h}$, welche die Achsenorientierung mißt, als „Quantität der Orientierung" zu bezeichnen. Zur Charakterisierung des Blättcheneffektes verwendet Kast die Größe $\dfrac{\alpha_h}{\varrho_h}$, die er das „Orientierungsverhältnis" nennt. Man erkennt, daß es um so kleiner ist, je stärker die Blättcheneinstellung im Vergleich mit der Achseneinstellung voraneilt. Wegen der von ihm erkannten Bedeutung dieser Größe für die Fasergüte, betrachtet er sie als Maß für die „Qualität der Orientierung".

Das Produkt von „Quantität" und „Qualität" der Orientierung $\dfrac{\alpha_h}{\varrho_h^2}$ nennt er die „Orientierungsgüte".

Eine dem Kastschen Orientierungsverhältnis verwandte Größe kann im Anschluß an die Hermansschen Schwankungsgrößen definiert werden. P. H. Hermans und Kast[2] bezeichnen als paratropes Verhältnis den Ausdruck

$$P_v = \frac{\overline{\sin^2 \alpha_0}}{\overline{\sin^2 \alpha_3}}.$$

Aus der Beziehung Gl. (V, 31) ergibt sich dann, wenn der Unterschied zwischen α' und α vernachlässigt wird,

$$P_v = \frac{\overline{\sin^2 \alpha_0}}{\overline{\sin^2 \varrho} - \overline{\sin^2 \alpha_0}}.$$

Das paratrope Verhältnis ist also um so kleiner, je mehr die Blättchenorientierung der Achsenorientierung vorauseilt.

e) Orientierungsbestimmung aus der Röntgenkleinwinkelstreuung.

1. Allgemeines, Verwendung der Lagenkugelvorstellung.

Schon den Entdeckern der Röntgenkleinwinkelstreuung bei Cellulose[3] war bekannt, daß sich diese im Faserdiagramm längs des Äquators erstreckt (Abb. V, 57)[4]. Ihre Deutung als Streueffekt langgestreckter, zur Faserachse weitgehend parallel gelagerter Partikeln macht es verständlich, daß die Streuung *quer* zur Faserachse einen viel größeren Winkelbereich erfüllt als *in* Richtung der Faserachse, gleichgültig ob wir ein

---

[1] Kast, W. u. A. Prietzschk: Kolloid-Z. **114**, 23 (1949).

[2] Hermans, P. H. u. W. Kast: Kolloid-Z. **121**, 21 (1951).

[3] Hengstenberg, J. u. H. Mark: Vgl. H. Mark, Physik und Chemie der Cellulose, Berlin: Springer 1932, S. 139.

[4] Kratky, O., A. Sekora u. R. Treer: Z. Elektrochem. angew. physik. Chem. **48**, 587 (1942).

dichtes oder weniger dichtes System vor uns haben (vgl. § 22). Da das Kleinwinkelbild also offenbar die Normale zur Längsrichtung der Micellen markiert, liegt die Frage nahe, ob eine quantitative Verwertung der Röntgenkleinwinkelstreuung zur Bestimmung von Lagenmannigfaltigkeiten in ähnlicher Weise möglich ist, wie etwa bei diatropen und paratropen Interferenzen[1].

Im Falle der dichtgepackten Systeme, die wir vor allem behandeln wollen, ist eine rationelle Auswertung offenbar an die Bedingung geknüpft, daß die Micellen eine „Ordnung im kleinen Bereiche"[2] zeigen, d.h. daß trotz Streuung der Richtungen innerhalb des ganzen Präparates dennoch benachbarte Micellen annähernd parallel gelagert sind. Wir vereinfachen zunächst das Problem, indem wir annehmen, daß im untersuchten Streubereich vornehmlich *eine* Begrenzungsfläche der Micellen, z. B. die Lamellenfläche, entsprechend dominiert (vgl. § 20). Das ist z. B. derFall bei bändchenförmiger Gestalt der Micellen, deren Dicke dem zugänglichen Streubereich entspricht, während die Breite und Länge eine weit größere Dimension haben soll. Dann

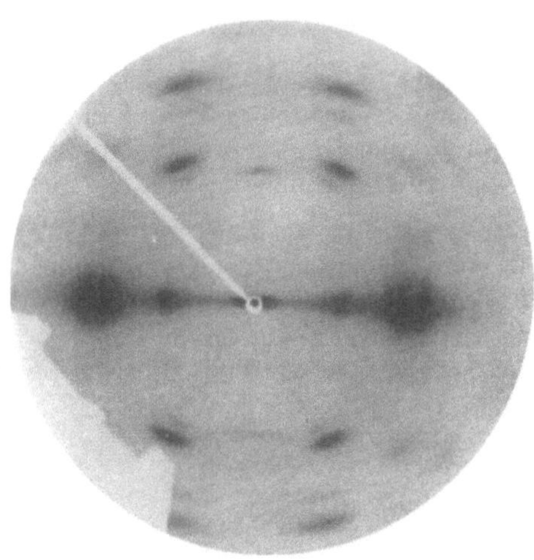

Abb. V, 57. Faserdiagramm von nativer Ramiefaser mit äquatorialer Kleinwinkelstreuung.

wird ein Lamellenpaket zur Kleinwinkelstreuung in einer bestimmten Richtung wesentlich beitragen, wenn sich die Lamellenfläche genau oder fast genau in „Reflexionsstellung", d. h. in symmetrischer Lage in bezug auf einfallenden und abgebeugten Strahl, befindet. Wegen des Dickenfaktors der Lamelle (bzw. des Gitterfaktors des Durchstichs senkrecht zur Lamellenfläche) wird der Streubeitrag eines Lamellenpaketes zur Gesamtstreuung rasch abnehmen, wenn es sich aus der streifenden Lage zum einfallenden Strahl herausbewegt; mit anderen Worten, ein Lamellenpaket kann wie eine „Netzebene" behandelt werden, deren maximale Streuintensität beim Einfallswinkel Null liegt. Man sieht dann leicht ein, daß wir uns der Lagenkugel bedienen können, indem wir in gewohnter Weise auf jede Lamellenfläche die Normale fällen und deren Durchstoßpunkt mit der Lagenkugel als Repräsentationspunkt des Lamellenpaketes

[1] Es liegen noch keine Publikationen zu dieser Fragestellung vor. Die Niederschrift dieses Beitrages bietet Gelegenheit, einige Ergebnisse einer entsprechenden Theorie erstmalig kurz darzustellen. Allerdings bedarf die Theorie in quantitativer Hinsicht noch mancher Ergänzung. Daß qualitativ ein Zusammenhang zwischen Orientierung und Kleinwinkelbild besteht, ist verschiedentlich festgestellt worden, z.B. von A. N. J. Heyn: J. Amer. chem. Soc. **72**, 2284 (1950).

[2] Kratky, O.: Kolloid-Z. **68**, 347 (1934).

auffassen. Da der Glanzwinkel Null ist, sind die Reflexionskreise Hauptkreise.

Wir werden dem Verhalten noch genauer – und für unsere Betrachtung ausreichend genau – gerecht, wenn wir das Reflexionsvermögen nicht durch Aufschieben eines scharfen Reflexionskreises auf die Lagenkugel, sondern eines Reflexionsbandes von endlicher Breite feststellen, das, vom Hauptkreis gegen kleinere Reflexionskreise fortschreitend, mit abnehmender Reflexionskraft ausgestattet ist, wobei diese Reflexionskraft so verteilt sein muß, daß das Band die Kleinwinkelstreukurve richtig liefert[1].

Mit dieser Ergänzung haben wir das Kleinwinkelverhalten an die Betrachtungen der vorhergehenden Abschnitte angeschlossen und wollen nun einige Beispiele diskutieren.

2. Einige typische Beispiele.

a) Liegt eine *vollständige Faserstruktur* nach der Längsrichtung der Micellen vor, so erkennen wir, daß die Kleinwinkel-Repräsentationspunkte auf der Lagenkugel in gleicher Weise eine Zone um den Äquator bilden wie paratrope Reflexionspunkte. Jeder einzelne Reflexionskreis aus einem Reflexionsband wird dann eine Intensitätsverteilung entlang eines zum Durchstoßpunkt konzentrischen Kreises bilden, die unter den gemachten Voraussetzungen nicht von der Intensitätsverteilung in einem paratropen Weitwinkelreflex (bei nicht zu großen Glanzwinkeln) verschieden ist. In radialer Richtung zeigt die Kleinwinkelstreuung natürlich ihren typischen, durch mittlere Größe, Größenstatistik und Gestalt der Einzelmicelle sowie Packungsart bedingten Abfall.

b) Es liege eine *partielle Faserstruktur* mit ausgeprägtem Blättcheneffekt vor oder sogar eine „ideal partielle" Struktur dieser Art. Man hat dann zu erwarten, daß in der Kleinwinkelstreuung keine Richtungsmannigfaltigkeit auftritt (strichförmige Interferenz), und der Weitwinkelreflex der der Lamellenfläche entsprechenden Netzebene wird ebenfalls nur ein Punkt sein, während die Seitenebene eine beliebig große Streuung zeigen kann (Abb. V, 58a). Ein derartiger Effekt wurde, wenn auch nicht so ausgeprägt, von uns beobachtet (Abb. V, 58b).

Abb. V, 58a.   Partielle Faserstruktur mit Blättcheneffekt. Idealschema.

c) Es liege eine *partielle Spiralfaserstruktur* vor, und zwar derart, daß die Lamellenfläche auf der durch Faserachse und Micellachse gelegten

---

[1] In dieser einfachen Form ist die Überlegung einwandfrei, wenn die Änderung der Dichteverteilung auf der Lagenkugel langsam erfolgt im Vergleich mit der Änderung der Reflexionskraft quer zu einem Reflexionsband, eine Voraussetzung, die bei den praktisch vorkommenden Polykristallstrukturen stets gegeben sein wird. Es ist daher nicht notwendig, die Überlegung dadurch zu komplizieren, daß man zur Darstellung des Lamellenpaketes auf der Lagenkugel nicht nur einen Repräsentationspunkt, sondern einen Repräsentationsbereich einführt.

Ebene senkrecht steht. Die Repräsentationspunkte für die Kleinwinkelstreuung sind dann zwei parallel zum Äquator verlaufende Kleinkreise, die von diesem einen dem Spiralwinkel gleichen Abstand haben. Der Reflexionskreis für die Kleinwinkelstreuung schneidet die Repräsentationskreise in vier Punkten, und man hat demgemäß zwei gekreuzte Linien als Kleinwinkelbild zu erwarten, die den doppelten Spiralwinkel 2φ miteinander einschließen.

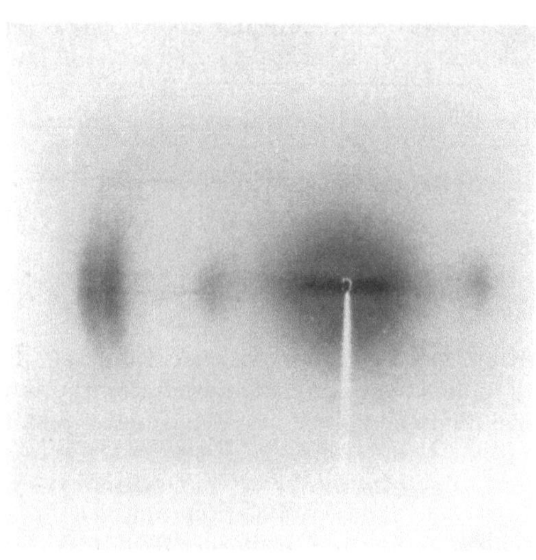

Abb. V, 58 b. Partielle Faserstruktur mit Plättcheneffekt. Diagramm eines gedehnten Hermansfadens. (O. KRATKY und A. SEKORA.)

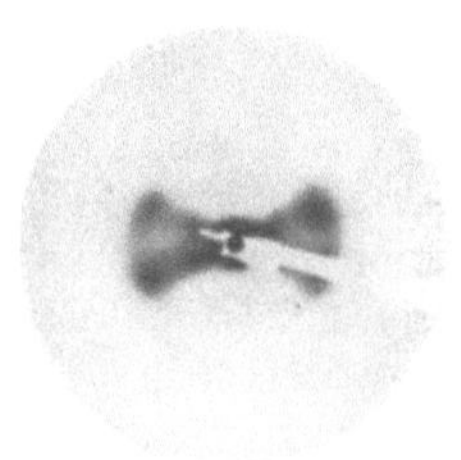

Abb. V, 59. Kleinwinkelstreuung und Reflex der Blättchenebene (Seitenkettenabstand) bei gequollenem Kollagen. (O. KRATKY und K. LAUER.)

Die Weitwinkelreflexe einer zur Lamellenfläche parallelen kristallographischen Ebene müssen dann vier Punkte sein, die auf der Fortsetzung der Kleinwinkelstreuung liegen. In gequollenem Kollagen haben wir offenbar ein Beispiel dieser Art aufgefunden (Abb. V, 59). Die Kleinwinkelstreuung endet hier beim Vierpunktreflex der dem Seitenkettenabstand entsprechenden Netzebene. Damit ist das von NOWOTNY und ZAHN[1] auf anderem Wege erhaltene Ergebnis bestätigt, daß die dem Seitenkettenabstand entsprechende Netzebene mit der Lamellenfläche zusammenfällt. Die paratropen Ebenen senkrecht zur Lamellenfläche liefern dagegen Reflexe am Äquator, während alle anderen paratropen Reflexe ein Vierpunktsystem ergeben müssen, wobei die Punkte zwischen denen der Lamellenfläche und dem Äquator liegen. Es ist auch ohne weiteres möglich, dann den Winkel ξ der paratropen Ebene mit der Lamellenfläche auszurechnen

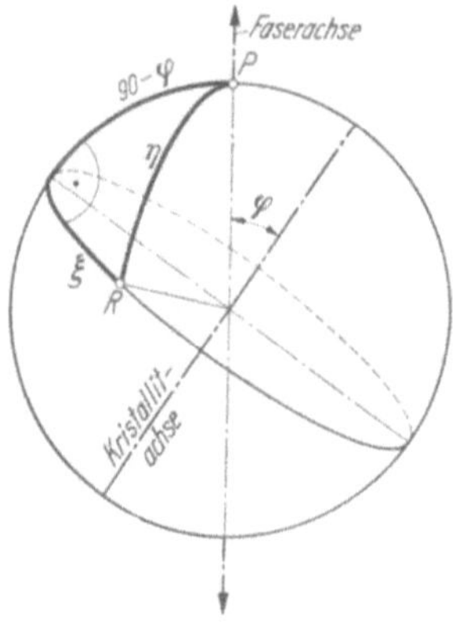

Abb. V, 60. Zum Winkel ξ einer paratropen Ebene mit der Lamellenfläche in einer partiellen Spiralfaserstruktur. φ = Spiralwinkel, η = Polabstand.

---

[1] NOWOTNY, H. u. H. ZAHN: Z. physik. Chem. (B) **51,** 265 (1942).

(Abb. V, 60). Hat ihr Reflex den Polabstand η und ist der Spiralwinkel φ, so läßt sich leicht zeigen, daß

$$\cos \eta = \cos \xi \cdot \sin \varphi . \qquad (V, 37)$$

Gehen wir nun zu einer real partiellen Spiralfaserstruktur über, so wird es zu einer Verschmierung aller besprochenen Effekte kommen. Es kann aber leicht geschehen, daß die Kleinwinkelstreuung der Lamellenfläche immer noch den Habitus eines Kreuzes, wenn auch mit verbreiterten „Balken", zeigt. Bei den schief zur Lamellenfläche liegenden paratropen Ebenen, deren Repräsentationsbereich nach (V, 37) einen kleineren Abstand vom Äquator hat, kann es dagegen leicht vorkommen, daß die beiden symmetrisch zum Äquator gelegenen Bänder ineinanderfließen,

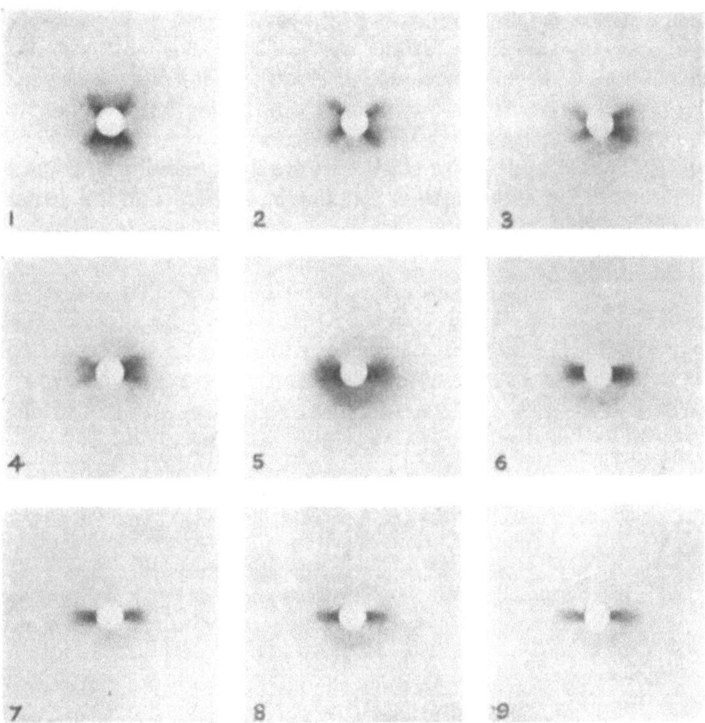

Abb. V, 61. Kleinwinkeldiagramm von nativen Cellulosefasern (A. N. J. HEYN). 1. Kokosfaser, 2. Agavenfaser, 3. Tampikofaser, 4. Mexikanische Blattfaser, 5. Afrikanische Bogensehne, 6. Sisalhanf, 7. Yuccafaser, 8. Manilahanf, 9. Ananasfaser.

so daß ein Maximum im Äquator selbst entsteht. Die Weitwinkelreflexe dieser paratropen Ebenen müssen dann eine Sichel mit dem Maximum im Äquator geben. Dieser Fall liegt wahrscheinlich bei einigen von HEYN[1] beschriebenen nativen Cellulosefasern vor, wo das Kleinwinkelbild deutlich derartige gekreuzte Balken erkennen läßt (Abb. V, 61), während die

---

[1] HEYN, A. N. J.: Text. Res. J. **19**, 163 (1949); J. Amer. chem. Soc. **70**, 3138 (1948).

intensiven paratropen Reflexe ziemlich gleichmäßige geschwärzte einheitliche Sicheln in symmetrischer Lage zum Äquator darstellen, ohne
Andeutung einer Aufspaltung. HEYN konnte keine Erklärung des von ihm
beobachteten Effektes geben. Es scheint, daß die hier gegebene Interpretation durchaus befriedigt und durch die Beziehung (V, 37) auch ein
Weg zur quantitativen Verwertung der Beobachtungen gewiesen ist.

Wir haben gesehen, daß das Kleinwinkelbild in bestimmten Fällen
Angaben zu liefern vermag, die das Weitwinkelbild nicht ohne weiteres
zu entnehmen gestattet (Spiralwinkel nach HEYN), andererseits die Kombination mit dem Weitwinkelbild wichtige Faktoren des übermolekularen
Baues erkennen lassen kann. Das Kleinwinkelbild ist aber ferner geeignet,
in jenen Fällen die Aussagen des Weitwinkelbildes wirksam zu ergänzen,
wo im letzteren Komplikationen durch Zusammenfließen von Interferenzen auftreten. Die besprochene Erscheinung, daß in der regenerierten Cellulose der paratrope Reflex A_3 und der Schichtlinienreflex II_1
zufällig den gleichen Glanzwinkel haben und daher bei mäßiger Orientierung nicht ohne weiteres zu trennen sind, wäre ein Beispiel, wo eine
solche Anwendung naheliegt. Wenn schließlich gar das Weitwinkelbild
wegen mangelhaften Gitterbaues zu unscharf wird, dann kann die
Orientierungsbestimmung aus dem Kleinwinkeldiagramm überhaupt die
Methode der Wahl werden.

3. Doppelkeil oder Ei?

Wir haben erkannt, daß das Kleinwinkelbild der gekreuzten Linien
an einen Strukturtypus gebunden ist, wie er wohl vornehmlich an gewachsenen Fasern auftritt. Bei Deformationsstrukturen wird aber eine
Verteilung der Micellrichtungen mit dem Maximum in der Faserachse die
Regel sein. Wenn wir solche Fälle betrachten, dann finden wir nach dem
Gesamthabitus zwei Typen von Kleinwinkelstreuung: sie ist doppelkeil-
förmig oder ellipsoidisch. Wir wollen nun kurz die Frage diskutieren, an
welche Voraussetzungen das Auftreten dieser Typen gebunden ist, und
daran praktische Folgerungen hinsichtlich der Orientierungsbestimmung
knüpfen.

Zunächst ist klar, daß ein dicker Primärstrahl eine triviale Verschmierung des Streueffektes zur Folge hat, was in Richtung des eiförmigen
Habitus der Interferenz wirkt. Wenn wir aber diesen Effekt durch entsprechend feine Ausblendung des Primärstrahls vermeiden bzw. rech-
nerisch eliminieren, so bestehen immer noch beide Möglichkeiten, und
der Habitus des Bildes hängt von drei Umständen ab.

1. Von der Richtungsverteilung der Micellen. (Von der Komplikation
der partiellen Faserstruktur wollen wir jetzt absehen, d. h. die Richtungsverteilung der Micellachsen soll allein schon den Ordnungszustand
charakterisieren.)

2. Vom Verlauf der Kleinwinkelstreukurve in radialer Richtung bei
einer einzigen Micellachsenorientierung.

3. Vom Verhältnis der Länge zur Dicke der Teilchen.

Das Wesentliche dieser Einflüsse kann man sich an einigen typischen, extrem gewählten Beispielen klarmachen, die wir in weitgehend vereinfachter Form besprechen wollen.

1. Die Belegungsdichte auf der Lagenkugel sei innerhalb eines Winkelintervalls $2\,\alpha'$ konstant, außerhalb dieses Intervalls sei sie Null. Wenn die Micellen extrem langgestreckt sind, liefert eine einzelne Achsenrichtung einen scharfen Strich, und man macht sich leicht klar, daß die Höhenlinien (so wollen wir die Linien konstanter Streuintensität im Diagramm nennen) Kreisbogen der Länge $2\,\alpha'$ darstellen (der Verlauf in der Gegend der Kanten des Doppelkeils darf bei dieser rohen Betrachtung unerörtert bleiben), so wie

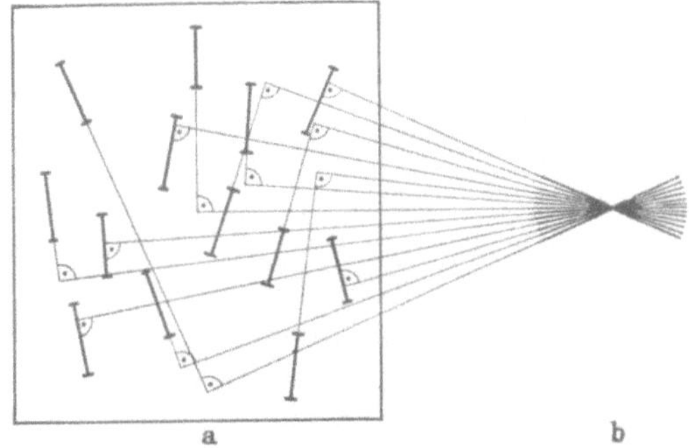

Abb. V, 62. Schema für das Zustandekommen einer doppelkeilförmigen Kleinwinkelinterferenz.

auch jede paratrope Weitwinkelinterferenz in diesem Falle eine gleichmäßige Belegungsdichte im gleichen Winkelintervall zeigt. Abb. V, 62 stellt die Verhältnisse schematisch dar, und Abb. V, 63 a, b und c sind

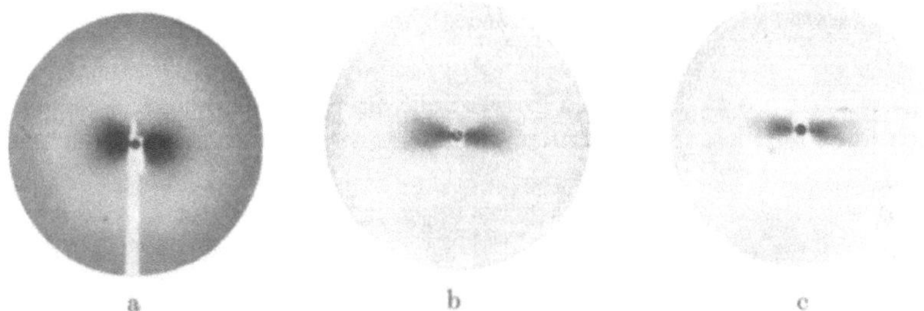

Abb. V, 63. Kleinwinkeldiagramm von gequollenem Kollagen mit zunehmender Orientierungsgüte. Doppelkeilförmige Interferenz. (Nach O. KRATKY und K. LAUER.)

Kleinwinkeldiagramme von gequollenem Kollagen, die bei zunehmender Orientierungsgüte ebenfalls auf einen Winkelbereich begrenzt sind und doppelkeilförmige Ausbildung zeigen.

2. Sind die Häufigkeiten nahe zu gleichmäßig über alle Richtungen verteilt, so wird wohl eine Deformation der kreisförmigen Verteilung stattfinden, sie wird aber nicht bis zur Gestalt eines Doppelkeils gehen können (Abb. V, 64).

3. Es liegen mittlere Verhältnisse vor, d.h. es sind alle Richtungen der Micellachsen in zwar noch größenordnungsmäßig vergleichbaren, zahlenmäßig aber doch recht verschiedenen Häufigkeiten vorhanden. Nehmen wir als Beispiel an, daß die Richtung normal zur Faserachse mit

der halben Häufigkeit der Richtung in der Faserachse realisiert ist. Wir wollen dann zwei Einflüsse getrennt diskutieren.

a) *Der Einfluß der Steilheit der Streukurve.* Bei extrem langgestreckter Gestalt der Teilchen (also strichförmiger Kleinwinkelinterferenz bei nur einer Achsenlage) wird eine Höhenlinie die Vertikalrichtung des Kleinwinkelbildes viel weiter innen schneiden müssen, so daß die halbe Häufigkeit durch den Anstieg der Streukurve wettgemacht wird.

Man überblickt leicht, daß ein sehr steiler Anstieg der Streukurven zu einem ziemlich kreisförmigen Verlauf führt, während ein flacher Verlauf jedenfalls eine Kurve ergibt, die in vertikaler Richtung einen viel kleineren Durchmesser hat. Man kann das Achsenverhältnis geradezu als Maß für den Anstieg der Streukurve auffassen. Damit ist noch nichts über die Gestalt, also Doppelkeil oder Ei, ausgesagt. Man macht sich aber leicht klar, daß bei merklicher Häufigkeit in allen Richtungen

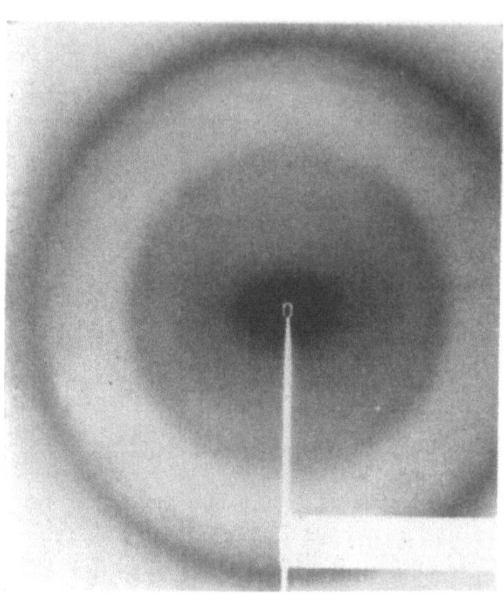

Abb. V, 64. Röntgenbild eines nur schwach orientierten Präparates von Seide I mit elliptischer Kleinwinkelinterferenz. (O. KRATKY und A. SEKORA.)

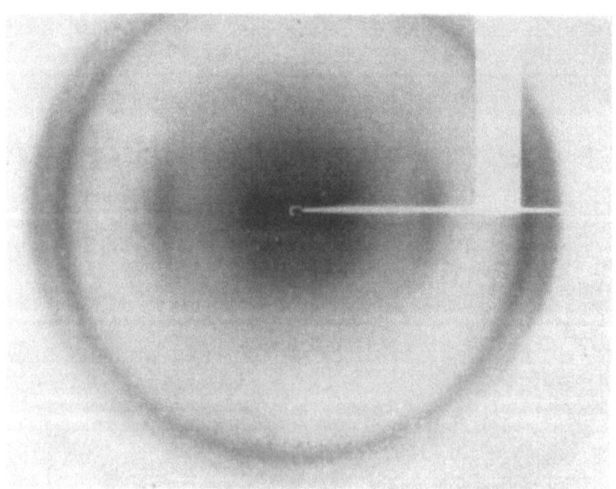

Abb. V, 65. Röntgenbild eines mittelmäßig orientierten regenerierten Cellulosefadens mit doppelkeilförmiger Kleinwinkelinterferenz. (O. KRATKY und A. SEKORA.)

eine überaus steile Kurve wegen ihrer Tendenz zur Ausbildung einer rotationssymmetrischen Verteilung der Bildung des Doppelkeils entgegenwirkt. Verläuft aber die Streukurve nicht überaus steil, so wird zu berücksichtigen sein:

b) *Der Einfluß der Richtungsverteilung.* Es ist wieder sofort zu übersehen, daß ein starker Abfall der Verteilungskurve in einem verhältnismäßig engen Bereich im entsprechenden Winkelbereich eine starke Annäherung der Kurve an den Ursprung bewirken wird. Eine Verteilungskurve, welche z. B. bei etwa 30° rasch abfällt, wird eine Streukurve vom Typus der Abb. V, 65 ergeben, während eine mehr gleichmäßige Abnahme der Häufigkeit zu einem eiförmigen Verlauf führen wird.

Ist die Gestalt der Einzelteilchen nicht mehr extrem langgestreckt, so daß schon die Streukurve für eine einzelne Micellrichtung nicht mehr einen Strich, sondern eiförmigen Habitus zeigt, so kombiniert sich diese Wirkung mit der der Richtungsverteilung unter Begünstigung der Eiform.

4. Die höhere Orientierung und komplexe Strukturen im Kleinwinkelbild.

Auch die Orientierung nach zwei Achsen bildet sich im Kleinwinkeldiagramm ab, wie der Verfasser gemeinsam mit A. SEKORA und R. TREER[1] gefunden hat. Bei Durchleuchtung eines Präparates von regenerierter Cellulose mit Folienstruktur *in* Richtung der Kristallithauptachsen ergibt sich das Bild in Abb. IV, 4, welches in sehr klarer Weise den Unterschied

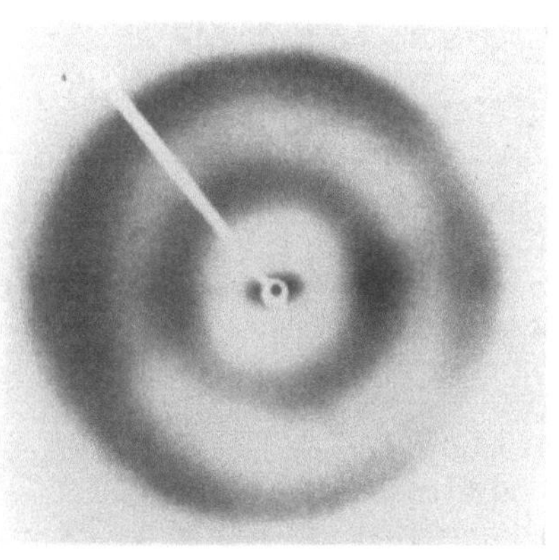

Abb. V, 66. Röntgenbild eines Seidenfilms mit Folienstruktur, durchleuchtet in der Dehnungsrichtung. Walz- und Blättchenebene verläuft von oben nach unten. Die Anisotropie der Kleinwinkelstreuung bringt die höhere Orientierung und den Unterschied in den seitlichen Dimensionen der Kristallite zum Ausdruck. (O. KRATKY und A. SEKORA.)

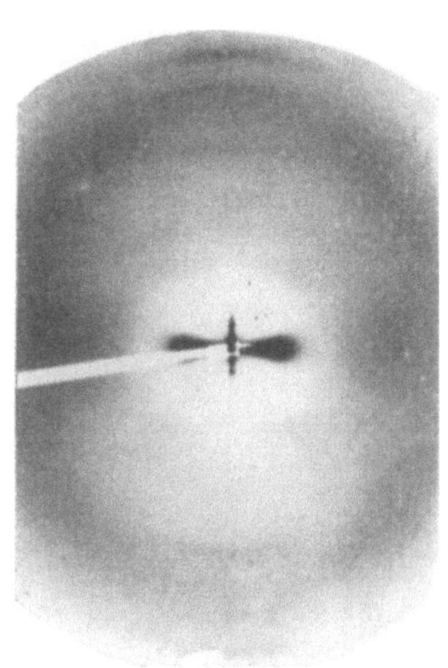

Abb. V, 67. Röntgenbild von Kollagen. Die Kleinwinkelinterferenz am Äquator entspricht in der Richtungsverteilung den Weitwinkelinterferenzen, nicht aber den scharfen Kleinwinkelinterferenzen am Meridian. (Aufnahme O. KRATKY und K. LAUER.)

---

[1] KRATKY, O., A. SEKORA u. R. TREER: Z. Elektrochem. angew. physik. Chem. **48**, 587 (1942).

zwischen Kristallitbreite und Dicke zum Ausdruck bringt und überdies zeigt, daß eine annehmbar gute Orientierung nach der Nebenachse vorliegt. Da sich die beiden Dimensionen der Kristallite senkrecht zu ihrer Hauptachse, die Breite und die Dicke, nur um einen Faktor von der Größenordnung 3 oder 4 unterscheiden, ist verständlich, daß nicht der Habitus des Doppelkeils, sondern der des Eies auftritt. Ganz analoge Verhältnisse liegen bei höher orientierten Seidenfilmen nach Beobachtungen des Verfassers mit A. SEKORA[1] vor, wie Abb. V, 66 erkennen läßt.

Nach Untersuchungen besonders von BEAR (vgl. § 23) hat Kollagen eine komplexe Struktur, in welcher das Weitwinkeldiagramm und die scharfen Kleinwinkelinterferenzen am Meridian nicht unmittelbar zusammenhängen. Das erstere bezieht sich auf die Nahordnung, das letztere auf die histologische Struktur. Abb. V, 67 läßt nun klar erkennen, daß die scharfen Kleinwinkelinterferenzen am Meridian keine Richtungsverwacklung zeigen, während das Weitwinkeldiagramm eine erhebliche Lagenmannigfaltigkeit aufweist (Bogenlänge der weit außen liegenden diatropen Interferenzen). Interessanterweise entspricht nun die diffuse Kleinwinkelstreuung am Äquator in ihrer Richtungsverwacklung dem Weitwinkeldiagramm, womit ihr Zusammenhang mit den kleineren übermolekularen Einheiten (Micellen) erwiesen ist.

§ 28. Orientierung und Doppelbrechung.

Von H. A. STUART.

Einleitung.

Auch die Doppelbrechung vermag über die Orientierung der Kettenmoleküle Aufschluß zu geben. Sie ergänzt die Röntgenmethode insofern, als sie bei Stoffen mit großer Eigendoppelbrechung schon sehr geringe Orientierungen und Anfangsdehnungen messend verfolgen läßt. Ferner erfaßt sie auch die Ausrichtung der Ketten in den nichtkristallinen Bereichen. Ihr großer Mangel liegt darin, daß sie nicht die Winkelverteilung der Moleküle, sondern nur eine mittlere Orientierung liefert. Während man bei der Röntgenmethode aus der azimutalen Intensitätsverteilung direkt die Verteilung der kristallisierten Kettenstücke auf die einzelnen Richtungen, also wirklich die Verteilungsfunktion, bestimmen kann, ist etwas Entsprechendes bei der Doppelbrechung und auch beim Dichroismus im Ultraroten oder Ultravioletten nicht möglich. Denn hier mißt man für gewöhnlich nicht die Winkelabhängigkeit der Meßgröße, sondern nur ihre Werte für zwei aufeinander senkrechte Vorzugsrichtungen, im Falle der Doppelbrechung meist nur die Differenz der Brechungsindices für diese Richtungen. Diese Doppelbrechung summiert

---

[1] Unveröffentlicht.

also bereits über die Orientierung aller einzelnen Ketten und kann durch beliebig viele Verteilungsarten verwirklicht werden. Man kann daher aus der Doppelbrechung nur einen *mittleren Orientierungsgrad* ableiten (vgl. Abschnitt d 2 sowie § 27).

Über den Zusammenhang zwischen einer beobachteten Doppelbrechung und der Dehnung bzw. Spannung bestehen in der Literatur noch häufig Unklarheiten. So wird oft nicht genügend beachtet, daß die untersuchten Körper nur genähert dem Falle des völlig elastischen Netzwerkes entsprechen, dessen Fixpunkte wirklich molekülfest, d. h. von der Temperatur und der Dehnung unabhängig sind. Dieser Fall des idealen Netzwerkes ist innerhalb gewisser Grenzen bei Cellulosegelen und beim vulkanisierten Kautschuk realisierbar. Bei allen Thermoplasten, kristallisierenden und nichtkristallisierenden, liegen die Verhältnisse viel komplizierter, so daß bei der Aufstellung und Anwendung theoretischer Beziehungen größte Vorsicht am Platze ist. Auch über die verschiedenen Effekte, die zu einer Doppelbrechung führen, sowie über ihre relative Größe, Vorzeichen, Temperatur- und Zeitabhängigkeit findet man vielfach irrige Vorstellungen. Es erscheint daher nötig, in einem besonderen Abschnitt die verschiedenen Beiträge zur Spannungsdoppelbrechung, ihre charakteristischen Merkmale und die Möglichkeiten, sie experimentell zu trennen, näher zu besprechen.

a) Die verschiedenen Arten der Doppelbrechung.

Die folgenden Betrachtungen beziehen sich nur auf formfeste Körper, deren elastische Erholung durch ein ausreichend festes Netzwerk irgend welcher Art gewährleistet ist. Die Doppelbrechung eines solchen Körpers kann verschiedene Ursachen haben, die scharf getrennt werden müssen, um den uns hier allein interessierenden Beitrag der Orientierungsdoppelbrechung (über die Definition siehe weiter unten) zu erhalten.

In jedem festen Körper werden unter dem Einfluß äußerer mechanischer Kräfte die Atome aus ihren Gleichgewichtslagen verschoben. Die Kernabstände direkt gebundener Atome werden dabei kaum verändert, wohl aber können die Valenzwinkel und die Abstände nicht direkt gebundener Atome merklich deformiert werden.

Unterwerfen wir den Körper, einen Film oder eine Faser, einem einseitigen Zug, so wird auch die Deformation in diese Vorzugsrichtung fallen, der vorher isotrope Körper wird anisotrop und doppelbrechend. Das ist die bereits von BREWSTER[1] an Gläsern entdeckte *Spannungsdoppelbrechung.* Da wir heute bei Körpern mit Fadenmolekülen streng zwischen dieser auf der Verschiebung der Atome aus ihren Gleichgewichtslagen beruhenden Doppelbrechung und der auf der Orientierung von Molekülketten oder ganzen kristallinen Bereichen beruhenden *Orientierungsdoppelbrechung (orientation birefringence)* unterscheiden müssen, wollen wir künftig die erste Art von Doppelbrechung als *Deformationsdoppelbrechung (distortional birefringence)* bezeichnen und unter Span-

---

[1] BREWSTER, D.: Phil. Trans. **1815,** 60; **1816,** 156.

nungsdoppelbrechung *(stress birefringence)* die Summe beider Beiträge verstehen.

Beide Arten hängen eng mit der Art und Weise zusammen, wie der Körper auf eine äußere Kraft reagiert, d. h. ob bei der Deformation nur gegen die zwischenmolekularen Kräfte Arbeit geleistet wird (gewöhnliche Energieelastizität eines Kristalls oder hochmolekularen Körpers unterhalb der Einfriertemperatur) oder ob sich nur die Entropie des Systems ändert (ideale Kautschuk- oder Konfigurationselastizität), oder ob, wie im allgemeinen, sowohl die Energie wie die Entropie des Materials bei der Deformation geändert werden.

1. Deformationsdoppelbrechung.

Die Deformationsdoppelbrechung Δn_D entspricht der gewöhnlichen bei niedermolekularen Körpern ausschließlich vorhandenen Energieelastizität. Sie ist der Dehnung $\gamma = \Delta l/l_0$ und in den Grenzen des HOOKschen Gesetzes auch der Spannung τ proportional und verschwindet im Gegensatz zur Orientierungsdoppelbrechung momentan beim Abschalten der äußeren Spannung, es sei denn, daß der Körper noch innere Spannungen enthält. Es gilt also:

$$\Delta n_D = C'_D \gamma = C_D \tau = n_{\parallel} - n_{\perp}{}^1, \qquad (V, 37)$$

wo $n_{\parallel}$ der Brechungsindex für Licht ist, dessen elektrischer Vektor parallel zur Zugrichtung schwingt. C'_D nennen wir die *deformationsoptische Konstante*. Die Proportionalitätskonstante C_D der Δn, τ-Beziehung bezeichnet man, gleichgültig, ob noch eine Orientierungsdoppelbrechung hinzukommt oder nicht, allgemein als *spannungsoptische Konstante (stress optical coefficient)*. Von einer Konstanten kann man bei kristallinen Materialien aber nur sprechen, wenn die Dehnung momentan mit der Spannung verläuft, also keine Relaxationserscheinungen und ferner auch keine Hystereseeffekte auftreten.

Die in einem ursprünglich isotropen Körper durch Deformation der Valenzwinkel und Atomabstände erzeugte optische Anisotropie bzw. Doppelbrechung ist, wie die Erfahrungen an teilweise kristallinen und amorphen Körpern unterhalb der Einfriertemperatur lehren, im allgemeinen klein und gegen die oberhalb der Einfriertemperatur mehr und mehr einsetzende Orientierungsdoppelbrechung meistens zu vernachlässigen (vgl. Tabelle V, 15).

Die Deformationsdoppelbrechung ist ferner von der Temperatur sehr wenig, nämlich nur insoweit abhängig, als die elastischen Konstanten sich mit dieser ändern und die Polarisierbarkeits*änderungen* mit der thermischen Ausdehnung, d.h. der Vergrößerung der Atomabstände variieren. Die Deformationsdoppelbrechung hängt nämlich nicht, wie das

---

[1] Man pflegt dieses Gesetz nach BREWSTER zu benennen. Doch ist die Proportionalität bei Gläsern erst von W. WERTHEIM, C. R. **32**, 289 (1851) nachgewiesen und später durch eingehende Messungen von S. R. SAVUR, Phil. Mag. (6) **50**, 453 (1925) bestätigt worden.

gelegentlich behauptet wird, von den Polarisierbarkeiten der Moleküle, sondern von deren Änderungen mit den Verschiebungen der Atome aus den Gleichgewichtslagen ab[1, 2].

Das Vorzeichen der Orientierungsdoppelbrechung hängt dagegen im wesentlichen von den Hauptpolarisierbarkeiten der Moleküle selbst ab.

2. Orientierungsdoppelbrechung.

Die Orientierungsdoppelbrechung beruht darauf, daß die Molekülketten sich unter dem Einfluß der äußeren Kraft orientieren. Dabei kann es sich um die Ausrichtung einzelner Kettenstücke in nichtkristallinen Gebieten bzw. wenn der Körper kristalline Bereiche enthält, um die Orientierung dieser ganzen Bereiche handeln. Besitzen die kristallinen Bezirke von vornherein eine große optische Anisotropie und sind die der Orientierung entgegenwirkenden Kräfte klein, so können sehr große Doppelbrechungen auftreten.

Die Anisotropie oder Doppelbrechung der einzelnen kristallinen Bereiche kann sowohl auf einer *Eigenanisotropie*, also auf einer Anisotropie der Struktur, wie auch auf einer *Formanisotropie*[3] beruhen[4]. Die Formdoppelbrechung und ihre Abhängigkeit von der gegenseitigen Orientierung der kristallinen Bezirke läßt sich nicht quantitativ erfassen.

Das Vorzeichen der Orientierungsdoppelbrechung wird durch die Lage der Achse größter Polarisierbarkeit relativ zur Kettenrichtung bestimmt. Nach den Erfahrungen bei kleinen Molekülen, die in Band I, § 50, 61 und 62 besprochen sind, fällt diese Achse bei symmetrischen Ketten, wie Polyäthylen, Tetrafluoräthylen in die Kettenrichtung, so daß die Orientierungsdoppelbrechung positiv wird, also dasselbe Vorzeichen wie die Deformationsdoppelbrechung besitzt. Erst wenn stark polarisierbare Seitengruppen, wie Benzolringe oder stark anisotrope seitliche Bindungen, wie C=O, C≡N vorhanden sind, kann es zu einem Vorzeichenwechsel kommen. Ebenso können auf diese Weise optisch sehr

---

[1] Über diese Änderungen könnte man, wenn es sich z. B. um Valenzwinkeldeformationen handelt, aus der Intensität von RAMAN-Deformationsschwingungen eine Aussage gewinnen, vgl. z. B. die Ausführungen in Band I, § 49, 50b.

[2] Dehnt man eine Molekülkette, so werden die Valenzwinkel etwas aufgeweitet. Nach den allgemeinen Erfahrungen bei kleinen Molekülen (vgl. dazu Bd. I, § 50, 61 und 62) über die Zusammenhänge zwischen den optischen Hauptpolarisierbarkeiten bzw. der Formanisotropie und der geometrischen Form, ist dann im allgemeinen eine Vergrößerung der Polarisierbarkeit in der Kettenrichtung und eine Verringerung senkrecht dazu zu erwarten. Das würde bedeuten, daß die Deformationsdoppelbrechung bei einem orientierten Material im allgemeinen positiv ist, d. h. der Brechungsindex in der Ketten- oder Zugrichtung größer als senkrecht dazu ist. Die Deformationsdoppelbrechung ist natürlich im geordneten und ungeordneten Zustande verschieden. Bei einem unorientierten Material kann man nichts voraussagen.

[3] Vgl. dazu Bd. I, S. 374.

[4] Beide Arten können verschiedene Vorzeichen besitzen. Sie lassen sich trennen, wenn man die Doppelbrechung in Quellmitteln mit verschiedenem Brechungsindex untersucht, vgl. z. B. die Untersuchungen von H. R. KRUYT, D. VERMAAS u. P. H. HERMANS: Kolloid-Z. **99**, 244 (1942); **100**, 111 (1942); D. VERMAAS: Z. physik. Chem. (B) **52**, 131 (1942); O. KRATKY u. P. PLATZEK: Kolloid-Z. **88**, 78 (1939).

isotrope Molekülketten mit entsprechend kleiner Orientierungsdoppelbrechung auftreten.

Die Deformationsdoppelbrechung folgt momentan jeder äußeren oder inneren eingefrorenen Spannung. Im Gegensatz dazu zeigt die mit der Orientierung von Kettenstücken und kristallinen Bereichen verbundene Doppelbrechung ausgesprochene Kriech- und Erholungserscheinungen, ist also grundsätzlich zeitabhängig. Die Messung ihres zeitlichen Verlaufes, insbesondere der Relaxationserscheinungen, liefert bei der Untersuchung des elastischen und allgemeiner auch des viscos-elastischen Verhaltens hochpolymerer Festkörper ein wertvolles Hilfsmittel (Näheres in Band IV, Kap. I, § 9).

3. Zur Unterscheidung von Deformations- und Orientierungsdoppelbrechung.

Wir stellen, zum Teil den Ausführungen der folgenden Abschnitte vorgreifend, in Tabelle V, 14 die wichtigsten Merkmale der beiden Doppelbrechungsarten zusammen.

Tabelle V, 14.

Zur Unterscheidung von Deformations- und Orientierungsdoppelbrechung bei formfesten Körpern.

Abhängig-keit von	Reine Deformationsdoppelbrechung Δn_D	Reine Orientierungsdoppelbrechung Δn_{Or}		
		Ideales Netzwerk	Thermoplaste im kautschukartigen Zustand	Teilkristalline Körper
Spannung Dehnung	$\sim \tau$ $\sim \gamma$	$\sim \tau$ $\approx \gamma$ bei kleinen Dehnungen	Grenzwert $\sim \tau$ relaxiert	keine einfache Beziehung in gewissen Grenzen $\sim \gamma$, dann Abweichungen und Hysterese infolge Nachkristallisation beim Dehnen
Temperatur	praktisch unabhängig	$\sim \dfrac{\tau}{T}$ bzw. $\approx \gamma$	verschwindet unterhalb E.T., oberhalb E.T. vgl. Abschnitt c	$\Delta n_{Or}/\gamma$ nimmt mit wachsender Temperatur ab, s. S. 331
Zeit	keine	keine	ausgesprochene Kriech- und Relaxationserscheinungen	starke Verzögerungseffekte bei der Orientierung sowie infolge von Nachkristallisation

Genügend unterhalb der Einfriertemperatur E.T. ist die mikrobrownsche Bewegung völlig eingefroren, man mißt dann nur noch die reine Deformationsdoppelbrechung und kann so deren Vorzeichen und die deformationsoptische Konstante bestimmen. Dagegen kann man die Deformationsdoppelbrechung nicht dadurch erhalten, daß man die beim Abschalten der Spannung auftretende momentane Abnahme der Doppelbrechung mißt. Denn diese enthält neben dem reinen Deformationsanteil noch den innerhalb der Meßdauer abfallenden Teil der Orientierungsdoppelbrechung, der unter Umständen ein Vielfaches betragen kann. Diese Methode ist nur dann zulässig, wenn man den Rückgang der

Doppelbrechung in genügend kurzen Zeiten mit besonderen Hilfsmitteln bestimmt[1].

Da die Doppelbrechung durch Orientierung im allgemeinen Zeit erfordert und die Deformationsdoppelbrechung stets momentan mit der Spannung verläuft und mit dieser verschwindet, ist es sinnvoll, die Gesamtdoppelbrechung in jedem Zeitpunkt durch

$$\Delta n = \Delta n_D + \Delta n_{\mathrm{Or}} = C_D\,\tau + C'_{\mathrm{Or}}\,\gamma \qquad (\mathrm{V},38)$$

darzustellen, C'_{O_v} die *orientierungsoptische Konstante*. Bei kristallisierenden Hochpolymeren ist allerdings C'_{O_v} nicht immer konstant.

Dagegen ist es im allgemeinen unmöglich, die Gesamtdoppelbrechung eindeutig und genau als Funktion der Dehnung oder der Spannung hinzuschreiben, es sei denn, man wartet den Endzustand, d.h. die Endlänge ab, die sich schließlich unter dem Einfluß einer konstanten Kraft einstellt[2]. Allerdings werden die elastischen Verzögerungs- und Erholungszeiten um so kleiner, je höher die Beobachtungstemperatur oberhalb der E.T. liegt, vgl.Abschnitt b, so daß man sich dann mehr und mehr dem idealen Netzwerk annähert. Dieser Fall ist bei Cellulosegelen und beim vulkanisierten Kautschuk schon bei Zimmertemperatur ziemlich gut verwirklicht.

Dehnt man einen genügend erwärmten Körper, kühlt ihn bei konstant gehaltener Deformation, also unter Spannung, ab, friert also die Orientierung ein und entspannt dann, so erhält man die reine Orientierungsdoppelbrechung. So kann man die beiden Konstanten C_D und C_{Or} bestimmen.

Abschließend geben wir in den Tabellen V, 15 und V, 16 einige Zahlenwerte wieder, die aber meist nur orientierende Bedeutung haben, da viele Stoffe hinsichtlich ihrer Zusammensetzung, z.B. des Weichmachergehaltes, ihres Orientierungsgrades oder des kristallinen Anteils, sehr schlecht definiert sind. Außerdem hängt die Doppelbrechung bei amorphen Stoffen noch von der Geschwindigkeit der Dehnung ab.

Die Zahlen über die reine Deformationsdoppelbrechung zeigen, daß diese häufig nur einige Prozent der Orientierungsdoppelbrechung ausmacht.

---

[1] Aus diesem Grunde ist das Verfahren von MITTAG, auf diese Weise Größe und Vorzeichen der Deformationsdoppelbrechung zu bestimmen, unzulässig. Kolloid-Z. **120**, 71 (1951) (Diskussionsbemerkung).

[2] Man kann sich die Verhältnisse an einem mechanischen Modell klarmachen. Ersetzen wir unseren hochpolymeren Körper durch eine in Reihe geschaltete Feder und ein VOIGT-Element, die die momentane Energieelastizität bzw. die zeitabhängige Konfigurationselastizität darstellen mögen (s. Abb. V, 68 sowie Bd. IV, § 4), so wird die obere Feder stets um einen der äußeren Kraft proportionalen Betrag gedehnt. Diese Dehnung liefert die Deformationsdoppelbrechung.

Die Dehnung des VOIGT-Elementes ist zeitabhängig und erreicht erst nach einer entsprechenden Verzögerungszeit praktisch ihren durch die äußere Kraft bestimmten Endwert. Ihr entspricht die Orientierungsdoppelbrechung, die also nicht einfach als Funktion der Kraft, wohl aber im allgemeinen der Dehnung hingeschrieben werden kann, und die bei konstant gehaltener Kraft erst nach einiger Zeit ihren Grenzwert erreicht.

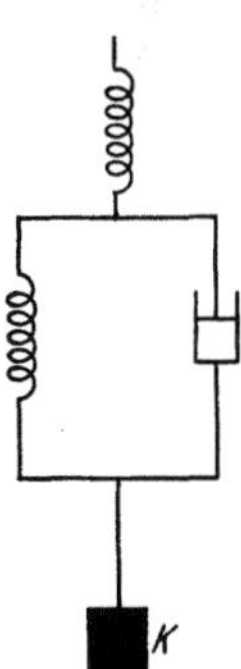

Abb. V, 68. Modell zur Darstellung der momentanen Energie- und der zeitabhängigen Konfigurationselastizität.

Die Messung der Doppelbrechung kann mit einem der bekannten Kompensatoren (BABINET, SENARMONT) oder mit dem BEREK-Kompensator unter dem Polarisationsmikroskop erfolgen[1]. Für Fasern sind einige besondere Methoden entwickelt worden, so die Immersionsmethode[2], bei der die Fasern in Medien von verschiedenem Brechungsindex eingebettet werden, bis die Konturen bei parallel bzw. senkrecht zur Faserachse schwingendem Lichte verschwinden.

Tabelle V, 15.

Vorzeichen und Größe der Spannungs- und Deformationsdoppelbrechung.

Stoff	Spannungsdoppelbrechung		Deformations-doppelbrechung $\Delta n_D/\tau \cdot 10^3$ [mm²/kg]	Temperatur ° C
	$\Delta n/\tau \cdot 10^2$ [mm²/kg]	$\Delta n/\gamma \cdot 10^3$		
Polyäthylen	—	$+50^3$	—	20
Polyvinylchlorid	$+6{,}2$	$+2{,}1^4$	—	60
Polystyrol	$-5{,}1^7$	—	—	115
	—	$-23^{4,\,4_1}$	—	100
	—	—	$+0{,}1^8$	16
Polymethacrylsäure-methylester	$>0^5$	$>0^6$	—	40° u. höher
	—	—	$-0{,}038^9$	20
Naturkautschuk	$+20^{10}$	$+2{,}2^{11}$	—	20
Laktopren-Kautschuk	$-2{,}2^{12}$	$-0{,}17^{12}$	—	30
	—	—	$+0{,}1$	25
Bakelit	$0{,}5^9$	—	—	—
Flintglas	—	—	$0{,}014^9$	—
Gelatine 55% Wasser	700	—	—	—

[1] Siehe z. B. H. KOLSKY u. A. C. SHERMAN: Proc. physic. Soc. 55, 383 (1943); A. V. TOBOLSKY, I. P. PRETTYMAN u. J. H. DILLON: J. Appl. Physics 15, 380 (1944); R. S. STEIN u. H. SCHAEVITZ: Rev. Sci. Instruments 19, 835 (1948), sowie die in diesem Paragraphen angegebenen Arbeiten. Vgl. ferner RINNE u. BEREK: „Anleitungen zu optischen Untersuchungen mit dem Polarisationsmikroskop", Leipzig 1934. — C. BURRI: „Polarisationsmikroskop", Basel 1950.

[2] PRESTON, J. M.: „Modern Textile Microscopy". Emmott, London 1933. — P. H. HERMANS: „Physics and Chemistry of Cellulose Fibres", New York—Amsterdam 1949. — P. H. HERMANS: J. Polymer. Sci. 1, 162 (1946). — Über eine Variation mit verschiedenem monochromatischem Lichte siehe FREY-WYSSLING: Helv. Chim. Acta 19, 900 (1936). — Eine andere Variante, die Phasengittermethode, ist von H. DE VRIES: Textile Res. J. 22, 619 (1952) angegeben worden.

[3] CRAWFORD, S. M. u. H. KOLSKY: Proc. physic. Soc. B 64, 119 (1951).

[4] MÜLLER, H.: Kolloid-Z. 95, 138 (1941).

[4₁] Angaben über Temperatur- und Zeitabhängigkeit siehe CLEEREMAN, KARAM u. WILLIAMS, Modern Plastics, 1953, Mai-Heft, S. 119.

[5] PEUKERT, H.: Kunststoffe 41, 154 (1951).

[6] Über die anormale Temperaturabhängigkeit vgl. auch Anm.[9].

[7] NIELSEN, L. E. u. R. BUCHDAHL: J. Coll. Sci. 5, 282 (1950).

[8] KOLSKY, H.: Nature 166, 235 (1950).

[9] ROBINSON, H. A., R. RUGGY u. E. SLANTA: J. Appl. Physics 15, 343 (1944).

[10] TRELOAR, L. R. G.: Physics of Rubber Elasticity. Oxford 1949.

[11] HOUWINK, R.: Elastomers and Plastomers. Vol. I, 1952.

[12] STEIN, R. S., S. KRIMM u. A. V. TOBOLSKY: Textile Res. J. 19, 8 (1944).

Sehr einfach ist das Verfahren, bei schräg angeschnittenen Fasern im Polarisationsmikroskop die Interferenzen gleicher Dicke zu beobachten[1].

Tabelle V, 16.

Doppelbrechungen von gereckten Materialien, Durchschnittswerte.

Stoff	$\Delta n \cdot 10^3$	Bemerkungen
Naturseide	57^3	
Wolle.................	$10-11^3$	
Baumwolle	$+47^2$	
Ramie	$+68^3$	
Kupferseide	$+17-32^4$	variiert entlang des Faserradius
Acetatseide...........	-5^2	
6,6-Nylon	$+59^4$	
	$+60^7$	
6-Nylon (Perlon)	$+52^5$	
6,10-Nylon	$+65^7$	
Polyurethan	$+73^6$	
Terylen	$+188^7$	
Polyäthylen	$+44^7$	
Paraffin-Einkristall ...	$+44^8$	

b) Die Doppelbrechung eines idealen, gedehnten Netzwerkes[9].

Wir bezeichnen ein Netzwerk als *ideal*, wenn seine Elastizität ausschließlich auf der Entknäuelung und Rückknäuelung der Kettenstücke zwischen festen Brücken beruht, so daß es sich um eine reine *Konfigurations-* oder *Entropieelastizität* handelt. Die Deformation der Valenzwinkel, die Kräfte zwischen den Kettengliedern sowie Kristallisationserscheinungen werden also nicht berücksichtigt. Nur für diesen einfachen Fall ist bisher eine theoretische Behandlung durchgeführt worden. Sie liefert die funktionelle Abhängigkeit der Doppelbrechung von der Dehnung bzw. von der Spannung und gibt die Beobachtungen an kautschukartigen Körpern weitgehend vernünftig wieder.

1. Doppelbrechung – Dehnung.

Die Frage nach dem Zusammenhang zwischen der Dehnung eines Netzwerkes aus Fadenmolekülen und der dabei infolge der Orientierung der Segmente auftretenden Doppelbrechung ist von vielen Autoren unter-

---

[1] BRENSCHEDE, W.: Z. Elektrochem. angew. physik. Chem. **54**, 191 (1950).

[2] Nach H. MÜLLER: Kolloid-Z. **95**, 138 (1941).

[3] PRESTON, J. M.: „Modern Textile Microscopy". Emmott, London 1933.

[4] BOZZA, G. u. E. BONANGURI: Kolloid-Z. **122**, 23 (1951).

[5] KORDES, E., F. GÜNTHER, L. BÜCHS u. W. GÖLTNER: Kolloid-Z. **119**, 23 (1950).

[6] BRENSCHEDE, W.: Z. Elektrochem. angew. physik. Chem. **54**, 191 (1950).

[7] BUNN, C. W. u. E. V. GARNER: Proc. Roy. Soc. [London] A **189**, 39 (1947); sowie C. W. BUNN in R. HILL: „Fibres from Synthetic Polymers". Elsevier 1953, S. 269.

[8] BUNN, C. W. in I. M. PRESTON: „Fibre Science" Manchester, Textile Institute 1949, S. 144.

[9] Vgl. dazu auch L. R. G. TRELOAR: „The Physics of Rubber Elasticity", Oxford 1949, sowie H. A. STUART: Kolloid-Z. **120**, 57 (1951).

sucht worden. Wir nennen nur KRATKY und PLATZEK[1], P. H. HERMANS[2], J. J. HERMANS[3], MÜLLER[4,5], KUHN und GRÜN[6], TRELOAR[7], STEIN und TOBOLSKY[8] sowie BRAYBON[9].

Bei der Berechnung der Doppelbrechung geht man von dem einzelnen, aus Z beliebig zueinander orientierten statistischen Fadenelementen der Länge a aufgebauten Kettenmolekül aus. Führt man die Hauptpolarisierbarkeiten α_{01} und α_{02} des Fadenelementes $//$ und $\perp$ zu seiner Längsachse ein[10], so erhält man nach Berechnung der Verteilungsfunktion für die Richtung aller Fadenelemente Ausdrücke für die Polarisierbarkeiten α_x und α_y des ganzen Moleküls, bezogen auf die Richtungen $//$ und $\perp$ zur Verbindungslinie seiner Endpunkte.

Nach KUHN und GRÜN gilt für die optische Anisotropie des ganzen Moleküls bei nicht zu großen Dehnungen (vgl. dazu auch Band IV, Kap. V):

$$\alpha_x - \alpha_y = \frac{3}{5}\,(\alpha_{01} - \alpha_{02})\,\frac{h^2}{Z\,a^2}\;. \qquad (V, 39)$$

Da das mittlere Längenquadrat $h^2 = Z\,a^2$ ist, vgl. Band I, § 32, folgt das wichtige Ergebnis, daß der lineare Mittelwert der optischen Anisotropie eines freien, seine Form stets ändernden Fadenmoleküls durch

$$\overline{\alpha_x - \alpha_y} = \frac{3}{5}\,(\alpha_{01} - \alpha_{02}) \qquad (V, 40)$$

gegeben ist, also unabhängig von der Kettenlänge einfach $^3/_5$ der optischen Anisotropie des Fadenelementes beträgt. Dasselbe gilt natürlich auch für die Kettenstücke in einem Netzwerk, solange dieses nicht gedehnt wird und die Kettenstücke infolge der mikrobrownschen Bewegung also statistisch ungeordnet sind[11]. Dehnt man das Netzwerk, das N Kettenstücke, genauer N Kettenstücke zwischen den Brücken je Kubikzentimeter enthalten möge, und setzt man eine affine Deformation voraus, so erhält man mit KUHN und GRÜN für die Doppelbrechung $\Delta n = n_{//} - n_\perp$

$$\Delta n = \frac{2\,\pi}{45}\left(\frac{n^2 + 2}{n}\right)^2 \cdot N\,(\alpha_{01} - \alpha_{02})\,(\lambda^2 - 1/\lambda)\,, \qquad (V, 41)$$

wo λ das Dehnungsverhältnis l/l_0 und n den mittleren Brechungsindex bedeuten. Wegen der Ableitung im einzelnen sei auf Band IV, Kap. V

---

[1] KRATKY, O. u. P. PLATZEK: Kolloid-Z. 88, 78 (1939).

[2] HERMANS, P. H.: Kolloid-Z. 88, 68 (1939); vor allem „Contribution to the Physics of Cellulose Fibres, Elsevier, Amsterdam-New York 1946.

[3] HERMANS, J. J.: Kolloid-Z. 103, 210 (1943).

[4] MÜLLER, F. H.: Kolloid-Z. 96, 326 (1941).

[5] MÜLLER, F. H.: Kolloid-Z. 95, 138, 306 (1941).

[6] KUHN, W. u. F. GRÜN: Kolloid-Z. 101, 248 (1942).

[7] L. R. G. TRELOAR: Trans. Faraday Soc. 43, 277, 284 (1947); Proc. physic. Soc. 60, 135 (1948).

[8] STEIN, R. S. u. A. V. TOBOLSKY: Textile Res. J. 18, 201 (1948).

[9] BRAYBON, J. E. H.: Proc. physic. Soc. 66, 617 (1953).

[10] Wir nehmen also Rotationssymmetrie an, eine Vereinfachung, die für das Ergebnis unserer Betrachtung unwesentlich ist.

[11] Das setzt aus genügend vielen Fadenelementen bestehende Kettenstücke voraus.

verwiesen. Führen wir den Dehnungsgrad $\gamma = \Delta l/l_0$ ein, so ist $\gamma = \lambda - 1$. Damit wird für sehr kleine Dehnungen ($\gamma^2 \ll \gamma$)

$$\Delta n = \frac{2\pi}{15}\left(\frac{n^2 + 2}{n}\right)^2 N\,(\alpha_{0\,1} - \alpha_{0\,2})\,\gamma = C'_{\text{Or}}\gamma\,. \qquad (V, 42)$$

Man erkennt, daß die Doppelbrechung, außer für sehr kleine Dehnungen, keine lineare Funktion von γ bzw. λ ist, sondern proportional mit $\lambda^2 - 1/\lambda$ verläuft.

Die Doppelbrechung läßt sich nach Gl. (V, 4) als das Produkt zweier Faktoren, nämlich eines Anisotropiefaktors $a_{01} - a_{0\,2}$ und eines Orientierungsfaktors, der wesentlich die Größe ($\lambda^2 - 1/\lambda$) enthält, darstellen. Diese immer mögliche Zerlegung zeigt, daß wir zur absoluten Berechnung der Doppelbrechung die Abhängigkeit der Verteilungsfunktion von der Dehnung, d.h. den Dehnungsmechanismus, kennen sowie wissen müssen, ob und wie weit $\alpha_{01} - \alpha_{0\,2}$ vom Orientierungsgrad und bei kristallinen Stoffen vom Verhältnis kristallin–amorph unabhängig ist.

Da nun nach der statistischen Theorie der Kautschukelastizität[1] zwischen der Spannung τ, bezogen auf den wirklichen Querschnitt, und der Dehnung λ die Beziehung[2]

$$\tau = N\,k\,T\,(\lambda^2 - 1/\lambda) = G\,(\lambda^2 - 1/\lambda) \qquad (V, 43)$$

besteht, folgt für die Abhängigkeit der Doppelbrechung von der Spannung die einfache Gleichung

$$n_1 - n_2 = \frac{2\pi}{45\,k\,T}\left(\frac{n^2 + 2}{n}\right)^2 (\alpha_{0\,1} - \alpha_{0\,2})\,\tau = C_{\text{Or}}\,\tau\,. \qquad (V, 44)$$

Man beachte, daß Δn in Abhängigkeit von der Spannung umgekehrt mit der absoluten Temperatur verläuft, in Abhängigkeit von γ dagegen unabhängig von der Temperatur ist.

Die Beziehung Gl. (V, 44) ist auch von J. J. HERMANS[3] abgeleitet worden, der ohne die von KUHN gemachte Voraussetzung einer affinen Deformation direkt die durch die Spannung bewirkte Dehnung, Segmentorientierung und Doppelbrechung berechnet hat.

Wir erkennen, daß Δn proportional mit τ verläuft, BREWSTER*sches Gesetz*, was schon MÜLLER[4] gezeigt hat[5]. Bei allen Theorien wird übrigens

---

[1] Vgl. dazu Bd. IV dieses Werkes, Kap. V: TRELOAR: ,,Structure and Mechanical Properties of Rubberlike Materials", oder TRELOAR: ,,The Physics of Rubber Elasticity", Oxford Clarendon Press 1949.

[2] Bezieht man die Spannung auf den ursprünglichen Querschnitt, so wird sie kleiner, nämlich wegen der praktisch unveränderten Dichte.

$$\tau' = \frac{\tau}{\lambda} \quad \text{oder} \quad \tau' = N\,k\,T\left(\lambda - \frac{1}{\lambda^2}\right)\,.$$

[3] HERMANS, J. J.: Kolloid-Z. **103**, 210 (1943).

[4] MÜLLER, F. H. s. S. 322, Anm. 4 u. 5. Näheres über die MÜLLERsche Theorie in Bd. IV, § 9.

[5] Diese Proportionalität gilt sehr allgemein, da die Gleichung $\tau = G\,(\lambda^2 - 1/\lambda)$ vom Deformationsmechanismus weitgehend unabhängig ist und auch bei Berücksichtigung der Kräfte zwischen den Kettenstücken erhalten bleibt [vgl. R. S. STEIN u. A. V. TOBOLSKY: Textile Res. J. **18**, 201 (1948)].

mit dem LORENZ-LORENTZschen Felde gerechnet, die Anisotropie des inneren Feldes, die bei stärkeren Dehnungen zu einer Abweichung von der Proportionalität zwischen Δn und τ führen müßte, also nicht berücksichtigt.

Die weitere Aussage, daß Δn vom Vernetzungsgrade unabhängig ist, gilt jedoch nur angenähert, da die Beziehung Gl. (V, 44) unter sehr vereinfachenden Annahmen abgeleitet ist, unter anderem derjenigen, daß die Kettenlängenverteilung im Netzwerk dieselbe wie beim freien Molekül ist[1]. Berücksichtigt man mit FLORY[2] noch die Störungseffekte im Netzwerk, so erhält man für den Elastizitätsmodul nicht $G = NkT = \varrho RT/M_c$, sondern $G = \dfrac{g \varrho R T}{M_c} (1 - 2 M_c/M)$, wo g eine vorläufig nur experimentell zugängliche Konstante und M_c das Molekulargewicht der Kettenstücke ist[3]. Man erkennt, daß also G anfänglich schneller als proportional mit dem Vernetzungsgrad ansteigt, was zu einer entsprechenden Abnahme der spannungsoptischen Konstante mit dem Vernetzungsgrade führen würde. Systematische Versuche von SAUNDERS[4] über die Abhängigkeit der Konstante C_O vom Vernetzungsgrade lassen für M_c zwischen 2200 und 8400 keine Änderung von C_O erkennen[5].

Eine Erweiterung der Theorie der Dehnungsdoppelbrechung für beliebige homogene Spannungen ist von TRELOAR mitgeteilt worden (vgl. Band IV, Kap. V). Die Doppelbrechung für ein Netzwerk, dessen Ketten (Abstände der Netzpunkte) bei größeren Dehnungen nicht mehr der GAUSSschen Verteilung gehorchen, haben ISIHARA, HASHITSUME und TATIBANA[6] berechnet.

Eingehende experimentelle Untersuchungen der Zusammenhänge zwischen der Doppelbrechung und der Dehnung hat TRELOAR am Kautschuk durchgeführt (vgl. dazu auch Band IV, Kap. V). Aus ihnen ergibt sich, daß die lineare Abhängigkeit der Doppelbrechung von der Spannung bis zu um so größeren Dehnungsverhältnissen erfüllt ist, je höher die Temperatur ist, so bei 75°C bis zu $\lambda = 5$ (vgl. Abb.V, 70). Bei noch höheren Dehnungen tritt bei dieser Temperatur, wo offenbar die Kristallisation noch keine Rolle spielt, eine leichte Krümmung der Kurve nach unten auf, die bei 100°C noch ausgeprägter ist. Sie wird von TRELOAR auf die bekannte Tatsache zurückgeführt, daß bei großen Dehnungen infolge der Abweichungen von der GAUSSschen Verteilungsfunktion die Spannung

---

[1] Vgl. dazu die Diskussion bei L. R. G. TRELOAR: „The Physics of Rubber Elasticity", Oxford 1949, und in Bd. IV, Kap. V dieses Werkes.

[2] FLORY, P.: Chem. Reviews **35**, 51 (1944).

[3] Aus diesem Grunde ist es vorläufig nicht möglich, aus G den Vernetzungsgrad zu bestimmen; diesbezügliche Zahlen von J. J. HERMANS: Kolloid-Z. **103**, 210 (1943) haben daher nur orientierende Bedeutung.

[4] SAUNDERS, D. W.: Nature **165**, 360 (1950). — Vgl. auch L. R. G. TRELOAR in Bd. IV, Kap. V dieses Werkes.

[5] Ältere Versuche von THIBODEAU u. McPHERSON zeigen eine recht starke Zunahme mit dem Vulkanisierungsgrade. Das läßt sich jedoch nach TRELOAR zwanglos durch eine Ringbildung entlang der Kette, die sich mit steigendem Schwefelzusatz immer mehr auswirken wird, erklären.

[6] ISIHARA, AKIRA, NATSUKI HASHITSUME u. MASAO TATIBANA: J. appl. Physics **23**, 308 (1952).

schneller als nach der Gl. (V, 43) ansteigt[1]. Es ist natürlich auch möglich, daß sich hier bereits eine Änderung der Anisotropie des inneren Feldes als Folge der wachsenden Parallelisierung der Ketten bemerkbar macht.

Schließlich sei darauf hingewiesen, daß der von der Theorie nach den Gl. (V, 42) und (V, 44) geforderte Temperaturverlauf der Doppelbrechung mit der Dehnung bzw. mit der Spannung beim Kautschuk recht gut erfüllt ist, solange keine Kristallisation einsetzt (vgl. S. 331 mit den Abb. V, 70 und V, 71).

Die bei tieferen Temperaturen auftretende Kristallisation, die zu ausgeprägten Hysterese-Erscheinungen führt, behandeln wir im Abschnitt d dieses Paragraphen.

Eine Erweiterung der einfachen Netzwerktheorie unter Berücksichtigung der zwischenmolekularen Kräfte, die die Verteilung vor allem benachbarter Kettenstücke beeinflussen, ist bisher nicht gelungen[2].

2. Zur Berechnung der Doppelbrechung aus den Molekülkonstanten.

Gl. (V, 44) eröffnet eine Möglichkeit, die optische Anisotropie eines Fadenelementes direkt zu bestimmen. Ferner könnte man vermuten, daß man umgekehrt aus den optischen Konstanten des Einzelmoleküls oder des monomeren Restes die optische Anisotropie des Fadenelements und daraus weiterhin die Orientierungsdoppelbrechung berechnen kann. Leider liefern solche oftmals versuchte Rechnungen nur ganz rohe Werte von orientierender Bedeutung. Denn, wie schon weiter oben ausgeführt, ist die Konstante C_{Or} nicht ganz unabhängig vom Vernetzungsgrade und enthält außerdem den vorläufig noch unsicheren Faktor g. Die Hauptschwierigkeit liegt aber darin, daß man bei festen und flüssigen Körpern das am Molekül bzw. hier an den einzelnen monomeren Resten oder Segmenten angreifende innere Feld und vor allem dessen Anisotropie nicht genügend kennt, ein Umstand, der häufig nicht genügend beachtet wird. Aus der praktischen Unabhängigkeit der Molekularrefraktion vom Aggregat- und Ordnungszustand folgt, daß zwar der Mittelwert des inneren Feldes als von diesen Größen unabhängig behandelt werden kann. Ganz im Gegensatz dazu sind aber, wie STUART[3] nachgewiesen hat, alle Arten von Doppelbrechungen außerordentlich empfindlich gegen jede Änderung des Aggregatzustandes und der Nahordnung[4].

---

[1] S-Form der Spannungsdehnungskurve vgl. Anm. 1 auf S. 323.

[2] Über Ansätze in dieser Richtung vgl. R. S. STEIN u. A. V. TOBOLSKY: Textile Res. J. **18,** 201 (1948).

[3] Vgl. dazu H. A. STUART: Z. Physik **63,** 533 (1930); Hand- und Jahrbuch der chem. Physik **10,** III, 71 ff. (1930); A. PETERLIN u. H. A. STUART: Hand- und Jahrbuch der chem. Physik **8,** Ib, 65 ff. (1943); E. KUSS: s. H. A. STUART: Physik. Z. **42,** 95 (1941); ferner H. A. STUART, dieses Werk Bd. I, § 37.

[4] So ist z. B. die elektrische Doppelbrechung in Flüssigkeiten bei dipollosen Stoffen rund dreimal kleiner als die aus dem Gaszustande unter Verwendung eines LORENZschen inneren Feldes berechnete. Das liegt daran, daß bei dichter Packung das am Ort des Einzelmoleküls angreifende Feld stark anisotrop wird. Man kann den Sachverhalt auch so ausdrücken, daß die in benachbarten, z. B. parallelen Molekülen induzierten Momente sich so beeinflussen, daß die optische Anisotropie des Einzelmoleküls scheinbar kleiner wird.

Führt man, wie meist üblich, bei der Betrachtung von Fadenmolekülen die Hauptpolarisierbarkeiten des Fadenelementes ein, so kann man in diese Größen die Anisotropie des inneren Feldes mit hereinnehmen. Diese Polarisierbarkeiten sind dann strenggenommen nur für den betreffenden Ordnungszustand gültige Größen, die von den Polarisierbarkeiten des freien Moleküls grundsätzlich und wesentlich verschieden sind. Dieses Verfahren ist bei verdünnten Lösungen von Makromolekülen sinnvoll, wo um jedes Fadenelement im Mittel stets dieselbe Nahordnung herrscht. Will man aber die Doppelbrechung eines hochpolymeren Festkörpers molekular interpretieren, so muß man beachten, daß bereits mit der Dehnung und Orientierung, d. h. der wachsenden Parallelisierung im Amorphen die Anisotropie des inneren Feldes und damit auch die Größen α_i sich ändern können. Auch ist zu beachten, daß die Polarisierbarkeiten des Moleküls im Gitter nicht mit denen paralleler Ketten in den nichtkristallinen Bereichen identisch sind, d. h. daß die Doppelbrechung eines kristallinen Bereiches — auf gleiche Dichte umgerechnet — nicht gleich der eines amorphen Bezirkes mit völlig parallelen Ketten sein wird. Überhaupt muß man bei der Umrechnung der Doppelbrechung auf gleiche Dichte vorsichtig sein, da ja mit der Dichte die Nahordnung und damit das innere Feld sich außerordentlich stark ändern können.

Da nun alle Theorien der Dehnungsdoppelbrechung diese Veränderlichkeit des inneren Feldes nicht berücksichtigen, andererseits trotz dieser Vernachlässigung erfahrungsgemäß die theoretischen Voraussagen wie die Proportionalität von Δn mit τ im übersichtlichen Fall des amorphen gedehnten Kautschuks bis zu relativ hohen Dehnungen experimentell bestätigt werden (vgl. Abb. V, 71), erscheint der Schluß berechtigt, daß die Anisotropie des inneren Feldes sich im Amorphen bei mäßigen Dehnungen nur wenig ändert. Das ist überraschend, erklärt sich aber vielleicht daraus, daß auch in einem ungedehnten Haufwerk von Fadenmolekülen bereits eine ausgeprägte Nahordnung, bestehend in einer bevorzugten gegenseitigen Parallelisierung kurzer Kettenstücke, vorhanden ist (vgl. dazu die Modellversuche von STUART[1]). Das würde bedeuten, daß auch beim Dehnen um jeden monomeren Rest trotz der allgemeinen äußeren Orientierung die ursprüngliche Anordnung der unmittelbar benachbarten Gruppen ziemlich weitgehend erhalten bleibt.

Die weitere Tatsache, daß die Doppelbrechung eines hochverstreckten kristallin-amorphen Polyäthylens gleich der eines Paraffineinkristalls ist, $\Delta n = 0{,}044$ (s. Tab. V, 16), zeigt, daß beim Polyäthylen das innere Feld in den kristallinen und in den gut orientierten „amorphen" Bereichen praktisch gleich sein muß. Sehr interessant wären in diesem Zusammenhange Messungen der Doppelbrechung von Paraffineinkristallen mit orthorhombischer und hexagonaler Gitterstruktur (vgl. § 40).

Aus diesen Überlegungen folgt, daß man aus der Doppelbrechung nach (Gl. V, 44) zunächst nur die *scheinbare optische Anisotropie* des *Fadenelementes* im kondensierten[2], nichtkristallinen Zustand erhält. Dieser Wert kann z.B. bei gesättigten Kohlenwasserstoffen praktisch gleich dem Wert im kristallinen Zustand sein. Auf keinen Fall darf man aber allgemein die im kondensierten Zustande gefundene scheinbare Anisotropie gleich derjenigen im freien Molekül setzen. Daher ist auch ein Vergleich der schein-

---

[1] Siehe § 3 und Abb. I, 16.

[2] TRELOAR, L. R. G.: Trans. Faraday Soc. **42**, 83 (1946); **43**, 284 (1947) hat aus seinen Messungen an leichtvulkanisiertem Kautschuk die scheinbare Anisotropie des Segments im Polyisoprenmolekül zu $5{,}6 \cdot 10^{-24}$ bestimmt.

baren Anisotropie des Fadenelements mit einem letzten Endes aus Beobachtungen am Gase abgeleiteten Werte für die Grundeinheit sehr unsicher. Dasselbe gilt für die darauf gegründeten Schlüsse auf die Art der Drehbarkeit innerhalb des Segmentes oder die Zahl seiner Grundeinheiten.

Auch eine modellmäßige Berechnung der Anisotropie der Grundeinheit aus den Bindungspolarisierbarkeiten und eine Verknüpfung dieses Wertes mit dem des Fadenelementes im freien Molekül ist ziemlich unsicher, da die Voraussetzungen des hierbei üblichen Verfahrens der Tensoraddition der Polarisierbarkeiten nach OTTERBEIN, DENBIGH und anderen, wie in Band I, § 61 näher begründet worden ist, im allgemeinen nicht zutreffen.

Trotz dieser Einschränkungen ist es recht interessant, wie das KUHN[1], TRELOAR[2] und HERMANS[3] sowie vor allem STEIN und TOBOLSKY[4] getan haben, die optische Anisotropie des Fadenelementes aus der Doppelbrechung zu berechnen und mit dem Wert der Anisotropie des monomeren Restes, wie er versuchsweise aus den Bindungspolarisierbarkeiten geschätzt werden kann, zu vergleichen. Einige Werte sind in der Tab. V, 17 zusammengestellt. Wie man sieht, sind die Werte für das Segment stets größer. Das ist insofern plausibel, als bereits im freien Molekül die Anisotropie z. B. des Segments der CH_2CHCl-Kette größer als die der einzelnen CH_2CHCl-Gruppe sein muß. Andererseits ist zu erwarten, daß bei dichter Packung der Segmentwert verkleinert wird. Es ist unseres Erachtens unmöglich, diese Änderungen auch nur einigermaßen sicher vorauszuberechnen, so daß man bei weiteren Schlüssen auf die Art der Drehbarkeit innerhalb des Segments oder die Zahl der Grundeinheiten usw. sehr vorsichtig sein muß. Nur da, wo die Anisotropie des Fadenelementes anormal groß wird, kann man auf Änderungen der Segmentkonfiguration schließen.

Berechnet man weiter versuchsweise mit TRELOAR aus der optischen Anisotropie des „freien" Fadenelements, die ihrerseits aus Bindungspolarisierbarkeiten abgeschätzt wird, die Doppelbrechung von völlig orientiertem Kautschuk, so erhält man den Wert 0,28 gegenüber einem experimentell gefundenen Höchstwert von 0,0945. Auch hier kommt der Einfluß des inneren Feldes bzw. der Unterschied zwischen der Anisotropie beim Übergang vom „freien" Segment zu dem im kondensierten Zustande zum Vorschein.

Tabelle V, 17.

Scheinbare optische Anisotropie von Fadenelementen und Grundeinheiten (Zahlen vorwiegend nach STEIN und TOBOLSKY).

Substanz	Anisotropie			$\dfrac{(\alpha_{01} - \alpha_{02})}{(\alpha_1 - \alpha_2)}$
	des Fadenelements $(\alpha_{01} - \alpha_{02}) \cdot 10^{25}$	der Grundeinheit $(\alpha_1 - \alpha_2) \cdot 10^{25}$ freie Drehbarkeit	ebene Form	
Naturkautschuk	40—50	17,8	30,8	$\simeq$1,5—2,7
Polyisobutylen..	35	—0,1	1,4	>23
Polystyrol......	—130 bis —180	—4,9	—6,2—62,8	$\simeq$2,4—28
Polyvinylchlorid	17—26	5,0	8,9	$\simeq$2—5

c) Doppelbrechung von nichtkristallisierenden Thermoplasten.

Diese Körper nehmen oberhalb ihrer Einfriertemperatur immer mehr kautschukartigen Charakter an. Es liegt daher nahe, auch hier die Doppel-

[1] KUHN, W.: Kolloid-Z. **98,** 2 (1934).
[2] TRELOAR, L. R. G.: „The Physics of Rubber Elasticity", Oxford 1949.
[3] HERMANS, J. J.: Kolloid-Z. **103,** 210 (1943).
[4] STEIN, R. S. u. A. V. TOBOLSKY: J. Polymer Sci. **11,** 285 (1953).

brechung auf die Dehnung eines Netzwerkes zurückzuführen. Allerdings darf man nicht so einfache Verhältnisse wie bei der Dehnung eines idealen Netzwerkes erwarten. Der Grund ist vor allem der, daß die Fixpunkte hier nicht durch Hauptvalenzbrücken, sondern durch Kettenverschlingungen gegeben sind, deren Zahl mit steigender Temperatur und mit der zeitlichen Dauer der Belastung kleiner werden wird. Außerdem ist ein Teil der Ketten, und zwar im allgemeinen der größere, gar nicht im Netzwerk verankert. Bei einer länger andauernden konstanten Deformation nimmt nur noch das schließlich verbleibende Netzwerk die Spannungen auf, nur die wenigen, ins Netz eingebauten Moleküle sind orientiert, die übrigen Moleküle verhalten sich wie ein flüssiges Füllmittel, erfahren also keine Deformation. Sowohl die Spannung wie die Doppelbrechung sinken auf einen Grenzwert ab.

Würden mit der Zeit alle Netzstellen aufgehen, so würde der Körper fließen, und wir würden infolge der damit verbundenen Molekülorientierung für den Quotienten $\Delta n/\tau$ einen konstanten Endwert erhalten. Beim Entlasten würde infolge der Rückknäuelung eine gewisse elastische Erholung auftreten und Δn entsprechend auf Null absinken.

Beim Polystyrol[1] tritt nach den Beobachtungen von NIELSEN und BUCHDAHL[2] in gewissen Grenzen eine fast völlige elastische Erholung ein, was bedeutet, daß ein Teil der Verschlingungen auch nach langdauernder Belastung nicht aufgeht und so die Formfestigkeit gewährleistet ist. In einem solchen Falle muß der Quotient $\Delta n/\tau$ beim Anlegen der Spannung mit der Zeit ansteigen und gegen einen Grenzwert gehen, der seinerseits von der Spannung unabhängig sein muß, wie das auch durch die Beobachtungen bestätigt wird (weitere Einzelheiten bei R.S.STEIN in Band IV dieses Werkes, § 9).

Die Orientierungsdoppelbrechung ist bei der Untersuchung des viscoselastischen Verhaltens von hochpolymeren Körpern ein sehr wertvolles Hilfsmittel geworden. So liegen eine ganze Reihe von Arbeiten[3] vor, die sich vor allem mit der Relaxation der Doppelbrechung und Spannung beschäftigen und die wertvolle Einblicke in die zugehörigen molekularen Umordnungen gestatten (vgl. die Ausführungen von R. S. STEIN in Band IV, § 9).

d) Doppelbrechung bei kristallisierenden Substanzen.

1. Allgemeine Beobachtungen.

Hier werden die Verhältnisse sehr unübersichtlich. Im einfachsten Falle wirken die kristallinen Bereiche als Netzstellen, so daß beim Dehnen

---

[1] Die ersten Untersuchungen über die Doppelbrechung von gedehnten Polystyrolen, ihre Relaxation usw. hat F. H. MÜLLER: Kolloid-Z. **95**, 306 (1941) durchgeführt.

[2] NIELSEN, L. E. u. R. BUCHDAHL: J. Colloid Sci. **5**, 282 (1950). — Weitere Angaben über die Doppelbrechung von heißverstrecktem Polystyrol finden sich bei K. J. CLEEREMAN, H. J. KARAM u. J. L. WILLIAMS: Modern Plastics Mai-Heft, S. 119 (1953); S. L. WILLIAMS und Mitarbeiter: J. Polymer Sci. **8**, 345 (1952).

[3] Vgl. z. B. TOBOLSKY und Mitarbeiter in Textile Res. J. **18**, 201, 302 (1948); **19**, 8 (1949) (Polyäthylen, Polyvinylchlorid usw.); W. FARWELL: J. appl. Physics **10**, 109 (1939) (Polyvinylchlorid).

zu der Orientierung der Kettenstücke zwischen den Netzstellen noch die Ausrichtung der Gitterbereiche in die Zugrichtung hinzukommt. Der erstere Beitrag könnte bei sehr geringem kristallinem Anteil noch von der eben behandelten Netztheorie erfaßt werden. Doch machen normalerweise die kristallinen Anteile 35 und mehr Prozent aus. Nimmt man noch hinzu, daß die Kettenstücke im Amorphen häufig nur ganz wenige statistische Fadenelemente umfassen[1] und daß beim Kristallisieren die Ketten sehr stark vorgeordnet, z.T. auch verspannt werden, so erkennt man, daß man die Kettenstücke sicher nicht mehr als ebenso statistisch verknäuelt und beweglich ansehen darf wie im freien Molekül. Dem entspricht auch, daß man kristalline Substanzen um nicht mehr als etwa 10 bis 15% reversibel dehnen kann. Größere elastische Dehnungen erhält man erst beim Zusatz eines Quellmittels (Weichmachers). Das bekannteste Beispiel sind die HERMANSschen Cellulosegele, wo die Knäuelung stärker zu sein scheint.

Außerdem weiß man nicht, wieweit auch Kettenstücke im Amorphen durch zwischenmolekulare Kräfte (z.B. „falsche" Wasserstoffbrücken) vernetzt sind. Bei dieser Sachlage sieht man also kaum eine Möglichkeit, bei kristallisierenden Substanzen die Netzwerktheorie in der geschilderten Form zur Berechnung der Doppelbrechung im Amorphen heranzuziehen. Eine Ausnahme sind die Cellulosegele, wo die Kräfte im Amorphen relativ schwach sind und wo der Mechanismus der Koagulation eine statistische „normale" Verknäuelung der Kettenstücke im Amorphen gewährleistet[2].

Das bei weitem größte Interesse hat die durch die Orientierung der kristallinen Bereiche verursachte Doppelbrechung gefunden, schon deshalb, weil man diese Orientierung exakt durch die Röntgeninterferenzen bestimmen kann. Leider ist auch hier die Situation theoretisch noch sehr unbefriedigend, und zwar deshalb, weil man den Orientierungsmechanismus nicht genügend kennt, um den Beitrag der kristallinen Bereiche zur Doppelbrechung in Abhängigkeit von der Dehnung vorausberechnen zu können. Zwar gibt es eine Reihe von geometrischen Betrachtungen über den Deformationsvorgang, die in § 31 betrachtet werden sollen, doch sind sie alle zu sehr vereinfacht, um den wirklichen Verhältnissen gerecht zu werden. Außerdem hängt der Verlauf von $\Delta n/\gamma$ vom kristallinen Anteil ab. Je geringer dieser anfänglich ist, um so stärker steigt er mit der Dehnung an, s. Tab. IX, 1 auf S. 578, und beeinflußt so den Verlauf der Δn-Kurve, s. weiter unten, sowie § 44b.

KRATKY und Mitarbeiter[3] sowie HERMANS[4] und neuerdings CRAWFORD und KOLSKY[5] haben unter vereinfachenden Annahmen versucht, die Doppelbrechung in Abhängigkeit von der Dehnung γ zu berechnen. Die letzteren finden für die Orientierungsdoppelbrechung Δn von optisch einachsigen Stäbchen mit kleiner Eigendoppelbrechung $n'_1 - n'_2$ in einem

---

[1] Vgl. die Ergebnisse über die Langperioden, wie sie in § 23 besprochen sind.

[2] Das Netzwerk entsteht im gequollenen Zustand.

[3] KRATKY, O. u. P. PLATZEK: Kolloid-Z. **84**, 268 (1938); **88**, 78 (1939). — F. BREUER, O. KRATKY u. G. SAITO: Kolloid-Z. **80**, 139 (1937).

[4] HERMANS, P. H.: Kolloid-Z. **97**, 223 (1941); **98**, 62 (1942).

[5] CRAWFORD, S. M. u. H. KOLSKY: Proc. physic. Soc. (B) **64**, 119 (1951).

elastischen Medium, das weder die Orientierung beeinflussen noch zur Doppelbrechung beitragen soll, d. h. unter Voraussetzungen, die sich sehr weit von der Wirklichkeit entfernen, für Δn den Ausdruck

$$\Delta n = \frac{n_2' - n_1'}{2}\left[\frac{3}{1 - k^2} - \frac{3\,k\,\cos^{-1}k}{(1 - k^2)^{3/2}} - 1\right]. \qquad (V, 45)$$

k ist das Verhältnis der Breite zur Länge eines würfelförmigen Ausschnitts des Stoffes nach der Dehnung. Für kleine Dehnungen, $k \approx 1$, gilt

$$\Delta n = \frac{3}{5}\,(n_2' - n_1') \cdot \gamma, \qquad (V, 46)$$

d.h., die Doppelbrechung wird proportional der Dehnung, ein Ergebnis, das alle Theorien liefern, das also nichts weiter besagt, und das schon KRATKY und PLATZEK abgeleitet hatten.

Für große Dehnungen, $k \to 0$, wird $\Delta n = n_2' - n_1'$, d. h., daß die Doppelbrechung des Materials gleich derjenigen der kristallinen Bereiche wird.

CRAWFORD und KOLSKY haben ihre Theorie mit eigenen Messungen an Polyäthylen, für das nach BUNN[1] $n_2' - n_1' = 0{,}044$ ist (vgl. auch Abschnitt b 2), verglichen und festgestellt, daß die beobachtete Doppelbrechung viel größer als die berechnete ist. Das liegt sicher mit daran, daß die Orientierung in den amorphen Bezirken noch wesentlich zu Δn beiträgt. Schließlich spielt auch die von der gegenseitigen Orientierung der Stäbchen abhängende Formdoppelbrechung eine Rolle. Man könnte daran denken, die bei kristallin-amorphen Systemen auftretende Doppelbrechung durch die Summe zweier Beiträge, nämlich den der Kristallorientierung und den der Ketten im Amorphen, darzustellen, also die den Gl. V, 42 und V, 46 entsprechenden Beiträge zu addieren. Doch hat das insofern wenig Sinn, als beide Orientierungsvorgänge nicht unabhängig voneinander sind. Außerdem nimmt die Kristallisation mit wachsender Dehnung häufig zu, wodurch die amorphe Umgebung immer weniger der Voraussetzung eines indifferenten Einbettungsmediums genügt. Eine Ausnahme bilden hochgequollene Systeme, wie Cellulosegele, bei denen durch die zwischen den Molekülketten liegenden Wassermoleküle die zusätzliche Kristallisation beim Dehnen verhindert wird

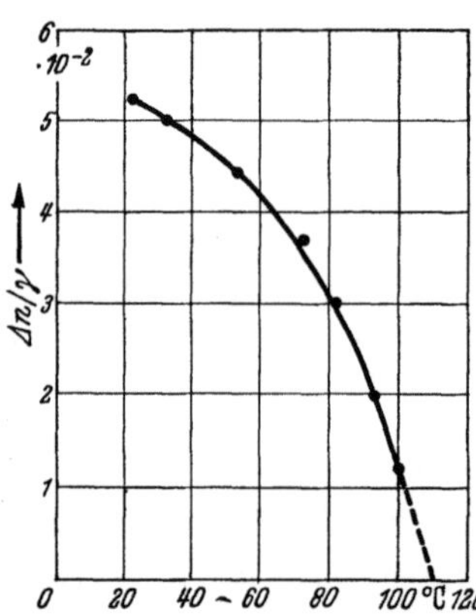

Abb. V,69. Die Abnahme der orientierungsoptischen Konstante von Polyäthylen mit der Temperatur nach CRAWFORD und KOLSKY.

(vgl. § 32 d). Kommt man in den Dehnungsbereich der Kaltverstreckung mit ihrem Umbau des kristallinen Gefüges (vgl. § 32), so werden die Verhältnisse noch unübersichtlicher.

---

[1] BUNN, C. W. in J. M. PRESTON: „Fibre Science", Manchester Textile Institute 1949, S. 144.

Die Beobachtungen an Polyäthylen zeigen einen linearen Anstieg der Doppelbrechung mit der Dehnung, der erst oberhalb 10% geringer wird. Mit steigender Temperatur nimmt die orientierungsoptische Konstante $C'_{Or} = \dfrac{\Delta n}{\gamma}$ ab. Aus der Abb. V, 69 erkennt man, daß C'_O bei etwa 110°, d. h. etwa beim oberen Ende des Schmelzbereiches, auf Null gesunken ist. Der Abfall beruht also offensichtlich auf der Abnahme des kristallinen Anteils mit wachsender Temperatur[1] (vgl. ferner Band IV, § 9).

Der Einfluß der zusätzlichen Kristallisation beim Dehnen auf die Doppelbrechung ist beim Kautschuk von Thiessen und Wittstadt[2] sowie von Treloar[3,4] näher untersucht worden. Wie die Abb. V, 70 zeigt, wird die beobachtete Doppelbrechung bei mäßigen Dehnungen gut durch die Netzwerktheorie wiedergegeben, und zwar um so weitgehender, je höher die Temperatur ist. Die Abweichungen treten etwa da auf, wo nach Röntgenuntersuchungen die Kristallisation einsetzt[2]. Die anomale Lage der Kurve für — 50° C erklärt sich dadurch daß hier die Kristallisations-

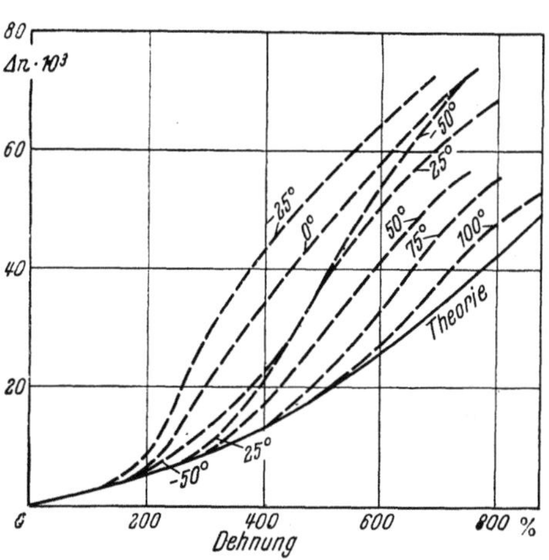

Abb. V, 70. Vergleich der bei Naturkautschuk in Abhängigkeit von der Dehnung beobachteten und der nach der Netzwerktheorie berechneten Doppelbrechung für verschiedene Temperaturen. (Nach Treloar.)

geschwindigkeit im Vergleich zum Bereich zwischen — 15° und — 35° außerordentlich klein geworden ist.

Die Kristallisation äußert sich auch in charakteristischen *Hystereseerscheinungen*. Diese setzen um so früher ein und sind um so ausgeprägter, je tiefer die Temperatur ist (s. Abb. V, 71), und beruhen darauf, daß die bei der Dehnung entstandenen Kristallite auch nach dem Entspannen eine gewisse Stabilität besitzen (vgl. § 43). Bezeichnenderweise tritt beim nichtkristallisierenden Buna S (GR-S-Kautschuk), vulkanisiert mit 2% Schwefel, keine Hysterese auf. Durch Quellung kann man die Hysterese ebenso zurückdrängen wie durch Temperaturerhöhung.

Die starke Zunahme der Doppelbrechung bei der Kristallisation beruht auf der bevorzugten Orientierung der kristallinen Bereiche. Aus

---

[1] Über weitere Beobachtungen an Polyäthylen sowie an Lactopren und Polyvinylchlorid vgl. R. S. Stein, S. Krimm u. A. V. Tobolsky: Textile Res. J. **19**, 8 (1949). — Ferner W. Heller u. H. Oppenheimer: J. Colloid Sci. **3**, 33 (1948). — Vgl. ferner auch R. S. Stein in Bd. IV, § 9 dieses Werkes u. L. R. G. Treloar, ebenda Kap. V.

[2] Vgl. P. A. Thiessen u. W. Wittstadt: Z. physik. Chem. (B) **41**, 33 (1938). — W. Wittstadt: Kautschuk **15**, 11 (1939).

[3] Treloar, L. R. G.: Trans. Faraday Soc. **43**, 284 (1947); Proc. physic. Soc. **60**, 135 (1948).

[4] Treloar, L. R. G.: The Physics of Rubber Elasticity. Oxford 1949.

Röntgenuntersuchungen geht nämlich hervor, daß beim Dehnen parallelisierte, also vorgeordnete Kettenstücke bevorzugt kristallisieren. Über den Zusammenhang zwischen der Dichtezunahme und der Doppelbrechung beim Kristallisieren vgl. § 44.

2. Die Bestimmung des mittleren Orientierungsgrades der Molekülketten.

Wie schon einleitend bemerkt, kann man aus optischen Messungen nur eine *mittlere Orientierung* ableiten, also im Gegensatz zur Röntgenmethode nichts über die Winkelverteilungsfunktion der Kettenstücke aussagen. Ein optisch bestimmter mittlerer *Orientierungsgrad* kann durch die verschiedensten Verteilungsarten verwirklicht sein.

Im Anschluß an HERMANS[1] führen wir einen optischen *Orientierungsfaktor* f_o durch folgende Definition ein:

$$f_o = \frac{n_{\|} - n_{\perp}}{n_\varepsilon - n_\omega} \frac{\varrho_{\mathrm{Kr}}}{\varrho} . \quad (V, 47)$$

Dabei sind $n_{\|}$ und $n_{\perp}$ die Hauptbrechungsindices des Körpers (Faser) parallel und senkrecht zur Streckrichtung und ϱ seine Dichte. n_ε und n_ω sind die entsprechenden Werte für den *ideal orientierten* Körper und ϱ_{kr} die Dichte der kristallinen Bereiche[2]. *Ideale Orientierung* soll bedeuten, daß alle Ketten durchgängig parallel zur Vorzugsrichtung aus-

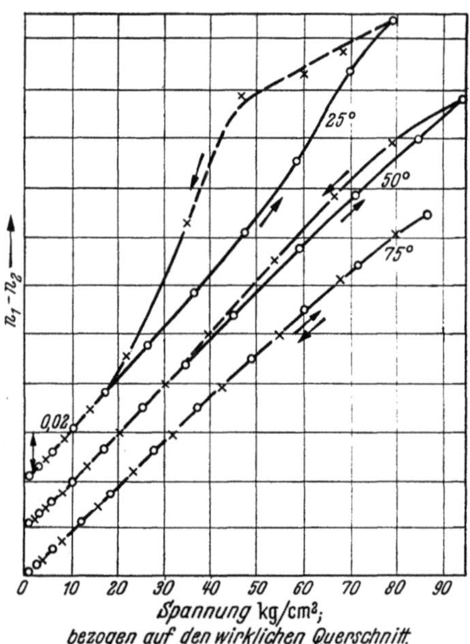

Abb. V, 71. Hysterese bei Doppelbrechung von Kautschuk infolge von Dehnungskristallisation, Kreise = ansteigende Spannung, Kreuze = absteigende Spannung. (Nach TRELOAR.)

---

[1] Vgl. dazu vor allem P. H. HERMANS: Contributions to the Physics of Cellulose Fibres. Elsevier, Amsterdam, New York 1946.

[2] Vergleicht man Substanzen verschiedener Dichte, so muß die Abhängigkeit des mittleren n sowie der Hauptbrechungsindices von ϱ entsprechend der LORENTZ-LORENZschen Gleichung

$$\frac{n^2 - 1}{n^2 + 2} \frac{1}{\varrho} = \mathrm{constans}$$

berücksichtigt werden. Es hat sich jedoch bei Cellulosefasern gezeigt, daß die empirische Regel von GLADSTONE und DALE

$$\frac{n - 1}{\varrho} = \mathrm{constans}$$

die Beobachtungen besser wiedergibt und offenbar vom Verhältnis kristallin-amorph weniger abhängt.

gerichtet sind, bedeutet also nicht den Einkristall. Dabei wird angenommen, daß die optischen Konstanten des ideal orientierten Körpers nur noch von der mittleren Dichte, aber nicht vom Verhältnis kristallinamorph abhängen. Diese Voraussetzung muß man machen, um überhaupt weiter rechnen zu können. Man darf aber nicht vergessen, daß sie, wie bereits im Abschnitt b ausgeführt, sicher nicht streng zutrifft, und daß man grundsätzlich zwischen der Doppelbrechung eines Celluloseeinkristalls und der einer ideal orientierten, aber völlig amorphen Faser unterscheiden muß. Konsequenterweise müßte man auch die Veränderlichkeit des inneren Feldes mit dem Orientierungsgrade im Amorphen berücksichtigen. Dadurch würde das Problem noch komplizierter und vorläufig unlösbar werden.

Da also die Doppelbrechung eines ideal orientierten Körpers von der Größe des kristallinen Anteils abhängt, darf man nur f_o-Werte von Substanzen mit annähernd gleichbleibendem kristallinem Anteil vergleichen. Erfahrungsgemäß bleibt beim Dehnen von Cellulosegelen der kristalline Anteil im allgemeinen praktisch unverändert, so daß man den nach HERMANS berechneten optischen Orientierungsfaktor unbedenklich zur Untersuchung der Vorgänge bei der Dehnung benutzen kann.

Den Orientierungsfaktor kann man nach HERMANS und PLATZEK[1] durch die Gleichung

$$f_o = 1 - \frac{3}{2}\sin^2\vartheta_m \qquad\qquad (V, 48)$$

mit einem *mittleren Orientierungswinkel* ϑ_m in Beziehung setzen, unter dem in einer gedachten Faser *alle* Kettenstücke einheitlich orientiert sein müßten, damit dieselbe Doppelbrechung auftritt.

Auch diese Beziehung ist nicht streng richtig, da bei der Tensoraddition der Polarisierbarkeiten der Kettenelemente zu den Gesamtpolarisierbarkeiten der Faser so gerechnet wird[2], als ob jedes Element unabhängig von den Nachbarelementen zur Wirkung kommt. Die gegenseitige, von der Nahordnung abhängige Wechselwirkung oder, anders ausgedrückt, die Anisotropie des inneren Feldes wird vernachlässigt.

Aus diesen und anderen schon früher besprochenen Gründen kann man aus der Doppelbrechung weder eine Verteilungsfunktion noch eine quantitative Zahl für den mittleren Orientierungswinkel gewinnen. Trotzdem hat die optische Doppelbrechung als qualitatives Maß für die Orientierung im Amorphen ihre große, praktische Bedeutung, um so mehr, als andere Methoden kaum zur Verfügung stehen.

HERMANS hat auch versucht, den Zusammenhang zwischen der Doppelbrechung und dem kristallinen Anteil näher zu erfassen.

Vernachlässigt man wiederum die Änderung der Anisotropie des inneren Feldes mit der Orientierung im Amorphen, so gilt bei den kleinen Doppelbrechungen im Falle der Cellulose die Näherungsgleichung

$$\Delta n = x\,\Delta n_{\mathrm{kr}} + (1 - x)\,\Delta n_{\mathrm{am}}, \qquad\qquad (V, 49)$$

---

[1] HERMANS, P. H. u. P. PLATZEK: Kolloid-Z. **88**, 68 (1939).

[2] Vgl. P. H. HERMANS: Contributions to the Physics of Cellulose Fibres. Elsevier, Amsterdam, New York 1946, S. 195ff.

wo $\varDelta n$ die gemessene Doppelbrechung der Faser, $\varDelta n_{\mathrm{kr}}$ und $\varDelta n_m$ die Beiträge der kristallinen und amorphen Bereiche und x den kristallinen Anteil bedeuten. Versehen wir die entsprechenden Größen bei idealer Orientierung mit dem Index i und führen noch die entsprechenden Orientierungsfaktoren im kristallinen und amorphen f_r und f_{am} ein, so gilt weiterhin die Gleichung

$$\varDelta n = x f_r \, \varDelta n_{\mathrm{kr,\,i}} + (1 - x) f_{\mathrm{am}} \, \varDelta n_{\mathrm{am,\,i}} \,. \tag{V, 50}$$

Wegen der vielen Unbekannten ist eine Bestimmung des kristallinen Anteils nicht möglich. Eher besteht die Aussicht, umgekehrt aus dem anderweitig bestimmten x über die unbekannte Doppelbrechung im Amorphen, also über f_{am}, eine Aussage zu erhalten.

3. Der Orientierungsgrad von Cellulosen[1].

Die Verhältnisse bei Cellulosegelen ähneln noch am ehesten denjenigen beim Kautschuk, so daß jedenfalls der Zusammenhang zwischen Deformation und Orientierung, d.h. die Abhängigkeit der Doppelbrechung im Amorphen von der Dehnung ähnlich der in einem idealen Netzwerk sein wird. Das gilt natürlich nicht für die Abhängigkeit von der Spannung, da diese weit mehr von der energetischen Wechselwirkung abhängt. HERMANS und VERMAAS[2] haben die KUHN-GRÜNsche Theorie auf Gele mit variablem Volumen erweitert und die Abhängigkeit der Doppelbrechung von der Dehnung und vom Quellungsgrade vernünftig wiedergeben können. Wegen der geringen Länge der Kettenstücke im Amorphen, die nur etwa zwei Fadenelemente beträgt, muß die KUHNsche Statistik durch eine Statistik kurzer Ketten, wie sie von J. J. HERMANS[3] entwickelt wurde, ersetzt werden. Diese Betrachtungsweise stellt zweifellos einen großen Fortschritt dar; sie vermag unter anderem den aus der gemessenen Doppelbrechung abgeleiteten Orientierungsfaktor für die amorphen Gebiete f_{am} in Abhängigkeit von der Dehnung vernünftig wiederzugeben (vgl. dazu auch die Ausführungen von KRATKY im Abschnitt 27).

Wir bringen nun noch einige Beobachtungen über den optischen Orientierungsfaktor von Cellulosen (vgl. Tabelle V, 18), welche den optischen und Röntgen-Orientierungsfaktor sowie ihr Verhältnis für verschiedene Fasern zeigt. Man sieht, daß bei der mercerisierten Ramie und der LILIENFELD-Seide f_o und f_r innerhalb der Beobachtungsfehler gleich sind[4]. Das bedeutet, daß hier die kristallinen und nichtkristallinen Bereiche gleich gut orientiert sind, da ja f_r die Orientierung der kristallinen Anteile, f_o die mittlere Orientierung der gesamten Substanz mißt. Über die näherungsweise Bestimmung des Anteils der amorphen Gebiete f_{am} siehe weiter oben. Bei den anderen Fasern ist offensichtlich f_o kleiner als f_x, d.h., daß hier die kristallinen Bezirke besser ausgerichtet sind. Mit steigender Verstreckung wird aber der Unterschied kleiner. Daraus folgt,

---

[1] Vgl. im einzelnen dazu P. H. HERMANS: Contributions to the Physics of Cellulose Fibres. Elsevier, Amsterdam, New York 1946.

[2] Vgl. dazu P. H. HERMANS: „Physics and Chemistry of Cellulose Fibres". Elsevier, Amsterdam, New York 1949, S. 462ff.

[3] HERMANS, J. J.: J. Colloid Sci. 1, 235 (1946).

[4] Die Gleichheit von f_o und f_r bei der natürlichen und wiedergeordneten Ramie ist trivial, weil bei der Berechnung der Doppelbrechung bei idealer Orientierung diese Gleichheit vorausgesetzt wird.

Tabelle V, 18.
Orientierungsoptische und röntgenographische Orientierungsfaktoren von Cellulose-fasern nach HERMANS.

Faser	$n_\| - n_\perp$	f_o	f_r	f_o/f_r	$\dfrac{n_\| - n_\perp}{f_r}$
Native Ramie	0,069	0,97	0,97	—	0,071
Ramie, mercerisiert, ohne Spannung	0,050	0,92	0,90	1,02	0,056
dasselbe, neu orientiert....	0,054	0,98	0,98	—	0,055
Viscose. Seide					
HA 10% Dehnung	0,026	0,48	0,78	0,62	0,034
HA 80% Dehnung	0,037	0,67	0,89	0,76	0,041
HA 120% Dehnung	0,044	0,80	0,91	0,88	0,049
LA 70% Dehnung	0,035	0,63	0,85	0,74	0,041
Lilienfeld-Seide					
Sedura a % Dehnung	0,041	0,74	0,82	0,91	0,049
Sedura b % Dehnung	0,042	0,77	0,87	0,89	0,048
Sedura c % Dehnung	0,046	0,84	0,94	0,89	0,049
Sedura (commercial)	0,045	0,83	0,92	0,90	0,049
Modellfaden 100% Dehnung	0,041	0,74	0,87	0,85	0,047
Bemberg-Seide	0,037	0,67	0,86	0,79	0,043

daß bei der üblichen Art der Verspinnung die Orientierung im Amorphen anfänglich ziemlich hinter derjenigen der kristallinen Bereiche nachhinkt. Bekanntlich eilt auch bei der Dehnung von Kautschuk die Orientierung der Kristallite der gesamten Orientierung voraus[1].

An einem größeren Material von Modellfäden (Cellulosegelen) konnten HERMANS und Mitarbeiter[2] zeigen, daß zwischen f_r und f_o eine allgemeine Beziehung vorhanden sein muß (vgl. Abb. V, 72)[3]. Man muß daraus schließen, daß die Verknüpfung der Bewegungen im

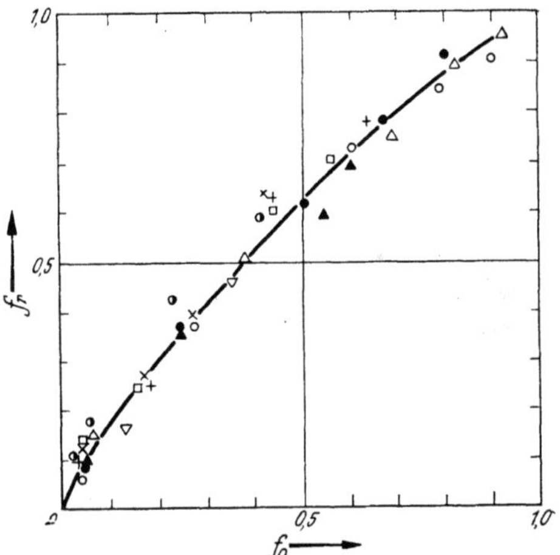

Abb. V, 72. Beziehung zwischen dem röntgenographischen und optischen Orientierungsfaktor bei Cellulosegelen. (Nach P. H. HERMANS.)

---

[1] Sobald beim Dehnen von Kautschuk Kristallisation einsetzt, findet man, daß die Gitterbereiche praktisch völlig orientiert sind, also lange ehe die maximale Dehnung erreicht ist. Mit steigender Dehnung steigt natürlich die Intensität der Kristallreflexe, da der kristalline Anteil ständig wächst. Die Doppelbrechung wächst ebenfalls weiter, als Folge der steigenden mittleren Kettenorientierung.

[2] HERMANS, P. H., J. J. HERMANS, D. VERMAAS u. A. WEIDINGER: J. Polymer Sci. **2**, 632 (1947).

[3] HERMANS, P. H.: Physics and Chemistry of Cellulose Fibres. Elsevier, Publ. Co., Amsterdam, New York 1949.

Amorphen mit derjenigen der Kristallbezirke während der Deformation immer dieselbe sein muß, unabhängig vom Quellungsgrade und der Herstellungsweise der Fäden.

§ 29. Orientierung und Ultrarot-Dichroismus.

Von H. A. Stuart.

Die Eigenschwingungen der Moleküle machen sich im ultraroten Spektrum nur dann bemerkbar, wenn die mechanische Bewegung mit einer Änderung des elektrischen Momentes verbunden ist, sogenannte ultrarotaktive Schwingungen (vgl. Band I, § 64). Es ist selbstverständlich, daß eine Valenzschwingung in einem einfachen Molekül wie CO_2 einen linearen Oszillator darstellt, dessen Schwingungsrichtung in die Valenzrichtung fällt. Bei Gruppenschwingungen, z.B. der C=O—Schwingung in einem Polyamid, an der nicht nur die Atome der Carbonylgruppe beteiligt sind, wird das nur noch genähert zutreffen. Ist die Schwingung aber noch linear und ihre Richtung molekülfest, so wird die Absorption besonders groß werden, wenn der elektrische Vektor des einfallenden Lichtes in die Schwingungsrichtung des sich ändernden Momentes fällt, sie wird Null, wenn der elektrische Vektor senkrecht zur Schwingungsrichtung steht.

Durchstrahlen wir nun einen hinreichend dünnen und verstreckten Film mit polarisiertem ultrarotem Licht[1], so werden die einzelnen Banden verschieden stark absorbiert, je nachdem ob der elektrische Vektor parallel oder senkrecht zur Streckrichtung liegt. Wir beobachten einen *Ultrarotdichroismus*, den wir durch den *dichroitischen Quotienten* (dichrotic ratio), d.h. das Verhältnis der Extinktionsmoduln

$$\frac{\log I_0/I_{||}}{\log I_0/I_\perp}$$

charakterisieren; $||$ bezieht sich auf Licht, dessen elektrischer Vektor parallel zur Streckrichtung schwingt. Wäre eine völlige Ausrichtung aller Moleküle möglich und würden die Momentänderungen bestimmter Schwingungen streng linear und parallel zur Streckrichtung erfolgen, so müßte für diese Schwingungen der Dichroismus vollständig sein, d.h. bei Licht, das senkrecht zur Orientierungsrichtung schwingt, die Absorption Null werden.

Versuche dieser Art haben an Hochpolymeren wohl erstmals Glatt und Ellis[2] durchgeführt, und zwar an orientierten Filmen von Polyäthylen. In einem Film, der durch langsames Abkühlen einer Schmelze auf einer heißen Wasseroberfläche erzeugt worden war und in dem die Molekülketten nach den Erfahrungen bei Paraffinfilmen auf Wasser senkrecht zur Oberfläche stehen, war die Erscheinung besonders ausgeprägt, indem z.B. die Bande bei 4216 cm^{-1} bei Durchstrahlung mit

---

[1] Über die Herstellung von polarisierter Ultrarotstrahlung vgl. A. Elliot, E. J. Ambrose u. R. B. Temple: J. opt. Soc. America **38**, 212 (1948).

[2] Glatt, L. u. J. W. Ellis: J. chem. Physics **16**, 551 (1948); **19**, 449 (1951); Nature **159**, 641 (1947).

unpolarisiertem Licht überhaupt ganz ausfiel. Die zugehörige Schwingung, vermutlich eine Kombinationsschwingung innerhalb der CH_2-Gruppe, erfolgt also offensichtlich genau parallel zur Kettenrichtung. Leider ist diese Voraussetzung für einen vollkommenen Dichroismus fast nie erfüllt.

In diesem Idealfalle könnte man nach ELLIOTT, AMBROSE und TEMPLE[1] aus dem Ultrarotdichroismus einen mittleren *Orientierungs-winkel* ableiten, so wie es HERMANS und PLATZEK[2] bei der Doppelbrechung getan haben (vgl. auch § 28). Mißt man das Intensitätsverhältnis der einfallenden und geschwächten Strahlung I_0/I für Licht, dessen Vektor parallel und senkrecht zur Vorzugsrichtung schwingt, so gilt für ein genau parallel zur Molekülkette schwingendes Moment

$$\frac{\log I_0/I_{\shortparallel}}{\log I_0/I_{\perp}} = 2\,\mathrm{ctg}^2\,\vartheta$$

und für ein senkrecht zur Achse schwingendes Moment

$$\frac{\log I_0/I_{\shortparallel}}{\log I_0/I_{\perp}} = \frac{2\sin^2\vartheta}{2 - \sin^2\vartheta}\,.$$

ϑ ist der Winkel, unter dem in einer gedachten Folie alle Moleküle einheitlich gegen die Streckrichtung geneigt sein müßten, damit der beobachtete Dichroismus auftritt.

Eine quantitative Bestimmung des Orientierungswinkels ist nicht nur an die Voraussetzung geknüpft, daß das einzelne Gruppenmoment in seiner Richtung zur Molekülkette festliegt, sondern daß in einem langen Kettenmolekül trotz der gegenseitigen Koppelung der mechanischen Schwingungen und der schwingenden Ladungen die einzelnen Momente in ihrer Richtung und Stärke unverändert bleiben. Ferner muß die Schwingung und ihre Momentänderung von der Anordnung der Nachbarketten unabhängig sein. Manche Schwingungen ändern beim Einbau des Moleküls in den Gitterverband ihre Intensitäten und sicher auch ihre Anisotropie und Richtung. Es treten hier also infolge des inneren Feldes Unsicherheiten wie bei der Orientierungsbestimmung durch Messungen der Doppelbrechung auf, wodurch die Aussagen in quantitativer Richtung noch mehr eingeschränkt werden. Da manche Schwingungen nur im Gitterverbande auftreten (vgl. etwa Band I, § 69), müßte es durch geeignete Wahl von Schwingungen, die von Nahordnungs- und Koppelungseffekten unabhängig sind, und solchen, die eindeutig dem Kristallgitter angehören, möglich sein, die Kristallit- und die Kettenorientierung getrennt zu erfassen. Mit fortschreitender Verfeinerung der Schwingungsanalyse von Kettenmolekülen im amorphen und kristallinen Zustande kann der Ultrarotdichroismus bei der Analyse von Orientierungsvorgängen also noch ein sehr nützliches Hilfsmittel werden.

Bisher liegen kaum genauere Angaben über die Richtung und den Grad der Anisotropie von Gruppenschwingungen vor. Ebenso ist über

---

[1] ELLIOTT, A., E. J. AMBROSE u. R. B. TEMPLE: J. chem. Physics **16**, 877 (1948); Proc. Roy. Soc. [London] (A) **199**, 183 (1949).
[2] HERMANS, P. H. u. P. PLATZEK: Kolloid-Z. **88**, 68 (1939).

den Einfluß der Koppelung (Resonanz) zwischen gleichen benachbarten Schwingungen nichts bekannt. Es ist lediglich bei einzelnen Faserproteinen bekannter Struktur nachgewiesen worden, daß die $C=O$- und $N-H$-Schwingungen normal zur Kettenrichtung bzw. der Faserachse am stärksten absorbieren[1]. Diese Erfahrungen darf man aber nach Erfahrungen an anderen Polypeptiden sowie an Polyamiden nicht verallgemeinern. So finden BAMFORD und Mitarbeiter[2] an orientierten Filmen von Polymethylglutaminat mit α-Struktur, daß die $N-H$- und $C=O$-Valenzschwingungen bevorzugt parallel zur Faserachse absorbieren, was offenbar darauf beruht, daß die betreffenden Gruppen in der regelmäßig gefalteten α-Kette genähert parallel zur Kettenachse liegen (vgl. § 17 b 5).

Die verschiedenen Beobachtungen an Proteinen sowie an orientierten Filmen von Polyäthylen, Polyamiden, Polyvinylalkohol, Polyvinylchlorid usw. zeigen[3], daß die zu einem Dichroismus führenden aktiven Schwingungen fast nie genau parallel oder senkrecht zur Kettenrichtung erfolgen. Besonders auffällig ist dabei die schlechte Orientierung der $C-H$-Schwingungen. Dieser Umstand bedeutet aber selbstverständlich noch nicht, daß auch die Valenzrichtung, z. B. die $C=O$-Richtung selbst gegen die Molekülkette geneigt ist. Wie schon oben ausgeführt, ist bei Gruppenschwingungen gar nicht zu erwarten, daß die Momentänderung genau in die Valenzrichtung fällt. Außerdem können, wie vor allem PRICE und FRASER begründen[4], Mesomerie-Effekte mitspielen (vgl. S. 157).

Aus diesen Beispielen ergibt sich, wie unsicher zur Zeit noch die Angaben über die Richtung und die Anisotropie der einzelnen Schwingungen sind, so daß der Ultrarotdichroismus entgegen manchen früheren Erwartungen für die Frage der Kettenorientierung nur mit großer Einschränkung ausgewertet werden kann.

Dementsprechend sind die Angaben über die Orientierung recht spärlich. So haben ELLIOTT, AMBROSE und TEMPLE[5] zwischen gedehnten Nylonfilmen und solchen, die noch zusätzlich gewalzt worden waren, Unterschiede gefunden, die zeigen, daß in der gewalzten Folie die Kristallite sich mit der Blättchenebene, der 010-Ebene, parallel zur Filmoberfläche einstellen. Eindeutige Bestimmungen des Orientierungswinkels sind aber nicht möglich.

Auch bei Terylenfilmen ist die höhere Orientierung am Ultrarotdichroismus geeigneter Schwingungen klar zu erkennen. Die nähere Analyse ergibt, daß die Ringebenen senkrecht zur Filmoberfläche stehen[6].

---

[1] BATH, J. D. u. J. W. ELLIS: J. physic. Chem. **45**, 204 (1940). — Ferner E. J. AMBROSE u. A. ELLIOTT: Proc. Roy. Soc. [London] (A) **206**, 206 (1951).

[2] BAMFORD, C. H., L. BROWN, A. ELLIOTT, W. E. HANBY u. I. F. TROTTER: Proc. Roy. Soc. [London] (B) **141**, 49 (1952).

[3] GLATT, L. u. J. W. ELLIS: J. chem. Physics **16**, 551 (1948); **19**, 449 (1951). — A. ELLIOTT, E. J. AMBROSE u. R. B. TEMPLE: J. chem. Physics **16**, 877 (1948).

[4] PRICE, W. C. u. R. D. FRASER: Proc. Roy. Soc. [London] (B) **141**, 66 (1952). — R. D. FRASER: Nature **170**, 490 (1952). — Vgl. auch A. GIERER: Z. Naturforsch. **80**, 644 (1953).

[5] ELLIOTT, A., E. J. AMBROSE u. R. B. TEMPLE: J. chem. Physics **16**, 877 (1948).

[6] MILLER, R. G. J. u. H. A. WILLIS: Trans. Faraday Soc. **49**, 433 (1953).

Im verstreckten Polyäthylen scheinen kurze Seitenketten quer und längere parallel zur Hauptkette ausgerichtet zu sein[1].

Trotz der genannten vorläufigen Einschränkungen besitzt die Ultrarotmethode gegenüber der Doppelbrechung den großen Vorteil, daß die einzelnen Absorptionsbanden auf jeweils bestimmte Gruppen ansprechen und deren Orientierung wenigstens qualitativ erkennen lassen, während die Doppelbrechung über die Orientierung und Anisotropie sämtlicher Molekülteile mittelt. Daher ist der Ultrarotdichroismus ein wertvolles Hilfsmittel bei den Untersuchungen von Einzelheiten der Orientierung und Anordnung von Molekülketten und bestimmter Gruppen, sei es in den amorphen Bezirken, sei es im Gitterverband.

Ebenso wie den Dichroismus im Ultraroten kann man grundsätzlich auch denjenigen im *Ultravioletten* zu Untersuchungen der Molekülorientierung benutzen. Praktisch ist diese Methode aber bisher daran gescheitert, daß bei den Elektronenschwingungen die Anisotropie der Absorption, d. h. der lineare Charakter viel weniger ausgeprägt ist, als bei den Kernschwingungen. Außerdem ist nach den Erfahrungen über die Additivität von Bindungsmomenten und die Nichtadditivität von Bindungshauptpolarisierbarkeiten[2] (vgl. Band I, § 61) von vornherein zu erwarten, daß die Abweichungen der Richtung größter Absorption von der Valenzrichtung bei den Elektronenschwingungen besonders groß werden können und auch modellmäßig schwer zu erfassen sind. Trotz dieser Einschränkung kann man jedoch den UV-Dichroismus in ganz entsprechender Weise wie denjenigen im UR bei Konfigurationsbestimmungen von Makromolekülen im Gitter mit Erfolg benutzen vgl. dazu § 19.

§ 30. Weitere Methoden zur Untersuchung der Orientierung.

Von H. A. STUART.

a) Anisotropie des Diamagnetismus.

1. Allgemeines.

In den letzten Jahren haben Messungen der diamagnetischen Anisotropie als Kriterium für die Orientierung der Moleküle bzw. für die Orientierung bestimmter Gruppen ein steigendes Interesse gefunden.

Moleküle besitzen nicht nur eine Anisotropie der elektrischen bzw. optischen Polarisierbarkeit, sondern auch eine solche der magnetischen Polarisierbarkeit. Man kann jedem Molekül drei magnetische *Haupt-*

---

[1] RUGG, F. M., J. J. SMITH u. L. H. WARTMAN: J. Polymer Sci. **11**, 1 (1953). — F. M. RUGG, J. J. SMITH u. J. V. ATKINS: ebenda **9**, 579 (1952). Neue Betrachtungen: KELLER u. I. SANDEMAN, J. Polymer Sci. **15**, 133 (1955).

[2] Während man einer Bindung noch sehr weitgehend ein charakteristisches Bindungsmoment sowie eine mittlere Polarisierbarkeit zuordnen kann, ist das bei der Anisotropie der Polarisierbarkeit nicht mehr möglich. Hier führt die Wechselwirkung mit den unmittelbar benachbarten Bindungen schon zu solchen Störungen, daß eine Zerlegung der Gesamtpolarisierbarkeiten des Moleküls in Hauptpolarisierbarkeiten der einzelnen Bindung nur noch formale Bedeutung hat. Vgl. auch die Ausführungen über die Anisotropie des inneren Feldes in § 28 b 2.

polarisierbarkeiten m_1, m_2, m_3 bzw. drei auf das Mol bezogene *Hauptsuszeptibilitäten* χ_1, χ_2, χ_3 zuordnen. Dabei ist $\chi_1 = m_1 N_L$; $\chi_2 = m_2 N_L \ldots$[1].

Im Polyäthylen, als Beispiel, rührt die diamagnetische Anisotropie davon her, daß die Elektronendichte der CH_2-Gruppe nicht kugelsymmetrisch verteilt, sondern in der Kettenrichtung größer ist. Dadurch wird der Diamagnetismus in der zur CH_2-Ebene senkrechten Richtung, d. h. in der Längsrichtung des Moleküls größer als in den dazu senkrechten Richtungen. Die Richtung des größten Diamagnetismus ist also die Streckrichtung.

Da bei diamagnetischen Stoffen die Permeabilität nur wenig von eins verschieden ist, fällt die Unsicherheit des inneren Feldes, die, wie wir in § 28 gesehen haben, die Auswertung der gemessenen Doppelbrechung beschränkt, bei Messungen der diamagnetischen Anisotropie weg. Man könnte daher vermuten, daß man mit der magnetischen Methode viel eher als mit der optischen mittels der der Gl. (V, 47) analogen Beziehung

$$f_o = \frac{\chi_{\parallel} - \chi_{\perp}}{\chi_\varepsilon - \chi_\omega} \frac{\varrho_{\mathrm{kr}}}{\varrho}$$

einen mittleren Orientierungsfaktor unabhängig von der Größe des kristallinen Anteils erhalten könnte. Das ist sicher richtig, wenn die maßgebenden anisotropen Gruppen, z.B. Benzolringe sowohl im Gitter wie in den amorphen Bezirken in bezug auf die Längsrichtung der Kette gleich orientiert sind. Nun scheinen aber z.B. Beobachtungen am Terylen (s. weiter unten) einen recht starken Einfluß der Kristallisation zu zeigen, so daß in solchen Fällen die Methode sich mehr zur Bestimmung der Orientierung der Benzolringe in den kristallinen Bereichen eines hochverstreckten Materials als zur Bestimmung des Orientierungsgrades der Molekülketten eignet.

Ferner kann man wegen der geringen magnetischen Wechselwirkung, wie vor allem KRISHNAN und Mitarbeiter[2] gezeigt haben, die magnetischen Hauptpolarisierbarkeiten bzw. Hauptsuszeptibilitäten aus den charakteristischen Werten der einzelnen Gruppen im Gegensatz zum optischen Falle einwandfrei vorausberechnen. Ebenso lassen sich bei bekannter Anordnung der Moleküle in einem Kristalle dessen Hauptsuszeptibilitäten aus den molaren Werten des Einzelmoleküls berechnen.

Diese Möglichkeit ist bei Hochpolymeren besonders wichtig, weil man so die Anisotropie der kristallinen Bereiche und weiter die Anisotropie einer völlig kristallinen ideal orientierten Faser $\chi_\varepsilon - \chi_\omega$ direkt berechnen kann. Die entsprechende optische Größe ist dagegen nur indirekt bestimmbar und immer etwas unsicher. Bei bekanntem kristallinem

---

[1] Für die auf das Gramm bezogenen spezifischen Suszeptibilitäten gilt entsprechend:

$$\chi_{g1} = m_1 N_L / M; \quad \chi_{g2} = m_2 N_L / M \ldots$$

[2] KRISHNAN, K. S., B. C. GUHA u. S. BANERJEE: Philos. Trans. Roy. Soc. [London] (A) **231**, 235 (1933); (A) **234**, 265 (1935). — Ferner M. RAMANTHAN: Indian J. Physics Indian Assoc. Cultivat Sci. **4**, 15 (1929). — K. LONSDALE: Proc. Roy. Soc. [London] (A) **171**, 541 (1939). — K. LONSDALE u. K. S. KRISHNAN: Proc. Roy. Soc. [London] (A) **156**, 597 (1936).

Anteil könnte man dann ferner den Beitrag der völlig ausgerichteten Ketten im Amorphen bestimmen und so entscheiden, ob seitliche Gruppen, wie Benzolringe oder Benzolringe in der Kette in den amorphen und kristallinen Bereichen gleich oder verschieden in bezug auf die Faserachse orientiert sind. Gleichzeitig hätte man eine weitere Methode zur Bestimmung der Orientierung bestimmter Gruppen im Gitter, die sich bei niedermolekularen Stoffen schon sehr bewährt hat (vgl. auch § 17). Praktisch werden diese Möglichkeiten dadurch eingeschränkt, daß die diamagnetische Anisotropie bei Stoffen ohne aromatische Ringe meist sehr klein ist. Aus demselben Grunde ist die Methode für die Messung der Anfangsorientierung im Gegensatz zur Doppelbrechungsmethode ungeeignet.

2. Beobachtungsergebnisse.

Polystyrol und *Poly-2,5-dichlorstyrol* sind von WEIR und SELWOOD[1] untersucht worden. In beiden Stoffen bestimmt die Orientierung der Phenylgruppen die magnetische Anisotropie. Nach den Untersuchungen von KRISHNAN haben die molaren Hauptsuszeptibilitäten des Benzols in der Ringebene die Werte $\chi_{||} = -38,3 \cdot 10^{-6}$ und senkrecht dazu den Wert $\chi_{\perp} = -91,2 \cdot 10^{-6}$. Die entsprechenden Werte für die Phenylgruppe sind $-34,4$ und $-88,3 \cdot 10^{-6}$. Die daraus berechenbaren Maximalwerte für eine völlig orientierte Faser, in der alle Benzolringe mit ihrer Ebene senkrecht zur Streckrichtung stehen, und die gemessenen Werte sind in der Tabelle V, 19 aufgeführt. Man sieht, daß im Polystyrol auch bei völliger Ausrichtung der Kettenmoleküle die Ringebenen noch sehr schwach

Abb. V, 73. Orientierung der Benzolringe in gedehnten Polystyrolen a) Polystyrol, Ringebenen ziemlich ungeordnet b) Poly-2,5-dichlor-styrol, Ringe stark ausgerichtet. (Nach WEIR und SELWOOD.)

orientiert sind, daß aber durch den Einbau der beiden Chloratome die Drehbarkeit zusätzlich so stark eingeschränkt wird, daß die Ebenen der Ringe weitgehend senkrecht zur Kettenrichtung zu liegen kommen (s. Abb. V, 73). Das ist in Einklang mit der wesentlich besseren Kristallisation von Poly-2,5-dichlorstyrol[2]. Weitere Schlüsse auf die gegenseitige

---

[1] WEIR, E. M. u. P. W. SELWOOD: J. Amer. chem. Soc. **73**, 3484 (1951).
[2] Vgl. W. O. BAKER in „High Polymers", ed. by S. B. Twiss, Reinhold Publ. Corp. New York 1945, S. 141.

Packung der Ringe innerhalb eines Moleküls sind nicht möglich, da über die Art der Substitution, Kopf-Schwanz- oder Kopf-Kopf-Folge bzw. d,d-d,l- oder l,l-Anlagerung nichts Näheres bekannt ist.

Terylen.

SELWOOD[1] und Mitarbeiter haben die magnetische Anisotropie in Abhängigkeit von der Dehnung gemessen. Diese wächst im Anfang linear und steigt bei einem Dehnungsverhältnis l/l_0 von über 4 steil an (vgl. Abb. V, 74). Offenbar vollzieht sich die Einstellung der Benzolringe parallel zur Faserachse bei höheren Dehnungen viel rascher als zu Beginn. Wie weit hier die Kristallisation mitspielt, ist unklar. Dieser Knick macht sich übrigens weder bei der Doppelbrechung noch im Röntgendiagramm noch in den mechanischen Eigenschaften bemerkbar. Man sieht daraus, daß die diamagnetische Anisotropie Änderungen in der Packung bzw. Orientierung bestimmter Gruppen erkennen läßt, die mit anderen Methoden nicht faßbar sind. SELWOOD und Mitarbeiter haben auch den Einfluß einer nachfolgenden Temperung auf die Anisotropie gedehnter Fasern untersucht und molekular interpretiert. Es sei hier nur erwähnt, daß die bei der Einfriertemperatur einsetzende Beweglichkeit sich in charakteristischer Weise bemerkbar macht.

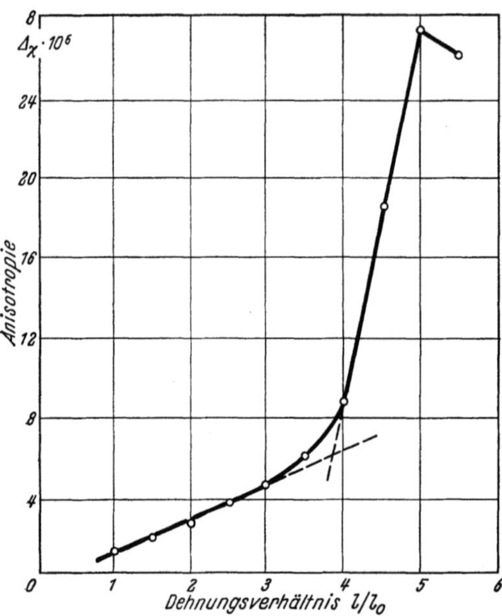

Abb. V, 74. Abhängigkeit der diamagnetischen Anisotropie vom Dehnungsverhältnis bei Terylen. (Nach SELWOOD und Mitarbeitern.)

Da beim Terylen die Benzolringe im Gegensatz zum Polystyrol bevorzugt parallel zur Faserachse liegen, steht hier die Richtung des größten Diamagnetismus senkrecht zur Streckrichtung.

Kautschuk.

TOOR und SELWOOD[2] haben Naturkautschuk sowie verschiedene synthetische Kautschuksorten untersucht. Da bei einer C=C—Doppelbin-

---

[1] SELWOOD, P. W., JOHN A. PARODI u. ANDERSON PACE: J. Amer. chem. Soc. **72,** 1269 (1950).
[2] TOOR, E. W. u. P. W. SELWOOD: J. Amer. chem. Soc. **74,** 2364 (1952).

dung die Richtung des größten Diamagnetismus senkrecht zur Ebene der Doppelbindung steht[1] und die Anisotropie außerdem groß ist, ist zu erwarten, daß beim Naturkautschuk die Richtung des größten Diamagnetismus im Gegensatz zum Polyäthylen senkrecht zur Kettenrichtung, also zur Streckrichtung steht. Tatsächlich wird auch eine derartige Anisotropie beobachtet, die außerdem sehr stark mit der Dehnung ansteigt. Zwei verschiedene Polybutadiene zeigen eine viel kleinere Anisotropie und unterscheiden sich auch im Vorzeichen der Anisotropie, was wahrscheinlich auf 1,2-Addition zurückzuführen ist.

Native und regenerierte Cellulosefasern.

An diesen Materialien haben LOEB und WELO[2] versucht, einen Zusammenhang zwischen der magnetischen Anisotropie und dem röntgenographisch bestimmten Orientierungsgrade festzustellen. Es zeigt sich dabei, daß für ein Material mit bestimmter Kristallmodifikation (Cellulose I oder II) die Anisotropie eine lineare Funktion der Orientierung, gemessen durch die Halbwertsbreite der 002-Sichel, ist, die aber für beide Modifikationen verschieden steil verläuft. Wie weit hier die verschiedene Kristallitorientierung oder verschieden kristalline Anteile mit eine Rolle spielen, ist noch unklar. Es sei aber nochmals betont, daß Unterschiede der Anisotropie der kristallinen und amorphen Bezirke bedeuten, daß

Tabelle V, 19. *Diamagnetische Anisotropie einiger gedehnter Stoffe.*

Stoff	Dehnung in %	Diamagnetische Anisotropie pro Grundeinheit $\chi_{\shortparallel} - \chi_{\perp} \cdot 10^6$	Mittlere Suszeptibilität	Richtung des größten Diamagnetismus zur Streckrichtung	Maximale Anisotropie
Polyäthylen[3,4] ..	570	(-2)	$-23{,}7$	‖	
Polystyrol[4]	980	$-5{,}3$	$-73{,}2$	‖	$-55{,}7$
Poly-2,5-Dichlorstyrol........	~ 500	$-22{,}3$	-102	‖	$-55{,}0$
Naturkautschuk[5]				⊥	
Butylkautschuk[5]				‖	
Polybutadien[5] ..				‖ o. ⊥ je nach Herstellung	
Terylen[6]	200	4,5	-100	⊥	
	400	27,4			
		spez. Suszept. in e. m. E			
Ramie[7]	—	$-104 \cdot 10^{-10}$	—	‖	
Rayon, Cordura[7]	—	$-55 \cdot 10^{-10}$	—	‖	
Baumwolle, je nach Behandlung[7]	—	$56-65 \cdot 10^{-10}$	—	‖	

[1] LONSDALE, K.: Proc. Roy. Soc. [London] (A) **171**, 541 (1939).
[2] LOEB, L. u. L. A. WELO: Textile Res. J. **28**, 251 (1953).
[3] Als Grundeinheit ist die Äthylengruppe $(CH_2)_2$ gewählt.
[4] WEIR, E. M. u. P. W. SELWOOD: J. Amer. chem. Soc. **73**, 3484 (1951).
[5] TOOR, E. W. u. P. W. SELWOOD: J. Amer. chem. Soc. **74**, 2364 (1952).
[6] SELWOOD, P. W., J. A. PARODI u. ANDERSON PACE: J. Amer. chem. Soc. **72**, 1269 (1950). – [7] LOEB, L. u. L. A. WELO: Textile Res. J. **28**, 251 (1953).

die Orientierung der anisotropen Gruppen in bezug auf die Faserachse in beiden Modifikationen bzw. im Amorphen verschieden ist.

Zum Schluß stellen wir in der Tabelle V, 19 noch einige Meßergebnisse zusammen, die aber wegen des Einflusses von Verunreinigungen und des oftmals ungenügend definierten Orientierungszustandes nur orientierende Bedeutung haben.

Zur *Messung der diamagnetischen Anisotropie* sind von Krishnan eine Schwingungs- und eine Torsionsmethode entwickelt worden, die direkt die Differenzen der Hauptsuszeptibilitäten liefern. Um die Hauptachsenwerte selbst zu erhalten, muß man noch nach einem der bekannten Verfahren[1] die mittlere Suszeptibilität bestimmen. Nähere Angaben über die Meßtechnik finden sich in den weiter oben genannten Arbeiten von Selwood, Loeb usw.

b) Quellungsanisotropie.

Diese Methode ist vor allem von Hermans und Mitarbeitern[2] bei Cellulosen sehr eingehend auf ihre Anwendungsmöglichkeiten untersucht worden. Ihre theoretischen Grundlagen sind aber noch nicht genügend geklärt, so daß die Methode nur qualitative Bedeutung besitzt.

Ausgangspunkt ist die Beobachtung, daß Cellulosefasern sich beim Quellen vor allem quer zur Faserrichtung, in der Faserrichtung selbst aber nur sehr wenig ausdehnen. Sind die Kettenmoleküle in der Faserrichtung ausgestreckt, so werden die sich dazwischen drängenden Moleküle des Quellungsmittels vorwiegend eine Zunahme der Dicke bewirken. Da in einem kristallin-amorphen System die kleinen Moleküle im allgemeinen nur oder fast nur in die amorphen Bezirke eindringen, ist die Quellungsanisotropie vor allem ein Maß für die Orientierung im Amorphen. Diese Methode könnte also grundsätzlich die Röntgenmethode sehr schön ergänzen. Dazu käme der Vorteil, daß sie experimentell denkbar einfach ist. Leider ist es aber vorläufig mangels genauerer Kenntnis des Quellungsmechanismus nicht möglich, auf diesem Wege ein Maß für die Orientierung abzuleiten[3]. Hermans hat aber zeigen können, daß unter geeigneten Versuchsbedingungen bei Viscosen zwischen der Quellungsanisotropie und dem optischen Orientierungsfaktor eine allgemeine Beziehung besteht.

Die Quellungsanisotropie Q selbst wird definiert durch

$$Q = \frac{l_q/l_t - 1}{d_q/d_t - 1}$$

wo l die Länge und d die Dicke der Faser bedeuten. Die Indices q und t beziehen sich auf den gequollenen bzw. trockenen Zustand.

---

[1] Vgl. z. B. B. W. Klemm: „Magnetochemie". Leipzig 1936.

[2] Hermans, P. H. u. A. J. de Leeuw: Kolloid-Z. **81**, 143, 300 (1937); **82**, 58 (1938). — P. H. Hermans u. P. Platzek: Kolloid-Z. **87**, 296 (1939). — Siehe ferner P. H. Hermans: „Physics and Chemistry of Cellulose Fibres". Elsevier, New York, Amsterdam 1949.

[3] Das ältere Bild von unabhängigen Teilchen in einem quellenden Medium ist zu einfach. Außerdem ist die Anisotropie eine Funktion des Quellungsgrades.

§ 31. Geometrie der Deformationsvorgänge bei stark gequollenen kristallin-amorphen Systemen[1].

Von O. KRATKY.

Abgrenzung des Stoffes.

Aus der Mannigfaltigkeit der übermolekularen Strukturen hochpolymerer Stoffe sei das gequollene, also verdünnte micellare System herausgegriffen, wie es in § 20 eingehend behandelt wurde (vgl. dazu auch Abb. V, 3 auf S. 193). Es sind nämlich fast alle bisherigen geometrischen Betrachtungen auf Cellulosegele zugeschnitten; über die andersartigen Verhältnisse bei nichtgequollenen kristallin-amorphen Systemen vgl. den folgenden Paragraphen.

Ein, makroskopisch gesehen, isotropes Gel dieser Art (z.B. ein Modellfaden nach P. H. HERMANS[2]) ist ein Körper, dessen mechanische Eigenschaften je nach Herstellungsbedingungen, Quellungszustand und Temperatur die ganze Skala der plasto-elastischen Eigenschaften durchlaufen können, wobei er auch dem Grenzfall der rein elastischen und der rein plastischen Deformation nahe kommen kann. Es würde den zur Verfügung stehenden Raum weit überschreiten, wollte man die Gesamtheit der Deformationseigenschaften behandeln, abgesehen von den Schwierigkeiten, die durch die Lückenhaftigkeit des vorliegenden Materials bedingt sind.

Es erscheint bei dieser Sachlage sinnvoll, im wesentlichen eine Beschränkung auf die verhältnismäßig eingehend untersuchte Geometrie der micellaren Orientierung vorzunehmen, wobei das Augenmerk auf die Momentanzustände während der Deformation gerichtet werden soll. Wir denken uns also die Orientierung am Ende der erfolgten Dehnung festgehalten und vornehmlich mit Röntgenmethoden erfaßt. Sofern wegen einer aufgespeicherten elastischen Spannung etwa eines gequollen gedehnten Fadens die Gefahr besteht, daß bei der nachfolgenden Trocknung eine Orientierungsänderung stattfindet, ist eine Relaxation durchzuführen, was z.B. durch Erhitzen im Quellungsmittel im eingespannten Zustand geschehen kann. Inwieweit dieses „Tempern" trotz festgehaltener äußerer Dimensionen zu einer Veränderung der inneren Geometrie führt, ist noch nicht genügend eingehend untersucht. Es ist aber durchaus dem derzeitigen Stadium der Erforschung angemessen, wenn wir diese und ähnliche Einwände unterdrücken und die erhaltenen Ergebnisse als Ausdruck für die unmittelbar durch die Dehnung hervorgerufene Orientierung auffassen, auf die sich andererseits auch die theoretischen Ansätze beziehen.

---

[1] Zusammenfassende Darstellungen: O. KRATKY, in: Chemische Textilfasern, Filme und Folien, hrsg. von R. Pummerer, Verlag Enke, Stuttgart 1951, S. 76ff. P. H. HERMANS: Physics and Chemistry of Cellulose Fibres, Elsevier Publ. Comp., New York 1949, S. 397ff.

[2] HERMANS, P. H. u. A. J. DE LEEUW: Kolloid-Z. 81, 300 (1937).

a) Die Idee der affinen Betrachtungsweise.

Unter einer *affinen Verzerrung* verstehen wir ganz allgemein eine Deformation, bei welcher jedes Volumelement nach den gleichen geometrischen Proportionen verformt wird, wie das Objekt als ganzes. Wenn wir aber bei einem realen Körper, welcher in makroskopischen Bereichen ein solches Verhalten zeigt, zu immer kleineren Volumelementen übergehen, so müssen schließlich Abweichungen von der affinen Geometrie auftreten. Es ist nun einerseits eine triviale Forderung jeder Deformationstheorie, daß beim umgekehrten Übergang zu immer größeren Volumelementen die Verzerrung zunehmend genauer streng affin wird, während andererseits ihr eigentlicher Inhalt die Art der Abweichung von dieser affinen Geometrie ist, wenn wir in die Größenbereiche der starren oder nur mehr beschränkt deformierbaren Strukturelemente hinuntersteigen. Der praktisch beschrittene Weg bei der Cellulose bestand darin, daß der Berechnung Idealmodelle zugrunde gelegt wurden, welche auf allgemeinen Ideen über den Aufbau der micellaren Systeme fußten, und auf dem Weg des Vergleichs der theoretischen Voraussagen mit dem Experiment dieses Modell schrittweise verbessert wurde. Diese Betrachtungsweise, wie sie der Verfasser bei micellaren Systemen vor etwa 20 Jahren begonnen[1] und seither in einer größeren Zahl von Untersuchungen (s. weiter unten) behandelt hatte, stellt die Frage nach dem passenden Modell etwa folgendermaßen: Welche geometrischen Eigenschaften (Gestalt, innere Beweglichkeit usw.) hat die kleinste Struktureinheit, welche sich so verhält, als wäre sie in einer streng affin verzerrten Umgebung eingebettet. Diese Formulierung umfaßt alle Variationsmöglichkeiten, und zwar sind sie in die Eigenschaften der erwähnten kleinsten Einheit hineinverlegt. Damit wird letzten Endes ein Idealmodell gesucht, welches mit dem realen Objekt hinsichtlich der Orientierungsvorgänge „mechanoäquivalent" ist, wobei von idealisierten Vorstellungen ausgegangen wird, wie sie durch viele Erfahrungen nahegelegt werden. Natürlich wird man von einem solchen in bestimmtem Sinne äquivalenten System nicht ohne weiteres behaupten können, daß es identisch mit dem wirklichen Objekt ist; aber seine strukturellen Eigenschaften werden doch der Realität sehr nahekommen, wenn seine Entwicklung in enger Anlehnung an die am besten gesicherten Vorstellungen vom molekularen und übermolekularen Aufbau erfolgt ist.

b) Affine Achsenorientierung.

Die quantitative Betrachtung hat von dem sogenannten „I. Grenzfall"[1,2] ihren Ausgang genommen. Darunter wurde ein Idealmodell verstanden, das aus sehr langgestreckten starren Stäbchen besteht (die den Micellen entsprechen), welche in einem homogenen Kontinuum, dem Zwischenmedium, eingebettet sind. Es läßt sich leicht berechnen, wie sich bei der Durchführung einer Streckung, also einer „Deformations-

---

[1] KRATKY, O.: Kolloid-Z. **44**, 213 (1933).
[2] KRATKY, O.: Kolloid-Z. **70**, 14 (1935).

strömung", welcher das Zwischenmedium unterworfen wird, die langgestreckten Teilchen in die Dehnungsrichtung drehen. Ist das Ausgangsobjekt völlig isotrop und kommt allen Micellrichtungen demgemäß die gleiche Häufigkeit I_0 zu, so bewirkt eine Dehnung v ($=$ Quotient aus Endlänge und Ausgangslänge) eine Häufung der Micellachsenrichtungen um die Dehnungsrichtung, derart, daß die Häufigkeit I_ϱ einer Richtung, welche mit ihr den Winkel ϱ einschließt, durch die Beziehung gegeben ist:

$$I_\varrho = I_0 \frac{v^3}{[1 + (v^3 - 1)\sin^2 \varrho]^{3/2}} \qquad (V, 51)$$

Liegt im Ausgangsobjekt dagegen *Ringfaserstruktur*[1] vor, so findet man die sehr ähnliche Beziehung:

$$I_\varrho = I_0 \frac{v^{3/2}}{1 + (v^3 - 1)\sin^2 \varrho} \qquad (V, 52)$$

Die Richtungsverteilung läßt sich an der Schwärzungsverteilung der Reflexe der diatropen oder paratropen Ebenen prüfen. Während der diatrope Reflex diese Richtungsverteilung praktisch unverändert wiedergibt (vgl. § 27, Abb. V, 51), ist der Zusammenhang mit der Schwärzungsverteilung der paratropen Reflexe komplizierter (§ 27). Es konnte gezeigt werden, daß die Verteilung der Repräsentationspunkte auf der Lagenkugel im Falle eines völlig isotropen Ausgangsobjektes durch das totale elliptische Integral zweiter Gattung gegeben ist:

$$F_\alpha' = \frac{v^{-3/2}}{1 - k^2} \int\limits_0^1 \frac{\sqrt{1 - k^2 x^2}}{1 - x^2} \cdot d x, \qquad (V, 53)$$

worin F_α' die Dichte im Abstand α' vom Äquator bedeutet. Bis auf eine kleine Korrektur ist diese Beziehung identisch mit der Schwärzungsverteilung entlang des paratropen Reflexes (vgl. § 27, Abb. V, 50, Beziehung V, 33).

Auch polarisationsoptische Messungen gestatten eine Kontrolle derartiger Vorstellungen, denn bei Zugrundelegung eines bestimmten Orientierungsverlaufes läßt sich der Anstieg der Eigendoppelbrechung mit fortschreitender Dehnung vorausberechnen[2, 3], wobei allerdings auch die WIENERsche Stäbchendoppelbrechung berücksichtigt werden muß. (Das Auftreten einer dritten Doppelbrechungsart, herrührend von einer gerichteten Absorption des Quellungsmittels haben P. H. HERMANS und Mitarbeiter[4] diskutiert.)

Röntgenmessungen an gequollenem Cellulosecetyloxalat (diatrope Ebene) und Celluloseamyloxalat (paratrope Ebene) haben die Beziehungen (V, 51 und V, 53) in guter Näherung verifiziert[5] (Abb. V, 75).

[1] Vgl. § 27, S. 295.

[2] BREUER, F., O. KRATKY u. G. SAITO: Kolloid-Z. **80**, 139 (1937). — O. KRATKY u. P. PLATZEK: Kolloid-Z. **84**, 268 (1938); **88**, 78 (1939).

[3] HERMANS, P. H.: Kolloid-Z. **97**, 223 (1941); **98**, 62 (1942).

[4] VERMAAS, D.: Z. physik. Chem. (B) **52**, 131 (1942).

[5] KRATKY, O.: Kolloid-Z. **70**, 14 (1935).

Ebenso stimmen mit ihnen polarisationsoptische Messungen an Acetyl-cellulosefilmen gut überein[1].

An Abb. V, 76 erkennen wir, daß sich zwei hintereinander liegende Stäbchen bei affiner Verzerrung der Umgebung voneinander entfernen[2].

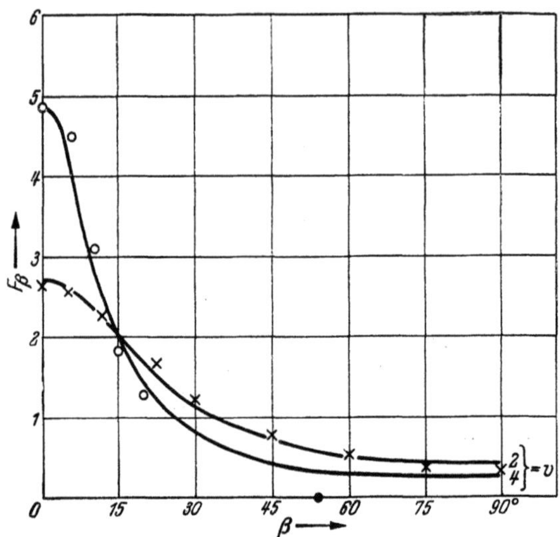

Abb. V, 75. Schwärzungsverteilung in paratropen Reflexen gedehnter Filme von Celluloseamyloxalat ($v = 2$) und Cellulosecethyloxalat ($v = 4$). Punkte: gemessen; Kurven: berechnet. (Nach KRATKY).

Da wir im Sinne unserer Vorstellung vom micellaren System anzunehmen haben, daß die Micellen untereinander durch amorphe Zwischenbereiche verhängt sind, kommen wir zum Schluß, daß diese beim besagten Vorgang gestreckt werden; also schließen wir umgekehrt: die Gültigkeit des I. Grenzfalles führt zur Folgerung einer Dehnbarkeit der amorphen Zwischenbereiche, was wieder nur denkbar ist, wenn diese eine gewisse Verknäuelung und Faltung aufweisen. Auch bei der am besten untersuchten regenerierten Cellulose konnte eine affine Achsenorientierung festgestellt werden[3]. In neueren Untersuchungen haben dann P. H. HERMANS, J. J. HERMANS und W. KAST[4] gezeigt, daß das Verhalten viel-

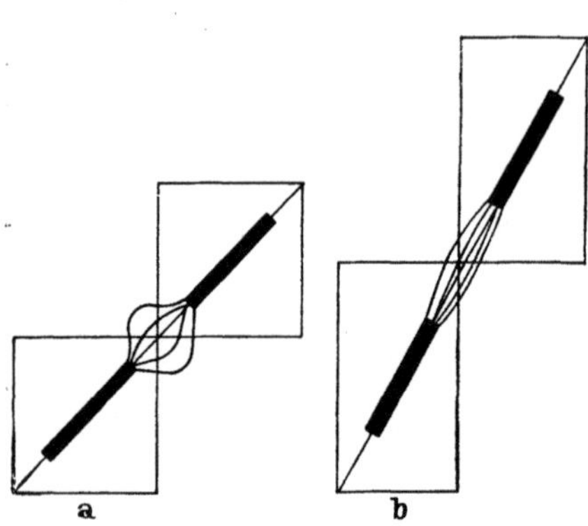

Abb. V. 76. Verhalten der durch amorphe Bereiche verhängten Micellen bei affiner Verzerrung. (Nach BAULE und KRATKY).

---

[1] Siehe S. 347, Fußnote 2.

[2] BAULE, B. u. O. KRATKY: Z. physik. Chem. (B) **52**, 142 (1942).

[3] BAULE, B., O. KRATKY u. R. TREER: Z. physik. Chem. (B) **50**, 255 (1941).

[4] HERMANS, P. H.: J. Polymer. Sci. **1**, 389 (1946). — P. H. HERMANS, J. J. HERMANS, D. VERMAAS u. A. WEIDINGER: J. Polymer Sci. **1**, 393 (1946); **2**, 632 (1947); **3**, 1 (1948). — P. H. HERMANS u. W. KAST: Kolloid-Z. **121**, 21 (1951).

gestaltiger ist und die affine Achsenorientierung eher einen Grenzfall darstellt, während die Orientierung im Vergleich mit der Theorie meist zu rasch verläuft. Mit wachsender Viscosekonzentration der Lösung, aus welcher der Faden gesponnen wurde (d. h. mit steigender innerer Vernetzung und Dichtigkeit des Fadens), nimmt die Orientierungsgeschwindigkeit zu, ebenso mit steigendem Quellungsgrad bei der Dehnung. Für den trocken gedehnten Faden dagegen gilt die Theorie praktisch exakt Abb. V, 77). P. H. HERMANS deutet die Quellungsabhängigkeit in der

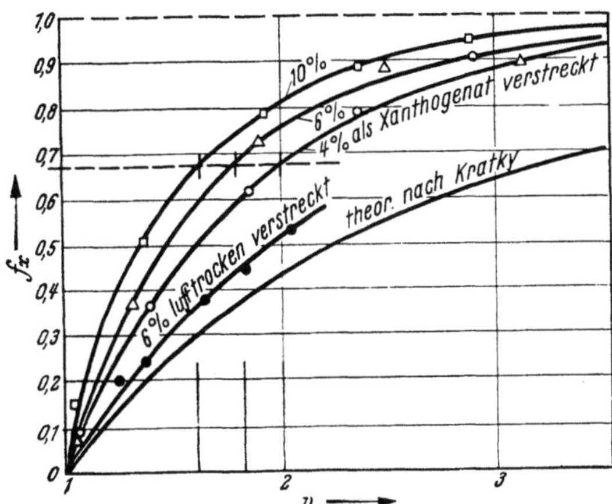

Abb. V, 77. Orientierungsfaktor f_x (vgl. S. 304) als Funktion des affinen Dehnungsgrades f_a (siehe S. 348, Fußnote 3) bei HERMANS'schen Modellfäden verschiedener Cellulosekonzentration. Vergleich mit der Theorie von KRATKY. (Nach P. H. HERMANS und KAST, siehe S. 353, Fußnote 3).

Weise, daß er im trockenen Zustand eine genügende Einfaltung der amorphen Bereiche annimmt, die dann ausreichend dehnbar sind, während im gequollenen Zustand dieselben Zwischenbereiche prall aufgebläht erscheinen und daher nur eine geringe Dehnbarkeit zeigen. Wenn auch das Bild des stark gequollenen bzw. eingefalteten Zwischenbereiches richtig sein kann, so möchten wir den Grund für die Abnahme der Orientierungsgeschwindigkeit mit abnehmender Quellung, die sich auch aus unseren Messungen ergibt, doch mehr in folgendem Umstand suchen. Bei dichter Packung von gegeneinander verschiebbaren länglichen Strukturelementen wird das einzelne Stäbchen zu einer Bewegung im Sinne der affinen Geometrie gezwungen, weil sich die Umgebung in dieser Weise zu bewegen trachtet. Für die notwendige Dehnung der amorphen Bereiche sind dann ausreichende Kräfte vorhanden, weil zufolge der dichten Packung auch das Abgleiten der benachbarten Micellen aneinander einen beträchtlichen Zug erfordert. Dieser Zwang zur affinen Bewegung hintereinanderliegender Micellen wird gelegentlich auch unter Zerstörung dieser Zwischenbereiche erfolgen, wie am Verlust der textilen Qualitäten erkennbar ist, die mit einer Trockendehnung stets einhergeht[1]. Wenn aber im Grenzfalle des sehr hochgequollenen Zustandes gedehnt wird, so kann

---

[1] HERMANS, P. H.: Physics and Chemistry of Cellulose Fibres. Elsevier Publ. Comp., New York 1949, Kapitel VIII.

eine Kette, wie sie schematisch in Abb. V, 78a dargestellt ist, deren
Einzelglieder die Micellen und Zwischenbereiche sind (Kette „höherer
Art"), im Grenzfall eine Orientierung ohne Dehnung dieser Zwischenbereiche erfahren (Abb. V, 78b), weil bei der lockeren Packung kein
affiner Zwang der Umgebung, d. h. seitens benachbarter Ketten, vor-

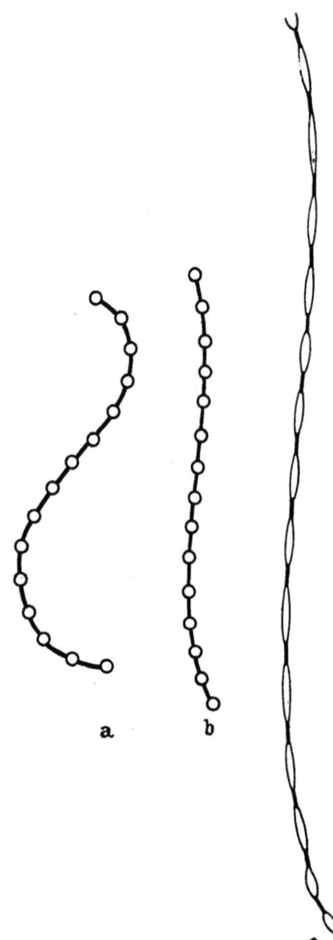

a   b

c

Abb. V, 78. Kette von Micellen. a) unge-
dehnt, b) gedehnt bei Undehnbarkeit der
Zwischenbereiche. c) affin gedehnt bei
gleicher Richtungsverteilung wie in b.
(Nach KRATKY).

handen ist, so daß die Kette höherer
Art als weitgehend isoliertes Strukturelement aufgefaßt werden kann. Die
Streckung dieses micellaren Verbandes,
bei welcher nur eine Biegung der Zwischenbereiche notwendig ist, wird wohl
leichter erfolgen als die Streckung der
amorphen Bereiche, die in einem gewissen Ausmaß kautschukelastisches Verhalten zeigen. Sicherlich sind auch diese
aufgequollenen Zwischenbereiche dehnbar, aber eine an die Kette höherer Ordnung angelegte Kraft wird natürlich *den*
Vorgang bewirken, der den geringsten
Zug erfordert, und dieser kann die Strek-
kung der Kette im angedeuteten Sinne
sein. Wenn man vergleicht, welche Strek-
kungen zur Erzielung einer bestimmten
Orientierung erforderlich sind, wenn die
Kette einmal ohne Dehnung der Zwischenbereiche orientiert wird und einmal auf
affiner Basis, so sieht man, daß der erste
Vorgang tatsächlich eine viel geringere
Dehnung erfordert (vgl. Abb. V, 78a, b
und c).

Das angedeutete Modell der micellaren Kette mit flexiblen oder undehnbaren
Scharnieren (d. h. solchen, bei welchen
unter den gegebenen Bedingungen eine
Dehnbarkeit nicht erfolgt) entspricht
weitgehend dem seinerzeit vom Autor
zur Diskussion gestellten „II. Grenzfall"[1].
Für die Relativgeschwindigkeit, mit der
sich die Einzelmicellen dabei in die Dehnungsrichtung hineindrehen, wird der
Ansatz zugrundegelegt, daß die Dreh-
geschwindigkeit der Einzelmicelle pro-
portional dem Sinus ihres Winkels mit der Dehnungsrichtung ist. Es sei
betont, daß auch dieses Modell in die Theorie der affinen Verzerrung im
weiteren Sinne eingereiht werden kann: das kleinste Strukturelement,
welches sich so verhält, als wäre es in einer affin verzerrten Umgebung
eingebettet, ist eben die in Abb. V, 78a gezeichnete Kette höherer Art,

[1] KRATKY, O.: Kolloid-Z. **81,** 149 (1938).

deren innere Beweglichkeit durch den Sinusansatz gegeben ist und die in ihrer Richtungsverteilung das Gesamtobjekt repräsentiert. Wenn dieses Modell auch die rasche Achsenorientierung verstehen läßt, so zeigte die experimentelle Erfahrung doch, daß die Richtungsverteilung der Micellen im Verlaufe der Dehnung nicht aus dem Sinusansatz ableitbar ist. Vielmehr entsprechen die Richtungsstatistiken ziemlich gut den aus dem I. Grenzfall ableitbaren, nur erfolgt die Orientierung im Vergleich mit diesem zu rasch[1]. Man kann diesem Umstand Rechnung tragen, indem man den II. Grenzfall so weit als möglich dem affinen Gedanken annähert, also die Einzelmicelle so dreht, wie sie sich in einer affin deformierten Umgebung als isolierte Micelle drehen würde, aber die aufeinanderfolgenden Micellen einer Kette höherer Art nicht gegeneinander verschiebt, also die Scharniere undehnbar denkt. Dieses Konzept ermöglicht auch ohne weiteres den sinnvollen Einbau von Übergangsfällen, indem man die durch den I. Grenzfall verlangte Dehnung der Zwischenbereiche um einen Faktor vermindert. Wenn dieser Faktor schließlich auf Null abgesunken ist, nähern wir uns dem II. Grenzfall mit affiner Bewegung der Einzelglieder.

Ein auffallender Zug des II. Grenzfalles ist das Fehlen von micellaren Ketten mit „Rückläufigkeiten". Eine Kette der Art von Abb. V, 79 würde nun einer viel höheren Dehnung zu ihrer Orientierung bedürfen als die Kette in Abb. V, 78a.

Der Grund, der berechtigt, von der Wirkung der Rückläufigkeit abzusehen, ist durch die affine Denkweise gegeben. Jede Micelle wird sich danach so drehen müssen, daß ihr Winkel mit der Deh-

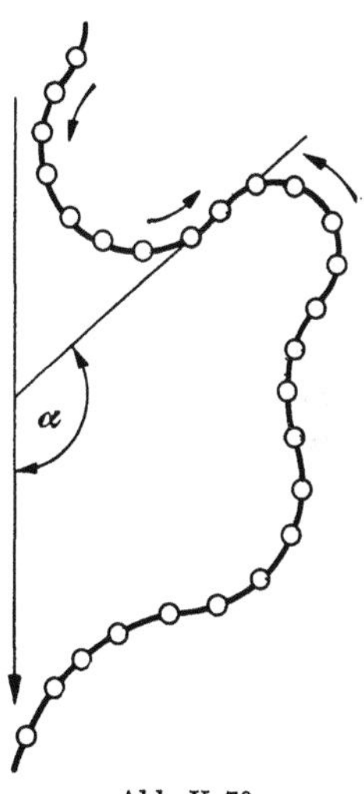

Abb. V, 79.
Kette von Micellen mit
„Rückläufigkeit".

nungsrichtung kleiner wird, während jede rückläufige Schleife zu ihrer Auflösung in gewissen Teilen eine gegenläufige Bewegung voraussetzt. Es wäre natürlich nicht sinnvoll, die Möglichkeit auch einer solchen rückläufigen Bewegung vollkommen abzulehnen; sie setzt aber offenbar eine so starke Abweichung von der affinen Bewegung in ziemlich großen Bereichen voraus, daß sie eine Verschieblichkeit und damit einen Quellungsgrad bedingt, wie er selbst bei sehr hochgequollenen regenerierten Cellulosefäden nie vorhanden ist.

c) Das verallgemeinerte Netz nach J. J. HERMANS.

Frei von der Einschränkung auf die nicht rückläufigen Bewegungen ist die Theorie des verallgemeinerten Netzes nach J. J. HERMANS[2], die annimmt, daß zwischen zwei Netzstellen im Durchschnitt N statistische

---

[1] KRATKY, O., G. POROD u. E. TREIBER: Kolloid-Z. **121**, 1 (1951); Z. Elektrochem. angew. physik. Chem. **55**, 481 (1951).
[2] HERMANS, J. J.: J. Colloid Sci. **1**, 235 (1946); Trans. Faraday Soc. **42**, 160 (1946); **43**, 591 (1947); J. Chim. physique **44**, 10 (1947).

Fadenelemente vorhanden sind. Einem höheren Wert von N entsprechen sehr stark verknäuelte Ketten, die im Verlaufe der Streckung aufgeringelt werden müssen und dazu einer entsprechend hohen Dehnung bedürfen. Da das System der Netzpunkte im Gegensatz zu gewissen im Rahmen der Kautschukelastizität von W. KUHN[1] entwickelten Vorstellungen, nicht affin verzerrt wird, sondern nur an allen Netzpunkten der gleiche Zug angreift, ist diese Vorstellung nicht ohne weiteres in das Schema der affinen Betrachtungsweise einzureihen, d. h. hier ist der kleinste Bereich, welcher in seinen äußeren Dimensionen bereits affin verzerrt wird, viel größer als der Abstand benachbarter Netzpunkte. Bemerkenswerterweise findet nun J. J. HERMANS[2], daß vor allem das Netz mit $N = 1$ in seinen allgemeinen Aussagen sehr weitgehend mit dem II. Grenzfall übereinstimmt. Allerdings vermag diese Theorie nicht die Richtungsverteilung der Micellen anzugeben, sondern nur einen „Orientierungsfaktor" (vgl. § 27), was eine Verifizierung ungemein erschwert. In der Folgezeit wurde auch von seiten P. H. HERMANS und W. KASTS[3] das verallgemeinerte J. J. HERMANSsche Netz als unzureichend zur Wiedergabe des Versuches befunden und die Ergebnisse wieder auf Aussagen der affinen Theorie bezogen. Wir haben bereits im vorigen Abschnitt die Gründe genannt, welche gegen das Auftreten von Rückläufigkeiten bei Cellulose und daher gegen eine Realisierung eines anderen als dem II. Grenzfall entsprechenden Spezialfalls des J. J. HERMANSschen Netzes anzuführen sind. Aber auch dieser Spezialfall ist nicht frei von den dem II. Grenzfall anhaftenden Schwierigkeiten.

d) Blättchenorientierung.

Wie insbesondere die Röntgenkleinwinkelmessungen[4] ergeben haben, besitzen die Cellulosemicellen in ausgeprägtem Maße die Gestalt eines langgestreckten Blättchens (Bändchens) (vgl. § 22). Bisher hatten wir nur die Orientierung der Längsachsen betrachtet, und es ergibt sich nun die zusätzliche Frage, welche Bewegung die Blättchenebene bei der Deformation vollführt. Der experimentelle Ausgangspunkt für die Vertiefung in diese Frage war die Feststellung, daß sich bei der Deformation eines HERMANS-Fadens die Blättchenebene rascher orientiert als die „Seitenebene"[5]. Unter letzterer verstehen wir jene Ebene, die auf der Blättchenebene senkrecht steht und wie diese parallel zur Längsachse verläuft. Die Blättchenebenen werden bei regenerierter Cellulose durch den paratropen Reflex A_0 repräsentiert, die Seitenebenen annähernd durch den paratropen Reflex A_3. Sie sind die beiden innersten Äquatorreflexe und entsprechen den Netzebenenabständen 725 bzw. 442 Å. Nun ließ sich

[1] KUHN, W. u. F. GRÜN: Kolloid-Z. **101**, 248 (1942).

[2] HERMANS, J. J.: J. Colloid Sci. **1**, 235 (1946); Trans. Faraday Soc. **42** 160 (1946); **43**, 591 (1947); J. Chim. physique **44**, 10 (1947).

[3] HERMANS, P. H. u. W. KAST: Kolloid-Z. **121**, 21 (1951). — W. KAST: Kolloid-Z. **120**, 40 (1951).

[4] KRATKY, O., A. SEKORA u. R. TREER: Z. Elektrochem. angew. physik. Chem. **48**, 587 (1942).

[5] BAULE, B.., O. KRATKY u. R. TREER: Z. physik. Chem. (B) **50**, 255 (1941). — O. KRATKY, Kolloid-Z. **96**, 301 (1941).

zeigen, daß eine auf isolierte bändchenförmige Micellen angewendete affine Betrachtung tatsächlich diesen Effekt liefert. Die Übereinstimmung mit dem Experiment ist in manchen Fällen quantitativ[1], insbesondere bei trocken gedehnten Fäden, wo der „affine Zwang" besonders groß ist (Abb. V, 80). P. H. Hermans hat nun darauf hingewiesen, daß aber an technischen Fasern dieser Blättcheneffekt keineswegs immer in dem von der Theorie ge-

forderten Ausmaß auftritt, sondern Übergänge zwischen dem vollen Blättcheneffekt und einer gleich guten Orientierung von Blättchenebene A_0 und der Seitenebene A_3 vorliegen. W. Kast[2] hat, teils in gemeinsamer Arbeit mit P. H. Hermans[3], die Verhältnisse bei zahlreichen technischen Fäden untersucht und ist zur interessanten Feststellung gekommen, daß eine annähernd gleich rasche Orientierung von A_0 und A_3 (Stäbchenverhalten) im allgemeinen für die technischen Eigenschaften günstiger ist als das

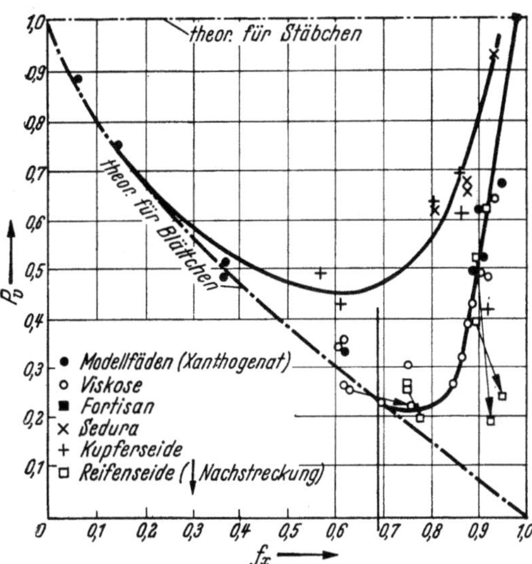

Abb. V, 80. Orientierungsfaktor f_x (vgl. S. 304) und paratropes Verhältnis P_v (vgl. S. 305) für nach verschiedenen Prozessen gesponnne Cellulosefasern. Vergleich mit den Theorien von Kratky für Stäbchen und Blättchen. (Nach P. H. Hermans und Kast[3].)

Voraneilen der Orientierung von A_0 (Blättcheneffekt). Die naheliegendste geometrische Deutung, daß eben Micellformen zwischen ausgeprägter Blättchengestalt und solchen von im Mittel isotropem Querschnitt vorkommen, steht im Widerspruch zu Kleinwinkelmessungen, durch die in allen bisher untersuchten Fällen die Blättchengestalt bewiesen werden konnte. Um nun zu einer Deutung dieses Verhaltens zu kommen, war es notwendig, von der Einzelmicelle wieder zur Kette höherer Art, also der Aneinanderreihung von Micellen und Zwischenbereichen überzugehen. Zunächst ist klar, daß in einem *hochgequollenen* micellaren System die Übertragung der Kraft von Micelle zu Micelle über die amorphen Zwischenbereiche hinweg die maßgebliche Einwirkung ist, so daß — mangels einer entsprechenden räumlichen Enge — kein Anlaß für die affine Bewegung der Blättchenebenen besteht. Es gibt sogar einen Grund, der bei einer isolierten Einzelkette von Micellen für eine „antiaffine" Bewegung der Blättchenebenen spricht, d. h. für einen Rollentausch von Blättchenebene und Seitenebene. Der Grund ist die Art der Verhängung benach-

---

[1] Siehe S. 352, Fußnote 5.

[2] Kast, W. u. A. Prietzschk: Kolloid-Z. **114,** 23 (1949). — W. Kast: Kolloid-Z. **120,** 40 (1951); **125,** 46 (1952).

[3] Hermans, P. H. und W. Kast, Kolloid-Z. **121,** 21 (1951).

barter Micellen. Im Sinne von Gedankengängen, die auf K. H. MEYER und VAN DER WYK[1], NOWOTNY und ZAHN[2], BAKER, FULLER und PAPE[3] u. a. zurückgehen, ist anzunehmen, daß beim Übergang der bändchenförmigen Micellen in die amorphen Bereiche die Aufspaltung der flachen Micellen meist nicht unmittelbar in die Einzelketten stattfindet, sondern eine sehr starke Tendenz zur Aufspaltung in monomere Lamellen nach der Blättchenebene besteht. P. H. HERMANS[4] gibt für diese Vorstellung

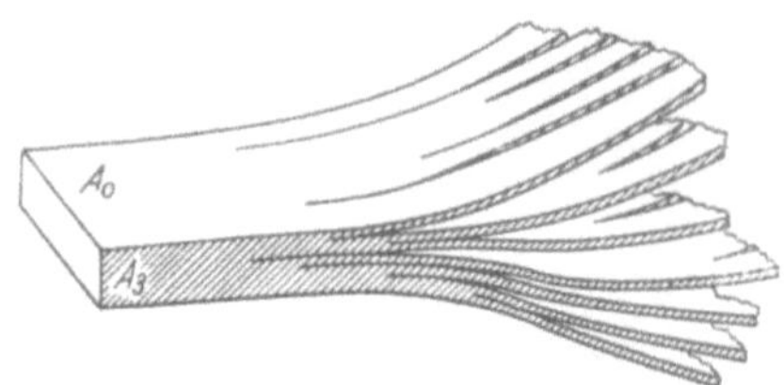

Abb. V, 81. Schema für laminare Aufsplitterung einer blättchenförmigen Micelle. (Nach P. H. HERMANS.)

das Schema in Abb. V, 81, und W. KAST[5] hat sie durch Betrachtung der Kohäsionsverhältnisse noch verständlicher gemacht. Treiben wir nun diese Idee ins Extrem, und nehmen wir an, daß benachbarte Micellen ausschließlich durch solche monomeren Bänder verbunden sind, so kommt man zur Auffassung, daß diese „Scharniere" wohl um eine in A_0 liegende und normal zur Micellängsrichtung verlaufende Achse biegbar sind, eine Verdrillung dieser Bänder aber nicht erfolgen kann, weil diese eine Verschiebung der Celluloseketten innerhalb einer Lamelle zur Folge haben müßte. Es ließ sich nun zeigen[6], daß eine affine Bewegung der Einzelmicelle zu einer solchen Verdrillung führen müßte, während beim Rollentausch von Blättchenebene und Seitenebene die Scharniere nur auf Verbiegung beansprucht werden. Jedwede Streckung der Kette, ob nun rein affine Achsenorientierung vorliegt oder eine schnellere Orientierung im Sinne des II. Grenzfalles, müßte daher bei vollkommen fehlender Verdrillbarkeit der Scharniere auf eine antiaffine Bewegung führen. Dieser extreme Fall wird allerdings schwerlich jemals verwirklicht sein, weil die ausschließliche Aufspaltung der Micellen in zweidimensionale Bänder sicher ein nie realisierbares Idealbild ist. Ferner wird eine gewisse räumliche Enge immer in Richtung einer affinen Einstellung der Bändchenebenen wirken, und insbesondere wird eine Trocknung vor Herstellung der Röntgenaufnahme einen starken Effekt in dieser Richtung bedingen. Man versteht also qualitativ ohne weiteres, daß sich diese Effekte in einer im einzelnen quantitativ noch kaum faßbaren Weise überlagern werden, so daß wir uns jedenfalls derzeit damit begnügen müssen zu verstehen, daß die theoretisch vorauszusehenden Grenzfälle und ihre Kombinationen im wesentlichen den experimentell erkennbaren Variationsbereich überdecken. Einzusehen ist auch der von W. KAST beobachtete Effekt, daß

[1] MEYER, K. H. u. A. J. A. VAN DER WYK: Z. Elektrochem. angew. physik. Chem. **47**, 353 (1951).

[2] NOWOTNY, H. u. H. ZAHN: Z. physik. Chem. **192**, 333 (1943).

[3] BAKER, W. O., C. S. FULLER u. N. R. PAPE: J. Amer. chem. Soc. **64**, 776 (1942). — W. O. BAKER: Ind. Engng. Chem. **37**, 246 (1945).

[4] HERMANS, P. H.: J. Polymer. Sci. **4**, 145 (1949).

[5] KAST, W.: Melliand Textilber. **31**, 83 (1950).

[6] KRATKY, O., G. POROD u. E. TREIBER: Kolloid-Z. **121**, 1 (1951); Z. Elektrochem. angew. physik. Chem. **55**, 481 (1951).

eine affine Bewegung für die technischen Eigenschaften nicht günstig ist; sie verstößt gegen die Forderung der linearen Scharniere und führt – vielleicht im ähnlichen Sinne wie die Trockendehnung – zu inneren Zerstörungen.

Auf den Versuch von KAST[1], die Dehnungsvorgänge an Cellulosegelen auf Basis der Annahme von Haftstellen mit begrenzter Lebensdauer zu diskutieren, sei nur verwiesen.

Das Phänomen der Orientierung bei Dehnung und Pressung von Cellulosematerialien wurde auch von W. A. SISSON[2] eingehend untersucht, wenn auch ohne quantitative Deutungsversuche. Auch auf die Arbeiten von INGERSOLL[3] sei verwiesen.

Die Gedankengänge über den Deformationsmechanismus, wie sie durch die spiraligen Strukturelemente von KELLER und MORGAN[4] nahegelegt werden, wären in den Rahmen der affinen Betrachtungsweise so einzugliedern, daß nunmehr die ganze Spirale das kleinste Strukturelement darstellt, welches sich in einer affin verzerrten Umgebung befindet. Da die interessanten Ansätze von MORGAN und KELLER aber hinsichtlich des Zusammenhanges zwischen Deformation und Orientierung in quantitativer Hinsicht noch nicht weitgehend genug durchgearbeitet und überprüft sind, ist im Rahmen unserer kurzen Betrachtung, die sich außerdem hauptsächlich auf die Cellulose bezieht, ein näheres Eingehen nicht angebracht; vgl. jedoch die Ausführungen auf S. 364/65.

Es muß mit aller Deutlichkeit hervorgehoben werden, daß zweifellos alle entwickelten Bilder zu stark idealisiert und schematisiert sind. Man wird aber dem komplexen Verhalten der Cellulosegele kaum anders als auf dem Wege von vereinfachenden Modellen nahekommen können.

§ 32. Bemerkungen zum Mechanismus der Kaltverstreckung.

Von H. A. STUART.

Die im vorhergehenden Paragraphen gebrachten geometrischen Betrachtungen sind auf gewöhnliche, nicht gequollene kristallin-amorphe Körper wie Polyäthylen oder Polyamide nur sehr beschränkt anwendbar. Hier sind alle Bereiche so eng miteinander gekoppelt, daß man nicht mehr von isolierten, in eine affine Umgebung eingebetteten Strukturelementen sprechen kann. Zwar enthalten diese Körper ein festes Netzwerk, so daß man daran denken könnte, die HERMANSsche Netzwerktheorie[5] anzuwenden. Doch ist das insofern wenig interessant, als ein System, in dem für gewöhnlich jedes Fadenmolekül etwa alle 100 Å durch einen kristallinen Bereich geht, durch den es an viele andere Moleküle gebunden ist,

---

[1] KAST, W.: Kolloid-Z. **125**, 45 (1952).

[2] SISSON, W. A.: J. physik. Chem. **40**, 343 (1936); **44**, 513 (1940).

[3] INGERSOLL, H. G.: J. appl. Physics **17**, 924 (1946).

[4] KELLER, A.: Nature **171**, 170 (1953); J. Polymer Sci. **11**, 567 (1953); L. B. MORGAN: J. appl. Chem. **4**, 160 (1954).

[5] HERMANS, J. J.: J. Colloid Sci. **1**, 235 (1946); Trans. Faraday Soc. **42**, 160 (1946); **43**, 591 (1947).

ein so dichtes Netzwerk enthält, daß nur sehr geringe elastische Dehnungen auftreten können. Größere Dehnungen, insbesondere eine Kaltverstreckung, sind daher erst möglich, wenn das Netzwerk sich mindestens vorübergehend löst. Wie weit aber auf ein System, dessen Netzstellen nicht mehr molekülfest sind, sich aber an anderen Stellen neu bilden können, das Bild einer affinen Verzerrung oder eine modifizierte Netzwerkbetrachtung angewandt werden kann, bedarf erst noch der näheren Untersuchung. Es sollen daher in diesem Paragraphen lediglich einige Beobachtungen und die sich daraus ergebenden Folgerungen für den molekularen Mechanismus der Kaltverstreckung diskutiert werden. Erst wenn man von den molekularen Vorgängen ein einigermaßen zutreffendes Bild besitzt, kann man hoffen, die Kaltverstreckung geometrisch zu erfassen und ihre phänomenologische Darstellung[1] sinnvoll interpretieren zu können. Auf die phänomenologische Seite kommen wir in Band IV noch eingehend zu sprechen. Um die charakteristischen Merkmale der Kaltverstreckung besser zu erkennen, wollen wir zunächst die verschiedenen Dehnungsvorgänge klassifizieren (s. Tab. V, 20). Bei diesem Versuche

Tabelle V, 20.

Dehnungsmerkmale bei makromolekularen Systemen verschiedener Struktur.

System	Typische Merkmale der Dehnung	Wichtigste Untersuchungsmethoden	Bemerkungen
I. amorph			
a) vernetzt (leicht vulkan. Kautschuk	reversibel und groß, bis zu 500% und mehr	Doppelbrechung	bei hohen Dehnungen Kristallisation möglich
b) unvernetzt (Polystyrol)	bei Erwärmung oder Quellung teilweise bis ganz reversibel	Doppelbrechung	Kettenverschlingungen und Querkräfte wirken als Fixpunkte und ermöglichen unter geeigneten Bedingungen eine reversible Dehnbarkeit
II. kristallin-amorph			
a) gequollen (Cellulosegele)	reversibel bis etwa 200% maximal	Röntgenstr., Doppelbrechung	keine zusätzliche Kristallisation beim Dehnen
b) ungequollen (Polyäthylen, Polyamide)	kaltverstreckbar, Streckung je nach Substanz zwischen 200 und 500%. Bei Erwärmung bis dicht unter Schmelzpunkt erweist sich die Dehnung als weitgehend reversibel	Röntgenstr., Doppelbrechung	Aufreißen und Neubildung kristalliner Bereiche; falls aus amorphem Zustande verstreckt, starke Kristallisation (Terylen).

---

[1] Phänomenologisch läßt sich die Kaltverstreckung durch eine mit der Belastung, besser der Orientierung zunehmende Viscosität (Orientierungsviscosität) beschreiben. Vgl. dazu die Versuche von Hs. NITSCHMANN u. J. SCHRADE: Helv. chim. Acta **31,** 297 (1948).

müssen wir uns natürlich darüber klar sein, daß eine solche Schematisierung nur die Grenzfälle erfassen kann und daß in Wirklichkeit die verschiedensten Zwischenstufen vorkommen können.

Die Kaltverstreckung liegt zwischen den beiden Grenzfällen der rein elastischen Dehnung, z. B. eines amorphen schwach vernetzten Kautschuks und dem gewöhnlichen plastischen Fließen, etwa von Polystyrol genügend oberhalb des Erweichungsintervalls. Man beobachtet diese technisch so wichtige und physikalisch interessante Erscheinung bei allen kristallin-amorphen und nicht durch Hauptvalenzen vernetzten, ungequollenen Körpern, vorausgesetzt, daß der kristalline Anteil von vornherein nicht zu groß ist, sowie auch bei typisch amorphen Stoffen.

a) Kennzeichen der Kaltverstreckung bei nicht gequollenen Körpern.

Als ein charakteristisches Merkmal der Kaltverstreckung von ungequollenen Fäden findet man ein ziemlich festes Verhältnis zwischen dem ursprünglichen und dem Endquerschnitt des verstreckten Fadens. Fäden aus Polyamiden, Polyestern, Polyäthylen, Saran, Terylen, Orlon lassen sich um das Vier- bis Sechsfache der ursprünglichen Länge dehnen[1], wobei eine außerordentliche Erhöhung der Festigkeit eintritt. Sobald der Endquerschnitt über die ganze Länge erreicht ist, steigt die Spannung sehr schnell an, der verstreckte Faden zeigt noch einen kleinen elastischen Bereich und reißt dann rasch bei weiterer Dehnung.

Die Kaltverstreckung sowie die Schulterbildung, siehe weiter unten, wird auch bei ausgesprochen nichtkristallisierenden Stoffen wie Polystyrol oder Polymethacrylsäuremethylester beobachtet. So läßt sich Polystyrol bei Zimmertemperatur um etwa 60 % kaltverstrecken[2], über Beobachtungen an Plexiglas s. S. 359.

Bekannt ist die Bildung einer „Schulter“, indem nach einer ersten elastischen Vorperiode plötzlich an einer oder mehreren „schwachen“ Stellen der Faden sofort den Endquerschnitt annimmt und der übrige Faden unverändert bleibt. Bei weiterer Dehnung wandert die Schulter über die ganze Fadenlänge hinweg, so daß dieser sukzessive auf den Endquerschnitt verstreckt wird. Das Ausbilden einer solchen Schulter oder begrenzten Fließzone ist aber kein charakteristisches Merkmal der Kaltverstreckung, da man bei genügend langsamer Verstreckung[3-5] bzw. genügend amorphem Material[4] oder auch bei Erwärmung[5] die Schulter zum Verschwinden bringen, also jeden dazwischenliegenden Verstreckungsgrad realisieren kann (kontinuierliche Verstreckung) (über die Erklärung

---

[1] Weniger ausgeprägt sind die Merkmale der Kaltverstreckung bei Polyvinylchlorid, das von F. H. Müller untersucht wurde. Kolloid-Z. **115**, 118 (1949) (siehe später).

[2] Cleereman, K. J., H. J. Karam und J. L. Williams, Modern Plastics, Technical Section **30**, Mai-Heft, S. 119 (1953).

[3] Vgl. M. E. Bergmann, I. Fankuchen u. H. Mark: Textile Res. J. **18**, 1 (1948).

[4] Stuart, H. A. u. J. Martens: Unveröffentlichte Beobachtungen.

[5] Richards, R. B.: J. appl. Chem. **1**, 370 (1951). (Polyäthylen unverzweigt). — A. Brown, J. appl. Physics **20**, 552 (1949); „Warmreckung“ z. B. von Polyäthylen oberhalb der Erweichungstemperatur.

siehe weiter unten). Je größer der kristalline Anteil ursprünglich ist, desto schwerer ist das Material verstreckbar[1]; schließlich reißt der Faden, ehe die Kräfte zur Zerstörung der kristallinen Bereiche ausreichen, ehe also die eigentliche Verstreckung einsetzt. Wird das Material dagegen vorverstreckt und dann erst zur Kristallisation gebracht, so ist die weitere Verstreckung z. B. bei Polyurethan ohne Schwierigkeiten möglich. Der Grund ist wohl vor allem der, daß im zweiten Falle die kristallinen Bereiche weitgehend schon in der Streckrichtung liegen, so daß keine Kristallite aufgerissen zu werden brauchen, die Verstreckung also erleichtert wird, siehe weiter unten.

Weit unterhalb der Einfriertemperatur stößt eine Verstreckung ebenfalls auf Schwierigkeiten[2]. Die Spannungs-Dehnungsdiagramme der Kaltverstreckung zeigen gegenüber demjenigen eines

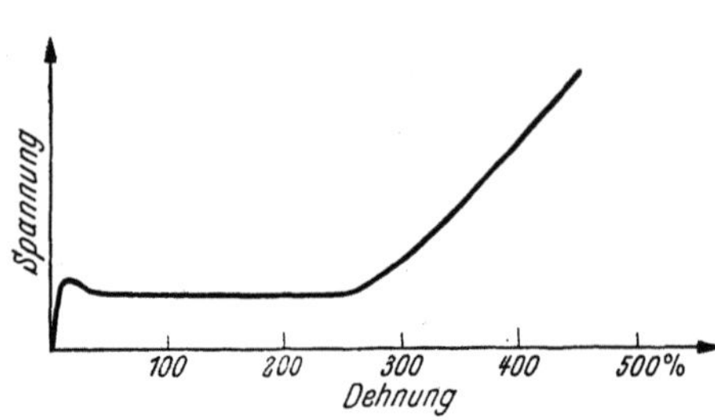

Abb. V, 82. Spannungsdehnungsdiagramm der Kaltverstreckung eines kristallin-amorphen Körpers, z. B. eines Polyamids.

vulkanisierten Kautschuks charakteristische Unterschiede (siehe Abb. V, 82), indem beim letzteren die Spannung ständig ansteigt, während sie hier über einen größeren Dehnungsbereich konstant bleibt, vorübergehend sogar etwas absinken kann, vgl. auch Bd. IV, Kap. II, § 13 c und Kap. V.

Während ein gedehnter und dabei kristallisierender Kautschukfaden bei nicht zu weit fortgeschrittener Kristallisation im entspannten Zustand wieder zurückgeht (siehe auch weiter unten), bleibt ein kontinuierlich verstreckter Polyamidfaden in jeder Phase der Dehnung beim Abschalten der Kraft praktisch unverändert. Wirkt die Kraft von neuem, so wird der Faden bis zur Streckgrenze gedehnt. Es ist bei Polyamiden oder Polyurethan nicht möglich, einen teilweise (kontinuierlich) verstreckten Faden etwa durch nachträgliches Tempern, also zusätzliche Kristallisation, zu fixieren. Wohl geht das beim Terylen, wo man durch Kristallisation jeden Streckgrad bei Zimmertemperatur realisieren und außerdem den kristallinen Anteil in weiteren Grenzen variieren kann. Das liegt an der hohen Einfriertemperatur, die bei kristallinem Material eine weitere Verstreckung bei Zimmertemperatur unmöglich macht. Dasselbe gilt für Polyacrylnitril (Orlon, Pan), wo aber bereits die starken Querkräfte — ohne daß es zur Ausbildung kristalliner Bereiche kommt — eine Fixierung bewirken können.

---

[1] Beim Saran tritt die Erscheinung, daß das Material beim Lagern infolge weiterer Kristallisation immer schwerer verstreckbar wird, besonders kraß hervor [vgl. R. C. REINHARDT: Ind. Engng. Chem. **35**, 422 (1943)].

[2] Das gilt nicht nur für Terylen, sondern auch für Polyamide. Die Literaturangaben über die E. T. sind aber noch nicht klar gedeutet. Jedenfalls erstrecken sich die Einfriergebiete bei 6,6- und 6-Nylon bis weit unterhalb Zimmertemperatur (vgl. § 60 c).

Bei Erwärmung weit unterhalb des Schmelzpunktes tritt ein geringer Schrumpf auf, der im wesentlichen auf der Desorientierung der Kettenstücke in den nichtkristallinen Bereichen beruht. Erst beim Erwärmen dicht unterhalb des Schmelzpunktes geht der verstreckte Faden beinahe auf seine alte Länge zurück. So findet BROWN[1] bei einem um 500% bei 96° verstreckten Polyäthylen bei nachträglicher Erwärmung auf 85° 3%, auf 105° 50%, auf 110° 75% und beim Erwärmen auf 115° 83% Schrumpf. Dieses Zurückgehen auf die ungefähre Ausgangslänge ist auch von WENDEROTH[2] bei Polyaminocapronsäure (Perlon) beobachtet worden. Auch bei amorphen Materialien, Polymethacrylsäuremethylester, ist eine praktisch vollständige elastische Erholung beim Erwärmen beobachtet worden[3]. Wir haben es also bei der Kaltverstreckung mit einer weitgehend „quasipermanenten" Dehnung zu tun, die Elastizität ist „blockiert".

Im allgemeinen wird der verstreckte Faden gegenüber dem unverstreckten thermodynamisch weniger stabil sein, insofern als die Kettenparallelisierung im Amorphen und die Ausrichtung der kristallinen Bereiche eine Entropieabnahme bedeuten. Eine wesentliche Abnahme der Enthalpie ist auch nicht zu erwarten, falls wie beim Polyäthylen oder bei Polyamiden mit der Kaltverstreckung keine größere zusätzliche Kristallisation verbunden ist (siehe § 26). Im Gegensatz zu dieser Erwartung haben DOLE[4] und Mitarbeiter beim Verstrecken von Polyäthylen eine geringe Zunahme der Entropie und Enthalpie gefunden. Sie beruht möglicherweise darauf, daß beim Verstrecken größere innere Spannungen und Gitterfehlstellen entstehen, vgl. auch S. 366, sowie darauf, daß die kristallinen Bereiche bei etwa gleichbleibendem kristallinem Anteil kleiner werden (vgl. weiter unten).

Auch ein genügend gedehnter, d.h. *genügend* kristallisierender Kautschukfaden vermag unterhalb des Schmelzpunktes seine Form beizubehalten. Trotz dieser Ähnlichkeit mit der Kaltverstreckung sind die Mechanismen verschieden. Bei der Dehnung eines leicht vernetzten amorphen Kautschuks haben wir es mit einer Entknäuelung der Fadenstücke zwischen *molekülfesten* Netzpunkten zu tun, die mit einer Kristallisation verbunden sein und so zu einer Verfestigung führen kann. Erst beim Aufschmelzen der kristallinen Bereiche werden die rücktreibenden elastischen Kräfte frei, und der Körper geht auf seine Ausgangslänge zu-

---

[1] BROWN, A.: J. Appl. Physics **20**, 552 (1949).

[2] WENDEROTH, H.: Kolloid-Z. **124**, 116 (1951). WENDEROTH hat festgestellt, daß eine mit Formaldehyd behandelte verstreckte Perlonseide beim Erwärmen auf 260°C auf die Ursprungslänge zurückgeht und sich dann gummielastisch wieder auf die „verstreckte" Länge dehnen läßt. Eine so hohe reversible Dehnbarkeit setzt ein sehr loses Netzwerk voraus. Es ist nicht klar, ob die Formaldehydbehandlung ein Netzwerk liefert, das bei dieser Temperatur aufgeht, oder ob dieses Netzwerk darüber hinaus stabil ist und der Schmelzpunkt der kristallinen Bereiche infolge Konfigurationsbeschränkung so stark erhöht worden ist (vgl. dazu auch § 51b).

[3] HOFF, E. A.W.: J.Appl. Chem. **2**, 441 (1952) findet, daß eine bei 75° unter Ausbildung eines Halses verstreckte Probe von Plexiglas bei halbstündiger Erwärmung auf 140° vollständig auf die Ausgangslänge zurückgeht.

[4] DOLE, M., W. P. HETTINGER JR., N. R. LARSON u. J. A. WETHINGTON JR.: J. chem. Physics **20**, 781 (1952).

rück[1]. Diese reversible Hochelastizität wird durch das ursprüngliche Netzwerk aus Hauptvalenzen gewährleistet. Anders ist, wie wir jetzt sehen werden, der Vorgang bei der Kaltverstreckung.

b) Molekulare Deutung der Kaltverstreckung von nichtgequollenen Körpern.

Wir betrachten zuerst kristallisierbare Stoffe. Bei einem Polyäthylen oder einem Polyurethan usw. ist die Dichte der Netzstellen, die hier durch die kristallinen Bereiche gebildet werden, sehr groß. So finden ZAHN[2] sowie HESS und KIESSIG[3] aus der Röntgenkleinwinkelstreuung für die Periode kristallin-nichtkristallin in Polyurethan bzw. im Polyäthylen in Kettenrichtung Zahlen zwischen 90 und 150 Å. Das heißt, daß wir bei einem Molekulargewicht von 20000 etwa 10 bis 15 kristalline Bereiche oder Netzstellen je Molekül haben. Die bloße Entknäuelung beim Dehnen kann also nur sehr kleine Effekte geben (vgl. auch § 31). Tatsächlich liegt die direkt reversible Anfangsdehnbarkeit meist unter 10%. Daß die Dehnungen bei der Kaltverstreckung viel größer werden, liegt daran, daß bei stärkerer Dehnung die kristallinen Bereiche durch Abgleiten von Gitterebenen gelöst werden, der Körper also fließen kann. Während also Kautschuk bis zu sehr hohen Dehnungsgraden elastisch reversibel dehnbar ist, trifft das hier nur für ein ganz kurzes Anfangsstadium der Dehnung zu.

Den Vorgang der Kristallitauflösung kann man sich nach BUNN und ALCOCK[4] — stark vereinfacht — folgendermaßen vorstellen: Um ein einzelnes Kettenmolekül in Richtung der Ketten aus dem Gitterverband herauszureißen (vgl. Abb. V, 83 a), müssen die VAN DER WAALSschen Kräfte entlang des ganzen Gitterbereiches *gleichzeitig* überwunden werden. Sind auch nur einige 30 Glieder in das Gitter eingebaut, so sind die zu überwindenden Kräfte bereits von der Größenordnung der Hauptvalenzkräfte. Wirkt aber eine Zugkraft auf ein Kettenstück im ungeordneten Bereich schief zur Kettenrichtung im anschließenden Gitterbereiche (vgl. Abb. V, 83 b), so kann ein Kettenglied nach dem andern gegen

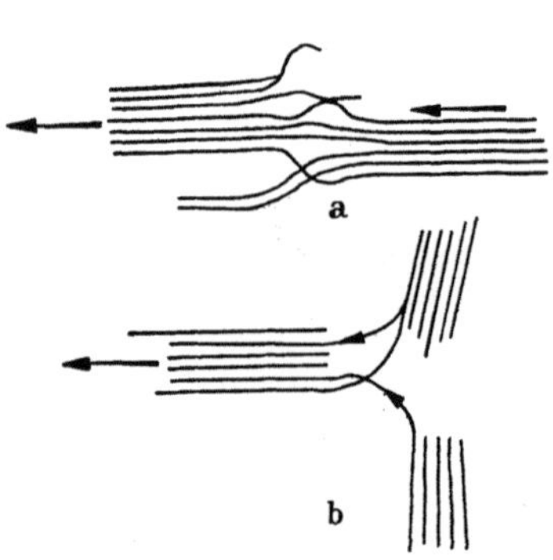

Abb. V, 83. Beanspruchung der Kristallite bei der Kaltverstreckung.

die relativ schwachen VAN DER WAALSschen Kräfte, mit denen ein einziges Glied festgehalten wird, abgelöst werden[5], ähnlich wie man einen

---

[1] Ein HERMANS-Faden, der beim Dehnen entquillt, kann erst kontrahieren, wenn er dabei Gelegenheit zur Wasseraufnahme hat. Die Elastizität ist also zunächst blockiert.

[2] ZAHN, H. u. U. WINTER: Kolloid-Z. **128**, 142 (1952).

[3] HESS, K. u. H. KIESSIG: Kolloid-Z. **130**, 10 (1953).

[4] BUNN, C. W. u. T. C. ALCOCK: Trans. Faraday Soc. **41**, 317 (1945).

[5] Vgl. auch W. M. BRYANT: J. Polymer Sci. **2**, 547 (1947).

aufgeklebten Papierstreifen durch Anheben am Rande und Ziehen relativ leicht abheben kann. Von einer bestimmten „Fließspannung" an kommt es also zu einer Auflösung derjenigen kristallinen Bereiche, deren Kettenrichtung gerade quer zur Zugrichtung liegt[1]. Für die Richtigkeit dieser Deutung spricht auch die von BRYANT[1] entdeckte Erscheinung der *reversiblen Querverstreckung* (*redrawing*). Diese ergibt eine etwa doppelt so große Verstreckung gegenüber der normalen, wenn man bei der zweiten Verstreckung quer zur ursprünglichen dehnt. Der Grund ist der, daß jetzt im Gegensatz zum isotropen Ausgangsmaterial von einem Zustande aus verstreckt wird, bei dem praktisch alle kristallinen Bereiche quer zur Streckrichtung liegen, so daß jetzt vielmehr Netzstellen gelöst werden, der Fließvorgang also verstärkt wird. Eine nähere Analyse dieser Erscheinung (Spannungs-Dehnungsdiagramme soweit möglich im Verein mit Röntgenuntersuchungen) möglichst auch bei rein amorphen Systemen wäre sehr zu wünschen. Dieses rein molekulare Bild des Orientierungsmechanismus ist sicher noch zu einfach, insofern als auch die Einheiten der übergeordneten morphologischen Struktur von der Orientierung erfaßt werden, vgl. Abschnitt c.

Je mehr sich die nicht aufgelösten Bereiche mit der Kettenrichtung in die Streckrichtung eindrehen und je mehr die bei der Ausrichtung der Fadenmoleküle neu gebildeten kristallinen Bereiche in die Zugrichtung zu liegen kommen, um so mehr wird der Fließvorgang abgebremst. Wir können also beim Vorgang der Kaltverstreckung kristalliner Materialien drei Stufen unterscheiden:

1. Die anfängliche, rein elastische „Kautschukdehnung", die im wesentlichen nach einem Entropiemechanismus verlaufen wird, E-Modul $\sim T$, bei konstantem kristallinem Anteil.

2. Den „Fließvorgang", der durch die Auflösung von kristallinen Bereichen ermöglicht wird.

3. Den „Verfestigungsvorgang", in dem das kristalline Haftstellensystem, das sich zum Teil neu bildet, mit fortschreitender Orientierung nicht mehr aufgerissen werden kann.

Verstreckt man, wie bei Terylen, aus dem amorphen Zustande heraus, so sind es die beim Dehnen entstehenden kristallinen Bereiche, die, von vornherein in der Zugrichtung liegend, die Dehnung schließlich abbremsen[2].

Den Unterschied im Verstreckungsvorgang bei kleinen und großen Dehnungen zeigen auch die Röntgenuntersuchungen von KRIMM und TOBOLSKY[3], wonach bei Dehnungen bis zu 20% die kristallinen Bereiche nur orientiert werden (elastischer Bereich), während sie bei höheren Dehnungen in Richtung senkrecht zur Kette von etwa 104 Å auf 59 Å verkleinert werden (Kristallabmessungen senkrecht zur 110-Ebene).

---

[1] Siehe S. 360, Fußnote 5.

[2] Dieser Vorgang entspricht der Verfestigung durch Kristallisation bei Naturkautschuk, wenn dieser sehr hoch, aber nicht zu langsam gedehnt wird, vgl. Band IV, Kap. V.

[3] KRIMM, S. u. A. V. TOBOLSKY: J. Polymer Sci. **7**, 57 (1951).

Bei nichtkristallisierenden Materialien fehlt das ursprüngliche dichte Netzwerk Man kann sich vorstellen, daß mit der Entknäuelung sofort eine Verfestigung durch die parallel zu liegen kommenden Kettenstücke eintritt. Diese *Orientierungsverfestigung*, die auf der Verstärkung der seitlichen VAN DER WAALSschen Kräfte beruht, aber nicht an die Ausbildung kristalliner Bereiche gebunden ist, ist die maßgebende, nur in einem beschränkten Temperaturbereich realisierbare Voraussetzung für die Möglichkeit einer Kaltverstreckung. Wird bei nichtkristallisierenden Stoffen mit steigender Temperatur die makrobrownsche Bewegung allmählich frei, so gleiten die Ketten ab, der Körper fließt und wird immer dünner, bis er schließlich reißt.

Die Ausbildung einer Schulter beruht offensichtlich darauf, daß bei genügender lokaler Erwärmung[1] der Fließvorgang an einer zufällig begünstigten Stelle (Fehlstelle) erleichtert, die Fließgrenze also herabgesetzt wird und die Verstreckung hier gleich zu Ende geht. Damit würde sich auch das oft beobachtete leichte Absinken der Spannung erklären, s. Abb. V, 82. Nur wenn sehr langsam verstreckt wird oder das Material ziemlich amorph ist oder wenn durch Erwärmung oder einen Weichmacher (Quellmittel) die innere Reibung sehr verringert wird, treten die lokalen Erwärmungen zurück, und der Streckvorgang läuft nicht an den einzelnen Stellen nacheinander, sondern gleichzeitig ab (kontinuierliche Verstreckung). Dazu muß aber die Temperatur im ganzen Körper so hoch liegen, daß die mikrobrownsche Beweglichkeit genügend groß ist bzw. daß die kristallinen Bereiche aufgerissen werden können. Halsbildung tritt also nur unterhalb einer bestimmten Temperatur auf. Als Grenztemperaturen werden bei Terylen und Polyvinylchlorid etwa 80° bzw. 77° angegeben, also bei diesen im Ausgangszustand amorphen Stoffen die Einfriertemperatur. Bei anderen Materialien liegen die Angaben unklarer, wobei aber zu beachten ist, daß die Grenztemperatur wesentlich von der Streckgeschwindigkeit, dem Weichmachergehalt (Wasser) sowie von der Kristallinität und wohl auch noch von der Vorverstreckung abhängt.

Falls die mikrobrownsche Bewegung völlig eingefroren ist, kann eine Entknäuelung der Molekülketten ohne Bruch nur erfolgen, wenn bei — nicht zu plötzlicher — Beanspruchung die Temperatur in kleinsten Bereichen entsprechend ansteigt[1].

Die zunächst überraschende Beobachtung, daß ein verstreckter Faden beim Erwärmen auf die Schmelztemperatur oder beim Quellen sich fast ganz auf die ursprüngliche Länge kontrahiert, die Deformation im Grunde also *reversibel* ist, zeigt, daß die Kettenmoleküle beim Verstrecken in der Zugrichtung nur sehr wenig voneinander abgleiten, die Verstreckung also im wesentlichen nur mit einer Entknäuelung verbunden ist. Das ist ganz verständlich, wenn man beachtet, daß diejenigen kristallinen Bereiche, die schon anfänglich vorwiegend in der Streckrichtung orientiert waren, von vornherein als Netzpunkte erhalten bleiben und so das Abgleiten

---

[1] Über Versuche, diese örtliche Erwärmung durch die Lumineszenzabnahme von zugesetzten Leuchtstoffen zu messen, siehe P. BRAUER u. F. H. MÜLLER: Kolloid-Z. **135**, 65 (1954). Vgl. dazu auch den neuerdings erschienenen, interessanten Bericht von K. JÄCKEL, Koll.-Z. **137**, 130 (1954).

praktisch verhindern. Bei amorphen Systemen können die Kettenverschlingungen sowie die Verzahnungen der parallel liegenden Kettenstücke
durch Seitengruppen das Abgleiten verhindern. Interessant sind in diesem Zusammenhange Beobachtungen an Naturkautschuk[1], der auf das
7- bis 8fache verstreckt und dann in kochendes Wasser gebracht auf
das etwa 1,2fache der Anfangslänge, also fast vollständig zurückgeht.
Erwärmt man aber das gedehnte Material unter Spannung auf etwa 70
bis 80° und entspannt es dann erst im kochenden Wasser, so geht es nur
auf das 3- bis 4fache der Ausgangslänge zurück. Man erkennt, wie bei
zu starkem Erwärmen unter Spannung die Ketten aneinander abgleiten.

Daß ein nicht zu stark verstreckter und kristalliner Kautschuk beim
Entspannen schon bei Zimmertemperatur sofort zurückschnellt, liegt
hauptsächlich daran, daß das untere Ende des Schmelzbereiches unterhalb Zimmertemperatur, also unterhalb der Dehnungstemperatur liegt,
und daß die statistischen Rückstellkräfte ausreichen, um auch höher
schmelzende kristalline Anteile durch Scherkräfte aufzulösen[2] (vgl. dazu
die Ausführungen in Kap. VIII, § 43, b 2).

Man hat versucht, die Kaltverstreckung als eine bloße Entfaltung
der Fadenmoleküle aufzufassen, wobei eine *innermolekulare* Kristallisation in eine *zwischenmolekulare* umgewandelt würde. Diese Vorstellung,
die vor allem von TAYLOR und ALFREY[3] vertreten wird, scheint uns zu
einseitig und nicht notwendig, um das Wesen der Kaltverstreckung zu
verstehen.

Daß beim Erstarren einer Schmelze auch rückläufige Kettenstücke
in einem kristallinen Bereiche enthalten sind, ist durchaus plausibel, aber
es ist schwer einzusehen, warum eine innermolekulare Kristallisation
gegenüber einer zwischenmolekularen bevorzugt sein soll. Denn der Aufbau einer gefalteten Kette bedeutet eine große Abnahme an Entropie, ist
also nur möglich, wenn ein entsprechend großer Energiebetrag gewonnen
wird[4]. Ob die Ketten inner- oder zwischenmolekular kristallisieren, dürfte
aber – im Gegensatz zu Polypeptidketten – bei einer Polyäthylenkette
keinen wesentlichen Energieunterschied bedeuten, gleiche kristalline Anteile als selbstverständlich vorausgesetzt.

Eine geordnete innermolekulare Faltung wäre um so eher zu erwarten,
je ausgeprägter und regelmäßiger bestimmte polare Gruppen(H-Brücken)
entlang der Kette verteilt sind[5]. Polyäthylen und Polyamide zeigen aber
keine wesentlichen Unterschiede im Verhalten beim Kaltverstrecken.
Ferner zeigt die Erscheinung der Querverstreckung, daß eine solche innere
geordnete Faltung der Moleküle keine notwendige Voraussetzung einer
Verstreckung ist.

---

[1] PARK, G. S.: Rubber Chem. Technol. **12**, 778 (1939).

[2] Vgl. dazu C. W. BUNN: Rubber Chem. Technol. **15**, 742, 754 (1942).

[3] TAYLOR, H. S., zitiert bei H. MARK: Ind. Engng. Chem. **34**, 1345 (1942). —
Vgl. ferner TURNER, ALFREY: „Mechanical Behaviour of High Polymers", Inter-
science Publ., New York 1948.

[4] Man könnte also mit diesem Bilde eine eventuelle Entropiezunahme beim
Verstrecken verstehen.

[5] Bekanntlich ist die Entfaltung einer Polypeptidkette (Denaturierung) nur
unter besonders günstigen Umständen reversibel (vgl. Bd. II, § 112a).

Bei der Dehnung der Wolle spielt die Entfaltung der Polypeptidketten, Übergang von der α-Keratin- in die β-Keratin-Form, dagegen eine entscheidende Rolle[1].

Schließlich hat F. H. Müller[2] die Möglichkeit diskutiert, den verstreckten und unverstreckten Teil als zwei koexistierende Phasen zu betrachten. Die Dehnungsspannungsdiagramme lassen sich durch Anbringung von van der Waalsschen Korrekturen am Hookesschen Gesetz weitgehend darstellen. Diese Betrachtungsweise ist aber insofern unbefriedigend, als gerade bei langsamem Dehnen, d.h. je mehr man sich dem Gleichgewicht nähert, also je mehr die Schulter wegfällt, der verstreckte und unverstreckte Anteil nicht mehr als makroskopisch unterscheidbare Gebiete nebeneinander existieren und außerdem jeder Zwischenzustand realisiert werden kann.

c) Verstreckung und morphologische Struktur.

Dem kristallin-amorphen Gefüge ist eine morphologische Struktur, vor allem in Form von Sphärolithen, überlagert. Rein äußerlich beobachtet man beim Verstrecken, daß die Sphärolithe immer undeutlicher werden. Häufig kann man das Auseinanderziehen der kugeligen Sphärolithe verfolgen und zum Schluß noch die Begrenzung der ausgestreckten Formen erkennen, vgl. auch § 45 e. Das Material wird dabei im allgemeinen durchsichtiger, offenbar infolge des Abbaus der Sphärolithe. Umgekehrt wird ein zu sprödes Material beim Verstrecken infolge innerer Rißbildung leicht milchig weiß und weich. Einzelne Sphärolithe in einer wenig kristallinen Umgebung können bei der Verstreckung fast ungestört erhalten bleiben[3].

Über den Orientierungsmechanismus der Einheiten der morphologischen Struktur weiß man noch nichts Sicheres. Keller[4], der sich sehr eingehend mit der Sphärolithstruktur und der Orientierung beschäftigt hat, nimmt an, daß die Sphärolithe aus schraubenförmig gewundenen flachen Bändern, in denen die Molekülketten liegen, also aus Wendeln (helices) aufgebaut sind, vgl. Abb. VIII, 51. Sind die Wendeln dicht gewickelt, so liegen die Molekülketten praktisch senkrecht zur Achse der Wendel und damit senkrecht zum Radius des Sphärolithen, vgl. § 45. Beim Verstrecken werden die Bänder auseinandergezogen und ausgerichtet, so daß im Endzustand alle Molekülketten parallel zur Faserachse liegen. Je nachdem, ob das Ausrichten und das Auseinanderziehen der Wendeln gleichzeitig oder nacheinander erfolgen, bekommt man verschiedene Orientierungserscheinungen und kann mit diesem Bilde sonst schwer verständliche Beobachtungen beim Strecken und Relaxieren zwanglos erklären. Sind z.B. alle Wendeln ausgerichtet, aber verschieden ausgestreckt, so erhält man die bekannte *Blättchenorientierung*, wobei, wie

---

[1] Vgl. z. B. B. Turner, Alfrey, l. c.

[2] Müller, F. H.: Kolloid-Z. **126**, 65 (1952). — Comptes Rendues de la 2nd Réunion de Chim. Physiques 2—7 juin Paris 1952.

[3] Unveröffentlichte Beobachtungen von H. A. Stuart und B. Kahle.

[4] Keller, A.: J. Polymer. Sci. **11**, 567 (1953); **15**, 31 (1955); A. Keller u. I. Sandeman ebenda **15**, 133 (1955).

beim 6,6- oder 6-Nylon die Rostebenen (010) zuerst parallel zur Streckrichtung zu liegen kommen und die Molekülketten sich erst mit dem nachfolgenden Auseinanderziehen der Wendeln parallel zur Faserachse ausrichten[1]. Sind alle Wendeln ausgerichtet, jetzt aber alle gleich weit oder
überhaupt nicht auseinandergezogen, so erhält man *selektive Orientierungen*, wobei die Molekülketten unter bestimmten Winkeln zur Streckrichtung orientiert sind. Solche Fälle sind sehr oft beobachtet worden,
so bei Polyäthylen[2], Terylen[3], Polyamiden[4], Cellulosen[5]. Die Orientierung der Ketten senkrecht zur Streckrichtung, wie sie bei Polyäthylen[2]
als Zwischenzustand auftritt, ist also ohne weiteres verständlich. Auch
die Beobachtung, daß beim Relaxieren von Nylon nicht die 010, sondern
die 100-Ebene als letzte parallel zur Faserachse erhalten bleibt, läßt sich
nach KELLER erklären, wenn man annimmt, daß beim Relaxieren der
Wendel das Band kippt und sich mit der schmalen Kante parallel zur
Wendelachse zusammenzieht. Man erhält also zwei Wendelformen. Es
ist allerdings schwer zu verstehen, wie sich diese bei der dichten Packung
im festen Zustande ineinander umwandeln können. Diese Schwierigkeit
vermeidet MORGAN[6], der sich vorstellt, daß sich Gruppen ineinander-
gewachsener Wendeln beim Dehnen verwinden. Dabei kommt es durch
zusätzliche seitliche Kristallisation zu einer „Verklebung" der einzelnen
Fibrillenbänder. Beim Relaxieren trennen sich die Fibrillen wieder, was
aber je nach der Art der Querkräfte in verschiedener Weise vor sich
gehen kann, so daß die einzelnen Netzebenen der kristallinen Bereiche
ganz verschiedene Orientierungen durchlaufen können, vgl. dazu die von
MORGAN gezeichneten Modelle, die wir nicht mehr abbilden konnten.

d) Verstreckung und kristalliner Anteil.

Die Frage, wie weit sich beim Dehnen der kristalline Anteil ändert,
ist sehr viel diskutiert, aber noch nicht restlos geklärt worden. Wir erörtern
sie an dieser Stelle im Zusammenhang mit der Frage nach dem Dehnungsmechanismus, weil so das unterschiedliche Verhalten der einzelnen Stoffe
leichter zu verstehen ist, und verweisen wegen weiterer Einzelheiten
auf § 26.

Bekanntlich zeigen die röntgenographischen Untersuchungen von
KRATKY und SEKORA[7] an Cellulosegelen mit hohen Quellungsgraden
zwischen 500 und 600%, daß sich der kristalline Anteil beim Verstrecken
nicht ändert. Die Genauigkeit der Methode ist dabei auf etwa 10% zu
veranschlagen. Diese Beobachtung steht scheinbar im Widerspruch mit
der bekannten starken Kristallisation des Kautschuks, sobald dieser ge-

---

[1] Vgl. W. KAST: Kolloid-Z. **120**, 40 (1951).

[2] BROWN, A. J.: J. Appl. Physics **20**, 552 (1949). – R. A. HORSLEY u. H. A. NAN-
CARROW: Brit. J. Appl. Physics **2**, 345 (1951). – S. KRIMM u. A. V. TOBOLSKY:
J. Polymer. Sci. **7**, 57 (1951).

[3] ASTBURY, W. T. u. C. J. BROWN: Nature **158**, 871 (1946).

[4] Siehe S. 364, Fußnote 4.

[5] SISSON, W. A.: J. physic. Chem. **40**, 343 (1936); **44**, 413 (1940).

[6] MORGAN, L. B.: J. Appl. Chem. **4**, 160 (1954).

[7] KRATKY, O. u. A. SEKORA: Kolloid-Z. **108**, 169 (1944).

dehnt wird. Diese großen Änderungen beim Kautschuk beruhen offensichtlich darauf, daß der amorphe Zustand bereits im unverstreckten Zustande instabil ist, daß es aber (vgl. § 46, d) bei gewöhnlicher Temperatur Jahre dauert, bis sich der kristalline Endzustand einstellt, wobei der kristalline Anteil übrigens im gedehnten und ungedehnten Material ziemlich gleich ist (vgl. § 26). Beim Dehnen wird infolge der erhöhten molekularen Beweglichkeit die Kristallisationsgeschwindigkeit so erhöht, daß man in leicht meßbaren Zeiten den Endwert erhält. Außerdem liegt schon aus Entropiegründen der Schmelzpunkt im gedehnten Material viel höher, so daß der amorphe Zustand hier noch instabiler als im ungedehnten Stoffe ist.

Grundsätzlich ist also schon aus thermodynamischen Gründen beim Dehnen immer eine Zunahme des kristallinen Anteils zu erwarten, und zwar in einem um so stärkeren Ausmaße, je geringer der kristalline Anteil im Ausgangszustande ist. Das ist im Einklang mit der Erfahrung, wonach Kautschuk und amorphes Terylen beim Dehnen eine sehr große Zunahme des kristallinen Anteils zeigen, die leicht kristallisierenden und normal behandelten Polyäthylene, Polyamide und Polyurethane nur eine ganz geringfügige, eventuell auch gar keine, und Cellulosegele im Rahmen der Meßgenauigkeit überhaupt keine Zunahme des kristallinen Anteils aufweisen (vgl. dazu Tab. IX, 1 auf S. 578). Wie die Tabelle lehrt, ist die Zunahme bei Polyamiden, beurteilt nach dem Anstieg der Dichte, nur sehr gering. Doch ist hierbei zu beachten, daß die Dichteerhöhung häufig auch auf einer Gitterumwandlung beruhen kann. So ist beim 6,6- und 6-Nylon bekannt, daß nicht nur beim Tempern, sondern auch beim Verstrecken instabile Gitterformen sich in die stabilen Endformen triklin bzw. monoklin umwandeln. Da der Unterschied zwischen den Röntgendichten der mesomorphen, hexagonalen und der monoklinen Form des 6-Nylons etwa 11% ausmacht[1], kann die beobachtete Dichtezunahme von einigen Promillen durchaus auf einer Gitterumwandlung beruhen[2]. Schließlich ist auch zu beachten, daß die Kaltverstreckung eines ziemlich kristallinen Materials ein recht gewaltsamer Vorgang ist, bei dem nicht nur die Größe und Güte der kristallinen Bereiche beeinträchtigt[3], sondern auch, wie BRENSCHEDE[4] beim Polyurethan beobachtet hat, der kristalline Anteil evtl. verringert werden kann. Erst durch nachträgliches Tempern kann eine bessere Annäherung an den Gleichgewichtszustand bewirkt werden (vgl. § 41 u. 44).

Beim Verstrecken von Polyäthylen wird trotz der Abnahme des kri-

---

[1] Nach unveröffentlichten Beobachtungen von PRIETSCHK ist die Röntgendichte der hexagonalen Form des 6-Nylons 1,17, die der monoklinen Form 1,25. Dazwischen liegt noch eine zweite monokline Form, vermutlich ein Gitter mit Verunreinigungen (Lactam), mit einer Dichte von 1,14—1,22.

[2] Messungen des thermischen Ausdehnungskoeffizienten könnten hier grundsätzlich weiterhelfen.

[3] KRIMM, S. u. A. V. TOBOLSKY: J. Polymer Sci. 7, 57 (1951). Beobachtungen an Polyäthylen.

[4] BRENSCHEDE, W.: Z. Elektrochem. angew. physik. Chem. 54, 191 (1950), findet beim Verstrecken von getempertem, also hochkristallinem Material eine Dichteabnahme von etwa 2% sowie eine relativ geringe Doppelbrechung, was nur als eine ziemliche Abnahme des kristallinen Anteils oder als molekulare „Rißbildung" gedeutet werden kann.

stallinen Anteils eine Dichtezunahme von einigen Promille beobachtet[1]. Da Gitterumwandlungen hier nicht bekannt sind, ist die Zunahme auf die verbesserte Parallelisierung der Molekülketten zurückzuführen (mesomorphe Ordnungszustände[2]). Dieser Effekt ist auch beim Polystyrol bekannt (siehe Tabelle IX, 1), das als typisch amorphe Substanz jedoch unter besonders günstigen Bedingungen beim Verstrecken Anzeichen einer beginnenden Kristallisation erkennen läßt[3]. Das im unverstreckten Zustande noch kaum kristallisierende Polyvinylchlorid zeigt dagegen beim Verstrecken ein deutliches Faserdiagramm (vgl. Kap. IX, § 50).

Um die Frage zu prüfen, wieweit die bei der Verstreckung entwickelte Wärme zu einer zusätzlichen Kristallisation führt, haben STUART und MARTENS[4] die Dichte von ganz langsam und möglichst schnell handverstreckten Borsten aus Polyaminocapronsäure (Perlon) gemessen. Bei sechs Sekunden Verstreckzeit betrug die Dichtezunahme 0,0016, bei einer Streckzeit von sechs Minuten nur noch 0,0012. Diese Zahlen liegen tiefer als beim maschinenverstreckten Produkt und zeigen, daß die Wärmeentwicklung die Kettenbeweglichkeit doch so weit erhöht, daß eine merkliche Kristallisation (Tempereffekt) eintritt bzw. die Umwandlung in die stabile Gitterform gefördert wird.

Die Beobachtung, daß beim 6-6-Nylon die verstreckten Fasern weniger Wasser aufnehmen als im unverstreckten Zustande, zum Beispiel bei 60% relativer Feuchtigkeit und 25°C 3,8% gegen 4,1%[5,6], ist kein sicherer Beweis für eine entsprechende Zunahme des kristallinen Anteils, da die Parallelisierung der Ketten in den nichtkristallinen Bereichen zu einer stärkeren gegenseitigen Absättigung von Wasserstoffbrücken und damit auch zu einer Abnahme der Wasseraufnahme führen kann.

Eine Störung der Kristallisation infolge des Aufreißens der kristallinen Bereiche oder infolge von Verspannungen ist beim *Verstrecken* eines *hochgequollenen Cellulosegeles* nicht zu erwarten. Daß trotzdem der kristalline Anteil nicht merklich größer wird, dürfte wohl auf folgendem Umstande beruhen: Während beim Dehnen eines ungequollenen Körpers aus Fadenmolekülen zwangsläufig unmittelbar benachbarte Kettenstücke parallelisiert und so zusätzlich günstige Vorbedingungen für den Aufbau gitterartiger Gebiete geschaffen werden, hemmen in einem Cellulosegel die Wassermoleküle, welche die meisten OH-Gruppen besetzt halten, eine zusätzliche Kristallisation.

---

[1] DOLE, M., W. P. HETTINGER JR., N. R. LARSON u. J. A.WETHINGTON JR.: J. chem. Physics **20**, 781 (1952).

[2] KRIMM u. TOBOLSKY finden bei einer Verstreckung um 500% eine Zunahme der 110-Periode von 4,15 auf 4,21 Å (Verschlechterung der seitlichen Ordnung). Falls die Aufweitung reell ist, würde sie bei einem kristallinen Anteil von 50% eine Dichteabnahme von etwa 1,5% bedeuten, die durch die Dichtezunahme im Amorphen überkompensiert werden müßte.

[3] WILLIAMS, J. L., H. J. KARAM, K. J. CLEEREMAN u. H. W. WINN: J. Polymer. Sci. **8**, 345 (1952). — S. KRIMM: J. physic. Chem. **57**, 14 (1953).

[4] STUART, H. A. u. J. MARTENS: Unveröffentlichte Messungen.

[5] SPEAKMAN, J. B. u. A. K. SAVILLE: J. Textile Inst. **37**, 271 (1946). — N. J. ABOTT u. A. C. GOODINGS: J. Textile Inst. **40**, 232 (1949).

[6] Entsprechende Zahlen sind bei Perlon gemessen worden, unveröffentlichte Messungen von H. A. STUART u. J. MARTENS.

Zusammenfassende Darstellungen zum Kapitel V.

BUNN, C. W.: „Polymer Texture" in „Fibres From Synthetic Polymers", herausgegeben von Rooland Hill, Elsevier, 1953.

HERMANS, P. H.: „Physics and Chemistry of Cellulose Fibres", Elsevier Publ. Comp., Amsterdam, New York 1949.

HERMANS, P. H.: „Bestimmung des kristallinen Anteils in makromolekularen Systemen auf röntgenographischem Wege". Kolloid-Z. **120,** 3 (1951).

KAST, W.: „Orientierungszustände in Hochpolymeren". Kolloid-Z. **120,** 40 (1951).

KRATKY, O.: „Der übermolekulare Aufbau der Cellulosen" in „Chemische Textilfasern, Filme und Folien", herausgegeben von R. Pummerer, Verlag Enke, Stuttgart 1951.

KRATKY, O: „Größe und Form der kristallinen Bereiche in festen hochpolymeren Stoffen". Kolloid-Z. **120,** 24 (1951).

STUART, H. A.: „Optische Anisotropie — Orientierung — Kristalliner Anteil in hochpolymeren Körpern". Kolloid-Z. **120,** 57 (1951).

TRELOAR, L. R. G.: „The Physics of Rubber Elasticity". Oxford, Clarendon Press, 1949.

Sechstes Kapitel

Morphologische Strukturen bei natürlichen Fasern.

Von

E. TREIBER.

Mit 26 Abbildungen.

Einleitung.

Natürliche und mit wenigen Ausnahmen auch künstliche Faserstoffe, wie z. B. Baumwolle, Seide, Wolle, Nylon u. a. verdanken ihre Fasereigenschaft Kettenmolekülen, die sich perlschnurartig aus Grundbausteinen aufbauen, welche durch Hauptvalenzen zusammengehalten werden. Diese Fadenmoleküle sind flexibel, wobei die Biegsamkeit sowohl von der Art der Reste (z.B. $-CH_2-$Gruppen, Glucoseringe usw.) als auch von der Sperrigkeit und Fähigkeit der seitlichen Gruppen, intermolekulare Haftstellen (lose Vernetzungen) auszubilden, abhängen wird. Auch das Problem des Fadenziehvermögens der Lösungen und Schmelzen, die Erscheinung besonderer Viscositätsanomalien (NITSCHMANN[1]) steht damit im Zusammenhang. Durch *starke* Vernetzungen geht jedoch die Fasereigenschaft weitgehend verloren (Hartgummi, Phenoplaste).

Die Eigenschaften der Fasern werden weiter noch bestimmt sowohl von der Länge, Orientierung, Faltung (z.B. im α-Keratin), als auch von der Packung der Kettenmoleküle – letzten Endes also vom Fehlen oder Vorhandensein kristalliner Bereiche und der Art des Gefüges (Textur) – in der Faser. So besitzen z.B. technische Protein- und Caseinfasern nur einen geringen kristallinen Anteil; sie sind daher wenig reißfeste und plastische Fasern.

Auch die elastischen Eigenschaften sind an die übermolekulare Struktur geknüpft; wir haben es hier entweder mit Deformationsprozessen eines Netzwerkes oder mit Verknäuelungsvorgängen (Wärmebewegung der orientierten Segmente) zu tun (vgl. § 31). Dasselbe gilt zum Teil auch für die Zerreißfestigkeit – eine sehr komplexe Größe, die wesentlich von den Störstellen des makromolekularen Aufbaues abhängt (SMEKAL, siehe Band IV dieses Werkes) – und für die Quellungsphänomene.

Aus diesen kurzen Hinweisen ersehen wir, daß für die physikalischen Eigenschaften, zum Teil auch für die chemische Reaktionsfähigkeit der Faserstoffe im hohen Maße neben dem Molekulargewicht und der Mole-

---

[1] NITSCHMANN, Hs.: Helv. chim. Acta **31**, 297 (1948).

külgestalt vor allem die *Textur* verantwortlich ist, so daß Stoffe mit chemisch stark verschiedenen Grundbausteinen, aber übereinstimmendem übermolekularem Aufbau weitgehend ähnliche Eigenschaften aufweisen (z. B. Seide und Cellulose).

Während bei Metallen und Silicaten die das Gefüge aufbauenden Kristallite oft noch mikroskopisch sichtbar sind, so daß Einblicke in die Textur relativ leicht gewonnen werden können, sind die gittermäßig geordneten Bereiche der organischen Hochpolymeren — soweit sie nicht überhaupt fehlen — weit unter der Grenze der mikroskopischen Sichtbarkeit.

Um ein möglichst vollständiges Bild des gesamten Aufbaus zu erhalten, muß die räumliche Anordnung der Atome zum Kettenmolekül, der Kettenmoleküle zum nächsten Strukturelement, der Micelle, und schließlich die der Micellen zu den höheren Einheiten – Mikrofibrille, Sekundärfibrille (Filum), Lamelle usw. – bis zum makroskopischen Festkörper, der Faser, Zelle u. dgl. erforscht werden.

Über die biologische Entstehung der Fadenmoleküle ist noch wenig bekannt. Zweifellos wirkt ein komplizierter Fermentapparat — Systeme von Katalysatoren und Aktivatoren — mit. Bei der Bildung der Bakteriencellulose z. B. konnte als Zwischenkörper Glykolaldehyd[1] gefaßt werden, und STACEY[1] konnte Cellulose aus Fructose mittels Zellbruchstücken von Acetobacter xylinum erhalten. Einigermaßen befriedigt scheint nun die enzymatische Synthese von Amylose und Amylopektin, Glykogen, Dextran und Laevan geklärt zu sein. Besondere Fortschritte sind in der letzten Zeit durch Anwendung radioaktiver Markierung erzielt worden (BROWN, MINOR u. a. auf dem Gebiet der Cellulose). Das an der Ligninbildung beteiligte Fermentsystem ist kürzlich von FREUDENBERG studiert worden[1]. Bei Faserproteinen wurde häufig die Feststellung gemacht, daß diese durch kettenförmige Aneinanderlagerung globularer Teilchen und Verschmelzung solcher perlschnurartiger Assoziate entstehen (z. B. Actin). Die Bildung der Kristallite (Micellen) erfolgt wahrscheinlich sekundär aus dem Primärgel. Ein solches amorphes Gelstadium wurde z. B. bei der Bildung der Bakteriencellulose auch tatsächlich beobachtet. Bei der Kristallisation konkurrieren nun „Kristallisationstendenz" und die durch die freie Drehbarkeit und BROWNsche Bewegung bestehende „Verknäuelungstendenz". Für das Verhalten der Moleküle im Gelzustand und die Kristallisation aus einem Gel haben KRATKY, MEREDITH, HAUSER u. a. anschauliche Modellvorstellungen entwickelt, die zum Teil auch für den biologischen Bildungsprozeß Gültigkeit besitzen dürften (s. §20). Hinsichtlich Koagulation und Wechselwirkung zwischen (gleichen) Makromolekülen vgl. auch die Arbeiten von HAUSER und JEHLE[2].

Aus dem im § 20 geschilderten Zusammenspiel der Verknäuelungs- und Kristallisationstendenz kann man das Zustandekommen eines neuartigen Aggregatzustandes ableiten, in welchem kristalline und amorphe Bereiche auftreten, die durch gemeinsame Fadenmoleküle verhängt sind.

Eine weitere Eigenschaft der meisten Hochpolymeren ist die seitliche Anisotropie der Molekülkette und der kristallinen Bereiche, die im Falle der Hydratcellulose z. B. sehr ausgeprägt und aus der Diskussion der verschiedenen Gitterkräfte verständlich ist. Derartige blättchenförmige Micellen sind vorwiegend durch zweidimensionale Lamellen, die stellenweise in Einzelketten übergehen können, verhängt (lineare Scharniere [KRATKY]).

---

[1] WALKER, T. K.: Advances in Enzymology **9**, 579 (1949). — M. STACEY: Chem. and Ind. **1950**, 727. — Vgl. auch E. TREIBER: Protoplasma **40**, 166 (1951); K. FREUDENBERG, H. REZNIK, H. BOESENBERG u. D. RASENACK: Chem. Ber. **85**, 641 (1952).

[2] HAUSER, E. A.: J. phys. Colloid. Chem. **55**, 605 (1951). — H. JEHLE: Proc. Natl. Acad. Sci. **36**, 238 (1950). — Vgl. auch G. BROUGHTON: Ind. Engng. Chem. **46**, 898 (1954); A. SCHUUR: Angew. Chem. **66**, 206 (1954); K. E. WOHLFARTH-BOTTERMANN u. F. KRÜGER: Z. Naturf. **9b**, 30 (1954); L. B. MORGAN: Brit. Rayon & Silk J. **31**, 64 (1954); Chem. Engng. News **32**, 3942 (1954).

Kristallitstränge oder -bündel bilden nun die Mikrofibrillen. Die oft aufgezeigte Konstanz in der seitlichen Dimension kann teils einer biologischen „Kontrolle" (FREY-WYSSLING), teils physikalischen Gegebenheiten (weitreichende zwischenmolekulare Kräfte usw.) entspringen. Aufschlußreich ist die Tatsache, daß auch Kunstseiden in Fibrillen aufspaltbar sind. Unter Wirkung von nichtabgesättigten Oberflächenkräften kann es zu weiteren Aggregationen, wie zur Bildung der Sekundärfibrille bzw. eines Fibrillenbandes kommen.

Der weitere Aufbau ist im allgemeinen streng durch die biologische Funktion bestimmt. Geeignete Quellfähigkeit, Quer-, Reiß- und Naßfestigkeit wird durch Schuppenschichten, Umwicklung eines Kerns von Fibrillenbündel mit Fibrillenbändern, seilförmige Anordnungen bzw. Verdrillungen, Querverbindungen und Kittsubstanzen, erzielt. Die mangelnde Druckfestigkeit der Fasertextur wird bei den Holzzellen z. B. durch eine „Inkrustierung" mit Lignin aufgehoben. So verhalten sich verholzte Zellwände wie armierter Beton, wobei die Fibrillen die zugfesten Stäbe und Lignin das druckfeste Füllmaterial darstellen. Ein interessanter Versuch zur Deutung rhythmischer Ringstrukturen (Zonenbildung) bei biologischen Objekten als Quanteneffekt stammt von SCHAAFFS[1].

Da von allen Faserstoffen die Cellulose das größte technische Interesse beansprucht und auch eine überragende wirtschaftliche Bedeutung besitzt, ist es verständlich, daß die systematische Erforschung der übermolekularen Strukturen natürlicher Fasern sich in erster Linie der Cellulose zugewandt hat. Es erscheint so unvermeidlich, daß ein Kapitel über die Morphologie natürlicher Fasern sich vorwiegend mit der Cellulose als Beispiel befassen wird.

§ 33. Der übermolekulare Aufbau der Cellulose[2].

Das Idealmodell des Cellulosemoleküls ist eine sehr lange Kette von (β)-Glucoseresten, wahrscheinlich in der „Sesselform", die durch β-glucosidische 1,4-Bindungen verknüpft sind. Über die Kettenlänge und die Polymolekularität der ungeschädigten nativen Cellulose ist wenig bekannt; DP-Werte von $\sim$ 3000 Glucoseresten gelten heute schon als ungewollt abgebaut. Für langfasrige Baumwolle der ungeöffneten Kapsel findet man DP-Werte zwischen 4000 und 5000, für Linters 2700, Espen- und Tannenholz 2500[3]. Zellstoffe (DP etwa 1000 bis 2000) zeigen erwartungsgemäß eine wesentlich größere Polydispersität (meist mit mehreren Maxima) als genuines, ungeschädigtes Material. GRALÉN[4] findet aus Messungen mit der Ultrazentrifuge wesentlich höhere Durchschnittswerte, die allerdings auch einem anderen „Mittel" (Z-Mittel) entsprechen[5]. An Flachs findet GRALÉN 36000 Reste, Urtica und Ramie 12000, Rohbaumwolle 9000 bis 11000 und Zellstoff 2000 bis 3000.

Die modernere Auffassung geht nun dahin, daß man bei nativem, ungeschädigtem Material mit Mindest-DP-Werten von 5000—8000 rechnen muß. In dieses Bild

---

[1] SCHAAFFS, W.: Kolloid-Z. **137**, 121 (1954).

[2] An neueren Zusammenfassungen vgl. O. KRATKY in R. PUMMERER: Chemische Textilfasern, Filme und Folien, Stuttgart 1951; A. FREY-WYSSLING u. K. MÜHLETHALER in L. ZECHMEISTER: Fortschritte der Chemie organischer Naturstoffe, Bd. 8, Wien 1951; E. TREIBER: Protoplasma **40**, 166, 367 (1951) und in W. RUHLAND: Handbuch der Pflanzenphysiologie, Bd. I, Heidelberg 1955; H. F. J. WENZL: Chimia **8**, 31 (1954); M. L. ROLLINS: Analyt. Chem. **26**, 718 (1954); K. HESS: Kunstseide u. Zellwolle **28**, 3 (1950); R. D. PRESTON: The Molekular architecture of Plant Cell Walls, London 1952.

[3] HAUSER, E. u. L. JÖRGENSEN: Tappi **34**, 57 (1951). — J. JURISCH: Chem. Z. **64**, 270 (1940).

[4] GRALÉN, N.: Diss. Uppsala 1944. — Vgl. ferner TH. SVEDBERG: J. phys. Colloid. Chem. **51**, 1 (1947).

[5] IWANOW, W. I. u. B. A. SACHAROW: Ber. Akad. Wiss. UdSSR **72**, 1063 (1950). — Vgl. ferner H. A. WANNOW: Das Papier **5**, 75 (1951).

fügt sich auch eine neuere Bestimmung der Baumwolle in der Ultrazentrifuge ein, die nach MEYERHOFF einen DP-Wert von 8470 zeigte. Die viscosimetrischen Molekulargewichtsbestimmungen sind von GALOWA und IWANOW[1] einer Kritik unterzogen worden, da der DP-Wert selbst unter den denkbar mildesten Bedingungen bei der Bestimmung herabgesetzt wird. Für unbehandelte Baumwolle wird ein Wert von ~14000 und. für Bakteriencellulose von < 3000 als wahrscheinlich erachtet. Im allgemeinen soll man bei genuiner Cellulose offenbar mit Grenzpolymerisationsgraden von < 44500 rechnen können.

Wieweit Cellulose wirklich ein reines Kettenpolymerisat von Anhydroglucose ist, ist noch nicht endgültig entschieden. Aus Hydrolyseversuchen geht hervor, daß reine Cellulose zu etwa 99% aus Glucoseresten besteht; der Fehlbetrag dürfte Störstellen — als solche sollen Ester-, Acetal- und Halbacetal-,,Quervernähungen'' fungieren — und Fremdgruppen (Xylose-, Mannose- und Glucuronsäurereste, zum Teil solche unbekannter Natur) zuzuschreiben sein[2]. In diesen Störstellen — die vielfach regelmäßig eingebaut (nach SCHULZ und HUSEMANN bzw. KÖMMERLING[3] etwa nach je 465 ± 30 Glucoseeinheiten) und mehr oder minder in einer Ebene angeordnet angenommen werden — erblickt man die bevorzugten Angriffsstellen für Depolymerisationsreaktionen (z. B. oxydative Spaltung, von der solche Bindungen etwa 3000- bis 5000mal schneller betroffen werden als die normale β-glucosidische Bindung[3]).

ABDEL-AKHER weist darauf hin, daß in der Cellulose 0,1—0,2% durch Perjodoxydation nicht veränderbare ,,Glucose'' gefunden wird (Glucose mit blockierter OH-Gruppe) und im Papierchromatogramm findet man Spuren von Fremdzuckern. Die Tatsache, daß bei Abbaureaktionen häufig Bruchstücke übereinstimmender Kettenlänge (DP zwischen 100 und 1000) — bei niederer Temperatur vorzugsweise Spaltstücke mit einem DP-Wert von ~500, bei höherer von ~ 250 — auftreten, daß also Regelmäßigkeiten im Einbau von Lockerstellen oder Spaltebenen bestehen dürften, ist wiederholt Anlaß dazu gewesen, nach einem eindeutigen Beweis für eine Überperiode bzw. Existenz eines Langperiodengitters zu suchen, welches bei einigen vollsynthetischen Faserstoffen auch beobachtet werden konnte. Durch die jüngsten Untersuchungen von HESS wird der in Vergessenheit geratenen Beobachtung scharfer Röntgenkleinwinkelinterferenzen von CLARK erneute Aufmerksamkeit zu schenken sein, und vielleicht darf man in den interessanten elektronenmikroskopischen Aufnahmen nach Jodabsorption von HESS einen sichereren Beweis für eine Überperiodizität (in der Dimension der Micellänge [720—740 Å bei einem Zellstoff]) erblicken als in früheren, gelegentlich beobachteten Querstrukturen (KINSINGER u. a.)[4]. Ein elektronenmikroskopischer Beweis für die Existenz größerer Perioden, speziell von Querelementen, ist nie erbracht worden (vgl. S. 384).

Die Fähigkeit der Celluloseketten, zu kristallinen Bereichen zusammenzutreten, das Raummodell und die Gitterdimensionen[5] der nativen Cellulose oder Cellulose I sind bereits in Kap. IV behandelt worden; desgleichen die Kräfte, die die Gitterstruktur zusammenhalten. In Richtung der Faserachse (b-Achse) sind die Glucosereste durch eine Hauptvalenzbindung zusammengehalten. In Richtung der a-Achse sind die Glucoseringe nur durch einen Zwischenraum von etwa 2,5 Å getrennt. Das beruht, verglichen an vielen organischen Substanzen, speziell Polypeptiden, darauf, daß starke zwischenmolekulare Kräfte in Form von Wasserstoffbrücken zwischen zwei Sauerstoffatomen wirksam werden (zwischen den Hydroxylen 6 der einen und 2 bzw. 3 der Nachbarkette in der a-b-Ebene). Dies erklärt die dichtere Packung in der a-b-Ebene und die Tatsache, daß Quellmittel diese Bindungen verändern oder

---

[1] GOLOWA, O. P. u. W. I. IWANOW: Über das Molekulargewicht der Zellulose, Berlin 1953.

[2] Vgl. E. HEUSER: Tappi **35**, 481 (1952).

[3] SCHULZ, G. V. u. I. KÖMMERLING: Makrom. Chem. **9**, 25 (1952). — E. HUSEMANN u. G. V. SCHULZ: Z. physik. Chem. (B) **52**, 1, 23 (1942); Z. Naturforsch. 1, 268 (1946). — E. HUSEMANN: Makrom. Chem. **1**, 140 (1947). — E. HUSEMANN u. M. GOERKE: Makrom. Chem. **2**, 298 (1948); **4,** 194 (1949).

[4] HESS, K.: Naturwiss. **41**, 86 (1954). — O. KRATKY: Z. Naturf. **9b,** 505 (1954).

[5] LEGRAND, CH.: Compt. rend. **226**, 1983 (1948). — H. KIESSIG: Z. Elektrochem. angew. physik. Chem. **54**, 320 (1950).

aufheben können. In der feuchten Faser (mercerisierte Cellulose) sind z. B. die Wasserstoffbrücken zwischen den Ketten durch Hydratisierung weitgehend gesprengt, so daß in solchen „Inclusionscellulosen" die nun freien Hydroxylgruppen z. B. der Acetylierung zugänglich sind. Ultrarotuntersuchungen[1] bestätigen obige Auffassungen. In Richtung der c-Achse ist der kleinste Abstand etwa 3,1 Å; die hier wirkenden Kräfte werden daher von der Natur der VAN DER WAALSschen Kräfte, im speziellen wohl von der Art der Dispersionskräfte sein. (Der Bruchteil reaktionsfähiger OH-Gruppen der kristallinen Gebiete wird von KAST bei nativen Fasern zu etwa 0,19 abgeschätzt, während er 0,64 bei der Mehrzahl der übrigen Regeneratfasern beträgt.)

a) Micellbegriff; Größe, Form und mengenmäßiger Anteil der kristallinen Bereiche.

Für die nun anzustellenden Betrachtungen der Textur sei das Wesentlichste kurz zusammengefaßt; im einzelnen wird auf den Abschnitt d dieses Paragraphen verwiesen.

Man versteht heute unter Micellen (im Festzustand) submikroskopische, kristalline, d.h. mehr oder minder gittermäßig geordnete, übermolekulare Einheiten und daher, falls es sich um Fadenmoleküle handelt, um Bündel aus parallel gelagerten, geordneten Ketten. Keineswegs handelt es sich um individualisierte Kristallite mit Kristallgrenzflächen, ja nicht einmal um Gebilde im SEIFRIZschen Sinne, vielmehr gehen solche gittermäßig geordnete Bereiche unter laminaren Aufspaltungen allmählich in mehr oder minder amorphe, d.h. ungeordnete oder stark gittergestörte Bereiche über; gemäß diesem Modell ist es auch verständlich, daß nach KRATKY und FREY-WYSSLING Hauptvalenzketten im allgemeinen sich durch mehrere kristalline Bereiche hindurchziehen können.

Für die meist vertretene Auffassung von der Existenz mehr oder minder räumlich abgrenzbarer Bereiche hoher Ordnung im obigen Sinne (Modell von KRATKY und MARK; vgl. Abb. V, 4) scheinen die Abbauversuche von RÅNBY und RIBI[2] einen unmittelbaren Fingerzeig zu liefern. Die Autoren bauten native Cellulose so stark ab, daß eine weitgehende Entfernung der amorphen Anteile angenommen werden kann. Der Rückstand, als „Micellpulver" bezeichnet, gibt scharfe Röntgeninterferenzen bei besonders klarem Untergrund; im Elektronenmikroskop erkennt man Teilchen bis herunter zu ~50 bis 60 Å Dicke bei einer Länge von etwa 500 Å, das entspricht etwa den aus Linienbreitenmessungen erhaltenen Werten. Ähnliche Versuche wurden auch von HUSEMANN und CARNAP sowie von HOCK[3] und MOREHEAD[4] angestellt. HOCK findet zigarrenförmige Teilchen von ~150 Å Dicke und ~2500 Å Länge; die von MOREHEAD elektronenmikroskopisch beobachtete Länge von 1495 Å entspricht

[1] HUGGINS, M.: J. org. Chemistry 1, 407, 439, 440, 455 (1936). — J. D. BERNAL u. H. D. MEGAW: Proc. Roy. Soc. [London] 151, 384 (1935). — J. SHERMAN: J. physic. Chem. 41, 117 (1937). — J. W. ELLIS u. J. J. BATH: J. Amer. chem. Soc. 62, 2859 (1940). — W. N. NIKITIN: J. physic. Chem. (Leningrad) 23, 775 (1949). — L. BROWN, P. HOLLIDAY u. I. F. TROTTER: J. chem. Soc. [London] 1951, 1532.

[2] RÅNBY, B. G.: Acta Chem. Scand. 3, 649 (1949). — B. G. RÅNBY u. E. RIBI: Experientia 6, 12 (1950).

[3] HUSEMANN, E. u. A. CARNAP: J. makrom. Chem. 1, 16 (1943). — C. W. HOCK: Text. Res. J. 20, 141 (1950).

[4] MOREHEAD, F. F.: Text. Res. J. 20, 549 (1950).

dem gemessenen DP-Wert. (Die „Kristallspindeln" von HESS und SCHULTZE[1] sind jedoch nicht mit der micellaren Struktur in Zusammenhang zu bringen[2].) Auch die Orientierungseffekte lassen auf ausgedehntere Kristallitbezirke, und zwar auf solche von schwach blättchenförmiger Gestalt schließen (vgl. S. 386). Eine künstliche höhere Orientierung (Definition siehe S. 390), die an Hydratcellulose leicht erreicht werden kann und Aussagen über die Micellgestalt zuläßt, ist an nativer Cellulose bis vor kurzem nicht mit Sicherheit erzielt worden. Die einzige Ausnahme, wenn man von kleineren Effekten absieht (HERZOG und JANCKE[3], HESS und TROGUS[4]), macht Tunicin[5], welches a priori eine Ringfaserstruktur besitzt (bei der die 101-Ebene ($= A_1$) mit der „Decken- bzw. Mantelebene" zusammenfällt) und durch Dehnen eine höhere Orientierung annimmt. Ein weiterer Fall, wo eine solche höhere Orientierung der Kristallite bereits als Wachstumsstruktur beobachtet wird – nämlich eine selektive biaxiale Orientierung in der Bezeichnungsweise von SISSON –, liegt z. B. in der Zellwand der Alge Valonia ventricosa vor[6]. Auch hier liegt die 101-Ebene parallel zur Zellwand. Schon auf Grund dieser und ähnlicher Beobachtungen (an Chaetamorpha Linum, Chitinzellen; Orientierungsversuche an Bakteriencellulose [SISSON[7]]), speziell aber auf Grund neuer Versuche von MUKHERJEE und Mitarbeitern[8] am RÅNBYschen „Micellsol", aus dem unter geeigneten Bedingungen Filme mit höherer Orientierung und Anisotropie in der Kleinwinkelstreuung erhalten wurden, darf auch in Anlehnung an die Ergebnisse an anderen hochpolymeren Faserstoffen (Keratin, synthetische Polyamide) auf eine Blättchengestalt geschlossen werden (vgl. Kap. V, A). Auch KAST[9] vertritt die Auffassung individualisierter Micellen bei Cellulose (im Gegensatz zu vollsynthetischen Faserstoffen). Nach den elektronenmikroskopischen Vermessungen von MUKHERJEE besitzen die Micellen von Baumwolle und Ramie einen Querschnitt von etwa 50×150 Å. Die Blättchenebene fällt mit der Netzebene 101 ($= A_1$) zusammen (vgl. Abb. VI, 1).

Über die Ergebnisse der Micellgrößenbestimmung vgl. Kap. V, A; zusammenfassend sei festgehalten: durch Anwendung der VON LAUEschen Methode der Linienverbreiterung sind HENGSTENBERG und MARK[10] zu dem Ergebnis gekommen, daß die kristallinen Bereiche der nativen Cellulose eine Dicke von etwa 60 Å und eine Länge von mindestens 600 Å aufweisen. Unter Berücksichtigung des MARKschen Micellquerschnittes kommen auf denselben 50 bis 100 Celluloseketten.

[1] HESS, K. u. G. SCHULTZE: Liebigs Ann. Chem. **465,** 55 (1927).
[2] STAUDINGER, H. u. W. DÖHLE: J. prakt. Chem. **161,** 219 (1943). — H. STAUDINGER: Das Papier **5,** 438 (1951).
[3] HERZOG, R. O. u. W. JANCKE: Z. Physik **52,** 755 (1929).
[4] MARK, H. u. G. v. SUSICH: Z. physik. Chem. (B) **4,** 431 (1929).
[5] HESS, K. u. C. TROGUS: Z. physik. Chem. (B) **9,** 169 (1930).
[6] SPONSLER, O. L.: Nature **125,** 633 (1930).
[7] SISSON, W. A.: J. physic. Chem. **40,** 343 (1936).
[8] MUKHERJEE, S. M., J. SIKORSKI u. H. J. WOODS: Nature **167,** 821 (1951).
[9] KAST, W.: Z. Elektrochem. **57,** 525 (1953).
[10] HENGSTENBERG, J. u. H. MARK: Z. Kristallogr., Mineral., Petrogr. **69,** 271 (1928). — H. MARK u. K. H. MEYER: Z. physik. Chem. (B) **2,** 115 (1929).

Frey-Wyssling[1] bestimmt im Vergleich dazu bei Ramie die Kristallitlänge zu etwa 1350 bis 1710 Å und die Dicke zu 53 bis 57Å (Durchmesser bei Hanf $\sim$ 56 Å, Bambus $<$ 70 Å). Herzog vertritt für die Micelldimensionen die Werte 1170 $\times$ 66 Å; Wuhrmann und Mitarbeiter 2000 $\times$ 100 Å. Eine ähnliche Längserstreckung findet K. H. Meyer[2] ($>$ 1000 bis 1500 Å). Nickerson und Habrle[3]) setzen den von ihnen gefundenen Grenzpolymerisationsgrad von DP = 280 gleich der Micellänge ($\sim$ 1400 Å).

Zu wesentlich anderen Werten ist Carpenter[4] bei Sulfitzellstoff gekommen. Er findet eine Länge von mehr als 600 Å bei einer Dicke von nur 13 bis 17 Å. In primären Zellwänden findet Wardrop[5] schmälere Micellen von $\sim$ 26 Å Durchmesser.

Aus der Klein- bzw. Kleinstwinkelstreuung errechnen Kratky und Mitarbeiter[6] die Micelldicke zu etwa 70 Å in Übereinstimmung mit den Resultaten der Linienbreitenmessung und der Metalleinlagerung. R. Hosemann[7] bestimmt in einer älteren Arbeit die Micellänge zu $\sim$ 3000 Å, die Dicke zu $<$ 400 Å (hinsichtlich einer Kritik an dem Vorgehen von Hosemann siehe Kratky[6]); übrigens sei erwähnt, daß im Falle der nativen Cellulose eine Zweideutigkeit in der Auswertung der Kleinwinkelaufnahmen besteht, die auch bei den Kratkyschen Untersuchungen gegebenenfalls einen Wert von etwa 300 Å als möglich erscheinen läßt. Heyn[8] gibt folgende Durchschnittswerte bekannt· Hanf 44 Å, Flachs 51,5 Å, Jute 55 Å, Ramie 68 Å, Baumwolle 146 Å. Auch nach den Angaben von Forster u. Wardrop[9] ist die Micelle der Baumwolle breiter als z.B. die der Holocellulose von Eucalyptus regnans; ferner wird von den Autoren die Nichteinheitlichkeit der Micellgröße und Gestalt zur Diskussion gestellt. (Im Vergleich dazu bestimmte Heyn die Micellgröße von Fortisan zu 45,9 Å und die der Fiber G zu 40,6 Å.)

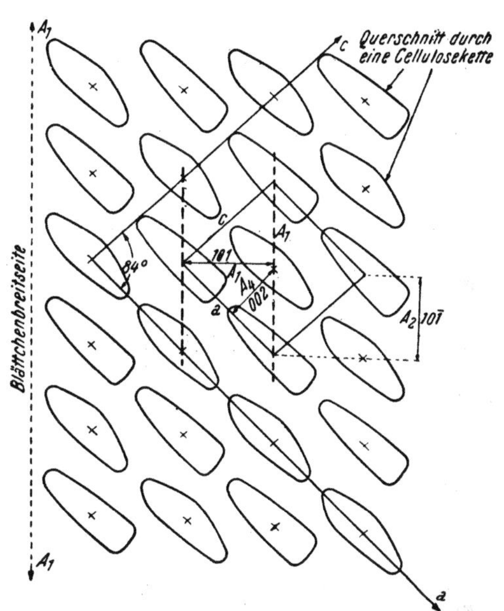

Abb. VI, 1. Schematischer Querschnitt (senkrecht zur *b*-Achse = Faserachse) durch native Cellulose (durchschnittene Glucoseringe, Elementarkörper, kristallographische Achsen und Spuren der Micelle angedeutet).

Was nun die kristalline Menge betrifft, so sind ausgedehnte röntgenographische Bestimmungen von Hermans und Mitarbeitern[10] durchgeführt worden. Wenn wir

[1] Frey-Wyssling, A.: Protoplasma **27**, 372, 536 (1937); Naturwiss. **28**, 385 (1940).

[2] Meyer, K. H.: Ber. dtsch. chem. Ges. **70**, 266 (1937).

[3] Nickerson, R. F. u. J. A. Habrle: Ind. Engng. Chem. **39**, 1507 (1947).

[4] Carpenter, Ch.: Zellulosechemie **16**, 64 (1934).

[5] Wardrop, A. B.: Nature [London] **164**, 366 (1949).

[6] Kratky, O.: Kolloid-Z. **120**, 24 (1951). — O. Kratky u. G. Porod: Z. Elektrochem. **58**, 918 (1954).

[7] Hosemann, R.: Z. Physik **114**, 133 (1939).

[8] Heyn, A. N. J.: J. Amer. chem. Soc. **70**, 3138 (1948).

[9] Forster, D. H. u. A. B. Wardrop: Austr. J. Sci. Res. (A) **4**, 412 (1951).

[10] Hermans, P. H.: Kolloid-Z. **115**, 103 (1949); **120**, 3 (1951); J. Chim. physique **44**, 135 (1947); Makrom. Chem. **6**, 25 (1951). — P. H. Hermans u. A. Weidinger: J. Polymer. Sci. **4**, 135 (1949); J. appl. Physics **19**, 491 (1948).

von örtlichen und zeitlichen Differenzierungen absehen — z. B. enthält die Primärwand mehr amorphe Substanz als die Sekundärlamellen; ferner nimmt die Kristallinität mit dem Wachstum bzw. Alter zu, wobei nach TREITEL bei zu hoher Kristallinität Gewebetod eintritt — so enthalten im Durchschnitt Baumwolle, Ramie, Flachs usw. etwa 70% kristalline Cellulose (vgl. Tabelle VI, 1). Andere Methoden führen zu ähnlichen Ergebnissen (vgl. die eingehenden Ausführungen in § 25 c).

Tabelle VI, 1. *Die kristalline Menge nativer Cellulosematerialien.*

Aus röntgenoptischen Messungen von PRESTON, HERMANS u. WEIDINGER[1]		Aus dem D_2O-Austausch nach FRILETTE, HANLE u. MARK[2]	
Zellwand von Valonia ventricosa L.	65—70%	Baumwolle	75—82%
Holz von Pinus radiata (5., 10. u. 15. Jahresring)	73—55%	Linters	54%
Bambusfaser	50—64%	Buchenzellstoff	64%
Ramie und Baumwolle	69%	Fichtenzellstoff	36—63%
Bakteriencellulose	40%		

b) Bau der Mikrofibrille.

Eingehende elektronenmikroskopische Untersuchungen der letzten Jahre von FREY-WYSSLING, MÜHLETHALER und Mitarbeitern mit einer sehr hoch gezüchteten Präparationstechnik haben wahrscheinlich gemacht, daß ein natürliches, individualisiertes Strukturelement von möglicherweise recht konstantem Durchmesser (250 bis 300 Å), die *Mikrofibrille*, existiert.

Während, wie im vorigen Abschnitt ausgeführt, sowohl die micellare Struktur (vorwiegend mit röntgenoptischen Methoden) näher untersucht werden konnte, als auch in den letzten Jahren die mikroskopische Struktur bis herab zur submikroskopischen Mikrofibrille mit Hilfe des Elektronenmikroskops abbildbar wurde, bestehen im Übergangsgebiet noch manche Unklarheiten. Da diese Zwischendimension derzeit experimentell weitgehend unzugänglich ist, kann man nur versuchen, hypothetische Modelle aufzustellen, die noch zu verifizierende Bindeglieder darstellen, um komplette, anschauliche Bilder von der Cellulosekette bis zum makroskopischen Baumwollhaar u. dgl. entwerfen zu können.

Die wesentliche Frage ist zunächst die, ob die Mikrofibrille noch unterteilbar ist oder nicht. Für die Diskussion erscheint es notwendig, die historische Entwicklung kurz zu streifen.

Eine Klärung hinsichtlich des Baues der im Lichtmikroskop gerade noch sichtbaren Fibrille wurde zweifellos durch das Elektronenmikroskop angebahnt. Übereinstimmend wurde in der Folgezeit eine weitere Aufspaltung der Fibrille in feinere beobachtet, die man als Grund-, Elementar- oder *Mikrofibrillen* bezeichnete. Als erster wies BEISCHER auf die Tatsache hin, daß die etwa 0,1 bis 1,4 μ dicke Fibrille ein Bündel von Mikrofibrillen darstellt, wovon jede einzelne nach WERGIN[3] 80 bis 100 Å dick sein soll.

RUSKA und KRETCHMER[4] fanden an Baumwolle, abgebaut mit Salzsäure, Mikrofibrillen von etwa 50 Å Dicke. Ähnliche Beobachtungen machte FRANZ[5]. KUHN[6]

---

[1] PRESTON, R. D., P. H. HERMANS u. A. WEIDINGER: J. exp. Botany **1**, 344 (1950).

[2] FRILETTE, V. J., J. HANLE u. H. MARK: J. Amer. chem. Soc. **70**, 1107 (1948).

[3] WERGIN, W.: Kolloid-Z. **98**, 131 (1942); Biol. Zentr. **63**, 350 (1953).

[4] RUSKA, H. u. M. KRETCHMER: Kolloid-Z. **93**, 163 (1940).

[5] FRANZ, E.: Angew. Chem. **56**, 113 (1943).

[6] KUHN, E.: Melliand Textilber. **22**, 249 (1941).

beschreibt Fibrillen von 100 bis 200 Å Durchmesser an mit Cuoxam behandelter Baumwolle. HESS, KIESSIG und GUNDERMANN[1] beobachteten bei der Trockenmahlung von Zellstoff in der Schwingmühle Fibrillen in der Dimension von 100 bis 750 Å. EISENHUT und KUHN[2] finden 100 Å dicke Fibrillen, an Ramie solche von 200 Å. BERKLEY und GREATHOUSE[3] finden an besonders präparierter Baumwolle rutenförmige Teilchen mit einem Durchmesser von 150 bis 200 Å und einer Länge von 10000 bis 15000 Å. WUHRMANN, HEUBERGER und MÜHLETHALER[4] sowie FREY-WYSSLING und MÜHLETHALER[5] finden bei der Ultrabeschallung von Fasern Micellarstränge bis herab zu 60 bis 70 Å; es werden dabei eine Reihe von Übergängen beobachtet. Ein ähnliches Bild ergaben Mahlungsversuche in der Schwingmühle von HUSEMANN und CARNAP[6] und eine schonendere Mahlung von Flachsfasern durch ERIKSSON und SÄVERBORN[7]. Bei der Naßmahlung verschiedener Fasern erhält HERMANS[8] ebenfalls Fibrillen bis unter 100 Å im Durchmesser. Ähnliche Beobachtungen wurden auch von JENTGEN[9], WALLNER[10], BARNES und BURTON[11], SEARS und KREGEL[12] u. a. mitgeteilt. Eine neuere Arbeit von KINSINGER und HOCK[13]; in der elektronenmikroskopische Aufnahmen nach der Methode des Metallschattenverfahrens, des Oberflächenabdrucks sowie der „Kontrastfärbung" von einer Reihe natürlicher Fasern gemacht wurden, zeigte folgendes Ergebnis: Ramie spaltet in Mikrofibrillen von ∼ 370 Å Dicke auf, Baumwollinters in solche von 160 Å, Stapelbaumwolle ∼100 Å und Holzzellstoff 90 bis 100 Å. Eine Zusammenstellung gibt Tabelle VI, 2.

Aus diesen Arbeiten scheint zunächst nicht klar ersichtlich zu sein, ob es sich bei den Mikrofibrillen um natürliche Strukturelemente handelt oder nicht. Da die meisten Ergebnisse eher von der Art der angewandten Präparationsmethode als vom Präparat abzuhängen scheinen, wird zweifellos der Eindruck erweckt, daß das übermolekulare Gefüge zufolge seines komplizierten „Kohäsionsspektrums" auf verschiedene Zerteilungsmethoden, wie Zerquetschen nach Quellung oder chemische Hydrolyse, Angriff chemischer Agenzien (vor allem NO_2), Mahlen (insbesondere in der Kugel- oder Schwingmühle) und schließlich Zerteilung durch Ultraschall in verschiedener Weise anspricht. Diese zweifellos richtige Vorstellung verträgt sich aber nun eher mit der Auffassung, daß es ein natürliches, submikroskopisches Strukturelement nicht gibt, und eine Zeit hindurch wurde z. B. von HERMANS, HUSEMANN und insbesondere von FREY-WYSSLING diese Auffassung vertreten.

In den letzten Jahren konnten nun, wie einleitend erwähnt, FREY-WYSSLING, MÜHLETHALER und Mitarbeiter durch geeignete und äußerst schonende Zerteilungsmethoden zeigen, daß die Fibrille leicht zu offenbar individualisierten Mikrofibrillen aufspaltet, die konstante Durchmesser von etwa 200 bis 300 Å aufweisen[14]. Dieselben Cellulosestränge, die aus der Sekundärwand erhalten wurden, wurden auch in ganz jungen Primärwänden gefunden (Wurzel eines Maiskeimlings). Gleichdimensionierte Bauelemente zeigen tierische Cellulose (Tunicin[15]), Bakteriencellulose und Pflanzen-

---

[1] HESS, K., H. KIESSIG u. J. GUNDERMANN: Z. physik. Chem. (B) **49**, 64 (1941).

[2] EISENHUT, O. u. E. KUHN: Angew. Chem. **55**, 198 (1942).

[3] SEARS, G. R. u. E. A. KREGEL: Paper-Maker Brit. Paper Trade J. **114**, T 43 (1942).

[4] WUHRMANN, K., A. HEUBERGER u. K. MÜHLETHALER: Experientia **2**, 105 (1946)

[5] FREY-WYSSLING, A. u. K. MÜHLETHALER: Text. Res. J. **17**, 32 (1947).

[6] Siehe S. 373, Fußnote 3.

[7] ERIKSSON, B. u. S. SÄVERBORN: Acta Agric. Suecana **16**, 233 (1946).

[8] HERMANS, P. H.: Text. Res. J. **16**, 545 (1946).

[9] JENTGEN, H.: Kunstseide **23**, 76 (1941).

[10] WALLNER, L.: Melliand Textilber. **23**, 158 (1942).

[11] BARNES, R. u. C. J. BURTON: Ind. Engng. Chem. **35**, 120 (1943).

[12] Siehe S. 377, Fußnote 3.

[13] KINSINGER, W. G. u. C. W. HOCK: Ind. Engng. Chem. **40**, 1711 (1948).

[14] FREY-WYSSLING, A.: Makrom. Chem. **6**, 7 (1951); Kolloid-Z. **98**, 131 (1942). — A. FREY-WYSSLING u. K. MÜHLETHALER: Fortschr. Chem. organ. Naturstoffe **8**, 1 (1951). — A. FREY-WYSSLING, K. MÜHLETHALER u. R. W. G. WYCKOFF: Experientia **4**, 475 (1948). — K. MÜHLETHALER: Biochim. Biophys. Acta **3**, 15 (1949).

[15] FREY-WYSSLING, A. u. F. FREY: Protoplasma **39**, 656 (1951).

Tabelle VI, 2.

Dicke der Grundfibrillen bei Baumwolle, Fichtenzellstoff, Ramie u. a. nach den elektronenmikroskopischen Bestimmungen verschiedener Autoren (nach HESS).

Objekt	Präparierung	Art der Elektronen-bestrahlung	Dicke in Å	Autoren
Pflanzenhaar				
Baumwolle	Hydrolyse mit HCl (d = 1,19)	direkt	etwa 50	H. RUSKA u. M. KRETSCHMER (1490)
Baumwolle	Verkupferung und Quetschen	direkt	100—400	E. KUHN (Institut HESS, 1941)
Baumwolle	gemahlen	direkt	150—200	BERKLEY und GREATHOUSE
Baumwolle	Ultraschall H_2O, 10000 Hertz	direkt	herunter bis 60	A. FREY-WYSSLING und K. MÜHLE-THALER (1947)
Baumwolle	Hydrolyse mit 2,5n H_2SO_4, 100° 120′	Au-Beschattung	50—100	B. G. RÅNBY und ED. RIBI (1947)
Bw.-Linters	Im „Waring Blendor" (12000 T/Min.) unter H_2O 15—20 Min.	Cr-Beschattung	~160	W. G. KINSINGER und CH. W. HOCK (1948)
Bw.-Stapel	Im „Waring Blendor" (12000 T/Min.) unter H_2O 15—20 Min.	Cr-Beschattung	~100	
Baumwolle	Im „Waring Blendor" unter Wasser 5 Minuten	Metalldampf-Beschattung	250—300	A. FREY-WYSSLING, K. MÜHLETHALER und R. W. G. WYCKOFF (1948)
Baumwolle	Im „Waring Blendor" unter Wasser 5 Minuten	Cr- oder Pd-Beschattung	250—490	K. MÜHLETHALER (1949)
Holzfaser				
Fichtenzellstoff	Schwingmahlung (lufttrocken)	direkt	300—500	K. HESS, H. KIESSIG und J. GUNDER-MANN (1941)
Fichtenzellstoff	dgl., nachträgliche Behandlung mit H_2O	direkt	150	W. WERGIN (Institut HESS, 1942)
„Wood pulp"	Schwingmahlung (naß)	Au-Beschattung	etwa ≧ 150	P. H. HERMANS (1946)
„Sulfit und Sulfatzellstoff"	Hydrolyse, Ultraschall (wässerige kolloidale Lösungen)	Au-Beschattung	50—100	B. G. RÅNBY und ED. RIBI (1947)
„Wood pulp"	Im „Waring Blendor" (12000 T/Min.) unter H_2O 15—20 Min.	Cr- oder Au-Beschattung	~ 90	W. G. KINSINGER und CH. W. HOCK (1948)
„Holzfaser"	Im „Waring Blendor" unter Wasser 5 Minuten (dünnste Schnitte)	Cr- oder Pd-Beschattung	250	K. MÜHLETHALER (1949)
Tracheiden v. Pseudotsuga taxifolia	delignifiziert, „Waring-Blendor"	U-Beschattung	50—100	A. J. HODGE und A. B. WARDROP (1950)

Bastfaser				
Ramie	Schwingmahlung (lufttrocken)	80—100 herunter bis 60	direkt	W. Wergin (Institut Hess, 1942)
Ramie	Ultraschall H_2O, 10000 Hertz		direkt	K. Wuhrmann, A. Heuberger und K. Mühlethaler (1946)
Ramie	Im „Waring Blendor" (12000 T/Min.) unter H_2O 15—20 Minuten	~ 370	Cr-Beschattung	H. G. Kinsinger und Ch. W. Hock (1948)
Ramie	Im „Waring Blendor" unter Wasser 5 Minuten	250	Cr- oder Pd-Beschattung	K. Mühlethaler (1949)
Flachs	Im „Waring Blendor" unter Wasser 5 Minuten	etwa 250	Cr- oder Pd-Beschattung	K. Mühlethaler (1949)
Bakterienzellulose				
Bacterium Xylinum	dünnste Abscheidung aus der Kulturflüssigkeit	etwa 200	direkt	A. Frey-Wyssling und K. Mühlethaler (1946)

schleime. Diese Größenordnung tritt auch in der vorhin referierten Zusammenstellung dort in Erscheinung, wo es sich um schonendere Präparationsmethoden handelte. So fand z.B. Hermans[1] bei der Naßmahlung von Zellstoff keine dünneren Fibrillen als etwa 150 Å im Durchmesser. In ähnlicher Größenordnung liegen die mitgeteilten Werte von Hess und Berkley. Auch die Oberflächenabdrücke der Zellwand der Valonia ventricosa von Preston und Mitarbeitern[2] lassen Mikrofibrillen in der intakten Zellwand von ~ 300 Å erkennen (Abb. VI, 2). Hervorgehoben werden muß noch die übereinstimmend beobachtete große Länge der Mikrofibrille (größer als 10 μ). Man erhält den Eindruck, daß innerhalb einer Faser überhaupt keine eindeutig definierten Enden dieser Strangbündel vorhanden sind.

Aus diesen Befunden darf also geschlossen werden, daß ein natürliches Strukturelement, die Mikrofibrille, existiert (vgl. Abb. VI, 2), daß aber bei energischer Behandlung auch weitere Auffransungen über eine beschränkte Länge bis herab zu Dimensionen, die wir für Kristallite beobachtet haben (S. 374), auftreten (~ 60 Å). Solche Aufspleißungen zeigte in neuerer Zeit auch Rånby an Holzcellulose und Hodge und Wardrop[3] an Koniferentracheiden (vgl. auch Diskussion auf Seite 385).

In einem Mikrofibrillenquerschnitt von etwa 63 000 Å² sind somit etwa 2000 parallel gelagerte Celluloseketten enthalten bzw., wenn wir die nicht gut individualisierten „Aufspleißungen" oder (fadenförmigen) Faserbruchstücke mit ~ 60 Å Durchmesser nach Frey-Wyssling als *Micellarstränge* bezeichnen[4], etwa 15 bis 25 solcher Stränge vereinigt (Abb. VI, 3). Die Auffassung der Mikrofibrille als supermicellares

---

[1] Siehe S. 377, Fußnote 8.

[2] Preston, R. D., E. Nicolai, R. Reed u. A. Millard: Nature [London] **162**, 665 (1948). — Vgl. auch R. D. Preston: Faraday Soc. Discuss. **11**, 165 (1951).

[3] Hodge, A. J. u. A. B. Wardrop: Nature [London] **165**, 272 (1950).

[4] Frey-Wyssling, A.: Makrom. Chem. **6**, 7 (1951).

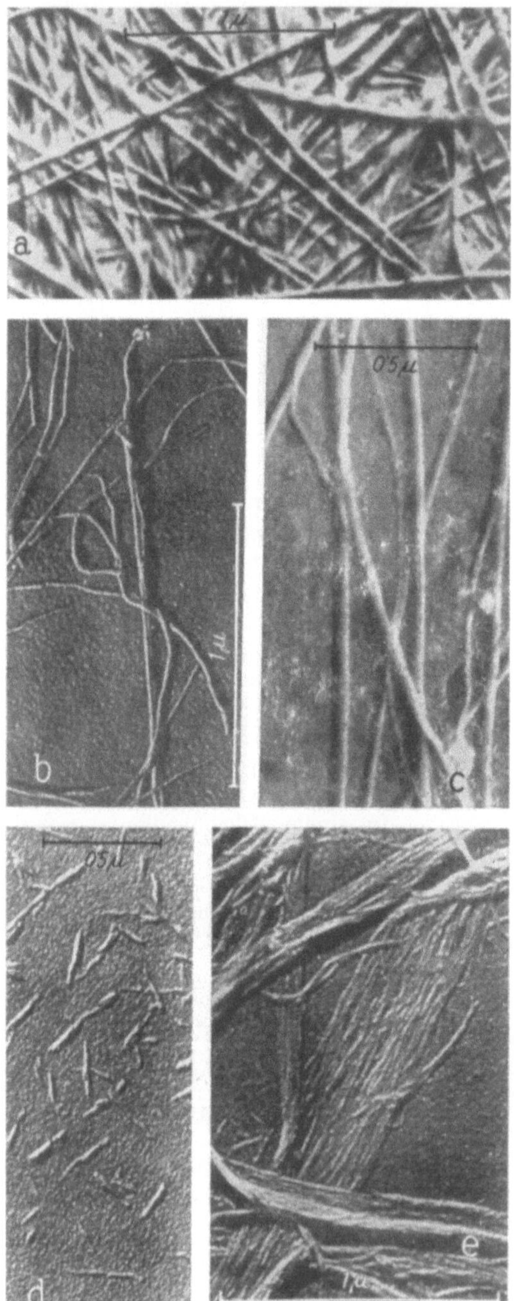

Abb. VI, 2. a) Bakteriencellulose nach MÜHLETHALER; b) Elektronenmikroskopische Aufnahme von gereinigtem Tunicin von Corella parallelogramma nach RÅNBY. c) Isolierte Mikrofibrillen der Valonia nach PRESTON; d) „Micellsol“ nativer Cellulose, zerteilt durch Ultraschall und präpariert auf oxydierter Berylliummembran nach RÅNBY; e) Gereinigte Baumwolle aufgelöst durch Ultrabeschallung nach RÅNBY.

Gebilde deckt sich auch mit den Vorstellungen von WARDROP[1] und KRATKY. Der Micellarstrang (Abb. VI, 3a) stellt im Querschnitt offenbar eine einzelne Micelle z dar, ein Bündel von etwa hundert Hauptvalenzketten (Tabelle VI, 3), in deren Innerem dieselben gut geordnet sind, während sie an den Rändern allmählich in Unordnung geraten und in amorphe oder parakristalline „Rindensubstanz“ übergehen. Vom Kern aus müssen offenbar parakristalline „Cellulosefäden“ zu benachbarten Micellarsträngen gehen, wodurch ein Längsschnitt gemäß Abb. VI, 3b resultiert. Durch die nicht ganz ideale Pakkung der Micellarstränge — die vielleicht, ähnlich der Entstehung der Interfibrillarkapillaren, teils mit der Wasserabscheidung bei der Cellulosekristallisation zusammenhängt, teils aber

<hr>

[1] WARDROP, A. B.: Nature [London] **164,** 366 (1949).

Tabelle VI, 3. *Bauelemente einer gewachsenen Cellulosefaser nach* FREY-WYSSLING.

	Querschnitt	Ungefähre Anzahl der Kettenmoleküle
Cellulosefadenmolekül	$8,3 \times 3,9$ Å^2	1
Micellarstränge	50×60 Å^2	100
Mikrofibrillen.....................	250×250 Å^2	2 000
Fibrillen	$0,4 \times 0,4 \mu^2$	500 000
Schichten (mittel)	$\sim 12,6 \mu^2$	30 000 000
Faserzelle (Baumwollhaar)	$\sim 314 \mu^2$	750 000 000

auch von Kristallisationsstörungen durch Fremdsubstanzen (γ-Cellulose?), Fremdgruppen usw. herrühren kann – entstehen intermicellare Spalten (i), die z. B. für die chemischen Reaktionen der Cellulose von entscheidender Bedeutung sind. Offenbar wiederholt sich auch hier beim „Micellarstrangbündel" die Tatsache, daß die Ordnung nach außen schlechter wird. Zusätzlich muß nun an den Randzonen eine stärkere Absättigung der Gitterkräfte – vielleicht durch Begleitstoffe – erfolgen (RIBI[1] konnte bei Viscoseseide zeigen, daß die schlecht ausgebildeten

Abb. VI, 3. Schematischer Quer- (a) und Längsschnitt (b) durch eine Fibrille in Anlehnung an FREY-WYSSLING (m = Mikrofibrille, z = Micellarstrang, i = intermicellare Spalten, k = interfibrilläre Hohlräume.

Fibrillen von einem Cellulosegel umhüllt werden), sonst wären individualisierte Mikrofibrillen nicht gut denkbar. Für die Individualisierung ist im wesentlichen nach FREY-WYSSLING auch die nicht genügend dichte Packung in den Zellwänden maßgebend, die einer Sammelreaktion

---

[1] RIBI, E.: Arkiv Kemi **2**, 551 (1950).

entgegenwirkt. Ferner darf auch mit einer Kontrollierung der Cellulose-kristallisation durch das lebende Cytoplasma gerechnet werden (FREY-WYSSLING), soweit man nicht nur physikalisch-chemische Einflüsse (zunehmende Unordnung, Aufhören von Fernkräften, Quantisierungseffekt usw.) für die Konstanz des Durchmessers in Betracht ziehen will. Daß aber die Absättigung keine vollkommene ist, erkennt man an der Verbänderungstendenz. Das seitliche Verschmelzen der Mikrofibrillen erfolgt so, daß die hydrophilste Fläche A_1 weiter Bandfläche bleibt. Solche Verbänderungen wurden bei Bakteriencellulose, Tunicin, aber auch in pflanzlichen Zellwänden (Speichergewebe der Tulpenzwiebel, Holzparenchym-Zellwände der Esche) von FREY-WYSSLING und Mitarbeitern gefunden[1]. Zusammenfassend darf aus einer Reihe von Beobachtungen der Schluß gezogen werden, daß die Mikrofibrille eine höhere Orientierung besitzt.

Die intermicellaren Spalten i innerhalb der Mikrofibrille m sind von der Größenordnung ≥ 10 Å. Feinere Spalten bzw. eine kleinere Dichte dürften offenbar durch eine laminare Aufspaltung zu den parakristallinen Bezirken resultieren, wahrscheinlich bevorzugt parallel zu A_1 (Abb. VI, 3a). In der Fibrille, einem Bündel von etwa 250 Mikrofibrillen, haben wir noch interfibrilläre Kapillaren k. Diese sind gröber (Größenordnung 100 Å) und stellen Räume dar, in welche die Inkrusten der Zellwand (Lignin, Cutin, Mineralstoffe) eingelagert werden und in denen kolloidchemische Reaktionen vor sich gehen, wie z. B. die Adsorption kolloider Farbstoffe. Diese Spalten und gröberen Hohlräume, die offenbar miteinander kommunizieren und quasi ein Röhrensystem bilden, besitzen in biologischer und technischer Hinsicht eine besondere Bedeutung. Verdanken sie ihr Entstehen im wesentlichen der Wasserabscheidung bei der Bildung der Cellulose, so spielen sie später für die Wasserführung der Zellwände eine große Rolle. Die Größe dieser Hohlräume und ihre Form ist durch Edelmetalleinlagerungen erschlossen worden (FREY-WYSSLING, MARK, KRATKY, SCHOSSBERGER u. a.). Sie wurde übereinstimmend zu 50 bis 130 Å (Ramie ~ 85, Hanf 55 bis 136, Bambus ~ 83) gefunden. HUNT und Mitarbeiter[2] finden für feine Spalten Durchmesser von ~ 40 Å. FREY-WYSSLING[3] konnte auch zeigen, daß die Kanäle, etwa im Durchschnitt 2500 Å lang, parallel zu den Faserachsen verlaufen, im übrigen jedoch irregulär verteilt sind. Größere Hohlräume, die möglicherweise einem feinen Röhrensystem angehören, konnte RUSKA im Querschnitt eines Baumwollhaares im Elektronenmikroskop sichtbar machen. WARDROP[4] vermaß die intermicellaren Spalten nun auch im Elektronenmikroskop.

Problematischer gestaltet sich die Weiterführung der Diskussion über die Anordnung der kristallinen Bereiche auf dem Fibrillen*längsschnitt*. FREY-WYSSLING[5] kommt zur Auffassung, daß submikroskopische Segmente durch amikroskopische Inhomogenitäten getrennt sind, die sich der unmittelbaren Nachweisbarkeit im Elektronenmikroskop entziehen. Die amikroskopischen Bereiche bestünden aus parakristalliner Cellulose – von einem amorphen, d. h. praktisch richtungslosen Zustand kann hier nicht gesprochen werden –, die weniger dicht gepackt ist, indem ein Teil der Fadenmoleküle hier endet. Abb. VI, 4b zeigt ein derartiges Schema nach FREY-WYSSLING; die Segmentierung wird teils durch aufgelockerte Querebenen, teils durch Querebenen mit leichter hydrolysierbaren chemischen Bindungen verursacht. Ein analoges Schema, demgemäß solche Quer-

[1] FREY-WYSSLING, A.: Holz als Roh- u. Werkstoff 9, 333 (1951).
[2] HUNT, C. M., R. L. BLAINE u. J. W. ROWEN: Text. Res. J. 20, 43 (1950).
[3] FREY-WYSSLING, A.: Kolloid-Z. 85, 148 (1938).
[4] WARDROP, A. B.: Biochim. Biophys. Acta 13, 306 (1954).
[5] Siehe S. 379, Fußnote 4.

ebenen – auch bei benachbarten Mikrofibrillen – sich annähernd in derselben Höhe befinden, würde z. B. die Querspaltenbildung (Abb. VI, 4 a)
und alle Effekte, die zur Annahme von Dermatosomen usw. führten, erklären.

Am Rande sei noch die Möglichkeit vermerkt, daß die Makromoleküle, sowohl
was die Art der Fremdgruppen (Xylose, Mannose, Uronsäuren usw.) anlangt, als
auch die Art der Bindung und deren Anzahl bzw. Abstand (Langperiodengitter)

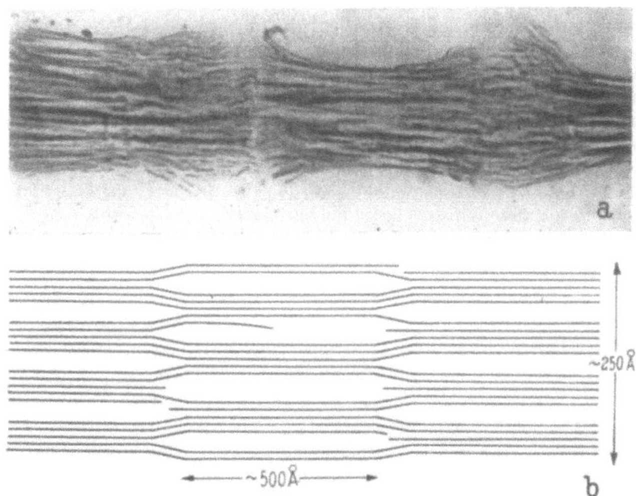

Abb. VI, 4. a) Einwirkung des Acetylierungsgemisches auf abgebaute Ramiefaser nach dem Behandeln
mit Chloroform nach M. STAUDINGER; b) Schema des Mikrofibrillen-Feinbaues mit amikroskopischen
Querzonen nach FREY-WYSSLING.

betrifft, durchaus verschiedenartig sind. Somit wäre es denkbar, daß verschiedene
Pflanzen eine ihnen eigentümliche Celluloseart, die sich durch sehr feine Unterschiede differenziert, hervorbringen; auf diese Möglichkeit wurde z. B. von ZIEGEN-
SPECK und STAUDINGER hingewiesen (vgl. auch KUBO: „Ramieform“ und „Huf-
lattichform“ der Cellulose; RÅNBY: Holz- und Strohcellulose sowie Baumwoll- und
Ramiecellulose). SAMUELSON u. a. finden Unterschiede im Abbau zwischen Baumwolle und Holzcellulosen, und WELLARD findet kleine Unterschiede in den Gitterdimensionen je nach Herkunft.

Die schon mehrfach erwähnten Querunterteilungen, die vorwiegend beim Angriff chemischer Agenzien entstehen, aber auch z. B. beim Zerreiben mit flüssiger
Luft (NOBÉCOURT), wurden vielfach als Zerfall in „vorgebildete Bauelemente“
gedeutet, die untereinander durch „Fremdhäute“ getrennt bzw. durch „Kittsubstanzen“ in der Längsrichtung zusammengehalten werden sollen. Solche
vorgebildete Teilchen werden von WIESNER (etwa 0,5 μ lange Bruchstücke, die
„Dermatosomen“), WERGIN (Teilchen von 0,2 bis 0,25 μ Länge [entspricht dem
offenbar bevorzugten DP-Wert von 500] bei der Quellung in Cuoxam), HALLER
(Dermatosomen, eingebettet in einer gallertartigen, der Cellulose nahestehenden
Substanz) sowie FARR und ECKERSON angenommen. Letztere sehen darin eine
Rückspaltung in Cellulosekeime, aus denen sich die Fibrille durch kettenförmige An-
einanderlagerung bilden soll. Solche „ellipsoidal particle“ von der Größe 1 × 1,5 μ will
FARR im Cytoplasma der Baumwolle beobachtet haben[1]. Die Größe der FARRschen
Cellulosepartikel, die mit einer nichtkristallinen Substanz bedeckt sein sollen, läßt
sich als Struktureinheit z. B. nicht in die Querdimension der Fibrille, noch viel

---

[1] FARR, K. W. u. W. A. SISSON: Contr. Boyce Thompson Inst. **6,** 189, 309, 315
(1934). — K. W. FARR: J. appl. Physics **8,** 228 (1937).

weniger in die der Mikrofibrille unterbringen (PRESTON). Auch FRANZ, MÜLLER und SCHIEBOLD[1] nehmen eine Querunterteilung in „Dermatosomen" an, die jedoch bereits als Micellen oder Supermicellen angesprochen werden. Die Verbindung in der Längsachse soll durch zwischenmolekulare Kräfte gleichgerichteter Ketten erfolgen. Die Größe der „Dermatosomen" wird in Zusammenhang gebracht mit der Größenordnung der Wärmewellen bei 29° C und die Ausbildung von Mikrokristalliten mit der Tendenz, bei möglichst tiefer potentieller Energie eine möglichst hohe Entropie zu besitzen.

Als mehr oder minder ungeklärt erscheint aber immer noch die Frage, wieso die Querunterteilung die *gesamte* Faser erfaßt, wieso derartige Querelemente, gegebenenfalls über mehrere Zellen hinweg, in nahezu gleicher Höhe angeordnet sind. Nach DOLMETSCH[2] soll die Querunterteilung durch Spiralbänder, die eine Struktureigentümlichkeit der gesamten Faser darstellen (und die in dünne Spiralblätter unterteilt werden können), verursacht werden (Querspirale). Das Auftreten von Querspiral-Spaltflächen kann nach HAAS[3] bedingt sein entweder durch Einlagerung rascher hydrolysierender Verbindungen zwischen den Gängen der Querspirale bzw. Spiralblätter oder durch schneller spaltende Bindungen (Lockerstellen) im Cellulosemolekül. Auch LÜDTKE (vgl. Abb. VI, 11) nimmt die Existenz von speziellen Querelementen an, die sich durch die gesamte Faser erstrecken.

Elektronenmikroskopisch konnten bisher solche hypothetische Querelemente nicht beobachtet werden, worauf viele Beobachter ausdrücklich hinweisen (EISENHUT und KUHN, WUHRMANN, HEUBERGER und MÜHLETHALER, ERIKSSON und SÄVERBORN, MÜHLETHALER, FREY-WYSSLING). Sofern Bildung von Querzonen auftrat, konnten sie immer als Artefakte identifiziert werden. Die einzigen beobachtbaren reellen Diskontinuitäten sind die gelegentlich beobachtbaren Verschiebungsfiguren — ähnlich wie bei Asbest — sowie die Linea lucida bei einigen Palisadenzellen. Im ersten Falle konnte FREY-WYSSLING zeigen, daß es sich hier nur um eine gewisse Knickung mit einer Texturauflockerung handelt, im zweiten lediglich um eine dichtere Packung der Cellulose (CAVAZZA). Was nun schließlich die Kugelquellung betrifft (vgl.

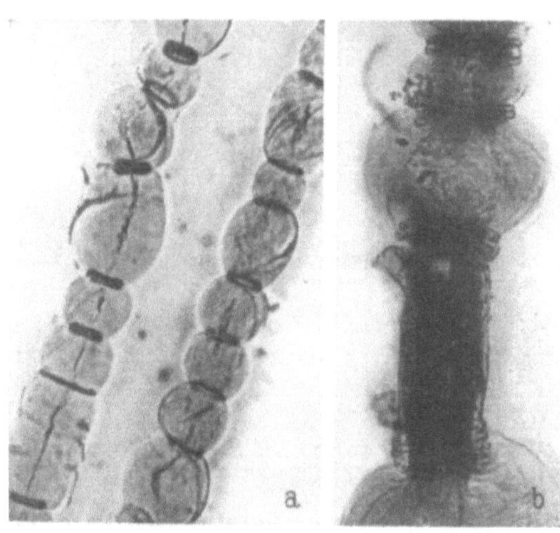

Abb.VI, 5. a) Baumwollfaser in Kupferoxydammoniak quellend nach ZIEGENSPECK; b) Beispiel der Kugelquellung nach BUCHER.

Abb. VI, 5), die LÜDTKE u. a. zum Beweis für die Existenz von Querelementen (Cuticulargürtel usw.) heranziehen, so dürfte nach WERGIN[4] der Effekt auf ein ringförmiges Zusammenschieben der teilweise aufgeplatzten Cuticula zurückgehen. (Nun ist allerdings die Existenz einer eigenen Cuticula bei Baumwolle nicht sichergestellt und sicher fehlt eine solche bei Zellen im Zellverband. Jedoch kann der Effekt auch auf die Primärwand übertragen werden, die nach ROLLINS in Quellungsmedien starke Schrumpfungen aufweist). Gestützt wird diese Ansicht durch einen Modellversuch mit einer künstlichen Cuticula an oberflächlichen esterifizierten Cellu-

[1] FRANZ, E., F. H. MÜLLER u. E. SCHIEBOLD: Kolloid-Z. **108**, 233 (1944).
[2] DOLMETSCH, H.: Kolloid-Z. **108**, 183 (1944).
[3] HAAS, H.: Makrom. Chem. **3**, 117 (1949).
[4] WERGIN, W.: Planta **26**, 751 (1937).

losespinnfasern (Stearinsäureanhydrid). Dieselbe kann sich beim Quellen von der Faser abheben und legt sich dann in Ringe und Spiralen um diese (SCHNEIDER[1]).

Auf Grund der Tatsache, daß der unmittelbare Nachweis derartiger größerer Periodizitäten oder Querwände und dgl. *nie* gelungen ist, lehnt vor allem WARDROP[2] derartige Schemata ab. Er konnte in einer neuen Arbeit zeigen[2], daß ein Teil der leichter angreifbaren Stellen *sekundären Schädigungen* zuzuschreiben sind. Die restlichen Querspaltungen treten an Stellen beobachtbarer Zellwanddeformationen auf.

Zu etwas anderen Modellvorstellungen muß man natürlich kommen, wenn man z. B. die Micellen von größerer Dicke (über 100 Å) annimmt (vgl. S. 375). Wir müssen dann die FREY-WYSSLINGsche Mikrofibrille im wesentlichen als einen einzelnen Micellarstrang deuten, der von einer mehr oder minder dicken parakristallinen Rindenschicht umgeben ist. In diesem Falle wird man entweder eine einreihige Aneinanderkettung individualisierter Micellen durch „amorphe" Segmente annehmen (vgl. Abb. VI, 6) oder doch sich der K. H. MEYERschen Vorstellung (vgl. Anmerkung S. 373 und Abb. V, 4) anschließen müssen.

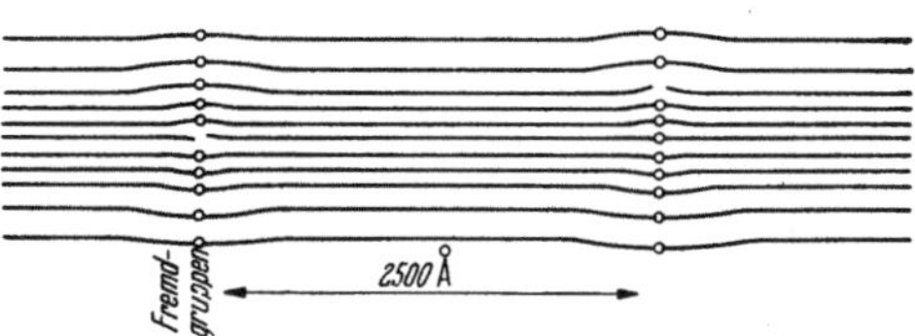

Abb. VI, 6. Schema einer Mikrofibrille von der Dicke einer Micelle.

Zu ähnlichen Vorstellungen, daß es sich nämlich um einen, gelegentlich um wenige ($\ll 28$), miteinander mehr oder minder bandförmig verklebte Micellarstränge handelt, kommt man auch auf Grund neuerer Beobachtungen an Valonia und Chaetamorpha (PRESTON). Aus denselben geht hervor (Tab. VI, 4), daß die von FREY-WYSSLING vertretene Konstanz in den seitlichen Dimensionen *keineswegs so streng zutrifft* (vgl. auch HESS[3]) und daß Mikrofibrillen vermessen werden konnten, die in Breite und Höhe mit den Teilchen des RÅNBYschen „Micellsols", ausgemessen von MUKHERJEE[4] (S. 374) völlig übereinstimmen.

Auch HOCK[5], der am KRATKY-MARKschen Schema der kristallinen und amorphen Bereiche bei nativen Fasern den Umstand bemängelt, daß dasselbe den fibrillären Charakter der Cellulose nicht genügend zutage treten läßt, schlägt als Bild einer Mikrofibrille ein Fadenmolekülbündel vor, welches mit Aus-

Tabelle VI, 4.

Seitliche Dimensionen von sieben elektronenmikroskopisch vermessenen Mikrofibrillen nach PRESTON.

Breite (in Å)	Dicke (in Å)
430	351
530	380
465	307
333	145
490	226
201	97
148*	53

---

[1] SCHNEIDER: Faserforsch. **13,** 121 (1938).
[2] WARDROP, A. B.: Holzforsch. 8, 12 (1954).
[3] HESS, K.: Kunstseide u. Zellwolle **28,** 3 (1950).
[4] Siehe S. 374, Fußnote 8. — [5] Ch. W. HOCK: J. Polymer Sci. 8, 425 (1952).
* Zum Vergleich: Micellsol von Baumwolle und Ramie nach MUKHERJEE: 150 (bis 200) $\times$ 50 Å.

nahme gelegentlicher größerer Unregelmäßigkeiten eine mehr oder minder gute Ordnung im Sinne von MEYER und VAN DER WYK und eine *dichte Packung* besitzen soll (kristalline, reaktionsträge Cellulose: 1,63, amorphe, reaktionsfähige Cellulose: 1,482—1,489 [STEURER]). *Hochgeordnete* Bereiche in diesem Kontinuum mehr oder minder gittergestörter Zustände müssen eher als zufällige, denn als fundamentale Einheiten betrachtet werden. Die interfibrillären Gegenden bzw. Randzonen jedoch müssen im Gegensatz zum Kern als weitgehend „amorph" aufgefaßt werden, wobei am Aufbau letzterer gegebenenfalls auch Hemicellulosen teilnehmen können.

Die Auffassung, daß die Konstanz der Mikrofibrille keineswegs so ausgeprägt ist und der Durchmesser in der Reihenfolge: Bakteriencellulose — Holzcellulose — Algencellulose wächst, sowie die Dimension im allgemeinen kleiner ist ($\sim$100 Å) als von FREY-WYSSLING bisher postuliert, vertritt auch besonders RÅNBY in den neuesten Arbeiten. Diese Dimension liegt aber schon in der Größenordnung der Micellabmessungen, für die nunmehr die Werte: 45×70 Å (PASCU), 50×150 Å (MUKHERJEE), 30×70 Å bzw. 50×60 (FREY-WYSSLING), 53×148 Å (PRESTON) bei einer Länge von > 600 bis über 1000 Å (z. B. 2250) genannt werden. (Die Länge der parakristallinen Zwischenzone wird von RODET zu ~ 2000 Å angenommen). Nach VOGEL[1] soll z. B. die Mikrofibrille der Ramie (173—203 Å $\times$ 30 Å) ein *verklebtes Micellarstrangbändchen* sein, welches im Querschnitt nur 2 Micellen enthält. (Auch das neueste Modell der Elementarfibrille von FREY-WYSSLING enthält nur mehr 4 Micellen im Querschnitt und trägt dem von FRANZ, HERMANS, MOREHEAD, PRESTON und MUKHERJEE vertretenen ausgeprägten Bändchencharakter Rechnung).

Auf Grund der dargelegten Auffassungen muß die intakte Mikrofibrille jedoch als erste definierte übermolekulare Einheit angesprochen werden. Es kommt ihr eine bändchenförmige Gestalt zu.

c) Existenz und Bau der Sekundärfibrillen (Fila).

Die Annahme, daß native Cellulose fibrillär in der Sekundärzellwand niedergelegt ist, geht schon auf lichtmikroskopische Beobachtungen von N. GREW (1682) zurück. In der Folgezeit wurden derartige Beobachtungen auch von CRUGER, NÄGELI, WIESNER, REIMERS u. a. gemacht, die jedoch keineswegs ausreichend erscheinen, die Frage zu klären, ob es sich hier um eine echte Fibrillenbildung oder um Artefakte usw. handelt. Den letzten Standpunkt vertraten im Jahre 1935 vor allem BAILEY und KERR, heute u. a. FREY-WYSSLING.

Diese Auffassung beruht darauf, daß offenbar — im Gegensatz zur Mikrofibrille — die auf Grund von lichtmikroskopischen Untersuchungen zu 0,1 bis 1,4 μ Dicke befundene Fibrille nicht primär in den Zellwänden vorgebildet ist. Dasselbe gilt für die vereinzelt beobachteten größeren Konglomerate, wie Fibrillenbänder, Makrofibrillen usw. (ELÖD trifft folgende Einteilung: Makrofibrillen [Durchmesser 15 bis 25 μ], Spindel-

---

[1] VOGEL, A.: Makrom. Chem. **11**, 111 (1953).

stellen [5 μ] und Fibrillen [0,4 bis 0,8 μ]) sowie für die Wachstumsschichten, die z. B. künstlich durch Schaffung gleichförmiger Wachstumsbedingungen unterdrückt werden können.

Neuerdings wird jedoch von KLING und MAHL[1] auf Grund von elektronenmikroskopischen Untersuchungen der Baumwolle die Existenz solcher Übereinheiten (Mikrofibrillenbündel von 0,1 bis 0,2 μ Dicke und Gruppen von Fibrillenbündeln, getrennt durch aufgelockerte Stellen im Gefüge mit etwa 10 bis 20 Sekundärfibrillen) angenommen. Nach Teilacetylierung findet TRIPP bei Baumwolle konzentr. Schichten. Auch WARDROP konnte elektronenmikroskopisch in der Außenschicht von *Eucalyptus elaeophora* und *E. regnans* ein Maschenwerk von Mikrofibrillen*aggregaten* nunmehr sichtbar machen.

Natürlich fehlt es so nicht an älteren und neueren Auffassungen, daß die lichtmikroskopischen Fibrillen, die aus etwa 15 bis 500 Mikrofibrillen bestehen würden, echte Struktureinheiten sind. Die Differenzierung in Lamellen und Fibrillen bzw. deren Verklebung soll durch eine leicht quellbare Haut- oder Kittsubstanz, offenbar von Pectincharakter erklärt werden (Fremdhauttheorie). Von anderen Forschern wird die Existenz dieser mit derselben Entschiedenheit in Abrede gestellt. Die Differenzierung soll auf Schwankungen in der chemischen Zusammensetzung, auf einer Porosität oder auf unterschiedlichem Wassergehalt beruhen. Eine Differenzierung und zugleich ein Zusammenhalt zwischen den Strukturelementen soll durch hydrophyle Hemicellulose, Lignin und dgl. bewirkt werden, also zum Teil durch Unterschiede in Kettenlänge, Ordnungszustand und Fremdgruppengehalt.

Eine interessante Einzelheit stellen hier die von BALLS und KERR[2] an der Baumwollsekundärwand beobachteten Lamellen dar (20 bis 30), die BALLS als Tageswachstumsringe deu

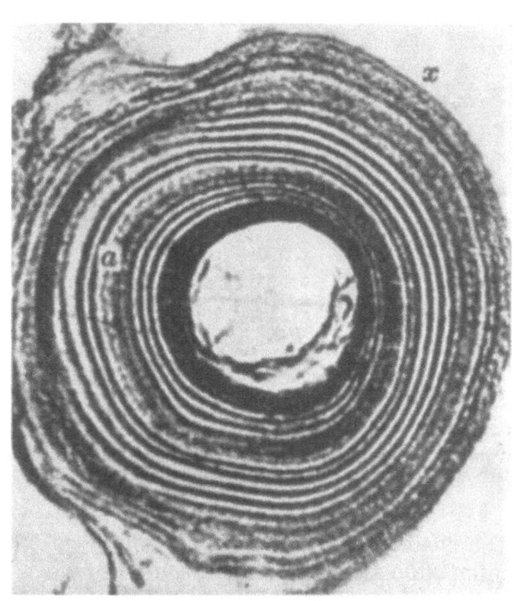

Abb. VI, 7. Querschnitt durch ein gequollenes Baumwollhaar, Tagesringe zeigend. (Nach KERR.)

tet (Abb. VI, 7). Genauere Beobachtung zeigte eine Differenzierung in eine kompakte Tageszone und eine poröse Nachtzone, so, wie der Jahresring der Bäume sich aus Frühjahrs- und Herbstholz zusammensetzt. Als Beweis für diese Anschauung können die Wachstumsversuche von ANDERSON, KERR und MOREY[3] gelten, die bei konstanter Belichtung, Feuchtigkeit und Temperatur durchgeführt wurden. Die so

---

[1] Siehe S. 392, Fußnote 2.

[2] BALLS, W. L.: Proc. Roy. Soc. [London] (B) **90**, 542 (1919). — T. H. KERR: Protoplasma **27**, 229 (1937).

[3] ANDERSON, D. B. u. D. R. MOREY: Amer. J. Bot. **24**, 503 (1937). — D. B. ANDERSON u. T. H. KERR: Ind. Engng. Chem. **30**, 48 (1938).

erhaltenen Baumwollfasern zeigen in der Sekundärwand keine Wachstumsringe. Im Gegensatz dazu stehen ähnliche Versuche bei konstanter Belichtung von BAR-ROWS [1], denen zufolge unabhängig von den Versuchsbedingungen Lamellen von etwa 1 μ Dicke entstehen. Von FRANZ [2] wurde die 150 bis 200 μ dicke Sekundärwand der Kletterhaare des Hopfens untersucht. Innerhalb von 24 Stunden sollen hier bis zu 7 Lamellen angelegt werden. In diesem Falle kann es sich nicht um Assimilationseffekte, d. h. um die Tagesschwankungen im Kohlenhydrathaushalt handeln, sondern um Wachstumsrhythmen anderer Art. Als solche wurden z. B. u. a. Ermüdungserscheinungen geltend gemacht.

Neuere elektronenmikroskopische Untersuchungen von KLING (s. S. 401) zeigen bei Baumwolle keine streng konzentrische Schichtung. Auch WARDROP kann in der mittleren Sekundärschicht der Coniferentracheiden keine Anhaltspunkte für eine Lamellierung finden.

Unabhängig von der Frage, ob Sekundärfibrillen echte Struktureinheiten sind oder nicht, kommt ihnen bei der Untersuchung der Zellwände eine hohe Bedeutung zu. Die Fibrille oder Filum (ZIEGENSPECK) ist einerseits in sehr günstigen Fällen noch im Lichtmikroskop (Abb. VI, 8a, b;

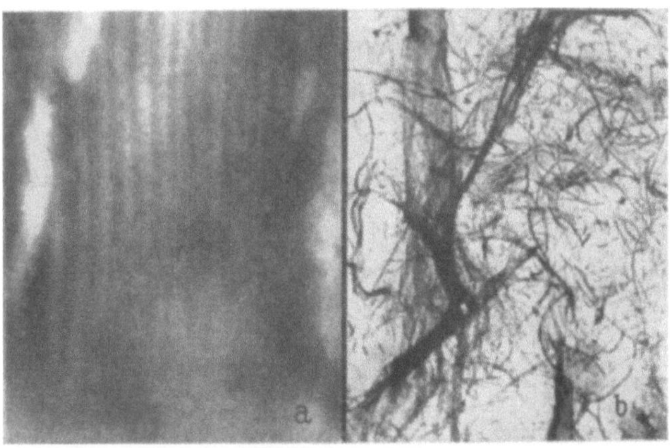

Abb. VI, 8. a) Einzelne feine parallellaufende Fibrillen in einer Sekundärwand nach ZIEGENSPECK (Beobachtung im Lichtmikroskop, äußerst stark vergrößert); b) Aufspaltung gemahlener Fasern in Fibrillen. (Nach BUCHER.)

vgl. auch Abb. VI, 9), ferner im Polarisations-, Phasen- und Dunkelfeldmikroskop sichtbar, andererseits gibt sie – als definiertes oder willkürlich sekundäres Mikrofibrillenbündel – die Orientierung der Mikrofibrille und damit auch die der Cellulosekette wieder, gestattet also, die Textur in den pflanzlichen Geweben zu erkennen. Eindrucksvoll demonstriert dies Abb. VI, 9, die zugleich zeigt, daß der mittlere Steigungswinkel der Fibrillen auch aus röntgenoptischen Daten („Sichellänge") erschlossen werden kann.

Eine weitere Möglichkeit zur Bestimmung des Schraubungswinkels zwischen Micelle und Faserachse beschreibt HEYN [3]. Nach dieser Methode ist der Winkel der sich überschneidenden Streulinien der Röntgenkleinwinkelstreuung der doppelte

[1] BARROWS, L. F.: Contr. Boyce Thompson Inst. **11**, 161 (1940).
[2] FRANZ, H.: Flora **29**, 287 (1934).
[3] HEYN, H. N. J.: Text. Res. J. **19**, 163 (1949); J. Amer. chem. Soc. **70**, 3138 (1948).

Winkel zwischen den Kristalliten und der Faserachse. HEYN erhielt für die Kokosfaser 45°, bei einigen Agaven 18 bis 35°, bei Sanseviera guinensis $\sim$10°.

Einen rohen Anhaltspunkt über die Fibrillenorientierung im allgemeinen gibt eine Methode von TREITEL[1], der Schnitte in flüssiger Luft einfriert und im gefrorenen Zustand zerschlägt. An Blattstengeln von Nymphaea gladstonia erhält man so irreguläre Bruchstücke, woraus der Autor schließt, daß die Cellulose weitgehend ein unorientiertes Netzwerk bildet. Teile eines verholzten Zweiges von Salix babylonia lieferten hingegen faserige Splitter.

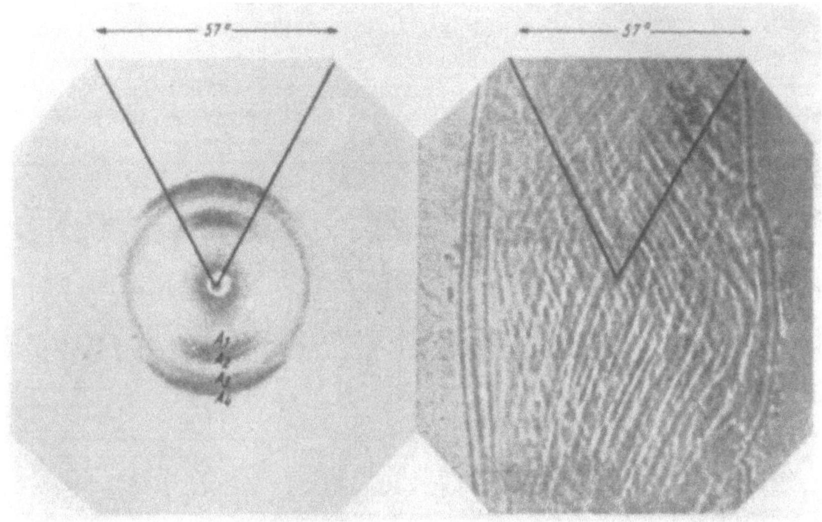

Abb. VI. 9. Vergleich zwischen Röntgendiagramm und Fibrillenorientierung nach SISSON (links: Röntgendiagramm reifer Baumwollfaser, rechts: dieselbe schwach gequollen, zur Sichtbarmachung der Fibrillenstruktur).

d) Die Textur der nativen Cellulose.

Die Micellen können in den pflanzlichen Geweben zu verschiedenartigen *Texturen* angeordnet sein. Die Art und der Grad der Orientierung können dabei außerordentlich wechseln.

Wenn die Längsachsen der Micelle parallel der Faserachse liegen, spricht man von *Fasertextur*. Sie findet sich ausgeprägt im Wollgras und ziemlich vollkommen in den Bastfasern (S. 402). Daß in diesen Fasern alle Micellen und die Hauptvalenzketten parallel zur Faserachse liegen, geht außer aus dem Röntgendiagramm auch aus dem mechanischen Verhalten hervor.

In der völlig trockenen Faser muß die Packung sehr dicht und regelmäßig sein, denn das spezifische Gewicht der trockenen Einzelfaser beträgt nach DAVIDSON 1,57 ($\pm$ 0,02) in Helium und ist damit innerhalb der Fehlergrenze fast ebenso groß wie die röntgenographisch bestimmte Dichte der Kristallite (neuester Wert: 1,630). Die Ketten müssen also fast durchweg annähernd gleich dicht gepackt sein wie im gittermäßig geordneten Anteil. Daraus leitet K. H. MEYER den Schluß ab, daß in Bastfasern wirklich amorphe Partien mit regelloser Lagerung der Ketten nicht vorkommen.

---

[1] TREITEL, O.: J. Colloid Sci. **2**, 237 (1947).

Als *Fasertextur im engeren Sinne* bezeichnet man eine Anordnung, in der die Kristallite nur in der Längsachse zueinander parallel liegen, während sie in bezug auf die beiden anderen Achsen verschieden gerichtet sein können. Sind auch die beiden anderen Achsen festgelegt, so daß eine Molekülanordnung ähnlich wie in einem Einkristall zustande kommt, spricht man von *höherer Orientierung*. Es wurde bereits mehrmals darauf hingewiesen, daß wir zur Annahme berechtigt sind, daß eine solche in der Mikrofibrille vorherrscht und wahrscheinlich auch in den konzentrischen Schichten der Fasern (101-Ebene tangential zur Zylinderwand). In der Zellwand einiger Algen (Valonia ventricosa, Chaetomorpha sp., Cladophora prolifere) ist auch eine solche einwandfrei nachgewiesen worden. Die höhere Orientierung würde auch zwanglos die Lamellenstruktur erklären (Abb. VI, 10).

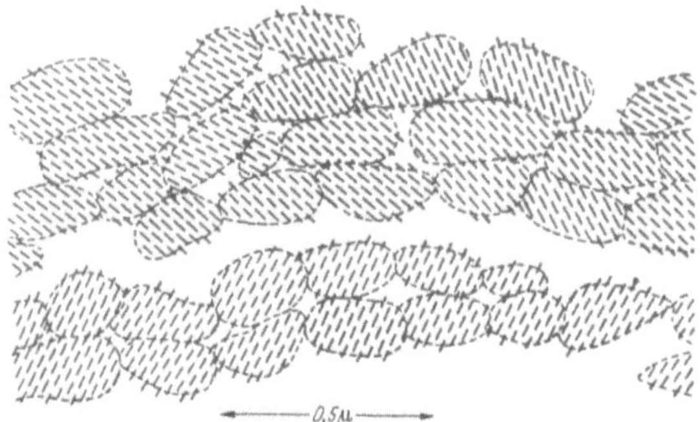

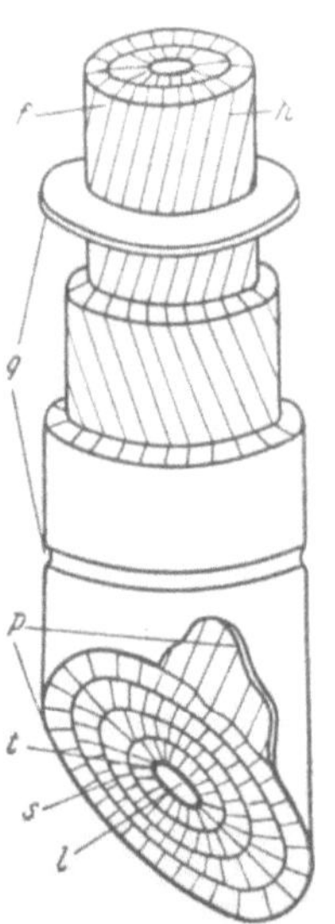

Abb. VI, 10. Ausschnitt aus einem schematischen Querschnitt durch zwei aufeinanderfolgende Lamellen der Zellwand einer Cellulosefaser nach K. H. MEYER (die Striche deuten die Lagerung der Glucoseringe an; der Maßstab bezieht sich auf die Micellstränge, die Glucosereste sind etwa viermal so groß gezeichnet. Es sollten also mehr Glucosereste in der Micelle sein. In den Zwischenräumen ist Wasser, Luft oder amorphe Kittsubstanz).

Abb. VI, 11. Faseraufbau nach LÜDTKE. *p* Primärwand, *s* lamellierte Sekundärwand mit *t* Tertiärlamelle, *l* Lumen, *f* Fibrillen, *h* Hautsystem, *q* Querelemente.

Manche Fasern, wie z. B. die Holzfasern der Coniferen, besitzen eine dünne Außenlamelle, in der die Fibrillen bzw. Micellstränge tangential liegen und um die Faser herumgewickelt erscheinen (S. 403).

Liegen die Micellen mit ihrer Längsachse in einer Ebene, innerhalb deren sie regellos gestreut sind, so spricht man von *Folientextur*. Sie findet sich in den Wänden von Zellen, die keine ausgesprochene morphologische Achse besitzen. Die damit fast identische *Streuungstextur* (FREY-WYSSLING) findet man in den Primärwänden und die der Folientextur ähnlich geartete *Ringfaserstruktur* (zwei Achsen in einer Ebene) im Tunicin, tierische Cellulose im Mantel der Tunicaten.

Als *Schraubentextur* bezeichnet man eine Anordnung, in der die Micellen sich in einem Winkel zu der Längsachse um dieselbe herumschrauben (Abb. VI, 11). Ein eindrucksvolles Beispiel ist hier die Kokosfaser mit dem Steigungswinkel ~ 45°. Sie ist daher dehnbar und wird als duktile Faser bezeichnet (vgl. auch Lianen).

α) Der Bau der Cellulosefaser (Faserzelle).

In Hinblick auf die technische Bedeutung gewisser Samenhaare, Bastfasern usw. als Textilrohstoffe sowie der „Holzfasern" für die Zellstofferzeugung, sollen diese „Celluloseträger" nun in den Vordergrund der Darstellung gerückt werden. Dies erscheint um so berechtigter, als gerade jene unter den Cellulosefasern aus den erwähnten Gründen eine eingehendere wissenschaftliche Behandlung erfahren haben.

Jener Baustein der Pflanze, der die Synthese der Cellulose vollbringt, ist die *Zelle*. Von den Hauptbestandteilen – Zellwand, Protoplasma und Zellkern – interessiert uns hier nur der erstere, die *Zellwand* oder *-membran*, die die Zellen deutlich voneinander abgrenzt und einen Cellulosemantel darstellt.

Die Wandsubstanzen sind im wesentlichen: Cellulose, celluloseähnliche Kohlenhydrate (Hemicellulosen oder Holzpolyosen[1]) und Lignin neben kleineren Mengen von fett-wachsartigen Körpern, Eiweiß und Phosphatiden.

Bereits bei den höheren Algen begegnen wir verschieden geformten Zellen, die Teilaufgaben zu erfüllen haben und sich zu Geweben zusammenschließen. Besonderes Interesse besitzt im Rahmen unserer Darstellung das mechanische Grundgewebe mit seinen stark sekundär verdickten Wänden. So finden sich unter dem nicht mehr streckungsfähigen mechanischen Gewebe z. B. die technisch wichtigen Libriformzellen, die „Bastzellen des Holzes" und die prosenchymatischen Bastzellen (Sklerenchym-*Fasern*), die in ihrer Dimension andere Zellarten weit hinter sich lassen können (z. B. bei Ramie bis 250 mm Länge; vgl. auch Tab. VI, 6) und, bündelförmig vereinigt, das für die Textilindustrie unentbehrliche Material, wie Flachs, Nessel usw. bilden. Man spricht daher auch von *textilen* Bastfasern und versteht darunter in erster Linie Flachs (Lein), Hanf, Jute und Ramie (Chinagras)*.

Für die Zellstofferzeugung sind – neben Materialien, wie Getreide- und Reisstroh, Gräsern und ähnlichen Rohstoffen (Espartogras, Bambusrohr, Bagasse usw.), die in jüngerer Zeit wieder steigende Bedeutung erlangen – die cellulosereichen

Tabelle VI, 5. *Anteil der Zellformen nach* KOLLMANN.

Zellform	Nadelholz	Laubholz
Tracheiden	etwa: 91%	etwa: —
Tracheen.	—	20%
Libriformzellen	—	49%
Parenchymzellen . . .	1,5%	13%
Markzellen	6%	18%

---

[1] Vgl. H. STAUDINGER u. F. REINECKE: Holz als Roh- und Werkstoff **2,** 321 (1939); E. HUSEMANN: J. prakt. Chem. **155,** 13 (1940); Naturwiss. **27,** 595 (1939); F. ZAPF: Makrom. Chem. **3,** 164 (1949); E. TREIBER, H. TOPLAK, M. u. H. RUCK: Holzforsch. **9,** 49 (1955). – E. TREIBER in W. RUHLAND: Handbuch d. Pflanzenphysiologie, Bd. I, Heidelberg 1955. – F. I. WENZL: Chimia **8,** 31 (1954). – L. E. WISE: Pulp Paper Mag. Canada **50,** 179 (1949).

* Unter „Blattfaser" versteht man z. B. Pisang (Manilahanf), die Fasern der Sisalagave, der Hanfpalme, des neuseeländischen Flachs, des Paradiesfeigenbaums, Maguey Manso, Piassava und der Yukkapflanze.

und mengenmäßig hervortretenden Hartholz-„Fasern" und die gefäßähnlichen Tracheiden des Nadelholzes von besonderer Wichtigkeit (vgl. Tab. VI, 5). Sie sind im wesentlichen jene, die auch bei der Kochung und Bleiche praktisch intakt bleiben und an den Sieben zurückgehalten werden.

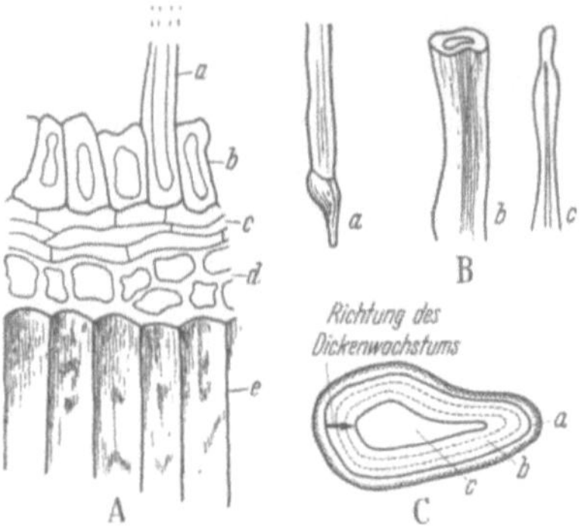

Unter den Pflanzenhaaren ist unbestritten Baumwolle das wichtigste; Baumwolle stellt die wichtigste Textilfaser der Erde dar*.

Bei den einzelligen Pflanzenhaaren fehlt die Mittellamelle oder Mittelschicht. Zum Schutz wird entweder eine isotrope definierte *Cuticula* gebildet, die aus reinem amorphem Cutin (Wachssubstanzen) besteht — eine solche cellulosefreie Cuticula konnten LEGG und WHEELER an der Agave beobachten — oder Wachse und Pectine durchsetzen mehr oder minder vollständig die Primärwand. Nach Ansicht mehrerer Autoren soll die Baumwolle eine Cuticula besitzen, ein feines, die Faser nach außen zu abschließendes Wachshäutchen. Hingegen konnten KLING und MAHL[2] eine scharfe Trennung zwischen der offenbar vorhandenen Wachs-Pectinschicht, die

Abb. VI, 12. A) Oberteil der 300 bis 400 μ dikken Samenschale von Gossypium herbaceum. *a* Baumwollhaar, *b* Epidermis, *c* Pigmentschicht, *d* Kristallschicht, *e* Palisadenzellen; B) Baumwollhaar: *a* Fuß, *b* Mittelstücke, *c* Spitze; C) Querschnitt durch das Baumwollhaar: *a* Primärwand, *b* Sekundärwand, *c* Lumen (Richtung des Dickenwachstums eingezeichnet).

für die „Seidigkeit" und Unbenetzbarkeit der Faser verantwortlich ist, und der Primärwand nicht finden und lehnen es ab, von einer gesonderten Cuticula zu sprechen. Beuche und Bleiche zerstören die in die Primärwand eingelagerte Wachs-Pectinschicht und greifen die zugänglich gewordene Primärwand stark an[3].

---

* In Hinblick auf die Bedeutung der Baumwolle als Textilfaser und der eingehenden Untersuchungen derselben mögen einige Tatsachen hier Erwähnung finden; im übrigen sei auf die Literatur verwiesen[1].

Die Baumwollfaser ist ein einzelliges, von der Oberhaut des Baumwollsamens — genauer von der Epidermis der etwa 300 bis 400 μ dicken Samenschale — ausgehendes Haar (vgl. Abb. VI, 12) und ist botanisch nichts anderes als der Flugapparat für den Samen. Es ist eine gestaltliche Abwandlung einer Epidermiszelle. Das Haar besteht aus einem verholzten Fuß, dem Basisteil, dem Mittelteil und der Spitze (Abb. VI, 12 B). Die größte Breite liegt hinter der Mitte gegen dem Fuß zu. So findet man z. B. bei einem 2,5 cm langen Haar von Gossypium herb. die Basisbreite zu 16,8 μ, den größten Durchmesser zu 21,0 μ. Die Spitze ist abgerundet, verdickt oder kegelförmig. Der Querschnitt ist nur stellenweise zylindrisch, die allgemeine Form ist eine mehr oder minder breitgedrückte. Die Samen sind während des Wachstums mit kurzen Stielen an der (inneren) Mittelsäule der ovalen Samenkapsel befestigt.

Die eigentliche Baumwollfaser (Langhaar) enthält gereift bis zu 95% reine Cellulose. Die Länge kann von 10,3 bis 40,5 mm variieren, der maximale Durchmesser von 11,9 bis 42 μ. Die Mehrzahl der langen Haare liegt am breiten Ende des eiförmigen Samens. Auf der Samenoberfläche kann sich noch ein Haarfilz befinden; am spitzen Samenende sitzen die fettreicheren Barthaare. Haarfilz und Barthaare werden zusammen als Grundwolle (*Linters*) bezeichnet, die eine Länge bis zu einigen Millimetern erreichen kann.

[1] WEHMER, C.: Die Pflanzenstoffe, 2. Aufl., Jena 1931. — J. v. WIESNER: Die Rohstoffe des Pflanzenreiches, Leipzig 1921. — K. LINSBAUER: Handbuch der Pflanzenanatomie, Bd. IV, Die Pflanzenhaare, Berlin 1932. — A. MATTHEWS: The Textile Fibres, New York 1924. — WITTMACK: Botanik und Kultur der Baumwolle in O. HERZOG: Technologie der Textilfasern, Berlin 1928.

[2] KLING, W. u. H. MAHL: Melliand Textilber. **32,** 131 (1951); **33,** 32, 328, 829 (1952).

[3] NICKERSON, R. F. in E. OTT: Cellulose and Cellulose Derivatives, New York 1946.

Ein Querschnitt durch ein Baumwollhaar zeigt die Primärwand mit den eingelagerten Cutikularsubstanzen, eine Sekundärwand von großer Mächtigkeit (ein bis zwei Drittel des Durchmessers), die durchaus den Bastfasern vergleichbar (mit Ausnahme der noch stärker entwickelten Flachszellwand) und teilweise lamellar gebaut ist, und das Lumen (Abb. VI, 12 C).

Speziell von Fasern sprechen wir praktisch also dann, wenn dieselben mehr oder minder leicht von den übrigen Pflanzenteilen abgetrennt werden können, wobei ihnen besonderes Interesse von technischer Seite zukommt, wenn sie unmodifiziert einer direkten textilen Verwertung zugeführt werden können. Durch verschiedene Anforderungen (Reißfestigkeit, Länge, textile Eigenschaften, Farbe usw.) wird aus der großen Zahl nativer Fasern eigentlich eine kleine Gruppe, die in der vorausgegangenen Einleitung großteils bereits kurz charakterisiert wurde, herausgegriffen, die man in vier Untergruppen unterteilen kann (NICKERSON[1]):

Samenhaare (z. B. Baumwolle und Linters, Kapok [Ceibawolle]).

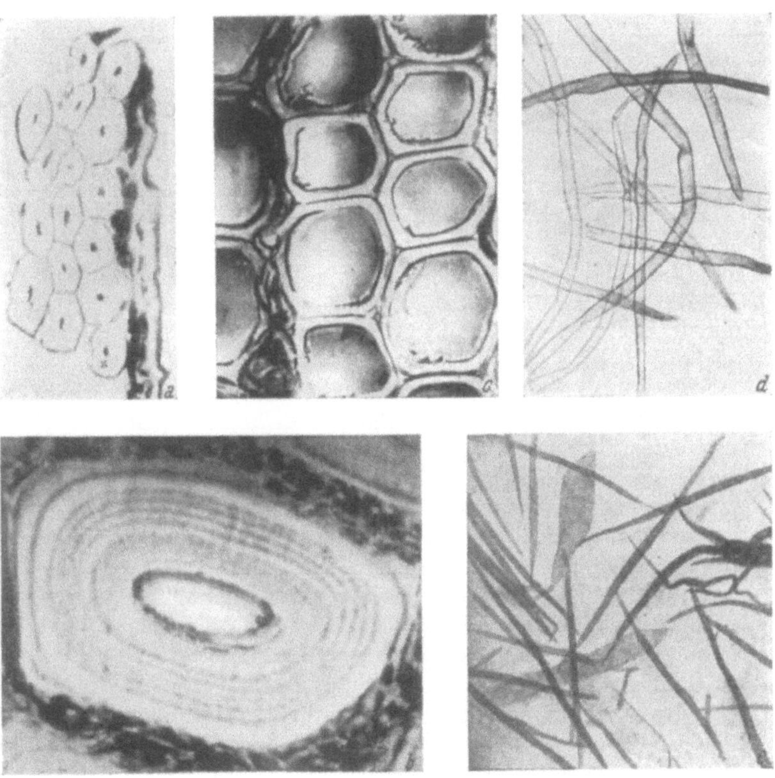

Abb. VI, 13. a) Querschnitt durch eine Flachsfaser nach HERZOG; b) Querschnitt durch eine Holzfaser nach BAILEY. Auf dem Bild sind die konzentrischen Lagen für Cellulose in der verdickten Sekundärwand (hell) zu sehen. Die äußeren dunklen Partien enthalten Lignin. c) Querschnitt durch Fichtenholz nach BUCHER (Mittellamelle) durch Bisulfit angegriffen; d) Nadelholzzellen, aus dem Verband gelöst (Natl. Bur. Standards); e) Hartholzzellen, aus dem Verband gelöst (Natl. Bur. Standards).

---

[1] Siehe S. 392, Fußnote 3; vgl. auch A. J. TURNER: J. Text. Inst. **45**, 317 (1954).

Bastfasern. (Sie finden sich im Bast [Phloem] der Pflanze und unterscheiden sich von den übrigen Pflanzenzellen durch beträchtliche Länge und erhebliche Wandverdickung. Im Gegensatz zu Baumwolle wird z. B. die Flachs- und Jutefaser aus mehreren kleinen länglichen Bastzellen gebildet [siehe Abb. VI, 13a]. Beispiele: Flachs, Hanf, Sunnhanf, Jute, Ramie, Nessel, Kenaf).

Blattfasern (kommen in langen, schwertähnlichen Blättern als vielzellige Fasern vor. Zum Beispiel Sisal, Manilahanf, Neuseeländischer Flachs, Phormium).

Holz-„Fasern". (Kleine Zellen bis zu etwa 5 mm Länge, mehr oder minder mit Nichtcellulosesubstanzen verkittet [z. B. durch die weitgehend aus Lignin bestehende Mittellamelle] und mit Lignin und ligninähnlichen Substanzen sowie Pentosanen durchsetzt [Abb. VI, 13b bis e]).

Tabelle VI, 6. *Ungefähre Größe einiger wichtiger Fasern und Zellen.*

Faser	Untergruppe	Faserlänge in mm	Faserdurchmesser in μ	Zellenlänge in mm	Zelldurchmesser in μ
Baumwolle .	Samenhaar	10— 56	12— 25	15 — 56	12— 25
Flachs	Bastfaser	200—1400	40— 620	4 — 66	12— 76
Jute........	Bastfaser	1500—3600	30— 140	0,8 — 5	10— 25
Hanf	Bastfaser	1000—3000	—	5 — 55	16— 50
Ramie	Bastfaser	100—1800	60—9040	60 —250	16—126
Manilahanf..	Blattfaser	1800—3600	12— 280	3 — 12	12— 46
Sisal	Blattfaser	750—1200	100— 460	1,5 — 4	16— 32
Holz	„Holzfaser"	1— 14	~20— 50	0,14— 5	variabel

Die Struktur der Zellwände. Die Terminologie der verschiedenen Strukturelemente ist in der Literatur keineswegs einheitlich und unmißverständlich. Am zweckmäßigsten ist die Einteilung von KERR und BAILEY[1], der sich auch weitestgehend FREY-WYSSLING anschließt.

Wir unterscheiden am Querschnitt eines *Zellverbands* die Primär- oder *Mittelschicht*, die *Sekundärwand* und das *Zellumen* (Zentralkanal). Die Primär- oder Mittelschicht besteht aus der *Mittellamelle* und der *Primärwand*. Erstere geht aus der nach der Kernteilung gebildeten Pectinlamelle hervor und macht bald eine Lignifizierung durch. Die Primärwand ist gewissermaßen das Kleid der sich streckenden und dehnenden Zelle. Sie ist stark mit Pectinen (im wesentlichen Polygalakturonsäuren; Molekulargewicht ~ 100000 bis 200000), fetten Wachsen, Phosphatiden und plasmatischer Substanz durchsetzt. Die wachsende Zellwand ist keine oberflächliche Stoffausscheidung, sondern sie lebt. Die Sekundärwand stellt meist eine mächtige Celluloseablagerung dar und wird oft aus mehreren (drei) Lamellenkomplexen bestehend aufgefaßt. Besonders die innerste Schicht wird oft besonders hervorgehoben und gelegentlich als Innenwand oder *Tertiärlamelle* bezeichnet (vgl. Abb. 14).

Der Begriff „Membran" umfaßt alle Schichten.

Die *Mittellamelle* — die bei einzelligen Pflanzenhaaren fehlt — geht bei der Zellteilung aus der Zellplatte hervor und bildet die erste Membran, die Mutter- und

---

[1] KERR, T. u. J. W. BAILEY: J. Arnold Arb. **15**, 327 (1934). — Siehe auch A. FREY-WYSSLING: Die Stoffausscheidung der höheren Pflanzen, S. 96.

Tochterzelle teilt. Sie ist isotrop, möglicherweise paarig angelegt und zeigt zunächst nur eine Pectinreaktion (im Augenblick der Entstehung sind vielleicht auch Eiweißkörper vorhanden). Aus dem Phragmoplast wird sofort Cellulose, gemischt mit Protopectin, an diese abgelagert. Bei Zerreißungen im Streckungswachstum erfolgen Ergüsse und Zwickelbildungen aus Pectin, Amyloid und Kollose. Im fortgeschrittenen Alter besteht die Mittellamelle aus amorphem Lignin und ist vielleicht mit Hemicellulose durchtränkt. Die Mittellamelle wird übereinstimmend als cellulosefrei angenommen. Sie wird beim Aufschluß der Holzfaser am raschesten angegriffen.

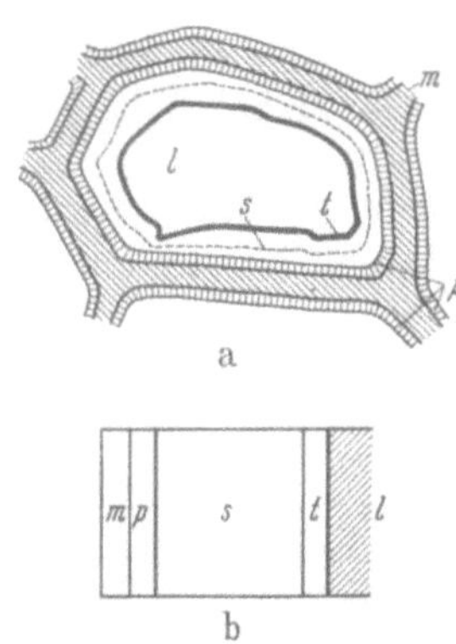

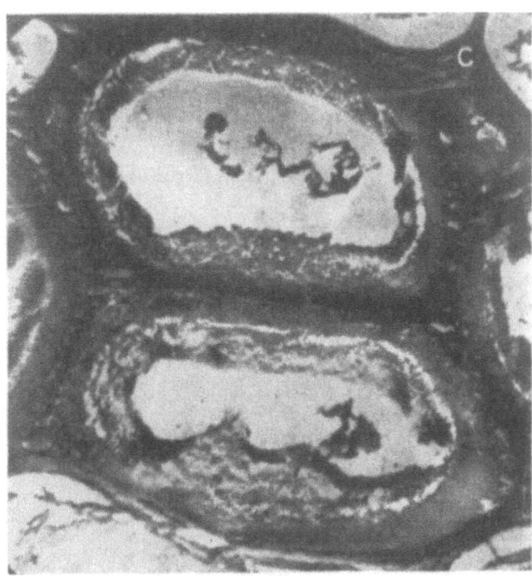

Abb. VI, 14. a) schematischer Querschnitt durch eine Zelle: *p* Primärwand, *m* Mittellamelle, *s* Sekundärwand mit Mittelschicht, *t* Tertiärlamelle, *l* Lumen. b) schematischer Längsschnitt durch eine Zelle aus einem Zellverband: *m* Mittellamelle, *p* Primärwand, *s* Sekundärwand, *t* Tertiärlamelle, *l* Lumen. c) Ultradünnschnitt durch Weidenholzzellen im Elektronenmikroskop. (Die obere Zelle liegt schematisch und verkleinert der Abb. 14a zugrunde.)

β) Die Primärwand.

Der Primärwand kommt als äußerster Abschluß der isolierten individuellen Zelle in Hinblick auf das Verhalten derselben gegenüber ihrer Umgebung, insbesondere gegenüber einwirkenden Agenzien, eine besondere Bedeutung zu. Sie widersteht auch weitaus am längsten dem Angriff aller Aufschluß- und Bleichmittel. Selbst Kupferoxydammoniak (Cuoxam) löst sie verhältnismäßig langsam. Sie quillt auch nur wenig und wird weder nennenswert gedehnt noch schrumpft sie z. B. durch Delignieren. Im Gegensatz dazu quillt unter dem Einfluß von Alkali die Sekundärwand stark auf, so daß – durch die Behinderung der freien Quellung nach außen durch die Primärwand – das Lumen stark verkleinert wird und der Faserquerschnitt rundliche Formen annimmt. Diese pralle Füllung der Faser mit gequollener Cellulose tritt noch deutlicher hervor, wenn man die aufgeschlossene Faser in Kupferoxydammoniak nachquillt. Die Primärwand wird durch den Quellungsdruck der Sekundärwand ausgerundet, und es kommt zum Erscheinungsbild der Kugelquellung (vgl. Abb. VI, 5).

Es wird allgemein angenommen, daß in allen pflanzlichen Fasern die Primärwand als ein hinsichtlich ihres physikalischen Verhaltens, vielleicht auch chemischen Charakters, deutlich von der Sekundärwand differenziertes Gebilde sich abhebt (WARDROP). Ihre Anisotropie ist durchwegs gering. Sie ist praktisch nicht spaltbar und, wenn Risse entstehen, bilden sie sich quer zur Faserrichtung aus[1].

Eine mikroskopische Beobachtung der Primärwand ist an jugendlichen Zellquerschnitten leicht; bei Ginsterfasern z. B. ist dieselbe sogar sehr kräftig entwickelt. Schwieriger wird die Untersuchung im älteren Stadium, wo sie durch die sekundäre Wandverdickung überdeckt ist. So wird z. B. beim Baumwollhaar etwa ab dem 16. Tag, an dem anscheinend das Wachstum der Sekundärwand beginnt, die Primärwandstruktur durch die Sekundärschicht so verdeckt, daß Einzelheiten nur sehr schwer zu beobachten sind[2]. Bei den meisten verholzten Geweben kann sie nur an sehr dünnen Schnitten und häufig erst nach Maceration beobachtet werden[3].

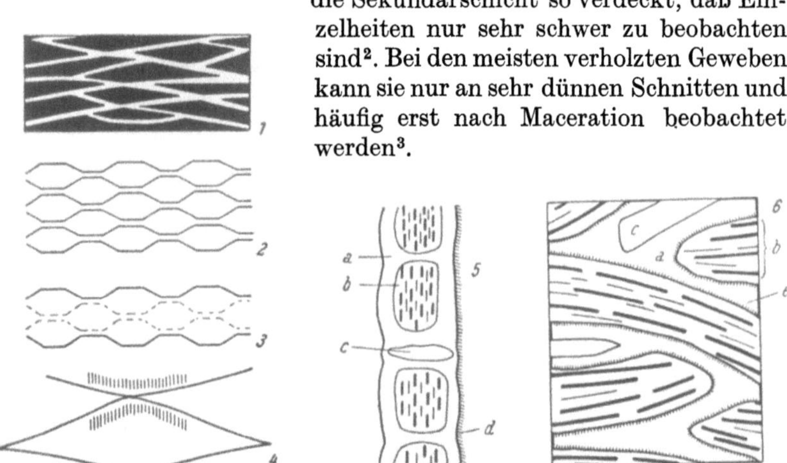

Abb. VI, 15. Schema der Primärwand nach FREY-WYSSLING sowie HESS, WERGIN und KIESSIG. *1* Submikroskopisches Strukturschema der meristematischen Primärwand von prosenchymatischen Zellen. Cellulosegerüst eingebettet in Pectin und Wachs. *2* Micellares Cellulosegerüst, idealisiert als Rautennetz. *3* Intussuszeptionswachstum: nach Lösung der Haftpunkte schieben sich neue Cellulosefäden (———) ein. *4* Maskierung der Cellulosefäden durch kristallines Wachs (||||||||||). *5* Querschnitt nach HESS, WERGIN und KIESSIG. *6* Tangentialschnitt nach HESS, WERGIN und KIESSIG. *a* Wachs, *b* Celluloseketten + Pectin, *c* Spaltöffnung, *d* Plasmagrenzschicht, *e* Phosphatidschicht.

Untersuchen wir die Primärwand einer jungen teilungsfähigen Zelle mikrochemisch, so können wir keine Cellulose nachweisen[4]. Röntgenographische Aufnahmen von GUNDERMANN, WERGIN und HESS[5] an der in Streckung befindlichen Zelle von Avena coleoptiles nach Entfernung der Epidermis zeigten die Faserperiode der Cellulose. Daß nur die Basisebenen zur Reflexion kommen, wird damit erklärt, daß die Cellulosefaserchen aus einer zu geringen Anzahl von Cellulosemicellen bestehen. Nachdem FREY-WYSSLING und Mitarbeiter zeigen konnten, daß aller Wahrscheinlichkeit nach Mikrofibrillen von praktisch derselben Dimension

[1] FREY-WYSSLING, A. u. K. MÜHLETHALER: Schweiz. Bauztg. **67** (1949).

[2] ROLLINS, L. M.: Text. Res. J. **15**, 65 (1945).

[3] BUCHER, H. u. L. P. WIDERKEHR-SCHERB: Morphologie und Struktur von Holzfasern, Attisholz 1947.

[4] TUPPER-CAREY, R. M. u. J. H. PRIESTLEY: Proc. Roy. Soc. [London] **1923**, 95. — Vgl. ferner: E. NICOLAI u. A. FREY-WYSSLING: Protoplasma **40**, 401 (1938).

[5] GUNDERMANN, J., W. WERGIN u. K. HESS: Ber. dtsch. chem. Ges. **70**, 517 (1937).

Sekundär- und Primärwand aufbauen, könnte die Flauheit der Röntgendiagramme auch auf einer Verschiedenheit in der Kristallinität beruhen (FREY-WYSSLING[1]). Diese Auffassung wird durch eine röntgenoptische Untersuchung von WARDROP[2] gestützt, der im Gegensatz zu den Micelldimensionen der Sekundärwand in der Primärwand von Pinus sylvestris und Avena coleoptiles eine Micellbreite von ~ 18 Å und nach der Entfernung der Pectine und anderer Wandsubstanzen eine solche von ~ 26 Å findet. Dieser Effekt weist auf eine Kristallisationsbehinderung hin sowie auf die Möglichkeit eines „Nachkristallisierens" nach der Entfernung dieser Stoffe*, HESSLER und Mitarbeiter[4] finden auch im DP-Grad Unterschiede; für die Cellulose der Primärwand von Baumwolle finden diese den Wert 5940, für die der Sekundärwand hingegen 10650 (vgl. auch S. 371).

Wenngleich auch die meristematische unverdickte Primärwand nur wenig Cellulose enthält, so bilden doch die Celluloseketten bereits ein zusammenhängendes feines Gerippe. Die Cellulosefibrillen sind in den Primärwänden nach einer *„Streuungstextur"* angeordnet, im allgemeinen mit einer Betonung der Richtung quer zur Faserachse (Röhrentextur nach FREY-WYSSLING). Von PRESTON[5] wurden licht- und röntgenoptisch die Endzellen des Cambiums der Coniferen untersucht mit dem Ergebnis, daß die Textur der Primärwände dieser wachsenden Zellen tatsächlich etwa der Röhrentextur FREY-WYSSLINGS entspricht. Die Fibrillen schwanken um einen Winkel zwischen 74 und 90° mit der Faserachse, liegen also betont quer zu dieser (vgl. Abb. VI, 15, Fig. 1). Übermikroskopische Aufnahmen an Primärwänden (Flachsfaser, Wurzelmeristem eines Maiskeimlings, Baumwolle u. a.) konnten ein richtiges Geflecht sichtbar machen (Abb. VI, 17); eine solche Verwebung von Fibrillen erklärt, warum die Primärwände im Gegensatz zu den Sekundärwänden kaum spalten und nicht in feine Lamellen zerlegt werden können.

Nach FREY-WYSSLING[1] kann ein solches Flechtwerk nur zustande kommen, wenn alle Fibrillen im wandständigen Cytoplasma gleichzeitig entstehen, wobei die Textur im Plasma vorbestimmt sein muß oder wenn die Fibrillen ein Spitzenwachstum aufweisen (im letzten Falle könnten sie als „Schuß" zwischen bereits vorhandenen, dem Zettel vergleichbaren Fibrillen eingezogen werden). In den

---

[1] FREY-WYSSLING, A.: Ber. schweiz. bot. Ges. **59,** 5 (1949). — A. FREY-WYSSLING in Fortschritte der Botanik, Bd. XII von E. GÄUMANN u. O. RENNER, Springer 1949.

[2] Siehe S. 375, Fußnote 5.

* In diesem Zusammenhang sei auch auf die Versuche an Baumwolle bei konstanten Wachstumsbedingungen nochmals verwiesen. In diesem Falle soll die Cellulose plastisch und amorph sein. Erst beim Strecken oder Behandeln mit unpolaren Lösungsmitteln wird das Material kristallin (?). Die Annahme, daß durch den Einfluß des Kondensationswassers usw. die parallelen Molekülketten nur schlecht kristallisieren könnten, wirft die Frage auf, ob die Feinstruktur frischer pflanzlicher Gewebe identisch ist mit der der vorwiegend trocken untersuchten Gewebeteile. Zur Klärung dieser Frage untersuchten PRESTON, WARDROP und NICOLAI[3] frische nasse Fäden der Alge Rhizoclonium und das Cambialgewebe von Pinus sylvestris. In beiden Fällen konnten in den sehr störenden „Wasserhöfen" einwandfrei Celluloseinterferenzen erkannt werden, die bezüglich ihrer Orientierung mit den Ergebnissen an den klaren Diagrammen der trockenen Proben übereinstimmten.

[3] PRESTON, R. D., A. B. WARDROP u. E. NICOLAI: Nature [London] **162,** 957 (1948).

[4] HESSLER, L. E., G. V. MEROLA u. E. E. BERKLEY: Text. Res. J. **18,** 628 (1948).

[5] PRESTON, R. D. u. A. B. WARDROP: Biochim. Biophys. Acta **3,** 549 (1949).

Maschen des zarten, netzartigen Cellulosegerüstes (Abb. VI, 16) liegen die von
HESS und Mitarbeitern [1] näher beschriebenen kristallinen Pflanzenwachseinlage-
rungen; kurze Wachsketten, die Röntgeninterferenzen entsprechend einer Periode
von 60 und 83 Å ergeben. Da die Wachse extrem hydrophob, die Celluloseketten
dagegen sehr hydrophil sind, können sich beide Membranstoffe nicht direkt berühren. Als Zwischensubstanz
werden teils Polypeptidketten,
teils Pectine angenommen. Die
Anwesenheit bzw. die Maskie-
rung der „Cellulosebalken" mit
Pectin und Wachs ist auch der
Grund, warum in den Primärwänden Cellulose mikrochemisch nicht unmittelbar nachweisbar ist (Abb. VI, 15, Fig. 5
und 6). Jedoch ist die Cellulose
durch ihre Doppelbrechung zu
erkennen, nachdem derartige
Pectine überhaupt keine Doppelbrechung zeigen und auch
die fetten Wachse (kurze Ketten vom Typus

$$C_nH_{2n+1}CO{-}O{-}C_mH_{2m+1};$$

n und m zwischen 24 und 33)
in den Radialschnitten ihre
Doppelbrechung vermissen lassen [2]. Bei der Baumwolle läßt
sich die Matrize von Wachs und
Pectin, in der das Cellulose-
netzwerk eingebettet ist, durch
eine geeignete Behandlung weg-
lösen, so daß das Cellulose-

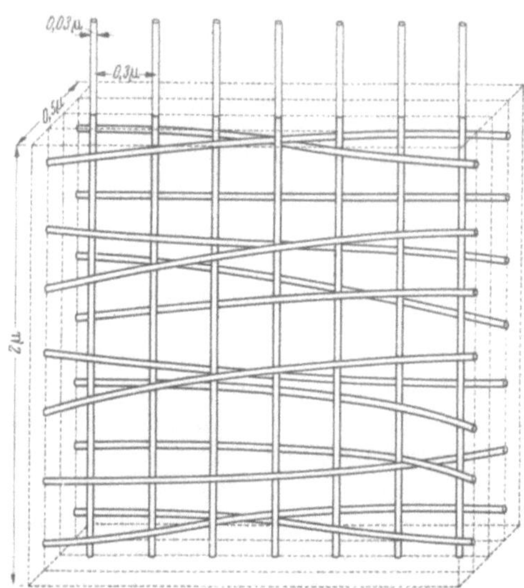

Abb. VI, 16. Modell des Cellulosegerüstes einer lebenden
Zellwand nach FREY-WYSSLING. Die Mikrofibrillen nehmen
nur etwa 2,5% des Raumes ein.

skelett zurückbleibt. Ein solches zusammenhängendes Gebilde aus verwobenen
Mikrofibrillen konnte auch ELVERS [3] im Elektronenmikroskop nachweisen. Auch
Aufnahmen zwischen gekreuzten Nicols an unreifer Baumwollfaser zeigen die netz-
ähnliche Struktur.

Die folgende Zellstreckung oder das Streckungswachstum, jene Wachstums-
periode, während der die meristematischen Zellen ihre Längen in kurzer Zeit ver-
vielfachen, bevor sie in den Dauerzustand übergehen, geht nun keineswegs auf eine
passive Dehnung durch die Spannung des lebenden Inhalts durch Wasseraufnahme
zurück. Ein elastisches Nachgeben ist höchstens als erster Schritt anzunehmen.
Welche Leistungen die einzelnen Pflanzen während dieses Streckungswachstums
vollbringen, zeigen einige Zahlen: So wächst die Coleoptile von Avena sativa um
3,7 cm je Tag und die Roggenfilamente um 2,2 mm in der Minute. Es wird vielmehr
nach FREY-WYSSLING und Mitarbeitern [4] das Flechtwerk lokal gelockert (vgl. auch
MÜHLETHALER [5]), und neu entstandene Mikrofibrillen schieben sich ein. Die „Erweichung" der Wand, die Texturauflockerung, wird indirekt hormonal durch
Wuchsstoffe geregelt. Nach der Intussuszeption wird die Plastifizierung, zum Teil
durch Auflösung gewisser Wandpartien, rückgängig gemacht, und die Membran verfestigt sich, worauf sich neue plastifizierte Felder ausbilden. Die Membran wächst

[1] HESS, K., W. WERGIN u. H. KIESSIG: Planta **33**, 151 (1942).

[2] WUHRMANN-MEYER, K. u. M.: J. wiss. Bot. **87**, 642 (1939).

[3] ELVERS, I.: Svensk bot. Tidskr. **37**, 331 (1943).

[4] FREY-WYSSLING, A.: Vakbl. biolog. (Nd) **27**, 89 (1947); Vjschr. naturforsch.
Ges. Zürich **93**, 24 (1948); Submicroscopic Morphology of Protoplasm and its
Derivatives. New York 1948; Ber. schweiz. bot. Ges. **59**, 5 (1949); Fortschritte der
Botanik, Bd. XII von E. GÄUMANN u. O. RENNER, Springer 1949.

[5] MÜHLETHALER, K.: Biochim. Biophys. Acta **3**, 15 (1949).

also nicht als Ganzes, sondern mosaikartig in die Fläche, wodurch sich bisher schwer erklärbare Wachstumserscheinungen verstehen lassen[1]. Schon vor den überzeugenden elektronenmikroskopischen Aufnahmen von Mühlethaler hat 1936 Frey-Wyssling ein nunmehr weitgehend verifiziertes anschauliches Schema des Flächenwachstums primärer Zellwände gegeben: Bei dem Intussuszeptions-vorgang werden — da sich der Charakter der Doppelbrechung nicht ändert — die sicherlich festen Haftpunkte eines netz-förmigen Cellulosegerüstes, wel-ches man schematisch als Rautennetz idealisieren könnte (Abb. VI, 15, Fig. 2), gelöst, so daß eine Erweichung der Pri-märwand eintritt. Durch diese stark aufgelockerte plasti-fizierte Textur kann durch den Turgordruck die Fläche nun-mehr vergrößert werden, wor-auf sich neue Fäden einschieben (Abb. VI, 15, Fig. 3). Die vor-nehmlich quer verlaufenden Fibrillen behindern als Haupt-valenzketten eine stärkere Querdehnung, wodurch sich die als Streckungswachstum gekennzeichnete längsgerich-tete Flächenvergrößerung er-gibt (z. B. Roggenstaubfäden vor der Zellstreckung: Länge 3,1 mm, Dicke 112 μ; nach der Zellstreckung: Länge 15 mm, Dicke 103 μ; die Wurzelenden von Triticum vulgare verlän-gern sich um das Zwanzigfache, die Epidermiszellen der Hafer-coleoptilen um das Hundert-fache und das Baumwollsamen-haar innerhalb 15 Tagen um das rund Tausendfache). Nach der Intussuszeption werden die Haftkräfte an den Berührungs-punkten wieder verstärkt und die Membran verfestigt sich. Die Haftkräfte werden als Di-polkräfte von der Art der Sekun-

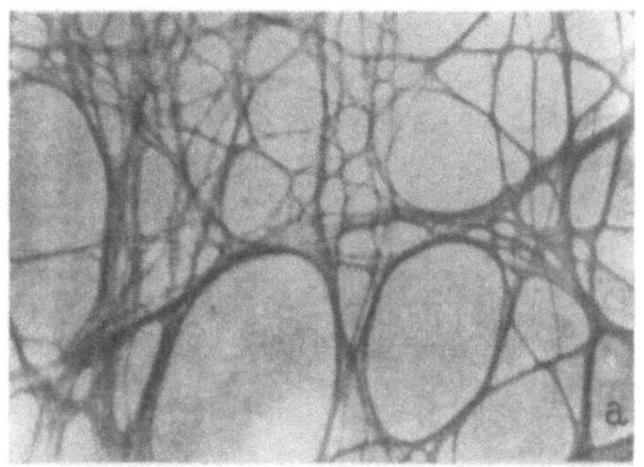

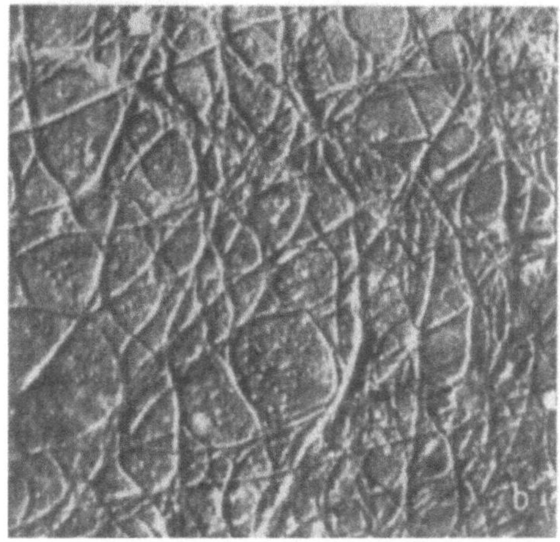

Abb. VI, 17. Elektronenmikroskopische Aufnahmen der Primärwand. a) 8 Tage alte Cellulosemembran nach Mühle-thaler; b) wachsende Primärwand aus der Maiscoleoptile.

där- oder Restvalenzen aufgefaßt. Ihre Stärke ist abhängig von der Hydratisierung der heteropolaren Gruppen, und das beim Wachstumsprozeß geschilderte Lösen und Wiederverfestigen scheint eine Folge des jeweiligen Hydratationszustandes zu sein[2].

Die Membran stellt ihr Flächenwachstum ein, wenn die äußeren und die im Plasma liegenden Bedingungen die erforderlichen Voraussetzungen nicht mehr er-füllen. Es wäre auch denkbar, daß die Struktur der Wand sich so weit verändert hat, daß eine weitere Neueinlagerung von Wandteilen nicht mehr möglich ist bzw. intermicellare Einlagerungen von Lignin usw. den weiteren Einbau von Cellulose-micellen hemmt.

---

[1] Siehe S. 397, Fußnote 1.
[2] Vgl. A. Frey-Wyssling: Protoplasma **25**, 262 (1936); A. N. J. Heyn: Diss. Utrecht; H. Söding: J. wiss. Bot. **74**, 127 (1931); C. Zollikofer: Ber. dtsch. bot. Ges. **53**, 152 (1931).

Die $\leq 0{,}5\,\mu$ dicke (wahrscheinlich $< 0{,}2\,\mu$) Primärwand der *Baumwolle* enthält etwa 10% Cellulose und stellt ein feines Fibrillennetzwerk dar, in welchem die Fibrillen vorzugsweise in zwei Hauptrichtungen, die eine gleiche Neigung gegenüber der Faserachse besitzen und deren Winkel anscheinend mit zunehmendem Alter abnehmen, angeordnet sind. Möglicherweise handelt es sich um zwei Netzsysteme, ein schwaches jüngeres und mehr längsgestrecktes sowie ein später entstandenes, cellulosereicheres mit stärkerer Querorientierung. Die äußerste Schicht ist besonders stark mit Wachs und Pectin durchsetzt. Eine individualisierte Cuticula wurde in neueren Arbeiten nicht gefunden.

Ähnliche Verhältnisse findet man auch bei anderen Primärwänden.

Die Tüpfelfelder werden durch tangential gelagerte Fibrillen gebildet bzw. ausgespart (zirkuläre Micellierung). Die Schließhaut selbst hat weite Maschen und eine völlig verstreute Lagerung der Mikrofibrillen. (Die Primärwand der Holzzellen soll auf die Filtrationsfähigkeit der Viscose von Einfluß sein [WARDROP u. DADSWELL].)

γ) Die Sekundärwand.

Die Sekundärwand verdankt ihr Entstehen dem Dickenwachstum. Die Frage, ob das Dickenwachstum ein Appositions- oder Intussuszeptionswachstum ist, scheint wohl zugunsten der ersten Auffassung, d. h. einer Ablagerung von der Plasmaseite her, entschieden zu sein.

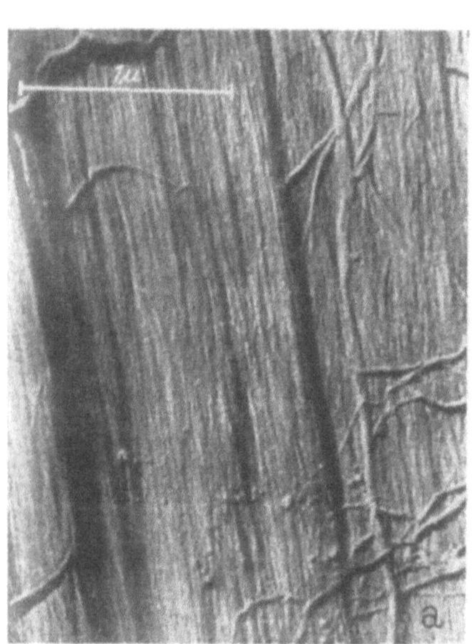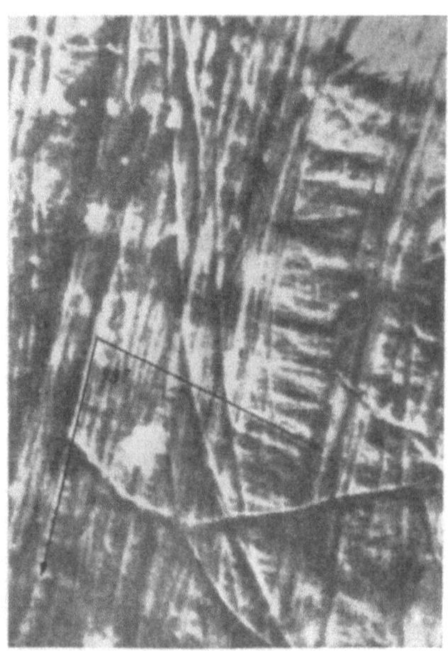

Abb. VI, 18. Elektronenmikroskopische Aufnahmen von Sekundärwänden. a) Pseudotsuga taxifolia. Teil der Sekundärwand nach HODGE und WARDROP. b) Ausschnitt aus der Zellwand der Valonia ventricosa. (Nach PRESTON.)

Wie bereits erwähnt, wird die Cellulose in Form paralleler Fibrillen in Form einer dichten Faser-, faserähnlichen oder Schraubentextur niedergelegt (Abb. VI, 18). Bei verschiedenen Präparationsmethoden treten uns Schichten bzw. Lamellen entgegen. Vielfach wird daher an der Sekundärwand noch eine Außenschicht, Mittel- oder Zentralschicht und Innenschicht oder Tertiärlamelle unterschieden. In den Schichten bzw. Lamellen, deren es meist viele geben soll (Baumwolle etwa 20 bis 30; vgl. Abb. VI, 7), umlaufen die zueinander parallel gelagerten Fibrillen in verschiedenen Spiralwinkeln die Faser, wobei verschiedene Schichten oftmals verschiedene Schraubendrehung zeigen und auch Umkehrstellen beobachtet werden (Abb. VI, 19 a).

Querschnittsuntersuchungen an Baumwolle im Elektronenmikroskop zeigten nach KLING und MAHL[1] keine deutliche Lamellierung, was für die FREY-WYSSLINGsche Auffassung spricht (S. 386). Die durch Anätzen erkennbaren Schichten verlaufen nur selten konzentrisch zum Lumen, sondern eher geneigt dazu, so daß man vielmehr von einer gemischten (konzentrischen und radialen) Struktur sprechen kann, die noch durch Verwerfungen usw. stark verwischt wird, besonders durch das Austrocknen. Ultradünnschnitte an unreifen Pflanzenfasern zeigten nach MÜHLETHALER immerhin deutlichere konzentrische Fibrillenschichten (vgl. auch Abb. VI, 14 c).

Benutzen wir zunächst als Modell die ältere und einfachere Lamellenvorstellung, so ergibt sich für eine Sekundärwand das Bild, daß jede Lamelle aus einer einlagigen Fibrillenreihe oder Schicht individualisierter Fibrillen oder Fibrillenbänder besteht. Diese sind konzentrisch angeordnet, und in jeder Lamelle können die Fibrillen in verschiedenen Spiralwinkeln die Faser umlaufen; im allgemeinen zeigen die inneren Schichten steilere Umgänge, die äußeren flachere.

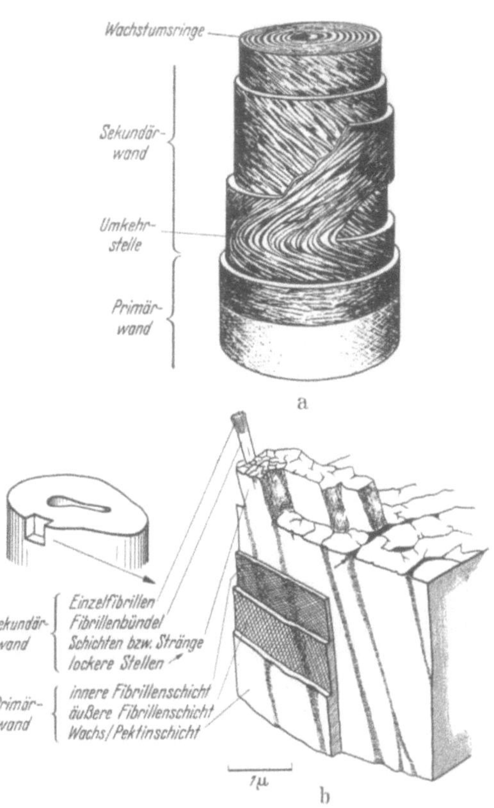

Abb. VI, 19. Modell der Baumwollfaser. a) Älteres Modell nach ANDERSON und KERR; b) Neues Modell nach KLING und MAHL.

---

[1] Siehe S. 392, Fußnote 2.

Über das Zustandekommen von Lamellen gibt van Iterson[1] ein mechanistisches Modell: die submikroskopische Struktur wird durch die Strömungsrichtung des Protoplasmas bedingt, das Appositionsschichten gerichtet niederlegt. In der Tat kann man z. B. bei der Bildung von Gefäßen beobachten, wie Plasmaströme kreisen und Ringe oder Spangen anlegen. Kreuzweise Schichtung wie z. B. in der Zellwand der Alge Valonia sei so zu erklären, daß das Protoplasma nach Niederlage einer Schicht gezwungen werde, seine Strömungsrichtung um etwa 90° zu ändern (vgl. auch J. R. Baker[2]).

Von Interesse in diesem Zusammenhang ist eine Beobachtung von Sen und Banerjee[3] an Pinus longifolia, daß die Celluloseorientierung durch enzymatische Hydrolyse (z. B. durch den Pilz Lenzites striata) verändert werden kann. Auch äußere Einflüsse, wie starker Druck, können eine Änderung in der Orientierung bewirken (Preston).

Besonders eingehend ist wieder die *Baumwolle* untersucht. Die Fibrillen sind in den Lamellen schraubenförmig angeordnet, wobei der Windungssinn von Lamelle zu Lamelle wechseln soll. Aber auch innerhalb der einzelnen Lamellen selbst werden Umkehrungen beobachtet. Nach Hock, Ramsay und Harris[4] tritt an jeder Umkehrstelle in allen Lagen der Sekundärwand eine korrespondierende Umkehr, aber in entgegengesetzter Richtung auf. Es wurde auch versucht, eine Relation aufzustellen zwischen der Spiralrichtung und der Tordierung der Baumwollfaser. Der mittlere Steigungswinkel wird aus röntgenoptischen Daten zu 57/2, d. i. $< 30°$ gefunden (Abb. VI, 9). Nach anderen Angaben findet sich in der Baumwolle ein mehr axial und ein tangential orientiertes Fibrillensystem. Die Annahme stünde keineswegs im Widerspruch zu den Röntgendaten, da diese Kristallitlagen zwischen 0 und 30° zulassen. Rollins[5] z. B. findet unter der ersten spiraligen Sekundärlamelle (Außenschicht) keine spiralige Struktur; die Fibrillen scheinen mehr oder minder parallel zur Faserachse zu verlaufen.

Anderson und Kerr[6] beobachteten in der Außenschicht eine dicke Fibrillenspirale mit einem Steigungswinkel von etwa 20 bis 30°. Sie scheint identisch zu sein mit der gröberen „Spiralschicht" von Hock, Ramsay und Harris bzw. der „winding layer" von Rollins.

Die neuesten Untersuchungen von Kling und Mahl[7] verifizieren den spiraligen Aufbau (siehe Abb. VI, 19), jedoch konnten keine gegenläufigen Schichten beobachtet werden, was auch erklärlich ist, wenn keine strenge konzentrische Schichtung vorhanden ist. Auch für das Auftreten einer gesonderten Spirale (pit spiral) wurde kein Anhaltspunkt gefunden.

Die *Ramiefaser* zeigt zufolge kräftigerer Strukturausbildung viele charakteristische Erscheinungen besser. Man sieht sehr deutlich die spiralige Anordnung der Fibrillen in den äußersten Wandschichten. Die Fibrillarreihen im Innern sind ziemlich achsenparallel geordnet; der mittlere Neigungswinkel der Schraubung mit der Längsachse ist kleiner als 12°. (Nach Sen und Woods $\sim 7°$.)

Ähnliche Bilder ergeben sich auch bei den Fasern der „Hanf"-, „Nessel"- und „Flachs"-Fasergruppe sowie bei Bambus, Weizenstroh und den Holzfasern. Auch

[1] Iterson, G. van: Chem. Weekbl. **24,** 166 (1927); Protoplasma **27,** 190 (1937).
[2] Baker, J. R.: Nature [London] **165,** 585 (1950).
[3] Sen, J. u. B. V. Banerjee: Science (New York) **111,** 151 (1950).
[4] Hock, C. W., R. C. Ramsay u. M. Harris: J. Res. nat. Bur. Standards **26,** 93, 1362 (1941).
[5] Siehe S. 396, Fußnote 2.
[6] Anderson, D. B. u. T. Kerr: Ind. Engng. Chem. **30,** 48 (1938).
[7] Siehe S. 392, Fußnote 2.

bei den Holzfasern findet man einen lamellaren Bau der Sekundärwand, wobei vielfach zwei oder drei Schichten sich stärker abzeichnen. Abb. VI, 20 zeigt ein praktisch allgemeingültiges Schema. Hinsichtlich Einzelheiten muß auf die Literatur verwiesen werden[1].

Von hohem wissenschaftlichem Interesse sind die Zellwände der Grünalgen Valonia, Halicystis und Cladophora. Es sind meist blasenähnliche Zellen, die in einigen Fällen einen Durchmesser bis zu 2 bzw. 3 cm erreichen können.

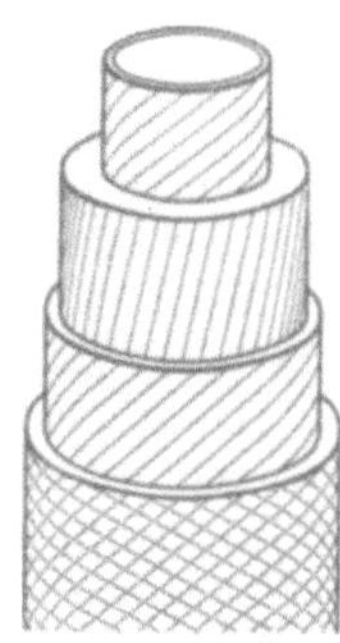

Die Cellulosekristallite liegen hier so, daß alle Kristallachsen zueinander parallel sind, d. h. es liegt eine natürliche höhere Orientierung vor. Die Kristallite zweier Membranen, die außerordentlich dünn und an der Grenze der Sichtbarkeit sind, kreuzen sich unter einem Winkel von $\sim$ 60 bis 80°. Die Richtung der Micellen bzw. der „Faserachsen" ist in den jeweils übernächsten Schichten gleich. Diese regelmäßige Schichtung (30 bis 40 Lamellen), die ein gitterförmiges Muster ergibt, wird für die ganze Dicke innerhalb großer Bereiche der Zellwand ausgebildet gefunden. Die Netzebenen mit einem Netzebenenabstand von 5,9 Å (A_1) liegen sämtlich tangential zur Lamellenoberfläche, jene mit dem Netzebenenabstand $\sim$ 5,4 Å (A_2) radial (vgl. Abb. VI, 1). Auch neuere elektronenmikroskopische Studien[2] zeigen Fibrillen unbestimmter Länge, die in benachbarten Lamellen unter einen Winkel von etwa 80° verlaufen (Abb. VI, 18b). Die Cellulose der Fibrillen besitzt eine hohe Dichte und ist hochkristallin ($>$ 71%). (Über die Cellulosen der Meeresalgeu vgl. auch PERCIVAL und ROSS[3]).

Abb. VI, 20. Schema einer Holzfaser (Primärwand, äußere, mittlere und innere Schicht der Sekundärwand).

<h3 style="text-align:center">δ) Die Tertiärlamelle.</h3>

Die Innenschicht der Sekundärwand tritt vielfach als charakteristischer Strukturbestandteil hervor, so daß sie, obwohl zur Sekundärwand gehörig, gerne für sich beschrieben und als Tertiärlamelle bezeichnet wird.

Sie stellt als Abschlußwand gegen das Lumen gewissermaßen das morphologische Gegenstück zur Primärwand dar. Nach Beobachtungen von DIPPEL soll sie auch nicht als letzte Appositionsschicht aufzufassen sein, da die Tertiärlamelle schon zu einem früheren Zeitpunkt beobachtbar sein soll. Da sie sehr fein entwickelt ist („Grenzhäutchen" [STRASBURGER]), entgeht sie leicht der Beobachtung und hat auch hierin eine gewisse Ähnlichkeit mit der Primärwand.

---

[1] ROLLINS, L. M.: Text. Res. J. **15**, 65 (1945). — C. R. NODDER: J. Text. Inst. **13**, 161 (1922). — D. B. ANDERSON: Amer. J. Bot. **14**, 187 (1927). — R. D. PRESTON, Proc. Roy. Soc. [London] (B) **130**, 130 (1941). — M. K. SEN u. H. J. WOODS: Proc. Leeds philos. lit. Soc., sci. Sect. [2] **5**, 155 (1949). — P. A. ROELOFSEN: Text. Res. J. **21**, 412 (1951). — A. J. TURNER: J. Text. Inst. **40**, 857, 972 (1949). — R. D. PRESTON u. K. SINGH: J. Exper. Botany **1**, 214 (1950). — R. D. PRESTON u. M. MIDDLEBROOK: J. Text. Inst. **40**, T, 715 (1949). — P. JACCARD u. A. FREY: Jb. Bot. **68**, 844 (1928). — E. E. BERKLEY u. O. C. WOODYARD: Text. Res. J. **18**, 519 (1948). — A. B. WARDROP: Austr. J. Sci. Res. (B) **4**, 391 (1951). — K. FREUDENBERG: Papierfabrikant **30**, 189 (1932). — R. D. PRESTON: Proc. Leeds philos. lit. Soc., sci. Sect. **3**, 546 (1939). — J. W. BAILEY u. M. R. VESTAL: J. Arnold Arboret. **18**, 186 (1947). — A. B. WARDROP u. R. D. PRESTON: Nature [London] **160**, 911 (1947). — A. B. WARDROP: Holzforsch. **8**, 12 (1954). — E. RIBI: Exptl. Cell. Res. **5**, 161 (1953).

[2] Siehe S. 379, Fußnote 2.

[3] PRESTON, R. D. u. A. B. WARDROP: Biochim. Biophys. Acta **3**, 585 (1949).

Da die Tertiärlamelle gegen Cuoxam ziemlich widerstandsfähig ist, löst sie sich z. B. bei delignierten Fichtenholzquerschnitten von der Sekundärwand. Man findet sie dann gegebenenfalls je nach Art der Zelle als feine Bänder oder Schlauch im Inneren der gequollenen Faser. Offenbar sind auch die Fibrillen in der Tertiärlamelle in einer schraubigen Anordnung enthalten, doch sind nähere Einzelheiten, wie insbesondere der Richtungssinn, meist noch unbekannt. Gemäß einigen Angaben soll entweder diese Schicht ihrerseits aus mehreren feineren Lamellen bestehen oder überhaupt strukturlos sein und gegebenenfalls gar nicht aus eigentlicher Cellulose bestehen. Nach Haas gehen diese Substanzen bei der Hydrolyse und Acetylierung in schwer lösliche Verbindungen von der Art der Zuckerhumine über.

Nach Künemund soll die Tertiärlamelle xylematischer Zellen aus Sprossen von Salix alba aus einem Mosaik viereckiger Platten bestehen.

Die Tertiärlamelle von Holzfasern ist nun kürzlich von Bucher[1] eingehend untersucht und ausführlich beschrieben worden. Danach besteht diese Membran, die mannigfaltige Formen (bis zur völligen Strukturlosigkeit) aufweisen kann, aus Cellulose, die jedoch stärker von Cellulosebegleitern und anderen Wandsubstanzen durchsetzt ist.

§ 34. Die morphologische Struktur weiterer Fasern.

a) Andere Polysaccharide und Polysaccharide mit Aminozuckern.

Neben der α-Cellulose pflanzlichen Ursprungs, der tierischen Cellulose (Tunicin; DP $\sim$ 4000), die in Form verflochtener Fibrillenbänder in dem Mantel der Tunicaten in einer Ringfasertextur niedergelegt ist[2,3] und der Bakteriencellulose (DP $\sim$ 2600), die extracellulär in Form submikroskopischer Fäden (Mikrofibrillen) um die Bakterien herum gebildet wird — anscheinend über eine strukturlose, schleimige Zwischenstufe, ein amorphes Gel[4] — sind hier noch die Cellulosebegleitstoffe und verwandten Faserstoffe von Interesse.

Hemicellulose ist von Rånby[5] elektronenmikroskopisch untersucht worden. Dabei erwies sich nur ein Teil der β-Cellulose als faserförmig. γ-Cellulose sowie die vom Verfasser untersuchte Buchenxylanfraktion scheint eine offenbar körnchenähnliche Struktur zu besitzen (Buchenxylan erweist sich im Röntgendiagramm als amorph; andere Xylane sind auch kristallin erhalten worden [Yundt]). Oxycellulosen wurden eingehend von Patel[6] im Elektronenmikroskop untersucht.

Neben neutralen Polysacchariden ist Cellulose noch von Polyuronsäuren begleitet, unter Umständen sogar chemisch damit verknüpft. Gemischte Ketten werden bei den Schleimen von Cydonia und dem

---

[1] Bucher, H.: Die Tertiärlamelle von Holzfasern und ihre Erscheinungsformen bei Coniferen, Attisholz (Schweiz) 1953.

[2] Siehe S. 390.

[3] Rånby, B. G.: Arkiv Kemi 4, 241 (1952). — K. H. Meyer, L. Huber u. E. Kellenberger: Experientia 7, 216 (1951).

[4] Mühlethaler, K.: Biochim. Biophys. Acta 3, 527 (1949). — B. G. Rånby: Diss. Univ. Stockholm (1952).

[5] Rånby, B. G.: Svensk Papperstidn. 55, 115 (1952).

[6] Patel, G. M.: Diss. ETH Zürich (1951).

weißen Senf angenommen. Vorwiegend aus Polygalakturonsäure bestehen die Pektinsubstanzen.

Eine eingehende moderne Darstellung unseres heutigen Wissens über den chemischen und übermolekularen Aufbau von Hemicellulose wurde neulich von Treiber und Mitarbeiter[1] gegeben.

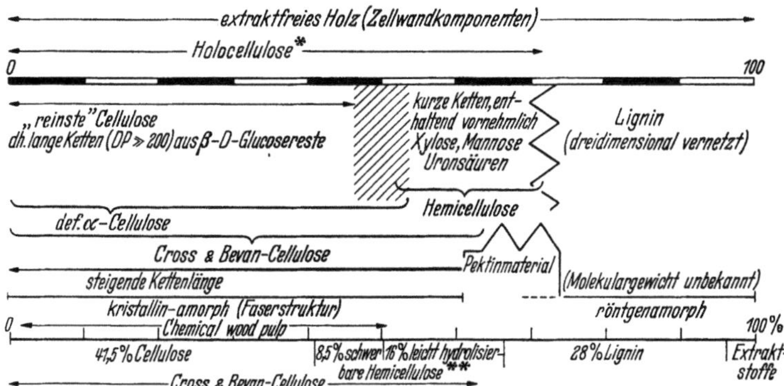

Pektine besitzen offenbar auch einen kettenförmigen Bau; das Molekulargewicht beträgt einige 100000. Fäden, aus Zitronenpektin gesponnen, ergeben Röntgendiagramme, die das Vorliegen orientierter Kristallite anzeigen (Faserperiode ∼ 13,1 Å).

Technisches Interesse verdienen die aus Algen isolierten *Alginsäuren*[2], die vorwiegend Polymannuronsäuren darstellen. Es lassen sich daraus Fäden spinnen, die Anzeichen einer Faserorientierung aufweisen mit 8,7 Å Faserperiode. Die Ringe müssen demnach zu einer gewinkelten Kette vereinigt sein[3]. Alginsäuren bzw. Alginate werden technisch zu Textilfasern versponnen.

In biologischer Analogie zur Cellulose steht das *Chitin*. Es ist ein Linearpolymerisat von Glucosaminresten in β–1–4-Bindung. Das Molekulargewicht dürfte, ähnlich der Cellulose, sehr hoch sein. Der Elementarkörper mit acht Acetylglucosaminresten ist ähnlich gebaut wie der der Cellulose III[4]. Chitin ist meist stark mit Eiweiß vergesellschaftet; beim Regenwurm z. B. mit Arthropodin.

In Organteilen mit ausgeprägter Faserstruktur (Sehnen, Käferflügel) sind die Chitinketten orientiert, im übrigen unorientiert, da zahlreiche Schichten paralleler Fasern kreuz und quer übereinanderliegen. Die einzelnen Schichten geben ein Faserdiagramm. Die Eischale von Ascaries zeigt Folientextur (Schmidt).

Nach Heyn[5] ist Chitin in den Wänden der Sporangien höher orientiert.

[1] Treiber, E., H. Toplak, M. u. H. Ruck: Holzforsch. **9,** 49 (1955).

[2] Tseng, C. K.: Phycocolloids in Alexander: Colloid Chemistry VI, New York 1946.

[3] Astbury, W. T.: J. Bradford Text. Soc. 1946/47.

[4] Meyer, K. H. u. G. W. Pankow: Helv. chim. Acta **18,** 589 (1935).

[5] Heyn, A. N. J.: Protoplasma **25,** 372 (1936).

* Derartige Holocellulose ohne Kohlehydratverlust ist nach Wises Methode darstellbar (L. E. Wise u. Mitarb.: Techn. Assoz. Prog. **29,** 210 (1946).

** Nach L. G. Cottrall: The Paper Maker **78,** 125 (1954).

In diesen Hohlzylindern liegen die Längsachsen der Chitinketten in der Faserrichtung, die c-Achse liegt radial und die a-Achse tangential; somit liegen die Ringebenen annähernd radial.

Nach FREY-WYSSLING[1] bauen sich die *jungen* Sporangienträger von Phycomyces Blakesleeanus wie folgt auf: Unter einer Cuticula befindet sich eine Primärwand, die in der unteren Wachstumszone aus einer äußeren Lamelle, die ein unorientiertes Flechtwerk feinster Fibrillen darstellt, und einer inneren Lamelle mit gröberen Fibrillen (250 bis 300 Å Durchmesser), die vorzugsweise quer zur Zellachse verlaufen, besteht. Möglicherweise existiert noch eine dritte Primärlamelle mit zwei sich unter einem Winkel von $\sim 120°$ überkreuzenden Fibrillensystemen. In der Sekundärwand dürfte sich zunächst eine „Übergangslamelle" befinden, in der eine Fibrillenrichtung stark vorherrscht. Die übrige Sekundärwand zeigt eine sehr schöne Paralleltextur in der Wachstumsrichtung.

b) Seide.

Unter den verschiedenen Seidenarten sei diejenige von Bombyx mori als echte Seide herausgehoben. Aus dem Querschnittsbild (Abb. VI, 21) geht hervor, daß der Kokonfaden aus einem Doppelfaden von Seidenfibroin besteht, der von einer Kittsubstanz, dem Sericin, umhüllt und zusammengehalten wird. Beides sind Proteine, die in der Spinndrüse des Seidenspinners gebildet werden.

Beim Spinnprozeß wird gleichzeitig aus beiden Seripterien die flüssige Seide ausgepreßt. Die beiden Ausführungsgänge der Drüsen vereinigen sich zu einem feinen Kanal, in welchem die beiden Fibroinfäden ihre Sericinhüllen miteinander verschmelzen lassen. Der noch flüssige Faden tritt durch eine halbmondförmige Spalte, die dem Rohseidenfaden die endgültige Querschnittsform gibt, aus. An der Luft tritt durch die streckende Wirkung des Zuges Verfestigung durch Kristallisation ein. Die Gesamtlänge eines Fadens beträgt etwa 2500 m. Der durchschnittliche Durchmesser des Doppelfadens beträgt bei Bombyx 15 bis 25 μ.

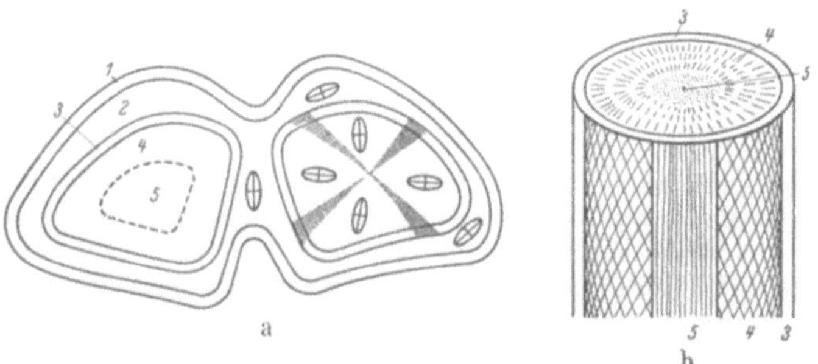

Abb. VI, 21. Schema der Feinstruktur von Seide. a) Mikroskopischer Querschnitt durch einen Kokonfaden nach OHARA; b) Submikroskopische Struktur des Fibroinfadens. (Zeichenerklärungen siehe Text.)

Am Querschnitt unterscheidet OHARA[2] eine gemeinsame Hautschicht (Abb. VI, 21 [1]) — eine amorphe Sericinmembran — und eine faserige Mantelzone [2], in die die beiden Fibroinfäden eingebettet sind. An diesen kann wieder eine Hautzone [3], eine Mittelschicht [4] und eine Kernschicht [5] unterschieden werden. Diese drei Schichten des entbasteten einzelnen Seidenfadens sind durch ihr unterschiedliches optisches Verhalten erkennbar; die Hautschicht ist sehr schwach anisotrop, die Mittel-

---

[1] FREY-WYSSLING, A. u. K. MÜHLETHALER: Vjschr. Naturforsch. Ges. Zürich **95,** 45 (1950).
[2] OHARA, K.: Sci. Pap. Inst. physic. chem. Res. **21,** 104 (1933).

schicht besteht aus schief zur Faserachse orientierten Molekülsträngen, während die Kernschicht eine ausgeprägte Fasertextur zeigt. Die schöne Parallelordnung der Fibrillen konnte von HEGETSCHWEILER[1] im Elektronenmikroskop sichtbar gemacht werden. Weitere Untersuchungen ließen den Schluß zu, daß starke Querkräfte vorhanden sind und natürliche submikroskopische Bauelemente, ähnlich wie bei den Kunstseiden, fehlen. Die Packung ist sehr dicht; natürliche Hohlräume scheinen nicht vorzukommen. Bei der Präparation treten zuerst dicke, grobe Fibrillen in Erscheinung (Abb. VI, 22b), die erst bei intensiver Aufschließung in feinere Fibrillen uneinheitlicher Dicke (10 bis 100 mμ) aufgelöst werden können (Abb. VI, 22a).

Das Sericin, der Seidenleim, ist von MC NICHOLAS röntgenoptisch untersucht worden; es ist zum Teil kristallin, die Orientierung ist schwächer als beim Fibroin. Vermutlich gibt es drei Fraktionen (MOSHER), wobei das Sericin C offenbar die innerste Sericinschicht bildet, die an der Hautzone des Fibroinfadens adsorbiert ist.

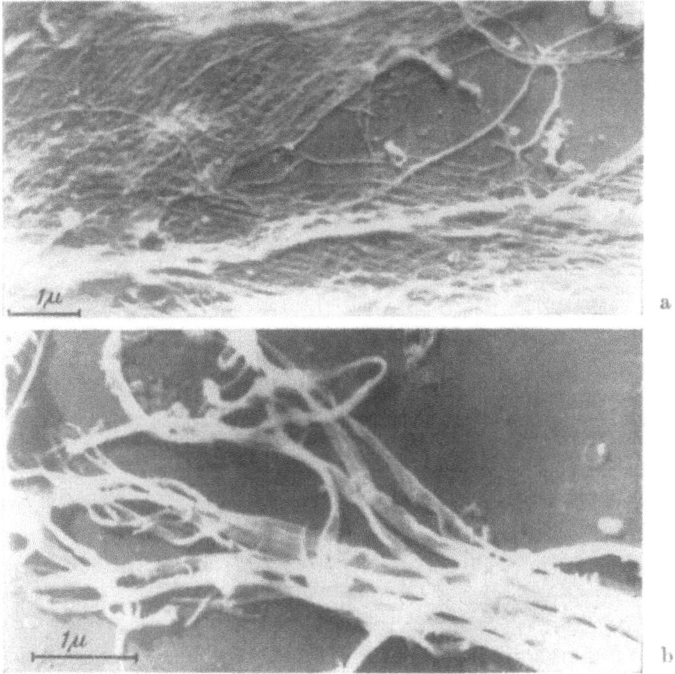

Abb. VI, 22. Elektronenmikroskopische Aufnahme der Seide (HEGETSCHWEILER).

Wie alle Faserstoffe ist auch das Fibroinmolekül eine Hauptvalenzkette von sehr großer Länge; das Molekulargewicht wurde von COLEMANN und HOWITT zu $\sim 33\,000$ bestimmt (BERGMANN und NIEMANN schätzen das Molekulargewicht etwa sechsmal höher).

---

[1] HEGETSCHWEILER, R.: Diss. ETH Zürich (1949).

Etwa 40 bis 60% des chemisch besser aufgeklärten Fibroins ist gittermäßig geordnet. KRATKY[1] konnte aus frischem Drüsensekret durch Dehnen und Walzen höherorientierte Filme herstellen, die einerseits eine sicherere Gitterbestimmung erlaubten (KRATKY und KURIYAMA; BRILL[2]), andererseits auch hier zeigten, daß es sich um ausgeprägt blättchenförmige Micellen handelt (dies steht auch im Einklang mit der Schärfe des A_3-Reflexes und mit der Unschärfe der Reflexe A_1 und A_2 [KRATKY]). Die Länge der Micellen beträgt mindestens 20 Aminosäurereste. Die Ketten werden seitlich durch Wasserstoffbrücken zusammengehalten (a–b-Ebene; Abstand der Ketten $\sim 4{,}8$ Å nach BRILL; vgl. Abb. VI, 23). Diese so sich bildenden Lamellen oder Roste werden durch weniger starke Nebenvalenzkräfte zusammengehalten.

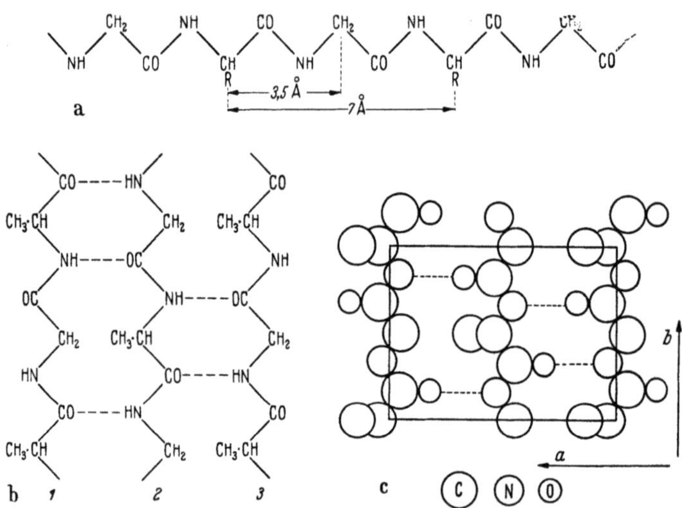

Abb. VI, 23. a) Kettenstruktur des kristallisierten Anteils des Seidenfibroins nach MEYER und MARK; b) Wasserstoffbindung im Gitter der Seide nach BRILL, SCHAUENSTEIN u.a.; c) Anordnung der Peptidketten im Gitter der Seide nach BRILL.

Nach einigen Forschern, insbesondere MEYER und MARK, liegen in den gittermäßig geordneten Teilen nur kleine Aminosäurereste, wie Glycin, Alanin oder Serin, während die großen Reste, wie Tyrosin, die in der Zelle keinen Platz finden, im amorphen Teil liegen sollen. Eine Stütze hierfür scheint u. a. der Versuch von GOLDSCHMIDT und STRAUSS[3] zu sein; die Autoren finden beim Abbau eine Art „Micellpulver", welches das Seidendiagramm gibt und nur Alanin und Glycin, vielleicht auch Serin enthält.

Andererseits ist es fraglich, ob diese Annahme aufrechterhalten werden kann, um so mehr, als in der Bestimmung der Elementarzelle noch immer eine gewisse Unsicherheit liegt, vielleicht auch verursacht durch die unterschiedlichen Seitenketten. An Jodseide fanden KRATKY und

[1] KRATKY, O.: Z. physik. Chem. (B) **5**, 297 (1929).
[2] KRATKY, O. u. S. KURIYAMA: Z. physik. Chem. (B) **11**, 363 (1931). — R. BRILL: Z. physik. Chem. (B) **53**, 61 (1943).
[3] GOLDSCHMIDT, S. u. K. STRAUSS: Liebigs Ann. Chem. **480**, 263 (1930).

SEKORA[1] eine neue Periode von 70 Å parallel zur Faserachse. Jeder 20. Aminosäurerest würde demnach Tyrosin sein (nach BERGMANN und NIEMANN jeder 16. Rest). Liegt Tyrosin außerhalb der Micelle, so müßte in beiden Fällen die Kristallitlänge kleiner als 70 Å sein und könnte nicht über 70 Å betragen. Nach MURASE[2] soll besonders bei wilden Seidenarten Tyrosin sich vornehmlich im amorphen Teil befinden.

Ultrarotuntersuchungen von BATH und ELLIS zeigten, daß die überwiegende Anzahl der Carbonylbindungen senkrecht zur Faserrichtung angeordnet ist.

c) Keratine.

Keratine sind unlösliche Proteine, die zu den Faser- bzw. Gerüsteiweißkörpern gerechnet werden. Von den verschiedenen Hornsubstanzen der Epidermis, wie Haare, Nägel, Krallen, Hufe usw., wurden die tierischen Haare am eingehendsten untersucht, besonders die Schafwolle, die hier als Beispiel eines Faserkeratins in den Vordergrund der Betrachtung gestellt sei. Allerdings können die Ergebnisse an der Wolle nicht ohne weiteres auf andere Haare, geschweige denn Nägel, Klauen, Hörner usw übertragen werden.

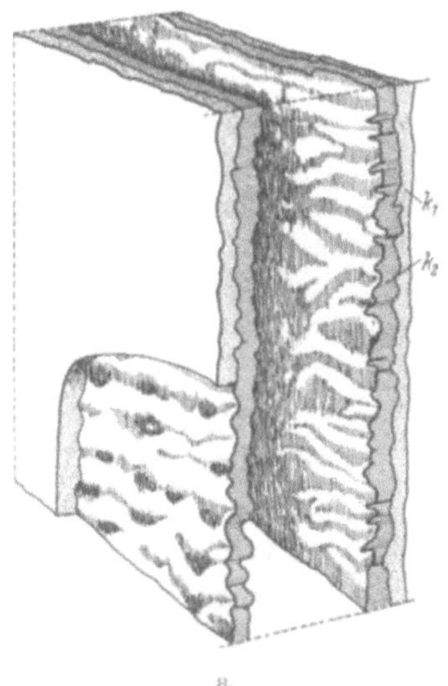
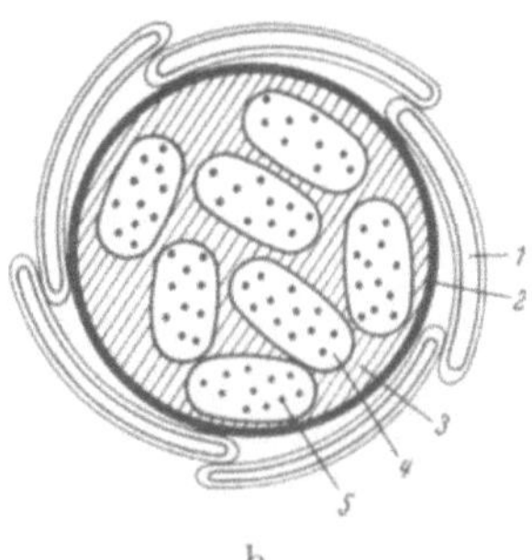

Abb. VI, 24. a) Schema des Feinbaus der Schuppe nach MERCER und REES; b) Schematische Darstellung eines markfreien Haares; *1* Schuppenzelle (in Wirklichkeit sind die Spindelzellen dicht aneinandergelagert; vgl. Abb. VI, 25a); *2* Zwischenmembran, *3* Intercellulare Zementsubstanz, *4* Interfibrilläre Matrix der Spindelzelle, *5* Intracelluläre Fibrillen.

Die tierischen Haare sind histologisch komplex aufgebaut. Man unterscheidet den unteren Teil des Haares, soweit er in der Haarpore steckt, die Haarwurzel, vom freien Haarschaft. Die Wurzel wird von einer keratinisierten, granulierten Hüllschicht, der sogenannten inneren Wurzelscheide, umschlossen. Der Haarschaft der Keratinfasern besteht aus drei verschiedenen Schichten, und zwar von außen nach innen (vgl. Abb. VI, 24b):

a) Schuppendecke (Epidermicula oder Cuticula),

---

[1] KRATKY, O. u. A. SEKORA: Naturwiss. **32**, 78 (1944).
[2] MURASE, R.: J. Soc. Text. Cell. Inst. Japan **7**, 37 (1951).

b) Faser- oder Rindenschicht (Cortex) mit Mantelzone (Zwischenmembran),

c) Markschicht (Medulla).

Das Verhältnis in der Beteiligung dieser drei histologischen Komponenten ist bei jeder Haarsorte verschieden, z. B. enthält mittelfeine und feine Schafwolle kein Mark.

Die drei Schichten bestehen aus eingetrockneten, verhornten Epithelzellen, den flachen Schuppenzellen, den spindelförmigen Cortexzellen und den polygonalen Markzellen.

Die *Schuppendecke* bildet die äußere Hülle der einzelnen Wollfasern. Es sind ziegelförmige untereinander verwachsene Zellen (Abb. VI, 25 b) mit feinen Längsstrukturen und Poren in der Faserrichtung (ZAHN, HOCK, BARNES, AMES), die sich dachziegelartig in der Faserrichtung und quer dazu überdecken.

Die Schuppenzelle, die gewissermaßen durch Plattdrücken ursprünglich kubischer Zellen entstanden ist, besteht demnach aus einer äußeren und einer inneren Doppelschicht (Endo- und Exocuticula) (MERCER und REES[1]), zwischen welchen eine amorphe Masse, Teile des früheren Zellinnern, eingebettet liegt (Abb. VI, 24 a). Die äußere Doppelschicht ist weich und strukturlos, die darunterliegende ist härter und zeigt die erwähnten Strukturen. Auf der Schuppendecke befindet sich nach LINDBERG eine sehr feine Haut ($\sim$100 Å), die Epicuticula. Unter der Schuppendecke befindet sich nach REUMUTH und HARRISON eine *Zwischenmembran* (Subcutis), die als Mantelzone der Spindelzellschicht (Cortex) aufgefaßt werden muß und die von ZAHN und HASELMANN näher untersucht wurde[2]. Sie besitzt fibrillären Aufbau (Abb. VI, 25 e).

Die *Faser-* oder *Rindenschicht* (Cortex[3]) bildet bei Haaren mit stark entwickeltem Mark, z. B. Roßhaar oder Kaninchenhaar, einen Hohlzylinder um das Mark, so daß der Name Rinde hier berechtigt ist. Bei feiner Schafwolle dagegen, die kein Mark enthält, macht die „Rindenschicht" mehr als 90% der Fasermasse aus, so daß man sie richtiger als Faserschicht bezeichnet. Sie besteht aus etwa 100 μ langen und 4 μ breiten, spindelförmigen Zellen. In der Rinde des Stachelschweinkiels wurden bis zu 250 μ lange Zellen gefunden. Die einzelnen Spindelzellen sind fest miteinander verbunden und durch eine Zementsubstanz verkittet und lassen sich erst nach geeigneter chemischer und mechanischer Vorbehandlung des Haares trennen und isolieren (Abb. VI, 25 d). Die Spindelzellen aggregieren zu zylindrischen Spaltfasern. Der Zusammenhalt der Spindelzellen erfolgt durch durchgehende Tonofibrillen (Abb. VI, 25 c), die gemäß elektronenmikroskopischen Untersuchungen aus feineren Protofibrillen aufgebaut sind (ZAHN). Die Fibrillen sind in der Zelle in eine interfibrilläre Substanz (Matrix) eingebettet.

Die *Markschicht*, sofern sie ausgebildet ist, enthält zylindrische Zellen.

---

[1] MERCER, E. H. u. A. L. G. REES: Austr. J. exp. Biol. med. Sci. **24**, 147, 175 (1946); Nature [London] **157**, 589 (1946).

[2] ZAHN, H. u. H. HASELMANN: Melliand Textilber. **31**, 225 (1950).

[3] Nach HORIO u. MERCER Ortho- und Paracortex, unterschiedlich in bezug auf Stabilität und chemische Aktivität.

In Haaren und Wolle läßt schon die beschriebene mikroskopische Struktur der Rindenschicht, die bei fehlender Markschicht die Hauptmasse der Faser bildet und das Röntgendiagramm bestimmt, auf eine molekulare Orientierung schließen. Astbury fand am ungedehnten Haar das sogenannte α-Keratin-Röntgenogramm,

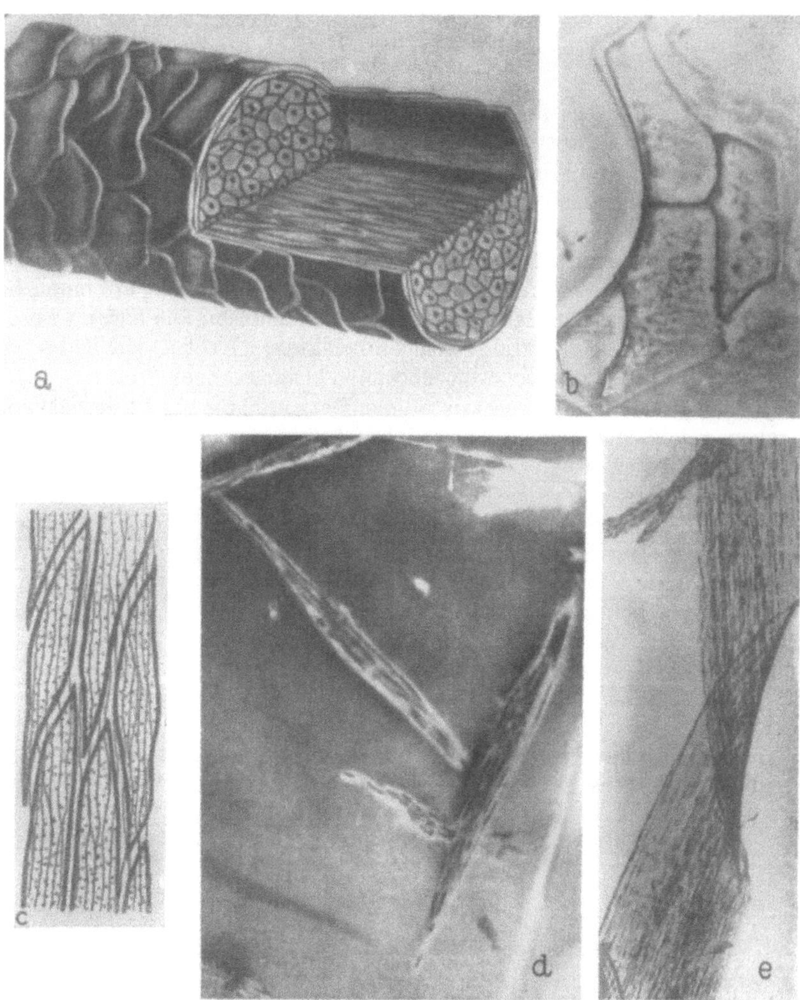

Abb. VI, 25. a) Halbschematische Darstellung einer mittelfeinen, markfreien Schafwolle nach Reumuth; b) Schuppenzellaggregat von Schafwolle nach Zahn; c) Schematische Darstellung der Verbindung der Spindelzellen durch Protoplasmafasern (Tonofibrillen) nach Küntzel; d) Isolierte Spindelzellen aus Wolle nach Elöd und Zahn; e) Zwischenmembran aus einem Roßhaar nach Zahn.

während in Wasser auf 60% gedehntes Haar ein neues, das β-Diagramm liefert, welches dem der Seide ähnelt und durch gestreckte Polypeptidketten hervorgerufen wird. (Molekulargewicht der Wolle nach Olofsson 1,600 000. Auch Middlebrook findet die kleinste periodische Einheit von Wollkeratin in derselben Größenordnung; sie enthält 27 Ketten von MG $\sim$ 60000.) Im α-Keratin müssen dann die Ketten in bestimmter Weise gefaltet sein.

Die Micelle des β-Keratins besteht aus zickzackförmig gestreckten Polypeptidketten, die seitlich durch Wasserstoffbrücken zu einem Rost in der a—b-Ebene verknüpft sind. Die seitlichen Reste liegen schräg dazu in der c-Ebene. Die Roste selbst liegen wie ein Stapel Bretter mit ihren flachen Seiten aufeinander, wobei ein Rostabstand von $\sim$10 Å resultiert. Die Rostpakete sind lange, flache Gebilde[1] von einer Dicke von 100 bis 200 Å, die zur Annahme einer höheren Orientierung befähigt sind.

d) Kollagen.

Kollagene Fasern finden sich u. a. in der Haut und im Bindegewebe; sie bilden den Hauptbestandteil der Sehnen. Verwandt damit ist das *Elastoidin* der Haifischflossen.

Die Fasern haben ausgesprochen fibrillären Bau; die Fibrillen sind einachsig stark positiv doppelbrechend, sehr fest in der Faserrichtung und zeigen eine charakteristische Quellungsanisotropie. Die Quellung ist zum Unterschied von Cellulose intramicellar. All dies läßt auf einen Bau aus parallel gelagerten Hauptvalenzketten schließen. Die Ketten werden auch beim Kollagen durch zwischenmolekulare Kräfte, vielleicht auch vereinzelt durch chemische Querbrücken zusammengehalten.

Kollagen enthält neben kristallinen Bezirken, die ein Faserdiagramm geben, reichlich amorphe Anteile. Die Interferenz von 2,8 Å, die beim Muskeldiagramm wiederkehrt, darf vielleicht auf eine um die Faserachse sich wendelförmig herumschraubende Peptidkette zurückgeführt werden.

Im Elektronenmikroskop findet man eine Querstreifung, eine rhythmische Quergliederung, die bei hohen Vergrößerungen mindestens vierfach unterteilte Perioden erkennen läßt (SCHMITT, WOLPERS); die dunklen Streifen höherer Dichte haben einen Abstand von 640 Å und entsprechen der Grundperiode im Röntgendiagramm von 642 Å (KRATKY und BEAR). HUGGINS[2] hat nun eine detaillierte Strukturvorstellung des Kollagens, welche mit den Röntgendaten in Übereinstimmung ist, entwickelt.

Elastische Fasern (Elastin) sind praktisch unorientiert und zeigen keinen markanten Feinbau im Elektronenmikroskop[3]. Eine eingehende röntgenographische Untersuchung stammt von KOLPAK[4].

Verwandt mit kollagenen Fibrillen sind die Glaskörperfibrillen[5].

e) Muskelfasern.

Von den Eiweißkörpern des Muskels ist hier das Actomyosin von Interesse. Es möge als weiteres Beispiel eines fibrillären Eiweißkörpers erwähnt werden. Andere fibrilläre Proteine sind Fibrin, das vermutlich vernetzte Stromaeiweiß, Chromatinfäden usw. Die submikroskopische Struktur der Nervenfasern der Vertebraten ist kürzlich ebenfalls Gegenstand von Untersuchungen gewesen[6]. Auch bei der Denaturierung glo-

---

[1] Vgl. H. ZAHN: Melliand Textilber. **21**, 505 (1940).

[2] HUGGINS, M. L.: J. Amer. chem. Soc. **76**, 4045 (1954).

[3] WOLPERS, C.: Klin. Wschr. **23**, 169 (1944).

[4] KOLPAK, H.: Kolloid-Z. **73**, 129 (1935).

[5] NECKEL, I.: Z. Naturforsch. **8b**, 236 (1953).

[6] FERNANDEZ-MORAN, H.: Exptl. Cell. Res. **3**, 282 (1952); E. DE ROBERTIES u. I. R. SOTELO: Exptl. Cell. Res. **3**, 433 (1952).

bulärer Proteine entstehen fibrilläre Eiweißstoffe, die zum Teil technisch in konzentrierte Harnstofflösungen versponnen werden können (z. B. Ardil-Faser aus Arachin)[1].

Die Muskelfaser ist 10 bis 100 μ dick und befindet sich in einer dünnen Haut, gebildet aus dem isotropen Sarkoplasma, das das Myogen enthält. Die Muskelfasern bestehen wiederum aus Fibrillen von etwa 1 μ Dicke, die einen gegenseitigen Abstand von $\sim 0,5\,\mu$ einhalten. Diese Fibrillen stellen ihrerseits Mikrofibrillenbündel dar, wobei jede Mikrofibrille ~ 50 bis 150 Å dick ist. (Da im lebenden Muskel neben dem Actomyosinbündel 30% Wasser vorhanden sind, dürfte wahrscheinlich die Mikrofibrille ~ 50 Å Durchmesser besitzen und der gegenseitige Abstand ~ 70 Å betragen.) Die Myofibrille zeigt im Mikroskop eine Quersegmentation,

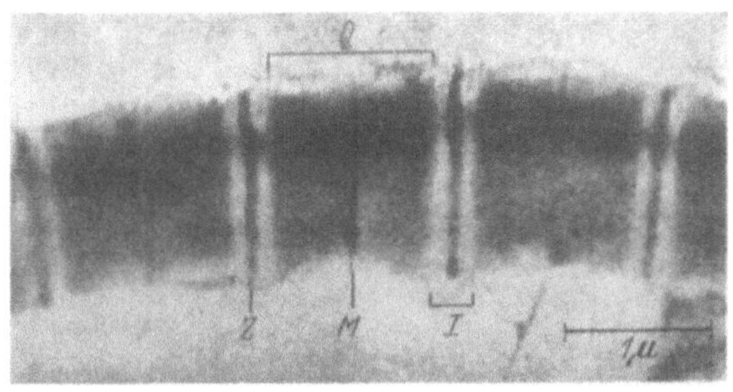

Abb. VI, 26. Elektronenmikroskopische Aufnahme einer gestreiften Muskelfibrille. (Nach HALL.)

einen Q-Abschnitt mit dem M-Band und einen schwach doppelbrechenden I-Abschnitt, der noch einen anisotropen Z-Streifen aufweist (Abb. VI, 26). Nach HÜRTHLE[2] sind im Q-Abschnitt die Zickzackketten ziemlich perfekt parallel gelagert; im I-Abschnitt hingegen sollen die Hauptvalenzketten in ihrer Parallelisierung stark gestört sein.

Nach SZENT-GYÖRGYI ist das Actomyosin, die die Fibrillen aufbauende Substanz, ein Komplex aus Myosin und Actin. Myosin ist einheitlich (?) und kristallisierbar, zeigt in diesem Zustand ein sehr punktreiches Diagramm, besitzt jedoch keinen sehr ausgeprägten Fasercharakter. Actin kommt in der globularen G-Form — einer Vereinigung von Kügelchen zu ovalen Partikeln — und in der fibrillären F-Form vor; beide Formen sind ineinander reversibel umwandelbar. Das Actomyosin des Muskels (F-Actomyosin) ist offenbar ein Komplex von Myosin und F-Actin. Im ruhenden Muskel sind nach SZENT-GYÖRGYI[3] die beiden Proteine Actin und Myosin getrennt. Nach BAILEY läßt sich aus dem Actomyosin noch eine leichter lösliche Komponente, das Tropomyosin, abtrennen. Es ist ein Faserprotein; im Elektronenmikroskop konnten einheitliche Fibrillen von 200 bis 300 Å Dicke beobachtet werden[4].

Actomyosinlösungen können zu Fäden versponnen und zu Filmen vergossen werden. Die Fäden geben das Faserdiagramm des gestreckten und gespannten Muskels (die kristallinen Bereiche müssen dicker sein als die Actomyosin-Mikrofibrille im lebenden Muskel).

[1] Vgl. W. T. ASTBURY: Nature [London] 155, 501 (1945).
[2] HÜRTHLE, K.: Pflügers Arch. ges. Physiol. Menschen Tiere 227, 610 (1931).
[3] SZENT-GYÖRGYI, A. G.: Discussions Faraday Soc. 11, 199, 213 (1951).
[4] ASTBURY, W. T., R. REED u. L. C. SPARK: Biochem. J. 43, 282 (1948).

Zweiter Teil.

Kristallisations- und Umwandlungserscheinungen.

Siebentes Kapitel.

Allgemeine Betrachtungen.

Von

A. MÜNSTER und **A. J. STAVERMAN.**

Mit 11 Abbildungen.

In den folgenden Kapiteln dieses Buches werden Erscheinungen an festen Hochpolymeren behandelt, die eine große Ähnlichkeit mit denen zeigen, die man bei niedrigmolekularen Stoffen als Umwandlungen, speziell als Phasenumwandlungen und Umwandlungen höherer Ordnung bezeichnet. Zu den ersteren gehören Schmelzen und Verdampfen sowie „normale" polymorphe Umwandlungen, zu den letzteren etwa die Ordnungs–Unordnungsumwandlungen in Legierungen (z. B. β-Messing), viele der sogenannten Rotationsumwandlungen[1,2] (z. B. bei NH_4Cl) und der λ-Punkt des Heliums. Im Folgenden wollen wir kurz die Theorie dieser Erscheinungen skizzieren und dann einige Gesichtspunkte erörtern, die bei der Anwendung derselben auf Hochpolymere von Bedeutung sind.

§ 35. Thermodynamik der Umwandlungserscheinungen.

Von **A. MÜNSTER.**

Ein System wird als homogen bezeichnet, wenn seine physikalischen Eigenschaften (Dichte, Zusammensetzung, Kristallstruktur usw.) in makroskopischem Maßstab unabhängig vom Orte sind. Ein System, das aus mehreren homogenen Teilen besteht, heißt heterogen; die einzelnen Teile (die voneinander durch Grenzflächen getrennt sind) nennt man Phasen. Die Thermodynamik liefert über die Koexistenz von Phasen

---

[1] Diese Bezeichnung hat sich eingebürgert, obwohl es sich in den meisten Fällen nicht um einen Übergang zu freier Rotation handelt (vgl. auch § 40).

[2] Rotationsumwandlungen erster Ordnung sind bei manchen kurzen Paraffinenketten nachgewiesen (vgl. § 40).

zwei grundlegende Gesetze, die von Gibbs[1] entdeckt wurden und die wir kurz ableiten wollen. Das erste ist eine Aussage über die Zustandsvariablen, das zweite betrifft die Zahl der Phasen, die nebeneinander im Gleichgewicht existieren können.

Wir gehen aus von der allgemeinen Bedingung für das thermodynamische Gleichgewicht. Sie besagt, daß für ein System, dessen äußere Parameter (Volumen usw.) fixiert sind und das mit seiner Umgebung keine Materie austauschen kann, gelten muß

$$(\delta U)_s \geq 0 . \qquad (VII, 1)$$

Beschränken wir uns auf das Gleichheitszeichen, so heißt dies, daß bei konstanter Entropie die innere Energie in bezug auf alle möglichen Zustandsänderungen[2] ein Minimum sein muß.

Wir betrachten nun ein System aus σ chemisch nicht miteinander reagierenden Komponenten und r Phasen. Die Anwendung der Gibbsschen Fundamentalgleichung auf die einzelnen Phasen ergibt

$$\left.\begin{aligned}
\delta U' &= T' \delta S' - p' \delta V' + \sum_{1}^{\sigma} \mu_i' \, \delta n_i' \\[2mm]
\delta U'' &= T'' \delta S'' - p'' \delta V'' + \sum_{1}^{\sigma} \mu_i'' \, \delta n_i'' \\[2mm]
&\cdot \quad \cdot \quad \cdot \quad \cdot \quad \cdot \quad \cdot \quad \cdot \quad \cdot \\[2mm]
\delta U^{(r)} &= T^{(r)} \delta S^{(r)} - p^{(r)} \delta V^{(r)} + \sum_{1}^{\sigma} \mu_i^{(r)} \, \delta n_i^{(r)}
\end{aligned}\right\} \qquad (VII, 2)$$

Im thermodynamischen Gleichgewicht muß nach Gl. (VII, 1) gelten

$$\delta U' + \delta U'' + \cdots \delta U^{(r)} = 0 \qquad (VII, 3)$$

mit den Nebenbedingungen

$$\delta S' + \delta S'' + \cdots + \delta S^{(r)} = 0 \qquad (VII, 4)$$

$$\delta V' + \delta V'' + \cdots + \delta V^{(r)} = 0 \qquad (VII, 5)$$

$$\delta n_i' + \delta n_i'' + \cdots + \delta n_i^{(r)} = 0 \qquad \text{(für alle } i) \qquad (VII, 6)$$

Das ist nur möglich, wenn gilt

$$T' = T'' = \cdots = T^{(r)} \qquad (VII, 7)$$

$$p' = p'' = \cdots = p^{(r)} \qquad (VII, 8)$$

$$\mu_i' = \mu_i'' = \cdots = \mu_i^{(r)} \qquad \text{(für alle } i) \qquad (VII, 9)$$

Im thermodynamischen Gleichgewicht müssen also alle Phasen eines heterogenen Systems gleiche Temperatur und gleichen Druck besitzen und das chemische Potential jeder Komponente muß in allen Phasen den gleichen Wert haben.

Für jede Phase muß weiterhin die Gibbs-Duhemsche Gleichung gelten. Wir

---

[1] Gibbs, J. W.: On the Equilibrium of Heterogeneous Substances, Collected Works, Vol. I, New Haven 1948.
[2] Vgl. dazu § 3.

haben daher, wenn wir an Stelle der Molzahlen Molenbrüche und entsprechend mittlere molare Zustandsgrößen benutzen, das Gleichungssystem:

$$\left.\begin{aligned}
S'_m\, d\, T - V'_m\, d\, p + \sum_1^\sigma x'_i\, d\, \mu_i &= 0 \\[2ex]
S''_m\, d\, T - V''_m\, d\, p + \sum_1^\sigma x''_i\, d\, \mu_i &= 0 \\[2ex]
\cdot \quad \cdot \quad \cdot \quad \cdot \quad \cdot \quad \cdot \quad \cdot \quad \cdot \quad \cdot & \\[1ex]
S^{(r)}_m\, d\, T - V^{(r)}_m\, d\, p + \sum_1^\sigma x^{(r)}_i\, d\, \mu_i &= 0
\end{aligned}\right\} \qquad \text{(VII, 10)}$$

Wir haben somit r Gleichungen für die $\sigma + 2$ Zustandsgrößen $d\,T$, $d\,p$, $d\mu_i$. Die Zahl der beliebig veränderlichen Zustandsgrößen dieses Satzes (die Zahl der thermodynamischen Freiheitsgrade) f ist daher gegeben durch

$$r + f = \sigma + 2. \qquad \text{(VII, 11)}$$

Bei einem System von σ Komponenten könnten daher (im allgemeinen) maximal $\sigma + 2$ Phasen nebeneinander im Gleichgewicht existieren (GIBBSsche Phasenregel).

Wir wollen uns jetzt der Einfachheit halber auf Einstoffsysteme beschränken. Bisher haben wir die verschiedenen Phasen (etwa Flüssigkeit und Dampf) als nebeneinander existierend vorausgesetzt. Wir betrachten jetzt das Problem unter einem etwas anderen Gesichtspunkt, indem wir fragen, wie sich das Einsetzen einer Phasenumwandlung (z. B. des Schmelzens) im Verlauf der thermodynamischen Funktionen darstellt. Der empirische Befund ist der folgende: Erwärmen wir einen Kristall unter konstantem Druck, so steigt zunächst die Temperatur, bis bei einer Temperatur T_U das Schmelzen einsetzt. Bei weiterer Wärmezufuhr bleibt die Temperatur konstant, bis der Kristall völlig geschmolzen ist. Halten wir umgekehrt die Temperatur konstant und komprimieren die Flüssigkeit, so erhöht sich der Druck, bis bei einem bestimmten Druck p_U Kristallisation einsetzt[1]. Bei weiterer Verkleinerung des Volumens bleibt der Druck bis zu vollständiger Kristallisation konstant. Diese Tatsachen entsprechen der oben abgeleiteten Bedingung, daß beide Phasen gleiche Temperatur und gleichen Druck besitzen müssen. Wählen wir diese Größen als unabhängige Variable, so gehört dazu als thermodynamisches Potential die freie Energie nach GIBBS G, für deren Änderung gilt

$$dG = - S\, d\, T + V\, d\, p. \qquad \text{(VII, 12)}$$

Da für ein Einkomponentensystem die molare freie Energie nach GIBBS gleich dem chemischen Potential ist, haben wir wegen (VII, 9)

$$G'_m = H'_m - T\, S'_m = G''_m = H''_m - T\, S''_m. \qquad \text{(VII, 13)}$$

Die Größen

$$\varDelta S = S''_m - S'_m, \qquad \varDelta H = H''_m - H'_m \qquad \text{(VII, 14)}$$

---

[1] Dies ist der Normalfall. Wasser zeigt bekanntlich das umgekehrte Verhalten: Volumenvergrößerung führt zur Kristallisation.

werden als Schmelzentropie und als Schmelzwärme bezeichnet. Es gilt somit

$$\Delta H = T \Delta S. \qquad \text{(VII, 15)}$$

Damit ist der allgemeine Charakter der $G_m(T, p)$-Fläche in der Umgebung einer Phasenumwandlung festgelegt. Betrachten wir Schnitte $p = $ const und $T = $ const, so zeigen die Kurven $G_m(T)$ und $G_m(p)$ bei T_U bzw. p_U Knicke, während die ersten Ableitungen

$$\left(\frac{\partial G_m}{\partial T}\right)_p = - S_m, \qquad \left(\frac{\partial G_m}{\partial p}\right)_T = V_m \qquad \text{(VII, 16)}$$

an diesen Stellen unstetig sind. Das gleiche gilt naturgemäß für $H_m(T)$. Die zweiten Ableitungen von G_m

$$\frac{\partial^2 G_m}{\partial T^2} = \frac{C_p}{T}, \qquad \frac{\partial^2 G_m}{\partial T \partial p} = V_m \gamma, \qquad \frac{\partial^2 G_m}{\partial p^2} = - V_m \varkappa \quad \text{(VII, 17)}$$

werden an der Stelle T_U, p_U unendlich. Die $G_m(T, p)$-Fläche wird somit von einer „Koexistenzkurve" durchzogen, auf der jeweils die Phasenumwandlung stattfindet. Die Projektion dieser Kurve auf die T, p-Ebene ergibt unmittelbar die zusammengehörigen Wertepaare T_U, p_U. Die Differentialgleichung der letzteren Kurve läßt sich leicht ableiten. Bezeichnen wir die Grenzwerte von S_m und V_m bei Erreichen der Koexistenzkurve jeweils mit S'_m und S''_m bzw. V'_m und V''_m, so muß, da G_m stetig ist, für ein Fortschreiten längs der Koexistenzkurve nach Gl. (VII, 12) gelten

$$dG_m = - S'_m \, dT_U + V'_m \, dp_U = - S''_m \, dT_U + V''_m \, dp_U. \quad \text{(VII, 18)}$$

Daraus folgt mit Gl. (VII, 14):

$$\frac{dp_U}{dT_U} = \frac{\Delta S}{\Delta V} \qquad \text{(VII, 19)}$$

oder mit Gl. (VII, 15):

$$\frac{dp_U}{dT_U} = \frac{\Delta H}{T \Delta V} \qquad \text{(VII, 20)}$$

die bekannte CLAUSIUS-CLAPEYRONsche Gleichung. Die Existenz einer derartigen Beziehung ist naturgemäß eine unmittelbare Folge der Phasenregel.

Die thermodynamische Beschreibung einer Phasenumwandlung, wie wir sie hier mit Hilfe der G-Funktion durchgeführt haben, ist allgemein nur möglich, wenn man zwei intensive Parameter als unabhängige Variable wählt, in unserem Falle T und p[1]. Sie ist nicht nur von Bedeutung, weil sie besonders anschaulich ist und weil T und p im allgemeinen vom Standpunkt des Experimentators die zweckmäßigsten unabhängigen Variablen sind. Sie besitzt vielmehr noch ein besonderes Interesse,

---

[1] Man kann die obige Betrachtung daher auch in generalisierten Zustandsgrößen durchführen, wobei man Analoga der CLAUSIUS-CLAPEYRONschen Gleichung erhält. Praktische Bedeutung hat jedoch nur die obige Wahl der unabhängigen Variablen.

weil sie eine Verallgemeinerung des Begriffes der „Umwandlung" nahe-
legt, auf die zuerst EHRENFEST[1] hingewiesen hat. Definieren wir nämlich
eine Phasenumwandlung dadurch, daß für die betreffenden Wertepaare
T_U, p_U die ersten Ableitungen von G_m unstetig und die zweiten Ableitungen unendlich werden, so können wir dies formal eine „*Umwandlung
erster Ordnung*" nennen (Abb. VII, 1 a). Eine „*Umwandlung n-ter Ordnung*" ist dann dadurch definiert, daß an der betreffenden Stelle die
n-ten Ableitungen von G_m unstetig, die $(n+1)$-ten unendlich werden.

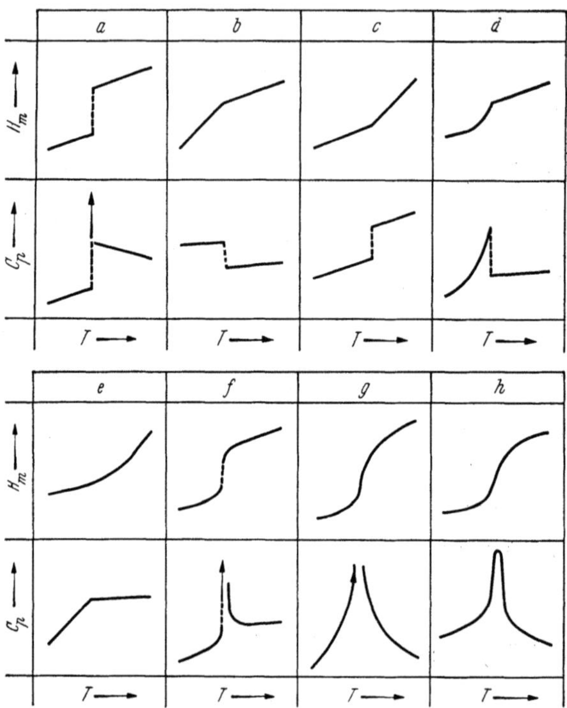

Abb. VII, 1. Verschiedene Typen von Umwandlungen. a) Umwandlung I. Ordnung; b) Umwandlung
II. Ordnung; c) Umwandlung II. Ordnung; d) Umwandlung II. Ordnung (λ-Punkt); e) Umwand-
lung III. Ordnung; f) Anomale Umwandlung I. Ordnung; g) ONSAGERsche Umwandlung; h) Diffuse
Umwandlung.

Man sieht dann leicht, daß für solche Umwandlungen höherer Ordnung
zu Gl. (VII, 20) analoge Beziehungen gelten müssen. Der Einfachheit
halber beschränken wir uns auf den wichtigsten Fall $n = 2$ (Abb. VII, 1 b
bis d). Wir haben zunächst die Beziehungen

$$d\left(\frac{\partial G_m}{\partial T}\right) = -dS_m = \frac{\partial^2 G_m}{\partial T^2}\,dT + \frac{\partial^2 G_m}{\partial p\,\partial T}\,dp \qquad (VII, 21)$$

und

$$d\left(\frac{\partial G_m}{\partial p}\right) = dV_m = \frac{\partial^2 G_m}{\partial T\,\partial p}\,dT + \frac{\partial^2 G_m}{\partial p^2}\,dp. \qquad (VII, 22)$$

---

[1] EHRENFEST, P.: Commun. Kamerlingh Onnes Lab. University Leiden,
Suppl. 75 b (1933).

Da jetzt S_m und V_m stetig sind, folgt aus der obigen Definition

$$\frac{d\,T_{\text{II}}}{d\,p_{\text{II}}} = - \frac{\left(\dfrac{\partial^2 G_m}{\partial p\, \partial T}\right)'' - \left(\dfrac{\partial^2 G_m}{\partial p\, \partial T}\right)'}{\left(\dfrac{\partial^2 G_m}{\partial T^2}\right)'' - \left(\dfrac{\partial^2 G_m}{\partial T^2}\right)'} \qquad (\text{VII}, 23)$$

und

$$\frac{d\,T_{\text{II}}}{d\,p_{\text{II}}} = - \frac{\left(\dfrac{\partial^2 G_m}{\partial p^2}\right)'' - \left(\dfrac{\partial^2 G_m}{\partial p^2}\right)'}{\left(\dfrac{\partial^2 G_m}{\partial T\, \partial p}\right)'' - \left(\dfrac{\partial^2 G_m}{\partial T\, \partial p}\right)'} \qquad (\text{VII}, 24)$$

Setzen wir für die zweiten Ableitungen von G_m die Größen der Gl. (VII, 17) ein, so folgt

$$\frac{d\,T_{\text{II}}}{d\,p_{\text{II}}} = \frac{V_m\, T\,(\gamma'' - \gamma')}{C_p'' - C_p'} \qquad (\text{VII}, 25)$$

und

$$\frac{d\,T_{\text{II}}}{d\,p_{\text{II}}} = \frac{\varkappa'' - \varkappa'}{\gamma'' - \gamma'} \,. \qquad (\text{VII}, 26)$$

Dies sind die EHRENFESTschen Gleichungen für Umwandlungen II. Ordnung.

Wir müssen dazu nun noch einige Bemerkungen machen. Zunächst bedeuten die Gl. (VII, 25) und (VII, 26) eine Anwendung der Thermodynamik auf einen vorher definitionsmäßig festgelegten Sachverhalt. Insofern sind sie zweifellos korrekt. Bei einer Diskussion kann es sich daher nur um die Frage handeln, ob der genannte Sachverhalt in der Natur vorkommt. Die experimentelle Beantwortung dieser Frage stößt allerdings auf gewisse Schwierigkeiten. Eine Umwandlung I. Ordnung läßt sich im allgemeinen eindeutig identifizieren, da ein heterogenes System sich bei den verschiedensten Beobachtungen deutlich von einem homogenen System unterscheidet. Eine Umwandlung höherer Ordnung läßt sich zwar ebenfalls häufig, etwa aus röntgenographischen oder magnetischen Messungen, mit Sicherheit erkennen; die Festlegung der Ordnung dieser Umwandlung im Sinne der EHRENFESTschen Definition ist aber stets mit einer gewissen Unsicherheit behaftet, da experimentell, etwa bei Messung der spezifischen Wärme, ein sehr steiles Maximum oder eine plötzliche starke stetige Änderung in einem kleinen Temperaturintervall von einer Unstetigkeit nicht zu unterscheiden sind. Man muß daher theoretische Überlegungen zu Hilfe nehmen, auf die wir in § 36 kurz eingehen werden. Eine Reihe von Fällen (von denen einige eingangs erwähnt wurden) kann man danach wohl mit hinreichender Sicherheit als Umwandlungen II. Ordnung klassifizieren. [E. BAUER[1] hält es für wahrscheinlicher, daß alle beobachteten Umwandlungen von der III. Ordnung sind (siehe Abb. VII, 1 e.)]

Das EHRENFESTsche Schema verwischt etwas den fundamentalen Unterschied, der zwischen Umwandlungen I. Ordnung und Umwand-

---

[1] BAUER, E.: Comptes Rendus IIième Réunion „Changements de Phases" p. 1, Paris 1952.

lungen höherer Ordnung besteht. Es ist aber von GUGGENHEIM[1] und neuerdings wieder von BAUER[2] betont worden, daß nur im ersten Falle am Umwandlungspunkt eine reale Koexistenz von Phasen vorliegt, denen jeweils die Werte S' und H' bzw. S'' und H'' zugeordnet sind. Dagegen beziehen sich Umwandlungen höherer Ordnung auf Vorgänge innerhalb einer homogenen Phase. C'_p und C''_p sind die Grenzwerte der Neigung der $H_m(T)$-Kurve im Umwandlungspunkt beim Erwärmen oder Abkühlen. Bei einer Umwandlung I. Ordnung haben wir zwei Funktionen G'_m und G''_m, die im Umwandlungspunkt gleich werden und sich, zum wenigsten formal, noch über den Umwandlungspunkt hinaus extrapolieren lassen. Diese extrapolierten Zweige entsprechen dann metastabilen bzw. instabilen Zuständen. Es ergibt sich also aus dieser Darstellung, daß, etwa im Falle des Schmelzens, unterhalb des Schmelzpunktes die kristalline, oberhalb die flüssige Phase stabil ist (Abb. VII, 2a). JUSTI und VON LAUE[3] haben nun eine analoge Darstellung für die Umwandlungen höherer Ordnung versucht, indem sie von den Grenzwerten der höheren Ableitungen, etwa C'_p und C''_p, auf zwei Funktionen G'_m und G''_m zurückschlossen. Aus der EHRENFESTschen Definition folgt dann für die Umwandlung II. Ordnung eine Berührung I. Ordnung der beiden G_m-Kurven, für die Umwandlung III. Ordnung eine Berührung II. Ordnung (Abb. VII, 2b bis d).

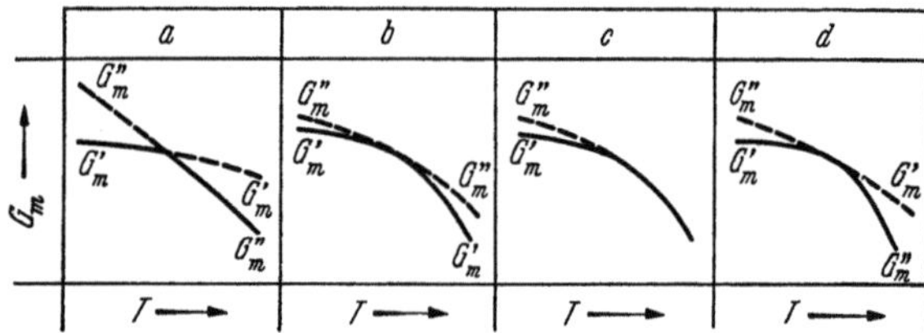

Abb. VII, 2. $G_m(T)$-Kurven für verschiedene Umwandlungstypen. a) Umwandlung I. Ordnung; b) Umwandlung II. Ordnung; c) Umwandlung II. Ordnung; d) Umwandlung III. Ordnung. (Die gestrichelten Kurven entsprechen metastabilen Zuständen.)

Im Falle einer Umwandlung II. Ordnung verläuft daher die eine der beiden G_m-Kurven auf beiden Seiten des Umwandlungspunktes oberhalb der anderen, so daß die erstere „Phase" gegenüber der letzteren stets metastabil wäre. JUSTI und VON LAUE[3] schließen daher, daß Umwandlungen II. Ordnung nicht möglich sind und daß die beobachteten Umwandlungen solche III. Ordnung sind, da hier die genannte Schwierigkeit nicht auftritt. Nach dem oben Bemerkten ist der Wert dieses Argumentes fraglich, da bei Umwandlungen höherer Ordnung im Umwandlungspunkt keine reale Koexistenz vorliegt und somit zwei verschiedene G_m-Funktionen physikalisch in diesem Sinne nicht definierbar sind. Man kann zwar, wie wir in § 37 sehen werden, unter einem anderen Gesichtspunkt verschiedene G_m-Flächen definieren. Es besteht jedoch kein Grund zu der Annahme, daß diese Flächen durch analytische Funktionen dargestellt werden können und Umwandlungen einen Übergang

---

[1] GUGGENHEIM, E. A.: Thermodynamics, Amsterdam 1950.
[2] Siehe S. 419, Fußnote 1.
[3] JUSTI, E. u. M. v. LAUE: Z. techn. Physik 15, 521 (1934).

von einer Fläche auf eine andere bedeuten. Die Überlegung von JUSTI und VON LAUE enthält implizit diese Voraussetzungen und stellt daher keinen Beweis gegen die Möglichkeit von Umwandlungen II. Ordnung dar (vgl. dazu auch § 36 und § 37).

Das EHRENFESTsche Schema ist insofern unbefriedigend, als es keineswegs eine Klassifikation aller denkbaren Umwandlungstypen ermöglicht. Die wichtigsten Fälle, die sich nicht einordnen lassen, sind die „anomale Umwandlung I. Ordnung" der MAYERschen Kondensationstheorie[1] (Abb. VII, 1f), die von ONSAGER[2] aus der exakten Theorie des zweidimensionalen ISING-Modells abgeleitete Umwandlung (Abb. VII, 1g)[3] und die sogenannte diffuse Umwandlung (Abb. VII, 1h). TISZA[4] hat daher die Thermodynamik der Umwandlungen höherer Ordnung unter einem anderen Gesichtspunkt betrachtet, bei dem die Analogie zu kritischen Punkten in den Vordergrund tritt. Wir wollen jedoch an dieser Stelle nicht näher darauf eingehen und uns mit einem Hinweis begnügen. Ein anderes allgemeineres Schema wurde von DE BOER[5] angegeben.

§ 36. Molekulare Deutung der Umwandlungserscheinungen.

Von A. MÜNSTER.

Obwohl die Umwandlungen I. Ordnung thermodynamisch und experimentell weitaus am besten untersucht sind, stellt ihre exakte molekulare Theorie eines der schwierigsten Probleme der statistischen Thermodynamik dar. In neuerer Zeit sind zwar erhebliche Fortschritte auf diesem Gebiet erzielt worden[6]. Die Theorien sind jedoch sehr abstrakt und geben keine anschauliche Antwort auf die Frage, weshalb etwa die Übergänge Kristall–Flüssigkeit und Flüssigkeit–Dampf sich sprunghaft vollziehen oder, wie es auf dem Amsterdamer Kongreß 1938 formuliert wurde: Woher wissen die Gasmoleküle, wann sie zu kondensieren haben. Wir wollen deshalb auf Einzelheiten hier nicht eingehen. Zwei Aussagen der allgemeinen Theorie sind jedoch auch für uns von außerordentlicher Bedeutung. Zunächst ergibt sich, daß scharfe Phasenumwandlungen im Sinne der Thermodynamik (ebenso wie der gesamte Formalismus der Thermodynamik) streng nur für den Grenzfall unendlich großer Systeme

---

[1] Siehe z. B. J. E. MAYER u. M. GOEPPERT-MAYER: Statistical Mechanics, New York 1948.

[2] ONSAGER, L.: Physic. Rev. **65,** 117 (1944).

[3] Der Unterschied zwischen den beiden zuletzt genannten Fällen besteht darin, daß

$$\lim_{\varepsilon \to 0} \int_{T_U - \varepsilon}^{T_U + \varepsilon} C_p \, dT$$

für die MAYERsche Umwandlung endlich, für die ONSAGERsche Null ist.

[4] TISZA, L.: Phase Transformation in Solids (herausgegeben von SMOLUCHOWSKI, MAYER u. WEYL) p. 1, New York 1951.

[5] BOER, J. DE: Comptes Rendus IIième Réunion „Changements de Phases" p. 31, Paris 1952. — [6] Vgl. z. B. die unter 4 und 5 zitierten Werke.

definiert werden können. (Für einen allgemeinen Beweis vgl. Anm. [1, 2].)
Für makroskopische Systeme spielt dieser Gesichtspunkt im Hinblick
auf die Grenzen der Meßgenauigkeit keine Rolle; er wird aber von entscheidender Bedeutung, wenn es sich um Systeme von submikroskopischen Dimensionen handelt. Als Beispiel für einen derartigen Effekt zeigt

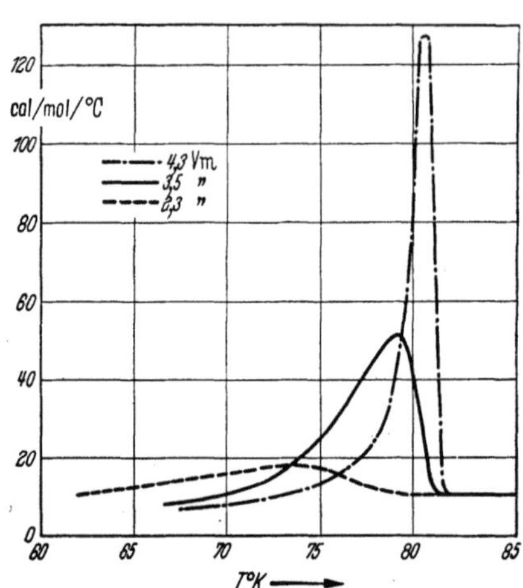

Abb. VII, 3. Partielle Molwärme von an Rutil ad-
sorbiertem Argon bei verschiedenen Schichtdicken.
[Nach MORRISON u. DRAIN: J. Chem. Phys. **19,**
1063 (1951).]

Abb. VII, 3 die partielle Molwärme von an Rutil adsorbier-
tem Argon nach Messungen von
MORRISON und DRAIN[3]. Mit zunehmender Schichtdicke V_m wird
das Maximum schärfer und seine
Lage konvergiert gegen den normalen Schmelzpunkt von Argon
(83,8° K). Die zweite Aussage betrifft die Tatsache, daß Phasenumwandlungen nur in *kooperativen Systemen* auftreten können,
d. h. in Systemen, deren thermodynamische Funktionen sich
nicht als Summe von Beiträgen
der einzelnen Moleküle darstellen
lassen.

Die theoretische Behandlung
der Phasenumwandlungen vereinfacht sich außerordentlich, wenn
man die beiden Phasen mit bekannten Eigenschaften als nebeneinander
existierend voraussetzt und sich lediglich auf die Berechnung der Gleich-
gewichtsbedingungen beschränkt. Auf diese Weise kann man z. B. ohne
Schwierigkeit die Formel für den Dampfdruck eines Kristalls ableiten[4].

Die beiden oben erwähnten allgemeinen Sätze gelten entsprechend für
Umwandlungen höherer Ordnung. Darüber hinaus läßt sich zeigen, daß
Umwandlungen höherer Ordnung auch in realen Gasen in hinreichender
Entfernung vom kritischen Punkt nicht auftreten können[5]. Die strenge
statistische Theorie der Umwandlungen höherer Ordnung bietet nicht
geringere Schwierigkeiten als die der Phasenumwandlungen; dagegen ist
es hier wesentlich leichter, den molekularen Mechanismus anschaulich
und qualitativ zu verstehen. Es handelt sich bei Umwandlungen höherer
Ordnung, soweit sie bisher näher untersucht worden sind, durchweg um
sogenannte kooperative Ordnungseffekte. Was damit gemeint ist, läßt
sich am einfachsten an Hand des sogenannten ISING-Modells für den
Ferromagnetismus klarmachen. Wir denken uns magnetische Dipole in
einem beliebig schwachen Feld auf die Plätze eines Gitters verteilt. Es
sollen (wie es beim Spin des Elektrons oder Protons zutrifft) nur die zur

---

[1] MÜNSTER, A.: Z. Naturforsch. **6 a,** 139 (1951).

[2] MÜNSTER, A.: Z. Physik **136,** 179 (1953).

[3] MORRISON, J. A. u. L. E. DRAIN: J. chem. Physics **19,** 1063 (1951).

[4] Siehe z.B. R. H. FOWLER u. E. A. GUGGENHEIM: Statistical Thermodynamics,
Cambridge 1949. — [5] MÜNSTER, A.: Z. Naturforsch. **7 a,** 613 (1952).

Feldrichtung parallele und antiparallele Orientierung vorkommen; wir bezeichnen sie mit α und β. Die Wechselwirkungsenergie zweier Dipole[1] hängt davon ab, ob sie gleiche oder verschiedene Orientierung besitzen. Die Energie, die notwendig ist, um einen Dipol aus der β- in die α-Orientierung zu bringen, hängt daher von der Orientierung der benachbarten Dipole ab. Am absoluten Nullpunkt haben wir eine vollständige Ordnung, die dem Minimum der potentiellen Energie entspricht und sich für den eindimensionalen Fall durch das Schema der Abb. VII, 4 darstellen läßt. Die Umkehrung eines Dipols aus der α- in die β-Orientierung erfordert hier eine Energie, welche der Differenz zwischen zwei $\alpha-\beta$- und zwei $\beta-\beta$-Paaren entspricht. Wenn bereits eine Anzahl Dipole umgekehrt sind, wird die Energie zur Umkehr eines weiteren im Mittel kleiner sein, da jetzt nicht mehr notwendig aus zwei $\alpha-\beta$-Paaren zwei $\beta-\beta$-Paare entstehen, sondern weniger. Mit steigender Temperatur wird die Unordnung immer größer. Bei einer gewissen endlichen Temperatur T_{II} wird die Umorientierung eines Dipols im Mittel keine Energie mehr erfordern, weil die Zahl der $\alpha-\beta$-, $\alpha-\alpha$- und $\beta-\beta$-Paare sich dabei nicht mehr ändert. Wir haben dann den Zustand der größtmöglichen Unordnung. Während unterhalb T_{II} ein Teil der zugeführten Wärme zur Verringerung der Ordnung verwendet wurde, so daß daraus ein zusätzlicher Term der Molwärme resultierte, entfällt dieser Anteil oberhalb T_{II}. Es erscheint daher plausibel, daß bei Temperatur T_{II} eine Unstetigkeit der spezifischen Wärme auftritt. Ganz analoge Verhältnisse haben wir, wenn in einem Gitter die Moleküle oder Molekülgruppen bei tiefer Temperatur fixierte Orientierungen haben, während mit steigender

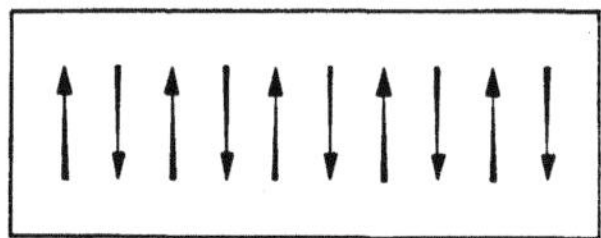

Abb. VII, 4. Eindimensionales ISING-Modell im Zustand vollkommener Ordnung ($T = 0$).

Temperatur in zunehmendem Maße auch andere Orientierungen auftreten. Diese Rotationsumwandlungen werden am Beispiel der kurzen Paraffinketten in § 40 näher besprochen werden.

Ein weiteres wichtiges Beispiel bieten die sogenannten Überstrukturumwandlungen in Legierungen, von denen die in

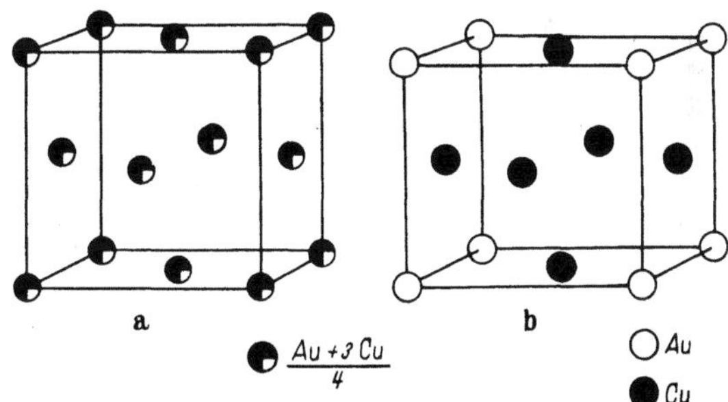

Abb. VII, 5. Struktur von AuCu₃. a) Ungeordneter Zustand; b) geordneter Zustand (Überstruktur).

β-Messing und AuCu₃ am bekanntesten sind. Das letztere System kristallisiert in einem kubisch-flächenzentrierten Gitter. Bei tiefer Temperatur liegt eine geordnete Atomverteilung vor derart, daß die Würfelecken von Au-Atomen besetzt sind (Abb. VII, 5b). Mit steigender Temperatur finden sich in zunehmendem Maße auch Cu-Atome in Würfelecken und Au-Atome auf den Flächenmitten. Oberhalb 390° C ist die Verteilung völlig ungeordnet. Von jeder der beiden Arten von Gitterplätzen

---

[1] Wir berücksichtigen nur die Wechselwirkung zwischen nächsten Nachbarn.

ist ein Viertel mit Au-Atomen besetzt, während sich auf den restlichen drei Vierteln Cu-Atome befinden (Abb. VII, 5a). Die Ordnung der Atome bei tiefen Temperaturen bewirkt das Auftreten zusätzlicher Linien im Röntgendiagramm, die als Überstrukturlinien bezeichnet werden und oberhalb des Umwandlungspunktes verschwunden sind. In Abb. VII, 6 ist die spezifische Wärme von $AuCu_3$ als Funktion der Temperatur nach Messungen von SYKES und JONES[1] dargestellt. Das Beispiel $AuCu_3$ ist auch deshalb besonders lehrreich, weil es die Schwierigkeiten zeigt, die bei der Identifizierung von Phasenumwandlungen auftreten. Statistische Theorien (s. u.) führen nämlich zu der Folgerung, daß diese Umwandlung von der I. Ordnung ist. Da der Anstieg der spezifischen Wärme in unmittelbarer Nähe des Umwandlungspunktes bereits außerordentlich steil ist und der maximale Wert ungewöhnlich hoch liegt, vermuten SYKES und JONES[1], daß die endliche Neigung und das endliche Maximum nur auf einem Zeiteffekt beruhen und bei unendlich langsamer Abkühlung die einer Umwandlung I. Ordnung entsprechende latente Wärme auftreten würde. Eine sichere Entscheidung der Frage ist bisher nicht möglich gewesen[2].

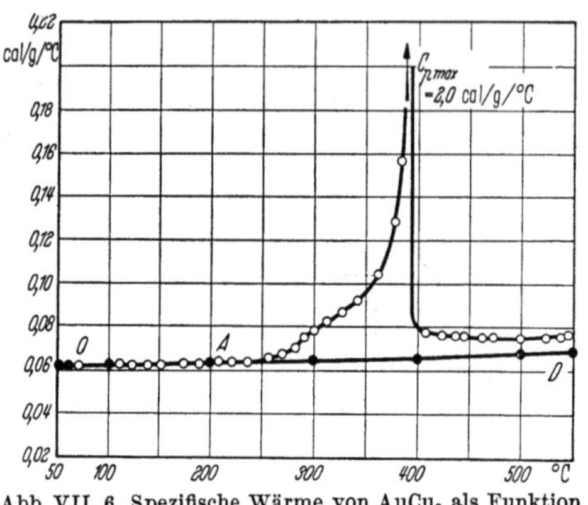

Abb. VII, 6. Spezifische Wärme von $AuCu_3$ als Funktion der Temperatur. [Nach SYKES u. JONES: Proc. Roy. Soc. London A, **157**, 213 (1936).]

Wesentlich einfacher liegen die Verhältnisse beim β-Messing. Diese Phase hat CsCl-Struktur. Im geordneten Zustand befindet sich also ein Cu-Atom in der Würfelmitte, während die Ecken von Zn-Atomen besetzt sind (oder umgekehrt) (Abb. VII, 7a). Im ungeordneten Zustand ist von jeder Art von Gitterplätzen jeweils die Hälfte von Cu-Atomen und die Hälfte von Zn-Atomen besetzt (Abb. VII, 7b). Der röntgenographische Nachweis der Überstruktur stößt hier wegen des annähernd gleichen Streuvermögens der Cu- und Zn-Atome auf Schwierigkeiten, die erst durch einen besonderen Kunstgriff überwunden werden konnten[3]. Der Verlauf der spezifischen Wärme ist für einen größeren Temperaturbereich nach Messungen von MOSER[4, 5] in Abb. VII, 8 dargestellt. Trotz der ähnlichen

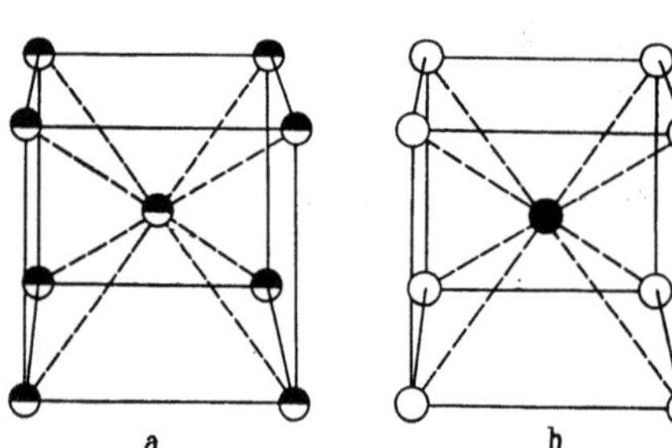

Abb. VII, 7. Struktur von β-Messing. a) Ungeordneter Zustand; b) geordneter Zustand (Überstruktur).

---

[1] C. SYKES u. F. W. JONES: Proc. Roy. Soc. [London] (A) **157**, 213 (1936).

[2] Neuere röntgenographische Untersuchungen [F. E. JANNOT u. CH. H. SUTCLIFFE: Acta Met. **2**, 63 (1954)] sprechen dafür, daß es sich tatsächlich um eine Umwandlung I. Ordnung handelt.

[3] JONES, F. W. u. C. SYKES: Proc. Roy. Soc. [London] (A) **161**, 440 (1937).

[4] MOSER, H.: Physik. Z. **37**, 737 (1936).

[5] Vgl. dann ferner C. SYKES u. H. WILKINSON: J. Inst. Metals **61**, 223 (1937).

Gestalt unterscheidet sich die Kurve in der Steilheit und der Höhe des Maximums beträchtlich von der für $AuCu_3$. Die Umwandlung des β-Messings wird daher heute wohl allgemein als Umwandlung II. Ordnung im Sinne der EHRENFESTschen Definition betrachtet, was auch mit den Ergebnissen der Theorie im Einklang ist.

Wir wollen das Bild jetzt noch etwas dadurch präzisieren, daß wir im Anschluß an GUGGENHEIM[1] eine einfache mathematische Formulierung geben. Das Prinzip der Beschreibung ist zwar von allgemeiner Bedeutung; da wir aber, um die Rechnung explizit durchzuführen, einige spezielle Annahmen einführen, kann das Ergebnis nur qualitative Gültigkeit beanspruchen. Gehen wir wieder vom ISING-Modell aus, so können wir den inneren Zustand des Systems dadurch beschreiben, daß wir etwa angeben, welcher Bruchteil der Paare benachbarter Dipole α—α- oder β—β-Paare sind. Bezeichnen wir diese Größe mit x, so ist offenbar für $T = 0$ $x = 0$. Konstruieren wir nun die freie Energie nach

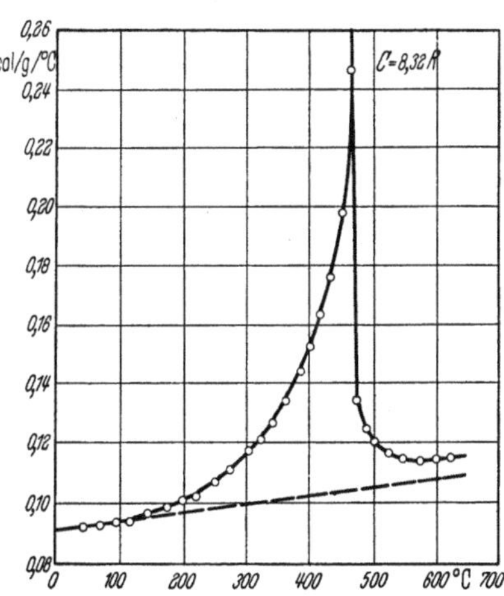

Abb. VII, 8. Spezifische Wärme von β-Messing als Funktion der Temperatur. [Nach MOSER: Physikal. Z. **37**, 737 (1936).]

GIBBS, so tritt sowohl in der Enthalpie wie in der Entropie ein zusätzlicher Term auf, der von x abhängt. Bezeichnen wir mit w die Energie, die notwendig ist, um ein α—β-Paar am absoluten Nullpunkt in ein α—α- oder β—β-Paar zu überführen, so wäre in einem nicht kooperativen System der Zusatzterm zur Enthalpie wx*. Da aber die „Überführungsenergie", wie wir gesehen haben, in einem kooperativen System mit wachsendem x abnimmt, müssen wir schreiben

$$w\,x\,f(x)\,,$$

wo

$$\frac{df(x)}{dx} < 0 \tag{VII, 27}$$

ist. Wir machen hier den einfachsten Ansatz

$$f(x) = 1 - x. \tag{VII, 28}$$

Die Entropie muß mit wachsender Unordnung offenbar zunehmen. Da aber $x = 1$ ebenfalls einen Zustand vollkommener Ordnung darstellt, muß der zusätzliche Entropieterm $\varphi(x)$ so beschaffen sein, daß die Gleichung

$$\frac{d\varphi}{dx} = 0 \tag{VII, 29}$$

---

[1] GUGGENHEIM, E. A.: Thermodynamics, Amsterdam 1950.
* Der Einfachheit halber nehmen wir an, daß er nicht von der Temperatur abhängt.

eine Lösung x_m besitzt, die den Bedingungen $1 > x_m > 0$ und

$$\left(\frac{d^2\varphi}{dx^2}\right)_{x\,=\,x_m} < 0 \qquad\qquad \text{(VII, 30)}$$

genügt. Wir setzen daher

$$\varphi = R\left[x\ln x + (1-x)\ln(1-x)\right]. \qquad\qquad \text{(VII, 31)}$$

Dann ergibt sich für die freie Energie nach GIBBS

$$\frac{G_m}{RT} = \frac{G_m^0}{RT} + \frac{w\,x(1-x)}{RT} + x\ln x + (1-x)\ln(1-x), \qquad \text{(VII, 32)}$$

wo G_m^0 unabhängig von x ist. An Stelle von x können wir eine Variable

$$s = 1 - 2x \qquad\qquad \text{(VII, 33)}$$

einführen, die man den Ordnungsgrad (genauer den Fernordnungsgrad) nennt. Am absoluten Nullpunkt ist $s = 1$ (maximale Ordnung), mit steigender Temperatur wird s kleiner und schließlich Null. Gl. (VII, 32) läßt sich dann schreiben

$$\left.\begin{aligned}
\frac{G_m}{RT} &= \frac{G_m^0}{RT} + \frac{w}{RT}\,\frac{1-s^2}{4} + \frac{1}{2}(1+s)\ln(1+s)\\[4pt]
&\quad + \frac{1}{2}(1-s)\ln(1-s) - \ln 2
\end{aligned}\right\} \qquad \text{(VII, 34)}$$

Die Größe x bzw. s nimmt eine eigentümliche Mittelstellung ein zwischen den Atomkoordinaten und äquivalenten Größen einerseits, den thermodynamischen Variablen andererseits. Von den ersteren unterscheidet sie sich dadurch, daß zu einem gegebenen Wert von x bzw. s jeweils eine große Zahl von molekularen Konfigurationen gehört, also ein makroskopischer Zustand des Systems dadurch beschrieben wird. x bzw. s ist aber auch keine unabhängige Zustandsvariable im Sinne der Thermodynamik, denn für ein homogenes Einkomponentensystem hängt G_m nur von T und p ab. Man nennt x bzw. s daher einen *inneren Parameter* oder eine quasi-thermodynamische Variable (vgl. dazu [1, 2]). Im thermodynamischen Gleichgewicht ist der Wert von x bei gegebener Temperatur und gegebenem Druck eindeutig festgelegt durch die Bedingung

$$(\delta G)_{T,\,p} = 0, \qquad\qquad \text{(VII, 35)}$$

wobei im stabilen Zustand G_m ein Minimum haben muß. Wir erhalten daher

$$\frac{1}{RT}\left(\frac{\partial G_m}{\partial x}\right)_{T,\,p} = -\frac{w}{RT}(2x-1) + \ln\frac{x}{1-x} = 0 \qquad \text{(VII, 36)}$$

oder

$$\frac{x}{1-x} = e^{(2x-1)\frac{w}{RT}}. \qquad\qquad \text{(VII, 37)}$$

<hr>

[1] TISZA, L.: Phase Transformations in Solids (herausgegeben von SMOLUCHOWSKI, MAYER u. WEYL), p. 1, New York 1951.

[2] KLEIN, M. J. u. L. TISZA: Physic. Rev. **76**, 1861 (1949).

Eine Lösung dieser Gleichung ist $x = 1/2$. Dies ist aber nicht unter allen Umständen die einzige Lösung, und sie entspricht auch nicht notwendig einem Minimum von G. In Abb. VII, 9 ist daher $(G_m - G_m^\circ)/RT$ als Funktion von $s = 1 - 2x$ für verschiedene Werte von $w/2\,RT$ dargestellt. Man sieht daraus, daß für $w/2\,RT < 1$ nur die Lösung $s = 0$ existiert und diese einem Minimum entspricht. Für $w/2\,RT > 1$ existiert

dagegen eine zweite Lösung; diese entspricht jetzt einem Minimum, während bei $s = 0$ ein Maximum liegt. Das besagt, daß oberhalb der Temperatur

$$T_{\mathrm{II}} = \frac{w}{2\,R} \qquad \text{(VII, 38)}$$

nur der völlig ungeordnete Zustand existieren kann ($s = 0$), während unterhalb T_{II} der stabile Gleichgewichtszustand eine zunehmende Ordnung besitzt ($s > 0$).

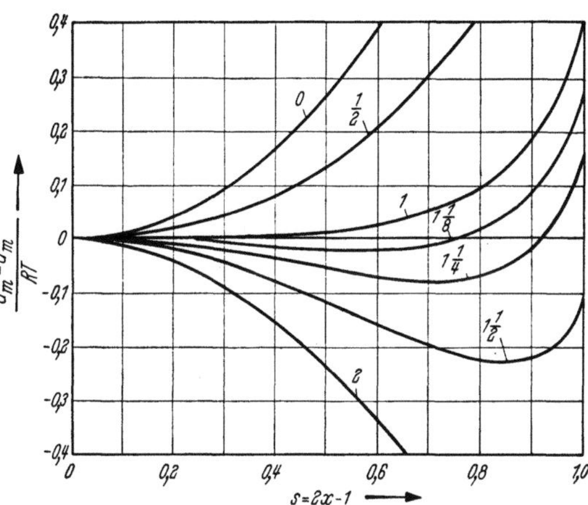

Abb. VII, 9. Abhängigkeit der freien Energie vom Fehlordnungsgrad nach Gl. VII, 34 für verschiedene Werte von $w/2\,RT$.

Der Zusammenhang zwischen Temperatur und Ordnungsgrad ergibt sich aus Gl. (VII, 37) und (VII, 38), wenn wir an Stelle von x die Größe s einführen. Man erhält

$$\frac{T_{\mathrm{II}}}{T} = \frac{\tanh^{-1} s}{s} \qquad \text{(VII, 39)}[1]$$

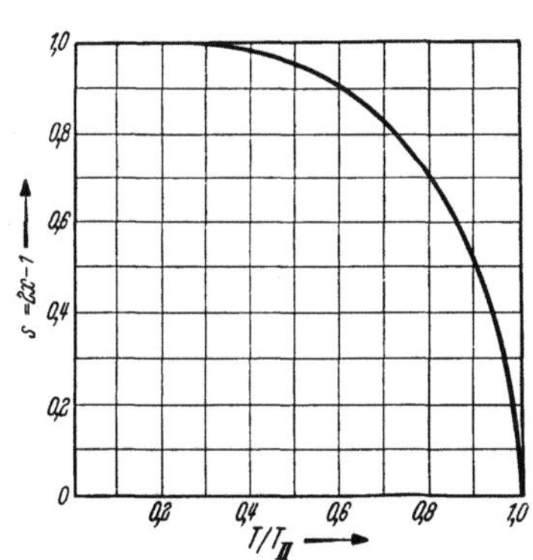

Abb. VII, 10. Zusammenhang zwischen Ordnungsgrad und Temperatur im thermodynamischen Gleichgewicht.

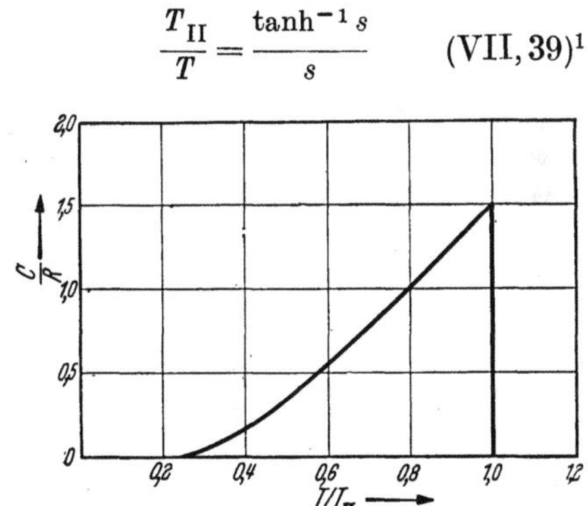

Abb. VII, 11. Beitrag der Änderung des Ordnungsgrades zur Molwärme.

Diese Kurve ist in Abb. VII, 10 dargestellt. Man sieht, daß der Ordnungsgrad sich zunächst nur wenig mit T ändert, in der Nähe von T_{II} aber steil auf Null abfällt. Schließlich zeigt Abb. VII, 11 den von der Änderung des Ordnungsgrades herrührenden Zusatzterm zur Molwärme

---

[1] Das Symbol $\tanh^{-1}$ bezeichnet die inverse Hyperbelfunktion.

als Funktion der Temperatur. Im Punkte T_{II} zeigt die Molwärme eine Unstetigkeit. Wir haben daher eine Umwandlung II. Ordnung, und es müssen die EHRENFESTschen Gleichungen gelten. Die vorstehenden Betrachtungen lassen besonders deutlich erkennen, daß die JUSTI-VON-LAUEsche Darstellung der Umwandlungen II. Ordnung keine physikalische Bedeutung hat. Unterhalb T_{II} kann man zwar neben der Kurve $s > 0$, welche dem stabilen Gleichgewicht entspricht, noch eine Kurve für $s = 0$ zeichnen, welche einen instabilen Zustand darstellt. Oberhalb T_{II} existiert aber nur eine Kurve, da hier die Gl. (VII, 37) nur eine Lösung besitzt. Physikalisch bedeutet dies, daß man unterhalb T_{II} den geordneten und den ungeordneten Zustand definieren kann. Im Punkte T_{II} fallen beide zusammen. Darüber hinaus ist ein zweiter Zustand nicht definierbar, da die maximale Unordnung nicht mehr überschritten werden kann[1,2]. Dieser Sachverhalt ist in Abb. VII, 2c dargestellt.

Die Überlegungen, die wir hier, ausgehend vom ISING-Modell, durchgeführt haben, lassen sich ohne weiteres auf die verschiedenartigsten molekularen Mechanismen übertragen; einige davon haben wir oben bereits erwähnt. Allerdings muß nicht jeder derartige Mechanismus notwendig zu einer Umwandlung II. Ordnung im Sinne der EHRENFESTschen Definition führen. Bei komplizierteren Stoffen können auch verschiedene Mechanismen gleichzeitig vorhanden sein, von denen jeder durch einen inneren Parameter zu charakterisieren wäre. Der gleiche Stoff kann daher auch grundsätzlich mehrere Umwandlungen höherer Ordnung zeigen. Wir wollen darauf hier jedoch nicht näher eingehen.

Zwei andere Punkte müssen dagegen noch hervorgehoben werden. Zunächst zeigt die obige Betrachtung sehr deutlich, daß das Auftreten eines Umwandlungspunktes bei endlicher Temperatur durch den kooperativen Charakter des Vorganges bedingt ist. Der Übergang Ordnung—Unordnung „katalysiert" sich gewissermaßen selbst. Wir haben daher zunächst mit steigender Temperatur eine langsame Zunahme der Unordnung, dann in einem engen Temperaturbereich ein völliges Zusammenbrechen der Fernordnung, das im Umwandlungspunkt abgeschlossen ist (Abb. VII, 10, siehe auch Abb. VIII, 9 in § 40). Andererseits lassen sich durch derartige Überlegungen bisher nur Umwandlungen von der Art der sogenannten λ-Punkte[3] (Abb. VII, 1f) erklären.

Die quantitative Theorie der kooperativen Ordnungseffekte stellt, wie schon bemerkt, ein außerordentlich schwieriges Problem dar. Es sind verschiedene Näherungsverfahren entwickelt worden, für deren Einzelheiten wir auf zusammenfassende Darstellungen[4,5,6] und die dort zitierte

---

[1] MAYER, J. E. u. G. F. STREETER: J. chem. Physics 7, 1019 (1939).

[2] Es verdient erwähnt zu werden, daß der Fall einer „Gabelung" der $G(T)$-Kurve als Möglichkeit bereits von JUSTI und v. LAUE (s. S. 420) in Betracht gezogen wird. Die Autoren halten diesen Fall jedoch für unwahrscheinlich und diskutieren ihn nicht näher.

[3] Die Bezeichnung rührt von der Ähnlichkeit des Verlaufes der $C_p(T)$-Kurve in der Nähe des Umwandlungspunktes mit dem griechischen Buchstaben λ her.

[4] NIX, F. C. u. W. SHOCKLEY: Rev. mod. Physics 10, 1 (1938).

[5] JAGODZINSKI, H.: Fortschr. Mineral., Kristallogr. Petrogr. 28, 95 (1951).

[6] MÜNSTER, A.: Lehrbuch der statistischen Thermodynamik (in Vorbereitung).

Originalliteratur verweisen. Das wesentliche Ergebnis besteht in der Aussage, daß die kooperativen Ordnungseffekte zu einer Umwandlung II. Ordnung führen, wie sie oben beschrieben wurde, in gewissen Fällen (s. o.) auch zu einer Umwandlung I. Ordnung (s. das Beispiel der Rotationsumwandlung bei kurzen Paraffinketten in § 40). Im einzelnen kann man die Übereinstimmung mit den experimentellen Daten als halbquantitativ bezeichnen. Beispielsweise beträgt im Falle des β-Messings der experimentelle Wert des Konfigurationsanteils der spezifischen Wärme unmittelbar unterhalb des Umwandlungspunktes 5,1 R, während der beste theoretische Wert (KIRKWOOD) 1,86 R ist. Im Hinblick auf die bei der Rechnung gemachten Vereinfachungen ist dieses Ergebnis nicht unbefriedigend. Trotzdem lassen sich zwei Einwendungen machen, die wir noch kurz erörtern wollen. Zunächst sind die erwähnten Rechnungen durchweg für konstantes Volumen durchgeführt worden. Sie liefern daher C_v, während die angeführten experimentellen Daten C_p-Werte sind. In einigen Fällen[1,2] hat man die letzteren auf C_v umgerechnet. Dabei hat sich gezeigt, daß die Diskontinuität verschwindet. Die C_v-Kurve zeigt an der Stelle der Umwandlung ein flaches niedriges Maximum (diffuse Umwandlung). Man kann daraus nicht ohne weiteres ein entscheidendes Argument gegen die Theorie herleiten. Immerhin liegt hier ein Problem, das sorgfältiger Diskussion bedarf. Der zweite Einwand betrifft das Ergebnis der bereits erwähnten ONSAGERschen Untersuchung. Die exakte Theorie des kooperativen Ordnungsproblems für das zweidimensionale ISING-Modell ergibt den in Abb. VII, 1g dargestellten Umwandlungstyp, der überhaupt nicht in das EHRENFESTsche Schema paßt. Es ist bisher nicht gelungen, die Frage zu entscheiden, ob dies Resultat auch für den dreidimensionalen Fall gültig ist. Andererseits ist die ONSAGERsche Theorie zwar im mathematischen Sinne exakt, das zugrunde gelegte ISING-Modell stellt aber gegenüber den physikalischen Sachverhalten eine weitgehende Vereinfachung dar, deren Tragweite schwer abzuschätzen ist. Wir müssen uns daher mit der Feststellung begnügen, daß die Anwendung des Begriffes „Umwandlung II. Ordnung" im Hinblick auf die experimentellen Ergebnisse und qualitative molekulare Betrachtungen als physikalisch sinnvoll betrachtet werden muß.

§ 37. Nichtgleichgewichtszustände und zeitabhängige Zustandsänderungen.

Von A. J. STAVERMAN.

Bisher basierten unsere Betrachtungen auf der klassischen Thermodynamik, d. h. wir betrachteten nur Gleichgewichtszustände. Man weiß jedoch, daß in Gläsern und Hochpolymeren sehr häufig Messungen an Stoffen durchgeführt werden, die keineswegs im Gleichgewicht sind, wie

---

[1] LAWSON, A. W.: Physic. Rev. **57**, 417 (1940).

[2] SCHÄFER, K. u. O. FREY: Z. Elektrochem. Ber. Bunsenges. physik. Chem. **56**, 882 (1952).

man aus der Zeitabhängigkeit mehrerer meßbarer Größen sieht. Die Frage, ob eine thermodynamische Behandlung auf solche Zustände übertragen werden kann, ist eine weitere Quelle der Verwirrung in der Physik der Hochpolymeren. Aus der Literatur[1] geht hervor, daß beträchtliche Meinungsverschiedenheiten existieren zwischen den Autoren, welche die Thermodynamik auf die in diesem Kapitel behandelten Erscheinungen anwenden, und denjenigen, die diese Phänomene im wesentlichen als Geschwindigkeitsprozesse ansehen, auf die die Thermodynamik nicht angewendet werden darf. Im folgenden werden wir versuchen, zu zeigen, daß diese Kontroverse gegenstandslos ist und daß beide Behandlungsweisen gleichzeitig korrekt sein können.

Schon in der klassischen Thermodynamik, die nur von Gleichgewichtssystemen handelt, werden viele Fälle betrachtet, die keine wirklichen Gleichgewichte sind. In der Tat gibt es in der Natur nur sehr wenige Systeme, die im strengen Sinne des Wortes im Gleichgewicht sind; aber wie von FOWLER und GUGGENHEIM[2] betont wurde, schließen weder Zustandsänderungen, die sehr viel langsamer als die Meßgeschwindigkeit ablaufen, noch solche, die sehr viel schneller ablaufen, die Anwendung der klassischen Thermodynamik aus. „Die Prozesse der langsamen Gruppe können wir vollständig ignorieren. Diejenigen der schnellen Gruppe werden vollständiges Gleichgewicht zwischen den Zuständen oder Phasen, die sie verbinden, aufrechterhalten, und die betrachteten Zustandsänderungen werden vollständig reversibel sein. Prozesse mit mittlerer Geschwindigkeit sind jedoch fatal und bedingen notwendig irreversible Änderungen."

Als Beispiel wollen wir eine Mischung von Sauerstoff, Wasserstoff und Wasserdampf bei Temperaturen, bei denen kein merklicher chemischer Umsatz stattfindet, betrachten. Die Beziehungen zwischen den Zustandsvariablen dieser Mischung können mit der klassischen Thermodynamik behandelt werden, ohne daß man die Möglichkeit einer chemischen Reaktion zwischen diesen Gasen in Betracht zieht und ohne daß irgendeine Schwierigkeit aus der Tatsache entsteht, daß die Mischung nicht im chemischen Gleichgewicht ist. Wenn wir jedoch einen Katalysator zu der Mischung zugeben, der nach jeder Zustandsänderung augenblicklich das chemische Gleichgewicht herstellt, können wir wiederum das System mit Hilfe der klassischen Thermodynamik behandeln, vorausgesetzt, daß wir das Verhältnis der drei Komponenten oder die Reaktionslaufzahl der chemischen Umwandlung als zusätzlichen Parameter einführen, der zur Beschreibung des Zustandes des Systems benötigt wird.

Im allgemeinen können Abweichungen vom Gleichgewicht dadurch beschrieben werden, daß man die Werte von einem oder mehreren inneren Parametern angibt, die man als ξ bezeichnet, wie z. B. die Reaktionslaufzahl in Gemischen, in denen chemische Reaktionen ablaufen können, oder der „Ordnungsgrad" bzw. „Bruchteil der rotierenden Gruppen" in Systemen, die Ordnungs–Unordnungs-Umwandlungen (wie oben in § 36 behandelt) bzw. Rotationsumwandlungen oder ähnliches aufweisen.

---

[1] BOYER, R.: „Changement de Phases", Soc. Chim. Phys., Paris 1952.
[2] FOWLER, R. H. u. E. A. GUGGENHEIM: Statistical Thermodynamics Cambridge 1939, S. 229.

FOWLER und GUGGENHEIMS oben zitierte Feststellung kann in eine etwas strengere Form gebracht werden, wenn wir drei Klassen von inneren Parametern ξ betrachten und eine Versuchszeit t_e einführen.

Die erste Klasse enthält diejenigen Parameter, die sich unmerklich während des Versuches ändern:

$$\frac{d\log\xi}{dt} \ll \frac{1}{t_e}. \tag{I}$$

Für die zweite Klasse haben wir

$$\frac{d\log\xi}{dt} \approx \frac{1}{t_e} \tag{II}$$

und für die dritte Klasse

$$\frac{d\log\xi}{dt} \gg \frac{1}{t_e}. \tag{III}$$

Entsprechend der oben erwähnten Feststellung kann die klassische Thermodynamik auf Systeme angewandt werden, die Parameter der Klassen I und III enthalten. Parameter der ersten Klasse werden als konstant während der Zustandsänderung vorausgesetzt, während Parameter der III. Klasse voraussetzungsgemäß unter allen Umständen ihre Gleichgewichtswerte

$$\xi_i = \xi_{i0} \tag{VII, 40}$$

annehmen, die durch die Beziehung

$$\left(\frac{\partial G}{\partial \xi_i}\right)_{T,P,\xi_j} = 0 \tag{VII, 41}$$

bestimmt sind.

Entsprechend derselben Feststellung können Systeme mit Parametern der Klasse II überhaupt nicht durch die klassische Thermodynamik behandelt werden. Diese Situation ist vom theoretischen Standpunkt ziemlich unbefriedigend: 1. Die „Versuchszeit" ist eine schlecht definierte Größe, die von der Konstruktion der Apparate oder vom Temperament des Beobachters abhängen kann, und soll doch für die Frage der Anwendbarkeit der Thermodynamik von ausschlaggebender Bedeutung sein. 2. Bei vielen festen Substanzen, besonders bei Hochpolymeren und auch bei Metallen, kommen Konfigurationsänderungen mit Geschwindigkeiten ganz verschiedener Größenordnungen vor, so daß es offenbar unmöglich ist, Parameter der Klasse II vollständig bei allen interessierenden Temperaturen auszuschließen. Vielmehr beruhen ganz im Gegenteil die interessanten Ergebnisse bei der thermischen und mechanischen Behandlung vieler dieser Stoffe auf der Tatsache, daß spezielle innere Parameter bei höheren Temperaturen veränderlich und bei tieferen Temperaturen konstant sind, und somit sind gerade diejenigen Temperaturen am interessantesten, bei denen die Parameter zur II. Klasse gehören.

Der Schluß jedoch, die Anwendung der Thermodynamik auf die meisten Phänomene während des Erhitzens und Dehnens von Hochpolymeren sei unerlaubt, ist zu pessimistisch. Die Entwicklung der

„Thermodynamik der irreversiblen Prozesse", die insbesonders von De Donder[3] begonnen und von Prigogine[1] fortgesetzt, aber teilweise unabhängig von vielen anderen Forschern[1,2,3] weiterentwickelt wurde, hat gezeigt, daß die klassische Thermodynamik nur ein Bruchteil der gesamten Thermodynamik ist. In der Tat bildet eine Behandlung von Zuständen der Materie, welche die Gleichgewichtszustände als Grenzfälle von Nichtgleichgewichtszuständen betrachtet und beide Arten von Zuständen von demselben Gesichtspunkt aus behandelt, eine logischere und einheitlichere Thermodynamik als die klassische Thermodynamik mit ihren etwas unlogischen Beschränkungen.

Im Rahmen dieses Buches können wir keine vollständige Übersicht über die Thermodynamik der irreversiblen Prozesse geben. Wir müssen auf eine ausgezeichnete neue Monographie über dieses Gebiet verweisen[4]. Jedoch wollen wir versuchen, kurz einige Grundlagen dieses Zweiges der Wissenschaft aufzuzeigen.

Irgendein Zustand außerhalb des thermodynamischen Gleichgewichts kann durch eine hinreichende Zahl von Parametern vollständig beschrieben werden. Es ist bequem, die Abweichungen dieser Parameter von ihren Gleichgewichtswerten als Zustandsvariable zu benutzen. Wir nennen diese Größen

$$\xi_1 \ldots \xi_i \ldots$$

Wie viele dieser Parameter für eine wirklich vollständige Beschreibung des Systems benötigt werden, hängt von der Natur des Systems ab. Wir können z. B. an die inneren Parameter denken, die oben erwähnt werden, oder an Inhomogenitäten in der Dichte, Zusammensetzung oder Temperatur, oder an Abweichungen vom chemischen Gleichgewicht. Bei Hochpolymeren kann man im besonderen an Konfigurationsverschiebungen denken, die durch Form- oder Temperaturänderungen hervorgerufen werden und die abnorme Kristallisation bedingen, ferner an Orientierung, Rotation oder Knäuelung von Makromolekülen.

Da die Parameter ξ alle im Gleichgewicht verschwinden, können wir immer die Abweichung der Entropie des Systems vom Gleichgewichtswert, ΔS, bezüglich ξ entwickeln, wobei wir mit den quadratischen Termen beginnen:

$$\Delta S = - \frac{1}{2} \Sigma_{ik} g_{ik} \xi_i \xi_k, \tag{VII, 42}$$

da die linearen Terme ξ im Gleichgewicht verschwinden.

Die Thermodynamik der irreversiblen Prozesse betrachtet so weit nur Abweichungen vom Gleichgewicht, die so klein sind, daß Gl. (VII, 42) gilt und höhere Terme vernachlässigt werden können. In diesem Falle sind alle Geschwindigkeitsphänomene linear in den ξ.

---

[1] Prigogine, I.: Etude Thermodynamique des Phénomènes irréversibles, Liège 1947.

[2] Onsager, L.: Phys. Rev. **37**, 405 (1931); **38**, 2265 (1931). − H. B. G. Casimir: Rev. Mod. Phys. **22**, 56 (1950).

[3] de Donder, Th.: L'Affinité Paris 1921, 1931, 1934, 1936.

[4] de Groot, S. R.: Thermodynamics of irreversible processes, Amsterdam 1951.

Der erste Schritt bei dieser Thermodynamik besteht darin, einen Satz von Parametern ξ zu finden, der die Abweichungen vom Gleichgewicht vollständig und eindeutig beschreibt. Wir sehen sofort, daß im allgemeinen viele Sätze von ξ benutzt werden können, da irgendeine lineare Kombination der ξ

$$\xi_\mu = \Sigma_i A_{\mu i} \xi_i \qquad (\text{VII}, 43)$$

die erforderlichen Bedingungen erfüllt.

Wenn einmal ein Satz der ξ gefunden worden ist, müssen die Koeffizienten g_{ik} berechnet werden. Dies ist ein entscheidender Schritt in der Thermodynamik der irreversiblen Prozesse, da er auf der Annahme basiert, daß z. B. im Falle von Inhomogenitäten in der Dichte oder in den Konzentrationen die Entropie des Nichtgleichgewichtszustandes mit Hilfe der GIBBSschen Gleichung

$$T\,dS = d\,U + P\,d\,V - \Sigma_{\mu i}\,d\,M_i \qquad (\text{VII}, 44)$$

berechnet werden kann.

Dies bedeutet, daß die Entropie nur von der Energie, dem Volumen und den Konzentrationen abhängen soll, gleichgültig, ob das System im Gleichgewicht ist oder nicht. Die einzige mögliche Prüfung dieser Annahme muß auf der statistischen Mechanik beruhen. PRIGOGINE hat durch statistische Rechnungen gezeigt, daß Gl. (VII, 44) bei Gasen außerhalb des Gleichgewichts gilt, solange die Abweichungen vom Gleichgewicht klein sind.

Im Falle der Hochpolymeren ist weder eine exakte statistische Behandlung noch überhaupt eine makroskopische thermodynamische Berechnung der zusätzlichen Entropie möglich, vielleicht mit Ausnahme weniger idealisierter Modelle, wie z. B. beim Modell des ideal-kautschukelastischen Hochpolymeren. Doch für unseren Zweck genügt es, daß wir wissen, daß die Entropie ihre physikalische Bedeutung auch außerhalb des Gleichgewichts behält und in einfachen Fällen aus rein makroskopischen Größen berechnet werden kann.

Wenn einmal die ξ's und die g_{ik}'s ermittelt worden sind, ist es möglich, „Kräfte"

$$X_i = \left(\frac{\partial \Delta S}{\partial \xi_i}\right)_{\xi_k} = -\Sigma_k g_{ik}\xi_k \qquad (\text{VII}, 45)$$

zu definieren. Diese Größen werden auch manchmal als „Affinitäten" bezeichnet. Es ist klar, daß jedem Parameter ξ_i eine Kraft X_i zugeordnet ist. Die Kräfte sind ebenso geeignet, die Abweichungen vom Gleichgewicht zu beschreiben, wie die ursprünglichen ξ's.

Der nächste Schritt in der Thermodynamik der irreversiblen Prozesse besteht darin, daß man die phänomenologischen Gleichungen für die „Ströme" anschreibt. Diese sind definiert als

$$J_i = \frac{d\xi_i}{d\,t}. \qquad (\text{VII}, 46)$$

Bei kleinen Abweichungen vom Gleichgewicht werden diese Ströme linear in den ξ und in den X sein.

Daher können wir immer schreiben:

$$J_i = \Sigma_k L_{ik} X_k. \tag{VII, 47}$$

ONSAGER hat aus Betrachtungen der Schwankungstheorie und aus der Symmetrie der elementaren Kinetik bezüglich der Transformation $t \to -t$ abgeleitet, daß

$$L_{ik} = L_{ki} \tag{VII, 48}$$

ist.

Diese allgemeine Eigenschaft der L-Matrix hat wichtige Konsequenzen für die Transformationseigenschaften der ξ, wie besonders von MEIXNER[1] hervorgehoben worden ist. Er hat gezeigt, daß infolge dieser Symmetrie mit Hilfe einer linearen Transformation wie Gl. (VII, 43) aus den ξ immer ein Satz von Parametern gebildet werden kann, der die Eigenschaft unabhängigen Verhaltens hat. Das bedeutet, daß mit diesen Parametern ζ_μ Gl. (VII, 42) folgende Gestalt annimmt:

$$\Delta S = - \frac{1}{2} \Sigma c_\mu \zeta_\mu^2 \tag{VII, 49}$$

und Gl. (VII, 47) wird

$$\frac{\partial \zeta_\mu}{dt} = - \frac{1}{\tau_\mu} \zeta_\mu. \tag{VII, 50}$$

MEIXNER hat ebenfalls gezeigt, daß der Satz von quasi-unabhängigen Parametern verschieden ist, je nachdem, ob adiabatische oder isotherme Prozesse betrachtet werden, und er hat qualitative Beziehungen zwischen den beiden Sätzen von Relaxationszeiten angegeben. Dies eröffnet eine Möglichkeit, die charakteristischen Parameter durch ein Studium dieser Relaxationszeiten zu untersuchen (siehe Band IV).

Es gibt mehrere Punkte in dieser neuen Thermodynamik, die eine sehr sorgfältige Diskussion verdienen und die bisher nicht vollständig geklärt worden sind. Einer dieser Punkte ist die Auswahl der ξ und die Berechnung der g_{ik} in bestimmten Fällen, einschließlich der Einschränkungen, die der Definierbarkeit der Entropie bei Systemen mit z. B. großen aber lokalen Abweichungen aus dem Gleichgewicht auferlegt werden. Ein anderer Punkt ist die bei ONSAGERS Ableitung von Gl. (VII, 48) gemachte Annahme der Existenz einer Zeit, die groß im Vergleich zu „Atomzeiten" (z. B. zur Zeit zwischen zwei Atomzusammenstößen) und doch wiederum klein im Verhältnis zur Durchschnittsrelaxationszeit der betrachteten kleinen Abweichungen vom Gleichgewicht. Jedoch diese Unsicherheiten sind nicht ernsthafter als diejenigen, denen die Grundlagen der statistischen Theorie generell unterliegen und an die wir uns gewöhnt haben. Für unseren Zweck ist die Hauptfolgerung aus dem Vorangehenden, daß man, um thermodynamische Betrachtungen anzustellen, sich nicht auf Fälle zu beschränken braucht, bei denen nur Parameter der Klassen I und III vorkommen, was eine sehr starke und ziemlich künstliche Einschränkung bezüglich der thermodynamischen Behandlung von Phänomenen, die Hochpolymere betreffen, bedeuten würde. Man

---

[1] MEIXNER, J.: Z. Naturforsch. 4a, 594 (1949).

sieht, daß G-Flächen im P-T-G-Raum nicht nur für Systeme im Gleichgewicht konstruiert werden können, sondern auch für Systeme mit irgendwelchen Werten der jeweils gewählten inneren Parameter. Da nun „thermodynamische Schlüsse" über Beziehungen zwischen meßbaren Größen, wie die CLAPEYRONsche Gleichung oder die MAXWELLschen Beziehungen, generell aus geometrischen Eigenschaften von Flächen und Kurven im P-T-G-Raum abgeleitet werden, bleiben solche Schlüsse vollkommen für Nichtgleichgewichtszustände gültig[1].

Wenn man jedoch verschiedene Wege betrachtet, die von einem Zustand zu einem anderen führen, muß man sorgfältig sich vergewissern, daß Anfangs- und Endzustand identische Sätze aller wichtigen Parameter aufweisen.

In der Thermodynamik kann man auch am Mechanismus interessiert sein, durch den das System von einem Zustand in den anderen übergeht. Zu diesem Zwecke muß man im einzelnen den molekularen Mechanismus betrachten, der hinter den inneren Parametern steckt, und experimentell muß man die Aufmerksamkeit auf die Kinetik des Prozesses konzentrieren. Diese beiden Aspekte der irreversiblen Prozesse, der kinetische und der thermodynamische, sind nicht gegensätzlich, sondern vielmehr komplementär, und die Tatsache, daß das System kontinuierlich sich ändert, schließt nicht die Anwendung der Thermodynamik aus.

§ 38. Die Beziehung zum visko-elastischen Verhalten.

Von A. J. STAVERMAN.

Während die Basis für eine thermodynamische Behandlung auf diese Weise hergestellt worden ist, ist die Frage nach der Methode, um verläßliche Daten über die Natur oder auch nur über die Zahl der unabhängigen inneren Parameter zu erhalten, die zur Charakterisierung des Zustandes eines hochpolymeren Systems erforderlich sind, viel schwieriger. In der Tat ist man nicht viel weiter als bis zur Zuordnung eines einzigen unspezifizierten inneren Parameters zu den irreversiblen Prozessen in Gläsern und Hochpolymeren gekommen[2].

Augenblicklich jedoch ist die vollständigste Information über irreversible Prozesse, die beim Erleiden einer Deformation in hochpolymeren Systemen ablaufen aus dem Studium des visco-elastischen Verhaltens des Systems zu erhalten.

Angesichts der sehr engen Verbindung zwischen einer Umwandlung II. Ordnung in einem Hochpolymeren und seinem visco-elastischen Verhalten kann kaum bezweifelt werden, daß dieselben Zeiteffekte, die bei der Deformation auftreten, auch bei der Thermodynamik des Erhitzens oder Abkühlens des Systems eine Rolle spielen. Das bedeutet, daß die Parameter der Klasse II, die während visko-elastischen Prozessen

---

[1] GEE, G.: Quarterly Reviews **1**, 265 (1941).
[2] DAVIES, R. O.: „Changement de Phases" Soc. Chim. Phys., Paris 1952, p. 425.

ihren Wert verändern, identisch sind mit denen, die das zeitabhängige
Verhalten nach Erhitzen oder Abkühlung beschreiben. Das bedeutet
aber nicht, daß der Stoff bei den verschiedenen Messungen auch dieselben Zustände durchläuft. Im Gegenteil jeder Zustand ist gekennzeichnet durch eine ganz bestimmte Kombination der Parameterwerte
und diese Kombinationen sind bereits verschieden in so ähnlichen Vorgängen wie das visko-elastische Kriechen bei konstanter Kraft und die
visko-elastische Relaxation bei konstanter Dehnung desselben Materials
bei gleicher Temperatur. Auch sind die Parameterwerte ganz verschieden
je nachdem man visko-elastische Prozesse ohne Kompression, also in
reiner Scherungsdeformation betrachtet oder solche mit Kompression
wie bei Zug- oder Biegungsdeformation. Selbstverständlich sind bei
Temperaturänderungen die verschiedenen Parameter wieder in anderer
Weise kombiniert, obgleich die isotrope Ausdehnung bei Temperaturerhöhung mehr Übereinstimmung mit den bei Kompression als mit den
bei Scherung hervortretenden Parametern erwarten läßt. Aber im Prinzip
muß man doch erwarten, daß die molekularen Ereignisse (wie Bewegungen von molekularen Ketten verschiedener Länge, Auflösen von
Kristalliten und Orientierungen bestimmter Gruppen) die den Parametern der Klasse II zugrunde liegen, dieselben sind bei visko-elastischen
Vorgängen und bei den zur Bestimmung eines Umwandlungspunktes
erforderlichen Temperaturänderungen[1].

Da das visco-elastische Verhalten in Band IV dieser Reihe behandelt
werden wird, wollen wir uns darauf beschränken, hier drei Punkte zu erwähnen, die in unmittelbarem Zusammenhang mit dem behandelten
Problem stehen.

Erstens kann das visco-elastische Verhalten durch eine Zeit- oder
Frequenzfunktion beschrieben werden, die man das *Relaxationsspektrum*
nennt. Man hat gezeigt, daß jede „Linie" in solch einem Spektrum
wenigstens einem quasi-unabhängigen Parameter entspricht. Nun ist es
bis jetzt nicht möglich gewesen, solche Spektren auch nur einigermaßen
genau zu bestimmen[2]; aber aus den Messungen an Hochpolymeren kann
man schließen, daß bei vielen Systemen mehrere innere Parameter benötigt werden, um den Zustand des Systems zu beschreiben. Sicherlich
ist eine Behandlung, die nur einen einzigen inneren Parameter benutzt,
zu einfach. Dieser Schluß beruht auf der Tatsache, daß, wie roh auch
immer diese Bestimmung des Relaxationsspektrums gewesen sein mag,
die Existenz von mehreren Maxima, die zu verschiedenen Mechanismen
gehören, nicht angezweifelt werden kann[3].

Der zweite Punkt bezieht sich auf folgendes: Die quasi-unabhängigen
inneren Prozesse, wie sie aus dem Studium des visco-elastischen Verhaltens bei einer definierten Temperatur folgen, sind nicht wirklich unabhängig; bei anderen Temperaturen oder bei Experimenten, die Temperaturänderungen bedingen, können nicht nur die Geschwindigkeiten

[1] MEIXNER, J.: Z. Naturforsch. **9a**, 654 (1954).

[2] SCHWARZL, F. u. A. J. STAVERMAN, Physica **10**, 791 (1952); Appl .Sci. Res.
4, 127 (1953).

[3] STAVERMAN, A. J.: Koll. Z. **134**, 189 (1953).

der verschiedenen molekularen Prozesse in verschiedenen Verhältnissen geändert werden, sondern es können auch Prozesse, die bei der ersten Temperatur quasi-unabhängig waren, jetzt nicht mehr unabhängig sein. Tatsache ist, daß der Satz von Parametern, der einen spezifischen Zustand des Hochpolymeren charakterisiert, multidimensional ist, und daß sowohl die totale freie Energie als auch der Ablauf des totalen irreversiblen Prozesses von allen Parametern abhängen.

Der dritte Punkt betrifft die Aufklärung der Prozesse, die an visco-elastischen Phänomenen beteiligt sind. Messungen mit allmählich ansteigenden Belastungen oder Deformationen sind weniger brauchbar als Messungen mit Belastungen oder Deformationen, die nach einer plötzlichen Zustandsänderung konstant gehalten werden oder mit konstanter Amplitude periodisch verändert werden. Dasselbe kann von Experimenten gelten, in denen der Einfluß einer Temperaturänderung untersucht wird. Dieses würde zu einer Technik thermodynamischer Untersuchungen führen, die von den gebräuchlichen abweicht, obwohl es in der Praxis schwierig sein wird, Temperatursprünge oder oszillierende Temperaturen zu erzeugen.

In diesem Zusammenhang sollte man daran denken, daß eine Temperaturänderung ein komplizierterer Prozeß als die Änderung der Form oder des Volumens ist; denn während die letzte nur die Konfiguration beeinflußt, hat die erste auch einen starken Einfluß auf alle Geschwindigkeitskonstanten L_{ik} oder τ_μ.

Obwohl wir gezeigt haben, daß Zeiteffekte nicht die Anwendbarkeit der Thermodynamik ausschließen, komplizieren sie sicherlich die thermodynamische Interpretation der Experimente. Wir haben gesehen, daß für das Auftreten einer Umwandlung II. Ordnung gewisse Eigenschaften der charakteristischen Parameter erforderlich sind, die wir dem kooperativen Charakter der betreffenden Phänomene zugeschrieben haben. Wenn Zeiteffekte vorkommen, ändern sich die Parameter während einer beträchtlichen Zeitspanne nach der Zustandsänderung. Daher hängen alle thermodynamischen Funktionen, wie Energie, Entropie und spezifische Wärme, von der Zeit ab, und es ist möglich, daß bei kurzer Zeit Umwandlungen beobachtet werden, die verschwinden oder ihren Charakter ändern, wenn mehr Zeit verflossen ist.

Damit wir von hier aus weiterkommen, müßten wir zuerst versuchen, eine sichere Kenntnis über die Zahl der inneren Parameter zu erlangen, die für eine vollständige Beschreibung eines Zustandes notwendig sind, und über die thermodynamische Charakteristik der Prozesse, denen sie entsprechen. Sodann sollte man versuchen, diese Prozesse mit den charakteristischen Merkmalen der chemischen oder physikalischen Struktur des Materials in Beziehung zu setzen. Keine dieser Untersuchungsarten verspricht einen leichten oder schnellen Fortschritt. So haben wir noch einen langen Weg vor uns.

Was Umwandlungspunkte II. Ordnung bei Hochpolymeren betrifft, so erwarten wir nicht, daß jeder innere Parameter für sich eine getrennte Umwandlung II. Ordnung zur Folge haben wird. Aber die Koexistenz mehrerer innerer Prozesse wird alle experimentellen Resultate beinflussen, und eine vollständige Beschreibung des thermischen und dynamischen Verhaltens eines gegebenen Hochpolymeren wird unmöglich sein, ohne alle inneren Prozesse zu berücksichtigen. Wenn einmal die Natur der inneren Prozesse bekannt ist, wird es möglich sein, definitiver etwas darüber auszusagen, ob die bekannten Umwandlungen II. Ordnung bei Hochpolymeren der EHRENFESTschen Definition streng entsprechen. Wie oben festgestellt wurde, kann man nicht erwarten, daß man durch das Experiment streng beweisen kann, daß eine gegebene Umwandlung von der II. Ordnung ist. Bestenfalls kann man hoffen, daß man den Mechanismus der betreffenden Prozesse aufklärt. Wie in § 36 ausführlich erörtert wurde, ist kein sehr spezieller Mechanismus erforderlich, um eine Umwandlung II. Ordnung hervorzurufen.

Achtes Kapitel.

Charakteristische Erscheinungen beim Kristallisieren und Schmelzen von Hochpolymeren und ihre Deutung.

Von

W. BRENSCHEDE, E. JENCKEL, A. MÜNSTER und H. A. STUART.

Kristallisationserscheinungen.

Mit 84 Abbildungen.

§ 39. Methoden zur Untersuchung des Schmelzens und Kristallisierens.

Von E. JENCKEL.

Die Verfahren, um die Kristallisation hochmolekularer Stoffe zu untersuchen, knüpfen in jedem Falle an diejenigen der niedermolekularen Stoffe an. Wenn die Schmelze eines solchen Stoffes kristallisiert, nimmt das Volumen ab, es wird eine Schmelzwärme frei, der Stoff wird mechanisch fest und weiter werden gewisse für das Kristallgitter charakteristische Eigenschaften beobachtet. Hierzu gehören die Doppelbrechung und die Röntgeninterferenzen. Im folgenden werden diese Verfahren im einzelnen besprochen, mit Ausnahme der röntgenographischen Methode, auf die in Kap. II dieses Buches ausführlich eingegangen wurde.

Wie sich in den folgenden Paragraphen zeigen wird, tritt Kristallisation bzw. Schmelzen gewöhnlich nicht bei einer bestimmten Temperatur, dem Schmelzpunkt, ein, sondern dieser Vorgang erstreckt sich über einen Temperaturbereich, eine Beobachtung, die für die Hochpolymeren charakteristisch zu sein scheint. Außerdem zeigt insbesondere der Vergleich zwischen den beobachteten Volumina und den aus den Gitterkonstanten ermittelten Volumina, daß offenbar nur ein Teil der Substanz – auch bei hinreichend tiefer Temperatur – zur Kristallisation gelangt ist. Die Bestimmung des kristallinen Anteils auf diesem Wege ist bereits in Kap. V, B ausführlich dargestellt.

a) Volumenmessungen.

Die Untersuchung des Volumens ergibt immer einen charakteristischen Verlauf wie in Abb. VIII, 1, die einer Arbeit von HUNTER und

OAKES[1] entnommen ist. Weitere Untersuchungen liegen vor von ÜBER-
REITER[2] und anderen Autoren, deren Ergebnisse in Tab. VIII, 1 wiedergegeben sind. Das Volumen der Schmelze ist, wie zu erwarten, größer als
das des kristallisierten Stoffes. Während jedoch bei niedermolekularen
Stoffen im Einstoffsystem beim Schmelzpunkt ein Volumensprung beobachtet wird, erstreckt sich hier die Volumenänderung über einen großen Temperaturbereich, in dem offenbar allmählich der Kristall aufschmilzt. Das Schmelzen beginnt etwa bei 0°C in Abb. VIII, 1, um,
ziemlich scharf definiert, bei etwa 100°C zu enden. Die letztere Temperatur wird manchmal als „Schmelzpunkt" bezeichnet, obwohl sie offensichtlich nur das obere Ende des Schmelzbereiches angibt. Immerhin schmilzt die Haupt-
menge kurz unterhalb dieses „Schmelzpunktes", vgl. auch § 41a.

Anmerkung: In den Versuchen von FLORY und Mitarbeitern hauptsächlich an Polyestern (vgl. Tab. VIII, 1) wird nur dieser Schmelzpunkt bestimmt und auf den Verlauf der Schmelzkurve kaum Gewicht gelegt.

Während das Kurvenstück oberhalb 100° in Abb. VIII, 1 zweifellos das Volumen der im inneren Gleichgewicht befind-lichen Schmelze angibt und für das Kurvenstück zwischen 100 und 0° die Erreichung einer

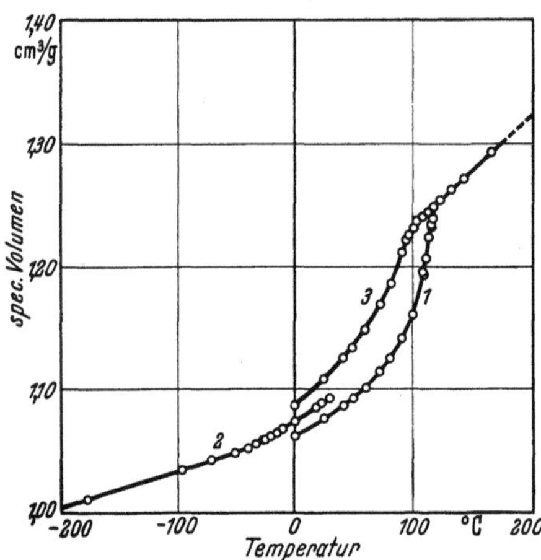

Abb.VIII, 1. Spezifische Volumen gegen die Temperatur
für verschiedene Polyäthylene. (Nach HUNTER und
OAKES.) Vgl. auch Abb. VIII, 12 und VIII, 70.

Gleichgewichtslage zunächst einmal angenommen sei, erscheint es doch
recht fraglich, ob unterhalb 0° die beobachtete Kurve wirklich eine
Gleichgewichtskurve ist, oder ob nur ein Gleichgewicht wegen zu langsamer Kristallisation beim Abkühlen vorgetäuscht wird. Vielfach wird
angenommen, daß grundsätzlich aus einem Haufwerk von Fadenmolekülen nur ein gewisser Anteil der Substanz zur Kristallisation
kommen kann (vgl. dazu auch die in § 47 b besprochene kinetische Deutung des Schmelzvorganges von ÜBERREITER).

Ein weiterer Knick auf der Kurve, häufig erheblich unterhalb der Temperatur beginnenden Schmelzens gibt die Einfriertemperatur T_E der
Schmelze zum Glase an (vgl. Abb. V, 33, S. 264); sie erscheint gegenüber
der rein amorphen, nicht teilkristallinen Substanz infolge der Vernetzung
durch die Kristallisation ein wenig bis zu 20° heraufgesetzt, wie Versuche
von KOLB und IZARD[3] an einigen Polyestern und von ÜBERREITER und
ORTHMANN[2] an Kautschuk und anderen Polymerisaten zeigen. Offenbar
handelt es sich um ein ganz allgemeines Verhalten, welches man auch

[1] HUNTER, E. u. W. G. OAKES: Trans. Faraday Soc. **41**, 49 (1945).
[2] ÜBERREITER, K. u. K. J. ORTHMANN: Kolloid-Z. **132**, 61 (1953).
[3] KOLB, H. J. u. E. F. IZARD: J. appl. Physics **20**, 571 (1949).

erwarten muß, wenn wirklich die kristallisierten Stoffe noch amorphe Anteile enthalten.

Experimentell wurde das Volumen meist aus dem Auftrieb unter geeigneten nichtquellenden Lösungsmitteln, vielfach Wasser bei Kautschuk oder Silikonöl[1] bei Polyestern oder dilatometrisch am besten unter Quecksilber bestimmt. Die lineare Ausdehnung wurde auch interferrometrisch gemessen[2]. An Stelle des Volumens kann auch der Brechungsindex in einem heizbaren ABBE-Refraktometer sehr bequem bestimmt werden[3] (vergl. auch § 39, f).

b) Abkühlungs- und Erhitzungskurven.

Wie zu erwarten, tritt beim Schmelzen bzw. beim Kristallisieren ebenso wie bei den niedermolekularen Stoffen, eine Schmelzwärme auf. Kühlt man daher die Schmelze gleichmäßig ab, so beobachtet man beim Schmelzpunkt bzw. im Schmelzbereich eine Verzögerung der Abkühlung infolge der freiwerdenden Schmelzwärme. Die entsprechende Verzögerung wird bei gleichmäßiger Erhitzung infolge der Aufnahme der Schmelzwärme beobachtet. Dieses Verfahren der Aufnahme von Abkühlungs- oder Erhitzungskurven ist bekanntlich eins der klassischen Verfahren zur Untersuchung der Metallegierungen. Bei den Hochpolymeren beobachtet man auf den Abkühlungskurven, die gewöhnlich untersucht wurden, den thermischen Effekt nur bei einer ganz bestimmten Temperatur, meist innerhalb von einem Grad. Abb. VIII, 2 gibt eine solche Kurve an Polyurethan nach JENKKEL und WILSING[4] wieder. Die so ermittelten Schmelzpunkte verschiedener Hochpolymerer sind in Tab. VIII, 1 angeführt. Lediglich beurteilt aus den Abkühlungskurven sollte man daher nur von einem Schmelz*punkt*, nicht von einem Schmelzbereich, sprechen. Im Gegensatz dazu erstreckt sich die Erhitzungskurve wie verschiedentlich gefunden wurde, stets über einen größeren Bereich von 10 bis 15 und mehr Grad. Abb. VIII, 3 gibt ein Beispiel an Polyurethan[4]. Die Erhitzungskurven weisen daher auf einen Schmelzbereich hin. Messungen der spezifischen Wärme an Polyäthylen[5] und an Kautschuk[6], auf die im

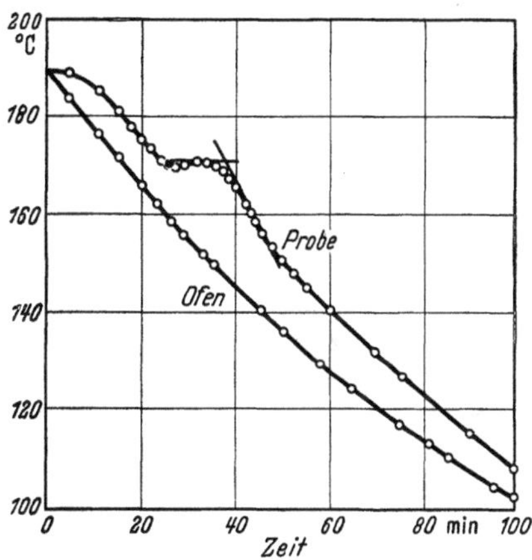

Abb. VIII, 2. Abkühlungskurve eines Polyurethans „Schmelz*punkt*". (Nach JENCKEL und WILSING.)

---

[1] Siehe S. 440, Fußnote 3.
[2] WOOD, L. A., N. BEKKEDAHL u. C. G. PETERS: J. chem. Physics **23**, 571 (1939).
[3] JENCKEL, E. u. H. DÖRFURT: unveröffentlicht.
[4] JENCKEL, E. u. H. WILSING: Z. Elektrochem. angew. physik. Chem. **53**, 4 (1949).
[5] RAINE, H. C., R. B. RICHARDS u. H. RYDER: Trans. Faraday Soc. **41**, 56 (1945).
[6] BEKKEDAHL, N. u. H. MATHESON: J. Res. nat. Bur. Standards **15**, 503 (1935).

Tabelle VIII, 1. *Angaben über den Schmelzpunkt und die Breite des Schmelzbereiches*[1].

V = Volumenkurve   E = Erhitzungskurve
A = Abkühlungskurve   O = optischer Schmelzpunkt

Stoff	„Schmelzpunkt" Ende	Schmelzbeginn
Polyäthylen, technisch, fraktioniert[2]	$114° - \dfrac{6500}{P}$ V	—
Polyäthylen[3]	105—115° V	—
Polyäthylen[4]	96° A	—
Polyäthylen[5]	104° A	—
Polyäthylen[5]	112° V	20° V
Polymethylen aus Diazomethan[5a]	130°	
Polychlorotrifluoräthylen[6]	190° V	150° V
Polytetrafluoräthylen*[7]	330° E	318° E
Polytetrafluoräthylen[8]	320° u. 327° E	—
Guttapercha[2]	60° V	
Naturkautschuk[2]	12° V	−50° V
Kautschuk[9]	30° E**	24° E**
Polyamide aus:		
Hexamethylendiamin und Sebacinsäure[10]	226° V	—
Hexamethylendiamin und Sebacinsäure[4]	206—214° A	
Dekamethylendiamin und Sebacinsäure[12]	213° O	
Piperacin und Sebacinsäure[11]	178° V	155° V
Piperacin und Sebacinsäure[4]	157° A	—
Hexamethylendiamin und Adipinsäure[12]	265° O	
Polyurethan aus:		
Butandiol und Hexamethylendiisozyanat[13]	172° A	50° V
	184° E	172° E
Polyester aus:		
Dekamethylenglykol und Sebacinsäure[10]	80° V	—
	82,5—84,5° O	—
Dekamethylenglykol und Adipinsäure[10]	79,5° V	—
	80—82° O	—
Dekamethylenglykol und Adipinsäure[14]	78° V	—
Glykol und Terephthalsäure (Terylen)[15]	267° V	—
Glykol und Terephthalsäure (Terylen)[2]	255° V	220° V
Glykol und Terephthalsäure (Terylen)[17]	264° O	—
Poly-ω-oxydekansäure[4]	74° A	—
Poly-ω-oxyundecansäure[4]	78° A	—
Glykol und Bernsteinsäure[4]	66° A	—
	85° E	—
Cellulosederivate:		
Cellulosebutyrat (2,6)[16]	173° V	127° V

[1] Schmelzpunkte weiterer Stoffe finden sich in Tabelle IX, 5—7, 9.

[2] ÜBERREITER, K. u. K. J. ORTHMANN: Kolloid-Z. **132**, 61 (1953).

[3] HUNTER, E. u. W. G. OAKES: Trans. Faraday Soc. **41**, 49 (1945).

[4] BAKER, W. O. u. C. S. FULLER: Ind. Engng. Chem. **38**, 272 (1946).

[5] CHARLESBY, A. u. M. ROSS: Proc. Roy. Soc. A **217**, London 122 (1953).

[5a] RICHARDS, R. B.: J. appl. Chem. **1**, 370, 1951.

[6] PRICE, FRAZER, P.: J. Amer. Chem. Soc. **74**, 311 (1952).

[7] RIGBY, H. A. u. C. W. BUNN: Nature **164**, 583 (1949).

[8] RENFREW, M. M. u. E. E. LEWIS: Ind. Engng. Chem. **38**, 870 (1946).

[9] BEKKEDAHL, N. u. L. A. WOOD: J. chem. Phys. **9**, 193 (1941).

[10] EVANS, R. D., H. R. MIGHTON u. P. J. FLORY: J. Amer. chem. Soc. **72**, 2018 (1950).

[11] FLORY, P. J., L. MANDELKERN u. H. K. HALL: J. Amer. chem. Soc. **73**, 2532 (1951); ferner Mischpolymerisate und Lösungen.

einzelnen in § 49, a näher eingegangen wird, entsprechen völlig den Erhitzungskurven, da sie bei steigender Temperatur aufgenommen wurden. In diesen Arbeiten wird die verbrauchte Schmelzwärme als spezifische Wärme gerechnet; dementsprechend steigt die spezifische Wärme im Schmelzbereich erheblich über den normalen Wert an.

Zur experimentellen Ermittlung der Abkühlungs- oder Erhitzungskurve genügt es, die Temperatur der Substanz, die sich in einem elektrischen Ofen befindet, mit einem Thermometer oder besser mit einem Thermoelement mit der Zeit zu verfolgen. Die Schärfe der Schnittpunkte dieser Kurven wird, wie man aus der Untersuchung von Metallegierungen längst weiß, durch mangelhafte Wärmeleitung von der Substanz zum Thermometer bzw. Thermoelement beein-

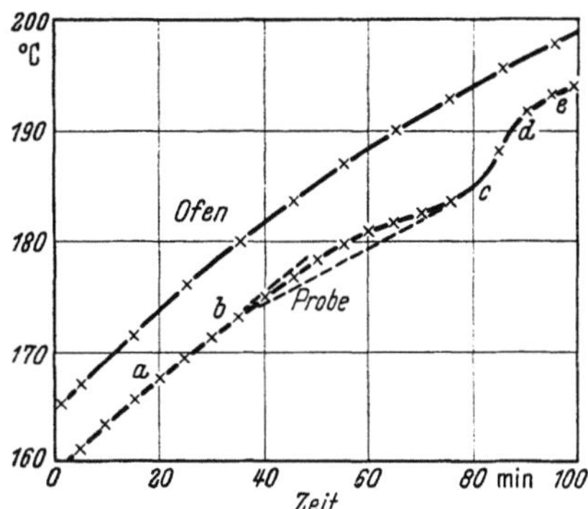

Abb. VIII, 3. Erhitzungskurve eines Polyurethans. Verzögerte Erhitzung zwischen *b* und *c* „Schmelz*bereich*". (Nach Jenckel und Wilsing.) Vgl. auch Abb. VIII, 13.

trächtigt. Daher durchsetzt man zweckmäßig die Substanz, in die das Thermoelement nackt eingeführt wird, mit einem Kupfergeflecht[1].

c) Mechanisches Verhalten.

Diejenigen hochmolekularen Stoffe, in denen wir einen kristallinen Anteil annehmen müssen, werden beim Erhitzen, wenn auch nicht bei einer ganz bestimmten Temperatur, so doch um einen verhältnismäßig engen Temperaturbereich, flüssig. Man beobachtet beispielsweise beim Erhitzen in einem Schmelzpunktröhrchen oder unter dem Mikroskop, daß die scharfen Ecken ziemlich unvermittelt sich abzurunden beginnen und das Material zerfließt. Diese Beobachtung erinnert außerordentlich an das bekannte Verhalten der niedermolekularen Stoffe und hat zu der Vorstellung eines Schmelz„punktes" geführt. Beobachtungen dieser Art sind nicht sehr genau und geben in jedem Falle nur einen Punkt der Schmelzkurve wieder.

[1] Siehe S. 441, Fußnote 4.

Fortsetzung der Fußnoten von Tabelle VIII, 1.

[12] Hill, R. u. E. E. Walker: J. Polymer Sci. **3**, 609 (1948).

[13] Jenckel, E. u. H. Wilsing: Z. Elektrochem. angew. physik. Chem. **53**, 4 (1949). — E. Jenckel u. H. Dörffurt: unveröffentlicht, refraktometrisch.

[14] Mandelkern, L., R. R. Garrett u. P. J. Flory: J. Amer. chem. Soc. **74**, 3949 (1952). — [15] Cobbs, W. H. u. R. L. Burton: J. Pol. Sc. **10**, 275 (1953).

[16] Mandelkern, L. u. P. J. Flory: J. Amer. chem. Soc. **73**, 3206 (1951).

[17] Keller, A., G. R. Lester u. L. B. Morgan: Phil. Trans. Roy. Soc. A **247**, 1 (1954).

* Kristallumwandlung bei 20°C [vgl. auch F. A. Quinn, D. E. Roberts u. R. M. Work: J. appl. Physics **22**, 1085 (1951) und Anm. 7, ferner G. T. Furukawa, R. E. McCoskey u. G. J. King: J. Res. Nat. Bur. of Stand. **49**, 273 (1952).

** höchste beobachtete Werte.

Eine bessere Kenntnis des Schmelzvorganges sollte man, wenigstens im Prinzip, aus der Untersuchung des mechanischen Verhaltens mit steigender Temperatur erhalten. Nun verhalten sich alle diese Stoffe sowohl plastisch wie elastisch. Daher läßt sich das stoffliche Verhalten ohne die zusätzliche Festlegung bestimmter Versuchsbedingungen weder rein elastisch durch einen Elastizitätsmodul noch rein plastisch durch eine Viscositätszahl angeben. Erst recht sind natürlich die Härtebestimmungen nach einer Eindruckmethode, etwa nach SHORE, von den Versuchsbedingungen abhängig. Immerhin ergibt sich aber doch ein kräftiger Abfall des Elastizitätsmoduls oder der Viscosität oder der Härte innerhalb des Schmelzbereiches bei konstanten Versuchsbedingungen. Versuche dieser Art sind wohl zuerst an Kautschuk durchgeführt worden und bei WOOD[1] aufgezählt. Untersuchungen an Polyterephthalsäureestern und ihren Copolymeren haben EDGAR und ELLERY[2] mitgeteilt; sie erhitzten die Probe und beobachteten das Eindringen eines belasteten Stempels. Beim reinen Terephthalsäurepolyester bricht die Probe innerhalb weniger Grade zusammen und der Stempel sinkt rasch ein. Bei den Mischpolymerisaten beobachtet man vor dem vollständigen Aufschmelzen schon ein Weichwerden über 30 bis 40°. JENCKEL und WILSING[3] haben die Fließgeschwindigkeit von Polyurethanfäden beobachtet, welche innerhalb des Schmelzbereiches stark, in der völlig aufgeschmolzenen Substanz aber nur wenig mit der Temperatur zunimmt. Hierauf wird in § 41 b noch näher eingegangen.

d) Optische Methoden.

Die hochpolymeren sind ebenso wie die allermeisten niedermolekularen Stoffe im kristallisierten Zustande doppelbrechend. Beobachtet man daher das Polymerisat unter dem Mikroskop zwischen gekreuzten Nikols, so erkennt man entweder eine Aufhellung oder sogar ausgeprägte Sphärolithstruktur (vgl. hierzu § 45). Erhitzt man jetzt hinreichend langsam, so kann man recht gut eine Temperatur angeben, bei der die Aufhellung des Gesichtsfeldes bzw. das Sphärolithenkreuz verschwindet. *(Optischer Schmelzpunkt)*. Dieses Verfahren wurde angewandt auf Polyäthylen[4], Polyester[5] und Polyurethan[3, 6]. Es liefert in dieser Form jedenfalls nur einen Punkt des Schmelzbereiches. Die quantitative Untersuchung lehrt, daß schon unterhalb des optischen Schmelzpunktes die Doppelbrechung abzunehmen beginnt. So ist beim Polyäthylen die Abnahme schon bei 80° C erkennbar. Bei 104° C hat die Doppelbrechung auf die Hälfte abgenommen und bei 123° C wird nur noch amorphe Substanz festgestellt[4]. Wenn sich im Material kugelige Sphärolithe, die gewöhnlich einen Durchmesser von einigen hundertstel Millimeter haben, gebildet haben, so ist das Material trübe; bei Abwesenheit dieser Spärolithe ist es durch-

[1] WOOD, L. A.: Advances in Colloid Science, Bd II, New York 1946, S. 62.

[2] EDGAR, O. B. u. E. ELLERY: J. chem. Soc. [London] **1952, 2633**.

[3] JENCKEL, E. u. H. WILSING: Z. Elektrochem. angew. phys. Chem. **53,** 6 (1929).

[4] BUNN, C. W. u. T. C. ALCOCK: Trans. Faraday Soc. **41,** 317 (1945).

[5] EVANS, R. D., H. R. MIGHTON u. P. J. FLORY: J. Amer. chem. Soc. **72,** 2018 (1950).   [6] BRENSCHEDE, W.: Kolloid-Z. **114,** 35 (1949).

scheinend. In völlig aufgeschmolzenem Zustande ist das Material im allgemeinen durchsichtig. Diese Beobachtung macht man an allen zur Sphärolithbildung neigenden Hochpolymeren; an Kautschuk sind genauere Untersuchungen durchgeführt worden[1]. Die Lichtdurchlässigkeit wäre daher auch eine Möglichkeit, um den Vorgang der Kristallisation zu untersuchen. Doch sollte die Auswertung solcher Versuche in bezug auf die Kristallisation mit äußerster Vorsicht erfolgen, da die Trübung nicht nur vom Ausmaß der Kristallisation, sondern natürlich unter anderen auch von der Größe der gebildeten Sphärolithe und ihren optischen Konstanten abhängt, worüber wir zur Zeit noch gar keine genauere Kenntnis haben, vgl. dazu auch § 45 d.

e) Vergleich der Methoden.

Die Angaben der verschiedenen Methoden können verglichen werden hinsichtlich des sogenannten Schmelzpunktes, d. h. des oberen Endes des Schmelzbereichs, und hinsichtlich der Breite des Schmelzbereichs. Während der Schmelzpunkt verhältnismäßig definiert ist, ist die Breite des Schmelzbereiches ohnehin nur etwas unsicher anzugeben. Darüber hinaus wird der Vergleich von Zahlenwerten dadurch erschwert, daß meist keine Messungen an identisch gleichem Material vorliegen. Hinsichtlich des Schmelzpunktes kann man immerhin folgendes sagen: Der aus der Volumenkurve ermittelte Schmelzpunkt, der wohl am sichersten zu erfassen ist, stimmt, wie FLORY und Mitarbeiter gezeigt haben, bis auf etwa 3°C mit dem optischen Schmelzpunkt (Verschwinden der Doppelbrechung) überein[2] (s. Tab. VIII, 1). Andererseits wurde gefunden daß das obere Ende des Schmelzbereichs bei Erhitzungskurven mit der Temperatur zusammenfällt, bei der unter Verlust der Doppelbrechung der Sphärolith zusammenbricht[3] (Tab. VIII, 2). Gleichzeitig steigt bei dieser Temperatur das Fließvermögen stark an[3]. Aus der Untersuchung von

Tabelle VIII, 2.
Vergleich des optischen Schmelzpunktes mit dem oberen Ende des Schmelzbereichs bei Erhitzungskurven an verschieden getempertem Polyurethan.

Getempert bei °C	Schmelzbeginn °C	Schmelzende °C	Optischer Schmelzpunkt °C
ungetempert	173	185	184/85
170 12 h	174	185	184/85
175 12 h	175	185	185
179 12 h	179	186	186
181 12 h	182	186,5	186
183 12 h	184	187	186/87
184,5 12 h	185	187	187
stufenweise			
bis 186	186	188,5	188
187,5	187,5	189	189
188	189,5	190	190

---

[1] ROSSEM, A. VAN: u. J. LOTICHIUS: Kautschuk **5,** 2 (1929).
[2] EVANS, R. D., H. R. MIGHTON u. P. J. FLORY: J. chem. Physics **15,** 685 (1947).   [3] JENCKEL, E. u. H. WILSING: l. c.; vgl. dann S. 464 ff.

FLORY und Mitarbeitern geht nicht hervor, ob das Material Sphärolithe ausgebildet hat, oder ob nur eine Aufhellung ohne Ausbildung von Sphärolithen beobachtet wurde. Wir möchten jedoch glauben, daß in beiden Fällen die Doppelbrechung bei der gleichen Temperatur verschwinden wird. Dann können wir zusammenfassend sagen: der optische Schmelzpunkt fällt praktisch mit dem oberen Ende des Schmelzbereiches auf Volumenkurven und auf Erhitzungskurven sowie mit einem starken Anstieg des Fließvermögens zusammen.

Schwieriger ist der Vergleich hinsichtlich der Breite des Schmelzbereichs. Polyurethan schmilzt über einen Bereich von 130°C, beurteilt aus der Messung des Brechungsindexes[1] und des Volumens[2], die der Volumenmessung gleichwertig ist, dagegen nur über etwa 10°C, beurteilt aus den Erhitzungskurven[3]. (Auch bei diesem Vergleich handelt es sich nicht um identisch gleiches Material[2].) Wir möchten diesen Befund wohl verallgemeinern, obwohl nicht allzuviel Material vorliegt, da auf den Volumenkurven meist ein breites Schmelzintervall gefunden wird, auf den Erhitzungskurven immer aber ein ziemlich enges[4].

Nun wird sich ein thermischer Effekt, der sich über ein breites Intervall der Temperatur erstreckt, auf den Erhitzungskurven nicht deutlich bemerkbar machen. Das wird nur der Fall sein eben unterhalb des Schmelzpunktes, wo – auch beurteilt nach Volumenkurven – ein großer Teil der Substanz innerhalb weniger Grade aufschmilzt. In der Tat ergibt ein anderes energetisches Verfahren, nämlich die Messung der spezifischen Wärme bzw. der Enthalpie, an Polyäthylen ein breites Schmelzintervall, etwa übereinstimmend mit den Volumenkurven (s. S. 353).

Die Abkühlungskurven liefern, wie schon erwähnt, scheinbar nur einen Schmelz*punkt*. Es dürfte hier jedoch Kristallisation nach Unterkühlung vorliegen. JENCKEL und WILSING haben angenommen, daß sich sehr kleine Kriställchen bilden mit entsprechend erniedrigtem Schmelzpunkt[5]. (Über die geringe Kernbildungsgeschwindigkeit dicht unterhalb des Schmelzpunktes vgl. § 46.) Die Aufnahme einer Abkühlungskurve, die so leicht durchzuführen ist, eignet sich daher nur zu der Feststellung, daß überhaupt Kristallisation erfolgt, nicht aber zur Feststellung der Breite des Schmelzintervalls.

Schließlich sei darauf hingewiesen, daß auch von Stoff zu Stoff die Breite des Schmelzbereiches offenbar recht verschieden ist. So finden FLORY und Mitarbeiter an Polyestern auch auf Volumenkurven verhältnismäßig enge Schmelzbereiche. Man kann also nicht einfach grundsätzlich für alle Hochmolekularen einen großen Schmelzbereich annehmen und darf nicht etwa denken, je länger die Kette, desto größer der Schmelzbereich. (Eine solche Annahme würde übrigens in striktem Gegensatz zu der Theorie von FLORY stehen.) Vielmehr muß man annehmen, daß von Stoff zu Stoff, genau wie bei den niedermolekularen Stoffen, die Tendenz

---

[1] JENCKEL, E. u. H. DÖRFFURT: noch unveröffentlicht.
[2] JENCKEL, E. u. H. RINKENS: unveröffentlicht.
[3] Siehe S. 444. Fußnote 3.
[4] Vgl. A. CHARLESBY u. M. ROSS: Proc. Roy. Soc. [London] (A) **217,** 122 (1953).
[5] „Spurenschmelzpunkt“ nach F. HABER: Ber. dtsch. chem. Ges. **6,** 1721 (1922).

zur Kristallisation ganz verschieden ist. Mit sinkender Temperatur wird dann früher oder später die Kristallisation (nicht zu verwechseln mit der glasigen Erstarrung) einfrieren, spätestens bei der Temperatur der glasigen Erstarrung, der Einfriertemperatur. Daraus erhellt, daß auch, je nach der zur Verfügung gestellten Zeit, Kristallisation beim Abkühlen noch stattfinden kann oder nicht. Nun wird bei der Aufnahme von Erhitzungs- und Abkühlungskurven verhältnismäßig schnell die Temperatur geändert, bei der Aufnahme des Volumens und besonders der spezifischen Wärme aber recht langsam. Auch aus diesem Grunde könnte man erwarten, daß man im letzteren Falle breite Schmelzintervalle, im ersteren Falle nur enge Schmelzintervalle beobachtet. Die beobachteten Änderungen der Kristallisation durch Tempern, über die in § 44 berichtet wird, entsprechen dieser Vorstellung.

f) Methoden zur Messung der Kristallisationsgeschwindigkeit.

Von den erwähnten Verfahren eignet sich besonders die Volumenmessung zur Bestimmung der Kristallisationsgeschwindigkeit. Man braucht zu diesem Zwecke nur bei konstanter Temperatur die Abnahme des Volumens mit der Zeit zu verfolgen. Zu diesem Zwecke sind verschiedene Versuchsanordnungen entwickelt worden, wie *Auftriebswaagen*[1, 2, 3], ferner *Dichterohre*[4], d. h. Rohre gefüllt mit einer Lösung sich stetig ändernder Dichte, in der die Teilchen zum Schweben gebracht werden und mit fortschreitender Kristallisation langsam absinken (vgl. dazu auch § 46).

Verläuft die Kristallisation sehr schnell, so kann man den Vorgang mit Hilfe eines registrierenden Ultrarotspektrometers verfolgen. COBBS und BURTON[4] haben so bei Terylen die Kristallisationsgeschwindigkeit bis zu Temperaturen von 240°C verfolgt. Die Methode beruht darauf, daß beim Übergang vom amorphen in den kristallinen Zustand die Feinstruktur des Spektrums charakteristische Veränderungen zeigt.

Erhitzungs- und Abkühlungskurven eignen sich verständlicherweise nicht zur Bestimmung der Kristallisationsgeschwindigkeit. Schwieriger ist es, nicht nur qualitativ den Fortgang der Kristallisation sondern auch quantitativ die Zunahme des kristallinen Anteils zu bestimmen. Die verschiedenen Methoden zur Bestimmung des kristallinen Anteils sind eingehend in Kap. VI, § 25 behandelt worden, so daß wir uns hier mit einigen ergänzenden Bemerkungen begnügen können[5].

[1] KOLB, H. J. u. E. F. IZARD: J. appl. Physics **20,** 571 (1949). — Ferner R. F. BOYER, R. S. SPENCER u. R. M. WILEY: J. Polymer Sci. **1,** 249 (1946).— S. TESSLER, N. T. WOODBERRY u. H. MARK: J. Polymer Sci. **1,** 437 (1946).

[2] KELLER, A., G. R. LESTER u. L. B. MORGAN: Phil. Trans. Roy. Soc. London (A) **247,** 1 (1954). Vgl. auch W. L. HOLT u. MCPHERSON: Rubber chem. Technol. **10,** 412 (1937).

[3] ALLEN, P. W.: Trans. Faraday Soc. **48,** 1178 (1952).

[4] COBBS, W. H. u. R. L. BURTON: J. Polymer Sci. **10,** 275 (1953).

[5] Hingewiesen sei noch auf die Bestimmung der magnetischen Kernresonanz nach G. W. WILSON u. G. E. PAKE: J. Polymer Sci. **10,** 503 (1953) an Polyäthylen und Polytetrafluoräthylen. — Vgl. auch F. P. REDING u. A. BROWN: J. appl. Physics **25,** 848 (1954) (Messungen an Polyäthylen).

§ 40. Schmelz- und Umwandlungserscheinungen in Stoffen mit kurzen Kettenmolekülen.

Von H. A. STUART.

Bekanntlich haben kristallisierende Hochpolymere keinen scharfen Schmelzpunkt. Das Auftreten eines mehr oder weniger breiten Schmelzbereiches wird heute allgemein mit der kristallin-amorphen Struktur solcher Stoffe in Zusammenhang gebracht. Doch besteht kein Zweifel, daß außerdem eine ganze Reihe von Ursachen, wie Umwandlungserscheinungen der verschiedensten Art, Verunreinigungen sowie Verzweigungen und anderer Isomeriemöglichkeiten Vorstufen des Schmelzens bzw. eine direkte Verbreiterung des Schmelzbereiches hervorrufen können. Die Beurteilung dieses sehr komplizierten Erscheinungsbildes wird wesentlich erleichtert, wenn man die Erfahrungen bei kurzen Kettenmolekülen heranzieht, wo es gelungen ist, diese Einflüsse einzeln zu verfolgen und insbesondere auch die Umwandlungserscheinungen weitgehend aufzuklären und molekular zu deuten. Wir besprechen daher einige Beobachtungen an Paraffinen und Kohlenwasserstoffen mit polaren Gruppen, die für das Verständnis der Schmelzerscheinungen bei Hochpolymeren besonders wichtig sind.

a) Rotationsumwandlungen im festen Zustand[1,2].

Schon die wohlbekannten Röntgenuntersuchungen von MÜLLER[3] an normalen Paraffinen zeigen, daß die ursprünglich orthorhombische Gitterstruktur sich mit wachsender Temperatur der hexagonalen annähert[4], die dem Falle der dichtesten „Zylinderpackung" der Kettenmoleküle entsprechen würde. Doch tritt eine völlige Umwandlung in die hexagonale Form unterhalb des Schmelzpunktes nur bei Ketten mit 21 bis 29 C-Atomen auf. Die kürzeren und ebenso die längeren Glieder schmelzen, ehe sie die hexagonale Form erreicht haben[5]. Während bei C_{21} und C_{23} die Änderungen der a- und b-Achsen stetig vor sich gehen, treten bei C_{24} bis C_{30} sprunghafte Änderungen auf, man beobachtet hier also einen recht scharf definierten Umwandlungspunkt T_U. Diese Erscheinung wurde schon von MÜLLER dahin gedeutet, daß oberhalb des Umwandlungspunktes die Kettenmoleküle als Ganzes um ihre Längsachsen rotieren können. Dabei handelt es sich nicht um eine freie Rotation.

---

[1] Vgl. auch C. P. SMYTH: Chem. Reviews **19**, 329 (1936), dort auch weitere Literatur sowie V. DANIEL: „Physics of long chain Crystals" in Advances in Physics **2**, 450 (1953).

[2] Über analoge Beobachtungen an anderen kleinen Molekülen siehe A. EUCKEN: Z. Elektrochem. angew. physik. Chem. **45**, 126 (1939). — Siehe auch „Changement de Phases", Paris, Societé de chimie Physique, 1952, Vorträge von H. FRÖHLICH, E. BAUER, R. FREYMANN u. a.

[3] MÜLLER, A.: Proc. Roy. Soc. [London] (A) **138**, 514 (1932).

[4] Dabei nähert sich das Verhältnis der Zellenachsen $a : b$ dem Grenzwert $\sqrt{3}$, der dem hexagonalen Gitter entspricht; der Winkel ψ geht gegen 30°.

[5] Ausnahmen sind noch die Ketten mit C_{30}, C_{31} und C_{44}, die ebenfalls einen scharfen Umwandlungspunkt aufweisen.

Vielmehr muß man beachten, daß das Potentialfeld um das einzelne Molekül wegen seines unsymmetrischen Querschnittes auch bei sechs gleichwertigen Nachbarn keine Rotationssymmetrie besitzt. An Hand der Abb. VIII, 4 wird man bei der Rotation des mittleren Moleküls mindestens sechs Potentialmulden erwarten, die außerdem verschieden sein können. Spielen die Endgruppen noch eine wesentliche Rolle, so wird wegen ihrer verschiedenen Richtungsmöglichkeit, auch bei unpolaren Molekülenden, die Zahl der Minima verdoppelt und außerdem ein Minimum besonders vertieft, so daß man auf zwölf Extremlagen kommen würde[1] (s. weiter unten). Es handelt sich also um eine ungleichförmige Drehung bzw. um Drehschwingungen

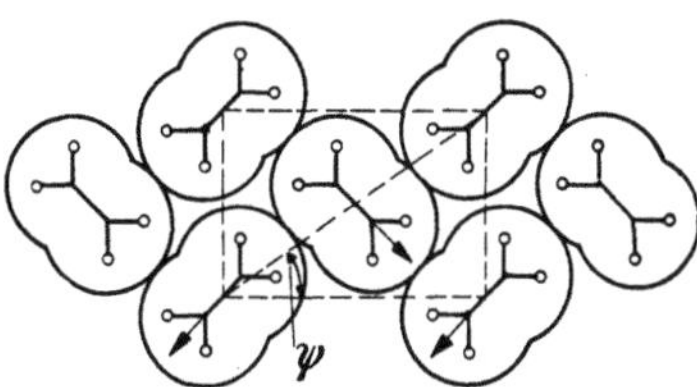

Abb. VIII, 4. Anordnung der Paraffinketten im Gitter. In der hexagonalen Form wird $a = b\sqrt{3}$ und $\Psi = 30°$. C—C-Kette $\perp$ Papierebene, H-Atome etwas außerhalb; C-Atome schwarz, H-Atome Kreise.

mit ständigen Umklappungen von einer Potentialmulde in die nächste (vgl. dazu auch Band I, § 26 und § 27). Wir können daher auch sagen, beim Umwandlungspunkt werden dem Molekül eine gewisse Zahl von weiteren Gleichgewichtslagen zugänglich.

Sehr aufschlußreich sind Messungen der spezifischen Wärmen und Beobachtungen der Schmelz- und Erstarrungskurven[2] geworden. Aus der Tatsache, daß bei den Paraffinen C_{22} bis C_{30} oder beim $C_{22}H_{45}Br$ und $C_{30}H_{61}Br$ latente Umwandlungswärmen und gut definierte Haltepunkte unterhalb des Schmelzpunktes auftreten (s. Abb. VIII, 5), folgt eindeutig, daß die hier auftretenden Rotationsumwandlungen wirklich reversible Umwandlungen erster Ordnung darstellen und keine Umwandlungen höherer Ordnung (vgl. weiter unten). In Tab. VIII, 3 sind die Umwandlungswärmen und -entropien zusammengestellt, sie sind ganz beträchtlich.

Es zeigt sich außerdem, daß

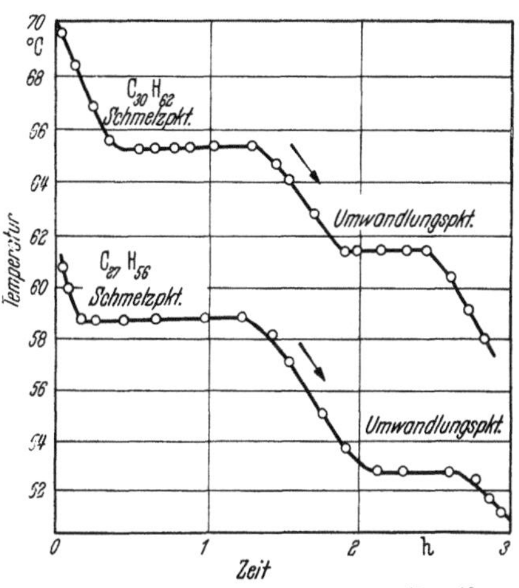

Abb. VIII, 5. Abkühlungskurven von Paraffinen. (Nach HOFFMAN und DECKER.)

die Summe aus der Umwandlungs- und Schmelzentropie recht gut mit den Werten übereinstimmt, die man durch **Extrapolation der Schmelz-**

---

[1] Vgl. J. D. HOFFMAN: J. chem. Physics **20**, 541 (1952).

[2] Neueste Messungen von J. D. HOFFMAN u. B. F. DECKER: J. physic. Chem. **57**, 520 (1953). — J. D. HOFFMAN: J. chem. Physics **20**, 541 (1952). — Ferner W. E. GARNER, K. VAN BIBBER u. A. M. KING: J. chem. Soc. [London] **1931**, 1533. — W. M. MAZEE: Recueil Trav. chim. Pays-Bas **67**, 197 (1948), die zum Teil andere Zahlen angeben.

entropien von kürzeren Paraffinen mit 8 bis 16 C-Atomen, die also noch keinen Umwandlungspunkt besitzen, erhält. Daher ist die Vorstellung berechtigt, daß der Schmelzprozeß bei den längeren Molekülen sich in zwei Stufen vollzieht, nämlich in einer bei T_U, bei welcher die Rotationen um die Längsachse, und in einer zweiten beim Schmelzpunkt, wo die weiteren Freiheitsgrade frei werden.

Tabelle VIII, 3.

Konstanten der Rotationsumwandlungen in niedermolekularen Kettenmolekülen, Zahlen nach HOFFMAN und DECKER[1].

Substanz	Schmelz-punkt °C	Umwandlungs-punkt[2] °C	Umwandlungs-wärme kcal/Mol	Umwandlungs-entropie cal/Mol/°C	Schmelzwärme kcal/Mol
C_{18}	28,20	keiner	—	—	—
C_{22}	43,91	43,05	5,75	18,2	11,7
C_{26}	56,20	52,54	6,27	19,3	14,04
C_{28}	61,20	56,90	5,85	17,7	16,0
C_{30}	65,38	61,26	6,03	18,0	16,45
$C_{22\,Br}$	(44)	30	5,5	18,2	10,7
$C_{30\,Br}$	66,4	57	5,7	18,2	19,0

Näheren Einblick in den Ordnungs- und Bewegungszustand der Moleküle unterhalb und oberhalb der Umwandlungstemperatur erhält man durch eine Diskussion der Größe und der Kettenlängenabhängigkeit der Umwandlungsentropien, sowie vor allem auch aus Messungen der Dielektrizitätskonstante und der dielektrischen Relaxationszeiten in Abhängigkeit von der Temperatur.

Die Umwandlungsentropie[3] läßt sich in eine Expansionsentropie ΔS_E und eine Konfigurationsentropie ΔS_K zerlegen. Die erstere läßt sich mittels der Beziehung

$$\Delta S_E = A \, \Delta V \, \alpha/\beta \qquad (VIII, 1)$$

abschätzen, wo A ein Zahlenfaktor, α der kubische Ausdehnungskoeffizient, β die Kompressibilität und ΔV die Änderung des Molvolumens ist.

Verhält sich das Molekül wie ein starres Stäbchen, das ungleichförmig über Ω Potentialmulden hinweg rotiert (Abb. VIII, 6), so ist die Konfigurationsentropie genähert durch

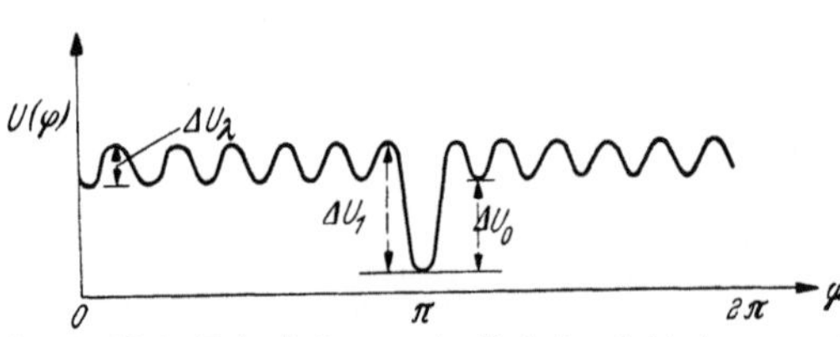

Abb. VIII, 6. Potentialkurve der Rotationsbehinderung mit einem tiefsten Zustand und Ω höheren und flachen Potentialmulden. (Nach HOFFMAN.)

$$\Delta S_K \cong R \ln \Omega \qquad (VIII, 2)$$

gegeben. Zieht man nun die Expansionsentropie von der Gesamtentropie ab, so erhält man in allen untersuchten Fällen den Wert $\Delta S_K = 5,3 \pm 1,2$ cal/Molgrad, der

---

[1] Siehe S. 449, Fußnote 2.

[2] Umwandlungs- und Schmelzpunkte können sich über einen Bereich von etwa einem Grad erstrecken, was sich aber zwanglos durch Verunreinigungen erklärt.

[3] Vgl. J. D. HOFFMAN u. B. F. DECKER: s. S. 449, Fußnote 2.

$\Omega = 14$ entspricht. Dieser Umstand sowie die Beobachtung, daß die Umwandlungstemperatur, wie für ein starres Molekül zu erwarten, linear mit der Kettenlänge ansteigt, vgl. Gl. (VIII, 11), ist ein wichtiger Hinweis darauf, daß die Moleküle sich weitgehend wie starre Rotatoren verhalten und daß Verdrillungen derselben nur in kleinem Ausmaße stattfinden. Man kann sich ja auch kaum vorstellen, daß im Gitterverband, wo den einzelnen Molekülen durch die umgebenden Gitterbausteine eine gestreckte Zickzackform aufgezwungen wird, Torsionsschwingungen mit großen Amplituden auftreten, da eine Drehung einer Molekülhälfte gegen die andere um 180° ohne ein Aufbrechen einer C–C-Bindung im Gitter gar nicht möglich ist, wie man sich leicht an einem Modell klarmachen kann. Man erkennt daraus, daß im Kristall bereits bei einer geringen Verdrillung zweier benachbarter CH_2-Gruppen viel mehr Energie aufgewendet werden muß, als bei der gegenseitigen Verdrehung zweier solcher Gruppen in einem freien Molekül.

Da die Kurve der Umwandlungstemperaturen ungefähr linear mit der Kettenlänge, die Schmelzpunktskurve aber immer weniger ansteigt, müssen beide Kurven sich schneiden (s. Abb. VIII, 7). Bei längeren Paraffinen bricht also das Gitter zusammen, ehe die Rotationsumwandlung vollendet ist.

Das Bild des starren Rotators ist auch mit Messungen der Dielektrizitätskonstante und der dielektrischen Relaxationszeiten im Einklang, die ja naturgemäß den weitestgehenden Einblick in die Bewegungsmöglichkeiten im festen Zustande erlauben[1]. So hat HOFFMAN[1,2] eigene derartige Beobachtungen an Hand des Modelles der Abb. VIII, 6, bei dem das Behinderungspotential neben einem sehr tiefen Maximum

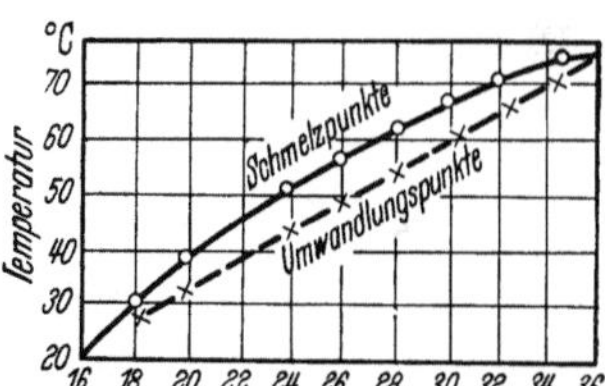

Abb. VIII, 7. Schmelz- und Umwandlungspunkte von normalen Paraffinen in Abhängigkeit von der Zahl der C-Atome. (Nach HOFFMAN.)

noch Ω-flache Maxima enthält, diskutiert. Bei diesem Rotator müßten zwei Relaxationszeiten auftreten, die dem Übergang vom tiefsten Zustand (1) zu einem der höheren Zustände (2) bzw. dem Übergang von einem flachen Minimum zum nächsten entsprechen. Tatsächlich zeigen die dielektrischen Verlustmessungen an $C_{22}H_{45}Br$ und an $C_{30}H_{61}Br$ zwei Maxima, deren Abstand außerdem auf einen Wert von $\Omega = 12$ hinweist.

Auch die Abhängigkeit der Relaxationszeiten von der Kettenlänge spricht für das Rotatormodell und nicht für größere Verdrillungen der Kette[3]. Eine Relaxationszeit τ ist allgemein mit der Aktivierungsenergie U^* des betreffenden Vorganges durch die Gleichung

$$\tau = B\,e^{U^*/RT} \tag{VIII, 3}$$

---

[1] Vgl. dazu C. P. SMYTH: Chem. Reviews **19**, 329 (1936) sowie z. B. J. D. HOFFMAN u. C. P. SMYTH: J. Amer. chem. Soc. **71**, 431 (1949) (Alkohole); **72**, 171 (1950) (Alkylbromide). — W. O. BAKER u. C. P. SMYTH: J. Amer. chem. Soc. **60**, 1229 (1938) (Alkohole).

[2] HOFFMAN, J. D. s. S. 449. Weitere Messungen bei H. F. COOK u. T. I. BUCHANAN: Nature **165**, 358 (1950. — Vgl. auch H. HIGASI u. M. OZAWA: J. Phys. Soc. Japan **6**, 280 (1951).   [3] HOFFMAN, J. D. u. B. F. DECKER s. S. 449, Fußnote 2.

verknüpft. Für den starren Rotator wird man für U^* ansetzen

$$U^* = \lambda U_E^* + m\, U_{CH_2}^*,\qquad\text{(VIII, 4)}$$

wo U_E^* den Beitrag einer Endgruppe, U_{CH_2} den der einzelnen CH_2-Gruppen und m die Zahl der CH_2-Gruppen bedeutet. Daraus folgt für τ

$$\ln \tau = a + b\,m,\qquad\text{(VIII, 5)}$$

wo a und b Konstanten sind, d. h. eine lineare Abhängigkeit von m, wie sie innerhalb der Beobachtungsfehler von MEAKINS[1] an Ketonen beobachtet worden ist. Es sei aber betont, daß die bis heute vorliegenden dielektrischen Messungen allein noch nicht ausreichen, um mit Sicherheit zwischen beiden Möglichkeiten zu entscheiden[2]. Doch lassen sich alle Beobachtungen im Sinne des starren Rotators zwanglos erklären. Vor allem zeigt sich, daß alle bisher untersuchten Kettenmoleküle, Paraffine, Ketone (starr eingebaute Dipole), Alkohole, Bromide (drehbare Dipole) Rotationsübergänge von gleichem Charakter aufweisen und daß offensichtlich Drehungen um einzelne Valenzen bei Molekülen bis zu 30 C-Atomen eine sehr untergeordnete Rolle spielen. Bei längeren Ketten können natürlich auch kleinere Verdrehungen und Valenzwinkelverbiegungen zu merklichen Verdrillungen des ganzen Moleküls führen.

Sehr interessant und ebenfalls nur im Sinne einer Rotation deutbar sind die dielektrischen Messungen von CROWE, HOFFMAN und SMYTH[3] an Kettenmolekülen mit einer innen, aber unsymmetrisch eingebauten Estergruppe, also an Verbindungen wie $C_{15}H_{31}COOC_{10}H_{21}$ usw. Je schneller man die Schmelze abschreckt, um so größer wird die Dielektrizitätskonstante und um so niedriger die im übrigen scharfe[4] Rotationsumwandlungstemperatur. Die Erklärung ist die, daß mit wachsender Abkühlungsgeschwindigkeit die longitudinale Unordnung der Moleküle immer größer wird, indem zwar die Endgruppen noch in Ebenen senkrecht zur Kette liegen, die polaren Gruppen aber immer unregelmäßiger verteilt sind (vgl. Abb. VIII, 8). Damit wächst die Bewegungsmöglichkeit der Dipole, die Orientierungspolarisation wird größer. Wegen der gleichzeitig abnehmenden gegenseitigen Kopplung der Dipole wird auch die Rotation der Ketten erleichtert, die Umwandlungstemperatur also niedriger. Der umgekehrte Fall völliger Dipolkopplung und völliger longitudinaler Ordnung, alle polaren Gruppen in festen Ebenen, ist bei den symmetrischen Ketonen verwirk-

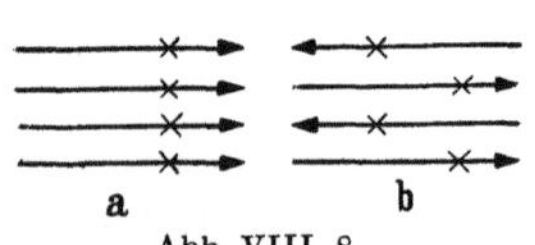

Abb. VIII, 8.
Longitudinale Ordnung und Unordnung bei Kettenmolekülen mit einer unsymmetrisch eingebauten polaren Gruppe. a) Ordnung, b) Unordnung durch wechselnde Kettenrichtung.

---

[1] MEAKINS, R. J.: Australian J. Res. **2**, 405 (1949).

[2] FRÖHLICH, H.: Proc. physic. Soc. **54**, 422 (1942); Proc. Roy. Soc. [London] (A) **185**, 399 (1946); Trans. Faraday Soc. **40**, 498 (1944) und „Theory of Dielectrics", Oxford University Press (1949), hat ältere Messungen als Beweis für das Auftreten von größeren Verdrillungen herangezogen, doch ist das Beobachtungsmaterial für diese Folgerung nicht ausreichend, vgl. die Ausführungen bei J. D. HOFFMAN S. 449.

[3] CROWE, R. W., J. D. HOFFMAN u. C. P. SMYTH: J. chem. Physics **20**, 550 (1952).

[4] Daß diese scharf bleiben, liegt vor allem daran, daß eine einmal eingefrorene longitudinale Unordnung bis zum Schmelzpunkt erhalten bleibt, da die „falsch" liegenden Ketten ihre Richtung im Gitter nicht wechseln können.

licht, wo auch keine Rotationsumwandlungen auftreten. Dementsprechend zeigen auch ganz bzw. fast symmetrische Ester wie $C_{17}H_{35}COOC_{14}H_{29}$ überhaupt keinen Umwandlungspunkt, auch bei noch so raschem Abschrecken. Bei einem Verdrillungsmechanismus würde das Festlegen der polaren Stelle im Molekül viel weniger ausmachen, als hier beobachtet wird.

Die Messungen der Dielektrizitätskonstante zeigen außerdem, daß die Rotationen ganz allgemein schon weit unterhalb des Umwandlungspunktes bzw. da, wo ein solcher fehlt, weit unterhalb des Schmelzpunktes einsetzen. Diese als *„prerotation"* bezeichnete Erscheinung ist vor allem von SMYTH und Mitarbeitern[1] untersucht worden. So beobachtet man bei Bromiden schon ab Temperaturen von $-100°C$, z. B. bei $C_{12}H_{25}Br$ eine steigende Zunahme der Dielektrizitätskonstanten infolge einer Zunahme der Orientierungspolarisation. Eine nähere theoretische Analyse zeigt, daß diese nicht auf eine vom Restmolekül unabhängige Dipoldrehung, sondern auf eine Drehung des ganzen Moleküls zurückzuführen ist. Die bei der Drehung des ganzen Moleküls zu überwindende Potentialschwelle ist erheblich kleiner als das Behinderungspotential für eine Drehung der polaren Endgruppe um die anschließende C–C-Valenz. Auch die gute Korrespondenz der Röntgen- und dielektrischen Daten bei Alkoholen[2] zeigt, daß Kettenrotation und Dipolorientierung gleichzeitig auftreten. Schließlich seien noch die Messungen der Breite der *magnetischen Kernresonanzlinie* genannt (vgl. dazu die Ausführungen in § 54 c), die bei Paraffinketten ebenfalls eine allmählich einsetzende Rotation und das Auftreten von zwei Modifikationen erkennen lassen[3].

So führen alle Beobachtungen zu dem Bilde, daß in jedem Falle weit unterhalb des Schmelzpunktes eine mit der Temperatur ansteigende Zahl von Kettenmolekülen zur Rotation gelangt. Da ein rotierendes Molekül seine Nachbarn viel weniger festhält, wird für diese die Rotationsbehinderung, d. h. die Überführungsenergie ΔU_1 in der Abb. VIII, 6 mit steigender Zahl der bereits rotierenden Moleküle kleiner. Wir haben es also mit einem typisch *kooperativen Ordnungseffekt* zu tun. Für jede Temperatur gibt es ein bestimmtes Verhältnis von rotierenden und nichtrotierenden Molekülen. Gelangen bereits unterhalb des Schmelzpunktes praktisch alle Moleküle zur Rotation, so haben wir eine Umwandlung und zwar meist von II. Ordnung vor uns (vgl. dazu die Ausführungen in § 36). Eine Rotation im Gitter bedeutet also keinen unscharfen Schmelzpunkt, wohl aber einen Anstieg der spezifischen Wärmen unterhalb desselben und damit eine Abnahme der latenten Schmelzwärme und -entropie. Insofern stellt auch das allmähliche Einsetzen der Rotationen im Gitter, auch wenn kein Umwandlungspunkt auftritt, eine Vorstufe des Schmelzens dar[4].

[1] BAKER, W. O. u. C. P. SMYTH: J. Amer. chem. Soc. **60**, 122 (1938). — J. D. HOFFMAN u. C. P. SMYTH: J. Amer. chem. Soc. **72**, 171 (1950. Dort weitere Literatur.

[2] OTT, H.: Z. physik. Chem. **193**, 218 (1944). — V. DANIEL: Nature **163**, 725 (1949).

[3] ANDREW, E. R.: J. chem. Physics **18**, 607 (1950); ferner H. S. GUTOWSKY u. G. E. PAKE: J. chem. Physics **18**, 162 (1950), dort weitere Literatur.

[4] Doch darf man „prerotation" nicht mit „premelting" im Sinne von UBBELOHDE verwechseln, vgl. Abschnitt b.

Die Zunahme der rotierenden Moleküle im Gitter kann grundsätzlich sowohl allmählich wie sprunghaft erfolgen, so daß wir neben Umwandlungen II. Ordnung auch solche von I. Ordnung erwarten müssen. Das hat Hoffman[1] sehr instruktiv für das Rotatormodell gezeigt, indem er den Bruchteil x der Moleküle im tiefsten rotationslosen Zustand (1) als Funktion der reduzierten Temperatur T/T_c für verschiedene Werte von Ω der in Abb. VIII, 6 wiedergegebenen Potentialfunktion berechnet hat.

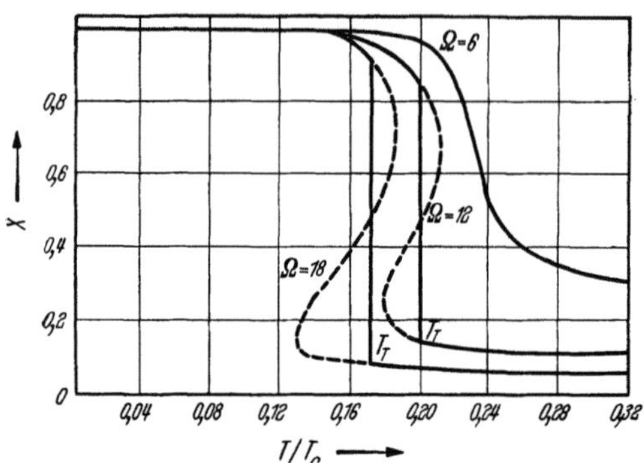

Abb. VIII, 9. Rotationszustand als Funktion der reduzierten Temperatur T/T_c für verschiedene Werte der Zahl der höheren Potentialmulden. (Nach Hoffman.)

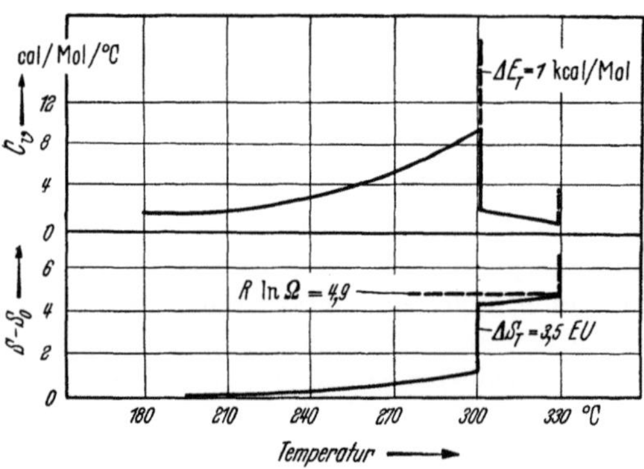

Abb. VIII, 10. Spezifische Wärme und Entropie bei einer Rotationsumwandlung 1. Ordnung für $T_U = 300°$ K und $\Omega = 12$. (Nach Hoffman.)

Das Ergebnis zeigt die Abb. VIII, 9. Dabei ist

$$x = n_1/(n_1 + n_2)$$

und

$$T_c = \Delta U_0/R .$$

(2) bezieht sich auf den höheren Zustand.

Für $\Omega = 6$ haben wir eine stetige Zunahme an rotierenden Molekülen, d. h. eine Umwandlung II. Ordnung, und zwar eine sehr verwaschene. Wird Ω jedoch größer als e^2, so kann x in einem bestimmten Temperaturintervall drei verschiedene Werte annehmen, was physikalisch offenbar einen Sprung in x, d. h. eine Umwandlung *I. Ordnung* bedeutet. Die genaue Lage des Umwandlungspunktes ergibt sich aus Betrachtungen der freien Energie. Man sieht aus der Abb. VIII, 9 ferner, daß schon unterhalb des Umwandlungspunktes die Zahl der rotierenden Moleküle recht beträchtlich werden kann, und daß sich oberhalb des Umwandlungspunktes noch eine endliche Zahl der Moleküle im tiefsten Zustande befindet, d. h. daß die Rotation noch immer etwas gehemmt ist[2]. Die nächste Abb. VIII, 10 zeigt noch den Verlauf der spezifischen Wärme und der Umwandlungsentropie für einen Umwandlungspunkt I. Ordnung bei 300°K und für $\Omega = 12$. Man sieht, daß beide Größen bereits unterhalb des Umwandlungspunktes

---

[1] Hoffman, J. D.: J. chem. Physics **20**, 541 (1952).
[2] Die zum Umwandlungspunkt gehörenden Werte x_1 und x_2 liegen symmetrisch zu $x = 0,5$, betragen also z. B. 0,8 und 0,2.

eine ganz beträchtliche Zunahme zeigen können. Bei der Übertragung des HOFFMANschen Modells auf Paraffine sollte man beachten, daß nicht feststeht, inwieweit die Moleküle sich wirklich wie starre Rotatoren verhalten.

Man erkennt auch an diesem Beispiel, wie schwierig es rein experimentell oft sein kann, zwischen Umwandlungen I. und II. Ordnung zu unterscheiden.

Berücksichtigt man den kooperativen Effekt durch die BRAGG-WILLIAMSsche Näherung nullter Ordnung[1,2]

$$\Delta U = \Delta U_0\, x \qquad\qquad\qquad (\text{VIII, 6})$$

(ΔU_0 gilt für den Anfangszustand, d.h. für eine völlig geordnete Umgebung)

so folgt mit
$$n_2/n_1 = \Omega\, e^{-\Delta U/R\,T}$$

$$x = \frac{1}{1 + \Omega\, e^{-x\, T_c/T}} \qquad\qquad (\text{VIII, 7})$$

Die Umordnungsenergie können wir aus

$$d\,E = -\, d\,U_0\, x\, d\, x$$

zu
$$E = \int \Delta U_0\, x\, d\, x = \frac{\Delta U_0}{2}\, (1 - x^2) \qquad (\text{VIII, 8})$$

berechnen. Daraus folgt weiter:

$$C_v = \Delta U_0\, x\, d\, x/d\, T = -\, R\, x\, d\, x/d\, \Theta; \qquad \Theta = T/T_c \qquad (\text{VIII, 9})$$

$$\Delta S = S - S_0 = R\, [(1 - x)\ln\Omega - x\ln x - (1 - x)\ln(1 - x)] \qquad (\text{VIII, 10})$$

$$T_U = \Delta U_0/2\, R\ln\Omega \qquad\qquad (\text{VIII, 11})$$

b) Weitere Umwandlungserscheinungen.

Scharfe Umwandlungspunkte I. Ordnung, wie wir sie im vorhergehenden Abschnitt besprochen haben und wie sie bei vielen Paraffinen und ihren Derivaten gefunden worden sind, treten nur bei chemisch sehr reinen Substanzen auf und auch nur so lange, als nicht mehrere Gitterformen nebeneinander vorkommen. Sehr instruktiv sind die Beobachtungen am n-Oktadekan $C_{18}H_{38}$. Hier hatte UBBELOHDE[3] bereits 15° unterhalb des Schmelzpunktes einen sehr beträchtlichen Anstieg der spezifischen Wärme gefunden und ihn als „monophase premelting", verursacht durch Gitterfehlstellen, Löcher und Atome auf Zwischenplätzen (flaws), gedeutet[4,5]. Andererseits zeigen die Messungen von SEYER und

---

[1] Vgl. z. B. A. EUCKEN: Lehrbuch der Chem. Physik, Bd. II, 2, S. 638ff., 2. Aufl. Leipzig 1944.

[2] Über eine ähnliche Betrachtung, wobei im Zustand (2) freie Rotation angenommen wird, vgl. F. C. FRANK: Trans. Faraday Soc. **42**, 32 (1946).

[3] UBBELOHDE, A. R.: Trans. Faraday Soc. **34**, 282 (1938).

[4] Vgl. auch J. W. H. OLDHAM u. A. R. UBBELOHDE: Proc. Roy. Soc. [London] (A) **176**, 50 (1940).

[5] Über das Problem des „premelting" vgl. auch die Ausführungen von V. DANIEL in Advances in Physics **2**, 450 (1953), wo eine etwas andere Auffassung vertreten wird.

Mitarbeitern[1] beim *Abkühlen* scharfe Erstarrungs- und Umwandlungspunkte. Ferner haben HOFFMAN und DECKER[2] festgestellt, daß bei ihrer Probe die latente Schmelzwärme über den ganzen Schmelzvorgang hinweg innerhalb von 0,02° frei wurde, also keinerlei Andeutung eines anormalen Verlaufs der spezifischen Wärme gefunden, der ja zu einer erheblichen Abrundung der Erstarrungskurve hätte führen müssen. Die Erklärung ist vor allem darin zu suchen[3], daß eine Rotationsumwandlung in die hexagonale Form nur bei orthorhombischer Struktur möglich ist, d. h.[2,4], wenn die Endgruppen in Ebenen senkrecht zur Kettenrichtung liegen, und nicht wenn diese Ebenen, wie bei der monoklinen Form, dazu geneigt sind (tilted form). Nun ist bei Paraffinen mit 18 bis 20 C-Atomen die orthorhombische Form nicht stabil und wandelt sich allmählich in die monokline um. Daher erkennt man den Rotationsumwandlungspunkt[5] nur beim Abkühlen, falls zunächst die orthorhombische Form auftritt. Erst bei längeren Ketten verschwindet dieser Endgruppeneffekt. Da der irreversible Übergang von der orthorhombischen in die monokline Form (transition vertical-tilted) Zeit erfordert und in einem größeren Temperaturbereich vor sich geht, hat man für gewöhnlich ein undefiniertes polymorphes Gemisch vor sich. Die zugehörige Umwandlungsenthalpie ist ganz erheblich, z. B. 6,4 kcal/Mol bei $C_{22}H_{46}$, so daß die Umwandlungserscheinungen beim Erwärmen erheblich verbreitert werden können. Nur bei schnellem Abkühlen, wo zunächst nur die orthorhombische Form auftritt, werden die Umwandlungspunkte scharf[6]. Neben diesem Polymorphieeffekt können natürlich auch Verunreinigungen, die nicht in das Gitter eingebaut werden, zu einer Verbreiterung des Schmelzbereiches führen[7]. Dabei muß man vor allem an Verzweigungen denken, deren Einfluß noch zu wenig studiert worden ist.

Die Mannigfaltigkeit der Formen ist beim $C_{24}H_{50}$ von MAZEE[8] näher untersucht worden, der eine bei höherer Temperatur stabile hexagonale, eine unterhalb 42°C stabile monokline, genähert orthorhombische Form, dann eine weitere monokline, aber metastabile und langlebige und schließlich eine bei Zimmertemperatur stabile trikline Form gefunden hat. Man sieht an diesem, besonders eingehend untersuchten Fall, daß wir ganz allgemein mit dem Auftreten einer Reihe von zum Teil schlecht reproduzierbaren Umwandlungen rechnen müssen.

---

[1] SEYER, W. F., R. F. PATTERSON u. J. L. KEAYS: J. Amer. chem. Soc. **66**, 179 (1944).   [2] HOFFMAN, J. D. u. B. F. DECKER s. S. 449.

[3] Außerdem wäre es denkbar, daß das von UBBELOHDE untersuchte n-Oktadekan Verzweigungen enthielt, für deren Nachweis es früher kaum brauchbare und zuverlässige Methoden gab.

[4] Vgl. dazu J. D. HOFFMAN u. SMYTH: J. Amer. chem. Soc. **71**, 431 (1949).

[5] Gelegentlich gelingt es auch beim schnellen Wiedererwärmen den Rotationsumwandlungspunkt zu erfassen, so bei den von D. G. KOLP u. E. S. LUTTON untersuchten Alkoholen: J. Amer. chem. Soc. **73**, 5593 (1951).

[6] HOFFMAN, J. D., S. 449 hat diese Erscheinungen bei der Dielektrizitätskonstante von $C_{22}H_{45}Br$ verfolgt.

[7] Verunreinigungen, die in der festen Phase unlöslich sind, reichern sich in der Schmelze an und rufen also eine wachsende Gefrierpunktserniedrigung hervor und bewirken so einen endlichen Schmelzbereich.

[8] MAZEE, W. M.: Recueil Trav. chim. Pays-Bas **67**, 197 (1948).

Sehr häufig verursachen Verunreinigungen (bisher nicht näher untersuchter Art) metastabile Zustände, die sich über einen größeren Temperaturbereich schneller oder langsamer in stabile Formen umwandeln können. Es scheint, daß bei Kettenlängen mit mehr als 22 C-Atomen durch Verunreinigungen bewirkte metastabile Zustände seltener werden. Auf Einzelheiten[1] können wir hier nicht näher eingehen und nur noch betonen, daß Verunreinigungen also nicht nur infolge einer „Gefrierpunktserniedrigung", sondern auf Grund neuer instabiler Gitterformen zu einem endlichen Schmelzbereich führen können.

Neben den echten Rotationsumwandlungen werden auch λ-*Umwandlungen*, also Umwandlungen II. Ordnung beobachtet[2] (vgl. dazu auch § 35 und 36). Sie äußern sich in den Kurven der spezifischen Wärme als kleine, aber breite Maxima und unterscheiden sich von den besprochenen Rotationsumwandlungen vor allem dadurch, daß die dabei beteiligten Energien sehr gering sind. Sie scheinen vor allem bei der Umwandlung von metastabilen Zuständen aufzutreten. So wird z. B. bei ungeraden, kurzkettigen Paraffinen mit einem endständigen Br-Atom eine λ-Umwandlung nur bei abgeschreckten Proben beobachtet[3]. Die molekulare Deutung in den verschiedenen Fällen ist noch unklar. Bei den genannten Bromiden mag es sich um einen metastabilen Zustand mit Unordnung in der Längsrichtung handeln, in welchen die Endgruppen nicht in bestimmten Ebenen liegen, sondern infolge einer Längsverschiebung der Ketten ungeordnet verteilt sind[4].

§ 41. Beobachtungen über den endlichen Schmelzbereich von Hochpolymeren und seine Abhängigkeit von der thermischen Vorgeschichte.

Von H. A. STUART.

Kristallisierende Hochpolymere haben keinen scharfen Schmelzpunkt. Auch der Übergang vom formfesten zum flüssigen Körper vollzieht sich in einem mehr oder weniger breiten Intervall. Einigermaßen scharf und bei gleicher thermischer Vorgeschichte auf 1° reproduzierbar ist jedoch bei genügend langsamer Erwärmung das Verschwinden der letzten kristallinen Anteile, von Sphärolithen und sonstigen Ordnungsbereichen, wie es im Polarisationsmikroskop verfolgt werden kann. Dieser „*optische Schmelzpunkt*", im folgenden kurz als „*Schmelzpunkt*" bezeichnet, ist also das obere Ende des mikroskopisch erfaßbaren Schmelzbereiches, vgl. auch § 39 d.

---

[1] Beispiele siehe bei J. D. HOFFMAN u. B. F. DECKER S. 449 (Bromide und Paraffine). — J. D. HOFFMAN u. C. P. SMYTH: J. Amer. chem. Soc. **71**, 431 (1949) (Alkohole).

[2] PARKS, G. S., G. E. MOORE, M. L. RENQUIST, B. F. NAYLOR, L. A. McCLAINE, P. S. FUJII u. J. A. HATTON: J. Amer. chem. Soc. **71**, 3386 (1949). — J. D. HOFFMAN u. R. DECKER s. S. 449.

[3] CROWE, R. W. u. C. P. SMYTH: J. Amer. chem. Soc. **72**, 1098 (1950).

[4] Diese Deutung würde nach HOFFMAN u. DECKER (s. S. 449) mit der beobachteten Entropieänderung von etwa $R \ln 2$ sowie mit der geringen Änderung der Dielektrizitätskonstanten in Einklang stehen.

Kühlt man die Schmelze ab, so setzt die Kristallisation nie beim Schmelzpunkt, sondern stets etwas tiefer ein (vgl. § 39). Das liegt offenbar daran, daß mit Annäherung an den optischen Schmelzpunkt die Kristallisationsgeschwindigkeiten extrem klein werden. FLORY[1] leitet aus der Temperaturabhängigkeit der Kristallisationsgeschwindigkeit für eine Kristallisationstemperatur von 1° unterhalb des Schmelzpunktes eine *Induktionsperiode* von etwa 10^6 Jahren ab. Bei derselben Temperatur, bei der die Substanz unter dem Mikroskop doppelbrechend wird, steigt auch ihre Viscosität ganz beträchtlich an. Der Punkt der einsetzenden Kristallisation ist reproduzierbar, falls man die Schmelze genügend hoch und lange über dem Schmelzpunkt erhitzt hat, andernfalls zeigt sich ein „Erinnerungsvermögen", d. h. ein Einfluß der thermischen Vorgeschichte (vgl. S. 462, sowie § 46).

a) Der endliche Schmelzbereich bei Hochpolymeren.

Aus den im vorhergehenden Paragraphen besprochenen Beobachtungen an kurzen Kettenmolekülen folgt, daß wir auch bei längeren Molekülen ganz allgemein mit Rotationen bzw. großen Drehschwingungen von Molekülteilen in den kristallinen Bereichen, sowie mit dem Auftreten von metastabilen Zuständen rechnen müssen. So lange keine Verunreinigungen im Spiele sind, bleibt aber der Schmelzpunkt bei kurzen Ketten noch scharf, es sei denn, daß noch beim Aufschmelzen mehrere Gitterformen nebeneinander vorhanden sind. Nur die spezifische Wärme, die Dichte, der Ausdehnungskoeffizient zeigen unterhalb des Schmelzpunktes einen anormalen Anstieg. Man ist durchaus berechtigt, jede Schmelzpunktverbreiterung bei niedermolekularen Stoffen auf Verunreinigungen zurückzuführen[2]. Anders ist das bei Systemen mit Fadenmolekülen, wo schon das Auftreten eines *kristallin-amorphen* Gefüges notwendig zu einem endlichen Schmelzbereiche führt (näheres in §§ 47 c, 48 und 49).

Röntgenaufnahmen von BAKER und FULLER[3] sowie von BUNN und ALCOCK[4] an unorientierten Polyäthylenfolien zeigen klar das allmähliche Verschwinden der kristallinen Reflexe und das gleichzeitige Anwachsen der diffusen Streuung. In der Abb. VIII, 11 a sehen wir zwei starke Ringe, die den bekannten seitlichen Abständen normaler Paraffine von 4,17 und 3,71 Å entsprechen. Nach innen zu macht sich der diffuse, dem flüssigen Paraffin zugehörige Ring mit 4,63 Å bemerkbar, woran man deutlich das Nebeneinander von kristallinen und amorphen Anteilen sieht. Das Bild VIII, 11 b bei 100° zeigt, daß schon lange unterhalb des Schmelzpunktes der überwiegende Teil der Intensität im Flüssigkeitsring

---

[1] FLORY, P. J. u. Mitarbeiter: J. appl. Physics **25**, 830 (1954).

[2] Andere Umwandlungen, z. B. Rotationsumwandlungen, werden dagegen häufig „vorbereitet", zeigen Unschärfen und Hysterese. Vgl. z. B. A. EUCKEN: Z. Elektrochem. angew. physik. Chem. **45**, 126 (1939). „Premelting" im Sinne von UBBELOHDE, das auf Störstellen im Gitter zurückzuführen wäre, ist mit Sicherheit noch nicht nachgewiesen worden (vgl. § 40).

[3] Aus W. O. BAKER: Advancing Fronts in Chemistry, New York, Vol. I, 104 (1945).

[4] BUNN, C. W. u. T. C. ALCOCK: Trans. Faraday Soc. **41**, 317 (1945).

enthalten ist. Das Bild VIII, 11 c gibt das Röntgendiagramm der Schmelze wieder. Der Schmelzprozeß erstreckt sich also über ein beträchtliches Temperaturintervall, wobei allerdings der größere Anteil der Substanz oberhalb 100° C aufgeschmolzen wird. Die Umwandlung geht also vorwiegend im höheren Bereich der Schmelzintervalle vor sich, in Übereinstimmung mit Beobachtungen an Polyurethan, bei dem JENCKEL und WILSING[1] Erhitzungskurven (s. § 39, Abb. VIII, 3) aufgenommen haben.

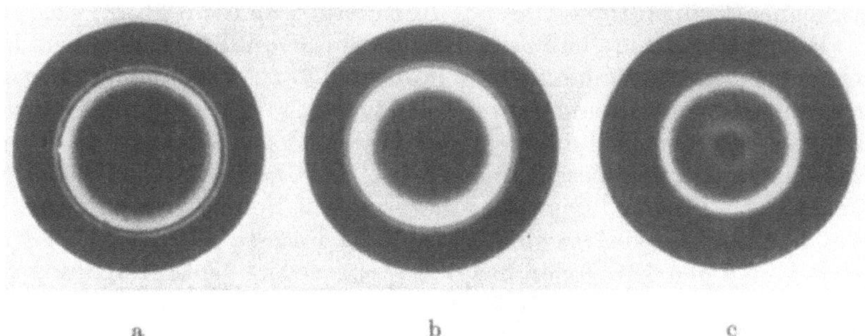

Abb. VIII, 11. Röntgeninterferenzen an festem Polyäthylen in Abhängigkeit von der Temperatur. (Nach BAKER.) a 25 °C, b 100 °C, c 115° C.

Die Kristallinterferenzen werden übrigens mit steigender Temperatur nicht breiter, was dahin gedeutet werden kann, daß die Größe der kristallinen Bereiche nicht über den ganzen Schmelzbereich hinweg abnimmt, sondern daß bestimmte Bezirke viel früher schmelzen als andere[2], (vgl. weiter unten). Auch mikroskopische Beobachtungen des Schmelzprozesses bei gekreuzten Polarisatoren ergeben allgemein, daß die durch die kristallinen Bereiche hervorgerufene Aufhellung nicht plötzlich, sondern allmählich verschwindet. (Weitere Angaben in § 39.)

Die allmähliche Abnahme der Ordnung kann man auch sehr schön aus dem Verlauf der spezifischen Wärme mit der Temperatur erkennen (vgl. Abb. VIII, 69 auf S. 559). Der dort angezeigte Übergang von Ordnung zu Unordnung spielt sich in einem Bereich von etwa 60° ab.

Leider ist bei den einzelnen Substanzen nur sehr wenig darüber bekannt, wie weit beim Übergang Ordnung–Unordnung, Polymorphie und Molekülrotationen mitspielen. Eine Gitterumwandlung, verbunden von Molekülrotation, hat BRILL[3] bei Röntgenuntersuchungen am 6,6-Nylon gefunden. Etwa 90° unterhalb des Schmelzpunktes werden die Gitterperioden quer zur Kettenrichtung gleich, es tritt also ähnlich wie bei den Paraffinen von C_{22} bis C_{34} eine Umwandlung in die hexagonale Form ein. Auch hier wird man eine behinderte Rotation der in die Gitterbereiche eingebauten Kettenstücke annehmen dürfen. Der Umstand, daß die

---

[1] JENCKEL, E. u. H. WILSING: Z. Elektrochem. angew. physik. Chem. **53**, 4 (1949).

[2] Es ist unwahrscheinlich, wenn auch nicht streng auszuschließen, daß mit steigender Temperatur Gitterstörungen so weit ausheilen, daß sie die Wirkung einer generellen Verkleinerung der kristallinen Bereiche auf die Breite der Interferenzen gerade kompensieren.   [3] BRILL, R.: J. prakt. Chem. **161**, 49 (1942).

Fadenmoleküle nacheinander mehrere kristalline Bereiche durchziehen, hindert also eine gewisse Drehung der Kettenstücke nicht. Man erkennt daraus, wie groß bei diesen Temperaturen die Beweglichkeit der Zwischenstücke im Amorphen sein muß. Man wird sich vorzustellen haben, daß wegen der Verknäuelung im Amorphen Umdrehungen in einem Sinne nicht beliebig oft erfolgen können. Bei der Polyaminocapronsäure[1] (Perlon oder 6-Nylon) und ebenso beim Polyäthylen[2] schmilzt das Gitter, ehe die hexagonale Form erreicht wird, man beobachtet nur eine mit steigender Temperatur wachsende Annäherung an diese Form.

Bekannt ist ferner, daß beim 6-Nylon vor allem die bei schnellem Abschrecken auftretende hexagonale Form sich von selbst allmählich in das monokline Gitter umwandelt, wobei alle Vorgänge, die wie Tempern, Quellen oder Verstrecken die molekulare Beweglichkeit erhöhen, diese Umwandlung erheblich beschleunigen. Offenbar haben wir es mit einer monotropen Umwandlung einer metastabilen Form in eine stabile zu tun. Auch bei Polyestern sind metastabile Formen sehr häufig[3].

Beim 6,6 und 6,10-Nylon hat Bunn[4] eine reversible Umwandlung von einer α- in eine β-Form nachgewiesen. Schließlich sei noch das Polytetrafluoräthylen genannt, bei dem verschiedentlich Umwandlungserscheinungen, die aber noch nicht klar gedeutet werden konnten, beobachtet sind[5] (vgl. § 18 f).

Der Übergang von der Gitterordnung zur völligen Unordnung (besser statistischen Nahordnung) der Schmelze umfaßt grundsätzlich drei Stufen.

1. Vorgänge in den Gitterbereichen, wie einsetzende Molekülrotationen bzw. wirkliche Rotationsgitterumwandlungen, meist mit Gitteraufweitungen verbunden, die von I. oder II. Ordnung sein können (vgl. § 40). Dazu kommen die vielen, meist monotropen Umwandlungsmöglichkeiten von metastabilen in stabile Formen, die sich über größere Temperaturbereiche und längere Zeiten erstrecken können. Falls beim Aufschmelzen noch mehrere Gitterformen nebeneinander vorhanden sind, erhalten wir eine zusätzliche Verbreiterung des Schmelzbereiches.

2. Den eigentlichen Schmelzvorgang, der durch die kristallin-amorphe Struktur verbreitert wird. Verunreinigungen, die eine zusätzliche Verbreiterung bewirken, spielen bei Makromolekülen eine viel größere Rolle als bei kleinen Molekülen, aber nicht nur, weil hochpolymere Stoffe viel schwerer zu reinigen sind. Vielmehr wirken die zahllosen, schwer faßbaren Isomeriemöglichkeiten, wie d, l-Substitutionen oder Kopf–Kopf- bzw. Kopf–Schwanzadditionen, die ähnlich wie Verzweigungen das Gitter stören können, in gleichem Sinne wie Verunreinigungen durch niedermolekulare Anteile. Dazu kommen noch Störungen durch in ihrer Rich-

---

[1] Siehe S. 459, Fußnote 3.

[2] Bunn, C. W. u. T. C. Alcock: Trans. Faraday Soc. **41**, 317 (1945).

[3] Vgl. W. O. Baker in Advancing Fronts in Chemistry, Vol. I, S. 105ff. New York 1945.

[4] Bunn, C. W. u. E. V. Garner: Proc. Roy. Soc. [London] (A) **189**, 39 (1947).

[5] Siehe M. M. Renfrew u. E. E. Lewis: Ind. Engng. Chem. **38**, 870 (1946). — H. A. Rigby u. C. W. Bunn: Nature **164**, 583 (1949); G. T. Furukawa, R. E. McCoskey u. G. J. King: Bur. Standards J. Res. **49**, 273 (1952).

tung „falsch" liegende Ketten, die unterhalb des Schmelzpunktes nicht mehr herumgedreht werden können (vgl. auch das Beispiel des 6-Nylon in § 52). Wie sich dieser Fall bei kleinen Molekülen auf die Rotationsumwandlung auswirken kann, ist in § 40 am Beispiel der unsymmetrischen Ester gezeigt worden.

3. Änderungen im Ordnungszustande der Schmelze (die aber nicht die Schärfe des Schmelzpunktes beeinträchtigen). Unmittelbar oberhalb des Schmelzpunktes ist noch mit ziemlichen Änderungen der Nahordnung zu rechnen[1], die sich auch in einer anormal großen spezifischen Wärme bemerkbar machen können. Ferner können die im festen Zustande vorhandenen, dem kristallin-amorphen Gefüge überlagerten Ordnungszustände mit Sphärolith- und Fibrillenstrukturen, auch wenn diese im Mikroskop nicht mehr erkennbar sind, in ihren Vorstufen nur allmählich abgebaut werden. Dasselbe gilt für die mit ihrer Entstehung verbundenen Entmischungsvorgänge, wie die Ausscheidung von gitterfremden Molekülen, z. B. von Lactam bei der Sphärolithbildung in Perlon. Es ist daher eine gewisse *Relaxationszeit* erforderlich, um den für die Schmelze charakteristischen Ordnungszustand, der nur noch eine Nahordnung aufweisen darf, herzustellen. In der Schmelze im „Gleichgewichtszustande" können dann noch Kettenverschlingungen und statistisch verteilte Wasserstoffbrücken (ohne kooperative Kopplung), vielleicht sogar Kristallkeime vorhanden sein, die wie eine temperaturabhängige Vernetzung wirken.

Solche Effekte können das „*Erinnerungsvermögen*" einer Schmelze, d. h. den *Einfluß der thermischen Vorgeschichte* erklären, der sich in Anomalien beim Fließverhalten einer nur wenig über den Schmelzpunkt erhitzten Schmelze (vgl. Abschnitt b) oder in der Abhängigkeit der Kristallisation, insbesondere der Sphärolithbildung, von der Höchsttemperatur der Schmelze bemerkbar macht, vgl. auch § 45 d.

Erhitzt man kristallisierten Kautschuk beträchtlich über die obere Grenze des Schmelzbereiches, so erfolgt die Kristallisation beim Abkühlen auf eine beliebige Temperatur mit derselben Geschwindigkeit, wie bei der vorausgegangenen Kristallisation. Erwärmt man jedoch nur wenige Grade über den optischen Schmelzpunkt, so beobachtet man eine viel größere Kristallisationsgeschwindigkeit, wobei diese anfänglich am größten ist, also nicht den in der Abb. VIII, 57b wiedergegebenen „normalen" Verlauf zeigt[2]. Die Vermutung liegt nahe, daß in der Schmelze noch anfänglich Kristallkeime vorhanden sind (athermische Kernbildung, s. § 46).

Am auffallendsten ist der Einfluß der Höchsttemperatur der Schmelze auf die Sphärolithbildung, der in § 45 d noch eingehend besprochen wird.

---

[1] Hinweise auf eine gewisse Restordnung in der Schmelze dicht oberhalb des Schmelzpunktes sind auch bei niedermolekularen Stoffen zu finden, vgl. A. R. UBBELOHDE: Quarterly Rev. **4**, 356 (1950). Beispiele sind das allmähliche Einsetzen der freien Rotation der Moleküle in der Schmelze des Phenathrens, s. A. K. AL MAHDI u. A. R. UBBELOHDE in „Changement des Phases", Paris 1952. Über die Verhältnisse bei Alkoholen s. ferner M. M. BRUMA, R. DALBERT, L. REINISCH u. M. MAGAT in „Changement des Phases", Paris 1952, S. 373.

[2] WOOD, L. A.: „Advances in Colloid Science", Vol. II, New York 1946.

Hier ist man genötigt, Kristallisationskeime anzunehmen, die beim Polytrifluorchloräthylen bis zu mindestens 60° und bei der Polyaminoundekansäure bis zu 50° oberhalb des Schmelzpunktes[1] erhalten bleiben. Wieweit es sich hierbei um Kristallkeime der eigenen Schmelze, die eventuell in Rissen von Wänden und Fremdpartikelchen besonders stabil sind (Turnbull[2]), oder um Fremdteilchen (Staub) handelt, ist noch nicht endgültig geklärt. Schließlich sei auch auf eine Beobachtung von Charlesby[3] hingewiesen, wonach Elektronenbeugungsaufnahmen an einem dünnen orientierten Polyäthylenfilm, der 40° über den Schmelzpunkt erhitzt worden war, beim Wiederabkühlen die ursprüngliche Orientierung zeigten. Versuchseinzelheiten sind nicht angegeben, so daß man nicht entscheiden kann, wie weit in der Schmelze selbst die alte Struktur erhalten geblieben war, oder ob andere Effekte (Grenzflächenkräfte) den Effekt vortäuschten.

Neuerdings haben Keller, Morgan und Mitarbeiter[4] beim Terylen den Einfluß der *thermischen Vorgeschichte*, vor allem denjenigen der Höchsttemperatur der Schmelze auf die Kristallisationsgeschwindigkeit und die Art der Kristallisation in mehreren sehr interessanten Arbeiten eingehend untersucht. Es hat sich gezeigt, daß speziell im Falle des Terylens sowie des 6,6-Nylons[5] die athermische Kernbildung, vgl. § 46, eine sehr bedeutsame Rolle spielt. Es ist aber auch hier unklar, ob die in der Schmelze beständigen Kerne besonders wohl geordnete, fehlerfreie kristalline Bereiche sind, die mit der umgebenden Schmelze im thermodynamischen Gleichgewicht stehen, oder ob diese Bereiche durch Verunreinigungen stabilisiert werden, die außerdem vielleicht auch die Kernbildung katalysieren, oder ob es sich schließlich um Kristallsplitter in Rissen handelt. Auch fällt auf, daß Flory und Mitarbeiter[6] bei Polyäthylenoxyd und einem Polyester aus Adipinsäure und Dekamethylenglykol im Gegensatz zu den obigen Beobachtungen zwischen 1 und 50° oberhalb des Schmelzpunktes keinen Einfluß der Temperatur der Schmelze auf den Kristallisationsverlauf gefunden haben, vorausgesetzt, daß die Schmelze einige Zeit auf der Ausgangstemperatur gehalten wurde, so daß alle kristallinen Bezirke wirklich aufgeschmolzen waren.

Den allmählichen Übergang von Ordnung zu Unordnung kann man auch an Messungen der Dichte verfolgen (siehe das Beispiel des Polyäthylens in Abb. VIII, 1). An dieser Stelle sei nur noch der Verlauf des thermischen Ausdehnungskoeffizienten von Polytrifluorchloräthylen, aufgenommen von Price[7] für steigende und fallende Temperatur besprochen (s. Abb. VIII, 12). Der immer steiler verlaufende Anstieg oberhalb 135°

---

[1] Stuart, H. A. u. B. Kahle: unveröffentlichte Messungen. J. Polymer Sci. im Druck.   [2] Turnbull, D.: J. chem. Physics **18**, 198 (1950).

[3] Charlesby, A.: Trans. Faraday Soc. **38**, 320 (1942).

[4] Keller, A., G. R. Lester u. L. B. Morgan: Phil. Trans. Roy. Soc. London (A) **247**, 1 (1954). — L. B. Morgan: Phil. Trans. Roy. Soc. London (A) **247**, 13 (1954). — F. D. Hartley, F. W. Lord u. L. B. Morgan: Phil. Trans. Roy. Soc. London (A) **247**, 23 (1954). — Ferner L. B. Morgan: J. appl. Chem. **4**, 160 (1954).

[5] Allen, P. W.: Trans. Faraday Soc. **48**, 1178 (1952).

[6] Mandelkern, L., F. A. Quinn u. P. J. Flory: J. appl. Physics **25**, 830 (1954).

[7] Price, F. P.: J. Amer. chem. Soc. **74**, 311 (1952).

offenbart wiederum den allmählichen, sich vor allem im oberen Temperaturbereich abspielenden Schmelzvorgang mit seinen möglichen Vorstufen[1].

Bemerkenswert sind die hier auftretenden Hystereseerscheinungen. Bis zu 135° fallen beide Kurvenäste zusammen, während beim Abkühlen zwischen 200 und 135° das thermodynamische Gleichgewicht offenbar noch lange nicht erreicht war. Sehr deutlich kommt hier auch die bei allen Hochpolymeren immer wieder beobachtete Differenz zwischen dem Schmelz- und Erstarrungspunkt ($\sim 12\,°\mathrm{C}$) zum Vorschein. Diese Hysterese macht sich auch in der Temperaturabhängigkeit der Dielektrizitätskonstanten und der dielektrischen Verluste bemerkbar, wobei die letzteren mit der Sphärolithbildung zusammenzuhängen scheinen.

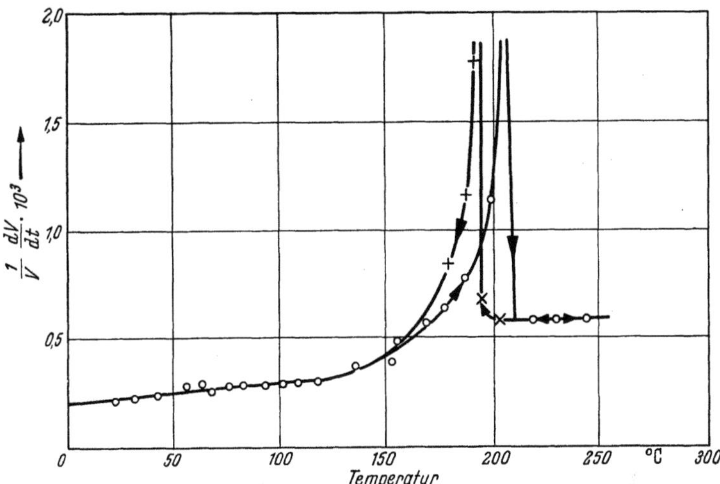

Abb. VIII, 12. Thermischer Ausdehnungskoeffizient des Polytrifluorchloräthylens bei steigender und fallender Temperatur, nach PRICE.

Kühlt man langsam genug ab, so erhält man bei Hochpolymeren mit kürzeren Ketten, wie Polyäthylen, Polytrifluorchloräthylen, Polyamiden und Polyurethan, jedenfalls genügend unterhalb des Schmelzpunktes für die Dichten, spezifischen Wärmen usw. beim Erwärmen und Abkühlen zusammenfallende Kurven, aber nicht allgemein bei Kautschuk (s. weiter unten). Die Vorgänge sind in diesem Bereiche also praktisch reversibel. Man kann aber nicht, wie es oft geschieht, von einem wirklichen echten thermodynamischen Gleichgewichte sprechen. Ein kristallisierendes, hochpolymeres System erreicht ja aus rein kinetischen Gründen als Ganzes nie den Zustand kleinster freier Energie. Wohl aber kann man durch Förderung der Beweglichkeit der Moleküle diesem Zustande näherkommen. Das zeigen besonders klar die im folgenden Abschnitt zu beschreibenden Versuche.

---

[1] Weitere Beispiele bei R. D. EVANS, H. R. MIGHTON u. P. J. FLORY (Polyester). J. Amer. chem. Soc. 72, 2018 (1950).

b) Die Abhängigkeit des Schmelzbereiches von der thermischen Vorgeschichte.

Erhitzt man eine Polyurethanprobe, die zuvor von mindestens 190°C mit 1°C/min bis auf 130°C abgekühlt wurde, nochmals, so schmilzt sie im Bereich von 174 bis 184°C. Tempert man jedoch die Probe längere Zeit bei 170°C und kühlt dann ab, so beobachtet man nach Jenckel und Wilsing[1] beim nachfolgenden Erwärmen eine erhebliche Zunahme der Schmelzwärme. Die Menge an kristallisierter Substanz hat offenbar erheblich zugenommen, die Substanz war zweifellos vorher nicht im thermodynamischen Gleichgewicht. Tempert man nun weiter innerhalb des Schmelzbereiches, wobei also die Substanz teilweise aufschmilzt, kühlt ab und erhitzt von neuem, so verschiebt sich, wie aus den Erhitzungskurven ersichtlich, das Schmelzintervall und insbesondere auch sein Endpunkt (s. Abb. VIII, 13) nach oben. Offenbar heilen beim Tempern Kristalle aus,

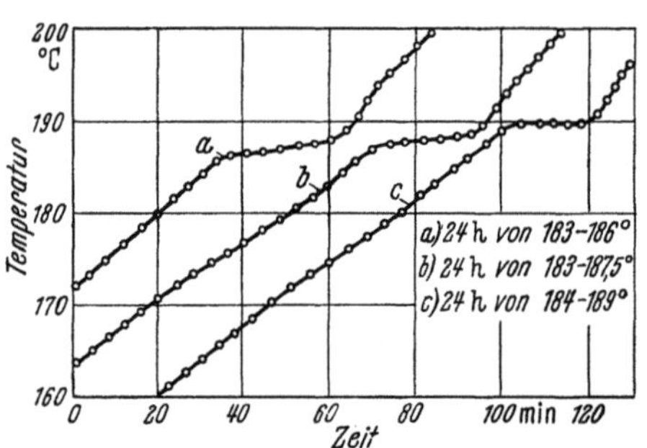

Abb. VIII, 13. Erhitzungskurven des Polyurethans nach stufenweisem Tempern bei den angegebenen Temperaturen. (Nach Jenckel und Wilsing.)

unter Spannung stehende oder ganz kleine Bereiche und eventuell vorhandene instabile Gitterformen schmelzen auf, dafür bilden sich neue höher schmelzende Gebiete (vgl. dazu § 47, c).

Durch stufenweises Tempern, derart, daß immer nur ein Teil aufgeschmolzen ist, gelingt es schließlich, einen praktisch scharfen Schmelzpunkt von 190°C (gegenüber dem „normalen" von 184°C) mit einer recht erheblichen Schmelzwärme von 26 cal/g zu verwirklichen[2].

Jenckel und Wilsing haben auch das Fließvermögen der Schmelzen in Abhängigkeit von der Temperung untersucht[1]. Mittels einer Fallkörpermethode stellten sie fest, daß beim Erhitzen des Präparates auf über 190°C (Punkt C in der Abb. VIII, 14) das Fließvermögen (reziproke Viscosität) mit der Temperatur verhältnismäßig wenig längs der Kurve CD zunimmt. Beim Abkühlen bis 173°C nimmt das Fließvermögen längs DCE ab. Auf dieser Geraden bewegt sich das Fließvermögen auch bei erneutem Erhitzen. Es ist also keine Zustandsänderung des Materials, keine Kristallisation eingetreten, die auf keine Weise zu erzeugen war. Tritt bei etwa 173°C Kristallisation ein, so sinkt das Fließvermögen auf sehr kleine Werte. Erhitzt man jetzt wieder, so beobachtet man das Aufschmelzen bei etwas erhöhter Temperatur längs der Kurve A_1B_1. Der Punkt B_1 fällt mit dem oberen Ende des Schmelzbereiches

---

[1] Jenckel, E. u. H. Wilsing: Z. Elektrochem. angew. physik. Chem. **53**, 4 (1949).

[2] Auch beim Terylen ist eine Erhöhung des Schmelzpunktes mit zunehmender Temperatur beim Tempern beobachtet worden, s. O. B. Edgar u. R. Hill: J. Polymer Sci. **8**, 1 (1952).

zusammen. Bezeichnenderweise ist jedoch hier noch nicht die Viscosität erreicht, die man längs CE in den zuvor auf über 190°C erhitzten Schmelzen erhielt. Erst bei weiterem Erhitzen von B_1 nach C nimmt das Fließvermögen zu, um bei C den Zustand der Schmelze zu erreichen. Man muß daraus schließen, daß bei B_1, obwohl hier das obere Ende des Schmelzintervalls liegt – beurteilt aus Erhitzungskurven – und obwohl die Substanz flüssig erscheint, doch noch nicht die vollkommen aufgeschmolzene Schmelze vorliegt; denn diese müßte eine Viscosität längs der Geraden CE haben. Wirkliches Aufschmelzen wird erst bei 190°C, Punkt C erreicht.

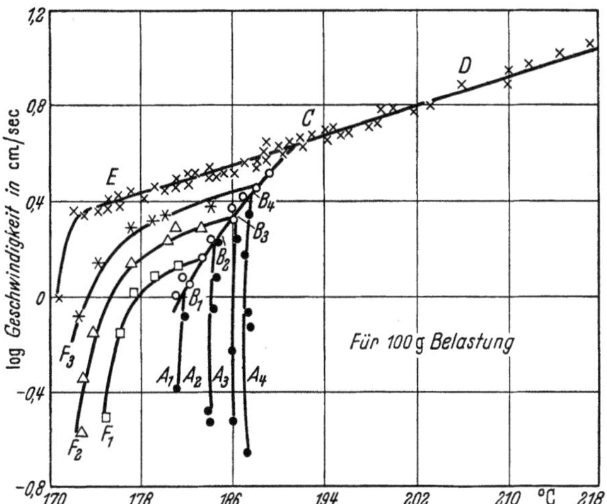

Abb. VIII, 14. Fließvermögen einer Polyurethanschmelze in Abhängigkeit von der thermischen Vorgeschichte. (Nach JENCKEL und WILSING.)

JENCKEL und WILSING deuten diesen Befund so, daß in der Schmelze in geringem Umfange noch kristalline Anteile zurückbleiben, welche vernetzend wirken und daher das Fließvermögen stark beeinflussen. Erst bei 190°C, dem maximalen, durch Tempern erreichbaren Schmelzpunkt, verschwinden die letzten Anteile dieser kristallinen Bereiche[1].

Aus diesen Versuchen von JENCKEL und WILSING erkennt man besonders schön den Einfluß der Temperaturführung innerhalb des Schmelzbereiches auf den Schmelzpunkt und das ganze kristalline Gefüge. Es wäre sehr erwünscht, diese Beobachtungen noch durch Röntgenuntersuchungen und Dichtemessungen zu ergänzen.

Der Vorgang des Aufschmelzens von bei tieferer Temperatur entstandenen Kristalliten, verbunden mit der Neubildung anderer kristalliner Bereiche mit höherem Schmelzpunkt, läßt sich beim Naturkautschuk direkt zeitlich trennen (s. weiter unten). Bei diesem sind, wohl infolge der Länge der Molekülketten und infolge von Kettenverschlingungen die Verzögerungszeiten bei der Kristallisation so groß, daß hier

---

[1] Der Umstand, daß es sich im Schmelzbereich um nicht-NEWTONsche Flüssigkeiten handelt, ändert nichts an dem grundsätzlichen Ergebnis, nämlich der Abhängigkeit des Fließvermögens von der thermischen Vorgeschichte.

beachtliche Hystereseerscheinungen auftreten. Wegen der langsamen Kristallisation kann man bei jeder beliebigen Temperatur zwischen etwa $-45°$C und $+15°$C[1] unvulkanisierten Kautschuk aus dem amorphen in den kristallinen Zustand überführen und den Vorgang zeitlich verfolgen. Derartige Untersuchungen haben vor allem BEKKEDAHL und WOOD[2] durchgeführt, und zwar mit Hilfe von exakten Dichtemessungen. Abb. VIII, 15 möge zunächst die erstaunliche große Abhängigkeit des Schmelzbereiches von der Kristallisationstemperatur[3] zeigen. Daneben scheinen alle anderen Einflüsse auf diesen als von untergeordneter Bedeutung.

Man sieht ferner, daß das Schmelzen stets einige Grade oberhalb der Kristallisationstemperatur einsetzt. Je höher diese liegt, um so schmaler wird der Schmelzbereich[4]. Man kann sich gut vorstellen, daß dieser bei noch höheren Kristallisationstemperaturen ähnlich wie beim Polyurethan in einen „Schmelzpunkt" übergeht. Nur läßt sich ein diesbezüglicher Versuch wegen der mit steigender Temperatur immer mehr abnehmenden Kristallisationsgeschwindigkeit nicht durchführen.

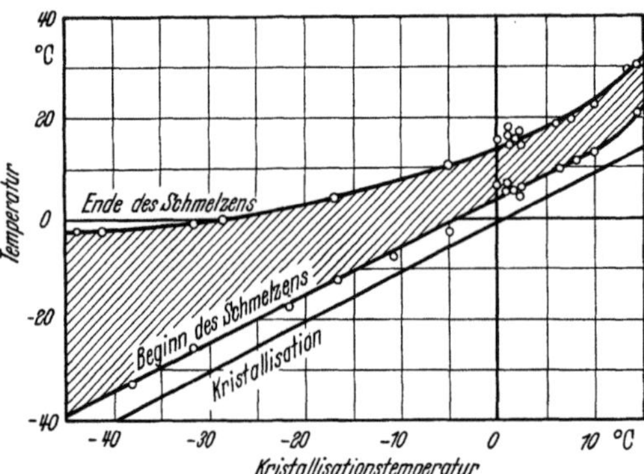

Abb. VIII, 15. Schmelzbereich von kristallinem, unvulkanisiertem Naturkautschuk in Abhängigkeit von der Kristallisationstemperatur. (Nach WOOD und BEKKEDAHL.)

Aus der Abb. VIII, 15 erkennt man, daß bei ein und derselben Temperatur ein bei entsprechend tieferer Temperatur kristallisierter Kautschuk aufschmilzt und amorpher Kautschuk in kristallinen mit einem entsprechend höheren Schmelzpunkt übergeht. Da das Aufschmelzen sehr schnell, das Kristallisieren sehr langsam vor sich geht, kann man die Vorgänge an ein- und derselben Probe zeitlich trennen und, wie WOOD durch Dichtemessungen[5] gezeigt hat, Kautschuk, der bei $-30°$C kristallisiert war, bei $0°$C aufschmelzen und die dann einsetzende, neue, langsame Kristallisation verfolgen. Man sieht, wie weit man hier von einem wirklichen Gleichgewicht entfernt ist. Das zeigen noch krasser die folgenden Versuche von WOOD. Läßt man Natur-

---

[1] Oberhalb und unterhalb dieses Bereiches werden die Kristallisationsgeschwindigkeiten zu klein, vgl. Abb. VIII, 59.

[2] BEKKEDAHL, N. u. L. A. WOOD: J. chem. Physics 9, 193 (1941); Rubber Chem. Technol. 14, 347, 544 (1941); 16, 310 (1943); Bur. Standards, J. Res. 36, 489 (1946).

[3] Damit erklären sich auch die widerspruchsvollen Angaben älterer Arbeiten über den Schmelzbereich des Kautschuks.

[4] Entsprechende Versuche lassen sich an Polyäthylen, Polyamiden usw. nicht so rein durchführen, weil schon beim Abschrecken auf die längere Zeit einzuhaltende Kristallisationstemperatur eine gewisse Kristallisation eintritt und weil ferner auch bei sehr schnellem Aufheizen wohl stets eine geringe Bildung von Kristallen mit höherem Schmelzpunkt praktisch kaum zu vermeiden sein wird.

[5] WOOD, L. A.: Advances in Colloid Science, Vol. II, New York 1946, S. 69.

kautschuk lange genug bei Zimmertemperatur lagern, so kristallisiert er, Schmelzbereich über 25°C, sogenannter „stark rubber". Eine solche Probe mit einem Schmelzbereich von 32 bis 39°C wurde (vgl. dazu Abb. VIII, 16) von A nach B abgekühlt und bei dieser Temperatur von 2°C einige Zeit gehalten, so daß eine weitere Kristallisation eintrat. Bei allmählichem Anwärmen zeigt sich, daß die bei 2°C gebildeten Kristalle zwischen 5°C und 15°C, also in dem zu dieser Kristallisationstemperatur gehörenden Schmelzbereich und die bei der ursprünglichen Lagerung entstandenen Kristalle zwischen 32°C und 39°C verschwanden. Bei 15°C war nämlich das spezifische Volumen gleich dem zu Beginn des Versuches und bei 39°C mündete die Kurve in die des amorphen Kautschuks ein.

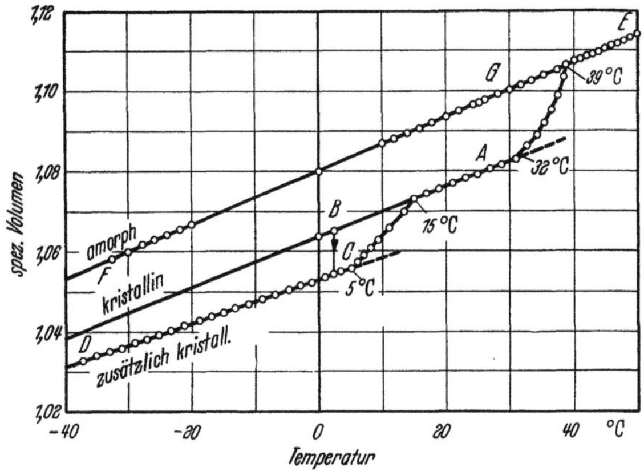

Abb. VIII, 16. Zusätzliche Kristallisation und stufenweises Schmelzen bei „stark rubber". (Nach WOOD.)

Man erkennt also, daß bei genügend verschiedenen Temperaturen kristallisierter Kautschuk in klar getrennten Temperaturbereichen aufschmilzt und daß offenbar die kristallinen Bereiche der einen Stufe unabhängig von der Gegenwart der Kristalle der anderen Stufe entstehen und verschwinden können. Weitere Betrachtungen von WOOD an einer bei 2°C kristallisierten Substanz lehren, daß unabhängig davon, ob die Volumenabnahme bei der Kristallisation 0,085, 1,0% oder 2,7% beträgt, der Schmelzbereich stets derselbe bleibt.

Eine analoge Erscheinung haben FLORY und Mitarbeiter[1] an einem Polyester aus Dekamethylenglykol und Sebacinsäure (Schmelzpunkt etwa 80°C) beobachtet. Eine schnell auf 55°C abgeschreckte und bei dieser Temperatur zur Kristallisation gebrachte Probe wird bei 75°C eine Zeit lang völlig flüssig und kristallisiert erst dann wieder.

Die durch die obigen Versuche erwiesene Koexistenz und Unabhängigkeit von kristallinen Bezirken mit verschiedenen Schmelzbereichen muß selbstverständlich durch die Bedingung eingeschränkt sein, daß die Summe der Beiträge der einzelnen Kristallisationsstufen einen bestimmten maximalen Anteil an kristalliner Substanz nicht übersteigen kann.

---

[1] EVANS, R. D., H. R. MIGHTON u. P. J. FLORY: J. Amer. chem. Soc. **72,** 2018 (1950).

Tatsächlich hat man auch bei stufenweiser Kristallisation als Summe der Volumenänderungen beim Kautschuk nie eine größere Änderung gefunden, als die bei einer einzigen Kristallisation mögliche, d. h. eine maximale Änderung von 2,7 %.

Es ist möglich, daß es sich bei den kristallinen Bezirken verschiedener „Qualität" um verschiedene Gitterformen handelt, auch Baufehler und Kristallitgröße werden eine Rolle spielen. Vor allem aber muß ein kristalliner Bereich im Zusammenhang mit seiner Umgebung betrachtet werden. Diese kann, insbesondere bei sehr langen Ketten große Ordnungsunterschiede aufweisen und so große Schmelzpunktsdifferenzen verursachen (näheres in § 47, c). Man kann sich vorstellen, daß, je tiefer die Kristallisationstemperatur ist, desto früher wegen der größeren Kernzahl das Wachstum des einzelnen kristallinen Bereiches zum Stillstand kommt und so die Kristallite nach Größe und Güte und ebenso die Konfigurationsbeschränkungen im Amorphen eine Funktion der Kristallisationstemperatur werden. Es wäre sehr erwünscht, die Versuche von WOOD und BEKKEDAHL oder die von JENCKEL und WILSING durch röntgenographische Beobachtungen zu ergänzen.

§ 42. Beeinflussung der Kristallisation durch Druck.

Von E. JENCKEL.

a) Schmelzpunkt und Druck.

Da im allgemeinen die Dichte der kristallinen Bereiche größer ist als die der amorphen, wird man unter Druck eine Erhöhung des Schmelzpunktes und eine Zunahme der kristallinen Anteile erwarten, vorausgesetzt, daß sich eine Gleichgewichtslage zwischen kristallinen und amorphen Anteilen und der Temperatur herausbildet. Genauere Untersuchungen wurden an Kautschuk und an Polyäthylen angestellt. WOOD, BEKKEDAHL und GIBSON[1] haben einen *Naturkautschuk* untersucht, der bei Zimmertemperatur und Atmosphärendruck durch jahrelange Lagerung teilkristallin geworden war (Abb. VIII, 17). Als Schmelzpunkt wurde die Temperatur angenommen, bei der die Doppelbrechung verschwindet.

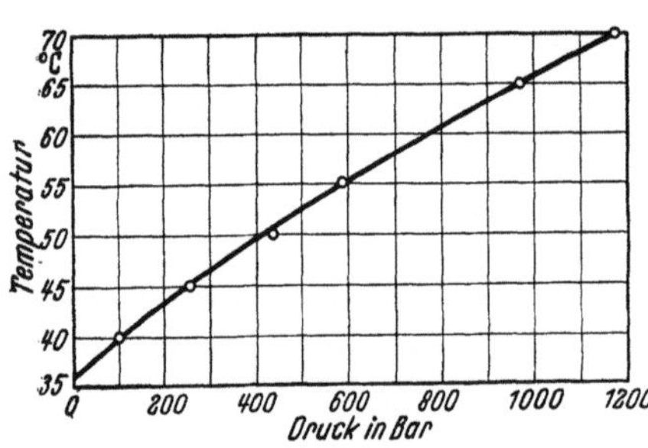

Abb. VIII, 17. Zunahme des Schmelzpunktes von Naturkautschuk mit dem Druck. (Nach WOOD, BEKKEDAHL und GIBSON.)

Der Schmelzpunkt steigt von 36°C unter einem Drucke von 1170 Bar auf 70°C entsprechend der empirischen Gleichung (p = Druck in Bar):

$$\log_{10}(p + 1300) = 5{,}9428 - 875/T.$$

[1] WOOD, L. A., N. BEKKEDAHL u. R. E. GIBSON: J. chem. Physics 13, 475 (1945).

Hiermit im Einklang stehen vereinzelte Beobachtungen anderer Forscher[1]. Bei *Polyäthylen* ist die Druckabhängigkeit des Schmelzpunktes mit Hilfe des Volumens von PARKS und RICHARDS[2] näher untersucht worden. Der Schmelzpunkt steigt von 112°C bei gewöhnlichem Druck an auf 153° bei 2000 at. Der Anstieg läßt sich durch die Gleichung

$$T = 385 + 0{,}0205\, p$$

(p = Druck in Atmosphären) wiedergeben[3].

Es muß ausdrücklich darauf hingewiesen sein, daß sowohl der Kautschuk als auch das Polyäthylen in einem Temperaturbereich aufschmelzen. Der hier betrachtete „Schmelzpunkt" dürfte etwa mit dem oberen Ende des Schmelzbereiches zu identifizieren sein.

Wie bereits in § 41 erwähnt wurde, beginnen die Kristalle oberhalb der Temperatur zu schmelzen, bei der sie entstanden sind, und haben dann ihren Schmelzbereich bei einer etwas höheren Temperatur bereits durchlaufen. WOOD und Mitarbeiter fanden, daß Kristalle, welche erst unter hohem Drucke (1100 Bar) und 30°C entstanden waren, bei einer viel niedrigeren Temperatur unter Atmosphärendruck wieder aufschmelzen als diejenigen, welche bei Zimmertemperatur unter Atmosphärendruck entstanden waren und deren Schmelzpunkt in Abb. VIII, 17 wiedergegeben ist. Die hier obwaltenden Verhältnisse dürften schematisch durch die Abb. VIII, 18 wiederzugeben sein, in der die waagerechten Linien den Schmelzbereich andeuten. Die Kristalle durchlaufen ihren Schmelzbereich ein wenig oberhalb der Temperatur, bei der sie entstan-

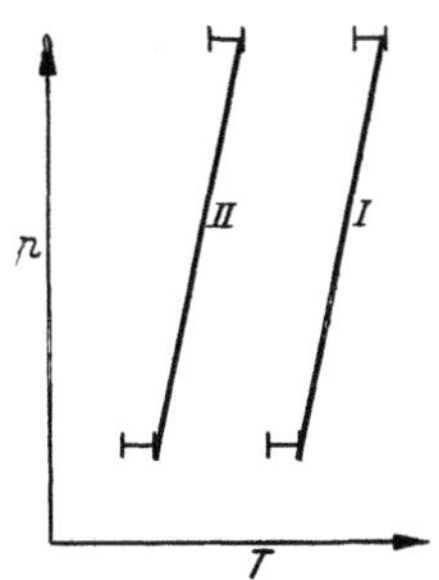

Abb. VIII, 18. Die Erhöhung des Schmelzpunktes mit dem Druck für verschiedene „Arten" von Kristallen. (Schematisch.)

den sind, konstanten Druck vorausgesetzt. Erhöht man den Druck, so verschieben sich der Schmelz- und Kristallisationsvorgang zu höheren Temperaturen. Zu jeder Art der kristallinen Bereiche oder Bezirke gehört eine besondere Schmelzkurve.

Wenn diese etwa durch die unterschiedliche Größe der kristallinen Bereiche bedingt sein sollten, so würde die Kurve *I* für das „grob"-kristalline, die Kurve *II* für das „fein"-kristalline Material gelten.

b) Anwendung der CLAUSIUS-CLAPEYRONchen Gleichung.

Für das gewöhnliche zweiphasige Schmelzen gilt bekanntlich die CLAUSIUS-CLAPEYRONsche Gleichung

$$\frac{d\,p}{dT} = \frac{\varDelta H}{T \cdot \varDelta V}. \tag{VIII, 12}$$

Hierin bedeuten $\varDelta H$ die Schmelzwärme und $\varDelta V$ den Volumenunterschied beim Schmelzen für eine an sich beliebige Menge Substanz; $\varDelta H$ und $\varDelta V$ werden zweckmäßig auf ein Gramm Substanz bezogen. Nimmt

---

[1] Dow, R. B.: J. chem. Physics **7**, 200 (1939).
[2] PARKS, W. u. R. B. RICHARDS: Trans. Faraday Soc. **45**, 203 (1949).
[3] Weitere Messungen an Polyurethan und einigen Polyestern bei E. JENCKEL u. H. RINKENS, noch unveröffentlicht.

man nun an, daß beim Aufschmelzen der komprimierten Kautschukkristalle keine Überhitzung stattgefunden hat, was anzunehmen ist, so daß die beobachteten Drucke und Temperaturen Gleichgewichtswerte darstellen, so liegt es nahe, die CLAUSIUS-CLAPEYRONsche Gleichung anzuwenden. WOOD und Mitarbeiter haben aus ihren Messungen den Ausdruck $\dfrac{\varDelta H}{T \cdot \varDelta V}$ entnommen: Er steigt von 846 Joule/cm³ bei 1 at auf 1450 Joule/cm³ bei 1170 Bar[1]. Führt man jetzt für die Volumenänderung, die nur unter Atmosphärendruck bekannt ist, den Wert $\varDelta V = 0{,}019$ cm³/g ein, so erhält man bei $p = 1$ at die Schmelzwärme[2] zu $\varDelta H = 3{,}87$ cal/g. Dieser Wert stimmt gut mit dem direkt calorimetrisch gemessenen Wert[3] von 4,0 cal/g bei einer Schmelztemperatur um 11°C, nicht dagegen mit der Angabe von BOONSTRA[4] von 15,8 cal/g überein. Entsprechend errechnet sich für Polyäthylen mit $\varDelta V = 0{,}08$ cm³ eine Schmelzwärme von $\varDelta H = 36{,}3$ cal/g, die recht gut mit dem beobachteten Wert $\varDelta H = 40{,}6$ cal/g übereinstimmt[5]. Die so ermittelte Schmelzwärme bezieht sich auf 1 g Substanz – ebenso wie der Wert von $\varDelta V$. Obwohl der Kautschuk sicher weniger kristallisiert ist als Polyäthylen (vgl. § 46), ist doch die so ermittelte Schmelzwärme auffallend klein gegenüber dem Wert für Polyäthylene oder die normalen Paraffine ($\varDelta H = 56{,}6$ cal/g).

Wenn das Schmelzen als einphasige Umwandlung und speziell als Umwandlung II. Art verlaufen sollte, so würde die CLAUSIUS-CLAPEYRONsche Gleichung nach EHRENFEST[6] lauten:

$$\frac{d\,p}{d\,T} = \frac{\varDelta c}{T \cdot \varDelta \dfrac{d\,v}{d\,T}} = \frac{\varDelta \dfrac{d\,v}{d\,T}}{\varDelta \dfrac{d\,v}{d\,p}}. \tag{VIII, 13}$$

$\left(\varDelta c, \varDelta \dfrac{d\,v}{d\,T} \text{ und } \varDelta \dfrac{d\,v}{d\,p} = \text{Differenz der spezifischen Wärmen, bzw. der Aus-}\right.$
dehnungskoeffizienten bzw der Kompressibilitäten zwischen Schmelze und Kristall.$\Big)$

Mit den angeführten Messungen an Polyäthylen läßt sich diese Gleichung jedoch nicht bestätigen, wohl aber an Polyestern[7].

c) Kristalliner Anteil. Kristallisationsgeschwindigkeit und Druck.

Über den kristallinen Anteil lassen sich aus den Untersuchungen an Kautschuk keine zuverlässigen Angaben gewinnen, weil der Kautschuk ohnehin sehr langsam kristallisiert und man nicht sicher ist, in bezug auf

---

[1] Die Zunahme von $d\,p/d\,T$ mit steigendem Druck und steigender Temperatur wird an niedermolekularen Stoffen vielfach beobachtet; sie wird meist durch eine starke Abnahme von $\varDelta V$ bewirkt, z. B. bei Chloroform und Anilin, bei denen sich $\varDelta H/T$ nicht wesentlich ändert (G. TAMMANN, Aggregatzustände, Leipzig 1922).

[2] Kleine Schmelzwärmen sind besonders bei den Hydroaromaten und in der Campferreihe gefunden worden, z. B. Cyclohexanol 4 cal/g und Campfer 5,45 cal/g.

[3] BEKKEDAHL, N. u. M. MATHESON: J. Res. nat. Bur. Standards 15, 503 (1935).

[4] BOONSTRA, B. B. S. T.: Ind. Engng. Chem. 43, 362 (1951).

[5] RAINE, H. C., R. B. RICHARDS u. H. RYDER: Trans. Faraday Soc. 41, 56 (1945).

[6] EHRENFEST, P.: Ak. Wetensch. (Amsterdam), Proc. 36, 3 (1933).

[7] JENCKEL, E u. H. RINKENS, noch unveröffentlicht, vgl. S. 572.

den kristallinen Anteil eine Gleichgewichtslage erreicht zu haben. Das sollte in sehr viel höherem Maße beim Polyäthylen der Fall sein, welches sehr leicht kristallisiert.

Auch über die *Kristallisationsgeschwindigkeit*, beeinflußt durch den Druck, ist nicht viel bekannt. Nach THIESSEN und KIRSCH[1] kristallisiert Kautschuk bei 0°C unter einem Druck von 10 bis 30 at viel schneller als unter Atmosphärendruck. Dagegen konnte Dow[2] auch nach 14 Tagen bei 0°C unter einem Druck von etwa 8000 at keine Kristallisation feststellen. Die Kristallisationsgeschwindigkeit des Kautschuks geht mit sinkender Temperatur durch ein Maximum (vgl. § 46). Mit steigendem Drucke dürfte die ganze Kurve der Kristallisationsgeschwindigkeit sich ebenso wie der Schmelzpunkt zu höheren Temperaturen verschieben. Infolgedessen könnte sehr wohl bei Atmosphärendruck eine geringe Kristallisationsgeschwindigkeit, bei mittleren Drucken eine große Kristallisationsgeschwindigkeit und bei sehr hohen Drucken wieder eine verschwindende Kristallisationsgeschwindigkeit beobachtet werden.

§ 43. Beeinflussung der Kristallisation durch Dehnung.

Von E. JENCKEL.

a) Experimentelle Verfahren.

1. Schmelzpunkt und Dehnung.

An niedermolekularen Stoffen ist eine Beeinflussung des Schmelzpunktes nach angelegter mechanischer Spannung und erfolgter Deformation nicht bekannt geworden. Das ist nicht sehr erstaunlich, weil bei diesen Stoffen wegen der hohen inneren Beweglichkeit in der Schmelze (wie auch im Kristall[3]) eine einseitig wirkende Spannung – im Gegensatz zu dem allseitig wirkenden Druck – grundsätzlich nicht aufrecht erhalten werden kann. Das Gleiche gilt im Prinzip auch für die hochpolymeren Stoffe. Anders liegt jedoch der Fall, wenn der hochpolymere Stoff durch Hauptvalenzen, möglicherweise auch durch Nebenvalenzen vernetzt ist. Das Netzwerk bringt es mit sich, daß der Spannungszustand und damit die Verformung beliebig lange aufrechterhalten werden können, vorausgesetzt, daß nicht etwa chemische Bindungen im Netzwerk durch einen Crackprozeß zerstört werden und daher das Material fließt. Das typische Beispiel für ein zugleich weitmaschig vernetztes und auch der Kristallisation fähiges Material ist der Kautschuk im schwach vulkanisierten Zustand. Daher ist der Kautschuk das Untersuchungsmaterial, an dem vielfach der Zusammenhang zwischen dem Schmelzen bzw. dem Kristallisieren und der Dehnung untersucht wurde. Solche Untersuchungen sollten sich auf den Temperaturbereich des Schmelzens und auf den zugehörigen kristallinen Anteil erstrecken; weiter ist deutlich zwischen der

---

[1] THIESSEN, P. A. u. W. KIRSCH: Naturwiss. **26,** 387 (1938); **27,** 390 (1939).
[2] Dow, R. B.: J. chem. Physics **7,** 200 (1939).
[3] Merkliche Beweglichkeit in *Metallen* bei etwa der halben absoluten Schmelztemperatur!

Beeinflussung des Schmelzpunktes als einer Gleichgewichtslage und der Kristallisationsgeschwindigkeit zu unterscheiden. Es zeigt sich, daß sowohl die Schmelztemperatur und der kristalline Anteil als auch die Kristallisationsgeschwindigkeit nach Dehnung erhöht sind.

Die Heraufsetzung des Schmelzpunktes mit der Dehnung hat wohl zuerst VON SUSICH[1] röntgenographisch bestimmt (Abb. VIII, 19)[2]. Zu diesem Zwecke wurde der vulkanisierte Kautschuk bei verschiedenen Temperaturen gedehnt und jeweils ermittelt, ob kristalline oder amorphe Struktur vorlag. Wie ausdrücklich angegeben wird, muß ziemlich schnell gedehnt werden, damit keine Zeit für Fließvorgänge bleibt. Oberhalb 90°C gelingt es nicht mehr, die Fließvorgänge hinreichend zu unterdrücken. Über die Bestimmung des kristallinen Anteils auf röntgenographischem Wege vgl. §§ 25/26.

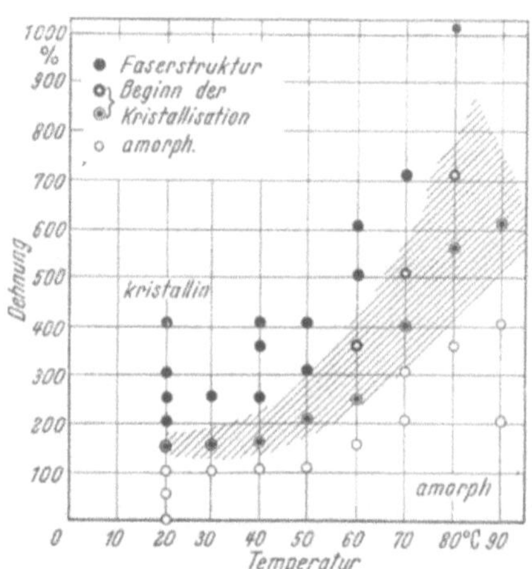

Abb. VIII, 19. Amorpher und kristalliner Zustand in Abhängigkeit von Dehnung und Temperatur, röntgenographisch bestimmt. (Nach VON SUSICH.)

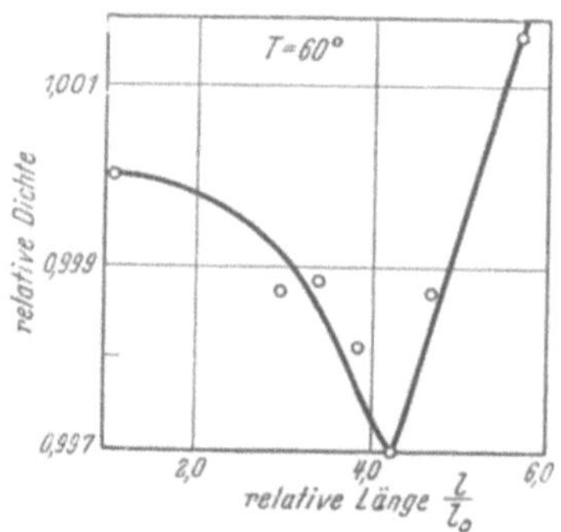

Abb. VIII, 20. Zunahme der Dichte mit der Dehnung infolge Kristallisation beim Kautschuk. (Nach FOX, FLORY u. MARSHALL.)

Auch aus der Volumenabnahme (Dichtezunahme) beim Kristallisieren läßt sich die Schmelzkurve des Kautschuks bestimmen. Abb. VIII, 20 gibt eine Kurve nach Messungen von FOX, FLORY und MARSHALL[3] wieder. Die Kurve folgt der von FLORY (dessen Theorie der Kristallisation in § 47 behandelt wird) aufgestellten Gleichung:

$$\frac{\varLambda}{T_{m_0}} - \frac{\varLambda}{T_m} = \frac{R}{\varDelta H} \cdot \varPhi\left(\frac{l}{l_0}\right) \left.\begin{array}{c}\\\\\\\end{array}\right\}$$
$$\varPhi\left(\frac{l}{l_0}\right) = \left[\left(\frac{6}{\pi \cdot n}\right)^{\frac{1}{2}} \frac{l}{l_0} - \frac{l^2}{l_0^2 \cdot 2n} - \frac{l_0}{l \cdot n}\right] \qquad (\text{VIII}, 14)$$

(T_{m_0} und T_m = Schmelzpunkt des ungereckten bzw. gereckten Kautschuks, $\varDelta H$ = Schmelzwärme je Grundmol, l_0 und l = Länge des ungereckten bzw. des gereckten Kautschuks, n = Anzahl der Segmente

---

[1] VON SUSICH, G.: Naturwiss. 18, 915 (1930).
[2] Vgl. auch K. H. MEYER: Naturwiss. 26, 199 (1938) an Guttapercha.
[3] FOX JR., T. G., P. J. FLORY u. R. E. MARSHALL: J. chem. Physics 17, 704 (1949).

zwischen zwei Vernetzungspunkten). Der kristalline Anteil ist von FLORY nicht näher untersucht worden.

Diese Messungen erfahren insofern eine Komplikation, als gefüllter Kautschuk auf die Dehnung zunächst mit einer Volumenzunahme re-agiert, was allgemein auf die Bildung von Hohl-räumen (Vakuolen) zu-rückgeführt wird. Mit ein-setzender Kristallisation nimmt jedoch das Volu-men sehr deutlich wie-der ab; bestimmt wird so das obere Ende des Schmelzbereiches.

Schließlich läßt sich die Schmelzkurve aus Messungen der Spannung in Abhängigkeit von der Temperatur bei konstan-ter Dehnung ermitteln. Solche Versuche ergeben ein Kurvenbild wie etwa in Abb. VIII, 21[1]. Wäh-rend in der Schmelze sich die Spannung proportio-nal mit der absoluten Temperatur nach der be-kannten Theorie von KUHN und anderen ändert, nimmt sie mit be-ginnender Kristallisation stärker ab, so daß ein Knick auf der Kurve entsteht. Der Knickpunkt gibt das obere Ende des Schmelzbereiches, den „Schmelzpunkt" in Abhän-gigkeit von der Spannung, wieder.

Es erscheint übrigens fraglich, ob die Abb. VIII, 21, in der alle Kurvenstücke ik sich leidlich zu einer gemein-samen Kurve ordnen, für den Kautschuk charakteristisch ist. Die Messungen von WILD-SCHUT[2] weisen eher auf einen Kurvenverlauf hin, wie er in Abb. VIII, 22 wiedergegeben ist. Diese Abbildung wurde,

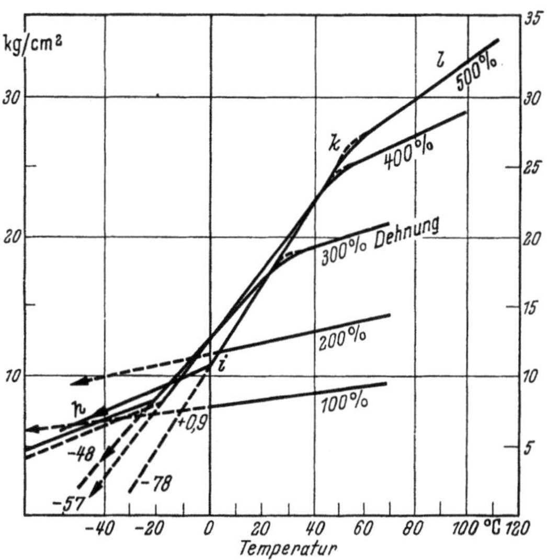

Abb. VIII, 21. Spannungstemperaturkurven bei konstanter Dehnung an Kautschuk, Mischung S. (Nach BOONSTRA.) Kurvenbezeichnung wie in Abb. VIII, 25; Spannung be-zogen auf den ursprünglichen Querschnitt.

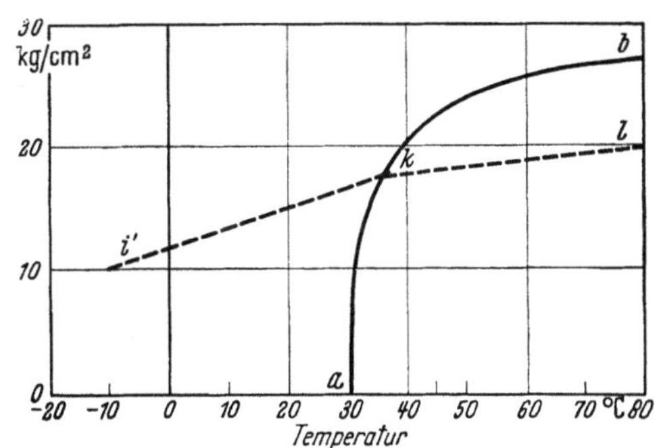

Abb. VIII, 22. Spannungstemperaturkurve bei konstanter Dehnung nach Messungen von WILDSCHUT. Bezeichnungen wie in Abb. VIII, 25.

---

[1] BOONSTRA, B. B. S. T.: Ind. Engng. Chem. **43**, 362 (1951).
[2] WILDSCHUT, A. J.: Technol. and Phys. Inv. on Nat. and Synth. Rubbers, New York-Amsterdam 1946, S. 89.

so gut es ging, aus den spärlichen Angaben gezeichnet, nachdem auf den ursprünglichen Querschnitt umgerechnet war. Der Kurvenpunkt k ist durch zahlreiche Meßpunkte belegt, wird aber nur abhängig von der Dehnung mitgeteilt (Abb. VIII, 23). Er führt zu einem „Schmelzpunkt" des ungedehnten Kautschuks von etwa $+30°$C. Die schwache Neigung des Kurvenstückes $i'k$ kann man jedoch nur aus einer einzigen von Wildschut veröffentlichten Kurve entnehmen.

Bei Temperaturen zwischen 0 und $-20°$C weist die Kurve nach Boonstra einen neuen Knick auf, derart, daß nun die Spannung wieder langsamer mit der Temperatur abnimmt, vermutlich nur infolge zu langsamer Kristallisation.

2. Unterschiede beim Erhitzen und Abkühlen.

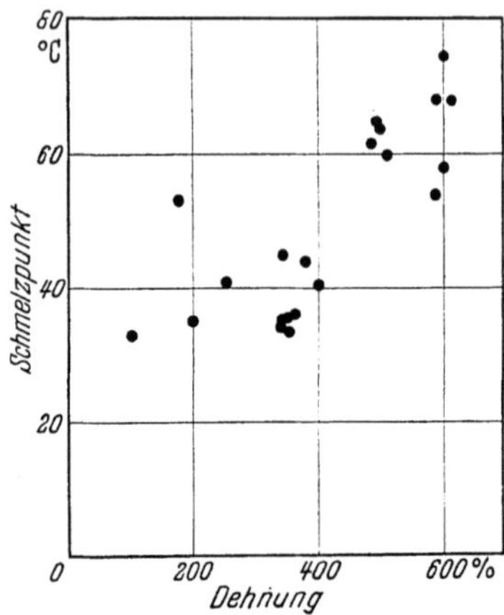

Abb. VIII, 23. Schmelzpunkt in Abhängigkeit von der Dehnung an Kautschuk. (Nach Wildschut.)

Wildschut[1] beobachtete, daß beim Erhitzen des teilkristallisierten Kautschuks eine andere, und zwar flachere Spannungsdehnungskurve beobachtet wird als beim Abkühlen (Abb. VIII, 24), auf der der charakteristische Knickpunkt, welcher den Beginn der Kristallisation anzeigt, nicht auftritt. Erst nach längerem Verweilen bei Temperaturen erheblich oberhalb des Schmelzpunktes erhält man beim Abkühlen wieder eine Kurve mit dem charakteristischen Knickpunkt. Wildschut deutet dieses Verhalten als langsames Schmelzen, denkt also offenbar an überhitzte Kristalle[2].

Es liegt nahe, Wildschuts Beobachtungen mit denjenigen von Bekkedahl und Wood[3] zu vergleichen, nach denen (ohne Spannung) der bei konstanter Temperatur kristallisierte Kautschuk bei einer etwas höheren Temperatur und in einem Schmelzbereich wieder aufschmilzt. Das Verhalten des Kautschuks

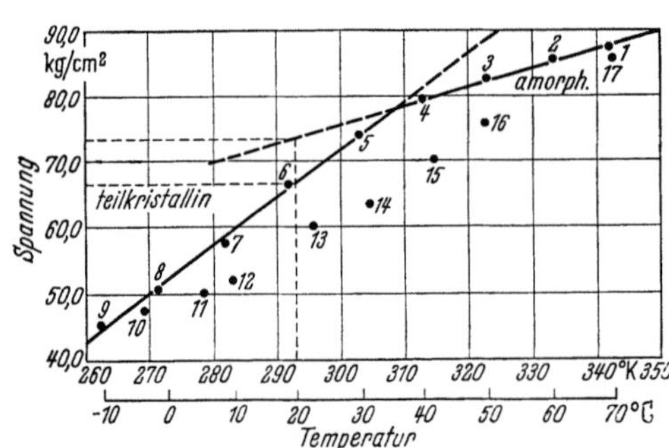

Abb. VIII, 24. Spannungstemperaturkurve an Kautschuk. (Nach Wildschut.) Abkühlungs- und Erhitzungskurve. Die Meßpunkte folgen einander in der Reihenfolge der Numerierung.

---

[1] Siehe S. 473.

[2] Daß diese Beobachtung eigentlich der für die thermodynamische Behandlung verlangten Reversibilität im Wege steht, mag hier nur angedeutet sein.

[3] Wood, L. A. u. N. Bekkedahl: J. appl. Physics 17, 362 (1946); J. Res. nat. Bur. Standards 36, 489 (1946); vgl. auch § 41b und Abb. VIII, 15 und VIII, 16.

ist bei WILDSCHUT ähnlich. Die bei den verschiedenen Temperaturen zwischen 35 und $-10°$ gebildeten Kristalle schmelzen bei höherer Temperatur und in einem längeren Schmelzbereich wieder auf. So könnte es zu erklären sein, daß die Erhitzungskurve flacher verläuft und bei höherer Temperatur als die Abkühlungskurve. Im übrigen mag noch auf die Parallele zu den Temperaturzeitkurven hingewiesen werden (§ 39). Auf den Abkühlungskurven markiert sich die Kristallisation durch eine Haltezeit bei konstanter Temperatur, während auf den Erhitzungskurven der thermische Effekt über einen Temperaturbereich verteilt ist.

b) Thermodynamische Betrachtungen.

Jede thermodynamische Auswertung kann ihrer Natur nach nur gültig sein, wenn sich Gleichgewichtslagen eingestellt haben. Es dürfen also, wie schon erwähnt, keine Fließvorgänge auftreten, andererseits soll aber die Kristallisation, bzw. das Aufschmelzen hinreichend schnell erfolgen, — Forderungen, die in einem gewissen Widerspruch zueinander stehen.

1. Unterschiede des Schmelzens bei konstanter Spannung und konstanter Dehnung vom Standpunkt der Phasenlehre.

Wie oben ausführlich erläutert, beobachtet man das Schmelzen und Kristallisieren der Hochmolekularen unter konstantem Druck in einem Temperatur*bereich* an Stelle des erwarteten Schmelz*punktes*. Es fragt sich, ob auch das Schmelzen unter konstanter *Spannung* in einem solchen Schmelzbereich erfolgt. Aus den Beobachtungen von WILDSCHUT[1] unter konstanter *Dehnung* muß man schließen, daß der kristalline Anteil über einen weiten Temperaturbereich beim Abkühlen zunimmt, und man könnte glauben, daß damit die hier angeschnittene Frage bereits entschieden sei. Das ist jedoch nicht der Fall, weil man scharf zwischen Versuchen unter konstanter *Spannung* und konstanter *Dehnung* unterscheiden muß. Es erscheint zweckmäßig, die hier obwaltenden Verhältnisse an der geläufigeren Parallele des Schmelzens unter konstantem Druck und konstantem Volumen zu erläutern, wobei wir zunächst das normale Schmelzen (Schmelzpunkt unter konstantem Druck) annehmen wollen.

In Abb. VIII, 25 ist schematisch ein Zustandsdiagramm wiedergegeben. Die Schmelzkurve $a\,i\,d\,k\,b$ im p, T-Diagramm trennt das Zustandsfeld der Schmelze von dem der Kristalle. Auf der Schmelzkurve befinden sich Kristall und Schmelze miteinander im Gleichgewicht. Erhitzt man bei konstantem *Druck* etwa längs $c\,d\,e$, so geht die Substanz bei d unter Volumenvergrößerung (vgl. das V, T-Diagramm Abb. VIII, 25 mit entsprechender Beschriftung) und Energieaufnahme in den Zustand der Schmelze über. Dasselbe geschieht, wenn man den Druck bei konstanter Temperatur vermindert, etwa längs $f\,d\,g$. Erhitzt man dagegen unter konstantem *Volumen*, so erhält man im Diagramm der Abb. VIII, 25

---

[1] WILDSCHUT, s. S. 473.

einen Kurvenzug etwa längs *h i k l*. Innerhalb der Zustandsfelder der Schmelze und des Kristalls wird sich der Druck (und der Energieinhalt) nur wenig ändern, was wir vernachlässigen wollen. Wenn wir jedoch, aus dem Kristallfelde kommend, bei *i* die Schmelzkurve erreichen, wird das Material beginnen, aufzuschmelzen; das bewirkt eine Erhöhung des Druckes und damit eine Erhöhung des Schmelzpunktes, so daß weitere Substanz erst bei immer höherer Temperatur aufschmelzen kann. Die Knickpunkte *i* und *k* des Kurvenzugs *h i k l* sind dadurch festgelegt, daß das vorgegebene Volumen, ausgefüllt mit der kristallisierten Substanz, gerade die zu *i* gehörigen Werte von Druck und Temperatur bedingt, während im Punkt *k* Druck und Temperatur lediglich durch die Schmelze erzeugt werden. Während die Strecke *i k* durchlaufen wird, nimmt die Menge an Kristall ab, die Menge an Schmelze entsprechend zu, und damit auch die innere Energie der Substanz. Wie man an diesem Beispiele erkennt, erstreckt sich auch bei dem gewöhnlichen Schmelzen, d. h. bei einem Schmelz*punkt* unter konstantem Drucke, der Schmelzvorgang über einen Temperatur*bereich*, wenn man bei konstantem Volumen erhitzt.

Wir gehen jetzt zum Schmelzen des *gedehnten* Kautschuks über, wobei wir wieder unterstellen, daß in ganz normaler Weise zwei Phasen miteinander im Gleichgewicht stehen. Wir suchen eine Darstellung, die der Abb. VIII, 25 entspricht. Dazu beachten wir, daß die Arbeit bei der Kompression oder der Dehnung als Produkt von *p* und *Δ V* bzw. von *K* und *Δ L* beschrieben werden kann (*K* = Dehnungskraft, *L* = Länge). Um das gesuchte Diagramm zu erhalten, brauchen wir in Abb. VIII, 25 nur *p* durch *K* und *V* durch *L* zu ersetzen. Wiederum können wir im *K*, *T*-Diagramm (Abb. VIII, 25) durch eine Gleichgewichtskurve, die Schmelzkurve, die zwei Zustandsfelder der Schmelze und des Kristalls voneinander trennen. Wenn man daher die kristallisierte Probe unter konstanter Zugkraft hält, etwa durch ein angehängtes Gewicht, und erhitzt

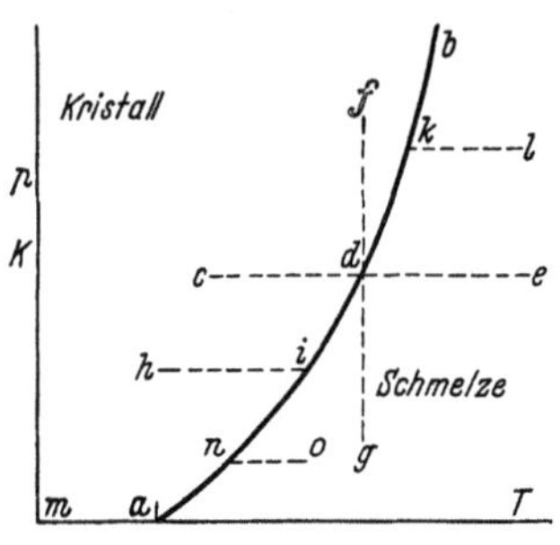

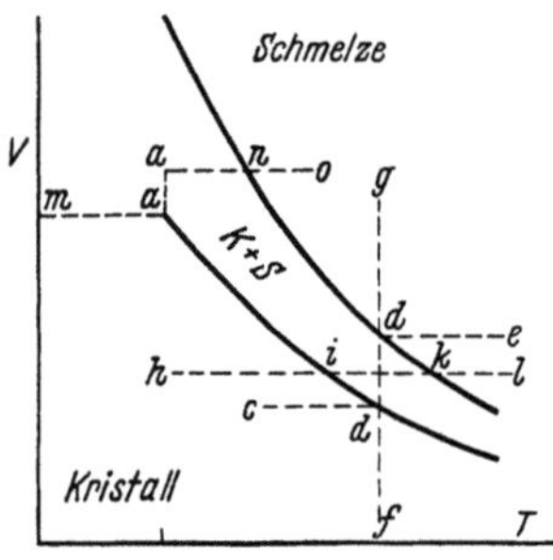

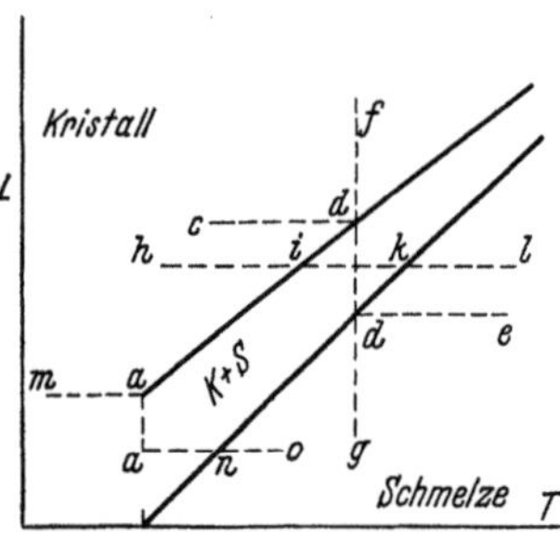

Abb. VIII, 25. Das Schmelzen eines allseitig komprimierten Kristalls im Druck-Temperatur-(*p*, *T*-)Diagramm und im Volumen-Temperatur- (*V*, *T*-) Diagramm, sowie das Schmelzen eines einseitig gedehnten Kristalls im Zugkraft-Temperatur- (*K*, *T*-)Diagramm und im Länge-(Dehnung)-Temperatur- (*L*, *T*-)Diagramm. *Scharfer* Schmelzpunkt.

etwa längs *c d e*, so sollte beim Erreichen der Gleichgewichtskurve in einem Temperatur*punkt* der kristallisierte Kautschuk aufschmelzen, wobei die

Probe um eine gewisse Strecke ΔL schrumpft (vgl. das L, T-Diagramm Abb. VIII, 25). Dasselbe sollte geschehen, wenn wir *isotherm* arbeiten und die Zugkraft etwa längs fdg vermindern. Wenn dagegen bei festgehaltener *Länge* erhitzt wird, so erstreckt sich notwendigerweise der Schmelzvorgang über ein Temperatur*intervall* (in dem die innere Energie zunimmt), weil durch das Schmelzen eines Teils der Substanz bei festgehaltener Länge die Spannung ansteigt, und damit die Schmelztemperatur. Während des Schmelzens, d. h. so lange beide Phasen nebeneinander vorhanden sind, sollten Kraft und Temperatur auf der Schmelzkurve (Gleichgewichtskurve) liegen. In einem solchen Versuch der Erhitzung bei konstanter Dehnung wird die Schmelzkurve erreicht (Punkt i), wenn bei vorgegebener Länge die Kraft- und Temperaturwerte der Schmelzkurve gerade durch den kristallisierten Kautschuk erreicht werden. Sie wird wieder verlassen (Punkt k), wenn die Kraft- und Temperaturwerte der Schmelzkurve bei vorgegebener Länge gerade durch den geschmolzenen Kautschuk erreicht werden.

Wir wollen schließlich den Fall betrachten, der beim Kautschuk, wenigstens unter verschwindender Spannung, verwirklicht ist, daß nämlich das Schmelzen über einen Temperaturbereich erfolgt. Offenbar wird dann aus der Gleichgewichtskurve der Abb. VIII, 25 eine streifenförmige, scharf[1] oder unscharf begrenzte Fläche $a\,i\,k\,b\,a'\,i'\,b'$ (Abb. VIII, 26), innerhalb der Schmelze und Kristall in einem Mengenverhältnis nebeneinander existieren, das durch den Abstand des Zustandspunktes vom linken bzw. rechten Rande des Streifens festgelegt ist. Beim Erhitzen unter konstanter *Spannung* wird ebenso wie bei Verminderung der Spannung bei konstanter Temperatur ein Bereich der Temperatur bzw. der Kraft durchlaufen, innerhalb dessen der Kautschuk schmilzt. Beim Erhitzen unter konstanter *Dehnung* wird hier offenbar ein *besonders* breiter Temperaturbereich durchlaufen, etwa zwischen den Punkten i' und k an Stelle der Punkte i und k.

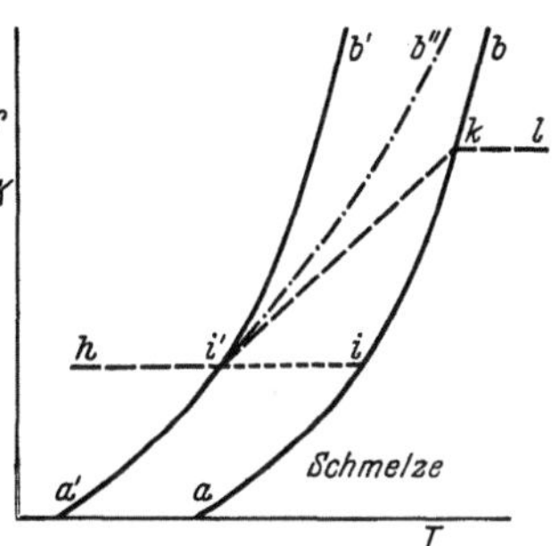

Abb. VIII, 26. Schmelzen eines allseitig komprimierten Kristalls im p, T- bzw. eines gedehnten Kristalls im K, T-Diagramm. Schmelzen in einem *Schmelzbereich*.

Möglicherweise könnte auch der Schmelzbereich sich mit zunehmender Spannung erweitern (vgl. S. 572) oder zu einem Schmelzpunkt verengen. Dieser letztere Fall ist in Abb. VIII, 26 durch die strichpunktierte Kurve angedeutet.

Die Beobachtung von WILDSCHUT, daß sich das Schmelzen unter konstanter *Dehnung* über einen großen Temperaturbereich erstreckt, ist daher sowohl bei einem Schmelzpunkt wie bei einem Schmelzbereich unter konstanter *Spannung* möglich. In jedem Falle sollte, wenn man mit WILDSCHUT die Kristalle als spannungslos ansieht und 100%ige Kristallisation stattfände, das Kristallisieren sich zwischen dem Schmelzpunkt

---

[1] Freilich würde eine scharfe Begrenzung im Widerspruch zur Phasenlehre stehen.

bzw. dem oberen Ende des Schmelzbereiches unter der ursprünglichen Spannung und dem Schmelzpunkt bzw. dem oberen Ende des Schmelzbereiches bei verschwindender Spannung erstrecken.

2. Allgemeines über Temperaturspannungskurven bei konstanter Dehnung.

Wir behandeln zunächst wieder den übersichtlichen Fall des scharfen Schmelzens, jedoch unter konstantem Volumen, wobei sich Druck und Temperatur ändern. Hierfür gilt die folgende thermodynamische Gleichung

$$p = -\left(\frac{dU}{dV}\right)_T + T\left(\frac{dp}{dT}\right)_V \qquad\qquad \text{(VIII, 15)}$$

($p =$ Druck, $U =$ innere Energie, $V =$ Volumen, $T =$ absolute Temperatur[1].)

Diese Gleichung gilt ganz allgemein. Sie macht insbesondere keinen Unterschied, ob die Änderung der inneren Energie mit einer Änderung des Aggregatzustandes verknüpft ist oder nicht. Der 1. Summand der Gl. (VIII, 15) ergibt sich aus der bei konstantem Volumen zu beobachtenden p, T-Kurve als Abschnitt der Tangente auf der Koordinatenachse, der 2. aus der Steigung.

Wir haben drei Fälle zu unterscheiden: Der Zustandspunkt (p, T-Punkt) liegt entweder im Zustandsfelde der Schmelze, charakterisiert durch eine Schar von Kurven nach der Art des Kurventeils kl in Abb. VIII, 25 oder auf der Schmelzkurve (Gleichgewichtskurve) $aidkb$ oder im Zustandsfelde des Kristalls, wieder charakterisiert durch eine Kurvenschar nach der Art des Kurvenstückes hi. Wir interessieren uns hier zunächst nur für Zustandspunkte auf der Schmelzkurve, aus der man für jede Temperatur nach Gl. (VIII, 15) den Wert $(dU/dV)_T$ ermitteln kann. Dieser Wert erlaubt uns nun, die Energieänderung in einem weiteren, andersgearteten Versuch anzugeben. Wenn wir nämlich bei konstanter Temperatur das Volumen zunehmen und damit den Druck ab-

---

[1] Die Herleitung der Gl. (VIII, 15) sei angedeutet. Der 1. und 2. Hauptsatz lautet

$$dU = -PdV + TdS \quad \text{oder} \quad dS = \frac{1}{T}(pdV + dU).$$

Partielle Differention nach V liefert

$$\left(\frac{dS}{dV}\right)_T = \frac{1}{T}\left[p + \left(\frac{dU}{dV}\right)_T\right].$$

Die Auflösung dieser Gleichung nach T ergibt sofort Gl. (VIII, 15), wenn man noch beachtet

$$\left(\frac{dS}{dV}\right)_T = \left(\frac{dp}{dT}\right)_V,$$

weil $\left(\frac{dF}{dV}\right)_T = -p$ und $\left(\frac{dF}{dT}\right)_V = -S$ und ferner $\frac{d}{dT}\left(\frac{dF}{dV}\right)_T = \frac{d}{dV}\left(\frac{dF}{dT}\right)_V.$

nehmen lassen, etwa längs fdg in Abb. VIII, 25 und schließlich die Schmelzkurve im Punkte d erreichen, so nimmt dort unter Aufschmelzen bei konstantem Druck die innere Energie um $\varDelta U$ und das Volumen um $\varDelta V$ zu. $\varDelta U$ läßt sich aus $\left(\dfrac{dU}{dV}\right)_T$ zu

$$\varDelta U = \int\limits_{\text{Krist}}^{\text{Schm}} \left(\frac{dU}{dV}\right)_T dV = \left(\frac{dU}{dV}\right)_T (V_{\text{Schm}} - V_{\text{Krist}})$$

berechnen, da $\left(\dfrac{dU}{dV}\right)_T$ bei Konstanz von Temperatur und Druck konstant ist. Die Grenzen des Integrals sind leicht aus Abb. VIII, 25 zu entnehmen: Die unteren und oberen Knickpunkte des Kurvenzugs $hikl$ ergeben die Volumina des Kristalls bzw. der Schmelze, abhängig von Temperatur und Druck, beide im Gleichgewicht mit der anderen Phase[1].

Wir gehen jetzt wiederum zum Schmelzen des gedehnten Kautschuks über. Indem wir, wie oben, die Arbeit bei der Dehnung um $\varDelta L$ zu $\varDelta F = K \cdot \varDelta L$ setzen, erhalten wir an Stelle von Gl. (VIII, 15) die Gleichung:

$$K = \left(\frac{dU}{dL}\right)_T + T\left(\frac{dK}{dT}\right)_L, \tag{VIII, 16}$$

die sich von Gl. (VIII, 15) nur dadurch unterscheidet, daß an Stelle des (negativen) Drucks die Kraft K und an Stelle des Volumens die Länge L getreten sind. Mit diesen Entsprechungen sei jetzt die vorhergehende Betrachtung kurz wiederholt. Wieder kann der Zustandspunkt im Felde der Schmelze, auf der Gleichgewichtskurve – und nur für diesen Fall interessieren wir uns hier – oder im Felde des Kristalls liegen, jedesmal charakterisiert durch einen der drei Kurventeile der Abb. VIII, 25. Aus diesen ist der Wert $(dU/dL)_T$ als Koordinatenabschnitt herzuleiten. Das liefert uns eine Aussage über die Änderung der inneren Energie in einem neuen Versuche, nämlich bei der Änderung der Länge bei konstanter Temperatur. Durch Integration läßt sich die Änderung der inneren Energie beim Überschreiten der Gleichgewichtskurve ermitteln. Die Grenze kann – wenigstens im Prinzip – erhalten werden, indem man aus den Knickpunkten der Abb. VIII, 25 die Länge des kristallisierten und des amorphen Kautschuks in Abhängigkeit von der Temperatur entnimmt.

Schließlich betrachten wir noch die Verhältnisse, wenn ein Schmelzbereich (unter konstanter Spannung) vorliegt (Abb. VIII, 26). Der Wert $(dU/dL)_T$, bestimmt aus dem Kurvenstück $i'k$ innerhalb der Gleichgewichtsfläche, ist jetzt kleiner. Die Integration hat sich von der Länge des Kristalls bis zur Länge der Schmelze zu erstrecken, die in Abhängigkeit von Temperatur und Kraft aus den Knickpunkten i' auf der Kurve $a'b'$ bzw. k auf der Kurve ab zu entnehmen sind. Die Längendifferenz ist hier größer, weil während des Schmelzens die Kraft ansteigt, wodurch der verminderte Wert $(dU/dL)_T$ wieder ausgeglichen wird.

---

[1] Die Änderung der Inneren Energie des Kristalls oder der Schmelze lediglich durch Temperaturänderung ohne Phasensprung sei vernachlässigt.

3. Vergleich mit den beobachteten Kurven.

α) Über scharfes und unscharfes Schmelzen.

Wenn der Kautschuk (unter konstanter Spannung) *scharf* schmilzt, so sollten

1. alle mittleren Kurvenstücke $i\,k$ in Abb. VIII, 21 sich zu einer einzigen Kurve, der Schmelzkurve (Gleichgewichtskurve), zusammenfügen, und damit sollten die Werte $(d\,U/d\,V)_T$ nur von der Temperatur oder der zugehörigen Zugkraft, nicht aber von der Dehnung, dem Parameter für die verschiedenen Kurven der Abb. VIII, 21 abhängen.

2. sollte auf den Kurven der Abb. VIII, 21 beim Erreichen und beim Verlassen der Schmelzkurve eine Unstetigkeit, ein Knick, auftreten.

Wenn dagegen der Kautschuk in einem Temperatur*bereich* schmilzt, so sollten

1. die mittleren Kurventeile der Abb. VIII, 21 auf einer Gleichgewichts-*fläche* liegen, wie in Abb. VIII, 22 und Abb. VIII, 26 angedeutet, und die Werte $(d\,U/d\,L)_T$ sollten — außer von der Temperatur — insbesondere auch von der Dehnung abhängen.

Dagegen können

2. Knicke auf den Kurven (bei den Punkten i' und k, Abb. VIII, 26) auftreten oder auch nicht, je nachdem, ob die Gleichgewichtsfläche scharf oder unscharf begrenzt ist.

Was den zweiten Punkt anlangt, so treten, wie die Abb. VIII, 21 nach BOONSTRA lehrt (weitere Messungen bei WILDSCHUT), deutlich Knicke auf, wenn auch, wie hervorgehoben werden mag, nur beim Abkühlen. Beim Erhitzen verschwindet dagegen jedenfalls der obere Knickpunkt.

Hinsichtlich des ersten Punktes ist eine Entscheidung schwieriger. Wenn auch die mittleren Kurventeile der Abb. VIII, 21 sich nicht zu einer einzigen Kurve fügen, so nähern sie sich ihr immerhin doch deutlich. In Abb. VIII, 22, die sich auf die Messungen von WILDSCHUT stützt, ist das jedoch keineswegs der Fall. Auch in Abb. VIII, 21 schneiden die rückwärtigen Verlängerungen der mittleren Kurventeile die Abscisse bei etwa —40°C, weit unter dem „Schmelzpunkt" des ungespannten Kautschuks; in dieser Hinsicht stimmt Abb. VIII, 21 mit Abb. VIII, 22 überein.

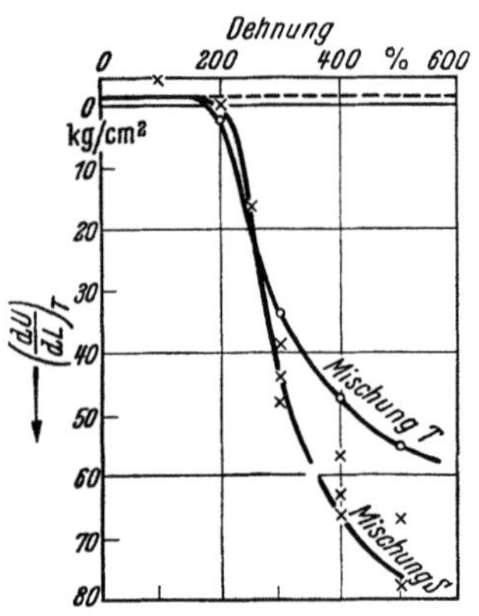

Abb. VIII, 27. Werte $(d\,U/d\,L)_T$, entnommen der Abb. VIII, 21. (Nach BOONSTRA.)

Die Werte $(d\,U/d\,L)_T$ sind für die Kurven der Abb. VIII, 21 in Abb. VIII, 27 wiedergegeben. Sie sind keineswegs unabhängig von der Länge (Dehnung). Im ganzen gewinnt man den Eindruck, daß auch im gedehnten Kautschuk ein Schmelz*bereich* (unter konstanter Spannung) auftritt.

Ganz abweichend verhält sich allerdings der Kautschuk bei 200% Dehnung. Hier existiert nur der rechte Kurventeil, welcher die übrigen Kurven ohne Knick schneidet. Das ist mit den hier gebrachten Betrachtungen unverträglich. Sicher hat hier keine Kristallisation stattgefunden, vermutlich wegen zu geringer Kristallisationsgeschwindigkeit[1].

β) Die Bestimmung der Kristallisationswärme.

Um aus den Werten dU/dL in Abb. VIII, 27 die Kristallisationswärme zu ermitteln, ist BOONSTRA offenbar so vorgegangen, daß er die Kurve zwischen O und L integriert und so die folgenden Werte ΔU ge-

Dehnung	300	400	500%
Mischung S	0,4	1,8	3,5 cal/cm³
Mischung T	0,4	1,4	2,6 cal/cm³

winnt, die als Kristallisationswärmen angesprochen werden. Dieses Verfahren erscheint mir nicht berechtigt. Man darf vielmehr die Integration nur in den Grenzen durchführen, in denen eine Kristallisation stattfindet. Um diese Grenzen, wenigstens im Prinzip, zu ermitteln, ist in Abhängigkeit von der Temperatur in Abb. VIII, 28 die Länge (Dehnung) der geschmolze-

nen Probe, ermittelt aus dem oberen Knickpunkt in Abb. VIII, 21 und die Länge (Dehnung) der kristallinen Probe ermittelt aus dem unteren Knickpunkt eingetragen (vgl. dazu das L, T-Diagramm Abb. VIII, 25). Die Länge der Schmelze ändert sich einigermaßen linear mit der Temperatur und weist auf die Länge O bei etwa $-25°C$ hin. (Vgl. auch Abb. VIII, 22 nach WILDSCHUT, die, wie schon erwähnt, auf $+30°C$ hinweist.) Die streuenden Meßpunkte lassen eine genauere Festlegung der „Kristall"-Kurve nicht zu. Zu höheren Temperaturen hin muß man jedoch wohl annehmen, daß die Länge des Kristalls einen bestimmten Wert nicht überschreitet, der vielleicht bei 800% Dehnung liegt. Aus Abb. VIII, 28 könnte man die Integrationsgrenzen bei konstanter Temperatur zahlenmäßig entnehmen, wenn man die Länge des Kristalls hinreichend genau kennen würde.

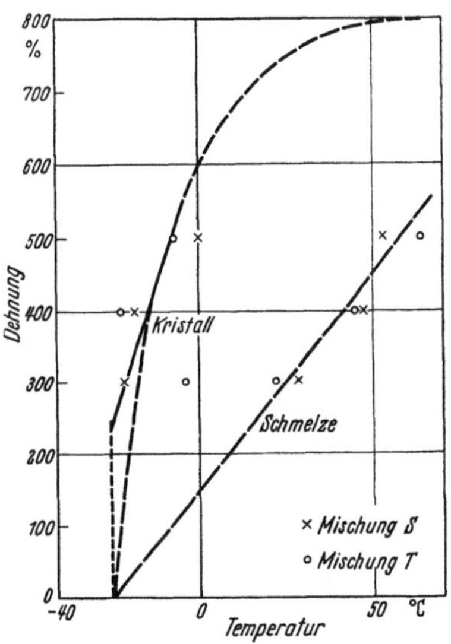

Abb. VIII, 28. Dehnung (Länge) der geschmolzenen Probe und der damit im Gleichgewicht befindichen maximal kristallisierten Probe in Abhängigkeit von der Temperatur unter der Annahme eines scharfen Schmelzpunktes. (Entnommen aus den Messungen von BOONSTRA, Abb. VIII, 20.)

---

[1] Die rechten Kurventeile schneiden die Koordinatenachse im Ursprung, so daß $\left(\dfrac{dU}{dL}\right)_T = 0$. Das ist bekanntlich das Kennzeichen des idealen amorphen Kautschuks.

An dieser Stelle mag noch die Frage aufgeworfen werden, ob es überhaupt berechtigt ist, jede Änderung der Inneren Energie beim Dehnen als Kristallisation aufzufassen. Es ist jedenfalls mehrfach beobachtet worden, daß die Spannung sich zwar linear, aber nicht proportional mit sinkender Temperatur ändert, obwohl auf diesen Kurven keinerlei Anzeichen für Kristallisation zu erkennen waren (nicht idealer amorpher Kautschuk). Auf verschiedene Möglichkeiten der Energieänderung beim Dehnen etwa durch Parallelisierung (sogenannte „Kondensation") ohne eigentliche Kristallbildung hat HOUWINK[1] hingewiesen. WILDSCHUT[2] unterscheidet insbesondere Vergrößerung der Abstände der Atome in der Dehnungsrichtung und Abnahme quer dazu.

4. Die Bestimmung des kristallinen Anteils[3].

WILDSCHUT[2] hat aus seinen Messungen auch den kristallinen Anteil zu berechnen versucht. Er nimmt an, daß der kristalline Kautschuk keinen Beitrag zur Spannung mehr liefert. Wenn daher der vollständig amorphe Kautschuk die Spannung σ_{amorph} liefert, die durch Extrapolation oder auch durch rasche Abkühlung (Unterdrückung der Kristallisation) zu ermitteln ist, während im teilkristallisierten Material die Spannung σ_{Krist} gemessen wird, so sollte der kristalline Anteil zu

$$x_{\mathrm{krist}} = \frac{\sigma_{\mathrm{amorph}} - \sigma_{\mathrm{krist}}}{\sigma_{\mathrm{amorph}}}$$

bestimmt sein. Der Zähler dieses Ausdruckes nimmt mit sinkender Temperatur linear zu, und dasselbe gilt daher für den kristallinen Anteil über einen kleinen Temperaturbereich. Über einen größeren Temperaturbereich macht sich jedoch die Abnahme des Nenners bemerkbar, so daß sich im ganzen nach WILDSCHUT folgende hyperbolische Formel ergibt:

$$x_{\mathrm{krist}} = \frac{[(d\,\sigma_{\mathrm{krist}}/d\,T)_l - (d\,\sigma_{\mathrm{am}}/d\,T)_l]\,(T_s - T)}{\sigma_{T_s} - (d\,\sigma_{\mathrm{am}}/d\,T)_l\,(T_s - T)}.$$

$(T_s = $ Temperatur des Knickpunktes in Abb. VIII, 24$)$

Die Spannung sinkt nicht auf Null ab, da der kristalline Anteil nie auf 100 % ansteigt. Die so berechneten kristallinen Anteile wurden auch mit röntgenographischen Daten von GOPPEL[4] verglichen; es ergibt sich gute Übereinstimmung (vgl. Abb. V, 28). Der maximal erreichbare kristalline Anteil würde sich aus der Auswertung des unteren Knickpunktes in Abb. VIII, 21 ergeben; er wurde von WILDSCHUT nicht beobachtet.

Wir wollen diskutieren, wie weit der Ansatz von WILDSCHUT, daß der kristalline Kautschuk keinen Beitrag zur Spannung liefert, berechtigt ist. Betrachten wir zunächst wieder die Verhältnisse mit den Koordinaten Druck und Volumen. Wie oben schon gezeigt, sinkt im allgemeinen beim Kristallisieren unter konstantem Volumen der Druck keineswegs auf Null. Das ist nur dann der Fall, wenn das Volumen des Kristalls gleich oder kleiner als das vorgegebene Volumen ist und sich daher beim Kristallisieren ein kleinerer oder größerer vakuumgefüllter Lunker bildet. (Kurve *m a n o* in Abb. VIII, 25). Wenn wir diese Betrachtung auf das Kristallisieren unter konstanter Dehnung übertragen, so folgt, daß auch nach 100 %iger Kristallisation eine Kraft beobachtet wird, die aus der vorgegebenen Dehnung und dem Elastizitätsmodul für das vollkristalline Material berechenbar wäre. Nur bei hin-

---

[1] HOUWINK, R.: Z. physik. Chem. A **183**, 209 (1938).
[2] Siehe S. 473.
[3] Vgl. dazu auch § 25, e.   [4] GOPPEL, J. M.: Thesis, Delft 1946.

reichend kleinen Dehnungen sollte die Spannung nach teilweiser Kristallisation auf Null absinken können, hinreichende Kristallisationsgeschwindigkeit vorausgesetzt. Es sollte dann unter weiterer Kristallisation die Probe danach trachten, länger zu werden als vorgegeben ist; die Folge wird sein, daß bei festgehaltener Dehnung die Probe sich seitlich ausbeult. Dieser Fall entspricht der eben erläuterten Lunkerbildung. Nur bei einer ausgezeichneten Dehnung sollte gerade beim Verschwinden der Spannung vollständige Kristallisation eingetreten sein, nämlich dann, wenn die vorgegebene Länge gerade der Länge der vollkristallinen Probe entspricht. An dieser Betrachtung ändert sich nichts Wesentliches, wenn man an Stelle einer Gleichgewichts*kurve* eine Gleichgewichts*fläche* annimmt.

Auch molekular gesehen, kommt man zu dem gleichen Ergebnis. Bei hinreichend großen Dehnungen kann die Dehnung nicht allein durch Streckung der Molekülketten erreicht werden, sondern es ist zusätzlich eine geringe Verzerrung der Valenzwinkel möglich. Bei einer bestimmten ausgezeichneten Dehnung wird gerade vollständige Streckung der Molekülketten erreicht. Bei kleineren Dehnungen werden die Molekülketten, wenn sie vollständig durch Kristallisation gestreckt sind, eine größere Länge beanspruchen, so daß die Probe bei festgehaltener Länge seitlich ausbeult.

Die Analogie zwischen den Druckvolumenbeziehungen und den Spannungsdehnungsbeziehungen läßt sich jedoch an einer Stelle nicht mehr durchführen. Während das Volumen des kristallisierten Materials eindeutig bestimmt ist, gilt das nicht für die Länge der kristallisierten Probe. Die Kristallisation muß nicht, wie wir das vorausgesetzt haben, mit den gestreckten Ketten in der Zugrichtung erfolgen. Sie könnte auch in anderen Richtungen erfolgen. Das letztere ist jedenfalls in der ungespannten Probe der Fall, in der keine Vorzugsrichtung existiert. Beachtet man diesen Umstand, so wird sehr wohl die vollkristallisierte Probe die Spannung 0 haben, wie WILDSCHUT annimmt, indem, je nach der Dehnung, ein gewisser Anteil der Kristalle in die Zugrichtung und der Rest in andere Richtungen weist. Die Kristallkurve in Abb. VIII, 28 sollte dann den gestrichelten Verlauf haben, was mit den Beobachtungen ebenfalls verträglich ist.

5. Anwendung der CLAUSIUS-CLAPEYRONschen Gleichung.

Es liegt nahe, die Abhängigkeit des Schmelzpunktes von der Dehnung in ähnlicher Weise wie diejenige vom Druck mit der CLAUSIUS-CLAPEYRONschen Gleichung zu untersuchen. Wir gehen hierzu von der folgenden Definition der freien Enthalpie aus:

$$G = U - K \cdot L - T \cdot S. \qquad \text{(VIII, 17)}$$

Hierin ist lediglich an Stelle des üblichen Ausdruckes $+ p \cdot V$ das Produkt Kraft $K \cdot$ Weg L mit negativen Vorzeichen getreten. Das totale Differential ergibt sich, wenn wir noch $dU = K dL + T \cdot dS$ beachten zu

$$dG = - L dK - S dT. \qquad \text{(VIII, 18)}$$

Wir wenden diesen Ausdruck auf das zweiphasig gedachte Gleichgewicht[1] Schmelze′ $\rightleftarrows$ Kristall″ an, indem wir $dG' = dG''$ setzen und erhalten die CLAUSIUS-CLAPEYRONsche Gleichung in der Form[2] ($T_S =$ Schmelztemperatur):

$$\frac{dK}{dT_s} = - \frac{S'' - S'}{L'' - L'} \qquad \text{(VIII, 19)}$$

---

[1] Auf die Ableitung einer CLAUSIUS-CLAPEYRONschen Gleichung für eine Umwandlung II. Art im Sinne von EHRENFEST, die man leicht bringen könnte, sei hier verzichtet. Sie würde voraussetzen, daß wirklich das Schmelzen als Umwandlung II. Art im Sinne von EHRENFEST aufzufassen ist.

[2] Die Ableitung bei K. H. MEYER, „Die hochpolymeren Verbindungen", Leipzig 1940, S. 153, ist falsch.

Hierin bedeuten S'' und S' den Entropieinhalt und L'' und L' die Länge der Probe im Zustand des Kristalls bzw. der Schmelze unter der zur Schmelztemperatur T_S gehörigen Kraft K. Die Werte L'' und L' werden der Länge eines Moleküls (Abstand der beiden Molekülenden in der gereckten Schmelze bzw. im Kristall) in bezug auf die Dehnungsrichtung proportional sein.

Die Moleküllänge im Kristall (vollständig gerecktes Molekül) ist größer als die in der Schmelze, weil hier die Form des Moleküls nur mehr oder weniger weit vom statistischen Knäuel entfernt ist. Der Wert dK/dT wird daher entsprechend der Beobachtung positiv. Nimmt man in erster Näherung $\dfrac{\Delta S}{\Delta L} = $ const an, so ergibt sich leicht:

$$K = \frac{-\Delta S}{\Delta L}\,(T_s - T_{so}) \qquad\qquad \text{(VIII, 20)}$$

(T_s und $T_{so} = $ Schmelzpunkt der gereckten bzw. der ungereckten Substanz)[1].

Eine Diskussion des Faktors $\Delta S/\Delta L$ ist jedoch schwierig. Bei verschwindender Spannung wird zweifellos die Länge der amorphen und der kristallisierten Probe fast gleich sein, somit ΔL ungefähr gleich Null. Dagegen wird ΔS auch in diesem Falle einen endlichen Wert haben, so daß für die Steigung dK/dT der Wert ∞ sich ergibt, übereinstimmend mit der Beobachtung, Abb. VIII, 22. Mit zunehmender Kraft und damit zunehmender Dehnung wird jedoch ΔL zunächst größer, geht durch ein Maximum und sollte schließlich bei sehr hohen Dehnungen, vielleicht bei 800% (vgl. Abb. VIII, 28), wieder gleich Null werden. ΔS wird dagegen mit zunehmender Dehnung kleiner werden, weil der Entropieinhalt der Kristalle gleich bleibt, während die Entropie der gereckten Schmelze, in der die Moleküle mehr und mehr eine Vorzugsrichtung einnehmen, immer kleiner wird. Über den Wert von dK/dT bei sehr hohen Dehnungen läßt sich daher keine Voraussage treffen.

c) Die Versuche von TRELOAR.

TRELOAR[2] hat folgende Versuche angestellt: Roher Kautschuk wurde bei 25°C auf verschiedene Dehnungen gestreckt, 120 Stunden im Streckapparat belassen, dann entspannt, wobei nur eine geringfügige Kontraktion stattfand, und nun erhitzt. Dabei kontrahieren die Proben in ganz verschiedener Art, je nach der angewandten Dehnung (Abb. VIII, 29). Proben mit einer Dehnung von mehr als 450% kontrahieren bei einer ganz bestimmten Temperatur fast auf die ursprüngliche Länge. Daß die verschieden stark gedehnten Proben sämtlich bei derselben Temperatur auf-

---

[1] Geht man noch einen Schritt weiter und läßt ΔS und ΔL einzeln konstant sein, so ist, wie leicht zu zeigen, ΔU, die Änderung der inneren Energie beim Schmelzen, konstant, während sich $\Delta H = \Delta U - K \cdot \Delta L$ mit steigender Dehnungskraft erhöht. Die Schmelztemperatur ändert sich dann bei konstanter Schmelzentropie nach
$$T_s = \frac{\Delta H}{\Delta S}\,.$$

[2] TRELOAR, L. R. G.: Trans. Faraday Soc. **36**, 538 (1940); **37**, 84 (1941).

schmelzen, braucht nicht so sehr zu verwundern, weil ja die Proben beim Schmelzen nicht mehr unter Spannung stehen. Erstaunlich bleibt jedoch, daß diese hochgedehnten Proben mit einer Schärfe aufschmelzen, wie man sie an niedermolekularen Stoffen nicht besser verlangen kann. Die Temperatur des Aufschmelzens, 28° C bis 30°C, liegt ein wenig oberhalb der Recktemperatur, bei der sie entstanden sind[1].

Untersucht man dagegen Proben, die weniger als 450% gedehnt waren, so beobachtet man, daß über einen breiten Temperaturbereich, der sich insbesondere auch zu höheren Temperaturen als 30°C erstreckt, allmählich die Länge der Probe abnimmt. Zu jeder Temperatur stellt sich ziemlich schnell eine praktisch unveränderliche Länge ein. Hier gewinnt man also den Eindruck, daß das Schmelzen ausgesprochen über einen Temperaturbereich sich erstreckt hat, wie man es von Schmelzen des ungereckten Kautschuks her gewohnt ist.

TRELOAR hat auch die Doppelbrechung in den kristallisierten, spannungsentlasteten Proben gemessen. Oberhalb 450% Dehnung ist die Doppelbrechung etwa proportional der Verlängerung.

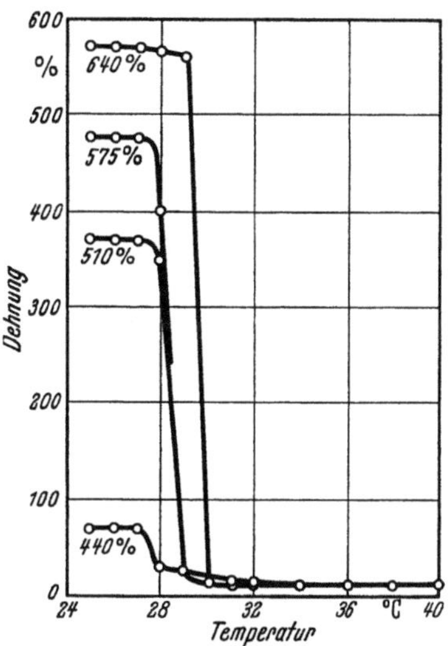

Abb. VIII, 29. Schrumpfung von rohem Kautschuk nach vorheriger Dehnung bei 25°. (Nach TRELOAR.)

Wie TRELOAR zeigt, ist die Orientierung der Kristallite bei diesen starken Dehnungen kaum noch von der Dehnung abhängig, mit anderen Worten — es sind fast alle Kristallite in die Zugrichtung ausgerichtet. Dann ist die Proportionalität zwischen Doppelbrechung und Dehnung nur als Zunahme des kristallinen Anteils zu verstehen. Unterhalb 450% Dehnung ist die Doppelbrechung unverhältnismäßig gering. Das läßt sich nur so verstehen, daß hier die Kristallite keine bevorzugte Orientierung aufweisen[2]. Unterhalb 200% ist die Doppelbrechung außerordentlich gering; sie dürfte nur Orientierungs- und Spannungsdoppelbrechung im Amorphen darstellen, während die Kristallisation ausbleibt (vgl. auch § 28, d).

Diese Beobachtungen lassen sich wie folgt zusammenfassen: Hochgedehnter und hochorientierter Kautschuk schmilzt nach der Entspannung scharf, schwachgedehnter und schwachorientierter über einen Temperaturbereich. Der Schmelzbereich ist also nicht grundsätzlich mit der hochmolekularen Natur des Stoffes verknüpft, sondern nur mit einer

---

[1] Vgl. hierzu L. A. WOOD u. N. BEKKEDAHL S. 474.

[2] Damit mag auch eine besondere Unschärfe der Interferenzlinie zusammenhängen. Diese wird im ungedehnten Material während der Kristallisation (bei 0°C) so stark, daß eine Messung nicht möglich ist. Auch der Brechungsindex ist während der Kristallisation eines Polyurethans nicht zu bestimmen (JENCKEL u. DÖRFFURT, unveröffentlicht).

besonderen Form seiner Kristallisation. Wir werden weiter unten den Schmelzvorgang im Gegensatz zu der üblichen Auffassung als einphasige Umwandlung diskutieren und dabei sehen, daß diese beiden Formen des Übergangs eines Kristalls in die Schmelze nicht so gegensätzlich sind, wie es auf den ersten Blick scheint, vgl. auch § 45 d und § 47 c. Vielmehr genügt es, wenn ein bestimmter Parameter, nämlich der kooperative Zusammenhalt, in einem Gitter stetig zunimmt, um von einem einphasigen Schmelzvorgang in den zweiphasigen zu gelangen. Einen solchen Übergang des einphasigen Schmelzens in das zweiphasige Schmelzen beobachtet man in TRELOARS Versuchen offenbar bei gesteigerter Dehnung. Vielleicht sind bei starker Dehnung die kristallinen Bereiche genügend groß, um einen hinreichend großen kooperativen Zusammenhalt zu ergeben.

Einen gewissen Widerspruch zu dieser Darstellung könnte man in der Beobachtung sehen, daß mit steigender Dehnung der kristalline Anteil zunimmt. Verschieden hoher kristalliner Anteil sollte — Gleichgewicht vorausgesetzt — gleichbedeutend mit einem Schmelzbereich sein, während doch ein fester Schmelzpunkt bei hohen Dehnungen gefunden wird. Der Widerspruch könnte wie folgt zu lösen sein. Die Kristallisation erfolgte bei konstanter Dehnung. Die Spannung wird deshalb um so geringer, je größer der kristalline Anteil wird. Sobald die Spannung auf einen Wert gesunken ist, der 200% Dehnung entspricht, hört die Kristallisation auf. In diesem Bilde würde in der Tat der kristalline Anteil um so größer gefunden werden, je stärker gedehnt wurde.

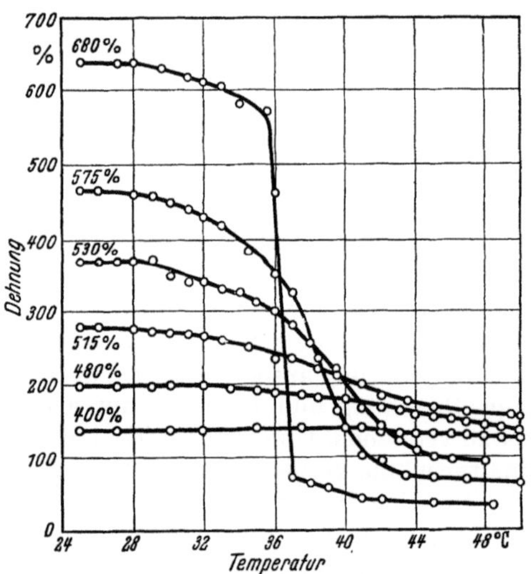

Abb. VIII, 30. Schrumpfung von rohem Kautschuk nach vorheriger Dehnung bei 50°. (Nach TRELOAR.)

Weitere von TRELOAR mitgeteilte Versuche beziehen sich auf eine Streckung bei 50°C, Abkühlung auf 25°C, Entspannung bei 25°C, Verbleiben über 20 Stunden bei dieser letzteren Temperatur und dann nachfolgendes Erhitzen. Diese Versuche unterscheiden sich von den vorbeschriebenen also nur durch die veränderte Temperatur der Streckung. Das Kurvenbild Abb. VIII, 30 ähnelt noch in den wesentlichen Zügen der Abb. VIII, 29. Jedoch tritt erst jetzt oberhalb 650% voraufgegangener Dehnung sprunghaftes Schmelzen auf. Unterhalb dieser Dehnung erkennt man deutlich das Schmelzen über einen großen Temperaturbereich. Besonders bemerkenswert ist jedoch die Temperatur des Schmelzpunktes, nämlich 37°C. Da die Kristalle ja sicher bei 50°C entstanden sind, hätte man einen Schmelzpunkt bei 50°C oder ein wenig darüber, aber keinesfalls darunter, erwartet. Es bleibt kaum etwas anderes übrig, als anzunehmen, daß die durch die Temperatur von 50°C als Entstehungstemperatur gekennzeichneten Kristalle sich durch das längere Verweilen bei 25°C dem Zustande der 25°-Kristalle genähert haben und zwischen 50°C und 25°C, nämlich bei 37°C, schmelzen. Wenn wirklich ein hoher Schmelzpunkt durch große kristalline Bereiche oder Bezirke bewirkt wird, würde das also bedeuten, daß die großen bei 50°C entstandenen Kristalle durch Lagern bei 25°C in kleinere Kristalle zerfallen wären. Im Hinblick auf die große Kristallisationsgeschwindigkeit des gedehnten Kautschuks wäre auch eine leidlich große Geschwindigkeit dieses Vorganges vielleicht denkbar. Treloar selbst geht auf diesen Punkt nicht ein, und es mag auch ausdrücklich darauf hingewiesen sein, daß keine weiteren Versuche von ihm vorliegen, die für oder gegen diese Hypothese sprechen würden.

Auf jeden Fall lassen sich die Versuche von Treloar nur in Verbindung mit der Beobachtung von Wood und Bekkedahl verstehen. Andernfalls sollte, gleichgültig, bei welcher Temperatur gestreckt würde, das entlastete Material stets bei ein und derselben Temperatur aufschmelzen.

d) Kristallisationsgeschwindigkeit und Dehnung.

Den außerordentlich starken Einfluß einer Dehnung auf die Kristallisationsgeschwindigkeit zeigen vor allem die Dichte- und Doppelbrechungsmessungen von Treloar[1] an Rohkautschuk. Bei einer Dehnung von 700%, die der maximal möglichen nahekommt, wird der Endwert der Dichte wie der Doppelbrechung in einer der Messung nicht mehr erfaßbar kurzen Zeit erreicht. Die Nachkristallisation ist ganz geringfügig. Weitere Bestimmungen der Doppelbrechung und des Röntgenbildes führen zu dem gleichen Ergebnis. Beim Dehnen des Kautschuks verschiebt sich der Schmelzpunkt bzw. der Schmelzbereich zu höheren Temperaturen. Es ist deshalb sehr wahrscheinlich, daß sich auch die ganze Kurve der Kristallisationsgeschwindigkeit, die im ungedehnten Kautschuk ein Maximum bei etwa $-25°$C hat, zu höheren Temperaturen verschiebt. Betrachtet man daher die Kristallisationsgeschwindigkeit bei 0°C, so ist sicher schon aus diesem Grunde bei starker Dehnung eine erhöhte Kristallisationsgeschwindigkeit zu erwarten. Jedoch genügt dieser Effekt keineswegs zur Erklärung. Offenbar wird die Kristallisationsgeschwindigkeit im ganzen durch die Parallelisierung der Ketten beim Strecken sehr stark erhöht. So plausibel diese Vorstellung erscheint, so schwer ist es offenbar, sie in eine quantitative mathematische Form zu kleiden, welche in der Tat bisher nicht vorliegt.

Die beobachteten Änderungen der Doppelbrechung und der Dichte werden in den eben erwähnten Arbeiten stillschweigend als Kristallisation verstanden. Das ist sicher im wesentlichen berechtigt. Es mag jedoch darauf hingewiesen sein, daß auch in dem zweifellos nur amorphen Polystyrol eine Zunahme der Dichte beim Strecken beobachtet wird. Das Gleiche gilt für die Doppelbrechung. Diese Effekte gehen infolge von Fließvorgängen schneller oder langsamer, je nach der Temperatur, wieder zurück.

Die Abnahme der Doppelbrechung an Kautschuk mit der Zeit hat Treloar auch an Kautschuk bei geringen Dehnungen beobachtet. Eine genauere Untersuchung der Kristallisationsgeschwindigkeit müßte dieser — wenn auch geringfügigen — Abnahme von Dichte und Doppelbrechung infolge von Fließvorgängen Rechnung tragen.

---

[1] Siehe S. 484.

§ 44. Beeinflussung der Kristallisationen durch Abschrecken, Tempern und Quellen.

Von H. A. STUART.

Schmelzen mit langen Fadenmolekülen neigen oft sehr stark zur Unterkühlung. Das kann an Besonderheiten der Konstitution der Moleküle liegen, welche die Kristallisation sehr erschweren (Näheres in § 50). Außerdem ist zu beachten, daß bei Fadenmolekülen auch in der Schmelze die molekulare Beweglichkeit der Moleküle im Vergleich zu den Verhältnissen bei kleinen Molekülen sehr stark herabgesetzt ist, so daß relativ große Zeiten erforderlich sind, um einzelne, wirr durcheinanderliegende Molekülketten oder ihre Segmente an die Oberflächen der kristallisierenden Bereiche heranzubringen und in passende Lagen einzudrehen. Beim Kristallisieren einer niedermolekularen Flüssigkeit sind die erforderlichen Molekülverschiebungen ganz geringfügig; außerdem sind die Viscositäten um viele Größenordnungen, nämlich je nach dem Stoff, um den Faktor 10^5- bis 10^7-mal kleiner. Das Kristallisieren ist also bei Makromolekülen ein Vorgang, der Zeit braucht im Gegensatz zum Schmelzen, wo keine derartigen Orts- und Richtungsveränderungen vorausgehen müssen. Mit fallender Temperatur steigt die Viscosität sehr rasch an, die makrobrownsche Bewegung verschwindet, und mit Annäherung an die Einfriertemperatur auch die mikrobrownsche. Je schneller abgekühlt wird, um so weniger kommt es zu einer Ausbildung kristalliner Bereiche; vielmehr friert mehr und mehr die Ordnung ein, die bereits in der Schmelze vorhanden war. Erstarrt die Schmelze nicht einfach amorph, so können neben den Gitterbereichen auch *mesomorphe* Ordnungszustände und instabile Gitterformen auftreten (vgl. § 4).

Schnell abgekühlte Systeme sind natürlich sehr weit vom thermodynamischen Gleichgewicht entfernt. Jede Förderung der molekularen Beweglichkeit wird bei geeigneten Bedingungen zu einer Verbesserung der Kristallisation, und zwar sowohl hinsichtlich des kristallinen Anteils, wie auch hinsichtlich der Ausbildung von stabilen Gitterformen, führen. Das kann sowohl durch Temperaturerhöhung, wie auch durch geeignete Quellmittel, Phenol oder Wasser bei 6,6-Nylon oder 6-Nylon, oder auch durch niedermolekulare Anteile, z.B. Lactam im 6-Nylon geschehen, die wie ein *molekulares Schmiermittel* wirken, vgl. das Beispiel der Temperung von 6-Nylon in § 11, Abb. II, 32. Schließlich kann auch die Verstreckung bei *ursprünglich schlechter* Ordnung zu einer Verbesserung der Gitterordnung führen (s. § 41 a).

a) Unterkühlung.

Die Neigung zur Unterkühlung wird, soweit sie durch die Konstitution bedingt ist, in § 50 besprochen.

Je rascher man abkühlt, um so eher kann man unterkühlen und um so geringer wird der Anteil an auskristallisierender Substanz. JENCKEL und WILSING[1] haben beim Polyurethan aus den von ihnen aufgenommenen Abkühlungskurven, von denen eine in der Abb. VIII, 2 wiedergegeben ist, die „Kristallisationswärme", d. h. die je Gramm Substanz frei gewordene Wärme ermittelt. Wie die Abb. VIII, 31 zeigt, nimmt die Kristallisationswärme λ mit wachsender Abkühlungsgeschwindigkeit schnell ab. Sie würde beim Polyurethan bei einer Abkühlungsgeschwindigkeit von 6°C je Minute null werden, d. h. hier würde alle Substanz amorph erstarren.

Ein weiteres Beispiel für den Einfluß der Abkühlungsgeschwindigkeit auf die Kristallisation liefern die Dichtemessungen von HUNTER und OAKES[2] an abgeschrecktem Polyäthylen (siehe Tab. VIII, 4). Aus weiteren Versuchen geht hervor, daß es vor allem auf die Abkühlungsgeschwindigkeit im Bereich kurz unterhalb des Schmelzpunktes zwischen 120°C und 100°C ankommt. Beim Wiedererwärmen

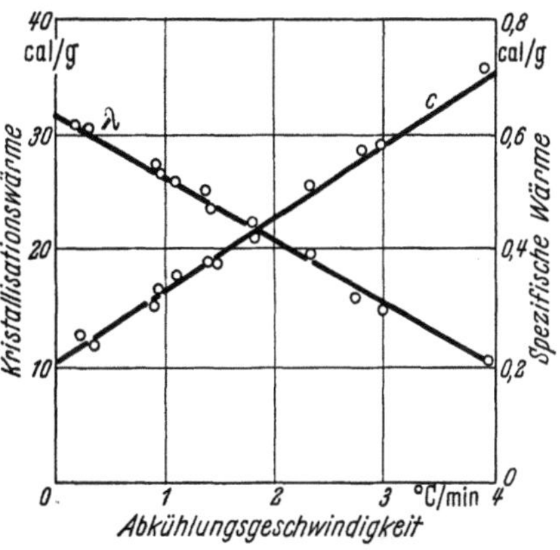

Abb. VIII, 31. Die Abnahme der Kristallisationswärme mit der Abkühlungsgeschwindigkeit bei Polyurethan. (Nach JENCKEL und WILSING.)

der abgeschreckten Probe von Zimmertemperatur auf 100°C tritt eine zusätzliche Kristallisation ein, doch kommt man im ganzen nicht so weit, wie bei ganz langsamer Abkühlung von 120°C auf 100°C. Die Dichte steigt nur auf 0,92.

Tabelle VIII, 4.

Einfluß der Abkühlungsgeschwindigkeit auf den kristallinen Anteil bei Polyäthylen nach HUNTER *und* OAKES.

Abkühlungsgeschwindigkeit	Dichte bei 20° C
120—100°C in 120 min	0,926
120—100°C in 3 min	0,922
120—100°C in 2 sec	0,918

Wie schon in § 39 ausgeführt, setzt die Kristallisation auch bei noch so langsamem Abkühlen stets mehrere Grade unter dem Schmelzpunkt (oberer Endpunkt des Schmelzbereiches) ein. Die Ursache dieser offenbar ganz allgemeinen „Unterkühlung" ist nicht klar; JENCKEL und WILSING vermuten, daß sie auf der Bildung besonders kleiner „Kriställchen" beruht (vgl. § 39 und 48, a). Da aber die Kristallisationsgeschwindigkeiten mit Annäherung an den Schmelzpunkt außerordentlich klein werden, erscheint es durchaus möglich, daß bei Wartezeiten von Wochen und Monaten der Erstarrungspunkt immer höher rückt. Als Beispiel einer Unterkühlung im gewöhnlichen Sinne, d. h. mit darauf folgender plötzlich

[1] JENCKEL, E. u. H. WILSING: Z. Elektrochem. angew. physik. Chem. 53, 4 (1949).
[2] HUNTER, E. u. W. G. OAKES: Trans. Faraday Soc. 41, 49 (1945).

ausgelöster Kristallisation bringen wir eine von BAKER und FULLER[1] aufgenommene Abkühlungskurve an einem aliphatischen Polyester (s. Abb. VIII, 32).

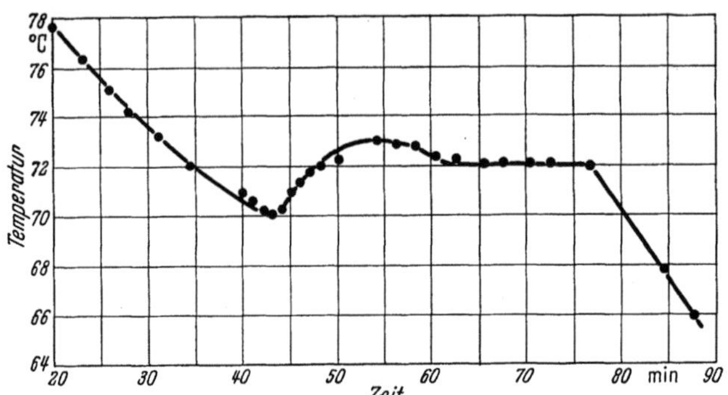

Abb. VIII, 32. Abkühlungskurven für einen Polyester der ω-Hydroxydekansäure. (Nach BAKER und FULLER.)

Die Beobachtungen an Polyestern liefern übrigens ein Beispiel dafür, daß mit zunehmender Kettenlänge die Kristallisationsneigung geringer und die Unterkühlbarkeit größer werden.

Am direktesten lassen sich die Unterkühlung und die nachfolgende Kristallisation, die bereits ohne zusätzliche Temperung erfolgen kann, mit Hilfe von Röntgenaufnahmen und Dichtemessungen verfolgen. Abb. VIII, 33 zeigt Aufnahmen von FULLER, BAKER und PAPE[2] an Filmen des Polyamids aus Hexamethylendiamin und Sebacinsäure (6,10-Nylon), die aus der Schmelze auf verschiedene Temperaturen abgeschreckt wurden. Die auf 20°C abgeschreckte Probe zeigt einen diffusen inneren und einen nichtaufgelösten breiten Außenring. Der innere 002-Reflex entspricht der Längsperiode und zeigt, daß die quer zu den Ketten liegenden Dipolebenen noch schlecht ausgebildet sind (vgl. S. 72). Der äußere Ring mit 4,18 Å zeigt eine paraffinähnliche Packung an, bei der Kettenstücke häufig parallel liegen, die seitliche Ordnung aber noch sehr mäßig ist; die Kettenstücke sind um die Längsrichtung gegeneinander stark verdreht. Allerdings kann durch die Intensität des amorphen Paraffinringes eine schlechtere azimutale Ordnung der Gitterbereiche vorgetäuscht werden. Beim Abschrecken auf höhere Endtemperaturen – die Abkühlungszeiten lagen ab 90°C bei etwa 40 Minuten – spaltet der diffuse Ring allmählich in zwei immer schärfer werdende Ringe auf, die den Abständen 4,40 Å und 3,7 Å im triklinen Gitter mit seinen gut ausgebildeten Rostebenen entsprechen. Das gleichzeitige Verschwinden des Zwischenringes zeigt, daß der amorphe Anteil gleichzeitig stark zurückgeht bzw. instabile Gitterformen verschwinden.

Man könnte sich darüber wundern, daß nach diesen Versuchen die Aufspaltung der Ringe mit steigender Temperatur immer deutlicher wird.

[1] BAKER, W. O. u. C. S. FULLER: Ind. Engng. Chem. **38,** 272 (1946).
[2] FULLER, C. S., W. O. BAKER u. N. R. PAPE: J. Amer. chem. Soc. **62,** 3275 (1940).

Denn aus den Beobachtungen am 6,6-Nylon folgt umgekehrt (vgl. S. 459), daß das trikline Gitter mit steigender Temperatur allmählich in das hexagonale übergeht, die Ringe zusammenlaufen. Dieser Widerspruch klärt sich auf, wenn man beachtet, daß diese Aufnahmen an einem nach dem Kristallisieren wieder auf Zimmertemperatur abgekühlten Präparat gemacht worden sind. Dabei hat sich das durch den Tempervorgang gut

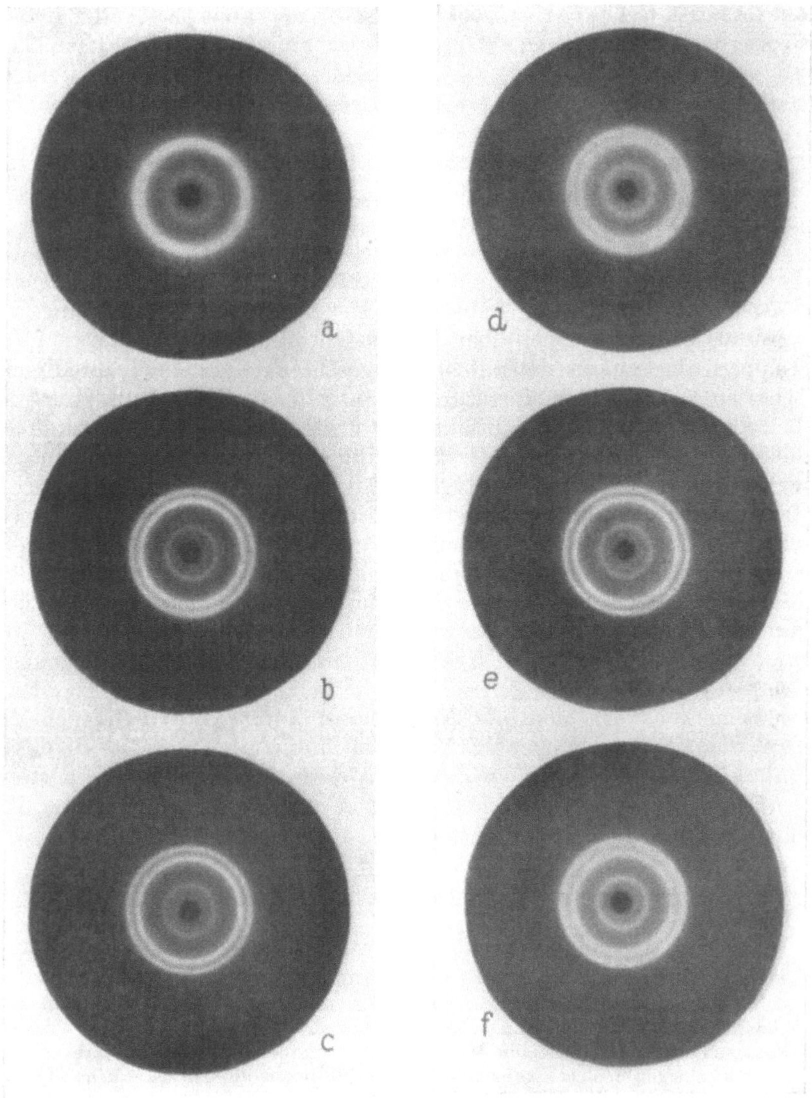

Abb. VIII, 33. Röntgendiagramme von auf verschiedene Temperaturen abgeschreckten Proben von 6,10-Nylon. (Nach FULLER, BAKER und PAPE.) a abgeschreckt auf 20°; d auf 96°; b auf 180°; e auf 190°; c auf 204°; f Probe (a) 75 Stunden bei 200° in H_2 getempert.

ausgebildete hexagonale Gitter wieder in das bei tieferer Temperatur stabilere, frühere Gitter zurückverwandelt. Beim Abschrecken aus der Schmelze ist diese Ausbildung des triklinen Gitters mangels ungenügender Vorordnung offenbar nicht möglich.

Je niedriger die Abschrecktemperatur, desto größer der amorphe Anteil; das folgt nicht nur aus der Breite des diffusen Ringes, sondern auch aus den Dichten.

Daß mit tieferer Abschrecktemperatur der amorphe Auteil immer größer wird, erkennt man auch an den mechanischen Eigenschaften. Tief abgeschreckte Materialien, wie Polyamide, Polyurethane sind weniger hart und spröde, sie haben einen geringeren E-Modul und sind leichter verstreckbar[1].

Auch die Verarbeitbarkeit hängt bei vielen hochpolymeren Produkten wesentlich von der Art der Abkühlung, vor allem im Bereich zwischen der Schmelz- und der Einfriertemperatur ab.

Eine interessante und auch praktisch wichtige Frage ist die nach der Lebensdauer der beim Abschrecken entstandenen metastabilen Zustände. BAKER und Mitarbeiter[2] haben aus Messungen der Versprödungszeit bzw. aus Untersuchungen über die Kristallisationsgeschwindigkeit beim Tempern abgeschätzt, daß auf 20°C abgeschreckte Polyamide ihre Eigenschaften bei Zimmertemperatur und in *völlig trockener* Luft jahrelang beibehalten können. Feuchtigkeit und niedermolekulare Bestandteile können diese Zeiten um Größenordnungen verringern, molekulares Schmiermittel (Weichmacher, vgl. S. 494). Im Vergleich dazu betragen die Lebensdauern von unterkühlten Zuständen bei Polyäthylen oder Polyvinylidenchlorid wenige Stunden bis Tage, die von manchen Polyestern einige Wochen. Umgekehrt können amorphes Terylen bestimmte Cellulosederivate, trockene Proteine ihren Zustand bei Raumtemperatur viele Jahre beibehalten[3]. Das ist im wesentlichen eine Frage der Höhe der Einfriertemperatur, welche die Kristallisationsgeschwindigkeit bei Zimmertemperatur bestimmt.

Bemerkenswert sind die Verhältnisse beim Polyvinylidenchlorid bzw. Saran[4] (Copolymeres von Vinylidenchlorid mit Vinylchlorid), das in unterkühltem verarbeitetem Zustande wegen seiner tiefen Einfriertemperatur (Polyvinylidenchlorid $-18°C$) nur bei Temperaturen unter $0°C$ längere Zeit gehalten werden kann.

b) Beeinflussung der Kristallisation durch Tempern[5] und Quellen.

Die Verbesserung der Kristallisation durch längeres Erwärmen unterhalb eventuell auch innerhalb des Schmelzbereiches, umfaßt nicht nur

---

[1] So kann man oft bei der gleichen Substanz alle Übergänge von einem weichen, biegsamen und durchsichtigen bis zu einem porzellanartig harten, spröden und undurchsichtigen (sphärolithhaltigen) Material beobachten; vgl. auch FULLER, BAKER u. PAPE S. 490, Fußnote 2.

[2] FULLER, C. S., W. O. BAKER u. N. PAPE S. 490, Fußnote 2.

[3] Vgl. W. O. BAKER: Advancing Fronts in Chemistry, Vol. **1**, S. 105 (1945).

[4] REINHARDT, R.: Ind. Engng. Chem. **35**, 422 (1943); Wiley US Pat. **2,**1183, 602 (1939).   [5] Vgl. dazu auch die Ausführungen in § 46 b.

das Wachsen der kristallinen Bereiche, sondern in sehr starkem Maße auch die Ausheilung von Gitterfehlern und vermutlich viel häufiger als bisher angenommen, auch die Überführung (Umwandlung) von mesomorphen Zuständen und instabilen Gitterformen in stabilere Formen, indem etwa „falsche" Wasserstoffbrücken durch die erhöhte Wärmebewegung oder durch brückensprengende, kleine Moleküle aufgespalten und im Gitterverband an den richtigen Stellen wieder neu gebildet werden. Diese verschiedenen Wirkungen lassen sich natürlich nur durch eingehende Röntgenuntersuchungen trennen. Vor allem kann man aus dem Schärferwerden von Reflexen allein noch nicht entscheiden, ob die kristallinen Bereiche größer oder nur besser ausgebildet worden sind (vgl. § 10, a). WALLNER[1] hat bei Polyaminocapronsäure durch Beobachtungen der Schärfe der Interferenzen, des Auftretens von höher indizierten Reflexen und des Unterschiedes bei den aus ihnen berechneten Perioden zeigen können, daß beim Tempern und langsamen nachträglichen Abkühlen sowohl die Abmessungen wie die Güte der kristallinen Bereiche ansteigen. Kühlt man dagegen rasch ab, so werden die Netzebenenabstände merklich größer, die Packung der Ketten also schlechter, und zwar vor allem senkrecht zur Kettenebene. Auch die Abmessungen der kristallinen Bereiche werden kleiner, vgl. S. 177, 221 u. 499. Unabhängig von der Röntgenanalyse erkennt man jedoch das Anwachsen des kristallinen Anteils qualitativ an der Zunahme der Dichte sowie an dem Ansteigen der Härte und des Torsionsmoduls.

Beim Tempern werden auch Verspannungen und Konfigurationsbeschränkungen im Amorphen sowie die beim Abkühlen durch Schrumpf entstandenen inneren Spannungen abgebaut, so daß das System seinem thermodynamischen Gleichgewicht nähergebracht wird. Die damit verbundene Erhöhung des Schmelzpunktes ist in § 41 b besprochen worden.

Da man durch eine geeignet geführte Wärmebehandlung Spannungen der verschiedensten Art abbauen und die Kristallisation verbessern kann, lassen sich auch die mechanischen Eigenschaften, wie die Festigkeit, der E-Modul, die Zähigkeit und Härte, ähnlich wie bei Metallen erheblich verbessern, so daß man von einer *Wärmevergütung* sprechen kann.

Sieht man von den eventuellen Möglichkeiten einer Wärmebehandlung innerhalb des Schmelzbereiches ab, die noch viel zu wenig erforscht sind, so kann man durch Tempern allerdings nicht dieselbe Gitterordnung erreichen, wie durch eine direkte, aber langsame Abkühlung auf diese Temperatur[2], vgl. die Abb. VIII, 33 mit den Beobachtungen von FULLER, BAKER und PAPE am 6,10-Nylon. Das liegt offenbar daran, daß die auf 20°C abgeschreckte Probe den Bereich von 215 bis 200°C viel rascher durchlaufen hat, als die auf nur 204°C abgeschreckte. Die in dem Bereich

---

[1] WALLNER, L. G.: Mh. Chem. **79**, 86, 279 (1948).

[2] Diese röntgenographische Beobachtung bedeutet keinen Widerspruch mit der Beobachtung, daß man durch vorsichtiges Tempern im Schmelzbereich einen besonders hohen Schmelzpunkt erzielen kann. Der letztere Effekt beruht weniger auf der Größe und Güte der kristallinen Bereiche, als darauf, daß hierbei die Konfigurationsmöglichkeiten im Amorphen nicht mehr beschränkt bleiben werden und so die Schmelzentropie besonders klein wird, vgl. § 47, c.

dicht unterhalb des Schmelzpunktes (215°C) besonders große Beweglichkeit der Moleküle ist also für die Art und die Güte der Kristallisation (stabile Gitterform, Ausheilung von Fehlern und eventuell auch die Abmessungen der Kristallite) von ausschlaggebender Bedeutung. Zu demselben Ergebnis führen die im Abschnitt a) genannten Dichtemessungen an abgeschrecktem und getempertem Polyäthylen.

Aus dem in Abb. VIII, 33 wiedergegebenem Röntgendiagramm allein kann man nicht mit Sicherheit erkennen, ob und wie weit der kristalline Anteil mit der Höhe der Erstarrungstemperatur bzw. mit dem Tempern ansteigt. Erst aus den gleichzeitig gemessenen Elastizitätsmoduln erkennt man die Zunahme des kristallinen Anteils.

WOLF und SCHMIEDER[1] haben die Methode der Torsionsschwingungen so weit entwickelt, daß man mittels der Temperaturabhängigkeit des Torsionsmoduls und der Dämpfung den Kristallisationszustand und die verschiedenen molekularen Bewegungsmechanismen in Abhängigkeit von der thermischen Behandlung direkt untersuchen kann.

Das Fortschreiten der Kristallisation mit der Zeit und mit steigender Temperatur hat BRENSCHEDE[2] mittels Messungen des Torsionsmoduls und der Dichte am Polyurethan untersucht. Seine Beobachtungen zeigen z. B., daß, wenn man vom abgeschreckten Zustande ausgeht und bei verschiedenen Temperaturen tempert, die Dichte, d. h. der kristalline Anteil in gut meßbare Zeiten ($\sim$ 30 min) gegen einen Grenzwert geht, der mit steigender Temperatur, gemessen von 20°C bis etwa 160°C, immer größer wird (vgl. die Abb. VIII, 58, S. 533).

Auch an der Abnahme des Quellungsvermögens kann man das Ansteigen des kristallinen Anteils mit der Temperatur der Wärmebehandlung erkennen. Derartige Beobachtungen haben BRENSCHEDE[2] an Polyurethan, das in Chloroform gequollen wurde, und MARTENS und STUART[3] bei der Wasseraufnahme von 6-Nylon gemacht.

Interessant sind noch die Beobachtungen von BAKER[4] über das Tempern in Gegenwart von niedermolekularen kleinen Molekülen, die als „molekulares Schmiermittel" (weichmachend) wirken und so die Beweglichkeit der Ketten im Amorphen und damit auch die Kristallisation erheblich fördern können[5] (Abb. VIII, 34). Man kann sich vorstellen, daß bei der Umwandlung der instabilen Zwischenordnungsstufen allmählich „falsche" störende Wasserstoffbrücken aufgelockert und innerhalb der wachsenden und sich besser ausbildenden Gitterbereiche neu gebildet

[1] WOLF, K. und K. SCHMIEDER, Koll.-Z. **134,** 157, 1953.

[2] BRENSCHEDE, W.: Z. Elektrochem. angew. physik. Chem. **54,** 191 (1950).

[3] MARTENS, J. u. H. A. STUART: unveröffentlichte Messungen.

[4] BAKER, W. O.: „Nature of the Solid State of Chain Polymers" in Advances Fronts in Chemistry, Vol. I, High Polymers, Reinh. Publ. Corp. New York 1945.

[5] Die Frage, ob z. B. Wassermoleküle zum Teil auch in kristalline Bereiche eingebaut werden, ist nicht geklärt. Alle Erfahrungen sprechen aber dafür, daß der größere Teil derselben in den amorphen Bereichen bleibt. Entsprechendes gilt für die monomeren Anteile im Polycaprolactam. Dagegen ist es durchaus möglich, daß schon ganz kurze Ketten mit in das Gitter eingebaut werden. Interessant ist in diesem Zusammenhange die Beobachtung von BAKER, wonach das scharfe Diagramm der Abb. VIII, 34 b erst nach Entfernen der Kresolreste zustande kommt.

werden. Damit erklärt sich auch, daß Wasser bei 6- und 6,6-Nylon die Kristallisation, vor allem auch die Umwandlung in stabile Gitterformen, sehr stark fördert *(Heißvergütung[1])*. Eine solche Wirkung kann man natürlich nur von einem Lösungs- oder einem guten Quellmittel erwarten, das wirklich den ganzen Körper molekulardispers durchdringt. Die Unwirksamkeit des indifferenten Paraffinöls ist daher nicht überraschend, Abb. VIII, 34 d.

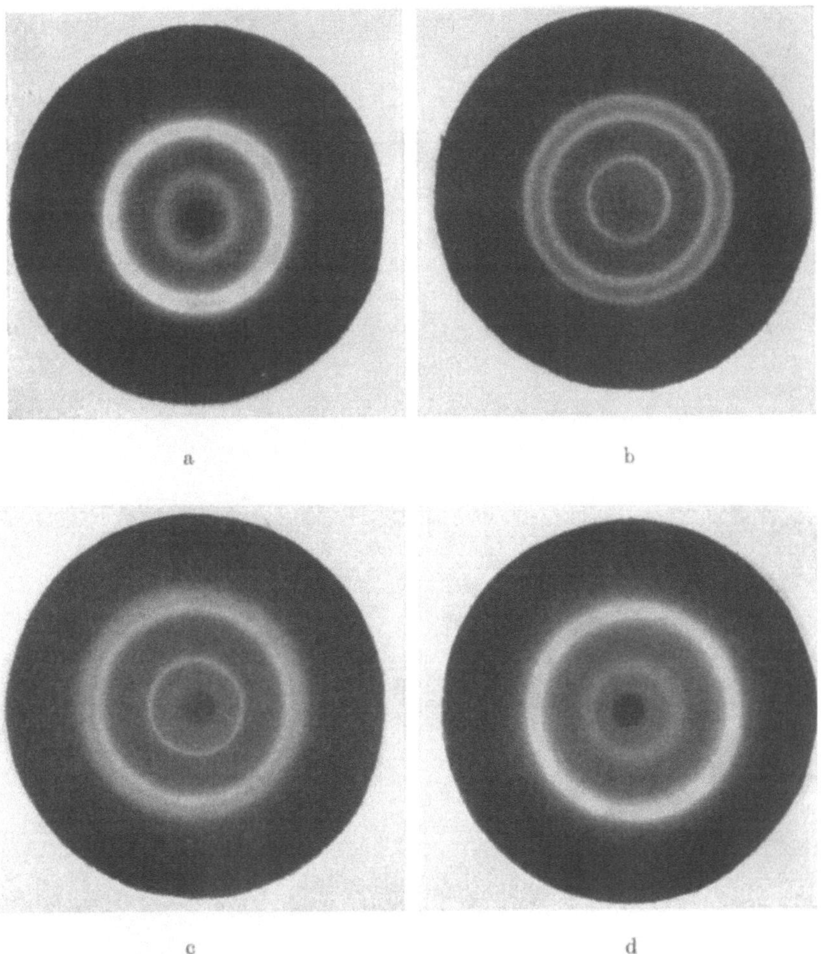

Abb. VIII, 34. Verbesserung der Gitterordnung in 6,10-Nylon durch Quellmittel. (Nach BAKER.) a abgeschreckte Probe; b dieselbe Probe nachher in Kresoldampf bei 124° getempert; c Temperung von (a) in kochendem Wasser; d mit Paraffinöl bei 100° behandelt.

Den Einfluß der Quellung bei 6,6-Nylon in wässeriger Phenollösung zeigt auch die folgende Abb. VIII, 35 nach Versuchen von BERGMANN,

---

[1] Siehe S. 494, Fußnoten 3 u. 5.

FANKUCHEN und MARK[1]. Wie man sieht, wird durch das Quellmittel die seitliche Ordnung ganz erheblich verbessert, gleichzeitig aber auch die Orientierung der kristallinen Bereiche verschlechtert. Läßt man das Material längere Zeit in Phenollösung liegen, so ist die Orientierung nach drei Wochen völlig verschwunden.

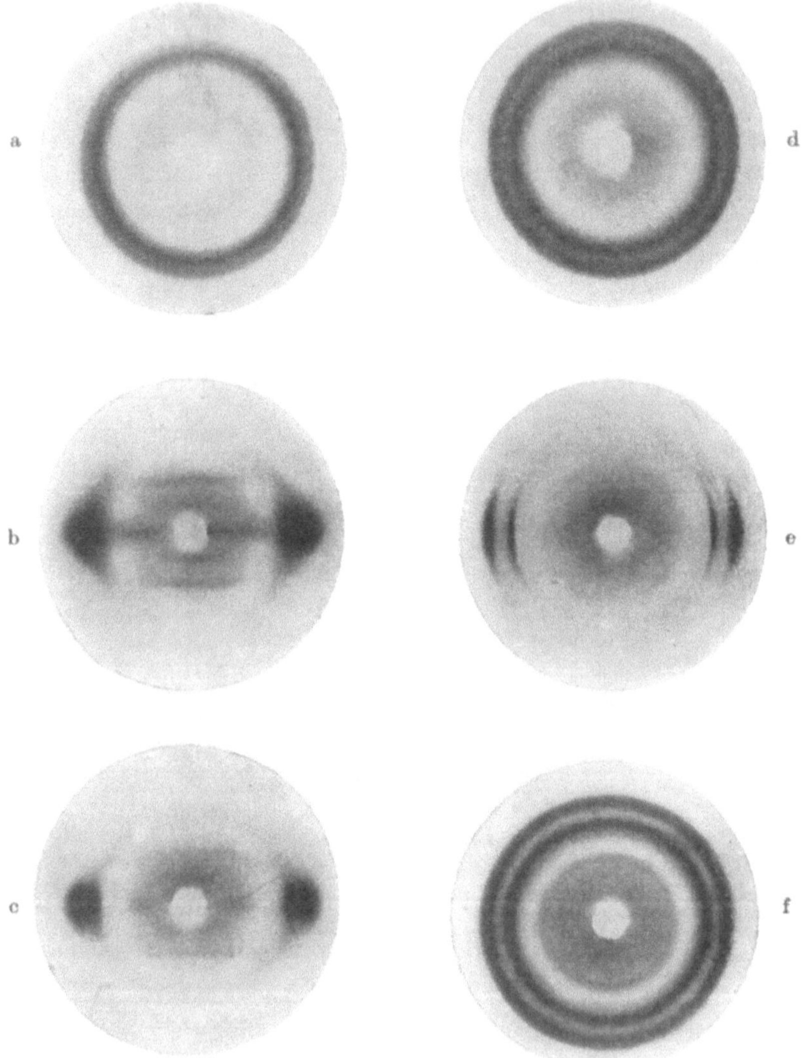

Abb. VIII, 35. Einfluß der Quellung und Temperung auf die Kristallisation von 6,6-Nylon. (Nach BERGMANN, FANKUCHEN und MARK.) a Nylon-Garn, unverstreckt; b handverstreckt 4fach; c 36 Stunden bei 180° C getempert, im entspannten Zustande; d Monofil, 36 Stunden in verdünnter wäßriger Phenollösung gequollen; e Monofil handverstreckt und dann 60 Stunden gequollen. f Monofil handverstreckt und dann 3 Wochen gequollen.

[1] BERGMANN, M. E., S. FANKUCHEN und H. MARK, Textile Res. J. 18, 1 (1948).

Temperversuche an verstreckten Materialien. An Fäden aus Polyurethan und Polyaminocapronsäure hat BRENSCHEDE[1] sehr instruktive Beobachtungen mitgeteilt. Tempert man Fäden, die möglichst aus dem amorphen Zustande heraus kontinuierlich verstreckt worden sind, nachher bei verschiedenen Streckverhältnissen und verschiedenen Temperaturen und mißt die Doppelbrechung, so erhält man das in der Abb. VIII, 36 wiedergegebene Diagramm. Es zeigt sich, daß die Doppelbrechung durch die nachträgliche Temperung erheblich ansteigt, und zwar bei kleinen Streckverhältnissen auf das etwa Dreifache.

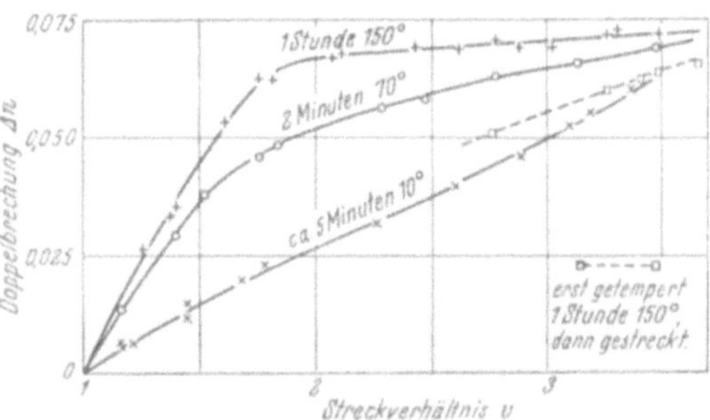

Abb. VIII, 36. Einfluß der Temperung auf die Doppelbrechung in Abhängigkeit vom Streckverhältnis bei Polyurethan. (Nach BRENSCHEDE.)

Mit wachsendem Streckverhältnis wird die Zunahme der Doppelbrechung immer geringer, und die Doppelbrechung geht gegen einen Grenzwert.

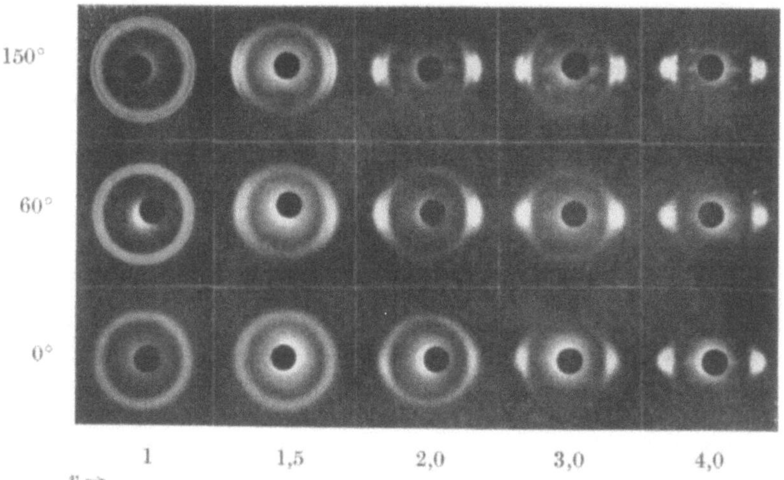

Abb. VIII, 37. Einfluß der Temperung auf das Röntgendiagramm verschieden stark gestreckter Polyurethanfäden.

Die entsprechenden Röntgenaufnahmen (s. Abb. VIII, 37) zeigen, daß bei der Verstreckung des ursprünglichen Materials die Orientierung gleichmäßig ansteigt, während sie mit steigender Temperatur der Wärmebehandlung ihren offensichtlichen Grenzwert immer früher erreicht. Aus dem Umstande, daß die Röntgenmethode und die Doppelbrechung ein

---

[1] BRENSCHEDE, W.: Z. Elektrochem. angew. physik. Chem. **54,** 191 (1950).

so gleichartiges Ergebnis liefern, muß man schließen, daß die Ordnung im Amorphen relativ wenig zur Doppelbrechung beiträgt.

Bemerkenswert ist ferner die Tatsache, daß nach dem Röntgendiagramm die Kristallitorientierung bei kleinen Verstreckungen sich mit der Temperung wesentlich verbessert, obwohl vorher noch keineswegs eine ausgeprägte Kristallitorientierung vorhanden war.

Zur Erklärung kommen im wesentlichen zwei Möglichkeiten in Frage, die vermutlich zusammenwirken[1], sich aber in ihrem Ausmaße nicht trennen lassen, weil man mangels röntgenographischer Intensitätsmessungen an teilverstrecktem Material nicht weiß, wie weit der kristalline Anteil insgesamt und in den einzelnen Richtungen beim Tempern zugenommen hat. Soweit es sich um eine solche Zunahme handelt, beruht die verbesserte Kristallitorientierung offenbar darauf, daß die bei der Verstreckung sich bildenden kristallinen Bereiche von vornherein orientiert sind[2], und daß beim Tempern in erster Linie diese bereits orientierten Bereiche sich weiterentwickeln, allerdings weniger im Sinne eines einfachen Weiterwachsens wie bei Niedermolekularen, als dadurch, daß durch die erhöhte molekulare Beweglichkeit verspannte Kettenstücke und Kristallbezirke aufgelöst und andere neu gebildet werden, insgesamt aber der kristalline Anteil zunimmt, wobei die in der Streckrichtung liegenden kristallinen Bereiche kinetisch bevorzugt sind. Vorgeordnete Bereiche mit parallelen Kettenstücken sind schon im amorphen Zustande auf alle Richtungen verteilt vorhanden. Verstreckt man nun vor dem Tempern aus diesem Zustande heraus, so werden diese Bereiche örtlich weitgehend aufgelöst und bilden sich neu, und zwar bevorzugt in der Zugrichtung, so daß die beim Tempern entstehenden kristallinen Bereiche von vornherein eine Vorzugsrichtung erhalten (vgl. §§ 32, 47 c).

Eine weitere, von STUART[3] vorgeschlagene Möglichkeit besteht darin, daß bei blättchenförmigen kristallinen Gebieten die Orientierung bekanntlich stufenweise vor sich geht, so daß zunächst die Achsenorientierung gering und damit auch die Doppelbrechung schlechter ist als man nach der Orientierung der Blättchenebenen (Äquatorreflexe) erwarten würde. Durch Tempern können, wie die Röntgenbilder zeigen, die Ebenen in sich gedreht werden, so daß die Ketten parallel zur Faserachse zu liegen kommen. Das Tempern begünstigt also die zusätzliche Kristallisation wie das Eindrehen der Blättchenebene. Das ist nicht so überraschend, wenn man beachtet, daß die Verstreckung ein recht gewaltsamer Prozeß ist und daß die Temperung innere Spannungen abbaut und die Einstellung in den Gleichgewichtszustand fördert (vgl. § 32 und § 47c). Diese Vorstellung bewährt sich auch bei der Deutung der Tempervorgänge bei Cellulosefasern[4].

Bemerkenswert ist ferner die von BRENSCHEDE[5] an Polyurethanfäden

---

[1] Vgl. dazu auch die Diskussion bei der Marburger Tagung über „Fester Zustand der Hochpolymeren", Kolloid-Z. **120,** 67ff. (1951).

[2] Die Vorstufe der Kristallisation ist die Entstehung von Bereichen mit parallel liegenden Kettenstücken, wodurch die Kristallisationsgeschwindigkeit erheblich gesteigert wird.

[3] STUART, H. A.: Kolloid-Z. **120,** 57 (1951).

[4] KAST, W.: z. B. Kolloid-Z. **120,** 69 (1951).

[5] BRENSCHEDE, W.: Kolloid-Z. **120,** Diskussionsbemerkung S. 67ff. (1951).

beim Tempern gefundene Längenänderung in Abhängigkeit vom Streckgrade. Bei kleinen Streckgraden beobachtet man als Folge der Kristallisation eine Längung. Je höher der Streckgrad und je höher die Temperatur ist, um so mehr überwiegt der Schrumpf infolge der Rückknäuelung der Kettenstücke in den amorphen Gebieten (ursprünglich blockierte Entropieelastizität), begleitet von einer geringen Desorientierung der kristallinen Bereiche.

c) Beeinflussung der Kleinwinkelinterferenzen durch Tempern und Quellen.

Wie schon in § 23 ausgeführt worden ist, erhält man bei vollsynthetischen Fasern scharfe Langperiodeninterferenzen, die darauf hinweisen, daß die kristallinen Bereiche in Kettenrichtung überraschend regelmäßig aufeinanderfolgen[1]. Sehr aufschlußreich ist die von ZAHN und WINTER[2]

Tabelle VIII, 5.

Beeinflussung der Langperiodeninterferenzen durch Tempern und Quellen.
Angaben nach HESS und KIESSIG.

Hochpolymeres Produkt aus	Behandlung	Periode in A. E.	Autor
ε-Aminocapronsäure (6-Nylon, Perlon)	erstarrte Schmelze	115	[3]
	verstreckte Faser	74	
	Faser bei 214° C getempert	123	
	in Wasser von 100° C behandelt	76	
Hexamethylendiamin u. Adipinsäure (6,6-Nylon)	erstarrte Schmelze	88	[4, 5]
	verstreckte Faser	74	
	Faser bei 220° C getempert	85	
	in Phenollösung gequollen	140	
	30 min mit 7%iger Phenollösung bei 75° C behandelt und wieder ausgewaschen	100	
Hexamethylendiiso-cyanat und Butylen-glykol (Polyurethan)	verstreckte Faser	75	[4]
	getempert bei 120° C	78	
	getempert bei 170° C	120	
	in Wasser von 100° C behandelt	98	
	in Wasser bei 145° C behandelt	132	
	Faser in 5%iger Phenollösung gequollen	104	
	wieder in Wasser ausgewaschen	92	
Terephtalsäure und Glykol (Terylen)	unverstreckte Faser	—	[5]
	25% geschrumpft durch Wärmebehandlung	86	
Polyäthylen	7,6fach verstreckt	155	[5]
	durch Erhitzen in Wasser um 26% geschrumpft auf die Länge 5,6	180	

[1] Die Größe der Periode ist die Summe der Länge eines kristallinen und nichtkristallinen Bereiches.

[2] ZAHN, H.: Melliand Textilber. **32**, 534 (1951); H. ZAHN u. H. WINTER: Kolloid-Z. **128**, 142 (1952).

[3] HESS, K. u. H. KIESSIG: Naturwiss. **31**, 171 (1932); Z. physik. Chem. A **193**, 196 (1944).

[4] BOLDUAN, O. E. A. u. R. S. BEAR: J. Polymer Sci. **5**, 159 (1950).

[5] MEIBOHM, E. P. H. u. A. F. SMITH: J. Polymer Sci. **7**, 449 (1951).

an Polyurethan gemachte Beobachtung, daß diese Periode sowohl durch Tempern wie durch Quellen in wässeriger Phenollösung vergrößert wird und daß diese Vergrößerung beim Entzug des Quellmittels weitgehend zurückgeht. Dieselben Beobachtungen haben HESS und KIESSIG[1] an einem größeren Material, nämlich an Polyamiden, Terylen und anderen Polyestern gemacht (vgl. Tab. VIII, 5). Eine Zunahme des kristallinen Anteils durch bloßes Wachstum der bereits vorhandenen kristallinen Bereiche oder durch die Entstehung von neuen Bereichen ist mit diesen Beobachtungen unvereinbar. Vielmehr hat man hier einen direkten Beweis für die in den § 41 und § 47, c entwickelte Vorstellung, daß beim Tempern das vorhandene System von kristallinen Bereichen weitgehend aufgelöst und ein neues dem thermodynamischen Gleichgewicht näher kommendes System aufgebaut wird. (Über die dadurch beim Tempern im Schmelzbereich bewirkte Schmelzpunktserhöhung vgl. § 41.) Bei sehr geringen Dehnungen ($\sim 10\%$ bei ZAHN) und bei Quellungsvorgängen mag es sich dagegen um reversible Umorientierungen in den nichtkristallinen Bereichen handeln.

§ 45. Sphärolithbildungen.

Von W. BRENSCHEDE.

Die Bildung kristalliner Strukturen in Hochmolekularen vollzieht sich nicht in der uns von den Niedermolekularen her geläufigen Weise: es fehlt der Aufbau ebener, rational geordneter Phasengrenzflächen und damit das für das Auge äußerlich wahrnehmbare Merkmal der Kristalle.

Sichere Kenntnisse über die Ausbildung kristalliner Strukturen in Hochmolekularen bekommen wir indessen nur durch Anwendung empfindlicher physikalischer – nicht lichtoptischer – Meßmethoden. (Vgl. Kap. IV.) Ist es daher verwunderlich, daß man sich mit großem Interesse einem neuen optisch wahrnehmbaren Merkmal zuwendet, das Analogien zwischen Niedermolekularen und Hochmolekularen aufzuzeigen verspricht? Es sind dies die in der Mineralogie längst bekannten Sphärolithe. Sie sind zwar dort nur die Folge eines anomalen, gestörten Kristallwachstums. Dennoch oder vielleicht gerade deshalb vermitteln sie uns wichtige Kenntnisse über die Kristallisation in Hochmolekularen.

a) Optische Grundlagen.

Im Mineralreich treten Sphärolithe als kugelige Einschlüsse auf. Sie mögen hin und wieder mit bloßem Auge oder unter dem Mikroskop unter Verwendung natürlichen Lichtes erkennbar sein. Viel charakteristischer und als Nachweis sicherer aber ist ihr Bild im Polarisationsmikroskop, wenn die den Sphärolith einschließende Substanzprobe zwischen gekreuzten Polarisatoren beobachtet wird. Dann erscheint das kugelige Aggre-

---

[1] HESS, K. u. H. KIESSIG: Kolloid-Z. **130**, 10 (1953); K. HESS: J. Coll. Sci. Suppl. **1**, 135 (1954).

gat als weiße Kreisfläche mit einem darin enthaltenen schwarzen Kreuz, dem Sphärolithenkreuz. Es ist zentrisch angeordnet und seine Arme reichen bis zu den Begrenzungen der Kreisfläche. Die Richtung der Arme deckt sich mit den Schwingungsrichtungen der gekreuzten Polarisatoren.

Beim Drehen des Objekttisches verbleibt das Kreuz in seiner Lage zum Beobachter (vgl. Abb. VIII, 38).

Zu einem Verständnis dieser Erscheinungsform „Sphärolith" ist es notwendig, die optischen Grundlagen zu kennen. Für das Auftreten eines Sphärolithenkreuzes im Polarisationsmikroskop muß zunächst die Voraussetzung erfüllt sein, daß das einzelne Raumelement in dem beobachteten kugeligen Gebilde optisch anisotrop ist. Eine weitere Forderung, die wir weiter unten behandeln, betrifft die Lagen der optischen Sym-

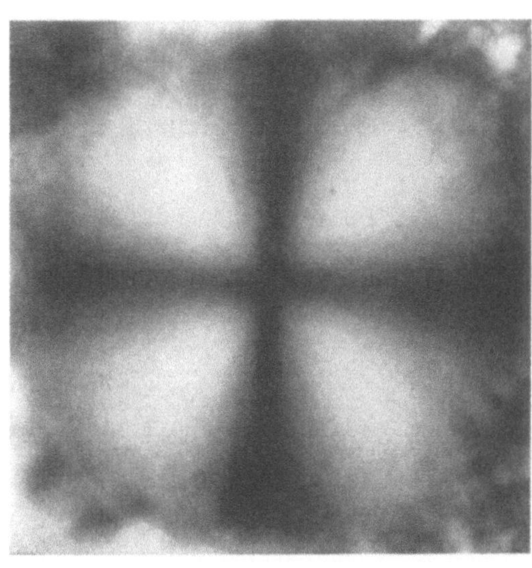

Abb.VIII, 38. Sphärolith in einem Polyamid aus Hexamethylendiamin und Sebazinsäure unter dem Polarisationsmikroskop. Das charakteristische Sphärolithenkreuz auf hellem Untergrund. 700fach vergr. (Aus BRENSCHEDE, W., s. S. 508.)

metrieachsen des Raumelements relativ zum Zentrum der Kugel. Optisch anisotrop sind die Kristalle aller Symmetrieklassen, ausgenommen die des regulären Systems. Darüber hinaus sind es allerdings auch zahlreiche nichtkristalline Körper natürlichen oder künstlichen Ursprunges. In solchen Fällen genügt z. B. die Auszeichnung einer bestimmten Raumrichtung durch geringe Molekülorientierung, Spannungszustände, submikroskopische Hohlraumbildung u. dgl., um den an sich amorphen Körpern ihre optische Isotropie zu nehmen. Für Hochmolekulare gilt dies in besonderem Maße.

Optische Anisotropie bedeutet, daß die Lichtgeschwindigkeit erstens von der Richtung des Lichtstrahles im Körper abhängt und zweitens von der Richtung des elektrischen Vektors, d. h. der Lage der Polarisationsebenen. Verschiedenheit der Lichtgeschwindigkeiten bedeutet Verschiedenheit der Brechungsindices. Ein in einen optisch anisotropen Körper einfallender Lichtstrahl zerfällt im allgemeinen in zwei senkrecht zueinander polarisierte Wellenzüge, die daher in verschiedenen Richtungen verlaufen, wodurch dem Gebilde die Eigenschaft der „Doppelbrechung" verliehen wird. Um die recht komplizierten Gesetzmäßigkeiten der Lichtfortpflanzung in doppelbrechenden Körpern leichter überblicken und quantitativ darstellen zu können, bedient man sich einer fiktiven geometrischen Figur, der sogenannten *Indikatrix*. Sie stellt im allgemeinsten

Falle ein dreiachsiges Ellipsoid dar, dessen drei Hauptachsen X, Y, Z im Kristall richtungsmäßig verankert sind. Die Länge der Halbachsen dieses Indexellipsoids sind definitionsgemäß gleich den Brechungsindices n_α, n_β, n_γ für polarisiertes Licht, dessen Schwingungsrichtung (elektrischer Vektor) mit dieser Achse übereinstimmt, das sich also senkrecht zu dieser Achse fortpflanzt (vgl. Abb. VIII, 39).

Der am einfachsten zu überblickende Fall ist dann gegeben, wenn das Licht in Richtung einer der Hauptachsen X, Y, Z einfällt, z. B. in Richtung der Y-Achse. Dann zerfällt der Strahl in die beiden in Richtung der

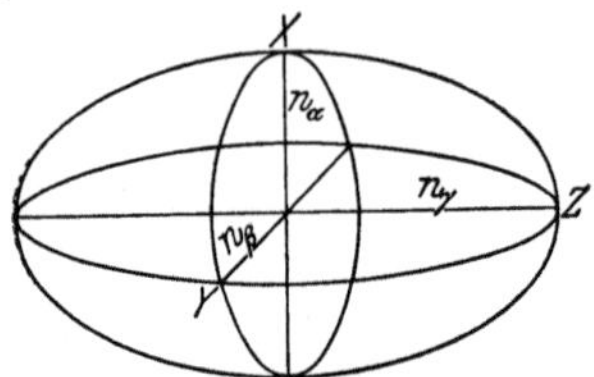

Abb. VIII, 39. Indikatrix eines optisch zweiachsigen Kristalls. Die Längen der Halbachsen stellen die Hauptbrechungsindices n_α, n_β, n_γ dar $(n_\alpha < n_\beta < n_\gamma)$.

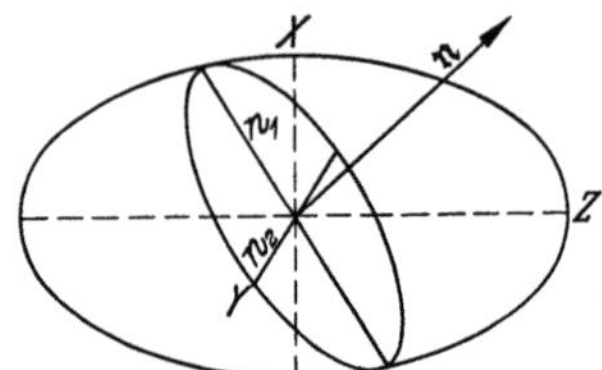

Abb. VIII, 40. Die Wellennormalenrichtung verläuft in einer Symmetrieebene der Indikatrix (Ebene XZ) $(n_2 = n_\beta, n_\alpha < n_1 < n_\gamma)$.

Ebenen YX und YZ polarisierten Anteile, die mit den Brechungsindices n_α und n_γ gekennzeichnet sind. Für diese Strahlrichtung hat die Substanz die Doppelbrechung:

$$\Delta n = n_\alpha - n_\gamma.$$

Der nächst kompliziertere Fall liegt dann vor, wenn das Licht in einer der drei Symmetrieebenen XY, XZ, YZ einfällt (Abb. VIII, 40). Für die Wellennormalenrichtung $\mathfrak{n}$ [1] zerfällt der Strahl in die beiden in n_1 und n_2 polarisierten Anteile, deren Beträge einfach dadurch zu ermitteln sind, daß man einen senkrecht zur Normalenrichtung geführten Zentralschnitt durch das Ellipsoid legt. Die Doppelbrechung ergibt sich dann zu:

$$\Delta n = n_1 - n_2.$$

Im allgemeinsten Falle liegt die Wellennormalenrichtung weder in einer der drei Hauptachsen noch der drei Symmetrieebenen des Ellipsoids. Die Brechungsindices ergeben sich aber auch dann auf analoge Weise wie im vorangehenden Beispiele durch Schnittführung senkrecht zur Normalenrichtung. Die Schnittfigur ist im allgemeinen eine Ellipse und die beiden Halbachsen stellen wiederum die beiden Brechungsindices der in Richtung dieser Achsen polarisierten Anteile des Strahles dar.

Ergänzend sei noch bemerkt, daß bei optisch isotropen Körpern die Indikatrix zu einer Kugel degeneriert. Ein gestrecktes oder abgeflachtes

---

[1] In diesem und dem anschließend diskutierten Falle muß statt der Strahlrichtung die Wellennormalenrichtung in Betracht gezogen werden. Siehe einschlägige Literatur über Kristalloptik, z. B. M. Born: Optik, Berlin 1933; K. Försterling: Lehrbuch der Optik, Leipzig 1928; F. Rinne-Berek: Anleitung zu opt. Untersuchungen mit dem Polarisationsmikroskop, Stuttgart 1934; C. Burri: Das Polarisationsmikroskop, Basel 1950.

Rotationsellipsoid liegt den optisch einachsigen Kristallen zugrunde, während das dreiachsige Ellipsoid für die optisch zweiachsigen Kristalle zutrifft.

Das Verhalten optisch anisotroper, doppelbrechender Körper unter dem Polarisationsmikroskop ist in einfacher Weise auf Gestalt und Lage des Indexellipsoids relativ zu den Schwingungsrichtungen $\mathfrak{S}_A$ und $\mathfrak{S}_P$ der Polarisatoren zurückzuführen (Abb. VIII, 41). In Diagonallage findet maximale Aufhellung statt, in Parallellage bleibt das Gesichtsfeld dunkel. Dabei ist die in Abb. VIII, 41 eingezeichnete Ellipse etwa als die Schnittfigur der Indikatrix mit der Mikroskoptischebene aufzufassen. Die einfachste Lage ist natürlich dann gegeben, wenn zwei Hauptachsen der Indikatrix in der Mikroskoptischebene liegen.

Wir kommen nunmehr zurück auf die oben erwähnten Voraussetzungen, die zum Auftreten des Sphärolithenkreuzes im Polarisationsmikroskop führen. Neben der optischen Anisotropie der Raumelemente müssen die Indexellipsoide in ihnen eine gewisse kugelsymmetrische Anordnung um das Zentrum des Sphärolithen aufweisen.

Abb. VIII, 41. Das Verhalten optisch anisotroper Körper unter dem Polarisationsmikroskop.
Obere Reihe: Diagonallage der Schnittfigur Indikatrix/Mikroskoptischebene zu den Schwingungsrichtungen $\mathfrak{S}_A$ und $\mathfrak{S}_P$ der Polarisatoren ergibt maximale Aufhellung des Gesichtsfeldes. Untere Reihe: Parallellage ergibt keine Aufhellung des Gesichtsfeldes.

Die beiden einfachsten Fälle, die wir in der Schnittebene durch den Mittelpunkt des Gebildes vorfinden können, sind in Abb. VIII, 42a und 42b dargestellt. Die Indexkörper mögen Rotationsellipsoide sein (einachsig doppelbrechende Kristalle) und mit ihren beiden ungleichen Hauptachsen in der Schnittebene liegen.

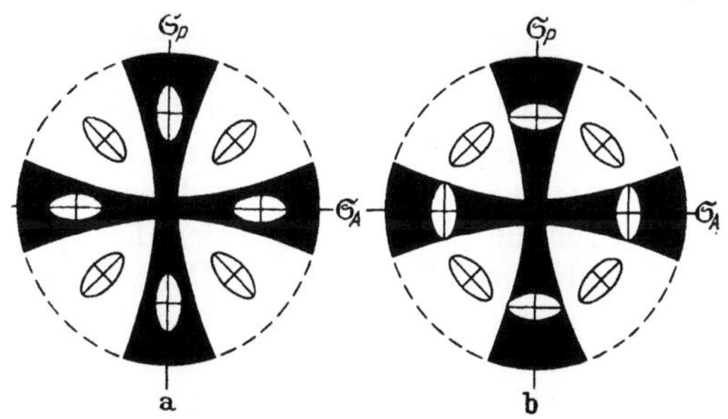

Abb. VIII, 42. Kugelsymmetrische Anordnung der anisotropen Raumelemente im Sphärolith. Indexellipsoid langgestreckt im Falle a, abgeplattet im Falle b.

Dabei handelt es sich im Falle a) um ein langgestrecktes, im Falle b) um ein abgeplattetes Ellipsoid. Im ersten Falle ist der Brechungsindex von radial schwingendem Licht größer als der von tangential schwingendem, im zweiten Falle umgekehrt.

In beiden Fällen entstehen die charakteristischen dunklen Kreuze in Parallellage zu den Schwingungsrichtungen $\mathfrak{S}_P$ und $\mathfrak{S}_A$ von Polarisator und Analysator. In den hellen Quadranten läßt sich nun mit Hilfe von Kompensatoren das Vorzeichen der Doppelbrechung in bezug auf den Radius des Sphärolithen feststellen. Es ist im Falle a) (Abb. VIII, 42) positiv, im Falle b) negativ. So gewinnt man eine Unterteilung in optisch positive und optisch negative Sphärolithe. Die Tatsache, daß wir bei der mikroskopischen Beobachtung nicht nur die im Zentralschnitt liegenden Raumelemente erfassen, wie dies in der Zeichnung in Abb. VIII, 42 dargestellt ist, sondern die Summe aller parallel liegenden Schnitte, würde eine quantitative Auswertung schwieriger machen, ändert aber nichts am Vorzeichen der Doppelbrechung in den einzelnen Quadranten. Etwas komplizierter gestaltet sich das Bild, wenn das Raumelement im Sphärolith drei verschiedene Hauptbrechungsindices aufweist.

b) Morphologie und Wachstum der Sphärolithe.

Die voranstehenden Erläuterungen bilden den Schlüssel zum Verständnis des morphologischen Aufbaus der Sphärolithe und ihrer Wachstumsbedingungen. Entweder schießen von einem Zentrum ausgehend Kristallnadeln oder faserige Gebilde radial in den Raum hinein (radialfaserige Anordnung) oder es findet um dieses Zentrum herum eine Ablagerung von kristalliner Substanz in Kugelschalen statt, derart, daß eine bevorzugte Richtung im Kristall, etwa eine der Hauptachsen der Indicatrix, in der Kugelfläche liegt (schalige Anordnung). Beide Formen sind im Mineralreich bekannt. Die radialfaserige Anordnung ist jedoch die häufigere. Man kann sie vielfach künstlich erzeugen, denn gewisse Niedermolekulare sowohl anorganischer als auch organischer Natur neigen beim Ausscheiden aus Schmelze oder Lösung zur Bildung von Sphärolithen (Bariumchlorid, Silikate, technische Gläser, Triphenylmethan, Benzoin, Piperin, Hippursäure). TAMMANN[1] hat als erster darauf hingewiesen, daß hier eine einseitig große Kristallwachstumsgeschwindigkeit vorliegt, die zur Ausbildung langer, dünner Nadeln führt. Zunehmende Unterkühlung der Schmelze bzw. Übersättigung der Lösung begünstigt die Entstehung nadeliger Trachten. Jedoch bleibt die Frage offen, warum und in welchen Fällen die sphärische Anordnung der Nadeln begünstigt wird.

BERNAUER[2] konnte durch Studium an einer großen Zahl organischer Substanzen die Entwicklungsstufen der Sphärolithe klarer herausstellen (Modellsubstanz Hippursäure). Danach beginnt die Entwicklung mit einem nach allen Richtungen gut entwickelten Kristall, der dann durch eindimensional bevorzugtes Wachstum in nadelige oder blättrige Form übergeht (Abb. VIII, 43). An den Enden dieser Nadeln oder Blätter führt schließlich eine feine Aufspaltung zu einer mehr garben- oder fächerförmigen Struktur. Die Krümmung an den Enden wird immer aus-

---

[1] Vgl. G. TAMMANN: Lehrbuch der Metallographie (1914); W. EITEL: Physikal. Chemie der Silikate, Leipzig 1929, S. 296f.

[2] BERNAUER, F.: Ber. dtsch. keram. Ges. **11**, 98 (1930); F. BERNAUER: „Gedrillte Kristalle", Berlin 1929, Verlag Bornträger, aus: Forschungen zur Kristallkunde, Heft 2.

geprägter, so daß der gesamte Kern zu einem kugeligen Gebilde ver-
wächst. Diese Entwicklung führt zu einem echten Sphärolith.

Eine andereWachstumsform ergibt nach BERNAUER den *Pseudosphäro-
lith.* Hier bildet sich zunächst durch eng beieinanderliegende Keime ein wir-
resHaufwerk von sich gegen-
seitig behindernden Kri-
stallnadeln. Nur die radial
gerichteten können weiter
in den umgebenden Raum
wachsen (Ausleseprinzip).

Daß das Erstarren von
Paraffin- und Fettsäure-
gemischen auch häufig zu
Sphärolithen führt, dürfte

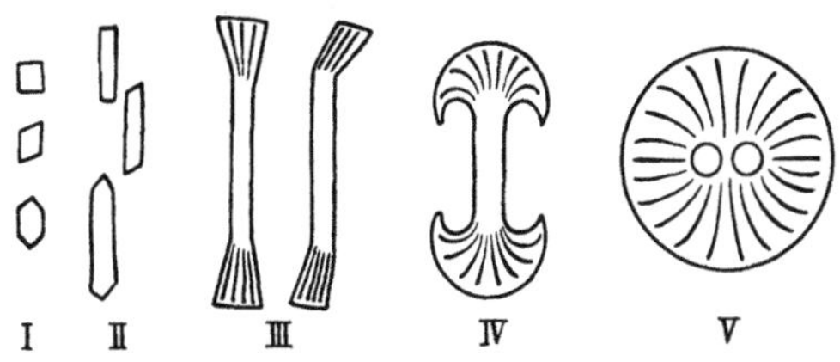

Abb. VIII, 43. Entwicklungsstufen des Sphäroliths.
(Nach BERNAUER, F.)

die gleiche Ursache haben. Hier sind es Kohlenstoffketten von mäßiger
Länge, die sich mit ihrer Längsseite zu Bündeln aneinanderlagern und sich
bevorzugt schnell in dieser Richtung abscheiden[1]. Dabei ist die Ausbildung
eines dreidimensionalen Kristallgitters nicht einmal erforderlich, es genügt
die eindimensionale Ordnung, um optische Anisotropie zu erzeugen.

Aus den hier angeführten Beispielen sphärolithbildender Schmelzen
könnte man die Schlußfolgerung ziehen, daß das Vorliegen von Molekülketten, seien sie hauptvalenzartiger Natur wie in Paraffinen oder neben-
valenzartiger Natur wie in Silikaten oder generell in glasig erstarrenden
Schmelzen, eine notwendige Voraussetzung zur Bildung von Sphärolithen
ist. Während nun im Bereich niedermolekularer Substanzen die Sphärolith-
bildungen noch Ausnahmeerscheinungen sind, sind sie im Bereich linearer
Hochpolymerer die Regel, sofern man dort nur solche betrachtet, die
überhaupt zu kristallinen oder weitgehend geordneten Molekülaggregatio-
nen neigen. Man beginnt sich mit der sphärolithischen Struktur linearer
Hochpolymerer viel eingehender zu beschäftigen, weil sie eine sehr charakteristische, wenn auch nur sekundär bedingte Ausdrucksform der
Molekülordnung in ihnen darstellt.

Eine der ersten rein beschreibenden Beobachtungen stammt von HESS
und PICHELMAYR[2], die durch Umfällen von Trimethylcellulose aus Benzol-
lösung (und Chloroform?) mittels Petroläther ein Pulver erhielten, dessen
Körner sphärolithische Struktur besaßen. Nach GILSON[3] gelingt es, auch
Cellulose durch Ausfällen aus Kupferammonlösung in Sphärolithform zu
bringen. SMITH und SAILOR[4] haben aus Lösungen von Hevea-Kautschuk
in Äthyläther bei tiefer Temperatur schön ausgebildete Sphärolithe in
dünner Filmschicht beobachtet.

In allen diesen Fällen wird im Auftreten der Sphärolithe lediglich eine
Bestätigung der kristallinen Natur gesehen, die aber ohnehin zu dieser
Zeit bereits durch das Röntgendiagramm fundiert ist.

---

[1] BUNN, C. W. u. T. C. ALCOCK: Trans. Faraday Soc. **41,** 317 (1945).
[2] HESS, K.: Chemie der Cellulose, 1928, S. 432.
[3] HESS, K.: Chemie der Cellulose, 1928, S. 246.
[4] SMITH, W. H. u. C. P. SAILOR, s. L. R. G. TRELOAR: Physics of Rubber Elasticity, S. 175/76, 1949, Oxford, Clarendon Press.

Erst spätere Arbeiten befassen sich eingehend mit den Zusammenhängen zwischen Sphärolithstruktur und Kristallisationsbedingungen einerseits und hochmolekularem Bau der Moleküle andererseits, stark gefördert durch das wachsende technische Interesse an Hochmolekularen zur Herstellung von Kunststoffen, Folien und Fasern. Den ersten wichtigen Beitrag lieferten BUNN und ALCOCK[1] durch ihre Experimente an Polyäthylen. In einer dünn ausgebreiteten Schmelze entstehen unter bestimmten Abkühlungsbedingungen eingelagerte Sphärolithe, wobei die Oberfläche des Films eine leicht hügelige Gestalt annimmt. Jeder äußerlich sichtbaren Kuppe entspricht ein Sphärolith. Zwischen den einzelnen Kuppen verlaufen deutlich sichtbare Linien, die die Grenzen zweier Sphärolithe darstellen.

JENCKEL und KLEIN[2] konnten später gleichartige Beobachtungen an erstarrtem Polyurethan machen, wobei die im natürlichen Licht erscheinende knollige Struktur sich im polarisierten Licht als Ansammlung einzelner Sphärolithe erwies. Bei mit freier Oberfläche erstarrten Präparaten soll allerdings die Annahme von hervortretenden Kuppen auf einer mikroskopoptischen Täuschung beruhen. STUART und VEIEL[3] haben demgegenüber durch Schleifen und Polieren eines Polyaminocapronsäureblockes eine Oberfläche erzeugt, die im Auflichtmikroskop unzweifelhaft eine kuppige Struktur aufweist. Durch eine Parallelaufnahme eines Mikrotomschnittes im durchfallenden polarisierten Licht wird die Identität dieser Kugeln mit Sphärolithen gezeigt.

Auch elektronenmikroskopisch lassen sich im Innern massiver Körper Sphärolithe nachweisen, wenn man nach dem Vorgang von STUART[4] und Mitarbeitern die frischen Oberflächen von in der Kälte gebrochenen Stücken untersucht, s. Abb. VIII, 44.

Den Untersuchungen von BUNN und ALCOCK weiter folgend, brachten Beobachtungen im Polarisationsmikroskop mit

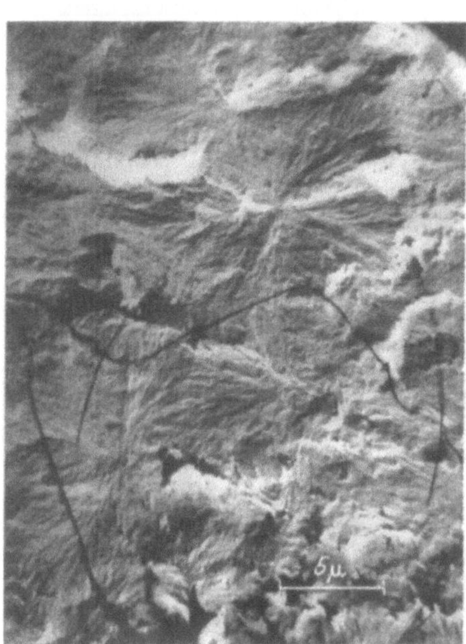

Abb. VIII, 44. Elektronenmikroskopische Aufnahme der Bruchfläche eines Stückes aus Polyaminocapronsäure mit Sphärolithen, 1600fach vergr. (Nach STUART u. KAHLE.) Aus dem Labor. der Zeiss-Werke, Oberkochen.

[1] BUNN, C. W. u. T. C. ALCOCK: Trans. Faraday Soc. **41**, 317 (1945).
[2] JENCKEL, E. u. E. KLEIN: Kolloid-Z. **118**, 86 (1950).
[2] STUART, H. A. u. U. VEIEL: Kunststoffe **43**, 179 (1953).
[4] STUART, H. A., U. VEIEL u. M. HARTMANN-FAHNENBROCK: Naturwiss. **40**, 339 (1953); H. A. STUART u. B. KAHLE: J. Polymer Sci., im Druck.

Hilfe eines Quarzkeiles den qualitativen Befund, daß der Brechungsindex für radialschwingendes Licht (elektrischer Vektor bezogen auf den Radius des Sphärolithen) geringer ist als der für tangential schwingendes, d. h. daß die Doppelbrechung negativ bezogen auf den Radius ist. Da andererseits bekannt ist, daß Polyäthylen durch Streckung positiv doppelbrechend in bezug auf die Streckrichtung wird, konnte der Schluß gezogen werden, daß die Molekülketten im Sphärolith nicht radial, sondern in Tangentialebenen gelagert sind. Offenbar ist die zum Sphärolithwachstum notwendige einseitig große Wachstumsgeschwindigkeit dadurch gegeben, daß die Molekülketten sich bevorzugt schnell mit ihrer Längsseite aneinanderreihen, ganz in Analogie zum Kristallwachstum der Paraffine. Diese Aggregate bauen, radial wachsend, den Sphärolith auf. Die obige Auffassung wird noch bestätigt durch elektronenmikroskopische Aufnahmen, die sowohl beim Polyäthylen[1] als auch bei Polyaminocapronsäure[2] radialfaserige Struktur zeigten. Dabei hat allerdings der innerste Bereich keine radialstrahlige, sondern eine büschelige, garbenförmige Struktur, die, wie weiter oben bereits erwähnt, auch bei Niedermolekularen als Primärstufe bekannt ist[3], siehe Abb. VIII, 45. Diese Beobachtungen, von BRYANT[4] bestätigt und erweitert, werden dahin gedeutet, daß der Kern eines Sphärolithen mit einseitig gerichtetem Wachstum beginnt, um später seine unmittelbare Umgebung zu weiterem mehr und mehr radial gerichtetem Wachstum

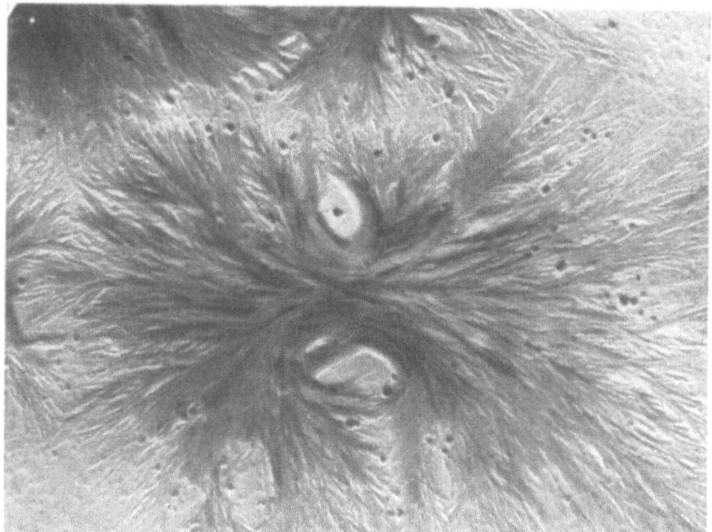

Abb. VIII, 45. Elektronenmikroskopische Aufnahme eines Sphärolithkernes bei Polyaminocapronsäure in Ameisensäure, 10000fach vergr. (Nach STUART und KAHLE.) Die garbenförmige Struktur ist charakteristisch, vgl. Abb. VIII, 43. Aus dem Labor. der Zeiss-Werke, Oberkochen.

[1] Siehe S. 506, Fußnote 1.   [2] Siehe S. 506, Fußnote 4.
[3] BERNAUER, F.: s. S. 504.
[4] BRYANT, W. M. D.: J. Polymer Sci. 2, 547 (1947).

anzuregen. Auch andere Hochpolymere zeigen deutlich einen nicht-sphärolithischen Kern, wie JENCKEL[1] am Polyurethan und STUART und KAHLE[2] an Polyaminocapronsäure zeigen konnten (Abb. VIII, 45). Dieser Übergang vom nichtsphärolithischen Kern zum sphärolithischen Wachstum beansprucht naturgemäß besonderes Interesse und bedarf noch eines genaueren Studiums. Die Größe eines Sphäroliths im Poly-äthylen liegt zwischen 0,01 und 0,1 mm. Er entsteht nicht nur aus der Schmelze, sondern auch aus Lösung[3].

c) Räumliche Anordnung der Kettenmoleküle im Sphärolith.

Der Frage der räumlichen Anordnung der Molekülketten im Sphäro-lith, ob radial oder tangential, die beim Polyäthylen durch BUNN und ALCOCK sowie BRYANT behandelt worden ist, wird auch bei anderen Hoch-polymeren besondere Beachtung geschenkt. Es gibt zur Zeit zwei Mög-lichkeiten, sie zu entscheiden. Die eine ergibt sich aus der Bestimmung des Vorzeichens der Doppelbrechung im Sphärolith, wie wir in Abschnitt a bereits dargelegt haben. Dazu muß lediglich noch die Beziehung zwischen Vorzeichen der Doppelbrechung und Molekülrichtung bekannt sein, was jedoch leicht zu ermitteln ist. Die zweite liegt in der Auffindung der Textur durch das Röntgendiagramm.

Den letzteren Weg hat HERBST[4] beim Polyamid aus Hexamethylen-diamin und Adipinsäure (6,6-Nylon) beschritten. Ein $150\,\mu$ im Durch-messer großer Sphärolith, der morphologisch aus radial gelagerten Kri-stallnadeln zu bestehen schien, wurde außerhalb seines Zentrums mit einem $50\,\mu$ starken Röntgenstrahlbündel durchleuchtet. Das Diagramm zeigte je zwei azimutal um $90°$ versetzte Sicheln, deren Anordnung dar-auf schließen ließ, daß die Netzebenen, die die Zickzackketten des Mole-küls enthalten und in der die Wasserstoffbindungen liegen, senkrecht zur langen Achse der Nadeln (also tangential zur Kugel) orientiert sind. Die zweite, nahezu senkrecht zur ersten orientierten Netzebene, in der die Molekülketten liegen, liegt parallel zur Nadelachse. Gleichartige Ergeb-nisse wurden an Polyaminocapronsäure (Perlon) erzielt.

Die Röntgenmethode vermag hier – grundsätzlich gegenüber der polarisationsoptischen Methode – eine höhere Ordnung der Molekülketten anzuzeigen: nicht nur die tangentiale Ausrichtung der Molekülachsen schlechthin, sondern auch die der Zickzackebene der C–C-Kette kann er-faßt werden. Bemerkenswert an dem Ergebnis ist noch der hohe Grad der Molekülorientierung – allerdings nur in den kristallinen Bereichen erfaßbar – im Sphärolith, der sich unter den herrschenden Versuchs-bedingungen aus den immerhin relativ kurzen Sichellängen ergibt.

Einen wesentlich geringeren Orientierungsgrad im Sinne einer Lage-rung in Tangentialebenen findet demgegenüber BRENSCHEDE[5] auf dem anderen Wege, nämlich durch Messung der Doppelbrechung an Sphäro-

---

[1] JENCKEL, E. u. E. KLEIN: Kolloid-Z. **118**, 86 (1950).
[2] KAHLE, B. u. H. A. STUART: unveröffentlichte Untersuchungen.
[3] HAWKINS, S. W. u. R. B. RICHARDS: J. Polymer Sci. **4**, 515 (1949).
[4] HERBST, M.: Z. Elektrochem. angew. physik. Chem. **54**, 318 (1950).
[5] BRENSCHEDE, W.: Kolloid-Z. **114**, 35 (1949).

lithen in Polyamiden und Polyurethanen. Dazu wurde im Polarisationsmikroskop in den hellen Quadranten des Sphärolithenkreuzes die Doppelbrechung mit Hilfe eines BEREK-Kompensators (Leitz-Werke, Wetzlar) quantitativ ermittelt. Nach Berücksichtigung verschiedener Korrekturfaktoren zeigte sich, daß unter Annahme vollständiger Ausrichtung der Ketten in Tangentialebenen die Doppelbrechung etwa zehnmal größer hätte sein müssen, als sie gemessen wurde. Dieser Befund, der durch nicht näher erläuterte Messungen von BRYANT[1] bestätigt wird, läßt auf eine nur geringe Bevorzugung tangentialer Molekülausrichtung schließen und steht damit im Gegensatz zu den vorerwähnten Ergebnissen von HERBST.

Daß aus dem Vorzeichen der Doppelbrechung jedoch nicht immer mit Sicherheit auf die Richtung der Molekülketten im Sphärolith geschlossen werden kann, konnte BRENSCHEDE[2] an Polyamiden zeigen. In ein und demselben Präparat fanden sich Sphärolithe mit negativer und positiver Doppelbrechung bezogen auf den Radius, d. h., die Molekülketten müßten im ersten Falle tangential, im zweiten Falle radial angeordnet sein. Die positiven Sphärolithe wiesen allerdings gegenüber den negativen einen unregelmäßigeren und viel stärker strahligen Bau auf. Beim Erhitzen gingen sie zum Teil bereits 50°C unterhalb des Schmelzpunktes in negative Sphärolithe über. Hieraus wurde geschlossen, daß der positive Wert durch Überlagerung zweier Effekte zustande kommt; die negative Eigendoppelbrechung (Molekülorientierung) wird überkompensiert durch die WIENERsche Formdoppelbrechung[3], hervorgerufen durch radiale Spalte zwischen den individuellen „Kristallnadeln".

Die Anwesenheit von Kapillarspalten in sphärolithisch erstarrtem Polyäthylen wird auch wahrscheinlich gemacht durch die Beobachtung von HAWKINS und RICHARDS[4], daß die Trübung in sphärolithisch erstarrtem Polyäthylen durch Tränken in flüssigen Kohlenwasserstoffen vermindert wird. Ferner konnten JENCKEL und KLEIN[5] eine bevorzugte Ablagerung von Farbstoff in zum Teil radial, zum Teil wabenförmig angeordneten Rissen feststellen.

Neuere elektronenmikroskopische Aufnahmen von STUART, VEIEL und HARTMANN-FAHNENBROCK[6] zeigen diese radial verlaufenden Spalte in recht ausgeprägter Weise an aus Lösung erhaltenen Sphärolithen von Polyaminocapronsäure (Abb. VIII, 46). Diese Gebilde er-

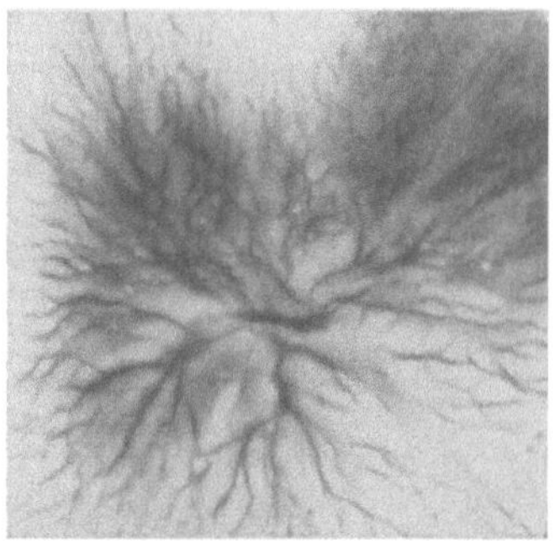

Abb. VIII, 46. Elektronenmikroskopische Aufnahme eines Sphäroliths von Polyaminocapronsäure in Ameisensäure, 7000-fach vergr. (Nach STUART, VEIEL und HARTMANN-FAHNENBROCK, s. S. 510.)

---

[1] BRYANT, W. M. D.: s. S. 507.   [2] Siehe S. 508, Fußnote 5.
[3] AMBRONN-FREY: Polarisationsmikroskop (Leipzig 1926), S. 113.
[4] HAWKINS, S. W. u. R. B. RICHARDS: s. S. 508.
[5] JENCKEL, E. u. E. KLEIN: s. S. 508.
[6] STUART, H. A., U. VEIEL u. M. HARTMANN-FAHNENBROCK: Vortrag beim International Congress of Pure and Applied Chemistry, Stockholm 1953.

wiesen sich in Übereinstimmung mit den vorangehenden Betrachtungen
als optisch positiv[1].

Die WIENERsche Formdoppelbrechung beruht nun hier auf der Differenz der Brechungsindices der kompakten Masse der Sphärolithe und des
Inhalts der Kapillarräume (Vakuum, Gasfüllung oder eine ausgeschiedene
Substanz von abweichendem Brechungsindex). Das Erhitzen führt offenbar zu einem allmählichen Verschwinden dieser heterogenen Struktur,
und es verbleibt nur die aus der Molekülorientierung herrührende Doppelbrechung.

Das stark unterschiedliche Aussehen der negativen und positiven
Sphärolithe (in den Versuchen von BRENSCHEDE) läßt jedoch den Schluß
zu, daß in den gut ausgebildeten und von vornherein negativen Sphärolithen der Polyamide die Überlagerung durch die WIENERsche Formdoppelbrechung nur eine sehr geringfügige sein kann. Daher verbleibt
eine Diskrepanz zwischen den Ergebnissen von BRENSCHEDE und von
BRYANT einerseits mit einer geringen tangentialen Ausrichtung der Molekülketten und den Ergebnissen von HERBST andererseits mit einer
wesentlich besseren. Sie läßt sich auch kaum beseitigen, wenn man beachtet, daß die Röntgenmethode nur die Orientierung in den kristallinen
Bereichen erfaßt.

d) Thermische Bedingungen der Sphärolithbildung. Keimbildungszahlen.

Über die thermischen Bedingungen der Sphärolithbildung und -auf-
schmelzung liegen eine Reihe einzelner Beobachtungen und auch ausgedehntere Untersuchungen vor.

JENCKEL und WILSING[2] stellten fest, daß Polyurethansphärolithe
„optisch" zwischen 183°C und 186°C schmelzen, d. h. die im Polarisationsmikroskop sichtbare Aufhellung mit dem darin befindlichen dunklen Kreuz verschwindet. Dieser Vorgang fällt etwa mit dem tatsächlichen
Schmelzen zusammen. Beim Abkühlen einer Schmelze, die 190°C nicht
überschritten hat, entstehen keine Sphärolithe mehr. Aus höher erhitzten
Schmelzen bilden sich indessen unterhalb 172°C neue Sphärolithe, wenn
genügend langsam abgekühlt wird. Schnelles Abschrecken dagegen verhindert die optische Aufhellung bzw. Entstehung der Sphärolithe ganz.

Weitere aufschlußreiche Untersuchungen stammen von HAWKINS und
RICHARD[3]. Sie haben die Entstehung und Aufschmelzung von Sphärolithen in Polyäthylen in Abhängigkeit von der Temperatur und der thermischen Vorgeschichte an Hand von Trübungsmessungen und kine-
matographischen Aufnahmen studiert. Das Auftreten der Trübung beim
Erstarren der Schmelze deutet dabei auf optische Inhomogenitäten von
einer die Lichtwellenlänge überschreitenden Dimension. Daß dies nicht
die „kristallinen" Bezirke im Sinne von HERRMANN und GERNGROSS[4] sind,

---

[1] Die Aufnahme Abb. VIII, 46 wurde uns freundlicherweise von den Verfassern
zur Verfügung gestellt.

[2] JENCKEL, E. u. H. WILSING: Z. Elektrochem. angew. physik. Chem. **53**, 4
(1949).   [3] HAWKINS, S. W. u. R. B. RICHARDS: s. S. 508.

[4] Z. B. O. GERNGROSS u. C. HERRMANN: Z. physik. Chem. B **10**, 371 (1930);
s. auch Kap. V, A.

ergibt sich aus deren Abmessungen von nur einigen hundert Ångström[1,2]. Vielmehr müssen es Aggregationen solcher kristalliner Bezirke einschließlich ihrer amorphen Zwischenräume sein, die die Lichtwellenlänge überschreiten. Einmal tritt uns diese Trübung in einer mikroskopisch nicht mehr auflösbaren Form entgegen[3], dann in einer auflösbaren feinkörnigen Struktur[4,5], die sich im Polarisationsmikroskop als schwarz-weiß gesprenkeltes Gesichtsfeld darbietet. Jedes mikroskopisch auflösbare Feld weist offenbar eine Vorzugsrichtung der in ihm enthaltenen Molekülketten auf, es ist doppelbrechend. Beim Drehen des Mikroskoptisches macht daher jedes Feld einen periodischen Helligkeitswechsel durch. Eine weitere Form sind die Sphärolithe selbst, mit einem radialfaserigen oder schaligen Aufbau.

An den Phasengrenzflächen dieser linearen oder kugeligen Aggregate, die einen Wechsel im Brechungsindex bedeuten, findet Lichtstreuung statt, die wahrscheinlich noch durch Kapillarrisse, Vakuolen oder Gaseinschlüsse[5,6,7] verstärkt wird. Während nun bei schnellem Abschrecken Polyäthylenschmelzen – und dies gilt für alle zur Sphärolithbildung fähigen Hochpolymeren – glasklar erstarren, zeigen sie bei langsam abnehmender Temperatur (2°C/min) eine stetig verminderte Lichtdurchlässigkeit, die bei Temperaturumkehr nahezu reversibel ist. Lediglich kurz nach Erstarren der Schmelze weist die Lichtdurchlässigkeit ein scharfes Minimum auf, und zwar nur in Richtung sinkender Temperatur. Parallellaufende Beobachtungen im Polarisationsmikroskop zeigten an diesem Temperaturpunkt plötzliche Aufhellung des Gesichtsfeldes und Heraustreten einer feinkörnigen Struktur, aus der heraus dann hier und dort Sphärolithe mit schnellem radialem Wachstum entstehen. Ähnliche Vorstufen der Sphärolithbildung wurden später auch von JENCKEL und KLEIN[7] an erstarrendem Polyurethan beobachtet. Offenbar ist die primär entstehende stark lichtstreuende feinkörnige Grundmasse noch so instabil und wandlungsfähig, daß ein im Wachsen begriffener Sphärolith ihr seine radiale Struktur aufprägen kann. Die Umwandlung in Sphärolithe bringt zunächst den steilen Wiederanstieg der Lichtdurchlässigkeit, bis nach Überschreiten des Minimums ein langsamer Abfall erfolgt. Mit weiter sinkender Temperatur bestimmen offenbar Zahl und Größe der Sphärolithe und die Differenz ihrer Brechungsindices in sicher sehr komplizierter Weise die Höhe der Lichtdurchlässigkeit.

Ein auch für andere Sphärolithbildner charakteristisches Verhalten zeigt sich beim Polyäthylen nach kurzzeitigem Aufheizen der Probe bis an den optischen Schmelzpunkt. Beim Abkühlen erscheinen die zuvor dagewesenen, dann aufgeschmolzenen Sphärolithe in gleicher Gestalt, Größe und örtlicher Verteilung wieder. Es sind hier optisch nicht mehr wahrnehmbare, aber thermisch stabilere Reststrukturen verblieben. Ver-

---

[1] HENGSTENBERG u. H. MARK: Z. Kristallogr., Mineral. Petrogr. **69**, 271 (1929).
[2] ASTBURY u. BROWN: Nature **158**, 871 (1946).
[3] PRICE, F. P.: J. Amer. chem. Soc. **74**, 314 (1952).
[4] HAWKINS, S. W. u. R. B. RICHARDS: s. S. 508.
[5] STUART, H. A. u. U. VEIEL: s. S. 506.
[6] BRENSCHEDE, W.: Kolloid-Z. **114**, 35 (1949).
[7] JENCKEL, E. u. E. KLEIN: Kolloid-Z. **118**, 86 (1950).

weilt hingegen die Probe länger als fünf Minuten im geschmolzenen Zustand, so bilden sich beim Abkühlen völlig neue Sphärolithe und in anderer gegenseitiger Anordnung.

Es sei hier auf das unterschiedliche Verhalten der Polyurethanschmelzen nach den oben erwähnten Untersuchungen von Jenckel und Wilsing hingewiesen. Dort mußte die Probe noch einige Grade über ihren optischen Schmelzpunkt erhitzt werden, um beim Abkühlen überhaupt eine Rückbildung von Sphärolithen beobachten zu können.

Interessante Ergebnisse über Keimbildung und Wachstumsgeschwindigkeit von Sphärolithen in Polychlortrifluoräthylenschmelzen (Fluorothen) hat Price[1] veröffentlicht. Der Durchmesser des Sphäroliths wächst danach linear mit der Zeit, und die Wachstumsgeschwindigkeit ist im wesentlichen eine Funktion der Temperatur, auf die die Probe aus dem Bereich oberhalb des Schmelzpunktes (210°C) plötzlich heruntergekühlt wird. Mit abnehmender Temperatur steigert sich diese Geschwindigkeit bis zu einem Maximum (etwa 20 μ/min), um dann auf Null abzusinken. Dagegen wird die Zahl der je Volumeinheit entstehenden Sphärolithe von der Ausgangstemperatur oberhalb des Schmelzpunktes bestimmt, und zwar gilt die jeweils höchste Temperatur, die nach Aufschmelzen erreicht worden ist. Je höher diese lag, desto geringer die Sphärolithzahl. Dieses seltsame Verhalten führt Price auf das Vorhandensein besonders ausgebildeter Keime zurück. Sie bestehen aus irgendeiner Verunreinigung als Trägersubstanz, in dessen Hohlräumen und Spalten kristallines Polymerisat als keimbildende Masse eingelagert ist. Durch die Art der Bindung an die Trägersubstanz erfährt es eine Schmelzpunkterhöhung, wodurch die Kristallisationskeime in mehr oder weniger großer Zahl erhalten bleiben. Diese Auffassung wird gestützt durch die Beobachtung, daß die Sphärolithe nach Aufschmelzen und Abkühlen an gleicher Stelle und in gleicher Zahl wieder erscheinen, selbst wenn die Schmelze bis auf 280°C, also 70°C über ihren Schmelzpunkt, erhitzt worden ist (Fall der athermischen Keimbildung, vgl. §46). Demgegenüber sind die latenten Sphärolithkeime in Polyäthylenschmelzen nach Hawkins und Richards[2] wesentlich empfindlicher und werden bereits durch kurzzeitiges Erhitzen am Schmelzpunkt zerstört.

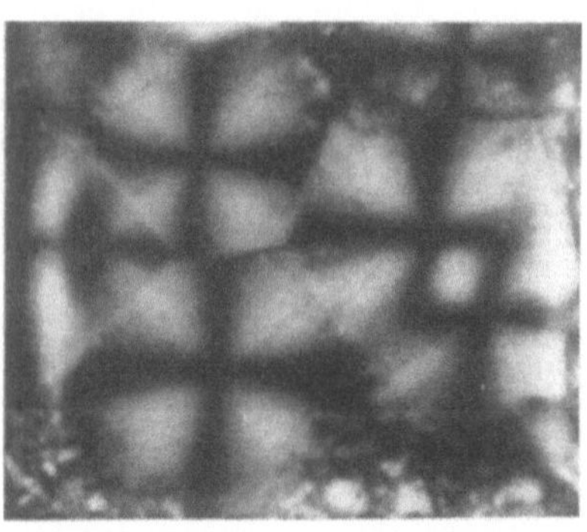

Abb. VIII, 47. Anhäufung von Sphärolithen in einem Polyamid aus Hexamethylendiamin und Sebazinsäure mit ebenen Berührungsflächen, 290fach vergr. (Aus: Brenschede,W.,s. S.511.)

Bemerkenswert an den Untersuchungen von Price ist noch die Tatsache, daß innerhalb einer thermisch gleich behandelten Probe die Sphärolithbildung an allen Stellen gleichzeitig beginnt, mit gleicher Wachstumsgeschwindigkeit fortschreitet

---

[1] Price, F. P.: s. S. 511.   [2] Hawkins, S. W. u. R. B. Richards: s. S. 508.

und somit zu einer ziemlich scharfen Größenverteilung führt. Die gleiche Schlußfolgerung wurde auch von BRENSCHEDE[1] an Polyamiden gezogen. Sie ergab sich aus Gestalt und Lage der Begrenzungsfläche zweier in ihrem Wachstumsbereich sich überschneidender Sphärolithe. Diese Fläche ist in der Regel eben und bildet die Mittelsenkrechte auf der Verbindungslinie der beiden Sphärolithmittelpunkte. (Abb. VIII, 47). Nur in vereinzelten Fällen liegt die Berührungsebene unsymmetrisch, d.h. näher an den einen Sphärolithmittelpunkt herangerückt. Dann ist sie stets zu diesem hin hyperbolisch gekrümmt (Abb. VIII, 48). Die Erklärung liegt darin, daß das Wachstum dieses Sphärolithes später begonnen hat, dann aber mit gleicher Geschwindigkeit vorangeschritten ist.

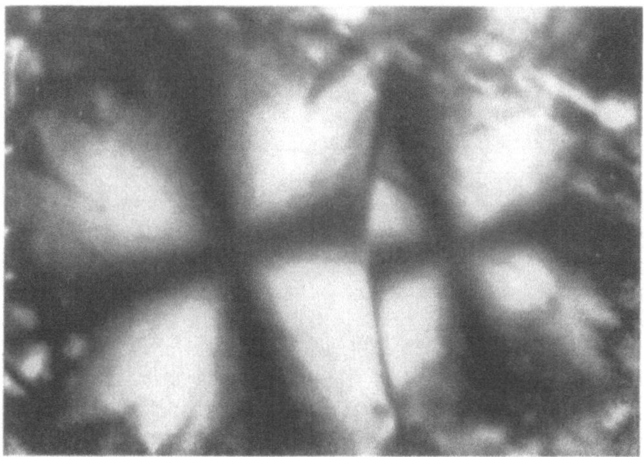

Abb. VIII, 48. Sphärolithe in einem Polyamid aus Hexamethylendiamin und Sebazinsäure mit hyperbolischer Berührungsfläche, 630 fach vergr. (Aus: BRENSCHEDE, s. S. 408.)

Ist die Keimbildungszahl so groß, daß kein genügender Raum zur Entwicklung ausgeprägter Sphärolithe zur Verfügung steht, so kann sich naturgemäß nur eine undeutliche feinkörnige Struktur bilden. Daß in diesen Fällen selbst durch stärkste mikroskopische Auflösung keine Sphärolithe sichtbar werden, hängt offenbar mit der Tatsache zusammen, daß das erste Wachstumsstadium eine typische Sphärolithstruktur überhaupt vermissen läßt (vgl. S. 507, Abb. VIII, 45). Eine solche feinkörnige Struktur konnten auch STUART und VEIEL[2] an Polyaminocapronsäure beobachten, wenn eine zu große Anhäufung von Keimen durch ungenügende Aufheizung der Schmelze vor der Abkühlung verblieben war (Abb. VIII, 49).

e) Entartete Wachstumsformen.

Als wichtigstes Kriterium für das Vorliegen einer sphärolithischen Struktur in Hochpolymeren gilt in allen voranstehend beschriebenen Untersuchungen die Beobachtung von Sphärolithenkreuzen in polarisiertem

---

[1] BRENSCHEDE, W.: s. S. 511.   [2] STUART, H. A. u. U. VEIEL: s. S. 506.

Licht. Diese optische Erscheinung wird gewissermaßen in die Definition dieser Wachstumsformen einbezogen, da sie uns sehr eindrucksvoll den

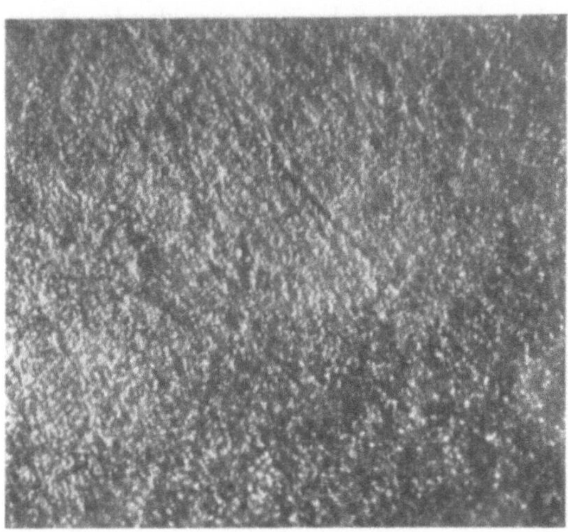

Abb. VIII, 49. Oberflächenbild eines Perlonblockes mit feinkörniger Struktur, 280fach vergr. (Nach STUART und VEIEL.)

kugelsymmetrischen morphologischen Aufbau zeigt. In letzter Zeit sind indessen Strukturen bekannt geworden, die das Sphärolithenkreuz nicht mehr in seiner einfachen Form, sondern stark entartet zeigen. Wir haben es hier mit sehr interessanten Abarten sphärolithischer Struktur zu tun.

Bei der Abkühlung geschmolzener Polyester aus Terephtalsäure und Äthylenglykol beobachtete KELLER[1], daß die Form der sich bildenden Sphärolithe — gemeint ist wiederum das zwischen gekreuzten Polarisatoren erscheinende Bild — sehr stark von der Abschrecktemperatur abhängt. Liegt diese zwischen 100^0 C bis 130^0 C, so erscheint das normale Balkenkreuz in normaler Lage. Es handelt sich hier um positive Sphärolithe (vgl. Abschnitt a). Mit steigender Abschrecktemperatur werden die schwarzen Balken zu Zickzack-

Abb. VIII, 50. Sphärolithe in Polyester aus Terephthalsäure und Äthylenglykol mit zickzackförmigen Balkenkreuzen, 360 fach vergr. (Aus: KELLER, s. Fußnote.)

linien umgebildet, die immer größer werdende Winkelbereiche überstreichen (Abb. VIII, 50). Schließlich berühren sie sich in ihren Umkehrpunkten und bilden geschlossene, konzentrische Kreise. Das Sphä-

---

[1] KELLER, A.: Nature **169,** 913 (1952).

rolithenkreuz, das im Gesamtbild noch erkenntlich bleibt, zeigt dabei zunehmende Winkelabweichungen von den Polarisationsebenen des Mikroskops, d.h. es dreht sich aus seiner ursprünglichen Lage heraus. KELLER erklärt diese seltsame Erscheinung durch ein wendelförmiges Wachstum, das von einem Zentrum ausgeht. Die Hauptachsen der Indexellipsoide der die Wendel aufbauenden Substanz liegen dadurch nicht mehr radial bzw. tangential, sondern sind etwas aus ihrer normalen Lage herausgedreht (Abb.VIII, 51). Da der Sphärolith jedoch kein flächenhaftes, sondern ein räumliches Gebilde darstellt, dürfte eine exakte Deutung auf dieser Grundlage nicht ganz einfach sein. Eine ähnliche Erscheinung konnten JENCKEL und Mitarbeiter[1] an Polyestern feststellen. Die Ausbildung konzentrischer Ringe, sichtbar im Polarisationsmikroskop, führten sie jedoch auf eine eutektische Kristallisation zurück, bei der sich die Zusammensetzung auf-

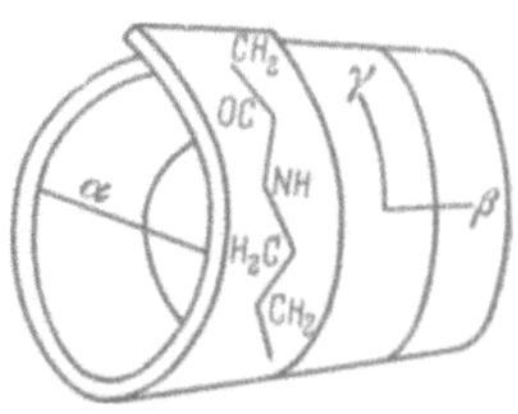

Abb.VIII, 51. Schraubenförmige Anordnung der Molekülketten zur Deutung der in Abb.VIII, 50 gezeigten anomalen Sphärolithstruktur. [Aus: KELLER, Nature **171**, 170 (1953).]

einanderfolgender Schichten periodisch ändert. Ein derartiges Ringsystem haben auch KAHLE und STUART[2] am 11-Nylon (Rilsan), und zwar auch in unpolarisiertem Licht beobachtet.

Einen weiteren, den *quadratischen Sphärolithtyp* hat SCHUUR[3] bei Guttapercha gefunden und ihn durch die Autoorientierung der Kettenmoleküle erklärt, vgl. Abschn. g. Derselbe Autor hat auch Sphärolithe mit dendritenartiger Struktur, ebenfalls bei Guttapercha gefunden, s. Abb.VIII, 52a, die bei gekreuzten Polarisatoren kein Achsenkreuz zeigen.

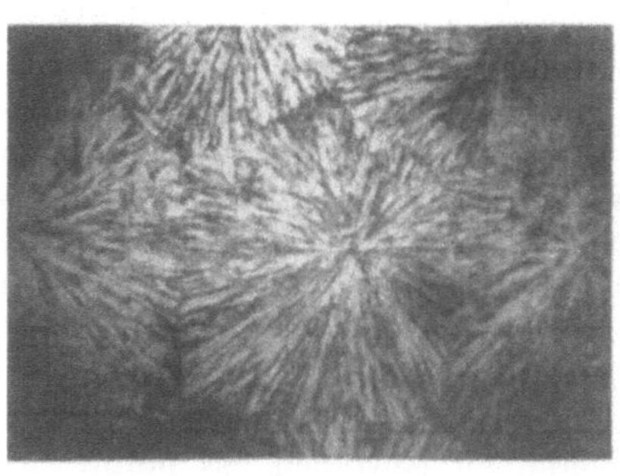

a

b

Abb.VIII, 52. a) Sphärolith mit Dendritenstruktur (ohne Achsenkreuz) in Guttapercha; b) Orientierungsschema der kristallinen Bereiche. (Nach SCHUUR.)

SCHUUR erklärt das dadurch, daß die kristallinen Bereiche stets unter 45° symmetrisch zum Sphärolithradius angeordnet sind, Abb.VIII, 52b. Einfacher kann man die Erscheinung durch eine Spaltstruktur erklären,

---

[1] JENCKEL, E., E. TEEGE u. W. HINRICHS: Kolloid-Z. **129**, 19 (1952).
[2] KAHLE, B. u. H. A. STUART: unveröffentlicht.
[3] SCHUUR, G.: J. Polymer Sci. **111**, 385 (1935).

wobei die Brechungsindizes parallel und tangential infolge einer Kompensation von Form und Eigendoppelbrechung praktisch gleich werden; vgl. S. 509.

Ein weiteres, sehr interessantes Ergebnis über die Entartung des Sphärolithen erzielten JENCKEL und Mitarbeiter[1] an Polyamiden und Polyurethanen. Wenn die Schmelze in dünner Schicht zwischen Aluminiumfolien abgekühlt wird, liegen die Sphärolithkeime ausschließlich in der Grenzfläche Schmelze–Metall, so daß ihr Wachstum nur in Richtung zum Inneren der Schicht stattfinden kann. Dabei ist die Keimzahl so groß, daß es wegen räumlicher Behinderung nicht zur Ausbildung kugeliger Individuen kommt, – also kein radiales Wachstum auftritt – sondern nur noch eine Kristallisation mit ebener Front in die Schmelze hinein vor sich geht. Wie aus Abb. VIII, 53 ersichtlich, entsteht dabei eine leicht streifige Struktur und die von den beiden metallischen Begrenzungsflächen ausgehenden Wachstumsfronten stoßen in der Mittelebene aufeinander. Durch qualitative Bestimmung der Doppelbrechung konnte JENCKEL auch feststellen, daß die Moleküle bevorzugt parallel zur „Wachstumsfront" gelagert sind, ganz analog zum Aufbau der Sphärolithe. Nach KAHLE und STUART[2] beträgt die Doppelbrechung bei der Transkristallisation von 6-Nylon (Perlon) etwa 0,004, ist also um eine Größenordnung kleiner als in einer verstreckten Faser. Es bestehen demnach keine grundsätzlichen Unterschiede zwischen dieser

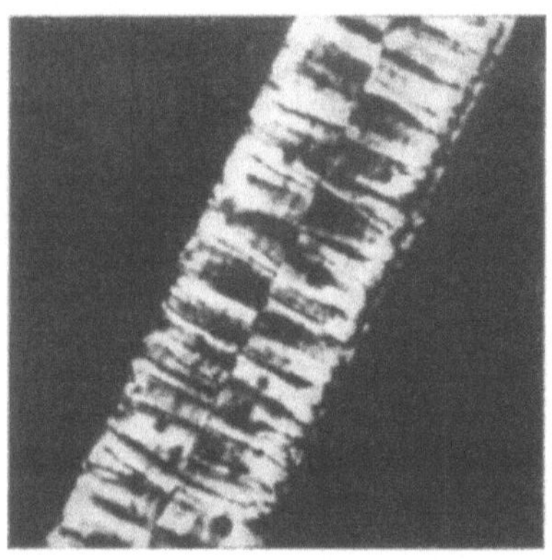

Abb. VIII, 53. Transkristallisation in Polyamid in etwa 0,2 mm starker Schicht. (Aus: JENCKEL, TEEGE und HINRICHS, s. S. 515.)

als *Transkristallisation* bezeichneten Erscheinung und der echten Sphärolithbildung. Zu beachten ist vielleicht, daß die Abführung der Kristallisationswärme unterschiedlich erfolgt, im ersten Falle entgegengesetzt zur fortschreitenden Kristallisation, im zweiten Falle gleichlaufend. Die hier angewandte Methode, eine ebene Kristallisationsfront auszubilden, eröffnet eine Möglichkeit, tiefere Einblicke in die molekularen Vorgänge beim Kristallisieren der Hochpolymeren zu gewinnen. Es müßte der Orientierungsgrad der Molekülketten in bezug auf die Richtung der fortschreitenden Kristallisation sich nunmehr mit größerer Genauigkeit bestimmen lassen als dies an Sphärolithen röntgenographisch durch HERBST[3] und polarisationsoptisch durch BRENSCHEDE[4] geschehen konnte. Die zu entscheidende Frage ist, ob die Molekülketten sich nahezu vollkommen in die Fläche der Kristallisationsfront einlagern (Kugelfläche bei Sphärolithen bzw. ebene Kristallisationsfront bei der Transkristallisation) oder nur eine geringe Bevorzugung dieser Raumrichtung gegeben ist.

---

[1] Siehe S. 515, Fußnote 1. — [2] Siehe S. 515, Fußnote 2.
[3] HERBST, M.: s. S. 508.   — [4] BRENSCHEDE, W.: s. S. 508.

Zum Schluß sei noch auf das Verhalten der in Hochpolymeren eingelagerten Sphärolithe beim Kaltverstrecken der Substanz hingewiesen. Sowohl Langkammerer und Catlin[1] als auch Jenckel[2] konnten sphärolithhaltige Polyamide bzw. Polyurethane verstrecken und dabei eine Verformung der kugeligen Einschlüsse zu ellipsoiden bis strichförmigen Gebilden beobachten. Sphärolithhaltige Proben bieten beim Verstrecken größeren Widerstand als sphärolithfreie Proben.

f) Schlußbetrachtung.

Das Studium der Sphärolithbildung in Hochpolymeren hat zu einigen bemerkenswerten Ergebnissen geführt, die wir im folgenden von einer gemeinsamen Warte aus betrachten wollen.

Zunächst sei festgestellt, daß nur solche hochmolekularen Körper — es handelt sich ausschließlich um linear aufgebaute Moleküle — zur Ausbildung sphärolithischer Struktur befähigt sind, die bei der Abscheidung aus Schmelze oder Lösung unter bestimmten Versuchsbedingungen in höher molekulare Ordnungszustände überzugehen vermögen (z.B. Polyamide, Polyester, Polyurethane, Polyäthylene und Derivate). Damit ist die Bildung kristalliner Bereiche gemeint, die aber sowohl in ihrer Ausdehnung (man rechnet im allgemeinen mit höchstens einigen 100 Ångström) als auch ihrem Ordnungsgrad durchaus beschränkt sein können. Als Prüftest für diese Ordnungszustände gilt das Röntgendiagramm in orientierten und nicht orientierten Proben.

Wir sind zu dieser Feststellung berechtigt, da es bisher nicht gelungen ist, in Hochpolymeren, denen diese Fähigkeit ganz oder teilweise abgeht, Sphärolithe zu züchten (z.B. Polyvinylacetat, Polyvinylchlorid, Polyacrylnitril).

Als weitere wichtige Regel können wir festhalten, daß diejenigen Versuchsbedingungen bei der Ausscheidung aus Schmelze oder Lösung die Sphärolithbildung begünstigen bzw. ermöglichen, welche auch gleichzeitig — erfahrungsgemäß — die Bildung kristalliner Bereiche fördern. Das ist z.B. eine relativ langsame Abkühlung bzw. Lösungsmittelverdampfung.

Als dritte Feststellung kann hinzugefügt werden, daß auf Grund röntgenographischer Untersuchungen[3] kein Unterschied in der Höhe der kristallinen (Nah-)Ordnung im Inneren eines Sphärolithen und in seiner sphärolithfreien Umgebung vorhanden ist.

Der Sphärolith baut sich demnach radial wachsend aus diesen Primärbereichen auf, und zwar in dem Sinne, daß bevorzugte Richtungen in diesen Bereichen, z.B. die Richtung der Kettenmoleküle, kugelsymmetrisch liegen. Die sphärolithfreie Umgebung zeigt hingegen in der Regel. kein übergeordnetes Bauprinzip, wobei wir hier von der hin und wieder mikroskopisch beobachtbaren feinkörnigen kristallinen Struktur absehen wollen. Die Wirkung der Keime als Ausgangspunkt für die Sphärolith-

---

[1] Langkammerer, C. W. u. E. Catlin: J. Polymer Sci. **3**, 305 (1948).
[2] Jenckel, E. u. E. Klein: Kolloid-Z. **118**, 86 (1950).
[3] U.a. F. P. Price: J. Amer. chem. Soc. **74**, 314 (1952).

bildung kann dabei etwa so formuliert werden, daß sie die Energie-schwelle für die geordnete Aneinanderreihung der schon vorgebildeten Primärbereiche durchbrechen helfen. Das allererste Wachstum geht zunächst nur in zwei sich gegenüber liegenden Richtungen vor sich, um erst später durch radiale Richtung Kugelsymmetrie zu erlangen.

Energetisch gesehen entsprechen vermutlich diesen beiden Ordnungs-stufen — submikroskopische kristalline Bereiche und mikroskopischer Sphärolithaufbau — ebenso zwei aufeinanderfolgenden Potentialstufen, so daß der Sphärolith etwas energieärmer ist als die sphärolithfreie Umgebung. Die Bildung der primären kristallinen Bereiche läuft nach PRICE[1] zeitlich vorab, und zwar mit einer sehr viel größeren Geschwindigkeit als die später hier und dort einsetzende Sphärolithbildung.

Was die Ausrichtung der Kettenmoleküle im Sphärolith betrifft, so ist sie gewöhnlich tangential. Dies entspricht dem optischen Charakter: negativ doppelbrechend in bezug auf den Radius. Positiv doppel-brechende Sphärolithe dürften auf Komplikationen beruhen, die eine radiale Ausrichtung der Kettenmoleküle nur vortäuschen.

g) Zur Frage der Entstehung morphologischer Strukturen.

Von H. A. STUART.

Während der Drucklegung dieses Bandes sind eine Reihe von Arbeiten, vor allem von KELLER und Mitarbeitern erschienen, die unsere Kenntnisse von der Entstehung und dem fibrillären Aufbau der Sphärolithe wesentlich gefördert haben. Herr KELLER war so freundlich, dem Herausgeber einige druckfertige Manuskripte zur Einsicht zu überlassen, auf die wir im folgenden kurz eingehen möchten.

1. Wendel-Modell (helix).

Nach diesem Modell, das sich auf eingehende röntgenographische, licht- und elektronenmikroskopische Untersuchungen von KELLER und Mitarbeitern[2] stützt, wickeln sich die Fadenmoleküle bandartig auf, s. Abb. VIII, 51. Damit kann man, wie bereits im § 32 besprochen, nicht nur gewisse unerwartete Orientierungserscheinungen beim Verstrecken und Relaxieren, sondern auch das Auftreten von negativen und positiven Sphärolithen, sowie die eigentümlichen Erscheinungen am Terylen, s. Abschn. e, recht zwanglos erklären. Jede Wendel oder Fibrille (fibrille oder radiating unit of spherulite) ist durch ihren Steigungswinkel φ und ihren Durchmesser charakterisiert. Mit $\varphi = 0°$ entartet die Wendel in eine Spirale; $\varphi = 90°$ bedeutet eine völlig auseinandergezogene Wendel. Bei Polyamiden und Polyäthylen ist das Band dicht geschlossen, sehr

---

[1] Siehe S. 517, Fußnote 3.
[2] KELLER, A.: J. Polymer Sci., im Druck. — A. KELLER u. J. R. S. WARING: J. Polymer Sci., im Druck.

kleines φ. Ferner kann das Band parallel oder senkrecht zur Achse der Wendel liegen. Bei Polyamiden liegen im ersteren Falle die Rostebenen parallel zur Achse, vgl. Abb. VIII, 51.

Da die Hauptpolarisierbarkeiten α_i, z.B. eines 6,6-Nylon-Moleküls, in der Kettenrichtung γ am größten und in der Richtung α senkrecht zur Molekülebene am kleinsten ist, wird der Mittelwert der Polarisierbarkeiten in der Ebene senkrecht zur Fibrillenachse $(\alpha_\gamma + \alpha_\alpha)/2 \lessgtr \alpha_\beta$ und damit $n_{tg} \lessgtr n_{rad}$; der Sphärolith kann also in diesem Falle positiv oder negativ werden[1]. Da aber wegen der stark polarisierbaren $C = O$-Bindungen α_β ziemlich nahe bei α_γ liegen dürfte, ist ein positiver Sphärolith, $n_{tg} < n_{rad}$, zu erwarten. Liegen die Rostebenen aber senkrecht zur Achse, also tangential, wie das HERBST[2] beobachtet hat, so wird wegen $(\alpha_\gamma + \alpha_\beta)/2 > \alpha_\alpha$ der Sphärolith notwendig negativ.

Jede Theorie des Sphärolithwachstums muß die Neigung zum Spiralwachstum und zur Bildung von Verzweigungen, wie sie schon an den elektronenmikroskopischen Abbildungen immer wieder auffällt, wiedergeben, s. Abb. VIII, 45 u. 46. KELLER entwickelt die Vorstellung, daß die Fibrillen sich periodisch und unter ziemlich festen Winkeln verzweigen, und kann so auf Grund geometrischer Betrachtungen, auf die wir hier nicht näher eingehen können, für zwei- und dreidimensionale Gebilde charakteristische Beobachtungen an Sphärolithkernen erklären, z.B. die Struktur mit den beiden „Hohlräumen", s. Abb. VIII, 43 u. 45. Dieselbe Struktur hat KELLER auch an Sphärolithen von Resorcin gefunden; sie ist also entsprechend den Beobachtungen von BERNAUER nicht auf Stoffe aus Fadenmolekülen beschränkt.

Schraubenförmiges Kristallwachstum ist in der Natur häufig und kann ganz verschiedene Ursachen haben, z.B. einseitig gerichtete äußere Kräfte[3]. Nach LEHMANN[4] zeigen fadenförmige Kristalle die Neigung zur Schraubung um so mehr, je dünner sie sind, d.h. je mehr die Grenzflächenspannungen eine Rolle spielen, was ja gerade bei fadenförmigen Makromolekülen zutrifft. Auch eine Asymmetrie der Molekülstruktur kann die Ursache sein. Auf den Einfluß von Verunreinigungen, des Grades und der Dauer der Überhitzung sowie der Art der Abkühlung auf die Drillung hat schon BERNAUER[5] hingewiesen.

Für eine Verzweigung gibt es ebenfalls verschiedene Gründe. So kann die Bruchstelle eines deformierten Kristalles Ausgangspunkt einer Verzweigung werden. Auch bei seitlichem Wachstum kristalliner Bereiche sind nach STUART Verzweigungen zu erwarten, s. Abb. VIII, 54.

Unbeantwortet bleiben auch bei KELLER die Fragen: wie können die in der Schmelze verknäulten Moleküle beim Kristallisieren eine weitreichende Ordnung aufbauen, wie ordnen sich die Molekülketten in die morphologischen Einheiten ein, enthalten die Fibrillen selbst kristalline

[1] Siehe auch A. KELLER: Nature **171**, 170 (1953).

[2] HERBST, M.: Z. Elektrochem. angew. physik. Chem. **54**, 318 (1950).

[3] Siehe z. B. Arcy W. THOMPSON: „Growth and Form", Cambridge Univ. Press. 1943.

[4] LEHMANN, O.: „Molekularphysik", Bd. I, 1888.

[5] BERNAUER, F.: „Gedrillte Kristalle". Berlin 1929, Verlag Bornträger; aus Forschungen zur Kristallkunde.

und amorphe Bereiche, oder stellen sie „Einkristalle" dar, wobei der amorphe Anteil in den Zwischenräumen sitzen würde.

2. Zur Frage des Kristallisationsmechanismus.

Schuur[1] hat das Prinzip der „*Autoorientierung*" vorgeschlagen. Bekanntlich erfährt ein gedehntes Material beim nachträglichen Kristallisieren eine zusätzliche Längung, vgl. S. 499. Wenn in einem Raumelement ein Kristallkern in Kettenrichtung wächst, so wird das Raumgebiet sich in dieser Richtung etwas dehnen und quer dazu schrumpfen. Dadurch erfahren die seitlich liegenden Kettenmoleküle eine Orientierung quer zur Wachstumsrichtung. Die dadurch begünstigte anschließende Kristallisation erfolgt also mit einer Vorzugsrichtung senkrecht zur derjenigen des ersten Kernes. Dieser Prozeß setzt sich fort, katalysiert sich also von selbst. So erklären sich die, allerdings relativ seltenen, in Guttapercha beobachteten *quadratischen Sphärolithe*. Außerdem kann man in diesem besonderen Falle verstehen, wie aus der Nahordnung der Schmelze durch eine Autoorientierung der Ketten ein Ordnungssystem von mikroskopischen Abmessungen entsteht.

Es erscheint unmöglich, mit diesem Prinzip allein die verschiedenen Kristallisationserscheinungen zu erklären. Eine allgemeine Bedeutung würde es gewinnen, wenn man es mit der unbestreitbaren Tatsache des Spiralwachstums und dem Prinzip der Verzweigung vereinen könnte.

Man gewinnt aus allen Beobachtungen den Eindruck, daß die Fibrille — gleichgültig ob sie wirklich Wendelstruktur besitzt oder nicht — die einfachste morphologische Form darstellt. Wie kann aber ein Gebilde, dessen Abmessungen ein Vielfaches der Kettenlänge des Einzelmoleküls beträgt, aus der Schmelze entstehen, zumal eine derartig weitreichende Vorordnung in der Schmelze selbst unverständlich ist.

Eine gerichtete Kristallisation über längere Strecken scheint nach Stuart[2] möglich, wenn von vornherein nur sehr wenige Kristallkerne vorhanden sind, und wenn durch die Bildung von *induzierten Sekundärkeimen* die Kristallisation in der Ausgangsrichtung fortschreitet. Abb. VIII, 54 zeigt, wie aus einem in der Schmelze entstehenden kristallinen Bereich die Kettenmoleküle nach allen Richtungen herausragen. Durch die freiwerdende Kristallisations-

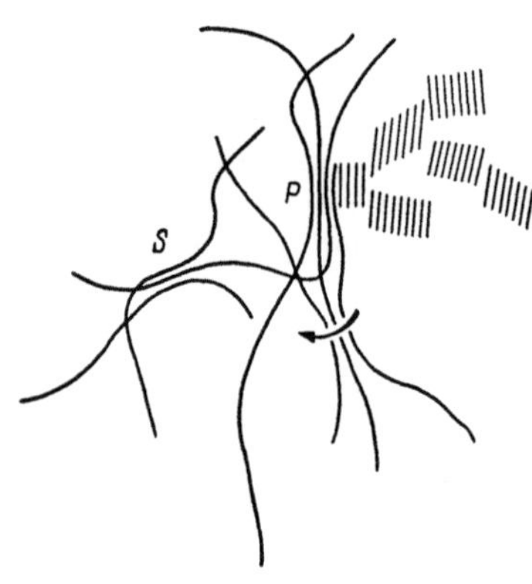

Abb. VIII, 54. Zur Entstehung von Sekundärkeimen und von Verzweigungen. (Nach Stuart.)

---

[1] Schuur, G.: J. Polymer Sci. **11**, 385 (1953). Vgl. ferner die sehr interessanten Ausführungen in: Some Aspects of the Crystallization of high Polymers, Commun. Nr. 276 (1955), Rubber Stichting Delft, die wir leider nicht mehr berücksichtigen konnten, sowie W. M. D. Bryant, R. H. H. Pierce jr. u. C. R. Lindegren, J. Polymer Sci. **16**, 131 (1955).

[2] Stuart, H. A.: Kunststoffe **44**, 385 (1954).

wärme erhalten diese Moleküle einen zusätzlichen Betrag an thermischer Energie. Die so erhöhte Temperaturbewegung begünstigt kinetisch die Bildung weiterer Kristallkerne entlang den Ketten. Diese *sekundär induzierten* Kerne würden aber weitgehend wieder verschwinden, wenn nicht die freiwerdende Kristallisationswärme mittels der verbindenden Kettenstücke über den zuerst entstandenen und seitlich schnell wachsenden Primärkeim abgeleitet werden könnte. Erst dadurch werden die Sekundärkeime stabil. Man kann sich vorstellen, daß für Ketten, die ungefähr in der Richtung von P liegen, die Kristallisationsbedingungen besonders günstig sind, vor allem weil in der ungefähren Vorzugsrichtung die Wahrscheinlichkeit, daß mehrere Molekülketten den sekundären Kern mit dem Primärkern verbinden, größer ist, die Kristallisationswärme also auch besser abgeleitet wird. So könnte man verstehen, daß die Kristallisation über Strecken, welche die Abmessungen der ursprünglichen Vorordnung weit überschreiten, ziemlich gerichtet verläuft. Beachtet man ferner, daß Stücke von fremden Ketten sich seitlich an den Primärkern besonders leicht anlagern — es ist ja nur eine geringe Eindrehung erforderlich und keine Diffusion über längere Strecken — und dabei auch *Verzweigungen* entstehen können, s. Abb. VIII, 54, so erhält man trotz der geringen Vorordnung in der Schmelze ein nach allen Richtungen wachsendes kristallin-amorphes System, das eine ausgesprochene Vorzugsrichtung aufweist. Je nachdem, ob die seitliche Kristallisation oder das Wachstum in Kettenrichtung schneller vor sich geht, liegen die Molekülketten quer oder parallel zur Richtung der größten Ausdehnung, d.h. zur Fibrillenrichtung. Dieses Bild enthält den Verzweigungsmechanismus und kann, wenn eine Tendenz zum Spiralwachstum vorliegt, auch zu wendelartigen Fibrillen führen, womit man mit KELLER die Möglichkeit erhält, auch die Anomalien beim Verstrecken und Relaxieren zu erfassen.

§ 46. Kinetik der Kristallisation.

Von E. JENCKEL.

a) Theorie der Kristallisationsgeschwindigkeit.

1. Die Vorstellung TAMMANNs.

Bekanntlich hat TAMMANN[1] schon vor langer Zeit zwei Faktoren erkannt, die die Geschwindigkeit der Kristallisation bestimmen. Es sind das die Kernzahl und die Kristallisationsgeschwindigkeit. Nach dieser Vorstellung muß man unterscheiden zwischen der ersten Bildung eines winzigen Kriställchens, das vielleicht nur aus einigen Elementarzellen besteht, ein Vorgang, der sehr selten vorkommt, und dem Weiterwachsen dieses Kriställchens auf mikroskopische oder makroskopische Dimensionen, ein Vorgang, der sehr viel leichter vonstatten geht. An geeigneten

---

[1] TAMMANN, G.: Kristallisieren und Schmelzen, Leipzig 1903.

niedermolekularen Stoffen läßt sich nach TAMMANN die Zahl der je Zeit- und Volumeneinheit gebildeten Kristallkerne sehr leicht bestimmen, indem man die Schmelzen auf die gewünschte Temperatur unterkühlt, dort eine bestimmte Zeit verweilen läßt und nun auf eine höhere Temperatur erhitzt, bei der die Bildung von Kernen nicht mehr merklich ist, jedoch die schon vorhandenen Kerne zu sichtbaren Kristallen heranwachsen. Die Anzahl dieser sichtbaren Kristalle läßt sich dann auszählen und ergibt die *Kernzahl*. Andererseits kann man die beispielsweise in einem Röhrchen befindliche unterkühlte Schmelze mit einem Impfkristall impfen. Der Impfkristall wächst dann und eine Front kristallisierten Materials schiebt sich mit meßbarer Geschwindigkeit in die Schmelze vor (*Kristallisationsgeschwindigkeit*).

Die beiden Kerngrößen: Kernzahl und Kristallisationsgeschwindigkeit interessieren hauptsächlich in Abhängigkeit von der Temperatur der unterkühlten Schmelze. Beide Kurven laufen durch ein Maximum, da bei hinreichend tiefer Temperatur die Beweglichkeit in der Schmelze (große Viscosität) aufhört und andererseits bei der Schmelztemperatur als Gleichgewichtstemperatur die Geschwindigkeit ebenfalls gleich Null sein muß. Im allgemeinen liegt das Maximum der Kernzahl bei tieferer Temperatur als das der Kristallisationsgeschwindigkeit.

2. Neuere Vorstellungen; die Kernbildungsgeschwindigkeit.

Während in der Vorstellung TAMMANNs Kristallisationsgeschwindigkeit und Kernzahl zwei ganz verschiedene Effekte darstellen, die nichts miteinander zu tun haben, wird in neueren Arbeiten, zuerst bei VOLLMER und WEBER[1], die Entstehung der Kerne genauer untersucht. Diese Arbeiten zeigen zugleich den inneren Zusammenhang zwischen der Bildung von Kernen und der Kristallisationsgeschwindigkeit.

Es liegt folgende Vorstellung zugrunde: Durch Schwankungen entstehen Anhäufungen der neuen Phase von verschiedener Größe. Die kleineren, *Embryonen* genannt, zerfallen wieder, weil in ihnen der Anteil an Oberflächenenergie zur Umgebung zu groß ist im Verhältnis zur Masse. Die größeren, genannt Kerne, bleiben nicht nur erhalten, sondern wachsen vielmehr schließlich zu sichtbaren Kristallen weiter. Wegen der dauernd vorhandenen Schwankungen entstehen auch fortlaufend neue Kerne. Man spricht hier von *thermischer Kernbildung*. Dieses Verhalten läßt sich thermodynamisch wie folgt herleiten[2]:

Wir betrachten den Übergang Schmelze′ → Kristall″, wobei die Phasen durch einen bzw. zwei Striche gekennzeichnet seien. Der Unterschied der freien Enthalpie zwischen einer kristallinen Anhäufung (Embryo oder Kern aus n Molekülen) und der Schmelze: $\Delta G = G'' - G'$ läßt sich dann durch folgenden Ausdruck wiedergeben[3]

$$\Delta G = A \cdot n^{2/3} + B \cdot n . \qquad (VIII, 21)$$

---

[1] VOLMER, M.: Kinetik der Phasenbildung, Dresden u. Leipzig 1939. — M. VOLMER u. A. WEBER: Z. physik. Chem. **119**, 277 (1926).

[2] Vgl. auch J. C. FISCHER, J. H. HOLLOMON u. D. TURNBULL: J. appl. Physics **19**, 775 (1948); D. TURNBULL: J. appl. Physics **21**, 1022 (1950).

[3] ΔG und ΔS beziehen sich hier auf n Moleküle, nicht auf 1 Molekül oder 1 Mol.

Darin bedeutet B den Unterschied in der freien Enthalpie zwischen den beiden räumlich hinreichend ausgedehnten Phasen ($n \to \infty$) je Molekül. Bei der Gleichgewichtslage, der Schmelztemperatur, wird $B = 0$, unterhalb der Schmelztemperatur wird B negativ, oberhalb positiv. Sein Wert ergibt sich mit

$$\frac{d\,\Delta G_{n \to \infty}}{d\,T} = n\,\frac{d\,B}{d\,T} = -\,\Delta S_{n \to \infty}$$

zu

$$B = \frac{1}{n} \cdot \Delta S_{n \to \infty}\,(T_s - T),$$

wenn wir die Entropieabnahme beim Kristallisieren ΔS als hinreichend temperaturunabhängig ansehen. Dagegen stellt A die freie Oberflächenenergie eines Moleküls mit würfelförmig gedachter Oberfläche dar (unter Vernachlässigung von Kanten und Ecken). Oder mit anderen Worten: $A\,n^{2/3}$ bedeutet den Enthalpieunterschied zwischen einem kristallinen Keim aus n Molekülen und derselben Anzahl von Molekülen innerhalb eines großen Kristalls.

Nach Gl. (VIII, 21) läuft die freie Enthalpie als Funktion der Molekülzahl n durch ein Maximum, wenn B negativ ist, d. h., wenn wir uns bei Temperaturen unterhalb des Schmelzpunktes befinden, etwa von der Form der Abb. VIII, 55. Wenn ein Embryo zufällig die Größe n_{max} erreicht hat, wird er von selbst weiterwachsen, weil damit eine Abnahme

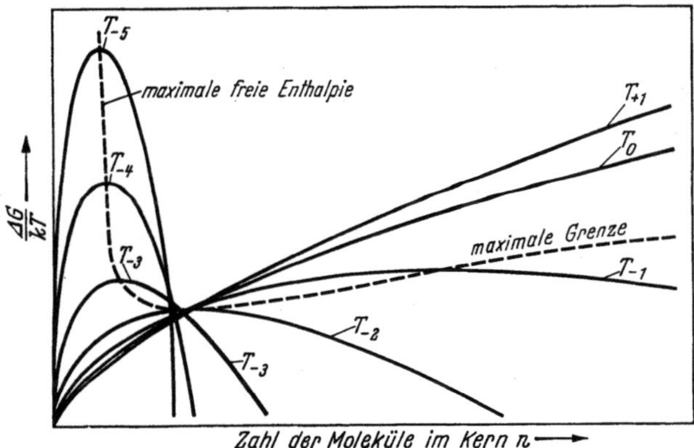

Abb. VIII, 55. Unterschied der freien Enthalpie zwischen einem Kern und der Schmelze für verschiedene Temperaturen. T_0 = Schmelztemperatur (Gleichgewichtstemperatur) $T_1 > T_0 > T_{-1} > T_{-2} \ldots$ (Nach FISCHER, HOLLOMON und TURNBULL.)

der freien Enthalpie verbunden ist. Er ist damit zum *Kristallisationskern* geworden. Anhäufungen von Molekülen mit kristalliner Struktur in einer Anzahl unterhalb von n_{max}, die wir Embryonen genannt haben, werden dagegen von selbst wieder zerfallen, weil jetzt mit dem Zerfall der Embryonen eine Abnahme der freien Energie verbunden ist. Die freie Enthalpie im Maximum und die zugehörige Anzahl von

Molekülen $n_{\max}$ läßt sich leicht angeben, indem man $\frac{\varDelta G}{d\,n} = 0$ setzt; man erhält

$$\varDelta G_{\max} = \frac{4}{27}\frac{A^3}{B^2} \quad \text{und} \quad n_{\max} = \frac{8}{27}\frac{A^3}{B^3}\,.$$

Der Wert $\varDelta G_{\max}$ sei als *Kernbildungsarbeit* bezeichnet, weil diese Arbeit zunächst einmal aufgewendet werden muß, um einen wachstumsfähigen Kern zu erzeugen. Man darf annehmen, daß die Oberflächenenergie A von der Temperatur einigermaßen unabhängig ist. Dagegen ändert sich B sehr stark mit der Temperatur und verschwindet beim Schmelzpunkt, so daß mit steigender Temperatur die Keimbildungsarbeit und damit die Anzahl der für einen Kern notwendigen Moleküle $n_{\max}$ immer größer wird (vgl. Abb. VIII, 55). Das ist der Grund dafür, daß in einem gewissen Bereich unterhalb des Schmelzpunktes Kerne sich nur sehr langsam bilden. Bei der Schmelztemperatur werden $n_{\max}$ und $\varDelta G_{\max}$ unendlich groß. Oberhalb der Schmelztemperatur ergibt die Kurve $\varDelta G$ gegen n kein Maximum mehr, sondern nur einen monotonen Anstieg. Diese Darstellung läßt also deutlich erkennen, daß bei und oberhalb der Schmelztemperatur infolge der Schwankungen wohl Embryonen, die alsbald wieder zerfallen, vorhanden sein können, nicht aber Kerne, welche von selbst weiter wachsen.

Nach dem BOLTZMANNschen Satz ist nun die Wahrscheinlichkeit dafür, daß sich aus $n_{\max}$ Molekülen ein Kern bildet, gegeben zu

$$w = \text{const} \cdot e^{-\frac{\varDelta G_{\max}}{k\,T}}\,. \tag{VIII, 22}$$

Die Geschwindigkeit, mit der sich die Keime bilden, ist dazu proportional. Der Faktor enthält noch die mit der Temperatur etwa nach folgendem Ausdruck

$$D = \text{const} \cdot e^{-\frac{Q}{k\,T}} \tag{VIII, 23}$$

stark ansteigende Konstante der Eigendiffusion D, wobei Q eine temperaturunabhängige Aktivierungswärme bedeuten möge. Damit ergibt sich schließlich für die *Geschwindigkeit der Kernbildung J* (Anzahl der pro Sekunde entstehenden Kerne)[1]

$$J = \text{const} \cdot e^{-\frac{Q + \varDelta G_{\max}}{k\,T}} \tag{VIII, 24}$$

bzw., wenn wir Q und $\varDelta G_{\max}$ auf ein Mol beziehen,

$$J = \text{const} \cdot e^{-\frac{Q + \varDelta G_{\max}}{R\,T}}\,. \tag{VIII, 25}$$

Sie wird bei tiefen Temperaturen klein, weil die Diffusion zu klein bzw. die Viscosität zu groß ist, und ebenso bei Annäherung an die Schmelztemperatur, weil hier die Keimbildungsarbeit zu groß und damit die Wahrscheinlichkeit für die Entstehung eines Kernes zu klein ist. Da-

---

[1] vgl. R. BECKER, Ann. Physik, **32,** 128 (1938).

zwischen liegt ein Maximum. – Eine Absolutberechnung der Kernbildungsgeschwindigkeit wurde von TURNBULL und FISCHER[1] versucht.

Neben der thermischen Kernbildung, die wir soeben betrachtet haben, soll hier kurz auf die sogenannte *athermische Kernbildung* hingewiesen werden. Wir betrachten hierzu eine Schmelze *oberhalb* der Schmelztemperatur. Auch in dieser Schmelze können infolge von Schwankungen kristalline Anhäufungen vorkommen, die jedoch sämtlich den Charakter von Embryonen tragen.

Wie nämlich die Abb. VIII, 55 bzw. die Gl. (VIII, 21) lehren, liegen diese kristallinen Anhäufungen notwendig immer auf dem linken Ast der ΔG-Kurve und müssen daher nach einiger Zeit wieder sämtlich zerfallen. Schreckt man nun die Schmelze schnell genug auf eine Temperatur unterhalb ihres Schmelzpunktes ab, so bleiben diese Anhäufungen erhalten. Ein Teil von ihnen, nämlich diejenigen, die mehr Moleküle enthalten als dem Werte n_{max} für die Abschrecktemperatur entspricht, haben jetzt jedoch nicht mehr den Charakter von Embryonen sondern von Kernen. Diese Kerne entstehen jedoch nicht fortlaufend, sondern nur ein einziges Mal, eben durch den Abschreckvorgang. Sie brauchen dabei keinen Potentialberg, welchen die Keimbildungsarbeit darstellt, zu überwinden; daher die Bezeichnungsweise athermische Kernbildung. Die Zahl der Embryonen in der Schmelze wird um so kleiner, auf je höherer Temperatur man sich befindet, weil die Werte ΔG im ganzen größer werden. Daher wird sich die athermische Kernbildung besonders bemerkbar machen beim Abschrecken von nur wenig über den Schmelzpunkt erhitzten Schmelzen, nicht von hoch überhitzten Schmelzen (Einfluß der Überhitzung auf die Kernzahl).

3. Die lineare Kristallisationsgeschwindigkeit.

Das Weiterwachsen der gebildeten Keime, gemessen durch die lineare *Kristallisationsgeschwindigkeit (Wachstumsgeschwindigkeit)*, unterscheidet sich von der Keimbildungsgeschwindigkeit grundsätzlich dadurch, daß einzelne Moleküle aus der Schmelze sich an den Kristall anlagern und nicht etwa eine Anhäufung von Molekülen gemeinsam. Hiervon abgesehen wird jedoch die Kristallisationsgeschwindigkeit durch die gleichen Faktoren beeinflußt wie die Keimbildungsgeschwindigkeit. Insbesondere muß auch die Kurve der Kristallisationsgeschwindigkeit durch ein Maximum laufen, weil mit sinkender Temperatur und zunehmendem Abstand vom Schmelzpunkt die Kristallisationsgeschwindigkeit zunehmen wird, um jedoch bei hinreichend tiefer Temperatur wieder abzunehmen wie alle Geschwindigkeiten. Im einzelnen kann man folgende Betrachtung anstellen. Die Wahrscheinlichkeit, daß ein Molekül der Schmelze, das sich auf der Oberfläche des Kristalls befindet, in den Kristallzustand übergeht, wird wiederum bedingt sein durch den Unterschied der freien Enthalpie beider Phasen und somit gegeben sein zu

$$w_1 = \text{const} \cdot e^{-\frac{B}{kT}}. \tag{VIII, 26}$$

---

[1] TURNBULL, D. u. J. C. FISCHER: J. chem. Physics **17**, 71 (1948).

Hierbei bezieht sich die Differenz der freien Enthalpie auf ein einzelnes Molekül; dieser Wert wurde oben mit B bezeichnet und ist eine Funktion der Temperatur. Umgekehrt ist die Wahrscheinlichkeit für den Übergang eines Moleküls aus dem Kristall in die Schmelze entsprechend gegeben zu

$$w_2 = \text{const} \cdot e^{+\frac{B}{kT}}. \qquad (\text{VIII}, 27)$$

Die Anzahl der pro Sekunde übergehenden Moleküle ist den Wahrscheinlichkeiten proportional, so daß sich die resultierende Anzahl z aus der Differenz zu

$$z = \text{const} \left(e^{-\frac{B}{kT}} - e^{+\frac{B}{kT}} \right). \qquad (\text{VIII}, 28)$$

ergibt, wobei wiederum der Proportionalitätsfaktor die Konstante der Eigendiffusion D enthält. Multipliziert man schließlich noch mit dem Durchmesser a des Moleküls (Abstand im Gitter) so ergibt sich schließlich für die lineare Kristallisationsgeschwindigkeit v in cm $\cdot$ sec^{-1} folgende Form

$$v = a \cdot z = \text{const} \cdot e^{-\frac{Q}{kT}} \left(e^{-\frac{B}{kT}} - e^{+\frac{B}{kT}} \right). \qquad (\text{VIII}, 29)$$

Bei hinreichendem Abstand von der Schmelztemperatur ($B \gg k \cdot T$) kann man den zweiten Summanden vernachlässigen. In der Nähe des Schmelzpunktes dagegen ($B \ll k \cdot T$) empfiehlt es sich, die e-Funktion in eine Reihe zu entwickeln. Man erhält

$$v = \text{const} \cdot e^{-\frac{Q}{kT}} \cdot \left(-2 \frac{B}{kT} \right). \qquad (\text{VIII}, 30)$$

Der letztere Ausdruck läßt erkennen, daß die Kristallisationsgeschwindigkeit etwa proportional B und damit proportional dem Abstand vom Schmelzpunkt zunimmt.

4. Kristalliner Anteil
in Abhängigkeit von der Zeit (Geschwindigkeit der Gesamtkristallisation).

Vielfach lassen sich die Geschwindigkeiten der Bildung von Kernen und ihres Weiterwachsens nicht einzeln bestimmen. Das macht bereits Schwierigkeiten bei den Metallen und gilt erst recht bei den hochmolekularen Stoffen. Hier bleibt nur übrig, die Menge an kristalliner Substanz, den kristallinen Anteil experimentell zu bestimmen. Die eben wiedergegebenen theoretischen Betrachtungen gestatten, den kristallinen Anteil aus den beiden Komponenten Kernzahl und Kristallisationsgeschwindigkeit zu berechnen, womit sich insbesondere AVRAMI[1] beschäftigt hat. Die Betrachtung wird etwas kompliziert durch folgende Umstände: Die Zahl der Kerne steigt zunächst proportional mit der Zeit an, ihre Oberfläche aber sehr viel stärker, und daher auch (bei konstanter linearer Kristallisationsgeschwindigkeit) der kristalline Anteil. Die Zahl der neuentstehenden Kerne wird jedoch allmählich geringer, weil die Menge an flüssiger Substanz geringer wird und die Kristallisationsgeschwindigkeit

---

[1] AVRAMI, M.: J. chem. Physics **7**, 1103 (1939); **8**, 212 (1940); **9**, 177 (1941).

scheinbar geringer, weil die Kristallite sich gegenseitig berühren. Daher beobachtet man einen s-förmigen Kurvenverlauf, derart, daß anfänglich der kristalline Anteil mit der Zeit nur langsam zunimmt, dann stärker und zum Schluß wieder langsamer, m. a. W. eine *Induktionszeit*.

Im einzelnen wollen wir uns an eine Darstellung von EVANS[1] halten, die leichter zu übersehen, wenn auch weniger exakt ist als die von AVRAMI; beide führen zum gleichen Endergebnis. Wir betrachten Kristalle, die, von Zentren (Kernen) ausgehend, sich scheibenförmig über eine Oberfläche verbreiten und diese nach einiger Zeit ganz bedecken, ähnlich etwa, wie Rostflecken sich über eine blanke Eisenfläche ausbreiten. Wir greifen jetzt auf der Fläche einen beliebigen Punkt P heraus und fragen danach, wie oft er in einer bestimmten Zeit t von einer sich ausbreitenden Scheibe überlaufen wird, wobei (im Gegensatz zur Wirklichkeit, vgl. weiter unten) die wachsenden Scheiben sich gegenseitig nicht stören sollen, sich vielmehr überwachsen dürfen.

1. Fall *(Athermische Kernbildung, scheibchenförmiges Wachsen)*: Zur Zeit $t = 0$ seien auf der Oberfläche ω Kerne je Flächeneinheit vorhanden, deren Anzahl sich mit der Zeit *nicht* vermehrt. Sie wachsen in radialer Richtung mit konstanter linearer Kristallisationsgeschwindigkeit v zu Scheiben heran. In der Zeit zwischen t und $t + dt$ können nur diejenigen Scheiben einen Punkt P überrollen, deren Kerne sich in der Ringfläche im Abstand $r = v \cdot t$ und $r + dr = v \cdot (t + dt)$ vom Punkt P befinden. Die Ringfläche beträgt $2\pi r\, dr$, die Anzahl der Kerne darauf (und damit die Anzahl der Überrollungen) $dE = 2\pi r\omega\, dr$. Hieraus erhält man durch Integration die Zahl der Überrollungen zwischen $r = 0$ und $r = v \cdot t$ zu

$$E = 2\pi\omega \int_{r=0}^{r=v\cdot t} r\, dr = \pi\omega v^2 t^2. \tag{VIII, 31}$$

Die Wahrscheinlichkeit, daß der Punkt P nicht überrollt wird, also nicht kristallin wird, sondern amorph bleibt, mit anderen Worten, der amorphe Anteil $(1 - x)$ als Funktion der Zeit beträgt dann

$$1 - x = e^{-E} = e^{-\pi\omega v^2 t^2} \tag{VIII, 32}$$

und entsprechend der kristalline Anteil

$$x = 1 - e^{-\pi\omega v^2 t^2}. \tag{VIII, 33}$$

Offensichtlich ist hier (wie im 2. Fall) der amorphe bzw. kristalline Anteil im Gegensatz zum üblichen Sprachgebrauch ein *Flächen*anteil, nicht ein Volumenanteil.

An dieser Ableitung könnte man bemängeln, daß die wachsenden Scheibchen sich gegenseitig in Wirklichkeit nicht durchdringen können, weil die Schmelze eben nur einmal kristallisieren kann und daher die Zahl E immer nur 0 oder 1 ausmachen könne. Dieser Einwand ist aber nicht stichhaltig, weil nur nach der Chance des Punktes P gefragt wird, von den wachsenden Scheiben nicht erreicht zu werden. Hierzu müssen

---

[1] EVANS, U. R.: Trans. Faraday Soc. **41,** 365 (1945).

alle Möglichkeiten in Rechnung gestellt werden. Wenn eine dieser Möglichkeiten ausfällt, weil zwei Scheiben sich berühren und sich nicht gegenseitig durchdringen können, so bedeutet das für den Punkt P doch keinen Vorteil, weil er jedenfalls von einer der beiden Scheiben erreicht wird und einmalige Überrollung ihn bereits aus dem amorphen Anteil herausnimmt. EVANS geht hierauf nur sehr kurz, AVRAMI, dessen umständliche Ableitung wir hier nicht bringen wollen, jedoch ausführlicher ein.

2. Fall *(Thermische Kernbildung, scheibchenförmiges Wachsen)*: Auf der Oberfläche, soweit sie nicht bereits kristallin ist, entstehen laufend neue Kerne mit einer Geschwindigkeit von Ω Kernen je Flächen- und Zeiteinheit. In der Zeit zwischen t und $t + dt$ können den Punkt P nur Scheiben aus Kernen überrollen, die im Abstand $r = v \cdot t$ in der Ringfläche $2\pi r\, dr$ in der Zeit zwischen $t = 0$ und $t = dt$ entstanden sind. Ihre Anzahl beträgt

$$dE = \Omega\, dt \cdot 2\pi r\, dr. \qquad \text{(VIII, 34)}$$

Dieser Ausdruck ist, um die Gesamtzahl der Überrollungen des Punktes P zwischen $t = 0$ und $t = t$ zu erhalten, zweimal zu integrieren, wozu $dt = \dfrac{dr}{v}$ zu setzen ist. Die erste Integration summiert über alle Kerne, die in der gesamten Fläche, aber zur Zeit $t = 0$ in der Zeitspanne dt entstanden sind, die zweite Integration über alle Kerne, die zwischen $t = 0$ und $t = t$ entstanden sind.

$$E = 2\pi\,\Omega \int\limits_{r=0}^{r=vt} \int\limits_{r=0}^{r=vt} r^2\, dr\, dr = \frac{1}{3}\,\pi\,\Omega\, v^2\, t^3. \qquad \text{(VIII, 35)}$$

Hiermit ergibt sich der amorphe Anteil zu

$$1 - x = e^{-\frac{1}{3}\,\pi\,\Omega\, v^2\, t^3}. \qquad \text{(VIII, 36)}$$

3. Fall *(Athermische Kernbildung, kugelförmiges Wachstum)*: Zwischen t und $t + dt$ erreichen diejenigen kugelförmigen Kristallkörner den Punkt P, die aus den in einer Kugelschale im Abstande $r = v \cdot t$ und der Dicke dr in der Dichte ω enthaltenen Kernen entstanden sind.

$$dE = \omega\, 4\pi r^2\, dr, \qquad \text{(VIII, 37)}$$

$$E = \frac{4}{3}\,\pi\,\omega\, v^3\, t^3, \qquad \text{(VIII, 38)}$$

$$1 - x = e^{-\frac{4}{3}\,\pi\,\omega\, v^3\, t^3}. \qquad \text{(VIII, 39)}$$

Hierbei bedeutet wie im 4. Fall x bzw. $1 - x$ einen *Volumen*anteil, übereinstimmend mit dem üblichen Sprachgebrauch.

4. Fall *(Thermische Kernbildung, kugelförmiges Wachstum)*: Entsprechend wird mit der Bildungsgeschwindigkeit der Kerne Ω je Volumen und Zeiteinheit

$$dE = \Omega\, dt\, 4\pi r^2\, dr \qquad \text{(VIII, 40)}$$

und nach doppelter Integration

$$E = \frac{1}{3}\,\pi\,\Omega\,v^3\,t^4,\qquad\qquad\text{(VIII, 41)}$$

$$1 - x = e^{-\frac{1}{3}\,\pi\,\Omega\,v^3\,t^4}\qquad\qquad\text{(VIII, 42)}$$

5. Fall. Schließlich[1] sei noch der triviale Fall erwähnt, daß der Fortschritt der Kristallisation nur durch die Wärmeabfuhr gesteuert wird. Die Geschwindigkeit der letzteren sei konstant. Dann nimmt offenbar der amorphe Anteil linear ab nach

$$1 - x = 1 - \frac{t}{t_0},\qquad\text{(VIII, 43)}$$

wobei t_0 die Zeit der vollständigen Kristallisation bedeutet.

Bei *Hochpolymeren* sind spezielle Wachstumsformen denkbar. RICHARDS[2] hat die in Abb. VIII, 56 angedeuteten beiden Formen unterschieden. Hiernach kann die lineare Kristallisationsgeschwindigkeit entweder parallel oder senkrecht zu den gestreckten Kettenmolekülen besonders groß sein.

Die Kristallisation solcher Formen hat MORGAN[3] in enger Anlehnung an AVRAMI und EVANS berechnet. Er kommt dabei u. a. zu den Werten der folgenden Tabelle:

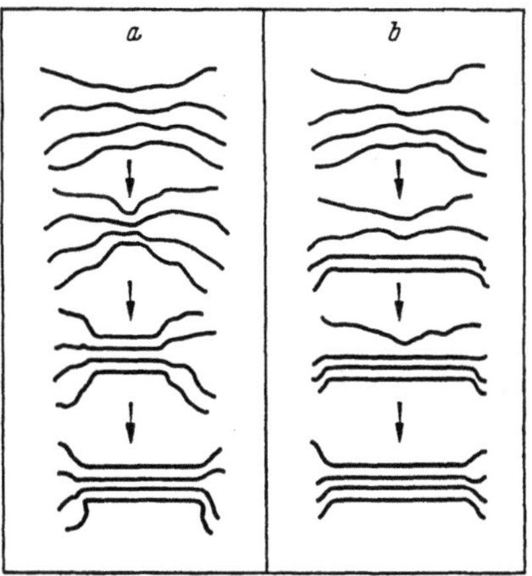

Abb. VIII, 56. Mögliche Wachstumsformen der Bildung hochpolymerer Kristalle. (Nach RICHARDS.)

Kristallwachstum	Kernbildung	E
fadenförmig	athermisch	$\frac{1}{2}\,\pi\,d^2 v\,\omega t$
	thermisch	$\frac{1}{4}\,\pi\,d^2 v\,\Omega\,t^2$
sphärolithisch in Schichten	athermisch	$h \cdot m\,\omega t$
	thermisch	$\frac{1}{2}\,h \cdot m\,\Omega t^2$
sphärolithisch	athermisch	vgl. o. Fall 3
fadenförmig	thermisch	vgl. o. Fall 4

(d = Durchmesser, h = Schichtdicke, m = Geschwindigkeit, mit der die Fläche der Schicht zunimmt in cm²/sec.)

---

[1] Auf die Berechnung der Korngröße in ähnlicher Weise kann hier nur hingewiesen werden.

[2] RICHARDS, R. B.: Trans. Faraday Soc. **41**, 127 (1945).

[3] MORGAN, L. B.: Phil. Trans. Roy. Soc. London (A) **247**, 13 (1954).

b) Kristallisationskinetik der Hochpolymeren.

Während die Untersuchung der niedermolekularen Stoffe darauf hinausläuft, die Menge an gebildetem Kristall, gegebenenfalls auch die Kernzahl und die Kristallisationsgeschwindigkeit, in Abhängigkeit sowohl von der Zeit wie von der Temperatur zu bestimmen, tritt bei den hochmolekularen Stoffen zusätzlich ein neuer Faktor auf. Es zeigt sich nämlich, daß bei manchen Stoffen, etwa beim Polyurethan, der nach langer Zeit erzielte kristalline Anteil um so kleiner wird, bei je tieferer Temperatur der Stoff kristallisierte. Wir wollen dieses Verhalten zunächst besprechen und anschließend die Abhängigkeit von der Temperatur und der Zeit.

1. Das Ausmaß der Kristallisation.

Kühlt man die Schmelze sehr scharf auf Temperaturen unterhalb der Einfriertemperatur ab, so überführt man sie in ein Glas, in dem keine merkliche Kristallisation beobachtet wird. Erhitzt man jetzt über die Einfriertemperatur, so wird die Beweglichkeit im Material hinreichend groß, um den Übergang in die Kristallphase zu ermöglichen. Die Geschwindigkeit dieses Vorganges ist freilich von Stoff zu Stoff ganz verschieden; dem sehr leicht und daher kaum unterkühlbaren Polyäthylen steht der langsam kristallisierende Kautschuk (und das bislang nicht zur Kristallisation gebrachte Polystyrol) gegenüber. Dieses unterschiedliche Verhalten entspricht völlig dem der niedermolekularen Stoffe.

Die Kristallisation läßt sich mit ÜBERREITER und ORTHMANN[1] schon durch Messung des Volumens bei fortlaufender Erhitzung an Terylen (Polyterephthalsäureglykolester) und Guttapercha feststellen. Etwa 20^0 C bis $30°$ C oberhalb der Einfriertemperatur (bis zu $50°$ C nach KOLB und IZARD[2]) beginnt die Dichte von dem Wert des amorphen Zustandes auf den des kristallinen, d. h. des durch langsames Abkühlen aus der Schmelze erhaltenen Zustandes, abzusinken.

Einen weitergehenden Aufschluß erhält man, wenn man die Kristallisation in isothermen Versuchen verfolgt. Man beobachtet entweder Kurven, wie sie Abb. VIII, 57a bringt. Diese sind nach dem Verhalten der niedermolekularen Stoffe zu erwarten. In kürzerer oder längerer Zeit, je nach der Unterkühlung, wird der gleiche Endwert z. B. des Volumens, also das gleiche Ausmaß der Kristallisation erreicht[3]. Oder aber es werden Kurven der Abb. VIII, 57b beobachtet, die mit sinkender Temperatur nicht nur langsamer abfallen, sondern auch zu einem immer kleineren Ausmaß der Kristallisation führen. Kurven nach Abb. VIII, 57a werden besonders an Kautschuk, solche nach Abb. VIII, 57b an Polyamiden und Polyestern beobachtet. Allerdings ist das experimentelle Material etwas spärlich.

Kühlt man unvulkanisierten Kautschuk[4] von hinreichend hoher Tem-

[1] ÜBERREITER, K. u. H. J. ORTHMANN: Kolloid-Z. **132**, 61 (1953).

[2] KOLB, H. J. u. E. F. IZARD: J. appl. Physics **20**, 571 (1949).

[3] Wenn auch keine vollständige Kristallisation.

[4] WOOD, L. A. u. N. BEKKEDAHL: J. appl. Physics **17**, 362 (1946); J. Res. nat. Bur. Standards **36**, 489 (1946).

peratur (mindestens 55°C, zur Vermeidung eines Einflusses der thermischen Vorgeschichte, vgl. weiter unten), so erhält man durch Volumenmessung die in Abb. VIII, 57a wiedergegebenen Kurven. Alle Kurven

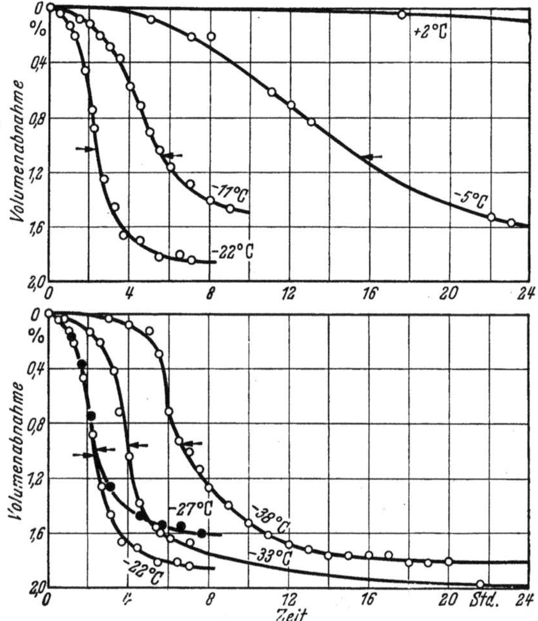

Abb. VIII, 57a. Volumenabnahme des Kautschuks mit der Zeit bei verschiedenen Temperaturen infolge Kristallisation. Maximale Volumenabnahme bei allen Temperaturen etwa 2%. (Nach Wood und Bekkedahl.)

laufen, wenn auch je nach Temperatur verschieden schnell, auf etwa den gleichen Endwert von ungefähr 1,7% bis 2,5% Schrumpfung, nicht gut reproduzierbar, heraus. Zu dem gleichen Ergebnis kommt Russel[1].

Anders dagegen verhält sich nach Brenschede[2] das Igamid U (Polyurethan aus Butandiol und Hexamethylendiisocyanat). Es wurde zunächst aus der Schmelze sehr scharf bis in den Glaszustand abgeschreckt und dann stufenweise bis auf 150°C erhitzt. Die Kristallisation verläuft zunächst sehr

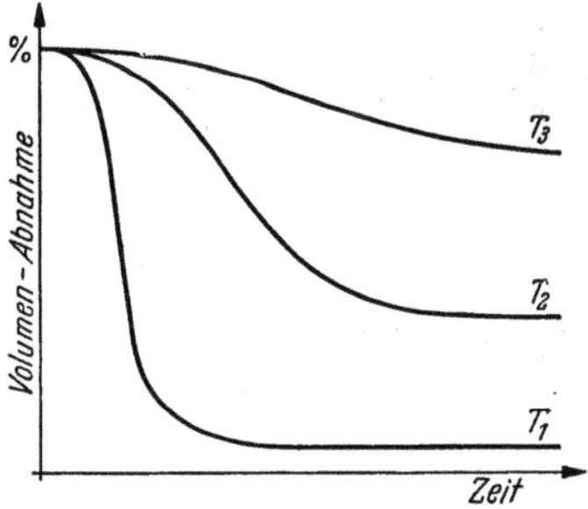

Abb. VIII, 57b. Volumenabnahme mit der Zeit bei verschiedenen Temperaturen infolge Kristallisation (schematisch). Bei tieferen Temperaturen kristallisiert ein immer kleinerer Anteil. $T_1 > T_2 > T_3$.

schnell, um dann aber fast völlig stecken zu bleiben. Erhitzt man nun auf eine höhere Temperatur, so kristallisiert schnell ein weiterer An-

---

[1] Russel, E. W.: Trans. Faraday Soc. 47, 539 (1951); Rubber Chem. Technol. 25, 397 (1952).
[2] Brenschede, W.: Z. Elektrochem. angew. physik. Chem. 54, 191 (1950).

34*

teil, alsdann bleibt die Kristallisation wieder stecken. Man kann, mit anderen Worten, zu jeder Temperatur den zugehörigen Endwert der Kristallisation angeben. (Abb. VIII, 58). BRENSCHEDE hat bis auf 150°C (bei einem Schmelzpunkt von etwa 185°C) immer noch eine fast proportionale Zunahme der Dichte als Maß der Kristallisation beobachtet.

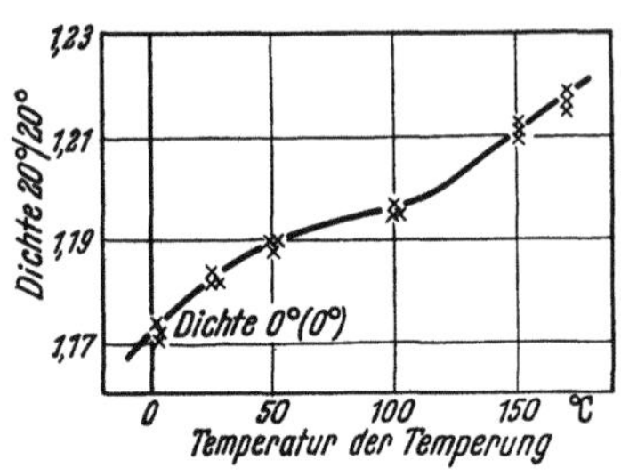

Abb. VIII, 58. Dichte des Polyurethans nach $^1/_2$stündiger Temperung bei verschiedenen Temperaturen. (Nach BRENSCHEDE.)

(Auch in diesen Versuchen tritt eine *Induktionszeit* auf, die jedoch nur bei 20°C merklich groß ist. Bei der höheren Temperatur wird der Endwert in spätestens 5 Min. erreicht, es verbleibt dann nur eine sehr langsame Volumenabnahme.) Das von BRENSCHEDE beobachtete Verhalten wird, wenn auch nicht so ausgeprägt, von anderen Forschern bestätigt. Beim Polyterephthalsäureglykolester (Terylen) nimmt ebenfalls nach COBBS und BURTON[1] die Dichte bis 240°C (bei einem Schmelzpunkt von 267°C) infolge Kristallisation zu. (Ungefähr am Ende des Temperaturbereiches, in dem die Zunahme des Grenzwertes der Dichte nach langer Zeit untersucht wurde, liegt ein Maximum der Kristallisationsgeschwindigkeit, nämlich bei 220°C) Ähnlich finden KOLB und IZARD[2], daß Terylen bei 90°C nur zu 50%, bei 240°C jedoch zu 68% kristallisiert.

Vielleicht darf man das unterschiedliche Verhalten der Stoffe mit der unterschiedlichen Tendenz zur Kristallisation in Verbindung bringen. Man könnte dann die allerdings nicht sehr zahlreichen Beobachtungen wie folgt zusammenfassen:

Hochpolymere, die leicht kristallisieren und daher auch weit unterhalb ihres Schmelzpunktes zu untersuchen sind, erreichen nach sehr langer Zeit einen um so größeren kristallinen Anteil, je höher die Temperatur der Kristallisation ist. Stoffe, die schlecht kristallisieren und daher nur in einem kleinen Temperaturbereich unterhalb des Schmelzpunktes untersucht werden können, kristallisieren, freilich mit einer gewissen experimentellen Unsicherheit, unabhängig von der Temperatur bis zum gleichen kristallinen Anteil. Möglicherweise kommt man jedoch zu dieser letzteren Beobachtung nur wegen des verhältnismäßig kleinen zur Verfügung stehenden Temperaturbereichs.

2. Die Geschwindigkeit der Gesamtkristallisation als Funktion der Temperatur.

Je nach der Unterkühlung geht die Kristallisation schneller oder langsamer vonstatten, wie schon die Abb. VIII, 57a u. VIII, 57b zeigen. Zu einer hypothesenfreien Auswertung gelangt man, wenn man die Halbwertszeit[3], das ist die Zeit, nach der die Hälfte des nach sehr langer Zeit

---

[1] COBBS JR., W. H. u. R. L. BURTON: J. Polymer Sci. **10**, 275 (1953).
[2] KOLB, H. J. u. E. F. IZARD s. S. 530.
[3] Weniger zweckmäßig kann auch die Induktionszeit verwandt werden.

zur Kristallisation zu bringenden Stoffes kristallisiert ist, betrachtet. Mit sinkender Temperatur, zunehmender Unterkühlung geht die Halbwertszeit durch ein Minimum und die Geschwindigkeit der Gesamtkristallisation durch ein Maximum, wie man es nach den Erfahrungen an niedermolekularen Stoffen erwartet. Abb. VIII, 59 gibt nach WOOD und BEKKEDAHL[1] das Verhalten des Kautschuks wieder, das von RUSSEL[2] bestätigt wird; das Minimum liegt bei etwa −26°C.

Zu dem gleichen Ergebnis kommen COBBS und BURTON[3] an Terylen. Das Maximum liegt hier bei etwa 200°C (Schmelzpunkt 267°C).An 6,6-Nylon wurde nur der mit sinkender Temperatur ansteigende Ast untersucht[4]; das Maximum wurde nicht erreicht.

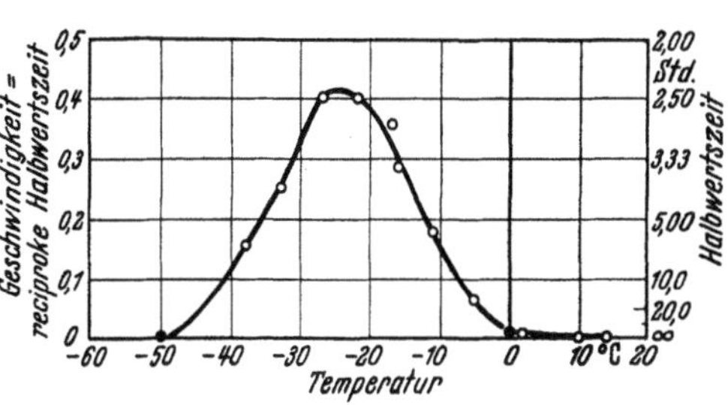

Abb. VIII, 59. Kristallisationsgeschwindigkeit des Kautschuks in Abhängigkeit von der Unterkühlung. (Nach WOOD und BEKKEDAHL.)

Das beobachtete Verhalten entspricht völlig dem der niedermolekularen Substanzen. Es steht daher auch wenigstens qualitativ mit der oben angeführten Theorie in Einklang, mit deren Hilfe jedoch Auswertungen nicht versucht wurden.

3. Die Gesamtkristallisation als Funktion der Zeit.

Die Kristallisation bei konstanter Temperatur wird immer als eine s-förmige Kurve gefunden, also mit mehr oder weniger ausgeprägter Induktionszeit, wie sie bereits in Abb. VIII, 57a für Kautschuk wiedergegeben ist. Die Kristallisation beginnt langsam, erreicht dann eine maximale Geschwindigkeit und wird gegen Ende wieder langsam. Solche s-förmigen Kurven wurden gefunden an Kautschuk[1,2], an 6,6-Nylon[4,5], an Terylen[3–6], Polycaprolactam[7] und einem weiteren Polyamid[8], ferner an Polyestern aus Glykol und Naphthalindicarbonsäuren[6] und aus Dekamethylenglykol und Adipinsäure[8] und schließlich an Polyäthylenoxyd[8].

Man hat vielfach versucht, die oben abgeleitete Gleichung von AVRAMI (Gl. VIII, 32; VIII, 36; VIII, 39; VIII, 42; VIII 43)

$$x = 1 - e^{-kt^n} \text{ in der veränderten Form } x = x_0\left(1 - e^{-kt^n}\right)$$

(x_0 = maximal erreichbarer kristalliner Anteil)

---

[1] Siehe S. 530.   [2] Siehe S. 531.   [3] Siehe S. 532.

[4] ALLEN, P. W.: Trans. Faraday Soc. 48, 1178 (1952).

[5] MORGAN, L. B.: Chem. and Ind. London 1951, 796 (Vortragsreferat). — A. KELLER, G. R. LESTER u. L. B. MORGAN: Phil. Trans. Roy. Soc. London (A) 247, 1 (1954). — L. B. MORGAN: Phil. Trans. Roy. Soc. London (A) 247, 13 (1954). — F. D. HARTLEY, F. W. LORD u. L. B. MORGAN: Phil. Trans. Roy. Soc. London (A) 247, 23 (1954).

[6] KOLB, H. J. u. E. F. IZARD: A. C. S. Abstr. 45, 7411 (1951).

[7] KANAMARU, K., J. UEMATSU u. K. FUKADA: Chem. High Polymers Japan 7, 1 (1950).

[8] MANDELKERN, L., F. A. QUINN u. P. J. FLORY: J. appl. Physics 25, 830 (1954).

auf diese Beobachtungen anzuwenden. Hierzu wird zweimal logarithmiert:

$$\ln\left[-\ln\left(\frac{x_0 - x}{x_0}\right)\right] = \ln k + n \ln t . \qquad (\text{VIII}, 44)$$

Man erhält dann in geeigneten Koordinaten eine Gerade, deren Neigung den Exponenten der Zeit n angibt. Abb. VIII, 60 bringt ein Beispiel an 6,6-Nylon nach ALLEN[1], welches die zugrunde liegende Gleichung zwar im wesentlichen bestätigt, aber doch bei sehr kurzen und besonders bei sehr langen Zeiten deutliche Abweichungen zeigt. Meist wurden, soweit die Beobachtungen ausgewertet sind, Werte von[1,2] $n = 2$ oder[3] $n = 2$ bis 3 gefunden, wenn es nicht überhaupt unmöglich erschien, einen Zahlenwert festzulegen[4]. Demgegenüber machen MORGAN und Mitarbeiter[5] sehr präzise Angaben. Danach kristallisiert Terylen über $240°$ mit $n = 4$, bei $230°$ mit $n = 3$ bis 4, abhängig von der Überhitzung der Schmelze, bei 220 bis $180°$ mit $n = 3$ und bei tieferer Temperatur mit $n = 2$.

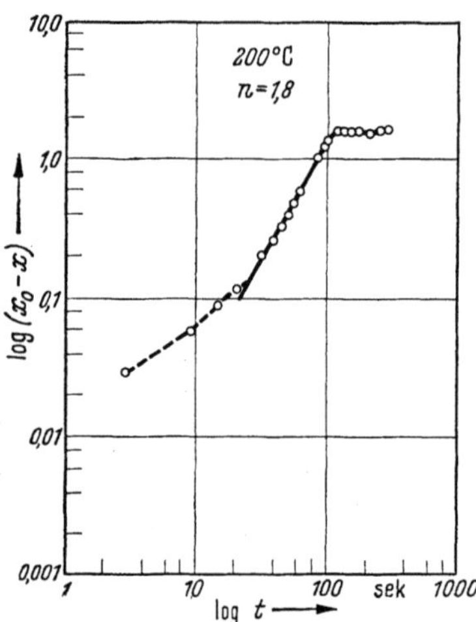

Abb. VIII, 60. Beispiel einer Auswertung der Geschwindigkeit der Gesamtkristallisation (nach AVRAMI) an Terylen. (Nach COBBS u. BURTON.)

MORGAN deutet diese Versuche wie folgt:

In der Schmelze verbleiben im allgemeinen noch kristalline Anhäufungen. Bei $240°$ und darüber haben diese den Charakter von Embryonen, weil ihre Größe kleiner als $n_{\max(t>240°)}$ ist, so daß wachstumsfähige Kerne auf dem gewöhnlichen Wege (thermisch) gebildet werden müssen und kugelig weiter wachsen. Bei 240 bis $180°$ tritt die athermische Kernbildung mehr und mehr in den Vordergrund, weil $n_{\max}$ bei dieser Temperatur kleiner ist als bei den aus der Schmelze übernommenen Anhäufungen. Bei noch tieferer Temperatur schließlich wird das Wachstum bei thermischer Kernbildung fadenförmig, vielleicht, weil die sehr zahlreichen Kerne sich gegenseitig in der Ausbildung kugeliger Gebilde stören. Nach AVRAMI und EVANS sollte der Exponent $n = 2$ auf athermische Kernbildung und scheibchenförmige Kristalle hinweisen, während $n = 3$ die Wahl zwischen athermischer Kernbildung und kugelförmigen Kristallen oder thermischer Kernbildung und scheibchenförmigen Kristallen offen läßt. Die Anwendung der AVRAMIschen Beziehung auf die Hochpolymeren erscheint jedoch bedenklich. Ihre Ableitung setzt ein konstantes Wachsen der Kerne bis zur 100%igen Kristallisation voraus. Gerade das ist aber offensicht-

---

[1] Siehe S. 533, Fußnote 4.   [2] Siehe S. 533, Fußnote 6.
[3] Siehe S. 533, Fußnote 3.   [4] Siehe S. 533, Fußnote 8.
[5] Siehe S. 533, Fußnote 5.

lich nicht der Fall; die kristallinen Bereiche wachsen nicht zu großen Kristallen heran, sondern bilden, auch nach sehr langer Zeit, meist nur den kleineren Anteil an der Gesamtsubstanz[1]. Um überhaupt die Beobachtungen wiedergeben zu können, wird daher der Grenzwert des kristallinen Anteils eingesetzt, der von Temperatur zu Temperatur verschieden ist [Gl. (VIII, 44)].

MORGAN und Mitarbeiter haben auch unmittelbare mikroskopische Messungen, die sich allerdings auf Sphärolithe beziehen, mit der Geschwindigkeit der Gesamtkristallisation zu verbinden gesucht. Aus der Beobachtung gleichmäßig großer oder verschieden großer Kristallite läßt sich zunächst der Schluß auf athermische bzw. thermische Kristallbildung ziehen. Weiter führt die Auszählung der Sphärolithe zur Kernzahl und der Durchmesser der größten Sphärolithe, von denen angenommen wird, daß sie zur Zeit $t = 0$ entstanden sind, zur linearen Wachstumsgeschwindigkeit. Mit diesen beiden Angaben läßt sich nun der Exponent in den Formeln von AVRAMI und EVANS berechnen; man findet eine bemerkenswert gute Übereinstimmung des berechneten Exponenten mit dem aus der Gesamtkristallisation bestimmten Werte[2].

§ 47. Versuche zur Deutung des endlichen Schmelzbereiches.

Von E. JENCKEL und H. A. STUART.

a) Einfluß der Kristallit-Größe und von Verunreinigungen.

Von E. JENCKEL.

Im folgenden soll auf einige Einflüsse trivialer Natur eingegangen werden, die ebenfalls einen Schmelzbereich hervorrufen können. Es soll damit nicht ein wirklicher Schmelzbereich abgelehnt werden, sondern nur auf die Bedeutung dieser Einflüsse hingewiesen werden.

1. Unterschiedliche Größe der kristallinen Bereiche.

Versucht man, den Schmelzbereich der hochmolekularen Stoffe im Anschluß an die Erfahrungen an niedermolekularen Stoffen zu verstehen, so wird man zunächst annehmen, daß das kristallisierte Polymerisat größere und kleinere Kristalle in ziemlich breiter Streuung nebeneinander enthält. Bekanntlich liegt der Schmelzpunkt sehr kleiner Kristalle tiefer als der von großen; es ist das auf den verhältnismäßig großen Anteil der Oberflächenenergie zurückzuführen, die sich auch in der Erhöhung des Dampfdrucks und der Löslichkeit und der Neigung kristalliner Lamellen

---

[1] In Fußnote 8 auf S. 533 versucht man hierauf Rücksicht zu nehmen.
[2] Auf die speziellen Vorstellungen über den Bau der Sphärolithe bei MORGAN und Mitarbeitern als gewundene Spiralen kann hier nur hingewiesen werden, vgl. § 45 g.

zur Schrumpfung äußert[1]. Die Schmelzpunkterniedrigung wird durch eine von J. J. Thomson[2] u. a. herrührende Gleichung wiedergegeben:

$$\frac{T_s - T_r}{T_s} = \frac{2\,\sigma}{r \cdot \Delta h \cdot \varrho} \qquad\qquad (\text{VIII}, 45)$$

(T_s und T_r = Schmelztemperatur der Kristalle mit sehr großem bzw. mit dem Radius r, σ = spez. freie Grenzflächenenergie Kristall/Schmelze, Δh = Schmelzwärme je Gramm, ϱ = Dichte). Diese Gleichung führt erst bei Kristallen kleiner als 1 μ zu merklichen Schmelzpunterniedrigungen, die bei niedermolekularen Stoffen aus der Schmelze im allgemeinen nicht entstehen. Bei den hochmolekularen Stoffen sind dagegen zweifellos die Kristalle besonders klein; eine Streuung in ihrer Größe könnte daher zu merklich verschiedenen zweiphasigen Schmelzpunkten führen, mit anderen Worten, zu einem Schmelzbereich, wie er beobachtet wird.

Die genaue Bestimmung der Grenzflächenspannung zwischen Kristall und Schmelze bereitet große Schwierigkeiten. Freundlich hält offenbar die Untersuchung von Meissner[3] noch für die beste; dieser hatte an einigen niedermolekularen Stoffen eine Grenzflächenspannung von 60 Dyn/cm gefunden. Berechnet man nun die Schmelzpunkterniedrigung ΔT von Polyäthylen, indem man $\sigma = 60$ Dyn/cm, $\Delta h = 56$ cal/g, $\varrho = 1$ setzt, so erhält man folgende Werte für den Durchmesser $2\,r$:

ΔT in °C	5°	10°	20°	50°
$2\,r$ in Å	770	390	195	77

Das Polyäthylen schmilzt über etwa 50°C, zum größeren Teil erst in den letzten 10°C. Vergleicht man damit die röntgenographischen Angaben[4] (vgl. § 41a, Abb.VIII,11), so findet man eine überraschend gute Übereinstimmung.

2. Niedermolekulare Verunreinigungen.

Auch bei niedermolekularen Stoffen wird ein Schmelzbereich beobachtet, wenn nicht ein einheitlicher Stoff, sondern mehrere Stoffe zugegen sind. Hierbei wird bekanntlich zwischen den beiden Grenzfällen der eutektischen Kristallisation (beide Stoffe lösen sich vollständig ineinander im flüssigen Zustande und kristallisieren in getrennten Phasen) und der Mischkristalle (beide Stoffe lösen sich vollständig im flüssigen Zustande und auch im kristallisierten Zustande) unterschieden. Wegen aller Einzelheiten und zahlreicher Varianten zu diesen beiden Grundtypen muß auf die Lehrbücher hingewiesen werden[5].

---

[1] Vgl. H. Freundlich: Kapillarchemie, Leipzig 1930, S. 456. — M. Volmer: Kinetik der Phasenbildung, Dresden-Leipzig 1939, S. 17.

[2] Thomson, J. J.: Applications of Dynamics, London 1888.

[3] Meissner, F.: Z. anorg. allg. Chem. **110,** 169 (1920).

[4] Bunn, C. W. u. T. C. Alcock: Trans. Faraday Soc. **41,** 317 (1945).

[5] Zum Beispiel G. Tammann: Lehrbuch der heterogenen Gleichgewichte, Braunschweig 1924.

Niedermolekulare Anteile können im Hochpolymeren enthalten sein, z. B. als die letzten Reste des nicht umgesetzten Monomeren oder auch von Lösungsmitteln, die häufig sehr schlecht wieder abgegeben werden. Es handelt sich dann immer nur um geringfügig verunreinigte Polymerisate. Man wird am ehesten eutektische Kristallisation erwarten dürfen und nur in Ausnahmefällen Mischkristallbildung. Dabei können, wie sogleich gezeigt wird, leicht ziemlich breite Schmelzbereiche auftreten.

Nimmt man ein eutektisches Schmelzdiagramm an (Abb. VIII, 61), wie es sich in der Tat unter anderem an den Schmelzen aus Polyurethan und Phenol beobachten läßt, so möge die Löslichkeitskurve des Polymerisates — der Einfachheit halber geradlinig angenommen — von T_2 ausgehen. Das Präparat möge den Grundmolenbruch x_0 an Verunreinigung enthalten. Bei der Temperatur T fällt der Zustandspunkt in das Zweiphasenfeld Schmelze und kristallisiertes Polymeres. Er spaltet auf in eine Schmelze von der Zusammensetzung x und der Menge m_s und reines kristallisiertes Polymerisat, Menge m_k. Dann gilt nach der sogenannten Hebelbeziehung:

$$m_\text{Schmelze} : m_\text{Kristall} = x_0 : (x - x_0).$$

Mit der Löslichkeitskurve

$$T = T_2 - \alpha \cdot x$$

und der Gesamtmenge

$$m_s + m_k = 1$$

kann man leicht für den geschmolzenen Anteil errechnen:

$$m_s = \frac{T_2 - T_0}{T_2 - T}.$$

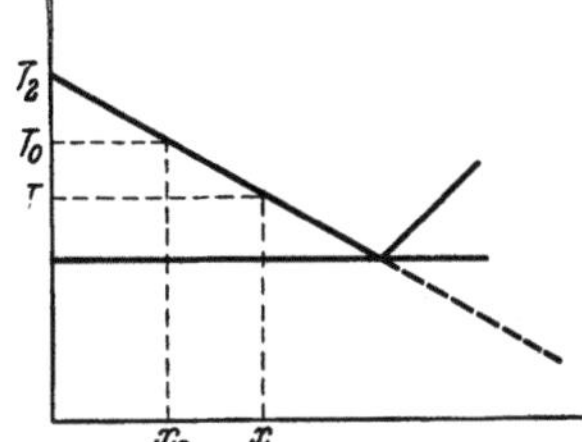

Abb. VIII, 61. Zur Entstehung eines Schmelzbereiches durch Verunreinigungen: eutektisches Schmelzdiagramm (schematisch).

Man erhält Hyperbeln, deren eine Asymptote die Ordinate bei der Schmelztemperatur des reinen Polymerisates und deren andere Asymptote die Temperaturachse ist. Wenn beim Abkühlen die Lösungsmittelreste in besonderer kristalliner Phase ausgeschieden sind, beginnt, wie die Abb. VIII, 62 erkennen läßt, das Schmel-

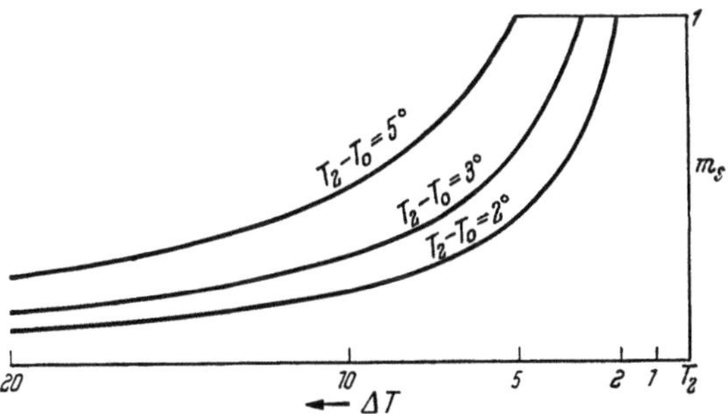

Abb. VIII, 62. Schmelzkurven mit Schmelzbereichen, verursacht durch eine Verunreinigung, welche den Beginn der Kristallisation um 2, bzw. 3, bzw. 5° herabsetzt. T_2 = Schmelzpunkt des reinen Polymerisates, m_s = Mengenanteil der Schmelze.

zen bei der eutektischen Temperatur und endet bei T_0. Wenn die Kristallisation der Lösungsmittelkomponente unterblieben ist, womit man in den hochviscosen Lösungen bei verhältnismäßig tiefer Temperatur immerhin rechnen muß, so beginnt das Schmelzen im Prinzip bei $T = 0$ und schreitet längs der Liquiduskurve fort, um bei der zu x_0 gehörigen Temperatur T_0 zu enden. Die Hyperbel wird um so schärfer, je sauberer das Präparat war. Die Kurven der Abb. VIII, 62 sind für

$T_2 - T_0 = 2°\text{C}$ bzw. $3°\text{C}$ bzw. $5°\text{C}$ berechnet. Sie beginnen flach, so daß die mit dem Aufschmelzen verbundenen thermischen, Volumen- oder sonstigen mit dm/dT proportionalen Effekte sehr gering werden. Waren z. B. 10% der Gesamteffekte meßtechnisch noch zu erfassen, dann umfaßt der Schmelzbereich $20°\text{C}$ bzw. $30°\text{C}$ bzw. $50°\text{C}$. Man sieht, daß die so erhaltene Verbreiterung des Schmelzbereiches vergleichbar mit den experimentell ermittelten Werten wird. Wenn die Kristallisation des Polymerisates — entgegen der klassischen Phasenlehre — nicht über einen gewissen Anteil, sagen wir 50%, fortschreitet, verbleibt immer noch ein Schmelzbereich von $4°\text{C}$ bzw. $6°\text{C}$ bzw. $10°\text{C}$.

Wir wollen noch untersuchen, welcher Gehalt an Lösungsmittel und dergleichen nötig ist, um die erwähnten Schmelzpunktsdepressionen zu erzeugen. Die molare Gefrierpunktserniedrigung

$$\Delta T_0 = \frac{R\,T^2}{\Delta h \cdot 1000} \qquad\qquad (\text{VIII}, 46)$$

(Δh = Schmelzwärme je Gramm) errechnet sich für Polyäthylen und für Kautschuk zu $\Delta T_0 = 7{,}2°\text{C}$ bzw. $45°\text{C}$ mit $\Delta h = 40\ \text{cal/g}$ bzw. $4\ \text{cal/g}$. Bei einem Molekulargewicht $M = 100$ sind dann bei Polyäthylen 7 bzw. 4,2 bzw. 2,8 Gew.-% und bei Kautschuk 0,9 bzw. 0,67 bzw. 0,44 Gew.-% nötig, um eine Depression $T_2 - T$ von $5°\text{C}$ bzw. $3°\text{C}$ bzw. $2°\text{C}$ zu bewirken und damit den aus Abb. VIII, 62 zu entnehmenden Schmelzbereich. Die letzten Prozente von Lösungsmitteln sind bekanntlich oft aus Hochmolekularen sehr schwer zu entfernen, so daß die oben angesetzten Depressionen denkbar erscheinen. Hierbei ist allerdings keine Rücksicht auf die nur teilweise Kristallisation genommen.

Auch auf den Temperatur–Zeit-Kurven sollte der Einfluß von Verunreinigungen zum Ausdruck kommen. In der Tat sind die Erhitzungskurven (vgl. Abb. VIII, 3) über einen Temperatur*bereich* verzögert. Wegen des Halte*punktes* auf den Abkühlungskurven vgl. § 39.

Für den Fall der Mischkristallbildung kann man eine ähnliche Betrachtung anstellen; der Schmelzbereich wird dann wesentlich enger entsprechend dem schmalen 2-Phasenfeld in diesem Schmelzdiagramm.

3. Polymolekularität.

Auch bei Abwesenheit niedermolekularer Anteile sind jedenfalls die synthetischen Hochpolymeren keineswegs einheitlich, sondern sie enthalten immer Ketten verschiedener Kettenlänge (Polymolekularität). Während hier eine eutektische Kristallisation ausgeschlossen erscheint, weil diese „verschiedenen" Stoffe sich doch außerordentlich ähnlich sind, liegt der Gedanke an eine Mischkristallbildung verhältnismäßig nahe[1].

Gegen die Vorstellung einer Mischkristallbildung spricht jedoch, daß dann außer der Schmelze auch der Mischkristall im Schmelzbereich kontinuierlich seine Zusammensetzung ändern sollte, wenn man nicht sogenannte „Schichtkristall"-Bildung annehmen will, und ferner, daß das Schmelzen gleichmäßig über den ganzen Schmelzbereich verteilt sein sollte und nicht bei der Temperatur des oberen Schmelzendes, wie beobachtet, angehäuft ist. Darüber hinaus haben ÜBERREITER und ORTH-

---

[1] HUNTER, E. u. W. G. OAKES: Trans. Faraday Soc. **41,** 49 (1945).

MANN[1] gezeigt, daß zwei Fraktionen des Polyäthylens, welche sich in ihrem Schmelzpunkt deutlich unterscheiden, doch in der Form der Schmelzkurve und der Breite des Schmelzbereiches weder untereinander noch von unfraktioniertem Material unterschieden sind. Man kann also die Polymolekularität wohl kaum für den Schmelzbereich verantwortlich machen (vgl. auch die theoretischen Überlegungen in § 49, a).

Mit diesen Ausführungen soll, wie abschließend nochmals betont sei, nur hervorgehoben werden, wie stark insbesondere Verunreinigungen zur Verbreiterung des Schmelzbereiches beitragen. Daß sie die Verbreiterung nicht allein erklären können, ersieht man schon daraus, daß hochorientierter Kautschuk scharf schmilzt (vgl. § 43). Der Einfluß der Größe der kristallinen Bereiche läßt sich allerdings mit diesem Hinweis nicht entkräften, denn im hochorientierten Kautschuk könnten diese hinreichend groß sein.

b) Kinetische Deutung des Schmelzvorganges nach ÜBERREITER und ORTHMANN[1].

Von E. JENCKEL.

Die genannten Autoren haben das Schmelzgleichgewicht und die Existenz eines Schmelzbereiches wie folgt molekularkinetisch zu verstehen gesucht. Sie arbeiten mit einem Modell (Abb. VIII, 63), das dem schon erwähnten von HERMANN und GERNGROSS ähnelt, aber den amorphen Anteil noch in einen kristallisierbaren (b) und in einen nicht-kristallisierbaren (c) unterteilt. Die Grenze zwischen beiden soll durch das Ende eines Segments[2] gebildet sein, das sich ÜBERREITER und ORTHMANN offenbar anschaulich als Verschlaufung oder Abknickung der Kette vorstellen.

Der Wärmeinhalt der kristallinen Bereiche soll ausschließlich in transversalen Schwingungen, derjenige der amorphen Bereiche zusätzlich in Torsionsschwingungen (Drillschwingungen) bestehen.

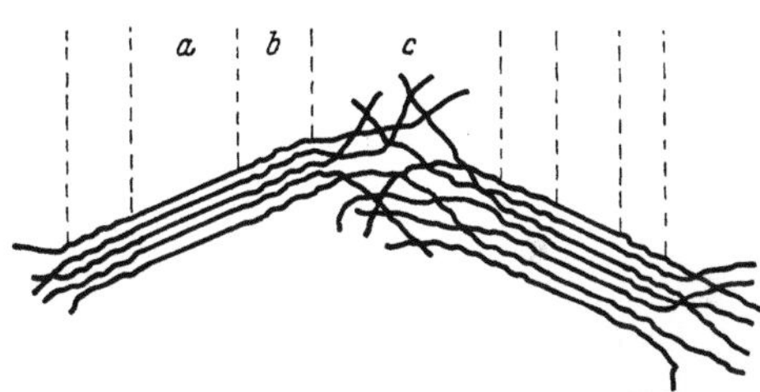

Abb. VIII, 63. Schmelzende teilkristalline Makromoleküle. a = kristallin b = geschmolzen, aber zur Kristallisation befähigt, c = geschmolzen, nicht zur Kristallisation befähigt. (Nach ÜBERREITER und ORTHMANN.)

Bei einer bestimmten Temperatur T möge sich der in Abb. VIII, 63 skizzierte Zustand als Gleichgewichtslage ausgebildet haben.

---

[1] ÜBERREITER, K. u. H. J. ORTHMANN: Kolloid-Z. **132**, 61 (1953).

[2] Die tatsächliche Biegsamkeit eines Kettenmoleküls, die durch die tetraedrische Anordnung der Valenzen am Kohlenstoffatom, durch sterische Hinderung, insbesondere durch Seitenketten und durch andere Umstände, mehr oder weniger eingeschränkt ist, wird bekanntlich vielfach durch ein Modell von starren Stäben ersetzt, die mit Kugelgelenken miteinander verbunden sind. Das Modell soll die gleiche Biegsamkeit haben wie das wirkliche Kettenmolekül. Die Länge der starren Stäbchen, d. h. der Abstand von Kugelgelenk zu Kugelgelenk wird als Segment oder kinetische Einheit bezeichnet.

Das Gleichgewicht ist dadurch charakterisiert, daß die mittlere Energie der Drillschwingung, die als stehende Schwingung in der Zone b gedacht wird, je Grundmolekül gerade so groß ist, wie zum Herausdrehen eines Grundmoleküls aus dem Gitterverband (Zone a) erforderlich ist. Die mittlere Torsionsenergie ist nun um so kleiner, je länger die Kette in der Zone b ist, nach einer Berechnung von ÜBERREITER und ORTHMANN umgekehrt proportional dem Quadrat dieser Länge. Daher ist die Gleichgewichtslage stabil; zu lange Kettenteile (in der Zone b) führen zur Kristallisation unter Verkürzung, zu kurze zum Aufschmelzen unter Verlängerung.

Eine Gleichung für den Schmelzbereich erhält man aus dieser Vorstellung wie folgt: Erhöht man die Temperatur um dT, so nimmt der Wärmeinhalt H_{tors} eines Kettenteils der Zone b, soweit er aus Torsionsschwingungen besteht, um $d H_{\text{tors}} = c_{\text{tors}}(l - l_0)\, d T$ zu (c_{tors} = Torsionsanteil der spez. Wärme je Grundmolekül oder Kettenglied, l, l_0 und $l - l_0$ = Länge der gesamten amorphen bzw. des nicht kristallisationsfähigen bzw. des kristallisationsfähigen Kettenteils in Anzahl der Grundmoleküle). Dieser Energiebetrag wird jedoch verwandt zum Aufschmelzen weiterer Grundmoleküle und beträgt daher[1]

$$d H_{\text{tors}} = L \cdot d l \qquad (L = \text{Schmelzwärme}). \qquad \text{(VIII,47)}$$

Durch Gleichsetzen erhält man sofort

$$d l = c\,(l - l_0)\, d T \qquad \text{mit} \qquad c = \frac{c_{\text{tors}}}{L} \qquad \text{(VIII, 48)}$$

oder mit $x_{\text{am}} = \dfrac{l}{P}$ (P = Polymerisationsgrad = Länge der ganzen Kettenmoleküle in Anzahl der Grundmoleküle) und Integration mit der Grenzbedingung $x_{\text{am}} = 1, T = T_s$ (Schmelzpunkt)

$$\ln \frac{1 - x_{0\,\text{am}}}{x_{\text{am}} - x_{0\,\text{am}}} = c\,(T_s - T). \qquad \text{(VIII, 49)}$$

Eine genauere Vorstellung über die Größe des grundsätzlich nicht kristallisierbaren Anteils $x_{0\,\text{am}}$ bzw. l_0 wird nicht vermittelt.

Die experimentellen Befunde an Polyäthylen werden recht gut durch Gl. (VIII, 49) wiedergegeben, trotz offenbarer Abweichungen in der Nähe des Schmelzpunktes, die wohl kaum mit der Temperaturabhängigkeit von c verstanden werden können. Andererseits ist jedoch auch zu berücksichtigen, daß es nicht allzu schwierig ist, die Krümmung einer Kurve mit zwei willkürlich zu wählenden Konstanten (c und $x_{0\,\text{am}}$) einigermaßen richtig wiederzugeben.

c) Konfigurationsbeschränkung und endlicher Schmelzbereich.

Von H. A. STUART.

Es ist kein Zweifel, daß niedermolekulare Verunreinigungen, die Uneinheitlichkeit der Substanz hinsichtlich von Verzweigungen und anderen

---

[1] ÜBERREITER u. ORTHMANN setzen an dieser Stelle $d H_{\text{tors}} = (L + H_{\text{tors})\, d l$.

Isomeriemöglichkeiten sowie die Kleinheit der kristallinen Bereiche in vielen Fällen mit die Ursache des endlichen Schmelzbereiches sind. Doch reichen alle diese Erklärungen nicht aus. Dagegen scheint uns die mit fortschreitender Kristallisation zunehmende *Konfigurationsbeschränkung* in den *amorphen Gebieten* einen tieferen und allgemeineren Grund für den Abfall des Schmelzpunktes zu liefern. Dieser Effekt ist zuerst von ALFREY u. MARK[1] sowie von TRELOAR[2] diskutiert worden. Wenn zwei kristalline Bezirke aufeinander zuwachsen, werden die dazwischenliegenden Stücke von Fadenmolekülen, soweit sie beiden Bereichen angehören, mehr und mehr verspannt und in ihren Konfigurationsmöglichkeiten beschränkt werden (s. Abb. V, 1 u. VIII, 63). Die dadurch bedingte Entropieabnahme im Amorphen[3], *Konfigurationsentropie*, kommt also zu derjenigen beim Einbau von Kettenstücken in das Gitter hinzu, so daß die Entropieänderung je Masseneinheit beim Kristallisieren allmählich ansteigt, der durch

$$T = \frac{\Delta H}{\Delta S}$$ bestimmte Schmelzpunkt also immer niedriger wird[4].

Diese Überlegungen über die Konfigurationsbeschränkung im Amorphen sind von FRITH u. TUCKETT[5] zu einer thermodynamisch-statistischen Theorie ausgebaut worden, die im folgenden § 48 eingehend besprochen wird. Ihre Betrachtungsweise setzt natürlich ein ständiges thermodynamisches Gleichgewicht voraus, was immer nur sehr begrenzt zutrifft (s. weiter unten), und kann daher auch grundsätzlich nicht die Abhängigkeit des Schmelzbereiches von der Kristallisationstemperatur erfassen.

Die Spannungen und Konfigurationsbeschränkungen im Amorphen werden um so größer sein, je mehr die Beweglichkeit der Kettenstücke behindert und je größer die Zahl der kristallinen Bereiche, d. h. je tiefer die Kristallisationstemperatur ist. Ferner ist noch an folgenden Effekt zu denken: Um jeden wachsenden kristallinen Bereich bildet sich eine Schicht von gitterfremden Molekülen (Monomere, Dimere, sonstige niedermolekulare Verunreinigungen). Es entsteht also durch Entmischung eine zusätzliche Ordnung, also eine Entropieabnahme, die erst durch Diffusion abgebaut werden kann. Da diese mit abnehmender Kristallisationstemperatur immer langsamer verläuft, erhält man ebenfalls eine zunehmende Erniedrigung der Schmelztemperatur. So kommen wir zu folgender Arbeitshypothese:

Kühlen wir eine Schmelze schnell ab, so beginnen die Kristallkeime zu wachsen. Durch diesen Einbau von Kettenstücken in die Gitterbereiche entstehen in der nächsten Umgebung des wachsenden Kristalls Span-

---

[1] ALFREY, T. u. H. MARK: J. physic. Chem. **46**, 112 (1942); Rubber Chem. Technol. **14**, 525 (1941).

[2] TRELOAR, L. R. G.: Trans. Faraday Soc. **38**, 380 (1942); Rubber Chem. Technol. **16**, 775 (1943).

[3] Im thermodynamischen Sinne bedeutet auch die bei der Kristallisation auftretende Abscheidung von gitterfremden Molekülen eine mit steigender Kristallisation zunehmende Entropieabnahme des Systems.

[4] Die Enthalpie im Amorphen je Masseneinheit H wird hier als konstant angesehen, was genähert richtig erscheint.

[5] FRITH, E. M. u. R. F. TUCKETT: Trans. Faraday Soc. **40**, 251 (1944); Rubber Chem. Technol. **18**, 256 (1945).

nungen, Konfigurationsbeschränkungen der Kettenstücke sowie erhöhte Konzentrationen an Fremdmolekülen. Diese Erscheinungen werden um so ausgeprägter, je tiefer die Kristallisationstemperatur ist, je sperriger die Moleküle gebaut und durch ihre Struktur in ihrer inneren Drehbarkeit gehemmt sind und je länger sie sind. Wartet man lange genug, so werden diese Hemmungen in der unmittelbaren Umgebung zum Teil abgebaut, der Kristall wächst wieder langsam etwas weiter unter Bildung neuer Spannungen und weiterer Konzentrationserhöhungen im Amorphen. Dann kommt der Kristallisationsprozeß endgültig zum Stillstand. Man kann sich so vorstellen, daß bei jeder isotherm geführten Kristallisation die Größe und die inneren Spannungen der kristallinen Bereiche, das Ausmaß der Baufehler sowie auch die Konfigurationsbeschränkungen im Amorphen eine Funktion der Kristallisationstemperatur werden. Der kristalline Bereich ist stets in einer *Art von „Gleichgewicht" mit seiner Umgebung.* Erwärmt man um einige Grade, so schmilzt der Kristallit, ein Vorgang, der im Gegensatz zum Kristallisieren schnell verläuft, da ja hierzu nicht erst Molekülsegmente in passende Lagen gebracht werden und Fremdmoleküle durch Diffusion abwandern müssen. Gleichzeitig vermögen sich neue Bereiche mit einem etwas höheren Schmelzpunkt zu bilden, da ja wegen der erhöhten Beweglichkeit die Entropieabnahme im Amorphen beim Kristallisieren geringer wird. Den höchsten Schmelzpunkt erreichen wir, wenn die vorhandenen Verunreinigungen sich möglichst gleichmäßig auf die amorphen Bereiche verteilen, der Anteil der kristallinen Substanz zurückgeht und die Spannungen möglichst klein werden, was am besten durch Tempern dicht unterhalb des höchsten Schmelzpunktes zu erreichen ist. Damit kann man die Beobachtungen am Kautschuk, am Polyurethan (s. unten § 41), nämlich den endlichen Schmelzbereich und den Einfluß der Kristallisationstemperatur, verstehen. Beachten wir ferner, daß mit steigender Temperatur die Langperioden größer werden (s. § 44c), die Schärfe der azimutalen Reflexe, d. h. die Breite der kristallinen Bereiche, zunimmt und der kristalline Anteil abnimmt, so können wir zusammenfassend schließen: Bei je höherer Temperatur man tempert, um so ausgedehnter ist der amorphe Bereich, und zwar vor allem in Kettenrichtung, der jeden kristallinen Bezirk umgibt. Dieser kann sich also mit einer immer spannungsfreieren und ungeordneteren Umgebung ins Gleichgewicht setzen, so daß sich sein Schmelzpunkt dem oberen Grenzwert (ungestörter Kristall in völlig ungeordneter, spannungsfreier Umgebung) nähert. Man erkennt, daß die Zunahme der Langperiode, die Abnahme des kristallinen Anteils, die größere Breite der kristallinen Bezirke und die Schmelzpunkterhöhung beim Tempern darauf beruhen, daß wir uns dem Grenzfalle der ungestörten Kristallisation nähern, der naturgemäß bei fortschreitender Kristallisation wieder nicht mehr zu verwirklichen ist.

Das Ergebnis dieser Betrachtungen läßt sich dahin zusammenfassen: Es ist unmöglich, die charakteristischen Kristallisations- und Schmelzerscheinungen bei Hochpolymeren allein auf die Verhältnisse in den kristallinen Bereichen zurückzuführen. Vielmehr sind es vor allem die als Folge der Kristallisation in den amorphen Gebieten eintretenden Veränderungen, die den endlichen Schmelzbereich und andere Phänomene verursachen.

Den mit fortschreitender Kristallisation ansteigenden Entropieunterschied fest-flüssig, der zu einem Abfall des Schmelzpunktes führt, können wir als einen *kooperativen Entropie*effekt auffassen, zu dem im niedermolekularen Bereiche nichts Entsprechendes bekannt zu sein scheint.

§ 48. Statistische Theorien der Kristallisations- und Schmelzerscheinungen bei Hochpolymeren.

Von A. MÜNSTER.

Im vorhergehenden Paragraphen wurde versucht, die bei Hochpolymeren beobachteten Kristallisations- und Schmelzerscheinungen durch qualitative Betrachtungen dem Verständnis näherzubringen. Der Ausbau solcher Überlegungen zu einer umfassenden quantitativen Theorie stößt naturgemäß, schon wegen des sehr komplexen Charakters der Erscheinungen, auf ganz außerordentliche Schwierigkeiten. Es ist daher gerechtfertigt, zunächst ein etwas bescheideneres Ziel zu verfolgen und zu fragen, welche Folgerungen sich aus einem physikalisch sinnvollen Modell unter der *Voraussetzung thermodynamischen Gleichgewichtes* ableiten lassen. Beim Vergleich der Ergebnisse mit experimentellen Daten muß dann allerdings sorgfältig geprüft werden, ob gerade diese Voraussetzung mit hinreichender Näherung realisiert war. Da es sich hier letzten Endes um das Problem der Anwendbarkeit der Thermodynamik handelt, können wir für die Diskussion dieser Frage auf § 37 der Einleitung verweisen. Auch die statistisch-thermodynamische Theorie der fraglichen Erscheinungen stellt indessen noch ein so schwieriges Problem dar, daß bisher erst wenige Versuche zu seiner Lösung vorliegen. Im Folgenden wollen wir einige derselben kurz besprechen.

a) Die Theorie von FRITH und TUCKETT.

Der erste Versuch, eine quantitative Theorie des Kristallisierens und Schmelzens der Hochpolymeren zu entwickeln, wurde von FRITH u. TUCKETT[1] unternommen. Obwohl diese Theorie sicher in wesentlichen Punkten unzutreffend ist, soll sie an dieser Stelle behandelt werden, da sie sich infolge ihrer Einfachheit gut zur Demonstration einiger wichtiger Gesichtspunkte eignet. Wir betrachten ein System aus N hochpolymeren Fadenmolekülen von einheitlichem Polymerisationsgrad P. Der Einfachheit halber setzen wir ideale Biegsamkeit der Ketten im Sinne der FLORY-HUGGINS-Theorie[2] voraus. Die Grundannahme besteht darin, daß es möglich sein soll, einen bestimmten Bruchteil α der Substanz als kristallin, den

---

[1] FRITH, E. M. u. R. F. TUCKETT: Trans. Faraday Soc. **40,** 251 (1944); Rubber Chem. Technol. **18,** 256 (1945).

[2] Bd. II, § 29.

restlichen Bruchteil $1-\alpha$ als amorph zu definieren. Es sind dann zwei Spezialfälle möglich:

α) Jede Kette als Ganzes befindet sich entweder im amorphen oder im kristallinen Zustand (*Zweiphasen*-Modell).

β) Jede einzelne Kette gehört teils amorphen, teils kristallinen Bereichen an (*Einphasen*-Modell).

Wir betrachten zunächst das *Zweiphasenmodell*. Bezeichnen wir die Zahl der im amorphen Zustand befindlichen Ketten mit N_a, die Zahl der im kristallinen Zustand befindlichen Ketten mit N_k, so ist definitionsgemäß

$$\alpha = \frac{N_k}{N_a + N_k} = \frac{N_k}{N}\,, \qquad 1-\alpha = \frac{N_a}{N_a + N_k} = \frac{N_a}{N}\,. \qquad \text{(VIII, 50)}$$

Es werden nun die folgenden speziellen Annahmen gemacht:

1. Die Struktur der amorphen Bereiche kann durch ein quasikristallines Gitter mit einer mittleren Koordinationszahl z beschrieben werden derart, daß eine Kette P Gitterplätze besetzt.

2. Alle Verteilungen der Ketten auf die Gitterplätze (Standard-Konfigurationen) besitzen die gleiche Energie $N_a P \varepsilon_a$.

3. Die Zahl der Standard-Konfigurationen ist durch die FLORY-HUGGINS-Theorie[1] gegeben.

4. Die Verteilungsfunktionen der inneren Freiheitsgrade sind für alle Standard-Konfigurationen gleich.

Daraus ergibt sich die freie Energie nach GIBBS des amorphen Anteils in der Form

$$G_a = -N_a k T \left[\ln f_a(T) - \frac{P \varepsilon_a}{k T}\right] - k T \ln g(N_a) + N_a P v_a p\,, \qquad \text{(VIII, 51)}$$

wo $f_a(T)$ die Verteilungsfunktion der inneren und kinetischen Energie ist, $g(N_a)$ der Kombinationsfaktor der FLORY-HUGGINS-Theorie für $N_1 = 0$[2] und v_a das Volumen je Baustein.

5. Für die kristallinen Bereiche wird angenommen, daß der Kombinationsfaktor $g(N_k) = 1$ ist und die freie Energie sich im übrigen in der gleichen Form darstellen läßt. Wir haben also

$$G_k = -N_k k T \left[\ln f_k(T) - \frac{P \varepsilon_k}{k T}\right] + N_k P v_k p\,. \qquad \text{(VIII, 52)}$$

Aus Gl. (VIII, 51) und (VIII, 52) lassen sich sofort die chemischen Potentiale und daraus mit Benutzung von Gl. (VII, 9) die Beziehung zwischen T_U und P_U ableiten. Im Hinblick auf die weiteren Überlegungen ist es jedoch zweckmäßiger, wenn die freie Energie des Gesamt-

---

[1] Bd. II, § 29, Gl. (II, 110).
[2] N_1 ist die Zahl der Moleküle des Lösungsmittels.

systems mit α als innerem Parameter betrachtet wird. Wir haben dann

$$\left. \begin{aligned} G = G_a + G_k &= - N k T (1 - \alpha) \left[\ln f_a(T) - \frac{P \varepsilon_a}{k T} - \frac{p P v_a}{k T} \right] \\ &\quad - k T \ln g (1 - \alpha) - N k T \alpha \left[\ln f_k(T) - \frac{P \varepsilon_k}{k T} - \frac{p P v_k}{k T} \right]. \end{aligned} \right\} \quad \text{(VIII, 53)}$$

Im thermodynamischen Gleichgewicht muß gelten

$$\left(\frac{\partial G}{\partial \alpha} \right)_{T, P} = 0 . \qquad \text{(VIII, 54)}$$

Es ist nun

$$\ln g (1 - \alpha) = N (1 - \alpha) \ln \left[\left(\frac{z - 1}{e} \right)^{P-1} \frac{P}{\sigma} \right]. \qquad \text{(VIII, 55)[1]}$$

Um zu einer einfachen Gleichung zu gelangen, machen wir noch die Annahme:

6. Es soll

$$f_a(T) = f_k(T) \qquad \text{(VIII, 56)}$$

sein. Dann folgt aus Gl. (VIII, 53), (VIII, 54), (VIII, 55) und (VIII, 56)

$$\frac{P (\varepsilon_a - \varepsilon_k)}{k T_U} + \frac{p_U P (v_a - v_k)}{k T_U} = (P - 1) \ln \frac{z - 1}{e} + \ln \frac{P}{\sigma} . \qquad \text{(VIII, 57)}$$

Erweitern wir links mit N_L, so ist der Zähler die molare Schmelzenthalpie, und wir erhalten die einfache Gleichung

$$\frac{\varDelta H}{R T_U} = (P - 1) \ln \frac{z - 1}{e} + \ln \frac{P}{\sigma} . \qquad \text{(VIII, 58)}$$

Betrachten wir Gl. (VIII, 54) als Bestimmungsgleichung für α, so bedeutet dieses Resultat, daß für gegebene T und p im allgemeinen entweder nur die Lösung $\alpha = 1$ oder nur die Lösung $\alpha = 0$ existiert. Für T_U, P_U sind alle Werte $0 < \alpha < 1$ Lösungen.

Das Zweiphasenmodell führt somit, in Übereinstimmung mit der Phasenregel, zu der Folgerung, daß für gegebenen Druck ein scharfer Schmelzpunkt existieren muß[2]. Tatsächlich ist diese Aussage, wie schon FRITH u. TUCKETT betont haben, unabhängig von den speziellen hier benutzten Ansätzen. Sie folgt bereits aus der Tatsache, daß Gl. (VIII, 53) G_m als lineare Funktion von α darstellt. Dies muß zwangsläufig stets zutreffen, wenn G_a und G_k durch thermodynamisch konsistente Ansätze für *makroskopische* Phasen ausgedrückt werden. Stellt man aber die experimentellen Ergebnisse über die Größe der Micellen (vgl. § 21, 22) in Rechnung, so ist die Benutzung solcher Ansätze sicher unzulässig

---

[1] Dieser von FRITH und TUCKETT gebrauchte Ausdruck ist nicht ganz korrekt, da in einem Term z durch $z - 1$ ersetzt wurde. Da der betreffende Term aber für $P \gg 1$ praktisch überhaupt vernachlässigt werden kann, behalten wir zur Vereinfachung obige Formel bei. σ ist die Symmetriezahl.

[2] Setzt man $\varDelta H = P_W$, ergibt sich, daß der Schmelzpunkt innerhalb einer polymerhomologen Reihe mit der Kettenlänge ansteigt und gegen einen Grenzwert $T_U = w/R \ln [(z - 1)/e]$ konvergiert.

(s. § 49). Die obige Überlegung stellt also kein Argument gegen das Modell selbst dar. Wir wollen die Frage jedoch nicht weiter verfolgen. da aus anderen Gründen das Modell nicht in Betracht kommt.

Das *Einphasenmodell* entspricht dem heute allgemein angenommenen Bild der Fransenmicellen. Zur Durchführung der Rechnung werden hier im einzelnen folgende Annahmen gemacht:

7. In dem völlig amorphen System liegt eine gewisse Zahl von Verschlingungen (entanglements) der Ketten vor, die für die statistische Betrachtung als fixiert angesehen werden. Diese Verschlingungen wirken bei Abkühlung als Keime für die Kristallisation[1]. Sie schreitet von solchen Zentren aus entlang den Ketten fort, bis sie durch sterische Effekte zum Stillstand kommt. Es kann daher niemals vollständige Kristallisation stattfinden[2] (vgl. § 47, c).

8. Die Zahl der zwischen den Zentren liegenden Kettenstücke sei N', der mittlere Polymerisationsgrad derselben P'. Von den P' Bausteinen sollen sich jeweils im Mittel P'_a in amorphen, P'_k in kristallinen Bereichen befinden. Für die Größe α gilt dann

$$\alpha = \frac{P'_k}{P'_a + P'_k} = \frac{P'_k}{P'}, \quad 1 - \alpha = \frac{P'_a}{P'_a + P'_k} = \frac{P'_a}{P'}. \quad \text{(VIII, 59)[3]}$$

9. Für den Kombinationsfaktor des amorphen Anteils soll die FLORY-HUGGINSsche Beziehung gelten in der Form

$$\ln g (1 - \alpha) = N' \ln \left[\left(\frac{z - 1}{e} \right)^{(1 - a) P'} \frac{(1 - \alpha) P'}{\sigma} \right]. \quad \text{(VIII, 60)}$$

Physikalisch bedeutet dies, daß die zwischen den Micellen befindlichen und sie verknüpfenden Kettenstücke als freie Fadenmoleküle betrachtet werden. Diese Näherung wird in dem Gebiet $0 \leq \alpha \leq 0{,}5$ als brauchbar angesehen.

Mit diesen Annahmen ergibt sich dann für die freie Energie nach GIBBS:

$$G = N' P' (1 - \alpha) (\varepsilon_a + p v_a) - N' k T \ln \left[\left(\frac{z - 1}{e} \right)^{(1 - \alpha) P'} \frac{(1 - \alpha) P'}{\sigma} \right] \left. \right\} \text{(VIII, 61)}$$
$$+ N' P' \alpha (\varepsilon_k + p v_k) - N' P' k T \ln f (T)$$

wo die Verteilungsfunktion der inneren und kinetischen Energie jetzt auf die Bausteine bezogen ist. Aus G. (VIII, 54) und (VIII, 61) folgt für das thermodynamische Gleichgewicht

$$\frac{w}{R T} = \ln \frac{z - 1}{e} + \frac{1}{P' (1 - \alpha)} \quad \text{(VIII, 62)}$$

($w =$ die latente Schmelzwärme pro CH_2-Gruppe).

---

[1] Anm. d. Herausgebers: Verschlingungen sind Störstellen; als Keime können nur vorgeordnete Bereiche mit parallelliegenden Kettenstücken wirken.

[2] FRITH u. TUCKETT (s. S. 543) haben diesen Gesichtspunkt, der unseres Erachtens zwangsläufig aus dem Modell folgt, bei der weiteren Entwicklung nicht berücksichtigt.

[3] Diese Definition von α schließt also den Anteil der Substanz aus, der aus sterischen Gründen prinzipiell nicht kristallisieren kann.

Diese Gleichung zeigt, daß mit steigender Temperatur der kristalline Anteil abnimmt und bei einer endlichen Temperatur T_F völlig verschwindet. Dieser sogenannte Schmelzpunkt der Hochpolymeren ist für $P' \gg 1$ gegeben durch

$$T_F = w/R \ln \left[(z-1)/e\right]. \qquad \text{(VIII, 63)}$$

Für $T = 0$ sollte nach Gl. (VIII, 62) das Material vollständig kristallisiert sein. Nach der Formulierung der Annahme 9 und der Definition der Größe α bezieht sich dies jedoch nicht auf den Anteil, der prinzipiell nicht zur Kristallisation befähigt ist.

Aus Gl. (VIII, 61) folgt, daß die „Schmelzentropie", d. h. das Integral $\int_{T}^{T_s} \dfrac{C_p}{T} dT$ für $\alpha \ll 1$ linear mit α zunimmt.

Abb. VIII, 64 zeigt nach Messungen von DOLE und Mitarbeitern[1], daß dies bei Polyäthylen überraschenderweise sogar bis etwa $\alpha = 0{,}5$ gilt. Indessen handelt es sich hier um eine nicht sehr spezifische Aussage, die für die experimentelle Bestätigung der Theorie nur beschränkten Wert hat. (Das gleiche Resultat folgt z. B. auch aus der in Abschnitt b zu besprechenden FLORYschen Theorie, die sich im übrigen wesentlich von der hier behandelten unterscheidet).

In Abb. VIII, 65 ist der Zusammenhang zwischen α und T nach Gl. (VIII, 62) als Kurve I dargestellt. Die benutzten Parameterwerte sind

$$w = 610 \text{ cal}, \quad P' = 200, \quad z = 7.$$

Kurve II zeigt die von RAINE, RICHARDS und RYDER[2] aus Messungen der spezifischen Wärme von Polyäthylen berechneten Werte. Man sieht, daß die experimentellen Resultate qualitativ richtig von der Theorie wiedergegeben werden. Im Hinblick auf das sehr primitive Modell kann man dieses Ergebnis als durchaus befriedigend ansehen. Es bedeutet physikalisch, daß der endliche Schmelzbereich der Hochpolymeren in erster

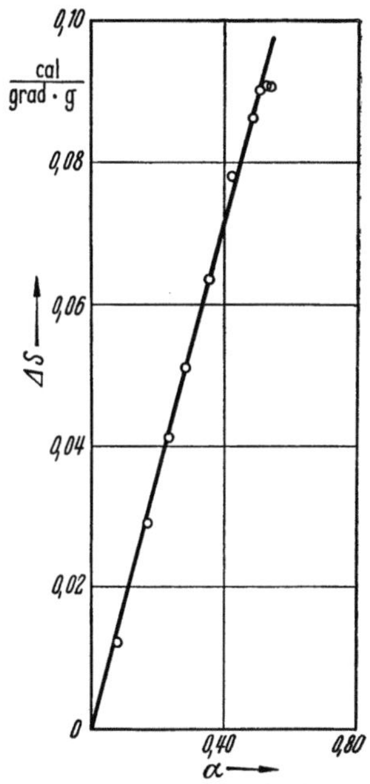

Abb. VIII, 64. Schmelzentropie von Polyäthylen. [Nach M. DOLE, J. chem, Phys. **20**, 781 (1952).]

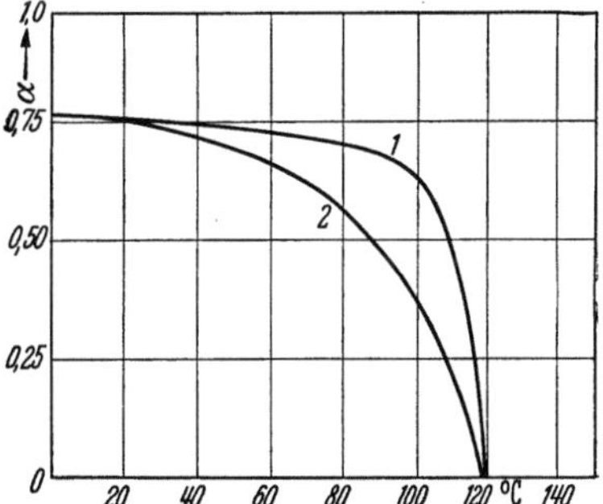

Abb. VIII. 65. Kristalliner Anteil des Polyäthylens in Abhängigkeit von der Temperatur, Kurve 1: Berechnet nach Gl. (VIII, 62). Kurve 2: Experimentelle Ergebnisse von RICHARDS u. Mitarbeiter [Trans. Faraday Soc. **41**, 56 (1945).] [Für $T = 0$ wurden beide Kurven zur Deckung gebracht, so daß hier die Definition von Θ gegenüber Gl. (VIII, 59) entsprechend modifiziert ist.]

---

[1] DOLE, M., W. P. HETTINGER, N. R. LARSON u. J. A. WETHINGTON: J. chem. Physics **20**, 781 (1952).

[2] RAINE, H. C., R. B. RICHARDS u. H. RYDER: Trans. Faraday Soc. **41**, 56 (1945).

Linie eine Folge der Fransenmicellen und des damit verbundenen Entropie-effektes darstellt (vgl. § 47, c).

Allerdings kann diese Aussage noch nicht als gesichert betrachtet werden, da die oben skizzierte Theorie manche Annahmen benutzt, die nicht unbedenklich sind und deren Einfluß auf das Resultat schwer ab-zuschätzen ist. Schon das Grundkonzept, die Unterscheidung zwischen amorphem und kristallinem Zustand, ist in dieser Form sicher nicht zutreffend. Immerhin erscheint es denkbar, daß eine feinere Differen-zierung der Ordnungszustände mehr die quantitativen Resultate als den grundsätzlichen Charakter der Theorie modifizieren würde. Ähn-liches gilt für die Annahme 5, die eine Anwendung des EINSTEIN-Modells der PLANCKschen Oszillatoren auf komplizierte Systeme bedeutet. Die betreffenden Größen $f(T)$ werden durch die Annahme 6 eliminiert. Ob-wohl auch diese nicht korrekt ist, dürfte durch den zugrunde liegen-den Sachverhalt der mit Annahme 5 eingeführte Fehler verkleinert werden. Diese Annahmen, 1, 2 und 4 sind von der Theorie der hoch-molekularen Lösungen her bekannt[1]. Auf Grund der dort gemachten Erfahrungen kann man vielleicht annehmen, daß sie hier ebenfalls eine vernünftige Näherung darstellen. Übrigens wird auch in der Theorie der kooperativen Ordnungseffekte niedrigmolekularer Systeme die Annahme 4 allgemein, die Annahme 2 in der nullten Näherung (BRAGG-WILLIAMSsche Theorie) benutzt.

Die Annahme 7, nach der die Zahl der Kristallite durch die Struktur des völlig amorphen Zustandes bereits bestimmt ist und die Kristalli-sation nur entlang den Ketten fortschreitet, ist vom physikalischen Stand-punkt zweifelhaft und mit manchen Erfahrungen kaum vereinbar (vgl. §§ 41 u. 45).

Der schwächste Punkt der Theorie liegt jedoch zweifellos, wie schon FLORY[2] erkannt hat, in der Annahme 9. Die FLORY-HUGGINSsche Theorie[3] setzt nämlich voraus, daß das System alle Konfigurationen, die mit der Kettenstruktur der Moleküle vereinbar sind, wirklich einnehmen kann. Wir wollen hier nicht die Frage erörtern, inwieweit diese Annahme bei einem amorphen festen Hochpolymeren noch als vernünftig betrach-tet werden kann. Sicher ist jedenfalls, daß sie völlig versagen muß, wenn die Ketten durch die kristallinen Micellen fixiert sind. Es kann daher kein Zweifel bestehen, daß die Anwendung der Gl. (VIII, 60) auf das hier be-trachtete Problem unzulässig ist. Andererseits sind aber die Bedingungen, welchen die Funktion $g(\alpha)$ genügen muß, um eine Erklärung für den endlichen Schmelzbereich zu liefern, so allgemeiner Natur, daß Gl. (VIII, 60) unter diesem Gesichtspunkt möglicherweise doch eine vernünftige Näherung darstellt.

In der oben skizzierten Theorie wurde vorausgesetzt, daß alle Ketten den gleichen Polymerisationsgrad P haben. In den Gleichungen für das Einphasenmodell kommt jedoch P nicht vor. Die Tatsache, daß die mei-sten Hochpolymeren polymolekular sind, ist danach für hinreichend

---

[1] Siehe Bd. II, Kap. 2.
[2] FLORY, P. J.: J. chem. Physics **17**, 223 (1949).
[3] Bd. II, Kap. 2, § 29.

lange Ketten ohne Bedeutung für das Schmelzverhalten, was physikalich auch unmittelbar einleuchtet. Dagegen enthalten synthetische Hochpolymere häufig in nicht unbeträchtlicher Menge sehr kurze Ketten und Monomere, die erfahrungsgemäß das Schmelzverhalten merklich beeinflussen. Die Theorie dieses Effektes ist zuerst von RICHARDS[1] entwickelt worden. Es wird angenommen, daß die niedrigmolekularen Anteile sich nur in den amorphen Bezirken befinden, nicht kristallisieren und mit den hochpolymeren Kettenteilen eine athermische Lösung bilden, wobei jedes kurzkettige Molekül einen Gitterplatz besetzt. Die Entropie der amorphen Gebiete wird dann nach der FLORY-HUGGINS-Theorie[2] berechnet. Im übrigen handelt es sich im wesentlichen um eine sinngemäße Erweiterung der Theorie von FRITH und TUCKETT. Wir verzichten daher auf die Wiedergabe der Rechnung und begnügen uns mit einer graphischen Darstellung der Resultate. Abb. VIII, 66 zeigt den Zusammenhang zwischen der Menge des kristallinen Anteils (bezogen auf die hochmolekulare Komponente) und der Temperatur für verschiedene Gehalte an niedrigmolekularen Substanzen. Man sieht, daß nicht nur der Schmelzpunkt erniedrigt, sondern auch der kristalline Anteil verringert wird. Abb. VIII, 67 gibt die entsprechenden experimentellen Ergebnisse (aus Dichtemessungen berechnet) für Polyäthylen und ein Gemisch von Polyäthylen und 10% Vaseline. Man sieht, daß der frag-

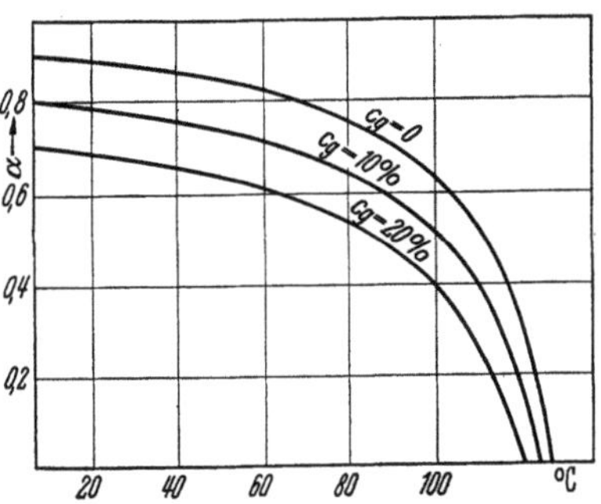

Abb. VIII, 66. Theoretischer Zusammenhang zwischen kristallinem Anteil und Temperatur für Gemische von Polyäthylen und niedrigmolekularen Paraffinen. c_g = niedrigmolekularen Anteil in 1 g Substanz.

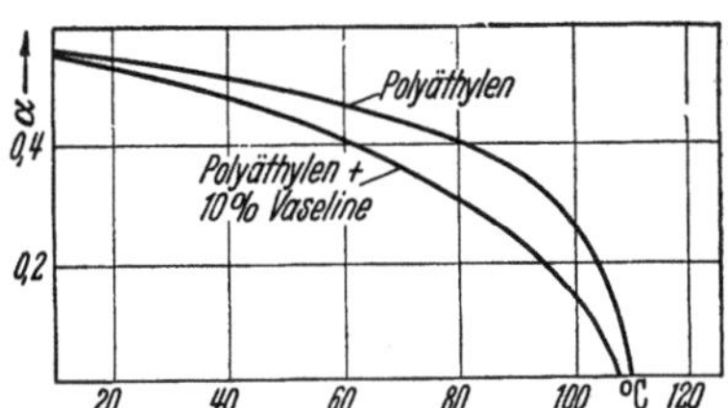

Abb. VIII. 67. Kristalliner Anteil eines Gemisches von Polyäthylen und 10% Vaseline in Abhängigkeit von der Temperatur. (Aus Dichtemessungen berechnet.)

liche Effekt von der Theorie qualitativ und auch in der richtigen Größenordnung wiedergegeben wird[3]. Die Diskrepanzen in gewissen Einzelheiten brauchen wir im Hinblick auf das sehr primitive Modell und die Unsicherheiten der experimentellen Bestimmung hier nicht zu diskutieren. Der betrachtete Effekt steht naturgemäß in naher Beziehung zu der bekannten Schmelzpunktserniedrigung durch Zusatz eines gelösten Stoffes zu der flüssigen Phase. Man darf diese Analyse jedoch nicht zu weit verfolgen, da es sich bei den Hochpolymeren nicht um ein Zweiphasengleichgewicht handelt.

---

[1] RICHARDS, R. B.: Trans. Faraday Soc. **41,** 127 (1945).
[2] Bd. II, Kap. 2, § 29.
[3] Von ÜBERREITER u. ORTHMANN (Kolloid-Z. **132,** 61 [1953]) wird die Existenz dieses Effektes bestritten.

b) Die Theorie von Flory.

In neuerer Zeit hat Flory[1] eine Theorie des Schmelzens und Kristallisierens der Hochpolymeren entwickelt, welche verschiedene bemerkenswerte Gesichtspunkte einführt. Da es hier nur auf das Grundsätzliche ankommt, beschränken wir uns auf die einfachste Formulierung und verweisen für weitere Einzelheiten auf die Originalarbeit.

Den Ausgangspunkt bildet auch hier das Bild der Fransenmicellen und die Annahme, daß man sinnvoll zwischen amorphem und kristallinem Anteil unterscheiden kann. Im Anschluß an Flory[1] beziehen wir den Fall, daß der amorphe Anteil mit einer niedrigmolekularen Flüssigkeit gemischt ist, sofort in die Rechnung ein. Ferner werden wieder die Annahmen 1, 2, 4 benutzt. Darüber hinaus werden noch die folgenden zusätzlichen Annahmen gemacht:

10. Innerhalb der kristallinen Micellen befinden sich keine Kettenenden.

11. Entropieeffekte, die sich aus der Möglichkeit verschiedener Anordnung der kristallinen Micellen ergeben, sind zu vernachlässigen.

12. Die innere Struktur des Systems läßt sich durch zwei Parameter beschreiben, die (als einheitlich angenommene) Länge der kristallinen Micellen (ausgedrückt in Kettenbausteinen) P^* und den Bruchteil der Substanz, der sich im amorphen Zustand befindet $(1 - \alpha)$.

Auf Grund der Annahmen besteht die wesentliche Aufgabe der Rechnung in der Bestimmung des Kombinationsfaktors $g(N_1, N_2, P^*, \alpha)$. Dazu denken wir uns zunächst alle vorhandenen Moleküle zu einer einzigen „Super-Kette" verknüpft. Die Zahl der Anordnungsmöglichkeiten innerhalb der Kette ist $(N_1 + N_2)!/N_1! N_2!$ Daraus ergibt sich (nach Anwendung der Stirlingschen Gleichung) ein Entropiebeitrag

$$S_1 = - k \left[N_1 \ln \frac{N_1}{N_1 + N_2} + N_2 \ln \frac{N_2}{N_1 + N_2} \right]. \qquad (VIII, 64)$$

In dem gedachten Gitter des Systems werden nun ν Bezirke der Länge P^* und von willkürlicher Dicke σ als kristalline Micellen ausgespart. Die „Super-Kette" wird dann in der aus der Theorie der Lösungen[2] bekannten Weise Baustein für Baustein in das Gitter eingefüllt, wobei folgende Regeln gelten:

α) Befindet sich der Baustein i im amorphen Gebiet, so kann der Baustein $i + 1$ alle freien benachbarten Gitterplätze besetzen, mit Ausnahme von solchen, die in den seitlichen Begrenzungen der Micellen liegen.

β) Befindet sich der Baustein i auf einem Platz, der in der Stirnfläche einer Micelle liegt, so sind damit die Plätze der folgenden $P^* - 1$ Bausteine festgelegt; sie müssen sich in einer gradlinigen Folge bis zum entgegengesetzten Ende der Micelle erstrecken. Der Baustein $i + P^*$ kann wieder alle freien benachbarten Plätze einnehmen. Die Gesamtzahl dieser Folgen ist $m = \nu \sigma$.

Die Zahl der bei diesem Verfahren möglichen Konfigurationen wird aus der Flory-Hugginsschen Theorie[2] gewonnen, indem man diese auf

---

[1] Flory, P. J.: J. chem. Physics **17**, 223 (1949).
[2] Bd. II, Kap. 2, § 29.

ein System anwendet, das aus *einem* hochpolymeren Fadenmolekül vom Polymerisationsgrad $[N_1 + P N_2 - (P^* - 1)m]$ besteht. Auf diese Weise ergibt sich (wenn der Logarithmus der vorstehenden Größe gegen diese selbst vernachlässigt wird) ein Entropiebeitrag

$$S_2 = k\,[N_1 + P N_2 - (P^* - 1)\,m]\ln\left[(z - 1)/e\right]. \qquad (\text{VIII}, 65)$$

Die Wahrscheinlichkeit, daß der erste Platz einer gegebenen kristallinen Folge von einem Baustein eines polymeren Moleküls besetzt ist, wird einfach gleich dem Volumenbruch

$$x_2^* = \frac{P N_2}{N_1 + P N_2} \qquad (\text{VIII}, 66)$$

gesetzt. Für die Wahrscheinlichkeit, daß das Kettenende nicht im Innern der Folge (wohl aber eventuell am Ende) liegt, hat man $(P - P^* + 1)/P$. Die Wahrscheinlichkeit, daß die vorstehenden Forderungen bei allen Folgen erfüllt sind, wird gleich der $m$ten Potenz der angeführten Größen gesetzt. Damit resultiert ein weiterer Entropiebeitrag

$$S_3 = k\,m\left[\ln\frac{P N_2}{N_1 + P N_2} + \ln\frac{P - P^* + 1}{P}\right]. \qquad (\text{VIII}, 67)$$

Es ist nun noch notwendig, die gedachte „Super-Kette" wieder in ihre Bestandteile zu zerlegen, d. h., es ist der Tatsache Rechnung zu tragen, daß die Enden verschiedener Moleküle nicht notwendig benachbarte Gitterplätze besetzen müssen. Die Gesamtzahl der Konfigurationen vergrößert sich somit um einen Faktor, der gleich ist dem Verhältnis der Zahl der Konfigurationen bei beliebiger Lage der Kettenenden im amorphen Gebiet zur Zahl der Konfigurationen der „Super-Kette". Das Reziproke dieses Faktors ist die Wahrscheinlichkeit, daß sich bei beliebiger Lage der Kettenenden im amorphen Gebiet die Konfiguration einer „Super-Kette" einstellt. Dafür wird gesetzt

$$\left[\frac{(N_1 + N_2 - 1)(z - 1)}{N_1 + P N_2 - P^* m}\right]\left[\frac{(N_1 + N_2 - 2)(z - 1)}{N_1 + P N_2 - P^* m}\right]\cdots\left[\frac{z - 1}{N_1 + P N_2 - P^* m}\right]$$

$$\approx (N_1 + N_2)!\,[(z - 1)/(N_1 + P N_2 - P^* m)]^{(N_1 + N_2)}. \qquad (\text{VIII}, 68)$$

Der entsprechende Entropiebeitrag ist

$$S_4 = -\,k\,(N_1 + N_2)\left[\ln\left(\frac{z - 1}{e}\right) + \ln\frac{N_1 + N_2}{N_1 + P N_2 - P^* m}\right]. \qquad (\text{VIII}, 69)$$

Aus Gl. (VIII, 64), (VIII, 65), (VIII, 67), (VIII, 69) ergibt sich für den Konfigurationsanteil der Entropie

$$\begin{aligned}
S_c = k \ln g = -\,k\Bigg\{ &N_1 \ln\frac{N_1}{N_1 + P N_2 - P^* m} + N_2 \ln\frac{N_2}{N_1 + P N_2 - P^* m} \\
&- [N_2(P - 1) - m(P^* - 1)]\ln\frac{z - 1}{e} + m \ln\frac{P}{P - P^* + 1} \\
&- m \ln\frac{P N_2}{N_1 + P N_2}\Bigg\}.
\end{aligned} \qquad (\text{VIII}, 70)$$

Für $m = 0$, d. h. für die völlig amorphe Substanz, geht dieser Ausdruck über die Entropie der athermischen Lösung nach der FLORY-HUGGINS-Theorie[1]. Für den Parameter α gilt:

$$P N_2 \alpha = m P^* . \qquad (VIII, 71)$$

Führen wir Gl. (VIII, 66) und (VIII, 71) in (VIII, 70) ein, so folgt

$$
\begin{aligned}
S_c = {}&- k P N_2 \left\{ [1/P - (1 - \alpha)] \ln \frac{z-1}{e} - \frac{\alpha}{P^*} \left[\ln \left(\frac{z-1}{e} x_2^* \right) \right. \right. \\
&\left. + \ln \frac{P - P^* + 1}{P} \right] - \left(\frac{1 - x_2^*}{x_2^*} + \frac{1}{P} \right) (\ln [1 - x_2^* \alpha] \\
&\left. + \ln [N_1 + P N_2]) \right\} - k (N_1 \ln N_1 + N_2 + \ln N_2) .
\end{aligned}
\qquad (VIII, 72)
$$

Für die Konstruktion der freien Energie nach GIBBS können wir aus Gl. (VIII, 61) den ersten, dritten und vierten Term mit entsprechenden Modifikationen übernehmen. Darüber hinaus muß noch ein Glied $N_1 \ln \varphi(T)$ und ein Ausdruck für die Mischungswärme hinzugefügt werden. Für die letztere wählen wir im Anschluß an den HUGGINSschen Ansatz für hochmolekulare Lösungen[2] den Ausdruck:

$$\frac{\Delta' H}{k T} = \chi_1 N_1 \frac{x_2^* (1 - \alpha)}{1 - x_2^* \alpha} . \qquad (VIII, 73)$$

Es ergibt sich dann für die freie Energie nach GIBBS

$$
\begin{aligned}
G = {}& k T P N_2 \left\{ \frac{(1 - \alpha)(\varepsilon_a + p v_a)}{k T} + \frac{\alpha (\varepsilon_k + p v_k)}{k T} + \chi_1 \frac{(1 - x_2^*)(1 - \alpha)}{1 - x_2^* \alpha} \right. \\
&+ [1/P - (1 - \alpha)] \ln \frac{z-1}{e} - \frac{\alpha}{P^*} \ln \left(\frac{z-1}{e} \frac{P - P^* + 1}{P} x_2^* \right) \\
&\left. - \left(\frac{1 - x_2^*}{x_2^*} + \frac{1}{P} \right) (\ln [1 - x_2^* \alpha] + \ln [N_1 + P N_2]) \right\} \\
&- k T \{ N_1 \ln N_1 + N_2 \ln N_2 + N_1 \ln \varphi(T) + P N_2 \ln f(T) \} .
\end{aligned}
\qquad (VIII, 74)
$$

Die freie Energie ist hier als Funktion der thermodynamischen Zustandsvariablen sowie der beiden inneren Parameter α und P dargestellt. Die Gleichgewichtswerte der letzteren ergeben sich aus

$$\left(\frac{\partial G}{\partial P^*} \right)_{T, P, N_1, N_2, \alpha} = 0 \qquad (VIII, 75)$$

und

$$\left(\frac{\partial G}{\partial \alpha} \right)_{T, P, N_1, N_2, P^*} = 0 . \qquad (VIII, 76)$$

Wir betrachten zunächst den Fall des reinen Polymeren ($x_2^* = 1$). Gl. (VIII, 74) reduziert sich dann auf

$$
\begin{aligned}
G = {}& k T P N_2 \left\{ \frac{(1 - \alpha)(\varepsilon_a + p v_a)}{k T} + \frac{\alpha (\varepsilon_k + p v_k)}{k T} \right. \\
&+ [1/P - (1 - \alpha)] \ln \frac{z-1}{e} - \frac{\alpha}{P^*} \ln \left(\frac{z-1}{e} \frac{P - P^* + 1}{P} \right) \\
&\left. - \frac{1}{p} (\ln (1 - \alpha) + \ln P N_2) \right\} - k T N_2 \{ \ln N_1 + P \ln f(T) \} .
\end{aligned}
\qquad (VIII, 77)
$$

[1] Bd. II, Kap. 2, § 29, Gl. (II, 110). — [2] Bd. II, Kap. 2, § 30.

Aus Gl. (VIII, 75) und (VIII, 77) folgt für die Gleichgewichtslänge der Micellen

$$- \ln \frac{z - 1}{e} = \frac{P^*}{P - P^* + 1} + \ln \frac{P - P^* + 1}{P} . \qquad \text{(VIII, 78)}$$

Hier ist zunächst bemerkenswert, daß die Gleichgewichtslänge der Micellen unabhängig von α ist. Weiter besitzt Gl. (VIII, 78) eine physikalisch sinnvolle Lösung ($1 \leq P^* \leq P$) nur für $(z - 1)/e < \exp. (-1/P)$, d. h. praktisch für $(z - 1)/e < 1$. Es ist kaum anzunehmen, daß diese Festlegung der Koordinationszahl irgendeine physikalische Bedeutung hat. FLORY umgeht die Schwierigkeit dadurch, daß er die linke Seite der Gl. (VIII, 78) in Form einer empirischen Konstanten schreibt. Es ergibt sich dann, wenn die rechte Seite von Gl. (VIII, 78) entwickelt wird,

$$- \ln D \approx \frac{1}{P} + \frac{1}{2} \left(\frac{P^*}{P} \right)^2 + \frac{2}{3} \left(\frac{P^*}{P} \right)^3 + \cdots \qquad \text{(VIII, 79)}$$

wo D die sogenannte Keimbildungskonstante ist. Man sieht daraus, daß für $P \gg 1$ P^* im wesentlichen proportional dem Polymerisationsgrad P ist.

Um den Gleichgewichtsanteil der amorphen Substanz zu berechnen, haben wir Gl. (VIII, 76), (VIII, 77) und (VIII, 78) zu kombinieren. Es ergibt sich dann

$$\frac{\Delta H}{P R T} = \frac{w}{R T} = \ln \frac{z - 1}{e} + \frac{1}{P (1 - \alpha)} + \frac{1}{P - P^* + 1} . \qquad \text{(VIII, 80)}$$

Der „Schmelzpunkt" ist hier gegeben durch

$$T_F = w/R \left[\ln \frac{z - 1}{e} + \frac{1}{P} + \frac{1}{P - P^* + 1} \right]. \qquad \text{(VIII, 81)}$$

Nehmen wir an, daß der Gleichgewichtswert von P^* sich nicht einstellt (etwa aus sterischen Gründen), so gilt

$$\frac{w}{R T_F} = \ln \frac{z - 1}{e} + \frac{1}{P (1 - \alpha)} - \frac{1}{P^*} \ln \frac{D (P - P^* + 1)}{P} . \qquad \text{(VIII, 82)}$$

Gl. (VIII, 80) besagt, daß der endliche Schmelzbereich der Hochpolymeren nur bei Ketten endlicher Länge auftritt, sich mit wachsender Kettenlänge zusammenzieht und für $P \to \infty$ zu einem scharfen Schmelzpunkt wird. Diese Aussage erscheint physikalisch wenig plausibel; sie bedeutet nämlich, daß eine typische Eigenschaft makromolekularer Substanzen mit wachsender Kettenlänge verschwindet, was etwas paradox klingt. Gl. (VIII, 80) widerspricht aber auch direkt der experimentellen Erfahrung, nach der die Breite des Schmelzintervalls mit der Kettenlänge zunimmt und einem Grenzwert zustrebt[1], was unmittelbar einleuchtend ist. FLORY[2] weist darauf hin, daß für sehr große Kettenlängen auch die Gleichgewichtslängen der Kristallite sehr groß werden, solche Längen sich aber erfahrungsgemäß nicht einstellen. In diesem Falle hätte man Gl. (VIII, 82) anzuwenden, wobei P^* als vorgegebener Parameter

---

[1] ÜBERREITER, K. u. H. J. ORTHMANN: Kolloid-Z. **132**, 61 (1953).

[2] FLORY, P. J.: J. chem. Physics **17**, 223 (1949).

zu betrachten wäre. Es treten dann aber zunächst die gleichen Schwierigkeiten auf wie bei Gl. (VIII, 80). FLORY[1] betrachtet daher den Fall $P \to \infty$, für den Gl. (VIII, 82) die einfache Form

$$\frac{w}{R\,T_s} = \ln \frac{z-1}{e} - \frac{1}{P^*} \ln D \qquad \text{(VIII, 83)}$$

annimmt. Auch hier ergibt sich für gegebenes P^* ein scharfer Schmelzpunkt. FLORY[1] nimmt nun an, daß Kristallite verschiedener Längen vorhanden sind, die jeweils bei konstanter Temperatur nach Gl. (VIII, 83) aufschmelzen und insgesamt den endlichen Schmelzbereich bedingen. Daß dieser Effekt eine Rolle spielt, ist bereits von RICHARDS[2] bemerkt worden; dieser Autor betont aber gleichzeitig, daß er nicht als primäre Ursache des endlichen Schmelzbereiches angesehen werden kann. Ferner darf nicht übersehen werden, daß die erwähnte Interpretation der Gl. (VIII, 83) einen völlig neuen physikalischen Gesichtspunkt einführt, der in Widerspruch zu den Grundannahmen steht. Es ist daher fraglich, ob die Anwendung der Gl. (VIII, 83) dann überhaupt noch einen Sinn hat. Das Gleiche würde für eine andere Interpretation gelten, wenn man nämlich im Sinne der Theorie von FRITH u. TUCKETT in Gl. (VIII, 83) $P^* = P'(1-\alpha)$ substituieren würde. Es ist übrigens bemerkenswert, daß in diesem Falle Gl. (VIII, 83) praktisch identisch würde mit Gl. (VIII, 62). In diesem Zusammenhang muß auch darauf hingewiesen werden, daß die unter a und b besprochenen Theorien grundsätzlich verschiedene Annahmen über den Mechanismus des Schmelzens bzw. Kristallisierens einführen. FRITH u. TUCKETT nehmen an, daß die Prozesse in Richtung der Kettenachsen fortschreiten (longitudinales Wachstum, s. Abb. VIII, 60); nur unter dieser Voraussetzung ist Gl. (VIII, 51) gültig. Die FLORYsche Gl. (VIII, 79) (in der α nicht vorkommt) besagt dagegen, daß Schmelzen und Kristallisieren ausschließlich senkrecht zur Kettenachse fortschreiten (laterales Wachstum, s. Abb. VIII, 60). Die Frage, welcher dieser Mechanismen in Wirklichkeit vorliegt, ist auch heute noch wenig geklärt und möglicherweise überhaupt nicht eindeutig zu beantworten. Beispielsweise schließen im Falle des Polyäthylens BUNN und ALCOCK[3] aus röntgenographischen und optischen Untersuchungen, daß laterales Wachstum vorliegt, während ÜBERREITER u. ORTHMANN in ihrer Theorie den entgegengesetzten Standpunkt einnehmen.

Zusammenfassend muß man feststellen, daß die Ergebnisse der FLORYschen Theorie, soweit es sich um das Schmelzen der reinen Hochpolymeren handelt, physikalisch wenig befriedigen und gegenüber der Theorie von FRITH u. TUCKETT kaum als ein Fortschritt betrachtet werden können. Diese Tatsache erscheint auf den ersten Blick etwas befremdend, da das FLORYsche Modell zweifellos in verschiedenen Beziehungen der physikalischen Situation besser entspricht als das von FRITH u. TUCKETT. Eine vollständige Aufklärung ist in Anbetracht der vielen ziemlich undurchsichtigen Näherungen der FLORYschen Rechnung

[1] FLORY, P. J.: J. chem. Physiks 17, 223 (1949).
[2] RICHARDS, R. B.: Trans. Faraday Soc. 41, 127 (1945).
[3] BUNN, C. W. u. T. C. ALCOCK: Trans. Faraday Soc. 41, 317 (1945).

kaum möglich. Wir wollen aber auf zwei Punkte hinweisen, die vielleicht in diesem Zusammenhang von Bedeutung sind.

Wie erwähnt, wird Gl. (VIII, 65) erhalten, indem man in der Entropiegleichung der FLORY-HUGGINS-Theorie[1] $N_1 = 0$ und $N_2 = 1$ setzt. Nun liegt aber der Ableitung der genannten Gleichung die stillschweigende Annahme zugrunde, daß $N_1 + N_2 \gg P$ ist. Das bedeutet mit anderen Worten, daß beim Einfüllen der ersten Kette in das Gitter die Tatsache vernachlässigt werden kann, daß etwa, wenn es sich um den Baustein i handelt, bereits $i - 1$ Gitterplätze durch Bausteine der gleichen Kette besetzt sind. Bei wirklichen Molekülen ist diese Voraussetzung immer erfüllt. Für die gedachte „Super-Kette" ist aber der „Polymerisationsgrad" gleich der Zahl der Gitterplätze und somit die Zahl der Konfigurationen wesentlich kleiner als es der Gl. (VIII, 65) entspricht. Das hier auftauchende Problem steht in naher Beziehung zu dem aus der Statistik der einzelnen Kettenmoleküle bekannten Raumerfüllungseffekt[2].

Daneben ist noch ein grundsätzliches Bedenken zu erwähnen, das bereits in Abschnitt a angedeutet wurde. Die Berechnung der Entropie durch Abzählung der Konfigurationen setzt nämlich voraus, daß die überwiegende Mehrzahl der Konfigurationen innerhalb einer Zeit, die von der Größenordnung der Versuchszeit ist, auch wirklich eingenommen wird. Man kann sich nur schwer vorstellen, wie die damit geforderte Beweglichkeit der Kette als Ganzes in festen Hochpolymeren möglich sein soll. Es ist ziemlich wahrscheinlich, daß die auffallende Abhängigkeit des Schmelzverhaltens vom Polymerisationsgrad in der FLORYschen Theorie hier ihre Wurzel hat. Das Bild der fixierten „entanglements" dürfte den tatsächlichen Verhältnissen näherkommen.

Bei allen bisherigen Betrachtungen wurde angenommen, daß das einzelne Fadenmolekül eine lineare Aneinanderreihung gleicher Bausteine darstellt und somit im Prinzip vollständig[3] in ein Kristallgitter eingebaut werden kann. Dies trifft aber nicht mehr zu, wenn es sich um Copolymere oder verzweigte Ketten handelt. Die maximale Größe der Kristallite hängt dann mehr oder weniger von der Kettenstruktur ab. Auf die Bedeutung dieser Tatsache für das Schmelzverhalten hat bereits RICHARDS[4] hingewiesen. Eine quantitative Behandlung ist von FLORY[5] sowie DOLE und Mitarbeitern[6] gegeben worden. Die letzteren Autoren berechnen unter der Voraussetzung völlig ungeordneter Verteilung der „Störstellen" (d. h. im Falle des Polyäthylens der Verzweigungsstellen) die Verteilung der Kristallitlängen sowie den Zusammenhang zwischen α und der jeweils kleinsten Kristallitlänge und gehen damit in Gl. (VIII, 83) ein. Der sich auf diese Weise ergebende Zusammenhang zwischen T und α ist in Abb. VIII, 68 (Kurve 1) dargestellt und mit den experimentellen Daten der gleichen Autoren für Polyäthylen (aus Messungen der spezifi-

---

[1] Bd. II, Kap. 2, § 29.

[2] Bd. I, Kap. IV, § 35, b; Bd. II, Kap. 14, § 99.

[3] Wir sehen hier von den Endgruppen ab.

[4] RICHARDS, R. B.: Trans. Faraday Soc. **41**, 127 (1945).

[5] FLORY, P. J.: J. chem. Physics **17**, 223 (1949).

[6] DOLE, M., W. P. HETTINGER, N. R. LARSON u. J. A. WETHINGTON: J. chem. Physics **20**, 781 (1952).

schen Wärme) (Kurve 2) verglichen. Die Übereinstimmung ist nicht unbefriedigend. Der endliche Schmelzbereich wird somit wieder ausschließlich durch die Uneinheitlichkeit der Kristallitlängen erklärt. Obschon diese Erklärung sich hier besser in den Gesamtrahmen der FLORYschen Theorie einfügt, bleiben die oben erörterten allgemeinen Bedenken gegen die Gl. (VIII, 83) bestehen. Wir müssen daher abschließend feststellen, daß gegenwärtig weder die experimentellen noch die theoretischen Ergebnisse ausreichen, um die Frage nach der Ursache des endlichen Schmelzbereiches der Hochpolymeren eindeutig zu beantworten. Immerhin scheint uns am wahrscheinlichsten und physikalisch befriedigendsten die Auffassung von RICHARDS[1] zu sein, nach der die primäre (d.h. in der hochpolymeren Struktur als solcher liegende) Ursache der von FRITH und TUCKETT[2] betrachtete Effekt ist; derselbe kann jedoch durch Beimischung niedrigmolekularer Bestandteile sowie durch Verzweigung der hochpolymeren Ketten in mehr oder weniger starkem Ausmaß modifiziert werden.

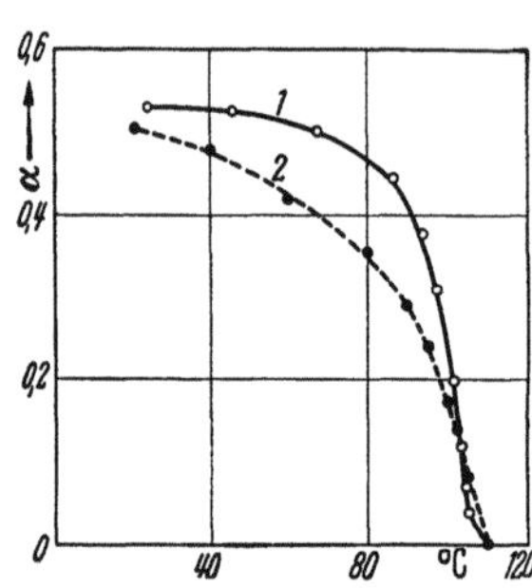

Abb. VIII, 68. Zusammenhang zwischen dem kristallinen Anteil von Polyäthylen und der Temperatur.
Kurve 1: Theoretische Werte.
Kurve 2: Experimentelle Ergebnisse. [Nach M. DOLE, J. chem. Phys. **20**, 781 (1952).]
Für $\alpha = 0{,}1$ und $\alpha = 0{,}5$ wurden die Kurven zur Deckung gebracht.

Die Anwendung der FLORYschen Theorie auf Mischsysteme wird im Zusammenhang mit Konstitutionsfragen in § 53 besprochen.

Wir bringen daher nur noch eine Zusammenstellung der wichtigsten experimentell direkt prüfbaren Gleichungen der FLORYschen Theorie in FLORYS eigener Schreibweise, die in Experimentalarbeiten gewöhnlich angeführt wird. In dieser Notierung wird $\ln \dfrac{(z-1)}{e} = s_n$ und $h/s_n = T_F^0$ (Schmelzpunkt des reinen Polymeren für $P \to \infty$) (h die latente Schmelzwärme je Grundeinheit) gesetzt. Bei FLORY mit „h" bezeichnet. Dann lautet Gl. (VIII, 80):

$$\frac{1}{T_F} - \frac{1}{T_F^0} = \frac{R}{\varDelta H}\left(\frac{1}{P(1-\alpha)} + \frac{1}{P - P^* + 1}\right). \qquad \text{(VIII, 80 a)}$$

Genähert gilt

$$\frac{1}{T_F} - \frac{1}{T_F^0} = \frac{R}{\varDelta H \cdot P}.$$

Aus Gl. (VIII, 83) wird

$$\frac{1}{T_F} - \frac{1}{T_F^0} = -\frac{R}{\varDelta H}\frac{\ln D}{P^*}. \qquad \text{(VIII, 83 a)}$$

Für den Fall, daß der amorphe Anteil mit einer niedrigmolekularen Flüssigkeit gemischt ist, ergibt sich unter der Voraussetzung $P \to \infty$ eine „Schmelzpunktsdepression" nach

$$\frac{1}{T_F} - \frac{1}{T_F^0} = \frac{R}{\varDelta H}\left[\frac{V_2'}{V_1}(1 - x_2^*) - \chi_2(1 - x_2^*)^2\right] \qquad \text{(VIII, 80 b)}$$

[1] RICHARDS, R. B.: Trans. Faraday Soc. **41**, 127 (1945).
[2] FRITH, E. M. u. R. F. TUCKETT: Trans. Faraday Soc. **40**, 251 (1944).

wo V_2' das Grundmolvolumen des Polymeren und V_1 das Molvolumen des Lösungsmittels ist. Dabei wird $\chi_2 \sim 1/T_F$ angenommen.

Einen ganz analogen Zusammenhang findet FLORY für Copolymere. Es wird angenommen, daß nur die Bausteine vom Typ (1) in das Gitter eingebaut werden können, dagegen nicht die vom Typ (2). Die Verteilung der Bausteine entlang der Kette soll völlig ungeordnet sein. Die Zusammensetzung wird durch einen Molenbruch der Bausteine A beschrieben, der mit x_A bezeichnet wird. Dann ergibt sich, vgl. auch § 53 b,

$$\frac{1}{T_F} - \frac{1}{T_{F_1}^0} = \frac{R}{h_A}\left[-\ln x_A - \chi_2 (1 - x_A)^2\right]. \qquad \text{(VIII, 80 c)}$$

Bemerkenswert ist die Ähnlichkeit dieser Gleichung mit der für die Schmelzpunktserniedrigung einer niedrigmolekularen regulären Lösung.

§ 49. Schmelzen und Kristallisieren der Hochpolymeren als Umwandlung zweiter Ordnung.

Von E. JENCKEL und A. MÜNSTER.

Vorbemerkung des Herausgebers.

Es hat sich im Laufe der letzten Jahre immer klarer herausgestellt, daß es nicht möglich ist, den Schmelz- und Kristallisationsvorgang bei Hochpolymeren als eine Umwandlung I. Ordnung zu beschreiben, ohne sich in ernste Widersprüche mit den Grundgesetzen der Thermodynamik, insbesondere mit der Phasenregel zu verwickeln.

Vor kurzem haben sich nun die Herren JENCKEL u. MÜNSTER gleichzeitig und unabhängig voneinander mit diesen Schwierigkeiten beschäftigt und in Veröffentlichungen, sowie im Rahmen ihrer Beiträge zu diesem Bande gezeigt, daß man das Schmelzen und Kristallisieren der Hochpolymeren widerspruchsfrei als eine Umwandlung II. Ordnung darstellen kann.

Da beide Betrachtungsweisen verschiedene Argumente anziehen und sich gegenseitig gut ergänzen, schien es in Anbetracht der grundsätzlichen Bedeutung dieses noch nicht restlos geklärten Problems richtig, beide Beiträge nicht zu einem einzigen zu verschmelzen, sondern die Autoren getrennt Stellung nehmen zu lassen.

a) Das Schmelzen der Hochpolymeren als Umwandlung II. Ordnung.

Von A. MÜNSTER[1].

Die allgemein übliche, auch von uns verwendete Ausdrucksweise „Schmelzen und Kristallisieren der Hochpolymeren" hat dazu geführt, diese Vorgänge als Umwandlung I. Ordnung zu bezeichnen[2], und die (partiell) kristallisierenden Hochpolymeren als zweiphasige Systeme an-

---

[1] MÜNSTER, A.: Z. physik. Chem. Neue Folge, **1**, 259 (1954).
[2] BOYER, R.: Comptes Rendus 2ᵉᵐᵉ Réunion „Changements des Phases", Paris, 1952.

zusehen. Dadurch tritt jedoch eine Reihe von Schwierigkeiten auf. Die
erste liegt in der Definition der Phasen. Vom Standpunkt der Thermodynamik ist eine Phase ein unendlich großes (d. h. praktisch makro-
skopisches) homogenes Gebiet, das von einem oder mehreren anderen
derartigen Gebieten durch Grenzflächen getrennt ist, derart, daß die
(in Wirklichkeit stetige) Änderung der Eigenschaften (z. B. der Dichte)
an der Grenzfläche als Unstetigkeit betrachtet werden kann. Ein Blick
auf Abb. V, 2 oder VIII, 64 zeigt, daß in diesem Sinne bei Hochpolymeren von zwei Phasen keine Rede sein kann. Da die Bereiche kristalliner
Ordnung sicherlich keine idealen Kristalle sind, ist schon die räumliche
Abgrenzung der Phasen mit einer erheblichen Willkür behaftet. Wenn
man den Bereich dieser Unsicherheit mit der Grenzschicht identifiziert,
würde sich ergeben, daß die Ausdehnung von „Phase" und „Grenzschicht" vergleichbare Größenordnungen besitzen. Weiter verlangt die
Thermodynamik, daß die physikalischen Eigenschaften der Phasen unabhängig von der Koexistenz als solcher sind. Bei Hochpolymeren kann
dies schon wegen der „Verfilzung" der „Phasen" nicht erfüllt sein. Durch
Integration der Messungen über das Umwandlungsintervall kann man
zwar formal Werte für die Größen ΔS, ΔH und ΔV berechnen und damit
in die CLAUSIUS-CLAPEYRONsche Gleichung eingehen, wie auch die
thermodynamischen Funktionen (z. B. G) für beide „Phasen" berechnen.
Es ist aber nach den früheren Ausführungen, besonders in § 35, unklar,
welche physikalische Bedeutung man denselben zuzuschreiben hat.

Eine weitere Schwierigkeit ergibt sich daraus, daß die Auffassung
der kristallisierten Hochpolymeren als zweiphasige Systeme zu offen-
kundigen Widersprüchen mit der Phasenregel führt. Ein Einkomponentensystem muß danach bei gegebenem Druck einen scharfen Schmelzpunkt besitzen, was bei den Hochpolymeren grundsätzlich nicht zutrifft.
Es ist besonders bemerkenswert, daß dieser Widerspruch sich nicht auf
den festen Zustand im engeren Sinne beschränkt, sondern (wie an anderer
Stelle[1] schon ausführlich erörtert wurde) auch bei Quellungsgleich-
gewichten in eklatanter Weise in Erscheinung tritt. Man könnte zunächst
denken, daß diese Schwierigkeit fortfallen würde, wenn man die Ketten
verschiedener Länge als Komponenten auffaßt und die thermodynamische
Theorie der heterogenen Vielkomponentensysteme anwendet. Abgesehen
davon, daß das Problem einer Definition der Phasen dadurch nicht gelöst
wird, ist dieser Weg auch aus prinzipiellen Gründen nicht gangbar,
wenn die oben angedeuteten Vorstellungen über die Struktur der kristallinen Hochpolymeren richtig sind. Die Anwendung der Thermodynamik
der Vielkomponentensysteme setzt naturgemäß voraus, daß die Komponenten und ihre Konzentrationen in jeder Phase unabhängig von den
übrigen Phasen definiert sind. Nun liegen innerhalb eines kristallinen
Bereiches im allgemeinen nur Teilstücke der Ketten. Innerhalb derselben
sind daher (wenn wir von dem wahrscheinlich seltenen Fall absehen, daß
Kettenenden in dem Bereich liegen) Ketten verschiedener Länge als
Komponenten überhaupt nicht definierbar. Selbst wenn man die (sicher
unzulässige) Annahme macht, daß die Komponenten aus der Gesamt-

---

[1] Physik der Hochpolymeren, Bd. II, Kap. 3, § 40.

länge der Ketten zu definieren sind, bleibt bestehen, daß die Variationen der Molzahlen in den Phasen nicht nur durch VII, 6, sondern noch durch zusätzliche geometrische Bedingungen beschränkt sind.

Es scheint danach, daß die Beschreibung des Schmelzens der Hochpolymeren als Umwandlung I. Ordnung vom Standpunkt der Thermodynamik sich nicht konsistent durchführen läßt. Auch die statistischen Betrachtungen der vorhergehenden Abschnitte zeigen, ganz unabhängig von den mit ihren Einzelheiten verknüpften Problemen, jedenfalls klar, daß auch im molekularen Mechanismus ein grundlegender Unterschied zwischen dem Schmelzen der Hochpolymeren und einer Umwandlung I. Ordnung im Sinne der Thermodynamik besteht (vgl. insbesondere Abschnitt a). ÜBERREITER und ORTHMANN[1] haben diesen Sachverhalt eingehend unter dem Gesichtspunkt der Kinetik der Phasenbildung diskutiert (vgl. § 47, b).

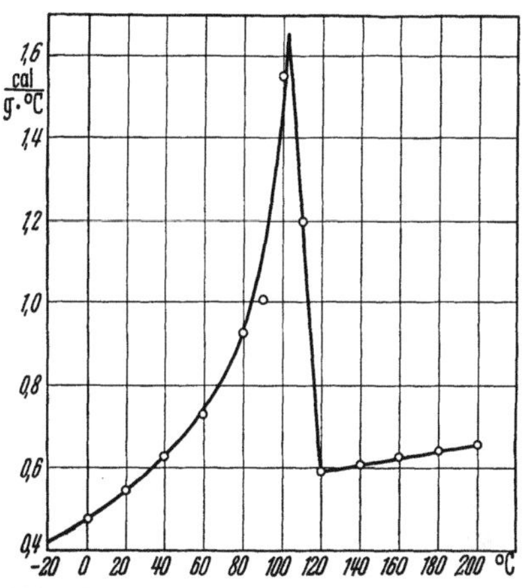

Abb. VIII, 69. Spezifische Wärme von Polyäthylen in Abhängigkeit von der Temperatur.

Diese verschiedenartigen Überlegungen führen zwangsläufig zu der Folgerung, daß ein partiell kristallisierter hochpolymerer Stoff im Sinne der Thermodynamik als homogenes System betrachtet werden muß. Das Schmelzen und Kristallisieren stellt dann notwendig eine Umwandlung höherer Ordnung dar.

Die schon früher in § 1 der Einleitung erwähnten Schwierigkeiten einer genaueren Klassifizierung sind naturgemäß bei Hochpolymeren besonders groß. Wir wollen daher so vorgehen, daß wir direkt untersuchen, ob eine Beschreibung des Schmelzens und Kristallisierens der Hochpolymeren als Umwandlung II. Ordnung sich in befriedigender Weise durchführen läßt.

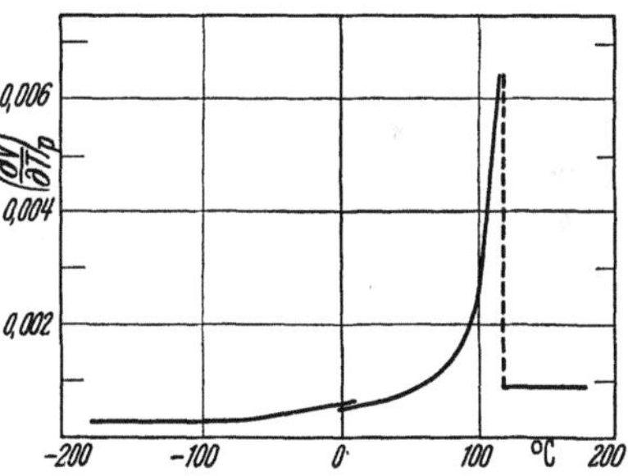

Abb. VIII, 70. Ausdehnungskoeffizient von Polyäthylen in Abhängigkeit von der Temperatur. [Nach HUNTER u. OAKES, Trans. Faraday Soc. 41, 49 (1945).]

Wir erinnern zunächst an einige experimentelle Ergebnisse über den Verlauf des Volumens von Polyäthylen und des thermischen Ausdehnungskoeffizienten von Polytrifluorchloräthylen, die in den Abb. VIII, 1 und VIII, 12 wiedergegeben sind. Die Abb. VIII, 69 zeigt den Verlauf der spezifischen Wärme von Polyäthylen nach neueren Messungen von DOLE und Mitarbeiter. Die nächste Abb. VIII, 70, zeigt den Ausdehnungs-

---

[1] ÜBERREITER, K. u. H. J. ORTHMANN: Kolloid-Z. **132,** 61 (1953).

koeffizienten von Polyäthylen, wie er von Hunter und Oakes aus ihren Messungen berechnet worden ist (aus den Kurven 1 und 2 der Abb. VIII, 1 berechnet). Abb. VIII, 71 zeigt die Ergebnisse von Messungen der spezifischen Wärme des Polybutadiens über einen sehr großen Temperaturbereich[1]. Man sieht, daß alle Kurven (innerhalb der Grenzen der experimentellen Genauigkeit) den für eine Umwandlung II. Ordnung im Sinne der Ehrenfestschen Definition typischen Verlauf zeigen, und zwar handelt es sich in beiden Fällen um λ-Punkte. Die Kurve für Polybutadien (Abb. VIII, 72) ist besonders instruktiv, da sie neben dem λ-Punkt noch den Transformationspunkt zeigt und den für jeden Fall typischen Verlauf der C_P-Kurve erkennen läßt. Eine ähnliche Kurve wurde für ein Butadien(90)-Styrol-(10)-Copolymerisat erhalten[2].

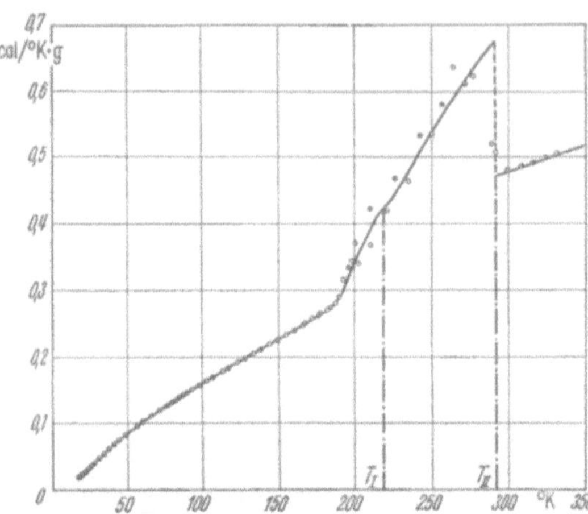

Abb. VIII, 71. Spezifische Wärme von Polybutadien in Abhängigkeit von der Temperatur. [Nach Furukawa u. Mitarbeiter. N. B. S.-Report 1118 (1951).]
T_I = Transformationspunkt. T_II = Schmelzpunkt.

Wir knüpfen jetzt an die Betrachtungen in § 36 an und fragen, ob sich auf dieser Grundlage die obigen Ergebnisse wenigstens qualitativ verstehen lassen. Den Ausgangspunkt der früheren Überlegung können wir in der Form

$$\frac{G_m}{R\,T} = \frac{G_m^0}{R\,T} + \frac{w}{R\,T}\,(1-\alpha) + \alpha\ln\alpha + (1-\alpha)\ln(1-\alpha) \qquad (\text{VIII, 84})$$

schreiben (vgl. Gl. VIII, 34). Diese Gleichung ergibt, wie man leicht verifiziert, keinen Umwandlungspunkt bei endlichen Temperaturen. Wir hatten dann an Stelle von w den Ausdruck $w\,\alpha$ eingeführt und diese Formulierung im Sinne eines kooperativen Ordnungseffektes gedeutet. Damit läßt sich, wie wir gesehen haben, in der Tat das Auftreten eines λ-Punktes erklären.

Aus den experimentellen Resultaten ergibt sich jedoch unmittelbar, daß eine derartige Erklärung für das Schmelzen der Hochpolymeren nicht zutreffen kann. Aus der modifizierten Gl. (VIII, 84) folgt nämlich für den Wärmeinhalt

$$H_m = G_m^0 - T\,\frac{dG_m^0}{d\,T} + w\,\alpha\,(1-\alpha)\,. \qquad (\text{VIII, 85})$$

[1] Furukawa, G. T., R. E. McCoscey u. G. J. King: N. B. S.-Report 1118 (1951).
[2] Furukawa, G. T., R. E. McCoscey u. G. J. King: J. Res. nat. Bur. Standards 50, 357 (1953).

DOLE und Mitarbeiter[1] haben nun aus ihren Messungen der spezifischen Wärme von Polyäthylen mit Hilfe eines linearen Ansatzes der Form

$$H_m = A + B(1 - \alpha) \qquad \text{(VIII, 86)}[2]$$

die Menge des kristallinen Anteils α in Abhängigkeit von der Temperatur berechnet und das Ergebnis mit dem aus Dichtemessungen von HUNTER und OAKES[3] erhaltenen verglichen. Die entsprechenden Kurven sind in Abb. VIII, 72 dargestellt. In Anbetracht der prinzipiellen, vor allem mit der Definition der Größe α verknüpften Unsicherheit, sowie der Tatsache, daß die Messungen an verschiedenen Materialien ausgeführt wurden, ist die Übereinstimmung nicht unbefriedigend. Man sieht nun leicht, daß die Verwendung des Ansatzes Gl. (VIII, 85) zu völlig unmöglichen Resultaten führen würde, vor allem bei tiefen Temperaturen, wo die Ergebnisse der verschiedenen Methoden am besten übereinstimmen. Für $-20\,°C$ erhielte man beispielsweise einen kristallinen Anteil von etwa 25%. Man darf daher annehmen, daß in erster Näherung der Ansatz Gl. (VIII, 86) und damit auch das Enthalpieglied von (Gl. VIII, 84) korrekt ist.

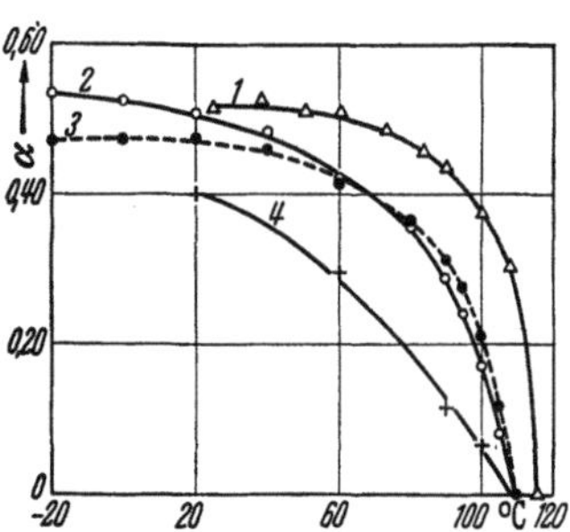

Abb. VIII, 72. Kristalliner Anteil von Polyäthylen in Abhängigkeit von der Temperatur. Kurve 1: Aus Dichtemessungen. [Nach Daten von HUNTER u. OAKES, Trans. Faraday Soc. **41**, 49 (1945).] Kurve 2: Aus Messungen der spezifischen Wärme. Kurve 3: Aus Messungen der spezifischen Wärme an gezogenem Material. Kurve 4: Aus röntgenographischen Untersuchungen. [Nach DOLE u. Mitarbeiter, J. chem. Phys. **20**, 781, (1952).]

Nun entspricht die früher gegebene Erklärung des λ-Punktes in der nullten Näherung der Gl. (VIII, 84), einem rein energetischen Effekt. Es liegt daher die Vermutung nahe, daß es noch einen zweiten wesentlich verschiedenen Mechanismus für die Entstehung von λ-Punkten gibt, der sich, wieder in der nullten Näherung, als reiner Entropieeffekt darstellt. Man sieht leicht, daß dies, zunächst rein formal, tatsächlich zutrifft. Wir machen für die freie Energie nach GIBBS den Ansatz

$$\frac{G_m}{RT} = \frac{G_m^0}{RT} + \frac{w}{RT}(1 - \alpha) - A(1 - \alpha) - B(1 - \alpha)^{\frac{1}{2}} \quad (O \leq \alpha \leq 1) \quad \text{(VIII, 87)}$$

wo A und B positive Konstanten sind und α den zu einer Umwandlung $\alpha \to \beta$ gehörenden inneren Parameter bezeichnet. Im thermodynamischen Gleichgewicht gilt nach Gl. (VIII, 54):

$$\frac{w}{RT} = A + \frac{B}{2(1 - \alpha)^{\frac{1}{2}}}. \qquad \text{(VIII, 88)}$$

---

[1] DOLE, M., W. P. HETTINGER, N. R. LARSON u. J. A. WETHINGTON: J. chem. Physics **20**, 781 (1952).

[2] Die von DOLE und Mitarbeitern (s. Fußnote 1) angebrachte Korrektur für die Temperaturabhängigkeit der spezifischen Wärmen kann in diesem Zusammenhang vernachlässigt werden.

[3] HUNTER, E. u. W. G. OAKES: Trans. Faraday Soc. **41**, 49 (1945).

Durch nochmalige Differentiation von Gl. (VIII, 87) ergibt sich, daß die durch Gl. (VIII, 39) bestimmten Werte von α einem Minimum von G_m und somit einem thermodynamisch stabilen Zustand entsprechen. Gl. (VIII, 88) zeigt zunächst, daß der durch den Parameter α charakterisierte Vorgang mit steigender Temperatur fortschreitet und bei einer endlichen Temperatur

$$T_{\mathrm{II}} = \frac{w}{R\left(A + \dfrac{1}{2}\,B\right)} \qquad\qquad (\text{VIII, 89})$$

vollständig abgelaufen ist. Mit Hilfe von Gl. (VIII, 89) können wir die Gl. (VIII, 88) schreiben

$$1 - \alpha = \frac{\left(\dfrac{1}{2}\,B\,T/T_{\mathrm{II}}\right)^2}{\left(A + \dfrac{1}{2}\,B - A\,T/T_{\mathrm{II}}\right)^2}. \qquad\qquad (\text{VIII, 90})$$

Die Funktion α ist in Abb. VIII, 73 dargestellt. Man sieht, daß α sich zunächst kaum mit der Temperatur ändert, um dann sehr steil auf den Wert Null abzufallen. Ein entsprechender Anstieg ergibt sich für den von α abhängigen Teil des Wärmeinhalts, den wir in der Form schreiben

$$\frac{H_m - H_m^0}{R} = \frac{w\left(\dfrac{1}{2}\,B\,T/T_{\mathrm{II}}\right)^2}{R\left(A + \dfrac{1}{2}\,B - A\,T/T_{\mathrm{II}}\right)^2}. \qquad\qquad (\text{VIII, 91})$$

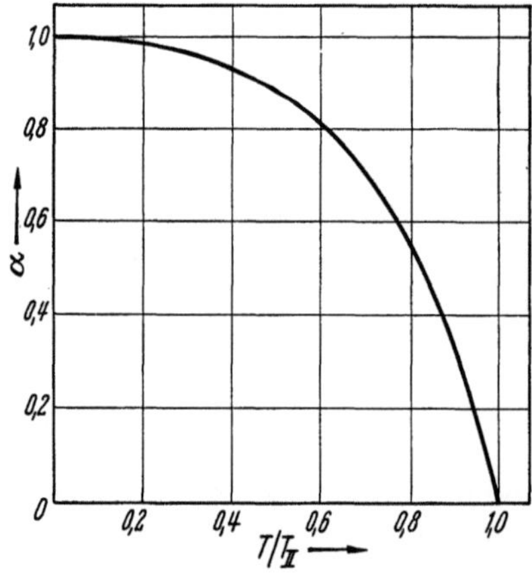

Abb. VIII, 73. α als Funktion T/T_{II} nach Gl. (41.).

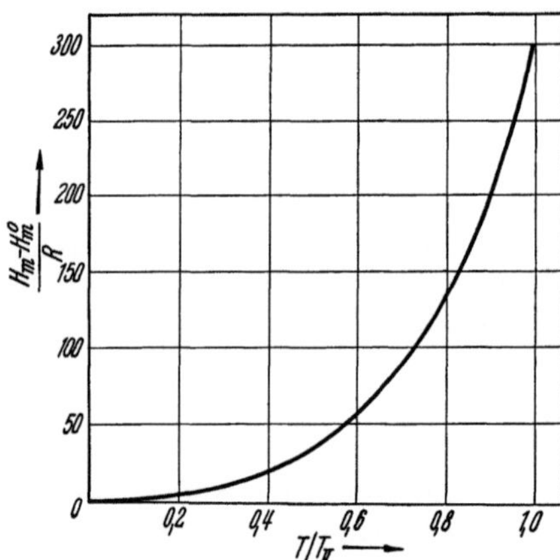

Abb. VIII, 74. $(H_m - H_m^0)/R$ als Funktion von T/T_{II} nach Gl. (42).

Abb. VIII, 74 gibt den Verlauf dieser Größe in Abhängigkeit von T/T_{II}. Aus Gl. (VIII, 91) folgt schließlich für den von α abhängigen Teil der spezifischen Wärme

$$\frac{C_p - C_p^0}{R} = \frac{w\,B^2\,T/T_{\mathrm{II}}^2}{2\,R\left(A + \dfrac{1}{2}\,B - A\,T/T_{\mathrm{II}}\right)^2} + \frac{2\,w\left(\dfrac{1}{2}\,B\,T/T_{\mathrm{II}}\right)^2 A/T_{\mathrm{II}}}{R\left(A + \dfrac{1}{2}\,B - A\,T/T_{\mathrm{II}}\right)^3}. \qquad (\text{VIII, 92})$$

Diese Kurve zeigt, wie man aus Abb. VIII, 75 sieht, in der Tat den für einen λ-Punkt charakteristischen Verlauf.

Um die physikalische Bedeutung des Ansatzes Gl. (VIII, 87) zu erkennen, schreiben wir zunächst die molare Entropie in der Form

$$\frac{S_m}{R} = \frac{S_m^0}{R} + A\,(1-\alpha) + B\,(1-\alpha)^{\frac{1}{2}}. \qquad \text{(VIII, 93)}$$

An Stelle von $(1-\alpha)$ führen wir die „Molzahlen"[1] n_α und n_β ein. Für die Gesamtentropie haben wir dann

$$\frac{S}{R} = \frac{S_m^0}{R}\,(n_\alpha + n_\beta) + A\,n_\beta + B\,(n_\alpha + n_\beta)^{\frac{1}{2}}\,n_\beta^{\frac{1}{2}}. \qquad \text{(VIII, 94)}$$

Daraus ergibt sich für die „partiellen molaren Entropien"

$$\frac{s_\alpha}{R} = \frac{S_m^0}{R} + \frac{1}{2}\,B\left(\frac{n_\beta}{n_\alpha + n_\beta}\right)^{\frac{1}{2}} \qquad \text{(VIII, 95)}$$

und

$$\frac{s_\beta}{R} = \frac{S_m^0}{R} + A + \frac{1}{2}\,B\left[\left(\frac{n_\alpha + n_\beta}{n_\beta}\right)^{\frac{1}{2}} + \left(\frac{n_\beta}{n_\alpha + n_\beta}\right)^{\frac{1}{2}}\right]. \qquad \text{(VIII, 96)}$$

Aus Gl. (VIII, 95) und (VIII, 96) folgt für die „molare Umwandlungsentropie"

$$\frac{s_\beta - s_\alpha}{R} = A + \frac{1}{2}\,B\,(1-\alpha)^{-\frac{1}{2}}. \qquad \text{(VIII, 97)}$$

Die „molare Umwandlungsentropie" setzt sich somit aus zwei Anteilen zusammen, von denen der eine über den ganzen Verlauf der Umwandlung konstant bleibt, während der andere sich mit dem Fortschreiten der Umwandlung verkleinert. Das heißt mit anderen Worten: Wenn ein Molekül aus dem Zustand α in den Zustand β übergeht, so wächst damit nicht nur die Entropie dieses „Moleküls", sondern auch die Gesamtentropie des im Zustand β befindlichen Anteils;

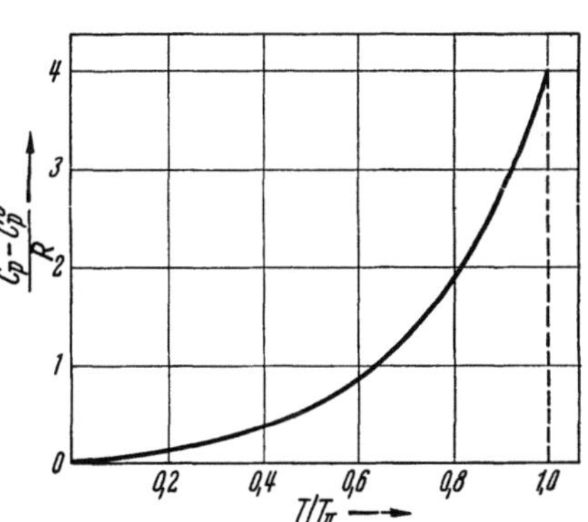

Abb. VIII, 75. $(C_p - C_p^0)/R$ als Funktion von T/T_{II} nach Gl. (43) (λ-Punkt).

der letztere Effekt ist um so geringer, je weiter die Umwandlung fortgeschritten ist. Umgekehrt kann man auch sagen, daß die Umwandlungsentropie des einzelnen „Moleküls" durch alle übrigen bereits im Zustand β

---

[1] Wir setzen die Ausdrücke „Molzahlen" usw. in Anführungszeichen, weil es sich bei den hier in Betracht kommenden Einheiten nicht nur um Moleküle, sondern auch um Molekülgruppen oder Molekülteile handeln kann.

befindlichen Moleküle mitbestimmt wird. Es handelt sich somit auch hier wieder um ein typisch kooperatives Phänomen.

Als letztes bleibt noch die Frage jetzt zu beantworten, ob der molekulare Mechanismus des Schmelzens der Hochpolymeren sich im Sinne der obigen Theorie verstehen läßt. Die Schwierigkeiten sind hier wesentlich größer als bei der Diskussion der kooperativen Ordnungseffekte niedrigmolekularer Substanzen. Während im letzteren Falle das molekulare Modell, und damit der mathematische Ansatz, durch die Struktur des Kristalls und eventuell des Einzelmoleküls weitgehend festgelegt ist, werden bei der modellmäßigen Beschreibung der amorphen Hochpolymeren mehr oder weniger willkürliche Annahmen gemacht. Unter diesen Umständen erscheint es am aussichtsreichsten, ein Modell zu betrachten, das so primitiv wie möglich ist und nur noch die grundlegenden Tatsachen über die Struktur der kristallinen Hochpolymeren enthält. Man darf kaum hoffen, dann noch quantitative Resultate zu erhalten, kann aber wohl erwarten, daß sich der wesentliche Grundeffekt auf diese Weise erfassen läßt.

Eine derartige Betrachtung ist zuerst von ALFREY u. MARK[1] durchgeführt worden. Ihr Modell, das schon in § 47, c betrachtet wurde, ist in Abb. VIII, 76 dargestellt. Es besagt lediglich, daß in kristallinen Hochpolymeren gewisse Teile einer Kette gestreckt in gittermäßig geordneten Bezirken liegen, während die dazwischenliegenden Teile eine größere Beweglichkeit und mehr oder weniger verknäulte Gestalt besitzen.

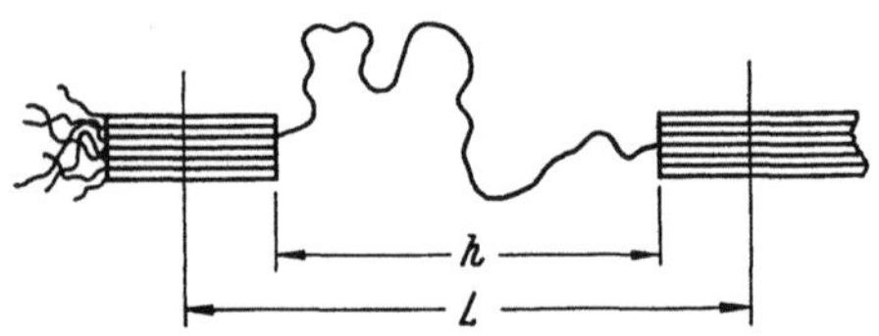

Abb. VIII, 76. Modell von ALFREY u. MARK.

Zwischen den amorphen Kettenteilen soll eine Wechselwirkung irgendwelcher Art nicht stattfinden, so daß es genügt, eine einzelne Kette zu betrachten. Der für uns wesentliche Gesichtspunkt ist daher die Änderung der Konfigurationsentropie beim Aufschmelzen der Kristallite. Diese Verhältnisse lassen sich qualitativ mit Hilfe der KUHNschen Statistik des einzelnen Fadenmoleküls[2] übersehen, wenn wir voraussetzen, daß die Zahl der zwischen zwei Kristalliten liegenden amorphen Kettenglieder $P'(1-\alpha)$ hinreichend groß ist. Danach ist allgemein für eine Kette von Z Gliedern der Länge l bei einem Abstand h der Kettenenden die Entropie

$$S = k \ln W = - k \left[\frac{3}{2} \ln Z + \frac{3}{2} \frac{h^2}{Z l^2} - 2 \ln h \right] + \text{const.} \qquad \text{(VIII, 98)}$$

In unserem Falle ist $Z = P'(1-\alpha)$, $h = L - P' l \alpha$, wo L etwa der Abstand zweier Verschlingungen ist. In Abb. VIII, 77 ist W als Funktion von h für Z und $Z+1$ dargestellt. Wenn ein Baustein aus dem kristallinen in den amorphen Zustand übergeht, so setzt sich die entsprechende Entropieänderung aus zwei Anteilen zusammen: Einmal aus der Ver-

---

[1] ALFREY, T. u. H. MARK: J. physik. Chem. **46**, 112 (1942).
[2] Vgl. Bd. I, Kap. 4, § 32.

mehrung der Zahl der Kettenglieder von $P'(1-\alpha)$ auf $P'(1-\alpha)+1$, zum anderen aus der Änderung des Abstandes der Kettenenden von $L-P'l\alpha$ auf $L-P'l\alpha+1$. Aus Abb. VIII, 77 sieht man, daß die gesamte Entropieänderung davon abhängt, in welchem Teil der Kurven man sich befindet, d.h. letzten Endes von $1-\alpha$. Setzen wir die obigen Werte für Z und h in Gl. (VIII, 98) ein, so ergibt sich für die auf die Einzelkette bezogene Konfigurationsentropie des amorphen Anteils (bis auf eine von α unabhängige Größe)

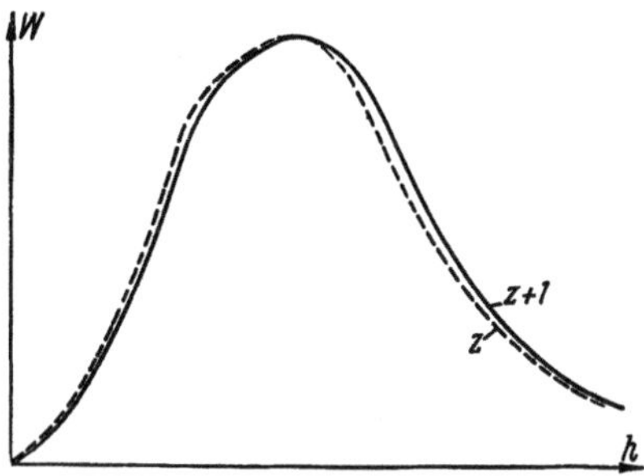

Abb. VIII, 77. Wahrscheinlichkeitsverteilung für den Abstand von Ketten.

$$S_{ac} = -k\left\{ \frac{3}{2}\ln P'(1-\alpha) + \frac{3}{2}\cdot\frac{(L-P'l\alpha)^2}{P'(1-\alpha)\,l^2} - 2\ln(L-P'l\alpha)\right\} \qquad (VIII, 99)$$

oder, schematisch geschrieben

$$S_{ac} = A\,x + B\,x^{-1} + C\ln x + D\ln(a-b\,x). \qquad (VIII, 100)$$

Dieser Ausdruck ergibt bei vernünftiger Wahl der Parameter in der Tat einen sich über einen Temperaturbereich erstreckenden Schmelzvorgang, der bei einer endlichen Temperatur T_{II} abgeschlossen ist. Für eine Diskussion von Einzelheiten ist das Modell naturgemäß zu primitiv. Die genaueren Theorien von FRITH und TUCKETT[1] sowie FLORY[2] führen jedoch auf das typische Bild eines λ-Punktes (die FLORYsche Theorie allerdings nur für endliche Kettenlängen).

Zusammenfassend können wir sagen, daß es auf Grund der experimentellen und theoretischen Ergebnisse gerechtfertigt erscheint, das Schmelzen und Kristallisieren der Hochpolymeren als Umwandlung II. Ordnung im Sinne der EHRENFESTschen Definition zu betrachten. Es handelt sich um einen λ-Punkt, der durch einen wesentlich kooperativen Effekt zustandekommt. Im Gegensatz zu den λ-Punkten niedrigmolekularer Substanzen läßt sich hier der fragliche Effekt in nullter Näherung als reiner Entropieeffekt darstellen. Innerhalb einer polymerhomologen Reihe ist für die ersten Glieder (z.B. im Falle des Polyäthylens für die kurzkettigen Paraffine) das Schmelzen zweifellos eine Umwandlung I. Ordnung. Man

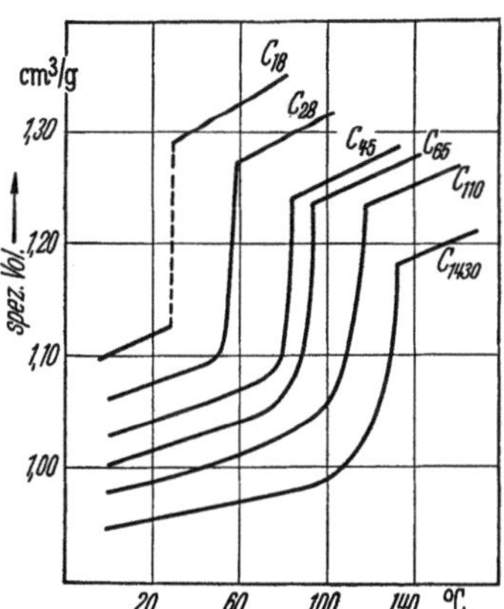

Abb. VIII, 78. V-T-Kurven von n-Paraffinen. Ordinate von

C_{45} um 0,2 ccm, C_{110} um 0,5 ccm,
C_{65} um 0,4 ccm, C_{1430} um 0,7 ccm

nach unten verschoben.

---

[1] FRITH, E. M. u. R. F. TUCKETT: Trans. Faraday Soc. **40**, 251 (1944).
[2] FLORY, P. J.: J. chem. Physics **17**, 223 (1949).

kann daher fragen, wie der mit wachsender Kettenlänge sich vollziehende
Übergang zu dem Schmelzverhalten der eigentlichen Hochpolymeren,
d. h. zu einer Umwandlung II. Ordnung zu verstehen ist. Zur Veranschaulichung der Verhältnisse zeigen wir in Abb. VIII, 78 die Volumen–Tem-
peratur-Kurven für eine Reihe von n-Paraffinen nach ÜBERREITER und
ORTHMANN[1]. Die beiden Grenzfälle sind hier bereits deutlich ausgeprägt.
Für die dazwischenliegenden Kurven ist die Einordnung, schon im Hinblick auf die begrenzte Meßgenauigkeit, mehr oder weniger willkürlich.
Qualitativ kann man sagen, daß der Schmelzpunkt unscharf wird, sobald
in merklichem Ausmaß die einzelnen Ketten nicht mehr vollständig kristallisieren. Grundsätzlich macht sich hier jedoch die schon in der Einleitung (§ 35) erwähnte Tatsache geltend, daß das EHRENFESTsche Schema
zu eng ist und keineswegs eine Beschreibung aller beobachteten oder
theoretisch denkbaren Umwandlungstypen ermöglicht. Wir wollen dieses
Problem hier jedoch nicht weiter verfolgen, da es, wie Abb. VIII, 78 erkennen läßt, erst weit unterhalb des Bereiches der eigentlichen Hochpolymeren Bedeutung gewinnt.

b) Der Schmelz- bzw. Kristallisationsprozeß der Hochpolymeren als einphasige Umwandlung.

Von E. JENCKEL[2].

Die Beobachtung, daß die hochmolekularen Stoffe in einem Temperaturbereich schmelzen, steht offenbar in scharfem Gegensatz zu dem
Verhalten der niedermolekularen Stoffe. Letztere schmelzen bei einer bestimmten Temperatur, dem Schmelzpunkt, bei dem Kristall und Schmelze
miteinander im Gleichgewicht sind. Das mehr oder weniger kontinuierliche Schmelzen der Hochmolekularen legt es nahe, wie kürzlich von
JENCKEL[2] betont wurde, diesen Schmelzvorgang den einphasigen Umwandlungen im Kristallzustande an die Seite zu stellen.

1. Die Möglichkeit einer einphasigen Umwandlung.

Zunächst seien in qualitativer Hinsicht die folgenden Gesichtspunkte
geltend gemacht:

1. Kristall und Schmelze können bei Hochpolymeren nicht mechanisch voneinander getrennt werden, während das etwa bei den beiden
Phasen Eis und Wasser leicht möglich ist. Kristalline und geschmolzene
Bereiche sind nämlich, wenn wir die übliche Fransenvorstellung nach
HERRMANN und GERNGROSS (vgl. Abb. VIII, 63) zugrunde legen, notwendigerweise miteinander verbunden und können daher grundsätzlich –
also ganz abgesehen von experimentellen Schwierigkeiten – nicht getrennt werden. Damit ist bereits der wesentliche Unterschied zwischen
dem Hochmolekularen und dem Niedermolekularen herausgestellt.

2. Nimmt man dennoch eine kristalline Phase neben einer flüssigen an,
so muß man nach röntgenographischen Beobachtungen den Kriställchen

---

[1] ÜBERREITER, K. u. H. J. ORTHMANN: Kolloid-Z. **132**, 61 (1953).
[2] JENCKEL, E.: Kunststoffe **43**, 454 (1953).

eine Kantenlänge von der Größenordnung 100 Å bis 400 Å zuerteilen. In einem Würfel der Kantenlänge 100 Å sind, wie man leicht ausrechnen kann, etwa 100000 Kohlenstoffatome vereinigt, was im Falle des Polyäthylens 50000 Grundmolekülen entsprechen würde. Dieselbe Anzahl von Grundmolekülen kommt etwa in einem Kettenmolekül vor. Damit kommen wir zu dem Ergebnis, daß in einem kristallinen Bereich, der ja bereits eine Phase darstellt, die Masse eines einzigen Kettenmoleküls enthalten ist. Nun gehört aber zum Begriff der Phase die Anhäufung einer großen Anzahl von Molekülen, während man von einem einzelnen Molekül niemals angeben kann, ob es gasförmig, flüssig oder kristallin sei. Daher muß man es bei den hochmolekularen Stoffen für sehr gefährlich halten, wenn man Kristalle von der Größe eines einzigen Kettenmoleküls als eine Phase ansieht.

2. Die einphasige Umwandlung in Kristallen.

Wir wollen jetzt in Anlehnung an C. SCHÄFER[1] die einphasigen Umwandlungen in Kristallen, die gewöhnlich Desorientierungsumwandlungen darstellen, betrachten und diese Vorstellungen anschließend auf die Hochpolymeren übertragen.

α) Die freie Energie als Funktion des Volumens.

Wir untersuchen zu diesem Zweck das Volumen eines Materials in Abhängigkeit vom Druck bei konstanter Temperatur. Mit SCHÄFER hat man zu unterscheiden erstens einen Druckanteil p_1, der nur erzeugt wird durch die Veränderung der Abstände im Kristallgitter ohne eine Änderung der Orientierung des einzelnen Moleküls. Dieser Druckanteil ist gegeben durch die abstoßenden Kräfte zwischen den Molekülen als Funktion ihres Abstandes und damit des Volumens (Abb. VIII, 79). Ein zweiter Anteil des Druckes p_2 entsteht durch die Desorientierung (Abb. VIII, 80), wenn man nämlich annimmt, daß das desorientierte Molekül ein größeres Volumen einnimmt, oder, was dasselbe besagt, bei festgehaltenem Volumen einen entsprechenden Druck erzeugt. Wenn das Material ein kleines Volumen einnimmt, so können nur wenige Moleküle desorientiert sein. Der

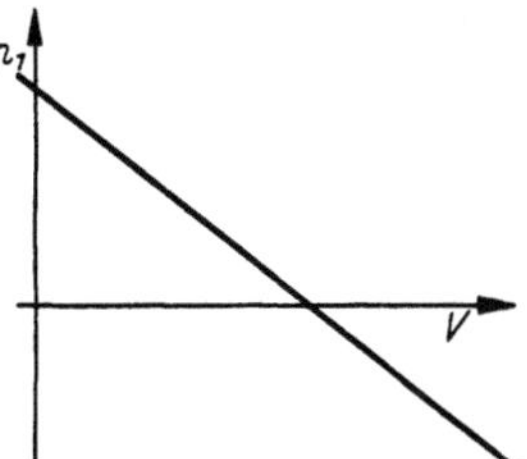

Abb. VIII, 79. Druckanteil p_1, erzeugt durch Änderung der Gitterabstände, in Abhängigkeit vom Volumen. (Nach SCHÄFER.)

Abb. VIII, 80. Druckanteil p_2, erzeugt durch Desorientierung der Moleküle im Gitter, in Abhängigkeit vom Volumen. (Nach SCHÄFER.)

Druckanteil dieser desorientierten Moleküle kann sich aber kaum auswirken, da die übrigen orientierten Moleküle ein kräftiges Feld erzeugen, welches den zusätzlichen Druck des orientierten Moleküls nicht zur Auswirkung kommen läßt. Mit anderen Worten: der Energieunterschied

---

[1] SCHÄFER, C.: Z. Chemie (Angew. Chem.) **56**, 43 (1943); Z. physik. Chem. B **44**, 127 (1939).

zwischen einem Molekül im desorientierten Zustand und dem in einem
fast vollständig geordneten Gitter ist groß, und daher sind nur wenige
Moleküle desorientiert. Bei einem mittleren Volumen wird eine größere
Anzahl von Molekülen desorientiert sein und schon deswegen der Druckanteil p_2 entsprechend größer sein. Viel wichtiger aber ist der Umstand,
daß nunmehr das ganze Feld wesentlich geschwächt ist (kooperativer
Effekt), so daß sich jedes einzelne desorientierte Molekül viel stärker in
bezug auf das Volumen bei konstantem Druck oder in bezug auf den
Druck bei konstantem Volumen auswirken kann. Mit anderen Worten:
Der Energieunterschied zu einem geordneten Molekül innerhalb eines
schlecht geordneten Gitters ist kleiner, und deshalb nimmt die Zahl
der desorientierten Moleküle lawinenartig anwachsend zu. (Ganz ähnlich ist die Abnahme des Ferromagnetismus in der Umgebung des Curie-
Punktes zu betrachten). Schließlich werden bei hinreichend großem Volumen alle Moleküle desorientiert sein, so daß der Druckanteil p_2 vom
Volumen nahezu unabhängig wird.

Der Gesamtdruck ist nun aus den beiden Druckanteilen additiv zusammenzusetzen $p = p_1 + p_2$. Je nachdem, ob der Desorientierungs-
druck stärker oder schwächer ansteigt, erhält man bei der Addition für
den Gesamtdruck eine S-förmige Kurve mit Minimum und Maximum
(Abb. VIII, 81) oder eine monoton abfallende Kurve (Abb. VIII, 82).

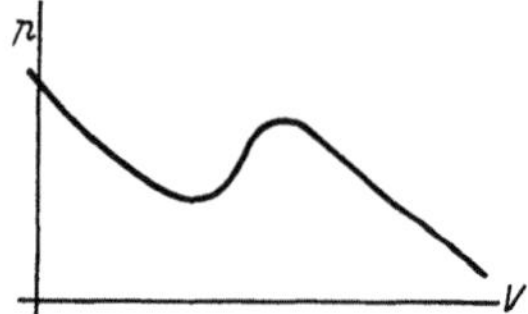

Abb. VIII, 81. Der Gesamtdruck $p = p_1 + p_2$
führt zu einem Minimum und zu einem Maximum in Abhängigkeit vom Volumen.
(Nach Schäfer.)

Abb. VIII, 82. Der Gesamtdruck $p = p_1 + p_2$
führt zu einer monoton abfallenden Kurve in
Abhängigkeit vom Volumen.
(Nach Schäfer.)

Diese beiden Kurven entsprechen, wie jetzt gezeigt werden soll, der
zweiphasigen und der einphasigen Umwandlung. Da stets die Beziehung

$$-p = \left(\frac{\partial F}{\partial V}\right)_T \qquad \text{(VIII, 101)}$$

gilt, braucht man nur die Kurven der Abb. VIII, 81 u. 82 zu integrieren,
um die freie Energie zu erhalten. Diese ist, wie sich leicht ergibt, im ersteren Falle durch eine Kurve mit zwei Minima (Abb. VIII, 83), im letzteren
Falle durch eine Kurve mit nur einem Minimum (Abb. VIII, 84) gekennzeichnet. Legt man an die Kurve der Abb. VIII, 83 eine Doppeltangente
(deren Steigung gemäß Gl. [VIII, 101] den Druck angibt), so geben die beiden Berührungspunkte die Volumina der beiden miteinander im Gleichgewicht befindlichen Phasen an. Der Abschnitt auf der Koordinate ist
nämlich, wovon man sich leicht überzeugt, gleich

$$G_1 = F_1 + pV_1 = G_2 = F_2 + pV_2. \qquad \text{(VIII, 102)}$$

Hierin bedeutet $G = F + p \cdot V$ die freie Enthalpie, deren Gleichheit für beide Phasen ihre Koexistenz im Gleichgewicht bedeutet. An die Kurve der Abb. VIII, 84 kann man dagegen keine Doppeltangente, sondern nur eine einfache Tangente anlegen. Man erhält daher ein Volumen je nach der Größe des angewandten Druckes. Mit sich änderndem Drucke ändert sich kontinuierlich das dazugehörige Volumen, und wir haben den Fall einer einphasigen Umwandlung. Immerhin ändert sich das Volumen innerhalb eines gewissen Intervalls viel stärker als bei kleineren und größeren Volumina.

β) Die freie Energie als Funktion der Temperatur.

Die gleiche Zustandsänderung, die wir hier nach einer Änderung des Druckes betrachtet haben, läßt sich auch erzielen durch eine Änderung der Temperatur, und das ist der uns hier interessierende Fall. Hierzu sind in die Abb. VIII, 83 und VIII, 84 auch die Kurven F für verschiedene Temperaturen eingetragen. Allgemein gilt $\left(\dfrac{\partial F}{\partial T}\right)_V = -S$, und da der Entropieinhalt der bei der höheren Temperatur beständigen ungeordneten Phase mit dem größeren Volumen auf jeden Fall größer ist als derjenige der geordneten Tieftemperaturphase, haben wir auf der Seite der ersteren die größere Änderung der freien Energie mit der Temperatur.

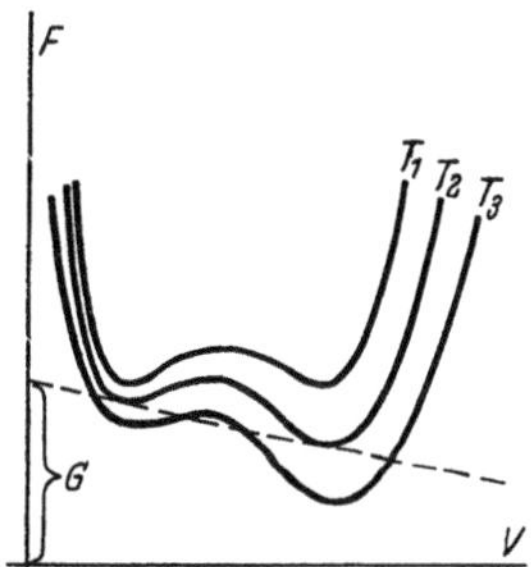

Abb. VIII, 83 entspricht der Abb. VIII, 82. Die freie Energie in Abhängigkeit vom Volumen. Die Doppeltangente gibt die Volumina der beiden miteinander im Gleichgewicht befindlichen Phasen an $T_1 < T_2 < T_3$.

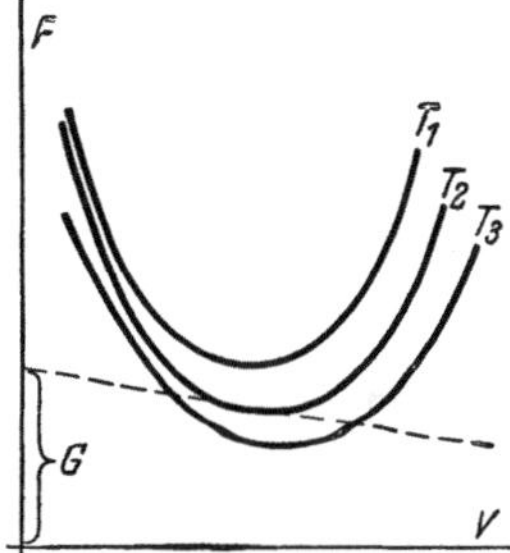

Abb. VIII, 84 entspricht Abb. VIII, 83. Die freie Energie in Abhängigkeit vom Volumen. Die Tangente berührt die Kurve nur an einer Stelle. Einphasige Umwandlung $T_1 < T_2 < T_3$.

Im Falle der zweiphasigen Umwandlung wird beim Drucke $p = 1$ je nach der Temperatur entweder die eine oder die andere Phase stabil sein, d. h. die tieferliegende Tangente mit der Neigung $\dfrac{dF}{dV} = -p$ aufweisen, und nur bei einer ganz bestimmten Temperatur, eben der Schmelztemperatur, werden beide Phasen nebeneinander koexistieren, weil eine Doppeltangente der vorgegebenen Neigung angelegt werden kann. Im Falle der einphasigen Umwandlung berührt dagegen die Tangente vorgegebener Neigung bei tiefen Temperaturen auf der Seite der Tieftemperaturform, bei hohen Temperaturen auf Seiten der Hochtemperaturform und bei mittleren Temperaturen in einem mittleren Bereich; es werden also kontinuierlich alle Ordnungszustände zwischen der reinen Tieftemperaturform und der reinen Hochtemperaturform durchlaufen.

γ) Die molekulare Struktur während der Umwandlung.

Kühlt man von hoher Temperatur her, bei der alle Moleküle desorientiert sind, ab, so wird beim Abkühlen durch den Umwandlungsbereich eine immer größere Anzahl von Molekülen in den orientierten
Zustand übergehen. Im einzelnen ist das Ausmaß der Orientierung schwer
anzugeben, da man nicht recht sagen kann, an welchem seiner Nachbarmoleküle sich ein herausgegriffenes Molekül orientiert. Schließlich aber
werden doch bei hinreichend tiefer Temperatur, wenn die Umwandlung
vollständig geworden ist und alle Moleküle orientiert vorliegen, mehr
oder weniger große Bereiche entstanden sein. Innerhalb eines solchen
Bereiches haben alle Moleküle die gleiche Vorzugsrichtung, innerhalb des
Nachbarbereiches haben sie sämtlich eine andere Vorzugsrichtung. Die
Umwandlung vollzieht sich also derart − vorausgesetzt, daß ständig das
Gleichgewicht eingestellt bleibt − daß sich innerhalb der sich allmählich
abzeichnenden Bereiche die Orientierung mehr und mehr verbessert.
Schließlich wird sie vollständig. Hierin besteht das Wesen der einphasigen
Umwandlung, im Gegensatz zur zweiphasigen, bei der die eine Phase auf
Kosten der anderen wächst.

Über die Größe dieser Bereiche hat KLAUS SCHÄFER einige orientierende Betrachtungen angestellt. Man versteht leicht, daß der Bereich
nicht gar zu groß sein kann, denn die Bildung sehr großer Bereiche wird
sehr unwahrscheinlich, andererseits kann er nicht gar zu klein sein, weil
dann schließlich von einer Orientierung nicht mehr die Rede sein kann.
Bei rascher Abkühlung und tieferer Temperatur sind kleinere Bereiche,
bei langsamer Abkühlung und höherer Temperatur größere Bereiche zu
erwarten. Daraus geht bereits hervor, daß die Bereiche in bezug auf die
Orientierung in ihnen die zu der jeweiligen Temperatur gehörige Gleichgewichtslage erreicht haben können, jedoch in bezug auf die Größe der
Bereiche sich noch nicht im Gleichgewicht befinden[1]. Es wird vielmehr
so sein, daß wenigstens im Prinzip in bezug auf die Größe erst Gleichgewicht erreicht ist, wenn sämtliche Moleküle ein und derselben Vorzugsrichtung angehören. Daß der letztere Zustand in praktisch möglichen
Zeiten nicht erreicht werden kann, ist eine andere Sache.

Weiter ist mit der Vergrößerung der Bereiche auch eine Veränderung
der Energie verkunden, in dem Sinne, daß die kooperativen Kräfte, die
die Ordnung aufrechtzuerhalten suchen, in großen Bereichen größer sind
als in kleinen Bereichen. SCHÄFER hat in verschiedenen Ansätzen für die
Desorientierungsenergie als Funktion der Orientierung errechnet, daß die
spezifische Wärme um so steiler ansteigt, die Umwandlung also auf einen
um so kleineren Temperaturbereich beschränkt wird, je größer die Bereiche sind. Man darf hinzufügen: Bei hinreichend großem Bereich wird
die Umwandlung auf einen Temperaturpunkt beschränkt bleiben, d. h.
die Umwandlung wird zweiphasig werden.

---

[1] In dieser Hinsicht verhalten sich also die Bereiche nicht anders als die Kristallite eines Metalls, die ebenfalls beim Glühen ein größeres Korn zu bilden suchen.

δ) Die Bedingung für das Auftreten einer ein- bzw. zweiphasigen Umwandlung.

Wie wir aus Abb. VIII, 81 und 82 gesehen haben, tritt zweiphasige Umwandlung auf, wenn der Ausdruck $\dfrac{d\,p}{d\,V}$ an irgendeiner Stelle positiv wird, einphasige Umwandlung, wenn das nicht der Fall ist. Zerlegt man $\dfrac{d\,p}{d\,V}$ in die beiden Druckanteile, so kann man die Bedingung der zweiphasigen bzw. einphasigen Umwandlung auch folgendermaßen schreiben:

$$\frac{d\,p_1}{d\,V} + \frac{d\,p_2}{d\,V} \begin{array}{l} >0;\quad \textit{zweiphasige Umwandlung} \\ <0;\quad \textit{einphasige Umwandlung} \end{array} \qquad (\text{VIII, }103)$$

Hier ist besonders der Summand $\dfrac{d\,p_2}{d\,V}$ wichtig, dessen Größe die Wirkung des kooperativen Effektes wiedergibt. Der Übergang ist kontinuierlich und nicht so gegensätzlich wie man aus der Bezeichnungsweise ein- bzw. zweiphasiger Umwandlung entnehmen könnte. Das bringt es mit sich, daß man manchmal näherungsweise den einphasigen Vorgang wie einen zweiphasigen beschreiben kann.

Wir wollen in diesem Zusammenhang noch auf die Beobachtung der sogenannten Vorumwandlung eingehen, die sich zwanglos aus der Theorie ergibt. Die Umwandlung sei wieder isotherm durch Druck erzeugt. Dann wird, auch bei zweiphasiger Umwandlung, vor und nach dieser die Kurve der freien Energie verhältnismäßig schwach gekrümmt sein, vgl. Abb. VIII, 83. Das bedeutet eine verhältnismäßig große einphasige Volumenänderung mit dem Druck in diesen Gebieten. Wir hätten also hier eine einphasige Vor- und Nachumwandlung neben der zweiphasigen Umwandlung. Die gleiche Betrachtung läßt sich entsprechend auf eine Änderung der Temperatur bei konstantem Drucke übertragen.

In dieser Weise betrachtet, darf man offenbar sagen, daß die Existenz einer *rein* zweiphasigen Umwandlung nur ein Grenzfall der zweiphasigen Umwandlung mit voraufgegangener und nachfolgender einphasiger Umwandlung ist.

3. Der Schmelzvorgang bei Hochpolymeren.

Nachdem wir im Vorstehenden die Theorie der Desorientierungsumwandlung in Kristallen, soweit sie hier interessiert, wiedergegeben haben, wollen wir jetzt versuchen, diese Vorstellungen auf den Schmelzvorgang zu übertragen. Zweifellos ist die Auffassung des Schmelzens als einer einphasigen Umwandlung ungewohnt, wir werden jedoch sehen, daß gerade wegen der festen Bindung von Grundmolekülen längs der Kette eines Hochpolymeren die Bedingungen für die einphasige Umwandlung erfüllt sind.

Wir vergleichen den hochmolekularen Stoff mit einem niedermolekularen hinsichtlich der beiden Summanden in Gl. (VIII, 103).

Der erste Summand dieser Gleichung dürfte bei den Hochpolymeren größer sein. Die Kompressibilität dieser Stoffe (außerhalb des Schmelzbereichs) $\dfrac{d V}{d p_1}$ dürfte verhältnismäßig klein[1], ihr reziproker Wert $\dfrac{d p_1}{d V}$ also groß sein, weil die Abstände längs der Hauptkette durch den Druck praktisch kaum geändert werden. Da der Ausdruck $\dfrac{d p_1}{d V}$ immer negativ ist, wird die Tendenz zur einphasigen Umwandlung verstärkt. Der gleiche Umstand der festen Bindung innerhalb der Hauptkette verhindert andererseits den lawinenartig zunehmenden Zusammenbruch des Gitters, also einen allzu starken kooperativen Effekt. Infolgedessen wird der Ausdruck $\dfrac{d p_2}{d V}$ (im Schmelzbereich immer positiv) bei den Hochpolymeren nicht so groß sein wie bei den niedermolekularen Stoffen. Für die Differentialquotienten beider Druckanteile sind daher Werte zu erwarten, deren Summe negativ wird, so daß einphasige Umwandlung eintreten muß.

Der Einfluß des Drucks: Aus Abb. VIII, 83 ersieht man sofort, daß mit steigender Temperatur die Neigung der Doppeltangente, also der Druck größer wird, entsprechen der CLAUSIUS-CLAPEYRONschen Beziehung. Man sieht aber weiter, daß das Charakteristikum des *zwei*phasigen Schmelzens, nämlich die Ausbildung zweier Minima, immer weniger ausgeprägt wird und bei hinreichend hoher Temperatur und entsprechendem Druck unter Übergang in das *ein*phasige Schmelzen verschwinden könnte. Entsprechend wird ein Schmelzvorgang, der schon bei $p = 1$ at einphasig abläuft, bei erhöhtem Druck noch ausgeprägter einphasig, d. h., über ein breiteres Temperaturintervall ablaufen.

Messungen des Volumens durch PARKS u. RICHARDS[2] bei Drucken bis zu 2000 at und zwischen 0 und 180° C an Polyäthylen bestätigen diese Überlegung recht gut. Weiterhin ließ sich ganz ausgeprägt an einem kurzkettigen Polyester ($M = 1700$) der Übergang vom scharfen zum unscharfen Schmelzen mit ansteigendem Druck zeigen[3], wobei die EHRENFESTsche Beziehung $\dfrac{d p}{d T} = \dfrac{\varDelta \alpha}{\varDelta K}\left(\alpha = \dfrac{d v}{d T}\,,\ K = \dfrac{d v}{d p}\right)$ gut erfüllt ist; s. § 35.

Zusammenfassende Darstellungen zu Kapitel VIII.

BAKER, W. O.: „Nature of The Solid State of Chain Polymers, Advancing Fronts in Chemistry", Vol. I, New York 1945.

BUNN, C.W.: The Study of Rubberlike Substances By X—Ray Diffraction Methods, Advances of Colloid Science VII, II, S. 95 ff., New York 1946.

DANIEL, VERA: „The Physics of Long Chain Crystals" in Advances in Physics, 2, 450 (1953).

---

[1] Es beträgt die Kompressibilität $\dfrac{1}{V}\dfrac{d V}{d p}$ des Pentans $54 \cdot 10^{-5}$, eines Paraffins (Schmelzp. 55°) $10 \cdot 10^{-5}$ bei 100° C [2] und bei 160° C entsprechend mehr; die des Polyaethylens *,** beträgt bei 160° C $9 \cdot 10^{-5}$ [2,3] und $9{,}5 \cdot 10^{-5}$ [2,3].

* LANDOLT-BÖRNSTEIN: Phys.-chem. Tabellen, Bd. I, Berlin 1923.

** CHARLESBY, A. u. M. ROSS: Proc. Roy. Soc. [London] (A) **217**, 122 (1953).

[2] PARKS, W. u. R. B. RICHARDS: Trans. Faraday Soc. **45**, 203 (1949).

[3] JENCKEL, E. u. H. RINKENS: noch unveröffentlicht.

EUCKEN, A.: Lehrbuch der Chemischen Physik. 2. Aufl., Bd. II, Leipzig 1944.

EUCKEN, A.: Übergänge zwischen Ordnung und Unordnung in festen und flüssigen Phasen. Z. Elektrochem. **45,** 126ff. (1939).

MAYER, J. E. u. W. A. WEYL in: „Phase Transformations in Solids", ed. by R. Smoluchowsky. John Wiley & Sons, New York 1951.

STANWORTH, J. E.: „Physical Properties of Glass", Oxford 1950.

TAMMANN, G.: „Aggregatzustände", Leipzig 1923.

UBBELOHDE, A. R.: „Melting and Crystal Structure", Quarterly Rev. **4,** 357ff. (1950).

VOLMER, M.: „Kinetik der Phasenbildung", Dresden—Leipzig 1939.

WOOD, L. A. in: „Advances in Colloid Science" Vol. II, S. 57ff., New York 1946.

Changement de Phases, Comptes Rendus de la deuxième Réunion, Paris 1952. Societe de Chimie Physique 1952.

Neuntes Kapitel.

Kristallisation und Molekülstruktur.

Von

H. A. STUART.

Mit 9 Abbildungen.

Wir betrachten hier ausschließlich die Zusammenhänge zwischen der Kristallisation und der Konstitution der Moleküle. Im Bd. IV, Kap. X werden wir auf diese Frage noch einmal zurückkommen, und zwar in dem größeren Rahmen der Zusammenhänge zwischen der Konstitution der Temperatur und dem Zustand hochpolymerer Körper. Dort wird auch die Frage behandelt werden, wie die sonstigen physikalischen und technologischen Eigenschaften makromolekularer Stoffe von der Konstitution und der Temperatur abhängen.

§ 50. Kristallisationsneigung und Molekülstruktur.

Wenn wir die Kristallisation, besser die Neigung zur Kristallisation, in Abhängigkeit von der Konstitution untersuchen wollen, so ist die erste Frage die, welche Eigenschaften können wir als Maß der Kristallisationstendenz ansehen.

Das Nächstliegende wäre natürlich, von der Kinetik der Kristallisation, also von Messungen der Temperaturabhängigkeit der Kristallisationsgeschwindigkeit auszugehen und aus dieser die molekular interpretierbaren Faktoren, wie vor allem die Geschwindigkeit der spontanen Kernbildung sowie die eigentliche Wachstumsgeschwindigkeit der Kristalle abzuleiten (vgl. dazu auch die Ausführungen in § 46)[1]. Der Verlauf dieser beiden Geschwindigkeiten mit der Temperatur, insbesondere die Lage ihrer Maxima wären eine recht tragfähige Unterlage, um die Kristallisationstendenz und die Unterkühlbarkeit zu beschreiben und in die Zusammenhänge zwischen Konstitution und Kristallisation tiefer einzudringen. Leider liegen bisher nur sehr wenige derartige Untersuchungen, so an Kautschuk, 6,6-Nylon, Polyäthylen und Terylen vor[2]. Außerdem sind die Verhältnisse wegen der Abhängigkeit der Kristallisationsgeschwindigkeit von der thermischen Vorgeschichte (z. B. Höchst-

---

[1] Man könnte auch daran denken, die Temperaturlage des Maximums der Kristallisationsgeschwindigkeit relativ zur Einfriertemperatur heranzuziehen.

[2] Literatur, s. § 46.

temperatur der Schmelze) sowie von der Orientierung in der Schmelze kompliziert, s. § 45 u. 46[1].

Bei dieser Sachlage und in Anbetracht der Schwierigkeiten, hochmolekulare Stoffe von einheitlicher stereochemischer Konstitution, z. B. einheitlichem Verzweigungsgrade, herzustellen und zu reinigen, ist es vorläufig nicht möglich, auf diesem Wege ein Maß für die Kristallisationsneigung zu gewinnen. Man wird also versuchen, die Gleichgewichtseigenschaften des Systems kristallin-amorph, wie das Verhältnis des kristallinen zum amorphen Anteil oder schließlich die Schmelztemperatur heranzuziehen.

Das Verhältnis kristallin-amorph liefert aus verschiedenen Gründen kein befriedigendes Kriterium für die Kristallisationsneigung einer Substanz. Zwar ist ein relativer Vergleich der kristallinen Anteile von Substanz zu Substanz sicher möglich, auch wenn die quantitative Bedeutung der Zahlen angezweifelt werden kann. Doch hängt dieses Verhältnis sehr stark von den Kristallisationsbedingungen, wie Temperatur und Zeit ab. Auch wenn man versucht, dem thermodynamischen Gleichgewicht bzw. dem Zustand des größtmöglichen kristallinen Anteils möglichst nahezukommen, besteht die grundsätzliche Schwierigkeit, daß das Verhältnis kristallin-amorph immer noch von der Temperatur abhängt. Wir müßten also dieses Verhältnis für eine vergleichbare, zwischen T_F (Schmelztemperatur) und T_E (Einfriertemperatur) liegende Bezugstemperatur angeben, ein Verfahren, das wiederum schon deshalb fragwürdig ist, weil das Verhältnis T_E/T_F nicht konstant ist (vgl. § 51, d) und wir an Stelle eines scharfen Schmelzpunktes einen endlichen, von der Konstitution abhängigen Schmelzbereich haben.

Die Höhe des Schmelzpunktes allein ist überhaupt kein Kriterium für die Kristallisationsfähigkeit, sondern nur ein Maß für die Stabilität der kristallinen Bereiche. Doch bestehen gewisse Zusammenhänge. So läßt sich ein symmetrisch und glatt gebautes Molekül leichter in der Schmelze verschieben und drehen, als ein sperriges, so daß die kinetischen Bedingungen für den Einbau der Molekülsegmente in den Gitterverband günstiger sind. Da bei solchen Molekülen nun auch die Ordnungsunterschiede in der Schmelze und im Gitter besonders klein sind, wird, wie wir im nächsten Paragraphen sehen werden, die Schmelzentropie verkleinert und damit der Schmelzpunkt erhöht. So erklärt sich der relativ hohe Schmelzpunkt und die leichte Kristallisation der Paraffine und des Teflons $(CF_2)_x$. Umgekehrt werden sperrige und unregelmäßige eingebaute Seitengruppen sowohl die gegenseitige Bewegung benachbarter Ketten hemmen, wie die Anordnungsmöglichkeiten im Gitter beschränken, so daß die Kristallisation erschwert und der Schmelzpunkt erniedrigt werden. Sehr häufig wird aber der Schmelzpunkt noch von ganz anderen Einflüssen mitbestimmt, so daß man aus seiner Höhe allein keine bindenden

---

[1] Noch unübersichtlicher werden die Verhältnisse, wenn bereits bei der Abkühlung auf die festgehaltene Kristallisationstemperatur eine Kristallisation eingesetzt hat, d. h. wenn also noch der zeitliche Temperaturverlauf bei der Abkühlung eine Rolle spielt. Man sieht, daß in praktischen Fällen, etwa beim Spritzguß oder beim Verspinnen von Fasern die Verhältnisse sehr kompliziert werden können.

Schlüsse auf die Kristallisationsneigung ziehen kann (vgl. dazu auch Tabelle IX, 1).

Trotz dieser Einschränkungen ist aber eine Diskussion der Zusammenhänge zwischen der Konstitution und der Schmelzpunktslage sehr aufschlußreich, weil die von der Konstitution abhängenden zwischenmolekularen Kräfte und ihre Geometrie sowie die Biegsamkeit der Kettenmoleküle im Zusammenspiel mit der ungeordneten Wärmebewegung sowohl die Wechselwirkungsenergie wie die Anordnungsmöglichkeiten in der Schmelze und im Kristall und damit auch den Schmelzpunkt bestimmen. Näheres in §§ 51 bis 53.

Obwohl es heute noch unmöglich ist, die Kristallisationsneigung einer Substanz eindeutig und zahlenmäßig mit der Konstitution zu verknüpfen, wollen wir an dieser Stelle doch einige ganz qualitative Zusammenhänge besprechen, die vor allem die Bedeutung der Regelmäßigkeit der Molekülform für die Kristallisation erkennen lassen.

Das hochsymmetrische Polymethylen kristallisiert sehr leicht und zu einem ungewöhnlich hohen Prozentsatz (95% bei unverzweigten Molekülen). Substituieren wir nun in einer Polymethylenkette an jeder zweiten CH_2-Gruppe ein H-Atom durch CH_3 oder Cl usw., so entstehen wegen der verschiedenen Anlagerungsmöglichkeit in d- und l-Stellung sowie der Möglichkeit, daß neben der regelmäßigen Kopf–Schwanz-Folge auch Kopf–Kopf–Schwanz–Schwanz-Folgen auftreten können[1], stereoisomere, unregelmäßige Formen, vgl. Bd. II, S. 364 u. 665. Bei größeren Substituenten kristallisieren derartige Ketten überhaupt nicht, Polystyrol, Polyvinylacetat, Polyvinylchlorid und Polyacrylnitril $(CH_2CHCN)_x$ zeigen eine ganz geringfügige Kristallisation, die aber erst beim verstreckten Material erkennbar wird[2]. Dagegen kristallisiert Polyvinylalkohol trotz der röntgenographisch nachgewiesenen unregelmäßigen d, l-Anordnung der OH-Gruppen sehr leicht. Zur Erklärung nimmt nach BUNN[3] an, daß die OH-Gruppen sich in ihrer Größe von den H-Atomen noch so wenig unterscheiden, daß sie sich im Gitterverband noch gegenseitig vertreten können[4]. Bei im Vergleich zu H-Atomen größeren Substituen-

$$\overset{\textstyle O}{\overset{\textstyle \|}{}}$$

ten wie CH_3, Cl oder $OCCH_3$ ist das nicht mehr möglich. Wie wichtig es für die Kristallisation ist, daß die Größenunterschiede zwischen den Außenatomen der Kette gering bleiben, erkennt man auch daraus, daß das Polyvinylchlorid $[CH_2CHCl]_n$ nur ganz wenig, das Polytrifluorchlor-

---

[1] Bei einer gestreckt gedachten Zickzackkette liegen die Substituenten nur dann auf einer Seite, wenn sie durchweg in d- oder l-Stellung eingebaut sind.

[2] FULLER, C. S.: Chem. Reviews **26**, 143 (1940) (Polyvinylchlorid); T. ALFREY, N.WIEDERHORN, R. S. STEIN u. A. TOBOLSKY: Ind. Engng. Chem. **41**, 701, (1949); H. REIN: Angew. Chem. **61**, 241 (1949) (Polyacrylnitril); J. L. WILLIAMS, H. J. KARAM, K. J. CLEEREMAN u. H. W. RINN: J. Polymer Sci. **8**, 345 (1952) (Polystyrol). — Über eine beim Erwärmen eben merklich werdende Kristallisation bei Polystyrol vgl. S. KRIMM u. A. V. TOBOLSKY: J. Polymer Sci. **6**, 667 (1951).

[3] BUNN, C. W.: Nature **161**, 929 (1948).

[4] Für diese Vertretbarkeit spricht auch der Umstand, daß Mischpolymerisate aus Äthylen und Vinylalkohol bzw. Tetrafluoräthylen sehr gut kristallisieren (vgl. dazu § 53, a).

äthylen $[CF_2CFCl]_n$ dagegen recht stark kristallisiert. Letztere Substanz und ebenso der Polyvinylalkohol sind Beispiele dafür, daß trotz stereochemischer Unregelmäßigkeit eine Kristallisation möglich ist, wenn nur die Wirkungssphäre des Moleküls genügend regelmäßig ist.

Führt man am gleichen C-Atom stets zwei gleiche Substituenten ein, Polyisobutylen $[CH_2C(CH_3)_2]_x$ oder Polyvinylidenchlorid $[CH_2CCl_2]_x$, oder Polyvinylidencyanid $[CH_2C(CN)_2]_x$, so wird die Unregelmäßigkeit infolge verschiedener d- und l-Anlagerungen aufgehoben (Abweichungen von der regelmäßigen Kopf–Schwanz-Folge sind schon sterisch und reaktionskinetisch unwahrscheinlich), und man erhält gut kristallisierende Stoffe mit oft überraschend hohem Schmelzpunkt.

Bei Substitutionen an jeder CH_2-Gruppe sind aus sterischen Gründen mit Ausnahme von Fluorderivaten gestreckte, kristallisierende Formen nicht mehr möglich. Erfolgt der Einbau außerdem unregelmäßig, so können auch keine regelmäßigen Knäuelformen, z. B. Spiralen, auftreten. Damit entfällt die Voraussetzung der Ausbildung eines Gitters, der Körper erstarrt immer glasartig. Beispiele sind[1]:

$$\begin{array}{ccc}
-CH-CH-CH- & & -CH-CH-CH- \\
| \quad | \quad | & \text{und} & | \quad | \quad | \\
CH_3 \; CH_3 \; CH_3 & & C_2H_5 \; C_2H_5 \; C_2H_5
\end{array}$$

Aus diesen Beispielen erkennen wir, daß ohne eine gewisse Regelmäßigkeit der Konstitution bzw. der Form eine Kristallisation überhaupt unmöglich wird. Ebenso ist natürlich bei polaren Gruppen bzw. Wasserstoffbrückenpartner eine regelmäßige Folge nötig (vgl. die Beobachtungen an Copolymeren in § 53).

Auch bei regelmäßiger Form und Konstitution kann die Kristallisationsgeschwindigkeit durch andere Faktoren herabgesetzt werden. So wird durch große Kettenlängen, die zu Kettenverschlingungen und hohen Viscositäten führen, sowie durch lange Röntgenperioden, die im Gegensatz zum Polyäthylen größere Längsverschiebungen der Moleküle erfordern, der Einbau in das Gitter erschwert. Dasselbe ist der Fall, wenn gitterfremde Konfigurationen infolge hoher Potentialschwellen sich nur langsam in passende umwandeln, d. h. wenn die Moleküle sehr steif sind[2]. Auch „falsche" Wasserstoffbrücken in der Schmelze können die Kristallisationsgeschwindigkeit herabsetzen und die Unterkühlbarkeit erhöhen. Wenn also eine Substanz unter normalen Verhältnissen in vernünftigen Zeiten nicht kristallisiert, muß man immer fragen, liegt das an der kleinen Kristallisationsgeschwindigkeit oder kann die Substanz infolge ihres unregelmäßigen Baues, so wie etwa das übliche, unregelmäßig gebaute Polystyrol überhaupt nicht kristallisieren. Es ist gut denkbar, daß ein regelmäßig substituiertes Produkt, wo alle Benzolringe auf der gleichen Seite sitzen oder abwechselnd in d- und l-Stellung eingebaut sind, zur Kristallisation gebracht werden könnte. Leider gibt es vorläufig keinen Weg, ein solches herzustellen. (Anm. b. Korr.: Inzwischen gelungen[3].)

---

[1] RICHARDS, R. B.: J. appl. Chem. **1**, 370 (1951).

[2] Die Steifheit darf nicht mit der Biegsamkeit der Moleküle verwechselt werden (vgl. Bd. II, S. 676). [3] NATTA, G. u. Mitarb.: J. Polymer Sci. **16**, 143 (1955); J. Amer. chem. Soc. **77**, 1708 (1955).

Tabelle IX, 1.

Zur Kristallisationsneigung von hochpolymeren Stoffen.

Substanz	Schmelz-punkt °C	Verhältnis[1] kristall./amorph. bei Zimmer-temperatur	Kristallisationsneigung Unterkühlbarkeit	Verhalten beim Verstrecken		
				Dichte-zunahme in $^0/_{00}$	Ausgangs-zustand	Bemerkungen
Polyäthylen, technisch........	105—115	bis 0,75	wenig unterkühlbar, kristallisiert bei Raumtemperatur in Stunden aus dem amorphen Zustande	$\sim 5^2$	teilkristallin	geringe zusätzliche Kristalli-sation möglich
—, unverzweigt (Polymethylen)	132	0,95		—	—	—
aliphat. Polyester.............	—	—	leichter unterkühlbar, kristallisiert in Tagen bis Wochen	—	—	—
Polyvinylchlorid	—	—	—	—	kaum kristallin	Faserdiagramm erkennbar
Polystyrol...................	—	amorph	—	2	amorph	beginnende Kristallisation ober-halb 90° C
Polyacrylnitril...............	?	—	—	—	ganz schwach kristallin	schwaches Faserdiagramm
Polyvinylidenchlorid	190	—	stark unterkühlbar, kristallisiert bei Raumtemperatur in Tagen bis Wochen	—	—	—
Polytrifluorchloräthylen	205—210	0,7 und mehr	—	—	—	—
Polytetrafluoräthylen.........	330	$\sim 0,5$	—	—	—	—
Polyamide 6,6-Nylon	256	0,5—0,75	stark unterkühlbar; kristallisiert bei Raumtem-paratur in Tagen bis Wochen	bis 4^4	teilkristallin	geringe zusätzliche Kristalli-sation möglich
6-Nylon (Perlon) ...	223 [3]	ähnlich wie 6,6-Nylon		$3—7^{5,\ 6}$	teilkristallin	
Polyurethan.................	185	—	kristallisiert schneller als 6-Nylon	< 3	teilkristallin	geringe zusätzliche Kristalli-sation möglich
Terylen	267	0,33—0,63	sehr stark unterkühlbar, Kristallisa-tion erst oberhalb etwa 80° C möglich	—	amorph	starke Kristallisation
Naturkautschuk	bis 45	bis etwa 0,4	bei Zimmertemp. äußerst langsame Kristallisation, bei — 20° C	—	amorph	starke Kristallisation
			Kristallisation in Stunden; besonders ausgeprägte Hystereseerscheinungen, vgl. § 28 u. 41	bis 26	amorph	kristallisiert leicht und stark, bei großen Drehungen s. § 26
Cellulose, nativ..............	—	$\sim 0,7$	—	—	—	—
—, regeneriert	—	$\sim 0,4$	—	—	teilkristallin	keine zusätzliche Kristallisation
—, Gele	—	—	—	—		

[1] Nähere Daten s. § 26.

[2] DOLE, M., W. P. HETTINGER JR., N. R. LARSON u. J. A. WETHINGTON JR.: J. chem. Physics **20**, 781 (1952).   [3] Beobachtungen von B. KAHLE u. H. A. STUART.

[4] BLACK, C. E. u. M. DOLE: J. Polymer Sci. **3**, 358 (1948).

[5] Eventuell durch Gitterumwandlungen verursacht.

[6] STUART, H. A. u. J. MARTENS: unveröffentlichte Messungen.

Zum Abschluß dieses Paragraphen wollen wir noch versuchen, die bekanntesten hochpolymeren Stoffe nach ihrer Kristallisationsneigung bzw. Unterkühlbarkeit tabellarisch zu ordnen (s. Tab. IX, 1).

Wir haben dabei auch den Einfluß der Dehnung auf die Kristallisation berücksichtigt. Bei den Angaben über die Dichtezunahme ist zu beachten, daß diese, wie etwa beim 6-Nylon, auch durch Gitterumwandlungen sowie durch die beim Verstrecken auftretende Erwärmung hervorgerufen sein können (vgl. dazu § 32 d). Die Tabelle zeigt auch, daß die zusätzliche Kristallisation beim Dehnen um so stärker ist, je geringer der kristalline Anteil im unverstreckten Material gegenüber dem maximal möglichen ist (vgl. auch dazu die Ausführungen in § 32d).

§ 51. Die molekulare Deutung der Höhe des Schmelzpunktes, der Schmelzwärme und der Schmelzentropie.

Die Höhe des Schmelzpunktes einer Substanz ist nicht nur von technischem Interesse. Sie gibt vielmehr zusammen mit Angaben über die Schmelzwärme und -entropie auch Aufschluß über die Änderungen im Ordnungszustand beim Übergang fest–flüssig.

Der Schmelzpunkt T_F eines Körpers ist thermodynamisch durch die Gleichung

$$\Delta G = \Delta H - T_F \, \Delta S = 0 \qquad (\mathrm{IX}, 1)$$

oder

$$T_F = \frac{\Delta H}{\Delta S}$$

bestimmt. Er liegt also um so höher, je größer die *Schmelzenthalpie* ΔH und je geringer die *Schmelzentropie* ΔS sind.

Nun ist nach dem BOLTZMANNschen Entropiegesetz der Statistik

$$S = k \ln \Omega \qquad (\mathrm{IX}, 2)$$

die Entropie direkt proportional der thermodynamischen Wahrscheinlichkeit Ω, d. h. proportional der Zahl der Anordnungsmöglichkeiten der Moleküle in dem betreffenden Zustande (vgl. dazu Bd. II, §§ 6 u. 26). Daher ist der Entropieunterschied zwischen der festen und flüssigen Phase am Schmelzpunkt

$$\Delta S_F = k \ln \left[\Omega_{\mathrm{fl}} / \Omega_{\mathrm{fest}} \right] \qquad (\mathrm{IX}, 3)$$

ein Maß für die Zunahme der Anordnungsmöglichkeiten beim Übergang fest–flüssig. Er erlaubt wichtige Einblicke in den Ordnungszustand, vor allem der flüssigen Phase unmittelbar oberhalb des Schmelzpunktes. Im molekularen Bilde können wir sagen, der Schmelzpunkt liegt um so höher, je mehr sich die zwischenmolekularen Kräfte beim Kristallisieren absättigen können und je kleiner der Unterschied in der molekularen Ordnung der flüssigen und kristallinen Phase ist.

Es ist also verfehlt, die Höhe des Schmelzpunktes nur mit der Schmelzwärme in Verbindung zu bringen und die Entropie außer acht zu lassen.

Das gilt schon für kleine Moleküle[1] und erst recht für Fadenmoleküle, wo die Biegsamkeit der Ketten die Anordnungsmöglichkeiten und damit auch die Lage des Schmelzpunktes erheblich beeinflußt (vgl. Abschnitt b und die Beispiele in § 52).

Die Schmelzentropie erhält man mittels $\Delta S = \Delta H/T_F$ direkt aus der Schmelzwärme und der Schmelztemperatur. Doch kann die calorimetrisch bestimmte Schmelzwärme durch Verunreinigungen, die zu anomalen spezifischen Wärmen unterhalb des Schmelzpunktes führen, erheblich verfälscht werden. Es empfiehlt sich daher, die Schmelzentropien auch kryoskopisch zu bestimmen[2].

a) Die Schmelzentropie bei niedermolekularen Stoffen[3].

Um einen Körper aus der bei tiefen Temperaturen stabilen Gitterform in den flüssigen Zustand zu überführen, muß man einen Entropiebetrag aufwenden, der um so größer sein wird, je größer der Unterschied zwischen den Anordnungsmöglichkeiten in der Schmelze und im Gitter ist. Da dieser Unterschied bei Kristallen aus einzelnen Atomen oder Ionen besonders klein ist, sind hier die relativ niedrigsten Schmelzentropien zu erwarten. So findet man bei Argon 3,35, bei Calium 1,7, bei Cu 2,29 cal/mol · grad. Bei mehratomigen Molekülen werden die Entropieunterschiede wegen der zusätzlichen Bewegungsmöglichkeiten der Moleküle im flüssigen Zustande, Schwingungen, Rotationen des ganzen Moleküles sowie innere Drehschwingungen, natürlich größer. Doch findet man sehr häufig überraschend kleine Schmelzentropien, z. B. 2,3 bei CCl_4 gegen 9,06 cal/mol · grad bei $SiCl_4$. Das ist immer dann der Fall, wenn die betreffende Substanz Umwandlungserscheinungen im festen Körper aufweist, wobei Schwingungen und Rotationen bereits unterhalb des eigentlichen Schmelzpunktes einsetzen. Dadurch werden die Anordnungsmöglichkeiten der Moleküle bereits im festen Zustande erhöht. Die bei einer solchen Umwandlung zugeführte Wärmeenergie (erkennbar an einem entsprechenden Maximum der spezifischen Wärme im festen Zustande) und der zugehörige Entropiebetrag brauchen dann beim eigentlichen Schmelzprozeß nicht mehr aufgebracht zu werden, so daß die Schmelzentropie entsprechend erniedrigt wird. Dieser Fall, daß die Substanz gewissermaßen in wohldefinierten Stufen in den flüssigen Zustand überführt wird, findet sich vor allem bei mehratomigen „kugeligen" sowie bei ebenen Molekülen, wo bereits im Gitter Drehschwingungen mit

---

[1] Daß die rein energetische Betrachtung bei *Siedepunkts*betrachtungen im allgemeinen zum Erfolge führt, liegt einfach daran, daß die molekulare Ordnung in Flüssigkeiten viel weniger von Substanz zu Substanz variiert als im kristallinen Zustande, so daß die Verdampfungsentropie ziemlich konstant bleibt. Bei über Wasserstoffbrücken assoziierenden Stoffen, wie H_2O, Alkohol, versagt die TROUTONsche Regel aber völlig, indem die Entropie anomal hoch wird.

[2] Vgl. dazu F. W. THOMPSON u. A. R. UBBELOHDE: Trans. Faraday Soc. **46**, 349 (1950) sowie A. R. UBBELOHDE: Quarterly Rev. **4**, 356 (1950).

[3] Vgl. dazu A. EUCKEN: Z. Elektrochem. angew. physik. Chem. **45**, 126 (1939); K. CLUSIUS u. K. WEIGAND: Z. physik. Chem. B **46**, 1 (1940); A. R. UBBELOHDE: Quarterly Rev. **4**, 356 (1950).

häufigen Umklappungen (gehemmte Rotationen) bzw. freie Rotationen des ganzen Moleküls wie bei CH_4 und HCl eintreten können[1].

Der Umstand, daß die Schmelzentropie in solchen Fällen erniedrigt wird, führt natürlich zu einer entsprechenden Erhöhung des Schmelzpunktes. Ein Beispiel ist das CCl_4, das wegen seiner viel geringeren Schmelzwärme bei gleichen Schmelzentropien beträchtlich tiefer als $SiCl_4$ schmelzen müßte. CCl_4 hat aber eine Umwandlungsstufe, so daß die eigentliche Schmelzentropie, wie schon erwähnt, sehr klein wird. Daher liegt der Schmelzpunkt höher, nämlich bei 250,3° gegenüber 203,4° beim $SiCl_4$. Vgl. ferner das Beispiel des Polyäthylens im nächsten Abschnitt.

b) Schmelzpunkt und Schmelzentropie bei beweglichen Fadenmolekülen.

Die Entropieeffekte spielen bei Fadenmolekülen eine ganz entscheidende Rolle, und zwar sind es, wie wir im folgenden zeigen werden, im wesentlichen drei Faktoren, welche die Schmelzentropie bestimmen.

1. Die Ordnung innerhalb des Einzelmoleküls.
2. Die Symmetrie des Moleküls.
3. Die Biegsamkeit des Moleküls.

Die bekannte Erscheinung, daß das Polyamid aus Aminocapronsäure, 6-Nylon, einen viel tieferen Schmelzpunkt hat als dasjenige aus Hexamethylendiamin und Adipinsäure, 6,6-Nylon[2], stellt im Grunde mehr einen Entropieeffekt dar. Beide Moleküle haben dieselbe Bruttoformel und können im idealen Gitter dieselbe Zahl von Wasserstoffbrücken ausbilden. Daß das 6-Nylon trotzdem einen viel tieferen Schmelzpunkt hat, liegt daran, daß seine Moleküle einen Richtungssinn haben, im Gegensatz zum 6,6-Nylon[3], so daß zum Aufbau eines idealen Gitters die benachbarten Ketten antiparallel liegen müssen, was also gegenüber der Schmelze eine zusätzliche Ordnung bedeutet. Eine Betrachtung der Abb. IX, 1 zeigt, daß man beim 6,6-Nylon allein durch Parallelverschiebung der Ketten stets alle NH- und C=O-Gruppen zur Absättigung bringen kann. Beim 6-Nylon ist das aber nur möglich, wenn von vornherein benachbarte

---

[1] Über die Rotation in Benzolkristallen vgl. A. ROUSSET: Comptes Rendus **219**, 485, 546 (1944) sowie A. KASTLER u. A. ROUSSET: Physic. Rev. **71**, 455 (1944). — Über die Verhältnisse in Cyclohexan s. O. HASSEL u. A. M. SOMMERFELD: Z. physik. Chem. B **40**, 391 (1938) sowie F. W. THOMPSON u. A. R. UBBELOHDE: Trans. Faraday Soc. **46**, 349 (1950). — Über CCl_4 s. A. W. DAVIDSON, W. J. ARGERSINGER u. C. I. MICHAELIS: J. Physic. Coll. Chem. **52**, 332 (1948). — Vgl. ferner K. SCHÄFER: Z. angew. Chem. **56**, 99 (1943); Z. Elektrochem. angew. physik. Chem. **52**, 245 (1948); L. A. K. STAVELEY: Quarterly Rev. **3**, 65 (1949).; A. F. WELLS: „Structural Inorganic Chemistry", Oxford 1950, S. 136ff.

[2] Polyamide pflegt man durch die Zahl der C-Atome in den Ausgangsmonomeren zu charakterisieren. So bedeutet 6,10-Nylon ein Polyamid aus einem Diamin mit 6 C-Atomen und einer Dicarbonsäure mit insgesamt 10 C-Atomen; die Grundeinheit ist also

$$[NH(CH_2)_6NHCO(CH)_8CO]$$

Ein n-Nylon ist das Kondensationsprodukt einer Aminocarbonsäure mit n C-Atomen, z. B. 6-Nylon oder Perlon L ist also $[NH(CH_2)_5CO]_x$.

[3] 6-Nylon ist polar und hat eine Schraubenachse, 6,6-Nylon ist zentrosymmetrisch.

Ketten entgegengesetzt gerichtet sind, was in der Schmelze natürlich nicht der Fall ist. In Wirklichkeit wird es gar nicht zur Ausbildung des idealen Gitters kommen, so daß die H-Brückenzahl und damit auch ΔH gegenüber 6,6-Nylon kleiner wird, der Schmelzpunkt also aus energetischen Gründen herabgedrückt wird[1]. Weitere Beispiele s. weiter unten.

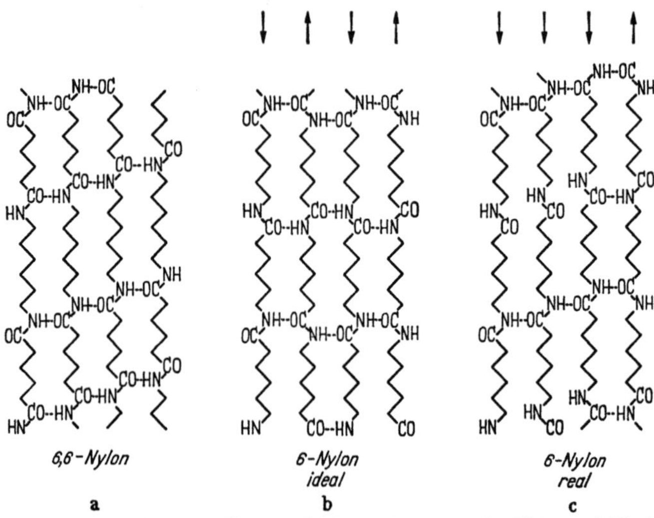

Abb. IX, 1. Ordnung und Zahl der Wasserstoffbrücken bei 6,6- und 6-Nylon. a) Idealgitter des 6,6-Nylons, b) Idealgitter des 6-Nylons, Ketten abwechselnd gegenläufig, c) Realgitter des 6-Nylons.

Entsprechendes gilt für alle Polykondensate (Polyester, Polyurethane) vom Typus $AXABYB$ bzw. $AXBAXB$, wo A und B die polaren Gruppen und X und Y die dazwischenliegenden Kettenstücke (Paraffinketten, eventuell mit Brückensauerstoffen, Benzolkernen usw.) bedeuten.

Je symmetrischer die Moleküle gebaut sind, um so eher sind Rotationen oder größere Drehschwingungen um die Symmetrieachse bereits im Gitter möglich, wodurch die Gitterordnung und die Nahordnung der Schmelze einander ähnlicher, die Schmelzentropie[2] erniedrigt und die Schmelzpunkte erhöht werden. Dieser Effekt dürfte beim Polyäthylen und Tetrafluoräthylen die wesentliche Ursache für den in Anbetracht der relativ kleinen Kräfte überraschend hohen Schmelzpunkt sein.

Die Tatsache, daß Polyäthylenoxyde trotz der größeren Wechselwirkungsenergie[3] einen tieferen Schmelzpunkt als die Polyäthylene

---

[1] Der Umstand, daß bei antiparallelen Ketten die Bedingungen für die Absättigung der H-Brücken günstiger sind, dürfte sich auch auf die Brückenbildung im Amorphen auswirken, und eine der Ursachen sein, daß 6-Nylon im allgemeinen weicher als 6,6-Nylon ist, einen kleineren E-Modul und eine höhere Bruchdehnung als 6,6-Nylon besitzt. Bei einem Vergleich der technologischen Eigenschaften beider Substanzen sind natürlich noch die Molekulargewichtsverteilung, sowie der Gehalt an Lactam und Oligomeren beim 6-Nylon zu beachten.

[2] Die gleichzeitige Herabsetzung der Schmelzwärme ist demgegenüber von geringerer Bedeutung.

[3] So ist die Molkohäsion für $-O-$ 1630 cal/mol gegenüber 990 cal/mol bei der CH_2-Gruppe (vgl. Bd. I, S. 66).

haben[1], läßt sich zum Teil dadurch erklären, daß durch die polare Sauerstoffbrücke die Symmetrie des Kraftfeldes um die Längsachse des Moleküls etwas verringert wird, die Neigung zur Ausbildung von größeren Drehschwingungen des ganzen Moleküls im Gitter also gehemmt ist (höhere Ordnung im Gitter). Der Umstand aber, daß ganz allgemein beim Ersatz einer CH_2-Gruppe durch einen Brückensauerstoff, z. B. beim Übergang vom Nonan zum Dibutyläther oder beim Übergang von einem Polyamid zum entsprechenden Polyurethan (vgl. Tab. IX, 6 in § 52b), der Schmelzpunkt erniedrigt wird[2], ist wohl nur so zu verstehen, daß (zweiter Effekt) die Drehbarkeit um eine $O-CH_2$-Valenz weniger gehemmt ist als um eine CH_2-CH_2-Valenz, so daß das Molekül in sich beweglicher, d.h. biegsamer[3] wird. Dafür spricht auch die bedeutende Erniedrigung der E.T. der Polyurethane gegenüber Polyamiden. Die erhöhte Biegsamkeit bedeutet eine Vermehrung der Konfigurations- und damit auch der Anordnungsmöglichkeiten in der Flüssigkeit, d. h. eine Vergrößerung der Schmelzentropie und damit einen tieferen Schmelzpunkt. Umgekehrt werden Gruppen, welche die Biegsamkeit des Moleküls herabsetzen, zu einer Erhöhung des Schmelzpunktes führen[4]. Beispiele sind die relativ hohen Schmelzpunkte von Teflon, Cellulosederivaten (Trinitrocellulose mit $T_F > 700°$ C s. Tab. IX, 2) und von Polyestern mit Benzol- und Cyclohexanringen, die also nicht nur auf der durch die Ringe erhöhten Wechselwirkungsenergie beruhen (vgl. dazu die Ausführungen in § 52, d (Terylen usw.).

Die Erkenntnis, daß man den Schmelzpunkt durch Verminderung der Schmelzentropie erhöhen kann, führt zur Schlußfolgerung, daß man durch eine geringe, die Konfigurationsmöglichkeiten beim Aufschmelzen beschränkende Vernetzung denselben Effekt erzielen kann. Bekannt ist die Erhöhung des Erweichungsintervalls durch eine geringe Vernetzung von Polystyrol durch kleine Zusätze von Divinylbenzol oder beim schwach vulkanisierten Kautschuk.

---

[1] Polydekamethylenoxyd mit M=1200 schmilzt bei 58° C bis 60° C, s. J.W. HILL: J. Amer. chem. Soc. **57**, 1131 (1935). — Polyäthylenoxyde schmelzen je nach Kettenlänge zwischen 55° C und 70° C, s. R. HILL u. E. E. WALKER: J. Polymer Sci. **3**, 609 (1948). Polyoxyäthylenglykol $HO(CH_2CH_2O)_nOH$ mit $n = 186$ erweicht bei 44,1° C, s. H. HIBBERT u. E. L. LOWELL: J. Amer. chem. Soc. **61**, 1916 (1939).

[2] Ersetzt man in einem Polyamid oder Polyester einzelne CH_2-Gruppen durch ein O-Atom, das aber zwischen aliphatischen C-Atomen liegen muß, so erhält man ebenfalls stets eine Schmelzpunktserniedrigung. So liegt der Schmelzpunkt von

$$[NH(CH_2)_2O(CH_2)_2O(CH_2)_2NHCO(CH_2)_4CO]_x$$

bei 160° C, der des entsprechenden 8,6-Nylons bei 235° C; s. HILL u. WALKER, Fußnote 1, dort auch weitere Beispiele.

[3] Es muß aber betont werden, daß es keinen direkten Beweis dafür gibt, daß durch eine Sauerstoffbrücke die innere Beweglichkeit etwa durch Verminderung des Behinderungspotentiales erhöht wird. Leider fehlen die calorischen Daten, um bei niedermolekularen Paraffinen und Äthern die Schmelzentropien zu bestimmen.

[4] Entsprechendes gilt für Polyene, s. R. KUHN u. C. GRUNDMANN: Chem. Ber. **69**, 224 (1936); A. R. UBBELOHDE: Quarterly Rev. **4**, 356 (1950).

Eine entsprechende Wirkung ist bei der Vernetzung von Perlon mit Formaldehyd beobachtet (vgl. auch § 32)[1].

Die Frage, welche Molekülkonstanten für die Schmelzentropie charakteristisch sind, läßt sich heute noch nicht beantworten. Entscheidend ist offenbar die Konfigurationszahl als Maß der Formenmannigfaltigkeit. Diese hängt vor allem von der Biegsamkeit[2] der Ketten im Rahmen der Energie der Wärmebewegung ab, d. h. vom Verlauf des Rotationsbehinderungspotentials in der Umgebung der Gleichgewichtslagen sowie von den Energiedifferenzen zwischen den einzelnen Potentialmulden. Die Raumerfüllung der Substituenten beeinflußt nun nicht allein die Rotationsbehinderung, sondern auch die Anordnungsmöglichkeiten zwischen weiter entfernten Molekülteilen, so daß die Konstanten der Drehbarkeit nicht allein maßgebend sind. Insofern als die Potentialmulden um so flacher verlaufen, je geringer die Potentialschwellen sind, wird ein kleines Behinderungspotential im allgemeinen auch eine größere Biegsamkeit und damit einen tieferen Schmelzpunkt bedeuten. Polytetrafluoräthylen besitzt einen viel höheren Schmelzpunkt (330°C) als Polymethylen (132°C) (s. Tab. IX, 1), obwohl die Wechselwirkungsenergien ziemlich dieselben sind. Diese Erhöhung beruht offenbar darauf, daß die Biegsamkeit der Kette infolge der größeren Raumerfüllung der F-Atome geringer ist. Daß die Drehamplituden tatsächlich kleiner sein müssen, folgt schon daraus, daß die Behinderungsenergie im Hexafluoräthan schätzungsweise 4350 cal/Mol[3] beträgt gegenüber 3000 kcal/Mol beim Äthan.

Die obigen Ausführungen zeigen, daß der Schmelzpunkt nicht nur von den zwischenmolekularen Kräften abhängt, sondern daß daneben die Ordnung innerhalb des Einzelmoleküls sowie seine Symmetrie und Biegsamkeit eine ganz entscheidende Rolle spielen. Doch sind wir noch weit davon entfernt, aus den charakteristischen Konstanten eines Kettenmoleküls die Schmelzwärme und -entropie eindeutig voraussagen zu können. Wenn wir also im folgenden Paragraphen an einer größeren Zahl von Beispielen die Zusammenhänge zwischen der Konstitution und dem Schmelzpunkt besprechen, so kann es sich dabei nur um einen qualitativen Deutungsversuch handeln.

An dieser Stelle wollen wir noch die spärlichen Daten über Schmelzwärmen und -entropien zusammenstellen (s. Tab. IX, 2). Keine dieser Zahlen besitzt quantitative Bedeutung. Da eine direkte Bestimmung der latenten Schmelzwärme wegen des endlichen Schmelzbereiches und des damit verbundenen anomalen Verlaufes der spezifischen Wärmen nicht möglich ist, versucht man häufig aus Beobachtungen an entsprechenden niedermolekularen Substanzen oder aus Schmelzpunktserniedrigungen durch niedermolekulare Zusätze oder bei Copolymeren mit Hilfe der

---

[1] Siehe H. Wenderoth: Kolloid-Z. **124**, 116 (1951). Den Schmelzpunkt kann man sowohl im Polarisationsmikroskop wie am kautschukartigen Zurückschnellen beim Erwärmen auf 260°C erkennen.

[2] Über die Begriffe Biegsamkeit, innere Beweglichkeit s. auch Bd. II, S. 676.

[3] Aus der spektroskopisch bestimmten Entropie geschätzt; s. G. L. Pace u. E. J. Aston: J. Amer. chem. Soc. **70**, 566 (1948).

Tabelle IX, 2. *Schmelzpunktskonstanten einiger hochpolymerer Stoffe.*

| Substanz | Schmelzpunkt °C | Schmelzwärme | | Schmelzentropie |
		cal/g kristalline Substanz	cal pro Grundmolekül kristall. Substanz	cal/grad pro Grundmolekül kristall. Substanz
Einheitliche normale Paraffine	—	61[1,2]	—	—
Polyäthylen, technisch	105—115	66[3] bei 110° extrapoliert.	—	—
Naturkautschuk	bis 45	14,5—16,8[4]; ~4 Gesamtsubstanz bei etwa 30 % kristallinem Anteil[5]		
6,6-Nylon	256	48,5[9]	—	—
6-Nylon	223	57[6,7]		
6,10-Nylon	206	25,9[8,12]	7300	—
	—	52	—	—
10,10-Nylon	—	23,1[8,12]	7800	—
Polyurethan	185[10]	70[6,10]	7000[11,13]	15,7[11,13]
Polyester aus				
Äthylenglykol u. Terephthalsäure	264	—	2200[12]	4,0
Äthylenglykol u. Adipinsäure	50	—	3800[12]	12
Äthylenglykol u. Sebacinsäure	—	—	3300[12]	9,6
Dekamethylenglykol und Adipinsäure	—	13,4[8,9,13]	3800	—
	—	37,5[8,14]	—	—
Dekamethylenglykol und Sebacinsäure	—	13,8[8,14]	4700	—
	—	36[5,8,15]	—	—
Trinitrocellulose	>700	—	900-1500[16]	1,5

---

[1] UBBELOHDE: Trans. Faraday Soc. **34,** 282 (1938).

[2] Summe der Umwandlungs- und Schmelzwärme.

[3] DOLE, M., W. P. HETTINGER JR., N. LARSON u. J. A. WETHINGTON JR.: J. chem. Physics **20,** 781 (1952). Dort auch Angaben über die Temperaturabhängigkeit. Ältere Daten bei RAINE, RICHARDS u. RYDER: Trans. Faraday Soc. **41,** 56 (1945).

[4] BOONSTRA, B. B. S. P: Ind. Engng. Chem. **43,** 362 (1951); vgl. dazu die Kritik in E. JENCKEL in § 43, b 3 β.   [5] Siehe bei KAST, S. 256.

[6] Bezogen auf die partiell kristalline Substanz.

[7] Berechnet aus der Schmelzpunktserniedrigung von Lactam-haltigem Perlon nach der Gl. $\Delta T = \dfrac{RT^2}{\Delta H \cdot 1000}$ mit $T = 488°$ C und $\Delta T = 8,5°$ C je Mol Lactam; $\Delta H =$ Schmelzwärme je Gramm partiell kristalline Substanz, s. auch S. 538.

[8] Berechnet von EVANS, MIGHTON u. FLORY: J. Amer. chem. Soc. **72,** 2018 (1950)

[9] WILHOIT, R. C. u. M. DOLE: J. physic. Chem. **57,** 14 (1953). Aus Daten an den Monomeren geschätzt, vgl. auch S. 272/73.

[10] JENCKEL, E. u. H. WILSING: Z. Elektrochemie **53,** 4 (1949).

[11] MARVEL, C. S. u. J. H. JOHNSON: J. Amer. chem. Soc. **72,** 1674 (1950).

[12] EDGAR, O. B. u. E. ELLERY: J. chem. Soc. [London] 2633 (1952).

[13] Aus dem Temperaturverlauf bei Mischpolymerisaten berechnet nach FLORY.

[14] Aus dem Einfluß der Kettenlänge berechnet nach FLORY.

[15] Aus dem Einfluß von niedermolekularen Zusätzen berechnet nach FLORY.

[16] NEWMAN, S.: J. Polymer Sci. **13,** 179 (1954).

FLORYschen Theorie (vgl. § 53, b) Zahlenwerte abzuschätzen, die naturgemäß nur orientierende Bedeutung haben können. Dabei scheinen die bei Copolymeren aus dem Temperaturgang mit der Konzentration berechneten Zahlen 2—3 mal kleiner zu sein, als die aus der Kettenlänge oder aus der Schmelzpunktserniedrigung durch Zusätze abgeleiteten Werte[1].

Die angegebenen Zahlenwerte sind entweder in cal/g völlig kristallin gedachter oder teilkristalliner Substanz bzw. in cal pro völlig kristallisierte Grundeinheit angegeben.

c) Die Abhängigkeit des Schmelzpunktes vom Molekulargewicht.

Innerhalb einer homologen Reihe müßte der Schmelzpunkt, falls die Moleküle starr und gestreckt wären, mit der Länge immer mehr ansteigen. Im Gegensatz dazu beobachtet man bei allen Kettenmolekülen, daß T_F in einem begrenzten Bereiche ansteigt und dann allmählich gegen einen Grenzwert geht (s. Abb. IX, 2). Das am besten untersuchte Beispiel sind

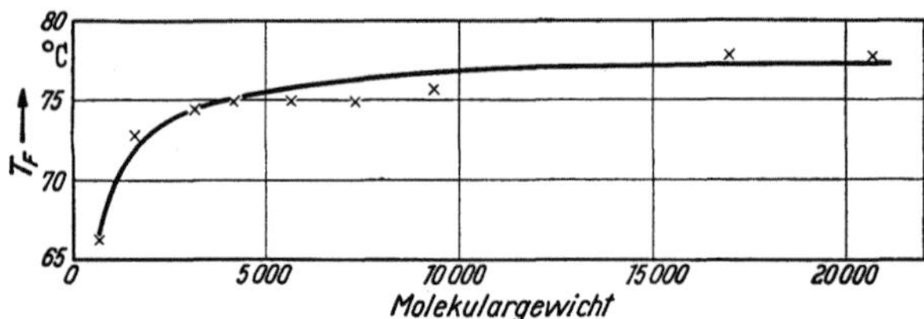

Abb. IX, 2. Die Abhängigkeit des Schmelzpunktes vom Molekulargewicht beim Polyester aus ω-Oxydekansäure. (Nach CAROTHERS.)

die normalen Paraffine, für die zur Darstellung des Schmelzpunktes in Abhängigkeit von der Zahl n der Kohlenstoffatome von MEYER und VAN DER WYK[2] folgende Beziehung vorgeschlagen wurde:

$$\frac{1}{T_F} = a + \frac{b}{n}$$

mit $a = 2{,}395 \cdot 10^{-3}$ und $b = 17{,}1 \cdot 10^{-3}$ (T_F in °K).

Danach würde der Grenzwert, der praktisch erst bei Polymerisationsgraden von vielen Tausend erreicht wird, bei etwa 145°C liegen[3]. Für $n = 1000$ wird $T_F = 141°C$. Demgegenüber werden für die üblichen technischen Polyäthylene für das obere Ende des Schmelzbereiches Zahlen von 105°C bis 115° C angegeben. Diese Erniedrigung ist zum Teil durch die kristallin-amorphe Struktur (s. weiter unten), vor allem aber durch das Vorhandensein von seitlichen CH_3- und längeren Alkylgruppen verursacht. Es zeigt sich nämlich, daß für Produkte, bei denen auf Grund der chemischen Darstellung Verzweigungen ausgeschlossen sind, die

---

[1] Vgl. z. B. auch R. D. EVANS, H. R. MIGHTON u. P. J. FLORY: J. Amer. chem. Soc. **72**, 2018 (1950).

[2] MEYER, K. H. u. A. VAN DER WYK: Helv. chim. Acta **20**, 1313 (1937).

[3] Eine etwas andere, zum Grenzwert 135°C führende Beziehung haben W. E. GARNER, K. VAN BIBBER u. A. M. KING: J. chem. Soc. [London] 1533 (1931) angegeben.

Schmelzpunkte bei etwa 132°C liegen. So geben KANTOR u. OSTHOFF[1] für ein unverzweigtes bei der Zersetzung von Diazomethan gewonnenes Polymethylen mit einem Molekulargewicht[2] von $3,3 \cdot 10^6$ 132°C an[3].

Für die Fettsäuren $CH_3(CH_2)_n COOH$ werden je nachdem, ob n eine gerade oder ungerade Zahl ist, Grenzwerte von etwa 116°C bzw. 120°C angegeben[4].

Das Auftreten eines Grenzwertes für den Schmelzpunkt bei Kettenmolekülen läßt sich thermodynamisch folgendermaßen verstehen[5]. Die Schmelzwärme kann man immer durch die Gleichung

$$\Delta H = H_0 + P H \qquad (\text{IX}, 4)$$

darstellen, wo H_0 den Einfluß der Endgruppen erfaßt und H das Inkrement je Grundeinheit und P den Polymerisationsgrad bedeutet[6]. Für genügend lange Ketten wird also $\Delta H = P H$.

Für die Schmelzentropie kann man allgemein ansetzen

$$\Delta S = S_0 + S(P). \qquad (\text{IX}, 5)$$

Dabei bedeutet S_0 den Entropiegewinn infolge des Freiwerdens der translatorischen Schwerpunktsbewegung des ganzen Moleküls (makrobrownsche Bewegung). Dieser Entropiebeitrag ist in erster Näherung unabhängig von der Kettenlänge. Das Glied $S(P)$ stellt die Konfigurationsentropie dar, die beim Freiwerden der mikrobrownschen Bewegung gewonnen wird. Sie läßt sich für den Fall völlig freier Drehbarkeit statistisch berechnen, wobei sich ergibt, daß sie für große Kettenlängen einfach gegen $1,04\, P R$ cal/mol $\cdot$ grad geht, also wie die Schmelzwärme proportional mit P verläuft[7].

Für den Schmelzpunkt erhalten wir also

$$T_F = \frac{H_0 + P H}{S_0 + S(P)}, \qquad (\text{IX}, 6)$$

und für genügend lange Ketten

$$T_F = \frac{H}{1,04\, R} = \frac{H}{2,08}. \qquad (\text{IX}, 7)$$

---

[1] KANTOR, S. W. u. R. C. OSTHOFF: J. Amer. chem. Soc. **75**, 931 (1953).

[2] Das Molekulargewicht wurde viscosimetrisch bestimmt.

[3] Polyäthylene, hergestellt nach dem FISCHER-TROPSCH-Verfahren aus CO und H_2 mit einem mittleren Molekulargewicht von 8000 schmelzen bei 132°C, s. H. PICHLER: Z. angew. Chem. **51**, 412 (1938). Polymere, die bei der Zersetzung von Diazomethan entstehen und die keine im ultraroten Spektrum erkennbare Verzweigungen besitzen, haben einen Schmelzpunkt von 130°C, s. R. B. RICHARDS: J. appl. Chem. **1**, 370 (1951).

[4] GARNER, W. E. u. F. C. RANDALL: J. chem. Soc. [London] (1924) 881.

[5] Vgl. dazu H. MARK: J. appl. Physics **12**, 41 (1941) sowie A. M. KING u. W. E. GARNER: J. chem. Soc. [London] (1934) 1449.

[6] Über Zahlenwerte von H_0 und H vgl. A. M. KING u. W. E. GARNER: J. chem. Soc. [London] (1934) 1449; (1936) 1368, 1372.

[7] Die statistische Berechnung führt unter der Annahme freier Drehbarkeit zur Gleichung:

$$S(P) = 1,04\, R \left[P - 1,6 \sqrt{P} + 0,67 - \frac{1,6}{\sqrt{P}} + \frac{L}{P} \right] \text{cal/mol-grad.}$$

Ist die Drehbarkeit behindert, so wird $S(P)$ kleiner, der Schmelzpunkt also höher.

Setzt man für eine Reihe von Stoffen die bekannten Zahlen für H ein, so erhält man für die Konvergenztemperatur Werte zwischen 286 °C und 495 °C, während die Beobachtungen Zahlen zwischen 376 °C bis 414 °C[1] ergeben. Bei starren Molekülen würde $S(P)$ verschwinden und $T = PH/S_0$ werden, also immer mehr mit der Moleküllänge ansteigen[2]. Es ist also die beim Schmelzen auftretende Möglichkeit der Knäuelung, welche eine Konfigurationsentropie liefert und so den Schmelzpunkt konstant werden läßt.

Dieses Unabhängigwerden des Schmelzpunktes, genauer des oberen Endes des Schmelzbereiches, von der Kettenlänge kann man auch molekular interpretieren, wenn man beachtet, daß lange Fadenmoleküle durch mehrere kristalline und amorphe Bereiche hindurchgehen und daß wegen der geringen Koppelung die einzelnen Bereiche immer mehr unabhängig voneinander aufschmelzen, je geringer der kristalline Anteil wird.

Im Rahmen seiner statistischen Theorie hat FLORY[3] für den Schmelzpunkt eines kettenförmigen Hochpolymeren in Abhängigkeit vom Polymerisationsgrad P die Beziehung

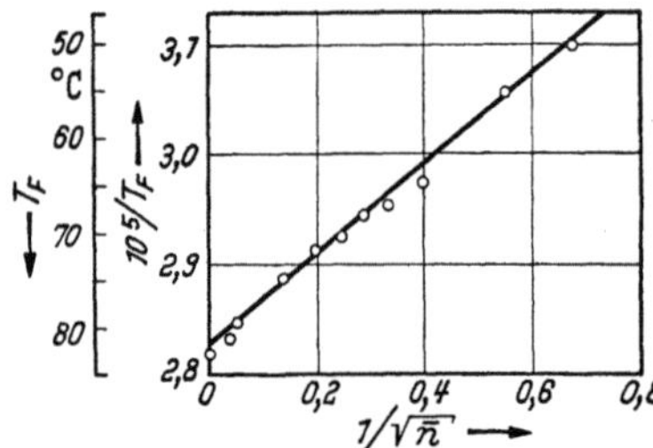

$$\frac{1}{T_F} = \frac{1}{T_{F\infty}} - \frac{R}{\Delta H\,P} \qquad (XI, 8)$$

abgeleitet, (vgl. auch § 48), wo ΔH die Schmelzwärme je Grundeinheit des völlig kristallinen Materials und $T_{F\infty}$ den Schmelzpunkt für unendlich lange Ketten bedeutet. Die Abb. IX, 3 zeigt, wie weit die lineare Beziehung zwischen $1/T_F$ und $1/P$ im Falle des Polyesters aus Dekandiol und Adipinsäure erfüllt ist. Für höhere Polymerisationsgrade erkennt man eine deutliche Abweichung. Die obige Beziehung gilt nur,

Abb. IX, 3. Die Abhängigkeit des Schmelzpunktes vom Polymerisationsgrade beim Polyester aus Dekandiol und Adipinsäure. (Nach FLORY und Mitarbeitern.) $\bar{n}$ = Zahlenmittelwert der Zahl der Grundmoleküle. Die Abscisse ist irrtümlich mit $1/\sqrt{\bar{n}}$ statt mit $1/\bar{n}$ beschriftet.

wenn die Endgruppen nicht in die kristallinen Bereiche eingebaut werden. Messungen an Reihen mit besonders sperrigen Endgruppen, wie Benzoat- oder Cyclohexylgruppen ergaben praktisch dieselbe Gerade wie Ketten mit OH- und CO-Endgruppen, bestätigten also die obige Voraussetzung.

d) Zusammenhang zwischen Schmelzpunkt und anderen Umwandlungspunkten.

Zwischen der Temperaturlage der in § 40 näher besprochenen Rotationsumwandlungen und den Schmelzpunkten ist keine allgemeine Beziehung zu erwarten (vgl. dazu die Ausführungen auf S. 451). Dasselbe gilt für λ-Umwandlungen im Gitter. Anders ist das bei dem in Kap. X

[1] Vgl. z. B. E. POWELL, C. CLARK u. H. EYRING: J. chem. Physics **9**, 268 (1941).

[2] In Analogie zum linearen Anstieg des Rotationsumwandlungspunktes bei n-Paraffinen vgl. § 40.

[3] FLORY, P. J.: J. chem. Physics **15**, 685 (1947). — R. D. EVANS, H. R. MIGHTON u. P. J. FLORY: J. Amer. chem. Soc. **72**, 2018 (1950).

näher zu besprechenden Übergang in den Glaszustand (second order transition), dem eine bestimmte Einfriertemperatur T_E zugeschrieben werden kann. Die Frage, ob und wieweit es sich dabei um eine Umwandlung II. Ordnung im Sinne der Thermodynamik handelt, wird in den §§ 55 u. 56 näher untersucht.

Man begegnet oft der Meinung, daß zwischen der Einfrier- und Schmelztemperatur ein eindeutiger Zusammenhang bestehen müsse, so wie er schon von TAMMANN bei vielen niedermolekularen Stoffen gefunden wurde[1]. Daß aber ein solcher nicht allgemein vorhanden sein kann, folgt schon daraus, daß der Schmelzpunkt, wie bei einem Gleichgewichtszustande durch das Verhältnis von Schmelzenthalpie und -entropie bestimmt wird, während die Einfriertemperatur in erster Linie von dem Einfrieren der mikrobrownschen Bewegung, d. h. von der Kettenbeweglichkeit, und zwar in den amorphen Bereichen, abhängt und um so tiefer liegt, je größer diese ist. Hier ist also die Wechselwirkungsenergie von wesentlicher Bedeutung und nicht die Entropie. Korrelationen können also nur insoweit vorhanden sein, als bestimmte Konstitutionseigenschaften des Fadenmoleküls die Beweglichkeit und die Entropie so beeinflussen, daß sowohl T_E wie T_F sich im gleichen Sinne ändern. Das ist bei einer Erhöhung der Biegsamkeit (flexibility) der Fall, welche, falls mit ihr eine Zunahme der Weichheit (shape resistance) parallel geht[2], sowohl die Beweglichkeit wie nach den Ausführungen im Abschnitt b auch die Entropie vergrößert, also beide Temperaturen herabsetzt (vgl. die aliphatischen Polyester gegenüber unverzweigten Polyäthylenen). Um die Verhältnisse besser übersehen zu können, haben wir in der Tabelle IX, 3 versuchsweise die wichtigsten Elemente der Konstitution und ihren Einfluß auf die Umwandlungstemperaturen zusammengestellt. Ein +-Zeichen bedeutet, daß die Temperatur durch den

Tabelle IX, 3. *Konstitution, Schmelz- und Einfriertemperatur.*

Elemente der Konstitution	Schmelz-punkt	Einfrier-temperatur	Beispiele
Polare Gruppen	+	+	6,6-Nylon
Innermolekulare Ordnung		eventuell gegen-läufig	6-Nylon

Symmetrie
  Rotationssymmetrie
  bzw. regelmäßige
  Wirkungssphäre
	+	—	$(CH_2)_n$; $(CF_2)_n$

Sperrige Substituenten	—	+	$(CH_2 \cdot CH_2)_n \to (CH_2\,CHCl)_n$
Verzweigungen	—	—	technische Polyäthylene
Biegsamkeit bzw. Steifheit	—	—	unverzweigte Polyäthylene → aliphatische Polyester
Geringe Vernetzung	+	+	

---

[1] TAMMANN, G. u. W. HESSE: Z. angew. allg. Chem. **136,** 245 (1926).
[2] Grundsätzlich hängt der Schmelzpunkt von der Biegsamkeit, die Beweglichkeit, also die E. T. von der Weichheit des Moleküls ab. Meist gehen beide Größen parallel (vgl. Bd. II, § 102).

Tabelle IX, 4.

Schmelz- und Einfriertemperaturen[1] von kristallisierenden hochpolymeren Stoffen[1,2].

Substanz	Schmelztemperatur °C T_F	Einfriertemperatur °C T_E	T_E/T_F ° abs.	Bemerkung
Polyäthylen, technisch	105—115	— 68	~0,53	biegsam bei —40°
Polyäthylen, unverzweigt[3]	132	+ (20°)	(0,72)	spröde bei + 20°
$-CH_2-CHCl-$	(100)	+ 80[4]	0,95	
$-CH_2-CCl_2-$	190	— 17	0,55	
$-CF_2-CF_2-$	327	20[5]	0,49	
$-CF_2-CFCl-$	205—210	— 20	0,53	
$-CH_2-C(CH_3)_2-$	(44)	— 65	(0,66)	
$-CH_2-CHOH-$	—	85[9]	—	
Polyvinylisobutyläther	115	— 18	—	
$-O-\underset{\underset{CH_3}{\mid}}{\overset{\overset{CH_3}{\mid}}{Si}}-$	— 58	— 123	0,71	
$\underset{CH_3}{\overset{\overset{\mid}{}}{CH_2-CH=CH-CH_2}}$		— 85		
$-CH_2-\underset{}{\overset{\overset{CH_3}{\mid}}{C}}=CH-CH_2-$				
—cis—(Naturkautschuk)	(30)	— 73	(0,66)	
—trans—(Guttapercha)	(65)	— 53	(0,65)	
$CH_2-CCl=CH-CH_2-$	40—43	— 50	0,71	
Polyester aus —				
$\left[-O(CH_2)_2O\overset{\overset{O}{\parallel}}{C}(CH_2)_4\overset{\overset{O}{\parallel}}{C}-\right]$	50	— 70	0,63	
$\left[-O(CH_2)_4O\overset{\overset{O}{\parallel}}{C}(CH_2)_4\overset{\overset{O}{\parallel}}{C}-\right]$	56	— 50	0,68	
$\left[-O(CH_2)_2O\overset{\overset{O}{\parallel}}{C}(CH_2)_8\overset{\overset{O}{\parallel}}{C}-\right]$	79	— 40	0,66	
6,6-Nylon	256	<40[8]	(0,60)	
6-Nylon	223	(49)	(0,64)	
Polyurethan	185[6]	(— 20)	0,55	
$\left[-O(CH_2)_4ONH\overset{\overset{O}{\parallel}}{C}(CH_2)_6NH\overset{\overset{O}{\parallel}}{C}\right]$	177[7]	— 58[7]	0,50	
Terylen	264	67	0,64	
	267[10]	81[9]		

[1] Man beachte, daß die Einfriertemperaturen im allgemeinen noch schlechter als die Schmelzpunkte definiert sind. Vergleichbar sind eigentlich nur Zahlen, die bei genügend langen Ketten und an amorphen Proben bestimmt worden sind, worüber sehr oft keine genügenden Angaben vorliegen. Bei kristallisierenden Stoffen sind meist mehrere Einfriergebiete vorhanden; die angegebenen Zahlen beziehen sich auf die meßtechnisch wirksamste Stufe.

[2] Zahlen zum Teil bei R. BOYER in Changement des Phases, Paris 1952.

[3] RICHARDS, R. B.: J. appl. physic. Chem. **1**, 370 (1951). — R. HILL: Fibres from Synthetic Polymers, Amsterdam 1953, dort weitere Zahlen.

[4] Für längere Ketten

[5] Vgl. R. BOYER: in Changement des Phases, Paris 1952.

betreffenden Faktor erhöht wird. Während, wie eben gesagt, die Biegsamkeit beide Temperaturen im gleichen Sinne beeinflußt, bewirkt eine sehr regelmäßige, glatte Wirkungssphäre wegen der erhöhten Beweglichkeit zwar auch eine Erniedrigung der Einfriertemperatur, aber aus Entropiegründen eine Schmelzpunktserhöhung, daher das besonders kleine Zahlenverhältnis T_E/T_F bei Polyäthylen und Teflon[1].

In der Tabelle IX, 4 ist für eine Reihe von Substanzen das Verhältnis T_E/T_F eingetragen. Man sieht, daß die Werte sich sehr häufig um einen mittleren Wert von 0,66 gruppieren[2] und daß in allen Fällen besonders großer Symmetrie dieses Verhältnis viel kleiner wird (Polyäthylen, Teflon, Polyvinylidenchlorid). Das Polydimethylsiloxan sowie andere Stoffe, die wir hier nicht aufgeführt haben, passen nicht in das obige Schema, ein Hinweis, daß wir die Verhältnisse noch nicht einmal qualitativ übersehen.

§ 52. Schmelzpunkt und Konstitution.

a) Alternierender Schmelzpunkt und innermolekulare Ordnung.

Der Einfluß der innermolekularen Ordnung auf die Schmelzpunktslage äußert sich unter anderem darin, daß innerhalb einer homologen Reihe der Schmelzpunkt mit der Zahl der CH_2-Gruppen zwischen den polaren Gruppen alterniert (vgl. dazu die Abb. IX, 4 u. IX, 5)[3]. Dieser bei niedermolekularen Paraffinen[4] und Fettsäuren wohlbekannte Effekt beruht hier darauf, daß wegen der ebenen Zickzackform der Ketten im Gitterverbande bei einer geraden Zahl von C-Atomen zwischen benachbarten polaren Gruppen diese auf verschiedenen Seiten der Kette, bei einer un-

---

[1] Anm. bei der Korrektur: Zu einem ähnlichen Ergebnis kommt R. BOYER, J. appl. Physics **25**, 825 (1954), indem er zeigt, daß die in einem T_F–T_E-Diagramm eingetragenen Beobachtungswerte recht gut auf zwei Geraden liegen, wobei die symmetrischen Polymeren Teflon, Polyvinylidenchlorid und Polyäthylen auf der oberen Linie liegen, die dem kleineren Zahlenverhältnis T_E/T_F entspricht. Beide Geraden gehen aber nicht durch den Nullpunkt, so daß entlang einer Geraden der Quotient T_E/T_F sich erheblich ändert. Eine Konstanz von T_E/T_F läßt sich also auch hier nicht feststellen.

[2] Siehe dazu auch R. G. BEAMAN: J. Polymer Sci. **9**, 470 (1953) sowie E. JENCKEL: Kolloid-Z. **130**, 64 (1953).

[3] HILL, R. und E. E. WALKER: J. Polymer Sci. **3**, 609, 1948.

[4] Kurzkettige Paraffine neigen zu Kristallformen, bei denen die Ketten gegen die Basisfläche geneigt sind. Wie schon MALKIN: J. chem. Soc. [London] **134**, 2796, (1931), vermutet hat, passen die geradzahligen Ketten besser in diese Form als die ungeradzahligen, was einen entsprechenden Energieterm bedeutet.

Fortsetzung der Fußnoten von Tabelle IX, 4.

[6] JENCKEL-WILSING: Z. elektrochem. Ber. Bunsenges. physik. Chem. **53**, 4, 1949 (1952).

[7] MARVELL, C. S. u. J. H. JOHNSON: J. Amer. chem. Soc. **72**, 1674 (1950).

[8] WHINFIELD: Endeavour **11**, 29 (1952).

[9] Kristalline Probe.

[10] COBBS u. BURTON: J. Polymer Sci. **10**, 275 (1953); aus dem Röntgenspektrum.

geraden Zahl aber auf derselben Seite liegen. Das führt, wie Abb. IX, 6 zeigen möge, dazu, daß bei einem Polyamid vom Typus $\left[\text{N(CH}_2)_x\text{C}^{\;\;\text{H}\;\;\;\;\text{O}}\right]$, wo x geradzahlig ist, also z.B. beim 7-Nylon, stets alle H-Brücken ausgebildet werden können, unabhängig davon, ob die Ketten gleichsinnig gerichtet sind oder nicht. Da dies bei 6- oder 8-Nylon[1] (vgl. Abb. IX, 1) nicht zutrifft, wird das

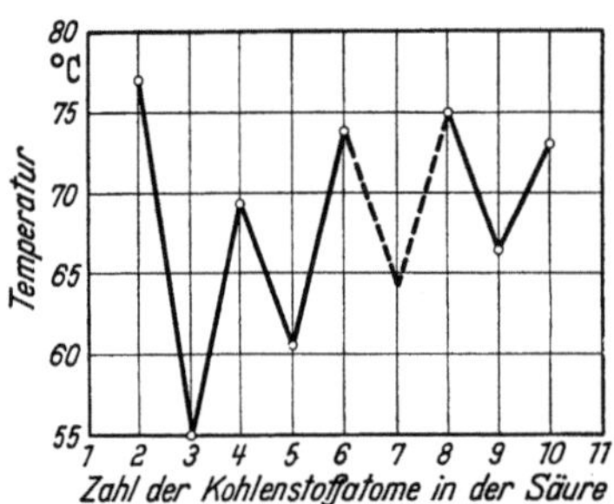

Abb. IX, 4. Schmelzpunkte von Polyestern aus Dekamethylenglykol und einer Dicarbonsäure in Abhängigkeit von der Zahl der C-Atome der Säure. (Nach HILL u. WALKER[2].)

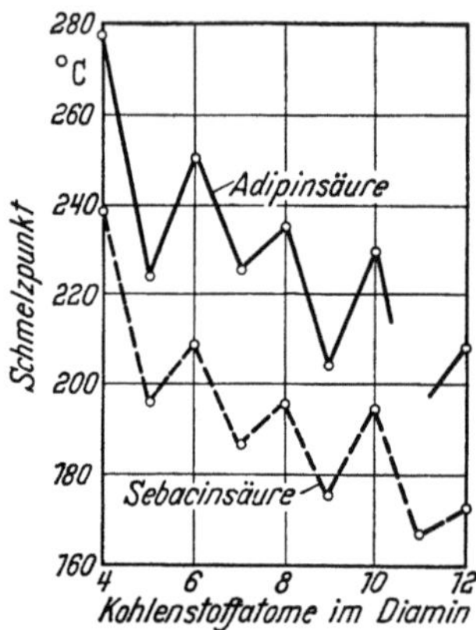

Abb. IX, 5. Schmelzpunkte von Polyamiden aus einer Dicarbonsäure und einem Diamin, in Abhängigkeit von der Zahl der C-Atome im Diamin. (Nach COFFMAN u. Mitarbeitern[3].)

Alternieren der Schmelzpunkte verständlich. Bei Polyamiden vom Typus $\left[\text{N(CH}_2)_x\text{NC(CH}_2)_y\text{C}^{\;\;\text{H}\;\;\;\;\text{HO}\;\;\;\;\text{O}}\right]$ ist eine vollständige Absättigung nur möglich, wenn, wie z. B. beim 5,7-Nylon, x und y ungeradzahlig und gleich sind,

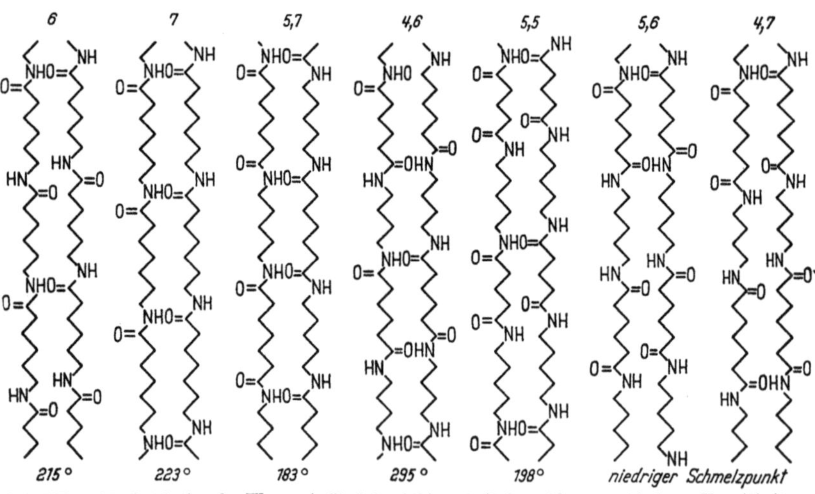

Abb. IX, 6. Möglichkeiten der Wasserstoffbrückenbildung in Polyamiden verschiedener Konstitution. (Nach HILL und WALKER.)

---

[1] Über die Bezeichnungsweise im Polyamiden s. Fußnote 2 auf S. 581.
[2] Siehe S. 591, Fußnote 3.   [3] Siehe S. 593, Fußnote 1.

oder wenn x und y geradzahlig sind (4,6-, 6,6- oder 8,6-Nylon). Bei ungeraden und verschiedenen Werten von x und y (5,5-Nylon) oder schließlich wenn x oder y allein ungeradzahlig ist (5,6- oder 4,7-Nylon), bleiben stets unabgesättigte H-Brückenpartner zurück. Das bedeutet wiederum Alternieren der Schmelzpunkte (s. Abb. IX, 5) sowie, daß bei geraden x- und y-Werten die Schmelzpunkte höher liegen müssen als bei Verbindungen mit der gleichen Zahl von C-Atomen, aber ungeraden x- und y-Werten (vgl. dazu Tab. IX, 5, wonach der Schmelzpunkt von 4,6-Nylon um fast 100° C höher als der von 5,5-Nylon liegt). Bei Produkten aus geradzahligen Monomeren sind die Schmelzpunkte bei gleicher Gesamtzahl der C-Atome ziemlich gleich. Interessant ist auch, daß der Schmelzpunkt des 5,5-Nylons, bei dem nur die Hälfte aller NH-Gruppen in H-Brücken ein-

Tabelle IX, 5. *Schmelzpunkte von Polyamiden*[1].

Substanz [2]	Gesamtzahl der C-Atome[3] pro Röntgeneinheit	Schmelzpunkt ° C
4,6-Nylon	10	295 (278)
5,5-Nylon	10	198
2,10-Nylon	12	254
4,8-Nylon	12	250
5,7-Nylon	12	183
6,6-Nylon	12	265 (250)
7,7-Nylon	14	196
4,10-Nylon	14	239
5,9-Nylon	14	179
8,6-Nylon	14	235
6,8-Nylon	14	220
5,11-Nylon	16	176
6,10-Nylon	16	213 (209)
8,8-Nylon	16	216 (205)
10,6-Nylon	16	230
8,10-Nylon	18	197
9,9-Nylon	18	177 (165)
10,8-Nylon	18	208
12,6-Nylon	18	210
10,10-Nylon	20	194
12,10-Nylon	22	171
6-Nylon	12	223[4]
7-Nylon	14	223[5]
8-Nylon	16	178[5]
9-Nylon	18	195/198[5]
10-Nylon	20	175/177[5]
17-Nylon	34	147/150[5]

[1] Zahlen nach R. HILL u. E. E. WALKER: J. Polymer Sci. **3,** 609 (1948) sowie D. D. COFFMAN, G. J. BERCHET, W. R. PETERSON u. E. W. SPANAGEL: J. Polymer Sci. **2,** 306 (1947) (eingeklammerte Werte nach COFFMAN).

[2] Wegen der Bezeichnung vgl. S. 581, Fußnote 2.

[3] Bei Polyamiden aus Diaminen und Dicarbonsäuren ist die Röntgenperiode mit der Länge der Grundeinheit identisch, bei Polyamiden aus Aminocarbonsäuren entfallen auf die Röntgenperiode zwei monomere Reste.

[4] KAHLE, B. u. H. A. STUART: Unveröffentlichte Betrachtungen.

[5] Zahlen nach A. CANNEPIN, G. CHAMPETIER u. A. PARISOT: J. Polymer Sci. **8,** 35 (1952).

gebaut ist, mit 198°C recht nahe bei demjenigen des 10,10-Nylons (194°C) liegt. Da in diesem alle H-Brückenpartner abgesättigt sind, enthalten beide Substanzen, auf die gleiche Zahl von C-Atomen in der Kette bezogen, die gleiche Zahl von Wasserstoffbrücken.

Das 5,7-Nylon sollte allerdings wegen $x = y$ einen höheren Schmelzpunkt besitzen, als in der Tabelle angegeben. Die Ursache dieser Diskrepanz ist unklar. (Beobachtungsfehler, unreine Substanz?). Man überzeugt sich an Hand der Abb. IX, 4 und IX, 5, daß auch bei Polyestern[1] und Polyurethanen für geradzahlige x- und y-Werte die Schmelzpunkte höher liegen.

Weitere, aber rein energetische Betrachtungen über den Schmelzpunkt von Polyamiden haben CHAMPETIER und Mitarbeiter[2] angestellt.

Entsprechende Effekte treten bei Polyestern auf, wo Substanzen vom Typus $[COO(CH_2)_x]$ einen höheren Schmelzpunkt haben, wenn x eine gerade Zahl ist[3].

b) Der Einfluß polarer Gruppen auf den Schmelzpunkt.

In Tab. IX, 6 stellen wir die Schmelzpunkte für einige vergleichbare Polyester, Polyurethane, Polyamide und Polyharnstoffe mit Grundmolekülen gleicher Kettengliederzahl zusammen. Abb. IX, 7 zeigt die Schmelzpunkte in Abhängigkeit von der Zahl der Kettenatome in der Grundeinheit. Überall da, wo sich Wasserstoffbrücken mit ihrer besonders großen Energie ausbilden können, liegen die Schmelzpunkte besonders hoch. Je paraffinähnlicher die Ketten werden, um so mehr nähert sich der Schmelzpunkt dem Grenzwert für Polyäthylen. Die höheren Schmelzpunkte der Polyharnstoffe gegenüber jenen der Polyamide erklären sich durch die zusätzlichen NH-Dipole. Die Schmelzpunktserniedrigung bei den Polyurethanen ist, wie schon in § 51 ausgeführt, eine Folge der vergrößerten Biegsamkeit der Ketten infolge des Einbaues von Sauerstoffbrücken. Die besonders tiefen Schmelzpunkte der Polyester haben, wie ebenfalls schon besprochen, zwei Gründe, welche die Schmelzentropie vergrößern, nämlich einmal die höhere Unordnung der Schmelze infolge der größeren Biegsamkeit der Ketten sowie die höhere Ordnung im Gitter im Gegensatz zu den

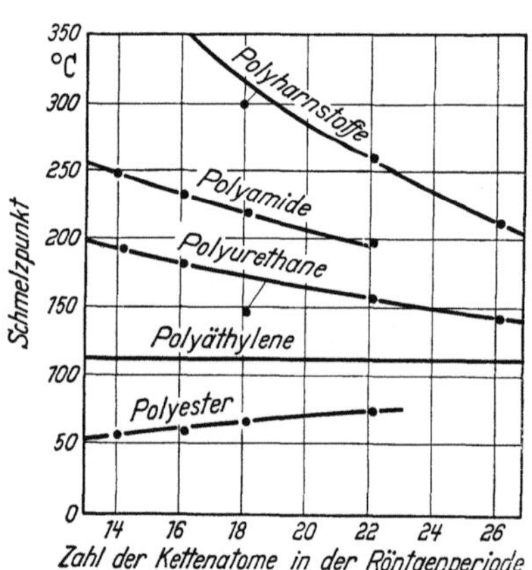

Abb. IX, 7. Abhängigkeit des Schmelzpunktes von der Zahl der C-Atome in der Röntgenperiode für verschiedene Reihen. (Nach HILL und WALKER.)

---

[1] FULLER, C. S. u. C. L. ERICKSON: J. Amer. chem. Soc. **59**, 344 (1937). — C. S. FULLER u. C. J. FROSCH: J. Amer. chem. Soc. **61**, 2575 (1939); J. Phys. Chem. **43**, 323 (1939).
[2] CANNEPIN, A., G. CHAMPETIER u. A. PARISOT: J. Polymer Sci. **8**, 35 (1952).
[3] Vgl. W. O. BAKER in Advancing Fronts in Chemistry, Vol. I, 1945, S. 105ff.

Paraffinen, die wegen ihrer hohen Symmetrie bereits unterhalb des Schmelzpunktes Drehschwingungen um die Längsachse ausführen können.

Weitere Beispiele über den Einfluß von polaren Gruppen, wie —S—, —O—, auch zwischen Benzolringen, finden sich bei HILL u. WALKER[1].

Tabelle IX, 6.

Schmelzpunkte von Polyestern, Polyurethanen, Polyamiden und Polyharnstoffen nach HILL *und* WALKER[1].

Stoff	Grundmolekül	Schmelzpunkte in °C für					
		$n = 4$ $n' = 4$	6 4	6 6	10 6	8 8	10 10
Polyester	$-O \cdot (CH_2)_n \cdot O \cdot CO \cdot CH_2 \cdot (CH_2)_{n'} \cdot CH_2 \cdot CO-$	56	58	67	73	73	—
Polyurethan	$-NH \cdot (CH_2)_n \cdot NH \cdot CO \cdot O \cdot (CH_2)_{n'} \cdot O \cdot CO-$	193	180	140 bis 150	154	—	138 bis 145
Polyamid	$-NH \cdot (CH_2)_n \cdot NH \cdot CO \cdot CH_2 \cdot (CH_2)_{n'} \cdot CH_2 \cdot CO-$	250	235	215	194	194	—
Polyharn-stoffe	$-NH \cdot (CH_2)_n \cdot NH \cdot CO \cdot NH \cdot (CH_2)_{n'} \cdot NH \cdot CO-$	—	—	> 300 (Zersetzung)	—	260	210

c) Der Einfluß von Substitutionen und Verzweigungen.

Den Einfluß von Substitutionen auf die Kristallisationsneigung haben wir schon in § 50 besprochen und dabei auch darauf hingewiesen, daß symmetrische und glatte Moleküle, wie Polyäthylen, besonders leicht kristallisieren und einen relativ hohen Schmelzpunkt besitzen. Enthalten die Molekülketten seitliche Substituenten[2], so wird, soweit diese unpolar sind, der Schmelzpunkt erniedrigt, und zwar um so stärker, je unsymmetrischer diese angeordnet sind. Durch starke polare Gruppen kann der Schmelzpunkt natürlich erhöht werden (Polyacrylnitril).

Wir betrachten nun an Hand der Tab. IX, 7[3] den Einfluß einer Methylierung bei Polyamiden und Polyestern. Man sieht, daß in jedem Falle der Schmelzpunkt erniedrigt und die Kristallinität teilweise ganz zurückgedrängt wird. Bei den an einem N-Atom methylierten Polyamiden kommt zu der sperrenden Wirkung noch hinzu, daß die Wasserstoffbrückenbildung je nach dem Grade der Methylierung teilweise oder ganz unterbunden wird[4].

Interessant ist, daß, wie der Fall des

$$\left[CO \diagdown\!\!\!\!\bigcirc\!\!\!\!\diagup COO \cdot CH_2C(CH_3)_2CH_2O \right]_x$$

---

[1] HILL, R. o. E. E WALKER l. c.; Weitere Angaben über Polyester bei CAMTHREES und Mitarbeitern: J. Amer. chem. Soc. **51**, 2560 (1929); **56**, 455 (1934); C. S. FULLER und Mitarbeiter: J. Amer. chem. Soc. **59**, 344 (1937); **61**, 2575 (1939); **64**, 154 (1942); über Polyurethane s. C. S. MARVEL u. C. H. YOUNG: J. Amer. chem. Soc. **73**, 1066 (1951).

[2] Der Fall völlig gleichmäßiger Substitution kann außer acht bleiben; er ist nur bei Polytetrafluoräthylen zu verwirklichen und führt zu besonders glatt gebauten Molekülen mit hohem Schmelzpunkt (s. § 51 b).

[3] Angaben nach R. HILL u. E. E. WALKER: J. Polymer Sci. **3**, 609 (1948).

[4] Vgl. dazu auch W. O. BAKER u. C. S. FULLER: J. Amer. chem. Soc. **65**, 1120 (1943).

38*

Tabelle IX, 7.

Schmelzpunkt von methylierten Polyamiden und Polyestern nach HILL *und* WALKER.

Grundeinheit	Schmelz-punkt °C	Kristalli-nität
$-CO\cdot CH_2\cdot CH_2\cdot CH_2\cdot CH_2\cdot CO\cdot NH\cdot CH_2\cdot CH_2\cdot CH_2\cdot CH_2\cdot CH_2\cdot CH_2\cdot NH-$	265	kristallin
$-CO\cdot CH_2\cdot CH_2\cdot CH_2\cdot CH_2\cdot CO\cdot NH\cdot CH_2 CH_2\cdot \underset{\underset{CH_3}{\mid}}{CH}\cdot CH_2\cdot CH_2\cdot CH_2\cdot NH-$	180	—
$-CO\cdot CH_2\cdot \underset{\underset{CH_3}{\mid}}{CH}\cdot CH_2\cdot CH_2\cdot CO\cdot NH\cdot CH_2\cdot CH_2\cdot CH_2\cdot CH_2\cdot CH_2\cdot\cdot CH_2\cdot NH-$	216	—
$-CO\cdot CH_2\cdot CH_2\cdot CH_2\cdot CH_2\cdot CO\cdot \underset{\underset{CH_3}{\mid}}{N}\cdot CH_2\cdot CH_2\cdot CH_2\cdot CH_2\cdot CH_2\cdot CH_2\cdot \underset{\underset{CH_3}{\mid}}{N}-$	-75	wird hier glasartig spröde
$-CO\cdot CH_2\cdot CH_2\cdot CH_2\cdot CH_2\cdot CO\cdot NH\cdot CH_2\cdot CH_2\cdot CH_2\cdot CH_2\cdot CH_2\cdot CH_2\cdot \underset{\underset{CH_3}{\mid}}{N}-$	ca.145	kristallin
$-CO\cdot CH_2\cdot CH_2\cdot CH_2\cdot CH_2\cdot CO\cdot O\cdot CH_2\cdot CH_2\cdot O-$	52—54	kristallin
$-CO\cdot CH_2\cdot CH_2\cdot CH_2\cdot CH_2\cdot CO\cdot O\cdot \underset{\underset{CH_3}{\mid}}{CH}\cdot CH_2\cdot O-$	—	zähflüssig bis kautschuk-artig
$-CO\cdot\langle\hexagon\rangle CO\cdot O\cdot CH_2\cdot CH_2\cdot O-$	256	kristallin
$-CO\cdot\langle\hexagon\rangle CO\cdot O\cdot \underset{\underset{CH_3}{\mid}}{CH}\cdot CH_2\cdot O-$	(122)	glasig
$-CO\cdot\langle\hexagon\rangle CO\cdot O\cdot CH_2\cdot CH_2\cdot CH_2\cdot O-$	221	kristallin
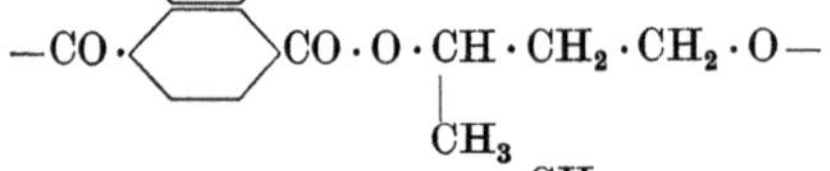 $-CO\cdot\langle\hexagon\rangle CO\cdot O\cdot \underset{\underset{CH_3}{\mid}}{CH}\cdot CH_2\cdot CH_2\cdot O-$	ca.80	glasig
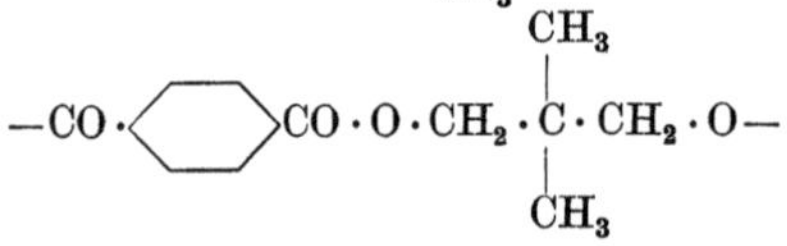 $-CO\cdot\langle\hexagon\rangle CO\cdot O\cdot CH_2\cdot \overset{\overset{CH_3}{\mid}}{\underset{\underset{CH_3}{\mid}}{C}}\cdot CH_2\cdot O-$	110	kristallin

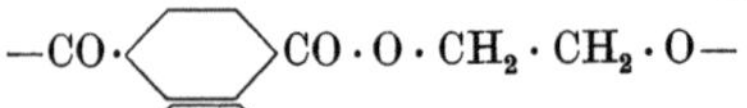

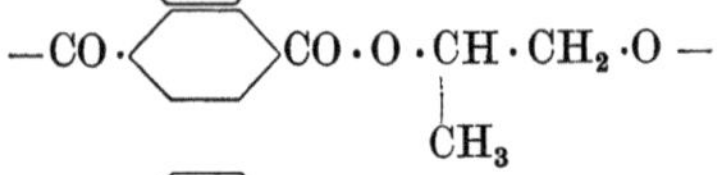

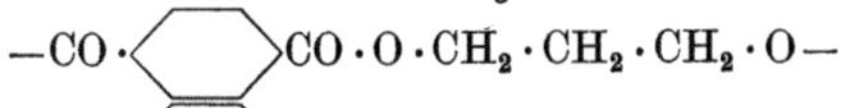

zeigt, durch den Einbau einer weiteren, die Symmetrie des Moleküls erhöhenden CH_3-Gruppe die Kristallisationsneigung und der Schmelzpunkt wieder erhöht werden. Das entspricht ganz den Verhältnissen beim Polyvinyl- und Polyvinylidenchlorid. Auf die Änderungen der sonstigen Eigenschaften durch seitliche Methyl- und Alkylgruppen kommen wir in Bd. IV, Kap. X zurück.

Verzweigungen in Form von kurzen Seitenketten setzen den Schmelzpunkt ähnlich wie seitliche Substituenten herab. Handelt es sich um längere Ketten, so können diese ohne größere Störungen mit in das Gitter eingebaut werden[1]. Systematische Untersuchungen über den Einfluß der

---

[1] Gewisse für die CH_3-Gruppe charakteristischen Banden im Ultraroten ändern ihre Intensität beim Schmelzen, s. CROSS, RICHARDS u. WILLIS: Discussions Faraday Soc. **9**, 235 (1950). Auch andere Beobachtungen mit polarisiertem Ultrarotlicht sprechen dafür, daß längere Seitenketten einschließlich ihrer Enden in Gitterbereiche eingebaut sind und daß die Zweigstellen selbst die Störstellen sind, d. h. amorphe Zwischengebiete hervorrufen.

Zahl und Länge der Seitenketten und der Verteilung der Zweigstellen auf den Schmelzpunkt, den kristallinen Anteil und die Kristallisationsgeschwindigkeit wären sehr interessant. Sie scheitern aber vorläufig an der Unmöglichkeit, Zahl und Größe der Seitenketten genauer zu bestimmen. So ist man auf die bisherigen qualitativen Ergebnisse am Polyäthylen angewiesen. Die Tab. IX, 8 zeigt den Einfluß des Verzweigungsgrades auf den Schmelzpunkt und den kristallinen Anteil für ein übliches technisches und ein unverzweigtes Produkt, gewonnen durch die Zersetzung von Diazomethan.

Tabelle IX, 8.

Konstanten von verzweigtem und unverzweigtem Polyäthylen[1].

Verzweigungsgrad (Zahl der CH_3-Gruppen pro 100 CH_2)	Schmelzpunkt ° C	Dichte g/cm³	Kristalliner Anteil bei 20° C
0	130	0,98	$\sim$95% (spröde bei 20° C)
3	110	0,92	$\sim$60% (biegsam bei −40° C)

Aus der Intensität der charakteristischen Ultrarotbanden folgt zunächst nur die Zahl der CH_3-Gruppen[2], doch fehlen im Spektrum die für ganz kurze Seitenketten mit 2 bis 4 C-Atomen charakteristischen Banden, so daß die Seitenketten mindestens 5 Kohlenstoffatome enthalten müssen, vermutlich sind sie häufig länger[3]. Polyäthylene, die nach der Art der Darstellung nur wenige seitliche Methylgruppen, also keine Alkylketten, enthalten können, haben einen höheren kristallinen Anteil als technische Produkte derselben CH_3-Gruppenzahl. Man muß daraus schließen, daß der kristalline Anteil auch von der Länge der Seitenketten mitbestimmt wird.

d) Die Wirkung von Benzolringen[4] und anderen Gruppen in der Hauptkette.

Durch den Einbau von Benzolringen an Stelle von 6 CH_2-Gruppen in die Kette kann man den Schmelzpunkt sowie die Kristallisationsneigung ganz erheblich erhöhen. Wir betrachten dazu die in der Tab. IX, 9 aufgeführten Beispiele.

Man sieht, wie der Einbau eines Ringes, insbesondere, wenn er zwischen zwei C=O-Gruppen liegt, den Schmelzpunkt ganz außerordentlich erhöht. Ähnlich liegen die Verhältnisse auch bei Polyurethanen. Führt man statt eines Benzolkernes einen gesättigten Sechserring ein, so erhält man ebenfalls eine, wenn auch geringere Schmelzpunktserhöhung.

---

[1] Siehe R. B. RICHARDS: J. appl. Chem. **1**, 370 (1951).

[2] Vgl. dazu Bd. I, S. 566.

[3] Dafür sprechen auch Überlegungen von W. M. D. BRYANT über den Reaktionsmechanismus, s. J. Polymer Sci. **2**, 547 (1946) sowie neue Untersuchungen von F. B. BILIMEYER JR. u. J. K. BEASLEY: Gordon Research Conference of Polymers, New London, July 10th, 1953; siehe auch M. J. ROEDEL: J. Amer. chem. Soc. **75**, 6110 (1953).

[4] Vgl. dazu auch HILL u. WALKER l. c., sowie weitere Beispiele bei O. B. EDGAR u. R. HILL: J. Polymer Sci. **8**, 1 (1952).

Tabelle IX, 9.

Einfluß von Benzolkernen auf die Schmelzpunkte von Polyestern und Polyamiden nach HILL *und* WALKER.

$-CO\cdot(CH_2)_6\cdot CO\cdot O(CH_2)_2\cdot O-$	61—64°C (geschätzt)
$-CO\cdot C_6H_4\cdot CO\cdot O(CH_2)_2O-$	256
$-CO\cdot(CH_2)_{12}\cdot CO\cdot O(CH_2)_6\cdot O-$	76 (geschätzt)
$-CO\cdot C_6H_4C_6H_4\cdot CO\cdot O(CH_2)_6O-$	214
$-CO\cdot(CH_2)_{12}\cdot CO\cdot O(CH_2)_2O-$	87 (geschätzt)
$-CO\cdot C_6H_4C_6H_4\cdot CO\cdot O(CH_2)_2O-$	346[1]
$-CO\cdot(CH_2)_6\cdot CO\cdot NH\cdot(CH_2)_6\cdot NH-$	235
$-CO\cdot C_6H_4\cdot CO\cdot NH\cdot(CH_2)_6\cdot NH-$	350 (Zersetzung)
$-CO\cdot(CH_2)_4CO\cdot NH(CH_2)_6NH$	264
$-CO\cdot(CH_2)_8\cdot CO\cdot NH\cdot(CH_2)_8\cdot NH-$	197
$-CO(CH_2)_8\cdot CO\cdot NH\cdot CH_2 C_6H_4 CH_2\cdot NH-$	268
$-CO(CH_2)_2 C_6H_4 (CH_2)_2\cdot CO\cdot NH(CH_2)_8NH-$	280—290
$-CH_2\cdot CH_2\cdot CH_2-$	132
$-CH_2 C_6H_4 CH_2-$	380[2]

Es ist entscheidend, daß die Benzolringe in para-Stellung in die Ketten eingeführt werden, Polykondensate mit der ortho- oder meta-Form also mit der Phthal- und Isophthalsäure kristallisieren nicht[3,4].

Der hohe Schmelzpunkt der aromatischen Polyester hat seine Ursache nicht nur in den zusätzlichen starken Dispersionskräften durch die Benzolringe, zumal wenn diese von CO-Gruppen flankiert sind, sondern auch in der nicht unerheblichen Versteifung der Ketten, wenn wir den langen Paraffinrest durch ein bzw. zwei Benzolkerne ersetzen. Den Einfluß dieser Versteifung auf den Schmelzpunkt erkennt man auch bei der in der Tabelle zuletzt genannten Substanz.

Daß die Einführung von Brückensauerstoffen in die Kette den Schmelzpunkt erheblich herabsetzt, ist schon in § 51 näher besprochen worden. Weitere Beispiele zum Einfluß von in die Kette eingebauten Atomen oder Gruppen finden sich bei HILL und WALKER

$$\left(\text{Einfluß von } -S-,\ -NCH_3-,\ -N\underset{\diagdown CH_2-CH_2\diagup}{\overset{\diagup CH_2-CH_2\diagdown}{}}N-\right).$$

---

[1] Hier tritt Zersetzung ein.   [2] SZWARC, M.: J. Polymer Sci. **6,** 319 (1951).

[3] WHINFIELD, J. R.: Nature **158,** 930 (1946).

[4] Diese Moleküle besitzen aber, wie C. W. BUNN in „Fibres from Synthtetic Polymers", Amsterdam 1953, betont, einen so regelmäßigen Bau, daß sie ein geordnetes Gitter aufbauen können. Offenbar ist nur die Kristallisationsgeschwindigkeit aus Konstitutionsgründen so verkleinert (vgl. auch § 50, S. 577), daß sie gewöhnlich nicht kristallisieren.

§ 53. Schmelzpunkte von Copolymeren.

a) Allgemeine Betrachtungen.

Copolymere haben im allgemeinen einen tieferen Schmelzpunkt als ihre reinen Komponenten (1) und (2). Treten keine Mischkristalle auf und kristallisieren beide Komponenten in reiner Form unabhängig voneinander, so sind bei hohen Konzentrationen von (1) nur kristalline Bereiche vom Typus (1) zu erwarten. Entsprechendes gilt für die Komponente (2). In einem solchen Falle muß wie bei einer Metallschmelze ein Eutektikum auftreten.

Eine echte *Mischkristallbildung*, bei der nach den Erfahrungen bei niedermolekularen Systemen die Schmelzkurve im übrigen kein Minimum aufzuweisen braucht, kann nur auftreten, wenn die einzelnen Grundeinheiten sich im Gitterverband gegenseitig vertreten können, d. h. wenn sie von ähnlicher Größe sind. Beispiele sind die gut kristallisierenden Mischpolymerisate aus Äthylen und Vinylalkohol[1], oder aus Äthylen und Tetrafluoräthylen, deren Gitterstruktur zwischen derjenigen der reinen Polymerisate liegt. Sehr instruktiv ist ferner der Fall des Copolymeren aus Hexamethylendiamin und Adipinsäure bzw. Terephthalsäure[2], wo wegen des sehr ähnlichen Abstandes der Carbonylgruppen in den beiden Säurekomponenten diese sich gegeneitig vertreten können. Daß hier eine

wirkliche Mischkristallbildung auftritt, erkennt man an dem Fehlen eines Minimums in der Schmelzpunktskurve (siehe Abb. IX, 8). Ersetzt man aber die Adipinsäure durch die etwas längere Sebacinsäure COOH(CH$_2$)$_8$COOH, so wird eine Isomorphie unmöglich und die Schmelzpunkte durchlaufen ein Minimum. Auch wenn man das Hexamethylendiamin durch Äthylenglykol ersetzt, gibt es keineMischkristallbildung (siehe Abb. IX, 9). Offenbar reichen infolge des Fehlens von Wasserstoffbrücken die Kräfte nicht aus, um die Unterschiede im Querschnitt der Ketten und im Abstand der Carboxylgruppen zu überwinden.

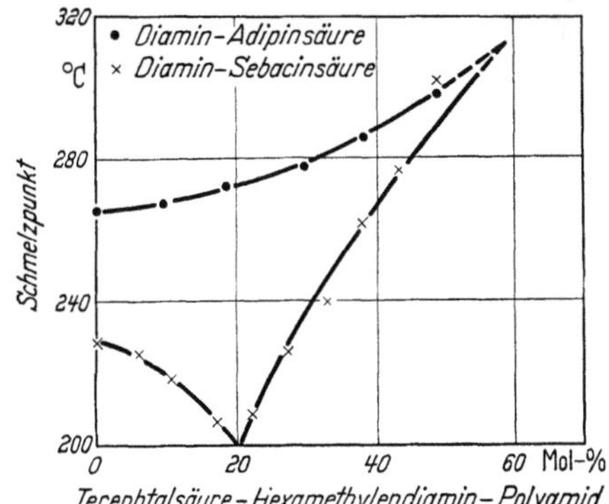

Abb. IX, 8. Schmelzpunkte von Copolyamiden aus Hexamethylendiamin mit Terephthal- und Sebacinsäure bzw. Terephthal- und Adipinsäure. (Nach EDGAR und HILL.)

---

[1] Siehe C. W. BUNN u. H. S. PEISER: Nature **159**, 161 (1947).
[2] EDGAR, O. B. u. R. HILL: J. Polymer Sci. **8**, 1 (1952).

Der Fall, daß die eine Komponente unabhängig von der anderen ihr charakteristisches Gitter bildet, ist nur möglich, wenn genügend viele Grundeinheiten derselben Art ohne Unterbrechung oft genug aufeinanderfolgen. Das ist bei einem statistischen Copolymeren, in welchem also die Grundeinheiten rein nach Zufall angeordnet sind, nur bei einer hohen Konzentration der betreffenden Komponente der Fall (s. weiter unten). Sehr häufig wird es dazu kommen, daß die Gitterbereiche beide Komponenten enthalten, wodurch ein gestörtes Gitter mit kleinerer Schmelzwärme entsteht, so daß ebenfalls eine Schmelzpunktserniedrigung eintritt, die allerdings kleiner sein wird, als im Falle, daß die störende Komponente überhaupt nicht eingebaut wird[1], also lediglich wie ein gitterfremder, gelöster Stoff den Schmelzpunkt des reinen Lösungsmittels erniedrigt (siehe Abschnitt b).

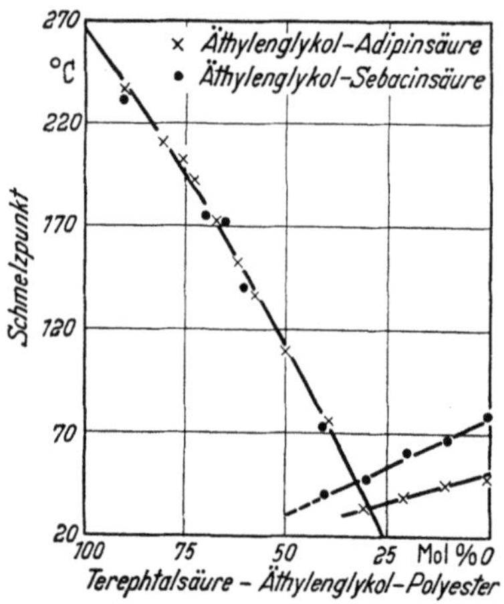

Abb. IX, 9. Schmelzpunkte von Copolyestern aus Äthylenglykol und Terephthal- und Sebacinsäure bzw. Terephthal- und Adipinsäure. (Nach EDGAR und HILL.)

Die Gitterstörung wird besonders groß, wenn die Gitterenergie vor allem durch lokal festgelegte Dipole bestimmt wird. So wird bei Copolymeren aus 6,6- und 6,10-Nylon wegen der unregelmäßig schwankenden Abstände der polaren Gruppen nur noch ein Teil der CO- und NH-Gruppen in Wasserstoffbrücken eingebaut werden. Dadurch ändern sich, wie BAKER u. FULLER[2] an Hand der Röntgendiagramme einer großen Zahl von Mischpolyamiden gezeigt haben, sowohl der wirksame mittlere Abstand der Dipolnetzebenen wie auch ihre Besetzungszahlen[3]. Die Perioden längs der Molekülketten nähern sich mit steigender Konzentration einer der Grundeinheiten mehr und mehr dem Wert der reinen Komponente. In der Nähe gleicher Molkonzentrationen, wo die Störungen am größten werden, treten z. B. bei 6,6 : 6,10- sowie bei 6,6 : 10,6-Polymerisaten plötzliche Änderungen der Röntgenperioden auf. Gleichzeitig durchläuft die Schmelztemperatur ihr Minimum (s. Tab. IX, 10). Auch der kristalline Anteil muß hier am kleinsten werden.

Bei anderen Copolymeren wie 10,6- mit 10,10-Nylon erscheint das Übergangsgebiet zwischen beiden Gitterformen ziemlich breit[4]. Gelegentlich, wie beim 6,6 : 9,9-Nylon scheinen in mittleren Konzentrationsbereichen die Gitter beider Komponenten nebeneinander aufzu-

---

[1] Dieser Fall liegt vor, wenn die störende Kompenente besonders sperrig gebaut ist, s. die Beispiele der Tab. IX, 13.

[2] BAKER, W. O. u. C. S. FULLER: J. Amer. chem. Soc. **64**, 2399 (1942).

[3] Damit ändern sich auch die technologischen Eigenschaften der Polymerisate.

[4] Die Beobachtungen von BAKER u. FULLER beziehen sich auf den kristallinen Zustand bei Zimmertemperatur. Bei höheren Temperaturen, insbesondere in der Nähe des Schmelzpunktes können die Verhältnisse ganz anders sein.

Tabelle IX, 10.

Schmelzpunkte von Copolymeren aus Hexamethylendiamin mit Adipinsäure und Sebacinsäure nach CATLIN, CZERWIN *und* WILEY[1].

Anteil der Komponenten in Mol-Prozenten		Schmelzpunkt
6,6	6,10	°C
100	0	265
80	20	232
60	40	210
40	60	197
30	70	192
20	80	202
10	90	210
0	100	220

treten. Die Bildung von eigentlichen Mischkristallen[2] ist nicht sicher nachgewiesen, sie ist ja auch im allgemeinen sehr unwahrscheinlich[3], es sei denn, daß die Längsperioden der Komponenten wie beim 6,10 : 10,6-Nylon gleich sind oder sonst in einem einfachen Zahlenverhältnis stehen.

Man pflegt das Minimum der Schmelztemperatur gerne mit einem Eutektikum in Verbindung zu bringen. Doch ist das hierfür charakteristische gleichzeitige Auftreten von zwei den einzelnen Komponenten zugehörigen Kristallformen bisher nirgends wirklich sicher nachgewiesen worden. Das Auftreten eines Minimums folgt ja schon aus der Notwendigkeit einer Schmelzpunktserniedrigung durch jeden gitterfremden Anteil. Ebenso muß ein solches auftreten, wenn die eine Komponente mit in das Gitter der anderen eingebaut wird und dabei die Wechselwirkungsenergie, also die Schmelzwärme, herabgesetzt wird. Bei mittleren Konzentrationen kann dabei ein „Kompromißgitter" auftreten, das von den Gittern der reinen Komponenten erheblich abweicht. Dieser Fall scheint bei Mischpolyestern aus Äthylenglykol und aliphatischen Dicarbonsäuren mit 10, 11 und 12 C-Atomen aufzutreten[4].

Mechanische Mischung von Hochpolymeren: Handelt es sich nicht um ein durch chemische Reaktion entstandenes Copolymeres, sondern um die *mechanische Mischung* zweier polymerisierter Substanzen, so können beide Komponenten getrennte, voneinander wesentlich unabhängige kristalline Bereiche bilden. In besonders günstigen Fällen sind auch Mischkristalle zu erwarten. Der erste Fall ist von BAKER u. FULLER[5] bei der Mischung von 6,6- und 6-10,Nylon untersucht worden, die zusammengeschmolzen, abgekühlt und verstreckt im Röntgenbilde die Gitter bei-

[1] CATLIN, W. E., E. P. CZERWIN u. R. H. WILEY: J. Polymer Sci. **2**, 412 (1947).

[2] Die Längsperioden ändern sich auch nicht linear mit der Gewichtskonzentration, gehorchen also nicht der VEGARDschen Regel für gewöhnliche Mischkristalle, wie sie bei normalen Fettsäuren von OTT u. SLAGLE: J. physic. Chem. **37**, 257 (1933) beobachtet worden ist.

[3] Wegen der statistischen Unordnung innerhalb der Kette ist ja auch der Aufbau eines geordneten Gitters, dessen Perioden zwischen denjenigen der beiden Komponentengitter liegen, schwer vorstellbar.

[4] C. S. FULLER: J. Amer. chem. Soc. **70**, 421 (1948).

[5] BAKER, W. O. u. C. S. FULLER: J. Amer. chem. Soc. **64**, 2399 (1942).

der Komponenten erkennen lassen, also keine Mischkristalle bilden. Der Schmelzpunkt des Gemisches liegt ziemlich in der Nähe des höher schmelzenden 6,6-Nylons, was bei einer innigen Durchmischung der Komponenten nicht weiter verwunderlich ist. Dieselbe Erscheinung ist bei der mechanischen Mischung von Polyestern beobachtet [1].

Bemerkenswert ist, daß eine Mischung von kurzen, nämlich 10- und 12-gliedrigen Polyoxymethylenen die Längsperiode beider Komponenten erkennen läßt (Abstand der CH_3-Enden). Erst wenn die Ketten länger werden und nicht mehr einheitlich sind, bleibt nur noch die für das Grundmolekül charakteristische Periode zurück [2].

Block-Copolymere (*blended polymers*): Sehr interessant ist der Fall, daß in der Schmelze (bzw. in der Lösung) zweier Hochpolymerer A und B diese miteinander reagieren und auf diese Weise „*Schmelzcopolymerisate*" [3] bilden. Bricht man die Reaktion in der Schmelze durch Abkühlen bald ab, so erhält man ein Copolymeres, dessen Ketten längere einheitliche Stücke von A und B enthalten. In diesem Falle können, ähnlich wie bei der mechanischen Mischung, zwei verschiedene, den Einzelkomponenten entsprechende kristalline Bereiche auftreten, so daß der Körper genähert den Schmelzpunkt der höher schmelzenden Komponente besitzt. Je länger man die Reaktion fortschreiten läßt, um so mehr erhält man das Mischpolymerisat, das bei der gemeinsamen Reaktion aller Ausgangsmonomeren entstehen würde und in dem die Komponenten für gewöhnlich nur in Längen von einer oder höchstens wenigen Grundeinheiten wechseln.

Eine weitere Möglichkeit, Mischpolymerisate mit großen Stücken von einheitlicher Struktur zu erhalten, besteht darin, daß man an Stelle der einen bifunktionellen monomeren Komponente ein bifunktionelles langes Kettenmolekül in sehr geringer Molkonzentration (aber hoher Gewichtskonzentration) zufügt. Das wichtigste bekannte Beispiel [4] ist der Mischpolyester aus Äthylenglykol, Polyoxyäthylenglykol $HO(CH_2CH_2O)_nCH_2CH_2OH$, etwa mit $M = 4000$, und Terephthalsäure. Die durch das gitterfremde lange Kettenmolekül bewirkte Schmelzpunktserniedrigung ist entsprechend der FLORYschen Theorie, s. Abschnitt b, sehr gering [5].

Die praktische Bedeutung von solchen Mischpolymerisaten liegt vor allem darin, daß sie im Gegensatz zur rein mechanischen Schmelzmischung nicht durch selektive Lösung voneinander trennbar sind und daß man bei geeigneter Zusammensetzung bestimmte Eigenschaften erzielen kann,

---

[1] FULLER, C. S.: Ind. Engng. Chem. **30**, 472 (1938).

[2] HENGSTENBERG, J.: Ann. Physik **84**, 245 (1927).

[3] Beispiele sind die Mischungen aus 6,6-Nylon und einem Polyester aus Triglykol und Adipinsäure oder Mischungen verschiedener Polyamide, s. D. D. COFFMAN, US-Patent 2193529; s. M. M. BROUBAKER, D. D. COFFMAN u. C. McGREW, US-Patent 2339237, 1944.

[4] EDGAR, O. B. u. R. HILL: J. Polymer Sci. **8**, 1 (1952).

[5] Möglichkeiten, um „Block-Copolymere", in denen längere einheitliche Stücke aufeinander folgen, durch stufenweise Polymerisation zu synthetisieren, haben auch MELVILLE u. Mitarbeiter mitgeteilt, s. A. S. DUNN u. H. W. MELVILLE: Nature **169**, 699 (1952); J. A. HICKS u. H. W. MELVILLE: Nature **171**, 300 (1953).

z. B. bei Textilfasern einen genügend hohen Schmelzpunkt in Verbindung mit einer höheren Wasseraufnahme und besseren Anfärbbarkeit.

Schmelzpunkte in homologen Reihen von Kondensationsprodukten: Grundsätzlich kann man Kondensationsprodukte wie

aliphatische Polyamide $\left[\begin{matrix} O & O \\ \| & \| \\ C(CH_2)_x CN(CH_2)_y N \\ H & H \end{matrix}\right]$

oder Polyester vom Typus $\left[\begin{matrix} O & O \\ \| & \| \\ C(CH_2)_x CO(CH_2)_y O \end{matrix}\right]$

als Copolymere aus Oxalsäurediamid $H_2NOC \cdot CONH_2$

und Polyäthylen bzw. aus Oxalsäuredimethylester $H_3COOC \cdot COOCH_3$ und Polyäthylen auffassen.

Trägt man nun in einer homologen Reihe die Schmelzpunkte in Abhängigkeit von der Zusammensetzung, ausgedrückt in den Molenbrüchen, z. B. von Polyäthylenoxalat und Polyäthylen auf, so zeigt sich nach IZARD[1], daß die Schmelzpunkte immer durch ein Minimum gehen, ehe sie sich für sehr hohe Anteile an Polyäthylen dem Schmelzpunkte dieser Komponente nähern.

Die Tab. IX, 11 bringt ein Beispiel.

Tabelle IX, 11.

Schmelzpunkte in einer homologen Reihe von aliphatischen Polyestern nach IZARD[1].

Konzentrationsverhältnis $(2g-2)/E$	Glykol g	Dicarbonsäure	Schmelzpunkt ° C
100/0	2	2	172
50/50	2	4	108
33/67	2	6	50
25/75	6	4	57
20/80	2	10	72
20/80	6	6	56
17/83	10	4	68
14/86	6	10	67
14/86	10	6	77
11/89	10	10	74

$2g-2$ ist Polyäthylenoxalsäuredimethylester; E ist Polyäthylen; $2g$ bedeutet Äthylenglykol; $6g$ Hexamethylenglykol usw.; 2, 4, 6 ... ist die Zahl der Kohlenstoffatome in der Dicarbonsäure.

Bei den Polyamiden ist es wegen der Schwierigkeit, Moleküle mit genügend langen (CH_2)-Ketten darzustellen, nicht gelungen, das Minimum, das erst bei sehr hohen Polyäthylenkonzentrationen zu erwarten ist, direkt nachzuweisen. Doch sprechen sonstige Messungen der Schmelzpunkte von Mischpolyamiden von 6,6- und 6, x-Nylon nach IZARD dafür, daß für genügend großes x die Schmelzpunkte unter den Wert des reinen Polyäthylens absinken.

---

[1] IZARD, E. F.: J. Polymer Sci. **8,** 503 (1952); dort weitere Beispiele.

b) Schmelzpunkte von Copolymeren nach der FLORYschen Theorie.

Eine besondere Betrachtung erfordert der Fall, daß nur eine einzige Komponente (1) die für sie charakteristischen kristallinen Bereiche ausbildet und die andere Komponente (2) gar nicht zur Kristallisation kommt und auch (etwa wegen ihres sperrigen Baues) nicht in das Gitter der Komponente (1) miteingebaut wird, wie das nach den obigen Ausführungen bei Copolyamiden der Fall ist. In diesem Falle kann man nach FLORY[1] das Copolymerisat als eine Lösung von gitterfremden Anteilen (2) auffassen und die statistische Theorie der Schmelzpunktserniedrigung für eine ideale Mischung von kleinen Molekülen auf den hochpolymeren Körper übertragen. Setzt man weiter eine rein zufällige Reihenfolge der Grundeinheiten entlang der Molekülkette voraus, was zunächst nur bei gleichen Geschwindigkeitskonstanten der nebeneinander ablaufenden Polymerisationsreaktionen zutrifft[2,3], so gilt für die Abhängigkeit des Schmelzpunktes T_{F_1} von der Zusammensetzung des Polymerisates, wie FLORY gezeigt hat, folgende Näherungsbeziehung, vgl. S. 557:

$$\frac{1}{T_F} - \frac{1}{T_{F1}} = -\,(R/\varDelta H_1)\ln x_1.$$

Dabei ist x_1 die Molkonzentration der Grundeinheit der kristallisierenden Komponente (1), T_F der Schmelzpunkt, genauer das obere Ende des Schmelzbereiches für das reine Polymerisat (1) (unendliche Kettenlänge), $\varDelta H_1$ die Schmelzwärme von (1) je Grundeinheit völlig kristallinen Materials, R die allgemeine Gaskonstante. Im Rahmen des Gültigkeitsbereiches der FLORYschen Theorie kann man also aus Messungen der Schmelzpunktsabhängigkeit von der Konzentration x_1 direkt die Schmelzwärme bestimmen. Voraussetzung ist aber dabei, daß die zweite Komponente weder selbst zur Kristallisation gelangt noch in das Gitter von (1) miteingebaut wird. In solchen Fällen ist die Schmelzpunktserniedrigung unabhängig von der Natur von (2) und besonders groß (s. weiter unten).

Zur Prüfung der FLORYschen Theorie eignen sich besonders Copolymere aus aromatischen und aliphatischen Polyestern, weil bei ihnen die Unterschiede in den Schmelzpunkten so groß sind, daß die Unschärfe des Schmelzpunktes sowie seine Abhängigkeit von Verunreinigungen nur eine untergeordnete Rolle spielen[4]. Wir bringen in den Tabellen IX, 12 und IX, 13 als Beispiele die Schmelzpunkte der Copolymeren aus Polyäthylenterephthalat/adipat und Polyäthylenterephthalat/Sebacat.

Die Abb. IX, 9, in welcher der Verlauf der Schmelzpunkte für beide Copolymere wiedergegeben ist, zeigt nun, daß die Schmelzpunkte in

---

[1] FLORY, P. J.: J. chem. Physics **15**, 684, 685 (1947); **17**, 223 (1949).

[2] Im Falle eines Copolymerisates aus Äthylenglykol und Terephthal- bzw. Adipinsäure müssen also die Geschwindigkeitskonstanten der Kondensation von Äthylenglykol mit Terephthalsäure und mit Adipinsäure gleich sein.

[3] Auch bei „geordneten" Copolymerisaten kann durch eine nachträgliche innere Umlagerung eine statistische Verteilung eintreten. Solche Umlagerungen erfolgen bei Polyestern in der Wärme außerordentlich rasch; vgl. auch die Ausführungen über den Polyester aus Äthylenglykol u. Terephthal- bzw. Sebacinsäure auf S. 606.

[4] Vgl. O. B. EDGAR u. R. HILL: J. Polymer Sci. **8**, 1 (1952).

Tabelle IX, 12.

Schmelzpunkte der Copolymeren aus Äthylenglykol und Terephthal-Adipinsäure nach EDGAR und ELLERY[1].

Molare Konzentration	Schmelzpunkt[2] °C	Kristallinität
1 : 0	267	—
0,9 : 0,1	237	hart und kristallin
0,8 : 0,2	211	hart und kristallin
0,75 : 0,25	202	—
0,7 : 0,3	192	kristallin, weicher
0,65 : 0,35	170	kristallin, biegsam
0,6 : 0,4	151	kristallin, biegsam
0,55 : 0,45	135	kristallisiert langsam, kautschukartig
0,5 : 0,5	107	kristallisiert langsam, kautschukartig
0,4 : 0,6	73	kristallisiert langsam, kautschukartig
0,3 : 0,7	31	zähviscos kristallisiert in mehreren Wochen
0,2 : 0,8	34	kristallisiert sehr langsam
0,1 : 0,9	40	kristallin und biegsam
0 : 1,0	47	—

Tabelle IX, 13.

Schmelzpunkte der Copolymeren aus Äthylenglykol und Terephthal-/Sebacinsäure nach EDGAR und ELLERY[1,3].

Molare Konzentration	Schmelzpunkt °C	Kristallinität
1 : 0	267	—
0,9 : 0,1	233	kristallin
0,8 : 0,2	206	kristallin, elastische Fasern
0,7 : 0,3	175	elastische Fasern
0,65 : 0,35	170	elastische Fasern
0,6 : 0,4	138	halbkristallin, kautschukartig
0,5 : 0,5	108	sehr kautschukartig, kristallisiert langsam
0,4 : 0,6	71	sehr kautschukartig, kristallisiert langsam
	35	sehr kautschukartig, kristallisiert langsam
0,3 : 0,7	43	sehr kautschukartig, kristallisiert langsam
0,2 : 0,8	56	kristallin, kautschukartig
0,1 : 0,9	63	kristallin, biegsam
0 : 1,0	72	—

[1] EDGAR, O. B. u. E. ELLERY: J. chem. Soc. [London] 1952, 2633.

[2] Die Schmelzpunkte sind nicht mikroskopisch, sondern im Penetrometer bestimmt worden (s. § 39). Man darf aber annehmen, daß ein merkliches plastisches Fließen erst eintritt, wenn das kristalline Gefüge ganz zusammengebrochen ist, so daß die so bestimmten Schmelzpunkte mit dem optischen Schmelzpunkt ziemlich gut übereinstimmen dürften.

[3] Dieses Copolymere ist auch von E. F. IZARD: J. Polymer Sci. 8, 503 (1952) untersucht worden, doch weichen die Zahlenangaben gelegentlich stark ab.

beiden Fällen bis herab zu Konzentrationen von $x_1 = 0,4$ auf derselben Kurve liegen, d. h. daß der Schmelzpunkt unabhängig von der Art des Zusatzes nur vom Terylengehalt abhängt. Parallelgehende Röntgenaufnahmen zeigen in dem oben genannten Konzentrationsbereich nur das Terylengitter mit einem natürlich immer stärker werdenden amorphen Anteil. Es erscheint zunächst fast unverständlich, daß das Terylengitter noch bei so kleinen Anteilen erkennbar bleibt, da ja bei einer wirklich statistisch ungeordneten Verteilung schon für $x_1 = x_2 = 0,5$ die meisten Grundeinheiten einzeln oder höchstens in Folgen von zwei oder drei Einheiten auftreten können.

Beachtet man aber, daß die Abmessungen der kristallinen Bereiche in der Kettenrichtung bis herab zu etwa 50 Å gehen können[1], so daß ein kristalliner Bereich nicht mehr als 5 bzw. 3 Grundeinheiten enthalten würde, so wird man von vornherein bis zu Konzentrationen von etwa 0,6 das Auftreten des Gitters erwarten dürfen. Bei Konzentrationen unterhalb 0,3 erscheint das Gitter der zweiten Komponente, und da der Schmelzpunkt das Zusammenbrechen der Gitterstrukturen anzeigt, sind hier die Schmelzpunktsgeraden beider Mischpolymerisate klar getrennt. Offenbar läßt sich das Terylengitter zu geringeren Konzentrationen hin verfolgen als das des Polyäthylenadipats und -sebacats. Ob das an der größeren Kristallisationsneigung des Terylens oder an einer größeren Kondensationsgeschwindigkeit bei der Terephthalsäure liegt, so daß die Verteilung der beiden Grundeinheiten nicht mehr eine rein zufällige ist, sondern längere Stücke mit der gleichen Grundeinheit häufiger werden, ist unklar. Wäre das letztere der Fall, so ist allerdings zu erwarten, daß durch den weiteren Prozeß der Umesterung sich doch sehr schnell eine völlig ungeordnete Folge der Grundeinheiten einstellt[2].

Die nächste Tab. IX, 14 zeigt, inwieweit der Schmelzpunkt von Copolymeren von der Art der zweiten Komponente unabhängig ist, vorausgesetzt überhaupt, daß diese in nur mäßigen Konzentrationen, hier mit 0,2, vertreten ist[3].

Die letzte Spalte enthält die Abweichungen von einem berechneten Werte $T_{F_0} = 66\,°C$, der aus der Konzentrationsabhängigkeit des Schmelzpunktes der Mischpolyesters aus Dekamethylenglykol und Adipin-/Isophthalsäure bzw. aus Adipinsäure und Dekamethylen-/cis-1,4-Cyclohexamethylenglykol bestimmt wurde. Bei diesen sehr sperrig gebauten Grundeinheiten darf man annehmen, daß sie nicht in das Gitter des Polyesters aus Dekamethylenglykol und Adipinsäure eingebaut werden, also noch am ehesten den Voraussetzungen der FLORYschen Theorie genügen.

---

[1] HESS, K. u. H. KIESSIG: Kolloid-Z. **130,** 10 (1953) finden aus den Langperiodeninterferenzen für die Summe der Längen eines kristallinen und des anschließenden amorphen Bereiches bei unbehandeltem Terylen und 6,6-Nylon Werte von rund 86 bzw. 74 Å.

[2] Siehe P. J. FLORY: J. Amer. chem. Soc. **64,** 2205 (1942), wo die Umesterung von Polyestern aus Decamethylenglykol und Adipinsäure verschiedener Kettenlänge bei Temperaturen von 109°C viscosimetrisch verfolgt wurde.

[3] EVANS, R. D., H. R. MIGHTON u. P. J. FLORY: J. Amer. chem. Soc. **72,** 2018 (1950); dort auch weitere Beispiele.

Tabelle IX, 14.

Schmelzpunkte von Copolyestern mit einer Molkonzentration von 0,8 Decamethylenglykol-Adipinsäure, nach Evans, Mighton *und* Flory.

Zweite Komponente $x_2 = 0,2$	T_F °C	Abweichung[1] ΔT vom berechneten Wert T_{F_0} für $x_1 = 0,8$
cis-1,4-Cyclohexamethylenglykol-Adipinsäure	66,5—67,5	+ 1,0
Resorcin-Adipinsäure	64—65	— 1,5
Hydrochinon-Adipinsäure	77—82	+13,5
Tetramethylenglykol-Adipinsäure	73,5—75,5	+ 8,5
Diäthylenglykol-Adipinsäure	72,5—73	+ 7,0
Pentamethylenglykol-Adipinsäure	73,5—75,5	+ 8,5
Decamethylenglykol-Isophthalsäure	64,5—65,5	— 1,0
Decamethylenglykol-2,2-Diphenyldicarbonsäure	61,5—63,5	+ 7,5
Decamethylenglykol-Sebacinsäure	72—75	+ 7,5

Es ist selbstverständlich, daß beim Einbau der Komponente (2) in das Gitter – es braucht dabei keine echte Mischkristallbildung aufzutreten – die Schmelzpunkte wie beim Dekamethylensebacat höher liegen als in dem von der Floryschen Theorie vorausgesetzten Idealfall, aber natürlich niedriger sind, als der Schmelzpunkt des reinen Polymerisats (1).

Die Ursache der sehr geringen Schmelzpunktserniedrigung bei Hydrochinonadipat als zweiter Grundeinheit ist nicht klar. Ihr entspricht, daß das Minimum der Schmelztemperatur schon bei einer sehr hohen Konzentration, nämlich bei $x_1 = 0,8$ auftritt.

Im übrigen kann bei den geringen Temperaturdifferenzen gegenüber den reinen Polymerisaten die bekannte Undefiniertheit der Schmelzpunkte schon eine ziemliche Rolle spielen, so daß man auf die numerischen Werte von ΔT keinen allzu großen Wert legen sollte.

Wir schließen diesen Abschnitt mit einigen grundsätzlichen Bemerkungen zur Floryschen Theorie.

Der von der Floryschen Theorie vorausgesetzte Idealfall, daß die zweite Komponente weder selbst kristallisiert noch die Kristallisation der ersten Komponente, sei es durch Mischkristallbildung, sei es durch Einbau in das Gitter (1) beeinflußt, daß also die Schmelzpunktsdepression allein auf einem Entropieeffekt beruht, wird um so eher erfüllt sein, je geringer die Konzentration der Komponente (2) ist und je tiefer der Schmelzpunkt der Komponente (2) unter demjenigen von (1) liegt. Diese Voraussetzungen werden nur selten erfüllt sein. Schließlich ist zu beachten, daß die Schmelzpunkte von Hochpolymeren erst dann definiert sind, wenn die thermische Vorgeschichte bekannt ist. Streng genommen müßten alle Versuche an Materialien vorgenommen werden, die durch Tempern dem thermodynamischen Gleichgewicht möglichst nahegebracht worden sind. Das gilt besonders für die zur Unterkühlung neigenden Polyamide.

---

[1] + bedeutet, daß der beobachtete Wert höher liegt als der berechnete.

Zehntes Kapitel.

Die glasige Erstarrung der Hochpolymeren.

Von

E. JENCKEL.

Mit 14 Abbildungen.

Einleitung.

Kühlt man eine Schmelze ab, so wird sie, wenn sich die Kristallisation vermeiden läßt, immer zäher und erstarrt schließlich zu einem festen Glas. Die Erstarrung zum Glase erfolgt ganz kontinuierlich und ohne die Ausbildung einer neuen mikroskopisch oder makroskopisch unterscheidbaren Phase. Vom Standpunkte der Phasenlehre ist daher das Glas eine unterkühlte Schmelze, wie zuerst TAMMANN[1] ausgesprochen hat. Daß diese Auffassung, wenn auch richtig, so doch ungenügend ist, wird weiter unten ausgeführt werden. Abgesehen nämlich von der mechanischen Festigkeit, gibt es auch einige weitere Eigentümlichkeiten, welche eine Schmelze von einem Glase unterscheiden. Dieser Umstand hat dazu geführt, von einem besonderen Glaszustand zu sprechen. Es erhebt sich die Frage, über die noch ausführlich zu sprechen ist, welcher Art das Verhältnis zwischen dem Zustande der Schmelze und dem Zustande des Glases ist.

Gläser lassen sich erhalten aus niedermolekularen und aus hochmolekularen Stoffen. An dieser Stelle interessieren vorzugsweise die letzteren. Man darf bei diesen schon deswegen den Glaszustand vermuten, weil sie vielfach röntgenographisch keine Kristalle erkennen lassen. Sie weisen aber weiterhin auch die charakteristischen Merkmale der Gläser auf. Wir besprechen im folgenden den Glaszustand zunächst an niedermolekularen Stoffen, dann aber sogleich auch an hochmolekularen.

Die Temperatur, bei welcher ein Stoff aus dem Zustand der Schmelze in den Zustand des Glases übergeht, wird in der deutschen Literatur der hochmolekularen Stoffe (Kunststoffe) durchweg als *Einfriertemperatur* bezeichnet, während die amerikanische Literatur gewöhnlich von einer *Umwandlung II. Art* (*second-order-transition*) spricht (über den „Brittle point test" s. Abschnitt b, 3). Auf dem Gebiete der Silikatgläser wird der Ausdruck *Transformationspunkt* verwendet. Obwohl mit dem Ausdruck „Einfriertemperatur" bereits eine ganz bestimmte Auffassung über das Verhältnis der Schmelze zum Glase verbunden ist, wollen wir ihn hier sogleich verwenden, ihn aber erst später begründen.

---

[1] TAMMANN, G.: Aggregatzustände, Leipzig 1922.

§ 54. Experimentelle Hinweise auf einen besonderen Glaszustand.

Als Unterscheidungsmerkmal für den Zustand des Glases gegenüber dem der Schmelze kann man den verminderten Temperaturkoeffizienten vieler Eigenschaften und eine bestimmte hohe Viscosität bei der Übergangstemperatur ansehen. Zur experimentellen Bestimmung der Übergangstemperatur (Einfriertemperatur) eignet sich besonders das erstere Unterscheidungsmerkmal.

a) Der verminderte Temperaturkoeffizient einiger Eigenschaften im Glaszustand.

α) Volumen.

Beobachtet man das Volumen einer sich abkühlenden Schmelze, so nimmt der Ausdehnungskoeffizient bei einer bestimmten Temperatur fast sprunghaft ab. Das Volumen bewegt sich also gegen die Temperatur auf zwei Geraden, die sich schneiden. Es liegt nahe, diese Temperatur als die Umwandlungstemperatur vom Zustande der Schmelze in den Zustand des Glases zu betrachten.

Die Untersuchung des Volumens wurde zunächst an Silicatgläsern[1] durchgeführt, dann aber von TAMMANN[2] an den Schmelzen organischer Stoffe, die sehr bequem zu untersuchen sind. Viele hochpolymere Stoffe zeigen das gleiche Verhalten (Abb. X,1). TAMMANN und PAPE[3] haben Polystyrol und Polyinden untersucht, FERRY und PARKS[4]

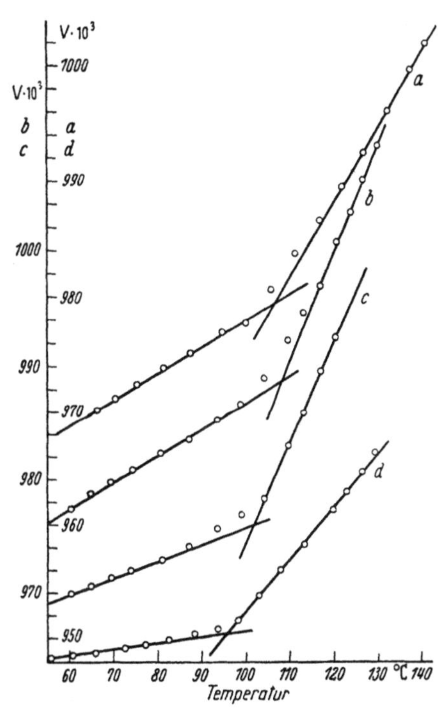

Abb. X, 1. Spezifisches Volumen des Polystyrols in Abhängigkeit von der Temperatur. Der Knick auf der Volumenkurve gibt die Einfriertemperatur an. a) $M = 481000$; b) $M = 255000$; c) $M = 190000$; d) $M = 63000$.

---

[1] BERGER, E.: Z. techn. Physik 15, 444 (1934).

[2] TAMMANN, G.: Der Glaszustand, Leipzig 1933. — G. TAMMANN u. A. KOHLHAAS: Z. anorg. allg. Chem. 182, 66 (1929).

[3] TAMMANN, G.: Der Glaszustand, S. 109; G. TAMMANN u. A. PAPE: Z. anorg. allg. Chem. 200, 118, 128 (1931).

[4] FERRY, J. D. u. G. S. PARKS: J. chem. Physics 4, 70 (1936).

das Polyisobutylen. Eine ausführliche Untersuchung über Polystyrolfraktionen stammt von JENCKEL und ÜBERREITER[1]. Weiterhin wurden die in Tab. XI, 2 angegebenen Stoffe untersucht, dort weitere Literatur.

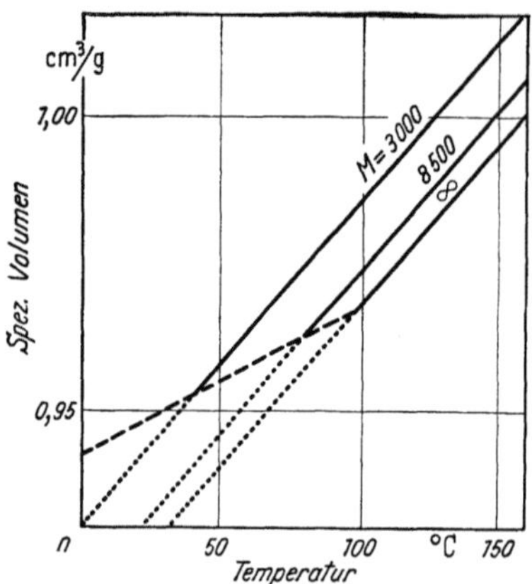

Abb. X, 2. Schematische Darstellung des spez. Volumens von Schmelze und Glas bei verschiedenen Molekulargewichten. Gleiches oder ungefähr gleiches Volumen im Glaszustande. (Nach FOX und FLORY und nach ÜBERREITER und KANIG.)

Alle diese Stoffe zeigen also das gleiche Verhalten wie die niedermolekularen organischen Schmelzen (Harze) und die Silicatgläser.

Die eben erwähnten Messungen an Polystyrolfraktionen wurden von Fox und FLORY[2] und von ÜBERREITER und KANIG[3] wiederholt und nach kurzen Ketten hin ergänzt. Es ergibt sich nach FOX und FLORY das in Abb. X, 2 wiedergegebene schematische Bild; nach ÜBERREITER und KANIG schneiden sich die Geraden der Schmelze beim absoluten Nullpunkt. Oberhalb der Einfriertemperatur besteht eine lineare Abhängigkeit des Volumens vom reziproken Molekulargewicht. Im Glaszustand ist das Volumen aller Polystyrole gleich[2] oder doch fast gleich, natürlich unter gleichen Einfrierbedingungen. Die Einfriertemperatur steigt ebenfalls linear mit dem reziproken Molekulargewicht. Die Betrachtungen bei FOX und FLORY laufen darauf hinaus, zu zeigen, daß bei der Einfriertemperatur in allen Polystyrolen das gleiche freie Volumen (= Volumen minus Kristallvolumen bei $T = 0$) vorhanden sei.

An Stelle des Volumens kann man auch den Brechungsindex beobachten. Gemäß der LORENZ-LORENTZschen Beziehung

$$R = \frac{n^2 - 1}{n^2 + 2} \cdot M \cdot v \tag{X, 1}$$

(R = Molrefraktion, n = Brechungsindex, M = Molekulargewicht, v = spezifisches Volumen) und unter Annahme konstanter Molrefraktion muß einem abnehmenden Volumen ein zunehmender Brechungsindex entsprechen. Diese Methode führt also ebenfalls zu zwei sich schneidenden Geraden, wenn man den Brechungsindex gegen die Temperatur aufträgt. Der Schnittpunkt entspricht der Einfriertemperatur. Die Methode wurde zuerst von TAMMANN[4], später von WILEY und BRAUER[5], KNAPPE und SCHULZ[6] und JENCKEL und HEUSCH[7] angewandt.

[1] JENCKEL, E. u. K. ÜBERREITER: Z. physik. Chem. A **182,** 36 (1938).
[2] FOX, T. G. JR. u. P. J. FLORY: J. appl. Physics **21,** 581 (1950).
[3] ÜBERREITER, K. u. G. KANIG: Z. Naturforsch. **6**a, 551 (1951).
[4] TAMMANN, G.: Der Glaszustand, Leipzig 1933.
[5] WILEY. R. H.: J. Polymer Sci. **2,** 10 (1947). — R. H. WILEY u. G. M. BRAUER: J. Polymer Sci. **3,** 455, 647, 704 (1948). — R. H. WILEY, G. M. BRAUER u. A. R. BEUNEL: J. Polymer Sci. **5,** 609 (1950).
[6] KNAPPE, W. u. A. SCHULZ: Kunststoffe **41,** 321 (1950).
[7] JENCKEL, E. u. R. HEUSCH: Kolloid-Z. **118,** 56 (1950); **130,** 89 (1953).

β) Spezifische Wärme.

Ebenso nimmt die spezifische Wärme einer sich abkühlenden Schmelze bei der Einfriertemperatur sprunghaft ab oder mit anderen Worten, der Wärmeinhalt der Substanz ändert sich oberhalb der Einfriertemperatur stärker als unterhalb. Auf zahlreiche Messungen an niedermolekularen

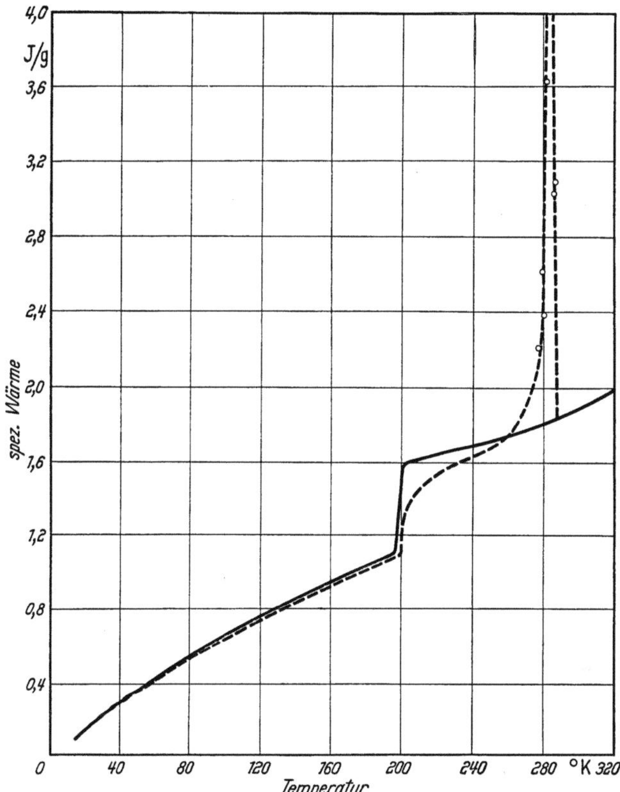

Abb. X, 3. Sprung des spez. Volumens bei der Einfriertemperatur an Kautschuk. Ausgezogene Kurve: Amorphes Material. Gestrichelte Kurve: Teilkristallines Material. $T_E = 200°$ absolut. (Nach BEKKEDAHL und MATHESON.)

organischen Substanzen kann hier nur hingewiesen werden[1]. Als Beispiel für hochmolekulare Stoffe sei die Abb. X, 3 gebracht, die Messungen an natürlichem Kautschuk[2] wiedergibt und den charakteristischen Anstieg der spezifischen Wärme deutlich erkennen läßt. An künstlichen Kautschuken[3] (der Wärmeeffekt bei 280° K in Abb. X, 3 ist auf das Schmelzen

---

[1] Vgl. etwa LANDOLT-BÖRNSTEIN: Phys.-Chem. Tabellen und Erg.-Bände, Berlin 1923.

[2] BEKKEDAHL, N. u. H. MATHESON: J. Res. nat. Bur. Standards **15**, 503 (1934).

[3] BEKKEDAHL, N. u. R. S. SCOTT: J. Res. nat. Bur. Standards **29**, 87 (1942). — R. D. RAUDS JR., W. J. FERGUSON u. J. L. PRATTER: J. Res. nat. Bur. Standards **33**, 63 (1944).

der Kristalle zurückzuführen und interessiert hier nicht), an Polystyrol[1] und Polyisobutylen[2] beobachtet man Kurven der gleichen Art.

Als Folge der verminderten spezifischen Wärme ändert sich auch der Entropieinhalt mit der Temperatur unterhalb der Einfriertemperatur schwächer als oberhalb. Hierauf wird weiter unten noch eingegangen werden.

γ) Lösungswärme der Gläser.

Die Lösungswärme der hochmolekularen Gläser ist erstaunlicherweise durchweg exotherm, und zwar meist recht groß, wie Tab. X, 1 für

Tabelle X, 1.
Die Lösungswärme des glasigen Polystyrols und des flüssigen Äthylbenzols in einigen Lösungsmitteln[3].

Lösungsmittel	Polystyrol cal/g	Äthylbenzol cal/g	Diff. cal/g
Styrol	$-4{,}29$	—	—
Benzol	$-3{,}69$	—	—
Toluol	$-3{,}99$	0	$-3{,}99$
o-Xylol	$-3{,}20$	$+0{,}29$	$-3{,}49$
Butylacetat .	$-3{,}16$	$+0{,}53$	$-3{,}69$
Cyclohexan..	$+0{,}59$	$+5{,}37$	$-4{,}78$
Aceton	$-2{,}51$	$+6{,}53$	$-9{,}04$

Polystyrollösungen nach HELLFRITZ[4] zeigt. Die Tabelle enthält weiter die Wärmen, die bei der Vermischung der gleichen Lösungsmittel mit Äthylbenzol auftreten, das als niedermolekulares Abbild des Polystyrols aufgefaßt werden darf. Die letzte Spalte zeigt deutlich die Verschiebung der Wärmen nach der exothermen Seite bei allen Lösungsmitteln; bei denjenigen, die fast indifferent gegen Äthylbenzol sind, ist die Differenz mit 3,5 bis 4,0 cal/g nahezu konstant.

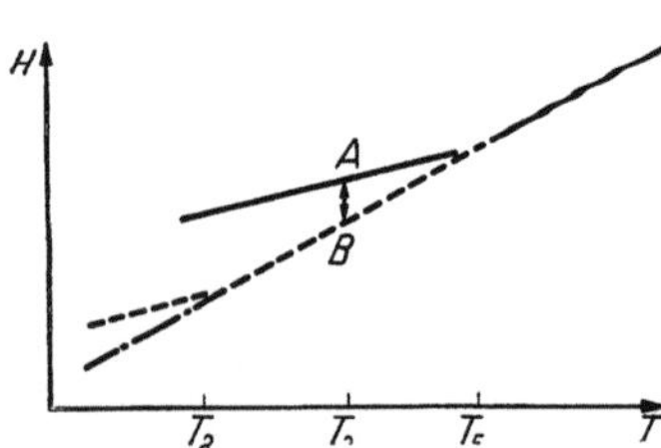

Abb. X, 4. Die Enthalpie H eines reinen Polymerisates (ausgezogene Kurve) und ihr partieller Wert in einem weichgemachten Polymerisat (gestrichelte Kurve). Beim Übergang des Glases zu einer Gleichgewichtslösung wird eine Einfrierwärme AB frei. (Nach JENCKEL und GORKE.)

Diese exotherme Lösungswärme auch bei Lösungsmitteln, die man für indifferent halten möchte, scheint typisch für die Auflösung von Stoffen im eingefrorenen Zustand von Gläsern zu sein, worauf JENCKEL und GORKE[5] hingewiesen haben. Trägt man den Wärmeinhalt $H = \int c \, dT$ gegen die Temperatur auf, d. h. gibt man Abb. X, 3 in integrierter Form wieder, so erhält man Abb. X, 4. Die ausgezogene Kurve bezieht sich auf das reine Polymerisat, die gestrichelte gibt den partiellen Wärmeinhalt des Polymeren in der Lösung wieder,

[1] ÜBERREITER, K. u. S. NENS: Kolloid-Z. **123**, 92 (1951).

[2] FERRY, J. D. u. G. S. PARKS: J. chem. Physics **4**, 70 (1936).

[3] Die Lösungswärme des Polymerisats ist um einen etwa gleichen Betrag exothermer als die seines niedermolekularen Abbildes.

[4] HELLFRITZ, H.: Z. makromol. Chem. **7**, 191 (1951); vgl. auch G. V. SCHULZ Z. physik. Chem. A **179**, 321 (1937).

[5] JENCKEL, E. u. K. GORKE: Z. Naturforsch. **7a**, 630 (1952).

deren Einfriertemperatur viel tiefer liegt als die des reinen Polymerisates. Löst man also das glasige Polymerisat bei der Temperatur T_3 auf, so gelangt es in den Zustand der Schmelze und sinkt daher in seinem Wärmeinhalt um das Stück AB (Abb. X, 4); mit anderen Worten, es wird auch bei indifferenten Lösungsmitteln ein Betrag an Wärme, die Einfrierwärme, frei, der sich leicht aus den spezifischen Wärmen des Glases und der Schmelze, der Einfriertemperatur des Polymerisates T_E und der Lösetemperatur T_3 errechnen läßt. Es ergibt sich an Polystyrol $-8\,\mathrm{cal/g}$ in vorzüglicher Übereinstimmung mit einem Literaturwert von $-8{,}3\,\mathrm{cal/g}$[1], während die Ergebnisse von G. V. Schulz und H. Hellfritz mit etwa $-4\,\mathrm{cal/g}$ immer noch in der richtigen Richtung liegen. Neuere und besonders sorgfältige Messungen der Lösung des glasigen Polystyrols[2] in Toluol und Äthylbenzol ergaben eine Einfrierwärme von $8{,}27\,\mathrm{cal/g}$ bei $25°$.

<h3 style="text-align:center">δ) Viscosität.</h3>

Die Viscosität vermindert ihren Temperaturkoeffizienten ebenfalls beim Übergang in den glasigen Zustand. Andeutungen hierzu liegen vor an Silikatglas[3], Quarz[4], Glucose[5]. Jenckel[6] fand an Selen beim Abkühlen in dem Glaszustand eine geringere Viscosität, als sich bei Extrapolation aus dem Zustande der Schmelze erwarten ließ. Eine weitere Untersuchung an Selen über einen großen Temperaturbereich stammt von Überreiter und Orthmann[7]; sie läßt deutlich den verminderten Temperaturkoeffizienten im Glaszustand erkennen (Abb. X, 5). Entnimmt man aus Messungen der Schwingungsdämpfung an Polystyrol, Astralon und Polymethacrylester die Relaxationszeit, die proportional der Viscosität ist, so beobachtet man ebenfalls sehr deutlich im Zustande der Schmelze den hohen Temperatur-

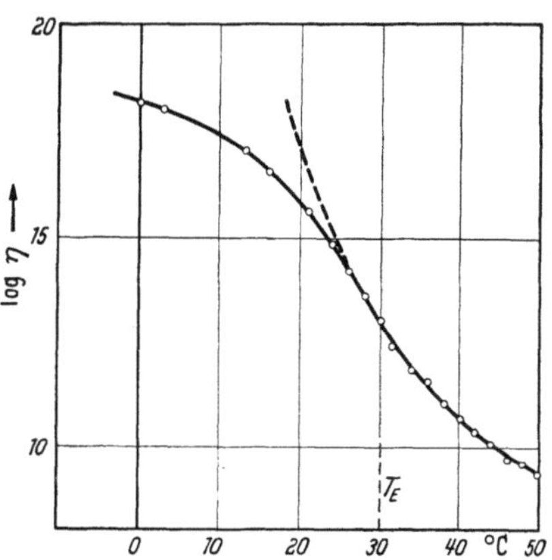

Abb. X, 5. Änderung der Viscosität des amorphen Selens mit der Temperatur. Verminderter Temperaturkoeffizient unterhalb der Einfriertemperatur. (Nach Überreiter und Orthmann.)

koeffizienten, im Glaszustande den kleinen Temperaturkoeffizienten[8,9,10] (Abb. X, 6). Auch die Fließgeschwindigkeit einiger Polykondensate der

---

[1] Roberts, D. E., W. W. Walton u. R. S. Jessup: J. Polymer Sci. **2**, 429 (1947).

[2] Jenckel, E. u. K. Gorke: Z. Naturforsch., noch unveröffentlicht.

[3] Stott, V. H., E. Irvine u. D. Turner: Proc. Roy. Soc. [London] (A) **108**, 154 (1925).

[4] Wolarowitsch, M. P. u. A. A. Leontjewa: J. Soc. Glass Techn. **20**, 139 (1936).

[5] Parks, G. S. u. J. D. Reagh, J. chem. Physics **5**, 364 (1937).

[6] Jenckel, E.: Z. Elektrochem. angew. physik. Chem. **43**, 796 (1937).

[7] Überreiter, K. u. H. J. Orthmann: Kolloid-Z. **123**, 84 (1951).

[8] Jenckel, E., H. Hertog u. E. Klein: Z. Naturforsch. **8a**, 255 (1953).

[9] Jenckel, E. u. K. H. Illers: Z. Naturforsch. **9a**, 440 (1954).

[10] Jenckel, E. u. H. U. Herwig, noch unveröffentlicht.

Terephthalsäure, bestimmt mit einem Penetrometer, führt zu der gleichen Beobachtung[1].

Ein etwas größeres Material liegt an Silikatgläsern[2] vor, bei denen man die elektrische Leitfähigkeit gemessen hat. Auch diese, im wesentlichen bestimmt durch die Viscosität, zeigt oberhalb der Einfriertemperatur einen großen, unterhalb einen kleinen Temperaturkoeffizienten.

An dieser Stelle sei auch die Ultraschallgeschwindigkeit, bestimmt an Polymethacrylester (Plexiglas) erwähnt, die sich mit der Temperatur auf zwei sich schneidenden Geraden derart ändert, daß wieder dem Glaszustand der kleinere Temperaturkoeffizient zukommt[3].

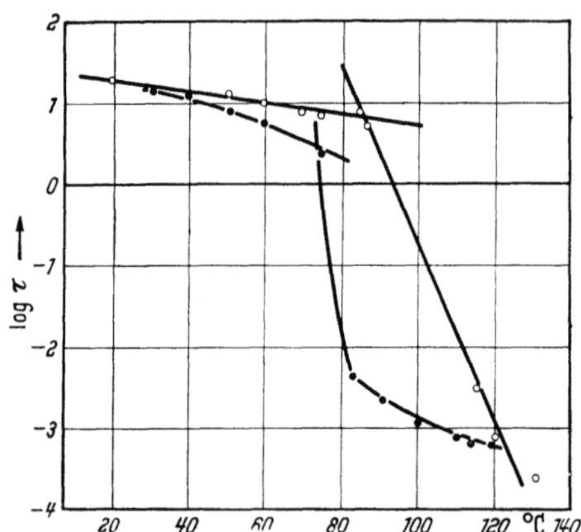

Abb. X, 6. Relaxationszeit aus der Dämpfung von Torsionsschwingungen in Abhängigkeit von der Temperatur. Verminderter Temperaturkoeffizient unterhalb der Einfriertemperatur.   O = Polystyrol;   ● = Astralon (Vinylchlorid-Mischpolymerisat). (Nach Jenckel, Hertog und Klein.)

ε) Temperatur und Wärmeleitvermögen.

Das Wärmeleitvermögen besitzt nach K. Überreiter und S. Nens[4] bei der Einfriertemperatur ein Maximum. In getrennten Messungen wurde an einem Polystyrol folgendes festgestellt. Mit steigender Temperatur fällt das Temperaturleitvermögen a innerhalb des Einfrierbereiches ab, es ist von einer Zunahme der spezifischen Wärme c begleitet. Beide sollen sich jedoch nicht entsprechen, sondern, wenn man das Wärmeleitvermögen nach $\lambda = \dfrac{a \cdot c}{v}$ berechnet, so erhält man ein ausgesprochenes Maximum bei der Einfriertemperatur. Früher von Tammann und Elsner v. Gronow[5] an niedermolekularen Gläsern (Selen, Kolophonium, Salicin) gemachte Messungen ergaben ähnliche, wenn auch steiler abfallende Kurven, die zu steigender Temperatur hin noch einmal ein Minimum durchlaufen. Bei diesen Messungen muß darauf geachtet werden, a und c an gleich schnell abgekühlten Proben zu messen, damit ihr Produkt den richtigen Wert für λ liefert.

ζ) Rückblick.

Es gibt also gewisse Eigenschaften, die beim Übergang der Schmelze in den Glaszustand ihren Wert selbst nicht ändern, wohl aber ihren

[1] Edgar, O. B.: J. chem. Soc. [London] 1952, 2638.

[2] Lillie, H. R.: J. Amer. ceram. Soc. 16, 619 (1933).

[3] Melchor, J. L. u. A. A. Petrauskas: Ind. Engng. Chem. 44, 717 (1952). — Vgl. auch T. F. Protzman: J. appl. Physics 20, 627 (1949).

[4] Überreiter, K. u. S. Nens: Kolloid-Z. 123, 92 (1951).

[5] Tammann, G. u. H. Elsner v. Gronow: Z. anorg. allg. Chem. 192, 198 (1930).

Temperaturkoeffizienten, der im Glaszustand kleiner ist. Hierin erblicken wir das wesentliche Merkmal des Glaszustandes. Es tritt in gleicher Weise bei nieder- und hochmolekularen Stoffen auf. Deshalb erscheint es nicht nur berechtigt, sondern auch notwendig, von hochmolekularen *Gläsern* zu sprechen[1].

b) Die konstante Viscosität von 10^{13} *P* bei der glasigen Erstarrung.

Das Erstarren zum Glase läßt sich auch durch Messung der Viscosität verfolgen, die den Wert von ungefähr 10^{13} abs. Einh. bei der Einfriertemperatur erreicht. Dieser Viscositätswert wurde nachgewiesen für Silicatgläser[2,3], niedermolekulare organische Schmelzen[4], glasiges Selen[5,6], Polyisobutylen[7] und Polystyrol[8]. An Polystyrol gilt dieser Wert allerdings nur für kurzkettiges Material, während langkettiges Polystyrol bei einer kleineren Viscosität einfriert, wie folgende Tabelle zeigt[9].

$$M = \quad 7.000 \quad 33.000 \quad 63.000 \quad 190.000$$
$$\eta = 2 \cdot 10^{13} \quad 2 \cdot 10^{11} \quad 2 \cdot 10^{10} \quad 2 \cdot 10^{11} \cdot$$

Auf die Bedeutung dieser stets gleich hohen Viscosität, unabhängig von der chemischen Natur, für den Einfriervorgang kommen wir weiter unten noch zu sprechen.

Die Viscosität ändert sich vom Siedepunkt der Flüssigkeit bis zum Beginn der Erstarrung um etwa 16 Zehnerpotenzen. Dieser Bereich ist an keinem Stoffe bislang vollständig durchgemessen. Man gewinnt jedoch an einer Zusammenstellung des vorhandenen Materials (Abb. X, 7) eine Übersicht über den Verlauf der Viscosität mit der Temperatur[10]. Abb. X, 7 läßt erkennen, daß bei Zimmertemperatur leichtbewegliche Flüssigkeiten, z. B. Äthylalkohol und Propylalkohol, mit sinkender Temperatur zunächst der zu erwartenden Beziehung

$$\ln \eta = \frac{Q}{R\,T} + \ln A \qquad\qquad (\mathrm{X}, 2)$$

gut folgen. (η = Viscosität, Q = Aktivierungswärme, A = Aktionskonstante). Das ergibt bei $Q = 2100$ cal/Mol einen Temperaturkoeffizienten

---

[1] Dagegen ist die Durchlässigkeit für Licht, abgeleitet von der Durchsichtigkeit der Silikatgläser, *kein* Kennzeichen des Glaszustandes, denn gegen hinreichend kurzwelliges Licht sind alle Stoffe undurchsichtig.

[2] BERGER, E.: Z. techn. Physik **15**, 444 (1934).

[3] JENCKEL, E.: u. A. SCHWITTMANN: Glastechn. Ber. **6**, 163 (1938).

[4] TAMMANN, G. u. W. HESSE: Z. anorg. allg. Chem. **136**, 245 (1926).

[5] JENCKEL, E.: Z. Elektrochem. angew. physik. Chem. **43**, 796 (1937).

[6] ÜBERREITER, K. u. H. J. ORTHMANN: Kolloid-Z. **123**, 84 (1951).

[7] FERRI, J. D. u. G. S. PARKS: Physics **6**, 356 (1935).

[8] JENCKEL, E. u. K. ÜBERREITER: Z. physik. Chem. A **182**, 361 (1938).

[9] Zu einem ähnlichen Ergebnis führt die allerdings etwas unsichere Extrapolation der Werte von R. F. SPENCER u. R. E. DILLON: J. Colloid Sci. **4**, 241 (1949) und T. G. FOX JR. u. P. J. FLORY: J. Amer. chem. Soc. **70**, 2384 (1948). An anderer Stelle extrapolieren Fox und FLORY jedoch gerade das umgekehrte Verhalten (T. G. FOX JR. u. P. J. FLORY: J. appl. Physics **21**, 581 (1950).

[10] JENCKEL, E.; Z. physik. Chem. A **184**, 309 (1939), vgl. auch Bd. II, Kap. V.

$\dfrac{1}{\eta}\dfrac{d\eta}{dT}$ von etwa $0{,}8 \cdot 10^{-2}$ je Grad. Mit weiter sinkender Temperatur nimmt die Viscosität jedoch viel stärker zu als dieser Gleichung entsprechen würde und erreicht das Gebiet der Erstarrung mit dem viel größeren Temperaturkoeffizienten von etwa einer Zehnerpotenz je 3 Grad, entsprechend einer Aktivierungswärme von 187 000 cal/Mol.

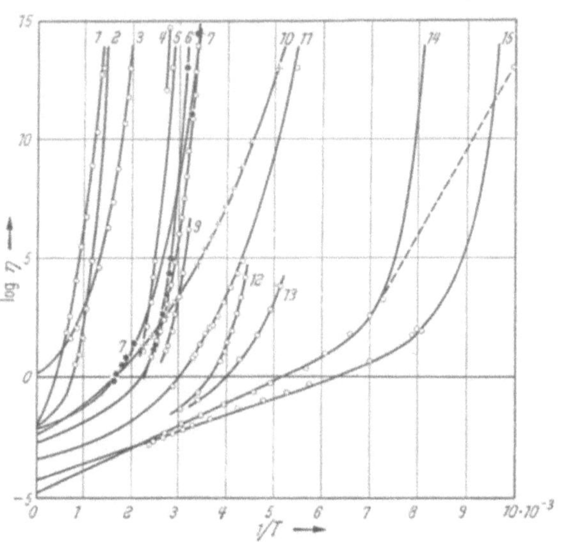

Abb. X,7. Der Logarithmus der Viscosität in Abhängigkeit von der reziproken Temperatur für eine Reihe sehr verschiedener Stoffe. 1. Natriumtrisilikat, 2. Borax, 3. Borsäureanhydrid, 4. Polystyrol, 5. Brucin, 6. Salicin, 7. Selen, 8. Glykose, 9. Piperin, 10. Polyisobutylen, 11. Glycerin, 12. Triacetin, 13. Tributyrin, 14. Propylalkohol, 15. Äthylalkohol. (Nach JENCKEL.)

Zur Erklärung dieses Kurvenverlaufs kann man sich mit JENCKEL[1,2] vorstellen, daß es in einer schon recht viscosen Umgebung nicht genügt, ein einzelnes Molekül zu aktivieren, sondern daß dazu um so mehr nebeneinanderliegende aktivierte Moleküle notwendig sind, je viscoser die Substanz bereits ist[3]. Ein einzelnes aktiviertes Molekül, welches also imstande ist, sich gegen die Anziehungskräfte seiner Nachbarn zu verschieben, wird dennoch von den Nachbarn festgehalten, die es wie ein Käfig umschließen. Erst mehrere aktivierte Moleküle vermögen den Käfig zu sprengen. Aus dieser Vorstellung ließ sich folgende Gleichung herleiten, in der K ein Maß für die Festigkeit der Käfigmauern darstellt, mit anderen Worten den Gesamtzusammenhalt wiedergibt:

$$\ln \eta = \frac{Q}{RT} + \frac{Q}{RT} \cdot K \cdot e^{\frac{Q}{RT}} + \ln A\,. \tag{X, 3}$$

---

[1] JENCKEL, E.: Z. physik. Chem. A **184**, 309 (1939).

[2] MÜLLER, F. H.: private Mitteilung.

[3] Bei W. R. VAN WIJK u. W. A. SEEDER: Physica 4, 1073 (1937); **6**, 129 (1939); **7**, 45 (1940) wird nicht die Aktivierungswärme, sondern die Aktionskonstante temperaturabhängig angesetzt

Überreiter und Orthmann[1] haben folgende Viscositätsgleichung angegeben:

$$\eta = k\,\frac{n^{\alpha}}{v_f}\,. \qquad\qquad (X, 4)$$

Hierin bedeutet k eine Konstante, n die in einer sogenannten Fließeinheit zusammengefaßte Anzahl von Grundmolekülen, α eine Konstante und v_f das sogenannte freie Volumen (vgl. S. 610). Die Gleichung wurde geprüft an Selen, wobei allerdings n noch zusätzlich eine wesentliche Veränderung mit der Temperatur erfährt.

Schließlich sei noch die folgende Gleichung von Fox und Flory[2] für Polystyrolfraktionen mitgeteilt:

$$\log \eta = 2,92 \cdot 10^{16}\,\frac{1}{T^6} \cdot e^{\frac{2530}{M}}, \qquad\qquad (X, 5)$$

die allerdings nur bis zu Temperaturen etwa 30°C oberhalb der Einfriertemperatur geprüft ist. Tammann und Hesse[3] haben an einer Reihe von niedermolekularen Gläsern die Gleichung

$$\log \eta = -A + \frac{B \cdot 16^3}{T - T_\infty} \qquad\qquad (X, 6)$$

bestätigt gefunden, in der T_∞ eine Temperatur in der Nähe der Einfriertemperatur bedeutet, in deren Nähe die Gleichung versagt. Sie gilt bei wesentlich höheren Temperaturen.

Wegen des steilen Temperaturkoeffizienten der Viscosität verschwinden auch innere Spannungen in den Gläsern sehr schnell bei einer Temperatur, die etwa mit der Einfriertemperatur übereinstimmt. Diese Temperatur kann an Silicatgläsern[4] und an niedermolekularen organischen Substanzen[5] am Verschwinden der Doppelbrechung ziemlich leicht festgestellt werden. Bei hochmolekularen Stoffen können Schwierigkeiten auftreten, wenn sich der Spannungsdoppelbrechung eine Orientierungsdoppelbrechung überlagert, welche bei der Einfriertemperatur im allgemeinen noch nicht verschwindet[6].

c) Molekulare Bewegung und magnetische Kernresonanz.

Einen zusätzlichen Einblick in den Bewegungszustand der Moleküle in einer erstarrenden Schmelze liefert die Untersuchung der magnetischen Kernresonanz. Diese Methode hat in den letzten Jahren sehr bemerkenswerte Ergebnisse gezeitigt[7] (vgl. dazu auch §§ 25 und 39), so daß wir an dieser Stelle kurz auf ihre Grundlage eingehen wollen.

---

[1] Überreiter, K. u. H. J. Orthmann: Kolloid-Z. **123**, 84 (1951).

[2] Fox, T. G. jr. u. P. J. Flory: J. appl. Physics **21**, 581 (1950).

[3] Tammann, G. u. W. Hesse: Z. anorg. allg. Chem. **136**, 245 (1926). — G. Tammann: Der Glaszustand, Leipzig 1933, S. 18.

[4] Eitel, W., M. Pirani u. K. Scheel: Glastechnische Tabellen, Berlin 1932. — Ferner O. S. Fulcher: J. Amer. chem. Soc. **6**, 339 (1925).

[5] Tammann, G.: Der Glaszustand, Leipzig 1933, S. 33.

[6] Jenckel, E. u. R. Mittag: unveröffentlicht.

[7] Holroyd, L. V., R. S. Cordington, B. A. Mrowca u. E. Guth: J. appl. Physics **22**, 696 (1951).

In einem äußeren Magnetfelde H vermag ein magnetisches Kernmoment μ je nach der Größe seines Drehimpulses verschiedene diskrete Lagen in bezug auf die Feldrichtung einzunehmen (Richtungsquantelung)[1]. Bei Protonen sind nur die zwei Einstellungen parallel und antiparallel zur Feldrichtung möglich. Der Energieunterschied zwischen beiden Lagen ist $\Delta E = 2\,\mu H$. Lassen wir nun ein magnetisches Wechselfeld der Frequenz ν senkrecht zum Magnetfeld H einwirken, so tritt Resonanz ein, falls die Bedingung

$$h\nu = \Delta E = 2\,\mu H \qquad\qquad (\text{X}, 7)$$

erfüllt ist. Für ein Proton mit seinem Kernmoment von $1{,}4 \cdot 10^{-23}$ erg/ Gauß wird bei einem Felde von 10000 Gauß $\nu = 42 \cdot 10^6$ Hz. Diese Frequenz fällt also in das Gebiet der Radiofrequenzen. Im allgemeinen wählt man ein konstantes Magnetfeld und verändert die Frequenz, bis Absorption eintritt.

Für die Brauchbarkeit der Kernresonanzmethode bei der Untersuchung des molekularen Bewegungszustandes ist es nun entscheidend, daß die Resonanzfrequenz (Frequenz der Präzessionsbewegung) klein gegen die Frequenzen der Molekularbewegung ist, und zwar aus folgendem Grunde: Das am Ort eines Atomkernes wirksame innere Feld setzt sich aus dem äußeren Felde H_0 und dem von den umgebenden Atomen herrührenden Felde (Wechselwirkung der Kernmomente benachbarter Protonen) zusammen[2, 3]. Dieses Zusatzfeld, das in den uns interessierenden Fällen eine Stärke von einigen Gauß besitzt, verursacht also eine Verbreiterung der Resonanzstelle. Wenn nun aber die Schwankungen des molekularen Feldes genügend schnell erfolgen, so kommt es für die Resonanzverstimmung nur auf ihren Mittelwert[4] an, und da der Mittelwert des Störfeldes viel kleiner als seine Amplitude ist, wird die Linie in einer Flüssigkeit im Vergleich zum Kristall scharf, wie das z. B. beim Übergang von Eis zu Wasser beobachtet ist. Aus diesem Grunde wird die Breite der Resonanzstelle ein Indikator für die Frequenzen der molekularen Bewegung in der Umgebung.

Wir betrachten nun die Verhältnisse bei der glasigen Erstarrung eines hochpolymeren Stoffes (s. Abb. X, 8), welche die Messungen an zwei Polystyrolfraktionen zeigt. Oberhalb einer Temperatur von etwa 20°C über der Einfriertemperatur ist die Breite der Resonanzkurve klein wie in den Flüssigkeiten, unterhalb dieser Temperatur ist sie breit wie in den Kristallen. Ähnliche Kurven erhält man für verschiedene künstliche Kautschuke und für Plexiglas (Polymethacrylsäuremethyl-

---

[1] Hat der Eigendrehimpuls, der Kernspin, den Wert J, so sind $2J + 1$ verschiedene Einstellungen möglich. Für das Proton ist $J = 1/2$.

[2] Die Verhältnisse entsprechen völlig denjenigen beim *inneren*, am Orte eines Moleküls wirksamen elektrischen Felde (vgl. dazu Bd. I dieses Werkes, § 37.)

[3] BLOEMBERGEN, N., E. M. PURCELL u. R. V. POUND: Physic. Rev. **73**, 679 (1948).

[4] Man sieht leicht ein, daß es in einem frei rotierenden Molekül oder bei einer rotierenden OH-Gruppe wegen der vergleichsweise hohen Rotationsfrequenzen bei der Störung der langsamen Präzessionsbewegung nur auf den Mittelwert ankommt.

ester), außerdem für natürlichen Kautschuk, bei dem allerdings die Verhältnisse durch gleichzeitige Kristallisation kompliziert sind (vgl. § 39). Der Übergang von einer breiten zu einer schmalen Resonanzkurve ist bei der glasigen Erstarrung stets kontinuierlich im Gegensatz zu dem Verhalten bei der Kristallisation niedermolekularer Stoffe. Er erstreckt sich über mindestens 10° C bis zu 30 bis 40° C. Die mittlere Temperatur des Kurvenabfalls liegt etwa 15° C bis 20° C oberhalb der aus Volumenmessungen bestimmten Einfriertemperatur, beim Plexiglas dagegen liegt sie 10° C tiefer. Man kann, abgesehen vom Plexiglas, etwa sagen: Die Resonanzkurve beginnt bei der Einfriertemperatur eben schmäler zu werden. Ausführlichere experimentelle Mitteilungen müssen noch abgewartet werden. Jedenfalls bedeutet die Aufnahme der Resonanzkurve nur eine besondere Form der Messung der inneren Beweglichkeit.

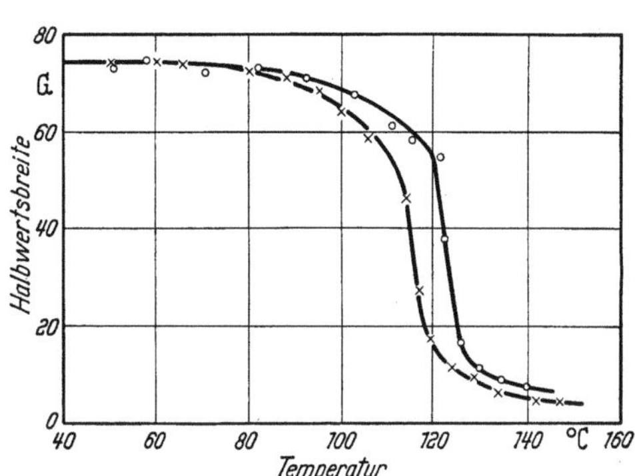

Abb. X, 8. Halbwertsbreite der kernmagnetischen Resonanz in Abhängigkeit von der Temperatur an 2 Polystyrolen. Enge Resonanzkurve in der Schmelze, breite Resonanzkurve im Glas. Mol. Gewicht × = 447000; O = 1 500 000. (Nach HOLROYD, CODRINGTON, MROWCA und GUTH.)

d) Festigkeit und Sprödigkeit.

Die Erstarrung, gekennzeichnet durch eine Viscosität von etwa 10^{13} Poisen, die mit der Einfriertemperatur zusammenfällt, äußert sich auch in dem Auftreten von Sprödigkeit, die TAMMANN[1] als wesentliches Charakteristikum des Glaszustandes betrachtete. Er hat diese Versuche mit unterkühlbaren niedermolekularen organischen Stoffen (Harzen) durchgeführt. Zur Prüfung auf Sprödigkeit überzog er ein Reagenzglas innen mit einer dünnen Schicht des Harzes und kühlte langsam ab. Wenige Grade unterhalb der Einfriertemperatur zerspringt die Harzschicht, besonders, wenn sie von Zeit zu Zeit angeritzt wird. Der Effekt wird hervorgerufen durch Spannungen, die wegen der verschiedenen thermischen Ausdehnung des Harzes und des Glases auftreten. Oberhalb der Einfriertemperatur können sich diese Spannungen durch viscoses Fließen schnell ausgleichen, unterhalb bleiben sie bestehen und führen zum Zerspringen.

Der Versuch führt in dieser Form bei den hochmolekularen Stoffen gewöhnlich nicht zum Erfolg[2]. Diese lassen sich nämlich im Gegensatz zu den niedermolekularen organischen Stoffen elastisch so stark verformen, daß hinreichend hohe Spannungen nicht auftreten, und daher das Material nicht zerspringt. An hochmolekularen Stoffen muß man

---

[1] TAMMANN, G.: Der Glaszustand, Leipzig 1933, S. 20.
[2] Ebensowenig bei Silicatgläsern.

eine viel größere Verformung anwenden, um einen ähnlichen Effekt zu erreichen. In Amerika sind die folgenden beiden Prüfverfahren eingeführt. Es wird entweder durch eine vorgeschriebene Torsionsbeanspruchung (*Flex-Brittle point-Test*[1]) oder durch eine vorgeschriebene Biegebeanspruchung (*Bend Brittle point-Test*[2]) die Temperatur festgestellt, bei der ein Bruch auftritt. Der Fehler soll bei sehr elastischen Materialien bis auf 25°C ansteigen[3]; das ist verständlich, weil weder die Zerreißfestigkeiten noch die E.-Moduli bei der Einfriertemperatur gleiche Werte haben müssen.

Die Sprödigkeit im Sinne TAMMANNS ist also kein Charakteristikum des Glaszustandes. Auch der Brittle point-Test kann nur als eine Vergleichsmethode, nicht als grundsätzlicher Versuch gewertet werden.

§ 55. Das Wesen der glasigen Erstarrung: Ein Einfriervorgang.

a) Allgemeine Bemerkungen.

Für den Übergang der Schmelze in das Glas sind zwei Auffassungen vertreten:

1. Der Übergang ist eine Umwandlung,
2. Der Übergang ist ein Einfriervorgang.

In Anlehnung an die bekannten Vorgänge der Phasenübergänge, Verdampfen, Schmelzen, Umwandlung im kristallinen Zustand in eine andere Modifikation, hat man zunächst auch den Übergang in den Glaszustand als Umwandlung aufgefaßt. Während jedoch bei den eben genannten Phasenübergängen Schmelzwärmen und Volumenänderungen auftraten, ist das, wie die genauere Untersuchung allmählich zeigte, bei der Erstarrung zum Glase nicht der Fall; es ändern sich eben nur ihre Temperaturkoeffizienten. Man erfand daher die vorläufige Bezeichnung „Transformationspunkt", um nicht die für Umwandlungen nach dem Typus der Kristallumwandlungen festgelegte Bezeichnung „Umwandlungspunkt" benutzen zu müssen. Die Auffassung, daß es sich um eine Umwandlung handeln könne, erhielt jedoch neue Nahrung, als sog. Umwandlungen II. Art bekannt wurden, für die EHRENFEST[4] eine Theorie entwickelte (vgl. auch § 35). Diese Umwandlungen zeichnen sich gerade dadurch aus, daß Enthalpie- und Volumenänderungen fehlen, während ihre Temperaturkoeffizienten sich ändern, also so, wie es bei der glasigen Erstarrung beobachtet wird. Namentlich in der amerikanischen Literatur wird daher heute, auch wenn eine genauere Erörterung des Wesens der

---

[1] CLASH, R. F. u. R. M. BERG: Ind. Engng. Chem. **34**, 1268 (1942); Modern Plastic Magazine **21**, 279 (1944).

[2] SELKER, M. L., G. G. WINSPEAR u. A. R. KEMP: Ind. Engng. Chem. **34**, 157 (1942).

[3] BOYER, R.: Changements des Phases, Paris 1952, S. 383.

[4] EHRENFEST, P.: Ak. Wetensch. (Amsterdam) Proc. **36**, 3 (1933).

glasigen Erstarrung nicht angestrebt wird, von „second order transition“ gesprochen. In § 56 wird durch Münster von einem thermodynamischen Standpunkt auseinandergesetzt werden, daß diese Ähnlichkeiten zwischen den Umwandlungen II. Ordnung und dem Übergang der Schmelze in den Glaszustand nur formaler Natur sind und nicht das Vorliegen einer solchen Umwandlung beweisen.

Die Deutung der glasigen Erstarrung als Einfriervorgang ist wohl zuerst von Simon[1], später von Smekal[2] und Jenckel[3] ausgesprochen worden. Nach dieser Auffassung laufen gewisse Vorgänge, die in molekularer Hinsicht weiter unten ausführlich besprochen werden, bei hohen Temperaturen sehr schnell, bei tiefen Temperaturen aber so langsam ab, daß in der zur Verfügung stehenden Versuchszeit die angestrebte Endlage nicht mehr erreicht wird. In diesem Falle hat sich ein Glas gebildet. Gerade bei der Übergangstemperatur laufen diese Vorgänge in der Versuchszeit etwa zur Hälfte oder etwa zu dem Bruchteil $\frac{1}{e}$ ab. Der wesentliche Unterschied liegt in folgendem: Bei Annahme einer Umwandlung sollte unterhalb der Übergangstemperatur der Glaszustand stabil sein, bei Annahme eines Einfriervorganges sollte er gegenüber der Schmelze grundsätzlich instabil sein. Daher sollte im letzteren Falle der Glaszustand die Neigung haben, in den Zustand der Schmelze überzugehen, oder mit anderen Worten, man sollte schneller oder langsamer ablaufende zeitliche Veränderungen einseitig in Richtung auf den Zustand der Schmelze, also Nachwirkungen, beobachten. Diese lassen sich in der Tat deutlich nachweisen und stellen die wichtigste Stütze für die Annahme eines Einfriervorganges dar.

Darüber hinaus spricht aber auch die Beobachtung einer konstanten Viscosität bei der Übergangstemperatur deutlich für den Einfriervorgang. Es ist nämlich in keiner Weise einzusehen, warum eine Umwandlung von einem Gleichgewichtszustand in einen anderen nur bei einer bestimmten Viscosität erfolgen solle — jedenfalls gibt es hierfür unter den bekannten Umwandlungen I. und höherer Ordnung kein einziges Beispiel. Das ist auch nicht verwunderlich, da die Viscosität ihrem Wesen nach eine Geschwindigkeitskonstante und keine Gleichgewichtskonstante darstellt. Bei der Annahme eines Einfriervorganges ist jedoch die konstante Viscosität fast Voraussetzung. Jedenfalls ist es sehr verständlich, daß die Geschwindigkeit des einfrierenden Vorganges der inneren Beweglichkeit, und damit der Viscosität, proportional ist.

b) Experimenteller Nachweis von Nachwirkungen.

Wie schon erwähnt, ändert sich das Volumen von Schmelze bzw. Glas mit der Temperatur auf zwei sich schneidenden Geraden. Wie Jenckel[3,4]

[1] Simon, F.: Z. anorg. allg. Chem. **233,** 219 (1931); dort frühere Literatur.

[2] Smekal, A.: Erg. exakt. Naturwiss. **15,** 174 (1936).

[3] Jenckel, E.: Z. Elektrochem. angew. physik. Chem. **43,** 796 (1937); Naturwiss. **25,** 497 (1937).

[4] Jenckel, E.: Z. Elektrochem. angew. physik. Chem. **45,** 202 (1939); Glastechn. Ber. **6,** 191 (1938).

an glasigem Kolophonium und Selen zeigte, stellen die Volumina oberhalb des Transformationspunktes Gleichgewichtswerte dar; sie ändern

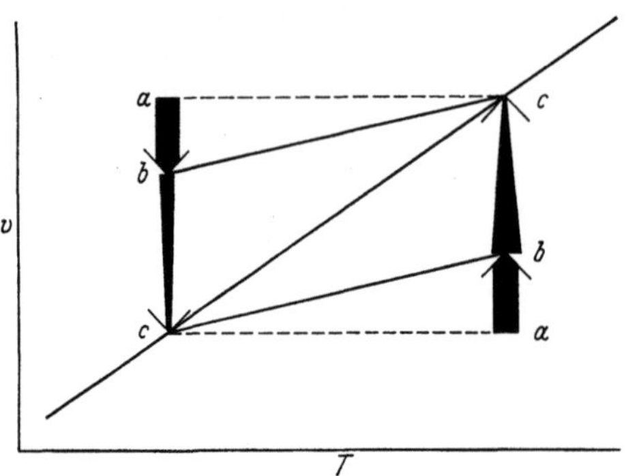

Abb. X, 9. Schematische Darstellung der Nachwirkungen: ab = momentane Volumenänderung, temperaturunabhängig; bc = Volumennachwirkung, bei höherer Temperatur schnell, bei tiefer Temperatur langsam; cc = Gleichgewichtsschmelze. (Nach Jenckel.)

sich auch nach sehr langen Zeiten nicht, wenn man die Temperatur konstant hält. Dagegen beobachtet man, daß unterhalb der Einfriertemperatur das Volumen mit der Zeit bei konstanter Temperatur, sofern die Probe zuvor von höherer Temperatur abgekühlt war, abnimmt und schließlich einen Wert erreicht, der auf der Verlängerung der Geraden für die Schmelze liegt. Umgekehrt nimmt das Volumen zu, wenn die Probe zuvor erhitzt war. Dieses Verhalten ist in Abb. X, 9 wiedergegeben, in der man die momentane Volumenänderung (ab) und die Volumennachwirkung (cd) unterscheiden

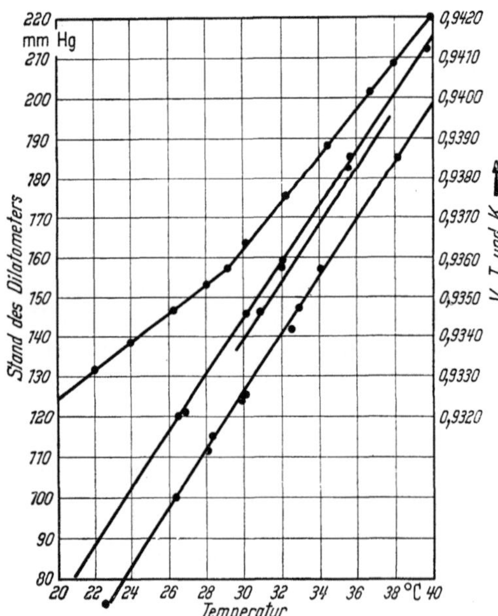

Abb. X, 10. Volumenkurven an amorphem Kolophonium. Nach hinreichend langem Warten ändert sich das Volumen linear und läßt keine Einfriertemperatur erkennen. Die gebrochene Kurve wird bei konstanter Abkühlungsgeschwindigkeit erhalten. (Nach Jenckel.)

kann mit einer etwas unsicheren Grenze bei b. Wenn man also genügend lange wartet, verschwindet der Knickpunkt der Kurve, d. h., aus dem Glase ist jetzt wieder eine Phase geworden, die sich jedenfalls hinsichtlich der Volumen–Temperatur-Kurve von der Schmelze nicht unterscheidet. Das möge hier durch Versuche an glasigem Kolophonium (Abb. X, 10) belegt sein. Zu dem gleichen Ergebnis kamen Davies und Jones an Glycerin und Glucose[1]. Über den Nachweis von Nachwirkungen an Silicatglas vgl. Anm.[2].

Die Volumennachwirkung läuft immer langsamer ab, zu je tieferen Temperaturen man kommt, so daß man bald die zur

[1] Davies, R. O. u. G. O. Jones: Proc. Roy. Soc. [London] A **217**, 26 (1953).

[2] Winter, A.: J. Amer. chem. Soc. **26**, 189, 277 (1943).; Bull. Inst. Verre 1946, März, S. 3.

Erreichung des Gleichgewichtswertes erforderlichen Zeiten nicht mehr aufbringen kann. In Abb. X, 9 ist die Geschwindigkeit durch die Dicke der Pfeile angedeutet. Umgekehrt läuft oberhalb der Einfriertemperatur die Volumennachwirkung immer schneller ab, so daß sie hier aus diesem Grunde nicht im einzelnen verfolgt werden kann. Der Schnittpunkt der Volumengeraden, die „Einfriertemperatur", stellt also gerade die Temperatur dar, bei der die Volumennachwirkung mit einer Geschwindigkeit abläuft, die mit der Abkühlungsgeschwindigkeit des Versuches vergleichbar ist. Das geschilderte Verhalten ist in der Tat typisch für einen Einfriervorgang; die Gleichgewichtslage der Einfriertemperatur bleibt bei weiterem Abkühlen erhalten, d. h. sie friert ein wegen der ungenügenden Einstellgeschwindigkeit.

Auch an hochmolekularem Material (Polystyrol) wurden isotherme Nachwirkungen des Volumens[1,2] und des Brechungsindex[3] festgestellt. Die Werte der Gleichgewichtsschmelze lassen sich in Zeiten von einem Tag bis zu einer Woche nur bis zu höchstens 10°C unter der mit normaler Abkühlungsgeschwindigkeit bestimmten Einfriertemperatur erreichen[4]. Im übrigen werden ausgesprochene Hystereseschleifen beobachtet (Abb. X, 11). Die Werte der unteren Geraden wurden durch Abschrecken ermittelt, wobei freilich eine Abkühlzeit von weniger als 5 min wegen der schlechten Wärmeleitung nicht zu erreichen war. Erhitzt man wieder langsam, so ändert sich der Brechungsindex längs der oberen Kurve und erreicht erst in der Nähe

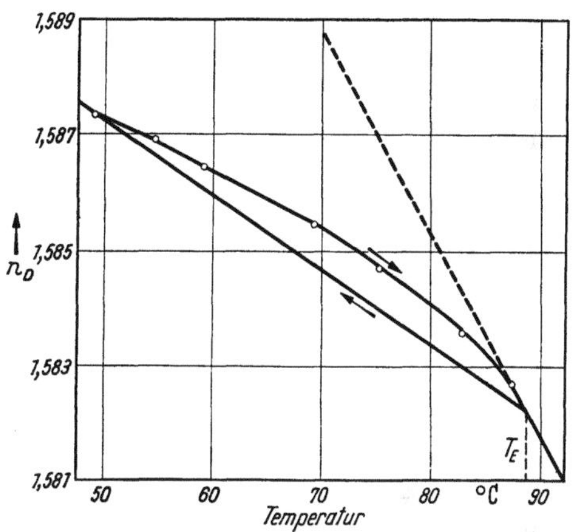

Abb. X, 11. Der Brechungsindex in Abhängigkeit von der Temperatur. Hysteresisschleife. Gestrichelte Gerade = extrapolierte Werte der Gleichgewichtsschmelze. (Nach JENCKEL und REHAGE.)

der Einfriertemperatur die Gleichgewichtsschmelze. Es gelang niemals, in den oben angegebenen Zeiten die obere Kurve zu überschreiten.

Wahrscheinlich ist sogar die Volumenabnahme mit dem Druck mit einer Volumennachwirkung verknüpft, wenn sie unterhalb der Einfriertemperatur abläuft. TAMMANN und JELLINGHAUS[5] fanden, daß bei erhöhtem Drucke (bis zu 2000 kg je cm²) sich zwar die Schmelze in der zu erwartenden Weise komprimieren läßt, das Glas dagegen um so weniger, je tiefer die Temperatur lag. Infolgedessen scheint unter hohem Drucke

[1] Fox, T. G. JR. u. P. J. FLORY: J. appl. Physics 21, 581 (1950).
[2] KOVACS, A.: Compt. rend. 235, 1127 (1952).
[3] JENCKEL, E. u. G. REHAGE: Z. f. Naturforsch., noch unveröffentlicht.
[4] Die Erreichung der Gleichgewichtslage bei Zimmertemperatur [SPENCER, R. S. u. R. F. BOYER: J. appl. Physics 17, 398 (1946)] erscheint unglaubwürdig; ebenso Fox u. FLORY, s. Fußnote 1.
[5] TAMMANN, G. u. W. JELLINGHAUS: Ann. Physik [5] 2, 277 (1929).

das Glas sich mit steigender Temperatur zu kontrahieren, anstatt sich auszudehnen. Diesen merkwürdigen Befund kann man wohl nur so verstehen[1], daß das Glas, wenn man es unter Druck setzt, nicht sofort das zugehörige Volumen annimmt, sondern erst allmählich, und daß diese Volumennachwirkung nicht abgewartet wurde, was sich bei tieferen Temperaturen immer mehr bemerkbar macht. Umgekehrt hat das unter hohem Druck erstarrte Glas nach dessen Fortnahme ein zu kleines Volumen, das erst beim Erwärmen auf den normalen Wert kommt[2].

Untersuchungen über die Nachwirkung der spezifischen Wärme sind systematisch nicht durchgeführt worden; sie dürften sehr schwierig sein, weil die Versuche grundsätzlich nicht isotherm durchgeführt werden können.

Manchmal beobachtete man einen Anstieg der spezifischen Wärme bei der Einfriertemperatur über die spezifische Wärme der Schmelze hinaus; bei weiterem Erhitzen fällt dann die spezifische Wärme wieder auf den Wert der Schmelze. Es entsteht also auf der Kurve ein kleines Maximum oder eine „Nase"[3,4]. Man darf hierin eine Nachwirkung beim Erhitzen vermuten, die sich an Hand der Abb. X, 9 verständlich machen läßt, wenn – bei im übrigen unveränderter Darstellung – das Volumen v durch die Enthalpie H ersetzt wird. Beim Erhitzen längs cb möge noch eine kleine spezifische Wärme $c = \dfrac{dH}{dT}$ wirksam sein, bei weiterem Erhitzen wird jedoch in der Versuchszeit die Enthalpiedifferenz bc zusätzlich aufgenommen, so daß die spezifische Wärme größer als die der Gleichgewichtsschmelze werden kann. Es werden also beim Erhitzen Nachwirkungen, die bei tieferer Temperatur nicht oder nicht vollständig abgelaufen sind, bei höherer Temperatur nachgeholt. Diese Messungen dürften aus experimentellen Gründen fast immer unter Erhitzen vorgenommen sein; beim Abkühlen sollte das Maximum nicht beobachtet werden. Übrigens wurden von allen Beobachtern in der Umgebung der Einfriertemperatur schlecht reproduzierbare Werte erhalten, wahrscheinlich, weil nicht auf gleichbleibende thermische Vorgeschichte seit dem letzten Verlassen des Schmelzzustandes geachtet wurde.

Nachwirkungen der Viscosität sind bei Silicatgläsern[5] beim Abkühlen und an Selen[1] auch beim Erhitzen beobachtet worden.

c) Die Geschwindigkeit der Volumennachwirkung.

Für die Geschwindigkeit der Volumennachwirkung wäre der einfache Ansatz

$$\frac{dv}{dt} = -\frac{1}{\tau_v}(v - v_{-\infty}) \quad \text{oder} \quad v - v_{t=\infty} = (v_{t=0} - v_{t=\infty}) \cdot e^{-\frac{t}{\tau_v}} \tag{X, 8}$$

<hr>

[1] JENCKEL, E.: Z. Elektrochem. angew. physik. Chem. **43**, 796 (1937).

[2] TAMMANN, G. u. G. BANDEL: Z. anorg. allg. Chem. **192**, 130 (1930). — G. TAMMANN u. E. JENCKEL: Z. anorg. allg. Chem. **184**, 416 (1929).

[3] FERRY, J. D. u. G. S. PARKS: J. chem. Physics **4**, 70 (1936).

[4] GIBSON, G. E., G. S. PARKS u. W. M. LATIMER: J. Amer. chem. Soc. **42**, 1537 (1920).

[5] LILLIE, H. R.: J. Amer. ceram. Soc. **16**, 619 (1933). — W. HÄHNLEIN u. M. THOMAS: Glastechn. Ber. **12**, 109 (1934).

zu erwarten (v, $v_{t=0}$, $v_{t=\infty}$ = Volumen zur Zeit t bzw. Volumen des durch Abschrecken [$t=0$] erhaltenen Glases, bzw. der Kurve der extrapolierten Gleichgewichtsschmelze, die nach $t=\infty$ erreicht werden sollte, τ_v = Relaxationszeit der Volumen-Nachwirkung, nur von der Temperatur abhängig). Diese Beziehung, die BOYER und SPENCER[1] zur Auswertung verwenden, trifft zweifellos nicht zu und gilt höchstens als grobe Näherung. Vielmehr fällt das Volumen am Anfang viel stärker, gegen Ende viel langsamer als der einfachen e-Funktion entspricht, wie übereinstimmend von verschiedenen Seiten[2-5] gefunden wurde. Von JENCKEL[6] wurde für Temperaturdifferenzen bis zu 5°C die empirische Beziehung (an Kolophonium und Selenglas)

$$\frac{dv}{dt} = -\frac{\alpha}{2\sqrt{t}}\,(v - v_{t=\infty}) \qquad (X,9)$$

angegeben, die möglicherweise aus den Diffusionsgesetzen abgeleitet werden kann. Nach ALFREY, GOLDFINGER und MARK[2] handelt es sich um eine Diffusion von Löchern (vgl. weiter unten) in der sperrigen Anordnung an die Oberfläche. Das an die Oberfläche gelangende Loch geht offenbar für das Gesamtvolumen verloren. Eine rechnerische Durchführung wird von den genannten Autoren nicht gebracht. BOYER und SPENCER[1] haben ferner eine dreikonstantige Gleichung

$$\tanh\left[\alpha'\,(v - v_{t=\infty})\right] = C \cdot e^{-Kt} \qquad (X,10)$$

vorgeschlagen, die aus der Theorie von EYRING und TOBOLSKY[7] hergeleitet wurde (α', C und K = const.). Die Gleichung

$$\frac{dv}{dt} = \frac{\text{const.}}{t}, \qquad (X,11)$$

die für viele Nachwirkungsvorgänge gilt, ist nur eine gute Interpolationsgleichung[8,3], die natürlich für $t=0$ völlig versagen muß.

JENCKEL und REHAGE[4] verwenden (an Polystyrol) an Stelle von Gl. (X, 8), indem $\tau_v = b + at$ gesetzt wird, die Gleichung

$$\frac{dv}{dt} = -\frac{1}{b + at}\,(v - v_\infty) \qquad (X,12)$$

oder nach Integration

$$\ln\frac{v - v_\infty}{v_0 - v_\infty} = -\frac{1}{a}\ln(1 + ct) \quad \text{mit} \quad c = \frac{a}{b}. \qquad (X,13)$$

---

[1] SPENCER, R. S. u. R. F. BOYER: J. appl. Physics 17, 398 (1946); 16, 594 (1945).
[2] ALFREY, T., G. GOLDFINGER u. H. MARK: J. appl. Physics 14, 700 (1943).
[3] KOVACS, A.: Compt. rend. 235, 1127 (1952).
[4] JENCKEL, E. u. G. REHAGE: Z. Naturforsch., demnächst.
[5] DAVIES, R. O. u. G. O. JONES: Advances in Physics 2, 370 (1953).
[6] Siehe S. 624, Fußnote 1.
[7] EYRING u. TOBOLSKY: J. chem. Physics 11, 125 (1943).
[8] FOX, T. G. JR. u. P. J. FLORY: J. appl. Physics 21, 581 (1950).

Da der Brechungsindex n gemessen wurde, wird in diese Gleichung nach Gl. (X, 1) in guter Näherung eingeführt

$$\frac{v - v_\infty}{v_0 - v_\infty} = \frac{n - n_\infty}{n_0 - n_\infty}, \qquad (X, 14)$$

womit sich ergibt

$$\ln \frac{n - n_\infty}{n_0 - n_\infty} = -\frac{1}{a} \ln (1 + c\,t). \qquad (X, 15)$$

Hiermit werden die Beobachtungen ausgezeichnet wiedergegeben, wie Abb. X, 12 zeigt. Gl. (X, 15) geht für kurze Zeiten ($b \gg at$) in

$$\ln \frac{n - n_\infty}{n_0 - n_\infty} = -\frac{1}{b}\,t \qquad (X, 16\,a)$$

und für lange Zeiten ($b \ll at$) in

$$\ln \frac{n - n_\infty}{n_0 - n_\infty} = -\frac{1}{a} \ln c\,t \qquad (X, 16\,b)$$

über. Eine weitere Näherung für mittlere Zeiten $\left(b \ll at,\ \dfrac{n_0 - n}{n_0 - n_\infty} \ll 1 \right)$

$$\ln \frac{n - n_\infty}{n_0 - n_\infty} \approx \frac{n_0 - n}{n_0 - n_\infty} = +\frac{1}{a} \ln c\,t \qquad (X, 17)$$

ist der eben erwähnten Gl. (X, 11) sehr ähnlich[1].

Mit der Temperatur sollten sich die hier vorkommenden Konstanten — so, würde man erwarten — exponentiell ändern. Das ist der Fall für

$$\ln b = \ln b_0 + \frac{A_{b\,\text{vol. Nachw.}}}{R\,T} \qquad (X, 18)$$

(und entsprechend für α aus Gl. [X, 9]).

Dagegen ändert sich a nach

$$a = a_0 + \frac{A_{a\,\text{vol. Nachw.}}}{R\,T} \qquad (X, 19)$$

in der der Logarithmus nicht mehr vorkommt. (Für Polystyrol gilt $b_0 = 9 \cdot 55 \cdot 10^{-14}\,[h]$ und $a_0 = -3{,}33 \cdot 10^2$ [dimensionslos]).

In Tab. X, 2 sind die Aktivierungswärmen A_a und A_b eingetra-

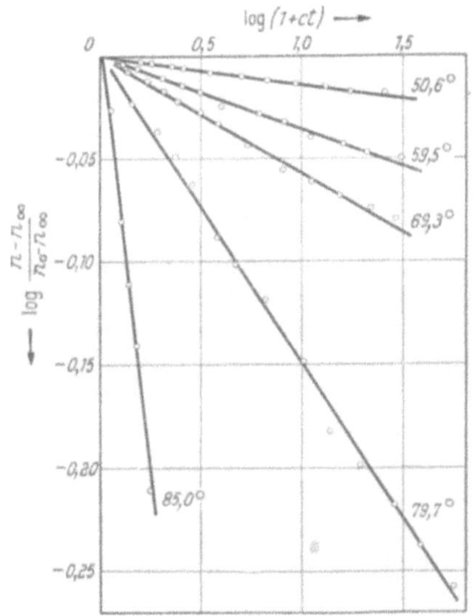

Abb. X, 12. Darstellung der Nachwirkung des Brechungsindex nach Gl. (X, 15) bei verschiedenen Temperaturen an Polystyrol. (Nach JENCKEL und REHAGE.)

---

[1] Das Gleichgewichtsvolumen wird, wie Gl. (X, 16b) zeigt, zum Schluß sehr langsam erreicht und kann daher oft nicht durch Beobachtung, sondern nur durch Extrapolation ermittelt werden. Das mag zu der Behauptung geführt haben, auch bei sehr langer Wartezeit enthalte die Volumen-Temperatur-Kurve noch einen Knick [R. BUCHDAHL u. L. E. NIELSEN: J. appl. Physics 21, 482 (1950)].

gen. A_a ist sehr kennzeichnend etwa zehnmal größer als A_b. Weiter ist noch die Aktivierungswärme der Zeit $t_{1/e}$ („Lebensdauer") $\left(\dfrac{n-n_\infty}{n_0-n_\infty}=\dfrac{1}{e}\right)$ nach Gl. (X, 15) und der Zeit t^* $\left(\dfrac{1}{a}\ln c\,t^*=1\right)$ nach Gl. (X, 17) mitgeteilt. Sie enthalten dominierend A_a, daneben auch A_b und stimmen daher etwa mit A_a überein. Des Vergleichs wegen ist ferner die Aktivierungswärme der Viscosität A_η angeführt; sie bezieht sich auf den Zustand der Schmelze.

Tabelle X, 2. *Aktivierungswärmen in kcal/Mol.*

| | Aus Volumen-Nachwirkung | | | Aus Viskosität |
	A_b	A_a	$A_{t^{1}/_e}$	A_{t^*}	A_η
Polystyrol...	22^1 12^3	240^1	245^1	305^1 265^4	$120-250^2$
Selen			122^5		128^5
Glucose.....			132^6		$110-125^6$
Glycerin			25^6		$23-\ 28^6$

Die oben in Gl. (X, 12) gemachte Annahme $\tau_v = b + at$ wurde bei der Wiedergabe des plastisch-elastischen Verhaltens versucht[7]; sie ist einer bestimmten plausiblen Verteilung von nebeneinander vorkommenden Relaxationszeiten gleichwertig. Im vorliegenden Fall der Nachwirkung erscheint es jedoch ebenso vernünftig, eine wirkliche Änderung von τ_v und damit der Viscosität (vgl. weiter unten) mit der Zeit anzunehmen. Ebenso wie nämlich das Volumen abnimmt, nimmt auch die Viscosität in Richtung auf den hohen Gleichgewichtswert zu, so daß die Größe $\dfrac{dv}{dt}$ bzw. $\dfrac{dn}{dt}$ nicht nur abnimmt wegen des verminderten Abstandes von der Gleichgewichtslage, sondern auch wegen der erhöhten Viscosität. Für die letztere ist der angenommene Ansatz $\tau_v = b + at$ der denkbar einfachste Ausdruck. Diese Auffassung steht mit den unterschiedlichen Aktivierungswärmen der Tab. X, 2 im besten Einklang: zu Beginn der Nachwirkung (vgl. Gl. X, 16a), wenn der glasige Zustand noch ausgeprägt ist, ist der Temperaturkoeffizient und damit die Aktivierungswärme klein, gegen Ende der Nachwirkung (vgl. Gl. X, 16b), wenn der Zustand der Gleichgewichtsschmelze fast erreicht ist, ist der Temperaturkoeffizient groß.

Aus den Parametern a und b lassen sich leicht die Zeiten $t_{1/e}$ errechnen, die nötig sind, damit die Nachwirkung bis auf $\dfrac{1}{e}$ ihres Gesamtbetrages abklingt. Sie sind in Tab. X, 3 wiedergegeben und machen es

---

[1] JENCKEL, E. u. G. REHAGE: Z. Naturf., demnächst.

[2] JENCKEL, E. u. K. ÜBERREITER: Z. physik. Chem. A **182**, 36 (1938).

[3] BOYER u. SPENCER: s. S. 625, berechnet aus Halbwertszeiten.

[4] KOVACS, A.: Compt. rend. **235**, 1127 (1952).

[5] JENCKEL, E.: Z. Elektrochem. angew. physik. Chem. **43**, 796 (1937).

[6] DAVIES, R. O. u. G. O. JONES: Proc. Roy. Soc. [London] A **217**, 27 (1953).

[7] JENCKEL, E u. M. COENEN: unveröffentlicht. — G. KELLER: Dissertation, Aachen 1951.

verständlich, daß die in Laboratorien üblichen Variationen der Abkühlung keine wesentliche Verschiebung der Einfriertemperatur bewirken. — Mit Hilfe des Ansatzes Gl. (X, 12) und der Gl. (X, 18) und (X, 19) sollte auch die Änderung bei veränderter Temperatur, d. h. der Einfluß verschiedener Kühlung zu berechnen sein.

Tabelle X, 3.

Die Zeit $t_{1/e}$, in der die Volumennachwirkung auf den Bruchteil $\dfrac{1}{e} = 0,368$ absinkt, für verschiedene Temperaturen, an Polystyrol berechnet mit Gl. (X, 12) bzw. (X, 15).

T in $°$ C	$t_{1/e}$
100	10^{-2} Sek.
95	1 Sek.
91	40 Sek.
90	2 Min.
$T_E = 89$	5 Min.
88	18 Min.
86,5	1 Std.
85	5 Std.
82	50 Std.
79	60 Tage
77	1 Jahr
50	10^{12} Jahre
20	10^{34} Jahre

d) Volumennachwirkung und Viscosität.

Dehnt man einen plastisch-elastischen Stoff momentan und verfolgt dann bei konstanter Länge das Abklingen der Spannung, so klingt diese in der Näherung eines einfachen MAXWELLschen Körpers ab nach

$$\frac{d s}{d t} = -\frac{s}{\tau} \quad \text{oder} \quad s = s_0 \cdot e^{-\frac{t}{\tau}} \tag{X, 20a}$$

(s = Spannung, τ = Relaxationszeit des mechanischen Verhaltens). Nach der Zeit $t = \tau$ ist die Spannung auf $\dfrac{1}{e} \cdot s_0$ abgesunken. Entsprechend nimmt im Falle eines einfachen VOIGTschen Körpers die Dehnung bei konstanter Spannung zu nach

$$\frac{d \gamma}{d t} = \frac{s_0}{G \cdot \tau} - \frac{\gamma}{\tau} \quad \text{oder} \quad \gamma = \frac{s_0}{G} \left(1 - e^{-\frac{t}{\tau}} \right) \tag{X, 20b}$$

(γ = Dehnung; G = Schubmodul)[1].

Von der gleichen Form wie Gl. (X, 20) ist aber auch die Gl. (X, 8) über die Geschwindigkeit der Volumennachwirkung; letztere sinkt ebenfalls in der Zeit $t = \tau_v$ auf den Betrag $\dfrac{1}{e} \, (v_0 - v_\infty)$ ab. In beiden Versuchen geben die Faktoren $1/\tau_v$ bzw. $1/\tau$ die innere Beweglichkeit des

---

[1] JENCKEL, E.: Koll.-Z. **134,** 47 (1953).

Materials wieder[1]. Daher sollten τ_v und τ einander proportional sein, d. h. die gleiche Aktivierungswärme besitzen. Es scheint, daß diese Bedingung jedenfalls für den Zustand der Schmelze erfüllt ist (Tab. X, 2). Die Relaxationszeiten selbst können dagegen verschieden sein. Beispielsweise beträgt τ_v bei der Einfriertemperatur etwa 5 min[2], während τ wesentlich kleiner ist und etwa 7 sec ausmacht[3]. Immerhin scheint das Verhältnis τ_v/τ gewöhnlich einigermaßen konstant zu sein. Wenn außerdem der Schubmodul konstant ist, so wird auch die mechanische Viscosität η wegen $\eta = G \cdot \tau$ bei der Einfriertemperatur einen konstanten von der chemischen Natur unabhängigen Wert annehmen, wie beobachtet.

Bei genauerer Betrachtung könnte jedoch das Verhältnis auch von der Größe des einzelnen bei der Nachwirkung verschobenen Moleküls abhängen. Die Moleküle derjenigen *niedermolekularen* Stoffe, die als Gläser zu erhalten sind, dürften etwa gleich klein sein[4]. Dann macht die Einfrierviscosität etwa 10^{13} absolute Einheiten aus. *Hochmolekulare* Kettenmoleküle hat man sich aus einzelnen Kettensegmenten vorzustellen. Diese Segmente sind jedenfalls länger als die Moleküle der niedermolekularen Stoffe. Daher kann die Viscosität des Mediums geringer sein, um dennoch die gleiche Verschiebungsgeschwindigkeit, d. h. die gleiche Geschwindigkeit der Volumennachwirkung und damit die gleiche Einfriertemperatur zu erreichen. Das ergaben in der Tat die oben angeführten Messungen an Polystyrolen (vgl. § 54, b).

---

[1] DAVIES, R. O. u. G. O. JONES: Proc. Roy. Soc. [London] A **217**, 27 (1953) haben an dieser Stelle den Begriff der Volumenviscosität η_v eingeführt, dessen Verhältnis $\dfrac{\eta_v}{\eta}$ zur gewöhnlichen mechanischen Viscosität η zwischen 1 und 200 liegen soll. Die Volumennachwirkung ist zunächst nur ein Maß für die Geschwindigkeit, mit der sich nach plötzlicher *Druck*änderung von p_1 auf p_2 das neue Volumen einstellt. Sie sei definiert durch

$$\frac{1}{v} \cdot \frac{dv}{dt} = -\frac{p_2 - p_1}{\eta_v} \qquad (\text{X, a})$$

oder wenn wir $p_2 - p_1$ mit Hilfe der Kompressibilität durch die entsprechenden Werte $v_2 - v_1$ ersetzen

$$\frac{dv}{dt} = -\frac{v_2 - v_1}{\tau_v} \quad \text{mit} \quad \tau_v = \eta_v \cdot \frac{1}{v} \frac{dv}{dp} \qquad (\text{X, b})$$

Gl. (X, b) entspricht bereits weitgehend Gl. (X, 8). In der Anwendung auf die Volumenänderung eines Glases beim Übergang in die Schmelze führen DAVIES und JONES an Stelle des unveränderten wirklichen Druckes sog. fiktive Drucke ein, die den Volumina $v_2 = v_{\text{Glas}}$ und $v_\infty = v_{\text{Schmelze}}$ entsprechen. Nur aus der Definition dieser fiktiven Drucke folgt dann

$$\eta_v = \frac{\tau_v}{\left(\dfrac{1}{v} \dfrac{dv}{dp}\right)_{\text{Schmelze}} - \left(\dfrac{1}{v} \dfrac{dv}{dp}\right)_{\text{Glas}}} . \qquad (\text{X, c})$$

[2] Vgl. Tab. X, 3.

[3] Fußnote 8, 9 und 10, S. 613.

[4] Kleine und einfach gebaute Moleküle lassen sich nicht in den Glaszustand überführen, weil sie vorzeitig kristallisieren.

e) Zur Frage der Existenz mehrerer Einfriertemperaturen.

1. Das Material besteht aus 2 Phasen.

Bekanntlich gibt es Paare von Flüssigkeiten, die sich nicht ineinander lösen, die also 2 Phasen bilden. Entsprechend der durchweg geringeren Löslichkeit der Hochpolymeren treten in deren flüssigen Gemischen, wie es scheint, vielfach 2 Phasen auf. Jede der beiden Phasen wird bei ihrer charakteristischen Einfriertemperatur glasig erstarren. Die Kurve des Volumens, der Enthalpie und anderer integraler Eigenschaften wird daher zwei Knicke enthalten, entsprechend den Einfriertemperaturen der beiden Phasen. Solche Kurven wurden gefunden an Mischungen von künstlichen Kautschuken[1]. Mißt man statt dessen den Brechungsindex, so beobachtet man die Indices der beiden Phasen nebeneinander, die jede für sich gegen die Temperatur den kennzeichnenden Knick liefern, wie an Polystyrol-Polyacrylsäuremethylester-Mischungen gefunden wurde[2]. Das Material ist wegen der beiden nebeneinander existierenden Phasen trübe. In einem anderen System, in den Mischungen aus Polymethacrylsäuremethylester und Polyvinylacetat wurde jedoch nur eine einzige Kurve mit zwei Knicken beobachtet[2]. Das Material ist optisch klar. Offenbar ist hier die räumliche Ausdehnung der beiden Phasen verschiedenen Brechungsindexes zu klein, um sich optisch bemerkbar zu machen[3], aber noch groß genug, um zwei Einfriertemperaturen hervorzurufen. Diese Vermutung wird dadurch gestützt, daß in den beiden polymeren Gemischen das mechanische Verhalten durch zwei Viscositäten gekennzeichnet ist, im Gegensatz zu den Mischpolymerisaten, in denen ja notwendigerweise nur 1 Phase existieren kann, mit einer Viscosität[2]. Mehrere Einfriertemperaturen wurden bislang nicht an polymer-homologen Gemischen, sondern nur an Gemischen verschiedenartiger Polymerer beobachtet und sind, wenn 2 Phasen auftreten, eine Selbstverständlichkeit.

2. Das Material besteht aus einer Phase.

Wie oben gezeigt, friert die Schmelze zum Glas ein, wenn bei bestimmter Abkühlungsgeschwindigkeit ein bestimmter Wert der Volumenviscosität erreicht wird. Weiter scheint es, daß die mechanische und die elektrische Viscosität, die die Beweglichkeit von Dipolen im elektrischen Felde bestimmt, der Volumenviscosität proportional sind. Nun läßt sich das Verhalten mancher Stoffe, z. B. des Polyacrylsäuremethylesters, nur durch 2 Viscositäten bzw. 2 Relaxationszeiten wiedergeben[3,4].

---

[1] FLOYD, K. L.: J. appl. Physics **3**, 373 (1952).

[2] JENCKEL, E. u. H. U. HERWIG: noch unveröffentlicht.

[3] JENCKEL, E. u. K. H. ILLERS: Z. Naturf. 9a, 440 (1954). — J. HEYBOER, P. DEKKING u. A. J. STAVERMAN: Proc. of the 2. Intern. Congr. of Rheology, Oxford 1953, p. 123—133; Butterworks Scientific Publications, London 1954. — B. W. BECKER: Kolloid-Z. **140**, 1—32 (1955).

[4] Dabei ist von der Viscosität, die zur statistischen Kautschukelastizität gehört, ohnehin abgesehen; man beobachtet nämlich neben dem hohen Maximum der mechanischen Dämpfung etwas oberhalb der Einfriertemperatur ein weiteres kleineres Maximum bei etwa 15°C und entsprechend in dielektrischen Versuchen.

Wenn wirklich der zweiten *mechanischen* Viscosität eine zweite *Volumen*viscosität entspricht, so sollte auch eine zweite Einfriertemperatur auftreten. Eine solche ist jedoch nie beobachtet worden. Das könnte daran liegen, daß entsprechend dem sehr kleinen Dämpfungsmaximum auch der Volumeneffekt beim Einfrieren sehr gering ist, und, mit anderen Worten, daß auf der Volumenkurve nur ein sehr flacher Knick entsteht, der sich vielleicht der Bestimmung entzieht. Es könnte auch daran liegen, daß grundsätzlich dieser mechanischen Viscosität keine Volumenviscosität zugeordnet ist.

3. Einfriertemperatur und Temperatur eines Dämpfungsmaximums von Schwingungen.

Verfolgt man die Dämpfung mechanischer oder elektrischer Schwingungen (mechanische oder dielektrische Verluste) mit der Temperatur, so beobachtet man an Hochpolymeren gewöhnlich ein Maximum. Dieses Maximum liegt bei langsamen Schwingungen von etwa 1 Hz, z.B. Torsionsschwingungen, ein wenig oberhalb der Einfriertemperatur[1-3]. Es kann jedoch durch Verminderung der Schwingungsdauer auf wesentlich höhere Temperatur gebracht werden; in der Tat liegt das Maximum der dielektrischen Verluste[4] bei Hochfrequenz (10^7 Hz) weit über der Einfriertemperatur, beispielsweise bei Polyvinylacetat bei 100° gegenüber einer Einfriertemperatur, in üblicher Weise durch das Volumen bestimmt, von 28°. Bei einem Maximum der Schwingungsdämpfung bzw. der Verluste ist — einfaches Verhalten vorausgesetzt, über alle Einzelheiten vgl. Bd. IV —, die Schwingungsdauer gleich der Relaxationszeit. Wir können also aus solchen Messungen die Relaxationszeiten oder die zugehörigen Viscositäten ermitteln. Man kann dann folgende Aussage machen: Das Polyvinylacetat würde bei 100° einfrieren, wenn es möglich wäre, wesentliche Temperaturänderungen in einer Zeit von etwa 10^{-7} sec durchzuführen. Entsprechend würde man das Einfrieren bei etwa 30° beobachten, wenn für die Abkühlung eine Sekunde zur Verfügung stände, weil das Maximum der Schwingungsdämpfung bei 30° liegt[5]. Man darf aber nicht behaupten, durch die mechanische oder elektrische Beanspruchung sei, wenn auch nur über 10^{-7} sec, bzw. 1 Sekunde, ein glasiger Zustand erzeugt worden[6]. (Durch mechanische oder elektrische Beanspruchung entsteht ein anderer Zustand als durch glasige Erstarrung, nämlich ein solcher mit einer Vorzugsrichtung, welche sich daher auch zunächst zusätzlich sowohl dem glasigen wie dem Zustand der Gleichgewichtsschmelze aufprägen läßt.) Der glasige Zustand entsteht nur durch Abkühlen und ist durch eine kleinere mechanische wie Volumenviscosität gegenüber der

---

[1] Jenckel, E., H. Hertog u. E. Klein: Z. Naturf. 8a, 255 (1953).

[2] Jenckel, E.: Kunststoffe 40, 98 (1950. — Dissertation H. Hertog, Aachen.

[3] Schmieder, K. u. K. Wolf: Kolloid-Z. 127, 65 (1952).

[4] Holzmüller, W.: Physik. Z. 42, 273 (1941).

[5] In diesem Zahlenbeispiel haben wir vereinfachend die verschiedenen Relaxationszeiten τ und τ_v einander gleichgesetzt.

[6] Die Aussage, die Bewegung von Dipolen sei „eingefroren", möchten wir vermeiden, um jede Verwechslung mit dem Einfrieren zum Glas auszuschließen.

Gleichgewichtsschmelze ausgezeichnet. Daher äußert sich die glasige Erstarrung in Schwingungsversuchen darin, daß der Temperaturkoeffizient der Viscosität kleiner wird; auf dieses Kennzeichen der Einfriertemperatur wurde in § 54 ausführlich eingegangen. Es wurde auch beobachtet, daß in dem Maße, wie etwa durch Tempern, der glasige Zustand sich dem Zustand der Schmelze nähert, sowohl die mechanische wie die Volumenviscosität zunimmt (vgl. § 55b).

Eine zweite Einfriertemperatur kann aus solchen Versuchen verschiedener Schwingungsdauer natürlich nicht hergeleitet werden.

f) Der Entropieunterschied zwischen Schmelze bzw. Glas und dem Kristall[1].

Wie schon erwähnt, sinkt die spezifische Wärme bei der Einfriertemperatur scharf ab, und zwar wie zuerst SIMON[2] nach Messungen an Glycerin, das auch in der kristallisierten Form erhalten werden kann ermittelte, fast auf die spezifische Wärme des Kristalls. Dieses Ergebnis ist später an anderen Stoffen bestätigt worden[3]. Mit Hilfe der spezifischen Wärmen läßt sich der Entropieunterschied zwischen Schmelze bzw. Glas und der kristallinen Phase leicht herleiten. Er beträgt bei der Gleichgewichtstemperatur, der Schmelztemperatur, bekanntlich

$$\Delta S_0 = \frac{\Delta H_0}{T_0} \qquad (X, 21)$$

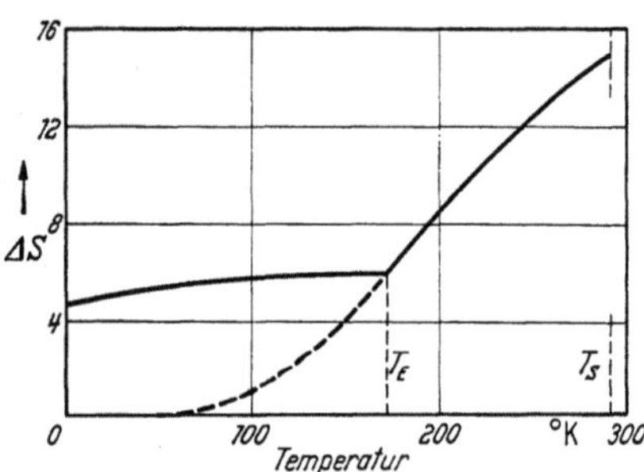

Abb. X, 13. Entropieunterschied zwischen Schmelze bzw. Glas, und Kristall an Glycerin. (Nach SIMON.)

(ΔH_0 = Schmelzwärme, ΔS_0 = Schmelzentropie, T_0 = Schmelztemperatur). Bei anderen Temperaturen läßt sich jetzt der Entropieunterschied zum Kristall aus dem KIRCHHOFFschen Gesetz leicht errechnen, er beträgt

$$\Delta S = \Delta S_0 - \int\limits_{T}^{T_0} \frac{\Delta c}{T}\, dT \qquad (X, 22)$$

(Δc = Differenz der spezifischen Wärmen zwischen Schmelze bzw. Glas und Kristall). Mit sinkender Temperatur nimmt ΔS zunächst bis zur Einfriertemperatur ab, weil die spezifische Wärme der Schmelze größer ist, als die des Kristalls. Unterhalb dieser Temperatur ändert sich jedoch ΔS kaum noch, weil im Glaszustande die spezifische Wärme des Glases fast mit der des Kristalls übereinstimmt. Abb. X, 13 gibt den Entropie-

---

[1] Vgl. dann auch H.V. SCHULZ, K. v. GÜNNER u. H. GERVENS: Z. physik. Chem. 4, 192 (1955).

[2] SIMON, F.: Z. anorg. allg. Chem. 233, 219 (1931).

[3] Vgl. etwa LANDOLT BÖRNSTEIN: Phys.-chem. Tabellen, Berlin 1923 u. Erg.-Bände.

unterschied zwischen der Schmelze bzw. dem Glas und dem Kristall an Glycerin wieder. Der Glaszustand ist deutlich vom Zustande der Schmelze zu unterscheiden.

Zu erwarten gewesen wäre der gestrichelte Kurvenverlauf, also $\Delta S = 0$ bei $T = 0$, wenigstens nach der ursprünglichen Formulierung des dritten Hauptsatzes der Thermodynamik. In der Tat beobachtet man dieses Verhalten an Helium. Aus dem abweichenden Verhalten an den glasig erstarrenden Stoffen schloß SIMON, daß unterhalb T_E die Schmelze sich nicht mehr im inneren Gleichgewicht befände, vielmehr in dem der Temperatur T_E entsprechenden Zustand eingefroren sei.

Es bleibt noch die Frage offen, wodurch der annähernd konstante Entropieunterschied zwischen Kristall und Schmelze bedingt ist. Der Absolutwert der Entropie des Glases wie des Kristalls nimmt mit sinkender Temperatur wegen der endlichen spezifischen Wärme ab. Beim Kristall ist diese Abnahme molekular bekanntlich auf die verminderten Schwingungen zurückzuführen; die Abnahme der Absolutentropie im Glase ist also durch dieselbe Ursache bedingt. Der nahezu konstante Entropieunterschied zwischen Glas und Kristall ist daher nicht auf die unterschiedlichen Schwingungen, sondern auf die unterschiedliche Anordnung der Moleküle in beiden Phasen zurückzuführen. Oberhalb der Einfriertemperatur nimmt ΔS zu, bis beim Schmelzpunkt der Wert ΔS_0 erreicht ist. Die Zunahme mit steigender Temperatur kann dann nur verstanden werden als zunehmende Unordnung in der Schmelze, umgekehrt die Abnahme mit sinkender Temperatur als abnehmende Unordnung in der Schmelze. Um die Schmelze weniger ungeordnet zu machen, sind Verschiebungen der Moleküle notwendig, die mit sinkender Temperatur immer langsamer vonstatten gehen und unter der Einfriertemperatur unter normalen Versuchsbedingungen nicht mehr abgewartet werden können.

g) Der Vorgang des Einfrierens in molekularer Betrachtung.

In Abb. X, 14 wurde versucht, das Einfrieren in molekularer Sicht schematisch wiederzugeben. Im ganzen Temperaturbereich oberhalb und unterhalb der Einfriertemperatur nimmt mit sinkender Temperatur die Schwingungsweite ab, angedeutet in Abb. X, 14 durch die Dicke der stäbchenförmig gedachten Moleküle. Oberhalb der Einfriertemperatur im Zustande der Schmelze verschieben die Moleküle außerdem ihre Lage gegeneinander. Unterhalb der Einfriertemperatur tun sie das nicht oder vielmehr nur sehr langsam. Die Volumenabnahme beim Abkühlen setzt sich demnach aus zwei Anteilen zusammen: 1. aus der Verminderung der Schwingungsweite, 2. aus der dichteren Lagerung. Die Änderung des zweiten Anteils verschwindet im Glaszustand, weil die Lagerung die gleiche bleibt. Das Glas ist demnach durch eine sperrige Struktur gekennzeichnet, welche gleichsam Löcher enthält, die von der Schwingungsweite der Moleküle nicht mehr erfüllt werden.

Zwischen hoch- und niedermolekularen Gläsern besteht in diesem Modell kein grundsätzlicher Unterschied. Bei den hochmolekularen Gläsern sind lediglich die Stäbchen der Abb. X, 14 noch miteinander verbunden; sie bedeuten dann die in sich starren statistischen Segmente des Kettenmoleküls[1].

Über den Grund, weshalb die Moleküle in der Schmelze sich beim Abkühlen gegeneinander verschieben, indem sie eine dichtere Lagerung annehmen, darf man mit SIMON[2,3], wie erwähnt, annehmen, daß die dichtere Lagerung auch die geordnetere Lagerung sei, der sie nach NERNST bei tiefen Temperaturen zustreben. SMEKAL[4,5] hat hierzu mehr vom kinetischen Gesichtspunkte folgendes geltend gemacht: Mit sinkender Temperatur rücken die Moleküle näher aneinander heran, weil die Weite der Schwingungen abnimmt. Wenn die Moleküle mathematische Punkte darstellten, würden die Kräfte, die zwischen ihnen wirken, zwar zunehmen, jedoch alle um den gleichen Faktor, so daß bei sinkender Temperatur eine ähnliche Anordnung erhalten bleibt. Wegen der endlichen Ausdehnung der Moleküle werden die Kräfte aber in verschiedenem Ausmaße geändert, und das ist die Ursache für die Verschiebung der Moleküle gegeneinander.

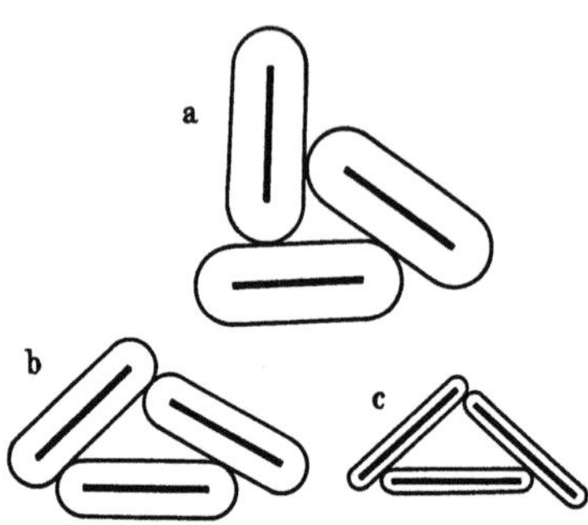

Abb. X, 14. Schematische Darstellung der Volumenänderung mit der Temperatur oberhalb und unterhalb der Einfriertemperatur. a: $T_1 > T_E$; b: $T_2 = T_E$; c: $T_3 < T_E$. Beim Abkühlen von T_1 auf T_E nimmt die Schwingungsweite ab und die gegenseitige Lagerung ändert sich. Beim Abkühlen von T_E auf T_3 nimmt nur die Schwingungsweite ab, während die Lagerung erhalten bleibt.

In einer etwas gröberen Ausdrucksweise darf man vielleicht sagen: Die Moleküle streben danach, in die für sie bei jeder Temperatur bequemste Lagerung zu kommen. Oberhalb der Einfriertemperatur gelingt ihnen das in sehr kurzer Zeit, unterhalb der Einfriertemperatur gelingt es ihnen nicht oder doch nur in außerordentlich langer Zeit.

Es bleibt noch übrig, mit dieser Vorstellung die magnetischen Beobachtungen über den Rotationszustand der Moleküle in Einklang zu bringen. Hiernach scheint bei der Einfriertemperatur nur ein sehr kleiner Bruchteil der Moleküle im Zustande einer quasi freien Rotation hoher Frequenz zu sein, während 20° C höher bereits etwa die Hälfte der Moleküle rotiert. Diesen Befund hat TAMMANN[6] fast wörtlich vorausgesagt; er ist später öfter wieder aufgegriffen worden[7]. Bei hochmolekularen Stoffen ist an die Rotation von Kettensegmenten zu denken. Zu einem noch

[1] Der in Abb. X, 14 wiedergegebene Einfriervorgang läßt sich an kugelförmigen Molekülen offenbar kaum durchführen. Solche Moleküle sind daher vielleicht grundsätzlich nicht zum Glaszustand einzufrieren. Experimentell läßt sich diese Frage nicht entscheiden, da solche Stoffe stets sehr leicht kristallisieren. Siehe E. JENCKEL u. R. HEUSCH: Kolloid-Z. **130**, 89 (1953).

[2] SIMON, F.: Z. anorg. allg. Chem. **233**, 219 (1931).

[3] ÜBERREITER, K.: Z. physik. Chem. B **46**, 157 (1940).

[4] SMEKAL, A.: Ergebn. exakt. Naturwiss. **15**, 174 (1936).

[5] JENCKEL, E.: Z. Elektrochem. angew. physik. Chem. **43**, 796 (1937).

[6] TAMMANN, G.: Z. anorg. allg. Chem. **193**, 406 (1938). — Der Glaszustand, Leipzig 1933, S. 44.

[7] BUCHDAHL, R. u. L. E. NIELSEN: J. appl. Physics **21**, 482 (1950).

spezielleren Bilde sind ÜBERREITER und NENS[1] gelangt, welche unterhalb
der Einfriertemperatur nur Schwingungen in einer Ebene, oberhalb der
Einfriertemperatur zusätzlich Drillschwingungen annehmen. Was die
letzteren anlangt, so muß es sich jedenfalls um Bewegungen und Schwingungen handeln, die im Kristall nicht vorkommen, aber allmählich so
stark werden, daß man sie als quasi-Rotation bezeichnen kann.

Diese quasi rotierenden Moleküle oder Segmente werden eine Verschiebung gegeneinander wesentlich erleichtern. Sie sind hauptsächlich
die aktivierten Moleküle. Ihre Anzahl bestimmt wesentlich die innere Beweglichkeit, die Viscosität, und damit die Geschwindigkeit der Volumennachwirkung, und nur aus diesem Grunde stimmt der Wendepunkt der
magnetischen Kernresonanz ungefähr mit der Einfriertemperatur überein.

§ 56. Eine thermodynamische Betrachtung zur glasigen Erstarrung.

Von A. MÜNSTER.

Sowohl amorphe wie kristalline Hochpolymere zeigen Erscheinungen,
die Ähnlichkeit mit den früher besprochenen Umwandlungen II. und
eventuell höherer Ordnung besitzen und, vor allem in der amerikanischen
Literatur, als Umwandlungen II. Ordnung (second order transitions) bezeichnet werden. Die bekannteste von ihnen ist die sogenannte „Transformation" der Gläser, die in ihren experimentellen Erscheinungen in
§ 54 ausführlich besprochen wurde. Das Wesen dieser Erscheinung besteht, wie heute allgemein angenommen wird, darin, daß die zu einem
gewissen inneren Parameter gehörende Relaxationszeit in einem sehr
kleinen Temperaturintervall aus der Klasse 3 in die Klasse 1 des § 37
übergeht. Der durch den betreffenden Parameter charakterisierte Vorgang ist dann eingefroren. Es handelt sich daher bei der Transformation
zweifellos nicht um einen kooperativen Ordnungseffekt im Sinne des
§ 36, was auch schon nach der Form der $C_p(T)$-Kurve unwahrscheinlich
ist. Die Erscheinung zeigt weiter eine ausgeprägte Zeit- (bzw. Frequenz-)
Abhängigkeit (vgl. § 55). Bei unendlicher langsamer Versuchsführung
müßte sie nach der obigen Deutung verschwinden[2]. Es handelt sich somit
nicht um eine reversible Umwandlung im Sinne der Thermodynamik.
Man sollte daher vermuten, daß hier die Thermodynamik überhaupt keine
Aussagen machen kann. Überraschenderweise ist dies aber doch der Fall,
wie unabhängig von PRIGOGINE und DEFAY[3] sowie DAVIES[4] gezeigt wurde.
Wir wollen ihr Ergebnis hier auf einem Wege ableiten, welcher die Analogie zu den Umwandlungen II. Ordnung deutlich hervortreten läßt. Der

---

[1] ÜBERREITER, K. u. S. NENS: Kolloid-Z. **123**, 92 (1951).

[2] Wenn im Experiment eine Erniedrigung der Transformationstemperatur nur
um höchstens 10⁰ gelingt, so liegt das daran, daß die Versuchszeiten nicht über ein
gewisses Maß hinaus ausgedehnt werden kann, vgl. auch § 55.

[3] PRIGOGINE, J. u. R. DEFAY: Thermodynamique Chimique, Liège 1950.

[4] DAVIES, R. O.: Comptes Rendus IIme Réunion „Changements de Phases"
p. 425, Paris 1952.

Einfachheit halber setzen wir voraus, daß der fragliche Vorgang durch einen inneren Parameter ξ mit einer Relaxationszeit τ beschrieben werden kann. Weiter nehmen wir an, daß man von höheren Temperaturen bis zu einer gewissen Temperatur T_E herab derart messen kann, daß ξ zur Klasse 3 gehört, von T_E zu tieferen Temperaturen aber so, daß ξ in die Klasse 1 fällt. Die Messungen der ersten Art führen dann zu einer $G_m(T, p)$-Fläche, für die

$$\left(\frac{\partial G_m}{\partial \xi}\right)_{T,\,p} = 0 \tag{X, 23}$$

gilt, während bei den Messungen der zweiten Art auf der entsprechenden $G_m(T, p)$-Fläche

$$\xi = \xi_E = \text{const} \tag{X, 24}$$

ist. Im Punkte T_E, p_0 ($p_0 = $ Normaldruck) sei

$$\xi_0 = \xi_E \tag{X, 25}$$

wo ξ_0 die Lösung der Gl. (X, 1) für T_E, p_0 ist. Unterscheiden wir die beiden $G_m(T,p)$-Flächen durch * und **, so ist zunächst im Punkte T_E, p_0 nach (3)

$$G_m^* = G_m^{**}, \qquad S_m^* = S_m^{**}, \qquad V_m^* = V_m^{**} \tag{X, 26}$$

Wenn keine weiteren Bedingungen vorliegen, haben wir dann im einfachsten Falle für die Kurven $G_m^*(T,p_0)$ und $G_m^{**}(T,p_0)$ im Punkte T_E eine Berührung I. Ordnung. (Abb VII, 2 b). Die Berührung kann nicht von der II. Ordnung sein, weil aus thermodynamischen Gründen allgemein $G^{**} \geq G^*$ sein muß. Schreiben wir die Gl. (X, 1)

$$\xi = \xi(T,p), \tag{X, 27}$$

so wird dadurch auf der G^*-Fläche eine Kurvenschar

$$T = T(p) \tag{X, 28}$$

mit ξ als Parameter definiert. Entsprechendes ergibt sich aus Gl. (X, 24) für die G^{**}-Fläche. Gl. (X, 25) definiert daher eine gemeinsame Kurve

$$T_E = T_E(p_E), \tag{X, 29}$$

auf der sich die beiden Flächen in der beschriebenen Weise berühren. Wir können einfach ihre Projektion auf die T,p-Ebene betrachten und die Differentialgleichung derselben in gleicher Weise ableiten wie die Gl. (VII, 25) und (VII, 26) in § 35. Es ergibt sich

$$\frac{dT_E}{dp_E} = \frac{V_m\,T\,(\gamma^{**} - \gamma^*)}{C_p^{**} - C_p^*} \tag{X, 30}$$

und

$$\frac{dT_E}{dp_E} = \frac{\varkappa^{**} - \varkappa^*}{\gamma^{**} - \gamma^*}. \tag{X, 31}$$

Daraus folgt, wenn wir für die Differenzen das Symbol $\varDelta^*$ einführen

$$\varDelta^* \varkappa\, \varDelta^* C_p = T V_m (\varDelta^* \gamma)^2. \tag{X, 32}$$

Man sieht aus den vorstehenden Überlegungen, daß für die Transformation der Gläser, wenn man sinnvoll von einem Transformationspunkt sprechen kann, Beziehungen gelten, die *formal* mit den EHREN-FESTschen Gleichungen identisch sind. Daraus erklärt sich die Tatsache, daß diese Gleichungen mit Erfolg auf den Transformationspunkt von Selen, Salicin und B_2O_3[1] sowie von vulkanisiertem Kautschuk[2] angewandt worden sind. Die physikalische Bedeutung der rechten Seiten der Gl. (X, 30) und (X, 31) ist jedoch wesentlich verschieden von der der in den EHRENFESTschen Gleichungen auftretenden Größen. Der Transformationspunkt ist eben keine Umwandlung II. Ordnung im Sinne einer Singularität der thermodynamischen Funktionen. Dies wird besonders deutlich, wenn wir wieder die G_m-Flächen betrachten. Der Transformationspunkt entspricht dem von JUSTI und VON LAUE[3] betrachteten Fall (Abb. VII, 2 b) und dürfte daher innerhalb der reinen Thermodynamik [d. h. für eine gegebene Verteilung der ξ_i auf die Gl. (X, 42)] nicht auftreten. Naturgemäß haben die Gl. (X, 30) und (X, 31) nur dann praktische Bedeutung, wenn sich der Transformationspunkt experimentell mit hinreichender Schärfe definieren läßt. Dagegen ist Gl. (X, 10) eine allgemein gültige Beziehung zwischen den Gleichgewichtswerten von C_p, γ und $\varkappa$ einerseits und den bei konstantem Parameter ξ gemessenen Werten andererseits. Ihre Anwendung setzt nur voraus, daß bei der Messung der betreffenden Größen keine Parameter der Klasse 2, d. h. keine Zeiteffekte auftreten.

Bei den an Hochpolymeren untersuchten sogenannten „second order transitions"[4] scheint es sich in der Mehrzahl der Fälle um Transformationspunkte in dem hier diskutierten Sinne zu handeln. Es ist jedoch damit nicht ausgeschlossen, daß auch echte Umwandlungen II. Ordnung in Hochpolymeren vorkommen. Möglicherweise liegt ein solcher Fall bei der Umwandlung des Polyisobutylens[5] vor[6]. Wenn diese Auffassung richtig ist, handelt es sich jedenfalls nicht um einen der einfachen in § 36 diskutierten Mechanismen. Diese führen nämlich, wie erwähnt, zu der Folgerung, daß die spezifische Wärme unmittelbar unterhalb des Umwandlungspunktes größer ist als unmittelbar oberhalb desselben, während beim Polyisobutylen das Umgekehrte der Fall ist. Eine molekulare Theorie, die auf einen derartigen Umwandlungstyp führt, scheint noch nicht bekannt zu sein.

§ 57. Zur experimentellen Ermittlung der Einfriertemperatur.

Zur Volumenmessung sind gewöhnlich Dilatometer, bestehend aus einem Hohlraum mit angesetzter Capillare, verwandt worden. Der Hohlraum wird mit dem Polymerisat gefüllt, zur Entfernung von Luft im

---

[1] JENCKEL, E.: Z. anorg. allg. Chem. **216,** 349 (1934).

[2] GEE, G.: Quart. Rev. Chem. Soc. **1,** 265 (1947).

[3] JUSTI, E. u. M. VON LAUE: Z. techn. Physik **15,** 521 (1934).

[4] Siehe den zusammenfassenden Bericht von R. BOYER, Comptes Rendus IIme Réunion „Changements de Phases" p. 383, Paris 1952.

[5] FERRY, J. D. u. G. S. PARKS: J. chem. Physics **4,** 70 (1936).

[6] Eine andere Erklärung wird in § 55 gebracht.

Hochvakuum evakuiert, und dann läßt man in das Vakuum die Sperrflüssigkeit einfließen. Als Sperrflüssigkeit ist am zuverlässigsten Quecksilber, es sind jedoch auch organische Flüssigkeiten verwandt worden,
bei denen jedoch immer die Gefahr einer, wenn auch beschränkten,
Lösung im Polymerisat vorliegt, wodurch die Einfriertemperatur herabgesetzt wird. Eine besondere Form eines solchen Dilatometers hat ÜBER-
REITER angegeben[1]. Die Verwendung von Quecksilber schließt tiefe Temperaturen aus. Dilatometer, welche die lineare Ausdehnung mit einer geeigneten Zeigerübertragung messen und die sich bei Silicatgläsern bewährt haben, scheinen für hochmolekulare Stoffe noch nicht verwandt
worden zu sein. Gelegentlich wurde die lineare Ausdehnung interfero-
metrisch gemessen, wobei die Substanz sich zwischen zwei Glasplatten
befindet. Diese Anordnung kann leicht bis zu den tiefsten Temperaturen
benutzt werden.

Zur Messung des Brechungsindex eignet sich das ABBE-Refraktometer. Die Substanz wird in Form einer Folie zwischen die Prismen gebracht oder zwischen den Prismen aufgeschmolzen. Temperaturen von
etwa $-80°C$ bis $+120°C$, entsprechend der Möglichkeit, Einfriertemperaturen zwischen $-60°C$ und $+100°C$ zu bestimmen, lassen sich ohne
weiteres mit dem Refraktometer durchführen, indem man es an einen
Umlaufthermostaten anschließt[2]. Für tiefere und höhere Temperaturen
muß der Fuß des Refraktometers in geeigneter Weise durch Leitungs-
wasser gekühlt werden. Besondere Angaben über das Arbeiten bis
$-120°C$ findet man bei WILEY, BRAUER und BENNETT[3]. Bei den tiefen
Temperaturen ist die Optik mit einer glycerinhaltigen Salbe zu bestrei-
chen, die die Kondensation von Wasserdampf verhindert.

Die Messung der spezifischen Wärme unterscheidet sich nicht von den
üblichen Anordnungen.

Zur Viskositätsmessung im Einfrierbereich und darunter im glasigen
Zustand sind die üblichen Viscosimeter ganz ungeeignet, weil die Viscosität zu hoch ist. Zur quantitativen Messung eignet sich nur das Fadenziehviscosimeter[4], bei dem die Dehnungsgeschwindigkeit eines Fadens
oder Streifens beobachtet wird, und das Torsionsviscosimeter[5], bei dem
die Torsionsgeschwindigkeit unter der Wirkung eines bestimmten Dreh-
momentes beobachtet wird. Nur im Fadenziehviscosimeter herrscht ein
einachsiger Spannungszustand, im Torsionsviscosimeter läßt sich der
Spannungszustand wenigstens übersehen. Zahlreiche andere Verfahren,
die auf dem Eindrücken einer Kugel oder einer Pyramide oder auf dem
Zusammendrücken eines Zylinders beruhen, können nur als konventionelle Verfahren gewertet werden. Zur Bestimmung der Einfriertemperatur eignen sie sich nur insofern, als oberhalb der Einfriertemperatur
die Fließgeschwindigkeit sehr stark zunimmt.

[1] ÜBERREITER, K. u. K. KLEIN: Chem. Technik 15, 5 (1942).
[2] JENCKEL, E. u. R. HEUSCH: Kolloid-Z. 118, 56 (1950).
[3] WILEY, R. H., G. M. BRAUER u. A. R. BENNETT: J. Polymer Sci. 5, 609 (1950).
[4] JENCKEL, E.: Z. anorg. allg. Chem. 216, 367 (1934); Z. Elektrochem. angew.
physik. Chem. 43, 796 (1937).
[5] ÜBERREITER, K. u. H. J. ORTHMANN: Kolloid-Z. 123, 84 (1951).

Elftes Kapitel

Einfriererscheinungen und chemische Konstitution.

Von

F. WÜRSTLIN.

Mit 9 Abbildungen.

Wie bereits an mehreren Stellen ausgeführt worden ist (vgl. Kap. X), wird hier unter der Einfriertemperatur diejenige Temperatur verstanden, bei der die betreffende Substanz in den Glaszustand übergeht und die mikrobrownsche Bewegung von Kettensegmenten innerhalb der durch die Versuchsmethode gegebenen Beobachtungszeit zum Erliegen kommt. Die Einfriertemperatur ist ein spezieller Fall der allgemeinen Einfriererscheinungen, die sich immer dann ergeben, wenn irgendein molekularer Bewegungsmechanismus durch Temperaturabfall eingefroren wird. Man beobachtet an hochmolekularen Stoffen eine Reihe von solchen Einfriererscheinungen, und der erste Abschnitt (§ 58) dieses Kapitels wird so eine Zusammenstellung und einen kritischen Vergleich der einzelnen Einfriererscheinungen bringen. In einem weiteren Abschnitt (§ 59) wird der Einfluß des Molekulargewichts auf die Temperaturen der Einfriererscheinungen behandelt. §§ 58 und 59 sind die Vorbereitungen für den dritten Abschnitt „Einfriertemperatur und chemische Konstitution", in dem die eigentlichen Einfriertemperaturen durch Verwendung der in den vorhergehenden Abschnitten gewonnenen Erkenntnis weitgehend durch andere Einfriererscheinungen ergänzt werden, um ein möglichst allgemeines Bild zu erhalten über die Vorgänge, die sich beim Einfrieren der mikrobrownschen Bewegung von Fadenmolekülen abspielen.

§ 58. Zusammenhang
zwischen den verschiedenen Einfriererscheinungen.

a) Allgemeine Betrachtungen.

Jede Beobachtung eines molekularen Bewegungsvorganges unter bestimmten zeitlichen Versuchsbedingungen muß ein Einfrieren des Bewegungsvorganges registrieren, wenn die Versuchssubstanz kontinuierlich abgekühlt wird und damit die Viscosität mit fallender Temperatur kontinuierlich ansteigt. Im Falle der Einfriertemperatur sind es die thermischen Bewegungen der Kettensegmente, die bei etwa 10^{13} P zum Erliegen kommen. Bei polaren hochmolekularen Substanzen kann man Kettensegmente erzwungene Drehbewegungen im elektrischen Wechselfeld ausführen lassen. Der Bewegung wirkt eine Reibungsbehinderung entgegen, die mit fallender Temperatur stark anwächst und auch eine Einfriererscheinung hervorruft, die sich in Form einer anomalen DK-Dispersion abspielt. Die Frequenz des Wechselfeldes bestimmt, welche Relaxationszeit dieses molekularen Bewegungsmechanismus mit der Messung erfaßt wird. Das Einfrieren des Vorganges wird bei um so höherer Viscosität (niedrigerer Temperatur) erfolgen, je länger die Relaxationszeit bzw. je niedriger die Meßfrequenz ist. Grundsätzlich handelt es sich hier um Relaxationszeiten < 1 sec, also um Relaxationszeiten, die auch bei niederen elektrischen Frequenzen immer noch bedeutend kleiner sind als die Relaxationszeit von etwa 10^3 sec, welche aus rein praktischen Gründen der Einfriertemperatur zugeordnet wird. Von der Meßtechnik aus gesehen liegen bei der Bestimmung der Einfriertemperatur und der DK-Dispersion verschiedene Einfriererscheinungen vor. Beide enthalten aber die Funktion $\eta = f(t)$, und es ist durchaus möglich, daß sich in einzelnen Fällen die elektrischen Messungen bis zur Relaxationszeit bzw. Viscosität der Einfriertemperatur extrapolieren lassen. Einige Hinweise hierfür seien in § 58 gebracht, in dem zuerst ein qualitatives Bild über die DK-Dispersion an Hochmolekularen gegeben wird. (Eine weitgehende Behandlung der DK-Dispersion wird in Bd. IV im Kapitel „Struktur und elektrische Eigenschaften" erfolgen.)

Auch bei der Messung der mechanischen Dispersion, z. B. des Elastizitäts- oder Torsionsmoduls in Abhängigkeit von der Temperatur beobachtet man ein Einfrieren mikromolekularer Bewegungsvorgänge, und es gilt hier grundsätzlich das gleiche wie im elektrischen Fall bezüglich der Dispersionslage in Abhängigkeit von der Frequenz. Die mechanische Meßmethode erlaubt hier jedoch wesentlich niedrigere Frequenzen, und es kann so die Temperaturlage der mechanisch gemessenen Dispersion sehr nahe an die Einfriertemperatur heranrücken. Sowohl bei der mechanischen wie auch bei der elektrischen Dispersion besteht die Möglichkeit, daß man molekulare Bewegungen erfassen kann, die sich unabhängig von der mikrobrownschen Bewegung von Kettensegmenten abspielen und die sich in einer eigenen Dispersionsstufe zeigen. Für eine Trennung und Zuordnung der verschiedenen Dispersionsstufen zu bestimmten Molekularbewegungen erweist sich oft die Abhängigkeit der Temperaturlage der Dispersion von der Frequenz als aufschlußreich, da damit die Möglichkeit besteht, den Bewegungsvorgang durch seine Aktivierungsenergie zu charakterisieren.

Schließlich sei noch darauf hingewiesen, daß die mikromolekulare Beweglichkeit bei allen technologischen Verarbeitungen und Anwendungen eine große Rolle spielt und das Einfrieren dieser mikromolekularen Beweglichkeit auch in technologischen Eigenschaftsänderungen sich bemerkbar macht. Diese lange vor der wissenschaftlichen Durchdringung des Gebietes bemerkten Eigenschaftsänderungen führten schon frühzeitig zu den technologischen Meßmethoden der Einfriererscheinungen. Es haften ihnen jedoch in physikalischer Hinsicht sehr große Mängel an (§ 58 d) und sie sind deswegen für die Grundlagenforschung im allgemeinen wenig verwendbar.

b) Dielektrische Dispersion[1].

Nach der bereits in Bd. I, Kap. V behandelten Dipoltheorie zeigen Dipolsubstanzen eine Orientierungspolarisation mit einem wesentlichen Beitrag zur DK, so daß damit $\varepsilon > n^2$ wird. Der Orientierungsvorgang spielt sich bei einer bestimmten Temperatur T_1 mit einer Relaxationszeit τ_1 ab, was immer dann möglich ist, wenn die Frequenz νf des elektrischen Wechselfeldes genügend klein und somit $1/\nu > \tau$ ist. Im Gebiet $1/\nu < \tau$ erfolgt keine Orientierung, da die zur Verfügung stehende Zeit zur Ausrichtung der Dipole nicht ausreicht. Die in Abb. XI, 1 enthaltene Kurve von ε' gegen ν^2 fängt so mit hohem Wert bei niederer Frequenz an und endet bei hoher Frequenz mit niederem ε'-Wert (wobei dieser Wert ε' oft n^2 ist). Im Gebiet $1/\nu = \tau$ zeigt ε' als Funktion der Frequenz eine Dispersion[3]. Führt man den Versuch bei einer höheren Temperatur T_2 durch, so erniedrigt sich die Reibungsbehinderung der Dipolorientierung mit dem Abfall der Viscosität η und der Orientierungsvorgang verläuft nun mit der kleineren Relaxationszeit τ_2. Die DK-Dispersion verschiebt sich so mit erhöhter Temperatur nach höheren Frequenzen. Die Änderung der Relaxationszeit mit der Temperatur deutet an, daß man auch einen Dispersionsverlauf von ε' erhalten muß, wenn man bei konstanter Frequenz ν_1 in Abhängigkeit von der Temperatur T mißt. Ein derartiges Untersuchungsergebnis ist schematisch in Abb. XI, 1 aufgezeichnet. ε' beginnt hier bei niederer Temperatur mit niedrigem Wert (wobei auch hier

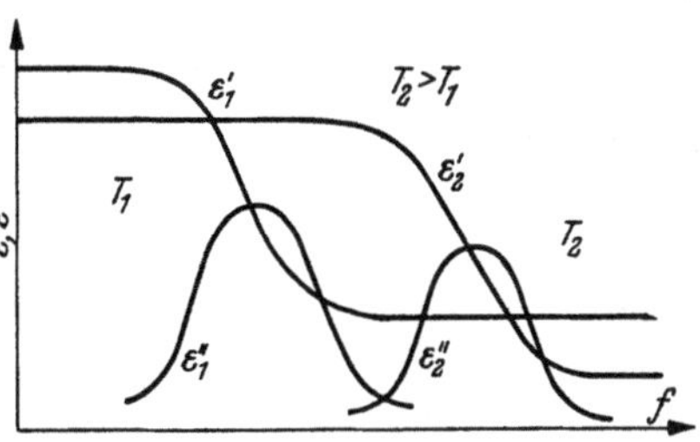

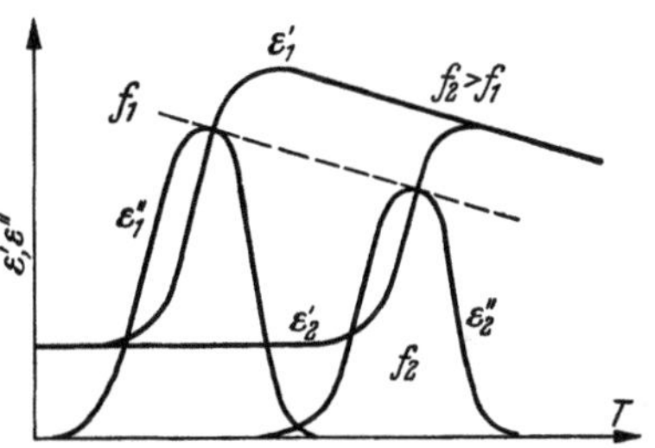

Abb. XI, 1. Schematische Darstellung der anomalen DK-Dispersion. ε' und ε'' als Funktion der Frequenz für zwei verschiedene Temperaturen; ε' und ε'' als Funktion der Temperatur für zwei verschiedene Frequenzen.

---

[1] In Abb. XI, 1 sowie im weiteren Text wird die komplexe Darstellung der Dielektrizitätskonstanten benützt

$$\varepsilon = \varepsilon' - i \cdot \varepsilon''.$$

[2] Die Frequenz ist in Abb. XI, 1 versehentlich mit f statt mit ν bezeichnet.

[3] Man nennt diese Dispersion der DK oft anomale DK-Dispersion, da sie umgekehrt verläuft wie die schon länger bekannte als normal angesehene Dispersion des Brechungsexponenten.

oft $\varepsilon' = n^2$ ist). Mit steigender Temperatur fällt die Viscosität und damit die Reibungsbehinderung, so daß ε' über einen Dispersionsbereich zu einem Maximalwert ansteigt, der dann wieder in unmittelbarer Nähe des Dispersionsbereiches proportional $1/T$ abfällt, da mit steigender Temperatur die Ausrichtung der Dipole mehr und mehr gestört wird. Wird die Messung bei einer höheren Frequenz ν_2 durchgeführt, so bedingt diese eine kleinere Relaxationszeit des Vorgangs, die nur durch verminderte Reibungsbehinderung zu erzielen ist. Das Dispersionsgebiet verschiebt sich somit bei Erhöhung der Frequenz zu höheren Temperaturen. In den beiden schematischen Zeichnungen Abb. XI, 1a und Abb. XI, 1b ist auch der Imaginäranteil ε'' der DK parallel zum Realanteil ε' aufgezeichnet. Nach der Dipoltheorie erreicht ε'' im Dispersionsgebiet einen Maximalwert. Häufig wird auch der Verlustfaktor $\operatorname{tg}\delta$ aufgetragen, der ebenfalls im Dispersionsgebiet eine glockenförmige Kurve mit einem Maximalwert gibt. Da $\operatorname{tg}\delta = \dfrac{\varepsilon''}{\varepsilon'}$, ist ohne weiteres ersichtlich, daß bei $\operatorname{tg}\delta = f(T)$ das Maximum der $\operatorname{tg}\delta$-Kurve bei tieferen Temperaturen liegen muß im Vergleich zur Kurve $\varepsilon'' = f(T)$.

Die Gegenüberstellung zweier Meßmethoden zur Bestimmung der anomalen DK-Dispersion wirft die Frage auf nach den Vor- und Nachteilen der einzelnen Methoden. Von physikalischen Gesichtspunkten ausgehend ist grundsätzlich der Methode der Frequenzvariation der Vorzug zu geben vor der Methode der Temperaturvariation. Bei der letzteren ändert man während der Messung einer Dispersionskurve laufend die Temperatur und damit sowohl die Reibungsbehinderung als auch die Relaxationszeit in unbekannter Weise, wogegen während der Messung mittels Frequenzvariation der Zustand des Materials erhalten bleibt[1]. Wenn trotzdem bei der Messung der DK-Dispersion an unverdünnten hochmolekularen Substanzen in der Literatur wesentlich mehr Bestimmungen der Temperaturvariation als solche der Frequenzvariation zu finden sind, so hat dies folgende Gründe, die hier nur kurz angeführt seien, unter Hinweis auf das in Bd. IV erscheinende Kapitel „Elektrische Eigenschaften hochmolekularer Substanzen".

Jede hochmolekulare Substanz hat auf Grund ihres strukturellen Aufbaus ein breites Relaxationsspektrum, das bei der Bestimmung der DK-Dispersion durch Frequenzvariation durch eine sehr breite Dispersionskurve zum Ausdruck kommt. Die Halbwertsbreite der ε''- oder auch der $\operatorname{tg}\delta$-Kurve beträgt bei unverdünnten hochmolekularen Substanzen etwa 4 bis 6 Dekaden der Frequenz. Alle hochmolekularen Substanzen sind weiterhin gekennzeichnet durch eine hohe Viscosität und durch einen sehr hohen Temperaturgradienten der Viscosität η. Da diese Viscosität in zwar nicht genau erfaßbarer aber im allgemeinen doch direkter Beziehung steht zur Reibungsbehinderung des Orientierungsvorganges, erhält man mit der Bestimmung der DK-Dispersion durch Temperaturvariation einen Dispersionsverlauf in erstaunlich engem Temperaturbereich. Dieser praktische Vorteil wird noch verstärkt dadurch, daß der apparative Auf-

---

[1] Eine ausführliche Diskussion der beiden Meßmethoden befindet sich in F. H. MÜLLER u. CHR. SCHMELZER: Ergebn. exakt. Naturwiss. Bd. XXV (1951).

wand bei der Methode der Temperaturvariation ungleich geringer ist als bei der Methode der Frequenzvariation.

Speziell hier in diesem Kapitel „Einfriertemperatur und chemische Konstitution" werden unverdünnte hochmolekulare Substanzen an Hand ihrer Einfriererscheinungen miteinander verglichen. Die anomale DK-Dispersion – gemessen mit der Methode der Temperaturvariation – liefert die Temperatur der dielektrischen Einfriererscheinung Sie ist, wie aus Abb. XI, 1 hervorgeht, von der Frequenz des Wechselfeldes abhängig und man erfaßt umso längere Relaxationszeiten des molekularen Bewegungsmechanismus bei niederer Temperatur, je kleiner die Frequenz des Wechselfeldes ist. Nach KAUZMANN[1] läßt sich die Funktion $\tau = f(T)$

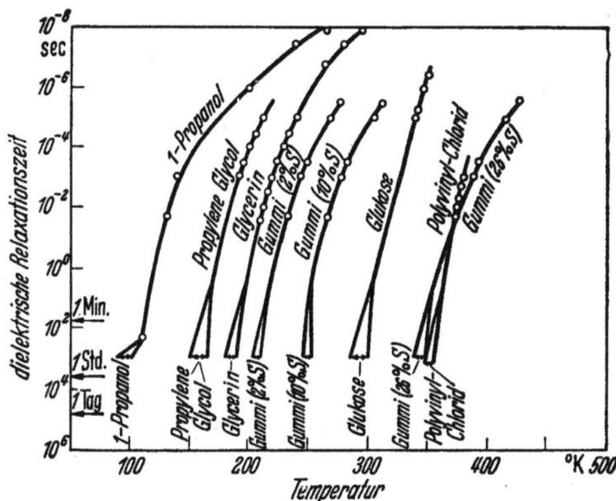

Abb. XI, 2. Zusammenhang zwischen dielektrischen Relaxationszeiten und Einfriertemperaturen bei verschiedenen Gläsern. Horizontale Pfeile deuten die bei verschiedenen Abkühlungsgeschwindigkeiten beobachteten ET-Intervalle an. (Nach W. KAUZMANN.)

bis auf die Einfriertemperatur ausdehnen, die mit einer Versuchsdauer von einigen Minuten gemessen wird. Die bisher vorliegenden vergleichenden Untersuchungen zwischen Einfriertemperatur und Temperaturlage der DK-Dispersion haben immer parallele Ergebnisse geliefert mit einer um so größeren Temperaturdifferenz, je höher die bei der elektrischen Messung verwendete Frequenz war[2]. Es scheint so, daß die Vorgänge bei der Bestimmung der Einfriertemperatur und der DK-Dispersion zumindest eng zusammenhängen.

c) Dispersion des Elastizitätsmoduls.

Der Elastizitätsmodul E^* zeigt in Abhängigkeit von der Frequenz und Temperatur eine Dispersion, die rein äußerlich im Kurvenverlauf weitgehende Ähnlichkeit mit der DK-Dispersion besitzt. (Der Index * bedeutet komplex, d. h. $E^* = E' - i \cdot E''$ entsprechend dem bekannten

$$\varepsilon^* = \varepsilon' - i \cdot \varepsilon''.)$$

Abb. XI, 3. Einfriertemperatur ET und Lage des Verlustwinkelmaximums von Polyvinylacetat als Funktion des K-Wertes (indirektes Maß für den Polymerisationsgrad)[3] (Nach F. WÜRSTLIN.)

Eine Reihe von experimentellen und theoretischen Arbeiten befassen sich mit dem Vergleich der mechanischen und elektrischen Dispersion,

---

[1] KAUZMANN, W.: Chem. Reviews **43,** 219 (1948).

[2] WÜRSTLIN, F.: Kolloid-Z. **110,** 71 (1948).

[3] Der K-Wert ist ein in der deutschen Literatur häufig verwendetes indirektes Maß für den Polymerisationsgrad nach H. FIKENTSCHER: Cellulosechemie **13,** 58 (1932).

deren Parallelität besonders deutlich zum Ausdruck kommt, wenn ε^* mit $1/E^*$ verglichen wird[1]. Nach NOLLE kann man sogar die in der amerikanischen Literatur sehr häufig zu findende Auswertung der DK-Dispersion in Form eines COLE-Bogens[2] vollständig auf die mechanische Dispersion übertragen[3]. Neben diesem rein formalen Vergleich richtet sich das Interesse vor allem darauf, wieweit der molekulare Mechanismus bei der mechanischen und der elektrischen Dispersion übereinstimmt. Ein derartiger Vergleich ist vor allem an Hand der Akti-

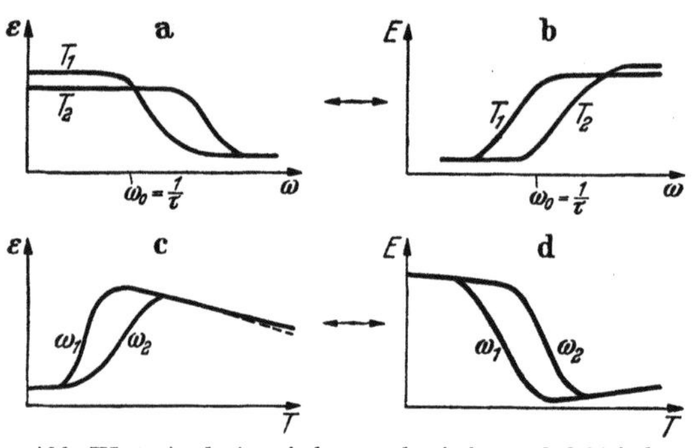

Abb. XI, 4. Analogie zwischen mechanischer und elektrischer Dispersion. (Nach F. H. MÜLLER.)

vierungsenergien zu ziehen, die sich aus der Verschiebung der Frequenzdispersion mit der Temperatur — oder umgekehrt — ergeben. TUCKETT[4] glaubt, daß bei Hochpolymeren $-[-CH_2-CHX-]_x$ mit direkt an der Hauptkette sitzenden Dipolen dieselbe Aktivierungsenergie für den mechanischen und elektrischen Fall aufzubringen ist. Er nennt hierfür Polyvinylchlorid, Polyvinylacetat, Polyacrylsäuremethylester. Verschiedene Resultate zeigen sich dagegen bei Polymethacrylsäuremethylester, wobei TUCKETT selbst darauf hinweist, daß die von ihm angeführte DK-Dispersion einer von der Kettenbeweglichkeit unabhängigen Dipolorientierung entspricht. BROENS und MÜLLER[5] geben mechanische und dielektrische Dispersionsmessungen an Polyacrylsäureestern und Polymethacrylsäureestern an, nach denen dielektrische Aktivierungsenergien stets ein Bruchteil der mechanischen Energien sind, so daß angenommen wird, daß der Kopplungsbereich der gemeinsam bewegten monomeren Einheiten im mechanischen Fall größer ist als im elektrischen Fall. Es wird jedoch vermutet, daß bei diesen Messungen an Polymethacrylsäureester eine Dispersion erfaßt wurde, die nicht der mikrobrownschen Bewegung von Kettensegmenten entspricht[6]. HEYBOER, DEKKING und STAVERMAN[7] so-

[1] ROELIG, H. u. W. WEIDMANN: Kunststoffe 38, 125 (1948). — F. H. MÜLLER: Kolloid-Z. 120, 119 (1951). — K. WOLF: Kunststoffe 41, 89 (1951).

[2] Nach einem von H. COLE u. K. S. COLE: J. chem. Physics 9, 341 (1941) angegebenen Auswertungsverfahren für dielektrische Messungen von ε' und $\varepsilon'' = f(\nu)$ wird ε'' über ε' aufgetragen. Bei einer singulären Relaxationszeit liegen die Punkte auf einem Halbkreis mit dem Mittelpunkt auf der ε'-Achse. Erhält man dagegen Kreisbögen mit dem Mittelpunkt unter der ε'-Achse, so deutet dies auf eine Verschmierung der Relaxationszeit. Weitere Ausführungen über den COLE-Bogen in Bd. IV, Kap. VIII „Struktur und elektrische Eigenschaften".

[3] NOLLE, A. W.: J. Polymer Sci. 5, 1 (1950).

[4] TUCKETT, R. F.: Trans. Faraday Soc. 40, 448 (1944).

[5] BROENS, O. u. F. H. MÜLLER: Kolloid-Z. 119, 45 (1950).

[6] WÜRSTLIN, F.: Kolloid-Z. 134, 135 (1953).

[7] HEYBOER, J., P. DEKKING u. A. J. STAVERMAN: Proc. 2. Intern. Congr. Rheology S. 123 (1953).

wie DEUTSCH, HOFF und REDDISH[1] haben in der Zwischenzeit die Verhältnisse weitgehend geklärt. Zwei dicht nebeneinander liegende Dispersionen, die sich sowohl elektrisch wie mechanisch bemerkbar machen, konnten der Kettenbeweglichkeit bzw. einer unabhängig von der Kette beweglichen kleineren Gruppe zugeordnet werden. Der energetische Vergleich zwischen diesen beiden Dispersionsvorgängen ist noch nicht häufig genug untersucht, um eindeutig dazu Stellung nehmen zu können. Teilweise ist dies auf die obenangeführte Schwierigkeit zurückzuführen, einer gegebenen Dispersionsstufe den Bewegungsmechanismus zuzuordnen. Offensichtlich liegt dies auch daran, daß die meist mit niederen Frequenzen bestimmten mechanischen Dispersionen nicht bis zu den höheren elektrischen Frequenzen verfolgt werden konnten. Aus letzterem Grunde wird deshalb den Meßmethoden unter Verwendung der Ultraschalltechnik eine große Rolle zukommen, die auch wie bei BAKER, MASON und HEISS[2] oder bei FERRY[3] Untersuchungen in Abhängigkeit von der Frequenz erlauben. Wie sich schon bei BAKER, MASON und HEISS[2] zeigt, ist damit die Möglichkeit gegeben, innerhalb eines größeren Frequenzbereiches Dispersionsstufen nebeneinander zu verfolgen, deren Zuordnung zu bestimmten Bewegungsvorgängen allerdings nicht einfach ist.

Die Bedeutung der praktischen Anwendung der elektrischen und mechanischen Dispersionsmessungen als physikalisch-analytische Methode wird noch dadurch erhöht, daß beide Methoden weitgehend ergänzungsfähig sind. Es ist klar, daß bei unpolaren Hochmolekularen nur die mechanische Methode angewendet werden kann, da die elektrische Methode wegen des Fehlens von Dipolen nicht anspricht. Dagegen hat die mechanische Messung in der Form von Torsionsschwingungen[4] oder Biegeschwingungen[5] bei niederen Frequenzen den Nachteil, daß sie eine Festigkeit der Proben voraussetzt und so keine Untersuchung im flüssigen Zustand zuläßt, was wiederum bei der dielektrischen Messung keinerlei Schwierigkeiten verursacht. Die mechanischen Dämpfungskurven zeigen im allgemeinen geringere Halbwertsbreiten als die elektrischen Kurven[4, 6]. Dieses höhere Auflösungsvermögen kann bei Untersuchungen von Mischsystemen von Bedeutung sein. An Polyvinylacetat liegt bei $2 \cdot 10^6$ Hz eine unveröffentlichte Messung von H. THURN vor, der dielektrisch und akustisch drei Dämpfungsmaxima bei genau der gleichen Temperatur findet. Die Halbwertsbreiten stehen im Verhältnis etwa $3 : 4$.

d) Technologische Untersuchungen.

Die Gruppe der technologischen Untersuchungsmethoden der Einfriererscheinungen hängt eng mit der praktischen Anwendung der Kunst-

[1] DEUTSCH, K., E. A. W. HOFF u. W. REDDISH: J. Polymer Sci. 13, 565 (1954).
[2] BAKER, W. O., W. P. MASON u. J. H. HEISS: J. Polymer Sci. 8, 129 (1952).
[3] FERRY, J. D., W. M. SAWYER u. J. N. ASHWORTH: J. Polymer Sci. 2, 593 (1947).
[4] SCHMIEDER, K. u. K. WOLF: Kolloid-Z. 127, 65 (1952).
[5] MÜLLER, F. H.: Kolloid-Z. 114, 2 (1949).
[6] NIELSEN, L. E., R. BUCHDAHL u. R. LAVREAULT: J. appl. Physics 21, 607 (1950).

stoffe zusammen. Als Kriterium für die Anwendungstechnik bestimmt man bei weichen Kunststoffen die bei tiefen Temperaturen einsetzende Versprödung und bei harten Kunststoffen die bei höheren Temperaturen einsetzende Erweichung. Man tat dies in einem frühen Stadium der Kunststoffentwicklung durch solche technologischen Prüfmethoden, die zum Teil aus der Materialprüfung der Metalle stammen. Diese in der Anwendungstechnik auch heute noch verwendeten Methoden sind Zerstörungsprüfungen wie z. B. die Bestimmung der Kältefestigkeit, des „brittle point" oder es sind Deformationsprüfungen wie bei der Bestimmung der Martenszahl, der Vicatzahl, der „flex temperature", bei denen man diejenige Temperatur als charakteristische Größe ansieht, bei der Zerstörung eintritt oder sich eine bestimmte Deformation ergibt. In keinem Falle mißt man mit diesen Methoden eine spezifische Temperatur im Sinne einer Umwandlungstemperatur, die von der Probendimension und vom Meßverfahren unabhängig ist. Es sind vielmehr alle unbekannten und komplizierten Abhängigkeiten von Probenform, Meßverfahren, apparativen Werten in den Ergebnissen vorhanden und nur eine mehr oder weniger willkürliche konventionelle Festlegung aller Versuchsdaten bietet die Möglichkeit zu Vergleichsprüfungen.

Diese technologischen Prüfmethoden können sehr verbessert werden dadurch, daß man von einer Einpunktmethode dazu übergeht, eine Eigenschaft in Abhängigkeit von der Temperatur zu untersuchen. Die Methode von CLASH und BERG[1], nach der die Temperatur ermittelt wird, bei der eine bestimmte Biegedeformation sich einstellt, wird von anderen Bearbeitern so modifiziert, daß man den Elastizitätsmodul in Abhängigkeit von der Temperatur untersucht und die Temperatur als charakteristisch für eine Einfriererscheinung ansieht, bei welcher der $\log E$ über der Temperatur einen Wendepunkt zeigt[2]. Nach STÖCKLIN[3] kann auch die Rückprallelastizität als Funktion der Temperatur mit Erfolg angewandt werden, und nach JENCKEL und KLEIN[4] lassen sich aus der Rückprallelastizität sogar Relaxationszeiten bestimmen.

Die Unterschiede zwischen physikalischer und technologischer Bestimmung der Temperatur der Einfriererscheinungen können mitunter sehr kraß zum Ausdruck kommen. Nach Abb. XI, 3 steigt bei einer polymerhomologen Reihe die Einfriertemperatur asymptotisch mit dem Molekulargewicht an bis zu einem Grenzmolekulargewicht, von dem ab die Einfriertemperatur konstant bleibt. Derselbe Gang wird auch für die Temperatur der DK-Dispersion gemessen. Bestimmt man aber an derselben polymerhomologen Reihe den „brittle point", so fällt diese Temperatur mit steigendem Molekulargewicht bis zu einem Endwert ab, der ebenfalls wieder vom weiter ansteigenden Molekulargewicht unabhängig ist. Dieser Endwert des „brittle point" ist um einige °C höher als der

[1] CLASH, R. F. u. R. M. BERG: Ind. Engng. Chem. **34,** 1218 (1942).

[2] NIELSEN, L. E., R. E. POLLARD u. E. McINTYRE: J. Polymer Sci. **6,** 661 (1951).

[3] STÖCKLIN, P.: Kautschuk **18,** 151 (1942); **19,** 3 (1943); Kautschuk u. Gummi **3,** 45 (1950).

[4] JENCKEL, E. u. E. KLEIN: Z. Naturforsch. **7 a,** 619 (1952).

Endwert der Einfriertemperatur[1]. RICHARDS[2] vergleicht normales technisches Polyäthylen mit einem aus Diazomethan hergestellten unverzweigten Polymethylen mit etwas niedrigerem Molekulargewicht und stellt hierbei fest, daß dieses unverzweigte Polymethylen einen höheren „brittle point" besitzt als das Polyäthylen. Dies könnte im Sinne der eben diskutierten Molekulargewichtsabhängigkeit eine Folge des niederen Molekulargewichts sein. Da das unverzweigte Polymethylen außerdem einen außerordentlich hohen Anteil (etwa 95%) an kristallisierter Substanz besitzt, kann aber auch dies im Sinne des Abschnitts e) die hohe Lage des „brittle point" verursachen.

e) Einfluß der Kristallinität.

Mißt man mit einer technologischen Meßmethode die Wärmefestigkeit z. B. einer Mischpolymerisatreihe, so ergibt sich – sofern es sich bei allen untersuchten Produkten um amorphe Hochmolekulare handelt – meist ein paralleler Gang dieser Temperatur der Wärmefestigkeit mit der Einfriertemperatur oder der Temperatur der mechanischen bzw. dielektrischen Dispersion. Wird dagegen eine Reihe gemessen, in der neben amorphen Substanzen auch partiell kristalline Substanzen vorkommen, so können bei physikalischer und technologischer Bestimmung der Temperatur der Einfriererscheinungen erhebliche Unterschiede auftreten. BOYER[3] mißt an einer Mischpolymerisatreihe Vinylidenchlorid-Vinylchlorid den Erweichungspunkt (vermutlich vergleichbar mit der Martenszahl) und die Einfriertemperatur. Während die Einfriertemperatur von $-17°C$ für Polyvinylidenchlorid auf $+85°C$ für Polyvinylchlorid nahezu gleichmäßig ansteigt, durchläuft dagegen die Erweichungstemperatur ein tiefes Minimum. Polyvinylidenchlorid hat durch seinen symmetrischen Bau starke Kristallisationsneigung und liegt als partiellkristalline Substanz vor. Durch zunehmende Mischpolymerisation mit Vinylchlorid wird die Kristallisation gestört, was sich im Absinken des Schmelzpunktes der kristallinen Bereiche sowie auch im Absinken des Volumenverhältnisses kristallin-amorph bemerkbar macht. Dieser Gang beeinflußt auch die Erweichungstemperatur, bis gegen das reine Vinylchlorid zu die Kristallisationstendenz verschwunden ist. Nach OAKES und RICHARDS[4] zeigt die Reihe der nachchlorierten Polyäthylene vom Polyäthylen ausgehend zuerst von $90°C$ bis unter $20°C$ abfallende Temperaturwerte des „brittle point", die dann wieder bis auf $67°C$ ansteigen bei einem Chlorgehalt von 60%. Im Gegensatz dazu verschiebt sich die DK-Dispersion mit steigendem Chlorgehalt monoton nach höheren Tempe-

---

[1] BOYER, R. F. u. R. S. SPENCER: Advances in colloid science II, New York 1946. Die Bestimmung des „brittle point" spricht als Zerstörungsprüfung hauptsächlich auf die Fehlstellen an. Jede Unterbrechung eines Fadenmoleküls ist eine solche Fehlstelle, und es sind demnach in einer amorphen niedermolekularen Substanz außerordentlich viele Fehlstellen vorhanden, so daß eine derartige Substanz bei Abkühlung sich sehr spröde verhält und schon weit oberhalb der Einfriertemperatur bei geringster mechanischer Beanspruchung bricht.

[2] RICHARDS, R. B.: J. appl. chem. 1, 370 (1951).

[3] BOYER, R. F.: Canadian Chem. and Process Ind., August 1944.

[4] OAKES, W. G. u. R. B. RICHARDS: Trans. Faraday Soc. 42 A, 197 (1944).

raturen. Die Erklärung dieses verschiedenen Verhaltens kann ähnlich wie oben nur gegeben werden durch Berücksichtigung des kristallinen Anteils. Durch zunehmende Chlorierung der Ausgangssubstanz Polyäthylen wird der kristalline Anteil in zunehmendem Maße unterdrückt was sich im Absinken des Schmelzpunktes der kristallinen Bereiche und dem zurückgehenden Volumenverhältnis kristallin–amorph bemerkbar macht[1]. Während nun die DK-Dispersion sich nur im amorphen Bereich abspielt, spricht der „brittle point" auch auf den kristallinen Anteil an und sinkt so mit dessen Verminderung ab. Erst wenn der kristalline Anteil bei einer bestimmten Chlorierungsstufe verschwunden ist, beginnt auch der „brittle point" mit der DK-Dispersion nach höheren Temperaturen zu rücken.

Man kann so als sicher annehmen, daß der „brittle point" und jede andere mechanische Bestimmung einer Einfriererscheinung, bei der ein geformter Probekörper deformiert wird, von kristallinen Anteilen einer hochmolekularen Substanz beeinflußt wird. Wir werden aber im § 60 sehen, daß es möglich war, mit Hilfe mechanischer Dispersionsmessungen die Einfriererscheinungen amorpher und kristalliner Anteile, gerade auch an den beiden letzten hier betrachteten Beispielen, von einander getrennt zu messen und zu deuten.

Es sei hier weiter auf eine Arbeit verwiesen[2], in der die dielektrischen Messungen an den beiden Polyestern aus 1,4-Butandiol und Adipinsäure sowie 1,3-Butandiol und Adipinsäure verwertet sind. Die Temperaturlage der DK-Dispersion des kristallisierenden 1,4-Butandiolesters ist hier sogar um einige °C niedriger als beim rein amorphen 1,3-Butandiolester. Die höhere Temperaturlage der DK-Dispersion des 1,3-Butandiolesters ist bedingt durch die höhere Dipolkonzentration längs der Hauptkette.

Nach BOYER und SPENCER[3] wird bei Mischpolymerisaten von Vinylidenchlorid-Vinylchlorid mit 0 bis 65% kristallinem Anteil ebenfalls kein Einfluß der kristallinen Bereiche auf die Einfriertemperatur gefunden. Im Gegensatz dazu berichten aber KOLB und IZARD[4], daß bei Terylen im rein amorphen Zustand eine Einfriertemperatur von 67°C, im kristallisierten Zustand dagegen eine Einfriertemperatur von 81°C gefunden wird. Die angeführten Beispiele lassen vermuten, daß man die Frage nach einer Beeinflussung der Einfriertemperatur durch kristalline Bereiche nicht allgemein gleichlautend beantworten kann. Die heute allgemein anerkannte Auffassung, daß sich in partiell-kristallinen hochmolekularen Substanzen die Fadenmoleküle durch mehrere amorphe und kristalline Bereiche bei unscharfen Übergängen erstrecken können, hat logischerweise zur Folge, daß man die kristallinen Bereiche als Vernetzungsstellen ansehen muß, die sich z. B. im gestreckten Kautschuk auch als solche bemerkbar machen. Von ÜBERREITER[5] wurde nun eindeutig festgestellt,

---

[1] Die Chlorierung kann in verschiedener Weise vorgenommen werden mit unterschiedlicher Auswirkung auf die Struktur und Eigenschaften der chlorierten Polyäthylene. Chlorierte Polyäthylene gleichen Chlorgehalts können sich so sehr verschieden verhalten.   [2] WÜRSTLIN, F.: Kolloid-Z. **110**, 71 (1948).

[3] BOYER, R. F. u. R. S. SPENCER: J. appl. Physics **15**, 398 (1944).

[4] KOLB, H. J. u. E. F. IZARD: J. appl. Physics **20**, 564 (1949).

[5] ÜBERREITER, K.: Z. physik. Chem. B **45**, 361 (1940).

daß hauptvalenzmäßige Vernetzungen sich erst von einem gewissen Mindestmaß an bei den Einfriertemperaturen bemerkbar machen, während Fließerscheinungen sofort auf geringste Vernetzung ansprechen. Vgl. hier auch das in § 59, S. 652 Gesagte, insbesondere die Versuche an vulkanisiertem Kautschuk. Man muß auch hier bei einer kristallinen Vernetzung erwarten, daß sie sich erst bemerkbar macht durch Beeinflussung der Einfriertemperaturen, wenn durch die Kristallisation die durchschnittliche Größe der amorphen Bezirke bis auf die Kopplungsbereiche[1] herunter verkleinert wird. Dies wird im Gegensatz zur Hauptvalenzvernetzung erst bei einem höheren Volumenverhältnis kristallin–amorph der Fall sein und daher ist auch verständlich, daß BOYER in dem genannten Mischpolymerisat Vinylidenchlorid–Vinylchlorid sogar bei 65% noch keinen Einfluß auf die Einfriertemperatur gefunden hat. Man kann vermutlich auch nicht einfach das Volumenverhältnis kristallin–amorph zur Beurteilung heranziehen, sondern es muß noch ergänzt werden durch die durchschnittliche Größe der kristallinen Bereiche, da zweifellos bei einem gegebenen Volumenverhältnis viele kleine kristalline Bereiche als Vernetzungsstellen sehr viel wirksamer sein werden als wenige große. Bei Verarbeitungs- und Vergütungsprozessen von kristallinen Hochmolekularen spielt dies eine Rolle. Weitere Ausführungen über partiell kristalline Hochpolymere folgen in § 60c.

§ 59. Einfriererscheinungen in Abhängigkeit vom Molekulargewicht.

Bei allen technologischen Eigenschaften der Kunststoffe findet man eine Abhängigkeit vom Molekulargewicht (im folgenden einfach mit MG bezeichnet), und man ist bemüht, hohe MG zu erreichen, um optimale Eigenschaften zu erhalten[2]. STAUDINGER machte darauf aufmerksam, daß von einem Mindest-MG ausgehend sehr viele Eigenschaften bei weiterer Erhöhung des MG sich praktisch nicht mehr ändern. Dieselbe Tendenz ist auch bei Einfriererscheinungen zu beobachten. Ausgehend von niederen MG findet man bei den polymerhomologen Reihen stets ansteigende Werte der Temperaturen, die zur Charakterisierung der Einfriererscheinungen ermittelt werden, wie z. B. die Einfriertemperatur oder die Temperaturlage der anomalen DK-Dispersion. Schließlich nähern sich diese Werte einem Endwert. Diesem entspricht ein Grenzmolekulargewicht, von dem ab diese Temperaturen auch mit weiter ansteigendem MG sich nicht mehr ändern. Das Grenzmolekulargewicht ist jedoch nicht sehr scharf und auch bisher nur bei wenigen Polymerhomologen ermittelt worden. Aus diesen wenigen Werten scheint hervorzugehen, daß das Grenzmolekulargewicht bei nichtkristallinen Hochpolymeren um so höher ist, je höher der Endwert der Einfriertemperatur einer polymerhomologen Reihe ist.

---

[1] Siehe nächsten Abschnitt: Einfriertemperatur in Abhängigkeit vom Molekulargewicht.

[2] MERZ, E.H., L.E.NIELSEN u. R.BUCHDAHL: Ind. Engng.Chem. **43,** 1396 (1951).

Zur Deutung dieser MG-Abhängigkeit der Einfriertemperaturen scheint die Auffassung berechtigt, daß sich eine hochmolekulare Substanz in Kettenteilstücken bewegt, wobei das Grenzmolekulargewicht etwa die Größe des Kopplungsbereiches[1] charakterisiert, über die hinweg sich eine örtliche Drehbewegung bemerkbar macht. Dies gilt jedoch nur für unverdünnte Hochmolekulare, und die für die Drehung der Kettenstücke um ihre Fadenachse maßgebenden Segmente sind nicht mit den Segmenten *gelöster* Hochmolekularer identisch. Die Zahl der Kettenglieder im KUHNschen Fadenelement ist bekanntlich dadurch bedingt, daß das letzte Glied gegenüber dem ersten beliebig orientierbar sein soll. Im allgemeinen ist zu erwarten, daß der Kopplungsbereich im Festkörper größer ist als die Länge des Fadenelementes der freien Kette in Lösung. Wie die Abb. XI, 5 zeigt, wird der Kopplungsbereich des Festkörpers — in diesem Falle charakterisiert durch die MG-Abhängigkeit der Temperatur der DK-Dispersion — kleiner bei stufenweisem Zusatz von Lösungsmittel[2]. In einer weiteren Untersuchung an derselben Substanzreihe wird gezeigt, daß die Aktivierungsenergie für die DK-Dispersion als Funktion des MG ähnliche Kurven ergibt wie in Abb. XI, 5. Für das reine Polyvinylacetat steigt die Aktivierungsenergie mit dem MG an bis zu einem Wert von etwa 35 kcal/Mol bei MG = 20000. Für weichgemachtes Polyvinylacetat (50/50) steigt dagegen die Aktivierungsenergie nur noch bis etwa 28 kcal/Mol an und erreicht diesen Endwert schon bei niedrigerem MG[3].

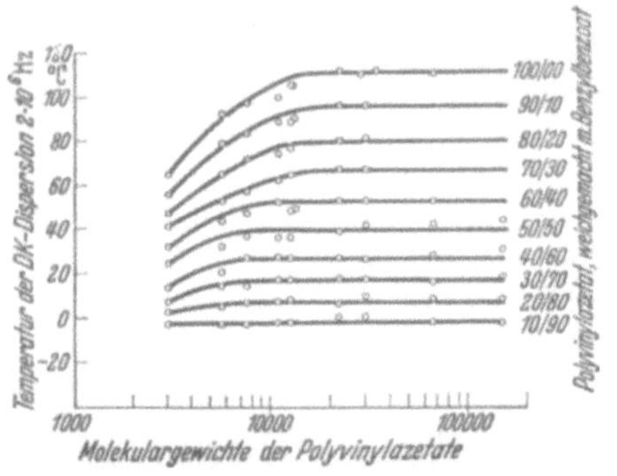

Abb. XI, 5. DK-Dispersion für weichgemachte Polyvinylacetate in Abhängigkeit von Molekulargewicht und Weichmachung. (Nach F. WÜRSTLIN.)

Es seien im folgenden die wenigen Messungen aufgezählt, die eine Abschätzung des Kopplungsbereiches von unverdünnten Fadenmolekülen erlauben. KAUZMANN und EYRING[4] bestimmten mit Hilfe von viscosimetrischen Messungen an geschmolzenen Paraffinen, daß sich diese in Form von Segmenten bewegen, deren Länge mit etwa 20 bis 25 Kohlenstoffatomen angegeben werden kann. Es ist anzunehmen, daß bei den im Bauprinzip mit den Paraffinen übereinstimmenden unpolaren aliphatischen Fadenmolekülen wie Polyäthylen, Polyisobutylen und Polybutadien ähnliche Segmentlängen erhalten werden müssen. Dem entsprechen auch die Ergebnisse von Messungen der gleichen Autoren an Polyisopren. Auch hier wird viscosimetrisch eine Segmentlänge von etwa 40 Kohlen-

[1] Diskussionsbemerkung H. A. STUART: Kolloid-Z. **120**, 102 (1951).
[2] WÜRSTLIN, F.: Kolloid-Z. **120**, 84 (1951).
[3] WÜRSTLIN, F.: Kolloid-Z. **134**, 135 (1953). An diese Publikation schließt sich eine Diskussion an über die MG-Abhängigkeit dieser Werte.
[4] KAUZMANN, W. u. H. EYRING: J. Amer. chem. Soc. **62**, 3113 (1940).

stoffatomen erhalten. Ähnliche Werte liegen auch vor bei ebenfalls aliphatisch gebauten, aber polaren Fadenmolekülen wie Polyestern, bei denen jedoch die polaren Gruppen in so kleiner Konzentration vorhanden sind, daß auf die Temperaturlage von Einfriererscheinungen nur ein geringer Einfluß vorhanden ist. Bei derartigen polaren Fadenmolekülen, wie z. B. den Polyestern mit durchschnittlich wenigstens vier Methylengliedern zwischen benachbarten Estergruppen ergab die viscosimetrische Messung wieder eine Segmentlänge von etwa 30 kettenständigen Atomen. Die MG-Abhängigkeit der Temperatur der DK-Dispersion wurde bei ebensolchen Polyestern unterhalb $MG = 1000$ gefunden, so daß damit auf eine Kopplungslänge von < 60 Kettenatomen geschlossen werden kann[1]. Nähert man in diesen aliphatischen Polyestern die in der Kette benachbarten Estergruppen auf weniger als vier Methylenglieder, so steigt nicht nur die Temperatur der Einfriererscheinungen an, sondern auch das Grenzmolekulargewicht und damit der Kopplungsbereich. Bei dem polaren Polyvinylacetat wird das Grenzmolekulargewicht für die Einfriererscheinungen erst bei einem MG von etwa 20000 erreicht, wie aus Abb. XI, 5 zu entnehmen ist. In Übereinstimmung damit finden FUNT und MASON[2] bei dielektrischen Messungen an drei Polyvinylacetaten von MG 15000, 60000 und 100000, daß das sich als Relaxationseinheit bewegende Kettenstück nur bei den beiden höhermolekularen Substanzen kleiner ist als das ganze Molekül. Auch für halogenhaltige Fadenmoleküle liegen einige Zahlen vor, die andeuten, daß der Kopplungsbereich im ungelösten Fadenmolekül weitgehend von der Konzentration der polaren Gruppen abhängig ist. SCHNEIDER, CARTER, MAGAT und SMYTH[3] bestimmten an Chloropren die Relaxationseinheit des dielektrischen Vorganges zu 17 Kohlenstoffatomen, die größenordnungsmäßig mit den oben besprochenen Werten an unpolaren Fadenmolekülen übereinstimmt. Bei Polyvinylchlorid mit der doppelten Konzentration an Halogen und der wesentlich höheren Einfriertemperatur wird dagegen bis zu den hohen MG der technischen Produkte immer noch eine Abhängigkeit der Temperaturlage der DK-Dispersion vom MG gefunden[4]. so daß offensichtlich bei einem solchen hohen MG der Kopplungsbereich noch nicht überschritten ist. Auch bei unpolaren Fadenmolekülen kann die Einfriertemperatur in Abhängigkeit von dem MG bis zu hohen Werten ansteigen, wenn die Kette infolge sterischer Behinderung einen großen Kopplungsbereich hat. Ein Beispiel dafür ist Polystyrol, das bis zu einem MG von etwa 30000 bis 50000 einen Anstieg der Einfriertemperatur zeigt[5].

---

[1] WÜRSTLIN: Kolloid-Z. **120,** 84 (1951).

[2] FUNT, B. L. u. S. G. MASON: Canad. J. Res., Sect. B, **28,** 188 (1950).

[3] SCHNEIDER, W. C., W. C. CARTER, M. MAGAT u. C. P. SMYTH: J. Amer. chem. Soc. **67,** 959 (1945).

[4] FUOSS, R. M.: J. Amer. chem. Soc. **63,** 2401 (1941). — R. CHARBONNIERE: C. R. **229,** 46 (1949). — P. GIRARD, P. ABADIE u. R. CHARBONNIERE: C. R. **229,** 1319 (1949).

[5] JENCKEL, E. u. K. ÜBERREITER: Z. physik. Chem. A **182,** 361 (1938). — T. G. FOX u. P. J. FLORY: J. appl. Physics **21,** 581 (1950). — K. ÜBERREITER u. G. KANIG: Z. Naturforsch. **6 a,** 551 (1951). Aus der Arbeit: E. H. MERZ, L. E. NIELSEN u. R. BUCHDAHL: Ind. Engng. Chem. **43,** 1396 (1951) ist zu entnehmen, daß das Grenzmolekurlagewicht < 150000 ist.

Eine interessante Bestätigung dieses Kopplungsbereiches der Rotationsbewegung von Fadenmolekülen um ihre Fadenachse wird an Hand folgender Versuchsergebnisse möglich. An mit verschiedenen Mengen Divinylbenzol vernetzten Polystyrolen bestimmten BOYER und SPENCER[1] den Einfluß der Vernetzung auf die Einfriertemperatur ET und konnten feststellen, daß erst von einem Zusatz von etwa 0,4% Vernetzer ab eine Erhöhung der Einfriertemperatur auftritt. Aus dieser Mindestmenge Vernetzer, von der ab die ET erhöht wird, läßt sich der Polystyrolanteil je Vernetzungsstelle errechnen. Er stimmt praktisch überein mit dem Kopplungsbereich des Polystyrols. Ähnliche Versuche an Polyisopren sind in der gleichen Arbeit angeführt, in denen BEKKEDAHL den Einfluß der Vulkanisation auf die Einfriertemperatur des mit Schwefel vernetzten Polyisoprens untersucht, mit dem Ergebnis, daß sich auch hier wieder schon geringe Schwefelmengen in den makroskopischen Eigenschaften des daraus entstandenen Weichgummis auf Fließverhalten usw. bemerkbar machen. Der Einfluß auf die Einfriertemperatur des vulkanisierten Polyisoprens macht sich jedoch erst bei einem höheren Schwefelgehalt von etwa 2% bemerkbar. Man kann auch hier einen für die Einfriertemperatur kritischen Schwefelgehalt erkennen. SCHMIEDER und WOLF[2] haben an mit verschiedenen Schwefelmengen vulkanisierten Naturkautschukproben mechanische (Torsions-)Dispersionsmessungen durchgeführt und fanden bei etwa 2 Hz für stärker vernetzte Kautschuke von etwa 5 bis 10% Schwefel an aufwärts bis 30% Schwefel[3] eine lineare Zunahme der Temperaturlage des Dispersionsgebietes von etwa $-40°$C bis $+63°$C. Bei niederem Schwefelgehalt ändert sich die Temperatur wesentlich langsamer und mündet bei $-50°$C und 1,5% S in den Wert des unvulkanisierten Kautschuks ein. Messungen des Fließverhaltens und der Temperaturbeständigkeit des Moduls im gummielastischen Bereich zeigten eine wesentlich empfindlichere Reaktion auf den Vulkanisationsgrad. Die optimale Vulkanisation konnte bei 2% S bestimmt werden. Eine Umrechnung auf das zwischen benachbarten Vernetzungsstellen sich erstreckende Kettenstück ist allerdings beim Kautschuk kaum möglich, solange man über die strukturelle Anordnung der S-Atome in den Vernetzungsstellen keine sicheren Aussagen machen kann. Bei vernetzten Polyesterharzen, die durch kurze, steife Brücken vernetzt waren, stellten sie bei etwa 2 Hz eine Verschiebung der Temperatur des Dämpfungsmaximums von $+21°$ C bei im Mittel 50 kettenständigen Atomen zwischen zwei Vernetzungsstellen, bis zu $+93°$C bei 24 kettenständigen Atomen zwischen zwei Vernetzungsstellen fest. Beim letzteren Produkt war die Konzentration der Estergruppen doppelt so groß wie beim ersteren, die Konzentration zusätzlicher sterisch hindernder Gruppen fünfmal so groß.

Wenn nun im folgenden die linearen hochmolekularen Substanzen in Abhängigkeit von der chemischen Konstitution an Hand der Einfrier-

---

[1] BOYER, R. F. u. R. S. SPENCER: Second order transition effect in rubber and other high polymers. — Advances in colloid science II, New York 1946.

[2] SCHMIEDER, K. u. K. WOLF: Kolloid-Z. **134**, 149 (1953).

[3] Die prozentualen Schwefelmengen sind jeweils auf 100 Gewichtsteile Kautschuk gerechnet.

erscheinungen diskutiert werden, so ist nach dem eben behandelten verständlich, daß man dabei die Endwerte der Einfriertemperatur zugrunde legen muß. Dies bedeutet nicht, daß man für jede hochmolekulare Substanz die Einfriertemperatur als Funktion des MG der polymerhomologen Reihe bestimmen muß. Es genügt, wenn man zwei gleiche Einfriertemperaturen ermittelt an zwei polymerhomologen Substanzen, die nach einer relativen Molekulargewichtsbestimmung ungleiche MG haben. Hinzu kommt noch die Forderung, daß diese Substanzen keine Anteile von Niedermolekularen enthalten dürfen, deren eigene Einfriertemperaturen unterhalb des Endwertes liegen. Für Polystyrol wurde z. B. früher als Einfriertemperatur $+80°$C angegeben, während man heute etwa $+100°$C als den Endwert ansehen muß, nachdem festgestellt wurde, daß Polystyrol ohne besondere Aufarbeitungsmethoden leicht niedermolekulare bis monomere homologe Anteile enthalten kann, die als Weichmacher wirken und die Einfriertemperatur herunterdrücken. Auch hier liegen mechanische Dispersionsversuche von SCHMIEDER und WOLF[1] vor, bei denen das von monomeren Anteilen freie Polystyrol sein Dämpfungsmaximum bei 0,9 Hz bei 116°C erreicht, ein Polystyrol mit einem etwas weniger als 1% betragenden Monomerengehalt und einem vermutlich kleinen, aber nicht genauer bestimmten zusätzlichen Gehalt an Niedrigmolekularem bei 0,7 Hz bei 100°C.

§ 60. Einfriertemperatur und chemische Konstitution.

Die Tab. XI, 2[2] der Einfriertemperaturen am Schlusse dieses Paragraphen beginnt mit den Werten der reinen Kohlenstoffketten. *Polyäthylen, Polybutadien, Polyisopren* sowie *Polyisobutylen* haben nach der bisherigen Literatur praktisch übereinstimmende Werte der Einfriertemperatur von -60 bis $-70°$C. Nach Ansicht von SCHMIEDER und WOLF[1] ist aus mechanischen Dispersionsmessungen an Polyäthylen und nachchlorierten Polyäthylenen zu schließen, daß das mit etwa 9 Hz bestimmte mechanische Dispersionsgebiet des technischen nicht verzweigten amorphen Polyäthylens mit seiner mittleren Temperatur bei etwa $-110°$C liegt. Das Dispersionsgebiet von Polyisobutylen fanden diese Autoren bei 1 Hz bei $-48°$C, das-

---

[1] SCHMIEDER, K. u. K. WOLF: Kolloid-Z. **134,** 149 (1953).

[2] In der folgenden Übersicht über die bisher an linearen Hochmolekularen gemessenen Einfriertemperaturen ET sind im Sinne des ersten Abschnittes dieses Kapitels § 58 zur Ergänzung und Abrundung auch andere Einfriererscheinungen und deren Temperaturen hinzugezogen worden wie der in Tab. XI, 2 enthaltene „Brittle point" T_B. Man kommt so wenigstens bei amorphen Hochmolekularen zu einem klaren Zusammenhang zwischen Einfriertemperatur und Konstitution. Wesentlich schwieriger ist die Deutung dieses Zusammenhangs bei amorph kristallinen Hochpolymeren, wie bereits ausgeführt wurde. Eine weitere Schwierigkeit für diese Übersicht liegt auch darin, daß die chemische Konstitution meist nur als Bruttoformel angegeben werden kann. Die riesige Variationsmöglichkeit in isomeren Molekülen beim Aufbau einer Kette aus monomeren Einheiten kann in keinem Falle erfaßt, sondern höchstens angedeutet werden. G. V. SCHULZ: Z. Elektrochem. angew. physik. Chem. **54,** 13 (1950).

jenige von Polyisopren (Kautschuk) bei 2 Hz bei $-50\,°$C. Die niedere Temperatur bei Polyäthylen gewinnt zweifellos an Wahrscheinlichkeit durch einen Vergleich mit den entsprechenden Zahlen anderer kettenförmiger Kohlenwasserstoffe. Nach SALOMON[1] ist bei einem idealen 1,4-Polybutadien eine Einfriertemperatur von $-100\,°$C zu erwarten. In Übereinstimmung damit glauben auch NIELSEN, BUCHDAHL und CLAVER[2], daß ein geeignet hergestelltes 1,4-Polybutadien eine tiefe Einfriertemperatur von $-120\,°$C erreichen kann, wie sie bisher nach WEIR, LESER und WOOD[3] nur bei Siliconen experimentell bestimmt wurde. Ein Hinweis darauf, daß nur das 1,4-Polymerisat und nicht das 1,2-Polymerisat des Butadiens diese niedere Einfriertemperatur besitzt, ist bei MEYER, HAMPTON und DAVISON[4] zu finden, nach denen eine auf höheren Anteil an 1,4-Konfiguration gerichtete Polymerisation eine deutliche Erniedrigung der Einfriertemperatur bewirkt. SCHMIEDER und WOLF messen für ein Polybutadien mit etwa 70% 1,2-Polymerisationsanteil $-37\,°$C (0,7 Hz) für die mittlere Dispersionstemperatur. In diesem Zusammenhang ist auch interessant, daß nach Modellversuchen von JENCKEL[5] Polyisobutylen wegen der seitständigen CH_3-Gruppen schon beträchtliche sterische Behinderungen besitzt und deswegen eine höhere Einfriertemperatur aufweisen müßte als Polyäthylen oder 1,4-Polybutadien. Die in der bisherigen Literatur angegebenen Einfriertemperaturen von -60 bis $-70\,°$C stehen damit in Widerspruch. Mit den erwähnten neueren Zahlenwerten von $-110\,°$C und $-100\,°$C wird dagegen das Polyisobutylen ebenso wie auch das Polychloropren in eine vernünftigere Relation gerückt zu den übrigen kettenförmigen Kohlenwasserstoffen.

Alle übrigen linearen hochmolekularen Substanzen mit einer Kohlenstoffkette haben zum Teil beträchtlich höhere Einfriertemperaturen, die deutlich durch den konstitutionellen Aufbau bedingt sind. In mehreren Arbeiten[5,6] wurde der Zusammenhang zwischen Einfriertemperatur bzw. allgemein den Einfriererscheinungen mit der chemischen Konstitution der Fadenmoleküle untersucht, und man kann aus diesen Arbeiten übereinstimmend entnehmen, daß zwei Bauprinzipien zu erhöhter Einfriertemperatur führen können.

Die Erschwerung der mikromolekularen Beweglichkeit oder Erhöhung der Temperaturlage der Einfriererscheinungen kann bewirkt werden durch Einbau von

a) sterisch hindernden Atomgruppen,

b) polaren Atomen oder Atomgruppen.

[1] SALOMON, G.: Schweiz. Arch. **16,** 161 (1950).

[2] NIELSEN, L. H., R. BUCHDAHL u. G. C. CLAVER: Ind. Engng. Chem. **43,** 341 (1951).

[3] WEIR, C. E., W. H. LESER u. L. A. WOOD: J. Res. **44,** 367 (1950).

[4] MEYER, A. W., R. R. HAMPTON u. J. A. DAVISON: J. Amer. chem. Soc. **74,** 2294 (1952).

[5] JENCKEL, E.: Kolloid-Z. **100,** 163 (1942).

[6] TUCKETT, R. F.: Trans. Faraday Soc. **40,** 448 (1944). — R. F. BOYER u. R. S. SPENCER: in Advances in Colloid Sci. Vol. II, 1946. — V. L. SIMRIL: J. Polymer. Sci. **2,** 142 (1947). — F. WÜRSTLIN: Z. angew. Physik **2,** 131 (1950).

Der Einbau kann in die Kohlenstoffkette oder unmittelbar seitständig zur Kohlenstoffkette erfolgen, wobei auch ein Zusammenwirken beider Tendenzen a) und b) möglich ist.

a) Der Einfluß sterischer Behinderung auf die Einfriertemperatur.

Typische Beispiele für die Auswirkung der Tendenz a) sind *Polystyrol*, *Polyvinylcarbazol* und *Polyvinylpyrrolidon*, die wegen der großen Anzahl der volumenmäßig ausgedehnten Seitgruppen um wenigstens 150°C höhere Einfriertemperaturen gegenüber den unverzweigten aliphatischen Kohlenstoffketten aufweisen. Die an Polyvinylcarbazol und Polyvinylpyrrolidon ermittelten Einfriertemperaturen[1] scheinen der eingangs erhobenen Forderung eines genügend hohen Molekulargewichts nicht zu entsprechen. SCHMIEDER und WOLF[2] finden bei mechanischen Dispersionsmessungen mit 1 Hz für Polyvinylcarbazol die Temperatur des Maximums der mechanischen Dämpfung zu 210°C. Ohne Widerspruch fügt sich dazu die Angabe von HOLZMÜLLER[3], daß eine mit 10^4 Hz bestimmte DK-Dispersion oberhalb 160°C liegt. Für Polyvinylpyrrolidon liegt bis heute noch keine einwandfreie Zahl für die Einfriertemperatur vor. Ein instruktives Beispiel für die Tendenz a) bildet auch die von SCHMIEDER und WOLF gemessene Mischpolymerisatreihe Styrol–Polyisobutylen, bei der die mittlere Temperatur der mechanischen Dispersion proportional zum Styrolgehalt nach höheren Temperaturen rückt.

Die Tendenz der Erhöhung der Einfriertemperatur durch sterisch wirkende Bauelemente ist natürlich auch bei cyclischen Gruppen gegeben, die direkt in die Kette eingebaut sind. *Terylen* – der Polyester aus Terephthalsäure und Äthylenglykol – hat nach KOLB und IZARD[4] eine Einfriertemperatur von 67°C bzw. 69°C (im nichtkristallisierten Zustand), die um etwa 100°C höher liegt gegenüber rein aliphatischen Polyestern mit etwa gleichem Abstand der polaren Gruppen längs der Kette. Da nach eigenen dielektrischen Messungen sowohl das Terylen als auch der isomere Polyester der o-Phthalsäure praktisch dieselbe und um etwa 100°C gegen die aliphatischen Polyester verschobene Temperaturlage der DK-Dispersion hat, muß auch hier die hohe Einfriertemperatur auf die sterische Wirkung des längs der Hauptkette eingebauten Benzolringes der Phthalsäure zurückgeführt werden. Die Einfriertemperatur sinkt tatsächlich ab, wenn nicht mit dem normalerweise verwendeten Äthylenglykol $HO-CH_2-CH_2-OH$, sondern dem Diäthylenglykol $HO-CH_2-CH_2-O-CH_2-CH_2-OH$ kondensiert wird, so daß also die Benzolringe durch längere und bewegliche Kettenstücke miteinander verbunden sind. In den von KOLB und IZARD angeführten Messungen an einer Mischkondensatreihe Äthylenglykol–Diäthylenglykol–Terephthal-

---

[1] BOYER, R. F. u. R. S. SPENCER: Advances in Colloid science II, 1946. — E. JENCKEL: Kolloid-Z. **100**, 163 (1942).

[2] SCHMIEDER, K. u. K. WOLF: Kolloid-Z. **134**, 149 (1953).

[3] HOLZMÜLLER, W.: Physik. Z. **42**, 281 (1941).

[4] KOLB, H. J. u. E. F. IZARD: J. appl. Physics **20**, 564 (1949) sowie O. B. EDGAR, u. R. HILL: J. Polymer Sci. **8**, 1 (1952). — O. B. EDGAR u. E. ELLERY: J. chem. Soc. [London] **1952**, 2633, 2638.

säure fällt die Einfriertemperatur monoton mit zunehmendem Anteil an Diäthylenglykol.

Die Messungen an Terylen machen es somit wahrscheinlich, daß auch bei den Cellulosen wegen sterischer Behinderung nur geringe mikromolekulare Beweglichkeit vorhanden ist, und man sollte so bei den Cellulosen eine verhältnismäßig hohe Einfriertemperatur erwarten. Die von verschiedenen Verfassern[1] über den kubischen Ausdehnungskoeffizienten bestimmten Einfriertemperaturen einiger Cellulosederivate liegen bei etwa 50°C. Sie sind kaum als Einfriertemperatur der Kettenbeweglichkeit zu verstehen. Die von SCHMIEDER und WOLF[2] durchgeführten mechanischen Dispersionsmessungen an *Nitrocellulose* zeigen zwei deutliche Dispersionsgebiete bei 0°C und $+130°C$, wobei das letztere vermutlich der Kristallisation, das erstere dem Einfrieren amorpher Anteile zuzuschreiben ist. Die Meßkurven lassen die Möglichkeit des Vorhandenseins eines weiteren „verschmierten" Dispersionsgebietes um $+80°C$ offen, das der obigen, bei etwa 50°C liegenden Einfriertemperatur entsprechen könnte. Eine in Abhängigkeit von der Frequenz bei etwa 10^6 Hz und Raumtemperatur für alle Cellulosen charakteristische DK-Dispersion wurde schon von YAGER[3] als eine von der Hauptkette unabhängige Beweglichkeit der Hydroxylgruppen gedeutet, die nach MÜLLER und SCHMELZER[4] einem Protonensprungmechanismus zuzuordnen ist, ebenso wie auch die Hochfrequenzdispersionsstufe des Terylens.

Außer den bisher betrachteten cyclischen Gruppen können auch aliphatische Gruppen sterische Auswirkungen verursachen. Nach WÜRSTLIN[5] ergaben dielektrische Untersuchungen mit 50 Hz an den drei isomeren Polyvinyläthern des normalen, iso- und tertiären Butylalkohols die Temperaturlagen der DK-Dispersion zu $-10°C$, $+5°C$ und $+100°C$. Das Ergebnis ist zweifellos so zu deuten, daß die kompakte Gruppe des tertiären Butyläthers ähnliche sterische Auswirkungen auf die Beweglichkeit des Fadenmoleküls bringt wie etwa eine cyclische Phenylgruppe. SCHMIEDER und WOLF finden bei ihren mechanischen Dispersionsmessungen entsprechende Werte

$$n \ (0{,}8 \text{ Hz}) \quad -32°C,$$
$$\text{iso} \ (1{,}2 \text{ Hz}) \quad - \ 1°C,$$
$$\text{tert} \ (1{,}7 \text{ Hz}) \quad +83°C.$$

Über ähnliche Beobachtungen berichten OVERBERGER, AROND, WILEY und GARRET[6], nach denen Poly-2-tert. Butyl-Butadien eine Einfriertemperatur von $-20°C$ besitzt im Gegensatz zum Poly-2-Heptyl-Butadien mit $-83°C$.

---

[1] ÜBERREITER, K.: Z. physik. Chem. B **48**, 197 (1941). — F. B. WILEY: Ind. Engng. Chem. **34**, 1052 (1942). — R. F. CLASH u. L. M. RYNKIEWICZ: Ind. Engng. Chem. **36**, 279 (1944).

[2] SCHMIEDER, K. u. K. WOLF: Kolloid-Z. **127**, 65 (1952).

[3] YAGER, W. A.: Trans. elektrochem. Soc. **72**, 113 (1938).

[4] MÜLLER, F.H. u. CHR.SCHMELZER: Ergebn. exakt. Naturwiss. Bd. XXV, 1951.

[5] WÜRSTLIN, F.: Z. angew. Physik **2**, 131 (1950); Kolloid-Z. **120**, 84 (1951).

[6] OVERBERGER, C. G., L. H. AROUD, R. H. WILEY u. R. G. GARRETT: J. Polymer Sci. **7**, 431 (1951).

Der Vergleich Polyacrylester–Polymethacrylester zeigt ebenso, daß bei letzterem die zusätzliche CH_3-Gruppe sterisch hindernd wirkt in Zusammenhang mit der bereits vorhandenen seitständigen Estergruppe. JENCKEL[1] konnte diese sterische Wirkung an Hand von Modellbetrachtungen mittels STUARTscher Molekülmodelle nachweisen.

b) Der Einfluß polarer Gruppen auf die Einfriertemperatur.

Die Erhöhung der Einfriertemperatur durch den Einbau polarer Gruppen ist auf die Ausbildung von nebenvalenten Dipolbindungen zurückzuführen, die sowohl zwischenmolekularer als auch innermolekularer Art sein können, deren Aufteilung aber nur in den seltensten Fällen möglich ist. Als Beispiel einer hochmolekularen Substanz mit einer durch die polaren Gruppen verursachten hohen Einfriertemperatur kann Polyvinylchlorid genannt werden. Der sterische Einfluß des Halogen-Atoms auf die Kettenbeweglichkeit ist hier gering, wie man aus dem Vergleich mit Polyvinylidenchlorid sieht, das bei doppeltem Halogengehalt eine Einfriertemperatur von $-17°C$ besitzt[2]. Das Absinken der Einfriertemperatur geht hier offensichtlich parallel mit dem Absinken des Dipolmoments der monomeren Einheit durch die Teilkompensation der beiden Partialdipole.

Die Einfriertemperatur linearer Hochpolymerer steigt im allgemeinen bei gleicher Anzahl der polaren Gruppen mit dem Dipolmoment μ der polaren Gruppen an. Die entsprechende Zusammenstellung in Tab. XI, 1 enthält als Dipolmomente die Gruppenmomente der polaren Gruppen,

Tabelle XI, 1.

Einfriertemperatur, DK-Dispersion und mechanische Dispersion in Zusammenhang mit dem Dipolmoment der polaren Gruppe verschiedener Vinylpolymerisate.

Hochpolymere Substanz	μ in D	ET	DK-Dispersion (50 Hz) bei t °C	Mech.[3] Dispersion
Polyisobutylen...........	0	$-65°$	unpolar	$-48°$ (1,1 Hz)
Polyvinylmethyläther	1,2	$-20°$	$-15°$	$-10°$ (2,7 Hz)
Polyacrylsäuremethylester	1,7	0 bis 3°	$+25°$	$+25°$ (1,2 Hz)
Polyvinylacetat	1,7	28° bis 31°	$+54°$	$+33°$ (1,9 Hz)
Polyvinylchlorid	2,0	70° bis 77°	$+90°$	$+90°$ (0,67 Hz)
Polyacrylnitril	3,4	etwa 100°	etwa $+110°$	$+105°$ (5,2 Hz)

wie sie bei niedermolekularen Substanzen gefunden wurden. Die einzelnen Glieder dieser Reihe sind allerdings insofern nicht ohne weiteres miteinander vergleichbar, als die verschiedenen seitständigen Gruppen nicht dieselbe Größe haben, so daß sich neben dem polaren Einfluß auch ein sterischer Einfluß bemerkbar machen kann. Bei Polyacrylnitril sind sehr widersprechende Literaturangaben über dessen Einfriertemperatur

---

[1] JENCKEL, E.: Kolloid-Z. **100**, 163 (1942).

[2] BOYER, R. F., R. S. SPENCER: J. appl. Physics **15**, 398 (1944).

[3] Nach Torsionsversuchen von K. SCHMIEDER u. K. WOLF, Kolloid-Z. **134**, 149 (1953).

zu finden. Die meisten Werte sind – vermutlich wegen der geringen thermischen Stabilität des Polyacrylnitrils – extrapolierte Werte, die aus Mischpolymerisatreihen von Acrylnitril mit andern polymerisationsfähigen Komponenten stammen. So wird aus Mischpolymerisaten von Acrylnitril mit Butadien und Dimethylbutadien auf eine Einfriertemperatur des Polyacrylnitril von etwa 50°C geschlossen[1]. KOLB und IZARD[2] geben dagegen eine direkt am Polyacrylnitril gemessene Einfriertemperatur von 87°C an, die sie jedoch noch als zu niedrig einschätzen. Mechanische Dispersionsmessungen mit etwa 1 Hz an Polyacrylnitril haben eine maximale Dämpfung bei 105°C ergeben[3]. Man kann damit eine Einfriertemperatur von etwa 100°C annehmen.

Die Tendenz der Erhöhung der Einfriertemperatur durch polare Gruppen ist auch zu bemerken bei einer Vergrößerung der Anzahl der polaren Gruppen längs der Hauptvalenzkette. Untersucht man derartige Reihen mit stufenweise erhöhter Konzentration der polaren Gruppen, so zeigt sich immer wieder, daß der Einfluß der polaren Gruppen auf die Einfriertemperatur erst dann einsetzt, wenn der durchschnittliche Abstand der polaren Gruppen unter einen bestimmten Wert abgesunken ist. Bei einem Vergleich der Einfriertemperaturen von Polyisopren, Polychloropren und Polyvinylchlorid deutet die nur wenig erhöhte Einfriertemperatur des Polychloroprens gegenüber der des Polyisoprens darauf hin, daß bei dem Verhältnis von einem Chloratom auf vier kettenständige Kohlenstoffatome die Erhöhung der Einfriertemperatur eben erst eingesetzt hat, die dann durch eine weitere Verdopplung des polaren Anteils im Polyvinylchlorid zu sehr hohen Werten führt.

Dieses Ergebnis wird auch in der folgenden Reihe bestätigt. SCHMIEDER und WOLF[3] führten an Polyäthylen und nachchlorierten Polyäthylenen mit verschiedenen Chlorgehalten mechanische Dispersionsmessungen in Abhängigkeit von der Temperatur durch. Die der Kettenbeweglichkeit entsprechende Dispersionsstufe zeigt eine Erhöhung der Temperatur erst bei einem Chlorgehalt von etwa einem Chloratom auf sechs kettenständige Kohlenstoffatome. Das nachchlorierte Polyäthylen, das seinem Chlorgehalt nach dem Polyvinylchlorid entspricht, hat eine etwas niedrigere Temperaturlage der mechanischen Dispersion als das Polyvinylchlorid. OAKES und RICHARDS[4] bestimmten an solchen nachchlorierten Polyäthylenen das mittlere Dipolmoment für die C—Cl-Bindung und fanden es niedriger als bei Polychloropren oder weichgemachtem Polyvinylchlorid. Dies deutet nach Ansicht der beiden Autoren auf die Anwesenheit von CCl_2 oder —CHCl—CHCl-Gruppen, bei denen das durchschnittliche Dipolmoment verringert ist durch partielle Kompensation von Dipolen. Gleichzeitig macht sich auch die Anwesenheit von CCl_2-Gruppen durch eine Temperaturerniedrigung der Einfriererscheinungen bemerkbar, entsprechend der niedrigen Einfriertemperatur des Polyvinylidenchlorids.

[1] GORDON, M., J. S. TAYLOR: J. appl. Chem. **2**, 493 (1952).
[2] KOLB, H. J., E. F. IZARD: J. appl. Physics **20**, 564 (1949).
[3] SCHMIEDER, K., K. WOLF: Kolloid-Z. **134**, 149 (1953).
[4] OAKES, W. G., R. B. RICHARDS: Trans. Faraday Soc. **42 A**, 197 (1946).

Ein weiteres Beispiel für diese Tendenz ist die Reihe der aliphatischen Polyester in der Form

$$[O-(CH_2)_x-O-CO-(CH_2)_y-CO]_n .$$

Das eine Extrem dieser Reihe – Polyäthylen mit dem Estergehalt 0 – hat eine niedere Einfriertemperatur von etwa $-70°C$[1]. Geht man über zu Polyestern geringen Estergehaltes (hohen x- und y-Werten), so ändern sich die Einfriertemperaturen und die durch die Anwesenheit der polaren Estergruppen nun auch bestimmbare Temperaturlage der DK-Dispersion kaum mit fallenden x- und y-Werten. Nach MARVEL und YOUNG[2] hat der 1,4-Butandiol-Ester der Sebacinsäure ($x = 4$, $y = 8$) eine Einfriertemperatur von $-57°C$. Gegen niedrigere x- und y-Werte zu steigt dann die Einfriertemperatur an, da sich schließlich die nebenvalenten Dipolbindungen bei höherer Esterkonzentration bemerkbar machen.

Es ist bemerkenswert, daß dieser Anstieg einsetzt, sobald die benachbarten Estergruppen einer Kette sich auf etwa 4 bis 6 zwischenständige C-Atome der Kette angenähert haben[3].

c) Die Deutung der verschiedenen Dispersionsgebiete bei partiell kristallinen Substanzen[4].

Von SCHMIEDER und WOLF wurden in der mehrfach genannten Arbeit weitere Ergebnisse an verschiedenen partiell kristallinen Substanzen mitgeteilt. Bevor diese jedoch im einzelnen besprochen werden, ist es notwendig, die von diesen Autoren vorgeschlagene Deutung der verschiedenen auftretenden Dispersionsgebiete zu behandeln. Es wurde hierbei systematisch durch schrittweise Änderung der Konstitution der partiell kristallinen Substanzen eine schrittweise Änderung der Kristallisationstendenz erzeugt, deren Auswirkung es gestattet, den Charakter der einzelnen Dispersionsgebiete zu erkennen. So wurden u. a. Reihen von Polyamiden sowohl aus Aminocarbonsäuren als auch solche aus Dicarbonsäuren und Diaminen mit verschieden langen zusammenhängenden CH_2-Kettenabschnitten untersucht, darunter auch ein Beispiel mit unverzweigtem und verzweigtem CH_2-Kettenteil (Polymethylpimelinsaures Hexamethylendiamin); weiterhin Mischpolymerisate aus Vinylchlorid-Vinylidenchlorid mit verschiedenem Komponentenverhältnis und partiell kristalline chlorierte Polyäthylene mit verschiedenem Chlorierungsgrad (0 bis etwa 30% Chlor).

Diejenigen Dispersionsgebiete, die mit Verminderung der Kristallisationstendenz (z. B. durch Vermehrung der nichtkristallisierenden

---

[1] Dies bezieht sich auf die Einfriertemperatur von $-70°C$ für Polyäthylen, wie sie bisher angegeben wurde. Die auf S. 654 angeführten Ergebnisse machen jedoch eine wesentlich tiefere Einfriertemperatur des Polyäthylens wahrscheinlich. Bei diesem tieferen Wert wird sich dann schon eine geringere Esterkonzentration durch die Erhöhung der Einfriertemperatur bemerkbar machen.

[2] MARVEL, C. S., C. H. YOUNG: J. Amer. chem. Soc. **73**, 1066 (1951).

[3] WÜRSTLIN, F.: Kolloid-Z. **120**, 84 (1951).

[4] Für die Abfassung von § 60 c danke ich den Herren Dr. WOLF u. Dr. SCHMIEDER auch an dieser Stelle. Der Verf.

Komponente oder Einführung seitständiger Methylgruppen oder Einbau von Chlor in die kristallisierfähige Kette verschwinden, müssen dem Kristallisiervorgang zugeordnet werden, diejenigen dagegen, die dabei verstärkt auftreten, dem Einfrieren amorpher Bezirke.

Bei Hochpolymeren mit nicht zu großer Kristallisationstendenz, z. B. bestimmten Vinylchlorid-Vinylidenchlorid-Copolymeren oder bei polymethylpimelinsaurem Hexamethylendiamin, kann man der Einstellung

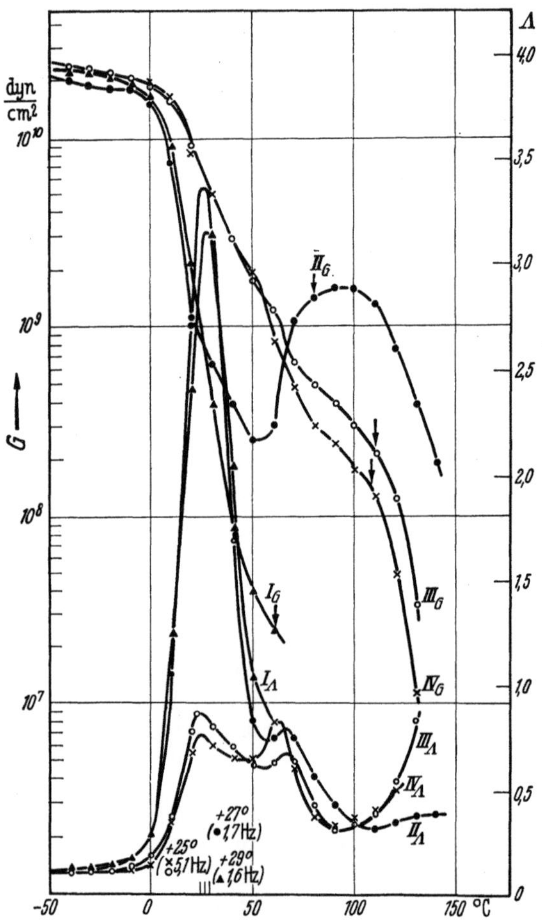

Abb. XI. 6. Torsionsmodul G und logarithmisches Dekrement der mechanischen Dämpfung Λ als Funktion der Temperatur von Mischpolymerisat. 30 Gewichtsteile Vinylchlorid, 70 Gewichtsteile Vinylidenchlorid mit verschiedener Probenvorbehandlung. $I_{G,\Lambda}$ abgeschreckt aus dem zähflüssigen Zustand auf etwa − 70° C (ohne kristalline Anteile). $II_{G,\Lambda}$ abgeschreckt ähnlich I (Bildung kristalliner Anteile). $III_{G,\Lambda}$ aus dem zähflüssigen Zustand sehr langsam abgekühlt (partiell kristallin). $IV_{G,\Lambda}$ abgeschreckt wie I, dann 3 Stunden bei + 70° C nachgetempert (partiell kristallin).

des Kristallisationsgleichgewichtes durch genügend rasches Abkühlen zuvorkommen, so daß die Substanz ganz oder größtenteils amorph einfriert. In diesen Fällen wurde beobachtet, daß, wenn man von niederen Tem-

peraturen her mit der Torsionsschwingungsmethode das Auftauen beobachtet, im Bereich der „amorphen" Dispersion ein wesentlich steilerer
Modulabfall und eine entsprechende Verstärkung des zugeordneten
Dämpfungsmaximums auftritt. Die Substanz verhält sich in diesem
Temperaturbereich wie ein völlig amorpher Stoff. Etwa bei der Temperatur des „amorphen" Dämpfungsmaximums (oder je nach Geschwindigkeit der Temperatursteigerung etwas früher oder später) jedoch setzt die
Kristallisation ein, der Schubmodul steigt trotz wachsender Temperatur
nochmals an. Auch der weitere Verlauf der Dämpfungskurve entspricht
in erster Näherung derjenigen des von Anfang an im Kristallisationsgleichgewicht befindlichen Produktes. Auch aus solchen Versuchen kann der
kristalline bzw. amorphe Charakter bestimmter Dispersionsgebiete ermittelt werden.

Das bei höchsten Temperaturen liegende Dispersionsgebiet konnte so
in den meisten Fällen (abgesehen von verzweigten und vernetzten Substanzen, bei denen auch nach Auflösung des kristallinen Zusammenhalts
nach höheren Temperaturen zu noch ein gummielastischer Zusammenhalt verbleibt), dem Zusammenhalt in den kristallinen Bereichen zugeordnet werden. Außer diesen beiden mit der Kristallisation bzw. einem
gummielastischen Zusammenhalt in Zusammenhang stehenden Dispersionsgebieten wurden von SCHMIEDER und WOLF bei allen von ihnen
untersuchten partiell kristallinen Hochpolymeren mindestens zwei
mehr oder weniger sich überschneidende Dispersionen festgestellt, die
dem Einfrieren amorpher Bereiche der Substanz zugeordnet werden
müssen.

Diese verschiedenen „amorphen" Dispersionsgebiete lassen sich nur
zum Teil durch Strukturunterschiede der sie verursachenden Molekülbezirke verstehen (z. B. bei Polyvinylfluorid, vgl. das weiter unten mitgeteilte Ergebnis). Bei anderen Substanzen jedoch, z. B. Polyvinylidenchlorid und seinen Copolymeren mit Vinylchlorid oder Polyacrylnitril
treten zwei sich stark überschneidende amorphe Dispersionsgebiete auf,
bei Polyamid (neben zwei weiteren) ein unsymmetrisches, für deren Deutung SCHMIEDER und WOLF folgendes vorschlagen:

Kettenteile, die amorphen Bezirken zugehören und die an ihren Enden
in zwei kristalline Bereiche „eingeklemmt" sind, werden durch den Kristallisationsprozeß je nach dessen Temperatur–Zeit-Verlauf mehr oder
weniger stark verspannt (vgl. § 47, c). Sie schreiben dieser Verspannung
einen wesentlichen Einfluß auf die Form und die Lage der Schwerpunkte
der Dispersionsgebiete innerhalb des ganzen Einfrierbereiches amorpher
Anteile zu. Dieser Einfluß macht sich besonders in den nach höheren
Temperaturen zu liegenden Teilen der Dispersionskurven bemerkbar.
Die Verspannung erhöht die Lage der Einfriertemperatur entsprechender
Molekülteile. Eine „amorphe" Teilkette ist um so leichter verspannbar,
je größer ihre „natürliche" Kettenbeweglichkeit ist, um so schwerer dagegen, je größer die durch sterische Hinderung und polare Gruppen bewirkte „natürliche" Versteifung der Molekülteile ist. Bei Temperaturen
oberhalb der Einfrierbereiche der amorphen „Phase" stellt sich jeweils
ein Gleichgewicht zwischen Verspannung und Kristallisationstendenz ein.

Der Einfrier- bzw. Auftaubereich amorpher Anteile erstreckt sich beispielsweise bei Polyvinylidenchlorid von -20 bis über $+100°\mathrm{C}$. Die Dämpfungskurve zeigt zwei Maxima, ein verhältnismäßig ausgeprägtes bei $+15°\mathrm{C}$ (11 Hz) und ein flaches um etwa $+80°\mathrm{C}$ (5,5 Hz), das SCHMIEDER und WOLF den „verspannt amorphen" Anteilen zuschreiben.

Beim Polyacrylnitril liegen die entsprechenden Temperaturen bei $+105°\mathrm{C}$ (5 Hz) bzw. $+140°\mathrm{C}$ (4,4 Hz).

Bei Polyamiden, die eine etwas geringere Kristallisationstendenz zeigen als die genannten Substanzen, äußert sich die Verspannung in einer mehr oder weniger stark ausgeprägten Unsymmetrie des amorphen Dispersionsgebietes, das sich bei allen Substanzen zwischen etwa 0 und $120°\mathrm{C}$ findet.

Bei den Polyamiden aus Aminocarbonsäuren $[-CO-(CH_2)_z--NH-]_n$ ist die Unsymmetrie gering. Der Maximalwert der Dämpfungskurve liegt im „verspannten" Gebiet. Er steigt mit wachsender Anzahl z zusammenhängender CH_2-Gruppen vom Polycaprolactam ($z = 5$), $T_{max} = +40°\mathrm{C}$ (3,4 Hz) über $T_{max} = 49°\mathrm{C}$ (5,2 Hz) für das Polyamid mit $z = 7$ auf $56°\mathrm{C}$ für das Polyamid mit $z = 10$.

Sehr viel unsymmetrischer ist die Dämpfungskurve bei den Polyamiden aus Hexamethylendiamin ($x = 6$) und verschiedenen aliphatischen Dicarbonsäuren mit verschiedener Zahl y zusammenhängender

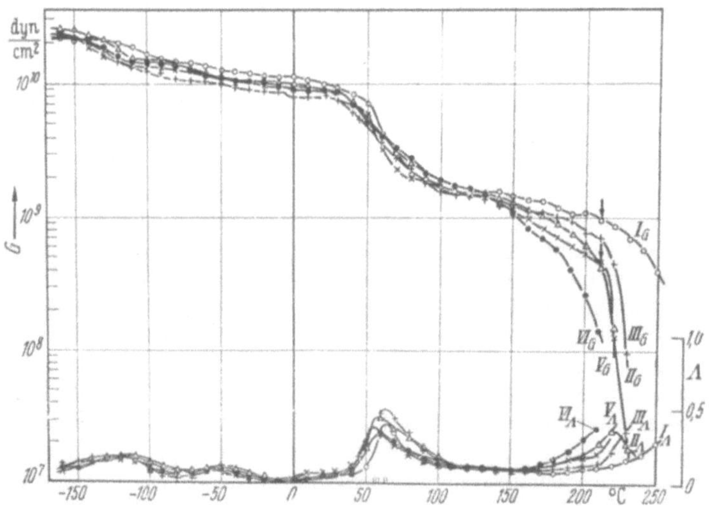

Abb. XI, 7, Torsionsmodul G und logarithmisches Dekrement der mechanischen Dämpfung $\varLambda$ als Funktion der Temperatur von Polyamiden aus Hexamethylendiamin und Dicarbonsäuren ($x = 6$), oI $y = 4$, ×V $y = 8$, △II $y = 5$, +III $y = 6$, ●VI $y = 10$.

CH_2-Gruppen $[-NH-(CH_2)_x-NH-CO-(CH_2)_y-CO-]_n$. Dort liegt der Maximalwert nach niederen Temperaturen verschoben im unverspannten Bereich, und man findet seine Temperaturlage um so höher und gleichzeitig die Unsymmetrie um so geringer, je kleiner die Zahl y im Bereich $y = 10$ bis 4 ist, wobei geradzahlige und ungeradzahlige y aus

Gründen der Struktursymmetrie jeweils eine getrennte Reihe bilden. SCHMIEDER und WOLF fanden für

$$y \quad = \quad 10 \qquad 8 \qquad 6 \qquad 4^1$$
$$T_{max} = +56° \qquad +60° \quad +64° \quad +65°\,C$$
$$F \quad = (3{,}8\ \text{Hz}) \quad (4\ \text{Hz}) \quad (3{,}1\ \text{Hz}) \quad (3{,}4\ \text{Hz})$$

Weitere Dispersionsgebiete bei den Polyamiden bei etwa $-50°\,C$ und etwa $-120°\,C$ werden auf das Einfrieren von strukturell sich unterscheidenden Teilmechanismen zurückgeführt.

Die Schmelzbereiche der kristallinen Anteile liegen bei den Polyamiden in Übereinstimmung mit anderen Autoren jeweils bei den einzelnen Gruppen gleicher sterischer Verhältnisse (z. B. x, y oder z geradzahlig bzw. ungeradzahlig) bei um so höheren Temperaturen, je größer die Konzentration der Amidgruppen ist.

Bei Polyvinylfluorid und Polytrifluormonochloräthylen, zwei Substanzen, die mäßige Kristallisation zeigen, da sich bereits die sterische Hinderung des Fluor- bzw. des Cl-Atoms bemerkbar macht (welch letztere ja beim Polyvinylchlorid jede Kristallisation verhindert), finden SCHMIEDER und WOLF ebenfalls je zwei „amorphe" Dämpfungsmaxima, und zwar beim Polyvinylfluorid bei $+41°\,C$ (2 Hz) bzw. $-20°\,C$ (5 Hz), beim Polytrifluormonochloräthylen bei $+104°\,C$ (3 Hz) bzw. $0°\,C$ (12 Hz). (Das letztere scheint von mehreren sich überschneidenden Dispersionen herzurühren). Da die Verspannung bei diesen verhältnismäßig kettensteifen und niedrigkristallinen Substanzen keinen dominierenden Einfluß ausüben kann, müssen die niedriger liegenden Dispersionsgebiete, ebenso wie das sekundäre Gebiet bei $-30°\,C$ (8,5 Hz) beim Polyvinylchlorid, dem Einfrieren von strukturell bedingten Teilmechanismen zugeschrieben werden.

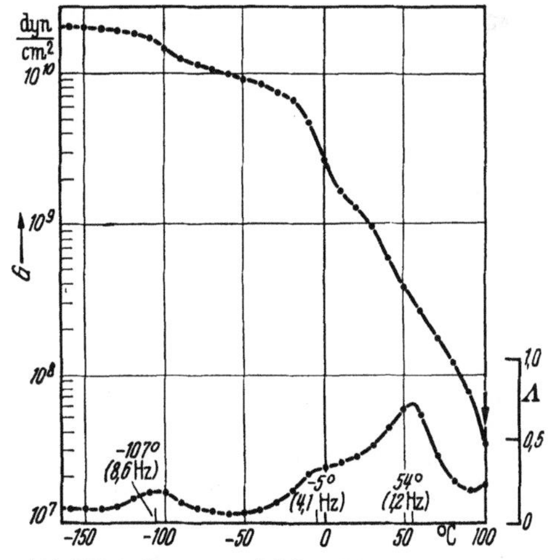

Abb. XI, 8. Torsionsmodul G und logarithmisches Dekrement der mechanischen Dämpfung Λ als Funktion der Temperatur von Polyäthylen.

Beim Polyäthylen wurden im wesentlichen vier Dispersionsgebiete gefunden, die mit den bei partiell kristallinen Substanzen üblichen (und durch die Temperatur–Zeit-Vorgeschichte und hier speziell zusätzlich durch den Verzweigungsgrad verursachten) Toleranzen bei $-110°\,C$

---

[1] Dieses Dispersionsgebiet ist offensichtlich identisch mit der von BOYER u. SPENCER [J. appl. Physics **15**, 398 (1944)] an 6,6-Nylon bei $+47°\,C$ gemessenen Einfriertemperatur.

Die Temperaturlagen wurden nach SCHMIEDER u. WOLF stark vom Feuchtigkeitsgehalt der Probe beeinflußt.

(8,6 Hz); $-5°$C (4,1 Hz); $+54°$C (1,2 Hz); und $> +100°$C (< 1 Hz) liegen.

Durch Chlorierungsversuche wurde eindeutig festgestellt, daß das Dispersionsgebiet mit seinem Dämpfungsmaximum bei $+54°$C (bei verschiedenen Proben bzw. Produkten zwischen etwa $+45$ und $+70°$C) den Schwerpunkt des Kristallisierungsvorganges darstellt, während das Maximum bei $-5°$C den verspannbaren kettenständigen amorphen Anteilen zugeordnet werden muß. Andererseits ergab eine Extrapolation der Abhängigkeit der Temperaturlage dieses Maximums für amorphe chlorierte Polyäthylene vom Chlorgehalt 40 bis 77% Chlor auf den Chlorgehalt 0 gerade die Temperatur von $-110°$C, so daß wahrscheinlich ist, daß dies die Temperaturlage des Schwerpunktes des Einfrierens nichtverspannter CH_2-Kettenteile bzw. $-(CH_2)_n(CH_3)$-Gruppen bei den vorliegenden Versuchsfrequenzen (etwa 2 bis 8 Hz) darstellt. Es mag sein, daß für die große Differenz der Temperaturlage beider Maxima (etwa $100°$C) außer der sicher hier sehr starken Wirkung der Verspannung noch zusätzliche strukturelle Faktoren einen Beitrag liefern.

Das Zusammenhalten der Substanz bis über $100°$C wird nach Ansicht von SCHMIEDER und WOLF durch einen gummielastischen Zusammenhalt bewirkt, der z. T. auf der starken Verzweigung eventuell unter Mitwirkung einzelner kristalliner Bereiche als Vernetzungsstellen beruht. Ferner wurde beim Polyäthylen beobachtet, daß Proben, die bei Zimmertemperatur, also oberhalb des Einfrierbereiches der „verspannt amorphen" Bezirke, längere Zeit gelagert wurden, eine stärkere Ausprägung und eine höhere Temperaturlage des dem kristallinen Zusammenhalt zugeordneten Dispersionsgebietes zeigen als frisch aus der Schmelze abgekühlte. Sie kristallisieren also langsam nach. Es wurde bei verschiedenen Proben nach 15 bis 18 monatiger Lagerung eine Verschiebung von 54 auf 67 bis $70°$C beobachtet. (Dieses von SCHMIEDER und WOLF dem Zusammenhalt in den kristallinen Bereichen des Polyäthylens zugeschriebene Dispersionsgebiet ist vermutlich mit dem von BOYER und SPENCER[1] bei $81°$C gefundenen und als „premelting anomaly" bezeichneten Transformationspunkt identisch.

Ähnliche Ergebnisse sind auch zu erwarten bei Polyamiden und Polyurethanen mit steigendem Anteil an Amid- bzw. Urethangruppen. Leider liegen für diese Substanzen bisher nur vereinzelt Zahlenwerte vor. Für Nylon (vermutlich das Nylon 6,6 aus Adipinsäure + Hexamethylendiamin) bestimmten BOYER und SPENCER[1] eine Einfriertemperatur von $+49°$C, wobei sie darauf hinwiesen, daß an diesem Produkt noch eine tiefere Einfriertemperatur zu erwarten sei. Eine Bestätigung dafür lieferten SCHMIEDER und WOLF[2] mit Messungen der mechanischen Dispersion bei etwa 1 Hz an Hexamethylenadipat$[NH-(CH_2)_6-NH-CO-(CH_2)_4-CO]_n$ und an Polycaprolactam $[NH-(CH_2)_5-CO]_n$, wobei sie die Temperaturlagen einer starken Dispersion zu 25 und $-5°$C bestimmten. Ein weiterer Hinweis für eine tiefe Einfriertemperatur wird auch trotz der Unterschiede geliefert, durch die zwei bisher bekanntgewordenen Einfriertem-

---

[1] BOYER, R. F., R. S. SPENCER: J. appl. Physics **15**, 398 (1944).
[2] SCHMIEDER, K. u. K. WOLF: Kolloid-Z. **134**, 149 (1953).

peraturen von $-20\,°\mathrm{C}$[1] und $-58\,°\mathrm{C}$[2], die an Polyurethan aus 1,4-Butandiol und Hexamethylendiisocyanat $-[-O-(CH_2)_4-OCONH-(CH_2)_6-NHCO-]_{\overline{x}}$ gemessen wurden. Wieweit die von BAKER und YAGER[3] gemessenen DK-Dispersionen an Polyamiden in Zusammenhang stehen mit diesen Einfriertemperaturen, kann heute noch nicht gesagt werden. Es ist bedauerlich, daß bei den Polyamiden so wenig Zahlenmaterial über Einfriererscheinungen vorliegt, da gerade der Variationsreichtum der Polyamide zu interessanten Ergebnissen führen könnte.

Bei allen bisher angeführten Beispielen für die beweglichkeitsmindernde Auswirkung räumlich ausgedehnter Atomgruppen oder stark polarer Atomgruppen waren diese Gruppen in die Hauptkette oder unmittelbar neben die Hauptkette eingebaut. MEAD und FOUSS[4] wiesen darauf hin, daß diese Auswirkung bei polaren Gruppen nicht vorhanden ist, wenn die polare Gruppe am Ende einer aliphatischen Seitenkette sitzt.

Als Vergleich wurde angeführt Polyvinylacetat–Polyvinylchloracetat, die beide dieselbe Einfriertemperatur und Temperaturlage der DK-Dispersion besitzen, wobei aber die DK-Dispersion des letzteren Produktes wesentlich ausgeprägter ist und eine mehrfach höhere Sättigungs-DK besitzt. Das Chloratom sitzt am Ende einer schon sehr beweglichen Seitenkette, ist also sehr beweglich und gibt daher Anlaß zu einer ausgeprägten DK-Dispersion, hat aber wegen der Beweglichkeit der Seitenkette keinen mechanischen Einfluß auf die Hauptkette. Denselben Effekt kann man auch bei an sich sterisch wirkenden Gruppen beobachten, deren mechanische Auswirkung vermindert wird oder unterbleibt, wenn sie in der Seitenkette wenigstens durch 1 bis 2 C-Atome von der Hauptkette getrennt sind.

d) Der Einlfuß von Seitenketten auf die Einfriertemperatur.

In den bisherigen Abschnitten wurden die Bauprinzipien linearer hochmolekularer Substanzen beschrieben, die zu Substanzen hoher Einfriertemperatur führen oder im technischen Sinn zu Substanzen mit hoher Wärmefestigkeit. Technisch ist auch die umgekehrte Tendenz wichtig, nämlich von Substanzen hoher Wärmefestigkeit zu Substanzen mit guter Kältefestigkeit, also weit unter Raumtemperatur liegender Einfriertemperatur zu kommen. Dies ist natürlich durch eine folgerichtige Umkehr der bisher besprochenen Bauprinzipien zu erreichen, also Vermeidung sterisch hindernd wirkender Gruppen, Verringerung oder Vermeidung polarer Gruppen in oder unmittelbar neben der Hauptkette. Denselben Effekt bringen noch zwei andere strukturelle Eingriffe, die in diesem Kapitel noch nicht erwähnt wurden: die Weichmachung, und zwar sowohl die innere als auch die äußere Weichmachung und außerdem der Einbau von Seitenketten. Die Weichmachung soll hier nicht behandelt werden, da über sie in Bd. IV dieses Werkes ausführlich berichtet

---

[1] JENCKEL, E.: Kolloid-Z. **120**, 160 (1951).
[2] MARVEL, C. S., C. H. YOUNG: J. Amer. chem. Soc. **73**, 1066 (1951).
[3] BAKER, W. O., W. A. YAGER: J. Amer. chem. Soc. **64**, 2171 (1942).
[4] MEAD, D. J., R. M. FUOSS: J. Amer. chem. Soc. **63**, 2832 (1941).

wird. Der Einfluß der Seitenketten, der im übrigen in mancher Beziehung dem eines äußeren Weichmachers gleicht, kommt in Abb. XI, 9 zum Ausdruck, wo der „brittle point" sowohl bei den Polyacrylsäureestern als auch bei den Polymethacrylsäureestern mit länger werdender aliphatischer Seitkette bis auf einen Mindestwert abfällt, um dann bei weiterer Verlängerung der Seitkette wieder anzusteigen[1]. Werden statt n-Alkylen verzweigte Alkyle verwendet, so erhält man höhere Werte des „brittle point"[2]. Nach WILEY und BRAUER[3] zeigt die Einfriertemperatur einen parallelen Verlauf unter Einschluß eines Wiederanstieges. Nach einer neueren Arbeit ist derselbe Gang der Einfriertemperaturen auch

$$-[-CH{-}CH_2-]_x$$

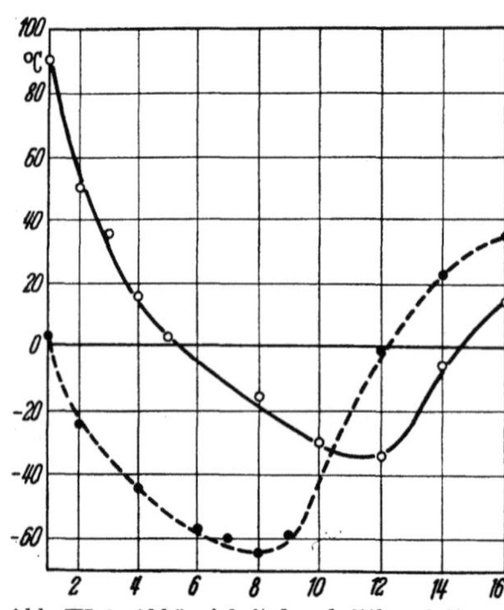

Abb. XI, 9. Abhängigkeit des „brittle point" von der Länge der n-Alkyl-Seitkette bei Polyacrylaten und Polymethacrylaten. (Nach REHBERG und FISHER).

bei Poly-p-Alkylstyrolen zu beobachten[4], wogegen dieses Minimum der Einfriertemperaturen über der Länge der n-Alkyl-Seitketten fehlt bei den Poly-2-Alkyl-Butadienen[5]. Der Abfall der Einfriertemperatur mit dem Längenanstieg der n-Alkyl-Seitkette wird darauf zurückgeführt, daß bei allen Fadenmolekülen mit starken zwischenmolekularen Kräften diese steil abfallen müssen, sobald mit Vergrößerung der Seitkette der Abstand der Fadenmoleküle größer wird. Nach JENCKEL wirkt auch eine Abschirmung des elektrischen Feldes der polaren Gruppen durch die längere Seitenkette mit[6]. Der Wiederanstieg von Einfriertemperatur und „brittle point" tritt bei den Polyacrylaten und Polymethacrylaten da ein, wo die genügend langen aliphatischen Seitenketten Kristallisationstendenz zeigen[1,7]. Auch an einem Poly-n-Decyl-Butadien wurde diese Kristallisation an Hand der Doppelbrechung beobachtet[5].

Ein ähnlicher Abfall der Temperaturlage der Einfriererscheinungen ist auch zu erwarten bei der Reihe Polyvinylformiat, Polyvinylacetat,

---

[1] REHBERG, C. E. u. C. H. FISCHER: Ind. Engng. Chem. **40**, 1429 (1948).

[2] REHBERG, C. E., W. A. FAUCETTE u. C. H. FISHER: J. Amer. chem. Soc. **66**, 1723 (1944).

[3] WILEY, R. H. u. G. M. BRAUER: J. Polymer Sci. **3**, 647 (1948).

[4] OVERBERGER, C. G., C. FRAZIER, J. MANDELMAN u. H. F. SMITH: J. Amer. chem. Soc. **75**, 3326 (1953).

[5] OVERBERGER, C. G., L. H. AROUD, R. H. WILEY u. R. G. GARRETT: J. Polymer Sci. **7**, 431 (1951).

[6] JENCKEL, E.: Kolloid-Z. **100**, 163 (1942).

[7] KAUFMAN, H. S., A. SACHER, T. ALFREY u. J. FANKUCHEN: J. Amer. chem. Soc. **70**, 3147 (1948).

Polyvinylpropionat usw. Aus dieser Reihe ist aus eigenen Versuchen bekannt, daß Polyvinylpropionat eine um etwa 20°C niedrigere Temperaturlage der anormalen DK-Dispersion besitzt als Polyvinylacetat. Bei längeren seitständigen Alkylen ist auch hier Kristallisation möglich. Mischpolymerisate von Vinylacetat mit Vinylstearat bzw. Vinylpalmitat zeigen Schmelzpunkte (Umwandlungspunkte I. Ordnung), sobald der Anteil an langkettigen Vinylestern 20 bis 25 Mol-% überschreitet[1].

Nach neueren dielektrischen Untersuchungen von FUNT und SUTHERLAND[2-4] an Polyvinylacetalen verschiebt sich die dielektrische Disper-

$$-[-CH_2-CH-CH_2-CH-]_{\overline{x}}$$
$$\underset{\displaystyle \underset{R}{CH}}{O \qquad\qquad O}$$

sion mit Verlängerung des Alkyls R nach niedrigeren Temperaturen, und die Aktivierungsenergie für den dielektrischen Vorgang verkleinert sich in derselben Reihe.

Zum Abschluß dieses Paragraphen bringen wir noch eine Tabelle der Einfriertemperaturen. Die Zahlen sind, vor allem infolge mangelhafter Definition der Substanzen, häufig nicht sehr genau und auch oft nicht systematisch durchgemessen. Bei kristallinen Stoffen frieren, wie die Ausführungen dieses Paragraphen gezeigt haben, die molekularen Bewegungsmechanismen in Stufen ein. Es scheint, daß die bei den Messungen der mechanischen Dispersion auftretende Hauptstufe etwa mit der nach den sonst üblichen Methoden (Temperaturkoeffizient des Volumens u.a.) bestimmten Einfriertemperatur korrespondiert.

Tabelle XI, 2.

Einfriertemperaturen verschiedener Substanzen.

Substanz	Formel	n_D^{20}	ET °C	T_B °C	Literatur-Hinweis
Polyäthylen, technisch. Polymethylen	$-[-CH_2-CH_2-]_{\overline{x}}$	1,51	$-68*$	-70	1, 3, 14, 16
Polyiso-butylen	$-[-CH_2-\underset{\displaystyle CH_3}{\overset{\displaystyle CH_3}{C}}-]_{\overline{x}}$	1,508	-65 bis -77	-50	1, 3, 23, 24, 29

Fußnoten zu Tabelle XI, 2 auf S. 672.

---

[1] PORT, W. S., E. F. JORDAN, J. E. HANSEN u. D. SWERN: J. Polymer Sci. **9**, 493 (1952).

[2] FUNT, B. L.: Canad. J. Chem. **30**, 84 (1952).

[3] FUNT, B. L. u. T. H. SUTHERLAND: Canad. J. Chem. **30**, 940 (1952).

[4] SUTHERLAND, T. H. u. B. L. FUNT: J. Polymer Sci. **11**, 177 (1953).

* Und tiefere Umwandlungstemperaturen, siehe § 60c.

Tabelle XI, 2 (Fortsetzung).

Substanz	Formel	n_D^{20}	ET °C	T_B °C	Literatur-Hinweis
Polybutadien 1,2-Poly- merisat 1,4-Poly- merisat	CH_2 $\\|$ CH $\|$ $-[-CH_2-CH-]_{\overline{x}}$ $-[-CH_2-CH=CH-CH_2-]_{\overline{x}}$	1,519	−45 bis −120	−66 bis −80	1, 3, 16, 18, 20, 21, 23, 29
Kautschuk cis Polyisopren trans Guttapercha	CH_3 $\|$ $-[-CH_2-C=CH-CH_2-]_{\overline{x}}$	1,520	−70 bis −75	−58 −23 bis −53	1, 3, 23, 24, 29 1, 3, 23
Polychloro- pren	Cl $\|$ $-[-CH_2-C=CH-CH_2-]_{\overline{x}}$	1,558	−50 bis −70	−36 bis −78	2, 23, 29
Polyvinyl- äther PV-methyl- äther	R $\|$ O $\|$ $-[-CH_2-CH-]_{\overline{x}}$ $R=CH_3$	1,467	<-20		30, 31
Polyacryl- säure-Ester	$-[-CH_2-CH-]_{\overline{x}}$ $\|$ $COOR$				
PA-methyl- Ester	$R = -CH_3$	1,484	0 bis −3	8 bis 0	1, 3, 9, 19, 26
PA-Äthyl- Ester	$R = -CH_2-CH_3$		−23 bis −29	−17 bis −25	1, 19, 22, 23, 26
PA-Propyl- Ester	$R=CH_2-CH_2-CH_3$		−44 bis −52	−27 bis −35	19, 28
PA-iso-Pro- pyl-Ester	$R = -CH \big\langle {}^{CH_3}_{CH_3}$			0	18
PA-n-Butyl- Ester	$R = -CH_2-CH_2-CH_2-CH_3$	1,466	−63 bis −70	−40 bis −45	1, 19, 23, 28, 29
PA-iso-Butyl- Ester	$R = -CH_2-CH \big\langle {}^{CH_3}_{CH_3}$			−24	18
PA-sec- Butyl-Ester	$R = -CH \big\langle {}^{CH_3}_{CH_2-CH_3}$			−10	18

Tabelle XI, 2 (Fortsetzung).

Substanz	Formel	n_D^{20}	ET °C	T_B °C	Literatur-Hinweis
PA-2-Methyl-1-Butyl-Ester	$R = -CH_2-\overset{\overset{\displaystyle CH_3}{\vert}}{CH}-CH_2-CH_3$			-32	[18]
PA-3-Methyl-1-Butyl-Ester	$R = -CH_2-CH_2-\overset{\overset{\displaystyle CH_3}{\vert}}{CH}-CH_3$			-45	[18]
PA-3-Pentyl-Ester	$R = -CH\overset{\displaystyle CH_2-CH_3}{\underset{\displaystyle CH_2-CH_3}{}}$			-16	[18]
PA-n-Hexyl-Ester	$R = -CH_2-CH_2-CH_2-CH_2-CH_2-CH_3$			-55	[19]
PA-2-Methyl-1-Pentyl-Ester	$R = CH_2-\overset{\overset{\displaystyle CH_3}{\vert}}{CH}-CH_2-CH_2-CH_3$			-38	[18]
PA-2-Äthyl-1-Butyl-Ester	$R = CH_2-\underset{\underset{\displaystyle CH_2-CH_3}{\vert}}{CH}-CH_2-CH_3$			-50	[18]
1,3-Dimethyl-1-Butyl-Ester	$R = -\underset{\underset{\displaystyle CH_3}{\vert}}{\overset{\overset{\displaystyle CH_3}{\vert}}{CH}}-CH_2-CH-CH_3$			-15	[18]
PA-n-Heptyl-Ester	$R = -(CH_2)_6-CH_3$			-60	[19]
PA-n-Oktyl-Ester	$R = -(CH_2)_7-CH_3$			-65	[19]
PA-n-Nonyl-Ester	$R = -(CH_2)_8-CH_3$			-58	[19]
PA-n-Dodecyl-Ester	$R = -(CH_2)_{11}-CH_3$			0	[19]
PA-n-Tetradecyl-Ester	$R = -(CH_2)_{13}-CH_3$		20	22	[19, 27]
PA-n-Cetyl-Ester	$R = -(CH_2)_{15}-CH_3$	1,49 bis 1,506	35	35	[19, 27]
Polymethacrylsäure-Ester	$-[-CH_2-\overset{\overset{\displaystyle CH_3}{\vert}}{\underset{\underset{\displaystyle COOR}{\vert}}{C}}-]_{\overline{x}}$				
—Methyl-Ester	$R = -CH_3$	1,49 bis 1,505	72 bis 105	90	[2, 4, 11, 19, 27]

Tabelle XI, 2 (Fortsetzung).

Substanz	Formel	n_D^{20}	ET °C	T_B °C	Literatur-Hinweis
—Äthyl-Ester	$R = -CH_2-CH_3$	1,484	47	50	[19, 27]
—n-Propyl-Ester	$R = -CH_2-CH_2-CH_3$	1,485	33	36	[19, 27]
—n-Butyl-Ester	$R = -CH_2-CH_2-CH_2-CH_3$	1,484	17	16	[11, 19, 27]
—iso-Butyl-Ester	$R = -CH_2-CH{<}^{CH_3}_{CH_3}$			54	[19]
—n-Pentyl-Ester	$R = -(CH_2)_4-CH_3$			5	[19]
—n-Oktyl-Ester	$R = -(CH_2)_7-CH_3$			-16	[19]
2-Äthyl-1-Hexyl-Ester	$R = -CH_2-CH-(CH_2)_3-CH_3$, mit Seitenkette $-CH_2-CH_3$			-10	[19]
—n-Decyl-Ester	$R = -(CH_2)_9-CH_3$			-28	[19]
—n-Dodecyl-Ester	$R = -(CH_2)_{11}-CH_3$			-34	[19]
—n-Tetra-decyl-Ester	$R = -(CH_2)_{13}-CH_3$			-5	[19, 27]
—n-Cetyl-Ester	$R = -(CH_2)_{15}-CH_3$		-9	15	[19]
Polyvinyl-acetat	$-[-CH_2-CH-]_{\overline{x}}$, $OOCCH_3$	1,467	28 bis 31		[4, 10, 28, 30]
Polyvinyl-chloracetat	$-[-CH_2-CH-]_{\overline{x}}$, $OOC-CH_2Cl$	1,513	23 bis 31		[11, 26, 30]
Polyvinyl-propionat	$-[-CH_2-CH-]_{\overline{x}}$, $OOC-CH_2-CH_3$	1,4665	etwa 10		[31]
Polyvinyl-alkohol	$-[-CH_2-CH-]_{\overline{x}}$, OH	1,49 bis 1,53	85		[10, 16]
Polyacryl-säure	$-[-CH_2-CH-]_{\overline{x}}$, $COOH$		80 bis 95		[8, 11]
Polyvinyl-chlorid	$-[-CH_2-CH-]_{\overline{x}}$, Cl	1,539	70 bis 77	81	[3, 10, 12, 22]

Tabelle XI, 2 (Fortsetzung).

Substanz	Formel	n_D^{20}	ET °C	T_B °C	Literatur-Hinweis
Polyviny-lidenchlorid	$-[-CH_2-CCl_2-]_{\overline{x}}$	1,60 bis 1,63	-18	>150	1, 3, 16, 23
Polyacryl-nitril (Orlon, Pan)	$-[-CH_2-\underset{\underset{C\equiv N}{\vert}}{CH}-]_{\overline{x}}$	1,50 bis 1,51	etwa 100		31
Polystyrol	$-[-CH_2-CH-]_{\overline{x}}$ (mit Phenylgruppe)	1,59	100		6, 17, 25
Polyvinyl-Carbazol	$-[-CH_2-CH-]_{\overline{x}}$ (mit Carbazol-N-Rest)	1,68	etwa 200		31
Polyester aus Terephthal-säure +Äthylen-glykol (Terylen)	$-[-OC-\langle C_6H_4\rangle-COO-CH_2-CH_2-O-]_x$		67 amorph 81 kri-stallin		5, 13
Polyester aus Sebacin-säure +1,4-Bu-tandiol	$-[-OC-(CH_2)_8-COO-(CH_2)_4-O-]_{\overline{x}}$		-57		15
Polytetra-fluoräthylen (Teflon)	$-[-CF_2-CF_2-]_{\overline{n}}$	1,35	-113 nicht zwischen $+25$ und 160		7, 13, 16 3b
Polytrifluor-monochlor-äthylen (Kel-F, Hostaflon)	$-[-CF_2-CFCl-]_{\overline{n}}$	1,43	s. S. 663		16 3b
6,6-Nylon	$-[-OC-(CH_2)_4-CONH-(CH_2)_6-NH-]_{\overline{x}}$		$+49$ und tiefere Umwand-stellen		3b, 3c siehe auch § 60c und Abb. XI, 7
6,10-Nylon			$+45$		32
Polyurethan			-20		11a
,,	$-[-O-(CH_2)_{\overline{x}}-OCONH-(CH_2)_{\overline{y}}-NHCO-]_{\overline{x}}$		$-(58)$		11b
,, amorph.; M = 9200			-12		11c

Fußnoten zu Tabelle XI, 2.

[1] Amerongen, G. J. van: Mechanical properties in R. Houwink: Elastomers and Plastomers Vol. I (1950).

[2] Bischoff, J., E. Catsiff, A. V. Tobolsky: J. Amer. chem. Soc. 74, 3378 (1952).

[3] Boyer, R. F., R. S. Spencer: Second order transition effects in rubber and other high polymers. — Advances in colloid science. Vol. II. New York (1946).

[3a] Boyer: Changement des Phases, Paris 1951.

[3b] Boyer, R. F. u. R. S. Spencer: J. appl. Physics 15, 398 (1944). — R. F. Boyer: J. appl. Physics 25, 825 (1954).

[3c] Morgan, L. B.: J. appl. Chem. 4, 160 (1954).

[4] Daoust, H., M. Rinfret: J. Colloid Sci. 7, 11 (1952).

[5] Edgar, O. B., R. Hill: J. Polymer Sci. 8, 1 (1952).

[6] Fox, T. G., P. J. Flory: J. appl. Physics 21, 581 (1950).

[7] Furukawa, G.T., R. E. McCoskey, G. J. Krug: J. Res. nat. Bur. Standards 49, 273 (1952).

[8] Jenckel, E. u. E. Bräucker: Z. physik. Chem. A 185, 465 (1940).

[9] Jenckel, E.: Z. physik. Chem. A 190, 24 (1941).

[10] Jenckel, E.: Kolloid-Z. 100, 163 (1942).

[11] Jenckel, E.: Kolloid-Z. 120, 160 (1951).

[11a] Jenckel, E. u. H. Wilsing: Z. Elektrochem. 53, 4 (1949).

[11b] Jenckel, E.: Mündliche Mitteilung.

[11c] Marvell, C. S. u. J. H. Johnson: J. Amer. chem. Soc. 72, 1674 (1950).

[12] Knappe, W., A. Schulz: Kunststoffe 41, 321 (1951).

[13] Kolb, H. J., E. F. Izard: J. appl. Physics 20, 564 (1949).

[14] Oakes, W. G., R. B. Richards: Trans. Faraday Soc. 42 A, 197 (1946).

[15] Marvell, C. S. u. J. H. Johnson: J. Amer. chem. Soc. 72, 1674 (1950). — C. S. Marvel, L u. C. H. Young: J. Amer. chem. Soc. 73, 1066 (1951).

[16] Modern plastics encyclopedia 1951.

[17] Nielsen, L. H., R. Buchdahl, G. C. Claver: Ind. Engng. Chem. 43, 341 (1951).

[18] Rehberg, C. E., W. A. Faucette, C. H. Fisher: J. Amer. chem. Soc. 66, 1723 (1944).

[19] Rehberg, C. E., C. H. Fisher: Ind. Ang. Chem. 40, 1429 (1948).

[20] Salomon, G.: Schweizer Archiv 16, 161 (1950).

[20a] Schmieder, K. u. K. Wolf: Kolloid-Z. 134, 149 (1953).

[21] Selker, M. L., G. G.Winspear, A. R. Kemp: Ind. Ang. Chem. 34, 157 (1952).

[22] Simril, V. L.: J. Polymer Sci. 2, 142 (1947).

[23] Schildknecht, C. E.: Vinyl and related Polymers 1952.

[24] Überreiter, K.: Z. physik. Chem. B 45, 361 (1940).

[25] Überreiter, K., G. Kanig: Z. Naturforsch. 6a, 551 (1951).

[26] Wiley, R. H., G. M. Brauer: J. Polymer Sci. 3, 455 (1948).

[27] Wiley, R. H., G. M. Brauer: J. Polymer Sci. 3, 647 (1948).

[28] Wiley, R. H., G. M. Brauer: J. Polymer Sci. 4, 351 (1949).

[29] Wiley, R. H., G. M. Brauer, A. R. Bennett: J. Polymer Sci. 5, 609 (1950).

[30] Würstlin, F.: Z. angew. Physik 2, 131 (1950).

[31] Würstlin, F.: unveröffentlicht.

[32] Cofman, D. D., G. J. Berchet, W. R. Peterson u. E. W. Spanagel: J. Polymer Sci. 2, 306 (1947).

Namenverzeichnis.

Sachverzeichnis.

44*

MIX
Papier aus verantwortungsvollen Quellen
Paper from responsible sources
FSC® C105338

If you have any concerns about our products,
you can contact us on
ProductSafety@springernature.com

In case Publisher is established outside the EU,
the EU authorized representative is:
**Springer Nature Customer Service Center GmbH
Europaplatz 3, 69115 Heidelberg, Germany**

Printed by Libri Plureos GmbH
in Hamburg, Germany